U0254868

ZHONGGUO LIANGSHI CHUCANG
KEYAN JINZHAN
YIBAI NIAN
（1921—2021 NIAN）

中国粮食储藏科研进展一百年

（1921-2021 年）

主编　靳祖训

四川科学技术出版社
·成都·

图书在版编目（CIP）数据

中国粮食储藏科研进展一百年：1921—2021 年 / 靳祖训主编 . —— 成都：四川科学技术出版社 , 2021.9

ISBN 978-7-5727-0316-4

Ⅰ . ①中… Ⅱ . ①靳… Ⅲ . ①粮油贮藏—科学研究—中国— 1921-2021 Ⅳ . ① TS205.9

中国版本图书馆 CIP 数据核字 (2021) 第 193592 号

中国粮食储藏科研进展一百年
（1921-2021 年）

主　编　　靳祖训

出 品 人　程佳月
责任编辑　杨璐璐
装帧设计　书　兰
责任校对　杜　柯　杨彦康　覃佳丽
责任出版　欧晓春
出版发行　四川科学技术出版社
地　　址　四川省成都市青羊区槐树街2号
成品尺寸　210mm×285mm
印　　张　36.5　字　数　750 千　插　页　6
印　　刷　成都市金雅迪彩色印刷有限公司
版　　次　2021 年10月第 1 版
印　　次　2021 年10月第 1 次印刷
定　　价　280.00元

ISBN 978-7-5727-0316-4

■ 版权所有　翻印必究 ■

热烈庆祝中国共产党诞生一百周年

《中国粮食储藏科研进展一百年》

编委会 敬贺

主编靳祖训教授手书

《中国粮食储藏科研进展一百年（1921-2021 年）》编委会

主 编

靳祖训

副主编

郭道林　宋 伟　周 浩　兰盛斌

编委会成员

郭道林　兰盛斌　宋 伟　王若兰　王殿轩　白旭光

蔡静平　甄 彤　曹 毅　曾 伶　张振镕　袁玉芬

张华昌　周 浩　付鹏程　严晓平　郝振芳　杨国锋

周建新　金 梅　王双林　谢令德　陈晋莹　王素雅

房 芸　李 月　杨长海　曹鹏飞　刘 洋　向长琼

责任编辑

金 梅

主 审

宋 伟

序

在中国共产党成立一百周年之际，一位年逾八旬，德高望重，对粮食储藏科研教育工作十分挚爱的学者，每天坚持工作四五个小时，历时五年不间断，查阅了国内粮食储藏领域发表过的科研论文近万份。几年来，他不忘初心，带领中青年粮食储藏科技工作者连续奋战，分类梳理了百年来与粮食储藏科学研究进展有关的论述，编写了这部具有文献性、检索性的专著，向伟大的中国共产党成立一百周年献礼！

从这本专著中可以看到：我们党和政府历来对粮食储藏科学技术研究事业高度重视，粮食储藏科学技术是我们党的一项重点工作。中华人民共和国成立以后，国家根据当时的历史条件和实际国情进行准确研判，逐步建立并完善了粮食储藏科学技术发展体系。

一路走来，我们深知：毛泽东主席提出的"藏粮于民、藏富于民""普遍建设谷仓，建设备荒仓""农村要建立集体储备粮"等重要批示的英明。粮食安全是社会安定、政治安全的基础。国家把储备粮列入年度粮食收支计划，逐步建立了国家粮食储备的防线。

党的十八大以来，以习近平同志为核心的党中央把粮食安全作为治国理政的头等大事，提出了"口粮绝对安全，确保谷物基本自给"的新粮食安全观，确立了"以我为主、立足国内、确保产能、适度进口、科技支撑"的国家粮食安全战略，坚持"藏粮于地、藏粮于技"，走出了一条有中国特色的粮食安全之路。党的十九届五中全会强调了坚持创新在我国现代化建设全局中的核心地位，明确提出"四个面向"，要重点研究解决"卡脖子"的技术难题。粮食储藏领域围绕国家总体战略，加强科技创新，为国家粮食安全作出了贡献。

从本专著的科研成果中我们可以看到：粮食储藏科学技术研究整体一脉相承，循序渐进、由浅入深、由表及里，系统性强，充分体现了忠诚履职、勇于担当的粮食储藏科技工作者薪火相传的人文传承的特点。1965年，在路北同志领导和靳祖训同志的协助及带领下，39名来自全国十几所知名大学和粮食中等专业学校的毕业生，在四川省绵阳地区一座灯无一盏、水无一滴的荒山上，依靠执着信念，依靠艰苦创业，创建了当时也是现在我国唯一一所专门从事粮食储藏的科学研究所——绵阳粮食科学研究所（现中储粮成都储藏研究院有限公司）。靳祖训同志是正式任命的该研究所第一任所长。他牵头主持和参与了国家"六五""七五"粮食储藏科研技术攻关项目，率先提出了"中国储粮生态系统理论体系框架""储粮安全学"理念，"三低三高"储粮战略（低损耗、低污染、低成本；高质量、高营养、高效益），绿色储粮战略，生态储粮和储粮可持续发展战略，粮油产前、产中、产后绿色一体化战略等，收获了一大批科研成果，培养造就了一批粮食储藏科技人才。这些专业科技人员在国家"八五"到"十三五"粮食储藏科研技术攻关项目的战略性发展规划中都担负了重任。靳祖训同志提出的储粮生态理论体系在整个粮食储藏技术的科研与发展中发挥着重要作用。2018年，靳祖训同志荣获首批"中国粮油学会终身成就奖"。

从本专著的科研成果中我们可以看到：粮食储藏领域的科学技术发展日新月异、硕果累累。中华人民共和国成立前，国家遭受外敌侵略，民不聊生，粮政废失，粮仓破旧，虫霉肆虐，损失严重；从中华人民共和国成立到21世纪初，国家粮食仓储事业得到快速发展；20世纪五六十年代，国家先后建立了"甲字粮"和"506粮"等储备体系，相关的粮食储藏科学技术研究也陆续开展；1990年，专项粮食储备制度建立后，国家可以采用高效、精准的调控手段在全国范围内调剂粮食余缺，稳定了市场粮价；到21世纪初期，国家投资建设了一大批储备粮仓，粮食储藏科学技术得到较快发展，形成了包括粮情测控系统、储粮机械通风、磷化氢环流熏蒸、谷物冷却储粮在内的"四项储粮新技术"（简称"四合一"储粮技术）的推广、发展和应用。从中华人民共和国成立到中国共产党成立一百周年，中国经济发生了翻天覆地的变化，中国进入了新时代！老百姓从"吃得饱"向"吃得好"转变。"四合一"储粮技术在全国得到推广并升级；氮气气调、低温储藏、内环流控温等绿色储粮技术得以发展；基本形成北方地区以低温和准低温储粮为主，南方以控温和气调储粮为主的技术体系架构。粮食储藏科学技术正逐步向智能化、智慧化发展。

民为国基，谷为民命。当今世界正经历百年未有之大变局。在面对国际关系复杂不确定性、环境资源约束加剧的历史背景下，如何在危机中育好先机，于变局中开好新局，这是对新一代粮食储藏科技工作者的一次"大考"，一次前所未有的挑战。习近平总书记指出："只有把核心技术掌握在自己手中，才能真正掌握竞争和发展的主动权，才能从根本上保障国家经济安全、国防安全和其他安全。"粮食储藏科学技术百年基业之路既有激流勇进，也曾跋涉险滩；既成绩丰硕，但还显突破不够。我们只能坚持党建引领，继承和发扬优良传统，强化使命担当，抓住科技创新的"牛鼻子"，守住管好"天下粮仓"，储粮科技事业这艘帆船才能行稳致远。

"百舸争流千帆竞，乘风破浪正远航"。回顾过去，我们团结拼搏、砥砺奋进，是为了铭记储粮报国的初心使命和家国情怀，是为了延续"宁流千滴汗、不坏一粒粮"的精神血脉和优良传统，更是为了凝心聚力，再创辉煌；面向未来，我们深感责任重大、任务艰巨、前途光明！

站在新的历史起点，我们正以习近平新时代中国特色社会主义思想为指导，不忘初心、牢记使命，整装再出发。我们将秉持"五大发展理念"，继续完善有中国特色的储粮生态理论体系，扎实深入开展基础理论研究，推进发展适合中国特点的绿色储粮工程技术，以5G、大数据、云计算、物联网、人工智能等信息化技术深度融入传统化粮库，努力实现粮油仓储科学技术事业的现代化，切实把中国人的饭碗牢牢端在自己手中，为国家粮食的安全保驾护航。

初心引领方向，使命呼唤担当！新一代粮食储藏科技工作者肩负使命荣光，愿做储粮事业的"挑山工"，知重负重，继续扛起国家粮食储藏科研重任；勇做粮食储藏事业的"弄潮儿"，勇立潮头，以科技创新应用为粮食储藏事业赋能；要做粮食储藏事业的"追梦人"，敢于梦想、敢于挑战、敢于拼搏，继续书写我国粮食储藏事业的绚丽篇章！

本专著整理了我国粮食储藏科学技术工作者百年来的科研成果，以粮食储藏技术种类为分类，以著述目录检索为重点，充分展示了我国粮食储藏科学技术研究一百年的发展历程。这部记载历史发展轨迹的文献性专著将随着时代的发展更加凸现出它应有的价值。

谨此：

向关心支持粮食储藏科学技术发展的各级领导表示衷心的感谢！

向为祖国粮食储藏科学技术事业而艰苦创业、刻苦钻研、忘我工作、团结拼搏，做出贡献的粮食储藏科技工作者致以深深的敬意！

需要说明的是：本专著的相关文献涉及百年，专业性强，很多文献因年代久远，图书馆以及网上的知识资源共享平台的文献数据库没有收录。我们遵照整理出版历史文献务必保留其全貌的观点，在文中保留了这样的文献，力图留给专业科技人员更多的历史信息。对本专著中出现有变更的地名、机构名称等予以保留；对著述书目中科研论文的标题名，除错字外均保持原貌不作更动。

本书编委会

2021 年 8 月

笔者的话（代前言）

今年是中国共产党成立一百周年。我以十分欣慰的心情告诉各位，我参阅了大约一万位专家学者正式发表的 6917 份研究报告和大量文献，编撰了《中国粮食储藏科研进展一百年（1921–2021 年）》这部专著。编撰这部专著的初衷，是为了比较全面地介绍近一百年来中国粮食储藏科学研究方面的主要成就。这些成就，虽因其量级和先进程度无法与"可上九天揽月""可下五洋捉鳖"的大国重器相比，但粮食储藏和安全关系着全国亿万人的温饱、营养与健康。

我想用最简短、最朴实的语言告诉读者：

一是伟大国度、伟大时代、伟大事业培育、造就了一支具有无私奉献、刻苦钻研、勇于创新精神的粮食储藏科研队伍。中国粮食仓储各级主管部门和基层一线涌现出了一大批勇于创新、踏实钻研、卓有成就的中坚力量。

二是这部文献性、检索性的专著比较全面系统地反映了中国近百年来，特别是改革开放以来中国粮食储藏科学研究的重大成果。书中不仅收录了我国在没有建立粮食科研机构以前的部分专家学者研究粮食储藏相关课题的资料（包括储粮损失调查研究、储粮害虫、螨、储粮微生物、植物检疫等研究），也收录了我国在建立粮食储藏科研机构以后，粮食储藏专家学者和科研人员或出版或发表在专业学术刊物上的著述。这些图书和刊物以极大篇幅记载了我国近百年来粮食储藏科学研究的成果，是我国几百万粮食仓储系统职工，数以万计的粮食储藏科技工作者，千百位有卓越成就的专家学者的智慧结晶。这部专著，将起到粮食科研的战略引领、理念启迪、技术创新作用，其意义不言而喻。

三是这部专著包括的主要内容：最大限度地保护和利用人类食物资源（减损、增效），最大限度地改善和优化人类生存环境（生态、环保），最大限度地提高和完善人类生存质量（绿色、品质），最大限度地创新和改进人类急需的储运装备和工艺（改进、智能），确保人民群众的营养与健康。这部专著，其文献性、检索性、实用性较强，旨在指引当代粮食人站在科学研究的视角，回顾过去，总结经验，砥砺前行，引领未来。

四是这部专著有别于其他国家的粮食储藏科技专著，本身具有十分明显的特点：有悠远深厚的历史积淀；有粮食储藏全方位的技术试验研究和丰富的经验总结；有完整、系统的粮食储藏科学技术发展的战略引领；有基于储粮生态学，具有中国特点的储粮生态系统理念创新——"储粮安全学""中国储粮生态系统理论体系"框架为指引。

五是这部专著包括总论、分论两部分。总论概要介绍了我国粮食储藏科学研究进展的主要成就，重点介绍了近40年的科学研究亮点，展现了中国改革开放40多年来粮食储藏的主要研究成果，介绍了与粮食储藏专业领域相关的发展成就、国外新技术考察借鉴、发展战略、粮食安全、著述及文献资料、专业期刊。分论包括应用基础研究和应用技术研究两部分，前者分列六章，后者分列十章，全面梳理了粮食储藏科学研究和粮食储藏技术的发展，分类介绍了我国粮食储藏应用基础研究的成就和应用技术研究的奉献。可以说，这部集粮食储藏试验研究报告之大成的专著，是一部反映中国粮食储藏研究进展的全书。

本专著名为《中国粮食储藏科研进展一百年（1921—2021年）》。其中，"储藏科研"一词至关重要。要清楚："粮食储藏科研"与"粮食储藏技术"是两个不同的概念。书中所述粮食储藏科学研究，是指研究粮食自身变化及其与环境相互关系的科学。粮食：广义的粮食包括粮食（原粮、成品粮）、油料及其加工成品等。环境：这里指粮食储藏的环境，包括生物因子与非生物因子。粮食储藏科学研究的内容：主要指研究粮食在储藏期间，不同储藏条件、不同储藏方法、不同储藏工艺对粮食生理、生化变化和粮食品质（工艺品质、烘焙品质、种用品质）的变化；粮食堆内有害生物和有益生物（储粮害虫、螨、微生物，鼠类及天敌）消长演替变化规律的影响。粮食储藏技术：是指为达到安全储藏粮食的目的，根据粮食在储藏期间变化的规律所采用的储粮技术手段和方法。

此外，我真诚感谢我国老一辈粮食储藏研究泰斗、诸位学长、诸位同仁对我六十多载从事粮食储藏科研教育工作的支持，对编撰这本专著的支持。中储粮成都储藏研究院有限公司、河南工业大学、南京财经大学各位负责同志和专家学者给予了热忱慷慨地支持指导，我将永生难忘。特别是郭道林院长，从五年前开始就编著此专著的总体构思、内容安排、书稿修改等多次到寒舍细谈，提出明确指导建议，给予鼎力支持。近期他热忱帮助筹集出版资金，感人肺腑。周浩和金梅两位年轻同志为这本专著的文字录入、编排梳理、内容增补、条目核准、校稿、书写序言、后记以及与出版社对接等付出大量心血；宋伟教授为这本书进行了详细审稿，对书稿内容总体把关，谨表深谢！我是一个十分笨拙的老人，由于早年没学过拼音，始终没学会使用电脑打字，所以这本专著的写作完全靠"笔耕"。

2014 年底，我出席了有关讨论粮食安全的会议，感想颇深。2020 年 11 月 17 日我的日记写有自勉句：

古训谆谆两千年，"天地大计"晓当前，伞寿耋叟应努力，奉献终身尽薄绵。

2015 年 7 月 31 日夜梦赋句：

伟业近百年，成就已斐然，著书铭盛绩，拙笔慰前贤。

从开始撰写这本专著，我每日用 5 个小时笔耕不辍。学习和凝聚前贤的经验与智慧，总结和参考国内外该学科已有的研究成就和学术前沿的动态。通过思考，提出一些前人没有提出过的，符合经济伦理、科技伦理的学术理念、战略、观点。如果能对粮食储藏领域的生产实践和科学研究发挥点滴理念创新和战略引领作用，欣慰之至。

最后，我写了一句感悟体会的话以表达我的心情："一个人在有生之年能力所能及为人民、为民族、为祖国、为世界、为人类作出奉献是最大的幸福和担当。"

以一百年中国粮食储藏科研进展专著热烈祝贺中国共产党百年华诞，是中华粮人热忱的赤子之心，天地可鉴。谢谢！

靳祖训

2021 年 6 月 18 日

目　录

总　论 —————————————————————————————————— 1

第一章　概述 ———————————————————————————— 3

　第一节　我国储粮昆虫区系研究 ···················· 5

　第二节　第一阶段（1921—1956 年） ················ 5

　第三节　第二阶段（1957—1977 年） ················ 6

　第四节　第三阶段（1978—2021 年） ················ 7

　　一、储粮害虫研究 ····························· 8

　　二、粮油品质研究 ····························· 10

　　三、储粮微生物研究 ··························· 12

　　四、储粮生态系统研究 ························· 13

　　五、低温储粮和相关技术研究 ··················· 14

　　六、粮食干燥技术研究 ························· 17

　　七、有害生物防治研究 ························· 18

　　八、气调储粮研究 ····························· 20

　　九、粮情测控系统研究 ························· 21

　　十、智能化粮库建设设计与实践 ················· 25

　　十一、粮食储藏相关技术标准研究 ··············· 27

　　十二、农户科学储粮研究 ······················ 28

　　十三、粮仓建设研究 ··························· 29

第二章　粮食储藏研究领域进展百年的重点内容 ———— 31

　第一节　成就 ································· 31

　第二节　借鉴 ································· 32

　第三节　战略 ································· 35

第四节　粮食安全 ………………………………………………………… 37

第五节　著述 ……………………………………………………………… 38

第六节　期刊 ……………………………………………………………… 40

附：总论／第二章著述目录 ……………………………………………… 41

分论一　粮食储藏应用基础研究进展 ———————————— 49

第一章　储粮昆虫研究 ————————————————————— 51

第一节　储粮昆虫分布、害虫发生及其为害的调查研究 …………… 51

第二节　储粮螨类研究 …………………………………………………… 53

第三节　储粮害虫分类鉴定研究 ……………………………………… 54

第四节　储粮害虫生物学研究 ………………………………………… 56

第五节　储粮害虫生态学研究 ………………………………………… 58

第六节　储粮害虫遗传学研究 ………………………………………… 61

第七节　储粮害虫抗性研究 …………………………………………… 61

第八节　储粮害虫分类鉴定技术研究 ………………………………… 64

第九节　储粮害虫检测技术研究 ……………………………………… 64

附：分论一／第一章著述目录 ………………………………………… 66

第二章　储粮微生物研究 ————————————————————— 85

第一节　粮食微物生区系调查 ………………………………………… 85

第二节　不同储粮技术措施对微生物演替规律影响的研究 ………… 87

一、储粮微生物与储粮品质变化的关系研究 ……………………… 87

二、气调储粮微生物演替规律研究 ………………………………… 87

三、熏蒸剂对储粮微生物的影响研究 ……………………………… 88

四、保护剂对储粮微生物的影响研究 ……………………………… 88

五、通风制冷、干燥对储粮微生物的影响研究 …………………… 88

六、不同包装材料对储粮微生物的影响研究 ……………………… 88

七、储粮调质对微生物的影响研究 ………………………………… 89

第三节　储粮微生物监测研究 ………………………………………… 90

第四节　储粮微生物预测研究 ………………………………………… 90

第五节　储粮微生物污染与控制研究 ………………………………… 90

第六节　大米黄变与红变致因研究 …………………………………… 91

附：分论一／第二章著述目录 ………………………………………… 92

第三章　粮油真菌毒素研究 —— 99

第一节　粮油真菌毒素污染情况调查 …… 99
第二节　粮油真菌毒素毒理研究 …… 100
第三节　粮油真菌毒素去毒研究 …… 100
　一、粮油真菌毒素去毒研究（20世纪70年代至80年代末） …… 100
　二、粮油真菌毒素去毒研究（20世纪90年代至今） …… 102
第四节　粮油真菌毒素检测技术研究 …… 102
　一、粮油真菌毒素检测技术研究（20世纪70年代至80年代末） …… 102
　二、粮油真菌毒素检测技术研究（20世纪90年代至今） …… 102
　附：分论一／第三章著述目录 …… 104

第四章　粮油品质特性与变化研究 —— 111

第一节　粮油品质研究 …… 111
第二节　粮油品质劣变指标研究 …… 113
第三节　不同储藏条件与方法对粮油品质变化的影响研究 …… 115
　一、不同储藏条件对粮油品质的影响研究 …… 116
　二、不同储藏方法对粮油品质的影响研究 …… 118
第四节　粮油特性与储粮品质研究 …… 118
　一、物理特性研究 …… 118
　二、生化特性研究 …… 120
　三、生理特性研究 …… 121
　四、粮油食用品质研究 …… 122
　五、储粮施药对粮油品质的影响研究 …… 124
　六、储粮虫霉侵害对粮油品质的影响研究 …… 124
　七、与粮油储藏品质有关的研究 …… 125
　八、粮油营养品质研究 …… 126
第五节　常用储粮主要技术措施对储粮品质的影响研究 …… 126
　一、气调储粮技术（自然缺氧、充氮、充二氧化碳）对储粮品质的影响研究 …… 127
　二、通风技术对储粮品质的影响研究 …… 128
　三、储粮害虫防治技术对储粮品质的影响研究 …… 129
　四、辐射技术对储粮品质的影响研究 …… 129
　五、烘干技术对储粮品质的影响研究 …… 130
　附：分论一／第四章著述目录 …… 132

第五章　储粮生态系统研究 —————————————————— 159
　　附：分论一／第五章著述目录 ————————————————— 161

第六章　有关粮食行业的标准研究 ———————————— 163
　　附：分论一／第六章著述目录 ————————————————— 165

分论二　粮食储藏应用技术研究进展 ———————————— 169

第七章　粮油储藏技术研究 ———————————————— 171
　第一节　粮油储藏技术研究总体进展 ————————————— 171
　第二节　不同粮种储藏技术研究 —————————————— 173
　　一、原粮 ——————————————————————— 173
　　二、成品粮 ————————————————————— 176
　　三、薯类 ——————————————————————— 177
　　四、饲料 ——————————————————————— 178
　第三节　不同仓型储粮技术研究 —————————————— 178
　　一、高大平房仓储粮技术研究 —————————————— 178
　　二、浅圆仓储粮技术研究 ———————————————— 180
　　三、平房仓、楼房仓储粮技术研究 ———————————— 180
　　四、立筒仓储粮技术研究 ———————————————— 181
　　五、地下仓储粮技术研究 ———————————————— 182
　　六、土堤仓储粮技术研究 ———————————————— 183
　　七、露天储粮技术研究 ————————————————— 183
　　八、轻便活动粮仓储粮技术研究 ————————————— 184
　　九、包装仓与包装粮储粮技术研究 ———————————— 184
　第四节　油料、油品储藏技术研究 ————————————— 185
　　一、油料、油品储藏技术研究（20世纪50年代至80年代末） —— 185
　　二、油料、油品储藏技术研究（20世纪80年代末至今） ——— 187
　第五节　高水分粮食、油料保管技术研究 —————————— 190
　　一、高水分粮食、油料保管技术研究（20世纪70年代至80年代末） —— 190
　　二、高水分粮食、油料保管技术研究（20世纪80年代末至今） — 191
　第六节　"双低""三低"储粮技术研究 —————————— 194
　　一、"双低""三低"储粮技术研究（20世纪70年代至80年代末） — 194
　　二、"双低""三低"储粮技术研究（20世纪80年代末至今） —— 195

第七节 "四项"储粮新技术研究 ·· 196

第八节 储粮过程中粮堆温度、湿度变化研究 ································ 196

第九节 粮食储藏过程中遇到的主要技术问题研究 ······················ 197

一、粮食入仓破碎问题研究 ·· 197

二、储粮与仓体结露问题研究 ·· 198

三、粮堆发热问题研究 ·· 198

四、粮食入仓自动分级问题研究 ··· 199

五、粮仓除尘防爆问题研究 ·· 199

六、防雷问题研究 ·· 200

第十节 储粮降低损耗研究 ··· 200

附：分论二 / 第七章著述目录 ··· 201

第八章 低温储粮技术研究 ——————————————————— 235

第一节 低温储粮技术主要研究工作（20 世纪 50 年代至 80 年代） ·········· 235

一、自然低温储粮技术研究 ·· 235

二、通风低温储粮技术研究 ·· 236

三、制冷低温储粮研究 ·· 239

四、地下低温储粮研究 ·· 240

五、低温密闭储粮研究 ·· 241

六、机械通风降低储粮水分研究 ··· 241

第二节 低温储粮技术主要研究工作（20 世纪 90 年代至今） ·········· 242

一、低温储粮技术通论 ·· 242

二、自然通风低温储粮技术研究 ··· 243

三、机械通风低温储粮技术研究 ··· 244

四、谷物冷却机低温储粮技术研究 ······································ 260

五、地下冷源低温储粮技术研究 ··· 262

六、压盖、隔热低温储粮技术研究 ······································ 262

附：分论二 / 第八章著述目录 ··· 266

第九章 储粮害虫防治技术研究 ——————————————————— 309

第一节 储粮害虫防治综述性研究 ··· 309

第二节 储粮害虫防治泛论 ··· 310

第三节 储粮害虫综合防治技术研究 ······································ 311

第四节 储粮害虫化学防治技术研究 ······································ 311

一、熏蒸剂的研究 ……………………………………………………… 311

二、病虫害检疫研究 …………………………………………………… 328

三、化学防护剂研究 …………………………………………………… 329

四、空仓消毒（杀虫）化学药剂研究 ……………………………… 333

第五节　储粮害虫非化学防治技术研究 …………………………………… 334

一、低温冷冻和高温防治储粮害虫研究 …………………………… 334

二、辐射技术防治储粮害虫研究 …………………………………… 335

三、惰性粉防治储粮害虫研究 ……………………………………… 337

四、储粮害虫生物防治技术研究 …………………………………… 339

五、储粮害虫植物性杀虫剂研究 …………………………………… 341

六、储粮害虫非化学防治多杀菌素技术研究 ……………………… 345

七、储粮害虫诱捕防治技术研究 …………………………………… 346

八、储粮害虫非化学防治食物引诱技术研究 ……………………… 347

九、臭氧杀虫防霉技术研究 ………………………………………… 347

十、天敌在储粮害虫防治中的应用 ………………………………… 348

十一、耐储种质相关研究 …………………………………………… 348

十二、防治储粮害虫其他方法和材料的研究 ……………………… 348

第六节　几种储粮害虫防治专项研究 ……………………………………… 350

一、麦蛾防治研究 …………………………………………………… 350

二、书虱防治研究 …………………………………………………… 350

三、谷蠹防治研究 …………………………………………………… 350

四、锈赤扁谷盗防治研究 …………………………………………… 351

五、鼠害防治研究 …………………………………………………… 351

附：分论二／第九章著述目录 ……………………………………… 352

第十章　粮食干燥技术研究 ——————————————————— 411

第一节　粮食干燥技术主要研究工作（20世纪50年代至80年代）……… 411

第二节　粮食干燥技术主要研究工作（20世纪90年代至今）…………… 412

一、粮食干燥通论 …………………………………………………… 412

二、粮食干燥应用基础性研究 ……………………………………… 413

三、粮食干燥机类型研究 …………………………………………… 414

四、粮食干燥节能降耗研究 ………………………………………… 419

五、粮食干燥对品质的影响研究 …………………………………… 419

六、粮食烘干破碎研究 ……………………………………………… 420

　　　　七、粮食干燥与储藏研究 ·· 420

　　附：分论二／第十章著述目录 ·· 421

第十一章　气调储粮技术研究 ———————————————— 433

　　第一节　气调储粮技术主要研究工作（20 世纪 50 年代至 80 年代）··········· 433

　　　　一、自然脱氧储粮技术研究 ·· 433

　　　　二、自然缺氧辅助植物叶子降氧储粮技术研究 ···························· 434

　　　　三、自然缺氧辅助微生物降氧储粮技术研究 ······························· 434

　　　　四、燃烧脱氧储粮技术研究 ·· 434

　　　　五、分子筛富氮储粮技术研究 ··· 435

　　　　六、制氮机降氧储粮技术研究 ··· 435

　　　　七、真空充氮储粮技术研究 ·· 435

　　　　八、除氧剂在储粮中的应用技术研究 ·· 436

　　　　九、气调储粮密封材料与密封技术研究 ····································· 436

　　第二节　气调储粮技术主要研究工作（20 世纪 90 年代至今）··············· 437

　　　　一、气调储粮工艺研究 ··· 437

　　　　二、气调防治储粮害虫研究 ·· 438

　　　　三、气调储粮品质变化研究 ·· 439

　　　　四、气调储粮抑制霉菌研究 ·· 440

　　　　五、气调储粮仓房气密性检测研究 ·· 440

　　　　六、气调储粮仓房气密性改造和处理研究 ································· 440

　　　　七、缺氧与安全研究 ·· 441

　　　　八、智能气调储粮技术研究 ·· 441

　　附：分论二／第十一章著述目录 ·· 443

第十二章　粮情检测与信息化研究 ———————————————— 455

　　第一节　粮情检测监控监管研究 ·· 455

　　第二节　粮油品质检测技术与方法研究 ··· 459

　　第三节　粮油污染检测技术研究 ·· 469

　　　　一、粮油污染检测技术研究（20 世纪 70 年代至 80 年代末）········· 469

　　　　二、粮油污染检测技术研究（20 世纪 90 年代至今）··················· 471

　　第四节　粮油储藏和品质检测仪器研制 ··· 473

　　　　一、粮油储藏和品质检测仪器研制（20 世纪 60 年代至 80 年代）··· 473

　　　　二、粮油储藏和品质检测仪器研制（20 世纪 90 年代至今）··········· 475

第五节　储粮"专家系统"与信息化研究 ···················· 476

　　附：分论二 / 第十二章著述目录 ······················ 478

第十三章　粮仓建设与改造的相关研究 ————— 513

第一节　粮仓机械研究 ······························· 513

　　一、粮仓机械研究总论 ····························· 513

　　二、扦样装置研制 ······························· 516

　　三、粮食分样器的研制 ····························· 516

　　四、测氧装置的研究 ····························· 517

　　五、施药装置的研制 ····························· 517

第二节　粮仓建设与改造的有关研究 ···················· 517

　　一、粮仓建设与改造总论 ··························· 518

　　二、仓型商榷 ································· 518

　　三、粮库与粮仓设计研究 ··························· 519

　　四、仓房结构研究 ······························· 521

　　五、粮库智能化建设 ····························· 521

　　六、仓房改造研究 ······························· 522

　　七、建仓新材料、新技术与仓房鉴定、压仓研究 ·············· 522

　　八、粮仓在储粮过程中的动静态荷载研究 ················ 522

　　附：分论二 / 第十三章著述目录 ···················· 523

第十四章　粮食流通与运输研究 ···················· 537

　　附：分论二 / 第十四章著述目录 ···················· 540

第十五章　农村储粮技术管理研究 ···················· 543

　　附：分论二 / 第十五章著述目录 ···················· 545

第十六章　粮食仓储科学管理研究 ···················· 549

　　附：分论二 / 第十六章著述目录 ···················· 556

主要参考文献 ·································· 567

后记 ····································· 568

总　论

第一章　概　述

　　第一节　我国储粮昆虫区系研究

　　第二节　第一阶段（1921—1956年）

　　第三节　第二阶段（1957—1977年）

　　第四节　第三阶段（1978—2021年）

第二章　粮食储藏研究领域进展百年的重点内容

　　第一节　成　就

　　第二节　借　鉴

　　第三节　战　略

　　第四节　粮食安全

　　第五节　著　述

　　第六节　期　刊

第一章　概　述

　　中国是一个伟大的国家，中华民族是一个伟大的民族，中国粮食储藏科学与技术的发展也走过了百年的光辉历程。

　　中国先民有意识地储藏粮食和其他种实已有7000—10000年的历史。在旧石器时代，我国先民以游猎为生，茹毛饮血，那时不可能有剩余的种实进行储藏。新石器时代，先民开始定居农耕。随着种植技术和生产工具的发展，除了满足日常生活需要，只有少量剩余的种实用于储存。正如恩格斯所说："人类社会脱离动物野蛮阶段以后的一切发展，都是从家庭劳动创造出的产品除了维持自身生活的需要尚有剩余的时候开始的，都是从一部分劳动可以不再用于单纯消费资料的生产，而是用于生产资料的生产的时候开始的。"马克思也指出："猎取禽兽太靠不住，始终都不能成为维持人类生活的唯一手段"，前述这些状况，从我国历史学者刘兴林的《史前农业探研》一书中也可以得见。在新石器时代，随着野生动物的驯化，先民由采集到种植，从游牧到定居，史前稻作农业和旱作农业得到了长足发展。从20世纪50年代至今（至今：本专著指时间至2021年），我国稻作遗存考古发现已有160多处，与栽培稻有关的发现引人瞩目，如江西省万年仙人洞、吊桶环遗址栽培的野生稻（稻花粉/稻植硅石）经碳十四测定，其年代距今14000—19000年；广东省英德市牛栏洞遗址发现的栽培稻植硅石距今10000年前；湖南省道县玉蟾岩遗址发现的栽培稻粒距今12000—14000年。在浙江省河姆渡遗址"干栏式"居室中发现的炭化稻谷距今约7500年，是亚洲最古老的稻谷实物遗存。史前粟作遗存的考古发现更加引人遐想，如河北省武安市磁山文化遗址距今约7300年。345座窖穴中有80座底部炭化粟堆积，均厚0.3～2 m，有的厚2 m以上，令人震惊。陕西省西安市半坡村文化遗址，窖穴中发现大量碳化粟［在半坡村遗址的一个灰坑（H115）内，出土的炭化粟有数斗之多，说明当时粟的种植已达到相当高的水平］。我们认为：粮食储藏是栽培的继续，没有种植的发展，是不可能诞生粮食储藏技术的。

粮食储藏科学属于自然科学的范畴，自然科学是研究自然界各种物质和现象的科学，是对自然物质运动规律的理解和说明，属于自然界的规律性的知识体系。我国很早就有人研究粮食储藏技术，诸如明代黄省曾所著《理生玉镜稻品》，就是我国最早记述稻谷品种及其品质特性的著作。元代的《王祯农书》，记述了古代储粮建筑设计、仓址选择、建仓材料选择、施工技术要求，储粮通风换气防止黄变和霉腐等。对于仓廪的建造，在清代，鄂尔泰的《授时通考》、明代张朝瑞的《仓敖议》、吕坤的《积储条件》等典籍里都有详尽的记述。这些典籍，分别记载了我国农学中的某一部分或某一方面的内容。在几个世纪以前，我国少数科学家虽然对粮食储藏相关的若干课题做过初步研究并发表过一些论著，但粮食储藏作为一门综合性应用科学在我国开展研究的起步是比较晚的。所以说：中国粮食储藏科学研究是一门既古老又年轻的科学。

纵观世界，我国粮食储藏科学研究大体上与世界许多国家的这项研究同步。例如，埃及与我国虽然都是粮食储藏技术发展最早的国家，但埃及的粮食储藏科学研究是随着现代科学的发展逐步建立起来的。又如，俄罗斯的农业工艺学研究是从1863年开展的。虽然早在1800年，俄罗斯关于磨粉和制米的论文已经问世，1809年已有制造小麦粉和其他谷物烘干机的专利，但谷物储藏科学研究却开展得较晚；鲁契金所称的"农产品储藏学"乃是一门后成长起来的年轻科学。再如，据日本粮食储藏专家近藤万太郎介绍，日本自神户时代即有"米谷储藏"之说。虽然日本粮食储藏技术的发展历史也很久远，但进行系统的"米谷储藏"的科学研究还是从20世纪初才开始兴起的。

综上所述，中国粮食储藏科学与技术的发展不仅有着光辉的历史，粮食储藏的科学研究也走过了百年的光辉历程。

中国粮食储藏科学的研究进程大致分为以下三个阶段：

第一阶段（1921—1956年）；

第二阶段（1957—1977年）；

第三阶段（1978—2021年）。

下面，我们将从历史发展、时期特点等角度来概括中国粮食储藏科学研究的发展进程。

第一节 我国储粮昆虫区系研究

中华人民共和国成立至今，我国粮食主管部门主持开展了全国性、大范围的储粮昆虫区系调查研究。调查对象包括储粮害虫、储粮害虫天敌、储粮昆虫、储藏物昆虫、未命名储藏物昆虫、未命名储粮昆虫。在储粮害虫分类学、生物学、生态学、遗传学与抗性研究方面，取得了较快进展，从一定程度上对我国粮食储藏科学研究和发展起到了推动作用。

1. 全国性储粮昆虫调查研究

从1955至今，我国粮食系统专家学者和科研人员在国家粮食主管部门领导下，进行了七次全国性、较大规模的储粮昆虫调查研究。目前，这项调查仍在继续。

2. 全国性储粮昆虫调查研究的收获

经过多次全国性、大范围的储粮昆虫调查，收获颇丰。如第五次储粮昆虫调查，查明了储藏物昆虫194种；第六次调查，查明了储粮昆虫270种，其中储粮害虫226种，储粮害虫天敌44种。

有专家对我国不同储粮生态地域、不同储藏环境，特别是高温高湿地区储粮害虫的分布作了调查：对广东、福建、湖南、湖北、江西、河南、陕西、安徽等省市的玉米象、米象等储粮害虫分布分别作出报道；有专家对储粮害虫区系分布GIS表达与可视化方法进行了研究，颇有新意；有专家对储粮螨类区系进行了调查：已记录中国储粮螨类100多种，分录于粉螨亚目、甲螨亚目、辐几丁亚目、革螨亚目，其中已记录粉螨60多种、肉食螨10多种；有专家对所在省市（如福建、江西、河南、云南等地）的储粮昆虫进行了相关调查。

第二节 第一阶段（1921—1956年）

这一阶段的科研特点是：先贤引路，蓄势待发。

在我国粮食科研机构建立以前，老一辈热心粮食储藏科学研究事业的专家学者，做了一些先导性的科研工作，为推进我国粮食科学事业的发展起到了催生促进的作用。

这一阶段的研究，绝大多数专家学者是从研究储粮害虫起步的，储粮害虫及其防治成为这个阶段的科研主题。例如，有专家报道了蚕豆象、豌豆象、绿豆象、米象、黑粉虫、粉斑螟蛾等对储粮的为害损失调查以及储粮害虫的生活习性与防治方法的研究；有专家报道了中国仓储害虫与益虫名录；有专家报道了粮仓修建的理论；有专家报道了粮食储藏的科学管理方法等。在这一阶段的晚期，有些专家已经开始着手研究粮食在储藏期间生理与品质变化方面的相关课题。

第三节　第二阶段（1957—1977年）

这一阶段科研的特点是：扬帆起航，初有收获。

中华人民共和国成立之初，全国专事科学研究的人员不足500人，从事粮食储藏科学研究的人员更是屈指可数。在党中央和国务院的关怀下，为了承担国家《1956—1967年科学技术发展远景规划》（简称《十二年科学技术发展规划》）和《1963—1972年科学技术发展规划纲要》（简称《十年科学技术发展规划》）中提出的相关研究任务，粮食部于1956年着手筹建粮食部科学研究所[①]。1961年，粮食部科学研究设计院[②]报请国家科委[③]同意，经时任副总理聂荣臻批准，该院下设五个科学研究所。从1961年起，粮食部科学研究设计院贯彻中央"科研面向生产""研究与设计结合""理论联系实际"的方针，扩所建院。在北京市、上海市、天津市、广东省、浙江省、辽宁省、湖北省、四川省、江西省、广西壮族自治区、陕西省和甘肃省分别组建了粮食科学研究所（室），为开展粮食储藏的科研工作奠定了基础。1965年，粮食部粮食储藏科学研究所（绵阳粮食科学研究所）[④]正式建立。这段时间，粮食部粮食储藏科学研究所除完善内部机构设置、充实科研人员以外，还采取了若干重要措施，对推进粮食储藏科研工作的顺利开展起到了较大作用。

1. 建章立制

为深入贯彻党中央提出的《关于自然科学研究机构当前工作的十四条意见（草案）》（简称《科研十四条》，下同），国家科委组建粮食专家组，邀请国内粮食储藏专业相关专家忻介六、姚康、黄瑞纶、王鸣岐、向瑞春、梁权、赵同芳、李克裕等为成员。粮食专家组开会时，时任国家科委主任韩光到会指导。其后选派部分科研人员到专家所在单位进修学习，在专家的指导下开展试验。重大课题采取部属科研机构牵头，各省、自治区、直辖市（本专著又称省区

[①][②] 现国家粮食和物资储备局科学研究院的前身，下同。
[③] 现中华人民共和国科学技术部的前身，中华人民共和国科学技术委员会的简称，下同。
[④] 现中储粮成都储藏研究院有限公司的前身，下同。

市）粮食科研机构共同参加的办法，共同奋力攻关。

2. 这一阶段的收获

这一阶段，开展了包括以下诸方面的科研和探索：开展了以主要粮食、油料储藏技术和少数成品粮储藏技术的研究；开展了薯类安全储藏技术的研究；开展了几种主要储粮害虫、螨类、粮食微生物区系的调查和消长规律的初步研究；开展了几种防治储粮害虫熏蒸剂的研究，如氯化苦、溴甲烷、磷化氢（本专著又称PH_3）、敌敌畏、二硫化碳等储粮害虫防护剂药效和施药方法的研究；开展了除虫菊、林丹、马拉硫磷、辛硫磷等13种药剂的药效和施药方法的研究；开展了用土法烧制磷化钙，自制磷化铝的研究；开展了空仓消毒使用各种剂型和药剂的研究；开展了"双低"（低氧、低药量）储粮杀虫的研究；开展了几种主要储粮害虫对磷化氢等主要药剂抗药性的研究；开展了自然缺氧储粮、低氧密闭储粮和利用微生物等辅助降氧措施的探索；开展了低温储粮、低温与冷冻杀虫、辐射杀虫的初步研究；开展了对黄曲霉毒素B_1的测定技术及去毒技术的研究；制定了主要防治储粮害虫药剂残留仪器分析测定技术标准及几种药剂限量允许的卫生标准；开展了对几种型式的玉米烘干机、稻谷烘干机、制氮机的研究；开展了对粮堆温度遥测仪器、粮食水分测定装置、几种粮食扦样装置、粮食分样器、熏蒸剂仓外施药装置、保护剂拌药装置的研究；开展了对高水分粮食和甘薯防霉剂的研究；开展了对粮食及加工品的化学成分、工艺品质的测评研究。

第四节 第三阶段（1978—2021年）

这一阶段的科研特点是：战略引领理念创新，翘楚辈出，硕果累累。

我国从1978—2021年的40多年间（以下称"这40多年来"），在党的正确路线指引下，发生了翻天覆地的变化，取得了许多伟大的成就，可谓光彩夺目、魅力永恒。与此同时，我国粮食储藏科学研究事业也取得了引人注目的成就，这些成就的取得主要基于以下几点。

重视战略创新：我国在20世纪90年代就提出了一系列粮食储藏科学技术的发展战略，这在世界上是绝无仅有的。1998年，我国粮食储藏专家在第七届国际储藏产品保护工作会议上提出：从最大限度地保护和利用人类食物资源、最大限度地保护和改善人类生存环境、最大限度地提高人类生存质量出发，粮食储藏科学技术和管理，必须向"三低、三高"（低损耗、低污染、低成本；高质量、高营养、高效益）和"三化"（装备现代化、管理科学化、经营集约化）方向发展。该建议得到了各国与会专家的认同。"三低、三高"和"三化"粮食储藏战略是绿色储粮战略、生态储粮战略、可持续发展战略，是集粮食生产、加工、储运、消费绿色的一体化战略。这个战略是指导和引领我国粮食储藏科研项目取得重大实用性、前瞻性成就的根本保证。

重视理论创新：我国粮食储藏专家学者提出了"储粮生态学""储粮安全学""中国储粮生态系统理论体系"的框架，运用理论指导实践。这些理念已经成为指导我国制订粮食储藏技术规程的理论依据和粮仓设计的参考思路。

重视技术创新：这40多年来，是我国粮食储藏技术进展最快、科研成就最为突出的时期。就科研项目而言，从经验总结跨越到规律探索；从专用装备引进、仿制到自主创新；从各种储粮技术措施实现一定程度的机械化到逐步实现自动化、智能化；用数学模型指导各项技术措施到正确实施。

重视科研管理：这40多年来，科研主要围绕粮食储藏的重大关键项目进行。由国家粮食主管部门组织相关科研院所、高等专业院校参加的攻关组开展科研和机械技术研发，举全国之力，共同攻关。

重视领军人才的培养及改善科研环境和条件：这40多年来，国家十分重视粮食储藏领军人才的培养，努力开展与国际的专业学术交流与合作，配备世界一流专业的高级精密仪器和装备，建立具有世界水平的专业实验室和实验基地。目前，我国粮食储藏的某些实验条件和装备，已经接近和达到了国际先进水平。"工欲善其事，必先利其器"，这是取得粮食储藏高水平研究成果的基本保障。

1978—2021年，是我国粮食储藏科学研究高速发展的阶段，这一阶段，取得了许多令人瞩目的成就。以下重点介绍这一阶段我国粮食储藏科研取得的主要成果。

一、储粮害虫研究

1. 储粮害虫分类鉴定研究

这40多年来，为了适应储粮害虫区系调查，我国几十位储粮害虫专家学者开展了大量的储粮害虫分类鉴定研究。他们先后开展了对粉斑螟、地中海螟、烟草螟成虫的鉴别方法研究；对我国蛾类储粮害虫成虫的外生殖器进行研究；对棕榈核小蠹、绿豆象触角突变进行观察研究；对鹰嘴豆象、四纹豆象与拟四纹豆象、巴西豆象等进行分类研究；对米象和玉米象幼虫进行区分观察研究；对毛蕈甲与褐蕈甲进行区分观察研究等。

有专家分别对中华垫甲、四纹皮蠹、酱曲露尾甲与细胫露尾甲、二纹露尾甲、玉米尖翅蛾、甲胸皮蠹、黑斑皮蠹、斜带褐毛皮蠹、圆皮蠹、脊胸露尾甲、日本竹蠹进行了研究；有专家分别对二行薪甲、四行薪甲、湿薪甲、大眼薪甲、脊薪甲、绿薪甲、浓毛窃蠹、灵芝窃蠹等储粮害虫进行了研究，并陆续发文进行报道。

2. 储粮害虫鉴定技术研究

这40多年来，我国储粮害虫分类研究、鉴定技术取得长足进展。在原来单纯依靠形态分类的基础上，开展了比较解剖学的方法、含菌体微生物的方法以及血清学的方法。有专家报道了用气相色谱法鉴定米象和玉米象虫体脂肪中的棕榈烯酸研究；有专家分别报道了储粮害虫裂解图谱，储粮害虫图像灰联分析，基于图像处理的技术分类识别，BP神经网络在储粮害虫的分类应用，储粮害虫声音分析系统，利用虫体蛋白特异性区分、图像识别特征值提取技术，基于支持向量机的储粮害虫分类识别技术，基于Bag of Features模型害虫分类技术，利用扫描电镜观察害虫某些器官，基于DNA的条形码技术对储粮害虫某些碎片进行鉴定的研究；还有专家报道了基于数学形态学滤波储粮害虫图像二值分割的研究。

3. 主要储粮害虫生物学研究

这40多年来，我国储粮专家学者和科技工作者对主要储粮害虫生物学开展了研究，如储粮害虫的生活史、各虫期历期、世代数、食性、越冬场所、生殖与产卵行为、习性等课题。研究的虫种主要包括以下：

（1）储粮害虫甲虫。玉米象、米象、绿豆象、豌豆象、谷蠹、四纹皮蠹、谷斑皮蠹、四纹豆象、巴西豆象、暗褐毛皮蠹、赤拟谷盗、书虱、小眼书虱、嗜卷书虱、嗜虫书虱、锈赤扁谷盗等。

（2）储粮害虫天敌。麦蛾茧蜂、仓虫花蝽、仓双环猎蝽、黄岗花蝽等。

（3）储粮害虫蛾类。米蛾、麦蛾、印度谷螟、褐斑谷蛾等。

（4）储粮螨类。椭圆食粉螨、害嗜鳞螨等。

4. 储粮害虫生态学研究

这40多年来，我国储粮害虫生态学研究取得瞩目进展，主要研究内容有：

（1）储粮害虫个体生态研究。研究包括不同生态条件对谷蠹、赤拟谷盗、玉米象、印度谷螟、书虱、毛蕈甲、腐食螨等生长发育的影响。

（2）储粮害虫群落生态研究。包括储粮害虫群落数量分类和群落中的主要仓虫（仓虫：本专著主要指仓储害虫）生态位、内禀增长率、群落生态数量动态的预测模型；种群数量消失的原因分析；种群动态对储粮品质的影响。

（3）研究包括不同地域、不同仓型、不同粮种、不同储藏方法对虫螨生长发育的影响；包括不同浓度的熏蒸剂、不同剂量的防护剂、不同浓度的氮气对虫螨生长发育的影响。

（4）不同储粮生态条件对虫螨生理生化代谢的影响研究。

5. 储粮害虫遗传研究

这40多年来，储粮害虫遗传研究主要围绕抗性遗传开展，如对玉米象、米象及其杂交后代的染色体进行观察，将酯酶同工酶作出比较；对杂交后代染色体组型作出酶化学分析；对某些害虫RAPD反应体系与程序优化的研究。

6. 储粮害虫抗性研究

这40多年来，我国储粮害虫抗性研究在以下方面有突破性进展。

（1）我国主要储粮害虫抗性调查。包括玉米象、米象、谷蠹、锈赤扁谷盗、麦蛾、书虱等虫种。

（2）我国主要储粮害虫对几种常用药剂（磷化氢等）的抗性研究。

（3）玉米象对几种有机磷防护剂交互抗性的研究。

（4）储粮害虫抗性机理与分子监测的研究。

（5）储粮害虫磷化氢抗性检测方法和快速检测方法的研究。

二、粮油品质研究

这40多年来，相关粮食储藏专家学者对我国粮油[①]品质的各项指标进行了广泛、深入的研究，为我国粮油的科学储藏、合理加工、有效利用、营养膳食等提供了数据支撑，也为农业品种的选育、合理栽培提供了参考。

1. 粮油品质特性研究

（1）物理特性（流散、热、吸附、湿热）研究。研究报道比较多的是：不同粮种容重、导热系数、相对密度；几种粮食籽粒的压缩特性、红外吸收特性；粮堆弹性模量、粮堆热湿耦合传递、粮堆热湿梯度场物理参数；粮食水分对容重和电导率的影响等。

（2）生化特性（营养组成、生理活性物质、化学成分）研究。研究报道比较多的是：不同粮种在不同储藏条件下的酶活性变化；利用酶活性改善芽麦食用品质；脂肪氧化酶同工酶缺失种质储藏特性研究；粮粒蛋白质、脂类与食用品质的关系；高分子谷蛋白与面粉品质的关系；不同仓型控温储粮对粮食蛋白质、脂肪的特性影响。

（3）生理特性（代谢、呼吸、休眠、后熟）研究。研究报道比较多的是：不同粮种在不同的储藏条件下呼吸速率、呼吸热数值的变化；粮食膜脂过氧化与生理代谢指标的关系；脂肪氧化酶缺失对粮食生理特性的影响。

（4）食用品质（蒸煮、烘焙、食味）研究。研究报道比较多的是：小麦粉面包烘焙品质指标研究；高分子量麦谷蛋白亚基SDS-PAGE图谱在小麦品质研究中的应用；稻谷在储藏中的糊化特性变化，大米食味与理化性质的关系；稻谷储藏调质前后大米食用品质变化的研究；大米、小麦粉不同蒸煮品质、烘焙食品食味品质评价体系的研究和建立。

---

① 粮油：粮食油料的简称，是对谷类、豆类等粮食和油料及其加工成品和半成品的统称，下同。

2. 粮油品质测报研究

在粮油品质特性研究的基础上，相关专家开展了粮油品质测报研究。连续三年，每年扦取十多个省区市的商品样品数千份，品种样品数百份，对各项品质指标进行了全面测定，取得了数以万计的珍贵数据。

近20年，有专家对我国主要产麦区小麦品种烘焙和蒸煮品质，包括山西、河北、山东、河南等省市的一些玉米品种的淀粉特性，中、晚稻质量和品质作了研究；还有专家对应用计算机图像处理粮粒形状识别的技术开展了研发和创新。

3. 粮油品质劣变指标研究

有专家通过对不同地域、不同粮种、不同储藏年限、不同储藏条件和方法的主要粮种（稻谷、小麦、玉米、大豆）数千份样品进行了测定，取得了几万个数据。证明：粮食发芽率、脂肪酸值、黏度和品尝评分存在显著相关；大豆PST（脂肪性磷占总磷百分比）相关显著。回归是一元、二元、三元回归方程，三元回归方程精度最高。这些不同粮种的回归方程，经过多年的验证和完善，已经用于指导基层粮油科学合理储藏和粮油轮换。

4. 不同储藏生态条件与储藏方式对粮油品质的影响研究

不同储藏生态条件指高温高湿、低温、人工模拟低温、准低温等环境条件。涉及研究的储藏粮油种类有小麦、稻谷、大豆、大米、小麦粉、糙米、油菜籽等；涉及的仓型有高大平房仓、浅圆仓、平房仓等。主要有以下研究报道。

（1）粮食水分含量和粮堆温度变化对粮食脂肪酸值、色泽、黏度的影响。

（2）大米度夏储藏过程中的品质变化。

（3）不同储藏温度变化对小麦粉、大米挥发物以及理化指标的影响。

（4）不同储藏水分、温度和真菌生长状况对大豆品质的影响。

（5）不同储藏条件对大米和小麦粉新鲜度的影响。

（6）不同仓型、不同存放方式对粮油品质变化的规律研究。

5. 储粮技术措施对粮油品质影响的研究

粮油储藏的主要技术措施研究包括：气调（自然缺氧、充氮、充二氧化碳[①]）、通风（径向通风、横向通风）、烘干（高温快速干燥、低温慢速干燥）、防治（熏蒸剂、防护剂）、辐射[②]杀虫技术（辐射杀虫、辐照技术）对粮油品质的影响。

6. 粮油营养品质研究

粮油营养品质研究主要包括不同粮种营养成分组成、营养价值、维生素和微量元素含量；

---

① 本专著"二氧化碳"通"CO_2"，不作统一。

② 为保留科研著述原貌，本专著"辐射"通"辐照"，不作统一。

对各种粮油样品蛋白质品质进行化学评价；必需氨基酸指数（EDI）和化学分（Chem Score）计算；对某些特殊品种的营养保健功能作出评估。

7. 品种分类研究

该研究是基于优化神经网格的小麦品种分类研究。

三、储粮微生物研究

这40多年来，我国储粮微生物研究主要开展了区系调查、演替规律，不同储粮生态条件和技术措施对演替的影响，储粮害虫为害监测技术，预测系统研究等，成果颇丰。

1. 储粮微生物区系调查

从20世纪80年代开始，我国专家粮食储藏学者和科研人员对主要粮油微生物区系进行了调查，共分离出霉菌50属182种。

有专家对稻谷真菌区系及演替规律做了研究，共分离真菌30属81种，其中优势真菌26种，常见真菌39种，少见真菌19种。新收获稻谷以兼寄生田间真菌为优势真菌，腐生的储藏真菌极少，储藏两年后，前者减少或消失，后者增加；有专家对小麦真菌区系及演替规律做了研究，分别对优势真菌、常见真菌作出详细报道。新收获储藏一年小麦分离出真菌30属101种，酵母真菌3属，放线真菌1属。新收获小麦田间真菌占优势，储藏一年后，真菌逐渐减少；有专家对玉米、花生仁真菌区系及演替规律做了研究，前者分离出25属58种，后者分离出19属44种。

2. 不同储粮生态条件和不同技术措施对储粮微生物区系演替影响的研究

（1）对储粮在不同温湿度、通风、密闭等条件下对微生物区系演替的影响做了详细研究。

（2）气调储粮（自然缺氧、充氮、充二氧化碳）的氧浓度、储粮水分对微生物区系演替的影响。

（3）防治储粮害虫的熏蒸剂、防护剂对微生物区系演替的影响，前者主要是磷化氢，后者主要是防虫磷、杀螟松等。

（4）干燥、冷却对微生物区系演替的影响。近年研究较多的是低温缓速干燥（就仓干燥、小型粮食干燥机等）和谷物冷却技术对储粮微生物消长规律的影响。

3. 储粮微生物为害监测技术研究

该研究主要根据储粮霉菌的活动状况和二氧化碳扩散特性研究生物监测技术、仪器和方法进行。

4. 储粮微生物预测系统研究

该研究基于监测结果对过氧化氢酶活性进行预测，对玉米、小麦黄曲霉素生长早期的预测模型进行研究。

四、储粮生态系统研究

这40多年来，我国储粮生态系统研究取得了突破性进展。我国以粮堆生态学为基础，进一步从储粮生态学开展系统研究，不仅考虑了粮仓内粮堆这个人工封闭的生态系统、各种生物因子、非生物因子对储粮的影响，还考虑到仓房外有限环境对储粮的影响。

我国粮堆生态系统研究是从储粮害虫生态学起步的。老一辈粮食储藏专家（害虫、螨类研究专家）提出："粮堆是一个由多种生物和非生物有机结合，相互联系，具有一定功能的封闭型生态系统，必须全面研究系统矛盾的多个方面及其联系，包括粮堆内生物群落（虫、螨、霉等）的一般结构、数量特征和分类、与其他因子的相互关系、系统的物质转换和能量流动规律等。通过综合分析、协调管理，才能控制粮堆向有利的方向发展。"这段话，对储粮生态系统的组成、基本特性、信息联系、能量流动作出了阐述。

在借鉴国际、国内已有储粮生态系统研究成果的基础上，我国粮食储藏专家学者开展了"不同储粮生态区域粮食储备配套技术的优化与示范"的研究。研究课题和研究成果主要有如下一些内容。

1. 不同储粮生态地域划分的研究

以≥10℃积温和≥15℃积温作为主要指标，对我国储粮生态地域进行合理划分，分为：高寒干燥储粮生态区（第一区）；低温干燥储粮生态区（第二区）；低温高湿储粮生态区（第三区）；中温干燥储粮生态区（第四区）；中温高湿储粮生态区（第五区）；中温低湿储粮生态区（第六区）；高温高湿储粮生态区（第七区）。该项研究已经成为开展储粮生态地域研究的基础。

2. 不同储粮地域仓型的合理选择研究

粮食储藏专家经研究提出：我国粮食储备仓型在第一区至第四区宜建浅圆仓、平房仓；在港口或中转枢纽地域宜建筒仓、浅圆仓，同时，又参考围护结构外表辐射热系数提出了不同储粮生态地域粮仓隔热保温处理的措施。

3. 不同仓型粮仓机械和专用设备的合理配置研究

平房仓和浅圆仓应分别配置装卸、输送、检斤、清理、码垛设备。确保储粮安全的专用设备，包括检测系统、通风系统、熏蒸系统、冷却系统、气控系统、安全系统、粮仓管理和虫霉防治专家系统。

4. 合理储粮工艺和最佳经济运行模式研究

不同储粮地域、不同仓型储存不同的粮种是合理储粮工艺和最佳的经济运行模式。对于全国不同储粮地区来说，最佳经济运行模式是：充分利用自然低温和机械通风降温；天气转暖前密闭隔热；夏季保冷储藏；必要时熏蒸处理；天气转冷时严防结露；适时通风降温、降湿。

5. 不同储粮生态地域、不同储粮技术经济学评价

粮食储藏安全技术措施要从管理、成本、效益等方面进行全面分析。我国粮食储藏专家提出的储粮精细化管理，对降低储粮成本、增加和提高社会经济和生态效益有重要作用。

6. 储粮安全技术评价体系的研究

该研究根据粮食品质综合评分（粮食耐储性、入库质量、安全储藏水分、新旧年限、品质检测结果），粮堆生态综合评分（粮堆温度、粮堆平衡相对温度、仓储害虫、微生物）进行计算和评价，提出了可兹应用公式。

根据上述研究结果，我国粮食储藏专家提出的科学储粮理念主要有：

（1）建立"储粮安全学"理念。借鉴"储粮安全学"学说，正确认识粮食（主体）、环境因子（客体）和社会学（技术管理、成本、效益）之间的关系。

（2）结合我国现代粮食仓储技术发展状况，特别是1998年以来，新建浅圆仓、高大平房仓（大粮堆、高粮层），推广应用储粮"四项新技术"（机械通风、粮情检测、环流熏蒸、谷物冷却），建立了储粮生态系统安全控制体系。

（3）建立"有中国特点的储粮生态系统理论体系框架"。其核心是根据粮堆生态学理论，在我国不同储粮生态地域，选择适合仓型，在粮食储运过程中配置适宜的技术设备和相应管理措施，充分利用对安全储藏生态条件，控制虫霉为害，延缓品质劣变，优化储藏成本，确保储粮安全。

我国几十位粮食高等院校、专业科研机构、基层粮食储备单位以及粮食储藏专家学者开展的上述六项储粮生态研究，取得了丰硕的研究成果，构建了中国储粮生态系统理论体系框架。近10年来，该体系已成为我国制订粮食储藏技术规程的理论依据，也为粮仓设计和建设提供了参考。

我国粮食储藏专家学者根据储粮生态系统理论体系的研究结果，提出了"中国不同储粮生态地域储粮工艺模示图"。此外，还提出了储粮数学生态学、储粮化学生态学、储粮工程生态学、世界储粮生态系统网络体系的研究设想，为今后的研究工作已经发挥了某些启迪作用。

五、低温储粮和相关技术研究

这40多年来，我国低温储粮和相关技术（机械通风、谷物冷却等）的研究得到了跨越发展，正式报道的研究报告有数百篇。引人瞩目的研究成果有：一是确保高大平房仓、浅圆仓储粮安全，储粮"四合一新技术"在全国范围内得到推广应用。二是基于粮堆生态学、储粮生态学研究不断深入，粮堆热湿耦合传递理论研究、数学模型构建、储粮智能通风水平得到较快提高。三是随着机械通风理论研究的不断深入，我国储粮通风技术有所突破——横向通风问世。横向通风有利于储粮出仓机械化。房式仓竖向通风和横向通风的通风比较以及经济效益分析已有详细报道。四是储粮机械通风自动控制系统研究得到发展和完善。

1. 低温储粮和相关技术研究

1）低温储粮机械通风技术应用基础研究不断深入

诸如不同仓型通风系统风机的合理选择；性能的参数比较；横向通风条件；不同粮种平衡水分变化；平衡水分理论和窗口指导降温通风效果；基于数值模拟技术的几种通风量下储粮机械通风效果的比较；智能通风操作系统水分控制模型优化及程序设计；降温通风温度模拟分析；不同粮种、粮堆横向通风和竖向通风性能参数的对比；横向通风过程中粮堆内热湿耦合传递模拟；不同送风湿度下通风效果的数值模拟；不同通风系统降温效果的数学模拟及验证；计算流体动力学CFD用于粮仓内气流仿真；粮堆温度场及水分场仿真模拟的研究与应用。

2）低温储粮通风技术研究

（1）按储粮仓型区分。高大平房仓储粮通风：包括不同粮种、不同地域、不同季节、不同时间的通风技术研究；分段通风、多层立体通风、有动力和无动力排除仓顶积热等研究。以下是不同储粮仓型的通风研究。

浅圆仓储粮通风研究：包括不同通风方式、不同功率风机通风效果的比较；浅圆仓仓底卸粮通道防止结露的研究。

平房仓储粮通风研究：包括横向与竖向通风系统降温、降湿的效果比较；粮食入仓效能和效益比较。

立筒仓储粮通风研究：包括立筒仓共同管道熏蒸杀虫和通风降温的研究；立筒仓通风防止结露、结拱的研究。

钢板仓储粮通风研究：包括机械通风降温系统设计；保温仓控温储粮技术措施的研究。

砖圆仓储粮通风研究：包括通风设计与效益的研究。

其他储粮设施通风研究：如露天围囤储粮通风系统空气途径比研究；包打围散粮通风降温研究；钢结构简易囤通风效果评价等。

（2）按储粮地域区分。我国南方地区低温储粮技术探索；我国西北地区利用冬季降温、降湿储粮模式研究；我国华南地区高大平房仓不同风机通风降温能效比较；我国西北、东北、华北地区低温储粮技术的优化集成；高寒干燥地区储粮保水、减损技术研究；华北地区自然冷源控温储粮技术研究。

（3）按使用风机类型区分的可行性研究

应用离心风机研究：针对我国不同储粮地域、不同仓型、不同粮种，横向和竖向通风离心风机的合理配置、应用及效果比较的研究。

应用轴流风机研究：不同仓型、不同粮种，轴流风机和使用离心风机通风效果的比较研究；使用轴流风机通风对粮食水分变化和能耗影响的研究；轴流风机自动控制系统在储粮中的应用研究；轴流风机缓速通风调质效果的可行性研究。

应用空调控温储粮研究：高大平房仓、浅圆仓空调控温储粮效果研究；移动空调控温结合其他保温隔热措施应用研究；不同储粮生态地域空调控温与谷物冷却控温适用性对比试验研究；粮仓专用空调技术特点和开发应用的研究。

储粮仓内环流通风控温研究：储粮仓内密闭循环机械通风温热交换研究；环流控温对储粮水分变化的影响研究；仓内环流均温通风的研究与应用；仓内通风环流熏蒸一体化系统研究；仓内智能膜下环流及开放环流控温的效果比较研究；仓内环流控温和空调控温应用效果的比较研究。

（4）按储粮低温"冷源"区分的可行性研究

自然低温通风储粮研究：冬春季节自然通风辅助机械通风降温保质研究；自然通风粮堆通风道设置试验研究；准低温储粮和自然蓄冷储粮的探索。

机械通风低温储粮研究：不同通风系统型式，包括不同储粮通风风道性能的比较研究；单管通风降温、降湿效果的技术研究；多管通风处理粮堆局部发热效果的应用研究；立式气箱通风与揭膜相结合提高降温效果探索；吸风排湿装置在储粮中的应用研究。

利用谷物冷却降温储粮研究：不同仓型、不同粮种谷物冷却机低温储粮技术研究；谷物冷却机与通风机降温储粮的效果比较；多功能变频小型仓储冷却机研制与试验；新型节能谷物冷却机散热的控温效果研究。

利用地下冷源降温储粮研究：地下仓准低温储粮研究；利用地下水风机盘管机组控制仓温；浅层地能低温实仓降温效果的应用研究。

利用太阳能控温储粮研究：太阳能制冷机组通风系统储粮试验研究。

此外，低温储粮隔热保冷、粮面压盖和新型反光涂料应用都有研究报道。

（5）按通风目的区分的可行性研究

储粮通风控温控湿研究：不同控温控湿方法的比较研究；偏高水分粮食机械通风降水控温的储藏研究；高温季节入仓粮食降水控温度夏试验。

储粮通风降水研究：储粮机械通风降水系统的研究；不同机械通风系统降低粮食水分装置的研制；高水分粮食通风降水对粮食品质影响的研究；储粮降温降水新途径探讨。

储粮调质通风研究：不同粮种储粮调质通风原理的应用研究；通风调质过程吸湿率的研究；不同仓型、不同粮种降温保质技术研究；高水分粮通风降水度夏保质研究；低水分粮通风效果研究；不同储粮地域粮食出仓前调质通风研究；不同通风方式对储粮调质均温减损的效果比较；智能通风技术在调质降温通风中的应用研究。

储粮通风抑制虫霉为害：不同地域、不同粮种在不同季节粮堆局部发热的有效处理方法研究。

2.平房仓"四合一"储粮升级新技术工艺和设备配置研究

"四合一"储粮升级新技术配置原则：以储粮生态系统理论为指导，坚持"网络共用、功能互补、技术集成、节能增效"，根据不同储粮生态地域的实际需要进行系统集成配置如下。

（1）横向通风系统。

（2）多介质横向环流系统（我国南方地区）。

（3）横向谷冷通风系统（我国南方地区）。

（4）多参数（温湿度和气体）粮情测控系统。

（5）氮气气调控制系统（第一至第三储粮生态区不需配置）。

六、粮食干燥技术研究

这40多年来，我国粮食干燥技术研究得到了长足发展，适合不同地域、不同粮种的不同类型干燥设置和工艺取得了一批研究成果。

1.粮食干燥应用基础研究

例如：不同粮种导热系数研究；降水速率与爆腰增率的相关性研究；就仓干燥粮堆内部热湿耦合传递过程预测研究；基于BP神经网络的储粮就仓干燥通风时间预测模型研究；不同干燥工艺对粮食加工品质和食用品质影响研究。

2.粮食干燥新机型、新工艺、新方法不断涌现

在粮食高温快速干燥方面，我国科研人员在借鉴国外粮食储藏研究成果的基础上，顺逆流粮食干燥机、顺逆流冷却工艺、滚筒粮食干燥机和流化槽粮食烘干机得到了发展；低温缓速粮食干燥研究进展迅速；偏高水分粮整仓通风就仓干燥工艺和设备研究不断创新，日臻完善。近年来，在国家粮食储备库，研究推广小型移动式低温烘干系统，包括配套的清理设备受到青睐。低温移动式、连续式、循环式谷物干燥机在稻谷干燥中得到应用。其他如在低温真空干燥、袋式干燥、微波干燥、粮食远红外辐射干燥、组挂式粮食干燥等方面都做了大量的研究工作。近年来，对油料（油菜籽等）干燥工艺和设备的研究也有一些报道。

3.粮食烘干机的研究

对粮食烘干机供热装置的研究，包括热风炉的结构特点、技术特性、热工行为等。

4.粮食烘干机自动控制技术研究

对粮食烘干机自动控制技术研究，包括烘干机智能测控系统（粮食烘干水分智能控制、粮食变温干燥与在线控制）、多媒体以及信息管理系统开发等。

七、有害生物防治研究

这40多年来，我国科研人员在有害生物防治研究方面取得了非常令人瞩目的进展。本项研究起步早、进展快，内容全面、工作扎实、成果突出。我国有害生物防治技术研究主要分为化学防治技术和非化学防治技术。

1. 化学防治技术（包括化学熏蒸剂和化学防护剂）研究

1）熏蒸剂研究

熏蒸剂研究包括氯化苦、溴甲烷、磷化氢、敌敌畏、甲酸乙酯、硫酰氟、环氧乙烷、二氧化碳等。其中以磷化氢防治储粮害虫研究最为全面、深入。

（1）磷化氢熏蒸效果研究，包括理化性质、机理、药效研究（对不同种类仓虫的药效研究；对某种仓虫不同虫态的药效研究）。

（2）磷化氢施药技术研究，包括施药方法、施药设备研究。

（3）不同仓型、不同粮种磷化氢熏蒸研究，包括仓房密闭程度和施药熏蒸方法研究，不同粮种对磷化氢的吸附情况、防治效果等研究。

（4）磷化氢熏蒸类别研究。①磷化氢常规熏蒸。磷化铝：粮面施药、布袋埋藏、帐幕熏蒸、包装粮堆施药。磷化锌：酸式法、碱式法，均极少使用。磷化钙：目前已停止使用。②磷化氢低药量施药法：仓内膜下内环流熏蒸、环流熏蒸、缓释熏蒸、间歇熏蒸、混合熏蒸（磷化氢与二氧化碳、磷化氢与氯化苦、磷化氢与敌敌畏、磷化氢与溴甲烷）。③磷化氢熏蒸与通风一体化的研究应用。

2）防护剂研究

防护剂研究，包括防虫磷、溴氰菊酯（溴氰菊酯加增效醚）、胡椒基丁醚增效剂（凯安保）、杀虫松、保粮安（防虫磷69.3%，溴氰菊酯0.7%、增效醚7%，其余为乳化剂及溶剂）、甲基嘧啶硫磷、甲基毒死蜱、辛硫磷、倍硫磷、杀来菊酯、二氯苯菊酯、生物苄呋菊酯、氨基甲酸酯、拟除虫菊酯等。防护剂研究主要有以下内容。

（1）理化性质研究。

（2）药效研究。①不同虫种、虫期对药效的影响。②在粮堆施药前储粮害虫密度对药效的影响。③粮食含水量对药效的影响。④粮仓、粮堆温度对药效的影响。⑤光线对药效的影响。⑥粮种对药效的影响。⑦药剂在粮粒上不同浓度对药效的影响。⑧粮食中杂质对药效的影响。

（3）毒性研究。

（4）施药研究。①不同种类防护剂应用范围。②不同种类防护剂、原粮用药量。③不同种类防护剂的施药方法（包括施药器械、技术和载体等）。

（5）残留研究。①不同种类防护剂在不同粮种、不同储藏期限残留动态。②不同种类防护剂残留检测技术。

（6）制定允许残留卫生标准研究。制定不同种类的防护剂和不同粮种的残留限量标准（相关室内和实仓实验）。

2. 非化学防治技术研究

非化学防治技术（包括物理防治）研究，如低温、高温、辐射技术、机械（碰撞、磨擦）和生物防治技术研究。以下是物理防治研究的重点内容。

（1）低温冷冻和高温杀虫研究，包括极低温和高温处理储粮，曝晒处理储粮。

（2）辐射技术防治储粮害虫研究。①利用太阳能防治。②利用红外线防治。③利用微波防治。④利用 γ 射线防治。⑤利用激光防治。

（3）惰性粉防治储粮害虫研究。

（4）生物防治储粮害虫研究。20世纪90年代以来，生物防治研究作为储粮害虫综合治理的重要组成部分受到重视。①抗虫粮种研究。②昆虫病原体在防治储粮害虫方面的应用研究。③捕食性昆虫防治储粮害虫的研究。④外激素诱杀储粮害虫研究（利用信息素诱杀，包括信息素收集、提取、活性测定、防治效果）。⑤内激素防治储粮害虫研究——对储粮害虫的生长、发育、变态、生殖等生理作用进行调节与控制。⑥植物性杀虫剂防治储粮害虫研究（致死、驱避），植物性杀虫剂包括某些植物的根、茎、叶、花、种实及其提取物，中草药、植物精油、挥发性食用香辛料，植物性杀虫剂防治储粮害虫的机理、药效、活性物质测定、残留分析等。⑦人工培育——多杀菌素防治储粮害虫研究（包括高产菌株选育、发酵培养基研究），原生质体制备与再生条件优化，杀虫药效、残留测定。

（5）储粮害虫诱捕防治技术相关研究。①诱捕器种类研究：包括陷阱诱捕、瓦纸诱捕、探管诱集。②诱捕种类研究：包括食物引诱（食物或其有效成分）、灯光引诱（紫外光灯、LED灯光）。③诱捕效果研究：包括不同光波长与光强度对害虫趋光性影响；用食物中有效化学成分监控储粮害虫；紫光诱杀灯和瓦楞纸诱捕与取样筛检法检测效果比较；食物引诱剂与诱捕器结合防治储粮害虫的试验。

（6）天敌在储粮害虫防治中的应用研究。①米象金小蜂对玉米象的种群控制。②苏云金芽孢杆菌对印度谷螟幼虫的致死作用。

（7）耐储种质相关研究。①不同品种小麦可溶性糖、氨基态氮含量与抗性玉米象关系的研究。②不同水稻品种对麦蛾的相对抵抗力的研究。

3. 其他防治储粮害虫的方法和材料研究

1）方法研究

（1）臭氧防治虫霉技术研究。①臭氧杀虫效果。②臭氧防霉、杀虫和去毒效果（对黄曲霉毒素B_1降解的研究）。③臭氧环流熏蒸试验。

（2）自然缺氧、低氧、绝氧对储粮害虫控制作用的研究。

（3）气调＋植物性活性物质防治储粮害虫。

（4）氮气对储粮害虫的防治效果。

（5）盐防治储粮害虫。

（6）沼气防治储粮害虫。

2）材料研究

防治储粮害虫的新材料研究，包括防虫薄膜、防虫涂料、微胶囊杀虫剂、新型粮食包装袋、新型防虫线等。

4. 对报道较多的几种储粮害虫防治技术的研究

这几种储粮害虫包括麦蛾防治、书虱防治、谷蠹防治、锈赤扁谷盗防治等。

5. 鼠害防治技术研究

鼠害防治技术研究包括鼠类习性、综合防治技术，安全型灭鼠毒饵、鼠类驱避剂、捕鼠器械等研究。

八、气调储粮研究

这40多年来，我国气调储粮（包括充氮气调储粮）技术研究进展较快，研究成果颇丰。在我国第四、第五、第六、第七储粮生态区，特别是在湿热区得到了较好的推广应用，对储粮防虫、防霉，延缓品质劣变取得了较好的实用效果。

1. 气调储粮工艺研究

（1）不同仓型气调储粮研究，包括高大平房仓、浅圆仓、立筒仓、平房仓、简易仓充氮气调储粮研究。

（2）不同地域的气调储粮研究，如华南高温高湿地区，中原黄淮地区气调储粮的研究等。

（3）不同粮种的气调储粮研究，包括稻谷、小麦、玉米、大豆的气调储粮研究。

（4）不同仓型氮气储粮的充氮工艺研究。

（5）横向通风系统充氮气调的数值模拟研究与评价。

2. 气调储粮智能控制系统研究

（1）研究不同粮种在储藏微环境中氮气的扩散规律。

（2）研究储粮环境（粮堆、空间）氮气浓度实时在线检测分析。

（3）研究制氮机在线状态远程监测控制。

（4）研究储粮现场相关设备远程自动控制。

3. 气调储粮害虫防治研究

（1）不同温度条件下，不同氮气浓度对主要储粮害虫防治效果的研究。

（2）高纯度氮气对几种储粮害虫的致死效果。

（3）低氧条件下对抗性害虫不同虫态抑制作用的探讨。

4. 气调储粮抑制霉菌与微生物变化的研究

（1）在气调储粮条件下，对不同粮种中微生物变化的规律进行研究。

（2）富氮低氧储粮在不同仓型中抑制霉菌可行途径的探讨。

5. 气调储粮仓房气密技术、气密性检测研究

气密门窗设计选用，气调储粮仓房气密性改造与处理技术研究。

6. 气调储粮品质变化研究

（1）在不同温度下，充氮气调对稻谷理化特性品尝评分的影响。

（2）充氮气调对小麦、玉米储藏品质的影响。

（3）不同包装材料和真空度对真空包装大米脂肪酸值的影响。

（4）充氮气调启封后对粳糙米品质的影响。

（5）不同氮浓度、不同温度对储粮品质的影响试验。

九、粮情测控系统研究

1. 我国粮情测控系统发展简述

温度是影响粮食储藏最关键的因素之一，粮温检测是储粮日常管理中最重要的工作。中华人民共和国成立后，随着我国科学技术的发展，粮温检测技术快速进步——从粮温检测发展到粮情检测，从粮情检测发展到计算机粮情测控系统。这个发展过程大致分为四个阶段——

第一阶段：人工物理测温。

第二阶段：电子仪表测温。

第三阶段：计算机粮情测控系统的快速发展期。

第四阶段：计算机粮情测控系统的规模化发展应用。

1）第一阶段：人工物理测温

20世纪70年代以前，我国粮库常见的测温设备是铁杆探头水银温度计。铁杆探头水银温度计是将水银温度计置于铁杆内的小槽中而制作成的测温装置。使用时将铁杆分别插入粮堆内部的不同位置，待温度达到平衡后，拔出铁杆将水银温度计上的读数作为该位置粮食的温度值。这种传统测量方法的优点是成本低，缺点是工作效率低。因读数时需要拔出测温杆读数，劳动强度大，费时费力，特别是在粮食熏蒸期间无法检测温度，温度测量的误差较大。

2）第二阶段：电子仪表测温

（1）半自动粮食温度检测仪。20世纪70年代初期，出现了以金属铜电阻或半导体热敏电阻作为感温元件，利用不平衡电桥测定电位差的原理研制的粮食温度检测仪，通过建立温度和电位值间的关系即可换算为被测物体的温度值。这一时期的温度检测仪主要依靠人工采用手持式测温仪连接测温杆端头的测温线，手动依次切换转换开关，选定上、中、下测温点（简称三点测温杆），读取仪表数值并记录粮堆各点温度。优点是：比铁杆探头水银温度计减少了测温杆的插拔，相对减轻了劳动强度；缺点是：依然需要逐个进行位置检测，效率较低，工作量较大。

（2）全自动粮食温度巡检仪。20世纪70年代中期，利用不平衡电桥定电位差的原理，在原有热敏电阻仓外测温的基础上，研制出了全自动粮食温度巡检仪，广泛用于国家粮食储备粮仓的粮食温度测定。全自动粮食温度巡检仪利用步进选择器或电子开关（代替了人工旋转开关），可自动切换不同的粮食测温点，在仓外集中测量上百个测温点仅需几分钟时间，测温时间大幅缩短，测量数据可实现针式打印机自动打印，提高了测温效率，减轻了劳动强度。

3）第三阶段：计算机粮情测控系统的快速发展期

（1）单板机/单片机粮情测控系统。20世纪80年代，随着电子技术和大规模集成电路的发展，开发了利用单板机（Z80）技术研制的粮情测控系统，首次采用"主机-分机"的模式构建形成粮库电子测温网络系统。单板机作为测温主机置于机房内，主机通过铺设到每幢仓房的总线电缆向分机发送分机选通信号后，再向分机发送粮温点的选通信号，依次选择该幢仓房所有的粮温检测点，完成A/D信号转换处理后，可显示、存储和打印粮温数据。粮库保管员在机房即可检测到所有仓房的粮温。单板机配套有键盘、显示器和打印机，具有一定的人机交互功能，系统自动化程度较高。单片机（如8031、8051）粮情测控系统与单板机粮情测控系统的测温原理相似；不同的是单片机粮情测控系统需要自己设置、显示、打印、键盘输入等外围接口电路，而单板机已将粮情测控系统的相关电路集成到了一张印制电路板上。

单板机/单片机粮情测控系统改变了以往依靠粮库保管员在仓房现场利用测温仪表检测粮温的测温方式，是粮食电子测温历史上的重要发展阶段，是计算机测温系统的雏形。该粮情测控系统的研发，一方面，全面地提高了粮温的检测速度；另一方面，该粮情测控系统的稳定性、可靠性和经济性还有待提高。

（2）PC机粮情测控系统。20世纪90年代初，随着超大规模集成电路的进一步发展，微型计算机如PC机的逐渐普及应用。利用PC机代替单板机而研制的PC机粮情测控系统问世。检测粮温时，PC机通过I/O输出口向测控主机发送检测控制信号，由主机发送分机选通信号，分机再向分线器发送选通信号，主机依次选通接入每个温度传感器，进行A/D转换后通过I/O输入口传输至PC机进行数据处理、粮温显示和报表打印。PC机粮情测控系统人机交互功能更强，界面更友好。PC机粮情测控系统为现代粮情测控技术的发展奠定了基础。但由于该系统的主机与分机之间温度采集信号的传输是模拟电压信号，由主机进行A/D数模转换后再经PC机处理，由于长距离模拟信号的传输过程极易受到干扰，因此直接影响到测温的准确性和可靠性。

（3）PC机总线网络粮情测控系统。20世纪90年代后期，随着我国大规模新建现代化粮仓，粮情测控系统进入了快速发展阶段，新建粮库均配置安装了粮情测控系统。这一时期粮情测控系统主要采用工业总线网络拓扑结构，主机与分机间的传输方式主要采用RS485方式。主机是PC机与分机间的传输桥梁，分机采用单片机实时采样，直接采集粮温传感器数据进行A/D数模转换后，以数字信号传输至主机，主机将数字信号传输至PC机进行处理。数字信号传输使得粮情测控系统抗干扰能力更强，确保了数据传输的稳定性和可靠性。同期引进的国外先进数字式粮情测控系统也在少数粮库中安装使用，为数字式温度传感器在粮食行业的规模化应用起到了引领示范作用。虽然该测控系统有一定优势，但也存在着故障率较高，熏蒸失灵，雷击时易损坏的问题。特别是在粮情分析、粮情控制方面还存在不足。

4）第四阶段：计算机粮情测控系统的规模化发展应用

跨入21世纪，在国家粮食主管部门的组织领导下，相关粮食科研院所和高等院校联合起草了首个粮情测控系统行业标准，并于2002年颁布实施。此行业标准的颁布实施标志着粮情测控系统产品已经达到了一定的成熟度，该测控系统进入了规模化的推广应用阶段。近10年来，粮情测控系统在基于现场总线技术的基础上，粮情测控系统的功能和性能都得到了大幅提升。粮情测控系统发展的几个主要特点如下。

（1）传感器数字化。数字式温度传感器代替了热敏电阻，PN结传感器已成为时代主流。数字式温度传感器检测精度较高，系统抗干扰能力较强。目前，多数粮库改造或新建仓几乎全部采用数字式粮情测控系统。

（2）参数检测多功能化。粮情测控系统除了检测温度和湿度外，还向参数多功能检测方向发展。近年来，研制的测虫和测气相关技术已在我国部分粮库中推广应用。集成粮食害虫、气体浓度、粮食水分等多项参数检测功能是粮情测控系统一段时期内的主要发展方向。

（3）粮情测控装备互联网络化。随着国家基础网络的建设以及大数据、云计算、物联网技术的发展，粮食行业信息化向"互联网＋粮食"深入推进。粮情测控装备朝着网络化方向发展，通过互联网或专线网络，上级粮食管理部门可远程监控各个粮库的实时粮情数据。新型粮情测控系统对确保我国储备粮食数量和质量安全提供了可靠的信息化监控手段。目前，粮食信息化省级建设均将远程粮情监管系统作为建设粮库的内容之一；下一步，国家级粮情监管云平台也将陆续接入全国各个粮库的粮情数据。

（4）粮情分析智能化。粮情测控软件除了可以实时或定时检测粮情数据外，还具备较完善的粮情分析功能，可结合历史粮情数据分析判断粮食是否安全，具有粮食空仓预警、半仓预警、发热预警和结露预警等功能，粮情云图分析已在部分库点示范应用。

（5）储粮作业控制装备一体化。储粮作业控制装备朝着一体化方向发展。集成通风降温、气调储粮、内环流均温、空调控温等不同储粮作业的智能一体化现场控制装备和多功能智能控制软件系统可实现对不同储粮作业设备的集中管控和对粮情适时进行精准控制。

2. 我国粮情测控系统40多年的发展成就

粮情测控系统是利用现代电子技术、计算机技术、通信技术，在粮食储藏过程中对粮情变化进行实时检测，对检测数据进行存储与分析，对粮情发展趋势进行预测，对异常粮情提出处理建议并采取控制措施的系统。粮情测控系统为科学及安全储粮提供了技术保证和科学依据。其中，粮情检测是基础，粮情分析是依据，粮情控制是手段。

我国粮情测控系统的快速发展始于20世纪70年代。伴随着传感器、通信、计算机、数据传输、信息和网络等技术的快速发展，为满足我国粮食储藏需求日益提升的需要，在广大科技工作者和生产企业的不懈努力下，我国粮情测控系统主要取得了如下四个方面的发展成就。

（1）检测方式与数据采集。从定性抽检到在线监测。早期的粮情检测是利用温度检测器件制作的探杆进行抽检，依靠人工感官实现定性判定的。随着粮情测控技术的发展进步，粮情测控系统又逐步实现了利用模拟式温湿度传感器/数字式温湿度传感器的在线实时监测，并在原有较为单一化只有温湿度检测指标的基础上，逐渐扩充了水分、虫害、气体等多项参数指标的检测功能。

（2）数据传输与系统组网。从模拟巡检到数字无线测控。早期的粮情检测是以粮食温度为主要检测指标，利用热敏电阻等电子测温元件构成模拟信号传输方式的集中式粮情巡检系统。随着科学技术的发展，特别是数字式传感器（如DS18B20）的广泛应用，诞生了全数字信号传输方式的粮情测控系统。利用RS485总线、CAN总线、LonWoks总线等先进通信方式，数字式粮情测控网络逐渐形成。伴随着无线通信技术的发展，以无线传感器网络技术（蓝牙、GPRS、ZigBee等）为典型特征的粮情测控系统得到广泛应用，实现了粮情测控数据的无线网络传输、管理和使用，为科学保粮奠定了基础。

（3）数据分析与智能控制。从经验判断到科学决策。早期的粮情检测，是依靠粮库保管员结合自身的经验对检测数据进行分析和判断，是以人工控制方式，利用通风机等保粮设施来完成保粮作业的。伴随着技术的进步和功能的不断完善，现在的粮情测控系统不仅能够实现对检测数据的图表显示与查询，也能通过数学模型对粮情数据进行分析判断，并自动给出相应的报警与措施建议等，还能对通风机、电动窗等保粮设施进行智能控制，为科学保粮提供决策依据。

（4）标准制定与产品规范。从自由发展到规范统一。为推动粮情测控系统的规范化进程，国家粮食储备局（现国家粮食和物资储备局前身，下同）于1996年颁布了《粮情电子检测分析控制系统技术规程（试行）》。为进一步规范粮情测控系统的产品技术要求，国家粮食局于2002年发布了《粮情测控系统》（LS/T 1203—2002）行业标准，并于2011年将其上升为国家标准。其后又颁布了《粮油储藏 粮情测控系统 第1部分：通则》（GB/T 26882.1—2011）、《粮油储藏 粮情测控系统 第2部分：分机》（GB/T 26882.2—2011）、《粮油储藏 粮情测控系统 第3部分：软件》（GB/T 26882.3—2011）和《粮油储藏 粮情测控系统 第4部分：信息交换接口协议》（GB/T 26882.4—2011）。这些规程和标准的颁布与实施，为粮情测控系统产品的规范化以及各地粮情测控系统产品的招投标、采购奠定了依据和基础。

综上所述，新型粮情测控系统是各类数字化、集成化、智能化、系统化、网络化电子设备在现代化粮库管理中的具体应用，它在我国现代粮食储备体系中发挥着重大作用，业已成为21世纪粮库信息化管理系统的关键组成部分，是实现粮库安全储粮、节支增收、管理现代化的必备手段之一。同其他新技术一样，现代粮情测控系统必定要经历一个逐步完善的过程。只有不断探索、不断提升和改进，技术设备才能更好地为粮食安全储备提供准确科学依据和强有力的技术保障。

十、智能化粮库建设设计与实践

近20年来，我国粮库建设信息化、智能化得到较快发展，适应了我国仓储企业信息化管理、自动化操控的必然发展趋势。

党和政府十分重视我国粮食储藏事业的智能化建设。国家粮食局在2016年7月发布的《国家粮食局关于加快推进粮食行业供给侧结构性改革的指导意见（国粮政〔2016〕152号）》中指出："全面推动行业信息化建设。加快推进信息化和粮食行业发展深度融合，广泛运用大数据、云计算、物联网等现代信息技术手段改造传统粮食行业，加快推进'粮安工程'智能化升级改造，推动现代信息技术在粮食收购、仓储、物流、加工、供应、质量监测监管等领域的广泛应用，消除'信息孤岛'，实现互联互通。"

近10年来，我国智能化粮库建设的科学研究和装备研发取得较快进展。相关高等院校、粮食储藏企业专家学者发表的研究报告和设计开发的新型装备，为我国智能化粮库建设开阔了宏伟前景，阐明了意义和目的，阐明了与智能化粮库建设相关的"数字化""信息化""数字化粮库""信息化粮库""智慧粮食"的概念以及与粮食仓储技术智能化相关的感觉、记忆、思维、行动、语言能力、智能等逻辑内容。这些研究报告较全面系统地反映了根据国家粮食局2012年编制的《粮油仓储信息化建设指南（试行）》（以下简称《建设指南》）以及中国储备粮管理集团有限公司（简称"中储粮集团总公司"）2013年提出的"6＋3"智能化粮库建设模式以及所取得的研究成果和开发的装备。

《建设指南》提出的粮油仓储信息化系统包括：生产经营等业务管理系统，自动化作业系统，远程监管系统，办公自动化系统以及各系统之间的集成。

中国储备粮管理总公司（"中储粮集团总公司"的前身，下同）2013年提出"6＋3"智能化粮库建设模式包括：智能粮食出入库管理系统、仓储信息管理系统、粮情远程监测系统、数量在线监测系统、智能安防系统、资金管理系统六个必选系统；智能通风系统、智能气调系统、智能烘干系统三个自选系统。

根据国家粮食局《建设指南》中提出的粮油仓储信息化系统和中储粮集团公司提出的"6＋3"智能化粮库建设模式，全国有关仓储工程中心、相关企业、高等院校已经研发出一批粮油仓储智能化系统。

1. 作业智能控制系统

作业智能控制系统包括智能粮食出入库管理系统、粮食品质自动监测系统、智能粮情测控系统、就仓干燥控制系统、智能通风控制系统、智能气调控制系统、制冷设备控制系统。

2. 业务管理信息系统

业务管理信息系统包括仓储信息管理系统、购销系统、财务系统、统计等业务系统。

3. 办公自动化系统

办公自动化系统包括文案处理系统、资产管理系统、信息查询系统、合同管理系统、移动终端管理系统。

4. 远程监管系统

远程监管系统包括生产作业调度监控系统、粮油储运远程监管系统、粮库管理系统、仓房油罐安防远程监控系统、作业智能化控制系统。

下面简要介绍粮油仓储智能化管理中的几个智能作业系统。

（1）智能粮食出入库管理系统。主要是根据储粮现场实际需要，实施严格管理，包括门禁安防、自动扦样、自动称重、自动品质检测、物流档案管理等，做到准确识别、实时采集、精准记录，实现粮食出入库全过程的数据封闭处理。

（2）智能通风控制系统。主要是应用智能通风技术，实现粮情智能化分析、判断，对通风作业全程进行自动监测，自动科学确定通风时机，高效利用低温资源，达到减少通风水分损失和降低通风能耗。

（3）智能粮情测控系统。主要是根据储粮实际需求，了解储粮的质量状况，储粮环境生物因子（虫霉有害生物和天敌）、非生物因子（温湿度和气体状况），储粮技术措施及实施情况（通风、气调、干燥、熏蒸等），借助传感技术、传输技术、信息计算机处理技术，对处理结果作出分析判断。

（4）智能充氮气调储粮系统。主要是对储粮仓房、粮堆状况进行实时在线监测，对制氮机房和供气、排气、环流、补充等作业环节实施有效的远程监测，实现仓房和粮堆中氮气浓度的自动监控，满足防治害虫、抑制霉菌、延缓品质劣变的需要。

十一、粮食储藏相关技术标准研究

这40多年来，我国粮食储藏技术标准研究工作取得了突破性进展。总的来说，我国粮食储藏技术标准研究的发展，是随着我国粮食仓储事业的发展不断完善和提高的，是广大粮食储藏科技工作者长期实践的经验积累，在形成技术规范、规程后又不断推动着粮食仓储事业的进步。

我国粮食储藏科学管理规范起步于20世纪50年代，始于1954年创建的"四无粮仓管理规范"。从简单的经验总结跨越到实现智能储粮的全方位规范化管理，倾注了成千上万粮食储藏科技工作者的心血和努力。这40多年来，我国粮食储藏科学研究取得了飞跃发展。每项研究都催生着相关技术、规范规程的诞生。我国储粮生态系统理论体系的建立为我国制定和修订储粮安全技术标准提供了理论依据。

应用基础方面的研究有：储粮害虫区系调查，生物学、分类学、生态学、遗传学、抗药性研究；储粮微生物区系和演替规律研究，粮食品质测报和品质变化规律研究；储粮生态系统理论研究等。

应用技术方面的研究有：粮食常规储藏、低温储藏、气调储粮；大粮堆、高粮层；高大平房仓、浅圆仓和立筒仓储粮；储粮"四合一"新技术的推广应用；储粮去霉化学防治、生物防治、物理防治；储粮机械通风、粮食干燥技术等等。

根据市场发展和粮食仓储业务的实际需要，国家粮食局先期修订了一批与粮食安全储藏相关的国家和行业标准，如《粮食加工、储运系统粉尘防爆安全规程》（GB 17440—2008）、

《粮食仓库磷化氢环流熏蒸装备》（GB/T 17913—1999）、《粮食钢板筒仓设计规范》（GB 50322—2011）、《粮食平房仓设计规范》（GB 50320—2014）、《钢筋混凝土筒仓设计标准》（GB 50077—2017）。

在利用国债建仓以后，为了确保浅圆仓、高大平房仓的储粮安全，在全国范围内全面推广储粮"四合一"新技术时，我国制定发布了《磷化氢环流熏蒸技术规程》（LS/T 1201—2002）、《储粮机械通风技术规程》（LS/T 1202—2002）、《粮情测控系统》（LS/T 1203—2002）、《谷物冷却机低温储粮技术规程》（LS/T 1203—2002）、《粮食烘干机操作规程》（LS/T 1205—2002）。截至2005年，我国粮油储藏标准体系中有41项国家标准及行业标准。其中基础标准（名词术语、图形符号、信息编码）11项，方法标准（规范、规程、检验方法）30项。近年来，我国粮油储藏技术标准的研究工作，随着全国粮油检验智能化系统的建立不断发展，新的成果不断涌现，粮食仓储技术标准日臻完善。

十二、农户科学储粮研究

农户科学储粮研究取得显著成效，广大农民得到了实实在在的好处。国家粮食局2007年组织实施了农户科学储粮专项研究试点，以专业储粮研究单位、相关高等院校作为技术支撑单位，分别在辽宁、山东、四川等省市设立了3.2万户示范户。2009年扩大试点，在14个省区市设立了57.2万户示范户。2010年，在全国23个省区市为880万农户配置了新型储粮装具，推广了新型农户储粮技术，初步形成我国不同储粮生态区域农户储粮技术体系和技术服务体系，推进了农业现代化和新农村建设，受到党和政府的高度重视，得到了很好的评价。以下介绍该项目研究的主要成果。

1.农户储粮损失调查抽样方法

技术支撑单位通过反复研究和实践检验，提出了农户储粮损失调查抽样方法，确保了调查结果的科学性、代表性和准确性。

2.新型储粮装具保障储粮安全

经技术支撑单位调查、测定，利用新型储粮装具储存的粮食，食用品质比较稳定，脂肪酸值增加较慢；鼠害、虫霉为害以及真菌毒素为害大大降低。新型储粮装具提高了农户储粮质量，保障了储粮安全。

3.农户储粮技术体系初步形成

农户科学储粮研究促进了我国不同储粮生态地域主要粮种农户储粮技术体系初步形成。

（1）稻麦产区。对农户进行储粮安全水分教育，推广粮食彩钢板组合仓三个标准系列。

（2）玉米产区。对农户进行农户储存高水分玉米教育，推广自然通风钢网式组合仓两个系列。

（3）高水分玉米穗储存。在农村推广金属网钢骨架通风仓，利于高水分玉米穗储存。

4. 建立农户科学储粮技术服务体系

以总体技术支撑单位为依托，各省区市技术支撑单位相配合，基层粮食企业为主体，逐步建立三级农户科学储粮技术服务体系。任务是：规范科学储粮技术，普及科学储粮知识，解决储粮过程中遇到的技术问题。

5. 开发建立农户储粮信息咨询平台

研究开发基于触摸屏的多媒体查询一体机和掌上型农户安全储粮咨询系统。内容包括：装具咨询、感官检验、储藏方法、种子储藏、害虫识别与防治、老鼠识别与防治、教学视频等。开发了基于互联网的网格版农户储粮专家咨询系统，在中国粮食储藏科技网运行。信息咨询平台受到了广大农户的称赞。

6. 培育新型储粮装置骨干企业

培育了新型储粮装置生产骨干企业，为农户科学储粮长效机制打下了基础。

7. 农户科学储粮专项示范的引领作用

通过农户科学储粮专项示范的引领，农户的储粮观念开始发生变化，科学储粮被农户和市场认可。通过国家发展改革委、国家粮食局2011年3月发布实施的《"十二五"农户科学储粮专项建设规划》及项目实施，逐步达到了"通过政府补贴、市场化购置方式，为农户配置安全科学储粮装具"的目标要求。

十三、粮仓建设研究

1. 粮仓设计研究

近20年来，有关粮仓设计与建设中的工程力学问题研究受到重视。诸如谷物储藏中静态载荷几个理论的分析比较；储藏物料密度、水分对仓筒压力的影响；颗粒流数值模拟；立筒仓卸料时仓壁超压力学分析；卸料拱弹性变形对仓壁压力的影响；筒仓偏心卸料仓壁水平的压力分析；圆筒形地下粮仓的抗浮设计研究。

2. 储粮仓型研究

有关储粮仓型研究得比较多的，是不同储粮地域储备粮仓仓型的优化分析，散装粮仓仓型的选择标准，不同储粮地域地下仓新仓型的研究。

3. 粮仓结构和工艺研究

粮仓结构和工艺研究得比较多的，是不同储粮地域、不同载能仓型（收纳仓、中转仓、供应仓、储备仓）的结构和工艺合理设计；不同类型专项用途仓型（气调仓、冷却和制冷低温仓、通风干燥仓）的结构和工艺合理设计（大跨度、高粮层的高大平房仓、浅圆仓、钢板仓、楼房仓结构的有限元分析）。

4. 智能化粮库建设研究

智能化粮库建设研究主要包括粮食仓库设计标准使用的智能化系统模式研究；粮库智能化建设仓储技术智能化集成研究。

5. 仓库建设新材料、新技术研究

仓库建设新材料、新技术研究主要包括仓内隔热、降温、降氧材料、气密材料；仓外新型屋面太阳热反射、隔热、防水材料和油罐喷涂降温、防腐、防火材料等。

第二章　粮食储藏研究领域进展百年的重点内容

本章主要概述与粮食储藏研究领域发展息息相关的重点内容，包括：成就（发展成就综述）；借鉴（国外新技术考察借鉴）；战略（发展战略）；粮食安全；著述（相关著作及期刊）。这些内容也是粮食储藏科研进展一百年的重要组成部分。

第一节　成　就

中国的粮食储藏科研工作已经为粮食仓储行业的现代化做出了重要贡献。下面重点概述我国粮食储藏专家学者发表过的、比较全面地介绍中国近百年来有关粮食储藏科学研究领域所取得的重要成果、科学技术研究的进展和粮食仓储事业发展的专著和论述。

1994年，国家粮食储备局储运管理司报道了中国粮食储藏的发展概况，该文全面、系统、翔实地介绍了中国有实物考证和文字记载以来的粮食储藏技术发展状况。1999年，李隆术、靳祖训报道了中国粮食储藏科学研究若干重大成就，从历史回顾、科研进展、技术进步三个方面总结了中国粮食储藏（储藏技术、储藏设施），特别是近50年来在应用基础理论研究（储粮害虫螨类区系调查，生物学、生态学、分类学、遗传学、抗药性，粮食微生物、真菌毒素，粮食品质与特性，储粮生态系统）；储粮应用技术研究（储粮害虫螨类防治技术、储粮真菌控制技术）；真菌毒素监测与毒素削减技术研究；粮油储藏技术研究（常规储藏、机械通风冷却低温储藏、气调储粮）；粮食干燥、粮情监测，有毒有害物质监测；粮食品质和特性检测仪器与方法研究；智能储粮管理与支持系统研究方面。唐为民2003年报道了中央粮库储粮技术现状及对策研究。该研究较为系统地介绍了目前我国南方多个省区市新建中央粮库储粮技术的概况，并针对存在的问题提出建议。李为民2005年报道了我国粮食仓储业的发展历程与展望。兰盛斌、郭道林、严晓平等2008年报道了我国粮食储藏的现状与未来发展趋势。该文通过对我国粮食储藏技术发展现状和存在问题的全面分析，提出我国未来5—10年粮食储藏技术的发展趋势。郭道林、杨健、李月、陶诚、王跃进等2008年报道了国际储藏物气调与熏蒸研究进展——CAF2008大会圆满闭幕的情况。该文介绍了我国和其他国家在该领域的主要成就。靳祖训2011年报道了中国粮食储藏科学技术成就与理念创新研究。该研究以我国粮食储藏科学技术应该如何顺应低碳技术为导向，概括地介绍了粮食储藏科学技术在发展中的突出成就、发展战略、创新理念，并对未来粮食储藏科学技术的发展提出了战略构想。郭道林、陶诚、王双林、兰盛斌等2011年报道了粮食仓储行业开展节能减排、技术研究的现状与发展趋势。庞映彪2012年报道了21世纪以来我国粮食储藏技术的新进展。周浩、向长琼、陈世军2017年报道了国内外粮油储藏科学技术发展的现状及趋势研究，综述了国内外粮油储藏科技发展的现状，分析了我国与国外在技术、管理等方面存在的差距及原因，进一步展望发展学科的趋势，在此基础上，理清我国粮油储藏学科发展的方向及重点，提出了一些今后应该重点推进的措施和建议。

第二节　借　鉴

中国粮食储藏、学者出国考察，出席在国内外举办的与粮食储藏相关的国际学术会议，为我国粮油储藏的发展搭建了交流学习分享的平台，为我国专业技术人员学习借鉴国外研究成就与实践经验提供了帮助。

路茜玉1981年报道了国外粮食气调储藏梗概。赵思孟1981年报道了苏联粮仓工业的发展；1983年又分别报道了美国粮仓工业简述；匈牙利的粮食仓库；澳大利亚的粮仓工业；还报道了罗马尼亚粮食立筒库的机械通风装置。殷蔚申1984年报道了英国的粮食食品微生物灾害防治技术。姜永嘉1985年报道了第十七届国际昆虫学大会概况与储藏物害虫防治研究动态。赵思孟1986年报道了苏联用气调方法储存稻谷。陶诚1989年报道了溴甲烷在国外的使用和研究概况。

罗博特·戴维斯、罗依·埃·布莱、哈伦·苏剑芳1990年报道了美国储藏物昆虫研究和发展实验所对收获后粮食昆虫学的研究；介绍了美国粮食收获后在销售过程中遭受虫害的损失概况；介绍了该实验所的研究机构、人员结构；介绍了有关储藏粮食后昆虫学的研究内容。靳祖训、王宏秋、李福泰等1990年报道了近四年国际储藏产品保护研究工作的主要进展，包括储粮害虫防治应用基础研究；针对药剂抗性问题，研究药剂新品种；研究延缓抗性对策；电子计算机在防治储粮害虫决策支持和仓储管理工作中的应用；介绍了气调储粮特别是二氧化碳气调技术受到重视；信息素研究取得的进展。李为民、姜永嘉、覃章贵1991年报道了天然植物性杀虫剂合作研究赴美考察报告。李传渭、陈亮1992年报道了引进美国加拿大活动露天垛的可行性。云昌杰、熊鹤鸣1992年报道了第十九届国际昆虫学大会有关储粮害虫防治的内容。格里、萨瑟·兰、王善军1992年报道了热对粮食和种子的破坏。 G. G. White、T. A. Lambin、王善军1993年报道了澳大利亚昆士兰州储粮甲虫对磷化氢的基本反应和抗性状况；在磷化氢一定浓度范围内对澳大利亚昆士兰谷蠹、米象、锯谷盗和赤拟谷盗的实验室和实仓品系进行的熏蒸实验。实验表明，实仓谷蠹和米象对磷化氢普遍产生抗性，但锯谷盗或赤拟谷盗产生抗性则不普遍。暴露20小时后筛选的抗性品系的抗性系数分别为：谷蠹20倍，米象4倍，锯谷盗3倍。R. W. D. Taylor,何亚新、王善军1993年报道了磷化氢——风险中的主要粮食熏蒸剂。王泽林1993年报道了植物油的毒力及其防治储藏物害虫的主要成分。M·雷姆斯巴布、D. S. 泽亚斯、N. D. G怀特、徐书德1993年报道了锈赤扁谷盗成虫和卵在高二氧化碳、低氧大气中的死亡率研究。Yadi HARYADl、Francis FLEUAT-LESSARD、王泽林1994年报道了不同水稻品种对麦蛾的相对抵抗性。靳祖训1995年报道了国外粮食储藏科学研究现状和发展趋势，对1994年在澳大利亚堪培拉召开的第六届国际储藏物保护工作会议所交流的学术内容作了概括介绍。徐书德1995年报道了赴日本考察"大米加工储存技术"的报告。刘尚卫、张德周、原举华1995年报道了以色列活动粮仓储粮技术试验报告；介绍了用引进的以色列圆形活动筒仓成套设备进行小麦露天的储藏试验，储藏期分别为23个月和31个月，达到了安全储存的目的。唐为民1995年报道了"现代化粮食仓储管理和检测技术"考察团赴美国的考察报告。Barry C、朗斯塔夫、梁权1996年报道了澳大利亚非化学法治理储藏产品害虫的展望；介绍了澳大利亚粮食生产、流通和科研管理的经验。文昌贵1997年报道了日本对袋装精米储藏性能的研究。靳祖训1998年报道了在第七届国际储藏产品保护工作会议上交流的主要内容；全面介绍了在中国北京主持的盛会上，我国粮食储藏和其他国家专家交流学术经验的内容。Champ、邱伟芬1998年报道了21世纪粮食储藏技术展望。唐为民、刘春浦1999年报道了赴法国、德国考察粮油储藏及加工技术的报告。

　　沈兆鹏2000年报道了国外使用惰性粉防治储粮害虫的新动态。靳祖训2001年报道了加拿大粮食"四散"技术的发展概况；详述了中国"粮食储运技术与质量控制技术考察团"赴加拿大考察的纪实。杨国锋等2001年报道了加拿大粮食品质控制和粮食流通的技术概况。谭本刚等2001年报道了澳大利亚散粮流通系统及粮食储藏技术发展的概况。李素梅2001年报道了日本稻谷低温烘干系统；介绍了日本稻谷低温烘干系统的工艺与设备，用该设备烘干后的稻谷品质变化较小，烘干后稻谷的爆腰率低于我国国家标准，食味值不变；该系统适用于我国东北地区冬季烘干稻谷。杨景田、李建萍、黄庆林2002年报道了乌克兰敖德萨港粮食辐射检疫处理装置。唐为民2002年报道了美国的现代化粮食流通情况。朱行2003年报道了澳大利亚防治储粮害虫的最新方法。梁权2003年报道了第六届[①]国际储藏物气调与熏蒸大会会议论文选读和感想。唐为民、刘玉玲2004年报道了国外储粮害虫防治研究进展；详细介绍了物理防治法、生物防治法和气调防治法等非化学药剂法在粮食储藏中的应用及研究进展；提出了绿色储粮的重要性。郭道林、蒲玮、严晓平等2004年报道了国外储藏物气调与熏蒸研究进展综述报告。唐柏飞、李星巧、曹阳等2006年报道了美国硫酰氟熏蒸及淘汰甲基溴技术的考察报告。Shlomo Navarro、方茜等 2007年报道了熏蒸剂的使用受限促进气调技术发展的报告。侯立军2007年报道了国外粮食物流的走向及我国的应对举措；分析和总结了发达国家发展粮食物流的经验，面临的问题和未来的走向；就如何借鉴国外经验，根据WTO和市场经济发展的要求，结合我国粮食生产、流通的客观实际采取有效措施，促进我国粮食物流科学化运作和管理提出了一些具体构想。王殿轩、兰盛斌、靳祖训等2007年报道了第七届国际储藏产品保护工作会议技术交流的概况。周浩、王莉蓉、林凤刚等2009年报道了法国粮食储藏技术及工艺概况；文章主要介绍了法国粮食储藏及技术应用方面的有关情况，包括港口库储粮技术、农户储粮技术、储粮害虫防治技术，储粮通风降温技术以及法国粮食主要储粮工艺，储藏技术推广应用体系；文章分析了法国粮食储藏技术应用及管理特点，为我国粮食储藏工作拓宽了新的思路。顾尧臣 2009年报道了21世纪初美洲和日本的稻谷生产、干燥和深加工研究；文章介绍了美国热带地区稻米的生产和干燥方式，概括阐述了美国阿肯色大学稻米研究的成果，如稻米玻璃质转移原理和水分、温度变化的影响，玻璃质原理在低温干燥、烘干塔干燥和高温干燥中的应用及相关问题；介绍了美国、日本研究的大米新产品。

　　唐柏飞等2010年报道了以色列农产品储藏科技与甲基溴淘汰新技术（Ⅱ）；本文为国家粮食局组团赴以色列考察粮食储藏淘汰甲基溴替代新技术的报告。佐佐木，泰弘2011年报道了日本稻谷烘干储藏技术的现状及节能环保趋势。潘洪亮2011年报道了赴加拿大、巴西进行粮食生产流通考察的启示与建议。卜春海等2013年报道了近年来国际储藏物气调与熏蒸研究进展，对第九届国际储藏物气调与熏蒸大会上国外专家学者所作的研究报告进行了综述，主要从储藏物气调与熏蒸方面的研究进展，包括储藏物气调的发展方向，熏蒸药品替代趋势，气调与熏蒸的环境保护等方面作了综述。翦福记、Digvir S. Jayas、张强等2014年报道了储粮生态系统的跨学科和多学科研究；介绍了加拿大曼尼托巴大学跨学科储粮研究团队在储粮生态系统多方面进行

---

　　① 本专著为保留科研著述原貌，对正文和书目同一标题中的中文数字和阿拉伯数字不作统一。

的系统研究，包括储粮生态系统建模，粮堆热的发生，安全储存条件，粮堆气流流动，害虫在粮堆中的迁移，分布与对其取样、诱捕的关系以及计算机图像处理技术；这些研究增进了我国粮储科研人员对储粮生态系统的认识和理解，为粮食储运的安全性及高效率技术创新奠定了基础。高正谦、邓立、李玥等2014年报道了赴巴西、阿根廷调研进口大豆与国内质量检测差异的分析报告。介绍了考察团员通过与巴西、阿根廷农业主管部门、谷物商会、国际检验机构、港口现场工作人员的广泛接触，采取沟通、交流、参观现场、观摩和检测对此分析，发现质量标准、扦样检测方法不统一，即中转物流环节是造成进口大豆质量差异的主要原因。杨静、吴芳2016年报道了国外粮食安全储藏期评估研究进展 。Navarro. S，Navarro. H. 2017年报道了密闭储粮的生物和物理特性总结 。陈晋莹等2019年报道了赴德国参加第十二届国际储藏物保护工作会议的报告。刘洋、金梅2019年报道了国际谷物化学和食品安全研究的现状与趋势——美国国际谷物化学师协会2018年年会的情况报告。

第三节　战　略

中国粮食储藏专家学者根据前人积累的经验和已有的研究成果，借鉴国际相关的技术经验和科研成果，提出了粮食储藏科学技术的发展战略。

靳祖训2007年出版了《粮食储藏科学技术进展》专著。该书详细记载了作者早些时候提出的关于粮食储藏科学技术发展的战略构想。早在1998年，靳祖训就提出了"三低""三高"（低损耗、低污染、低成本；高质量、高营养、高效益）的储粮战略；提出了我国农村粮食储藏运输技术政策的思考；提出了中国农村产后领域的科学技术政策；提出了农产品储藏运输技术政策；提出了中国粮食储藏的现状与对策；提出了要发挥科技在振兴粮食经济中的作用。靳祖训在1998年提出了21世纪中国粮食储藏科学展望，综述了20世纪粮食储藏科学技术的主要成就，国外粮食储藏科研新进展、新动向，提出21世纪我国粮食储藏科学发展战略，包括指导思想、奋斗目标、重点研究领域、主要措施等。2002年，靳祖训提出了中国进入WTO以后粮食储藏科学与技术研究发展的方向——"必须坚持可持续发展战略""建立中国的绿色生产、流通、消费……包括绿色储藏工程""必须重视经济伦理、科技伦理，坚持可持续发展"；2003年，靳祖训提出了"建立以储粮生态学为指导，具有中国特点的中国储粮生态系统理论体系"；提出了农产品绿色储运战略，最佳效益的食物安全战略，农产品、食品全绿色战略（或称绿色一体化）；提出了绿色生产、加工、储运、消费绿色一条龙；2004年，靳祖训报道了关于我国中长期农业领域拓展战略思考的研究，提出了粮油产前、产后实施"绿色一条龙战略"。他在文中指出：绿色栽培、绿色加工、绿色储藏、绿色运输、绿色消费是统一整体，我国21世纪粮食储藏科学技术的发展，必须坚持可持续发展战略，重视经济伦理、科技伦理，走"绿色储粮""生态储粮"之路。在该著作中，靳祖训提出：从最大限度保护和利用人类食物资源，保护和改善人类生存环境，提高和优化人类生活质量出发，"粮食储藏技术，必须坚持走可持续发展的道路"；并从人类"生物圈层"和"技术圈层"两大圈层相协调的战略高度，提出了"必须重视相关技术的绿色化"，重视发展绿色储粮技术。靳祖训2007年提出了在推进"低碳经济"的背景下，中国粮食储藏科学事业的发展导向是：走绿色生态储粮之路——走绿色粮食生产、加工、储藏运输、消费一体化之路。靳祖训2007年报道了我国粮食与储藏科学技术重点研究的背景，要围绕增量、减损、生态、信息、安全等五个方面进行。在生物经济刚刚起步的关键时刻，农业与"非农"产业的边界将逐渐模糊淡化。探索以农业易相发展理论，试图以"非农"途径部分解决"农业"的某些问题。换言之，以工业途径，有效地利用可食用植物资源，生产新型粮油类似原料和制品，哪怕只是一种辅助增量的措施，也是人类探索"新粮源"的一种有深远意义的有益尝试。

黄木姣、谭本刚1998年报道了面向21世纪的中国粮食仓储业可持续发展对策和措施的报告；综述了中国粮食仓储业粮库建设、粮食储藏技术和流通设施的现状。指出必须依靠科学技术、统一规划、科学布局、加强创新，集约化发展现代化国家粮食储备库，配合粮食流通体制改革，推动粮食流通现代化新模式，促进粮食仓储业适应21世纪粮食生产、消费，人口和经济发展需要，实现可持续发展。靳祖训2001年报道了引东拓西、互惠互利、跨越发展——中国西部农产品产后科技政策。对可行性作出了概要分析；提出引东拓西的粮油技术与装备及其先进性、新颖性、实用性。靳祖训、于英威、潘成2002年报道了中国加入WTO以后粮食储藏科学与技术研究发展方向；对可持续发展的问题作了回顾，综述了我国粮食储藏科学和技术研究的主要成就和存在的主要问题；提出中国加入WTO后，我国粮食储藏科学技术的发展方向。唐柏飞2002年报道了关于我国粮食管理应对加入WTO的思考。该文作者针对我国加入WTO之后粮食仓储业面临的挑战，提出今后必须按WTO的规划发展经济，健全粮食法律法规，发展"四散"技术，建立科学规范化的粮食仓储体系，统一粮食质量检验标准，建立和完善农户储藏利益保障体系，适应加入WTO后的新形势。陈恩柱2002年报道了我国加入WTO后粮食仓储企业的对策。靳祖训、兰盛斌2004年报道了减少粮食产后损失是确保粮食安全的重要途径——从《B模式》看粮食安全和粮食储藏科技的发展方向。该研究介绍了《B模式——拯救地球延续文明》中讨论的经济发展模式问题；对粮食安全形势和主要问题进行了探讨。提出：减少农业产后损失是保障粮食安全的重要途径，应按照全面、协调、可持续的科学发展观推动储藏科学技术发展。邓心安等2006年出版了《生物经济与农业未来》。刘兴信等2006年报道了对我国粮食储藏科技创新体系的建议。该文从粮食作为人类主要食品的角度，提出了储粮科技领域科技创新体系的建立，是为了更好地维护粮食安全和食物安全，提升我国粮食储藏的科技水平；文章具体结合我国粮食储藏科技的实际，从理论创新、体制创新、技术创新三个层面详细地进行了论述。邓心安等2006年出版了《生物经济与农业未》。从2004年起，靳祖训陆续报道了关于我国农业领域中长期拓展战略的思考。根据国务院安排，在国家科技部直接领导下，靳祖训执笔农业产后领域扩展战略性研究。对国家农业领域的中长期科技拓展战略，阐述其重要性、必要性、背景（有关农产品储运部分，下同）、发展战略、研究任务、课题任务分解、重点关键技术、研究方法、进度安排、关键措施及建议。兰盛斌等2007年报道了我国粮食储藏技术战略研究。该文通过对国际及国内粮食储藏技术发展趋势的分析，提出了我国粮食储藏技术发展的战略目标以及我国未来10年粮食储藏技术的发展趋势。吴子丹、杨万生2011年报道了我国粮油科学技术学科的发展与展望。杨龙德等2011年报道了储粮工艺优化集成，节能减排模式创新研究。

第四节　粮食安全

中国粮食专家学者对全国性粮食安全提出了自己的见解。郭道林、陶诚、兰盛斌等2003年报道了关于确保我国南方高温高湿地区储粮安全的几点建议。刘达等2004年报道了管控一体化在粮库中的应用。丁建武、兰盛斌、张华昌2005年报道了减少产后损失对确保粮食安全的重要性。王梅、陈汲等2009年报道了确保库存粮油质量安全对策初探。鞠兴荣、万忠民、陈建伟2009年报道了粮食安全控制体系建立。白玉兴2009年报道了我国粮食安全保障与人口自然增长的研究。白美清2011年报道了中国粮食储备体系建立发展的历史进程与新的使命。范华胜2012年报道了粮食储藏过程中危险因素及安全防护措施。王运博、许高峰2014年报道了异常情况对中国粮食安全的影响及对策研究。尚卫东2016年报道了基于中国法律框架下的粮油食品质量检验机构的管理及问题思考。汪文忠2018年报道了全球背景下中国粮食贸易和安全问题探讨。王美溪、张天柱、白春明2021年报道了新时期重拾"藏粮于民"对粮食安全的意义。姚毓春、夏宇2021年报道了日本、韩国粮食安全现状、政策及其启示研究。该研究认为，粮食安全应以他国为鉴，要充分认识"藏粮于地、藏粮于技"粮食安全战略的重要性。王国敏、侯守杰2021年报道了关于新冠肺炎疫情背景下中国粮食安全以及矛盾诊断及破解路径的研究。对在新冠肺炎疫情背景下的粮食供需格局变动提出了一些见解。

第五节　著　述

近百年来，中国粮食储藏专家学者出版了较多著作，对我国粮食储藏的科研和教学起到了重要的启迪和引领作用。

钱念曾是中国早期从事仓储（仓储：本专著指粮仓/粮库）害虫治理、植物检疫和熏蒸技术的研究学者之一，他很早就对粮食仓储期间的害虫治理工作进行了深入的调查研究和推广，积极开展有关防治技术。1927年，钱念曾出版了《我国之仓库害虫》。1929年，董时进出版了《食料与人口》。1929年，刘谷侯在建国月刊的"民食问题专号"上发表了《中国粮食问题》。

张仙芝1931年发表了关于麦蛾的研究报告[①]。吴宏吉、陆瑜1932年出版了《害虫防治法》。上海太平洋书店1933年出版了《中国民食问题》。在中国植物检疫专家张景欧指导下，张仙芝、陆松侯、刘金庆1935年发表了绿豆象虫生长与温湿度之关系的研究报告；1936年又发表了谷粉大斑螟蛾生长受温湿度影响之实验的报告。梁庆椿1936年出版了《世界粮食问题》（上、下册）。汗血月刊社1936年出版了《粮食问题研究》。

曾省、李隆术1944年出版了《仓库虫害及其防治》。杨锡志1944年出版了《粮食问题》。吴傅钧1946年出版了《中国粮食地理》。黄修明1947年出版了《昆虫生态学概论》。

钱念曾1950年出版了《仓库害虫及其防治方法》。忻介六1950年出版了《粮食储藏的科学管理》。忻介六1951年分别出版了《中国粮仓害虫学》《粮仓修建之理论与方法》。钱永庆、于菊生1952年报道了蚕豆象及其防治的研究。高文彬1953年报道了蚕豆象防治的研究。姚康1953年分别报道了米象为害稻谷数量损失的研究；黑粉虫生活习性考察的初步报告。大连商品检验局1953年报道了仓虫饲养记录、螨类为害农产品质量饲育观察记录、螨类分类及饲育试验记录。陆培文、钱永庆、郑坚1953年出版了《豌豆象防治法》。姚康1953年报道了增订中国仓库害虫和益虫的初步名录。朱象三1955年报道了西北豌豆象调查与防治的研究。赵养昌1955年报道了仓库害虫研究。陈耀溪1959年出版了《仓库害虫》。

冯教棠1960年出版了《储藏农产品中的螨类》。赵养昌1963年出版了《中国经济昆虫志（第四册）鞘翅目 拟步行虫科》。王鸣岐等1965年出版了《粮食微生物手册》。粮食部储运司检验防治处1965年出版了《储粮害虫防治手册》。赵养昌1966年出版了《中国仓库害虫》。郑州工学院[②]粮油工业系1975年出版了《贮[③]粮害虫图册》。

---

① 本专著除著作外，正文中科研著述的标题并未与著述书目的标题完全一致。查阅应以各章后附的著述书目为准。
② 郑州工学院，现郑州大学前身，曾更名郑州工业大学，下同。
③ 为保留科研著述的历史原貌，本专著"贮"通"储"，不作统一。

周景星1981年出版了《低温贮粮》。曹志丹1981年出版了《陕西省经济昆虫志贮粮昆虫》。靳祖训1984年出版了《中国古代粮食贮藏的设施与技术》。徐惠迤等1984年出版了《粮油保管》。陈启宗等1985年出版了《仓库昆虫图册》。姚康1986年出版了《仓库害虫及益虫》。赵志模1987年出版了《仓虫生态学》。周景星1987年出版了《食品储藏保鲜》。刘维春、吴永盛1988年出版了《粮食储藏》。王立等1989年出版了《储粮机械通风技术》。

左进良等1990年出版了《储粮通风技术》。赵思孟1991年出版了《粮食干燥技术》。谢开春等1992年出版了《仓库害虫防治手册》。陈愿柱1993年出版了《粮油储检词典》。王佩祥1993年出版了《储粮化学药剂应用技术》。陆联志1994年出版了《中国仓储螨类》。徐国淦1995年出版了《有害生物熏蒸及其他处理实用技术》。严以谨等1996年出版了《机械通风储粮技术》。云昌杰1996年出版了《科学储粮研究》。王佩祥1997年出版了《储粮化学药剂应用》。沈宗海1998年分别出版了《粮油保管技术》《粮油储藏》。张生芳等1998年出版了《储藏物甲虫》。王殿轩等1999年出版了《磷化氢熏蒸杀虫技术》。路茜玉1999年出版了《粮油储藏学》。靳祖训等1998年出版了《第七届国际储藏产品保护工作会议论文集（英文版）》。李隆术2000年出版了《储藏物昆虫和农业螨类研究》。王肇慈2000年出版了《粮油食品品质分析》。吴志华2001年出版了《中国粮食安全与成本优化研究》。白旭光2002年出版了《储藏物害虫与防治》。程传秀2002年出版了《储粮新技术生产性试验论文集》。王若兰2002年出版了《粮食仓储工艺与设备》。国家粮食局2002年出版了《粮食流通基本知识读本》。侯立军等2002年出版了《中国粮食物流科学化研究》。蔡静平2003年出版了《粮油食品微生物学》。李益良2003年出版了《现代储粮技术与管理》。聂振邦2004年出版了《粮食流通管理条例及其相关规定》。罗金荣等2004年出版了《高水分粮就仓干燥技术》。徐国淦2005年出版了《病虫鼠害熏蒸及其他处理实用技术》。靳祖训2007年出版了《粮食储藏科学技术进展》。国家粮食局2008年出版了《粮油储藏重要标准理解与实施》。郭道林2008年出版了《第八届国际储藏物气调与熏蒸大会论文集（英文版）》。李隆术等2009年出版了《储藏物昆虫学》。王若兰2009年出版了《粮油储藏学》。国家粮食局2010年出版了《粮油仓储管理办法解读》。卜春海2012年出版了《氮气储粮应用实践》。陈启宗、黄建国2012年出版了《储粮害虫图册》。中国储备粮管理总公司2014年出版了"粮食储藏技术实用操作丛书"四本：《粮食出入库技术实用操作手册》《氮气气调储粮技术实用操作手册》《磷化氢膜下环流实用操作手册》《膜下环流通风技术实用操作手册》。中国不同储粮生态区域储粮工艺研究编委会2015年出版了《中国不同储粮生态区域储粮工艺研究》。中华粮仓集锦编委会2016年出版了《中华粮仓集锦》。中国储备粮管理总公司2017年出版了"粮食储藏技术实用操作丛书"五本：《常见储粮害虫识别防治技术实用操作手册》《谷物冷却储粮技术实用操作手册》《控温储粮技术实用操作手册》《连续式粮食干燥机技术实用操作手册》《粮食感官检验辅助图谱》。

王殿轩2021年出版了《储藏物害虫综合治理》。张敏2021年出版了《粮食储藏学》。郭道林、周浩、王殿轩等2021年报道了中国粮食储藏学科的现状与发展展望（2015—2019），该文概述了我国粮食储藏学科的基本情况、主要研究内容，该文总结评述了近五年来本学科的最新研究进展。

第六节 期 刊

我国粮食储藏的专业期刊创办时间虽然不算很长，但在促进粮食储藏科学研究方面起到了不可或缺的作用。粮食储藏方面的专业期刊主要有：《粮食储藏》，创刊于1972年，由中储粮成都储藏研究院有限公司和中国粮油学会储藏分会主办。《粮油仓储科技通讯》，创刊于1985年，由中储粮成都储藏研究院有限公司主办。《河南工业大学学报》，创刊于1973年，由河南工业大学主办，该刊前身是《粮油科技》《郑州粮食学院 [①] 学报》《郑州工程学院学报》。《粮食科技与经济》，创刊于1976年，由中储粮集团总公司湖南分公司、湖南省粮食经济科技学会主办。《南京财经大学学报》，创刊于1983年，由南京财经大学主办。《中国粮油学报（中英文版）》，创刊于1986年，由中国粮油学会主办。《中国粮食经济》，创刊于1988年，由中国粮食行业协会、中国粮食经济学会主办。《粮油食品科技》，创刊于1991年。该刊前身是《科研与设计》《商业科技与开发》，由国家粮食局科学研究院主办。

---

① 郑州粮食学院，现河南工业大学前身，下同。

附：总论 / 第二章著述目录

第二章 粮食储藏研究领域进展百年的重点内容

第一节 成就

［1］国家粮食储备局储运管理司. 中国粮食储藏大全 [M]. 重庆：重庆大学出版社，1994.

［2］李隆术，靳祖训. 中国粮食储藏科学研究若干重大成就 [J]. 粮食储藏，1999，（6）：3-13.

［3］唐为民. 中央粮库储粮技术现状及对策研究 [J]. 粮食流通技术，2003，（1）：4-7.

［4］李为民. 我国粮食仓储业的发展历程与展望 [J]. 粮油仓储科技通讯，2005，（1）：2-4.

［5］兰盛斌，郭道林，严晓平，等. 我国粮食储藏的现状与未来发展趋势 [J]. 粮油仓储科技通讯，2008，（4）：2-6.

［6］郭道林，杨健，李月，等. 国际储藏物气调与熏蒸研究进展：CAF2008 大会圆满闭幕 [J]. 粮食储藏，2008，37（6）：49-54.

［7］靳祖训. 中国粮食储藏科学技术成就与理念创新 [J]. 粮油食品科技，2011，19（1）：1-5.

［8］郭道林，陶诚，王双林，等. 粮食仓储行业节能减排技术研究现状与发展趋势 [J]. 粮食储藏，2011，40（2）：7-12.

［9］庞映彪. 二十一世纪来我国粮食储藏技术新进展 [J]. 粮食储藏，2012，41（2）：3-6.

［10］周浩，向长琼，陈世军. 国内外粮油储藏科学技术发展现状及趋势 [J]. 粮油仓储科技通讯，2017，33（5）：1-3，9.

第二节 借鉴

［11］路茜玉. 国外粮食气调贮藏梗概 [J]. 郑州粮食学院学报，1981，（4）：8-16.

［12］赵思孟. 论苏联粮仓工业的发展 [J]. 郑州粮食学院学报，1981，（2）：10-23.

［13］赵思孟. 美国粮仓工业简述 [J]. 郑州粮食学院学报，1983，（1）：47-53.

［14］赵思孟. 匈牙利的粮食仓库 [J]. 郑州粮食学院学报，1983，（2）：58.

［15］赵思孟. 澳大利亚的粮仓工业 [J]. 郑州粮食学院学报，1983，（2）：25-34.

［16］赵思孟. 罗马尼亚粮食立筒库的机械通风装置 [J]. 郑州粮食学院学报，1983，（3）：77.

［17］殷蔚申. 英国的粮食食品微生物灾害防治技术 [J]. 郑州粮食学院学报，1984，（2）：5-14.

［18］姜永嘉. 第十七届国际昆虫学大会概况与贮藏物害虫防治研究动态 [J]. 郑州粮食学院学报，1985，（1）：17-20,38-5.

［19］赵思孟. 苏联用气调方法贮存稻谷 [J]. 郑州粮食学院学报，1986，（4）：77.

［20］陶诚. 溴甲烷在国外的使用和研究概况 [J]. 粮油仓储科技通讯，1989，（3）：16-19.

［21］罗博特·戴维斯，罗依·埃·布莱，哈伦·苏剑芳. 储藏物昆虫研究和发展实验所对收获后粮食昆虫学的研究 [J]. 郑州粮食学院学报，1990，（2）：21-27.

[22] 靳祖训，王宏秋，李福泰，等. 从第五届国际储藏产品保护工作会议看近四年国际储藏产品保护研究的主要进展 [M]// 靳祖训. 粮食储藏科学技术进展. 成都：四川科学技术出版社，2007：304-316.

[23] 李为民，姜永嘉，覃章贵. 关于"天然植物性杀虫剂合作研究"赴美考察报告 [J]. 粮食储藏，1991,（6）：48-53.

[24] 李传渭，陈亮. 引进美国、加拿大活动露天垛的可行性 [J]. 粮油仓储科技通讯，1992,（2）：20-22.

[25] 云昌杰，熊鹤鸣. 第十九届国际昆虫学大会有关储粮害虫防治内容简介 [J]. 粮油仓储科技通讯，1992,（6）：32,36-39.

[26] 格里 T F，萨瑟兰 J W，王善军，等. 热对粮食和种子的破坏 [J]. 粮油仓储科技通讯，1992,（5）：35-40.

[27] WHITE G G，LAMBIN T A，王善军，等. 澳大利亚昆士兰储粮甲虫对磷化氢的基本反应和抗性状况 [J]. 粮油仓储科技通讯，1993,（2）：41-48.

[28] TAYLOR R W D，何亚新，王善军. 磷化氢:风险中的主要的粮食熏蒸剂 [J]. 粮食储藏，1993,（2）：43-48

[29] 王泽林. 植物油的毒力及其防治储藏物害虫的主要成分 [J]. 粮食储藏，1993,（4）：36-41.

[30] 雷姆斯巴布 M，泽亚斯 D S，怀特 N D G，等. 锈赤扁谷盗成虫和卵在高二氧化碳、低氧大气中的死亡率 [J]. 粮食储藏，1993,（3）：40-48.

[31] HARYADI Y，FLEUAT-LESSARD F，王泽林. 不同水稻品种对麦蛾的相对抵抗力 [J]. 粮食储藏，1994,（1）：42-46.

[32] 靳祖训. 国外粮食储藏科学研究现状和发展趋势 [J]. 粮食储藏，1995,（2）：3-10.

[33] 徐书德. 赴日"大米加工储存技术"考察报告 [J]. 粮食储藏，1995,（3）：45-47.

[34] 刘尚卫，张德周，原举华. 以色列活动粮仓储粮技术试验报告 [J]. 郑州粮食学院学报，1995,（2）：78-82.

[35] "现代化粮食储藏管理和检测技术"考察团. "现代化粮食仓储管理和检测技术"考察团赴美考察报告 [J]. 粮食储藏，1995,（4）：43-47.

[36] 朗斯塔夫 B C，梁权. 澳大利亚非化学法治理储藏产品害虫展望 [J]. 粮食储藏，1996,（2）：16-20.

[37] 文昌贵. 日本对袋装精米储藏性能的研究 [J]. 粮油仓储科技通讯，1997,（4）：23-24.

[38] 靳祖训. 在第七届国际储藏产品保护工作会议上交流的主要内容 [J]. 粮食储藏，1998,（6）：6-13.

[39] CHAMP，邱伟芬. 21世纪粮食储藏技术展望:澳大利亚 Dr. Champ 在 7th IWCSPP 上的发言 [J]. 粮食储藏，1998,（6）：14-19.

[40] 唐为民，刘春浦. 赴法德粮油储藏及加工技术考察报告 [J]. 粮油仓储科技通讯，1999,（2）：39-44.

[41] 沈兆鹏. 国外使用惰性粉防治储粮害虫新动态 [J]. 粮油仓储科技通讯，2000,（2）：30-35.

[42] 靳祖训. 加拿大粮食"四散"技术发展概况：赴加"粮食储运技术与质量控制考察团"纪实 [J]. 粮食储藏，2001,（2）：44-48.

[43] 杨国峰，杨慧萍，杨进，等. 加拿大粮食品质控制和粮食流通技术概况 [J]. 粮食储藏，2001,（4）：42-48.

［44］ 谭本刚,刘新春,谢科生. 澳大利亚散粮流通系统及粮食储藏技术发展概况 [J]. 粮食储藏,2001,（5）：42-48.

［45］ 李素梅. 日本稻谷低温烘干系统简介 [J]. 粮油食品科技，2001，（6）：4-5.

［46］ 杨景田，李建萍，黄庆林. 乌克兰敖德萨港粮食辐射检疫处理装置 [J]. 粮食储藏，2002，（1）：45-47.

［47］ 唐为民. 美国的现代化粮食流通 [J]. 粮油仓储科技通讯，2002，（6）：39-42.

［48］ 朱行. 澳大利亚防治储粮害虫的最新方法 [J]. 粮食科技与经济，2003，（2）：38.

［49］ 梁权. 第6次国际储藏产品气调与熏蒸会议论文选读和感想 [J]. 粮食储藏，2003，（5）：43-49.

［50］ 唐为民，刘玉玲. 国外储粮害虫防治研究进展 [J]. 粮油食品科技，2004，（6）：24-26.

［51］ 郭道林，蒲玮，严晓平，等. 国外储藏物气调与熏蒸研究进展：第八届国际储藏物气调与熏蒸大会国外报告综述 [J]. 粮食储藏，2004，（6）：44-48，52.

［52］ 唐柏飞，李星巧，曹阳，等. 美国硫酰氟熏蒸及淘汰甲基溴技术考察报告 [J]. 粮食储藏，2006，（2）：51-54.

［53］ NAVARRO S，方茜，汪海鹏，等. 熏蒸剂的使用受限促进气调技术的发展 [J]. 粮食储藏，2007，（2）：25-29.

［54］ 侯立军. 国外粮食物流的走向及我国的应对举措 [J]. 粮食储藏，2007，（5）：39-44.

［55］ 王殿轩，兰盛斌，靳祖训，等. 第九届国际储藏物保护工作大会技术交流概况 [J]. 粮食储藏,2007,（1）：46-49.

［56］ 周浩，王莉蓉，林风刚，等. 法国粮食储藏技术及工艺概况 [J]. 粮食储藏，2009，38（6）：43-47.

［57］ 顾尧臣. 21世纪初美洲和日本的稻谷生产、干燥和深加工研究 [J]. 粮食与饲料工业，2009，（3）：4-8.

［58］ 唐柏飞，谭本刚，王殿轩，等. 以色列农产品储藏科技与甲基溴淘汰新技术（Ⅱ）：国家粮食局赴以色列粮食储藏淘汰甲基溴替代新技术考察报告 [J]. 粮食储藏，2010，39（3）：46-52.

［59］ 佐佐木，泰弘. 日本稻谷烘干储藏技术的现状及节能环保趋势 [J]. 粮食储藏，2011，40（2）：13-17.

［60］ 潘洪亮. 赴加拿大和巴西粮食生产流通考察的启示与建议 [J]. 粮食储藏，2011，40（4）：50-53.

［61］ 卜春海，杨健，方茜，等. 近年来国际储藏物气调与熏蒸研究进展：第九届国际储藏物气调与熏蒸大会国外报告综述 [J]. 粮食储藏，2013，42（3）：47-53.

［62］ 蒯福记，JAYAS D S，张强，等. 储粮生态系统的跨学科和多学科研究：加拿大曼尼托巴大学在粮食储藏研究上的最新进展 [J]. 粮食储藏，2014，43（3）：1-13.

［63］ 高正谦，邓立，李玥，等. 赴巴西、阿根廷调研进口大豆与国内质量检测差异的分析报告 [J]. 粮食储藏，2014，43（4）：48-52.

［64］ 杨静，吴芳. 国外粮食安全储藏期评估研究进展 [J]. 粮食储藏，2016，45（4）：1-8.

［65］ NAVARRO S，NAVARRO H. 密闭储粮的生物和物理特性总结 [J]. 粮食储藏，2017，46（1）：1-6.

［66］ 陈晋莹，兰盛斌，孔德旭，等. 赴德国参加第十二届国际储藏物保护工作会议的报告 [J]. 粮食储藏，2019，48（1）：49-52.

［67］ 刘洋，金梅. 国际谷物化学和食品安全研究现状与趋势：美国国际谷物化学师协会2018年年会情况报告 [J]. 粮食储藏，2019，48（2）：51-55.

第三节　战略

［68］靳祖训. 第七届国际储藏产品保护工作会议总结 [M]// 靳祖训. 粮食储藏科学技术进展. 成都：四川科学技术出版社，2007：145-148.

［69］靳祖训. 关于我国农村粮食储藏运输技术政策的思考 [M]// 靳祖训. 粮食储藏科学技术进展. 成都：四川科学技术出版社，2007：52-55.

［70］靳祖训. 中国农村产后领域科学技术政策 [M]// 靳祖训. 粮食储藏科学技术进展. 成都：四川科学技术出版社，2007：59-71.

［71］靳祖训. 农产品储藏运输技术政策 [M]// 靳祖训. 粮食储藏科学技术进展. 成都：四川科学技术出版社，2007.

［72］靳祖训. 中国粮食储藏的现状与对策 [M]// 靳祖训. 粮食储藏科学技术进展. 成都：四川科学技术出版社，2007：80-82.

［73］靳祖训. 发挥科技在振兴粮食经济中的作用 [M]// 靳祖训. 粮食储藏科学技术进展. 成都：四川科学技术出版社，2007：83-84.

［74］靳祖训. 中国进入 WTO 以后粮食储藏科学与技术研究发展方向 [M]// 靳祖训. 粮食储藏科学技术进展. 成都：四川科学技术出版社，2007：27-32.

［75］靳祖训. 储粮生态系统研究展望 [M]// 靳祖训. 粮食储藏科学技术进展. 成都：四川科学技术出版社，2007：126-133.

［76］靳祖训. 关于我国粮食储备的合理结构、合理期限和储备技术发展方向 [M]// 靳祖训. 粮食储藏科学技术进展. 成都：四川科学技术出版社，2007：182-193.

［77］靳祖训. 关于我国中长期农业领域拓展战略的思考 [M]// 靳祖训. 粮食储藏科学技术进展. 成都：四川科学技术出版社，2007：3-9.

［78］靳祖训. 减少粮食产后损失是确保粮食安全的重要途径：从"B 模式"看粮食安全和粮食储藏科技的发展方向 [M]// 靳祖训. 粮食储藏科学技术进展. 成都：四川科学技术出版社，2007：10-21.

［79］靳祖训. 储粮生态系统研究展望 [C]// 天津市粮油学会. 天津市粮食仓储技术论文集. 天津：天津市粮油学会，2007：56-58.

［80］靳祖训. 21 世纪中国粮食储藏科学展望 [M]// 靳祖训. 粮食储藏科学技术进展. 成都：四川科学技术出版社，2007：46-51.

［81］黄木姣，谭本刚. 面向 21 世纪的中国粮食仓储业可持续发展对策和措施 [J]. 粮食储藏，1998，（5）：3-7.

［82］靳祖训. 引东拓西　互惠互利　跨越发展：中国西部农产品产后科技政策 [M]// 靳祖训. 粮食储藏科学技术进展. 成都：四川科学技术出版社，2007：76-79.

［83］靳祖训，于英威，潘成. 中国加入 WTO 以后粮食储藏科学与技术研究发展方向 [J]. 粮食储藏，2002，（4）：5-10.

［84］唐柏飞. 关于我国粮食管理应对加入 WTO 的思考 [J]. 粮食储藏，2002，（2）：3-4.

［85］陈愿柱. 浅谈我国加入 WTO 后粮食仓储企业的对策 [J]. 粮油仓储科技通讯，2002，（6）：2-4.

［86］靳祖训，兰盛斌. 减少粮食产后损失是确保粮食安全的重要途径：从《B 模式》看粮食安全和粮食储藏科技的发展方向 [J]. 粮食储藏，2004，（4）：3-13.

［87］ 邓心安，王世杰，姚庆筱. 生物经济与农业未来 [M]. 北京：商务印书馆，2006.

［88］ 刘兴信. 对我国粮食储藏科技创新体系的建议 [J]. 粮油食品科技，2006，（2）：10–11.

［89］ 兰盛斌，丁建武，黎万武. 我国粮食储藏技术战略研究 [J]. 粮油食品科技，2007，（5）：16–19.

［90］ 吴子丹，杨万生. 我国粮油科学技术学科的发展与展望 [J]. 粮油食品科技，2011，19（3）：1–4.

［91］ 杨龙德，杨自力，蒋天科，等. 储粮工艺优化集成 节能减排模式创新 [J]. 粮食储藏，2011，40（2）：18–23.

第四节　粮食安全

［92］ 郭道林，陶诚，兰盛斌，等. 关于确保我国南方高温高湿地区储粮安全的几点建议 [J]. 粮食储藏，2003，（5）：50–54.

［93］ 刘达，王仲东，胡智华. 管控一体化在粮库中的应用 [J]. 粮食储藏，2004，（4）：30–31，35.

［94］ 丁建武，兰盛斌，张华昌. 减少粮食产后损失对确保我国粮食安全的重要性 [J]. 粮食储藏，2005，（2）：49–50.

［95］ 王梅，陈汲，兰盛斌，等. 确保库存粮油质量安全对策初探 [J]. 粮食储藏，2009，38（2）：53–56.

［96］ 鞠兴荣，万忠民，陈建伟. 粮食安全控制体系的建立 [J]. 粮食储藏，2009，38（3）：18–21.

［97］ 白玉兴. 关于我国粮食安全保障与人口自然增长的研究 [J]. 粮油仓储科技通讯，2009，25（3）：2–4.

［98］ 白美清. 中国粮食储备体系建立、发展的历史进程与新的使命：在中国粮食行业协会粮食储备分会和中国粮油学会储藏分会理事会、常务理事会上的讲话 [J]. 粮食储藏，2011，40（6）：3–6.

［99］ 范华胜. 粮食储藏过程中危险因素及安全防护措施 [J]. 粮食储藏，2012，41（2）：13–16.

［100］ 王运博，许高峰. 异常情况对中国粮食安全的影响及对策研究 [J]. 粮食储藏，2014，43（1）：1–5，52.

［101］ 尚卫东. 基于中国法律框架下的粮油食品质量检验机构的管理及问题思考 [J]. 粮食储藏，2016，45（1）：53–56.

［102］ 汪文忠. 全球背景下中国粮食贸易和安全问题探讨 [J]. 粮油仓储科技通讯，2018，34（4）：54–56.

［103］ 王美溪，张天柱，白春明. 新时期重拾"藏粮于民"对粮食安全的意义 [J]. 现代化农业，2021，（2）：63–64.

［104］ 姚毓春，夏宇. 日本、韩国粮食安全现状、政策及其启示 [J]. 东北亚论坛，2021，30（5）：83–98，28.

［105］ 王国敏，侯守杰. 新冠肺炎疫情背景下中国粮食安全：矛盾诊断及破解路径 [J]. 新疆师范大学学报（哲学社会科学版），2021，42（1）：120–133，2.

第五节　著述

［106］ 钱念曾. 我国之仓库害虫 [M]. 长沙：湖南省农业改进所，1927.

［107］ 董时进. 食料与人口 [M]. 上海：商务印书馆，1929.

［108］ 刘谷侯. 中国粮食问题：民食问题专号 [J]. 建国月刊社，1929，2（2）79–86.

［109］ 吴宏吉，陆瑜. 害虫防治法 [M]. 上海：中国农业书局出版，1932.

［110］ 上海太平洋书店. 中国民食问题［M］. 上海：上海太平洋书店，1933.

［111］ 张仙芝，陆松侯，刘金庆. 绿豆象虫生长与温湿度之关系 [R]. 上海：实业部上海商品检验局，1935.

［112］张仙芝，陆松侯，田恒生. 谷粉大斑螟蛾 *Pyralis Farinalis* L. 生长受温湿度影响之实验 [R]. 上海：实业部上海商品检验局，1936.

［113］梁庆椿. 世界粮食问题：上、下册［M］. 上海：商务印书馆. 1936.

［114］汗血月刊社. 粮食问题研究［M］. 上海：汗血月刊社. 1936.

［115］曾省，李隆术. 仓库虫害及其防治［M］. 上海：正中书局，1944.

［116］杨锡志. 粮食问题［M］. 重庆：粮食问题出版社，1944.

［117］吴傅钧. 中国粮食地理［M］. 上海：商务印书馆，1946.

［118］黄修明. 昆虫生态学概论［M］. 上海：中华书局，1947.

［119］钱念曾. 仓库害虫及其防治方法［M］. 上海：中华书局，1950

［120］忻介六. 粮食贮藏的科学管理 [M]. 上海：商务印书馆，1950.

［121］忻介六. 中国粮仓害虫学 [M]. 上海：商务印书馆，1951.

［122］忻介六. 粮仓修建之理论与方法 [M]. 上海：商务印书馆，1951.

［123］钱永庆，于菊生. 蚕豆象及其防治的研究 [J]. 农业科学与技术，1952，（2）.

［124］高文彬. 蚕豆象防治的研究 [J]. 农业学报，1953，3（4）

［125］姚康. 米象为害稻谷数量损失的研究 [J]. 新科学季刊，1953，（2）.

［126］姚康. 黑粉虫生活习性考察的初步报告 [J]. 新科学季刊，1953，（4）.

［127］大连商品检验局. 仓虫饲养记录、螨类为害农产品质量饲育观察记录、螨类分类及饲育试验记录 [R]. 大连：大连商品检验局，1953.

［128］陆培文，钱永庆，郑坚. 豌豆象防治法 [M]. 北京：中华书局，1953

［129］姚康. 增订中国仓库害虫和益虫的初步名录 [J]. 昆虫学报，1953，2（4）. 299–310.

［130］朱象三. 西北绿豆象调查与防治的研究 [J]. 昆虫学报，1955，5（1）. 105–114.

［131］赵养昌. 仓库害虫 [J]. 生物学通报，1956，（10）. 21–26.

［132］陈耀溪. 仓库害虫 [M]. 北京：农业出版社，1959.

［133］冯教棠. 储藏农产品中的螨类 [M]. 北京：农业出版社，1960.

［134］赵养昌. 中国经济昆虫志：第4册：鞘翅目 拟步行虫科 [M]. 北京：科学出版社，1963.

［135］王鸣岐，文永昌. 粮食微生物手册 [M]. 上海：上海科学技术出版社，1965.

［136］粮食部储运司检验防治处. 储粮害虫防治手册 [M]. 北京：中国财政经济出版社，1965

［137］赵养昌. 中国仓库害虫 [M]. 北京：科学出版社，1966.

［138］郑州工学院粮油工业系. 贮粮害虫图册 [M]. 北京：科学出版社，1975.

［139］周景星. 低温贮粮 [M]. 郑州：河南科学技术出版社，1981.

［140］曹志丹. 陕西省经济昆虫志：贮粮昆虫 [M]. 西安：陕西科学技术出版社，1981.

［141］徐惠迪，祝彭庆，杜国栋，等. 粮油保管 [M]. 南京：江苏科学技术出版社，1984.

［142］陈启宗，黄建国. 仓库昆虫图册 [M]. 北京：科学出版社，1985.

［143］姚康. 仓库害虫及益虫 [M]. 北京：中国财政经济出版社，1986.

［144］赵志模. 仓虫生态学 [M]. 成都：西南农业大学出版，1987.

［145］周景星. 食品储藏保鲜 [M]. 北京：中国食品出版社，1987.

［146］刘维春，吴永盛. 粮食储藏 [M]. 南昌：江西科学技术出版社，1988.

［147］王立，魏清国. 储粮机械通风技术 [M]. 南京：江苏科学技术出版，1989.

［148］ 左进良，刘维春，张祯祥．储粮通风技术 [M]．北京：中国轻工业出版社，1990．

［149］ 赵思孟．粮食干燥技术 [M]．郑州：河南科学技术出版社，1991．

［150］ 谢开春，苏梅．仓库害虫防治手册 [M]．上海：上海科学技术出版社，1992．

［151］ 陈愿柱．粮油储检词典 [M]．北京：中国商业出版社，1993．

［152］ 王佩祥．储粮化学药剂应用技术 [M]．北京：中国商业出版社，1993．

［153］ 陆联志．中国仓储螨类 [M]．成都：四川科学技术出版社，1994．

［154］ 徐国淦．有害生物熏蒸及其他处理实用技术 [M]．北京：中国农业出版社，1995．

［155］ 严以谨，王金水，苏云平．机械通风储粮技术 [M]．郑州：河南科学技术出版社，1996

［156］ 云昌杰．科学储粮研究 [M]．北京：中国商业出版社，1996．

［157］ 王佩祥．储粮化学药剂应用 [M]．北京：中国商业出版社，1997．

［158］ 沈宗海．粮油保管技术 [M]．北京：中国物资出版社，1998．

［159］ 沈宗海．粮油储藏 [M]．北京：中国财政经济出版社，1998．

［160］ 张生芳，刘永平，武增强．中国储藏物甲虫 [M]．北京：中国农业科技出版社，1998．

［161］ 王殿轩，曹阳．磷化氢熏蒸杀虫技术 [M]．成都：成都科技大学出版社，1999．

［162］ 路茜玉．粮油储藏学 [M]．北京：中国财政经济出版社，1999．

［163］ 靳祖训．第七届国际储藏产品保护工作会议论文集（英文版）[C]．成都：四川科学技术出版社，1998．

［164］ 李隆术．储藏物昆虫和农业螨类研究：李隆术论文选 [M]．成都：四川科学技术出版社，2000．

［165］ 王肇慈．粮油食品品质分析 [M]．北京：中国轻工业出版社，1994．

［166］ 吴志华．中国粮食安全与成本优化研究 [M]．北京：中国农业出版社，2001．

［167］ 白旭光．储藏物害虫与防治 [M]．北京：科学出版社，2002．

［168］ 程传秀．储粮新技术生产性试验论文集 [C]．北京：中国商业出版社，2002．

［169］ 王若兰．粮食仓储工艺与设备 [M]．北京：中国财政经济出版社，2002．

［170］ 国家粮食局．粮食流通基本知识读本 [M]．北京：中国物价出版社，2002．

［171］ 侯立军．中国粮食物流科学化研究 [M]．北京：中国农业出版社，2002．

［172］ 蔡静平．粮油食品微生物学 [M]．北京：中国轻工业出版社，2003．

［173］ 李益良．现代储粮技术与管理 [M]．成都：四川科学技术出版社，2003．

［174］ 聂振邦．粮食流通管理条例及其相关规定 [M]．北京：中国物资出版社，2004．

［175］ 罗金荣，吴峡，左进良．高水分粮就仓干燥技术 [M]．南昌：江西高校出版社，2004．

［176］ 徐国淦．病虫鼠害熏蒸及其他处理实用技术 [M]．北京：中国农业出版社，2005．

［177］ 国家粮食局．粮油储藏重要标准理解与实施 [M]．成都：四川科学技术出版社，2008．

［178］ 郭道林．第八届国际储藏物气调与熏蒸大会（英文版）[C]．成都：四川科学技术出版社，2008．

［179］ 李隆术，朱文炳．储藏物昆虫学 [M]．重庆：重庆出版社，2009．

［180］ 王若兰．粮油储藏学 [M]．北京：中国轻工业出版社，2009．

［181］ 国家粮食局.《粮油仓储管理办法》解读 [M]．北京：中国物资出版社，2010．

［182］ 卜春海．氮气储粮应用实践 [M]．成都：四川科学技术出版社，2012．

［183］ 陈启宗，黄建国．储粮害虫图册 [M]．北京：科学出版社，2012．

［184］ 中国储备粮管理总公司．粮食出入库技术实用操作手册 [M]．成都：四川科学技术出版社，2014．

［185］中国储备粮管理总公司.氮气气调储粮技术实用操作手册 [M]. 成都：四川科学技术出版社，2014.

［186］中国储备粮管理总公司.磷化氢摸下环流实用操作手册 [M]. 成都：四川科学技术出版社，2014.

［187］中国储备粮管理总公司.膜下环流通风技术实用操作手册 [M]. 成都：四川科学技术出版社，2014.

［188］中国不同储粮生态区域储粮工艺研究编委会.中国不同储粮生态区域储粮工艺研究 [M] 成都：四川科学技术出版社，2015.

［189］中华粮仓集锦编委会.中华粮仓集锦 [M]. 北京：中国文联出版社，2016.

［190］中国储备粮管理总公司.常见储粮害虫识别防治技术实用操作手册 [M]. 成都:四川科学技术出版社，2017.

［191］中国储备粮管理总公司.谷物冷却储粮技术实用操作手册 [M]. 成都：四川科学技术出版社，2017.

［192］中国储备粮管理总公司.控温储粮技术实用操作手册 [M]. 成都：四川科学技术出版社，2017.

［193］中国储备粮管理总公司.连续式粮食干燥机技术实用操作手册 [M]. 成都：四川科学技术出版社，2017.

［194］中国储备粮管理总公司.粮食感官检验辅助图谱 [M]. 成都：四川科学技术出版社，2017.

［195］王殿轩.储藏物害虫综合治理 [M]. 北京：科学出版社，2021.

［196］张敏.粮食储藏学 [M]. 北京：科学出版社，2021.

［197］郭道林，周浩，王殿轩，等.中国粮食储藏学科的现状与发展展望（2015-2019）[J]. 粮食储藏，2021，50（2）：1-9.

分论一
粮食储藏应用基础研究进展

第一章　储粮昆虫研究

    第一节　储粮昆虫分布、害虫发生及其为害的调查研究

    第二节　储粮螨类研究

    第三节　储粮害虫分类鉴定研究

    第四节　储粮害虫生物学研究

    第五节　储粮害虫生态学研究

    第六节　储粮害虫遗传学研究

    第七节　储粮害虫抗性研究

    第八节　储粮害虫分类鉴定技术研究

    第九节　储粮害虫检测技术研究

第二章　储粮微生物研究

    第一节　粮食微生物区系调查

    第二节　不同储粮技术措施对微生物演替规律影响的研究

    第三节　储粮微生物监测研究

    第四节　储粮微生物预测研究

    第五节　储粮微生物污染与控制

    第六节　大米黄变与红变致因研究

第三章　粮油真菌毒素研究

    第一节　粮油真菌毒素污染情况调查

    第二节　粮油真菌毒素毒理研究

    第三节　粮油真菌毒素去毒研究

    第四节　粮油真菌毒素检测技术研究

第四章 粮油品质特性与变化研究

第一节　粮油品质研究

第二节　粮油品质劣变指标研究

第三节　不同储藏条件与方法对粮油品质变化的影响研究

第四节　粮油特性与储粮品质研究

第五节　常用储粮主要技术措施对储粮品质的影响研究

第五章 储粮生态系统研究

第六章 有关粮食行业的标准研究

第一章 储粮昆虫研究

第一节 储粮昆虫分布、害虫发生及其为害的调查研究

中华人民共和国成立前，冯学棠、阎文学、姚康等学者进行了少数省市的储粮昆虫调查，有过一些报道。中华人民共和国成立后，我国的粮食系统开展了七次全国性规模较大的储粮昆虫调查（以下简称"虫调"）。

第一次虫调：1955年，由粮食部购销储运局主持。1957年发表定名虫种（储藏物昆虫）43种。

第二次虫调：1957年，由粮食部购销储运局主持。1959年发表定名虫种（储藏物昆虫）55种。

第三次虫调：1956—1958年，由粮食部和中国科学院昆虫所主持。1959年发表定名虫种（储藏物昆虫）111种，其中储粮昆虫72种。

第四次虫调：1974—1975年，由商业部组织"全国储粮害虫虫种分布调查组"开展工作。1976年总结定名虫种（储藏物昆虫）172种，其中储粮昆虫112种。

第五次虫调：1980—1982年，由商业部与农林部联合组织"全国专题虫种（检疫对象）调查组"开展工作。1983年，总结包括3种截获检疫对象及其他储藏物昆虫，发表定名虫种（储藏物昆虫）194种。据赵养昌记载，中国仓虫有10个目，34科，223种。据陈跃溪《仓库害虫》增订本记载，世界性仓虫4目、33科、513种，其中描述272种（包括中国发生的147种）。

第六次虫调：2004—2005年，由国家科技部立项，国家粮食局主持。共采集记录储粮昆虫270种，其中包括储粮害虫226种，储粮害虫天敌44种，分别隶属于2纲、12目、54科、146属。

其中，属于昆虫纲的种类：鞘翅目昆虫31科，鳞翅目昆虫6科，膜翅目昆虫5科；蜚蠊目、半翅目、双翅目昆虫各2科；啮虫目、缨尾目等翅目昆虫各1科；革翅目昆虫各1科。属于蛛形纲的种类有：拟蝎目的拟蝎科、蛛形目的壁虱科。

第七次虫调：2015-2019年，由国家科技部立项，国家粮食局组织。总结定名虫种236种、螨类57种。

有专家学者对我国不同储粮生态地区、不同储藏环境，特别是高温高湿地区的储粮害虫分布作了调查，对广东、福建、湖南、湖北、江西、河南、陕西、安徽等省市的玉米象、米象等储粮害虫分布分别作出报道；有专家学者进行了储粮害虫区系分布GIS表达与可视化方法研究，颇有新意；有专家学者对某些省区市的某些虫种发生和为害作了调查研究。

刘永平1979年报道了米象和玉米象在广东、广西、四川等省区市的分布调查以及在世界分布概况的研究。曹志丹1981年报道了陕西省储粮害虫的分布特点及防治对象，介绍了该省重要的虫种——玉米象、麦蛾的分布和为害情况。华德坚1981年报道了谷蠹发生与为害观察结果报告。该报告重点介绍了谷蠹对低氧、高温的忍耐力，并对其与玉米象、米象、拟谷盗、锯谷盗作了比较。管良华1981年报道了我国绿豆象地理宗的发生概况，并对其做了食性观察。周文郁1981年等报道了沈阳地区储粮害虫的分布情况调查。陈启宗1982年报道了我国已发现的仓库害虫蛾类的成虫，同年还报道了我国已发现的仓库害虫蛾类幼虫的种类及其鉴别。罗禄怡等1982年报道了贵州省米象、玉米象的分布及生物学研究结果。证明：玉米象是遍布贵州全省的优势虫种。谯天池1983年报道了四川省高原仓库害虫种群分布及防治，着重介绍了不同生态条件导致种群分布特异性。福建省粮油科学技术研究所和福建省粮食厅仓储处1984年报道了该省米象和玉米象的分布及为害情况。证明：两者并存，分布很广。陈启宗1984年报道了我国常见贮粮昆虫的分布调查。夏万征等1986年分别报道了辽宁省和上海地区仓库害虫的调查及防治措施。张禹安1986年报道了仓储昆虫研究的始源与发展。杨和清等1987年报道了云南省仓库害虫的调查研究报告。

陈启宗1990年报道了西藏自治区仓虫（昆虫、螨类）区系调查的研究报告。孙宝根等1990年报道了储藏物主要昆虫英汉俗名名录。刘永平等1991年报道了弗氏拟谷盗——我国西北地区的一种重要仓储害虫的情况。马忠祥1992年报道了大兴安岭地区储粮害虫区系调查和种群分布特性的研究。陈启宗1994年报道了我国储藏物害虫的调查研究——兼谈全国粮食系统历次虫调情况。魏涛2001年报道了江苏省盐城市仓库害虫分布及其防治情况；2002年又报道了仓库害虫分布及防治工作的报告。聂守明等2003年报道了湖南省储粮昆虫分布，从地理位置、储粮环境的分布情况对湖南省的储粮昆虫、害虫与天敌的发生频率进行了分析研究。黄雄伟等2004年报道了库区储粮害虫调查。沈兆鹏2005年报道了粮食流通中的昆虫和螨类。贾胜利等2005年报道了天津地区仓库昆虫种群调查及防治工作要点。严晓平等2006年报道了中国储粮昆虫2005年最新名录。沈宗海等2007年报道了安徽省储藏物昆虫调查研究。严晓平等2008年报道了中国储粮昆虫历次调查总结与分析。马晓辉等2008年报道了中央储备粮中主要害虫种类及抗性状况调查。张英等2012年报道了高大平房仓储粮害虫分布与发生的初步调查。齐艳梅等2015年报道了中高温储粮区粮堆表层害虫的种类调查。王国万等2016年报道了武昌国家粮食储备库储粮害虫的普查分析。王殿轩等 2017年分别报道了我国8省市43家面粉企业储粮昆虫种类的调查研究；中国10省75地市米象和玉米象的分布调查研究。高源等2017年报道了湖北省2016年的储粮昆虫区系调查。李丹丹等2017年报道了陕西省2016年储粮昆虫种类与分布的调查分析。阎磊等2017年报道了储粮昆虫区系分布的GIS表达与可视化的方法研究。张浩等2017年报道了河南省储粮场所中玉米象的分布特性调查研究。王殿轩等2017年分别报道了我国高温高湿储粮生态区储粮昆虫区系调查研究；我国11省79地市（州）储粮场所中印度谷螟和麦蛾的发生分布调查研究；储粮环境中大谷盗共生昆虫种类及场所发生特性的调查研究；我国9省市32家饲料厂储粮昆虫种类调查研究。李丹丹等2017年报道了对中国储粮昆虫历次调查的分析与探讨。贺培欢等2017年报道了在江西省开展的储粮昆虫调查情况。孙京玲等2018年报道了在安徽省蚌埠市开展的储藏物昆虫调查研究报告。

第二节　储粮螨类研究

根据已有文献记载，从1957年开始，我国粮食储藏专家学者进行了储粮螨类调查，对中国重要储粮螨类作了记述，主要包括腐食酪螨、椭圆食粉螨、纳氏皱皮螨、甜果螨、马六甲肉食螨、害嗜鳞螨。除上述报道研究内容外，尚有徐道隆等1991年报道了云南省储藏物螨类区系调查研究报告。陈兴保等1991年报道了储藏物螨类与人类疾病分析报告。沈兆鹏1991年报道了我国储粮中的肉食螨为害；1992年又报道了尘螨和尘螨性过敏——兼谈腐食酪螨的致敏作用。沈祥林等1992年报道了河南省近期储藏物螨类调查研究报告。赵英杰等1993报道了害嗜鳞螨的生活史研究。林萱等1993年报道了福建省储藏物螨类种类、分布、危害（对储藏物害虫的为害而言，本专著"为害"通"危害"，不作统一）情况调查。沈兆鹏1996年分别报道了海峡两岸储藏物螨类种类及其危害；中国储粮螨类种类及其危害；1997年又报道了中国储粮螨类研究40年。单淑琴1999年报道了储粮螨类生物学特性及其防治。谢少远等2000年报道了中国储藏物螨类4种新纪录。林萱等2000年报道了福建省储藏物螨类调查。沈兆鹏2001年报道了储藏农副产品中的真扇毛螨为害与防治。李隆术2005年报道了储藏产品螨类的危害与控制。崔淼等2019年报道了黑龙江省储粮虫螨调查报告。

第三节　储粮害虫分类鉴定研究

为储粮害虫区系调查顺利进行，我国专业科技人员开展了大量的储粮害虫分类鉴定研究工作，储粮害虫分类鉴定技术取得了长足进展。专业科技人员在原来单纯依靠害虫形态特征进行分类的基础上，开展了比较解剖学的方法、含菌体微生物方法、血清学方法、气相色谱法、害虫裂解图谱、害虫图像灰联分析、BP神经网络分类应用、声音分析系统、虫体蛋白特异性区分、图像识别特征值提取技术等，这标志着我国的储粮害虫分类技术已经达到国际同行业科研的先进水平。

相关的研究报道有：姚康1957年报道了几种新发现的仓库伪步甲。张国梁1958年报道了储粮螨类及其防治。张国梁、金礼中1960年报道了我国储粮螨类的种类和分布情况。上海粮食科学研究所1960年报道了上海地区储粮螨类调查报告。王孝祖1964年报道了中国粉螨科的五个新纪录种。赵养昌、王序青1964年报道了谷斑皮蠹研究。上海市第十粮食仓库1974年报道了上海地区储粮害虫及其天敌名录。四川省粮食局（现四川省粮食和物资储备局前身，下同）储粮害虫调查组1975年报道了四川储粮害虫种类与分布情况。沈兆鹏1975年报道了中国肉食螨初记和马六甲肉食螨的生活史，初步记述了我国肉食螨分隶于四个属，即肉食螨属、触足螨属、单梳螨属和真扇毛螨属。郑州粮食学院粮油储藏专业储粮害虫教研室1976年报道了关于米象与玉米象鉴别的研究。陈启宗、黄建国1977年报道了对仓潜与黑菌虫、小菌虫的鉴别。陈启宗1978年报道了粉斑螟、地中海螟、烟草螟成虫的鉴别方法。陈启宗、黄建国1979年报道了我国新发现的几种储粮害虫。

陈启宗1980年分别报道了我国新发现的仓库害虫——褐斑谷蛾；还报道了对我国蛾类贮粮害虫成虫的外生殖器研究。管良华1981年报道了绿豆象触角突变的观察研究。乔天池1981年报道了仓库害虫分类的研究。沈兆鹏1982年报道了中国粉螨的研究。刘永平1982年报道了鹰嘴豆象研究。张生芳等1982年报道了四纹豆象与"拟四纹豆象"问题的研究。该文主张，后者是典型的四纹豆象特征，作为新种论据不足。张生芳1982年报道了储粮中的某些豆象，对12种豆象列出了检索表；同年还报道了巴西豆象的研究。李运篾等1982年报道了湖北省汉江平原常见60种步甲成虫的分种检索。张德秋1982年报道了谷斑皮蠹研究。黄建国1983年报道了怎样区分米象和玉米象的幼虫的研究。姜永嘉等1983年报道了对玉米象等成虫消化道和雌虫生殖器官组织的探讨。朱其才1983年报道了怎样区分毛蕈甲和褐蕈甲的研究。张生芳1984年报道了危害豆类的重要豆象，记述了21个种，分隶于6个属。朱德生1984年报道了粮食皮蠹科害虫研究，搜集了有经济意义的51种皮蠹科害虫，为37种皮蠹科害虫绘制了检索表。陈昭柱1984年报道了中华垫甲的研究。刘永平等1984年报道了发现四纹皮蠹的经过。张生芳等1984年报道了酱曲露尾甲与细胫露尾甲的形态区别及二纹露尾甲的研究。黄建国1984年分别报道了仓库鞘翅目昆虫成虫的鉴定依据；黄胸客科几种仓虫的研究。沈兆鹏1985年报道了中国储藏物螨类名录，并附无气门目Astigmata螨类分种检索表。张禹安1985年报道了四川仓贮皮蠹的初步名录。沈兆鹏1985年报道了中国储藏物螨类名录及研究概况。白旭光1985年报道了我国首次发现的玉米尖翅蛾。管良华等1985年报道了我国新的仓库害虫"甲胸皮蠹"及其近缘种研究。张生芳等1985年分别报道了对重要的仓储害虫黑斑皮蠹、斜带褐毛皮蠹的研究；圆皮蠹属两个种记述及该属仓储害虫检索表。黄建国1985年报道了脊胸露尾甲还是拟脊胸露尾甲的鉴别研究。张福国等1985年报道了放射性同位素^{45}Ca在黑粉虫（成虫）体内的分布，还报道了我国两种新纪录的仓库害虫。朱其才1985年报道了竹蠹和日本竹蠹的鉴别研究。刘永平等1986年报道了我国仓储物中新发现的两种皮蠹及两种蛛甲害虫的情况。陈启宗1986年报道了六种蛾类成虫的外生殖器鉴别研究。黄建国等1987年报道了四种阎虫成虫的鉴别方法。黄清年1987年报道了云南红河地区粮油仓库害虫种群及其防治研究。沈祥林等1987年报道了二行薪甲与四行薪甲、湿薪甲的研究。我国植检植保专家曹骥等1988年出版了《植物检疫手册》，该著作具有教学、科研的双重功能。沈祥林等1988年报道了储藏物中三种薪甲——大眼薪甲与脊薪甲、丝薪甲的鉴别研究。李玮1988年报道了鞘翅目昆虫成虫的分科研究。沈兆鹏1988年报道了肉食螨科分类要领及分属检索。孙宝根1988年报道了四纹豆象的种型及其防治；1989年又报道了拟谷盗族的化学分类学方法。曹阳等1989年报道了拟步甲科（鞘翅目）14种仓库害虫成虫数值分类研究。黄建国等1989年报道了中国仓储露尾甲成虫检索表及其新纪录种的研究。

白旭光等1992年报道了我国七种仓储露尾甲幼虫的鉴别研究。黄建国等1992年报道了我国已发现暗红褐菌虫的报告；1993年报道了木蕈甲科仓虫两新纪录种和已知种类检索；1996年又分别报道了云南储藏物害虫——新纪录种；三种象虫的鉴定与防治方法。林其铭等1996年报道了两种窃蠹科害虫——浓毛窃蠹、灵芝窃蠹的研究。杨秀金等1996年报道了利用二叉树对储藏物害虫进行检索和辨别的探讨。白旭光等1997年报道了中国储粮虱虫齿（书虱）昆虫两新记录种[1]的研究报告。曾力等1997年报道了八[2]种仓储甲虫幼虫的鉴别报告。

黄建国、周玉香2000年报道了几种仓储露尾甲。孙冠英等2000年报道了对储粮书虱的研究。韩萍、张红梅2002年报道了仓储物害虫声音识别研究中的madaline神经网降噪。周龙、陈锦云2004年报道了储粮害虫图像的灰关联分析方法研究。张红梅等2005年报道了基于数字图像处理技术的储粮害虫分类识别研究。陈栋等2005年报道了MATLAB在储粮害虫图像处理中的应用。沈兆鹏2006年报道了中国100种重要储粮害虫名录（拉丁文、中英文对照）。陈萍等2006年报道了福建省储藏物害虫区系调查研究。卢军等2007年报道了BP神经网络在储粮害虫分类

---

① 本专著"纪录种"通"记录种"，不作统一。

② 为保留科研著述原貌，本专著对正文中，正文与书目中的中文数字和阿拉伯数字不作统一。

中的应用研究。廖明潮2007年报道了储粮害虫声音分析系统设计。曹阳等2008年报道了混凝土仓不同氧浓度对赤拟谷盗呼吸作用的影响。白春启等2008年报道了小眼书虱表皮层脂类成分分析。谭左军等2008年报道了储藏物昆虫分形特性的研究。黄凌霄等2008年报道了小波变换在储粮害虫图像压缩中的应用。

韩萍等2010年报道了基于人工神经网络的粮食害虫分类。许方浩等2016年报道了识别储粮害虫的"3+3+X"法则。李非凡等2017年报道了米象触角感器的扫描电镜观察。江亚杰等2017年报道了基于DNA条形码技术的储粮害虫碎片鉴定研究。赵彬宇等2019年报道了储粮害虫智能图鉴及图像识别APP软件设计。

第四节　储粮害虫生物学研究

储粮害虫生物学是研究储粮害虫的种类、结构、发育和起源进化以及生物与周围环境关系的学科。具体指对某种储粮害虫的形态、各虫期习性、生活史、各虫期生理生化特点等进行研究。近百年来，有专家和学者对此进行了相关研究并予以报道。

刘子韬1950年报道了拟谷盗之形态及生活史研究。葛仲麟1952年报道了蚕豆象的初步研究。姚康1953年报道了黑粉虫生活习性考察的初步报告。郑炳宗1957年报道了绿豆象生活史的研究初报。张祯祥等1957年报道了麦蛾生活习性的初步观察研究。姚康等1959年报道了米象的生物学研究。粮食部粮食科学研究所1959年报道了锯谷盗生物学及防治方法研究。

王平远1964年报道了印度谷螟Plodia interpunctella（Hübner）在北京野外为害鲜枣的新纪录及生物学观察。唐觉、叶立畅1964年报道了浙江主要贮粮螨类的生物学特性初步考查。忻介六等1964年报道了椭圆食粉螨生活史的研究。粮食部粮食科学研究设计院等1966年报道了豌豆象的生活规律及其在仓库中的防治。浙江省粮食科学研究所1966年报道了麦蛾生物学特性和系统防治方法的研究。余树南1966年报道了米象幼虫脱离粮粒的原因及成活率的初步观察。四川省遂宁县（现遂宁市，下同）粮食局1967年报道了豌豆象的生物学特性和防治方法。沈兆鹏1979年报道了甜果螨生活史的研究。高国章1979年报道了对褐斑谷蛾生态习性的初步观察。

黄建国1980年报道了绿豆象生物学的研究。姚康等1981年报道了谷蠹生活习性及几种粮食抗谷蠹的试验初报。罗禄怡等1981年报道了贵州米象及玉米象的分布初报。黄建国1982年报道了米象、玉米象生物学的研究。姚康等1982年分别报道了对仓双环猎蝽的生物学特性初步观察；对黄岗花蝽生物学特性的初步观察。颜金村报道了麦蛾茧蜂生活史观察。1983年曾祥鑫报道了对仓虫花蝽生物学特性初步观察。陈其恩等1986年报道了四纹豆象在绿豆、黄豆、黑豆、赤豆中的生活史研究。杨和清1986年报道了关于对外检疫害虫谷斑皮蠹的生物学、生态和防治方法的研究报告。聂守明1986年报道了谷蠹的生物学和防治方法研究。张寿东等1986年报道了绿豆象生长繁殖及生活史的研究。张友兰1986年分别报道了谷蠹在室温下的生活史研究；绿豆象的生活史研讨。孙宝根1987年分别报道了米蛾生物学的研究；扁甲科*Gucujidae*的四种害虫生物学与分布的关系。刘观明1987年报道了储藏物螨类的生物学研究。陈启宗等1987年报道了四纹豆象鞘翅斑纹诱变研究。沈兆鹏1988年报道了纳氏皱皮螨生活史的研究。陆安邦等1988年报道了嗜卷书虱生活史及习性的初步研究。张策研等1988年报道了四纹皮蠹生物学特性的初步观察，该生物学特性研究为储粮害虫的合理防治提供了科学依据。范京安、李隆术等1989年报道了麦蛾生物学及生态学特性的研究。张清纯等1989年报道了印度谷螟生物学习性的初步研究。张新月等1989年报道了谷斑皮蠹在云南适生性的初步研究。沈兆鹏1989年报道了三种粉螨生活史的研究及对储藏粮食和食品的为害。蔡经1989年报道了储粮螨类的生物学、为害和防治的研究。白旭光等1989年报道了腐食酪螨生活史的研究。刘永平等1989年报道了我国三种蛛甲记述及仓储物蛛甲检索表。

陈启宗1990年报道了西藏自治区仓虫（昆虫、螨类）区系调查研究初报。邓永学等1991年报道了巴西豆象生物学特性的初步研究。侯兴伟1992年报道了印度谷螟研究现状。阎孝玉等1992年报道了椭圆食粉螨生活史的研究。赵英杰等1993年报道了害嗜鳞螨的生活史研究。沈兆鹏1994年报道了储粮螨类生物学特性危害及防治——兼谈储粮害虫的综合治理。孙宝根1994年报道了储藏物害虫生物学与防治。陆胜利等1994年报道了绿豆象实验种群生命表组建与计算机预测系统的研究Ⅰ：绿豆象实验种群生命表编制与分析研究。王殿轩等1994年报道了暗褐毛皮蠹的生物学研究及幼虫拥挤效应对化蛹的影响。张立力等1995年报道了绿豆象实验种群生命表组建与计算机预测系统的研究Ⅱ：以生理时间为间隔的绿豆象实验种群生命表的研究。陆胜利等1995年报道了绿豆象实验种群生命表组建与计算机预测系统的研究Ⅲ：绿豆象实验种群动态计算机预测系统的研究。梁永生1995年报道了赤拟谷盗成虫和幼虫对其防御性分泌物主要成分的行为反应。沈兆鹏1995年报道了书虱的种类、生物学特性及防治研究。胡维国等1996年报道了常见储粮害虫实验种群生命表数据库管理系统的研究。黄建国1996年报道了玉米象生物学与生态学的研究。白旭光等1999年报道了小眼书虱生活史的研究。孙冠英等1999年分别报道了书虱在房式仓中分布的研究；书虱在粮堆中分布的研究；温湿度对嗜卷书虱实验种群生长发育的影响研究。白明杰等1999年报道了赤拟谷盗生活史参数变化的研究。

孙冠英等2000年报道了储粮书虱综述。姚渭等2001年报道了储粮害虫钻孔行为的初步研究。程伟霞等2003年报道了嗜卷书虱和嗜虫书虱的研究进展。邵颖等2004年报道了嗜虫书虱交配规律的研究。鲁玉杰2004年分别报道了嗜卷书虱雌蛾性信息素的研究；棉铃虫雄虫对人工合成性信息素的触角电位反应。娄永根等2005年报道了虫害诱导的水稻防御反应及其应用前景。邵颖等2005年报道了嗜虫书虱雌虫性信息素的确定和主要成分的鉴定的研究。姚渭等2005年报道了八种储粮害虫趋光性的测定。朱宗森等2006年报道了谷蠹在我国北方高大平房仓的习性与防治。高燕等2006年报道了雅脊金小蜂长翅型雌蜂繁殖和搜索能力的研究。邵颖等2006年报道了嗜虫书虱性信息素的提取方法和生物活性测定方法。鲁玉杰等2006年报道了食物引诱剂对储粮害虫最佳引诱条件的研究。程兰萍等2006年报道了书虱和锈赤扁谷盗诱集筛检效果比较。王平等2006年报道了紫外诱杀灯和瓦楞纸诱捕与取样筛检法检测储粮害虫的比较研究。李兴奎等2006年报道了食物引诱剂在储粮害虫防治研究中的应用。王殿轩等2007年报道了赤拟谷盗密度对不同破碎率小麦重量变化影响的研究。白春启等2008年报道了小眼书虱表皮层脂类成分分析的研究。谭佐军等2008年报道了储藏物昆虫分形特性的研究。许振伟2008年报道了基于数学形态学滤波的储粮害虫图像二值分割研究。

王争艳等2010年报道了紫光灯对储粮害虫引诱效果的评价；昆虫产卵基质选择行为影响因素的研究及应用。鲁玉杰等2011年报道了信息化合物在贮存烟叶-烟草甲-米象金小蜂三重营养关系中的作用。王殿轩等2011年报道了不同温度下米象运动的行为研究。李兴奎等2013年分别报道了不同品种碎麦提取物对储粮害虫的引诱效果；碎麦提取物与昆虫信息素混合对储粮害虫的引诱效果。高远等2014年报道了玉米象对破损玉米粒趋性的研究。冼庆等2014年报道了不同光波长与光强度对赤拟谷盗趋光性的影响。王晶磊等2014年报道了电子束辐照不同虫态玉米象保护酶系活力变化研究。齐艳梅等2015年报道了稻谷粮堆表层害虫活动和发展规律初探。崔建新等2015年报道了温度对玉米象飞行能力的影响。王争艳等2016年分别报道了谷蠹的趋光行为及部分影响因素研究；锈赤扁谷盗成虫趋光行为研究。王殿轩等2016年报道了新收获小麦中玉米象发生及虫蚀粒率的变化研究。鲁玉杰等2016年报道了编码昆虫几丁质生物合成关键酶基因功能的研究进展。王殿轩等2017年报道了谷蠹发育始点温度的测定与计算。张晓培等2017年报道了同波长单波诱虫灯实仓诱集的对比试验。

第五节　储粮害虫生态学研究

储粮害虫生态学的研究，包括个体生态、谷蠹、赤拟谷盗等不同生态条件对害虫生长发育的影响；种群生态、群落数量分类和群落中主要仓虫生态位、内禀增长率、群落数量动态预测模型；不同地域、仓型、粮种、储藏方法；不同储粮技术措施对虫螨生长发育、生理生化代谢的影响。在我国，不同生态条件与储粮害虫发育和为害关系等研究早已开始。除前述高国章、陈丽珍、孙宝根、张友兰等人的研究工作外，还有许多专家学者从事这方面的研究。如北京市粮食局储藏研究室1965年报道了在不同温度条件下米象的为害情况和发育繁殖的速度研究；还报道了冬季粮温下降对四种常见甲虫的活动为害和繁殖影响的研究。

我国储粮害虫生态学中的群落生态研究，是从20世纪70年代末期开始的。尽管我国储粮害虫生态研究起步晚，但该研究预示着广泛的前景。在李隆术指导下，李光灿1984年报道了仓虫群落生态的研究。李光灿、李隆术1986年分别报道了仓虫群落生态的初步研究 Ⅰ.仓虫群落的一般特征；Ⅱ.仓虫群落结构的数量特征。张清纯等1986年报道了玉米象生物学及生态学特性研究。李光灿等1987年分别报道了仓虫群落生态的初步研究Ⅲ.仓虫群落的数量分类；仓虫群落生态的初步研究Ⅳ.仓虫群落中主要仓虫的生态位研究。该课题对仓虫群落生态的结构、群落生态的数量分类和仓虫生态位进行了研究，对仓虫防治工作具有指导意义。在李隆术指导下，张清纯等1989年分别报道了玉米象内禀增长力（r_m）的研究；玉米象种群动态模拟的研究。这些课题对其种群数量消失的原因进行了分析，建立了玉米象种群数量动态的计算机预测模型。范京安等1989年分别报道了麦蛾种群动态及其对小麦品质变化的影响；麦蛾生物学及生态学特性的研究。秦宗林等1989年报道了温湿度对谷蠹生长发育的影响。鄢健等1989年报道了温湿度对腐食酪螨生长发育和繁殖影响的研究。沈祥林等1989年报道了温湿度对毛蕈甲生长发育的影响研究。杨庆询1989年报道了储粮害虫活动规律及与温度关系的研究报告。

曾庆柏等1991年报道了湖南省储粮害虫生态类型的划分研究。侯兴伟等1992年报道了模拟条件下主要仓虫对粮温变化的影响。张千球1992年报道了储粮昆虫的抗寒性机制。E.R.辛克莱等1993年报道了农场储粮害虫种群计算机模拟模型。F.Marec等1993年报道了地中海螟性连锁隐性致死突变的诱导研究。轩静渊等1993年报道了腐食酪螨与两种寄生真菌相互关系的初步研究。沈祥林等1994年报道了高温对腐食酪螨的作用研究。秦宗林等1995年报道了模拟昆虫种群消长动态的矩阵模型。张立力等1995年报道了谷蠹生态学特性的研究；1996年又报道了对谷蠹生态学特性研究的重点内容。钟良才等1998年报道了对散装稻谷五面密闭储藏几种害虫的发生规律的探讨。钟立维1998年报道了对花斑皮蠹生态习性的初步观察。刘桂林等1998年报道了山东省储粮昆虫群落结构分析报告。范京安1999年报道了麦蛾实验种群生态学研究报告。孙冠英等1999年分别报道了温湿度对嗜卷书虱实验种群生长发育的影响研究；书虱在粮堆中分布的研究；书虱在房式仓中分布的研究报告。

叶保华等2000年报道了四纹豆象与绿豆象种群竞争的研究。易平炎2000年报道了饲料害虫的发生规律及防治研究。李照会等2001年报道了山东省中药材储藏期昆虫群落结构的数量特征研究。叶丹英等2001年报道了浅圆仓储粮害虫发生和分布的初步研究。李栋2001年报道了仓储白蚁生态学及防治对策研究。姚渭等2001年报道了储粮害虫钻孔行为的初步研究报告。张筱秀等2002年报道了七种主要储粮害虫发生规律的研究。姚渭等2002年报道了储粮害虫数量传感机理与技术体系的研究；2003年又对自然条件下储粮昆虫种群消长动态的监测作了报道。丁伟等2003年报道了储粮环境中书虱猖獗发生的因子分析研究。崔晋波等2005年报道了高大平房仓散装储粮昆虫群落组成及结构分析。李文辉等2005年报道了昆虫生态环境控制的研究。姚渭等2005年报道了八种储粮害虫趋光性的测定研究。朱建民等2006年报道了平房仓散储小麦降温期间嗜虫书虱的种群密度变化。王殿轩等2006年报道了温升期小麦散储中嗜虫书虱的种群动态变化研究。张宏宇2006年报道了储粮害虫的生态调控研究。Akinkurolere. R.O，张宏宇等2006年报道了烟草甲在三种寄主上存活、发育的研究。谢令德等2006年报道了低温锻炼对谷蠹抗寒性的影响研究。赵文娟等2007年报道了转Bt基因作物储藏期对储粮害虫的影响及风险证估研究。崔晋波等2007年报道了高大平房仓散装稻谷储粮害虫年消长动态研究。孙开源等2008年报道了黄粉虫成虫爬行和咬食活动声音采集分析研究。鲁玉杰等2008年报道了温度和相对湿度对印度谷螟生长发育的影响研究。凌育忠等2008年报道了粮堆揭膜后不同储存方式下害虫生长活动的研究报告。周佳等2008年报道了在低氧条件下赤拟谷盗成虫呼吸速率的研究。朱邦雄等2009年报道了稻米中玉米象的发生与控制研究。朱邦雄等2010年报道了稻米加工过程中的害虫发生与控制的研究。李兆东等2011年报道了温度对赤拟谷盗爬行和起飞活动的影响。唐多等2011年报道了在不同温度和不同水分的小麦中，不同谷蠹发生状态时二氧化碳的变化研究。钟建军等2012年报道了感染害虫的小麦在加工后害虫发生的动态研究。吕建华等2012年报道了玉米象和锯谷盗在小麦粉中的种群动态研究。王殿轩等2012年报道了对不同玉米象感染度的小麦在储存环境中二氧化碳浓度的变化研究。史雅等2013年报道了温度对赤拟谷盗耐饥性的影响研究。王殿轩等2013年报道了温度对锯谷盗成虫水平和垂直运动分布的影响。高远等2014年报道了玉米象对破损玉米粒趋性的研究。王殿轩等2014年报道了干热杀虫过程中温度和小麦水分含量对谷蠹死亡率的影响。齐艳梅等2015年报道了稻谷粮堆表层害虫活动和发展规律的研究。王明洁等2015年报道了在不同氮气浓度、温度条件下锈赤扁谷盗未成熟阶段各虫态发育的研究。崔建新等2015年报道了温度对玉米象飞行能力的影响。吴芳等2015年报道了温度对谷蠹呼吸代谢的影响研究。魏永威等2016年分别报道了储粮害虫种间竞争的研究进展；赤拟谷盗与锯谷盗种之间竞争的研究报告。贺培欢等2017年报道了不同储粮温湿度对普通肉食螨生长发育影响的研究。吕建华等2017年报道了赤拟谷盗与锯谷盗产卵及幼虫期发育竞争的研究。李娜等2017年报道了中高温储粮区粮堆表层捕食性螨种类初探。霍鸣飞等2017年报道了七种主要储粮害虫耐低温能力的研究。穆振亚等2019年报道了不同粮堆温度下储粮害虫的迁移分布试验研究报告。

第六节 储粮害虫遗传学研究

从20世纪80年代开始，我国粮食储藏专家学者就开展了储粮害虫遗传学研究，并取得了一些进展。近40年来，储粮害虫遗传学研究主要围绕抗性遗传展开，如对玉米象、米象及其杂交后代的染色体进行观察，对其酯酶同工酶作出比较，对其杂交后代的染色体组型做出酶化学分析，对某些害虫RAPD反应体系与程序优化评测分析等。

罗禄怡1983年报道了米象、玉米象种缘关系的研究。他从大量解剖标本中获得米象、玉米象外形特征及各自典型的代表类型、中间类型以及外生殖器上完全相似的变异型、发育不全型和过渡型；再将性隔离两个月的米象、玉米象个体强行进行混种杂交，发现异交现象普遍，并有少数产生后代。该文作者认为：在米象、玉米象之间可能有亲缘关系极近的地理宗，或这两个种的某些个体具有对异种的生殖潜能。杨志远等1987年报道了对米象和玉米象及其杂交后代的染色体进行观察的研究报告。黄培等1988年报道了米象与玉米象及其杂交后代的酯酶同工酶的初步研究。吴国雄等1988年报道了米象、玉米象及其杂交后代对磷化氢抗性遗传的研究。国内专家认为：该项研究发现米象、玉米象可以进行交配；通过对其杂交后代染色体组型分析和酶化学分析，在分类学上提出：米象、玉米象在亲缘上是极为相近的，在生殖上也是尚未完全隔离的两个种，在自然界是可以进行杂交产生中间型的后代，其后代有一部分是可以生育的。由此证明：通过对米象同玉米象进行杂交，可以把磷化氢抗性遗传给后代。专家认为：这方面的研究对仓虫的种群发展、抗性研究提供了有益的参考。

梁永生等2001年报道了谷蠹磷化氢高抗性品系的抗性遗传分析。吴芳2011年报道了谷蠹RAPD反应体系与程序的优化研究。刘畅等2013年报道了磷化氢熏蒸对米象抗性相关基因表达的影响研究。伍祎等2015年报道了DNA分子遗传标记技术在仓储害虫中的研究与应用。程玉等2016年报道了储粮害虫磷化氢抗性分子遗传学的研究进展。

第七节 储粮害虫抗性研究

储粮害虫抗性（抗药性的简称）研究，包括储粮害虫抗性调查，主要害虫对常用药剂抗性测定，某种害虫对某种药剂交互抗性，抗性机理以及抗性检测方法等。经过多年的探索、科研、试验，储粮害虫抗性研究有突破性进展，为粮食储藏专家学者比较全面地了解掌握我国几种主要杀虫药剂对储粮害虫的抗性增长情况提供了依据。该类研究主要有以下报道。

广东省粮食局科学研究所1976年报道了广东省四种主要粮仓甲虫对磷化氢的抗性研究结果。四川省粮科所（四川省粮油科学研究所的简称，下同）抗药性研究组等1978年报道了磷化氢低剂量熏蒸对抗药性害虫的防治效果研究。

刘鸿声1980年报道了低剂量磷化氢对抗性害虫效果的试验研究。姜永嘉1980年报道了关于贮粮害虫的抗药性及其防治对策。李雁声等1981年报道了玉米象对几种有机磷谷物保护剂的交互抗性研究。黄建国等1982年报道了米象不同虫态对磷化氢的敏感性研究。商业部四川粮食储藏科学研究所害虫抗药性研究组1983年报道了我国主要贮粮害虫对常用杀虫剂抗性的考察。黄建国1983年报道了磷化氢杀虫不彻底的原因和解决的办法。张国梁1985年报道了对防止储粮害虫对防虫磷形成抗性条件的探讨。张新府等1985年报道了锈赤扁谷盗对磷化氢抗性的初步调查和防治建议。

余捷等1992年报道了防止锈赤扁谷盗抗性的方法。赵致武等1993年报道了对吉林省玉米象磷化氢抗性抽样的调查报告。李雁声1994年报道了储粮害虫对磷化氢的抗性及其防治对策。国内贸易部成都粮食储藏科学研究所、广东省粮食储藏科学研究所1995年报道了主要储粮害虫对磷化氢抗性及对策的研究。王合英等1995年报道了稻谷在储藏期间对麦蛾抗性鉴定方法的研究。蒋庆慈等1995年报道了几种主要储粮害虫对磷化氢、马拉硫磷抗药性及对策技术的研究。阮启错等1996年报道了福建省储粮害虫磷化氢抗性调研和技术对策的研究。张立力1997年报道了玉米象各发育期对磷化氢的敏感性研究。覃章贵等1998年报道了小麦中PH_3（本专著"PH_3"通"磷化氢"，不作统一）抗性害虫的熏蒸试验。张友春1999年报道了关于磷化氢抗性害虫的成因及治理的研究。

曹阳等2000年分别报道了赤拟谷盗磷化氢抗性及快速测定方法的研究；谷蠹和米象的PH_3抗性品系对三种粮食保护剂的交互抗性研究；米象和赤拟谷盗不同品系成虫被磷化氢击倒的时间和与其抗性之间的关系。梁永生等2000年报道了谷蠹、米象和锈赤扁谷盗的PH_3抗性品系对杀螟松和氯化苦的交互抗性研究；2001年报道了一种替代FAO方法来测定储粮害虫磷化氢高抗性的方法。谭大文等2002年报道了环流熏蒸防治抗性储粮害虫的效果研究。庞宗飞等2002年报道了储粮害虫的抗性及其防治对策。梁永生等2002年报道了米象对磷化氢的抗性遗传研究。曹阳等2003年分别报道了在不同的恒定PH_3浓度下嗜虫书虱抗性品系的种群灭绝时间的研究；嗜虫书虱磷化氢敏感品系和抗性品系在不同磷化氢浓度下的种群灭绝时间的研究；对五种储粮害虫11个品系的磷化氢抗性测定的研究。丁伟等2003年报道了在储粮环境中书虱猖獗发生的因子分析。严晓平等2004年报道了我国主要储粮害虫抗性的调查研究。王殿轩等2004年报道了锈赤扁谷盗与其他几种储粮害虫对磷化氢的耐受性比较研究。曹阳2005年报道了我国储粮害虫玉米象和米象对磷化氢的抗药性调查。白寿云等2005年分别报道了无色书虱不同虫态对PH_3抗药性的研究；替代FAO法测定无色书虱成虫对PH_3的抗药性的研究。曹阳2006年报道了我国谷蠹、赤拟谷盗、锈赤扁谷盗和土耳其扁谷盗对磷化氢的抗药性调查。赵英杰等2006年报道了苏云金杆菌降低储粮害虫对磷化氢抗药性的研究。鲁玉杰等2006年报道了储粮书虱抗药性及害虫再猖獗的研究现状与进展。白青云等2006年报道了我国储粮书虱对磷化氢的抗性调查及测定。刘新喜等2007年报道了威海地区几种常见储粮害虫的抗性测定。刘少波2007年报道了储粮害虫难以杀死之原因及对策浅谈。陈晨等2008年报道了赤拟谷盗磷化氢抗性与体内能源物质含量的关系研究。马晓辉等2008年报道了中央储备粮中主要害虫种类及抗性状况的调查。杨玉国等2008年报道了储粮害虫抗性防治。许建双等2009年报道了在不同磷化氢抗性的赤拟谷盗亚致死浓度下的生长发育比较研究。王殿轩等2009年报道了赤拟谷盗磷化氢抗性和敏感品系的过氧化氢酶活性比较。

王殿轩等2010年分别报道了不同磷化氢抗性的米象对多杀菌素敏感性的比较研究；赤拟谷盗的磷化氢敏感和抗性品系体内羧酸酯酶的活性比较。鲁玉杰等2010年报道了储粮害虫对磷化氢抗性检测方法的研究进展。陆群等2010年报道了磷化氢抗性锈赤扁谷盗和其他几种害虫的实仓熏蒸效果比较。陈吉汉等2010年报道了对在不同磷化氢浓度下三个不同抗性的小眼书虱品系的完全死亡时间的研究。豆威等2010年报道了赤拟谷盗PH_3抗性与CarE的关系研究。吴芳等2011年报道了储粮害虫PH_3抗性机理及分子监测研究进展。刘合存等2011年报道了补充施药保持磷化氢浓度熏蒸抗性书虱实仓试验。周天智等2011年报道了鄂中地区四种储粮害虫对磷化氢抗性发展及对策研究。王殿轩等2011年报道了对不同书虱品系的磷化氢半数击倒的时间与抗性相关性的研究。谢更祥等2013年报道了海南地区扁谷盗抗药性和实仓防治研究。唐培安等2013年报道了米象对甲酸乙酯的抗性风险评估。刘畅等2013年报道了磷化氢熏蒸对米象抗性相关基因表达的影响。王晶磊等2014年报道了辽宁地区储粮害虫对磷化氢抗性测定及对策的研究。王殿轩等2014年报道了几个小麦品种对米象敏感性的比较研究；2015年又报道了六个品种小麦对玉米象的抗虫性比较研究。王继婷等2016年报道了谷蠹的磷化氢抗性及其完全致死浓度与时间研究。段锦艳等2016年报道了八个品系锈赤扁谷盗和谷蠹的磷化氢抗性测定报告。王殿轩等2016年分别报道了小麦籽粒水分含量变化对小麦品种抗虫性的影响；不同品种小麦水分变化对其玉米象抗虫性的影响研究。

第八节　储粮害虫分类鉴定技术研究

我国储粮害虫分类鉴定技术的研究，从20世纪50年代就开展了，有一些研究成果见诸报道。于世芬1959年报道了粮粒内害虫隐蔽感染的检查方法。天津市动植物检疫所1978年报道了米象、玉米象的分类鉴定新技术。该技术以比较解剖学方法（包括运用菌体微生物的方法和血清学的方法）对米象和玉米象进行了分类鉴定。胡文清等1983年报道了应用气相层析鉴定玉米象和米象。证明：玉米象体内脂肪中含有较高的棕榈烯酸，而米象体内棕榈烯酸含量较低。曹阳、陈启宗1986年报道了20种仓库害虫成虫（鞘翅目）裂解气相色谱法分类研究。其中16种编制出了虫种鉴定检索表，并成功地区分开了近缘种米象、玉米象和谷象三种相似裂解图谱。王朝平等1987年报道了利用扫描电镜观察部分仓库甲虫成虫——鞘翅分类鉴定的研究。赵英杰等2000年报道了利用虫体蛋白特异性区分三种象虫的研究。甄彤等2004年报道了谷物害虫图像识别中特征值提取技术的研究；2006年又报道了基于支持向量机的储粮害虫分类识别的技术研究。杨强强等2010年报道了在形态特征和DNA标记基础上对书虱的诊断研究。姜祖新2015年报道了基于Bag of Features模型的害虫图像分类技术研究。李非凡等2017年报道了米象触角感器的扫描电镜观察研究。

第九节　储粮害虫检测技术研究

我国的储粮害虫检测技术研究是近20年才开始发展起来的。利用陷阱采集害虫，在陷阱中增加引诱剂，采用传感器感知并捕捉到害虫，然后抽出到仓外进行图像识别等，这项技术也逐步实现了自动化。以下介绍与储粮害虫检测技术研究相关的报道情况。

黄建国等1985年报道了仓库害虫的预测预报。沈兆鹏1995年报道了隐蔽和非隐蔽储粮害虫检测技术的进展。

徐昉等2001年报道了国内外储粮害虫的检测方法。姚渭等2001年报道了新仓型储粮害虫陷阱检测技术的研究及应用。朱永士等2004年报道了害虫仓外采集检测技术的应用与推广。甄彤等2004年报道了从谷物害虫图像识别中特征值提取技术的研究。周龙2004年分别报道了对储粮害虫智能检测方法的分析；对储粮害虫图像的灰关联分析方法研究。姚渭等2004年报道了

YC97B型储粮害虫数量光电传感探头技术性能的快速检测。陈栋等2005年报道了MATLAB在储粮害虫图像处理中的应用。施国伟等2005年报道了害虫种群检测（监测）技术的研究进展。甄彤2006年报道了运动图像识别技术在谷物害虫检测中的应用。刘黎明等2006年报道了视频测虫技术在控温储粮仓房中的应用。卢军等2007年报道了BP神经网络在储粮害虫分类中的应用研究。白春启等2007年报道了米象和玉米象蜡层与护蜡层成分的气质联用鉴定。陈浩梁等2007年报道了粮粒内害虫的近红外光谱检测技术。李兴奎等2007年报道了储粮害虫检测技术研究现状及应用进展；2008年又报道了用食物中的有效化学成分监控储粮害虫的研究。殷杰等2008年报道了XS-C1粮仓害虫仓外采集检测系统的应用研究。李光涛等2009年报道了利用相对密度浮选法检测小麦粒内害虫的探讨。

白旭光2010年报道了对储粮害虫检测的技术评述。王红民等2010年报道了红外线技术在粮仓害虫检测中的研究与应用。王海修2011年报道了储粮害虫检测与识别技术的研究进展。甄彤等2012年报道了基于声音的储粮害虫检测系统设计。王殿轩2012年报道了几种储粮害虫非接触检测技术的研究与应用可行性。李智深等2013年报道了利用光波测控储粮害虫的研究进展。黄子法等2014年报道了诱捕检测控制锈赤扁谷盗生产试验。白旭光等2014年报道了三种重要储粮害虫成虫的筛检方法研究。路静等2014年报道了储粮害虫检测和分类识别技术的研究。党豪等2015年报道了混沌理论在储粮害虫预测中的应用研究展望。王殿轩等2015年报道了三种染色剂检测大米中米象虫卵感染效果比较的研究。高华等2015年报道了仓储害虫检测的研究现状及其展望。姜祖新等2015年报道了基于改进小波变换的害虫图像融合方法研究。王德发等2016年报道了储粮害虫探测和识别图像的研究。廉飞宇等2016年报道了一种新的储粮害虫图像边缘检测的元胞自动机法。郑秉照2016年报道了粮虫陷阱检测器与扦样器查虫结果的比较研究。左祥莉等2016年报道了信息素及其在储粮害虫检测中的应用。王公勤等2017年报道了几种表面诱捕器在仓储稻谷害虫发生初期的检测效果比较研究。王殿轩等2017年报道了储粮害虫在线监测及其结果的评价利用。廉飞宇等2018年报道了粮虫在线检测图像的Daubechies小波压缩算法。鲍舒恬等2018年报道了基于物联网和雾计算及云计算的低功耗无线储粮害虫监测系统及其应用。马彬等2018年报道了储粮害虫在线监测技术的研究进展。严梅等2018年报道了新型储粮害虫监测预警系统应用效果研究。

吴芳等2021年报道了基于CO I基因的储粮象甲害虫的分子检测技术研究。钱志海等2021年报道了储粮害虫实仓在线检测识别技术研究的现状与展望。

附：分论一 / 第一章著述目录

第一章 储粮害虫研究

第一节 储粮昆虫分布、害虫发生及其为害的调查研究

［1］ 刘永平.米象和玉米象在两广、四川的分布调查及其在世界分布的概况 [J].植物检疫参考资料，1979，（2）：45-47.

［2］ 曹志丹.陕西省储粮害虫分布特点及防治对象 [C]// 第二次全国粮油储藏专业学术交流会文献选编.成都：全国粮油储藏科技情报中心，粮食部四川粮食储藏科学研究所，1981.

［3］ 华德坚.谷蠹发生与危害观察 [C]// 第二次全国粮油储藏专业学术交流会文献选编.成都：全国粮油储藏科技情报中心，粮食部四川粮食储藏科学研究所，1981.

［4］ 管良华.我国绿豆象地理宗的发生概况 [J].粮食贮藏，1981，（2）：9-16.

［5］ 周文郁，付千享.沈阳地区储粮害虫分布情况 [J].粮食贮藏，1981(05)：32-33.

［6］ 陈启宗.我国已发现的蛾类仓库害虫的成虫 [J].郑州粮食学院学报，1982，（3）：1-11.

［7］ 罗禄怡，胡开梅，方宝庆.贵州米象玉米象的分布及生物学 [J].粮食贮藏，1982，（1）：20-22.

［8］ 谯天池.四川高原仓库害虫种群分布及防治 [J].粮食储藏，1983，（3）：16-19.

［9］ 福建省粮油科学技术研究所，福建省粮食厅仓储处.福建省米象和玉米象调查研究报告 [C]// 第三次全国粮油储藏学术会文选.成都：全国粮油储藏科技情报中心站，商业部四川粮食储藏科学研究所，1984.

［10］ 陈启宗.我国常见贮粮昆虫的分布调查 [J].郑州粮食学院学报，1984，（4）：5-10.

［11］ 夏万征，张显威.辽宁省仓库害虫分布调查及其防治措施 [C]// 中国粮油学会储藏专业学会第一届年会学术交流论文.成都：中国粮油学会储藏专业学会，1986.

［12］ 李妙金.上海地区仓库害虫补遗 [C]// 中国粮油学会储藏专业学会第一届年会学术交流论文.成都：中国粮油学会储藏专业学会，1986.

［13］ 张禹安.仓储昆虫研究的始源与发展 [J].粮食储藏，1986，（3）：15-21.

［14］ 杨和清，黄树德，胡光，等.云南省仓库害虫调查研究报告 [J].中国粮油学报，1987，（2）：23-28.

［15］ 陈启宗.西藏自治区仓虫（昆虫、螨类）区系调查研究初报 [J].郑州粮食学院学报，1990，（3）：29-41.

［16］ 孙宝根，陈启宗.储藏物主要昆虫英汉俗名名录 [J].粮食储藏，1990，（5）：28-30.

［17］ 刘永平，张生芳.弗氏拟谷盗：我国西北地区的一种重要仓储害虫 [J].郑州粮食学院学报，1991，（2）:9-12.

［18］ 马忠祥.大兴安岭地区储粮害虫区系调查和种群分布特性的研究 [J].粮油仓储科技通讯，1992，（1）：23-28.

［19］ 陈启宗.我国储藏物害虫的调查研究:兼谈全国粮食系统历次虫调情况 [J].粮食经济与科技，1994,（5）:6-9.

［20］ 魏涛.盐城市仓库害虫分布及其防治 [J].粮油仓储科技通讯，2001，（1）：42-44.

［21］ 魏涛.仓库害虫分布及防治工作之我见 [J].粮食流通技术，2002，（2）：31-33.

［22］ 聂守明，曾庆柏.湖南省储粮昆虫分布分析 [J].粮食储藏，2003，（2）：18-21.

［23］ 黄雄伟，田智军，王连生，等 . 库区储粮害虫调查 [J]. 粮食储藏，2004，（3）：24–27.

［24］ 沈兆鹏 . 粮食流通中的昆虫和螨类 [J]. 粮食流通技术，2005，（3）：19–23.

［25］ 贾胜利，吕建华，刘树伦，等 . 天津地区仓库昆虫种群调查及防治工作要点 [J]. 粮油仓储科技通讯，2005，（5）：23–27.

［26］ 严晓平，宋永成，沈兆鹏，等 . 中国储粮昆虫 2005 年最新名录 [J]. 粮食储藏，2006，（2）：3–9.：

［27］ 沈宗海，黄贯初，严晓平，等 . 安徽省储藏物昆虫调查研究 [J]. 粮食储藏，2007，（3）：20–24.

［28］ 严晓平，周浩，沈兆鹏，等 . 中国储粮昆虫历次调查总结与分析 [J]. 粮食储藏，2008，（6）：3–11.

［29］ 马晓辉，王殿轩，李克强，等 . 中央储备粮中主要害虫种类及抗性状况调查 [J]. 粮食储藏，2008，（1）:7–10.

［30］ 张英，邓文斌，郑绍锋 . 高大平房仓储粮害虫分布与发生初步调查 [J]. 粮油仓储科技通讯，2012，（3）：27–29.

［31］ 齐艳梅，田琳，张涛，等 . 中高温储粮区粮堆表层害虫种类调查 [J]. 粮油食品科技，2015，（23）：110–112.

［32］ 王国万，汪正雄，邱俊超，等 . 武昌国家粮食储备库储粮害虫普查分析 [J]. 粮油仓储科技通讯，2016，（2）：42–46.

［33］ 王殿轩，白春启，周玉香，等 . 我国 8 省 43 家面粉企业储粮昆虫种类调查研究 [J]. 河南工业大学学报（自然科学版），2017，（1）：101–107.

［34］ 王殿轩，姜碧若，白旭光，等 . 中国 10 省 75 地市米象和玉米象的分布调查研究 [J]. 河南工业大学学报（自然科学版），2017，（3）：110–114.

［35］ 高源，王殿轩，贺艳萍，等 . 湖北省储粮昆虫区系调查（2016 年）[J]. 河南工业大学学报（自然科学版），2017，（5）：108–112.

［36］ 李丹丹，薛品丽，许胜伟，等 . 陕西省储粮昆虫种类与分布 2016 年调查分析 [J]. 粮油仓储科技通讯，2017，（4）：38–41.

［37］ 阎磊，王殿轩，张浩，等 . 储粮昆虫区系分布的 GIS 表达与可视化方法研究 [J]. 河南工业大学学报（自然科学版），2017，（4）：106–112.

［38］ 张浩，王殿轩，阎磊，等 . 河南省储粮场所中玉米象的分布特性调查研究 [J]. 河南工业大学学报（自然科学版），2017，（5）：104–107.

［39］ 王殿轩，白旭光，周玉香，等 . 我国高温高湿储粮生态区储粮昆虫区系调查研究 [J]. 河南工业大学学报（自然科学版），2017，（6）：104–109.

［40］ 王殿轩，冀乐，白春启，等 . 我国 11 省 79 地市（州）储粮场所中印度谷螟和麦蛾的发生分布调查研究 [J]. 河南工业大学学报（自然科学版），2017，（6）：110–114，130.

［41］ 王殿轩，王新，白春启，等 . 储粮环境中大谷盗共生昆虫种类及场所发生特性调查研究 [J]. 河南工业大学学报（自然科学版），2017，（4）：96–100.

［42］ 王殿轩，白春启，周玉香，等 . 我国 9 省 32 家饲料厂储粮昆虫种类调查研究 [J]. 河南工业大学学报（自然科学版），2017，（1）：108–113.

［43］ 李丹丹，郭道林，严晓平，等 . 中国储粮昆虫历次调查分析与探讨 [J]. 粮油仓储科技通讯，2017，（6）：38–39.

［44］ 贺培欢，曹阳，林丽莎，等 . 江西省储粮昆虫调查 [J]. 粮油食品科技，2017，（4）：76–81.

［45］ 孙京玲，沈宗海 . 安徽省蚌埠市储藏物昆虫调查研究 [J]. 粮食储藏，2018，（3）：24–27.

第二节 储粮螨类研究

［46］ 徐道隆，黄丽波，何英，等．云南省储藏物螨类区系调查研究报告［J］．粮食储藏，1991，（1）：24-30.

［47］ 陈兴保，夏惠．储藏物螨类与人类疾病［J］．粮食储藏，1991，（4）：36-40.

［48］ 沈兆鹏．我国储粮中的肉食螨［J］．粮食储藏，1991，（4）：21-30.

［49］ 沈兆鹏．尘螨和尘螨性过敏：兼谈腐食酪螨的致敏作用［J］．粮食储藏，1992，（5）：7-12.

［50］ 沈祥林，赵英杰，王殿轩．河南省近期储藏物螨类调查研究［J］．郑州粮食学院学报，1992，（3）：81-88.

［51］ 赵英杰，王殿轩，吴新才，等．害嗜鳞螨的生活史研究［J］．郑州粮食学院学报，1993，（3）：15-19.

［52］ 林萱，阮启错，林进福，等．福建省储藏物螨类种类、分布、危害情况调查［J］．粮食储藏，1993，（4）：17-23.

［53］ 沈兆鹏．海峡两岸储藏物螨类种类及其危害［J］．粮食储藏，1996，（1）：7-13.

［54］ 沈兆鹏．中国储粮螨类种类及其危害［J］．武汉食品工业学院学报，1996，（1）：44-53.

［55］ 沈兆鹏．中国储粮螨类研究四十年［J］．粮食储藏，1997，（6）：19-28.

［56］ 单淑琴．储粮螨类生物学特性及其防治［J］．粮油仓储科技通讯，1999，（5）：30-32.

［57］ 谢少远，文新，陈开生，等．中国储藏物螨类4种新记录［J］．粮食储藏，2000，（5）：17-19.

［58］ 林萱，阮启错，林进福，等．福建省储藏物螨类调查［J］．粮食储藏，2000，（6）：13-17.

［59］ 沈兆鹏．储藏农副产品中的真扇毛螨［J］．粮油仓储科技通讯，2001，（6）：38-41.

［60］ 李隆术．储藏产品螨类的危害与控制［J］．粮食储藏，2005，（5）：3-7.

［61］ 崔淼，林丽莎，伍祎，等．黑龙江省储粮虫螨调查［J］．粮食储藏，2019，（4）：19-24.

第三节 储粮害虫分类鉴定研究

［62］ 姚康．几种新发现的仓库伪步甲［J］．华中农学院学报，1957，（2）：119-123.

［63］ 张国梁．储粮螨类及其防治［J］．粮食科学技术通讯，1959，（1）．

［64］ 张国梁，金礼中．我国储粮螨类的种类和分布情况［J］．粮食科学技术通讯，1960，（2）．

［65］ 上海市粮食科学研究所．上海地区储粮螨类调查报告［J］．粮食科学技术通讯，1960，（5）．

［66］ 王孝祖．中国粉螨科五个种的新记录［J］．昆虫学报，1964，（6）：900-902.

［67］ 赵养昌，王序青．谷斑皮蠹［J］．昆虫知识，1964，（4）：183-186.

［68］ 上海市第十粮食仓库．上海地区储粮害虫及其天敌名录［J］．四川粮油科技，1974，（4）：41-48.

［69］ 四川省粮食局储粮害虫调查组．四川省贮粮害虫种类、分布调查报告［J］．1975，（2）：1-17.

［70］ 沈兆鹏．中国肉食螨初记和马六甲肉食螨的生活史［J］．昆虫学报，1975，（3）：316-324.

［71］ 郑州粮食学院粮油储藏专业储粮害虫教研室．究竟是米象还是玉米象［J］．郑州工学院粮油工业系，粮油科技Ⅲ，1976.

［72］ 陈启宗，黄建国．对仓潜与黑菌虫、小菌虫的鉴别［J］．郑州工学院粮油工业系，粮油科技Ⅲ，1977.

［73］ 陈启宗．粉斑螟、地中海螟、烟草螟成虫的鉴别方法［J］．郑州粮食学院，粮油科技Ⅰ，1978.

［74］ 陈启宗，黄建国．我国新发现的几种储粮害虫［J］．郑州粮食学院，粮油科技Ⅰ，1979.

［75］ 陈启宗．我国新发现的仓库害虫：褐斑谷蛾［J］．昆虫知识，1980，（6）：252-254.

［76］ 陈启宗．我国蛾类贮粮害虫成虫的外生殖器［J］．郑州粮食学院学报，1980，（1）：12-21.

［77］ 管良华，江仲明，刘兵．绿豆象触角突变的观察［C］//第二次全国粮油储藏专业学术交流会文献选编．成都：全国粮油储藏科技情报中心，粮食部四川粮食储藏科学研究所，1981.

［78］乔天池.仓库害虫分类探索 [C]// 第二次全国粮油储藏专业学术交流会文献选编.成都：全国粮油储藏科技情报中心，粮食部四川粮食储藏科学研究所，1981.

［79］沈兆鹏.中国粉螨记述 [J]. 粮食贮藏，1982，（1）：1-19.

［80］刘永平.鹰嘴豆象 [J]. 植物检疫，1982.

［81］张生芳，张新月，刘永平.关于四纹豆象与"拟四纹豆象"问题 [J]. 植物检疫，1982，（4）：35-36.

［82］张生芳.储粮中的某些豆象 [J]. 粮食贮藏，1982，（3）：17-22.

［83］张生芳.巴西豆象 [J]. 植物检疫，1982，（4）：29-30.

［84］李运篯，曾宪顺，张国安.湖北省江汉平原常见六十种步甲成虫分种检索 [J]. 华中农学院学报，1982，（4）：40-48.

［85］张德秋.谷斑皮蠹 [J]. 粮食贮藏，1982，（2）：31-34.

［86］黄建国.怎样区分米象和玉米象的幼虫 [J]. 昆虫知识，1983，（1）：37-38.

［87］姜永嘉，杨胜伦，林虹，等.玉米象等成虫消化道和雌虫生殖器官组织学的探讨 [J]. 郑州粮食学院学报，1983，（3）：31-36.

［88］朱其才.怎样区别毛蕈甲和褐蕈甲 [J]. 粮食储藏，1983，（5）：36-37.

［89］张生芳.危害豆类的重要豆象及储粮中某些重要种的鉴定 [C]// 第三次全国粮油储藏学术会文选.成都：全国粮油储藏科技情报中心站，商业部四川粮食储藏科学研究所，1984.

［90］朱德生.粮食皮蠹科害虫 [C]// 第三次全国粮油储藏学术会文选.成都：全国粮油储藏科技情报中心站，商业部四川粮食储藏科学研究所，1984.

［91］陈昭柱.中华垫甲 [C]// 第三次全国粮油储藏学术会文选.成都：全国粮油储藏科技情报中心站，商业部四川粮食储藏科学研究所，1984.

［92］刘永平，吴祖全.发现四纹皮蠹的经过 [J]. 植物检疫，1984，（4）：34.

［93］张生芳，刘永平.酱曲露尾甲与细胫露尾甲的形态区别及二纹露尾甲记述 [J]. 粮食储藏，1984，（4）：23-25.

［94］黄建国.仓库鞘翅目昆虫成虫的鉴定依据 [C]// 第三次全国粮油储藏学术会文选.成都：全国粮油储藏科技情报中心站，商业部四川粮食储藏科学研究所，1984.

［95］黄建国，张生芳，刘永平.黄胸客科的几种仓虫记述 [J]. 粮食储藏，1984，（6）.

［96］沈兆鹏.中国储藏物螨类名录并附无气门目 Astigmata 螨类分种检索表 [C]// 商业部四川粮食储藏科学研究所科研报告论文集（1968—1985）.成都：全国粮油储藏科技情报中心站，1985.

［97］张禹安.四川仓贮皮蠹的初步名录 [J]. 粮食储藏，1985，（2）：14-17.

［98］沈兆鹏.中国储藏物螨类名录及研究概况 [J]. 粮食储藏，1985，（1）：3-8.

［99］白旭光.我国首次发现的玉米尖翅蛾 [J]. 郑州粮食学院学报，1985，（3）：71-73.

［100］管良华，王宗伟.我国新的仓库害虫"甲胸皮蠹"及其近缘种 [J]. 粮食储藏，1985，（5）：1-3.

［101］张生芳，刘永平.黑斑皮蠹的形态特征及仓储物中发现的斑皮蠹属害虫 [J]. 粮食储藏，1985，（3）：1-4.

［102］张生芳，刘永平.斜带褐毛皮蠹：一种重要的仓储物害虫 [J]. 粮食储藏，1985，（5）：3-4.

［103］张生芳，刘永平.圆皮蠹属两个种记述及该属仓储害虫检索表 [J]. 粮食储藏，1985，（6）：22-24.

［104］黄建国.脊胸露尾甲还是拟脊胸露尾甲？[J]. 粮食储藏，1985，（4）：15-16.

［105］张福国，姜永嘉，徐慧勒，等.放射性同位素 ^{45}Ca 在黑粉虫（成虫）体内的分布 [J]. 粮食储藏，1985，（5）：5-6，4.

［106］ 朱其才.竹蠹和日本竹蠹的鉴别［J］.粮食储藏，1985，（4）：17-18.

［107］ 刘永平，张生芳.我国仓储物内发现的两种皮蠹及两种蛛甲害虫［J］.粮食储藏，1986，（6）：7-10.

［108］ 陈启宗.六种蛾类仓虫成虫的外生殖器［J］.郑州粮食学院学报，1986，（1）：1-4.

［109］ 黄建国，吴平格.四种阎虫成虫的鉴别方法［J］.粮食储藏，1987，（2）：24-26.

［110］ 黄清年.云南红河地区粮油仓库害虫种群及其防治［J］.粮食经济研究，1987，（1）.

［111］ 沈祥林，王殿轩，赵英杰.二行薪甲与四行薪甲、湿薪甲［J］.郑州粮食学院学报，1987，（4）：31-36.

［112］ 曹骥，李学书，管良华，等.植物检疫手册［M］.北京：科学出版社，1988.

［113］ 沈祥林，赵英杰，王殿轩.储藏物中三种薪甲：大眼薪甲与脊薪甲、丝薪甲的鉴别［J］.郑州粮食学院学报，1988，（1）：25-28.

［114］ 李玮.鞘翅目昆虫成虫的分科［J］.粮食储藏，1988，（6）：19-23.

［115］ 沈兆鹏.肉食螨科分类要领及分属检索［J］.粮油仓储科技通讯，1988，（5）：2-12

［116］ 孙宝根.四纹豆象的种型及其防治［J］.粮食储藏，1988，（3）：3-9.

［117］ 孙宝根.拟谷盗族的化学分类学方法［J］.粮食储藏，1989，（4）：26-28.

［118］ 曹阳，陈少伟，周奇志.拟步甲科（鞘翅目）十四种仓库害虫成虫数值分类研究［J］.郑州粮食学院学报，1989，（2）：42-48.

［119］ 黄建国，周玉香.中国仓储露尾甲成虫检索表及其新记录种简述［J］.植物检疫，1989，（6）：406-409.

［120］ 白旭光，曹阳，周玉香.我国七种仓储露尾甲幼虫的鉴别［J］.郑州粮食学院学报，1992，（2）：50-56.

［121］ 黄建国，周玉香.我国已发现暗红褐菌虫［J］.植物检疫，1992，（1）：31-32.

［122］ 黄建国，白旭光，杨赛军.木覃甲科仓虫两新纪录种和已知种类检索［J］.郑州粮食学院学报，1993，（1）：87-89.

［123］ 黄建国，李亚辉，李风珍.云南储藏物害虫：新纪录种［J］.植物检疫，1996，（5）：38.

［124］ 黄建国.三种象虫的鉴定与防治方法［J］.粮食科技与经济，1996，（1）：12-13.

［125］ 林其铭，陈启宗.介绍两种窃蠹科害虫：浓毛窃蠹、灵芝窃蠹［J］.植物检疫，1996，（6）：16-18.

［126］ 杨秀金，刘杰.利用二叉树对储藏物害虫进行检索和辨别的探讨［J］.郑州粮食学院学报，1996，（2）：29-35.

［127］ 白旭光，曹阳.中国储粮虱虫齿（书虱）昆虫两新记录种及两已知种补记［J］.中国粮油学报，1997，（1）：3-6.

［128］ 曹阳，饶如勇.8种仓储甲虫幼虫的鉴别［J］.郑州粮食学院学报，1997，（3）：46-49.

［129］ 黄建国，周玉香.再记述几种仓储露尾甲［J］.植物检疫，2000，（4）：218-219.

［130］ 孙冠英，曹阳，姜永嘉，等.储粮书虱综述［J］.粮油仓储科技通讯，2000，（4）：28-25

［131］ 韩萍，张红梅.仓储物害虫声音识别研究中的Madaline神经网降噪［J］.郑州工程学院学报，2002，（1）：33-35.

［132］ 周龙，陈锦云.储粮害虫图像的灰关联分析方法研究［J］.粮食储藏，2004，（6）：3-6.

［133］ 张红梅，范艳峰，田耕.基于数字图像处理技术的储粮害虫分类识别研究［J］.河北工大学报，2005，（1）：19-22.

［134］ 陈栋，张颖悦，周龙.MATLAB在储粮害虫图像处理中的应用［J］.粮食储藏，2005，（1）：3-7.

［135］ 沈兆鹏.拉汉英对照中国100种重要储粮害虫名录［J］.粮食科技与经济，2006，（6）：35-38.

［136］ 陈萍，卢全祥，彭朝兴，等.福建省储藏物害虫区系调查研究［J］.粮油仓储科技通讯，2006，（4）：48-53.

［137］卢军，陈建军，谭佐军 . BP 神经网络在储粮害虫分类中的应用研究 [J]. 粮食储藏，2007，（6）：7–9

［138］廖明潮 . 储粮害虫声音分析系统设计 [J]. 中国粮油学报，2007，（4）：130–132.

［139］曹阳，周佳，李光诗，等 . 混凝土仓不同氧浓度对赤拟谷盗呼吸作用影响 [C]// 第八届国际储藏物气调与熏蒸大会论文集 . 成都：中国粮油学会储藏专业分会，2008.

［140］白春启，曹阳，李燕羽 . 小眼书虱表皮层脂类成分分析 [J]. 中国粮油学报，2008，（5）：128–132.

［141］谭佐军，卢军，杨长举，等 . 储藏物昆虫分形特性的研究 [J]. 中国粮油学报，2008，（2）：163–165.

［142］黄凌霄，马文涛，周龙 . 小波变换在储粮害虫图像压缩中的应用 [J]. 河南工业大学学报（自然科学版），2008，（1）：87–90.

［143］韩萍,李齐超,杨红卫 . 基于人工神经网络的粮食害虫分类 [J]. 河南工业大学学报(自然科学版),2010,（3）：72–75.

［144］许方浩，白旭光，王若兰 . 识别储粮害虫的 “3＋3＋X”法则 [J]. 粮食储藏，2016，（1）：16–20.

［145］李非凡，段锦艳，吴海晶，等 . 米象触角感器的扫描电镜观察 [J]. 粮食储藏，2017，（2）：1–8.

［146］江亚杰，汪中明，张涛，等 . 基于 DNA 条形码技术的储粮害虫碎片鉴定研究 [J]. 中国粮油学报，2017，（8）：131–135.

［147］赵彬宇，周慧玲，李江涛，等 . 储粮害虫智能图鉴及图像识别 APP 软件设计 [J]. 粮食储藏，2019，（3）：42–46.

第四节　储粮害虫生物学研究

［148］刘子韬 . 拟谷盗之形态及生活史 [J]. 中国动物学杂志，1950，（4）：65–82.

［149］葛仲麟 . 蚕豆象的初步研究 [J]. 昆虫学报，1952，（1）：38–46.

［150］姚康 . 黑粉虫生活习性考察的初步报告 [J]. 新科学季刊，1953，（4）.

［151］郑炳宗 . 绿豆象生活史的研究初报 [J]. 北京农业大学学报，1957，（1）：66–82.

［152］张祯祥，陈勇 . 麦蛾生活习性的初步观察 [J]. 昆虫知识，1957，（6）：256–262.

［153］姚康，夏雪仙，吴姜和，等 . 米象的生物学研究 [J]. 粮食科技通讯月刊，1959，（6）.

［154］粮食部粮食科学研究所 . 锯谷盗生物学及防治方法研究（阶段小结）[M]. 北京：粮食部粮食科学研究所，1959.

［155］王平远 . 印度谷螟 Plodia interpunctella（Hübner）在北京野外为害鲜枣的新纪录及生物学观察 [J]. 昆虫学报，1964，（4）：628–631.

［156］唐觉，叶立畅 . 浙江主要贮粮螨类的生物学特性初步考查 [J]. 浙江农业科学，1964，（12）：592–597.

［157］忻介六，沈兆鹏 . 椭圆食粉螨生活史的研究 [J]. 昆虫学报，1964，（3）：428–435.

［158］粮食部科学研究设计院，湖北省粮食厅科学研究所，罗田县粮所 . 豌豆象的生活规律及其在仓库中的防治 [J]. 粮油科技通讯，1966，（1）：5–9.

［159］浙江省粮食科学研究所 . 麦蛾生物学特性和系统防治方法的研究 [J]. 粮油科技通讯，1966，（9）：11–13.

［160］余树南 . 米象幼虫脱离粮粒的原因及成活率的初步观察 [J]. 粮油科技通讯，1966，（9）：13.

［161］四川省遂宁县粮食局 . 豌豆象的生物学特性和防治方法 [J]. 粮食科学技术通讯，1967，（3）：31–32.

［162］沈兆鹏 . 甜果螨生活史的研究（无气门目：果螨科）[J]. 昆虫学报，1979，（4）：443–447.

［163］高国章 . 对褐斑谷蛾生态习性的初步观察 [J]. 粮食贮藏，1979，（4）：25–26.

［164］黄建国 . 绿豆象的生物学的研究 [J]. 郑州粮食学院学报，1980，（1）：22–28.

［165］ 姚康，邓望喜，陶靖平，等.谷蠹生活习性及几种粮食抗谷蠹的试验初报 [J].华中农学院学报，1981，（3）：29-31.

［166］ 罗禄怡，胡开梅.贵州米象及玉米象的分布初报 [J].贵州农业科学，1981，（3）：40-42.

［167］ 黄建国.米象、玉米象生物学的研究（初报）[J].郑州粮食学院学报，1982，（1）：1-10.

［168］ 姚康，邓望喜，陶靖平，等.仓双环猎蝽的生物学特性初步观察 [J].昆虫知识，1982，（3）：24-27.

［169］ 姚康，杨志慧.黄岗花蝽生物学特性初步观察 [C].华中农学院，1982 科研专题汇编，1982.

［170］ 颜金村.麦蛾茧蜂生活史观察 [J].厦门科技，1982，（6）：15-19.

［171］ 陈其恩，王秀川.四纹豆象在绿豆、黄豆、黑豆、赤豆中的生活史 [C]// 中国粮油学会储藏专业学会第一届年会学术交流论文.成都：中国粮油学会储藏专业学会，1986.

［172］ 杨和清.关于对外检疫害虫谷斑皮蠹的生物学、生态和防治方法的研究报告 [C]// 中国粮油学会储藏专业学会第一届年会学术交流论文.成都：中国粮油学会储藏专业学会，1986.

［173］ 聂守明.谷蠹的生物学和防治方法研究 [C]// 中国粮油学会储藏专业学会第一届年会学术交流论文.成都：中国粮油学会储藏专业学会，1986.

［174］ 张寿东，陈绍林，王佑久，等.绿豆象生长繁育及生活史的研究 [J].粮食储藏，1986，（2）：8-11.

［175］ 张友兰.谷蠹在室温下的生活史探讨 [J].粮油仓储科技通讯，1986，（6）：29-32.

［176］ 张友兰，卢协华.绿豆象生活史探讨 [J].粮油仓储科技通讯，1986，（6）：33-37.

［177］ 孙宝根.米蛾生物学研究点滴 [J].粮油仓储科技通讯，1987，（3）：13-15.

［178］ 孙宝根，陈丽珍，江若兰.扁甲科 *Gucujidae* 的四种害虫生物学与分布的关系 [J].粮油仓储科技通讯，1987，（4）：41-43.

［179］ 刘观明.浅谈储藏物螨类的生物学 [J].粮食储藏，1987，（4）：26-27.

［180］ 陈启宗，沈祥林，孙宝根，等.四纹豆象鞘翅斑纹诱变研究 [J].植物检疫，1987，（3）：181-183.

［181］ 沈兆鹏.纳氏皱皮螨生活史的研究 [J].昆虫学报，1988，（1）：60-66.

［182］ 陆安邦，曹阳，白旭光.嗜卷书虱生活史及习性初步研究 [J].郑州粮食学院学报，1988，（2）：44-47.

［183］ 张策研，白胜起，陈东升.四纹皮蠹生物学特性初步观察 [J].粮油仓储科技通讯，1988，（3）：51-53.

［184］ 范京安，李隆术，朱文炳.麦蛾生物学及生态学特性的研究 [J].粮食储藏，1989，（3）：54.

［185］ 张清纯，候兴伟，李光灿，等.印度谷螟生物学习性的初步研究 [J].粮食储藏，1989，（4）：33-39.

［186］ 张新月，汤建顺，周力兵，等.谷斑皮蠹在云南适生性初步研究 [J].粮食储藏，1989，（4）：29-32.

［187］ 沈兆鹏.三种粉螨生活史的研究及对储藏粮食和食品的为害 [J].粮食储藏，1989，（1）：3-7.

［188］ 蔡经.浅谈储粮螨类的生物学、为害和防治 [J].粮油仓储科技通讯，1989，（4）：28-30.

［189］ 白旭光，曹阳，何永录，等.腐食酪螨生活史的研究 [J].郑州粮食学院学报，1989，（4）：63-70.

［190］ 刘永平，张生芳.我国三种蛛甲记述及仓储物蛛甲检索表 [J].粮油仓储科技通讯，1989，（1）：39-43.

［191］ 陈启宗.西藏自治区仓虫（昆虫、螨类）区系调查研究初报 [J].郑州粮食学院学报，1990，（3）：29-41.

［192］ 邓永学，朱文炳.巴西豆象生物学特性的初步研究 [J].粮食储藏，1991，（1）：17-21.

［193］ 侯兴伟.印度谷螟研究现状 [J].粮油仓储科技通讯，1992，（1）：30-33.

［194］ 阎孝玉，杨年震，袁德柱，等.椭圆食粉螨生活史的研究 [J].粮油仓储科技通讯，1992，（6）：53-55.

［195］ 赵英杰，王殿轩，吴新才，等.害嗜鳞螨的生活史研究 [J].郑州粮食学院学报，1993，（3）：15-19.

［196］ 沈兆鹏.储粮螨类生物学特性危害及防治：兼谈储粮害虫综合治理 [J].粮油仓储科技通讯，1994，（4）：15-20.

［197］孙宝根.储藏物害虫生物学与防治[J].粮油仓储科技通讯，1994，（4）：20-24.

［198］陆胜利，张立力.绿豆象实验种群生命表组建与计算机预测系统的研究Ⅰ.绿豆象实验种群生命表编制与分析研究[J].郑州粮食学院学报，1994，（3）：23-30.

［199］王殿轩，沈磊，曹连昌，等.暗褐毛皮蠹的生物学研究及幼虫拥挤效应对化蛹的影响[J].郑州粮食学院学报，1994，（4）：27-32.

［200］张立力，陆胜利.绿豆象实验种群生命表组建与计算机预测系统的研究Ⅱ.以生理时间为间隔的绿豆象实验种群生命表的研究[J].郑州粮食学院学报，1995，（1）：1-6.

［201］陆胜利，张立力.绿豆象实验种群生命表组建与计算机预测系统的研究Ⅲ.绿豆象实验种群动态计算机预测系统的研究[J].郑州粮食学院学报，1995，（3）：9-14.

［202］梁永生.赤拟谷盗成虫和幼虫对其防御性分泌物主要成分的行为反应[J].中国粮油学报，1995，（4）：18-22.

［203］沈兆鹏.书虱的种类、生物学特性及防治[J].粮食储藏，1995，（4）：11-14.

［204］胡维国，张立力.常见储粮害虫实验种群生命表数据库管理系统的研究[J].西部粮油科技，1996，（2）：58-60.

［205］黄建国.玉米象生物学与生态学的研究[J].黑龙江粮油科技，1996，（4）：3-6.

［206］白旭光，王颖彦.小眼书虱生活史的研究[J].郑州粮食学院学报，1999，（2）：69-71.

［207］孙冠英，张会军，姜永嘉，等.书虱在房式仓中分布的研究[J].郑州粮食学院学报，1999，（3）：16-18.

［208］孙冠英，曹阳，姜永嘉，等.书虱在粮堆中分布的研究[J].粮食储藏，1999，（6）：16-21.

［209］孙冠英，曹阳，姜永嘉.温湿度对嗜卷书虱实验种群生长发育的影响[J].中国粮油学报，1999，（6），58-62.

［210］白明杰，党保华，曹阳，等.赤拟谷盗生活史参数变化的研究[J].粮食储藏，1999，（3）：8-14.

［211］孙冠英，曹阳，姜永嘉，等.储粮书虱综述[J].粮油仓储科技通讯，2000，（4）：58-62.

［212］姚渭，王艳，刘晓农，等.储粮害虫钻孔行为初步研究[J].粮食储藏，2001，（2）：8-9.

［213］程伟霞，王进军，赵志模，等.嗜卷书虱和嗜虫书虱的研究进展[J].粮食储藏，2003，（6）：3-7.

［214］邵颖，鲁玉杰，张峰，等.嗜虫书虱交配规律的研究[J].郑州工程学院学报，2004，（1）：37-39.

［215］鲁玉杰.嗜卷书虱雌蛾性信息素的研究.[C]//上海粮油食品安全国际研讨会论文集（ISSCOF）.北京：中国粮油学会，2004.

［216］鲁玉杰，张孝羲.棉铃虫雄虫对人工合成性信息素的触角电位反应[J].河南农业大学学报（自然科学版），2004，（1）：49-53.

［217］娄永根，程家安，鲁玉杰，等.虫害诱导的水稻防御反应及其应用前景[M]//农业生物灾害预防与控制研究资料汇编.北京：中国农业科学技术出版社，2005.

［218］邵颖，鲁玉杰.嗜虫书虱雌虫性信息素的确定和主要成分的鉴定[J].河南工业大学学报（自然科学版），2005，（5）：43-46.

［219］姚渭，薛美洲，杜燕萍.八种储粮害虫趋光性的测定[J].粮食储藏，2005，（2）：3-5.

［220］朱宗森，王光春.谷蠹在我国北方高大平房仓的习性与防治[J].粮油食品科技，2006，（5）：21.

［221］高燕，许再福.雅脊金小蜂长翅型雌蜂繁殖和搜索能力研究[J].粮食储藏，2006，（2）：13-16.

［222］邵颖，鲁玉杰，魏宗烽.嗜虫书虱性信息素的提取方法和生物活性测定方法[J].生态学报，2006，（7）：2148-2153.

［223］ 鲁玉杰，刘凤杰，王争艳．食物引诱剂对储粮害虫最佳引诱条件的研究［J］.中国粮油学报，2006，（3）：320–324.

［224］ 程兰萍，王殿轩，仲维平，等．散储小麦中探管诱集和取样筛检书虱和锈赤扁谷盗效果比较研究［J］.粮食储藏，2006，（3）：9–12.

［225］ 王平，王殿轩，苏金平，等．紫外诱杀灯和瓦楞纸诱捕与取样筛检法检测储粮害虫比较研究［J］.粮食储藏，2006，（4）：16–19.

［226］ 李兴奎，鲁玉杰，仲建锋．食物引诱剂在储粮害虫防治研究中的应用［J］.粮食流通技术，2006，（4）：22–26.

［227］ 王殿轩，林颢，邱丽华，等．赤拟谷盗密度对不同破碎率小麦重量变化影响的研究［J］.河南工业大学学报（自然科学版），2007，（3）：36–39.

［228］ 白春启，曹阳，李燕羽，等．小眼书虱表皮层脂类成分分析［J］.中国粮油学报，2008，（5）：128–132.

［229］ 谭佐军，卢军，杨长举，等．储藏物昆虫分形特性的研究［J］.中国粮油学报，2008，（2）：163–165.

［230］ 许振伟．基于数学形态学滤波的储粮害虫图像二值分割研究［J］.中国粮油学报，2008，（4）：197–199.

［231］ 王争艳，鲁玉杰，宫雨乔，等．紫光灯对储粮害虫引诱效果的评价［J］.粮油加工，2010，（11）：75–77.

［232］ 王争艳，鲁玉杰，毛广卿．昆虫产卵基质选择行为影响因素的研究及应用［C］// 国际生物制药和工程会议论文集 2010. China Academic Journal Electronic Publishing House. 北京：2010.435–437.

［233］ 鲁玉杰，王争艳，刘洁，等．信息化合物在贮存烟叶 – 烟草甲 – 米象金小蜂三重营养关系中的作用［C］// 2011 年国际生物医学和工程会议论文集 .Proceedings of 2011 International Conference on Biomedicine and Engineering. 北京：中国生物物理学会，2011：447–450.

［234］ 王殿轩，李兆东，陆群，等．不同温度下米象的运动行为研究［J］.河南工业大学学报（自然科学版），2011，（4）：6–9.

［235］ 李兴奎，张新伟，鲁玉杰．不同品种碎麦提取物对储粮害虫的引诱效果［J］.湖北农业科学，2013，（19）：4661–4664.

［236］ 李兴奎，张新伟，鲁玉杰．碎麦提取物与昆虫信息素混合对储粮害虫的引诱效果［J］.河南农业科学，2013，（12）：90–93.

［237］ 高远，董晨晖，陈国华，等．玉米象对破损玉米粒趋性的研究［J］.粮食储藏，2014，（3）：14–15.

［238］ 冼庆，鲁玉杰．不同光波长与光强度对赤拟谷盗趋光性影响的初步研究［J］.粮食储藏，2014，（4）：9–12.

［239］ 王晶磊，肖雅斌，王殿轩，等．电子束辐照不同虫态玉米象保护酶系活力变化研究［J］.粮食储藏，2014，（1）：17–20.

［240］ 齐艳梅，伍祎，汪中明，等．稻谷粮堆表层害虫活动和发展规律初探［J］.粮油食品科技，2015，（6）：105–110.

［241］ 崔建新，贾文英，鲁玉杰，等．温度对玉米象飞行能力的影响［J］.河南科技学院学报，2015，（2）：24–29.

［242］ 王争艳，苗世远，鲁玉杰，等．谷蠹的趋光行为及部分影响因素研究［J］.植物保护，2016，（5）：75–79.

［243］ 王争艳，苗世远，鲁玉杰．锈赤扁谷盗成虫趋光行为研究［J］.应用昆虫学报，2016，（3）：642–647.

［244］ 王殿轩，王潇蓉，袁玉珂，等．新收获小麦中玉米象发生及虫蚀粒率变化研究［J］.河南工业大学学报（自然科学版），2016，（4）：1–5.

［245］ 鲁玉杰，王改霞，王争艳．编码昆虫几丁质生物合成关键酶基因功能的研究进展［J］.粮食储藏，2016，（1）：11–15.

［246］王殿轩，赵海鹏，袁玉珂，等.谷蠹发育始点温度的测定与计算 [J]. 河南工业大学学报（自然科学版），
2017，（3）：51–55.

［247］张晓培，覃永，王富领.不同波长单波诱虫灯实仓诱集对比试验 [J]. 粮油仓储科技通讯，2017，（2）：
39–42.

第五节 储粮害虫生态学研究

［248］北京市粮食局储藏研究室.不同温度条件下米象的为害情况和发育繁殖的速度 [J]. 粮食科学技术通讯，
1965，（4）：16–17.

［249］北京市粮食局储藏研究室.冬季粮温下降对四种常见甲虫的活动为害和繁殖的影响 [J]. 粮食科学技术通
讯，1965，（4）：15–16.

［250］李光灿.仓虫群落生态的研究 [C]// 西南农业大学硕士研究生论文集.重庆：西南农业大学，1984.

［251］李光灿，李隆术.仓虫群落生态的初步研究Ⅰ.仓虫群落的一般特征 [J]. 粮食储藏，1986，（4）：12–21

［252］李光灿，李隆术.仓虫群落生态的初步研究Ⅱ.仓虫群落结构的数量特征 [J]. 粮食储藏，1986，（6）:5–11.

［253］张清纯，李隆术.玉米象生物学及生态学特性研究 [C]// 中国粮油学会储专业学会第一届年会学术交流
论文.成都：中国粮油学会储藏专业学会，1986.

［254］李隆术.仓虫群落生态的初步研究Ⅲ.仓虫群落的数量分类 [J]. 粮食储藏，1987，（2）：3–7.

［255］李光灿，李隆术.仓虫群落生态的初步研究Ⅳ.仓虫群落中主要仓虫的生态位研究 [J]. 粮食储藏，
1987，（4）：11–16.

［256］张清纯，李隆术，朱文炳.玉米象内禀增长力（r_m）的研究 [J]. 粮食储藏，1989，（3）：4–9.

［257］张清纯，李隆术，朱文炳.玉米象种群动态模拟的研究 [J]. 粮食储藏，1989，（3）：21–30.

［258］范京安，李隆术，朱文炳，等.麦蛾种群动态及其对小麦品质变化的影响 [J]. 粮食储藏，1989，（3）：
10–14.

［259］范京安，李隆术，朱文炳.麦蛾生物学及生态学特性的研究 [J]. 粮食储藏，1989，（3）：54.

［260］秦宗林，李光灿，张清纯，等.温湿度对谷蠹生长发育的影响 [J]. 粮食储藏，1989，（3）：31–39.

［261］鄢健，李光灿，秦宗林.温湿度对腐食酪螨生长发育和繁殖的影响 [J]. 粮食储藏，1989，（3）：56.

［262］沈祥林，王殿轩，张雪祥，等.温湿度对毛蕈甲生长发育的影响 [J]. 郑州粮食学院学报，1989，（2）：
88–94.

［263］杨庆询.储粮害虫活动规律及与温度的关系 [J]. 粮油仓储科技通讯，1989，（1）：46–47.

［264］曾庆柏，张建平.湖南省储粮害虫生态类型的划分 [J]. 粮食储藏，1991，（3）：12–15.

［265］侯兴伟，李光灿，秦宗林，等.模拟条件下主要仓虫对粮温变化的影响 [J]. 粮食储藏，1992，（6）：17–21.

［266］张千球.储粮昆虫的抗寒性机制 [J]. 粮食储藏，1992，（4）：47–50.

［267］辛克莱 E R，阿尔德 J，王善军，等.农场储粮害虫种群计算机模拟模型 [J]. 粮食储藏，1993，（6）：
38–45.

［268］MAREC F，刘桂林，杨长举.地中海螟性连锁隐性致死突变的诱导 [J]. 粮食储藏，1993，（1）：38–41.

［269］轩静渊，王忠肃，王朝斌，等.腐食酪螨与两种寄生真菌相互关系的初步研究 [J]. 粮食储藏，1993，（3）：20–26.

［270］沈祥林，赵英杰，王殿轩，等.高温对腐食酪螨的作用研究初报 [J]. 郑州粮食学院学报，1994，（3）：
49–52.

［271］秦宗林，李光灿.模拟昆虫种群消长动态的矩阵模型 [J]. 粮食储藏，1995，（Z1）：105–114.

[272] 张立力，权永红．谷蠹生态学特性的研究 [J]．中国粮油学报，1995，（4）：12–17.

[273] 张立力，权永红．谷蠹生态学特性的研究 [J]．昆虫知识，1996，（1）：43–45.

[274] 钟良才，李汉洲，邹文捷．散装稻谷五面密闭储藏几种害虫发生规律初探 [J]．粮油仓储科技通讯，1998，（6）：26–28.

[275] 钟立维．花斑皮蠹生态习性初步观察 [J]．粮油仓储科技通讯，1998，（6）：19–20.

[276] 刘桂林，叶保华，李照会，等．山东省储粮昆虫群落结构的分析 [J]．粮食储藏，1998，（5）：14–18.

[277] 范京安．麦蛾实验种群生态学研究 [J]．粮食储藏，1999，（6）：22–24.

[278] 孙冠英，曹阳，姜永嘉．温湿度对嗜卷书虱实验种群生长发育的影响 [J]．中国粮油学报，1999，（6）：58–62.

[279] 孙冠英，曹阳，姜永嘉，等．书虱在粮堆中分布的研究 [J]．粮食储藏，1999，（6）：16–21.

[280] 孙冠英，张会军，姜永嘉，等．书虱在房式仓中分布的研究 [J]．郑州粮食学院学报，1999，（3）：16–18.

[281] 叶保华，郑方强，李照会，等．四纹豆象与绿豆象种群竞争的研究 [J]．粮食储藏，2000，（2）：9–12.

[282] 易平炎，李会新，魏木山，等．饲料害虫的发生规律及防治 [J]．粮食储藏，2000，（1）：20–26.

[283] 李照会，郑方强，刘桂林，等．山东省中药材储藏期昆虫群落结构的数量特征研究 [J]．粮食储藏，2001，（3）：12–16.

[284] 叶丹英，王大枚，钟六华，等．浅圆仓储粮害虫发生和分布的初步研究 [J]．粮食储藏，2001，（6）：10–14.

[285] 李栋，饶绮珍，田伟金，等．仓储白蚁生态学及防治对策 [J]．粮食储藏，2001，（4）：18–20

[286] 姚渭，王艳，刘晓农，等．储粮害虫钻孔行为初步研究 [J]．粮食储藏，2001，（2）：8–9.

[287] 张筱秀，周运宁，李唐，等．七种主要储粮害虫发生规律的研究 [J]．粮食储藏，2002，（2）：17–19.

[288] 姚渭，傅剑萍．储粮害虫数量传感机理与技术体系 [J]．粮食储藏，2002，（5）：3–8.

[289] 姚渭，王育杰．自然条件下储粮昆虫种群消长动态监测 [J]．粮食储藏，2003，（2）：6–8.

[290] 丁伟，赵志模，王进军，等．储粮环境中书虱猖獗发生的因子分析 [J]．粮食储藏，2003，（2）：12–17.

[291] 崔晋波，邓永学，王进军，等．高大平房仓散装储粮昆虫群落组成及结构分析 [J]．粮食储藏，2005，（6）：10–12.

[292] 李文辉，陈嘉东，张新府，等．昆虫生态环境控制的研究 [J]．粮食储藏，2005，（3）：3–6.

[293] 姚渭，薛美洲，杜燕萍．八种储粮害虫趋光性的测定 [J]．粮食储藏，2005，（2）：3–5.

[294] 朱建民，王殿轩，冀圣江，等．平房仓散储小麦降温期间嗜虫书虱的种群密度变化 [J]．粮食储藏，2006，（2）：10–12.

[295] 王殿轩，朱建民，冀圣江，等．温升期小麦散储中嗜虫书虱的种群动态变化 [J]．河南工业大学学报（自然科学版），2006，（6）：56–60.

[296] 张宏宇．论储粮害虫的生态调控 [J]．粮食储藏，2006，（4）：3–7.

[297] AKINKUROLER E R O，张宏宇，饶琼，等．烟草甲在三种寄主上存活、发育的研究 [J]．粮食储藏，2006，（5）：8–10.

[298] 谢令德，徐广文，舒在习．低温锻炼对谷蠹抗寒性的影响 [J]．粮食储藏，2006，（3）：3–4.

[299] 赵文娟，刘映红，白守耀，等．转 Bt 基因作物储藏期对储粮害虫的影响及风险评估 [J]．粮食储藏，2007，（4）：3–6.

[300] 崔晋波，邓永学，王进军，等．高大平房仓散装稻谷储粮害虫年消长动态研究 [J]．粮食储藏，2007，（3）:3–7

[301] 孙开源，曹阳，李燕羽，等．黄粉虫成虫爬行和咬食活动声音采集分析研究 [J]．河南工业大学学报（自然科学版），2008，（6）：39–44.

[302] 鲁玉杰,王小莉,毛婷婷.温度和相对湿度对印度谷螟生长发育的影响 [J]. 河南工工大学学报,2008,（5）: 42–46.

[303] 凌育忠,陈伊娜,祁正亚,等.粮堆揭膜后不同储存方式下害虫生长活动研究报告 [J]. 粮食储藏,2008, （4）: 13–15.

[304] 周佳,李光涛,李燕羽,等.低氧条件下赤拟谷盗成虫呼吸速率研究 [J]. 粮食储藏,2008,（2）: 3–5.

[305] 朱邦雄,邓树华,周剑宇,等.稻米中玉米象的发生与控制研究 [J]. 粮食储藏,2009,（5）: 12–16.

[306] 朱邦雄,邓树华,周剑宇,等.稻米加工过程的害虫发生与控制 [J]. 粮食储藏,2010,（5）: 7–11.

[307] 李兆东,王殿轩,乔占民.温度对赤拟谷盗爬行和起飞活动的影响 [J]. 应用昆虫学报,2011,（5）: 1437– 1441.

[308] 唐多,王殿轩,姚剑峰.不同温度和水分小麦中不同谷蠹发生状态时二氧化碳变化研究 [J]. 植物保护, 2011,（5）: 67–71.

[309] 钟建军,杨杰,吕建华,等.感染害虫的小麦加工后害虫发生动态研究 [J]. 粮食科技与经济,2012,（5）: 24–26.

[310] 吕建华,史雅,钟建军,等.玉米象和锯谷盗在小麦粉中的种群动态研究 [J]. 粮食科技与经济,2012,（1）: 16–17.

[311] 王殿轩,徐威,陆群.不同玉米象感染度的小麦储存环境中二氧化碳浓度变化研究 [J]. 河南工业大学学 报（自然科学版）,2012,（2）: 1–5.

[312] 史雅,吕建华,白旭光.温度对赤拟谷盗耐饥性的影响 [J]. 河南工业大学学报（自然科学版）,2013,（6）: 37–42.

[313] 王殿轩,安超楠,李兆东,等.温度对锯谷盗成虫水平和垂直运动分布的影响 [J]. 河南农业大学学报, 2013,（3）: 330–333.

[314] 高远,董晨晖,陈国华,等.玉米象对破损玉米粒趋性的研究 [J]. 粮食储藏,2014,（3）: 14–15.

[315] 王殿轩,王世伟,白春启,等.干热杀虫过程中温度和小麦水分含量对谷蠹死亡率的影响 [J]. 河南工业 大学学报（自然科学版）,2014,（3）: 1–6.

[316] 齐艳梅,伍祎,汪中明,等.稻谷粮堆表层害虫活动和发展规律初探 [J]. 粮油食品科技,2015,（6）: 105–110.

[317] 王明洁,蔡婷婷,鞠兴荣,等.不同氮气浓度、温度条件下锈赤扁谷盗未成熟阶段各虫态的发育 [J]. 粮 食储藏,2015,（2）: 1–6.

[318] 崔建新,贾文英,鲁玉杰,等.温度对玉米象飞行能力的影响 [J]. 河南科技学院学报,2015,（2）: 24–29.

[319] 吴芳,范运乾,严晓平,等.温度对谷蠹呼吸代谢的影响 [J]. 粮食储藏,2015,（5）: 1–5.

[320] 魏永威,吕建华,刘朝伟.储粮害虫种间竞争研究进展 [J]. 粮食与食品工业,2016,（4）: 84–88

[321] 魏永威,吕建华,刘朝伟.赤拟谷盗与锯谷盗种间竞争研究 [J]. 河南工业学院学报,2016,（6）: 18–23.

[322] 贺培欢,伍祎,郑丹,等.不同储粮温湿度普通肉食螨的生长发育研究 [J]. 粮油产品科技,2017,（2）: 89–94.

[323] 吕建华,魏永威,刘淑丽,等.赤拟谷盗与锯谷盗产卵及幼虫期发育竞争研究 [J]. 粮食与油脂,2017,（8）: 86–90.

[324] 李娜,贺培欢,潘德蓉,等.中高温储粮区粮堆表层捕食性螨种类初探 [J]. 粮油食品科技,2017,（3）: 92–95.

［325］霍鸣飞，吕建华，王殿轩，等.七种主要储粮害虫耐低温能力研究 [J].河南工业大学学报（自然科学版），2017，（4）：101-105.

［326］穆振亚，严晓平，李丹丹，等.不同粮堆温度下储粮害虫的迁移分布试验 [J].粮食储藏，2019，（3）：32-37.

第六节　储粮害虫遗传学研究

［327］罗禄怡.米象、玉米象种缘关系的讨论 [J].贵州农业科学，1983，（5）：31-35.

［328］杨志远，黄培，吴国雄.米象与玉米象及其杂交后代染色体的观察研究 [J].中国粮油学报，1987，（2）：64-71.

［329］黄培，杨志远，吴国雄.米象与玉米象及其杂交后代的酯酶同工酶的初步研究 [J].粮食储藏，1988，（4）:7-11.

［330］吴国雄，黄培，杨志远.米象、玉米象及杂交后代对磷化氢抗性遗传的研究 [J].粮食储藏，1988，（4）:3-7.

［331］梁永生，覃章贵，邓刚.谷蠹磷化氢高抗性品系的抗性遗传分析 [J].粮食储藏，2001，（3）：3-7.

［332］吴芳，余懋群，龙海.谷蠹 RAPD 反应体系与程序的优化 [J].粮食储藏，2011，（2）：34-37.

［333］刘畅，胡飞，鲁玉杰，等.磷化氢熏蒸对米象抗性相关基因表达的影响 [J].安徽农业科学，2013，（15）：6 881-6 883.

［334］伍祎，李志红，李燕羽，等.DNA 分子遗传标记技术在仓储害虫中的研究与应用 [J].中国粮油学报，2015，（10）：140-146.

［335］程玉，曾伶.储粮害虫磷化氢抗性分子遗传学研究进展 [J].粮食储藏，2016，（1）：5-10.

第七节　储粮害虫抗性研究

［336］广东省粮食局科学研究所.广东四种主要粮仓甲虫对磷化氢的抗性 [J].四川粮油科技，1976，（4）：1-11.

［337］四川省粮科所抗药性研究组，四川省绵阳地区粮食局，四川省梓潼县粮食局.磷化氢低剂量熏蒸对抗药性害虫的防治效果 [J].四川粮油科技，1978，（3）：1-8.

［338］刘鸿声.低剂量磷化氢对抗性害虫效果的试验 [J].粮食贮藏，1980，（3）：11-13，24.

［339］姜永嘉.浅谈贮粮害虫的抗药性及其防治对策 [J].郑州粮食学院院报，1980，（2）：59-70.

［340］李雁声，李文质，吴秀琼.玉米象对几种有机磷谷物保护剂的交互抗性 [J].粮食贮藏，1981，（1）：28-32.

［341］黄建国，姜永嘉.探讨米象不同虫态对磷化氢的敏感性 [J].郑州粮食学院学报，1982，（3）：12-16.

［342］商业部四川粮食储藏科学研究所害虫抗药性研究组.我国主要贮粮害虫对常用杀虫剂抗性的考察 [J].粮食储藏，1983，（6）：1-12.

［343］黄建国.磷化氢杀虫不彻底的原因 [J].粮食储藏，1983，（5）：38-41.

［344］张国梁.防止储粮害虫对防虫磷形成抗性条件的探讨 [J].粮食储藏，1985，（5）：20-24.

［345］张新府，陈嘉东，李小丰.锈赤扁谷盗对磷化氢抗性的初步调查和防治建议 [J].粮食储藏，1985，（2）:6-10.

［346］余捷，梁志伦.浅谈防止锈赤扁谷盗抗性 [J].粮油仓储科技通讯，1992，（5）：22-23.

［347］赵致武，于占飞.吉林省玉米象磷化氢抗性抽样调查 [J].郑州粮食学院学报，1993，（2）：79-85.

［348］李雁声.储粮害虫对磷化氢的抗性及其防治对策 [J].粮食储藏，1994，（5）：3-8.

［349］国内贸易部成都粮食储藏科学研究所，广东省粮食储藏科学研究所.主要储粮害虫对磷化氢抗性及对策的研究 [J].粮食储藏，1995，（Z1）：81-86.

［350］王合英，李嫚萍，吴荣宗.稻谷在储藏期间对麦蛾抗性鉴定方法的研究 [J].粮食储藏，1995，（2）：31-34.

［351］ 蒋庆慈，黄辅元，姜武峰，等．几种主要储粮害虫对磷化氢、马拉硫磷抗药性及对策技术研究 [J]. 郑州粮食学院学报，1995，（3）：79–87.

［352］ 阮启错，林赛芝，李士长，等．福建省储粮害虫磷化氢抗性调研和技术对策研究 [J]. 粮食储藏，1996，（6）：3–8.

［353］ 张立力．玉米象各发育期对磷化氢的敏感性 [J]. 植物保护学报，1997，（4）：347–350.

［354］ 覃章贵，梁永生，严晓平，等．小麦中 PH_3 抗性害虫的熏蒸试验 [J]. 粮食储藏，1998，（4）：8–12.

［355］ 张友春．浅谈磷化氢抗性害虫的成因及治理 [J]. 粮食储藏，1999，（5）：14–19.

［356］ 曹阳，张建军．赤拟谷盗磷化氢抗性及快速测定方法研究 [J]. 粮食储藏，2000，（1）：10–16.

［357］ 曹阳，赵英杰，王殿轩，等．谷蠹和米象的 PH_3 抗性品系对三种粮食保护剂的交互抗性研究 [J]. 粮食储藏，2000，（4）：13–17.

［358］ 曹阳，王殿轩．米象和赤拟谷盗不同品系成虫的磷化氢击倒时间与其抗性之间的关系 [J]. 郑州粮食学院学报，2000，（2）：1–5.

［359］ 梁永生，冉莉．谷蠹、米象和锈赤扁谷盗的 PH_3 抗性品系对杀螟松和氯化苦的交互抗性研究 [J]. 粮食储藏，2000，（4）：7–12.

［360］ 梁永生，严晓平，覃章贵，等．一种替代 FAO 方法测定储粮害虫磷化氢高抗性的方法 [J]. 粮食储藏，2001，（4）：7–10.

［361］ 谭大文，黎逊昂．环流熏蒸防治抗性储粮害虫的效果研究 [J]. 粮食储藏，2002，（4）：31–37.

［362］ 庞宗飞，李国梁，陈碧祥，等．储粮害虫的抗性及其防治对策 [J]. 粮油仓储科技通讯，2002，（6）：25–26.

［363］ 梁永生，覃章贵，严晓平，等．米象对磷化氢的抗性遗传研究 [J]. 粮食储藏，2002，（1）：7–13.

［364］ 曹阳，郭忠建，邱丽华，等．不同的恒定 PH_3 浓度下嗜虫书虱抗性品系的种群灭绝时间 [J]. 郑州工程学院学报，2003，（3）：1–5.

［365］ 曹阳，郭忠建，邱丽华．嗜虫书虱磷化氢敏感品系和抗性品系在不同磷化氢浓度下的种群灭绝时间研究 [J]. 粮食储藏，2003，（5）：3–7.

［366］ 曹阳，刘梅，郑颜昌．五种储粮害虫 11 个品系的磷化氢抗性测定 [J]. 粮食储藏，2003，（2）：9–11.

［367］ 丁伟，赵志模，王进军，等．储粮环境中书虱猖獗发生的因子分析 [J]. 粮食储藏，2003，（2）：12–17.

［368］ 严晓平，黎万武，刘作伟，等．我国主要储粮害虫抗性调查研究 [J]. 粮食储藏，2004，（4）：17–19.

［369］ 王殿轩，原错，武增强，等．锈赤扁谷盗与其他几种储粮害虫对磷化氢的耐受性比较 [J]. 郑州工程学院，2004，（1）：4–8.

［370］ 曹阳．我国储粮害虫玉米象和米象磷化氢抗药性调查 [J]. 河南工业大学学报（自然科学版），2005，（5）：4–8.

［371］ 白寿云，朱克瑞，曹阳．无色书虱不同虫态对 PH_3 抗药性的研究 [J]. 粮食储藏，2005，（2）：9–12.

［372］ 白寿云，曹阳．替代 FAO 法测定无色书虱成虫对 PH_3 的抗药性 [J]. 粮食储藏，2005，（5）：11–13.

［373］ 曹阳．我国谷蠹、赤拟谷盗、锈赤扁谷盗和土耳其扁谷盗磷化氢抗药性调查 [J]. 河南工业大学学报（自然科学版），2006，（1）：1–6.

［374］ 赵英杰，张来林，吕建华．苏云金杆菌降低储粮害虫对磷化氢抗药性 [J]. 粮食储藏，2006，（4）：13–15.

［375］ 鲁玉杰，石东，郭云峰．储粮书虱抗药性及害虫再猖獗的研究现状与进展 [C]// 华中三省（河南、湖北、湖南）昆虫学会 2006 年学术年会论文集．郑州：河南省昆虫学会，2006.

［376］ 白青云，曹阳．我国储粮书虱磷化氢抗性调查及测定 [J]. 粮食流通技术，2006，（2）：26–28.

［377］刘新喜，冯靖夷，宫庆，等．威海地区几种常见储粮害虫抗性测定［J］．粮食储藏，2007，（6）：10–12.

［378］刘少波．浅谈储粮害虫难以杀死之原因及对策［J］．粮食流通技术，2007，（4）：24–25.

［379］陈晨，任艺，王进军．赤拟谷盗磷化氢抗性与体内能源物质含量的关系研究［J］．粮食储藏，2008，（1）：3–6.

［380］马晓辉，王殿轩，李克强，等．中央储备粮中主要害虫种类及抗性状况调查［J］．粮食储藏，2008，（1）：7–10.

［381］杨玉国，罗明，聂鹤，等．浅谈储粮害虫抗性防治［J］．粮食流通技术，2008，（1）：22–25.

［382］许建双，王殿轩，陈刚，等．不同磷化氢抗性的赤拟谷盗亚致死浓度下生长发育比较［J］．粮食储藏，2009，（2）：3–6.

［383］王殿轩，王利丹，高希武．赤拟谷盗磷化氢抗性和敏感品系的过氧化氢酶活性比较［J］．河南工业大学学报（自然科学版），2009，（4）：4–7.

［384］王殿轩，吴若旻，张晓琳，等．不同磷化氢抗性的米象对多杀菌素的敏感性比较［J］．中国粮油学报，2010，（8）：81–84.

［385］王殿轩，原锴，高希武．赤拟谷盗的磷化氢敏感和抗性品系体内羧酸酯酶的活性比较［J］．昆虫知识，2010，（2）：275–280.

［386］鲁玉杰，王雄，王争艳，等．储粮害虫磷化氢抗性检测方法研究进展［J］．安徽农业科学，2010，（13）：6752–6754.

［387］陆群，王殿轩，陈文正，等．磷化氢抗性锈赤扁谷盗和其它几种害虫的实仓熏蒸效果比较［J］．粮食储藏，2010，（6）：9–12.

［388］陈吉汉，王殿轩，吴若旻，等．不同磷化氢浓度下三个不同抗性的小眼书虱品系的完全死亡时间［J］．河南工业大学学报（自然科学版），2010，（2）：51–54.

［389］豆威，陈晨，牛金志，等．赤拟谷盗 PH_3 抗性与 CarE 的关系研究［J］．粮食储藏，2010，（4）：3–6.

［390］吴芳，严晓平．储粮害虫 PH_3 抗性机理及分子监测研究进展［J］．粮食储藏，2011，（3）：8–13.

［391］刘合存，王殿轩，王法林，等．补充施药保持磷化氢浓度熏蒸抗性书虱实仓试验［J］．粮食储藏，2011，（1）：13–15.

［392］周天智，刘士强，马文斌，等．鄂中地区四种储粮害虫对磷化氢抗性发展及对策研究［J］．粮食储藏，2011，（4）：6–9.

［393］王殿轩，徐威，陈吉汉．不同书虱品系的磷化氢半数击倒的时间与抗性相关性研究［J］．植物检疫，2012，（3）：17–20.

［394］谢更祥，唐易，张连中，等．海南地区扁谷盗抗药性和实仓防治研究［J］．粮食储藏，2013，（1）：9–12.

［395］唐培安，邓永兴，宋伟．米象对甲酸乙酯的抗性风险评估［J］．粮食储藏，2013，（1）：3–5.

［396］刘畅，胡飞，鲁玉杰，等．磷化氢熏蒸对米象抗性相关基因表达的影响［J］．安徽农业科学，2013，（15）：6881–6883.

［397］王晶磊，王殿轩，肖雅斌，等．辽宁地区储粮害虫对磷化氢抗性测定及对策研究［J］．粮食与饲料工业，2014，（9）：16–18.

［398］王殿轩，杨毅，乔占民．几个小麦品种对米象敏感性的比较研究［J］．河南工业大学学报（自然科学版），2014，（6）：1–5.

［399］王殿轩，袁玉珂，张志雄．六个品种小麦对玉米象的抗虫性比较研究［J］．粮油食品科技，2015，（1）：89–93.

［400］王继婷，王殿轩，李佳丽，等．谷蠹的磷化氢抗性及其完全致死浓度与时间研究［J］．河南工业大学学报（自然科学版），2016，（1）：16–22.

［401］段锦艳，吴海晶，唐培安，宋伟．八个品系锈赤扁谷盗和谷蠹的磷化氢抗性测定 [J]. 粮食储藏，2016，（1）：1–4.

［402］王殿轩，杨毅，唐培安，等．小麦籽粒水分含量变化对小麦品种抗虫性的影响 [J]. 植物保护，2016，（3）：110–114.

［403］王殿轩，袁玉珂，唐培安．不同品种小麦水分变化对其玉米象抗虫性的影响 [J]. 粮食与饲料工业，2016，（6）：17–20.

第八节　储粮害虫分类鉴定技术研究

［404］于世芬．粮粒内害虫隐蔽感染的检查方法 [J]. 粮食科学技术通讯，1959，（3）：25–26.

［405］胡文清，石素碧，陈晓玲，等．应用气相层析鉴定玉米象和米象 [J]. 粮食储藏，1983，（1）.

［406］曹阳，陈启宗．二十种仓库害虫成虫（鞘翅目）裂解气相色谱法分类研究 [C]// 中国粮油学会储藏专业学会第一届年会学术交流论文．成都：中国粮油学会储藏专业学会，1986.

［407］王朝平，陈启宗．利用扫描电镜观察部分仓库甲虫成虫：鞘翅分类鉴定的研究 [J]. 郑州粮食学院学报，1987，（2）：1–8.

［408］赵英杰，霍权恭，张来林，等．利用虫体蛋白特异性区分三种象虫 [J]. 粮食储藏，2000，（1）：17–19.

［409］甄彤，范艳峰．谷物害虫图像识别中特征值提取技术的研究 [C]// 中国粮油学会第三届学术年会论文选集．烟台：中国粮油学会，2004.

［410］甄彤，范峰峰．基于支持向量机的储粮害虫分类识别技术研究 [J]. 计算机工程，2006，（9）：167–169.

［411］姜祖新，赵小军，王复元，等．基于 Bag of Features 模型的害虫图像分类技术研究 [J]. 粮食储藏，2015，（4）：28–32.

［412］李非凡，段锦艳，吴海晶，等．米象触角感器的扫描电镜观察 [J]. 粮食储藏，2017，（2）：1–8.

第九节　储粮害虫检测技术研究

［413］黄建国，沈恒胜．仓库害虫的预测预报 [J]. 郑州粮食学院学报，1985，（1）：21–27.

［414］沈兆鹏．隐蔽和非隐蔽储粮害虫检测技术进展 [J]. 粮食储藏，1995，（Z1）：96–100.

［415］徐昉，白旭光，邱道尹，等．国内外储粮害虫检测方法 [J]. 粮油仓储科技通讯，2001，（5）：41–43.

［416］姚渭，孟书伟．新仓型储粮害虫陷阱检测技术研究及应用 [J]. 粮食储藏，2001，（5）：3–8.

［417］朱永士，任国正．浅谈害虫仓外采集检测技术的应用与推广 [J]. 粮食流通技术，2004，（4）：24–25.

［418］甄彤，范艳峰，邹炳强，等．谷物害虫图像识别中特征值提取技术的研究 [J]. 微电子学与计算机，2004，（12）：111–115

［419］周龙．储粮害虫智能检测方法的分析 [J]. 粮油食品科技，2004，（4）：7–9.

［420］周龙，陈绵云．储粮害虫图像的灰关联分析方法研究 [J]. 粮食储藏，2004，（6）：3–6.

［421］姚渭，郝绍玉，傅剑萍．YC97B 型储粮害虫数量光电传感探头技术性能快速检测 [J]. 粮食储藏，2004，（6）：7–11.

［422］陈栋，张颖悦，周龙．MATLAB 在储粮害虫图像处理中的应用 [J]. 粮食储藏，2005，（1）：3–7.

［423］施国伟，黄志宏，原锴．害虫种群检测（监测）技术研究进展 [J]. 粮食储藏，2005，（1）：11–16.

［424］甄彤．运动图像识别技术在谷物害虫检测中的应用 [J]. 微计算机信息，2006，（19）：233–235.

[425] 刘黎明，张家玉，徐国忠，等 . 视频测虫技术在控温储粮仓房中的应用 [J]. 粮油仓储科技通讯，2006，（6）：39-40.

[426] 卢军，陈建军，谭佐军 . BP 神经网络在储粮害虫分类中的应用研究 [J]. 粮食储藏，2007，（6）:7-9.

[427] 白春启，曹阳，尚艳娥，等 . 米象和玉米象蜡层与护蜡层成分的气质联用鉴定 [J]. 粮食储藏，2007，（6）：3-6.

[428] 陈浩梁，汪细桥，张宏宇 . 粮粒内害虫的近红外光谱检测技术 [J]. 粮食储藏，2007，（2）：21-24.

[429] 李兴奎，鲁玉杰，仲建锋，等 . 储粮害虫检测技术研究现状及应用进展 [J]. 粮食流通技术，2007，（3）：19-22.

[430] 李兴奎，孙俊景，鲁玉杰 . 用食物中有效化学成分监控储粮害虫 [J]. 粮食流通技术，2008，（4）：21-25.

[431] 殷杰，张坚，王长义，等 . XS-C1 粮仓害虫仓外采集检测系统应用 [J]. 粮油仓储科技通讯，2008，（6）：30-31.

[432] 李光涛，曹阳，李燕羽，等 . 利用相对密度浮选法检测小麦粒内害虫的探讨 [J]. 粮食科技与经济，2009，（1）：46-47.

[433] 白旭光 . 储粮害虫检测技术评述 [J]. 粮食储藏，2010，（1）：6-9.

[434] 王红民，张元，廉飞宇，等 . 红外线技术在粮仓害虫检测中的研究与应用 [J]. 河南工业大学学报（自然科学版），2010，（3）：80-81.

[435] 王海修 . 储粮害虫检测与识别技术研究进展 [J]. 粮油仓储科技通讯，2011，（6）：33-39.

[436] 甄彤，董志杰，郭嘉，等 . 基于声音的储粮害虫检测系统设计 [J]. 河南工业大学学报（自然科学版），2012，（5）：79-82.

[437] 王殿轩 . 几种储粮害虫非接触检测技术的研究与应用可行性 [C]// 第十四届国际谷物科技与面包大会暨国际油料与油脂发展论坛：中国粮油学会会议论文集 . 北京：中国粮油学会，2012.

[438] 李智深，刘凤杰，鲁玉杰，等 . 利用光波测控储粮害虫研究进展 [J]. 粮食储藏，2013，（6）：6-9.

[439] 黄子法，王殿轩，汪灵广，等 . 诱捕检测控制锈赤扁谷盗生产试验 [J]. 粮食储藏，2014，（2）:1-4.

[440] 白旭光，刘浩，王文铎 . 3 种重要储粮害虫成虫筛检方法研究 [J]. 河南工业大学学报（自然科学版），2014，（4）：39-43.

[441] 路静，傅洪亮 . 储粮害虫检测和分类识别技术的研究 [J]. 粮食储藏，2014，（1）：6-9.

[442] 党豪，孙福艳，吕宗旺，等 . 混沌理论在储粮害虫预测中的应用研究展望 [J]. 粮油食品科技，2015，（4）：112-115.

[443] 王殿轩，刘皓，杨毅，等 . 三种染色剂检测大米中米象虫卵感染效果比较 [J]. 粮食与饲料工业，2015，（4）：10-13.

[444] 高华，甄彤，祝玉华 . 仓储害虫检测的研究现状及其展望 [J]. 粮食储藏，2015，（6）：10-14.

[445] 姜祖新，赵小军，王复元，等 . 基于改进小波变换的害虫图像融合方法研究 [J]. 粮油仓储科技通讯，2015，（4）：40-43.

[446] 王德发，邹辉玲，杨海英，等 . 储粮害虫探测和识别图像研究 [C]//2016 年第二届人工智能与工业工程国际学术会议 . 北京：2016.

[447] 廉飞宇，付麦霞，苏庭奕 . 一种新的储粮害虫图像边缘检测的元胞自动机法 [J]. 粮食储藏，2016，（6）:1-6.

［448］郑秉照.粮虫陷阱检测器与扦样器查虫结果的比较 [J]. 粮食储藏，2016，（3）:21–23.

［449］左祥莉，张玉荣，符杰，等.信息素及其在储粮害虫检测中的应用 [J]. 粮油食品科技，2016，（4）:102–107.

［450］王公勤，王殿轩，汪灵广，等.几种表面诱捕器在仓储稻谷害虫发生初期的检测效果比较 [J]. 粮食储藏，2017，（1）:43–47.

［451］王殿轩，万家鹏，张浩，等.储粮害虫在线监测及其结果的评价利用 [J]. 中国粮油学报，2017，（11）: 112–116.

［452］廉飞宇，付麦霞，许德刚.粮虫在线检测图像的 Daubechies 小波压缩算法 [J]. 粮食储藏，2018，（1）: 17–22.

［453］鲍舒恬，常春波.基于物联网和雾计算及云计算的低功耗无线储粮害虫监测系统及其应用 [J]. 粮油仓储科技通讯，2018，（4）: 43–46.

［454］马彬，金志明，蒋旭初，等.储粮害虫在线监测技术的研究进展 [J]. 粮食储藏，2018，（2）: 27–31.

［455］严梅，刘天德，卜鹏宇，等.新型储粮害虫监测预警系统应用效果研究 [J]. 粮油仓储科技通讯，2018，（6）: 21–24.

［456］吴芳，龚殊，严晓平.基于 COⅠ基因的储粮象甲害虫的分子检测技术研究 [J]. 粮食与饲料工业，2021（4）:15–20

［457］钱志海，张超，付松林.储粮害虫实仓在线检测识别技术研究现状与展望 [J]. 粮食科技与经济,2021（4），2021，46（2）:105–108.

第二章 储粮微生物研究

近40年来，我国储粮微生物研究，包括区系调查，储粮过程中的微生物演替规律，储粮微生物检测，黄变米成因等都取得了明显进展。王鸣岐1959年报道了种子微生物研究。中国科学院武汉分院1960年报道了稻谷微生物区系调查。同年，刘自镕等报道了花生微生物的研究。王鸣岐、文永昌1961年出版了《粮食微生物手册》。这些著述给后人一定启迪，也可作为参考。

第一节 粮食微生物区系调查

我国全面、系统地进行粮食微生物区系调查是从1980年开始的。1980—1983年，研究人员在我国的部分产麦区采集新收获和储藏一年的小麦，从中分离出真菌30属，101种；酵母菌3属；放线菌1属。由此可见，新收获小麦中的真菌特别是田间真菌占优势。主要真菌为细交链孢酶、腊叶芽枝酶；其次是麦根腐长蠕孢霉、镰刀菌、粉红单端孢霉和附球菌。小麦储藏一年后，真菌量有减少趋势，除保持部分田间真菌外，逐步为灰绿曲霉、白曲霉、烟曲霉和黄曲霉所代替。

黄坊英等1981年报道了大米真菌区系演变规律的初步研究；1982年又分别报道了贮藏玉米真菌区系的调查研究以及早造稻谷田间真菌区系的初步调查研究。徐怀幼等1982年报道了四川省油菜籽微生物区系的调查报告。瞿起荣等1982年报道了小麦皮下菌丝及其测定试验。该试验对于小麦微生物研究有一定参考价值。项琦等1984年分别报告了我国小麦皮下菌丝密度的分布；小麦皮下菌丝密度与品质变化的相关性研究。该研究发现：小麦皮下菌丝密度与生态条件之间存在明显规律性，密度变化与品质变化有高度相关性。项琦等1985年报道了小麦微生物区系研究；同年，项琦等还提出了小麦微生物名录。沈中霞等1985年报道了粮食微生物分离培养方法的比较。徐怀幼等1985年报道了新收花生真菌区系及黄曲霉毒素B₁的污染调查（部分花生产区）。玉米微生物区系调查组1985年报道了东北地区玉米真菌区系调查及演替规律研究报告。该调查得知，从我国东北地区玉米内外部共分离出真菌25属，58种。优势菌为串珠镰刀菌、头孢霉、草酸青霉；常见真菌为禾谷镰刀菌、黄色镰刀菌、拟枝孢镰刀菌、产黄青霉、产紫青霉、圆弧青霉、芽枝霉、木霉、毛壳菌、颜色曲霉、灰绿曲霉；其他菌均少见。研究得出，玉米真菌区系演替规律为：新收玉米安全储藏一年后，田间真菌随着储藏时间的延长而降低，优势菌基本不变。殷蔚申等1986年报道了我国稻谷真菌区系调查及其演替规律的研究。该研究得出，稻谷从田间黄熟期到储藏两年，共分离真菌30属，81种；其中优势菌26种，常见菌39种，少见菌19种。黄熟和新收稻谷上均以兼寄生的田间真菌为优势菌，腐生的储藏真菌极少。储藏两年后田间真菌减少甚至消失；储藏真菌增加，而后又减少。徐怀幼等1986年报道了花生微生物区系及演替规律的调查研究。该研究从花生仁上分离出真菌19属，共44种。其中曲霉属、青曲霉、根曲霉是主要真菌。三个不同生态条件产地的花生均以储藏真菌为主，但各地的优势种不同。殷蔚申等1989年报道了舞阳县新收小麦黑变原因的分析报告。王吉瑛等1989年报道了甘肃储粮真菌区系初步研究。

　　除上述全国性粮食微生物调查外，还有许多专家学者和科研人员做了大量工作。项琦1990年报道了粮食霉变三要素研究。黄声灵等1993年报道了湖北省芝麻真菌区系调查。蒋小龙等1993年报道了香茅、花椒精油成分分析以及对储粮曲霉和青霉熏杀效果的初步研究。陈宪明1994年报道了粮食微生物及其防治研究。石镶玉1995年报道了黑龙江省玉米真菌区系及其演替规律的研究。

　　李彪等2003年报道了微生物对小麦及其加工品污染的调查分析。徐淑霞等2004年报道了小麦表面微生物多样性研究。田海娟等2006年报道了稻谷储藏中温湿度变化与微生物活动相关性的研究。周建新等2008年报道了不同储藏条件下稻谷霉菌区系演替的研究。李月等2009年报道了储粮微生物的危害及控制研究。周建新等2010年报道了温湿度对小麦粉储藏过程中细菌量的影响研究。宋伟等2011年报道了应用电子鼻技术对粳稻谷中霉菌的定量分析。周建新等2012年报道了籼稻谷带菌量与储藏温度和时间回归方程的研究。都立辉等2014年报道了应用PCR-DGGE技术研究储藏小麦中的真菌多样性研究。

第二节　不同储粮技术措施对微生物演替规律影响的研究

一、储粮微生物与储粮品质变化的关系研究

有关储粮微生物与储粮品质变化的关系，王鸣岐、赵同芳早有报道。研究试验了在不同温度、不同水分、不同密闭状况下储粮微生物的变化以及对粮食品质的影响。研究报告列举了高温通风或密闭储藏稻谷，低温通风或密闭储藏稻谷微生物产生的种类，指出：随水分、温度的增加，稻谷品质下降的情况。毛朝安1982年报道了白曲霉生长繁殖条件的初步研究。廖权辉等1987年报道了储藏真菌对大米品质劣变影响的研究。该试验在室内以人工接种法进行，单一或混合接种黄曲霉、白曲霉、烟曲霉、米根霉、薛氏曲霉、禾黑芽枝霉和普通青霉的孢子，经过15～240天观察得知：各种真菌均可引起大米品质劣变，对稻谷种子发芽有着不同程度的影响，尤以白曲霉更为明显。殷蔚申等1989年报道了储藏饲料的霉变与品质变化。李振权等2007年报道了不同生理状态的霉菌对储粮品质危害性的研究。张玉荣等2009年报道了在小麦实仓储藏过程中，杂质对微生物活动及储藏品质的影响研究。周显青等2009年报道了筛下物杂质对小麦微生物活动与储藏品质的影响研究。胡元森等2010年报道了玉米储藏期霉菌活动及玉米主要品质变化的研究。

二、气调储粮微生物演替规律研究

张冬生等1977年报道了大米在缺氧储藏条件下的品质变化研究。该研究说明采用自然脱氧、燃烧脱氧、充氮和充二氧化碳的方式，使大米堆内氧气含量降至2%，可防止好氧性微生物的繁殖和粮食发热。任锡洪等1981年报道了氧浓度对储藏大米品质及霉菌生长的影响。证明：氧气含量降至0.5%以下能完全阻止灰绿曲霉生长，水溶酸上升，也能延缓脂肪酸值、品尝评分值、过氧化物酶活性、米汤pH值等劣变，但仍不能阻止白曲霉感染率升高和非还原糖下降。而在氧气含量3%～5%的条件下储藏大米，大米品质与常规储藏均无明显差异。证明：在常温（30℃）以下，水分13.5%的大米，在各种氧浓度下均可安全储藏；水分14.5%的大米，当氧浓度降至0.5%以下时才能安全储藏半年；水分15.5%的大米，即使氧浓度降至0.5%以下，也不能安全储藏，还需同时降温到20～25℃，才能阻止灰绿曲霉感染率上升。祁克勒等1983年报道了高水分大米气调储藏品质与霉菌的演变情况。吴翠娥等1984年报道了浙东地下库储粮微生物区系及其演替规律的研究。王若兰等2010年报道了气调储藏条件下糙米中微生物变化规律的研究。

三、熏蒸剂对储粮微生物的影响研究

任锡洪等1983年报道了不同气体成分对大米上常见霉菌菌丝生长和孢子萌发的影响。该研究证明：幼嫩菌丝比年老菌丝对PH$_3$更敏感，对霉菌抑制作用是暂时的；抑菌作用要求氧浓度降至0.2%，低氧对PH$_3$防霉增效作用是明显的。陈松意等1983年报道了氧浓度及熏蒸剂对储粮真菌生长和大米品质的影响，证明：氧浓度下降，真菌数量显著减少。对在低氧条件下，是否使用PH$_3$对真菌种类减少无明显作用，对总菌数有较大抑制作用方面作了探讨。时长江和伍国林1984年报道了广州地区大米在"双低"储藏条件下真菌变化的规律。朱振海等1985年报道了储藏稻米磷化氢熏蒸对微生物的作用，证明：PH$_3$对粮食霉菌有一定触杀、抑制和刺激作用。当PH$_3$浓度在0.43 mg/L、0.32 mg/L时对黄曲霉、常见青霉的活性反而起了促进或刺激作用。李林杰2009年报道了华南地区高浓度磷化氢抑菌试验研究。

四、保护剂对储粮微生物的影响研究

陈宪明、张仿秋1984年报道了若干安全储粮措施对稻谷微生物区系的影响研究。证明立筒仓、房式仓使用马拉硫磷、杀螟松等，对减少白曲霉霉菌总数的效果最为突出，如果结合使用PH$_3$效果更明显。

五、通风制冷、干燥对储粮微生物的影响研究

张杰等2005年在大型粮仓玉米就仓干燥的微生物为害控制试验中证明：非机械制冷的隔热仓内部粮食上检出的主要是田间真菌；而导致粮食发热、品质劣变的灰绿曲霉、白曲霉没有检出；常温仓内田间真菌没有检出，腐生菌中白曲霉数量为低温仓的300倍。试验还证明：机械通风对抑菌有一定效果，烘干抑菌效果很好。烘干前90%白曲霉，带菌量17万个/g；烘干后降为3.7个/g。陈玉峰等2014年报道了夏季通风抑制高水分小麦微生物活性的研究。

六、不同包装材料对储粮微生物的影响研究

高翔等2009年报道了不同包装材料对花生储藏微生物活动影响的研究。樊艳等2016年报道了小包装小麦粉在储藏过程中微生物和品质变化与控制的研究。

七、储粮调质对微生物的影响研究

薛裕锦等1994报道了粮油副产品及饲料度夏防霉试验的研究。王海平等2003年报道了小麦增水调质与微生物变化的研究。郭雷等2003年报道了储粮主要危害性霉菌过氧化氢酶的特性研究。吴坤等2003年报道了小麦表面微生物总DNA提取方法的比较与改进。徐淑霞等2004年报道了小麦表面微生物多样性研究。蔡静平2004年报道了储粮微生物活性及其应用的研究。周建新2004年报道了粮食霉变中的生物化学研究。成岩萍2005年报道了粮食微生物与粮食储藏的关系浅析。田海娟等2006年报道了稻谷储藏中温湿度变化与微生物活动相关性的研究。郭钦等2006年报道了粮堆不同部位微生物活动的差异性研究。安靖国等2006年报道了硫酸镁做稀释液检验食品中细菌总数的试验。王蕾等2007年报道了进口大豆与国产大豆抗霉变的特性比较。唐芳等2008年报道了玉米储藏主要危害真菌生长规律的研究。李瑞芳等2008年报道了黄曲霉生长预测模型的建立及其在玉米储藏中的应用。黄淑霞等2009年报道了不同花生品种在储藏期间霉菌活动差异性的研究。耿旭等2010年报道了储粮中霉菌活动的生理状态与粮堆CO_2（本专著"CO_2"通"二氧化碳"，不作统一）浓度变化的相关性研究。冯永健等2010年报道了储粮真菌危害早期检测技术初步探索。黄淑霞等2010年报道了主要粮食品种储藏期间霉菌活动特性研究。张航等2010年报道了小麦临界水分附近微生物活动的特点研究。周建新等2010年报道了温湿度对小麦粉储藏过程中细菌量的影响研究。蔡静平等2012年报道了温度对小麦安全储藏水分及霉菌活动影响的研究。蔡静平等2013年分别报道了变温储藏对粮食霉菌活动的影响研究；储粮早期霉变监测方法的测试研究；临界安全水分下小麦储藏过程中抗霉变特性的比较研究。都立辉等2014年报道了应用PCR-DGGE技术研究储藏小麦中的真菌多样性。田国军等2014年报道了在不同储藏条件下稻谷霉菌总数变化规律的研究。郭立辉等2015年报道了真菌及昆虫在储藏小麦中生长产生CO_2气体的特点。王若兰等2015年报道了玉米霉变与其图像颜色特征参数之间的相关性研究。杨基汉等2016年报道了不同水分稻谷在储藏过程中微生物变化规律的研究。和肖营等2016年报道了2013年粳稻4 t实仓储藏一年后优势菌种的分离与鉴定。李云霄等2016年报道了不同硬度红皮小麦的储藏霉变差异研究。薛飞等2017年报道了稻谷储藏过程中发热霉变的研究进展。李慧等2017年报道了玉米储藏过程中发热霉变的研究。张海洋等2017年报道了稻谷储存水分和温度对真菌生长和稻谷主要品质的影响。和肖营等2018年报道了东北稻谷在储藏期间霉菌生长趋势的研究。卢洋等2018年报道了两种通风方式对真菌毒素的影响以及与生霉粒含量的相关性研究。李改婵等2018年报道了陕西地区玉米生霉粒、小麦病斑粒与真菌毒素关系的探讨分析。

第三节　储粮微生物监测研究

蔡静平2003年分别报道了仪器法与菌落计数法检测储粮微生物敏感性的比较研究；仪器法快速检测储粮霉菌的可靠性研究，2004年又报道了储粮微生物检测方法敏感性的研究。何学超等2007年报道了麦角甾醇可作为评价粮食质量安全的敏感指标之一的研究；2008年又报道了粮食中麦角甾醇含量正相液相色谱法检测。唐芳等2008年报道了储粮真菌为害早期检测技术研究——玉米储藏主要为害真菌生长规律的研究。程树峰等2008年报道了储粮真菌危害早期检测技术研究（2）——小麦储藏真菌生长规律的研究。梁微等2009年报道了CO_2检测法监测小麦储藏微生物活动中的研究。冯永健等2010年报道了储粮真菌危害早期检测技术初步探索。解娜等2011年报道了储粮中霉菌危害活动的监测技术。蔡静平等2012年报道了储粮中CO_2气体的扩散特性及霉菌活动的监测研究。张燕燕等2013年报道了储粮微生物危害检测技术的研究进展。李静琴等2013年报道了小麦储藏期霉菌活动监测技术的进展。崔焕趁等2014年分别报道了小麦和玉米中微生物污染和生长的快速检测方法；利用CO_2检测法监测大型粮仓储粮虫霉为害的研究。张燕燕等2014年报道了用气体分析法监测粮食储藏安全性的研究与应用进展。刘焱等2015年报道了利用监测CO_2的方法预警储藏玉米中黄曲霉菌产毒的研究。陈娟等2016年报道了小麦储藏期间霉菌早期活动的快速监测研究。

第四节　储粮微生物预测研究

彭坚等2005年报道了小麦中黄曲霉生长的预测模型。陈娟等2007年报道了玉米储藏霉菌活动预测的研究。张耀磊等2017年报道了基于监测过氧化氢酶活性对储藏玉米AFB1污染的早期预警研究。欧阳毅等2017年报道了玉米储藏真菌早期预测的研究。

第五节　储粮微生物污染与控制研究

廖晓兰等2001年报道了杂交稻种传真菌及稻种药剂处理的研究。张杰等2005年报道了大型粮仓玉米就仓干燥的微生物为害控制技术。彭雪霁等2009年报道了小麦及小麦粉中微生物污染与控制研究进展。李月等2009年报道了关于储粮微生物的危害及控制研究。李佳等2010年报道了微生物对粮食储藏的影响及预防措施研究。

第六节 大米黄变与红变致因研究

蒋心廉1979年报道了湖北沤黄米的初步调查研究。殷蔚申等1980年报道了黄粒米中杂色曲霉素的毒性试验。邓本立等1980年报道了粗淡稻米黄变中的"米粒德反应"研究。江西省粮油科学技术研究所黄粒米研究小组1981年报道了黄粒米成因的初步研究。证明：侵染以曲霉为主，优势菌为黄曲霉、构巢曲霉、灰绿曲霉，以黄曲霉为主，但侵染率与黄变率不成比例关系。黄粒米是否有毒以及毒性大小与黄变率高低不成比例关系；而主要取决于产毒菌株和产毒的条件。陈宪明1983年报道了变黄稻米的研究，证明变黄稻米优势细菌为芽孢杆菌属，复制试验证明为枯草芽孢杆菌和巨大芽孢杆菌。变黄米与黄曲霉毒素B_1含量无相关性。殷蔚申1984年报道了黄粒米中真菌毒素的污染问题。徐德强等1984年报道了"红变米"的微生物分离、鉴定及病因探讨和毒素测定的研究。杨和清等1984年报道了云南黄粒米的成因、评价及其预防。福建省粮油科学技术研究所1984年报道了黄粒米的初步探讨。初步摸清了黄变的重要条件是水分、温度和微生物区系演替。优势菌主要是芽孢杆菌中枯草芽孢杆菌，出现率随粮温增加而增加。未检出黄绿青霉、橘青霉、岛青霉；未检出黄曲霉毒素B_1和杂色曲霉毒素；稻米含黄率与两毒素的含量高低无相关性。陈宪明等1985年报道了变黄米污染黄曲霉毒素B_1规律的研究，也得到相同的结果；1986年又报道了大米储存期红变的致因考察。该考察从浙江、广东、广西等省区市采集到的红变大米中分离获得紫青霉、青霉、假丝酵母、灰绿曲霉、白曲霉等优势菌。证明：紫青霉接种复制能使大米红变。唐为民1997年报道了黄变米和黄粒米的成因及预防。朱希银1997年报道了关于黄粒米问题的分析研究。

附：分论一 / 第二章著述目录

第二章　储粮微生物研究

［1］王鸣岐.种子微生物及种子生理的现状与展望 [J].复旦学报（自然科学），1959，（2）：197-205.

［2］刘自镕，王桢祥，邱秀宝，等.花生微生物的研究 [J].山东大学学报（生物版），1960，（4）：9-13.

［3］王鸣岐，文永昌.粮食微生物手册 [M].上海：上海科学技术出版社，1961.

第一节　粮食微生物区系调查

［4］黄坊英，李沛芳，陈松意，等.大米真菌区系演变规律的初步研究 [J].粮食贮藏，1981，（3）：2-10.

［5］黄坊英，黄伯爱，陈娇娣，等.贮藏玉米真菌区系的调查研究 [J].粮食贮藏，1982，（3）：23-34.

［6］黄坊英，廖权辉.早造稻谷田间真菌区系的初步调查研究 [J].粮食贮藏，1982，（3）：35-41.

［7］徐怀幼.四川省油菜籽微生物区系的调查 [J].粮食贮藏，1982，（6）：37-41.

［8］瞿起荣，项琦，万慕麟.小麦皮下菌丝及其测定 [J].粮食贮藏，1982，（4）：40-44.

［9］项琦，瞿起荣，万慕麟.我国小麦皮下菌丝密度的分布 [J].粮食储藏，1984，（2）：9-15.

［10］项琦，瞿起荣.小麦皮下菌丝密度与品质变化的相关性 [C]// 第三次全国粮油储藏学术会文选.成都：全国粮油储藏科技情报中心站，商业部四川粮食储藏科学研究所，1984.

［11］项琦，柴惠玲，杜颖，等.小麦微生物区系研究 [Z]// 粮油储藏资料选编.全国粮油储藏科技情报中心站，1985.

［12］沈中霞，徐怀幼，李荣涛.粮食微生物分离培养方法的比较 [C]// 商业部四川粮食储藏科学研究所科研报告论文集（1968—1985）.成都：全国粮油储藏科技情报中心站，1985.

［13］徐怀幼，李荣涛.新收花生真菌区系及黄曲霉毒素 B_1 污染调查（部分花生产区）[C]// 商业部四川粮食储藏科学研究所科研报告论文集（1968—1985）.成都：全国粮油储藏科技情报中心站，1985.

［14］玉米微生物区系调查组.东北地区玉米真菌区系调查及演替规律的研究 [C]//.成都：全国粮油储藏科技情报中心站，1985.

［15］殷蔚申，张耀东，庄桂，等.我国稻谷真菌区系调查及其演替规律的研究 [J].郑州粮食学院学报，1986，（3）：3-17.

［16］徐怀幼，李荣涛.花生微生物区系及演替规律的调查研究 [J].粮食储藏，1986，（3）：28-36.

［17］殷蔚申，吴小荣.舞阳县新收小麦黑变原因 [J].郑州粮食学院学报，1989，（1）：63-64.

［18］王吉瑛，杜颖，宋敏.甘肃储粮真菌区系初步研究 [J].粮油仓储科技通讯，1989，（4）：50-54.

［19］项琦.论粮食霉变三要素 [J].粮油仓储科技通讯，1990，（6）：16-21.

［20］黄声灵，焦好林.湖北省芝麻真菌区系调查 [J].粮食储藏，1993，（4）：29-33.

［21］蒋小龙，寸东义，杨晶焰，等.香茅、花椒精油成分分析及对储粮曲霉和青霉熏杀效果的初步研究 [J].粮食储藏，1993，（3）：13-19.

［22］陈宪明.粮食微生物及其防治 [J].粮食储藏，1994，（Z1）：105-111.

[23] 石镶玉.黑龙江省玉米真菌区系及其演替规律的研究 [J]. 粮食储藏，1995，（Z1）：59–62.

[24] 李彪，李国长，柳琴.微生物对小麦及其加工品污染的调查分析 [J]. 粮食储藏，2003，（5）：36–38.

[25] 徐淑霞，靳赛，吴坤，等.小麦表面微生物多样性研究 [J]. 粮食储藏，2004，（6）：41–43.

[26] 田海娟，蔡静平，黄淑霞，等.稻谷储藏中温湿度变化与微生物活动相关性的研究 [J]. 粮食储藏，2006，（4）：40–42.

[27] 周建新，鞠兴荣，孙肖东，等.不同储藏条件下稻谷霉菌区系演替的研究 [J]. 中国粮油学报，2008，（5）：133–136.

[28] 李月，李荣涛.谈储粮微生物的为害及控制 [J]. 粮食储藏，2009，（2）：16–19.

[29] 周建新，王璐，彭雪霁，等.温湿度对小麦粉储藏过程中细菌量的影响研究 [J]. 粮食储藏，2010，（1）：42–44.

[30] 宋伟，谢同平，张美玲，等.应用电子鼻技术对粳稻谷中霉菌定量分析 [J]. 粮食储藏，2011，（6）：34–38.

[31] 周建新，姚明兰，张瑞，等.籼稻谷带菌量与储藏温度和时间回归方程的研究 [J]. 粮食储藏，2012，（2）：26–29.

[32] 都立辉，和肖营，张虹，等.应用 PCR–DGGE 技术研究储藏小麦中的真菌多样性 [J]. 粮食储藏，2014，（5）：41–45.

第二节　不同储粮技术措施对微生物演替规律影响的研究

[33] 毛朝安.白曲霉生长繁殖条件的初步研究 [J]. 粮食储藏，1982，（5）：25–31.

[34] 廖权辉，何淑英，沈国泰，等.储藏真菌对大米品质劣变及稻谷发芽率的影响 [J]. 粮食储藏，1987，（5）：16–24.

[35] 殷蔚申，张耀东，吴小荣.储藏饲料的霉变与品质变化 [J]. 郑州粮食学院学报，1989，（4）：26–33.

[36] 李振权，蔡静平，黄淑霞，等.不同生理状态霉菌对储粮品质危害性的研究 [J]. 粮油加工，2007，（7）：96–98.

[37] 张玉荣，周显青，王君利，等.小麦实仓储藏过程中杂质对微生物活动及储藏品质的影响 [J]. 中国粮油学报，2009，（9）：101–107.

[38] 周显青，张玉荣，王君利，等.筛下物杂质对小麦微生物活动与储藏品质的影响 [J]. 农业工程学报，2009，（6）：274–279.

[39] 胡元森，王改利，李翠香，等.玉米储藏期霉菌活动及玉米主要品质变化研究 [J]. 河南工业大学学报（自然科学版），2010，（3）：16–19.

[40] 张冬生.大米缺氧贮藏条件下的品质变化 [J]. 四川粮油科技，1977，（Z1）：57–68.

[41] 任锡洪，徐洪生，蔡成章.氧浓度对储藏大米品质及霉菌生长的影响 [J]. 粮食贮藏，1981，（4）：1–14.

[42] 祁克勤，毕平辉，等.高水分大米气调储藏品质与霉菌演变的初步研究 [J]. 粮食储藏，1983，（4）：11–17.

[43] 吴翠娥，管一飞，郭惠荣等.浙东地下库储粮微生物区系及其演替规律的研究 [C]// 浙江省粮食科学研究所科研文集.杭州：浙江省粮食科学研究所，1984.

[44] 王若兰，孔祥刚，赵妍，等.气调储藏条件下糙米中微生物变化规律研究 [C]// 第一届细胞、分子生物学、生物物理学和生物工程国际会议文集.北京：中国生物物理学会，2011：513–517.

［45］ 任锡洪，呼玉山. 不同气体成分对大米上常见霉菌菌丝生长和孢子萌发的影响 [J]. 粮食储藏，1983，（4）：18-22.

［46］ 陈松意，谢碧珍. 氧浓度及熏蒸剂对储粮真菌生长和大米品质的影响 [J]. 粮食储藏，1983，（6）：18-23.

［47］ 时长江，伍国林. 广州地区大米"双低"储藏真菌变化规律 [C]// 第三次全国粮油储藏学术会文选. 成都：全国粮油储藏科技情报中心站，商业部四川粮食储藏科学研究所，1984.

［48］ 朱振海，张锦枫. 储藏稻米磷化氢熏蒸对微生物的作用及其相关研究 [J]. 粮食储藏，1985，（5）：29-33.

［49］ 李林杰. 华南地区高浓度磷化氢抑菌试验 [J]. 粮食储藏，2009，（4）：21-24.

［50］ 陈宪明，张仿秋. 若干安全储粮措施对稻米微生物区系的影响 [C]// 第三次全国粮油储藏学术会文选. 成都：全国粮油储藏科技情报中心站，商业部四川粮食储藏科学研究所，1984.

［51］ 张杰，蔡静平，郭钦，等. 大型粮仓玉米就仓干燥的微生物危害控制技术 [J]. 粮食储藏，2005，（5）：38-40.

［52］ 陈玉峰，王殿轩，王宏，等. 夏季通风抑制高水分小麦微生物活性的研究 [J]. 河南工业大学学报（自然科学版），2014，（4）：44-49.

［53］ 高翔，蔡静平，黄淑霞，等. 不同包装材料对花生储藏微生物活动的影响 [J]. 粮油加工，2009，（5）：47-50.

［54］ 樊艳，吴萌萌，黄永军，等. 小包装小麦粉在储藏过程中微生物和品质变化与控制 [J]. 粮食与饲料工业，2016，（10）：16-19.

［55］ 薛裕锦，严以谨，苏济民. 粮油副产品及饲料度夏防霉试验的研究 [J]. 粮食储藏，1994，（Z1）：129-135.

［56］ 王海平，蔡静平，郭雷. 小麦增水调质与微生物变化的研究 [J]. 郑州工程学院学报，2003，（3）：53-56.

［57］ 郭雷，蔡静平，王海平，等. 储粮主要危害性霉菌过氧化氢酶特性研究 [J]. 郑州工程学院学报，2003，（2）：14-18.

［58］ 吴坤，陈红歌，刘娜，等. 小麦表面微生物总 DNA 提取方法的比较与改进 [J]. 中国粮油学报，2003，（6）：34-38.

［59］ 徐淑霞，靳赛，吴坤，等. 小麦表面微生物多样性研究 [J]. 粮食储藏，2004，（6）：41-43.

［60］ 蔡静平. 储粮微生物活性及其应用的研究 [J]. 中国粮油学报，2004，（4）：76-79.

［61］ 周建新. 论粮食霉变中的生物化学 [J]. 粮食储藏，2004，（1）：9-12.

［62］ 成岩萍. 浅析粮食微生物与粮食储藏的关系 [J]. 粮油仓储科技通讯，2005，（5）：49-51.

［63］ 田海娟，蔡静平，黄淑霞，等. 稻谷储藏中温湿度变化与微生物活动相关性的研究 [J]. 粮食储藏，2006，（4）：40-42.

［64］ 郭钦，蔡静平，刘爱兰，等. 粮堆不同部位微生物活动的差异性研究 [J]. 粮油加工，2006，（7）：65-68.

［65］ 安靖国，王丽飞. 硫酸镁作稀释液检验食品中细菌总数的试验 [J]. 粮油仓储科技通讯，2006，（6）：48.

［66］ 王蕾，蔡静平，黄淑霞. 进口大豆与国产大豆抗霉变特性比较 [J]. 粮油加工，2007，（6）：78-80.

［67］ 唐芳，程树峰，伍松陵. 玉米储藏主要危害真菌生长规律的研究 [J]. 中国粮油学报，2008，（5）：137-140.

［68］ 李瑞芳,韩北忠,陈晶瑜,等.黄曲霉生长预测模型的建立及其在玉米储藏中的应用[J].中国粮油学报,2008,（3）：144–147.

［69］ 黄淑霞,蔡静平,高翔.不同花生品种储藏期间霉菌活动差异性初探[J].中国粮油学报,2009,（12）：114–117.

［70］ 耿旭,黄淑霞,蔡静平.储粮中霉菌活动的生理状态与粮堆CO_2浓度变化的相关性[J].河南工业大学学院,2010,（3）：12–15.

［71］ 冯永健,何学超,刘云花,等.储粮真菌危害早期检测技术初步探索[J].粮食储藏,2010,（6）：44–48.

［72］ 黄淑霞,蔡静平,张海娟.主要粮食品种储藏期间霉菌活动特性研究[J].中国粮油学报,2010,（1）：99–102.

［73］ 张航,黄淑霞,蔡静平,等.小麦临界水分附近微生物活动的特点[J].河南工业大学学报(自然科学版),2010,（5）：30–33.

［74］ 周建新,王璐,彭雪霁,等.温湿度对小麦粉储藏过程中细菌量的影响研究[J].粮食储藏,2010,（1）：42–44.

［75］ 蔡静平,魏鑫,黄淑霞,等.温度对小麦安全储藏水分及霉菌活动的影响[J].粮食与饲料工业,2012,（5）：18–21.

［76］ 蔡静平,许化琰,黄淑霞.变温储藏对粮食霉菌活动的影响[J].粮食与饲料工业,2013,（4）：19–22.

［77］ 蔡静平,蒋澎,张燕燕,等.储粮早期霉变监测方法测试研究[J].中国粮油学报,2013,（11）：58–62.

［78］ 蔡静平,张帅兵,翟焕趁,等.临界安全水分下小麦储藏过程中抗霉变特性的比较[J].现代食品科技,2013,（7）：1528–1532.

［79］ 都立辉,和肖营,张虹,等.应用PCR–DGGE技术研究储藏小麦中的真菌多样性[J].粮食储藏,2014,（5）：41–45.

［80］ 田国军,熊宁,许卫国,等.不同储藏条件下稻谷霉菌总数变化规律研究[J].粮油仓储科技通讯,2014,（6）：47–49.

［81］ 郭立辉,翟焕趁,蔡静平.真菌及昆虫在储藏小麦中生长产生CO_2气体的特点[J].现代食品科技,2015,（4）：157–163.

［82］ 王若兰,赵炎,张令,等.玉米霉变与其图像颜色特征参数之间的相关性研究[J].粮食与饲料工业,2015,（2）：13–16

［83］ 杨基汉,符秋霞,满原,等.不同水分稻谷在储藏过程中微生物变化规律的研究[J].粮食储藏,2016,（6）：39–42.

［84］ 和肖营,刘凌平,都立辉,等.2013年粳稻4 t实仓储藏一年后优势菌种的分离与鉴定[J].粮食储藏,2016,（1）：35–40.

［85］ 李云霄,张帅兵,翟焕趁,等.不同硬度红皮小麦的储藏霉变差异研究[J].河南工业大学学报（自然科学版),2016,（2）：6–10.

［86］ 薛飞,渠琛玲,王若兰,等.稻谷储藏过程中发热霉变研究进展[J].食品工业科技,2017,（12）：338–341.

［87］ 李慧，渠琛玲，王若兰．玉米储藏过程中发热霉变研究综述 [J]. 食品工业，2017，（8）：188-192.

［88］ 张海洋，欧阳毅，祁智慧，等．稻谷储存水分和温度对真菌生长和稻谷主要品质的影响 [J]. 粮油食品科技，2017，（2）：39-43.

［89］ 和肖营，都立辉，陈达民，等．东北稻谷储藏期间霉菌生长趋势研究 [J]. 粮食储藏，2018，（1）：28-31.

［90］ 卢洋，乔丽娜，张徐，等．两种通风方式对真菌毒素的影响及与生霉粒含量的相关性 [J]. 粮食储藏，2018，（4）：40-44.

［91］ 李改婵，祖瑞锋，巩智利．陕西地区玉米生霉粒、小麦病斑粒与真菌毒素关系的探讨分析 [J]. 粮食储藏，2018，（6）：33-39.

第三节　储粮微生物监测研究

［92］ 蔡静平．仪器法与菌落计数法检测储粮微生物敏感性的比较 [J]. 郑州工程学院学报，2003，（4）：18-21.

［93］ 蔡静平，黄淑霞，张晓云，等．仪器法快速检测储粮霉菌的可靠性研究 [J]. 粮食储藏，2003，（4）：33-36.

［94］ 蔡静平．储粮微生物检测方法敏感性的研究．上海国际粮油食品安全研究会论文集 [C]. 上海：上海国际粮油食品安全研究会，2004.

［95］ 何学超，郭道林，兰盛斌，等．麦角甾醇可作为评价粮食质量安全的敏感指标之一 [J]. 粮食储藏，2007，（6）：22-26.

［96］ 何学超，郭道林，兰盛斌，等．粮食中麦角甾醇含量正相液相色谱法检测 [J]. 粮食储藏，2008，（2）：43-46.

［97］ 唐芳，程树峰，伍松陵．储粮真菌危害早期检测技术研究：玉米储藏主要危害真菌生长规律的研究 [J]. 粮油仓储科技通讯，2008，（4）：41-44.

［98］ 程树峰，唐芳，伍松陵．储粮真菌危害早期检测技术研究（2）：小麦储藏真菌生长规律的研究 [J]. 粮油仓储科技通讯，2008，（5）：51-54.

［99］ 梁微，蔡静平，高翔．CO_2 检测法监测小麦储藏微生物活动中的研究 [J]. 河南工业大学学报（自然科学版），2009，（2）：55-58.

［100］ 冯永健，何学超，刘云花，等．储粮真菌危害早期检测技术初步探索 [J]. 粮食储藏，2010，（6）：44-48.

［101］ 解娜，蔡静平，黄淑霞，等．储粮中霉菌危害活动监测技术 [J]. 粮食与饲料工业，2011，（1）：16-19.

［102］ 蔡静平，王智，黄淑霞．储粮中 CO_2 气体的扩散特性及霉菌活动监测研究 [J]. 河南工业大学学报（自然科学版），2012，（3）：1-4.

［103］ 张燕燕，蔡静平，蒋澎．储粮微生物危害检测技术研究进展 [J]. 食品与机械，2013，（6）：267-270.

［104］ 李静琴，陈亮，蔡静平．小麦储藏期霉菌活动监测技术进展 [J]. 粮食流通技术，2013，（1）：30-32.

［105］ 崔焕趁，张帅兵，黄淑霞，等．小麦和玉米中微生物污染和生长的快速检测 [J]. 现代食品科技，2014，（8）：231-237.

［106］ 翟焕趁，张帅兵，蔡静平，等．利用 CO_2 检测法监测大型粮仓储粮的虫霉危害 [J]. 河南工业大学学报（自然科学版），2014，（4）：17-21.

［107］张燕燕，蔡静平，蒋澎，等．气体分析法监测粮食储藏安全性的研究与应用进展 [J]. 中国粮油学报，2014，（10）：122-128.

［108］刘焱，翟焕趁，蔡静平．利用监测 CO_2 方法预警储藏玉米中黄曲霉菌产毒 [J]. 现代食品科技，2015，（5）：309-315.

［109］陈娟，翟焕趁，蔡静平．小麦储藏期间霉菌早期活动的快速监测 [J]. 中国粮油学报，2016，（3）：106-109.

第四节 储粮微生物预测研究

［110］彭坚，韩北忠．小麦中黄曲霉生长的预测模型 [J]. 河南工业大学学报（自然科学版），2005，（2）：51-54.

［111］陈娟，蔡静平，黄淑霞，等．玉米储藏霉菌活动预测的研究 [J]. 粮油加工，2007，（5）：91-93.

［112］张耀磊，崔焕趁，张帅兵，等．基于监测过氧化氢酶活性对储藏玉米 AFB_1 污染早期预警 [J]. 食品与机械，2017，（1）：110-113.

［113］欧阳毅，祁智慧，李春元，等．玉米储藏真菌早期预测的研究 [J]. 粮油食品科技，2017，（5）：52-55.

第五节 储粮微生物污染与控制研究

［114］廖晓兰，罗宽．杂交稻种传真菌及稻种药剂处理研究 [J]. 粮食储藏，2001，（4）：14-17.

［115］张杰，蔡静平，郭钦，等．大型粮仓玉米就仓干燥的微生物危害控制技术 [J]. 粮食储藏，2005，（5）：38-40.

［116］彭雪霁，周建新，鞠兴荣，等．小麦及小麦粉中微生物污染与控制研究进展 [J]. 粮食储藏，2009，（3）：37-42.

［117］李月，李荣涛．谈储粮微生物的危害及控制 [J]. 粮食储藏，2009，（2）：16-19.

［118］李佳，赵旭，李玉，等．微生物对粮食储藏的影响及预防措施 [J]. 农业科技与装备，2010，（9）32-33，38.

第六节 大米黄变与红变致因研究

［119］蒋心廉．湖北沤黄米的初步调查研究 [J]. 粮食贮藏，1979，（3）：40-51.

［120］殷蔚申，庄桂．黄粒米中杂色曲霉素的毒性试验 [J]. 郑州粮食学院学报，1980，（2）：1-3.

［121］邓本立，孙秀华，黄大椿，等．粗淡稻米黄变中的"米粒德反应" [J]. 粮食贮藏，1980，（2）：27-32.

［122］江西省粮油科学技术研究所黄粒米研究小组：黄粒米的初步探讨 [C]// 第二次全国粮油储藏专业学术交流会文献选编．成都：全国粮油储藏科技情报中心，粮食部四川粮食储藏科学研究所，1981.

［123］陈宪明．变黄稻米的研究 [J]. 粮食储藏，1983，（4）：6-10.

［124］殷蔚申．黄粒米中真菌毒素的污染问题 [J]. 郑州粮食学院学报，1984，（2）：35-38.

［125］徐德强．"红变米"的微生物分离、鉴定及病因探讨和毒素测定的研究 [C]// 第三次全国粮油储藏学术会文选．成都：全国粮油储藏科技情报中心站，商业部四川粮食储藏科学研究所，1984.

［126］杨和清，陈宣靖，达迎华，等.云南黄粒米成因、评价及其预防 [J].云南农业科技，1984，（5）：19-23.

［127］福建省粮油科学技术研究所.黄粒米的初步探讨.第三次全国粮油储藏学术会文选 [C].成都：全国粮油储藏科技情报中心站，商业部四川粮食储藏科学研究所，1984.

［128］陈宪明，张仿秋，陈惠，等.变黄米污染黄曲霉毒素 B_1 规律的研究 [J].粮食储藏，1985，（3）：32-40.

［129］陈宪明.大米储存期红变致因考察 [J].粮食储藏，1986，（2）：29-37.

［130］唐为民.黄变米和黄粒米的成因及预防 [J].粮油仓储科技通讯，1997，（2）：34-36.

［131］朱希银.关于黄粒米问题的浅析 [J].粮油科技仓储通讯，1997，（5）：30-31.

第三章 粮油真菌毒素研究

我国粮油和饲料中发现的真菌毒素主要是黄曲霉毒素和镰刀菌毒素，其次是杂色曲霉毒素和棕曲霉毒素A。20世纪50年代，我国粮食储藏专家学者和专业技术人员就已经开始研究小麦赤霉病。近几十年来，我国粮食储藏领域开展粮食真菌毒素研究的主要内容有：粮油真菌毒素污染情况调查，粮油真菌毒素毒理研究，粮油真菌毒素去毒技术，粮油真菌毒素检测技术。

第一节 粮油真菌毒素污染情况调查

粮油真菌毒素污染以及对人体的危害早已引起有关专家学者的注意。郑州粮食学院1981年报道了杂色曲霉素的研究。孟昭赫1981年报道了储粮中的几个问题。刘兴介1981年报道了我国各地区粮食中黄曲霉产毒能力的调查研究。徐一纯1984年报道了我国赤霉病麦毒素的研究——赤霉病麦毒素的分离、纯化、结构鉴定以及测定方法。黄坊英1984年报道了粮食污染的真菌毒素研究。殷蔚申1984年报道了黄粒米中真菌毒素的污染问题。干吕仙、刘宗河1985年报道了肝癌高发区——扶绥县储粮中真菌代谢产物致突变作用的研究。吴坤1987年报道了棕曲霉毒素研究概况。殷蔚申等1992年报道了我国饲料中真菌和真菌毒素的研究；1994年又报道了我国饲料霉变和霉菌毒素的初步调查。陈宪明等1996年报道了霉菌毒素对粮食食品的污染研究。李军等2000年报道了几种真菌毒素在山东省主粮中污染状况的调查。付鹏程等2004年报道了稻谷真菌毒素污染的调查与分析。田禾青等2004年报道了中国粮食中杂色曲霉素污染状况的调查分析。李荣涛等2004年报道了小麦和玉米中玉米赤霉烯酮污染的研究。孙武长等2005年报道了粮食中真菌及真菌毒素污染的调查分析。余敦年等2008年报道了粮仓内稻谷及稻谷籽粒中黄曲霉毒素B_1的分布情况研究。熊凯华等2009年报道了安徽省和河南省粮食中脱氧雪腐镰刀菌烯醇和玉米赤霉烯酮的污染调查。徐得月等2009年报道了我国部分省区2008年产小麦玉米中真菌污染状况的研究。吴芳等2017年报道了我国农户2016年储藏稻谷的黄曲霉毒素B_1的污染情况调查。

第二节 粮油真菌毒素毒理研究

李俊霞等2011年报道了四川玉米串珠镰刀菌产毒素条件的研究。王华等2014年报道了制粉对小麦中脱氧雪腐镰刀菌烯醇（DON）的迁移作用。陈晋莹2016年分别报道了粮食中真菌毒素的化学性质和生物毒性简述；玉米赤霉烯酮对人正常肝细胞（LO_2）和人胚肾细胞（HEK293）的毒性作用研究；利用计算机模拟分子对接技术初步探究粮食中玉米赤霉烯酮及其降解产物的雌激素效应的研究；利用计算机模拟分子对接技术探究粮食中黄曲霉毒素的毒理效应。韩建平等2019年报道了小麦赤霉病与呕吐毒素的关系及分析。陈帅等2019年报道了新收获玉米呕吐毒素与生霉粒的关系及消减研究。刘金宁等2019年报道了华北地区收储中玉米的真菌毒素研究。

第三节 粮油真菌毒素去毒研究

一、粮油真菌毒素去毒研究（20世纪70年代至80年代末）

1. 粮油中真菌毒素去毒研究

上海市卫生防疫站1977年报道了用含黄曲霉毒素玉米制酒的试验。证明：用含黄曲霉毒素200 mg/kg的玉米酿酒，白酒中不含该毒素，符合国家质量标准。邬健纯等1980年报道了用被黄曲霉毒素B_1污染的玉米做米凉粉的试验。证明：原来黄曲霉毒素B_1达250 mg/kg的玉米，被制成米凉粉后，测不出黄曲霉毒素B_1。

黄福辉等1980年报道了关于山苍子有效成分在储粮中的应用。证明：山苍子柠檬对黄曲霉毒B_1有降解作用。付吕业、梁克昭1980年报道了几种中草药降解黄曲霉毒素B_1的实验报告。证明标二籼米含黄曲霉毒素$B_1$10～50μg/kg使用梅叶冬青、白芍、山蚂蟥、半枝莲、木黄杞、草决明制成的烟雾剂，用烟熏或通烟雾15分钟以上，毒素可全部降解；含黄曲霉毒素B$_1$ 50μg/kg的标二米，拌入莪术、白芍、白矾、草决明粉剂后，储藏一个月，毒素可全部降解。王安全等1981年报道了大米黄曲霉毒素、刷糠去毒及糠粉氨去毒的研究。湖南省粮油科学研究所1981年报道了山苍子芳香油除去黄曲霉毒素，防霉、治虫的试验经验总结。该方法经过室内试验后进行实仓试验，140万kg早籼稻，平均黄曲霉毒素B$_1$含量100μg/kg，用质量浓度10ppm（1ppm=1mg/L）的芳香油熏蒸后，可降解到国家允许标准。张纪忠等1981年报道了霉变米的机械加工对霉菌及其毒素影响的研究。高仕瑛、王湘伟1983年报道了黄曲霉的产毒性及氨对霉菌纯培养物的作用。证明：用氨熏蒸含黄曲霉毒B$_1$的稻谷可以有效地降解毒素，抑制和杀灭污染稻谷的霉菌。黄素壁等1984年报道了磷化氢对黄曲霉毒素B$_1$的去毒作用。证明：50~100 g/m^3，密闭10~14天，对黄曲霉毒素B$_1$含量33~400μg/kg玉米无去毒效果。张庆明等1985年提出了玉米中黄曲霉毒素的草木灰去毒试验。证明：用150 g麦秆灰浸泡24小时，才能使250 g玉米中黄曲霉毒素B$_1$的质量分数降低至标准及以下。梁永生等1985年提出了用过氧化氢去除玉米花生饼中黄曲霉毒素的试验小结，证明：过氧化氢去毒方法可行，黄曲霉毒素B$_1$可达到允许标准。使用该技术设备简单，易于操作，对玉米营养损失影响不大。黄福辉1986年报道了关于柠檬醛降解黄曲霉毒素B$_1$的试验报告。

此外，科研人员对赤霉病小麦的去除和处理技术做了些研究。施蝶明1984年报道了赤霉病麦的处理与应用研究。李植彦等1986年报道了采用风除法对赤霉病小麦的处理与效果的试验。

2. 油料、油品中霉菌素去毒技术研究

付品业、梁克昭1980年报道了几种中草药降解黄曲霉毒素B$_1$的实验报告。实验证明：用明矾、半支莲、莪术、白芍、梅叶冬青、草决明药粉加入油脂中浸泡两天以上，原油中含量500μg/kg黄曲霉毒素B$_1$可全部去除。山东省粮油科学研究所等1980年报道了紫外光对花生油中黄曲霉毒素B$_1$去毒试验阶段报告。证明：紫外光对花生油中黄曲霉毒素B$_1$有明显去毒效果，没有逆转回升现象，并选出效果最好的光区。福建省粮油防霉去毒技术研究协作组1981年报道了花生油中黄曲霉毒素去毒剂的研究——实验室试验，证明：去毒剂有明显去毒效果。张丽生等1982年报道了结合榨油工艺去除花生油中黄曲霉毒素的研究。惠永倩1983年报道了太阳光照射去除花生油中黄曲霉毒素的研究，证明效果很好，设备简便，但不宜久存。广西壮族自治区粮食局科学研究室、山东省青岛市粮食科学研究所1984年报道了花生仁氨熏蒸榨油去除黄曲霉毒素B$_1$，效果比较理想。邬健纯等1985年提出了应用活性白土吸附法去除花少于油中黄曲霉毒素B$_1$的试验。梁永生等1985年报道了用活性炭去掉花生油中的黄曲霉毒素。黄素壁等1988年报道了紫外线照射去毒设备的研制和应用，处理含量50~200μg/kg花生油，班产1t，可将毒素含量降到国家允许的卫生标准。

二、粮油真菌毒素去毒研究（20世纪90年代至今）

朱振海等1992年报道了新型去毒吸附剂ATB。戴学敏等1992年报道了赤霉病毒素（DON）去毒技术的研究。李况1994年报道了粮油食品污染的去毒技术。谢茂昌等1999年报道了用化学方法脱除赤霉病麦毒素的研究。罗建伟等2003年报道了臭氧去除粮食中黄曲霉毒素B_1的方法研究。齐德生等2004年报道了蒙脱石对黄曲霉毒素B_1的脱毒研究。胡娜等2006年报道了组合实验设计用于黄曲霉毒素污染控制的研究。杨史良等2008年报道了粮食饲料中的真菌毒素污染及微生物清除毒素的研究进展。于洪宝等2009年报道了谷物中镰刀菌属真菌毒素研究进展。孙丰芹等2011年报道了黄曲霉毒素B_1的生物脱毒研究进展。陈冉等2016年报道了臭氧在粮油真菌毒素污染防控方面的应用。陈帅等2019年报道了粮食中的呕吐毒素（DON）研究进展。刘惠标等2019年报道了比重复式清选机降低小麦呕吐毒素的研究。陈晋莹等2019年报道了计算机分子对接（MD）与分子动力学方法（ADMET）技术在模拟呕吐毒素降解中的应用研究。

第四节　粮油真菌毒素检测技术研究

一、粮油真菌毒素检测技术研究（20世纪70年代至80年代末）

中国医学科学院卫生研究所食品卫生研究室等1973年报道了食品中黄曲霉毒素B_1的测定方法。魏云路等1980年报道了稻米中杂色曲霉素（Sterigmatocystin）的测定——双向薄层色谱法。梁永生等1980年报道了粮油中黄曲霉毒素B_1测定误差实验。李明生1981年报道了小麦中黄曲霉毒素B_1含量的粗筛法——微柱法。乔宗清等1983年报道了稀盐酸确证黄曲霉毒素B_2的试验。黄骏雄等1984年报道了黄曲霉毒素G_2、G_1、B_2和B_1的反相高效液相色谱分析及其在粮油分析中的初步试用。姬纯源1984年报道了一种同时测定粮食中黄曲霉毒素B_1和杂色曲霉素的简捷方法。覃章贵1984年报道了用双波长薄层扫描仪测定粮油中的黄曲霉毒素B_1的研究。刘丰林1988年报道了薄层扫描法定量测定黄曲霉毒素B_1的方法。

二、粮油真菌毒素检测技术研究（20世纪90年代至今）

戴学敏1990年报道了赤霉病毒素的分析方法。吴艳萍等2001年报道了植物产品中真菌毒素的危害及其检测方法。谢刚等2004年报道了免疫亲合柱在小麦真菌毒素检测中的应用及毒素污染分析。许烨等2005年报道了高效液相色谱法测定梁谷中B型镰刀菌毒素。蔡建荣等2005年报道了用ELISA法检测花生酱中AFB$_1$样品前处理方法的改进研究。张浩等2007年报道了伏马菌素检测方法的研究进展。苏福荣等2007年报道了国内外粮食中真菌毒素限量标准制定的现状与分析。冯永建等2008年报道了玉米赤霉烯酮的液相色谱法检测技术研究。何学超等2008年报道了黄曲霉毒素B$_1$液相色谱法检测技术的比较分析研究。郭婷等2009年报道了粮谷中脱氧雪腐镰刀菌烯醇净化检测技术的研究进展。刘坚等2009年报道了胶体金法对糙米中AFB$_1$的快速检测方法。

袁健等2010年报道了小麦中杂色曲霉毒素的硅镁吸附柱层析分离纯化及HPLC的定量分析研究。金秀娟等2010年报道了脱氧雪腐镰刀菌烯醇及其检测。李辉章等2012年报道了通过DON净化柱和高效液相色谱仪，建立检测粮谷中呕吐毒素的方法。牟钧等2012年报道了胶体金免疫层析法快速测定玉米和小麦中脱氧雪腐镰刀菌烯醇。祁占林2012年报道了酶联免疫吸附试验检测呕吐毒素测量不确定度评定的探讨。刘波等2012年报道了用胶体金免疫层析法检测玉米中脱氧雪腐镰刀菌烯醇的研究。毕文庆等2012年报道了酶联免疫吸附测定（ELISA）需要注意的问题。马冰雪等2014年报道了黄曲霉毒素B$_1$检测能力的验证分析。杨慧霞2014年报道了解读酶联免疫（ELISA）法测定食品中玉米赤霉烯酮的影响因素。赵炎等2015年报道了霉变玉米真菌毒素含量与图像颜色特征参数之间的相关性研究。刘焱等2015年报道了储粮中黄曲霉毒素检测和预警方法的研究进展。欧阳毅等2016年报道了对小麦脱氧雪腐镰刀菌烯醇（DON）快速筛查方法的研究。蔡静平等2016年报道了禾谷镰刀菌DON毒素生物合成调控的研究进展。张来林等2017年报道了一种可清理小麦赤霉病粒的新型比重式精选机。宋永令等2017年报道了稻谷黄变的研究现状。王亚君等2017年报道了小麦赤霉病菌FgRab7调控Tri基因表达及DON毒素合成的研究。唐坤等2017年报道了粮食中DON-免疫亲和层析净化高效液相色谱法的回收率方法比较研究。陈冉等2017年报道了粮油中真菌毒素的检测技术及其应用。庄芸蕾2017年报道了胶体金免疫快速检测卡与酶联免疫法检测小麦中呕吐毒素的技术比较。盛林霞等2018年报道了粮食中呕吐毒素检测方法的研究进展。赵美凤等2018年报道了小麦在磨粉加工中呕吐毒素的含量和分布研究。戴木香等2019年报道了小麦入库快速检测呕吐毒素的方法。廖子龙等2019年报道了农作物中真菌毒素的研究进展。樊婷等2019年报道了小麦DON三种提取方法的比较研究。陈晋莹等2019年报道了用高效液相色谱法测定玉米中黄曲霉毒素B$_1$含量的不确定度评价。郭明伟等2019年报道了真菌毒素快检仪在粮食收购过程中的应用。王倩等2019年报道了小麦收购中真菌毒素快速检测方法的研究。

附：分论一 / 第三章著述目录

第三章　粮油真菌毒素研究

第一节　粮油真菌毒素污染情况调查

［1］　郑州粮食学院 . 杂色曲霉素的研究 [C]// 第二次全国粮油储藏专业学术交流会文献选编 . 成都：全国粮油储藏科技情报中心，粮食部四川粮食储藏科学研究所，1981.

［2］　孟昭赫 . 储粮中的几个问题 [C]// 第二次全国粮油储藏专业学术交流会文献选编 . 成都：全国粮油储藏科技情报中心，粮食部四川粮食储藏科学研究所，1981.

［3］　刘兴介 . 我国各地区粮食中黄曲霉产毒能力的调查研究 [C]// 第二次全国粮油储藏专业学术交流会文献选编 . 成都：全国粮油储藏科技情报中心，粮食部四川粮食储藏科学研究所，1981.

［4］　徐一纯 . 我国赤霉病麦毒素的研究：赤霉病麦毒素的分离、纯化、结构鉴定以及测定方法 [J]. 粮食储藏，1984，（3）：23-29.

［5］　黄坊英 . 粮食污染的真菌毒素 [J]. 粮食储藏，1984，（6）：30-34.

［6］　殷蔚申 . 黄粒米中真菌毒素的污染问题 [J]. 郑州粮食学院学报，1984，（2）：35-38.

［7］　干吕仙，刘宗河，等 . 肝癌高发区：扶绥县储粮中真菌代谢产物致突变作用的研究 [J]. 粮食储藏，1985，（5）：34-37.

［8］　吴坤 . 棕曲霉毒素研究概况 [J]. 郑州粮食学院学报，1987，（4）：51-61.

［9］　殷蔚申，张耀东，吴小荣 . 我国饲料中的真菌和真菌毒素 [J]. 中国粮油学报，1992，（2）：32-37.

［10］　殷蔚申 . 我国饲料霉变和霉菌毒素的初步调查 [J]. 粮食经济与科技，1994，（6）：21-22.

［11］　陈宪明，张国梁 . 霉菌毒素对粮食食品的污染 [J]. 粮食储藏，1996，（4）：40-42.

［12］　李军，李森，颜艳 . 几种真菌毒素在山东省主粮中污染状况调查 [J]. 粮食储藏 2000，（2）：42-44.

［13］　付鹏程，李荣涛，谢刚，等 . 稻谷真菌毒素污染调查与分析 [J]. 粮食储藏，2004，（4）：49-51.

［14］　田禾青，刘秀梅 . 中国粮食中杂色曲霉素污染状况调查及分析 [J]. 卫生研究，2004，（5）：606-608.

［15］　李荣涛，谢刚，付鹏程，等 . 小麦和玉米中玉米赤霉烯酮污染情况初探，（1）[J]. 粮食储藏，2004，（5）：36-38.

［16］　孙武长，刘桂华，杨红，等 . 粮食中真菌及真菌毒素污染调查 [J]. 中国公共卫生，2005，（12）：1532.

［17］　余敦年，刘勇，刘坚，等 . 粮仓内稻谷及稻谷籽粒中黄曲霉毒素 B_1 分布情况研究 [J]. 粮食储藏，2008，（6）：42-44.

［18］　熊凯华，胡威，汪孟娟，等 . 安徽河南粮食中脱氧雪腐镰刀菌烯醇和玉米赤霉烯酮的污染调查 [J]. 食品科学，2009，（20）：265-268.

［19］　徐得月，李玉伟，李凤琴 . 我国部分省区 2008 年产小麦玉米中真菌污染状况研究 [J]. 中国食品卫生杂志，2009，（4）：348-351.

［20］　吴芳，严晓平，杨玉雪 . 我国农户 2016 年储藏稻谷黄曲霉毒素 B_1 污染情况调查 [J]. 粮食储藏，2017，（6）：35-39.

第二节 粮油真菌毒素毒理研究

[21] 李俊霞，廖大国. 四川玉米串珠镰刀菌产毒素条件的研究 [J]. 粮食储藏，2011，（2）：44–46.

[22] 王华，唐洁，张志航，等. 制粉对小麦中脱氧雪腐镰刀菌烯醇（DON）的迁移作用 [J]. 粮食储藏，2014，（4）：13–16.

[23] 陈晋莹. 粮食中真菌毒素的化学性质和生物毒性简述 [J]. 粮油仓储科技通讯，2016，（2）：38–41.

[24] 陈晋莹，熊升伟，杨洋. 玉米赤霉烯酮对人正常肝细胞（LO_2）和人胚肾细胞（HEK293）的毒性作用研究 [J]. 粮食储藏，2016，（4）：43–47.

[25] 陈晋莹，桑梓苔，廖子龙. 运用计算机分子对接技术初步探究粮食中玉米赤霉烯酮及其降解产物的雌激素效应 [J]. 粮食储藏，2016，（2）：35–39.

[26] 陈晋莹，桑梓苔. 利用计算机模拟分子对接技术探究粮食中黄曲霉毒素的毒理效应 [J]. 粮食储藏，2016，（03）：33–38.

[27] 韩建平，汪福友，卢军伟，等. 小麦赤霉病与呕吐毒素的关系及分析 [J]. 粮油仓储科技通讯，2019，（3）：43–45.

[28] 陈帅，孔繁霞，宋鑫，等. 新收获玉米呕吐毒素与生霉粒的关系及消减研究 [J]. 粮食储藏，2019，（4）：29–32.

[29] 刘金宁，孟繁林，李晓坤. 浅述华北地区收储中玉米的真菌毒素 [J]. 粮油仓储科技通讯，2019，（5）：35–37.

第三节 粮油真菌毒素去毒研究

[30] 上海市卫生防疫站. 用含黄曲霉毒素玉米制酒的试验小结 [J]. 医学研究通讯，1977，（7）：28–29.

[31] 邬健纯，张方，石素碧，等. 用污染黄曲霉毒素 B_1 的玉米做米凉粉试验 [J]. 粮食贮藏，1980，（2）：59–60.

[32] 黄福辉，项发根，周为民. 关于山苍子有效成分在储粮中的应用 [J]. 粮食贮藏，1980，（2）：19–22.

[33] 付吕业，梁克昭. 几种中草药降解黄曲霉毒素 B_1 的实验报告 [J]. 粮食贮藏，1980，（2）：40–45.

[34] 王安全. 大米黄曲霉素、刷糠去毒及糠粉氨去毒 [G]// 第二次全国粮油储藏专业学术交流会文献选编. 成都：全国粮油储藏科技情报中心，粮食部四川粮食储藏科学研究所，1981.

[35] 湖南省粮食科学研究所. 山苍子芳香油除去黄曲霉毒素、防霉、治虫的试验总结 [G]// 第二次全国粮油储藏专业学术交流会文献选编. 成都：全国粮油储藏科技情报中心，粮食部四川粮食储藏科学研究所，1981.

[36] 张纪忠，盛宗斗，黄静娟，等. 霉变米的机械加工对霉菌及其毒素影响的研究 [J]. 粮食贮藏，1981，（5）：33–38.

[37] 高仕瑛，王湘伟. 黄曲霉的产毒性及氨对霉菌纯培养物的作用 [J]. 粮食储藏，1983，（5）：8–11.

[38] 黄素壁，李国尧，李况，等. 磷化氢对黄曲霉毒素 B_1 去毒作用的试验 [G]// 第三次全国粮油储藏学术会文选. 成都：全国粮油储藏科技情报中心站，商业部四川粮食储藏科学研究所，1984.

[39] 张庆明，等. 玉米中黄曲霉毒素的草木灰去毒试验 [G]// 商业部四川粮食储藏科学研究所科研报告论文集（1968–1985）. 成都：全国粮油储藏科技情报中心站，1985.

[40] 梁永生，等. 用过氧化氢去除玉米花生饼中黄曲霉毒素的试验小结 [G]// 商业部四川粮食储藏科学研究所科研报告论文集（1968–1985）. 成都：全国粮油储藏科技情报中心站，1985.

［41］ 黄福辉. 柠檬醛降解黄曲霉毒素 B₁ 探讨 [G]// 中国粮油学会储藏专业学会第一届年会学术交流论文.
成都：中国粮油学会储藏专业学会，1986.

［42］ 施蝶明. 赤霉病麦的处理与应用 [J]. 粮食储藏，1984，（5）：31–33.

［43］ 李植彦，王镇城. 浅谈风除法对赤霉病小麦的处理与效果 [J]. 粮油仓储科技通讯，1986，（4）：52–
53.

［44］ 付品业，梁克昭. 几种中草药降解黄曲霉毒素 B₁ 的实验报告 [J]. 粮食贮藏，1980，（2）：40–45.

［45］ 山东省粮油科学研究所，山东省卫生防疫站，山东省济南灯泡厂. 紫外光对花生油中黄曲霉毒素 B₁
的去毒试验阶段报告 [G]// 第二次全国粮油储藏专业学术交流会文献选编. 成都：全国粮油储藏科技
情报中心，粮食部四川粮食储藏科学研究所，1981.

［46］ 福建省粮油防霉去毒技术研究协作组. 花生油中黄曲霉毒素去毒剂的研究：实验室试验 [J]. 油脂科技，
1981，（S1）：216–228.

［47］ 张丽生，周永光，黄珍扬. 结合榨油工艺去除花生油中黄曲霉毒素的研究 [J]. 粮食贮藏，1982，（5）：
50–55.

［48］ 惠永倩. 太阳光照射去除花生油中黄曲霉毒素的研究 [J]. 粮食储藏，1983，（5）：1–7.

［49］ 广西壮族自治区粮食局研究室，山东省青岛市粮食科学研究所. 花生仁氨熏蒸榨油去除黄曲霉
毒素 B₁[G]// 第三次全国粮油储藏学术会文选 [C]. 成都：全国粮油储藏科技情报中心站，商业
部四川粮食储藏科学研究所，1984.

［50］ 邬健纯，等. 应用活性白土吸附法去除花生油中黄曲霉毒素 B₁ 的试验 [G]// 商业部四川粮食储藏科
学研究所科研报告论文集（1968–1985）. 成都：全国粮油储藏科技情报中心站，1985.

［51］ 梁永生，等. 用活性碳去掉花生油中的黄曲霉毒素 [G]// 商业部四川粮食储藏科学研究所科研报告论
文集（1968–1985）. 成都：全国粮油储藏科技情报中心站，1985.

［52］ 黄素璧，李国尧，李况，等. 紫外线照射去毒设备的研制和应用 [J]. 粮食储藏，1988，（1）：21–24.

［53］ 朱振海，沈光裕. 新型去毒吸附剂 ATB[J]. 粮油仓储科技通讯，1992，（3）：41–43.

［54］ 戴学敏，何学超. 赤霉病毒素（DON）去毒技术的研究 [J]. 粮食储藏，1992，（4）：36–40.

［55］ 李况. 粮油食品污染的去毒 [J]. 粮食储藏，1994，（Z1）：112–121.

［56］ 谢茂昌，王明祖. 用化学方法脱除赤霉病麦毒素的研究 [J]. 粮食储藏，1999，（6）：37–41.

［57］ 罗建伟，李荣涛，陈兰，等. 臭氧去除粮食中黄曲霉毒素 B₁ 的方法研究 [J]. 粮食储藏，2003，（4）：
29–33.

［58］ 齐德生，刘凡，于炎湖，等. 蒙脱石对黄曲霉毒素 B₁ 的脱毒研究 [J]. 中国粮油学报，2004，（6）：
71–75.

［59］ 胡娜，许杨. 组合实验设计用于黄曲霉毒素污染控制的研究 [J]. 粮食储藏，2006，（3）：39–42.

［60］ 杨史良，程波财，郭亮，等. 粮食饲料中的真菌毒素污染及微生物清除毒素的研究进展 [J]. 中国粮
油学报，2008，（3）：214–218.

［61］ 于洪宝，马春荣. 谷物中镰刀菌属真菌毒素研究进展 [J]. 粮油仓储科技通讯，2009，（4）：49–51.

［62］ 孙丰芹，金青哲，王国兴，等. 黄曲霉毒素 B₁ 的生物脱毒研究进展 [J]. 粮油食品科技，2011，（1）：
39–41.

［63］ 陈冉，周天智，吴秋蓉，等. 臭氧在粮油真菌毒素污染防控方面的应用 [J]. 粮油仓储科技通讯，
2016，（1）：47–50.

［64］ 陈帅，于英威，杨娟，等．粮食中的呕吐毒素（DON）研究进展 [J]. 粮油仓储科技通讯，2019，（4）：46–49.

［65］ 刘惠标，郑颂，赵恢发，等．比重复式清选机降低小麦呕吐毒素的研究 [J]. 粮油仓储科技通讯，2019，（1）：39–41.

［66］ 陈晋莹，秦静雯，杨娟，等．计算机分子对接（MD）与分子动力学方法（ADMET）技术在模拟呕吐毒素降解中的应用 [J]. 粮食储藏，2019，（6）：32–37.

第四节　粮油真菌毒素检测技术研究

［67］ 中国医学科学院卫生研究所食品卫生研究室，外贸部海关商检局．食品中黄曲霉毒素 B_1 的测定方法 [J]. 四川粮油科技，1973，（3）：37–47.

［68］ 魏云路，殷蔚申，庄桂．稻米中杂色曲霉素（Sterigmatocystin）的测定：双向薄层色谱法 [J]. 郑州粮食学院学报，1980，（2）：4–6.

［69］ 梁永生，邬建纯，张芳，等．粮油中黄曲霉毒素 B_1 测定误差实验 [J]. 粮食贮藏，1980，（1）：37–40.

［70］ 李明生．小麦中黄曲霉毒素 B_1 含量的粗筛法：微柱法 [J]. 粮食贮藏，1981，（4）：45–46.

［71］ 乔宗清，周德兴．稀盐酸确证黄曲霉毒素 B_2 的试验 [J]. 粮食储藏，1983，（4）：51–53.

［72］ 黄骏雄，刘鹏，刘秀芬，等．黄曲霉毒素 G_2、G_1、B_2 和 B_1 的反相高效液相色谱分析及其在粮油分析中的初步试用 [J]. 环境化学，1984，（5）：65–69.

［73］ 姬纯源．一种同时测定粮食中黄曲霉毒素 B_1 和杂色曲霉素的简捷方法 [J]. 粮食储藏，1984，（1）：30–33.

［74］ 覃章贵．用双波长薄层扫描仪测定粮油中的黄曲霉毒素 B_1[J]. 粮食储藏，1984，（5）：21–24.

［75］ 刘丰林．薄层扫描法定量测定黄曲霉毒素 B_1[J]. 武汉粮食工业学院学报，1988，（3）：39–43.

［76］ 戴学敏．赤霉病毒素的分析方法 [J]. 粮油仓储科技通讯，1990，（6）：28–35.

［77］ 吴艳萍，靳慧霞．植物产品中真菌毒素的危害及其检测方法 [J]. 粮食与饲料工业，2001，（7）：43–45.

［78］ 谢刚，兰盛斌，张华昌，等．免疫亲合柱在小麦真菌毒素检测中的应用及毒素污染分析 [J]. 粮食储藏，2004，（6）：37–40.

［79］ 许烨，李军，隋凯，等．高效液相色谱法测定梁谷中 B 型镰刀菌毒素 [J]. 粮食流通技术，2005，（6）：30–32.

［80］ 蔡建荣，赵春城，赵晓联．ELISA 法检测花生酱中 AFB_1 样品前处理方法的改进研究 [J]. 粮食储藏，2005，（4）：35–37.

［81］ 张浩，侯红漫，刘阳，等．伏马菌素检测方法的研究进展 [J]. 中国粮油学报，2007，（4）：137–142.

［82］ 苏福荣，王松雪，孙辉，等．国内外粮食中真菌毒素限量标准制定的现状与分析 [J]. 粮油食品科技，2007，（6）：57–59.

［83］ 冯永健，何学超，郭道林，等．玉米赤霉烯酮的液相色谱法检测技术研究 [J]. 粮食储藏，2008，（4）：45–48.

［84］ 何学超，冯永健，郭道林，等．黄曲霉毒素 B_1 液相色谱法检测技术比较分析 [J]. 粮食储藏，2008，（5）：36–41.

［85］ 郭婷，王松雪，王海鸥．粮谷中脱氧雪腐镰刀菌烯醇净化检测技术研究进展 [J]. 粮油食品科技，2009，（6）：31–34.

[86] 刘坚，余郭年，熊宁，等.胶体金法对糙米中 AFB$_1$ 的快速检测 [J].粮油仓储科技通讯，2009，（3）：34-36.

[87] 袁健，杜娟.小麦中杂色曲霉毒素的硅镁吸附柱层析分离纯化及 HPLC 的定量分析 [J].粮食储藏，2010，（6）：40-43.

[88] 金秀娟，朱旭东.脱氧雪腐镰刀菌烯醇及其检测 [J].粮油仓储科技通讯，2010，（1）：47-49.

[89] 李辉章，冯永健，刘云花，等.DON 净化柱：高效液相色谱法检测粮谷中呕吐毒素 [J].粮食储藏，2012，（3）：37-39.

[90] 牟钧，陈昱，杨军，等.胶体金免疫层析法快速测定玉米和小麦中脱氧雪腐镰刀菌烯醇 [J].粮油食品科技，2012，（1）：34-3.5.

[91] 祁占林.酶联免疫吸附试验检测呕吐毒素测量不确定度评定的探讨 [J].粮油仓储科技通讯，2012，（5）：52-54.

[92] 刘波，江晓娣，黄慧艳.胶体金免疫层析法检测玉米中脱氧雪腐镰刀菌烯醇的研究 [J].粮油仓储科技通讯，2012，（4）：36-37.

[93] 毕文庆，张家林，党保华.酶联免疫吸附测定（ELISA）需要注意的问题 [J].粮油仓储科技通讯，2012，（2）：48-49.

[94] 马冰雪，宋立山，何建华，等.黄曲霉毒素 B$_1$ 检测能力验证分析 [J].粮食储藏，2014，（3）：48-52.

[95] 杨慧霞.解读酶联免疫（ELISA）法测定食品中玉米赤霉烯酮的影响因素 [J].粮油仓储科技通讯，2014，（5）：44-46.

[96] 赵炎，张乃建，王若兰.霉变玉米真菌毒素含量与图像颜色特征参数之间的相关性研究 [J].粮食与饲料工业，2015，（12）：21-26.

[97] 刘焱，蔡静平.储粮中黄曲霉毒素检测和预警方法研究进展 [J].粮食与油脂，2015，（3）：1-5.

[98] 欧阳毅，唐芳，张海洋，等.小麦脱氧雪腐镰刀菌烯醇（DON）快速筛查方法的研究 [J].粮油食品科技，2016，（5）：73-76.

[99] 蔡静平，刘新影，翟焕趁.禾谷镰刀菌 DON 毒素生物合成调控研究进展 [J].河南工业大学学报（自然科学版），2016，（1）.

[100] 张来林，陶金亚，原富林，等.一种可清理小麦赤霉病粒的新型比重式精选机 [J].现代食品，2017，（10）：98-101.

[101] 宋永令，孔晨晨，王若兰，等.稻谷黄变研究现状 [J].食品工业，2017，（11）：283-286.

[102] 王亚君，翟焕趁，张帅兵，等.小麦赤霉病菌 FgRab7 调控 Tri 基因表达及 DON 毒素合成 [J].河南工业大学学报（自然科学版），2017，（2）：57-62.

[103] 唐坤，廖子龙，陈帅，等.粮食中 DON- 免疫亲和层析净化高效液相色谱法的回收率方法比较 [J].粮食储藏，2017，（3）：33-37.

[104] 陈冉，周天智，吴秋蓉，等.粮油中真菌毒素检测技术及其应用 [J].粮食储藏，2017，（5）：30-34.

[105] 庄芸蕾.胶体金免疫快速检测卡与酶联免疫法检测小麦中呕吐毒素的技术比较 [J].粮食储藏，2017，（3）：38-41.

[106] 盛林霞，付豪，吴艺影，等.粮食中呕吐毒素检测方法的研究进展 [J].粮食储藏，2018，（1）：32-36.

[107] 赵美凤，邵亮亮，宁晖，等.小麦在磨粉加工中呕吐毒素的含量和分布研究 [J].粮食储藏，2018，（3）：28-32.

［108］戴木香，颜楹. 小麦入库快速检测呕吐毒素的方法 [J]. 粮油仓储科技通讯，2019，（3）：41–42.

［109］廖子龙，于英威，唐坤，等. 农作物中真菌毒素研究进展 [J]. 粮油仓储科技通讯，2019，（2）：47–49.

［110］樊婷，顾建华，汪海峰. 小麦 DON 三种提取方法的比较研究 [J]. 粮食储藏，2019，（2）：47–50.

［111］陈晋莹，刘鹏，王小庆，等. 高效液相色谱法测定玉米中黄曲霉毒素 B_1 含量的不确定度评价 [J]. 粮食储藏，2019，（3）：47–50.

［112］郭明伟，康波，胡晓维，等. 真菌毒素快检仪在粮食收购过程中的应用 [J]. 粮油仓储科技通讯，2019，（6）：43–44.

［113］王倩，孙超，王茜茜，等. 小麦收购中真菌毒素快速检测方法研究 [J]. 粮油仓储科技通讯，2019，（5）：38–39.

第四章 粮油品质特性与变化研究

第一节 粮油品质研究

我国最早介绍稻谷品质特性的论著是明代黄省曾的《理生玉镜稻品》。罗登义1947年出版了《谷类化学》。20世纪50年代，我国粮食部门做了大量的粮油品质测定工作，20世纪80年代，又进行了全面、系统的粮油品质测定工作。1982—1984年，商业部四川粮食储藏科学研究所负责对我国14个稻谷主要产区的3 223份商品稻谷样品、920份大面积种植的纯品种小麦进行了全面测定，提出了三年的测定报道。1982—1984年，商业部谷物油脂化学研究所、北京市粮食科学研究所负责对我国11个小麦主要产区的商品稻谷样品2 523份和当前种植的主要纯品种小麦样品314份进行了全面测定，提出了三年的测定报告。商业部谷物油脂化学研究所1986年总结了1985年我国玉米品质的测定报告。该报告是从我国14个省区市收集到的不同类型、不同色泽的商品玉米样品227份、玉米样品39份测定中汇集的。商业部谷物油脂化学研究所1986年总结了1983—1985年我国商品大豆品质的测定研究报告。该报告对我国13个省区市商品大豆样品1 335份和17个省区市大豆样品195份进行了品质测定。该报告对上述稻谷、小麦、玉米、大豆样品进行全面、系统的测定（包括粮油的物理特性、工艺品质、化学成分、食用品质等），获得了数十万份数据，让有关部门对我国主要粮油品质的状况有了全面了解。该报告不仅为我国粮油资源的合理加工、利用和食用提供了重要参考数据，还为农业选种、育种提供了宝贵资料。

除了开展全国性粮食品质测报工作外，还有许多专家学者科研人员做了大量的粮油品质研究工作。孟庆生等1981年分别报道了我国主要稻谷品种的淀粉含量和我国主要稻谷品种淀粉成分的比例及其与粒形、成熟期的关系。关多元等1982年报道了小麦制粉工艺过程中各组分微量元素的含量。何照范1984年报道了有关谷类种子中淀粉的理化学性质的研究。沈东根1985年报道了小麦容重与出粉率关系的研究。湖北省粮食局储运处1986年报道了湖北省稻米品质的研究。佘纲哲1987年报道了山西、河北、山东、河南（晋冀鲁豫）等省市一些玉米品种淀粉特性的初步研究。张法楷、王开敏1987年报道了宁夏小麦烘焙品质和蒸煮品质的研究。张法楷1989年报道了我国北方小麦的烘焙品质和蒸煮品质的研究。

祁国中等1995年报道了玉米品种自动化鉴定 I：电泳数据标准化研究。姚大年等1995年报道了中国首批面包小麦品种品质的研究。周光俊等1995年报道了美国加利福尼亚州低蛋白质硬红麦硬白麦实用性研究。张法楷1999年报道了饲料在储藏期间过氧化值的变化研究。

熊鹤鸣等2002年报道了散装稻谷储藏品质变化规律的研究。陈嘉东等2003年报道了有关华南早晚籼稻品质变化规律与定级的探讨。王建生等2004年报道了江苏省几种小麦的品质分析。于志刚等2004年报道了储备粮品质指标检测研究。马文斌等2004年报道了稻谷品质测报抽样样本容量的优化分析报告。戴波2004年报道了2003年江苏省商品小麦品质调查报告。蔡嵘等2004年报道了计算机及数据库技术在粮食品质测报工作中的应用。杨春华等2004年报道了部分市售小麦粉的品质差异分析报告。郝伟等2004年报道了小麦品质控制与粮食储存研究。孙辉等2005年报道了小麦质量安全研究进展。金文林等2006年报道了对中国小豆地方品种籽粒品质性状的评价。戴波等2006年报道了与粮食收获质量调查和品质测报工作有关的问题探讨。刘圣安等2006年报道了优质籼稻谷作为储备粮的可行性探讨。杨祥林2006年报道了以服务"三农"为宗旨，做好稻谷品质测报工作的报告。翟得冲等2006年报道了用经验法判定小麦品质的研究。谭洪卓等2006年报道了甘薯淀粉粉团的流变行为研究。朱帆等2006年报道了小麦淀粉颗粒大小和糊化特性的相关性研究。司红起等2006年报道了Secalin蛋白检测及其与面团黏性关系的研究。赵功玲等2006年报道了三种加热方式对油脂品质影响的比较研究。白桂香等2007年报道了水稻种子耐干性机理的研究。陈建伟等2008年报道了基于机器视觉技术的大米品质检测报告。陈晶等2008年报道了中央储备玉米品质控制初探。孙辉等2009年报道了小麦储存品质判定研究。杜玮等2009年报道了几种特种食用油脂的营养价值及功效分析。

郑少华2010年报道了中晚籼稻质量和品质调查分析。孙辉等2010年报道了我国小麦品质评价与检验技术发展现状。王兴磊等2010年报道了粮食质量调查和品质测报工作探讨。李新红等2010年报道了粮食质量测报报告。罗光彬等2010年报道了小麦Wx基因研究进展。何彤斌2010年报道了对粮食收获质量调查及品质测报工作的认识。贾爱霞等2010年报道了小麦的营养组分及加工过程中的变化分析报告。时南平等2010年报道了江苏省如皋市种植七个品种稻谷的质量、品质对比分析报告。汪丽萍等2011年报道了葵花籽油脂肪酸成分标准物质的研制报告。包金阳等2011年报道了糙米储藏过程中品质变化的研究进展。马宏2012年报道了新疆小麦质量状况调查与分析报告。樊超等2012年报道了基于优化神经网络的小麦品种分类研究。胡纪鹏等2012年报道了2011年河南仓储小麦品质状况研究。吴学友等2012年报道了储藏期内Bt基因稻谷品质及抗虫性研究进展。杨学文2012年报道了江西地区油茶籽含油率和脂肪酸组成的调查与分析。孟婷婷等2012年报道了杂粮粉与小麦粉黏度特性的比较研究。蒋澄刚2012年报道了粳稻水分对出糙率与整精米率相关性的影响。王华等2013年报道了关于对进口玉米质量品质情况的调查报告。渠琛玲等2014年报道了硬麦八号主要组成部位四种主要蛋白质和营养矿物质元素含量分析的报告。王春莲等2014年报道了大米储藏过程中品质变化的研究。王国琴2014年报道了不同控温标准玉米质量品质变化的规律研究。乐恭林等2014年报道了优质稻谷储藏期间的品质变化研究。杨慧萍等2014年报道了粳稻谷表面颜色变化的动力学研究。刘晓庚等2014年报道了谷物中类胡萝卜素的研究。渠琛玲等2015年报道了对硬麦八号品质特性、主要蛋白质及营养矿物质元素的研究报告。杨春玲等2015年报道了豫北地区主推小麦品种品质分析的报告。渠琛玲等2016年报道了硬麦八号小麦品质特性分析报告。丁秋等2017年报道了基于小麦籽粒高光谱特征的品种鉴别研究。唐文强等2017年报道了计算机图像处理在大米形状识别中的应用研究。李小明2018年报道了夯实粮食质量现状的调查及发展探讨。杨超等2018年报道了关于稻谷不同储藏年份及其品质变化规律的探讨。陈文根等2018年报道了基于深度卷积网络的小麦品种识别研究。王宏等2019年报道了关于不完善粒超标小麦清理工艺的研究。聂煌2019年报道了有关稻芽中γ–氨基丁酸含量变化的研究。

第二节 粮油品质劣变指标研究

几十年来，我国粮食储藏专家学者通过对不同地域、不同粮种、不同储藏年限、不同储藏条件和方法对主要原粮（稻谷、小麦、玉米、大豆等）与油料（花生、油菜籽等），粮食制品（大米、小麦粉、玉米粉等）、油料制品（花生油、大豆油菜籽油等）数千份样品进行了测定，取得了数十万份数据，证明：粮食的发芽率、脂肪酸值、黏度和品尝评分存在显著相关。这些不同粮种的回归方程，经过多年验证和完善，已经用于指导粮食科学合理储藏和粮食轮换。相关的研究有较大进展。

商业部四川粮食储藏科学研究所和浙江、上海、广东、辽宁等省市的粮食科学研究所1982年对不同地域、不同储藏年限、不同储藏条件和方法的360份籼稻样品进行了测定，取得了几万份数据，证明：籼稻的发芽率、脂肪酸值、黏度和米饭品尝评分存在非常显著相关。回归分析得出一元、二元、三元回归方程，其中以三元回归方程的精度最高，得出：$Y=65.73+0.07\times$发芽率$-0.25\times$脂肪酸值$+1.70\times$黏度。商业部四川粮食储藏科学研究所与郑州粮食学院、天津市粮食科学研究所、陕西省粮食科学研究所1982年报道了小麦长期储藏品质变化研究，证明小麦耐储性很好，安全水分正常储藏条件下，15年内食用品质未见明显变化；虽然α-淀粉酶活性有所变化，但对烘焙品质未造成影响。商业部郑州粮食科学研究设计所、陕西省粮食科学研究所1982年报道了玉米陈化指标研究，证明品尝评分与发芽率、脂肪酸值、储藏年限存在十分明显的相关性。发芽率、脂肪酸值、黏度之间也存在相关性，其中发芽率对脂肪酸相关性最高。玉米黏度对其他指标相关性不强，仅对储藏年限存在明显相关性。三元回归方程：$Y=81.63+0.081x_1-0.386x_2-1.55x_3$；二元回归方程$Y=75.49+0.0996x_1-0.34x_2$。品尝评分80分以上适合长期储藏；65分为出库轮换最低标准。商业部四川粮食储藏科学研究所1986年分别报道了大豆储藏品质指标的研究；大豆储藏期间脂溶性磷指数的变化以及与其他品质指标关系研究。证明：Y为PSI（脂溶性磷总量占总磷的百分比），T为储藏温度，x为储藏时间；A0、B0、K为常数，$Y=A0-(B0+KT)x$，证明：PSI与NSL（水溶性氮指数）、发芽率呈正相关，与酸价呈负相关；相关系数0.89、0.64和-0.86；达到PSI可作为大豆陈化指标。商业部四川粮食储藏科学研究所、浙江省粮食科学研究所、北京市粮食科学研究所1986年报道了大米储藏品质指标的研究，发现利用脂肪酸值、水溶性酸值、运动黏度值预测籼米、粳米储藏品质的回归方程，并据此提出合理储藏期。商业部四川粮食储藏科学研究所、北京市粮食科学研究所1986年报道了面粉储藏品质指标的研究，发现脂肪酸值与品尝评分之间显著相关。用回归分析和x^2验证结果，选出预测品尝评分值最佳回归方程，有待生产中进行验证。

除上述粮食部门组织的合作研究外，许多专家学者还从多方面开展了粮油品质劣变指标的研究。秦礼谦等1981年报道了小麦长期贮藏生化指标的研究。周士英1981年报道了大米食用品质的研究。王荣民等1981年报道了关于米饭香气分析初步探讨。余树南1981年报道了储粮品质变化研究初步小结。商业部四川粮食储藏科学研究所1981年报道了稻谷中挥发性羟基化合物的组成和含量与储藏年限的关系研究。马钟登等1984年报道了我国各地若干品种大豆品质的研究。胡振东1984年报道了小麦在不同条件下长期储藏品质变化的研究。无锡轻工业学院（现江南大学）大米陈化指标研究课题组1984年报道了大米陈化指标的研究。汤镇嘉1986年报道了粮食挥发性成分的研究。盛敏洁等1986年报道了大米安全储藏谷化检定指标与品质陈化的初步探讨。王荣民等1986年报道了大米在储藏期间品质变化敏感因子的研究进展。湖北省粮食局储运处、凌家煜1986年都先后报道了稻谷储藏品质变化的研究和粮食品质劣变指标的研究。秦礼谦等1987年报道了再论小麦长期贮藏品质劣变生化指标的研究。路茜玉1993年报道了大米陈化机理的研究及其控制。周世琦等1995年报道了大米陈化机理与改质方法的探讨。邱明发等1998年报道了米谷蛋白与淀粉组分在大米陈化过程中的变化研究。

　　钱海峰等2001年报道了大米陈化过程中的组织学变化研究。张萃明2001年报道了光透差作为大米储藏品质劣变主要指标的研究。李军2001年报道了对超期储存和陈化粮的几点看法。张玉荣等2001年报道了稻谷新陈度对其籽粒中生物大分子的结构及热特性的影响。杨科等2003年报道了光透差作为稻谷储藏品质劣变指标的探讨。胡连锋等2003年报道了稻谷品种质量调查与分析研究。张玉荣等2003年先后报道了稻谷新陈度研究：稻谷储藏品质指标与储藏时间的关系研究；稻谷新陈度研究（三）：稻谷在储藏过程中 α -淀粉酶海性的变化及其与各储藏品质指标间的关系研究。叶霞等2004年分别报道了稻米陈化过程中重要营养素变化动力学特征的初步探讨；稻谷陈化过程中维生素B_1和维生素B_2变化的动力学研究。范自营2004年报道了陈化小麦影响因素研究。万忠民等2005年报道了不同储藏温度下小麦的品质劣变。杨建平等2006年报道了玉米品质与新陈程度关系的研究。四川省眉山市东坡区国家粮食储备库2007年报道了粮食温度与粮食陈化速度的试验研究。顾晨斌等2007年报道了大豆储藏品质的研究与探讨。张玉荣等2007年报道了储存玉米陈化数学模型的建立和机理探讨。陈玮等2007年报道了天津大米超长期贮藏的醛系物积累与调控研究。侯彩云等2008年报道了陈化稻米数字图像检测方法的研究。张玉荣等2008年报道了粳稻新鲜度敏感指标的筛选及其验证。吴新连等2009年报道了不同破损粒含量玉米陈化试验。

　　李兴军2010年报道了稻谷陈化的生理生化机制。张玉荣等2011年报道了糙米储藏陈化过程中生理生化指标变化特性。黄亚伟等2014年报道了新陈玉米的拉曼光谱快速判别。王若兰等2014年报道了储藏微环境下小麦胚细胞超微结构变化及衰老机制研究。周海军等2016年报道了稻谷储存期限与脂肪酸值、大米新陈度显色关系的探讨。张玉荣等2016年报道了粳稻陈化过程中糊化特性变化动力学特征的初步探讨；2017年又报道了加速陈化对粳稻的营养组分及储藏、加工品质的影响研究。曾长庚等2017年报道了大米陈化的研究进展。吴文强等2017年报道了东南地区优质稻延缓品质变化技术应用。石翠霞等2018年报道了在不同储藏条件下稻谷新鲜度指标变化规律的研究。

第三节　不同储藏条件与方法对粮油品质变化的影响研究

　　不同储藏条件与方法对粮油品质变化的影响事关粮食安全，这方面的科研报告较多，主要涉及储藏生态条件，如高温高湿、低温、人工模拟低温、准低温等；涉及原粮和油料种类，如稻谷、小麦、大豆、油菜籽等；涉及粮油制品，如大米、小麦粉，大豆油、菜籽油等；涉及仓型，如高大平房仓、浅圆仓、平房仓等。研究报道的主要内容有：粮食水分含量和粮堆温度变化对储粮脂肪酸值、色泽、黏度的影响；大米度夏储藏过程中品质的变化；不同储藏温度变化对大米、小麦粉等储粮挥发物与理化指标影响；不同储藏水分、温度和真菌生长状况对储粮品质的影响；不同储藏条件对大米和小麦粉新鲜度的影响；不同仓型、不同存放方式对储粮品质变化规律的研究等。

一、不同储藏条件对粮油品质的影响研究

于秀荣等1997年报道了人工模拟低温、准低温储藏对过夏（本专著"过夏"通"度夏"，不作统一）大米品质变化的研究。张玉荣等2003年报道了在不同储藏温度条件下玉米品质变化的研究。王若兰等2003年报道了我国主要储备粮种在不同温度状态下储藏品质的研究。周天智等2005年报道了含水量不同的籼稻在不同储藏温度下品质变化的研究。孙辉等2005年报道了小麦粉储藏品质变化规律的研究。张来林等2005年报道了不同温度下稻谷的品质变化研究。董恩富等2006年报道了优良稻谷和常规稻谷储藏品质的变化规律。汪海峰等2006年报道了在高温高湿储藏条件下小麦若干品质性状变化的规律研究。杨晓蓉等2006年报道了在不同储藏条件下稻谷脂肪酸值变化和霉变相关性研究。程启芬2006年报道了温度、露置时间及水分含量对大米色泽和黏度的影响。金浩等2006年报道了在不同储藏条件下稻谷整精米率变化的研究。王若兰等2007年报道了小麦储藏品质评价指标研究。李宏洋等2007年报道了在不同储藏条件下糙米品质变化的研究。李喜宏等2007年报道了人工模拟高温高湿过夏贮藏条件对大米总酸值的变化研究。李世荣等2008年报道了泰国巴吞米在不同储藏条件下品质变化的研究。周凤英等2008年报道了不同水分大米在不同温度下储藏品质变化规律的研究。宋伟等2009年报道了储藏有效积温与小麦游离脂肪酸值上升速度关系的研究。雷玲等2009年报道了稻谷储藏过程中品质变化的研究。

古争艳等2010年报道了不同温度对三种粮食储藏品质的影响研究。黄雄伟等2010年报道了稻谷储藏品质变化的规律研究。宋伟等2010年报道了在不同储藏条件下糙米中过氧化氢酶的活动度的变化规律研究。朱光有等2011年报道了国内外糙米储藏品质变化研究现状及展望。包金阳等2011年报道了在糙米储藏过程中品质变化的研究进展。张来林等2011年报道了不同储藏温度及储藏方法对稻谷品质的影响研究。姜建枝等2011年报道了在相同储藏条件下同年度不同品种小麦品质的变化研究。张辉等2011年报道了谈玉米的感官鉴定。林家永等2011年报道了稻米储藏品质近红外光谱快速判定技术及仪器研究。杨基汉等2011年报道了在高湿条件下温度对稻谷水分和脂肪酸值的影响研究。张玉荣等2011年报道了糙米储藏品质评价数学模型的建立。古

争艳等2011年报道了不同温度对三种粮食储藏品质的影响研究。王正等2011年报道了稻谷吸湿裂纹生成与扩展的机理分析。周建新等2012年报道了温度和臭氧处理对储藏大米脂肪酸值影响的回归方程研究。龙伶俐等2012年报道了大豆储藏品质判定指标的研究。张来林等2012年报道了不同储藏条件对大豆、稻谷蛋白中巯基和二硫键的影响研究。王彦超等2012年报道了在不同储藏条件下对油菜籽生理活性的影响研究。付强等2012年报道了在不同储藏条件下小麦粉挥发物与理化指标相关性分析。张春林等2012年报道了储存环节玉米脂肪酸值变化趋势的探析。包金阳等2012年报道了糙米在储藏过程中外观和品质的变化研究。李岩等2013年报道了不同储藏条件对油葵籽生理品质的影响研究。袁健等2013年报道了环境温度对油菜籽储藏品质的影响研究。朱庆贺等2013年报道了不同储藏条件对油菜籽制油品质的影响。张来林等2013年报道了不同储藏条件对油葵籽储藏品质的影响研究。张玉荣等2014年报道了小麦中淀粉在不同储藏的温度、湿度下糊化特性的变化研究。李秀娟等2014年报道了高水分成品大米低温储存及低温解除后品质变化的研究。孙辉等2014年报道了糙米在不同温度储藏中脂肪酸的变化。张美玲2014年报道了在不同温度条件下稻谷挥发性物质与糊化特性的研究。吴晓冬2014年报道了西北地区在不同温度下稻谷品质的变化研究。唐芳等2014年报道了储藏水分、温度和真菌生长对小麦发芽率的影响。李晨阳等2014年报道了储藏条件对大豆品质变化的影响研究。吴芳等2014年报道了在密闭储藏25℃条件下检测不同水分玉米对储藏环境中气体浓度变化的影响研究。王若兰等2015年报道了高温储藏玉米品质变化研究。马良等2015年报道了高温储藏条件下不同水分含量对小麦品质变化研究。费杏兴等2015年报道了粳稻谷储存中谷外糙米对稻谷品质的影响研究。陈伊娜等2015年报道了高温高湿生态区稻谷储存期间品质变化研究。张玉荣等2015年报道了典型储粮环境下小麦淀粉颗料特性变化研究。魏成林等2015年报道了不同控温方式对粳米品质变化的影响。刘宗浩等2015年报道了储藏温度和水分对大米糊化特性影响的研究。黄达志等2015年报道了综合控温技术对稻谷储存品质变化影响。肖建文等2015年报道了不同控温控湿方式对国产籼米品质变化规律的研究。张来林等2015年报道了不同储藏条件下对芝麻制油品质的影响研究。 费杏兴等2016年报道了四种因素对晚粳稻糊化特性和脂肪酸值的影响研究。渠琛玲等2016年报道了硬麦八号小麦品质特性分析。蔡晓宁等2016年报道了在不同储藏条件下绿豆品质变化的规律研究。李新华等2016年报道了在不同储存条件下稻谷水分和脂肪酸值变化及霉变规律的研究。张来林等2016年报道了不同储藏条件对绿豆淀粉含量及糊化特性的影响研究。马梦苹等2016年报道了芝麻在储藏过程中的生物化学变化。张玉荣等2016年报道了干法制粉工艺对糯米粉破损淀粉及糊化的特性影响研究。唐芳等2014年报道了储藏水分、温度和真菌生长对小麦发芽率的影响研究；2016年又报道了储藏水分、温度和真菌生长对大豆品质的影响研究。万红艳等2016年报道了在不同储藏条件下大米新鲜度的变化研究。张玉荣等2017年报道了储藏温度对三种筋力小麦生化指标的影响。曾长庚等2017年报道了大米陈化研究进展。陶金亚等2017年报道了在不同储藏条件下红豆品质变化规律研究。毕文雅等2017年报道了偏高水分闽北优势稻在储藏期间的品质变化研究。夏宝林等2018年报道了在常规储藏条件下谷外糙米对稻谷品质影响的研究。蔡巍2018年报道了鲁西地区高大平房仓储存散装稻谷品质变化规律的研究。王健等2019年报道了优化浅圆仓玉米进仓工艺对储藏品质的影响研究。汪紫薇等2019年报道了干湿混储小麦通风降水规律及其储藏品质变化的研究。李建雅2019年报道了黑龙江大豆和美国大豆在山东储藏期间品质变化的研究。

二、不同储藏方法对粮油品质的影响研究

周天智等2005年报道了高大平房仓散装稻谷储藏品质变化规律的研究。王晓丽等2008年报道了不同仓型对储存小麦品质影响的探讨。张来林等2008年报道了不同仓型小麦品质变化的研究。

古争艳等2012年报道了两种储藏方式对三种原粮储藏品质的影响。赵建华等2012年报道了高大平房仓包装稻谷储存期间品质变化规律的研究。古争艳等2013年报道了不同储藏方式对粳糙米加工及食用品质的影响。童茂彬等2013年报道了不同储藏方式对籼糙米储藏品质的影响研究。詹启明等2013年报道了不同储藏方式对粳糙米储藏品质的影响。李岩等2013年报道了不同储藏方式对籼糙米加工食用品质的影响。钟建军等2013年报道了不同储藏方式对小麦粉水分、脂肪酸值和白度的影响。李燕羽等2013年报道了四种储藏方式对东北大豆品质影响的研究。张浩等2016年报道了不同储藏方式对粳米食味品质的影响研究。王伟等2019年报道了在不同储藏方式下四级菜籽油品质变化的研究。许建双等2019年报道了高温季节不同储存方式对偏高水分玉米品质指标影响的研究。

第四节　粮油特性与储粮品质研究

粮油特性主要包括：物理特性、生化特性、生理特性、食用品质。以下分别介绍有关粮油特性与储粮品质方面的研究。

一、物理特性研究

物理特性（流散、热、吸附、湿热研究）方面研究比较多的是：不同粮种容重、导热系数、相对密度；几种粮食籽粒压缩特性、红外吸收特性；粮堆弹性模量，粮堆热湿耦合传递，

粮堆热湿梯度场物理参数，粮食水分对容重和电导率的影响等。

徐广文1995年报道了介电特性在粮食物性测量中的应用分析研究。朱文学等2003年报道了谷物红外吸收特性的研究。袁翠平等2004年报道了小麦籽粒硬度与胚乳显微结构关系的研究。杨铭铎等2004年报道了湿面品质的影响因素研究。姜薇莉等2004年报道了粉质质量指数（FQN）对于评价小麦粉品质的实用价值研究。程绪铎等2005年报道了谷物储藏中静态载荷的几个理论的分析比较研究。刘奕等2006年报道了稻米中蛋白质和脂类与稻米品质的关系综述。程绪铎等2007年报道了振动容器中谷物颗粒间空隙的预测研究。蒋华伟等2007年报道了粮堆内发热局部温度场变化数学模型研究。张玉荣等2009年分别报道了小麦杂质类型和含量对粮堆物理特性的影响研究。程绪铎等2009年报道了小麦粮堆弹性模量的实验测定与研究。安蓉蓉等2009年报道了稻谷内磨擦角的测定与实验研究。丁耀魁等2009年报道了粮食相对密度测定的影响因素。邵慧等2009年报道了小麦水分含量对容重影响的研究。程绪铎等2009年报道了小麦、稻谷及玉米内摩擦角的测定与比较研究。程龙等2009年报道了圆球导热法测定粮食导热系数研究。刘昱鑫2009年报道了玉米降水与容重的关系研究。

黄淑霞等2010年报道了粮食吸湿及湿空气在粮堆中的扩散特性研究。张来林等2010年报道了用热线法测定粮食的导热系数研究。程绪铎等2010年分别报道了小麦堆体变模量的测定与实验研究；大豆内摩擦角的测定与实验研究。刘志云等2010年报道了大豆弹性模量的测量与研究。张玉荣等2010年报道了稻米力学特性及其品质关联研究现状及展望。时子亮等2010年报道了小麦容重对出粉率的影响研究。金文等2010年报道了稻谷导热系数的测定研究。李岩峰等2010年报道了小麦导热系数的测定研究。梁醒培等2010年报道了标志储粮堆温度传导的距离、时间、温度曲线模型研究。吴晓寅等2011年报道了小麦水分对硬度指数测定影响程度的探讨。刘志云等2011年报道了直剪法用于糙米内摩擦角的测定与研究。程绪铎等2011年报道了稻谷仓壁材料摩擦系数的实验研究。石翠霞等2011年报道了小麦堆压缩特性的实验研究。陆琳琳等2011年报道了稻谷堆弹性模量的实验测定与研究。蒋澄刚2012年报道了粳稻水分对出糙率与整精米率相关性的影响。左晓戎等2012年报道了粮堆声传播参数测量系统的研究。程绪铎等2012年报道了大豆表观接触弹性模量的测定研究。万忠民等2012年报道了不同条件下粮食油料散落性的研究。刘志云等2012年报道了含水率对糙米内摩擦角影响的实验研究；2013年又报道了不同固体界面下糙米摩擦特性的实验研究。唐福元等2013年报道了大豆堆弹性模量的测定与分析。冯永健等2013年报道了稻谷储藏安全水分的研究。杨国峰等2013年报道了稻谷热湿梯度场物理参数及裂纹机理的研究进展。李兴军等2013年报道了油菜籽平衡水分及吸着等热研究。张玉荣等2013年报道了不完善粒类型对小麦容重的影响研究。唐福元等2013年报道了花生仁弹性模量的测量与研究。单贺年等2013年报道了围压与含水率对小麦堆弹性模量影响的实验研究。郑亿青等2014年报道了谷物和油料比热测定的研究进展。亓伟等2014年报道了考虑谷物呼吸的仓储粮堆热湿耦合传递研究。王录民等2014年报道了粮食储藏容重与粮堆高度关系的试验研究。唐福元等2014年报道了玉米堆摩擦角的测定与研究。严晓婕等2014年报道了稻谷籽粒压缩特性的实验研究。单贺年等2014年报道了大豆堆压缩特性的实验研究。程绪铎等2014年报道了碰撞对玉米籽粒结构损伤的实验研究。刘莉等2014年报道了基于图像处理的储藏小麦电导率变化的相关性研究。李春娣等2015年报道了大豆籽粒力学特性的实验与研究。唐福元等2015年报道了大豆籽粒弹性模量的测定与研究。李兴军等2015年报道了重量法研究大豆水分吸附速率和有效扩散系数的测定。朱鸿雁等2015年报道了间断热辐射对钢板仓中稻谷温度和水分影响的模拟研究。李兴军等2015年报道了小麦水分吸附速率的研究。张龙等2015年报道了稻谷籽粒水分有效扩散系数的研究。程绪铎等2015年报道了玉米堆压缩特性的实验研究。任强等2016年报道了采用FCF染色法测定粮食破碎率的研究。张晓红等2016年报道了微波处理对大米品质影响及参数优化的研究。薛民杰等2016年报道了水分对玉米容重的影响研究。丁秋等2016年报道了储藏粳米垩白变化规律的分析研究。李云霄等2016年报道了不同硬度红皮小麦的储藏霉变差异研究。魏孟辉等2017年报道了大豆主要品质指标对其力学特性的影响研究。王若兰等2017年报道了小麦粮堆中热量传递特性研究。耿宪洲等2017年报道了粮食储藏过程中粮堆内部质热传递的研究进展。邵亮亮等2018年报道了用快速谷物分析仪测定小麦水分和容重的适用性验证。陈明军2018年报道了春秋两季水分检测试验研究。李梅2018年报道了关于花生果水分测定方法的探讨。邸天梅2018年报道了玉米收购入库水分检验的探讨。刘岩等2018年报道了新粮入库容重检测简易方法的应用试验。刘世界等2019年报道了基于有限元的平房仓内部粮食颗粒摩擦力的分析研究。

二、生化特性研究

生化特性（营养组成、生理活性物质、化学成分）研究报道比较多的是：不同粮种在不同储藏条件下酶活性的变化；利用酶活性改善芽麦食用品质；脂肪氧化酶同功酶缺失种质储藏特性；粮粒蛋白质、脂类与食用品质关系，高分子谷蛋白与面粉品质关系；不同仓型控温储粮对粮食蛋白质、脂肪特性影响。

路茜玉等1980年分别报道了气调贮藏大米生理生化的研究（第一报）；气调贮藏大米生理生化的研究（第二报）。傅宾孝等1989年报道了小麦高分子麦谷蛋白亚基与面粉品质的研究。赵友梅等1989年报道了小麦粉面包烘烤品质指标的研究Ⅰ：逐步回归分析筛选关键性指标。

路茜玉等1992年报道了芽麦蛋白质变化的研究。王若兰等1992年报道了降低 α-淀粉酶活性提高发芽小麦食用品质的研究。李伟莉等1993年报道了植酸作为α-淀粉酶抑制剂改善发芽小麦粉品质的应用研究。张玉良等1995年报道了我国小麦品种资源蛋白质含量的研究。周瑞芳等1995年报道了不同储藏条件下稻米中脱支酶活性变化的研究。王若兰1998年报道了利用酶抑制剂改善芽麦粉品质的研究。王若兰1999年报道了影响发芽小麦粉黏度的因素及改善效果的研究。

王若兰2000年报道了发芽小麦α-淀粉酶活性的研究。杨泽敏等2003年报道了灰色关联分析在稻米品质综合评价上的应用。白栋强等2003年报道了脂肪氧化酶在稻米储藏和加工中的应用。何学超等2004年报道了玉米储存品质控制指标的研究。吴存荣等2004年报道了玉米储藏过程中品质指标变化的研究。王若兰等2005年报道了脂肪氧化酶缺失稻谷新品种储藏品质的研究。王若兰等2006年报道了酶缺失稻谷新品种储藏特性的研究。邓志英等2006年报道了适度高温对不同筋力冬小麦蛋白组分、面粉品质和面条加工品质的影响研究。李金库等2006年报道了玉米脂肪氧化酶缺失种质耐储藏特性的研究。刘奕等2006年报道了稻米中蛋白质和脂类与稻米品质的关系综述。高向阳等2007报道了南阳彩色小麦另氨酸含量的研究及初步评价。陈玮等2007年报道了天津大米超长期贮藏的醛系物积累与调控研究。余海兵等2008年报道了玉米脂肪氧化酶同工酶缺失对种子发芽率的影响研究。周显青等2008年分别报道了储存玉米膜脂损伤指标的研究；稻谷储藏中细胞膜透性、膜脂过氧化及体内抗氧化酶活性变化的研究。尚艳娥等2008年报道了粳稻谷储存品质变化规律的研究。陆启玉等2008年报道了面筋含量与面筋指数在面团熟化过程中的变化研究。林镇涛等2009年报道了稻谷储藏期间水分和脂肪酸值变化的研究。

王华芳等2010年报道了小麦过氧化氢酶活动度的研究。魏红艳等2013年报道了新收获小麦生芽粒及其对降落数值的影响研究。赵妍等2014年报道了储藏微环境对小麦蛋白质二级结构的影响研究。宋永令等2014年分别报道了小麦脂肪及相关酶应用研究进展；小麦在储藏过程中脂质代谢研究。王若兰等2014年报道了储藏小麦甘油三酯脂肪酸组成及脂肪酶的变化研究。左文杰等2015年报道了全麦面条存放过程中阿魏酸含量变化的分析。王若兰等2015年报道了在储藏微环境下玉米谷蛋白的SDS-PAGE电泳分析。卢慧勇等2015年报道了化学反应动力学模型预测米糠的保质期研究。姜友军等2016年报道了大豆水溶性蛋白质测定的影响因素探讨。杨超等2017年报道了不同洗涤方式对小麦湿面筋含量和面筋吸水率的影响研究。张洪泽等2017年报道了高大平房仓优化控温对小麦蛋白相关品质的影响研究。任蓉2018年报道了小麦湿面筋与粗蛋白含量的相关性分析研究。

三、生理特性研究

生理特性（代谢、呼吸、休眠、后熟）研究报道比较多的是：不同粮种在不同的储藏条件下，呼吸速率、呼吸热数值变化；粮食膜脂过氧化与生理代谢指标关系；脂肪氧化酶缺失对粮食生理特性影响。

任永林1989年报道了小麦种子的发芽生理及芽麦的储藏研究。王南炎1991年报道了谷物呼吸热数值分析。王彩云1999年报道了大豆平衡含水率的试验研究。

茅林春等2000年报道了壳聚糖涂膜对甜玉米品质和生理活性的影响研究。张玉荣等2000年报道了挂面的理化特性及烹煮品质研究。张瑛等2003年报道了稻谷储藏过程中理化特性变化的研究。张玉荣等2003年报道了小麦淀粉的理化特性与面条的品质研究。王若兰等2005年报道了脂肪氧化酶缺失稻谷新品种储藏品质的研究；2006年、2007年和2008年分别又报道了酶缺失稻谷新品种储藏特性的研究；小麦储藏品质评价指标研究；LOX酶缺失大豆新品种耐储藏特性的研究。石亚萍等2008年报道了种子发芽率快速测定方法的研究进展。张玉荣等2008年分别报道了碾减率对大米理化特性及蒸煮食味品质的影响研究；储存玉米膜脂过氧化与生理指标的研究。石亚萍等2008年报道了玉米种子发芽率快速测定方法的研究。王若兰等2009年报道了在不同条件下小麦呼吸速率变化的研究。林镇清等2009年报道了稻谷储藏期间水分和脂肪酸值变化的研究。

孙辉等2011年报道了小麦储存中生理活性与加工品质的变化。张振声等2012年报道了茶多酚对大豆原油和菜籽原油储存过程中品质变化的影响研究。魏红艳等2013年报道了新收获小麦生芽粒及其对降落数值的影响研究。吴芳等2014年报道了在不同温度条件下玉米呼吸速率变化的研究。王若兰等2014年分别报道了储藏小麦甘油三酯脂肪酸组成及脂肪酶变化的研究；储藏微环境对小麦中蛋白质含量变化规律的影响研究；不同生理活性的中筋小麦储藏品质变化研究。张丽丽等2014年报道了储藏微环境下小麦细胞线粒体超结构和抗氧化酶活性变化研究。张娟等2015年报道了在30℃条件下玉米自呼吸对储藏环境中气体浓度变化的影响研究。吴芳等2016年分别报道了自然带菌稻谷和玉米呼吸速率回归模型研究；不同氧浓度对自然带菌小麦呼吸速率的影响研究。姜洪等2017年报道了山东省小麦、稻谷、玉米实仓试验与储粮安全水分的探讨。焦志莎等2019年报道了小麦发芽率对小麦品质的影响研究。

四、粮油食用品质研究

对粮油食用品质（蒸煮、烘焙、食味）研究报道得比较多的是：小麦粉面包烘焙品质指标研究；高分子量麦谷蛋白亚基SDS-PAGE图谱在小麦品质研究中的应用；稻谷在储藏中糊化特性变化；大米食味与理化性质的关系；稻谷储藏调质前后与大米食用品质的变化研究；大米、小麦粉不同蒸煮方法研究；烘焙食品食味评价体系的研究和建立。

路茜玉等1984年报道了流变计及其在测定稻谷中的应用试验方法。叶谋雄等1985报道了从菜籽油的贮存试验探讨油脂贮存中的主要变化和影响因素研究。赵友梅1989年报道了用剩余蛋白含量预测小麦的面包烘烤品质的研究。

赵友梅等1990年分别报道了小麦粉面包烘焙品质指标的研究2；高分子量麦谷蛋白亚基的SDS-PAGE图谱在小麦品质研究中的应用研究；以品质不同小麦为原料搭配生产面包专用粉的研究；1991年报道了小麦粉面包烘烤品质指标的研究3；1995年又报道了按照品质指标的数值规律评价小麦粉的烘烤品质的研究。马传喜等1998年报道了用溶涨试验法检测小麦面筋品质的研究。

邹凤羽2002年报道了新收获小麦粉流变学特性和食用品质的变化。范丽霞等2003年报道了小麦化学组成与馒头品质之间的关系研究。吕庆云等2003年报道了大米食味与理化性质的关系研究。张守文等2004年报道了绿米、红米、黑米的食用品质研究。吴存荣等2004年报道了玉米储藏过程中品质指标变化研究。许永亮等2006年报道了不同品种大米淀粉的流变学的特性研究。朱帆等2006年报道了小麦淀粉颗粒大小和糊化特性的相关性研究。于秀荣等2006年报道了马铃薯和玉米交联淀粉对馒头抗老化性的研究。安红周等2006年报道了糙米调质前后大米食用品质的研究。吕庆云等2006年报道了适合中国南方产籼米米饭食味评价方法的研究。雷玲等2007年报道了稻谷在储藏中糊化特性变化的研究。张玉荣2008年分别报道了育成小麦品种性状与面条蒸煮食用品质的分析；大米食味品质与碎米含量的关系研究；还报道了主成分分析法综合评价大米的食味品质；大米蒸煮条件及蒸煮过程中米粒形态结构变化的研究。张红云等2009年报道了常规储藏过程中小麦烘焙品质变化机理的研究。张玉荣等2009年报道了大米食味品质评价方法的研究现状与展望。

张玉荣等2010年报道了在典型储粮环境下储藏大米糊化的特性试验。付鹏程等2010年报道了大米低温储藏品质变化的规律研究。周建新等2010年报道了在高湿条件下储藏温度与时间对稻谷糊化特性的影响研究。张钟秀等2011年报道了糯小麦与非糯小麦面粉糊化特性的比较。张红云等2011年报道了微波处理对小麦烘焙品质影响的研究。黄峰等2011年报道了黄淮麦区小麦馒头加工品质影响因素的研究。孟婷婷等2012年报道了杂粮粉与小麦粉黏度特性的比较研究。张玉荣等2012年报道了干燥条件对玉米淀粉颗粒形态、色泽和糊化特性的影响研究；2014年又分别报道了米饭外观仪器评价与其感官评价的关联性研究；糙米储藏过程中蒸煮品质及质构特性变化的研究；米饭食味综合评价的方法研究。张嫚等2014年报道了模糊综合评价分析两种生物农药对玉米储藏品质的影响研究。王彩霞等2015年报道了利用就仓（垛）干燥技术提高宁夏高水分稻谷品质的研究。辛玉红等2015年报道了东北烘干玉米脂肪酸值与储存环境的相关研究。张崇霞等2015年报道了德美亚1号玉米烘干褐变机理研究。刘劲哲2016年报道了小麦面团流变学特性与馒头品质分析。张晓红等2016年报道了微波处理对大米品质影响及参数优化的研究。黄亚伟等2016年报道了不同品种的五常大米在储藏期间蒸煮品质与质构变化规律及相关性研究。张玉荣等2017年报道了不同发芽程度小麦品质变化及应用研究进展。李兴军等2017年报道了稻谷贮藏蛋白与米饭质地研究。刘晓莉等2018年报道了储藏稻谷品质变化研究进展。姜友军等2018年报道了生芽粒对小麦降落数值变化规律的研究。

五、储粮施药对粮油品质的影响研究

邹思杰等1985年报道了磷化铝保藏大米对色氨酸影响的研究，证明磷化铝储藏大米能控制色氨酸急剧下降，显示其对延缓大米品质劣变有一些作用。余树南1985年报道了马拉硫磷填充料对小麦容重的影响研究。证明：以陶土粉为填充料，小麦容重显著减少；以砻熔或细糠为填充料，对容重影响很小。郭秉成等1986年报道了磷化氢对水稻种子生活力的影响，证明熏蒸处理对稻谷呼吸的抑制程度，均随PH_3剂量、处理时间、种子含水量增加而增加；表现为经过不明显缓变进入跃变阶段；这与其吸附状态有关，物理性吸附和解吸是主要方式。还证明17%以上水分不宜PH_3储藏；安全水分、中低剂量储藏是安全的。方美玲等1986年报道了不同储藏方法对小麦后熟期及工艺品质的影响研究。证明小麦完成后熟期的时间是"双低"（探管法）常规法。"双低"法、探管法粮情较稳定，随着后熟期完成，小麦工艺品质不断完善。

六、储粮虫霉侵害对粮油品质的影响研究

王殿轩等2004年报道了赤拟谷盗感染小麦粉面团流变学特性的影响；2006年又报道了玉米象感染小麦程度与储藏相关品质变化的研究。程晓梅等2008年报道了入仓期玉米象感染不同时期小麦重量损失的研究。邱玲丽2008年报道了不同熏蒸条件对稻谷脂肪酸值的影响研究。王殿轩等2008年报道了小麦粉感染赤拟谷盗后面团流变学特性变化的研究。张玉荣等2009年分别报道了小麦受谷蠹侵害后其水分和容重变化的研究；在小麦实仓储藏过程中杂质对微生物活动及储藏品质的影响研究。周显青等2009年报道了筛下物杂质对小麦微生物活动与储藏品质的影响研究。

张玉荣等2010年报道了小麦被蛀食害虫侵害其面条质构参数的动态变化研究。申建芳等2010年报道了小麦中杂质和病虫害对加工工艺的影响研究。张玉荣等2011年分别报道了小麦被蛀食性害虫侵害后其加工品质的动态变化研究；小麦受蛀食性害虫侵害后其面筋蛋白结构变化的研究；蛀食害虫侵害小麦后不同蛀蚀程度损伤粒储藏品质变化的研究。朱光有等2011年报道了小麦受蛀食性害虫侵害后其粉质特性动态变化研究。张玉荣等2012年报道了糙米被玉米象感

染后其储藏品质变化的研究。白玉玲等2012年报道了玉米象取食对新稻谷储藏品质的影响。张玉杰等2012年报道了被谷蠹侵害后糙米加工品质及食味品质的关联性研究。王殿轩等2013年报道了谷蠹和米象对小麦的虫蚀粒和千粒重影响的比较研究；2014年又分别报道了米象和谷蠹感染小麦后面筋吸水量变化的研究；谷蠹致小麦千粒重和虫蚀粒变化及其与产生CO_2对应性研究。张玉荣等2014年分别报道了蛀食害虫对小麦淀粉酶及过氧化物酶活性的影响研究；蛀食性害虫侵害小麦后损伤分型指标研究；被蛀蚀害虫侵害后小麦粗淀粉含量及糊化特性的变化研究；2015年分别报道了谷蠹侵害后小麦品质变化的研究进展；谷蠹不同虫态蛀蚀对小麦质量品质及蛋白特性的影响研究；2016年分别报道了不同生长发育阶段的谷蠹对小麦淀粉含量及其糊化特性的影响研究；不同发育阶段谷蠹侵害对储藏小麦蛋白结构的影响；谷蠹不同虫态蛀蚀对小麦成分及食用品质的影响研究；蛀食性害虫生长发育对小麦细胞膜透性及主要酶活性的影响研究；2017年又报道了不同虫态米象、玉米象蛀蚀小麦后其籽粒中脂类物质的变化研究。周鸿达等2017年报道了不同虫态谷蠹侵害对小麦淀粉组分及微观形态结构的影响研究。

七、 与粮油储藏品质有关的研究

韩世温1997年报道了VE在油脂加工和大豆储存过程中的变化分析及分离分析研究。马传喜等1998年报道了用溶涨试验法检测小麦面筋品质的研究。

林志贵等2001年报道了粮食取样机器人机构运动学逆解的初步研究。顾尧臣2003年报道了新收获小麦在储藏时期的制粉特性变化。蔡花真等2005年报道了包装小麦堆垛的粮食数量简便计算方法的研究。陈诗学2005年报道了光触媒材料对粮食品质的影响研究。翟得冲等2006年报道了用经验法判定小麦品质的研究。张菊芳等2007年报道了基因型与储藏时间对小麦粉白度的影响。祖丽亚等2007年报道了食用油包装材料和储存条件对氧化指标的影响研究。张春贵等2009年报道了平房仓储藏小麦表面压盖后粮温与品质变化的研究。张丙华等2009年报道了谷物色素的研究进度。史本广等2009年报道了小麦面粉指标关系中的Fuzzy回归分析。

杨雷东等2010年报道了粮仓储粮数量探测新方法探讨。许蓓蓓等2011年报道了包装材料对储藏小麦粉水分和脂肪酸值的影响研究。司建中等2013年报道了用滚筒初清筛清理后小麦品质的变化研究。刘凤杰等2014年报道了小麦粉中虫卵的快速检测技术的比较研究。曹崇江等2014年报道了纳米包装材料对稻谷储藏品质的影响研究。薛文秀等2016年报道了小麦容重与水分变化相关性的研究。刘胜强等2016年报道了谷物稳定化技术及稳定化对谷物品质的影响研究进展。胡婉君等2016年报道了湖南省10种籼稻谷挥发性成分的相似性研究。毕文雅等2017年报道了偏高水分闽北优质稻在储藏期间的品质变化研究。周天智等2017年报道了菜籽油实罐储存品质变化的规律研究。刘兵2019年报道了惰性粉处理对粮食品质保持的效果研究。袁康等2019年报道了紫苏精油对短期温度变化稻谷的品质保持研究。夏红兵2019年报道了稻谷互混的检测研究。李改婵等2019年分别报道了陕西地区小麦不完善粒与降落数值关系研究；陕西地区收购小麦不完善粒关键指标对加工品质的影响研究。付玲等2019年报道了东北地区国产大豆损伤粒率对储存品质的影响分析研究。

八、粮油营养品质研究

粮油营养品质研究，主要指研究不同粮种的营养成分组成、营养价值、维生素含量和微量元素含量，对各种粮油样品中的蛋白质品质进行化学评价，对必需氨基酸指数（EDI）和化学分（Chem Score）进行计算，对某些特殊品种的营养保健功能作出评估。我国在20世纪30—40年代就有专门从事粮食营养问题研究的学者；20世纪50年代，粮食科研部门开展了系统分析测定粮油及加工品营养的科研工作；20世纪60年代初，粮食科研部门对一些粮种的不同食用方法进行了人体营养试验；其后，我国的科研人员开展了一些研究。

张法楷等1982年报道了我国几种小麦的主要营养成分及蛋白质的品质研究；1983年报道了对我国五种稻谷的主要营养成分及其蛋白质品质的研究。该研究系统测定了其营养成分、维生素和微量元素，对多种样品的蛋白质品质进行化学评价，计算了必需氨基酸指数（EAADI）和化学分（Chem Score）并进行动物生长试验，证明：不同营养成分稻谷促进幼鼠生长效果不同，两者完全一致。张法楷等1983年还报道了几种玉米的主要营养成分及其蛋白质的研究结果。

武美莲2002年报道了绿豆的营养与储藏。姜忠丽等2003年报道了苦荞麦的营养成分及其保健功能。周昇昇等2005年报道了荞麦的营养特性与保健功能。陈华萍2006年报道了四川小麦地方品种营养品质分析。宗学凤等2006年报道了小麦籽粒颜色与营养特性的相关研究。渠琛玲等2010年报道了甘薯的营养保健及其加工现状。张维恒等2019年报道了糙米挤压膨化对营养因子的影响。

第五节　常用储粮主要技术措施对储粮品质的影响研究

研究常用储粮主要技术措施对储粮品质的影响，其内容主要包括气调储粮技术（自然缺氧、充氮、充二氧化碳）、通风技术（径向通风、横向通风）、储粮害虫防治技术（熏蒸剂、防护剂）、辐射技术（电磁波能等）、烘干技术（高温快速干燥、低温慢速干燥）对储粮品质的变化影响。

一、气调储粮技术（自然缺氧、充氮、充二氧化碳）对储粮品质的影响研究

（一）缺氧对储粮品质变化的影响研究（1989年以前）

粮食在储藏期间，储藏环境中的氧气含量降到一定程度，能有效抑制粮堆中的害虫、微生物为害，延缓储粮品质劣度。浙江省杭州市第三米厂义桥粮库、商业部四川粮食储藏科学研究所、浙江省粮食科学研究所1977年报道了大米缺氧贮藏试验。该研究证明：采用自然缺氧、燃烧缺氧、充二氧化碳、充氮四种缺氧技术储藏大米，均能在未使用化学药剂的情况下确保储粮安全度夏。经检测大米还原糖、非还原糖、黏性、蒸煮品质中pH值、干物质含量、品尝评价和感官鉴定等项均优于对照组；与对照组相比，维生素含量无差别，脂肪酸含量高于对照组。胡文清等1980年报道了缺氧贮粮中微量酒精的测定——硝酸铈铵分光光度法。

王鸣岐等1980年报道了大米在自然缺氧条件下白霉发展规律和品质变化的试验报告。夏奇志等1985年报道了不同水分小麦稻谷缺氧储藏品质变化的研究。沈东根1985年报道了不同条件对大米缺氧储藏最高黏度值的影响。岳炜等1985年报道了面粉缺氧和通气储藏期间的品质变化。商业部四川粮食储藏科学研究所1986年报道了大米气调储藏启封后品质变化的原因，该研究证明：充氮气、充二氧化碳和自然密闭储藏启封后大米品质差异不明显，均优于或接近同样条件下常规储藏；也证明了大米品质变化与水分、原始脂肪酸值有关，如水分高于15%，原始脂肪酸值大于 4.0×10^{-4}（KOH/干基）/（mg/100 g），储藏3个月以上，启封后大米品质迅速劣变。路茜玉等1987年报道了气调贮藏中米的质构及流变学的研究。研究证明：以粮食流变学特性测定方法研究RFE新的质构特性参量，与食味感官量相关性很好（Y=0.914），并证明黏度在决定食用品质中起着重要作用，能较好地保持品质的气体，浓度比为：$CO_2$30%，$O_2$5%，$N_2$65%（人工气调）；$CO_2$15%，O_2%，$N_2$83%（自然缺氧）。氧气含量为影响米质的主要因素。

（二）缺氧对储粮生理变化的影响研究（1989年以前）

在缺氧条件下，粮食的呼吸强度显著降低，关于这一点，赵同芳1981年在《缺氧保粮的历史、现代与展望》研究报告已有论述。路茜玉、朱大同等1981年报道了气调储藏大米生理生化的研究。郑州粮食学院1985年提出了气调储藏中过氧化物酶活性及抗氰呼吸的研究。该研究证明：玉米气调储藏，在无氧条件下，CO_2浓度高，过氧化物酶的活性降低较快，同时抗氰呼吸受到抑制；在有氧条件下，CO_2浓度高，过氧化物酶活性抗氰呼吸也强，该研究认为玉米以储藏在低氧高的CO_2环境中为好。河南省周口市粮食科学研究所、河南省鹿邑县粮食局付桥粮库、河南省项城市南顿镇南顿集、河南省项城市水寨粮食管理所等单位的专业人员，在储粮缺氧的条件下对粮食

储藏生理变化影响的观察方面做了许多有益的工作。诸如对不同品种小麦生理后熟期限的观察；对小麦生理后熟期的发芽率、呼吸强度、氧含量变化的观察；对小麦在蜡熟、收打、整晒、保管四个时期呼吸强度和降氧速度关系的观察；对虫害密度与缺氧速度，杀虫效果观察等。这些一手的详细资料对其后的科研都有一定参考价值。这些内容，在赵自敏1986年出版的《缺氧储粮》一书中也有介绍。朱大同等1987年报道了气调储藏——O_2和CO_2对种子生理活性影响的研究，证明：种子活力与乙醇含量呈负相关，乙醇在种子中的积累受制于种子水分和氧浓度。《气调储藏对糙米、小麦谷氨酸脱羧酶活性的研究》一文也证明了谷氨酸脱羧酶（GADA）可作为储藏品质劣变先期判定的指标。郑峰才等1996年报道的气调储藏对大米α-淀粉酶活性影响的研究以及《气调储藏对小麦α-淀粉酶活性研究》的论文均可证明：温度和水分是引起α-淀粉酶变化的主要原因。王若兰等2011年也报道了气调储藏条件下糙米生理活性变化及相关性研究。

（三）气调储粮对储粮品质变化的影响研究（1989年以后）

金文等2010年报道了充氮气调对大豆品质的影响研究。李岩峰等2010年报道了充氮气调对稻谷品质的影响研究。张来林等2010年报道了充氮气调对大豆制油品质的影响。肖建文等2010年报道了充氮气调对玉米品质的影响研究。王若兰等2011年分别报道了气调储藏条件下糙米生理活性变化及相关性研究；玉米气调储藏品质变化规律的研究；气调储藏条件下糙米中微生物变化规律的研究。张来林等2011年分别报道了充氮气调对高粱储藏品质的影响；充氮气调对稻谷、大豆品质的影响研究。张来林等2012还分别报道了充氮气调对高粱酿酒品质的影响研究；充氮气调对花生制油品质的影响研究；充氮气调对花生仁储藏品质影响的研究。王若兰等2013年报道了气调储藏条件下亚麻籽品质变化规律的研究。吴卫平等2013年报道了富氮低氧储存稻谷品质变化试验。邓立阳等2014年报道了在气调储藏条件下茶籽品质变化规律的研究。焦义文等2014年报道了充氮气调对小麦储藏品质的影响研究。季雪根等2015年报道了在气调储粮条件下稻谷呼吸熵探究。朱庆贺等2015年报道了气调储藏对芝麻生理品质影响的研究。尹绍东等2016年报道了充氮气调启封后对粳糙米品质影响的研究。

二、通风技术对储粮品质的影响研究

通过通风技术改变粮堆内气体介质的参数，调整粮堆温度、湿度等，以达到改善储粮性能和改善储粮加工品质的目的，我国粮食储藏专家学者以及科研人员在这方面做了很多工作。赵兴元等2000年报道了自然通风对保持储粮品质的作用研究。王绍轩等2001年报道了开展机械通风储粮，保持储粮品质的报告。杨清鹏等2003年报道了"四项技术"运用与储粮品质变化关系的实验研究。匡华祥2004年报道了应用轴流风机调节仓温延缓储粮品质陈化速度的试验报告。陈忠南等2007年报道了不同仓房条件及保管方式对储粮品质的影响研究。袁芳芳2014年报道了稻谷储藏过程中的品质变化分析与控制研究。李孟泽等2018年报道了不同通风方式对储粮保水均温减损效果研究。季振江等2018年报道了横向通风技术在科学储粮中的应用进展。周晓军等2018年报道了高大平房仓新粮通风效果研究。刘兵等2018年报道了稻谷产地分层通风对储粮品质的影响研究。王健等2018年报道了机械通风对浅圆仓玉米储藏品质的影响研究。王远成等2018年报道了不同通风方向对稻谷降水效果影响的数值模拟研究。刘长生等2018年报道了浅圆仓环流通风控温储粮测试报告。任伯恩等2018年报道了超高大平房仓储粮横向通风技术研究。宋志勇等2020年报道了低温干燥生态储粮区高大平房仓内环流控温储粮应用技术研究。

三、储粮害虫防治技术对储粮品质的影响研究

多年来，我国粮食储藏专家学者在储粮害虫的生态防治、生物防治、物理防治以及粮食储藏虫霉综合治理方面都做了大量研究并取得了明显进展。

张国梁等1986年报道了储粮害虫防护剂杀螟松甲嘧磷对谷物种子品质的影响。高影等1995年报道了不同浓度的二氧化碳对储粮品质的影响研究。何学超等2002年报道了臭氧熏蒸对储粮品质的影响。辛立勇等2007年报道了高大平房仓应用硅藻土杀虫剂防治储粮害虫的效果试验。李振权等2007年报道了不同生理状态霉菌对储粮品质危害性的研究。黄曼等2009年报道了用电子束辐照防治储粮害虫及对小麦品质影响的研究。欧阳建勋2011年报道了辣椒素抗有害生物及在稻谷绿色储藏中的应用研究。陈春武2012年报道了三种异硫氰酸酯对储粮害虫和霉菌的生物活性研究。李国尧等2013年报道了充氮气调对不同粮食品种的储藏影响研究。王晶磊等2014年报道了粮库储粮害虫防治存在问题及前景展望。郑秉照2016年报道了充氮控温气调储粮技术对储粮品质的影响。韦文生2017年报道了不同氮气浓度对储粮品质影响的试验。魏永威等2020年报道了惰性粉气溶胶与富氮气调综合防治储粮害虫研究。张峰等2020年报道了甲基嘧啶磷在高温高湿储粮区实仓防治储粮害虫的效果研究。

四、辐射技术对储粮品质的影响研究

我国辐射技术储粮研究始于1959年。粮食部科学研究设计院1961年报道了钴60γ射线对小麦、稻谷、马铃薯食用品质、生物化学变化影响的研究。该研究详细报道了用钴60γ射线2.58～774 C/kg剂量对全麦粉面筋的产量、质量，75%面粉粉质变化，面包、馒头的品质，小麦

生活力变化，小麦成分变化的影响。该研究表明了，经钴60γ射线20.34～51.6 C/kg剂量处理稻谷后，对稻谷米质变化、生活力变化、成分变化产生了影响。该研究还分析了钴60γ射线对马铃薯23个品种抑制发芽的有效剂量（绝大多数为2.58 C/kg）和成分变化。这一研究为以后的工作提供了重要参考依据。天津南开大学生物系和天津市粮食科学研究所1978年报道了钴60γ射线对小麦主要营养成分影响。证明：用剂量为258 C/kg、464 C/kg、516 C/kg、593 C/kg的钴60γ射线处理小麦对氨基酸影响不明显。郝文川等1980年报道了钴60γ射线对小麦、稻谷的过氧化物酶的效应。证明：所用钴60γ射线辐射量稻谷过氧化物酶活性均降低，辐射引起稻谷陈化主要与剂量有关，与剂量率影响不显著。稻谷经辐射技术处理后，过氧化物同功酶的聚丙烯酰胺凝胶电泳谱未见变化。朱承相等1981年报道了γ辐射对稻谷、小麦品质的影响——粮食的强辐射场辐照中间试验。该试验结果与以往试验完全一致，鉴于辐射效应主要取决于辐射量，建议选用高剂量率辐射源。

王若兰等2010年先后报道了γ射线、电子束处理对大豆品质的影响研究；γ射线、电子束处理对玉米品质的影响研究；γ射线、电子束处理籼稻品质的影响研究；γ射线辐照对粮食微观结构及其萌发特性的影响研究；2011年又报道了γ射线、电子束处理小麦及其制品品质的影响研究。张红云等2011年报道了微波处理对小麦烘焙品质影响的研究。王晶磊2015年报道了电子束辐射对赤拟谷盗脂肪酸值的影响研究。渠琛玲等2016年报道了全麦粉的微波稳定化工艺优化研究；2017年又报道了微波辐射对小麦微观结构的影响研究。

五、烘干技术对储粮品质的影响研究

北京市粮食局1960年报道了小麦烘干杀虫及其对工艺品质影响试验报告，证明：一定温度热风烘干后小麦面筋弹性好。

贾永华1984年报道了干燥对大豆品质的影响研究，证明：烘干热风温度高，对大豆理化品质有显著影响，不宜用快速高温法烘干高水分大豆，一般以45～52℃为宜。江苏省粮食局中心化验室1984年报道了全国中小型粮食干燥设备对小麦、稻谷品质的影响研究，试验中使用小型烘干机10台，共5种机型；堆放床式、间歇循环立筒式、机械循环式、高温快速喷冻床式和高温快速流化式。通过试验确定不同机型的适用范围，烘干温度不超过50℃，对小麦的品质影响不大。江苏省常州市粮油公司、常州市粮油科学研究所等1986年报道了大豆烘干及其对品质的影响研究，证明：外转圆筒烘干机烘干大豆较好，粮温控制在35℃，而用苏昆60型塔式烘干机烘干对大豆品质不利。

刘玉华2009年报道了干燥过程对玉米质量指标的影响。张玉荣等2009年报道了高水分玉米微波干燥特性及对加工品质的影响。刘劼武等2010年报道了烘后玉米脂肪酸值变化情况的研究分析。李改婵等2010年报道了玉米储藏品质变化趋势与控制的研究。张玉荣等2010年分别报道了热风和真空干燥玉米淀粉颗粒形貌及偏光特征的变化；热风和真空干燥玉米的品质评价与指标筛选研究。陈淑娟2010年报道了不同等级小麦粉在储存中脂肪酸值变化规律。张玉荣等2012年分别报道了干燥技术对稻谷品质影响的研究进展；稻谷热风与真空干燥特性及其加工品质的对比研究。杨慧萍等2013年报道了两种温度两种干燥方式对稻谷品质的影响。阚开胜等2014年报道了烘干对小麦质量的影响。陈江等2015年报道了低真空度变温干燥对稻谷干燥品质的影响研究。刘胜强等2016年报道了谷物稳定化技术及稳定化对谷物品质的影响研究进展。

附：分论一 / 第四章著述目录

第四章 粮油品质特性与变化研究

第一节 粮食品质研究

［1］ 黄省曾．理生玉镜稻品 [M]. 上海：商务印书馆，1937.

［2］ 罗登义．谷类化学 [M]. 北京：中华书局，1947.

［3］ 商业部四川粮食储藏科学研究所．我国稻谷品质测定三年总报告（1982—1984）[R]. 成都：商业部四川粮食储藏科学研究所，1986.

［4］ 商业部谷物油脂化学研究所，北京市粮食科学研究所．我国十一省（区）主要品种小麦的品质测定报告 [R]. 北京：商业部谷物油脂化学研究所，1984.

［5］ 商业部谷物油脂化学研究所，北京市粮食科学研究所．我国商品小麦品质测定报告 [C]// 北京食品学会：食品论文汇编．北京：商业部谷物油脂化学研究所，1985.

［6］ 商业部谷物油脂化学研究所．1985 年我国玉米品质测定报告 [R]. 北京：商业部谷物油脂化学研究所，1986.

［7］ 商业部谷物油脂化学研究所．我国 1983—1985 年商品大豆品质测定研究报告集 [R]. 北京：商业部谷物油脂化学研究所，1987.

［8］ 孟庆生，莫汝金，等．我国主要稻谷品种的淀粉含量 [J]. 粮食贮藏 1981，（4）：18-19.

［9］ 孟庆生，莫汝金，陈兰，等．我国主要稻谷品种淀粉成分的比例及其与粒形、成熟期的关系 [J]. 粮食贮藏，1981，（4）：20-24.

［10］ 关多元，柴惠娟，刘晓莉，等．小麦制粉工艺过程中各组份微量元素的含量 [J]. 粮食贮藏，1982，（6）：27-36.

［11］ 何照范，国兴民．谷类种子中淀粉的理化学性质 [J]. 粮食储藏，1984，（1）：18-26.

［12］ 沈东根，等．小麦容重与出粉率关系的研究（一）（二）[C]// 商业部四川粮食储藏科学研究所科研报告论文集（1968-1985）．成都：全国粮油储藏科技情报中心站，1985.

［13］ 湖北省粮食局储运处．湖北省稻米品质研究 [C]// 中国粮油学会储藏专业学会第一届年会学术交流论文．北京：中国粮油学会储藏专业学会，1986.

［14］ 佘纲哲．晋冀鲁豫一些玉米品种淀粉特性初步研究 [J]. 郑州粮食学院学报，1987，（4）：1-7.

［15］ 张法楷，王开敏．宁夏小麦烘焙品质和蒸煮品质的研究 [J]. 粮食储藏，1987，（4）：42-47.

［16］ 张法楷．我国北方小麦的烘焙品质和蒸煮品质 [J]. 粮食储藏，1989，（6）：47-54.

［17］ 祁国中，路茜玉，周展明．玉米品种自动化鉴定研究Ⅰ．电泳数据标准化研究 [J]. 中国粮油学报，1995，（2）：35-38.

［18］ 姚大年，徐风，马传喜，等．中国首批面包小麦品种品质的研究 [J]. 中国粮油学报，1995，（4）：1-4.

［19］ 周光俊，唐瑞明．美国加利福尼亚州低蛋白质硬红麦硬白麦实用性研究 [J]. 中国粮油学报，1995，（1）：14-21.

[20] 张法楷.饲料在储藏期间过氧化值的变化[J].粮食储藏,1999,(6):41-43.

[21] 熊鹤鸣,王晓清,周天智,等.散装稻谷储藏品质变化规律的研究[J].粮食储藏,20,(3):5-10.

[22] 陈嘉东,刘光亚,钟国才,等.华南早造晚籼稻品质变化规律与定级探讨[J].粮食储藏,2003,(4):37-40.

[23] 王建生,顾雅贤.江苏省几种小麦的品质分析[J].粮油仓储科技通讯,2004,(6):50-51.

[24] 于志刚,郑旭光,周慧星.储备粮品质指标检测刍议[J].粮食科技与经济,2004,(1):38-39.

[25] 马文斌,周淑琴.稻谷品质测报抽样样本容量的优化分析[J].粮食与食品工业,2004,(4):45-48.

[26] 戴波.2003年江苏省商品小麦品质调查报告[J].粮食与食品工业,2004,(4):43-44.

[27] 蔡嵘,许青.计算机及数据库技术在粮食品质测报工作中的应用[J].粮食与食品工业,2004,(2):45-47.

[28] 杨春华,张守文.部分市售小麦粉的品质差异分析[J].粮食与食品工业,2004,(2):11-13.

[29] 郝伟,于素平,管超.小麦品质控制与粮食储存[J].粮食储藏,2004,(5):39-41.

[30] 孙辉,黄兴峰,张之玉,等.小麦质量安全研究进展[J].粮油食品科技,2005,(4):1-4.

[31] 金文林,濮绍京,赵波,等.中国小豆地方品种籽粒品质性状的评价[J].中国粮油学报,2006,(4):50-54.

[32] 戴波,莫晓嵩.粮食收获质量调查和品质测报工作有关问题探讨[J].粮食与食品工业,2006,(3):13-14.

[33] 刘圣安,邹贻方,邓永文,等.优质籼稻谷作为储备粮的可行性探讨[J].粮食储藏,2006,(5):53-54.

[34] 杨祥林.以服务"三农"为宗旨,做好稻谷品质测报工作[J].粮油仓储科技通讯,2006,(5):47-48.

[35] 翟得冲,王浩.经验法判定小麦品质[J].粮食与食品工业,2006,(1):58.

[36] 谭洪卓,谷文英,谢岩黎,等.甘薯淀粉粉团的流变行为研究[J].中国粮油学报,2006,(4):76-80.

[37] 朱帆,徐广文,丁文平.小麦淀粉颗粒大小和糊化特性的相关性研究[J].中国粮油学报,2006,(4):32-34.

[38] 司红起,马传喜.Secalin蛋白检测及其与面团黏性关系的研究[J].中国粮油学报,2006,(5):28-31.

[39] 赵功玲,路建锋,苏丁.三种加热方式对油脂品质影响的比较[J].中国粮油学报,2006,(5):113-116.

[40] 白桂香,汪晓峰,景新明,等.水稻种子耐干性机理的研究[J].粮食储藏,2007,(3):30-35.

[41] 陈建伟,刘璎瑛.基于机器视觉技术的大米品质检测综述[J].粮食与食品工业,2008,(3):44-47.

[42] 陈晶,叶益强.中央储备玉米品质控制初探[J].粮油仓储科技通讯,2008,(5):49-50.

[43] 孙辉,姜薇莉,田晓红,等.小麦储存品质判定研究[J].粮油食品科技,2009,(4):6-9.

[44] 杜玮,华娣,钱小君.几种特种食用油脂的营养价值及功效[J].粮食与食品工业,2009,(4):14-17.

［45］ 郑少华.中晚籼稻质量和品质调查分析[J].粮油食品科技，2010，（6）：5-8.

［46］ 孙辉，尹成华，赵仁勇，等.我国小麦品质评价与检验技术发展现状[J].粮食与食品工业，2010，（5）：14-48.

［47］ 王兴磊，梁瑞.粮食质量调查和品质测报工作探讨[J].粮油仓储科技通讯，2010，（4）：52-53.

［48］ 李新红，郭长征.浅谈粮食质量测报[J].粮油仓储科技通讯，2010，（2）：8-12.

［49］ 罗光彬，黄修文，尤明山，等.小麦Wx基因研究进展[J].粮油食品科技，2010，（6）：1-4.

［50］ 何彤斌.对粮食收获质量调查及品质测报工作的认识[J].粮油食品科技，2010，（3）：66-68.

［51］ 贾爱霞，王晓曦，王绍文，等.小麦的营养组分及加工过程中的变化[J].粮食与食品工业，2010，（2）：4-6.

［52］ 时南平，胡晓红，时恺，等.如皋种植七品种稻谷质量、品质对比分析[J].粮油仓储科技通讯，2010，（5）：43-46.

［53］ 汪丽萍，郝希成，张蕊.葵花籽油脂肪酸成分标准物质的研制[J].粮油食品科技，2011，（1）：29-31.

［54］ 包金阳，陆启玉，孙辉.糙米储藏过程品质变化研究进展[J].粮油食品科技，2011，（3）：9-13.

［55］ 马宏.新疆小麦质量状况调查与分析[J].粮油食品科技，2012，（5）：42-43.

［56］ 樊超，夏旭，石小凤，等.基于优化神经网络的小麦品种分类研究[J].河南工业大学学报(自然科学版)，2012，（4）：72-76.

［57］ 胡纪鹏，路辉丽，张威，等.2011年河南省仓储小麦品质状况研究[J].粮食储藏，2012，（5）：32-35.

［58］ 吴学友，唐培安，宋伟.储藏期内转Bt基因稻谷品质及抗虫性研究进展[J].粮食储藏，2012，（5）：3-6.

［59］ 杨学文.江西地区油茶籽含油率和脂肪酸组成的调查与分析[J].粮油仓储科技通讯，2012，（3）：35-37.

［60］ 孟婷婷，周柏玲，石磊，等.杂粮粉与小麦粉黏度特性比较研究[J].粮油食品科技，2012，（5）：19-20.

［61］ 蒋澄刚.粳稻水分对出糙率与整精米率相关性的影响[J].粮油食品科技，2012，（5）：21-22.

［62］ 王华，廖江明，吴新连，等.关于对进口玉米质量品质情况的调查报告[J].粮油仓储科技通讯，2013，（1）：31-32.

［63］ 渠琛玲，马玉洁，王若兰，等.硬麦八号主要组成部位四种主要蛋白质和营养矿物质元素含量分析[J].粮食与饲料工业，2014，（3）：8-10.

［64］ 王春莲，王则金，林震山，等.大米储藏过程品质变化研究[J].粮食与饲料工业，2014，（5）：5-9.

［65］ 王国琴.不同控温标准玉米质量品质变化规律研究[J].粮油仓储科技通讯，2014，（6）：20-22.

［66］ 乐恭林，王建国，曾庆林，等.优质稻谷储藏期间的品质变化[J].粮油仓储科技通讯，2014，（1）：50-52.

［67］ 杨慧萍，陆蕊民，李冬坤，等.粳稻谷表面颜色变化的动力学研究[J].粮食储藏，2014，（6）：30-33.

［68］ 刘晓庚，袁磊.谷物中类胡萝卜素的研究[J].粮油仓储科技通讯，2014，（3）：39-44.

［69］ 渠琛玲，王芳婷，马玉洁，等.硬麦八号全麦粉的品质特性分析及曲奇饼干的制作[J].食品科技，2015，（11）：131-133.

[70] 杨春玲，薛鑫.豫北地区主推小麦品种品质分析 [J].粮油仓储科技通讯，2015，（3）：36-41.

[71] 渠琛玲，王芳婷，马玉洁，等.硬麦八号小麦品质特性分析 [J].粮食与饲料工业，2016，（3）：10-12.

[72] 丁秋，舒在习，赵会义，等.基于小麦籽粒高光谱特征的品种鉴别研究 [J].粮食储藏，2017，（2）：30-35.

[73] 唐文强，刘建伟.计算机图像处理在大米形状识别的应用研究 [J].粮食储藏，2017，（6）：43-48.

[74] 李小明.夯实粮食质量现状调查及发展探讨 [J].粮食储藏，2018，（1）：54-56.

[75] 杨超，姜友军，付爱华，等.稻谷不同储藏年份及其品质变化规律探讨 [J].粮食储藏，2018，（2）：32-34.

[76] 陈文根，李秀娟，吴兰.基于深度卷积网络的小麦品种识别研究 [J].粮食储藏，2018，（2）：1-4.

[77] 王宏，侯文忠，贾香园，等.关于不完善粒超标小麦清理工艺的研究 [J].粮油仓储科技通讯，2019，（1）：21-25.

[78] 聂煌.稻芽中 γ-氨基丁酸含量变化研究 [J].粮食储藏，2019，（5）：42-45.

第二节　粮食品质劣变指标研究

[79] 商业部四川粮食储藏科学研究所.不同储藏年限稻谷品质的研究（第1报）[J].粮食贮藏，1982，（1）：32-43.

[80] 商业部四川粮食储藏科学研究所.大豆储藏品质指标的研究 [C]// 中国粮油学会储藏专业学会第一届年会学术交流论文.成都：中国粮油学会储藏专业学会，1986.

[81] 商业部四川粮食储藏科学研究所.大豆储藏期间脂溶性磷指数的变化以及其他品质指标的关系 [C]// 中国粮油学会储藏专业学会第一届年会学术交流论文.成都：中国粮油学会储藏专业学会，1986.

[82] 商业部四川粮食储藏科学研究所，浙江省粮食科学研究所，北京市粮食科学研究所.大米储藏品质指标的研究 [C]// 中国粮油学会储藏专业学会第一届年会学术交流论文.成都：中国粮油学会储藏专业学会，1986.

[83] 商业部四川粮食储藏科学研究所，北京市粮食科学研究所.面粉储藏品质指标研究 [C]// 中国粮油学会储藏专业学会第一届年会学术交流论文.成都：中国粮油学会储藏专业学会，1986.

[84] 秦礼谦，周瑞兰，王兰.小麦长期贮藏生化指标的研究 [J].郑州粮食学院学报，1981，（2）：3-11，25.

[85] 周士英.大米食用品质的研究 [C]// 第二次全国粮油储藏专业学术交流会文献选编.成都：全国粮油储藏科技情报中心站，粮食部四川粮食储藏科学研究所，1981.

[86] 王荣民，吕季璋.米饭香气分析初步探讨 [C]// 第二次全国粮油储藏专业学术交流会文献选编.成都：全国粮油储藏科技情报中心站，粮食部四川粮食储藏科学研究所，1981.

[87] 余树南.储粮品质变化研究初步小结 [C]// 第二次全国粮油储藏专业学术交流会文献选编.成都：全国粮油储藏科技情报中心站，粮食部四川粮食储藏科学研究所，1981.

[88] 商业部四川粮食储藏科学研究所.稻谷中挥发性羟基化合物的组成和含量与储藏年限的关系 [C]// 第二次全国粮油储藏专业学术交流会文献选编.成都：全国粮油储藏科技情报中心站，粮食部四川粮食储藏科学研究所，1981.

[89] 马钟登，林忠平，等.我国各地若干品种大豆品质的研究 [C]// 第三次全国粮油储藏学术会文选.成都：全国粮油储藏科技情报中心站，商业部四川粮食储藏科学研究所，1984.

[90] 胡振东，于佩英，周博圻，等.小麦在不同条件下长期储藏品质变化的研究 [C]// 第三次全国粮油储藏学术会文选.成都：全国粮油储藏科技情报中心站，商业部四川粮食储藏科学研究所，1984.

[91] 无锡轻工学院大米陈化指标研究课题组.大米陈化指标的研究（1）[C]// 第三次全国粮油储藏学术会文选.成都：全国粮油储藏科技情报中心站，商业部四川粮食储藏科学研究所，1984.

[92] 汤镇嘉.粮食挥发性成分的研究进展 [C]// 中国粮油学会储藏专业学会第一届年会学术交流论文.成都：中国粮油学会储藏专业学会，1986.

[93] 盛敏洁，陈锡坤，等.大米安全储藏谷化检定指标与品质陈化的初步探讨 [C]// 中国粮油学会储藏专业学会第一届年会学术交流论文.成都：中国粮油学会储藏专业学会，1986.

[94] 王荣民，吕季章，沈若荃，等.大米在储藏期间品质变化敏感因子研究进展 [C]// 中国粮油学会储藏专业学会第一届年会学术交流论文.成都：中国粮油学会储藏专业学会，1986.

[95] 湖北省粮食局储运处，武汉市粮食公司，武汉市第二粮库.稻谷储藏品质变化的研究 [C]// 中国粮油学会储藏专业学会第一届年会学术交流论文.成都：中国粮油学会储藏专业学会，1986.

[96] 秦礼谦，胡振东，赵友梅.再论小麦长期贮藏品质劣变生化指标 [J].郑州粮食学院学报，1987，（4）：15-19.

[97] 路茜玉.大米陈化机理的研究及其控制对策 [J].郑州粮食学院学报，1993，（4）：1-7.

[98] 周世琦，郭祀远.大米陈化机理与改质方法的探讨 [J].粮食储藏，1995，（2）：28-31.

[99] 邱明发，金铁成，周瑞芳，等.米谷蛋白与淀粉组分在大米陈化过程中的变化 [J].中国粮油学报，1998，（1）：14-17.

[100] 钱海峰，姚惠源.大米陈化过程中的组织学变化研究 [J].粮食储藏，2001，（1）：41-45.

[101] 张萃明.光透差作为大米储藏品质劣变主要指标的研究 [J].粮食储藏，2001，（3）：37-40.

[102] 李军.对超期储存和陈化粮的几点看法 [J].粮食流通技术，2001，（6）：30-31.

[103] 张玉荣，周显青，钟丽玉，等.稻谷新陈度对其籽粒中生物大分子的结构及热特性的影响 [J].中国粮油学报，2001，（6）：26-29.

[104] 杨科，陈渠玲，王平，等.光透差作为稻谷储藏品质劣变指标的探讨 [J].粮食科技与经济，2003，（5）：35-36.

[105] 胡连锋，杨文海，丁建武.稻谷品种质量调查与分析研究 [J].粮食储藏，2003，（5）：30-32.

[106] 张玉荣，周显青，王东华，等.稻谷新陈度的研究：稻谷储藏品质指标与储藏时间的关系 [J].粮食与饲料工业，2003，（8）：8-10.

[107] 张玉荣，周显青，王东华，等.稻谷新陈度的研究（三）：稻谷在储藏过程中 α 淀粉酶活性的变化及其与各储藏品质指标间的关系 [J].粮食与饲料工业，2003，（10）：12-14.

[108] 叶霞，李学刚，张毅.稻谷陈化过程中维生素 B_1 和 B_2 变化的动力学研究 [J].粮食储藏，2004，（1）：45-46.

[109] 叶霞，李学刚，张毅，等.稻米陈化过程中重要营养素变化动力学特征的初步探讨 [J].中国粮油学报，2004，（1）：4-7.

[110] 范自营.陈化小麦影响因素研究 [J].粮食与油脂，2004，（6）：27-28.

[111] 万忠民，吴琳.不同储藏温度下小麦的品质劣变 [J].粮油食品科技，2005，（6）：6-7.

[112] 杨建平，王若兰，高雪琴.玉米品质与新陈程度关系的研究[J].粮食加工，2006，（5）：89-91.

[113] 四川省眉山市东坡区国家粮食储备库.粮食温度与粮食陈化速度的试验研究[J].粮油仓储科技通讯，2007，（2）：13-14.

[114] 顾晨斌，吴青.大豆储藏品质的研究与探讨[J].粮食储藏 2007，（6）：36-39.

[115] 张玉荣，周显青，张勇.储存玉米陈化数学模型的建立和机理探讨[J].河南工业大学学报（自然科学版），2007，（6）：4-8.

[116] 陈玮，李喜宏，郭红莲，等.天津大米超长期贮藏的醛系物积累与调控研究[J].中国粮油学报，2007，（6）：139-141.

[117] 侯彩云，王启辉，黄训文，等.陈化稻米数字图像检测方法的研究[J].中国粮油学报，2008，（4）：194-196.

[118] 张玉荣，周显青，王锋.粳稻新鲜度敏感指标的筛选及其验证[J].中国粮油学报，2008，（4）：9-13.

[119] 吴新连，王大枚，罗柏流，等.不同破损粒含量玉米陈化试验[J].粮食储藏，2009，（3）：43-45.

[120] 李兴军.稻谷陈化的生理生化机制[J].粮食科技与经济 2010，（3）：38-42.

[121] 张玉荣，贾少英，周显青.糙米储藏陈化过程中生理生化指标变化特性[J].农业工程学报，2011，（9）：375-380.

[122] 黄亚伟，张令，王若兰.新陈玉米的拉曼光谱快速判别研究[J].现代食品科技，2014，（12）：149-152.

[123] 王若兰，张丽丽，曹志帅.储藏微环境下小麦胚细胞超微结构变化及衰老机制研究[J].中国粮油学报，2014，（10）：77-82.

[124] 周海军，朱建丽，费淑君，等.稻谷储存期限与脂肪酸值、大米新陈度显色关系探讨[J].粮食储藏，2016，（4）：54-56.

[125] 张玉荣，刘敬婉，周显青，等.粳稻陈化过程中糊化特性变化动力学特征的初步探讨[J].粮食与油脂，2016，（2）：49-56.

[126] 张玉荣，周显青，刘敬婉.加速陈化对粳稻的营养组分及储藏、加工品质的影响[J].河南工业大学学报（自然科学版），2017，（5）：37-44.

[127] 曾长庚，黄建运，叶大庆.大米陈化研究进展[J].粮食储藏，2017，（4）：45-50.

[128] 吴文强，黄祖亮，黄明智，等.东南地区优质稻延缓品质变化技术应用[J].粮食储藏，2017，（6）：13-16.

[129] 石翠霞，张越，高岩，等.不同储藏条件下稻谷新鲜度指标变化规律研究[J].粮食储藏，2018，（2）：39-42.

第三节　不同储藏条件与方法对粮食品质变化的影响研究

[130] 于秀荣，赵思孟，蔡风英，等.人工模拟低温、准低温储藏对过夏大米品质变化的研究[J].粮食储藏，1997，（6）：34-38.

[131] 张玉荣，温纪平，周显青.不同储藏温度条件下玉米品质变化研究[J].粮食储藏，2003，（3）：7-9.

[132] 王若兰，白栋强，姚玮华.主要储备粮种在不同温度状态下储藏品质的研究[J].郑州工程学院学报，2003，（4）：5-8.

［133］ 周天智，刘楚才，李维民，等．含水量不同的籼稻在不同储藏温度下品质变化研究［J］．粮食储藏，2005，（3）：30–35.

［134］ 孙辉，姜薇莉，田晓红，等．小麦粉储藏品质变化规律研究［J］．中国粮油学报，2005，（3）：77–82.

［135］ 张来林，陆亨久，尚科旗．不同温度下稻谷的品质变化［J］．粮食储藏，2005，（6）：32–34.

［136］ 董恩富，袁士福，陈统斌．优良稻谷和常规稻谷储藏品质的变化规律［J］．粮食科技与经济，2006，（6）：39.

［137］ 汪海峰，许德存．高温高湿储藏条件下小麦若干品质性状变化规律的研究［J］．粮食储藏，2006，（5）：36–42.

［138］ 杨晓蓉，周建新，姚明兰，等．不同储藏条件下稻谷脂肪酸值变化和霉变相关性研究［J］．粮食储藏，2006，（5）：49–52.

［139］ 程启芬．温度、露置时间及水分含量对大米色泽和黏度的影响［J］．粮食与食品工业，2006，（3）：20–23.

［140］ 金浩，孙肖冬，华祝田，等．不同储藏条件下稻谷整精米率变化的研究［J］．粮食储藏，2006，（6）：42–44.

［141］ 王若兰，黄亚伟，刘毅，等．小麦储藏品质评价指标研究［J］．粮食科技与经济，2007，（6）：31–32.

［142］ 李宏洋，王若兰，胡连荣．不同储藏条件下糙米品质变化研究［J］．粮食储藏，2007，（4）：38–41.

［143］ 李喜宏，陈玮，王冬浩．人工模拟高温高湿过夏贮藏条件对大米总酸值的变化研究［J］．中国粮油学报，2007，（2）：109–111.

［144］ 李世荣，万红艳，肖建文，等．泰国巴吞米在不同储藏条件下品质变化的研究［J］．粮食储藏，2008，（3）：39–41.

［145］ 周凤英，白喜春，毛秀云，等．不同水分的大米在不同温度下储藏品质变化规律的研究［J］．粮油仓储科技通讯，2008，（6）：42–44.

［146］ 宋伟，丁超，胡寰翀，等．储藏有效积温与小麦游离脂肪酸值上升速度关系研究［J］．粮食储藏，2009，（5）：22–24.

［147］ 雷玲，孙辉，姜薇莉，等．稻谷储存过程中品质变化研究［J］．中国粮油学报，2009，（12）：101–106.

［148］ 黄雄伟，游红光，许建华，等．稻谷储藏品质变化规律研究［J］．粮油仓储科技通讯，2010，（6）：41–45.

［149］ 宋伟，陈瑞，刘璐．不同储藏条件下糙米中过氧化氢酶活动度的变化规律［J］．粮食储藏，2010，（6）：28–33.

［150］ 朱光有，张玉荣，贾少英，等．国内外糙米储藏品质变化研究现状及展望［J］．粮食与饲料工业，2011，（10）：1–4.

［151］ 包金阳，陆启玉，孙辉．糙米储藏过程品质变化研究进展［J］．粮油食品科技，2011，（3）：9–13.

［152］ 张来林，李岩，陈娟，等．不同储藏温度及储藏方法对稻谷品质的影响［J］．粮食与饲料工业，2011，（7）：17–19.

［153］ 姜建枝，安西友，陈明伟，等．相同储藏条件下同年度不同品种小麦品质的变化［J］．粮食储藏，2011，（2）：50–53.

[154] 张辉，李彦军．浅谈玉米的感官鉴定 [J]．粮油仓储科技通讯，2011，（1）：43–45.

[155] 林家永，范维燕，薛雅琳，等．稻米储藏品质近红外光谱快速判定技术及仪器研发 [J]．中国粮油学报，2011，（7）：113–118.

[156] 杨基汉，张瑞，王璐，等．高湿条件下温度对储藏稻谷水分和脂肪酸值的影响研究 [J]．粮食储藏，2011，（1）：45–47.

[157] 张玉荣，贾少英，周显青．糙米储藏品质评价数学模型的建立 [J]．河南工业大学学报(自然科学版），2011，（6）：1–7.

[158] 古争艳，张来林，周杰生，等．不同温度对三种粮食储藏品质的影响研究 [C]//2011 国际生物医学与工程会议录：智能信息技术应用学会会议论文集．北京：智能信息技术应用学会，2011：523–527.

[159] 王正，陈江，梁礼燕，等．稻谷吸湿裂纹生成与扩展的机理分析 [J]．粮食储藏，2011，（1）：30–35.

[160] 周建新，张杜娟，张瑞，等．温度和臭氧处理对储藏大米脂肪酸值影响的回归方程研究 [J]．粮食储藏，2012，（4）：30–33.

[161] 龙伶俐，薛雅琳，郁伟，等．大豆储藏品质判定指标的研究 [J]．中国粮油学报，2012，（7）：82–85.

[162] 张来林，黄文浩，肖建文，等．不同储藏条件对大豆、稻谷蛋白中巯基和二硫键的影响研究 [J]．粮食加工，2012，（3）：67–70.

[163] 王彦超，张来林，周杰生，等．不同储藏条件对油菜籽生理活性的影响研究 [J]．河南工业大学学报（自然科学版），2012，（2）：57–60.

[164] 付强，鞠兴荣，高瑀珑，等．不同储藏条件下小麦粉挥发物与理化指标相关性分析 [J]．粮食储藏，2012，（1）：42–46.

[165] 张春林，张晶．储存环节玉米脂肪酸值变化趋势探析 [J]．粮油仓储科技通讯，2012，（3）：38–40.

[166] 包金阳，孙辉，陆启玉，等．糙米储藏过程外观和品质的变化 [J]．粮油食品科技，2013，（3）：53–56.

[167] 李岩，张来林，顾祥明，等．不同储藏条件对油葵籽生理品质的影响研究 [J]．河南工业大学学报（自然科学版），2013，（4）：34–38.

[168] 袁建，刘婷婷，石嘉怿，等．环境温度对油菜籽储藏品质的影响 [J]．中国油脂，2013，（6）：55–59.

[169] 朱庆贺，沈益荣，张来林，等．不同储藏条件对油菜籽制油品质的影响 [J]．河南工业大学学报（自然科学版），2013，（6）：77–81.

[170] 张来林，郑亿青，顾祥明，等．不同储藏条件对油葵籽储藏品质的影响研究 [J]．河南工业大学学报（自然科学版），2013，（5）：29–34.

[171] 张玉荣，刘月婷，张德伟，等．小麦中淀粉在不同储藏温、湿度下糊化特性的变化 [J]．河南工业大学学报（自然科学版），2014，（2）：10–15.

[172] 李秀娟，张忠杰，任广跃，等．高水分成品大米低温储存及低温解除后品质变化研究 [J]．粮油食品科技，2014，（5）：93–99.

[173] 孙辉，包金阳，张蕊，等．糙米在不同温度储藏中脂肪酸的变化 [J]．粮油食品科技，2014，（3）：102–105.

［174］ 张美玲 . 不同温度条件下稻谷挥发性物质与糊化特性的研究 [J]. 粮食储藏，2014，（2）：44-49.

［175］ 吴晓冬 . 西北地区不同温度下稻谷品质的变化 [J]. 粮油仓储科技通讯，2014，（3）：36-38.

［176］ 唐芳，程树峰，欧阳毅，等 . 储藏水分、温度和真菌生长对小麦发芽率的影响 [J]. 粮食储藏，2014，（4）：44-47.

［177］ 李晨阳，张振山，刘玉兰 . 储藏条件对大豆品质变化的影响 [J]. 粮油食品科技，2014，（1）：71-75.

［178］ 吴芳，李宝玲，李月，等 .25℃条件下不同水分玉米对储藏环境中气体浓度变化的影响研究 [J]. 粮食储藏，2014，（5）：1-7.

［179］ 王若兰，马良，梁竣琪 . 高温储藏玉米品质变化研究 [J]. 粮油食品科技，2015，（1）：98-101.

［180］ 马良，王若兰 . 高温储藏条件下不同水分含量小麦品质变化研究 [J]. 粮食与油脂，2015，（2）：24-27.

［181］ 费杏兴，李冬坤，殷月，等 . 粳稻谷储存中谷外糙米对稻谷品质的影响研究 [J]. 粮食储藏，2015，（4）：43-47.

［182］ 陈伊娜，卢章明，谢静杰，等 . 高温高湿生态区稻谷储存期间品质变化研究 [J]. 粮食储藏，2015，（5）：31-36.

［183］ 张玉荣，暴洁，刘月婷，等 . 典型储粮环境下小麦淀粉颗粒特性变化研究 [J]. 河南工业大学学报（自然科学版），2015，（1）：1-7.

［184］ 魏成林，肖建文，李世荣，等 . 不同控温方式对粳米品质变化的影响 [J]. 粮油仓储科技通讯，2015，（4）：20-22.

［185］ 刘宗浩，舒在习，姜梅 . 储藏温度和水分对大米糊化特性影响的研究 [J]. 粮食储藏，2015，（3）：34-36.

［186］ 黄达志，何保卫，傅灼森，等 . 综合控温技术对稻谷储存品质变化的影响 [J]. 粮油仓储科技通讯，2015，（6）：50-53.

［187］ 肖建文，魏成林，贾然，等 . 不同控温控湿方式对国产籼米品质变化规律的研究 [J]. 粮油仓储科技通讯，2015，（6）：22-25.

［188］ 张来林，朱庆贺，周杰生，等 . 不同储藏条件对芝麻制油品质的影响研究 [J]. 河南工业大学学报（自然科学版），2015，（2）：47-51.

［189］ 费杏兴，潘俊，胡婉君，等 . 四种因素对晚粳稻糊化特性和脂肪酸值的影响研究 [J]. 粮食储藏，2016，（5）：37-40.

［190］ 渠琛玲，王芳婷，马玉洁，等 . 硬麦八号小麦品质特性分析 [J]. 粮食与饲料工业，2016，（3）：10-12.

［191］ 蔡晓宁，张来林，陶琳岩 . 不同储藏条件下绿豆品质变化规律研究 [J]. 河南工业大学学报（自然科学版），2016，（2）：16-21.

［192］ 李新华，李利霞，杨权 . 不同储存条件下稻谷水分和脂肪酸值变化及霉变规律 [J]. 粮食储藏，2016，（2）：49-51.

［193］ 张来林，蔡晓宁，陶琳岩，等 . 不同储藏条件对绿豆淀粉含量及糊化特性的影响 [J]. 河南工业大学学报（自然科学版），2016，（5）：39-45.

［194］ 马梦苹，张来林 . 芝麻在储藏过程中的生物化学变化 [J]. 现代食品，2016，（2）：38-40.

［195］ 张玉荣，高佳敏，周显青，等 . 干法制粉工艺对糯米粉破损淀粉及糊化特性的影响 [J]. 河南工业大学学报（自然科学版），2016，（1）：49-54.

[196] 唐芳,程树峰,欧阳毅,等.储藏水分、温度和真菌生长对小麦发芽率的影响[J].粮食储藏,2014,（4）：44-47.

[197] 唐芳,程树峰,欧阳毅,等.储存水分、温度和真菌生长对大豆品质的影响[J].粮油食品科技,2016,（3）：74-78.

[198] 万红艳,马海洋.不同储藏条件下大米新鲜度的变化研究[J].粮油仓储科技通讯,2016,（6）：49-50.

[199] 张玉荣,侯文珊,左祥莉,等.储藏温度对三种筋力小麦生化指标的影响[J].粮食与饲料工业,2017,（6）：4-8.

[200] 曾长庚,黄建运,叶大庆.大米陈化研究进展[J].粮食储藏,2017,（4）：45-50.

[201] 陶金亚,张来林,李建锋.不同储藏条件下红豆品质变化规律研究[J].粮食与饲料工业,2017,（10）：13-18.

[202] 毕文雅,张来林,林玉辉,等.偏高水分闽北优质稻在储藏期间的品质变化研究[J].河南工业大学学报（自然科学版）,2017,（4）：42-46.

[203] 夏宝林,董红建,孙伟,等.常规储藏条件下谷外糙米对稻谷品质影响的研究[J].粮食储藏,2018,（5）：27-30.

[204] 蔡巍.鲁西地区高大平房仓储存散装稻谷品质变化规律研究[J].粮食储藏,2018,（3）：38-47.

[205] 王健,汪东风.优化浅圆仓玉米进仓工艺对储藏品质的影响[J].粮食储藏,2019,（3）：14-17.

[206] 汪紫薇,渠琛玲,刘畅,等.干湿混储小麦通风降水规律及其储藏品质变化研究[J].粮食储藏,2019,（3）：1-5.

[207] 李建雅.黑龙江大豆和美国大豆在山东储藏期间品质变化研究[J].粮食储藏,2019,（4）：46-51.

[208] 周天智,莫魏林,夏宏典,等.高大平房仓散装稻谷储藏品质变化规律研究[J].粮食科技与经济,2005,（3）：43-44.

[209] 王晓丽,李伟,陆满国,等.不同仓型对储存小麦品质影响的探讨[J].粮食储藏,2008,（3）：54-56.

[210] 张来林,杨占雷,左永明,等.不同仓型小麦品质变化的研究[J].河南工业大学学报（自然科学版）,2008,（6）：26-30.

[211] 古争艳,李庆龙,张来林,等.两种储藏方式对三种原粮储藏品质的影响[J].粮食与饲料工业,2012,（11）：15-19.

[212] 赵建华,王若兰,许明辉,等.高大平房仓包装稻谷储存期间品质变化规律研究[J].粮食储藏,2012,（3）：14-17.

[213] 古争艳,詹启明,张来林,等.不同储藏方式对粳糙米加工及食用品质的影响[J].粮食与饲料工业,2013,（4）：5-8.

[214] 童茂彬,李岩,董晓欢,等.不同储藏方式对籼糙米储藏品质的影响研究[J].河南工业大学学报（自然科学版）,2013,（1）：96-102.

[215] 詹启明,古争燕,张来林,等.不同储藏方式对粳糙米储藏品质的影响[J].粮食与饲料工业,2013,（1）：1-5.

[216] 李岩,童茂林,张来林,等.不同储藏方式对籼糙米加工食用品质的影响[J].河南工业大学学报（自然科学版）,2013,（2）：47-51.

[217] 钟建军,吕建华,谢更祥,等.不同储藏方式对小麦粉水分、脂肪酸值和白度的影响[J].粮食与饲料工业,2013,（2）：13-15.

[218] 李燕羽，曹阳，黄成，等.四种储藏方式对东北大豆品质影响的研究 [J].粮油食品科技，2013，（5）：105–108.

[219] 张浩，黄文浩，肖建文，等.不同储藏方式对粳米食味品质的影响研究 [J].粮食储藏，2016，（6）：46–49.

[220] 王伟，张艳，肖雪芹.不同储藏方式下四级菜籽油品质变化研究 [J].粮食储藏，2019，（1）：39–42.

[221] 许建双，李浩杰，安超楠，等.高温季节不同储存方式对偏高水分玉米品质指标影响 [J].粮食储藏，2019，（2）：11–15.

第四节 粮油特性与储粮品质研究

[222] 徐广文.介电特性在粮食物性测量中的应用分析 [J].武汉食品工业学院学报，1995，（4）：5–9.

[223] 朱文学，张正勇.谷物红外吸收特性的研究 [J].粮食储藏，2003，（3）：38–41.

[224] 袁翠平，田纪春.小麦籽粒硬度与胚乳显微结构关系研究 [J].中国粮油学报，2004，（2）：28–31.

[225] 杨铭铎，于亚莉，高峰，等.湿面品质的影响因素研究 [J].中国粮油学报，2004，（2）：35–41.

[226] 姜薇莉，孙辉，凌家煜.粉质质量指数(FQN)对于评价小麦粉品质的实用价值研究 [J].中国粮油学报，2004，（2）：42–48.

[227] 程绪铎，杨国峰，温吉华，等.谷物储藏中静态载荷的几个理论的分析与比较 [J].粮食储藏，2005，（3）：49–52.

[228] 刘奕，程方民.稻米中蛋白质和脂类与稻米品质的关系综述 [J].中国粮油学报，2006，（4）：6–10.

[229] 程绪铎，宋伟，杨国峰.振动容器中谷物颗粒间空隙的预测 [J].粮食储藏，2007，（4）：13–18.

[230] 蒋华伟，史磊.粮堆内发热局部温度场变化数学模型研究 [J].河南工业大学学报（自然科学版），2007，（2）：11–14.

[231] 张玉荣，周显青，王君利，等.小麦杂质类型和含量对粮堆物理特性的影响 [J].河南工业大学学报（自然科学版），2009，（4）：8–11.

[232] 程绪铎，安蓉蓉，曹阳，等.小麦粮堆弹性模量的实验测定与研究 [J].粮食储藏2009，（6）：22–25.

[233] 安蓉蓉，曹阳，程绪铎，等.稻谷内摩擦角的测定与实验研究 [J].粮食储藏，2009，（3）：31–33.

[234] 丁耀魁，刘伟，齐正林.粮食相对密度测定的影响因素 [J].粮油食品科技，2009，（6）：35–36.

[235] 邵慧，李荣锋，张景花，等.小麦水分含量对容重影响的研究 [J].粮油食品科技，2009，（3）：1–3.

[236] 程绪铎，安蓉蓉，曹阳，等.小麦、稻谷及玉米内摩擦角的测定与比较研究 [J].食品科学，2009，（15）：86–89.

[237] 程龙，曹阳，李光涛，等.圆球导热法测定粮食导热系数研究 [J].中国粮油学报，2009，（10）：89–93.

[238] 刘昱鑫.玉米降水与容重的关系 [J].中国粮食经济2009，（12）：40–43.

[239] 黄淑霞，田海娟，蔡静平.粮食吸湿及湿空气在粮堆中的扩散特性研究 [J].河南工业大学学报（自然科学版），2010，（2）：15–18.

[240] 张来林，李岩峰，毛广卿，等.用热线法测定粮食的导热系数 [J].粮食与饲料工业，2010，（7）：12–15.

[241] 程绪铎，石翟霞，陆琳琳，等.小麦堆体变模量的测定与实验研究 [J].粮食储藏，2010，（6）：13–15.

[242] 程绪铎，陆琳琳，石翠霞，等.大豆内摩擦角的测定与实验研究 [J].粮食储藏，2010，（5）：12–15.

［243］刘志云，温吉华.大豆弹性模量的测量与研究 [J].粮食储藏，2010，（3）：27–30.

［244］张玉荣，刘影，周显青，等.稻米力学特性及其品质关联研究现状及展望 [J].粮食与饲料工业，2010，（9）：1–4.

［245］时子亮，白玉玲，王新爱，等.小麦容重对出粉率的影响 [J].粮油食品科技，2010，（3）：12–13.

［246］金文，张来林，李光涛，等.稻谷导热系数的测定研究 [J].粮油食品科技，2010，（2）：1–3.

［247］李岩峰，张来林，曹阳，等.小麦导热系数的测定 [J].河南工业大学学报（自然科学版），（自然科学版），2010，（1）：67–70.

［248］梁醒培，李东方，赫振方，等.储粮粮堆温度传导的距离–时间–温度曲线模型研究 [J].粮食与饲料工业，2010，（9）：13–14.

［249］吴晓寅，张鸿一，张慧杰，等.小麦水分对硬度指数测定影响程度的探讨 [J].粮食储藏，2011，（1）：53–56.

［250］刘志云，陆琳琳，石翠霞，等.直剪法用于糙米内摩擦角的测定与研究 [J].粮食储藏，2011，（5）：21–23.

［251］程绪铎，陆琳琳，石翠霞.稻谷仓壁材料摩擦系数的实验研究 [J].粮食储藏，2011，（6）：18–22.

［252］石翠霞，陆琳琳，程绪铎.小麦堆压缩特性的实验研究 [J].粮食储藏，2011，（4）：33–37.

［253］陆琳琳，石翠霞，程绪铎.稻谷堆弹性模量的实验测定与研究 [J].粮食储藏，2011，（3）：31–35.

［254］蒋澄刚.粳稻水分对出糙率与整精米率相关性的影响 [J].粮油食品科技，2012，（5）：21–22.

［255］左晓戎，李晓东，张林，等.粮堆声传播参数测量系统的研究 [J].粮油食品科技，2012，（5）：47–49.

［256］程绪铎，黄之斌，夏俞芬.大豆表观接触弹性模量的测定 [J].粮食储藏，2012，（3）：9–13.

［257］万忠民，吴凡，李红，等.不同条件下粮食油料散落性的探讨 [J].粮食储藏，2012，（5）：10–15.

［258］刘志云，黄之斌，程绪铎.含水率对糙米内摩擦角影响的实验研究 [J].粮食储藏，2012，（3）：33–36.

［259］刘志云，唐福元，严晓婕，等.不同固体界面下糙米摩擦特性的实验研究 [J].粮食储藏，2013，（4）：27–31.

［260］唐福元，黄之斌，程绪铎.大豆堆弹性模量的测定与分析 [J].粮食储藏，2013，（1）：17–20.

［261］冯永健，王双林，刘云花.稻谷储藏安全水分研究 [J].粮食储藏，2013，（6）：38–41.

［262］杨国锋，周雯，陈江.稻谷热湿梯度场物理参数及裂纹机理的研究进展 [J].粮食储藏，2013，（3）：3–7.

［263］李兴军，郑亿青，盛岩，等.油菜籽平衡水分及吸着等热研究 [J].粮油食品科技，2013，（5）：32–36.

［264］张玉荣，陈赛赛，周显青.不完善粒类型对小麦容重的影响 [J].河南工业大学学报（自然科学版），2013，（6）：51–55.

［265］唐福元，温吉华，程绪铎.花生仁弹性模量的测量与研究 [J].粮食储藏，2013，（6）：18–21.

［266］单贺年，严晓婕，程绪铎.围压与含水率对小麦堆弹性模量影响的实验研究 [J].粮食储藏，2013，（6）：33–37.

［267］郑亿青、张来林、李兴军，等.谷物和油料比热测定的研究进展 [J].粮油食品科技，2014，（4）：89–94.

［268］亓伟，王远成，白忠权，等.考虑谷物呼吸的仓储粮堆热湿耦合传递研究 [J].粮食储藏，2014，（5）：21–27.

［269］王录民，戚迎花，许启铿，等.粮食储藏容重与粮堆高度关系试验研究 [J].粮食储藏，2014，（1）：26–28.

［270］唐福元，严晓婕，冯家畅，等.玉米堆摩擦角的测定与研究 [J]. 粮食储藏，2014，（3）：39-42.

［271］严晓婕，程绪铎.稻谷籽粒压缩特性的实验研究 [J]. 粮食储藏，2014，（1）：21-25.

［272］单贺年，冯家畅，程绪铎.大豆堆压缩特性的实验研究 [J]. 粮食储藏，2014，（5）：33-37.

［273］程绪铎，冯家畅，严晓婕，等.碰撞对玉米籽粒结构损伤的实验研究 [J]. 粮食储藏，2014，（3）：19-22.

［274］刘莉，王若兰，王志山，等.基于图像处理的储藏小麦电导率变化的相关性研究 [J]. 粮油食品科技，2014，（4）：95-97.

［275］李春娣，郝润霞，冯家畅，等.大豆籽粒力学特性的实验与研究 [J]. 粮食储藏，2015，（6）：15-21.

［276］唐福元，冯家畅，程绪铎.大豆籽粒弹性模量的测定与研究 [J]. 粮食储藏，2015，（5）：6-9.

［277］李兴军，任强，张来林.重量法研究大豆水分吸附速率和有效扩散系数 [J]. 食品工业科技，2015，（21）：52-59.

［278］朱鸿雁，丁超，杨国锋，等.间断热辐射对钢板仓中稻谷温度和水分影响的模拟研究 [J]. 粮食储藏，2016，（6）：24-31.

［279］李兴军，郑亿青，张来林，等.小麦水分吸附速率研究 [J]. 中国粮油学报，2015，（11）：19-25.

［280］张龙，吕建华，李兴军，等.稻谷籽粒水分有效扩散系数的研究 [J]. 河南工业大学学报（自然科学版），2015，（4）：26-33.

［281］程绪铎，杜小翠，高梦瑶，等.玉米堆压缩特性的实验研究 [J]. 粮食储藏，2015，（4）：10-15.

［282］任强，姜平，张来林，等.采用 FCF 染色法测定粮食破碎率 [J]. 食品工业科技，2016，（2）：49-53.

［283］张晓红，万忠民，孙君，等.微波处理对大米品质影响及参数优化 [J]. 粮食储藏，2016，（5）：41-47.

［284］薛民杰，李永胜，张乃建，等.水分对玉米容重的影响 [J]. 粮食储藏，2016，（6）：36-38.

［285］丁秋，贾然，费明怡，等.储藏粳米垩白变化规律分析研究 [J]. 粮油食品科技，2016，（4）：99-101.

［286］李云霄，张帅兵，翟焕趁，等.不同硬度红皮小麦的储藏霉变差异研究 [J]. 河南工业大学学报（自然科学版），2016，（2）：6-10.

［287］魏孟辉，袁健，何荣，等.大豆主要品质指标对其力学特性的影响 [J]. 粮食储藏，2017，（1）：19-24.

［288］王若兰，吴远，肖蕾，等.小麦粮堆中热量传递特性研究 [J]. 粮食与油脂，2017，（1）：62-67.

［289］耿宪洲，渠琛玲，王若兰，等.粮食储藏过程中粮堆内部质热传递研究进展 [J]. 食品工业，2017，（10）：215-218.

［290］邵亮亮，宁惠，赵美凤，等.快速谷物分析仪测定小麦水分和容重的适用性验证 [J]. 粮食储藏，2018，（6）：45-50.

［291］陈明军.春秋两季水分检测试验初探 [J]. 粮油仓储科技通讯，2018，（6）：39-40.

［292］李梅.关于花生果水分测定方法的探讨 [J]. 粮油仓储科技通讯，2018，（2）：52-54.

［293］邸天梅.玉米收购入库水分检验的探讨 [J]. 粮油仓储科技通讯，2018，（2）：55-56.

［294］刘岩，商永辉，丁团结.新粮入库容重检测简易法的应用试验 [J]. 粮油仓储科技通讯，2018，（3）：49-51.

［295］刘世界，王格格，郭阳.基于有限元的平房仓内部粮食颗粒摩擦力分析 [J]. 粮油食品科技，2019（5）：91-96.

［296］路茜玉，朱大同，张秀行，等.气调贮藏大米生理生化的研究（第一报）[J]. 郑州粮食学院学报，1980，（1）：1-11.

［297］ 路茜玉，朱大同，张秀行，等 . 气调贮藏大米生理生化的研究（第二报）[J]. 郑州粮食学院学报，1980，（2）：7–18.

［298］ 傅宾孝，赵友梅，秦礼谦 . 小麦高分子麦谷蛋白亚基与面粉品质 [J]. 郑州粮食学院学报，1989，（1）：1–12.

［299］ 赵友梅，许自成 . 小麦粉面包烘烤品质指标的研究：I 逐步回归分析筛选关键性指标 [J]. 郑州粮食学院学报，1989，（2）：80–87.

［300］ 路茜玉，金跃军 . 芽麦蛋白质变化的研究 [J]. 郑州粮食学院学报 1992，（2）：1–10.

［301］ 王若兰，李伟莉 . 降低 α–淀粉酶活性提高发芽小麦食用品质的研究 [J]. 郑州粮食学院学报，1992，（2）：43–49.

［302］ 李伟莉，王若兰 . 植酸作为 α–淀粉酶抑制剂改善发芽小麦粉品质的应用研究 [J]. 郑州粮食学院学报，1993，（2）：50–54.

［303］ 张玉良，曹永生 . 我国小麦品种资源蛋白质含量的研究 [J]. 中国粮油学报，1995，（2）：5–8.

［304］ 周瑞芳，郑铁松，彭风蒲 . 不同储藏条件下稻米中脱支酶活性变化的研究 [J]. 中国粮油学报，1995，（1）：10–13.

［305］ 王若兰 . 利用酶抑制剂改善芽麦粉品质的研究 [J]. 中国粮油学报，1998，（3）：8–11.

［306］ 王若兰 . 影响发芽小麦粉粘度值的因素及改善效果的研究 [J]. 粮食储藏，1999，（3）：40–46.

［307］ 王若兰 . 发芽小麦 α 淀粉酶活性的研究 [J]. 郑州工程学院学报，2000，（4）：18–22.

［308］ 杨泽敏，王维金，卢碧林 . 灰色关联分析在稻米品质综合评价上的应用 [J]. 中国粮油学报，2003，（3）：4–6.

［309］ 白栋强，王若兰 . 脂肪氧化酶在稻米储藏和加工中的应用 [J]. 粮食科技与经济，2003，（4）：44–45.

［310］ 何学超，肖学彬，杨军，等 . 玉米储存品质控制指标的研究 [J]. 粮食储藏，2004，（3）：46–50.

［311］ 吴存荣，张玉荣，刘婷，等 . 玉米储藏过程中品质指标变化研究 [J]. 郑州工程学院学报，2004，（2）：50–52.

［312］ 王若兰，白栋强 . 脂肪氧化酶缺失稻谷新品种储藏品质研究 [J]. 中国粮油学报，2005，（4）：115–121.

［313］ 王若兰，李浩杰，邢伟亮 . 酶缺失稻谷新品种储藏特性研究 [J]. 河南工业大学学报（自然科学版），2006，（4）：23–27.

［314］ 邓志英，田纪春，胡瑞波，等 . 适度高温对不同筋力冬小麦蛋白组分、面粉品质和面条加工品质的影响 [J]. 中国粮油学报，2006，（4）：25–31.

［315］ 李金库，王玉娟，张瑛，等 . 玉米脂肪氧化酶缺失种质耐储藏特性的研究 [J]. 中国粮油学报，2006，（6）：143–146.

［316］ 刘奕，程方民 . 稻米中蛋白质和脂类与稻米品质的关系综述 [J]. 中国粮油学报，2006，（4）：6–10.

［317］ 高向阳，黄晓书，张斌 . 南阳彩色小麦中氨基酸含量的研究及初步评价 [J]. 粮食储藏，2007，（4）：42–45.

［318］ 陈玮，李喜宏，郭红莲，等 . 天津大米超长期贮藏的醛系物积累与调控研究 [J]. 中国粮油学报，2007，（6）：139–141.

［319］ 余海兵，刘正，王波，等 . 玉米脂肪氧化酶同工酶缺失对种子发芽率的影响 [J]. 中国粮油学报，2008，（3）：152–155.

[320] 周显青，张玉荣，张勇.储存玉米膜脂损伤指标的研究[J].中国粮油学报，2008，（3）：148-151.

[321] 周显青，张玉荣，王锋.稻谷储藏中细胞膜透性、膜脂过氧化及体内抗氧化酶活性变化[J].中国粮油学报，2008，（2）：159-162.

[322] 尚艳娥，邵慧.粳稻谷储存品质变化规律的研究[J].粮食储藏，2008，（2）：47-49.

[323] 陆启玉，杨宏黎，韩旭.面筋含量与面筋指数在面团熟化过程中的变化[J].粮油食品科技2008，（3）：13-14.

[324] 林镇清，郭谊，郑志锐，等.稻谷储藏期间水分和脂肪酸值变化的研究[J].粮食储藏，2009，（3）：49-51.

[325] 王华芳，展海军.小麦过氧化氢酶活动度的研究[J].粮油食品科技，2010，（2）：4-6.

[326] 魏红艳，赵艳妍，李改婵，等.新收获小麦生芽粒及其对降落数值的影响[J].粮食储藏，2013，（6）：42-45.

[327] 赵妍，刘晓林，王若兰，等.储藏微环境对小麦蛋白质二级结构的影响[J].粮食与油脂，2014，（1）：36-38.

[328] 宋永令，穆垚，王若兰，等.小麦脂肪及相关酶应用研究进展[J].粮食与油脂，2014，（3）：1-3.

[329] 宋永令，王若兰，穆垚.小麦储藏过程中脂质代谢研究[J].河南工业大学学报（自然科学版），2014，（6）：19-24.

[330] 王若兰，穆垚，宋永令，等.储藏小麦甘油三酯脂肪酸组成及脂肪酶变化研究[J].河南工业大学学报（自然科学版），2014，（2）：6-9.

[331] 左文杰，魏建林，叶六一，等.全麦面条存放过程中阿魏酸含量变化的分析[J].粮食储藏，2015，（2）：34-36.

[332] 王若兰，田晓花，赵研.储藏微环境下玉米谷蛋白的 SDS-PAGE 电泳分析[J].食品工业科技，2015，（8）：162-166.

[333] 卢慧勇，舒在习，曹阳，等.化学反应动力学模型预测米糠的保质期[J].粮油食品科技，2015，（3）：105-109.

[334] 姜友军，付爱华，杨超，等.大豆水溶性蛋白质测定的影响因素探讨[J].粮食储藏，2016，（6）：32-35.

[335] 杨超，姜友军，付爱华，等.不同洗涤方式对小麦湿面筋含量和面筋吸水率的影响研究[J].粮食储藏，2017，（2）：48-50.

[336] 张洪泽，赵佳凤，付强，等.高大平房仓优化控温对小麦蛋白相关品质的影响[J].粮食储藏，2017，（2）：36-39.

[337] 任蓉.小麦湿面筋与粗蛋白含量的相关性分析[J].粮油仓储科技通讯，2018，（4）：52-53.

[338] 任永林.小麦种子的发芽生理及芽麦的储藏[J].粮油仓储科技通讯，1989，（6）：47-50.

[339] 王南炎.谷物呼吸热数值分析[J].粮食储藏，1991，（4）：49-54.

[340] 王彩云.大豆平衡含水率的试验研究[J].中国粮油学报，1999，（3）：60-62.

[341] 茅林春，Tettevi Winfred Holly.壳聚糖涂膜对甜玉米品质和生理活性的影响[J].中国粮油学报，2000，（6）：34-37.

［342］张玉荣，周显青，张静，等 . 挂面的理化特性及烹煮品质研究 [J]. 郑州粮食学院学报，2000，（3）：47-50.

［343］张瑛，吴先山，吴敬德，等 . 稻谷储藏过程中理化特性变化的研究 [J]. 中国粮油学报，2003，（6）：20-24.

［344］张玉荣，郭祯祥，王东华，等 . 小麦淀粉的理化特性与面条的品质 [J]. 粮油食品科技，2003，（4）：15-17.

［345］王若兰，白栋强 . 脂肪氧化酶缺失稻谷新品种储藏品质研究 [J]. 中国粮油学报，2005，（4）：115-121.

［346］王若兰，李浩杰，邢伟亮 . 酶缺失稻谷新品种储藏特性研究 [J]. 河南工业大学学报（自然科学版），2006，（4）：23-27.

［347］王若兰，黄亚伟，刘毅，等 . 小麦储藏品质评价指标研究 [J]. 粮食科技与经济，2007，（6）：31-32.

［348］王若兰，李浩杰，孙中磊，等 .LOX 酶缺失大豆新品种耐储藏特性的研究 [J]. 粮食储藏，2008，（3）：34-38.

［349］石亚萍，蔡静平 . 种子发芽率快速测定方法的研究进展 [J]. 中国种业，2008，（2）：13-14.

［350］张玉荣，周显青，姜锦川，等 . 碾减率对大米理化特性及蒸煮食味品质的影响 [J]. 河南工业大学学报（自然科学版），2008，（4）：1-5.

［351］张玉荣，周显青，张勇 . 储存玉米膜脂过氧化与生理指标的研究 [J]. 中国农业科学，2008，（10）：3410-3414.

［352］石亚萍，蔡静平 . 玉米种子发芽率快速测定方法的研究 [J]. 中国粮油学报，2008，（6）：181-183.

［353］王若兰，严佳，李燕羽，等 . 不同条件下小麦呼吸速率变化的研究 [J]. 河南工业大学学报（自然科学版），2009，（4）：12-16.

［354］林镇清，郭谊，郑志锐，等 . 稻谷储藏期间水分和脂肪酸值变化的研究 [J]. 粮食储藏，2009，（3）：49-51.

［355］孙辉，姜薇莉，雷玲，等 . 小麦储存中生理活性与加工品质的变化 [J]. 粮油食品科技 2011，（4）：1-3.

［356］张振声，冯松，白福军，等 . 茶多酚对大豆原油和菜籽原油储存过程中品质变化的影响 [J]. 粮食储藏，2012，（2）：30-33.

［357］魏红艳，赵艳妍，李改婵，等 . 新收获小麦生芽粒及其对降落数值的影响 [J]. 粮食储藏，2013，（6）：42-45.

［358］吴芳，祝凯，严晓平，等 . 不同温度条件下玉米呼吸速率变化的研究 [J]. 粮食储藏，2014，（2）：33-38.

［359］王若兰，穆垚，宋永令，等 . 储藏小麦甘油三酯脂肪酸组成及脂肪酶变化研究 [J]. 河南工业大学学报（自然科学版），2014，（2）：6-9.

［360］王若兰，刘晓林，赵研，等 . 储藏微环境对小麦中蛋白质含量变化规律的影响 [J]. 现代食品科技，2014，（6）：47-51.

［361］王若兰，夏晨丰，穆垚 . 不同生理活性的中筋小麦储藏品质变化研究 [J]. 河南工业大学学报（自然科学版），2014，（1）：16-19.

[362] 张丽丽，王若兰，刘莉，等.储藏微环境下小麦细胞线粒体超微结构和抗氧化酶活性变化研究 [J].现代食品科技，2014，（3）：81-86.

[363] 张娟,李浩杰,吴芳,等.30℃条件下玉米自呼吸对储藏环境中气体浓度变化的影响研究 [J].粮食储藏，2015，（3）：23-28.

[364] 吴芳，何洋，柳彩虹，等.自然带菌稻谷和玉米呼吸速率回归模型研究 [J].粮食储藏，2016，（3）：24-27.

[365] 吴芳，何洋，严晓平.不同氧浓度对自然带菌小麦呼吸速率的影响研究 [J].粮食储藏，2016，（2）：21-25.

[366] 姜洪，吕平原，任凌云，等.山东省小麦、稻谷、玉米实仓试验与储粮安全水分的探讨 [J].粮食储藏，2017，（4）：40-44.

[367] 焦志莎，武建锋，贾新国，等.小麦发芽率对小麦品质的影响 [J].粮食储藏，2019，（1）：46-48.

[368] 路茜玉，阎永生.流变计及其在测定稻米中的应用试验 [J].郑州粮食学院学报，1984，（3）：47-52.

[369] 叶谋雄，李桂华.从菜籽油的贮存试验探讨油脂贮存中的主要变化和影响因素 [J].郑州粮食学院学报，1985，（3）：10-22.

[370] 赵友梅，张子峰，樊利生，等.用剩余蛋白含量预测小麦的面包烘烤品质 [J].郑州粮食学院学报，1989，（3）：38-43.

[371] 赵友梅，许自成.小麦粉面包烘烤品质指标的研究 2.聚类分析评价品种的品质指标特征 [J].郑州粮食学院学报，1990，（2）：55-62.

[372] 赵友梅，王淑检.高分子量麦谷蛋白亚基的 SDS-PAGE 图谱在小麦品质研究中的应用 [J].作物学报，1990，（3）：208-218.

[373] 赵友梅，李伟莉，曲成伟，等.以品质不同小麦为原料搭配生产面包专用粉研究 [J].粮食储藏，1990，（3）：32-38.

[374] 赵友梅，许自成.小麦粉面包烘烤品质指标的研究：Ⅲ.用剩余蛋白含量预测面包烘烤品质的可靠性分析 [J].郑州粮食学院学报，1991，（2）：39-44.

[375] 赵友梅，王恕，刘静义，等.按照品质指标的数值规律评价小麦粉的烘烤品质 [J].武汉食品工业学院学报，1995，（3）：58-63.

[376] 马传喜，徐风.用溶涨试验法检测小麦面筋品质的研究 [J].中国粮油学报，1998，（1）：47-50.

[377] 邹凤羽.新收获小麦粉流变学特性和食用品质变化 [J].粮食科技与经济，2002，（1）：41-43.

[378] 范丽霞，贾光锋，王金水.小麦化学组成与馒头品质之间的关系 [J].粮食科技与经济，2003，（2）：40-41.

[379] 吕庆云，孙丽娟，李再贵.大米食味与理化性质的关系 [J].粮食与食品工业，2003，（4）：15-17.

[380] 张守文，周云.绿米、红米、黑米的食用品质研究 [J].粮食与食品工业，2004，（4）：11-14.

[381] 吴存荣，张玉荣，刘婷，等.玉米储藏过程中品质指标变化研究 [J].郑州工程学院学报，2004，（2）：50-52.

[382] 许永亮，程科，邱承光，等.不同品种大米淀粉的流变学特性研究 [J].中国粮油学报，2006，（4）：16-20.

［383］朱帆，徐广文，丁文平．小麦淀粉颗粒大小和糊化特性的相关性研究 [J].中国粮油学报，2006，（4）：32–34.

［384］于秀荣，吴存荣，张浩，等．马铃薯和玉米交联淀粉对馒头抗老化性的研究 [J].粮食储藏，2006，（5）：46–48.

［385］安红周，赵琳，陈艾菊，等．糙米调质前后大米食用品质的研究 [J].中国粮油学报，2006，（5）:5–7.

［386］吕庆云，三上隆司，河野元信，等．适合中国南方产籼米米饭食味评价方法的研究 [J].中国粮油学报，2006，（5）：13–16.

［387］雷玲，孙辉，姜薇莉，等．稻谷在储藏中糊化特性变化的研究 [J].粮油食品科技，2007，（5）：6–8.

［388］张玉荣，周显青，兰向东，等．育成小麦品种品质性状与面条蒸煮食用品质分析 [J].食品科技，2008，（8）：94–99.

［389］张玉荣，周显青，杨兰兰．大米食味品质与其碎米含量的关系 [J].河南工业大学学报（自然科学版），2008，（6）：5–8.

［390］张玉荣，张秀华，周显青，等．主成分分析法综合评价大米的食味品质 [J].河南工业大学学报（自然科学版），2008，（5）：1–5.

［391］张玉荣，周显青，张秀华，等．大米蒸煮条件及蒸煮过程中米粒形态结构变化的研究 [J].粮食与饲料工业，2008，（10）：1–4.

［392］张红云，卞科，路辉丽，等．常规储藏过程中小麦烘焙品质变化机理的研究 [J].粮食储藏，2009，（2）：41–44.

［393］张玉荣，周显青，杨兰兰．大米食味品质评价方法的研究现状与展望 [J].中国粮油学报，2009，（8）：155–160.

［394］张玉荣，周显青．典型储粮环境下储藏大米糊化特性试验 [J].农业机械学报，2010，（8）：125–130.

［395］付鹏程，叶真洪，陈兰．大米低温储藏品质变化规律研究 [J].粮食储藏，2010，（1）：17–20.

［396］周建新，杨晓蓉，张瑞，等．高湿条件下储藏温度与时间对稻谷糊化特性的影响研究 [J].粮食储藏，2010，（2）：38–40.

［397］张钟秀，黄海云，尤明山，等．糯小麦与非糯小麦面粉糊化特性的比较 [J].粮油食品科技，2011，（2）:6–8.

［398］张红云，路辉丽，秦学磊，等．微波处理对小麦烘焙品质影响的研究 [J].粮油食品科技，2011，（1）：9–11.

［399］黄峰，殷贵鸿，韩玉林,等．黄淮麦区小麦馒头加工品质影响因素的研究 [J].粮油食品科技,2011,（3）：14–18.

［400］孟婷婷，周柏玲，石磊，等．杂粮粉与小麦粉粘度特性比较研究 [J].粮油食品科技，2012，（5）：19–20.

［401］张玉荣，周显青，成军虎，等．干燥条件对玉米淀粉颗粒形态、色泽和糊化特性的影响 [J].粮食与饲料工业，2012，（3）：21–24.

［402］张玉荣，邢晓丽，周显青，等．米饭外观仪器评价与其感官评价的关联性研究 [J].河南工业大学学报（自然科学版），2014，（3）：7–11.

［403］张玉荣，王亚军，贾少英，等．糙米储藏过程中蒸煮品质及质构特性变化研究 [J].粮食与饲料工业，2014，（1）：1–6.

［404］张玉荣，王学锋，周显青，等 . 米饭食味综合评价方法研究 [J]. 河南工业大学学报（自然科学版），2014，（1）：20-25.

［405］张嫚，贺艳萍，谢令德，等 . 模糊综合评价分析两种生物农药对玉米储藏品质的影响 [J]. 粮食储藏，2014，（6）：7-11.

［406］王彩霞，光琪，吴生禄，等 . 利用就仓（垛）干燥技术提高宁夏高水分稻谷品质研究 [J]. 粮食储藏，2015，（2）：22-26.

［407］辛玉红，李祖森 . 东北烘干玉米脂肪酸值与储存环境相关研究 [J]. 粮食储藏，2015，（5）：40-41.

［408］张崇霞，李丹丹，严晓平 . 德美亚 1 号玉米烘干褐变机理研究 [J]. 粮食储藏，2015，（6）：37-39.

［409］刘劲哲 . 小麦面团流变学特性与馒头品质分析 [J]. 粮食储藏，2016，（3）：28-32.

［410］2016 张晓红，万忠民，孙君，等 . 微波处理对大米品质影响及参数优化 [J]. 粮食储藏，2016，（5）：41-47.

［411］黄亚伟，徐晋，王若兰 . 不同品种五常大米储藏期间蒸煮品质与质构变化规律及相关性研究 [J]. 粮食与油脂，2016，（8）：33-38.

［412］张玉荣，陈红 . 不同发芽程度小麦品质变化及应用研究进展 [J]. 河南工业大学学报（自然科学版），2017，（4）：113-118.

［413］李兴军，韩旭，王昕 . 稻谷贮藏蛋白与米饭质地研究 [J]. 粮食问题研究，2017，（3）：11-20.

［414］刘晓莉，陈超，单晓雪 . 储藏稻谷品质变化研究进展 [J]. 粮油仓储科技通讯，2018，（6）：31-33.

［415］姜友军，杨超，付爱华，等 . 生芽粒对小麦降落数值变化规律的研究 [J]. 粮食储藏，2018（4）：27-30.

［416］邹思杰，蔡琬平，魏锦城，等 . 磷化铝保藏大米对色氨酸影响的探讨 [J]. 粮食储藏，1985，（2）：22-25.

［417］余树南 . 马拉硫磷填充料对小麦容重的影响 [J]. 粮油仓储科技通讯，1985，（4）：24-26.

［418］郭秉成，魏锦城，程光宇，等 . 磷化氢对水稻种子生活力的影响 [J]. 粮食储藏，1986，（3）：50-54.

［419］方美玲，刘大福，刘思胜，等 . 不同储藏方法对小麦后熟期及工艺品质的影响 [J]. 粮食储藏，1986，（4）：23-27.

［420］王殿轩，王金水 . 赤拟谷盗感染小麦粉面团流变学特性的影响 [C]// 中国粮油学会第三届学术年会论文选集 . 烟台：中国粮油学会，2004.

［421］王殿轩，王利丹，王丹 . 玉米象感染小麦程度与储藏相关品质变化研究 [J]. 河南工业大学学报（自然科学版），2006，（3）：9-12.

［422］程晓梅，王殿轩，仲维平，等 . 入仓期玉米象感染不同时期小麦重量损失的研究 [J]. 粮油仓储科技通讯，2008，（4）：48-50.

［423］邱玲丽 . 不同熏蒸条件对稻谷脂肪酸值的影响 [J]. 粮食与食品工业，2008，（6）：27-29.

［424］王殿轩，王金水，刘红梅 . 小麦粉感染赤拟谷盗后面团流变学特性变化研究 [J]. 河南工业大学学报（自然科学版），2008，（1）：1-3.

［425］张玉荣，张鸿一，周显青，等 . 小麦受谷蠹侵害后其水分和容重变化研究 [J]. 河南工业大学学报（自然科学版），2009，（2）：16-21.

［426］张玉荣，周显青，王君利，等.小麦实仓储藏过程中杂质对微生物活动及储藏品质的影响［J］.中国粮油学报，2009，（9）：101-107.

［427］周显青，张玉荣，王君利，等.筛下物杂质对小麦微生物活动与储藏品质的影响［J］.农业工程学报，2009，（6）：274-279.

［428］张玉荣，周显青，张鸿一.小麦被蛀食性害虫侵害后其面条质构参数的动态变化［J］.农业工程学报，2010，（6）：344-351.

［429］申建芳，王洋，于鸣.浅议小麦中杂质和病虫害对加工工艺的影响［J］.粮食与食品工业，2010，（2）:7-8.

［430］张玉荣，周显青，张鸿一，等.小麦被蛀食性害虫侵害后其加工品质的动态变化［C］//.细胞分子生物学，生物物理学和物生工程国际会议论文集.北京：中国生物工程杂志，2011.

［431］张玉荣，刘四奎，周显青.小麦受蛀食性害虫侵害后其面筋蛋白结构的变化［J］.河南工业大学学报（自然科学版），2011，（5）：6-10.

［432］张玉荣，刘四奎，周显青，等.蛀食害虫侵害小麦后不同蛀蚀程度损伤粒储藏品质变化［J］.粮食加工，2011，（5）：7-12.

［433］朱光有，张玉荣，周显青，等.小麦受蛀食性害虫侵害后其粉质特性动态变化［J］.中国粮油学报，2011，（10）：21-25.

［434］张玉荣，张玉杰，周显青.糙米被玉米象感染后其储藏品质变化研究［J］.河南工业大学学报（自然科学版），2012，（3）：5-9.

［435］白玉玲，鲁玉杰，王争艳，等.玉米象取食对新稻谷储藏品质的影响［J］.河南工业大学学报（自然科学版），2012，（6）：52-56.

［436］张玉杰，张玉荣，周显青.谷蠹侵害后糙米加工品质及食味品质关联性研究［J］.粮食与饲料工业，2012，（9）：5-8.

［437］王殿轩，彭娟，连桂荣，等.谷蠹和米象对小麦的虫蚀粒和千粒重影响比较研究［J］.河南工业大学学报（自然科学版），2013，（3）：1-5.

［438］王殿轩，彭娟，梁振海，等.米象和谷蠹感染小麦后面筋吸水量变化研究［J］.粮食加工，2014，（2）：75-78.

［439］王殿轩，彭娟，唐多，等.谷蠹致小麦千粒重和虫蚀粒变化及其与产生 CO_2 对应性研究［J］.河南工业大学学报（自然科学版），2014，（1）：11-15.

［440］张玉荣，吴琼，周显青，等.蛀食害虫对小麦淀粉酶及过氧化物酶活性的影响［J］.粮油食品科技，2014，（4）：98-102.

［441］张玉荣，王海荣，周显青，等.蛀食性害虫侵害小麦后损伤分型指标研究［J］.粮食与饲料工业，2014，（9）：7-11.

［442］张玉荣，吴琼，周显青，等.蛀蚀害虫侵害后小麦粗淀粉含量及其糊化特性变化［J］.粮油食品科技，2014，（6）：95-99.

［443］张玉荣，暴洁，周显青，等.谷蠹侵害后小麦品质变化的研究进展［J］.河南工业大学学报（自然科学版），2015，（3）：118-124.

［444］张玉荣，暴洁，张乃建，等.谷蠹不同虫态蛀蚀对小麦质量品质及蛋白特性的影响研究［J］.河南工业大学学报（自然科学版），2015，（4）：1-7.

［445］张玉荣，暴洁，符杰，等．不同生长发育阶段的谷蠹对小麦淀粉含量及其糊化特性的影响 [J]. 粮食与饲料工业，2016，（2）：14-18.

［446］张玉荣，左祥莉，暴洁，等．不同发育阶段谷蠹侵害对储藏小麦蛋白结构的影响 [J]. 农业工程学报，2016，（12）：287-294.

［447］张玉荣，暴洁，周显青，等．谷蠹不同虫态蛀蚀对小麦成分及食用品质的影响 [J]. 农业工程学报，2016，（16）：307-314.

［448］张玉荣，符杰，吴琼，等．蛀食性害虫生长发育对小麦细胞膜透性及主要酶活性的影响 [J]. 河南工业大学学报（自然科学版），2016，（6）：6-11.

［449］张玉荣，岳纲冬，王海荣．不同虫态米象和玉米象蛀蚀小麦后其籽粒中脂类物质的变化 [J]. 河南工业大学学报（自然科学版），2017，（3）：1-5.

［450］周鸿达，张玉荣，暴洁．不同虫态谷蠹侵害对小麦淀粉组分及微观形态结构的影响 [J]. 农业工程学报，2017，（13）：303-309.

［451］韩世温 .VE 在油脂加工和大豆储存过程中的变化分析及分离分析 [J]. 中国油脂，1997，（5）：37-39.

［452］马传喜，徐风．用溶涨试验法检测小麦面筋品质的研究 [J]. 中国粮油学报，1998，（1）：47-50.

［453］林志贵，郝矿荣．粮仓取样机器人机构运动学逆解的初步研究 [J]. 郑州工程学院学报，2001，（3）：27-29.

［454］顾尧臣．新收获小麦在储藏时期的制粉特性变化 [J]. 粮油食品科技，2003，（1）：1-3.

［455］蔡花真，楚见妆，李秀英．包装小麦堆垛的粮食数量简便计算方法研究 [J]. 河南工业大学学报（自然科学版），2005，（4）：56-58.

［456］陈诗学．光触媒材料对粮食品质的影响 [J]. 粮食储藏，2005，（1）：41-45.

［457］翟得冲，王浩．经验法判定小麦品质 [J]. 粮食与食品工业，2006，（1）：58.

［458］张菊芳，郭文善，封超年，等．基因型与储藏时间对小麦粉白度的影响 [J]. 中国粮油学报，2007，（6）：142-145.

［459］祖丽亚，张蕊，栾霞．食用油包装材料和储存条件对氧化指标的影响 [J]. 粮油食品科技，2007，（5）：38-41.

［460］张春贵，王殿轩，刘学军，等．平房仓储藏小麦表面压盖后粮温与品质变化研究 [J]. 粮食储藏，2009，（4）：32-36.

［461］张丙华，张晖，朱科学．谷物色素研究进展 [J]. 粮食与食品工业，2009，（4）：18-21.

［462］史本广，林恒强，史磊．小麦面粉指标关系中的 Fuzzy 回归分析 [J]. 河南工业大学学报（自然科学版），2009，（4）：81-83.

［463］杨雷东，吴炳方，李强子，等．粮仓储粮数量探测新方法探讨 [J]. 粮食储藏，2010，（5）：49-54.

［464］许蓓蓓，王振涛，王璐，等．包装材料对储藏小麦粉水分和脂肪酸值的影响研究 [J]. 粮食储藏，2011，（2）：47-49.

［465］司建中，李常勤，康波，等．用滚筒初清筛清理后小麦品质的变化 [J]. 粮食储藏，2013，（6）：46-48.

［466］刘凤杰，何向楠，王争艳，等．小麦粉中虫卵的快速检测技术的研究与比较 [J]. 中国粮油学报，2014，（12）：119-123.

［467］曹崇江，马海炜，刘兵，等．纳米包装材料对稻谷储藏品质的影响 [J]. 粮食储藏，2014，（6）：34-36.

［468］薛文秀，苏会雨，孙松鹤，等．小麦容重与水分变化相关性的研究 [J]．粮食储藏，2016，（1）：41-45.

［469］刘胜强，渠琛玲，王若兰，等．谷物稳定化技术及稳定化对谷物品质的影响研究进展 [J]．粮食与油脂，2016，（8）：1-4.

［470］胡婉君，樊艳，冯儒，等．湖南省10种籼稻谷挥发性成分的相似性研究 [J]．粮食储藏，2016，（2）：26-30.

［471］毕文雅，张来林，林玉辉，等．偏高水分闽北优质稻在储藏期间的品质变化研究 [J]．河南工业大学学报（自然科学版），2017，（4）：42-46.

［472］周天智，王东，吴秋蓉，等．菜籽油实罐储存品质变化规律研究 [J]．粮食储藏，2017，（2）：40-47.

［473］刘兵．惰性粉处理对粮食品质保持的效果研究 [J]．粮食储藏，2019，（6）：28-31.

［474］袁康，陆佳俊，都立辉，等．紫苏精油对短期温度变化稻谷的品质保持研究 [J]．粮食储藏，2019，（5）：25-29.

［475］夏红兵．浅谈稻谷互混检测 [J]．粮油仓储科技通讯，2019，（4）：43-45.

［476］李改婵，魏红艳，巩智利．陕西地区小麦不完善粒与降落数值关系浅析 [J]．粮油仓储科技通讯，2019，（3）：46-48.

［477］李改婵，巩智利，魏红艳．陕西地区收购小麦不完善粒关键指标对加工品质的影响浅析 [J]．粮油仓储科技通讯，2019，（2）：43-46.

［478］付玲，梁超凡，陈开军．东北地区国产大豆损伤粒率对储存品质的影响分析 [J]．粮油仓储科技通讯，2019，（3）：39-40.

［479］张法楷，黄思棣，王开敏，等．我国几种小麦的主要营养成分及蛋白质的品质 [J]．粮食储藏，1982，（5）：3-10.

［480］张法楷，黄思棣，王开敏，等．五种稻谷的主要营养成份及营养价值 [J]．粮食储藏，1983，（6）：30-34.

［481］张法楷，黄思棣，王开敏，等．几种玉米的主要营养成分及其蛋白质的品质 [J]．粮食贮藏，1983，（2）.

［482］武美莲．绿豆的营养与储藏 [J]．粮油食品科技，2002，（6）：42-43.

［483］姜忠丽，赵永进．苦荞麦的营养成分及其保健功能 [J]．粮食与食品工业，2003，（4）：33-35.

［484］周昇昇，赵玉生．荞麦的营养特性与保健功能 [J]．粮食流通技术，2005，（6）：33-34.

［485］陈华萍，魏育明，郑有良．四川小麦地方品种营养品质分析 [J]．中国粮油学报，2006，（5）：36-40.

［486］宗学凤，张建奎，余国东，等．小麦籽粒颜色与营养特性的相关研究 [J]．中国粮油学报，2006，（5）：24-27.

［487］渠琛玲，玉崧成，付雷．甘薯的营养保健及其加工现状 [J]．农产品加工，2010，（10）：74-76.

［488］张维恒，薛兵，刘维超．糙米挤压膨化对营养因子的影响 [J]．粮食储藏，2019，（4）：33-41.

第五节　常用储粮主要技术措施对储粮品质的影响研究

［489］浙江省杭州市第二米厂义桥粮库，商业部四川粮食储藏科学研究所，浙江省粮食科学研究所．大米缺氧贮藏试验 [J]．四川粮油科技，1977，（Z1）：15-22.

［490］ 胡文清，罗华先，曹爱玲 . 缺氧贮粮中微量酒精的测定：硝酸铈铵分光光度法 [J]. 粮食贮藏，1980，（1）：31–33.

［491］ 王鸣岐，文永昌 . 大米在自然缺氧条件下白霉发展规律和品质变化试验报告 [J]. 粮食贮藏，1980，（2）：1–10.

［492］ 夏志奇，祁先美，吴金兰，等 . 不同水分小麦稻谷缺氧储藏品质变化的研究 [C]// 商业部四川粮食 储藏科学研究所科研报告论文集（1968–1985）. 成都：全国粮油储藏科技情报中心站，1985.

［493］ 沈东根 . 不同条件对大米缺氧储藏中 Beabender Amylograph 最高黏度值的影响 [C]// 商业部四川粮食储藏科学研究所科研报告论文集（1968–1985）. 成都：全国粮油储藏科技情报中心站，1985.

［494］ 岳炜，何文彬，张金堂，等 . 面粉缺氧和通气储藏期间的品质变化 [J]. 粮食储藏，1985，（6）：38–43.

［495］ 商业部四川粮食储藏科学研究所 . 气调储藏启封后品质变化原因及其控制方法的研究 [C]// 中国粮油学会储藏专业学会第一届年会学术交流论文 . 成都：中国粮油学会储藏专业学会，1986.

［496］ 路茜玉，甘智林 . 气调贮藏中米的质构及流变学的研究 [J]. 中国粮油学报，1987，（1）：49–62.

［497］ 赵同芳 . 缺氧保粮的历史、现状与展望 [C]// 第二次全国粮油储藏专业学术交流会文献选编 . 成都：全国粮油储藏科技情报中心，粮食部四川粮食储藏科学研究所，1981.

［498］ 路茜玉，朱大同，等 . 气调储藏大米生理生化的研究（第一报）[C]// 第二次全国粮油储藏专业学术交流会文献选编 . 成都：全国粮油储藏科技情报中心，粮食部四川粮食储藏科学研究所，1981.

［499］ 赵自敏 . 缺氧储粮 [M]. 郑州：河南科学技术出版社，1986.

［500］ 朱大同，陈锡进，柳琴 . 气调储藏：O_2 和 CO_2 对种子生理活性影响的研究 [J]. 郑州粮食学院学报，1987，（1）：60–69.

［501］ 郑峰才，高勇，焦爱琴，等 . 气调储藏对大米 α – 淀粉酶活性影响的研究 [J]. 粮食储藏，1996，（3）：25–31.

［502］ 王若兰，孔祥刚，李东岭，等 . 气调储藏条件下糙米生理活性变化及相关性研究 [J]. 河南工业大学学报（自然科学版），2011，（3）：9–14.

［503］ 金文，肖建文，张来林，等 . 充氮气调对大豆品质的影响研究 [J]. 河南工业大学学报（自然科学版），2010，（1）：71–73.

［504］ 李岩峰，肖建文，张来林，等 . 充氮气调对稻谷品质的影响研究 [J]. 粮食加工，2010，（1）：46–48.

［505］ 张来林，金文，周杰生，等 . 充氮气调对大豆制油品质的影响 [J]. 河南工业大学学报（自然科学版），2010，（6）：11–14.

［506］ 肖建文，张来林，金文，等 . 充氮气调对玉米品质的影响研究 [J]. 河南工业大学学报（自然科学版），2010，（4）：57–60.

［507］ 王若兰，孔祥刚，李东岭，等 . 气调储藏条件下糙米生理活性变化及相关性研究 [J]. 河南工业大学学报（自然科学版），2011，（3）：5–10.

［508］ 王若兰，李东岭，田志琴，等 . 玉米气调储藏品质变化规律的研究 [J]. 河南工业大学学报（自然科学版），2011，（4）：1–5.

［509］王若兰，孔祥刚，赵妍，等．气调储藏条件下糙米中微生物变化规律的研究［C］// 2011 生物制药与工程会议论文集．上海：2011.

［510］张来林，桑青波，傅元海，等．充氮气调对高粱储藏品质的影响［J］. 河南工业大学学报（自然科学版），2011，（6）：18–23.

［511］张来林，桑青波，张国民，等．充氮气调对稻谷、大豆品质的影响研究［J］. 粮食科技与经济，2011，（2）：21–23.

［512］张来林，桑青波，傅元海，等．充氮气调对高粱酿酒品质的影响研究［J］. 河南工业大学学报（自然科学版），2012，（3）：10–14.

［513］张来林，薛丽丽，杨文超，等．充氮气调对花生制油品质的影响研究［J］. 中国油脂，2012，（6）：50–53.

［514］张来林，薛丽丽，杨文超，等．充氮气调对花生仁储藏品质影响的研究［J］. 河南工业大学学报（自然科学版），2012，（1）：27–30.

［515］王若兰，邓立阳，汤明远．气调储藏条件下亚麻籽品质变化规律的研究［J］. 河南工业大学学报（自然科学版），2013，（3）：55–60.

［516］吴卫平，乐炳红，焦林海，等．富氮低氧储存稻谷品质变化试验［J］. 粮食储藏，2013，（1）：30–33.

［517］邓立阳，王若兰，王永．气调储藏条件下茶籽品质变化规律的研究［J］. 农产品加工（学刊），2014，（18）：13–16.

［518］焦义文，李庆光，陈娟，等．充氮气调对小麦储藏品质的影响研究［J］. 河南工业大学学报（自然科学版），2014，（5）：97–100.

［519］季雪根，张飞豪，仇灵光．气调储粮条件下稻谷呼吸熵探究［J］. 粮食储藏，2015，（3）：41–45.

［520］朱庆贺，张来林，王书礼，等．气调储藏对芝麻生理品质影响的研究［J］. 河南工业大学学报（自然科学版），2015，（1）：67–71.

［521］尹绍东，张来林，毕文雅，等．充氮气调启封后对粳糙米品质的影响［J］. 粮食加工，2016，（1）：20–23.

［522］赵兴元，王家如，姜文．自然通风对保持储粮品质的作用［J］. 粮油仓储科技通讯，2000，（1）：28–29.

［523］王绍轩．开展机械通风储粮 保持储粮品质［J］. 四川粮油科技，2001，（4）：30–31.

［524］杨清鹏，刘理国，蒋先锋，等．四项技术运用与储粮品质变化关系实验［J］. 粮油仓储科技通讯，2003，（5）：23–24，38.

［525］匡华祥．应用轴流风机调节仓温延缓储粮品质陈化速度［J］. 粮油仓储科技通讯，2004，（5）：29–30.

［526］陈忠南，谢勇辉．不同仓房条件及保管方式对储粮品质的影响［J］. 粮油仓储科技通讯，2007，（1）：27–28.

［527］袁芳芳．稻谷储藏过程中的品质变化分析与控制［J］. 粮食加工，2014，（3）：74–76.

［528］李孟泽，闵炎芳，章波，等．不同通风方式对储粮保水均温减损效果研究［J］. 粮油仓储科技通讯，2018，（5）：16–20.

［529］季振江，程小丽．横向通风技术在科学储粮中的应用进展［J］. 粮食加工，2018，（5）：75–77.

［530］ 周晓军，渠琛玲，李红雨，等.高大平房仓新粮通风效果研究 [J]. 现代食品，2018，（19）：192-196.

［531］ 刘兵，罗曜，吴林蔚，等.稻谷产地分层通风对储粮品质的影响 [J]. 粮食科技与经济，2019，（10）：37-40，44.

［532］ 王健，李洪鹏.机械通风对浅圆仓玉米储藏品质的影响 [J]. 现代食品，2019，（3）：82-86.

［533］ 王远成，季振江，王双林，等.不同通风方向对稻谷降水效果影响的数值模拟研究 [J]. 中国粮油学报，2018，（11）：72-78.

［534］ 刘长生，尚晓红，吴广，等.浅圆仓环流通风控温储粮测试报告 [J]. 粮食加工，2020，（6）：81-83.

［535］ 任伯恩，李倩倩.超高大平房仓储粮横向通风技术初试 [J]. 粮油仓储科技通讯，2020，（4）：12-14.

［536］ 宋志勇，王若兰，王志强.低温干燥生态储粮区高大平房仓内环流控温储粮应用技术研究 [D]. 郑州：河南工业大学，2020：1-75.

［537］ 张国梁，李衍洪，徐宝正.储粮害虫防护剂杀螟松甲嘧磷对谷物种子品质的影响 [J]. 种子，1986，（Z1）:4.

［538］ 高影，杨建新，鄢健纯，等.不同浓度的二氧化碳对储粮品质的影响 [J]. 粮食储藏，1995，（Z1）：175.

［539］ 何学超，张蓉建，王德谦，等.臭氧熏蒸对储粮品质的影响 [J]. 粮食储藏，2002，（6）：38-41.

［540］ 辛立勇，石志国，张海东，等.高大平房仓应用硅藻土杀虫剂防治储粮害虫的效果 [J]. 粮油食品科技，2007，（6）：23-26.

［541］ 李振权，蔡静平，黄淑霞，等.不同生理状态霉菌对储粮品质危害性的研究 [J]. 粮油加工，2007，（7）：96-98.

［542］ 黄曼，胡碧君，罗柏流，等.电子束辐照防治储粮害虫及对小麦品质影响的研究 [J]. 河南工业大学学报（自然科学版），2009，（4）：17-20.

［543］ 欧阳建勋.辣椒素抗有害生物及在稻谷绿色储藏中的应用研究 [D]. 湖南：湖南农业大学，2011.

［544］ 陈春武.三种异硫氰酸酯对储粮害虫和霉菌的生物活性研究 [D]. 武汉：武汉轻工大学，2012.

［545］ 李国尧，梁燕理，黄文，等.充氮气调对不同粮食品种的储藏影响研究 [J]. 粮食科技与经济，2013，（4）：45-46.

［546］ 王晶磊，肖雅斌，徐威，等.粮库储粮害虫防治存在问题及前景展望 [J]. 粮食与食品工业，2014，（03）：82-85.

［547］ 郑秉照.充氮控温气调储粮技术对储粮品质的影响 [J]. 粮油仓储科技通讯，2016，（3）：45-48.

［548］ 韦文生.不同氮气浓度对储粮品质影响的试验 [J]. 粮油仓储科技通讯，2017，（2）：45-46.

［549］ 魏永威，项景，刘益云，等.惰性粉气溶胶与富氮气调综合防治储粮害虫研究 [J]. 粮油仓储科技通讯，2020，（4）：25-28.

［550］ 张峰，胡军，卓强，等.甲基嘧啶磷在高温高湿储粮区实仓防治储粮害虫的效果 [J]. 粮食科技与经济，2020，（10）：58-59.

［551］ 天津南开大学生物系，天津市粮食科学研究所.钴60伽马射线对小麦主要营养成分影响 [J]. 天津粮油科技，1978，（4）.

[552] 郝文川，朱承相，史海林．钴 60 γ 射线对小麦、稻谷的过氧化物酶的效应 [J]. 粮食贮藏，1980，（3）：25-27.

[553] 朱承相，郝文川，史海林．伽玛辐射对稻谷、小麦品质的影响：粮食的强辐射场辐照中间试验 [J]. 粮食贮藏，1981，（1）：10-19.

[554] 王若兰，杨延远，郭靖．γ 射线、电子束处理对大豆品质的影响 [J]. 河南工业大学学报（自然科学版），2010，31（5）：5-8.

[555] 王若兰，杨延远，杨志慧．γ 射线、电子束处理对玉米品质的影响 [J]. 粮食与饲料工业，2010，（3）：11-13.

[556] 王若兰，杨延远．γ 射线、电子束处理对籼稻品质的影响 [J]. 食品科技，2010，（7）：184-188.

[557] 王若兰，杨延远．射线辐照对粮食微观结构及其萌发特性的影响 [J]. 中国粮油学报，2010，（10）：95-98.

[558] 王若兰，杨延远，周沛臣．γ 射线、电子束处理对小麦及其制品品质的影响 [J]. 粮食与饲料工业，2011，（7）：10-12.

[559] 张红云，路辉丽，秦学磊，等．微波处理对小麦烘焙品质影响的研究 [J]. 粮油食品科技，2011，（1）:9-11.

[560] 王晶磊．电子束辐照对赤拟谷盗脂肪酸值的影响 [J]. 粮食储藏，2015，（4）：33-36.

[561] 渠琛玲，刘胜强，王若兰，等．全麦粉的微波稳定化工艺优化 [J]. 食品与发酵工业，2016，（11）：121-125.

[562] 渠琛玲，刘胜强，王芳婷，等．微波辐射对小麦种子微观结构的影响 [J]. 食品工业科技，2017，（1）：125-128，146.

[563] 贾永华．干燥对大豆品质的影响 [C]// 第三次全国粮油储藏学术会文选．成都：全国粮油储藏科技情报中心站，商业部四川粮食储藏科学研究所，1984.

[564] 江苏省粮食局中心化验室．全国中小型粮食干燥设备对小麦、稻谷品质的影响 [C]// 第三次全国粮油储藏学术会文选．成都：全国粮油储藏科技情报中心站，商业部四川粮食储藏科学研究所，1984.

[565] 江苏省常州市粮油公司，常州市粮油科学研究所，江苏省常熟市第一粮库．大豆烘干及其对品质的影响 [J]. 粮油仓储科技通讯，1986，（5）：38-42.

[566] 刘玉华．干燥过程对玉米质量指标的影响 [J]. 粮油仓储科技通讯，2009，（4）：25-26.

[567] 张玉荣，成军虎，周显青，等．高水分玉米微波干燥特性及对加工品质的影响 [J]. 河南工业大学学报（自然科学版），2009，（6）：1-5.

[568] 刘劼武，顾祥明，刘星，等．烘后玉米脂肪酸值变化情况的研究分析 [J]. 粮食储藏，2010，（5）：29-32.

[569] 李改婵，贺喜祥，高峰，等．浅析玉米储藏品质变化趋势与控制 [J]. 粮食储藏，2010，（5）：39-41.

[570] 张玉荣，周显青，刘通．热风和真空干燥玉米淀粉颗粒形貌及偏光特征变化 [J]. 河南工业大学学报（自然科学版），2010，（5）：9-12.

[571] 张玉荣，周显青．热风和真空干燥玉米的品质评价与指标筛选 [J]. 农业工程学报，2010，（3）：346-352.

［572］ 陈淑娟. 不同等级小麦粉在储存中脂肪酸值变化规律 [J]. 粮食储藏，2010，（5）：33-35.

［573］ 张玉荣，刘诺阳，周显青. 干燥技术对稻谷品质影响的研究进展 [J]. 粮油食品科技，2012，（3）：1-5.

［574］ 张玉荣，刘诺阳，周显青. 稻谷热风与真空干燥特性及其加工品质的对比研究 [J]. 粮食与饲料工业，2012，（4）：5-9.

［575］ 杨慧萍，蔡雪梅，陈琴. 两种温度两种干燥方式对稻谷品质的影响 [J]. 粮食储藏，2013，（1）：34-38.

［576］ 阚开胜，钱雨岗，徐美林. 烘干对小麦质量的影响 [J]. 粮油仓储科技通讯，2014，（6）：23-26.

［577］ 陈江，杨国峰，仇红娟，等. 低真空度变温干燥对稻谷干燥品质的影响研究 [J]. 粮食储藏，2015，（4）：37-42.

［578］ 刘胜强，渠琛玲，王若兰，等. 谷物稳定化技术及稳定化对谷物品质的影响研究进展 [J]. 粮食与油脂，2016，（8）：1-4.

第五章　储粮生态系统研究

近几十年来，我国储粮生态系统研究取得了突破性的进展。以粮堆生态学为基础，进一步从储粮生态学开展系统研究，不仅要考虑粮仓内粮堆这个人工封闭的生态系统，各种生物因子、非生物因子对粮食的影响，还要考虑仓房外有限环境对储粮的影响。

我国粮堆生态系统研究是从储粮害虫生态学起步的。老一辈储藏专家（仓储害虫与螨类专家）提出："粮堆是一个由多种生物和非生物有机结合、相互联系，具有一定功能的封闭型生态系统，必须全面研究系统矛盾的多个方面及其联系，包括粮堆内生物群落（虫、螨、霉等）的一般结构、数量特征和分类，它们与其他因子的相互关系，系统的物质转换和能量流动规律等。通过综合分析、协调管理，才能控制粮堆向有利方向发展。"这是对储粮生态系统的组成、基本特性、信息联系、能量流动作出的精准阐述。

在借鉴国际、国内已有储粮生态系统研究成果的基础上，我国粮食储藏专家学者开展了"不同储粮生态区域粮食储备配套技术的优化与示范"的研究。根据储粮生态系统理论体系，创建了"中国不同储粮生态地域储粮工艺模示图"。此外，还提出了储粮数学生态学、储粮化学生态学、储粮工程生态学、世界储粮生态系统网络体系的科学研究设想。这些研究设想，为今后开展相关的科学研究工作指出了前景，现在已经在发挥某些启迪作用。与储粮生态系统相关的研究报道如后。

蒋中柱1990年报道了粮堆生态系统原理及其在储藏中的应用研究。黄清年1995年报道了对红河地区粮食储藏区划的探讨。汤子俊等1999年报道了从气候条件看中国的储粮区域。王明洁2000年报道了对中国储粮区域的研究。陈斌等2002年报道了储藏物害虫生物性防治技术研究现状和展望。周全申等2002年报道了中国区域气候对仓储粮堆温差的影响。黄刚等2003年报道了晋南温暖半干旱气候带储粮技术研究。白旭光等2004年报道了华北干热储粮生态区安全储粮优化方案。王若兰等2004年报道了蒙新干冷储粮生态区安全储粮优化方案。白旭光等2006年报道了中国典型储粮生态区低温储粮的优化集成方案。宋伟等2009年报道了中国储粮生态系统研究进展。谢静杰等2009年报道了不同仓型仓温仓湿日变化规律探讨。熊鹤鸣等2009年报道了中温高湿储粮区绿色储粮技术优化集成应用实践。靳祖训2009年报道了世界储粮生态系统网络体系的研究设想。乔占民等2013年报道了第四储粮生态区玉米储藏特点及问题研究。吴子丹等2014年报道了粮食储藏生态系统的仿真技术应用研究进展。唐丞有等2014年报道了第五储粮生态区空调储粮技术应用探索。王晶磊等2014年报道了储粮生态区域智能通风应用模式效果初探。曾义华等2016年报道了第五储粮生态区两大主要粮食品种安全储存敏感指标实仓试验。王殿轩等2017年报道了我国高温高湿生态区储粮昆虫区系调查研究。耿宪洲等2017年报道了粮食储藏过程中粮堆内部质热传递的研究进展。孙西勇等2019年报道了第四储粮生态区大豆安全储存技术探讨。

附：分论一 / 第五章著述目录

第五章　储粮生态系统研究

[1] 蒋中柱.粮堆生态系统原理及其在储藏中的应用 [J].粮食储藏，1990，（2）：20-25.

[2] 黄清年.对红河地区粮食储藏区划的探讨 [J].粮油仓储科技通讯，1995，（1）：22-24.

[3] 汤子俊，王明洁，吴曙球.从气候条件看中国的储粮区域 [J].粮食储藏，1999，（4）：22-31.

[4] 王明洁.对中国储粮区域的研究 [J].郑州粮食学院学报，2000，（1）：62-66.

[5] 陈斌，李隆术.储藏物害虫生物性防治技术研究现状和展望 [J].植物保护学报，2002，（3）：272-278.

[6] 周全申，张来林，侯业茂.中国区域气候对仓储粮堆温差的影响 [J].郑州粮食学院学报，2002，（3）：36-39.

[7] 黄刚，任黄杰，李永芳.晋南温暖半干旱气候带储粮技术 [J].粮油仓储科技通讯，2003，（2）：17-18.

[8] 白旭光，卞科，王若兰.华北干热储粮生态区安全储粮优化方案 [J].郑州工程学院学报，2004，（2）：1-6.

[9] 王若兰，田书普，卞科，等.蒙新干冷储粮生态区安全储粮优化方案 [J].郑州工程学院学报，2004，（4）：1-7.

[10] 白旭光，卞科，田书普，等.中国典型储粮生态区低温储粮的优化集成方案 [J].粮食储藏，2006，（1）：24-28.

[11] 宋伟，靳祖训，汪海鹏.中国储粮生态系统研究进展 [J].粮食储藏，2009（1）：16-21.

[12] 谢静杰，汪向刚，黄志俊，等.不同仓型仓温仓湿日变化规律探讨 [J].粮食储藏，2009，（1）：52-56.

[13] 熊鹤鸣，张富胜，周长金，等.中温高湿储粮区绿色储粮技术优化集成应用实践 [J].粮食储藏，2009，（6）：19-21.

[14] 靳祖训.世界储粮生态系统网络体系的研究设想 [J].粮食储藏，2009（4）：3-9.

[15] 乔占民，李赏，张会军，等.第四储粮生态区玉米储藏特点及问题研究 [J].粮油仓储科技通讯，2013，（3）：11-15.

[16] 吴子丹，赵会义，曹阳，等.粮食储藏生态系统的仿真技术应用研究进展 [J].粮油食品科技，2014，（1）：1-6.

[17] 唐丞有，徐玉琳，张平宽，等.第五储粮生态区空调储粮技术应用探索 [J].粮油仓储科技通讯，2014，（1）：10-11，16.

[18] 王晶磊，肖雅斌，王殿轩，等.储粮生态区域智能通风应用模式效果初探 [J].粮食储藏，2014，（5）：12-16.

[19] 曾义华，张堃，张华，等.第五储粮生态区两大主要粮食品种安全储存敏感指标实仓试验 [J].粮食储藏，2016，（4）：23-27.

［20］ 王殿轩，白旭光，周玉香，等．我国高温高湿生态区储粮昆虫区系调查研究 [J]. 河南工业大学学报（自然科学版），2017，（6）：104-109，122.

［21］ 耿宪洲，王若兰，渠琛玲，等．粮食储藏过程中粮堆内部质热传递研究进展 [J]. 食品工业，2017，（10）：215-218.

［22］ 孙西勇, 薛勇, 盛建强．第四储粮生态区大豆安全储存技术探讨 [J]. 粮油仓储科技通讯, 2019,（4）：30-33.

第六章 有关粮食行业的标准研究

我国粮食行业的标准研究与储藏技术管理规范的研究起步于20世纪50年代，始于"四无粮仓管理规范"。随着我国粮食仓储技术的飞跃发展，催生了一系列相关的技术规程问世。

根据市场发展和粮食仓储业务发展的实际需要，国家粮食局先期制定和修订了一大批与粮食安全储藏相关的国家标准和行业标准。利用国债建仓后，为了确保浅圆仓、高大平房仓的储粮安全，在全国范围内全面推广"储粮四合一"技术，制定发布了《磷化氢环流熏蒸技术规程》《储粮机械通风技术规程》《粮情测控系统》《谷物冷却机低温储粮技术规程》《粮食烘干机操作规程》等行业规程。

截至2005年，我国粮油储藏标准体系已发布了41项国家标准和行业标准，其中基础标准（名词术语、图形符号、信息编码）11项，方法标准（规范、规程、检验方法）30项。

纪建平1991年报道了对我国现行小麦粉标准的商榷。郁伟1992年报道了对辽宁省现行玉米糁标准的分析报告。李庆龙等1996年报道了关于我国专用小麦粉品质标准中几个问题的分析。王俊安1997年报道了关于粮仓的功能及设计标准的缺陷探讨。国家粮食储备局1999年发布了《浅圆仓储粮技术规程（试行）》。

姚建等2000年报道了PLC在粮库储存中的运用研究。田颖2000年报道了关于学习、理解与落实《中央储备粮油库管理办法（试行）》的报告。李里特2001年报道了粮油产品规格化、标准化是农业现代化的迫切任务的综述。国家粮食储备局2001年先后发布了《谷物冷却机低温储粮技术规程（试行）》《高大平房仓储粮技术规程（试行）》。林家永等2002年报道了我国粮油及其加工产品标准体系的现状与对策研究。顾耀兴等2002年报道了与小麦粉有关的几个国家标准的缺陷分析。陶诚等2004年报道了粮食安全储藏技术指标评价体系。马雷2004年报道了中外稻米安全卫生标准的比较与稻米的清洁生产应用。何学超等2004年报道了玉米储存品质控制指标的研究。刘光亚2005年报道了影响稻谷品质指标测定值的因素研究。邢陆军等2005年报道了关于IS09000系列标准在国家粮食储备库的应用。李沛青等2006年报道了关于小麦储存品质判定规则的几点探讨。甘凤萍等2006年报道了国家储备粮库MIS的设计和实现。孙辉等2006年报道了我国和美国、加拿大小麦质量标准体系的比较研究。林家永等2006年报道了我国粮油标准物质体系的发展状况与对策探讨。陆晖等2007年报道了我国粮油储藏标准体系的发展状况与研究。龙伶俐2007年报道了我国粮油标准体系的发展历程及目标的探讨。吴敏等2007年报道了大豆油"加热试验"结果判定的商榷。姜锦川2008年报道了关于修订小麦粉质量标准的探讨。许斌等2008年报道了加工条件对稻谷储藏品质判定的影响问题。张兴梅等2008年报道了国标中过氧化值新旧测定方法的比较探讨。邹永志等2009年报道了新《粮油储藏技术规范》学习贯彻后的思考体会。齐国贞2009年报道了关于贯彻国家标准GB/T 22325-2008《小麦粉中过氧化苯甲酰的测定高效液相色谱法》精密度的报告。董德良2009年报道了《玉米》新旧国家标准的差异解读。金秀娟2009年报道了对《玉米》国家新标准检验方法的一般理解及关键点和控制意见。李浩等2009年报道了《稻谷》国家新旧标准差异的解读。陈嘉东等2009年报道了广东省优质大米品质指标的研究。崔存清等2010年报道了自动扦样机扦样检验与现场称重比较试验研究。刘文娟等2010年报道了芝麻油纯度检验地方标准的改进实验。龚洪芝2010年报道了新《稻谷》质量标准的学习体会。宫群英2010年报道了小麦收购检验的流程探讨。吴建明2010年报道了采用整米率作为稻谷加工工艺品质检测指标的研究。李万军等2010年报道了对现行标准《动植物油脂过氧化值测定》有关问题的探讨。余擎宇等2010年报道对了新《大米》国家标准主要技术指标的理解。徐红梅等2010年报道了稻谷安全储藏水分的控制标准与应用措施研究。刘劼武等2010年报道了国内外玉米标准的分析探讨。郭维荣等2010年报道了收购现场以出米率快速推算稻谷等级的探讨。李玥等2011年报道了我国粮食标准化工作体系现状及展望。张涛2011年报道了GB 1351-2008《小麦》标准实施中一些问题的探讨。金秀娟2011年报道了对粮食储藏几个现行国家标准的个人见解。李南2012年报道了对现行《挂面》行业标准适用性的探讨意见。刘红等2012年报道了关于稻谷标准设置出米率指标的建议。郁伟2012年报道了对《玉米储存品质判定规则》脂肪酸值指标修改的建议。龙伶俐等2012年报道了大豆储藏品质判定指标的研究。刘根平等2014年报道了进口大豆水分检测方法的探讨。孔德旭等2014年报道了粮食定等智能检测系统研究设计。袁园等2015年报道了高效液相色谱法检测小麦粉感染害虫后尿酸含量的研究。陈明军2016年报道了小麦不完善粒比对实验分析报告。王清华等2017年报道了智能定等系统实际应用的效果分析。

附：分论一 / 第六章著述目录

第六章　有关粮食行业的标准研究

［1］　纪建平 . 对我国现行小麦粉标准的商榷 [J]. 粮油仓储科技通讯，1991（6）：15-20.

［2］　郁伟 . 对辽宁省现行玉米渣标准浅析 [J]. 粮油仓储科技通讯，1992（3）：46-50.

［3］　李庆龙，柯惠玲 . 我国专用小麦粉品质标准中几个问题的分析 [J]. 武汉食品工业学院学报，1996（1）：16-19.

［4］　王俊安 . 浅谈粮仓的功能及设计标准的缺陷 [J]. 粮食储藏，1997（2）：45-48.

［5］　姚建，姚源记 .PLC 在粮库储存中的运用 [J]. 粮食流通技术，2000（3）：28-29.

［6］　田颖 .《中央储备粮油库管理办法（试行）》的学习、理解与落实 [J]. 粮食流通技术，2000（4）：34-36.

［7］　李里特 . 粮油产品规格化、标准化是农业现代化的迫切任务 [J]. 中国粮油学报，2001（5）：3-7.

［8］　国家粮食储备局 . 浅圆仓储粮技术规程(试行)非书资料:国粮仓储[1999]289 号 [S]. 粮油仓储科技通讯，2001（2）：15-18.

［9］　国家粮食储备局 . 谷物冷却机低温储粮技术规程（试行）非书资料：国粮仓储 [1999]305 号 [S]. 粮油仓储科技通讯，2001（2）：11-14，18.

［10］　国家粮食储备局 . 高大平房仓储粮技术规程（试行）非书资料：国粮仓储 [1999]　号 [S]. 粮油仓储科技通讯，2001（1）：28-29，37.

［11］　林家永，李歆，郝希成 . 我国粮油及其加工产品标准体系的现状与对策 [J]. 中国粮油学报，2002（6）：4-9.

［12］　顾耀兴，葛红根 . 浅析与小麦粉有关的几个国家标准的缺陷 [J]. 粮油仓储科技通讯，2002（5）：47-48.

［13］　陶诚，吴峡，徐鸿生，等 . 粮食安全储藏技术指标评价体系 [J]. 粮食储藏，2004（5）：15-21.

［14］　马雷 . 中外稻米安全卫生标准的比较与稻米的清洁生产 [J]. 粮食储藏，2004（2）：41-43.

［15］　何学超，肖学彬，杨军，等 . 玉米储存品质控制指标的研究 [J]. 粮食储藏，2004（3）：46-50.

［16］　刘光亚 . 影响稻谷品质指标测定值的因素 [J]. 粮食储藏，2005（4）：38-39.

［17］　邢陆军，蒋斌，杨传辉 . 浅谈 ISO9000 系列标准在国家粮食储备库的应用 [J]. 粮油仓储科技通讯，2005（2）：2-4.

［18］　李沛青，赵春娜 . 关于小麦储存品质判定规则几点探讨 [J]. 粮食与油脂，2006（12）：43-44.

［19］　甘凤萍，张红梅 . 国家储备粮库 MIS 的设计和实现 [J]. 河南工业大学学报（自然科学版），2006（4）：36-39.

［20］　孙辉，吴尚军，姜薇莉 . 我国和美国、加拿大小麦质量标准体系的比较 [J]. 粮油食品科技，2006（6）:4-5.

［21］　林家永，郝希成 . 我国粮油标准物质体系的发展状况与对策 [J]. 中国粮油学报，2006（6）：155-159.

［22］　陆晖，陶诚，林家永，等 . 我国粮油储藏标准体系的发展状况与研究 [J]. 粮食储藏，2007（2）：30-33.

[23] 龙伶俐. 我国粮油标准体系的发展历程及目标 [J]. 粮油食品科技，2007（2）：1-3.

[24] 吴敏，李雅莲，张霞，等. 大豆油"加热试验"结果判定的商榷 [J]. 粮食储藏，2007（3）：54-55.

[25] 姜锦川. 关于修订小麦粉质量标准的探讨 [J]. 粮油仓储科技通讯，2008（6）：45-47.

[26] 许斌，靳钟江. 加工条件对稻谷储藏品质判定的影响 [J]. 粮食储藏，2008（6）：39-41.

[27] 张兴梅，聂爱华，周斌. 国标中过氧化值新旧测定方法的比较探讨 [J]. 粮食储藏，2008（2）：53-54.

[28] 邹永志，罗福桓，宋广清，等. 新《粮油储藏技术规范》学习贯彻之思考 [J]. 粮油仓储科技通讯，2009（2）：2-3.

[29] 齐国贞. 关于国家标准 GB/T 22325-2008《小麦粉中过氧化苯甲酰的测定 高效液相色谱法》精密度的问题 [J]. 粮油仓储科技通讯，2009（5）：52.

[30] 董德良.《玉米》新旧国标的差异 [J]. 粮油仓储科技通讯，2009（5）：51-52.

[31] 金秀娟. 对《玉米》新标准检验方法的一般理解及关键点控制意见 [J]. 粮油仓储科技通讯，2009（5）：47-50.

[32] 李浩，毛根武.《稻谷》新旧标准差异解读 [J]. 粮油仓储科技通讯，2009（5）：46-56.

[33] 陈嘉东，王亚军，钟国才，等. 广东省优质大米品质指标的研究 [J]. 粮油仓储科技通讯，2009（1）：48-51.

[34] 崔存清，姜建枝，安西友，等. 自动扦样机扦样检验与现场称重比较试验 [J]. 粮油仓储科技通讯，2010（5）：47-48.

[35] 刘文娟，曹占文，冯志君，等. 芝麻油纯度检验地方标准的改进实验 [J]. 粮食储藏，2010（6）：49-51.

[36] 龚洪芝. 新《稻谷》质量标准的学习体会 [J]. 粮油仓储科技通讯，2010（1）：52-54.

[37] 宫群英. 小麦收购检验流程探讨 [J]. 粮油仓储科技通讯，2010（5）：55-56.

[38] 吴建明. 采用整米率作为稻谷加工工艺品质检测指标的研究 [J]. 粮油仓储科技通讯，2010（5）：38-42.

[39] 李万军，程兴杰，李雅莲，等. 对现行标准《动植物油脂过氧化值测定》有关问题的探讨 [J]. 粮油仓储科技通讯，2010（1）：55-56.

[40] 余擎宇，周群慧. 对新《大米》国家标准主要技术指标的理解 [J]. 粮油仓储科技通讯，2010（4）：49-51.

[41] 徐红梅，宗力. 稻谷安全储藏水分的控制标准与应对措施研究 [J]. 粮油加工，2010（12）：70-72.

[42] 刘劼武，冯锡仲. 国内外玉米标准的分析探讨 [J]. 粮食储藏，2010（4）：55-56.

[43] 郭维荣，刘德明，吴建明. 收购现场以出米率快速推算稻谷等级的探讨 [J]. 粮食储藏，2010（2）：41-43.

[44] 李玥，闵国春，乔丽娜，等. 我国粮食标准化工作体系现状及展望 [J]. 粮油食品科技，2011（2）：38-41.

[45] 张涛. GB 1351-2008《小麦》标准实施中一些问题的探讨 [J]. 粮油仓储科技通讯，2011（2）：51-53.

[46] 金秀娟. 对几个现行国家标准的看法 [J]. 粮油仓储科技通讯，2011（1）：51，56.

［47］ 李南 . 现行挂面行业标准适用性探讨 [J]. 粮油仓储科技通讯，2012（2）：52–53.

［48］ 刘红，李雅莲，李万军，等 . 关于稻谷标准设置出米率指标的建议 [J]. 粮油仓储科技通讯，2012（2）：50–51.

［49］ 郁伟 . 对《玉米储存品质判定规则》脂肪酸值指标修改的建议 [J]. 粮油食品科技，2012（1）：39–40.

［50］ 龙伶俐，薛雅琳，郁伟，等 . 大豆储藏品质判定指标的研究 [J]. 中国粮食学报，2012（7）：82–85.

［51］ 刘根平，卓晓辉，邱辉，等 . 进口大豆水分检测方法探讨 [J]. 粮食储藏，2014（6）：51–53.

［52］ 孔德旭，石恒，龚林君，等 . 粮食定等智能检测系统研究设计 [J]. 粮食储藏，2014（6）：47–50.

［53］ 袁园，刘凤杰，王争艳，等 . 高效液相色谱法检测小麦粉感染害虫后尿酸含量的研究 [J]. 河南工业大学学报（自然科学版），2015（4）：20–25.

［54］ 陈明军 . 小麦不完善粒比对实验分析报告 [J]. 粮油仓储科技通讯，2016（4）：46–47.

［55］ 王清华，李金刚，王宝元，等 . 智能定等系统实际应用效果分析 [J]. 粮油仓储科技通讯，2017（1）：52–54.

分论二
粮食储藏应用技术研究进展

第七章　粮油储藏技术研究

第一节　粮油储藏技术研究总体进展

第二节　不同粮种储藏技术研究

第三节　不同仓型储粮技术研究

第四节　油料、油品储藏技术研究

第五节　高水分粮食、油料保管技术研究

第六节　"双低""三低"储粮技术研究

第七节　"四项"储粮新技术研究

第八节　储粮过程中粮堆温度、湿度变化研究

第九节　粮食储藏过程中遇到的主要技术问题研究

第十节　储粮降低损耗研究

第八章　低温储粮技术研究

第一节　低温储粮技术主要研究工作（20世纪50年代至80年代）

第二节　低温储粮技术主要研究工作（20世纪90年代至今）

第九章　储粮害虫防治技术研究

第一节　储粮害虫防治综述性研究

第二节　储粮害虫防治泛论

第三节　储粮害虫综合防治技术研究

第四节　储粮害虫化学防治技术研究

第五节　储粮害虫非化学防治技术研究

第六节　几种储粮害虫防治专项研究

第十章　粮食干燥技术研究

　　第一节　粮食干燥技术主要研究工作（20世纪50年代至80年代）
　　第二节　粮食干燥技术主要研究工作（20世纪90年代至今）

第十一章　气调储藏技术研究

　　第一节　气调储粮技术主要研究工作（20世纪50年代至80年代）
　　第二节　气调储粮技术主要研究工作（20世纪90年代至今）

第十二章　粮情检测与信息化研究

　　第一节　粮情检测监控监管研究
　　第二节　粮油品质检测技术与方法研究
　　第三节　粮油污染检测技术研究
　　第四节　粮油储藏和品质检测仪器研制
　　第五节　储粮"专家系统"与信息化研究

第十三章　粮仓建设与改造的相关研究
　　第一节　粮仓机械研究
　　第二节　粮仓建设与改造的有关研究

第十四章　粮食流通与运输研究

第十五章　农村储粮技术管理研究

第十六章　粮食仓储科学管理研究

第七章 粮油储藏技术研究

我国粮油储藏技术的发展有着悠久的历史。粮食储藏某些学科的科研工作始于20世纪20年代。从20世纪50年代开始，我国就建立了专门的科研机构，逐步开展了比较全面、系统的科学研究，科学研究和试验涉及粮食、油料储藏和加工的各方面。

由于粮食、油料储藏技术研究的内容十分广泛丰富，为了便于大家了解，本章内容按照以下顺序进行概略介绍：粮油储藏技术研究总体进展；不同粮种储藏技术研究；不同仓型储粮技术研究；油料、油品储藏技术研究；高水分粮食、油料保管技术研究；"双低""三低"储粮技术研究；"四项"储粮新技术研究；储粮过程中粮堆温度、湿度变化研究；粮食储藏过程遇到的主要技术问题研究；储粮降低损耗研究。

第一节 粮油储藏技术研究总体进展

我国粮食储藏技术研究在近几十年得到了较大发展，与粮油储藏技术相关领域综述性的研究课题在实际应用中也取得了一定成效。何其名等1989年报道了微气流在储粮中的应用研究。舒坤林1991年报道了有关粮油安全储藏的研究。蒋中柱等1992年报道了粮食储藏技术的现状及展望。谭剑荣1992年报道了双循环储粮技术研究。孙德林1993年报道了粮食安全储存时间的预测研究。张聚元1996年报道了粮食储藏与数学方面的研究。唐为民等1997年报道了近十年我国粮食仓储技术研究进展及推广应用概况。唐承禄1997年报道了对"高仓热入粮冷密闭"问题的研究。何雷等

1999年报道了通风、保护剂、"三低"组合技术保粮的技术。万拯群1999年报道了对当前我国科学保粮问题的看法。李宗良1999年报道了云南省粮食储藏现状及应该采取的技术措施。

万拯群2001年报道了论"三低六合"综合储粮技术。蒋中柱2002年报道了绿色储粮的理论基础和基本技术。王亚南2002年报道了论"无公害"储粮的研究。王若兰2002年报道了中国和加拿大粮食储藏技术的比较分析。孟大明2002年报道了西北低温气候对储粮稳定性的影响研究。肖桂永2002年报道了谈如何确定散装粮食的储藏容重问题。李火金等2002年报道了清洁卫生防治技术是安全储粮的基础问题。万拯群2003年报道了我国储粮技术的创新途径与发展思路。戴林莉2003年报道了粮食仓储行业如何应对"绿色壁垒"。江燮云2004年报道了对包装改散装储粮工作的探讨。胡瑞波等2004年报道了小麦多酚氧化酶（PPO）活性的基因型、环境及其互作效应的分析。李在刚等2004年报道了绿色储粮试验研究。乔龙超2004年报道了谈铁心桥国家粮食储备库储粮技术经验。万拯群2005年报道了我国储粮技术创新途径与发展思路。王若兰等2005年报道了青稞储藏稳定性的比较研究。朱安定2005年报道了因地制宜，积极探索储粮新技术的研究。曹阳等2005年报道了基于两维图论聚类分析的中国储粮区域划分。石光斌等2005年报道了环保型保鲜储粮试验。孟彬等2005年报道了对粮面薄膜密闭的延伸——整仓密闭储粮技术的探讨。吴跃进等2005年报道了水稻耐储藏种质创新及相关技术研究。周长金等2006年报道了对亚热带地区科学储粮技术工作的探讨。赵思孟2006年报道了绿色储粮ABC。朱宗森等2006年报道了对构建节约型储粮模式的探讨。朱宗森等2006年报道了关于无药储粮的技术探索。严晓平等2006年报道了粮食仓储行业HACCP的研究应用。赵祥涛2006年报道了真空技术在粮食行业的应用与发展。李森等2006年报道了推广绿色保质保鲜储粮加强粮堆生态检测控制的研究应用。吴凡2006年报道了粮食仓储与HACCP的研究。王光春等2007年报道了几种比较适用的储粮技术。涂杰等2007年报道了从绿色化学的角度谈绿色储粮的概念及发展方向。赵文娟等2007年报道了转Bt基因作物储藏期对储粮害虫的影响及风险评估研究。刘蓉华2007年报道了对储粮害虫与绿色储粮关系的探讨。黄启迪等2008年报道了临时内地台严重沉降高大平房仓的散装储藏试验。徐碧2008年报道了气候变暖对储粮的影响和对策。谷玉有等2008年报道了东北地区不同仓型储粮特性研究。张小飞2008年报道了储粮综合技术在大型散粮仓中的应用探索。谢静杰等2009年报道了对不同仓型、仓温、仓湿日变化规律的探讨。费杏兴等2009年报道了若干储粮技术的实践与思考。马鑫等2009年报道了模拟培养实验室的构想设计。万拯群等2009年报道了对我国科学保粮若干问题的探讨。

郭维荣2010年报道了粮食过夏储藏方法的比较研究。杨雷东等2010年报道了对粮仓储粮数量探测新方法的探讨。张来林等2010年报道了粮堆密封的方法及应用研究。王德学等2010年报道了山东区域大、中型粮库的储粮技术优化试验。蒋国斌等2010年报道了对保持粮食品质，减少保管损耗，提高储粮效益的探讨。马中萍等2010年报道了低氧绿色储粮技术应用实践研究。

李亿凡等2010年报道了对粮食仓储工作中节能减排措施的探讨。李辉等2011年报道了太阳能在云南省粮食收储中的应用研究。姚磊2011年报道了储粮新技术的应用前景展望。范胜华2012年报道了对粮食储藏过程中危险因素及安全防护措施的探讨。王若兰2013年报道了粮食规模化生产和储藏的现状及发展趋势。陆德山等2013年报道了构建科学发展的绿色储备粮系统工程的研究。姚磊等2013年报道了"四无粮仓"活动促进粮食仓储科技创新综述。吴春平2013年报道了对南方高温高湿地区储存年限内，玉米、稻谷、小麦主要储存品质指标变化规律的探讨。许高峰2015年报道了我国粮食储藏技术现状、问题及对策研究。云顺忠等2015年报道了粮库科技储粮新技术集成应用与效果分析。张成等2015年报道了粮食仓储工作价值分析。黄志军等2015年报道了科技殷仓廪创新促发展的综述。曹阳等2015年报道了我国绿色储粮技术现状与展望。尹君等2015年报道了不同仓型的粮堆温度场重现及对比分析。刘胜强等2016年报道了谷物稳定化技术及稳定化对谷物品质的影响研究进展。苏宪庆等2016年报道了在储粮深层面下自然生态图像的精密采集技术的研究。陈思羽等2016年报道了谷物湿热平衡新模型及热力学特性的研究。史钢强2016年对双向混流通风、环流控温、空调补冷、臭氧杀菌储粮系统进行了报道。吴兰等2017年报道了储粮异常评测方法探析。杨振和等2017年报道了粮库粮堆的分类与稳定特性研究。王超等2017年报道了从有害生物的生活习性角度分析有机粮食仓储技术。许东宾2017年报道了激光水平仪在仓内测量粮堆高度的应用。云顺忠等2017年报道了中心粮库科技储粮技术的集约运用。何联平2017年报道了作者所在仓库实施的"6S"管理模式取得成效的经验。刘永利2017年报道了推广绿色储粮技术，提高粮油仓储综合效益的措施。宋锋等2018年报道了分析粮食质量安全监管中存在的问题与对策分析。袁华山等2018年报道了以习近平新时代中国特色社会主义思想为指导，不断提升粮食质量安全保障能力的体会。罗家宾等2019年报道了对低温仓储粮技术操作规程的分析。

第二节　不同粮种储藏技术研究

不同粮种储藏技术研究包括原粮（稻谷、小麦、玉米、大豆）、成品粮（大米、糙米、小麦粉）、薯类（甘薯、马铃薯）。

一、原粮

1. 稻谷

周景星等1990年报道了稻谷自然低温辅助通风保鲜技术的研究。王清和1997年报道了散装稻谷"三低"储粮技术应用中的若干问题综述。张来林等2005年报道了不同温度下稻谷的品质变化。吴玉章等2005年报道了优质晚籼稻保鲜绿色储藏技术初探。谢斌2005年报道了优质晚稻科学储藏及品质变化初探。尚科旗等2006年报道了籼稻储藏期间的水分变化研究。施广平等2006年报道了综合应用储粮技术储存稻谷试验。余建国等2006年报道了早籼稻套膜越冬储藏试验。李益良等2006年报道了优质稻谷保鲜储藏方法研究。张晓飞等2006年报道了关于粳谷散储存的初步探索。陆建中等2006年报道了对粳谷散储的初步探索。陈汲等2007年报道了控制稻谷年度积温安全储粮研究。彭汝生2007年报道了优质晚籼稻谷与普通晚籼稻谷储藏对比试验。史钢强2007年报道了浅圆仓高水分稻谷分层低温储藏试验。葛云瑞等2008年报道了延长稻谷储存年限的生产性试验。谢维治等2008年报道了稻谷储藏期间发芽率变化的研究。葛云瑞等2009年报道了北京地区稻谷储藏技术研究。

李文辉等2010年报道了稻谷保鲜储藏技术应用研究。陈伊娜等2010年报道了对优质籼稻保管的探索。赵建华等2012年报道了高大平房仓包装稻谷储存期间品质变化的规律研究。冯永健等2013年报道了稻谷储藏安全水分研究。朱其才等2014年报道了重庆地区粳稻谷储藏试验。陈汐等2014年报道了晚粳稻保鲜度夏的技术研究。赵素侠2014年报道了高水分晚粳稻度夏试验。王达能等2018年报道了镉超标稻谷分级储藏研究。

2. 小麦

路茜玉等1981年报道了小麦生理后熟与降氧速率的研究。任永林1989年报道了小麦种子的发芽生理及芽麦的储藏研究。杨来祥等1992年报道了自然脱氧储藏小麦研究。侯永生等1993年报道了散装小麦储藏技术研究。王新田1997年报道了应用新技术储藏新小麦研究。王建文2003年报道了常规密闭在稻谷和小麦储藏中的作用。吴兆学等2004年报道了高大平房仓储藏小麦的基本措施。蔡静平2004年报道了小麦增湿均匀性对储藏安全性的影响研究。邓兰卿等2005年报道了对较高水分新小麦安全度夏储藏的探索。吕建华等2006年报道了高水分小麦安全储藏试验。张成等2006年报道了加拿大红硬小麦保管实践。薛广县2006年报道了关中地区小麦和玉米的安全水分及储存管理的报告。张来林等2008年报道了不同仓型小麦品质变化研究。舒在习2008年报道了面粉厂小麦储藏技术。张颜平等2009年报道了高大平房仓小麦各季降温实验。刘朝伟等2009年报道了整仓散装小麦的水分调节试验。

王若兰等2013年报道了高筋小麦储藏品质变化的研究。刘朝伟等2014年报道了高大平房仓小麦准低温储粮性能的研究。宋永令等2014年报道了小麦储藏过程中脂质代谢的研究。闫保青等2017年报道了高大平房仓低水分小麦降温保水试验。王富强等2018年报道了新小麦夏季入仓后的安全储存研究。

3. 玉米

王惠民等1991年报道了钢板仓通风储藏玉米试验。杨永拓等1999年报道了立筒库散储玉米安全度夏的技术初探。刘福保等1999年报道了东北玉米在高温高湿地区安全度夏的试验。张忠柏等1999年报道了武汉地区玉米安全度夏的技术研究。杨永拓2001年报道了对新建拱板仓安全储存玉米的分析。杨国剑2002年报道了南方地区玉米储藏技术研究。王若兰等2002年报道了房式仓高水分玉米安全储藏研究。何学超等2004年报道了玉米储存品质控制指标的研究。倪晓红等2005年报道了粮食储藏调质机对玉米的调质试验。陈明等2005年报道了对南方玉米储藏实践的研讨。曹景华等2005年报道了包装玉米长期安全储藏试验。林镇涛等2005年报道了对南方地区玉米储藏保质、保鲜的探索。张玉荣等2007年报道了对储存玉米陈化数学模型的建立和机理的探讨。李小敏等2007年报道了对浙江地区玉米的安全储藏问题的探讨。蒋国斌等2008年报道了江淮地区散装储藏东北玉米的要点。张来林等2009年报道了高水分玉米安全度夏的技术试验。黄思华等2009年报道了对南方沿海地区高大平房仓玉米安全储藏技术的探讨。

周天智等2010年报道了鄂中地区平房仓东北移库玉米散装的储藏技术。张颜平等2010年报道了东北烘干玉米在华东地区的安全储藏研究。刘长生等2010年报道了钢制玉米穗储粮仓设计及使用要点。谢维治2010年报道了对南方沿海地区立筒仓玉米安全储藏技术问题的探讨。李兰芳2010年报道了玉米储存年限的研究。杨海涛等2011年报道了对玉米常规储藏过夏研究的探讨。曹景华等2011年报道了南方地区高大平房仓安全储存玉米综合防治研究。任宏霞等2011年报道了对"回南天"大批量玉米入库安全度夏的探索。安西友等2012年报道了罩棚内围包堆垛玉米散存试验的研究。刘蓴华等2012年报道了浅谈玉米特性与安全储藏技术。顾祥明等2012年报道了高大平房仓玉米储藏温度的研究。朱京立等2012年报道了华北地区玉米储存管理工艺研究。林锦彬2013年报道了玉米保管除湿降水试验。李岩等2013年报道了高温高湿地区偏高水分玉米的筒仓储藏试验。吴芳等2014年报道了25℃条件下不同水分玉米对储藏环境中气体浓度变化的影响研究。刘炳欣等2015年报道了玉米度夏保管试验。曹俊等2015年报道了玉米水分控制与储藏技术。黄之斌等2015年报道了高大平房仓中玉米高温度夏的措施研究。冷本好等2016年报道了不同压盖方式对高大平房仓度夏散存玉米粮情的影响。渠琛玲等2017年报道了粮食储藏过程中快速检测技术的应用。徐大义等2018年报道了中温干燥储粮区如何安全储存烘干玉米的方法。万世杰等2018年报道了对偏高水分玉米入仓与安全储藏的探讨。

4. 大豆

曹毅等2005年报道了大豆安全储藏技术综述。黄金根等2007年报道了南方高温高湿地区高大平房仓散装储存大豆的安全方法。严梅等2007年报道了对大豆安全储藏的探讨。王若兰等2008年报道了LOX酶缺失大豆新品种耐储藏特性的研究。孙小平等2009年报道了大豆原料仓及粕料仓MES控制模式的探讨与实践。

张永君等2010年报道了大豆安全储藏的应用技术。刘朝伟等2012年报道了大豆常温安全储藏应用技术研究。李岩等2013年报道了高温高湿地区不同水分大豆度夏保管方法的研究。朱京立等2013年报道了在准低温条件下大豆安全储藏模式的探讨。刘俊明等2015年报道了北方沿海地区大豆储藏技术的探讨。胥建等2016年报道了对大豆储藏的分析报告。蒋金定等2016年报道了实现大豆安全储藏的六个要点。张颜平等2016年报道了鲁东南地区安全储存进口大豆的工艺研究。杨海民等2017年报道了利用相邻低温仓"冷源"处理夏季高温高湿大豆的研究。江党生等2019年报道了南方地区高大平房仓进口大豆安全储藏的技术研究。

二、成品粮

1. 大米

付仲泉1989年报道了使用低浓度磷化氢间熏蒸大米保鲜效果试验。上海市粮食储运公司1991年报道了大米储藏的方法研究。广州市粮食局储运处1991年报道了六面密闭结合缓释熏蒸保藏大米的经验。赵连印等1992年报道了含水量16%以上大米的双低储藏试验报告。谷德忠1998年报道了气垫覆盖储藏大米的试验总结。于秀荣等1999年报道了大米过夏的准低温储藏研究。

谢志毅等2001年报道了常温仓储藏大米保鲜技术研究。刘建伟等2002年报道了大米的薄膜袋小包装储藏形态研究。盛宏达2005年报道了大米保鲜剂研究。王正刚等2005年报道了大米保鲜技术研究进展。李益良等2005年报道了小包装优质鲜米品质变化及保鲜期的研究。程启芬2006年报道了温度露置时间及水分含量对大米色泽和黏度的影响。杨振东2009年报道了大米储藏保鲜技术研究进展。曲春阳等2009年报道了大米储藏保鲜技术现状及研究进展。邱玲丽2009年报道了大米储藏保管技术措施的探讨。文浩刚等2010年报道了南方地区优质大米准低温储藏试验。张玉荣等2013年报道了真空包装解封后大米储藏品质变化研究。吴艳丽等2013年报道了大米保鲜及储藏技术的研究进展。周显青等2013年报道了大米储藏与包装的技术研究进展。

2. 糙米

黄德鹏等1990年报道了糙米安全储藏的试验报告。徐德才等1993年报道了糙米常温储藏性能的研究。王若兰等2001年报道了不同储藏条件下糙米保鲜效果的研究。谢宏等2007年报道了不同气体条件对糙米储藏效果影响的研究。皱强等2007年报道了糙米储藏过程中表面颜色变化的研究。李宏洋等2007年报道了不同储藏条件下糙米品质变化研究。李琛2011年报道了危害分析与关键控制点（HACCP）体系在糙米低温储藏中的应用研究。杨牧等2012年报道了糙米准低温实仓储存试验研究。包金阳等2012年报道了糙米储藏表面形态与胚乳结构的变化研究。包金阳等2013年报道了糙米储藏过程中外观和品质变化的研究。张玉荣等2014年报道了糙米储藏过程中蒸煮品质及质构特性变化的研究。

3. 小麦粉

李会新等1991年报道了小麦粉不同储藏方法度夏的研究。袁健等2009年报道了小麦粉储藏期间水分变化规律的探讨。谭晓燕等2011年报道了对小麦面粉储藏技术的分析。王若兰等2012年报道了中筋小麦粉不同储藏技术的效果研究。王若兰等2012年报道了高筋小麦粉储藏技术的研究。钟建军等2013年报道了不同储藏方式对小麦粉水分、脂肪酸值和白度的影响研究。

三、薯类

从20世纪50年代开始，我国有许多学者开始从事薯类储藏技术的研究。靳祖训1958年分别报道了储藏甘薯窖型研究；如何储藏甘薯的安全方法；还报道了席老大爷四十年藏储甘薯的经验。靳祖训1958年出版了《甘薯储藏窖型》一书。关延生1958年出版了《薯类储藏》一书。陈希凯1958年报道了山东甘薯储藏问题。靳祖训1959年出版了《薯类储藏》一书。中国人民大学农业技术学教研室1959年出版了《甘薯储藏》一书。靳祖训1959年报道了如何储藏甘薯的方法（续）。靳祖训等1959年报道了华北地区马铃薯储藏情况的调查报告。湖北省粮食厅[1]科学研究室、湖北省英山县粮食局1959报道了甘薯库藏试验报告。王成俊1959年报道了马铃薯长期安全储藏的方法。路茜玉1962年报道了甘薯储藏生理概述研究。

浙江省粮食科学研究所1965年报道了应用抗菌剂401保藏鲜甘薯防霉防烂的研究报告。上海市粮食科学研究所1965年报道了应用抗菌剂401防止甘薯在储藏和运输途中霉烂的研究报告。李克裕、陈宪明1965年报道了应用抗菌剂401防治甘薯储藏期间主要病害的试验报告。赵同芳1965年报道了抗菌剂401对甘薯生理代谢的影响和提高抗病能力的研究。浙江省余杭县（现杭州市余杭区，下同）粮食局、杭州市粮食局[2]、粮食部南京粮食学校等1965年报道了示范推广抗菌剂401保藏种用与食用甘薯防止腐烂的效果和抗菌剂不同剂量的制菌作用的研究。浙江省余杭县粮食局1965年报道了应用抗菌剂401处理鲜甘薯的生产性储藏技术总结报告。浙江省粮食厅[3]1965年报道了抗菌剂401处理鲜甘薯的操作方法。四川省遂宁县科学技术协会、遂宁县粮食局1966年报道了二硫化碳熏蒸防治甘薯黑斑病的初步试验。四川省遂宁县科学技术协会、四川省农业局[4]、四川省粮食局1968年报道了用控制温度的办法防治窖藏期甘薯病烂的试验报告。

---

[1] 现湖北省粮食局前身，下同。
[2] 现杭州市粮食和物资储备局前身，下同。
[3] 现浙江省粮食和物资储备局前身，下同。
[4] 现四川省农业农村厅前身，下同。

商业部四川粮食储藏科学研究所1972年报道了磷化钙防治窖藏红苕黑斑病的试验。四川省仁寿县粮食局、四川省仁寿县文公区粮站、商业部四川粮食储藏科学研究所1973年报道了二硫化碳防治红苕储藏病害的研究。郑州粮食学院粮油储藏专业粮油储藏教研组1974年报道了红薯大屋窖储藏的调查研究。商业部四川粮食储藏科学研究所、四川省三台县粮食局、四川绵阳地区（现绵阳市，下同）粮食局1975年报道了苯雷特防治红苕黑斑病的试验报告。四川省绵阳地区粮食局、商业部四川粮食储藏科学研究所1976年报道了多菌灵防治红苕黑斑病的试验报告。四川省资阳县（现资阳市，下同）中和粮站1976年报道了用甲乙基托布津杀菌剂保管红苕的试验。金一生1978年报道了马铃薯毒素的去毒及测定方法。冯士怀1979年报道了红薯保管的成功方法——露天泥堆（安徽生态条件下做的试验）。

冯淑忠1980年报道了多菌灵在窖藏鲜薯上的残留。路茜玉等1980年报道了甘薯储藏期间的冷害研究。四川省粮油储运公司1984年报道了"甘薯小平温窖"技术的研究和应用。仇志荣、陆美英1987年出版了《薯类储藏与综合利用》一书。

四、饲料

沈亨理等1965年出版了《玉米饲用栽培产量与品质变化的研究报告》一书。殷蔚申等1989年报道了储藏饲料的霉变与品质变化研究。王永昌2006年报道了饲料的安全储藏研究。李乡状2010年出版了《饲料的选购与储藏》一书。

第三节 不同仓型储粮技术研究

不同仓型储粮技术研究的内容，包括高大平房仓储粮、浅圆仓储粮、平房仓储粮，楼房仓储粮、立筒仓储粮、地下仓储粮、土堤仓储粮、露天储粮、轻便活动粮仓、包装仓与包装粮储藏等仓型。主要研究不同粮种在不同仓型中的储粮技术。主要研究在不同生态条件下粮食生理生化和品质变化的规律、粮堆温度、湿度、气体浓度和热湿传导规律以及储粮的稳定性。

一、高大平房仓储粮技术研究

唐承禄1997年报道了"高仓热入粮冷密闭"的对比实验。赵增华等2001年报道了新型彩板钢顶高大平房仓储粮的初步探讨。蒋宗伦等2001年报道了如何科学合理利用高大平房仓的储粮技术。夏宝莹等2002年报道了高大平房仓堆粮高度的探讨。王宗华等2002年报道了高大房式仓粮面压盖的隔热试验。袁小平等2002年报道了低温密闭技术在高大平房仓中的应用。李东光2002年报道了彩钢板顶高大平房仓储粮初探。邹贻芳等2002年报道了高大平房仓陈粮轮换的探讨。郑强等2002年报道了对高大平房仓储存包装粮的探索。陈和争2003年报道了高大平房仓绿色储粮技术研究。徐博善等2003年报道了高大平房仓"三温"变化规律与安全储粮初探。朱安定2004年报道了高大平房仓"热皮冷心"现象与安全储粮的分析。马万镇等2005年报道了新建高大平房仓的"三温"年变化规律研究。胡德新等2005年报道了高大平房仓稻谷储藏品质变化规律的探讨。胡向阳等2005年报道了影响新建高大平房仓储粮因素的探讨。张春贵等2006年报道了鲁西地区高大平房仓粮温变化的规律研究。谢维治2006年报道了对高大平房仓安全储粮的思考。吴秀仕等2006年报道了高大平房仓隔热密闭无药保粮试验。朱宗森等2006年报道了高大平房仓储粮周期害虫防治措施。崔晋波等2007年报道了高大平房仓散装稻谷储粮害虫年消长动态研究。黄金根等2007年报道了南方高温高湿地区高大平房仓散装储存大豆。郑刚等2007年报道了东北地区高大平房仓储粮工艺研究。谷玉有等2008年报道了东北地区不同仓型储粮特性研究。李甲戌等2008年报道了高大平房仓在储小麦管理与技术综合应用分析。张海波等2009年报道了高大平房仓常年塑料薄膜密闭安全储粮的探讨。黄思华等2009年报道了南方沿海地区高大平房仓玉米安全储藏技术探讨。郑振堂等2009年报道了高大平房仓分段通风降温降水生产试验。唐同海等2009年报道了密闭材料对高大平房仓稻谷控温储藏的影响。王兰花2009年报道了高大平房仓粮食发热的预防与处理的措施。

　　张振声等2010年报道了新型高大平房仓高水分玉米控温储粮试验。邹江汉等2011年报道了高大平房仓粮堆"冷源"在南方高温季节降低上层粮温的试验初探。安西友等2011年报道了高大平房仓大豆安全储藏技术的探讨。黄志宏等2011年报道了广东地区高大平房仓控温储粮试验研究。安西友等2012年报道了高大平房仓大豆安全储存的试验研究。赵建民等2012年报道了高大平房仓包装稻谷储存期间品质变化规律研究。陆耕林等2012年报道了高大平房仓散装大豆高湿度条件通风试验研究。刘文生等2012年报道了高大平房仓压盖储存稻谷技术的探讨。黄文斌等2014年报道了高大平房仓局部粮堆对外温的敏感度研究。王希仁等2015年报道了辽北地区高大平房仓安全储藏稻谷技术。宋锋等2016年报道了高大平房仓优质稻谷储藏技术应用研究。刘朝伟等2016年报道了高大平房仓夏季入库小麦的安全储藏技术研究。吴宝明等2017年报道了对高大平房仓结构及储藏工艺建设的几点建议。隋明波2018年报道了高大平房仓安全储存偏高水分的小麦试验。王荣雪等2018年报道了高大平房仓稻谷粮层霉菌、脂肪酸值和水分差异性研究。王士臣等2019年报道了仓房保温密闭技术在高大平房仓储粮中的应用研究。李晓亮等2019年报道了超高大平房仓出入仓模式的现状调研与分析。

二、浅圆仓储粮技术研究

韩明涛2000年报道了浅圆仓的储粮特性及改进方法。王志刚等2001年报道了浅圆仓储粮实践。叶丹英等2001年报道了浅圆仓储粮害虫发生和分布的初步研究。廖江明等2001年报道了浅圆仓储粮水分的变化初探。田书普等2001年报道了浅圆仓通风储粮技术研究。刘葶华等2002年报道了浅圆仓储粮害虫的防治方法。王永刚等2002年报道了钢板仓储粮技术状况。梁永记2002年报道了浅圆仓储粮存在问题及整改措施。沈宗海2003年报道了浅圆仓储粮存在问题与改进建议。李宗良等2004年报道了西南地区浅圆仓储粮特性研究。刘严成等2004年报道了浅圆仓安全储粮几个问题的探讨。史钢强等2004年报道了浅圆仓安全储粮的技术探讨。农世康等2006年报道了浅圆仓顶自动喷水的降温试验。汪海鹏等2008年报道了浅圆仓安全储粮研究现状与发展趋势。李林杰等2009年报道了华南地区浅圆仓控温气调储粮技术应用新思路。

翁胜通等2011年报道了华南地区浅圆仓大豆发热的预防及应对手段。乔占民等2012年报道了浅圆仓储粮的技术实践及问题探讨。袁小平2013年报道了浅圆仓作业安全隐患分析及其治理措施。马六十2014年报道了浅圆仓"热皮冷芯"粮堆多点常缓施药试验。吴建民等2014年报道了浅圆仓安全储粮探析。杜建光等2014年报道了浅圆仓夏季冷心环流试验。张鹏等2015年报道了影响彩钢板浅圆仓储粮因素的探讨。宋卫军等2017年报道了大型浅圆仓储存稻谷设施改造技术。唐建伟等2017年报道了关于浅圆仓不同储粮品种储藏工艺的探索。张自升等2017年报道了对大型浅圆仓储存粳稻的探讨。马爱江等2018年报道了浅圆仓大豆内环流均温试验研究。杨海民等2018年报道了关于浅圆仓储存进口大豆期间温度变化规律的探索。刘朝伟等2018年报道了利用浅圆仓安全储藏小麦过程中技术应用分析。施国伟等2018年报道了华南地区浅圆仓控温储粮的应用新工艺。李守星等2018年报道了大型浅圆仓粳稻安全储粮试验。董彩莉等2018年报道了浅圆仓安全储粮应用技术。谢维治等2019年报道了第七储粮生态区浅圆仓早籼稻安全储存试验。刘进吉等2019年报道了高粮堆浅圆仓储存小麦的粮温变化研究。蔡育池等2019年报道了东南沿海浅圆仓储粮技术集成研究。杨尽国等2019年报道了东北地区钢板浅圆仓安全储粮技术。卢全祥等2019年报道了浅圆仓储存稻谷安全度夏试验。

三、平房仓、楼房仓储粮技术研究

嵇美华等2001年报道了常规房式仓控温密闭储藏技术的综合应用。程兰萍等2002年报道了新型平房仓"三温"年变化规律的研究。胡宏明2002年报道了压盖密闭储粮技术在平房仓中的应用。李志民等2003年报道了东北地区平房仓储粮的水分变化研究。于自生等2003年报道了旧式平房仓储粮性能的改造技术。郑瑞文等2004年报道了关于南方普通平房仓保管黄豆方式的探索。邵同永等2006年报道了"苏式"仓存储中央储备粮的探究。黄雄伟等2006年报道了折线型屋架平房仓不同部位温度的变化研究。李伟等2006年报道了平房仓、浅圆仓和立筒仓储粮性能的探讨。罗中文等2006年报道了普通房式仓优质稻谷保鲜生产性试验报告。胡辉林等2006年报道了楼房仓夏季储粮及品质分析。孟永青等2008年报道了散装彩板房式仓储粮的技术研究。肖大成等2008年报道了对高大拱板房式仓降温储粮探索。程四相等2009年报道了传统平房仓低温储粮的技术改造实践。

周天智等2010年报道了鄂中地区平房仓东北移库玉米散装储藏技术。郝振方等2010年报道了平房仓粮堆温度时空分布的基本统计特征分析。于文江等2010年报道了百年老仓包打围散装玉米机械通风的降温试验。赵兴元等2011年报道了折线平房仓低碳储粮技术的应用。沈银飞等2011年报道了普通房式仓气密性改造方法及效果。李祥利等2012年报道了房式仓粮堆温度和水分变化的模拟研究。陈传国等2012年报道了房式仓利用粮堆"冷源"均衡粮温度夏的试验。李应祥等2012年报道了楼房仓改变仓储堆放模式储藏稻谷保质保鲜的探讨。王金奎等2013年报道了平房仓粮堆温度变化规律研究与应用。黄志军等2014年报道了老式拱板房式仓仓储性能改造技术。汤杰等2014年报道了拱板平房仓屋面反光控温储粮试验。范建勇等2015年报道了不同储粮技术组合在平房仓中的应用与对比分析。黄昕等2017年报道了南方房式仓内环流均温均水技术研究。彭明文等2018年报道了平房仓稻谷浅层地能空间补冷准低温储藏试验。金路等2018年报道了平房仓磷化氢熏蒸尾气处理与气体成分分析。程永仙等2018年报道了平房仓稻谷保质保鲜储存工艺研究。冯平等2018年报道了平房仓准低温储存稻谷试验。

四、立筒仓储粮技术研究

蔡殿选1989年报道了谷物筒仓中储藏物的偏析和固结研究。贺瑞谛1989年报道了立筒库群粮温变化规律研究。陈碧祥1991年报道了立筒仓散装小麦底层固结的探讨。王惠民等1993年报道了烘后玉米钢板仓通风储藏试验。张承光1995年报道了立筒仓安全储粮的条件探讨。刘志和等1995年报道了钢板筒仓储藏黄玉米试验报告。刘尚卫等1995年报道了圆形活动筒仓储粮技术研究。胡健等1997年报道了我国立筒仓储粮工艺的现状与发展。李明发等1997年报道了大型钢板仓机械通风降温系统的设计与使用。张会军1999年报道了新建钢筋混凝土立筒仓的储粮。张来林等1999年报道了粮食筒仓的通风降温系统。

赵增华等2000年报道了立筒仓新型气密材料及气密技术的研究。杨永拓等2000年报道了南方立筒库散储玉米安全度夏技术应用。张友春2000年报道了粮食立筒仓通风工艺设计及应用。刘红如等2001年报道了立筒仓长期储粮温湿度检测的试验研究。李国长等2002年报道了钢筋砼立筒仓两种施药方法熏蒸效果的比较；2003年又分别报道了钢筋砼立筒仓机械通风储粮技术研究；钢筋混凝土立筒仓安全储粮技术管理。束旭强等2003年报道了高大彩钢板仓储粮技术探讨。张会民2004年报道了密闭隔热通风降温对立筒仓安全储粮的作用。李宗良等2004年报道了西南地区浅圆仓储粮的特性研究。张会民2005年报道了通风隔热对立筒仓安全储粮的作用。司永芝等2005年报道了大型立筒仓（15 000t）长期储粮综合性能的试验研究。雷丛林2005年报道了立筒库储粮两种特色防治方法的实例。姚寿齐等2006年报道了筒仓长期储粮的试验报告。李伟等2006年报道了平房仓、浅圆仓和立筒仓储粮性能的探讨。张初阳2007年报道了立筒仓储粮出现的若干问题及处理。蒋桂军2007年报道了粮食钢板筒仓工艺设计心得。张虎等2007年报道了粮食立筒仓的静电防治。张友春2008年报道了我国钢板筒仓的储粮性能研究。

刘廷瑜等2010年报道了肋形双壁钢板筒仓在储粮中的应用。李青松等2010年报道了粮食钢板筒仓的发展现状和工艺设备技术。刘志云等2011年报道了我国筒仓与房式仓的储粮特征与区域适宜性评估研究。向征等2011年报道了华南地区立筒仓大豆储藏试验。左青2011年报道了油厂钢板筒仓短期储藏周转安全讨论。吕建华等2011年报道了中国钢板仓储粮的应用及发展趋势。张来林等2012年报道了钢板立筒仓仓储工艺改造与储粮技术研究。谢维治等2012年报道了立筒仓机械通风安全储粮技术及应用。丁江涛等2013年报道了立筒仓安全储粮的探讨与研究。李岩等2013年报道了高温高湿地区偏高水分玉米的筒仓储藏试验。张来林等2014年报道了立筒仓内环流均衡温湿度储粮的效果研究。

五、地下仓储粮技术研究

王子林1994年报道了地下储粮技术研究。徐少华等1998年报道了喇叭仓的储粮技术。赵栋等1998年报道了浅谈喇叭仓的储粮技术。王子林等2000年报道了建设新型土体地下仓实现储粮安全保鲜技术。章俊宏等2004年报道了洞库散装储粮技术的应用研究。何水发等2005年报道了地下洞库大豆安全储藏试验。孙保平等2006年报道了地下仓储粮特性及管理。王国利等2007年报道了对地下仓小麦绿色储藏技术的探讨。王玉龙等2008年报道了利用地下仓优势实现绿色环保储粮。刘银来等2009年报道了我国山洞粮仓储粮情况分析报告。部辰荣等2010年报道了大型山洞库储粮技术初探。常亚飞等2012年报道了地下粮库应用脱氧剂实现绿色保管的试验。梁军民等2012年报道了地下仓准低温储存稻谷试验。张大洪2013年报道了小麦山洞库储藏技术。吴健美等2014年报道了对地下窑洞仓储粮特性及管理措施的探讨。

六、土堤仓储粮技术研究

王成然等1990年报道了土堤仓储藏小麦的试验报告。河南沁阳市粮食局1994年报道了土堤仓双环流熏蒸杀虫暨机械通风防结露技术。韩振玺等1999年报道了土堤仓篷布刷洗前后温度的变化及对储粮的影响研究。孙慧等1999年报道了大型土堤仓群的储粮管理方法。

郝令军等2000年分别报道了土堤仓、露天垛的建造及储粮技术管理；土堤仓和露天垛的建造及储粮技术管理。许登彦等2002年报道了土堤仓储粮管理的几点体会。王志刚等2002年报道了北京八达岭长城北侧大型土堤仓储存春小麦实验。孙慧等2006年报道了土堤仓气密性的测试。王毅等2008年报道了土堤仓架空储藏技术的探讨。孙慧2014年分别报道了土堤仓的气密性与熏蒸杀虫效果研究；土堤仓储藏小麦的品质变化的研究。

七、露天储粮技术研究

周德辰1989年报道了新材料露天囤储粮熏蒸技术。卞家安等1989年报道了PVC维纶双面涂塑革露天囤的操作方法。湖北仙桃市粮食局1990年报道了露天储粮的规范化管理办法。蒋晓云1990年报道了竹围简便露天囤储粮方法。四川省粮油储运供应公司1991年报道了江苏省露囤粮储的技术经验。北京平谷县粮食局1991年报道了露天砖堤仓储粮实践。孙方元1991年报道了露天囤安全储粮方法。赵月仿等1992年报道了高水分粮露天安全储藏试验。雷本善等1992年报道了露天存粮害虫综合防治工程技术。赵月仿1992年报道了露天粮堆高水分粮安全储藏试验。吕一鸿等1992年报道了塑瓦组合露天囤，"六防一通"的实仓验证效果。方南平等1992年报道了对露天堆垛害虫防治的探索与实践。雷本善等1992年报道了露天存粮"全密封压盖"低温度夏试验。吴大军1992年报道了拱顶方形露天堆的制作及储粮性能的探讨。徐寿鸿等1992年报道了露天囤粮食结露现象的预防。陈识涛等1992年报道了露天储粮过夏的技术研究。刘克尧等1993年报道了露天储存玉米安全度夏试验。冯茂松等1993年报道了PVC维纶双面涂塑革在露天储粮中的应用。吕一鸿等1993年报道了塑瓦组合露天方囤储粮技术的研究。马建华等1994年报道了微气流熏蒸露天玉米垛的技术。陈修柱1995年报道了露天储粮隔流控温度夏技术研究。张国禄1995年报道了露天垛存粮技术。张乃生等1995年报道了防鼠通风式露天储粮囤底技术。罗俊国1996年报道了露天储藏稻谷小麦真菌区系的研究。杨恩浩等1996年报道了小麦露天储藏有害生物及综合防治技术研究。秦高祥等1996年报道了露天囤套膜高水分小麦地槽通风安全储藏试验。徐恺1997年报道了露天储粮通风技术。李树山等1997年报道了袋装玉米露天堆垛自然通风降水试验。吕小军等1997年报道了露天储粮技术初探。雷应华等1998年报道了对露天储粮规范管理的探讨与实践。侯俊书1999年报道了外垛储粮技术的探讨。阎玉娟等1999年报道了露天储藏高水分玉米的研究。马卫东1999年报道了露天储粮害虫防治及其效果。王殿轩等1999年报道了玻璃钢粮囤储粮应用性能的研究。侯俊书1999年报道了外垛小麦使用塑料薄膜覆盖密闭储藏的技术研究。

杨广义2000年报道了如何做好露天垛管理工作的体会。孙林2001年报道了东北地区冬季大揽堆储粮技术与应用。赵忠斌等2002年报道了大货位露天储粮方式探究。石春光等2002年报道了南方地区简易棚仓的储粮技术的探讨。黄抱鸿等2002年报道了仓棚五面密封储粮试验报告。黄攸吉2002年报道了几种露天圆囤的搭建技术。吴祖凤等2003年报道了室外堆粮问题研究。张怀君等2003年报道了站台垛高水分玉米的储藏管理。陈友逊2004年报道了散装仓大堆垛包装粮储存的探讨。张学文等2004年报道了包装仓围包散装五面封综合储粮试验。朱国军2006年报道了简易仓六面密闭储藏效果的研究。汪福友等2009年报道了包打围临时通风垛处理高水分玉米试验。孙宝明2013年报道了抓好"六防一管"，确保露天储粮安全。王希仁2016年报道了辽北地区罩棚仓安全储粮技术。韦允哲等2019年报道了桂南地区仓间罩棚存放偏高水分玉米安全度夏试验。

八、轻便活动粮仓储粮技术研究

王善军1992年报道了新型材料活动仓储粮的试验报告。秦有昌1998年报道了轻便型活动粮仓的设计和应用。Shlomo Navarro等1999年报道了塑料气密仓储粮试验。

九、包装仓与包装粮储粮技术研究

柯长国1998年报道了介绍一种风道式包装储粮方式。许晓秋等2002年报道了粮食保鲜袋技术述评。刘建伟等2002年报道了大米的薄膜袋小包装储藏形态研究。陈友逊2004年报道了关于散装仓大堆垛包装粮储存技术的探索。林春华等2008年报道了包装粮堆采取全储藏过程密闭的保管方式减少损耗的探讨。刘天寿等2011年报道了移动式多功能仓的设计和效率研究。黄志军等2012年报道了包装仓散装化改造技术与效果分析。黄志军等2012年报道了包装仓实施准低温储粮应用探析。郭荣华2012年报道了编织袋包装粳稻谷安全储藏试验。张青峰等2013年报道了包装粮食储藏技术运用。王超洋等2013年报道了新型粮食包装袋的性能研究与分析。

第四节　油料、油品储藏技术研究

一、油料、油品储藏技术研究（20世纪50年代至80年代末）

我国开展油料、油品储藏技术研究始于20世纪50年代，到80年代末，该项技术研究有较大进展。经研究证明：油料安全储藏宜采用低温、准低温，适时采取通风干燥、密闭措施。油脂储藏，应将水分含量和杂质含量控制在0.2%以下，采用低温密闭、真空缺氧、避光储藏、充惰性气体或放置空气降氧剂等措施。

1. 密闭储藏技术研究

刘兴信1958年报道了花生油过氧化值的测定；1959年又报道了关于花生米的储藏问题研究。经研究证明：露天围囤储藏水分在7%～8%的花生米，只要隔潮防虫措施得当，就可以安全度夏。钟佐远1960年报道了大豆压盖密闭保管试验。上海市粮食储运公司1976年报道了油菜籽的密闭保管技术。该实践证明：密闭保管可以实现油菜籽不发热、不发芽、不霉烂，操作简便，易于推广，但对油菜籽干物质有一定损耗。安徽省全椒县粮食局1984年报道了油菜籽的安全保管方法。该方法证明：入库油菜籽要严格将水分控制在9%以下，用麻袋覆盖堆面，可以吸收油菜籽堆上层的水分，也可防止吸收外界水分；油菜籽入仓后应及时翻动粮面可以降温并保持油菜籽的食用品质。

2. 气调储藏技术研究

山西省曲沃县粮食仓库1984年报道了关于低温、真空、充氮储油脂试验。该试验证明：低温储油装入油桶内，置于仓温14～16℃环境内储存，油温在12～14℃之间时品质变化不大。试验结果显示，用小油桶和大油罐真空充氮储油都取得了令人满意的效果。赵中元等1986年报道了不同氧分压对油脂氧化速率的影响研究。该研究指出：空气氧化引起油脂变化所产生的二次氧化产物，是影响油脂储藏品质的主要因素。证明：储油容器空间和容器内，溶解游离氧的浓度对油脂品质及氧化速率的影响存在着线性关系。当氧浓度控制在1.5%时，油脂相对的氧化速率只有8%。这就表明，将氧浓度控制在1%时，能将氧化作用降至较弱程度；当然，无氧条件储藏效果为最佳。叶谋雄等1987年报道了气调法储存油脂的研究。研究证明：为防止油脂氧化，控制溶于油脂中及储油容器内的空气量是减少油脂受氧化的一个有效方法。气调法能很好地控制油脂氧化，控制酶和微生物的活动。说明了气调、密闭、真空和脱氧剂都可以控制氧气含量，达到抑制油脂氧化的目的。诸方法中，以气调法为最佳，抑制氧化的比率为最高，增加了油脂储藏的稳定性。气调法不仅对水化油品、碱炼油品具有较好的抑制氧化效果，对储存精制油、亚油酸含量较高的豆油同样有很好的抑制氧化效果。因二氧化碳溶解度大且受气温影响压力变化大，所以氮气气调更易推广。赵中原1988年报道了大豆油气调储藏稳定性的比较与研究。该试验证明：储藏方式是影响油脂储藏稳定性最显著的因素。与常规储藏相比，气调储藏油脂能确保高温下储藏的稳定性。其中，除氧剂技术优于充氮技术。也证明毛油具有较好的储藏稳定性，低温下含水量低的油耐储性好。刘瑞宗等1988年报道了葵花籽油储藏技术的生产试验。

3. 除氧剂储油技术研究

蔚旭娣、陆允冲1987年报道了食用植物油脱氧储存技术的研究。脱氧储油是将调压装置与油罐连成一个密闭的储油系统，调压装置用来平衡油罐内外的压力差。储油空间的氧气由脱氧剂脱除，使油脂在缺氧状态下（氧气体积分数小于或等于0.3%）安全储存。室内试验和生产试验证明：对储存性能差、不饱和脂肪酸含量较高的葵花籽油和卫生油进行脱氧储存，可以取得较好的效果。过氧化值、TBA值、羰基值和酸价的增长速度，常规对照组较脱氧组分别高出17.2~18.5倍，7.6~12.4倍，5.3~11.7倍和1.3~3.8倍。童保信等1987年报道了除氧剂储油新技术的研究。王小勇等1988年报道了除氧剂应用于粮食（油料）、油品储藏的试验报告。该试验测定了小麦、玉米、大豆、芝麻、绿豆、花生果、花生仁、菜籽油、毛绵油、棉清油、小磨香油、大槽芝麻油等除氧剂用量、除氧速度的应用效果。该试验证明：除氧剂对粮食、油料、油品的储藏都取得了很好的效果。除氧剂无毒、无臭、无味，操作方便，降氧较快。一般24小时以内氧含量可降至2%；对控制油品过氧化值和酸价效果均优于充二氧化碳、氮气和常规储藏。在投放除氧剂剂量和储存条件相同的条件下，应用聚酯/聚乙烯塑料薄膜做密闭材料，气密性较佳。该密闭材料最低含氧量（2%以下）可保持330天；用聚氯乙烯塑料薄膜可保持90天；用聚乙烯可保持40天。赵中原等1988年报道了对除氧剂储油技术方法的探讨。该研究应用一种能透氧而不渗油的硅橡胶薄膜，将除氧剂密封后放入油箱，能较快地将油箱中的游离氧除去，从而能够有效地在40℃温度下保持油品的较好品质。研究发现：在对比了特制铁粉除氧剂充氮和二氧化碳用于食用植物油储藏的试验，除氧剂对控制油品过氧化值增加的效果更优。

4. 加抗氧化剂储油技术研究

韩国麒1981年报道了用于食用油脂的抗氧化剂研究。贵州省黔南布依族苗族自治州粮食局1984年报道了菜籽油储藏稳定性的室内试验报告。介绍了水分、温度和储藏工艺对菜籽油储藏稳定性的影响和添加抗氧化剂BHA、PG的抗氧化效果。胡文清等1987年报道了精炼棉籽油防止酸败技术的研究。该研究着重分析了添加抗氧化剂和充氮气对保持食用油品质、延长食用油安全储藏期的效果。在此基础上，该研究还探讨了油脂抗氧化的问题。证明：精炼棉籽油是一种很易酸败的油脂；添加抗氧化剂和充氮气都能防止油脂酸败，尤其是添加BHT和充氮气，防止油脂酸败的效果最显著。

5. 机械自控充氮储油技术研究

周清等1987年报道了葵花籽油储藏技术的研究。经室内和生产试验证明：BHT、充氮和抽真空储油效果最好。新研制的氮气正压自控系统置换充氮设计合理，效果很好，已用于生产实践。

6. 罐藏油技术研究

胡立志等1987年报道了葵花籽油安全储藏的技术研究报告，该研究通过一种简易的密闭储藏技术，证明：桶装葵花籽油在仓库储存完全可以安全度夏。郝文川等1987年报道了精菜籽油、毛菜籽油储藏的稳定性试验。该试验证明：储藏稳定性落榨毛油＞脱胶毛油＞精炼毛油＞精制菜油＞特制菜油。还证明精炼程度愈高，稳定性愈差。郝文川等1988年报道了满罐储油技术的报告。该技术通过改进储油罐体结构，经过一年的实罐储存试验，证明：满罐储油技术安全可行。该技术降低了储油氧化酸败的速度，提高了油脂储藏的稳定性，达到了比较理想的效果。

二、油料、油品储藏技术研究（20世纪80年代末至今）

1. 油料、油品储藏工艺研究

房桂梅1989年报道了葵花籽油储藏小型试验研究。赵中原等1989年报道了不同水分活性对菜籽油储藏稳定性的影响。胡小泓等1993年报道了β-胡萝卜素与油脂稳定性的研究。叶风娟等1996年报道了风味油脂储存的研究。高玉琢1999年报道了油罐储油量微机测量系统的研制及实施。

计小艳2002年报道了花生油储藏期间品质控制指标的变化研究。陶诚2004年报道了油脂与油料储藏研究进展的研究。徐莉等2007年分别报道了橄榄油储藏稳定性研究；橄榄油抗氧化成分的变化研究。倪芳妍等2008年报道了不同贮存条件和包装材料对小包装食用油质量的影响。万拯群2008年报道了花生的低湿密闭储藏技术。王东等2009年报道了罐存菜籽油全年品质变化规律的研究。

董彩莉等2010年报道了太阳热反射涂料在钢板油罐中的应用试验。刘丽萍等2010年报道了榛子油储存期的预测试验。王若兰等2012年分别报道了大豆油不同储藏技术的效果研究；食用油不同储藏技术的效果研究。万忠民等2013年报道了对新收获油菜籽应急处理工作的探讨。吴雪辉等2014年报道了光照与容器材料对山茶籽油贮藏品质影响的研究。李月等2014年报道了大豆原油充氮储藏保鲜效果的研究。王希仁等2016年报道了辽北地区花生储藏状况及应对建议。孙玉侠2016年报道了提高菜籽油储藏稳定性的研究进展。周天智等2017年报道了菜籽油实罐储存品质变化规律的研究。严辉文等2017年报道了氮气气调储油实罐试验。王伟等2018年报道了四级菜籽油在不同储藏温度下品质变化的研究。曹珊珊等2019年报道了散装油罐储藏油脂品质变化规律的研究。

2. 油脂储存抗氧化剂应用研究

洪庆慈1991年报道了甘草的抗氧化性能及其作用的研究。徐怀幼等1991年报道了提高维生素E抗氧化效果的研究。徐怀幼等1992年报道了改进金钱草抗氧化性能的研究。翁新楚等1998年报道了天然抗氧化剂的筛选的研究。

李顺喜等2001年报道了小包装植物油在储存期间过氧化值变化的研究。姚云游等2004年报道了茶多酚和TBHQ对花生油、花生大豆调和油抗氧化作用的对比研究。祖丽亚等2005年报道了菜籽油在不同存放条件下的氧化与氧化稳定性的研究。张佳欣等2005年报道了茴香胺值在植物油储藏中变化的研究。刘尊华2005年报道了生姜对几种食用植物油抗氧化效果的试验研究。王芳等2006年报道了桑叶黄酮的提取纯化以及对油脂抗氧化活性的研究。陈文学等2007年报道了三种香辛料提取物的抗氧化活性研究。徐莉等2007年报道了橄榄油抗氧化成分变化的研究。李秀信等2007年报道了紫苏黄酮对食用油脂抗氧化作用的研究。张蕊等2007年报道了在不同储存条件下大豆油氧化指标的比较研究。李琪等2009年报道了储油罐底板腐蚀成因及防护措施的研究。王霞2009年报道了关于油脂过氧化值测定技术的探讨。李素玲等2009年报道了抗氧化剂对杏仁油贮藏稳定性的影响。韩飞等2009年报道了抗氧化剂抗氧化活性测定方法及其评价。

程静等2010年报道了油脂储藏过程中影响过氧化值变化的因素。张振声等2012年报道了茶多酚对大豆原油和菜籽原油储存过程中品质变化的影响。杨枫等2013年报道了对测定植物油酸值、过氧化值的通氮技术的探讨。朱启思等2014年报道了复合天然抗氧化剂延长储备花生油储存期的效果研究。李月等2014年报道了大豆原油充氮储藏保鲜的效果研究。魏建林等2018年报道了茶多酚棕榈酸酯和迷迭香提取物复合抗氧化剂对葵花籽油的抗氧化效果研究。

3. 油脂检测技术研究

朱之光等1995年报道了食用植物油鉴别方法的研究——不皂化物分离分析法。顾伟珠等1995年报道了多元线性回归法分析油菜籽含油量的近红外光谱数据。张桂英等1998年报道了在微波环境中植物油品质变化的研究。

韩红新等2007年报道了异菌脲在油菜籽中残留分析方法的研究。李书国等2008年报道了食用油酸价分析检测技术的研究进展。董广彬等2009年报道了动植油脂中苯并（a）芘测定方法的制订及应用。李东刚等2009年报道了气相色谱—串级质谱法（GC/MS/MS）检测植物油中7种多氯联苯的研究。杜玮等2009年报道了几种特种食用油脂的营养价值及功效。游海燕等2009年报道了用反相高效液相色谱法测定油脂及饲料中的BHA和BHT的研究。

曹占文等2010年报道了油脂碘值测定的模拟方法。金建德等2010年报道了植物油相对密度四种检测方法的比较与分析。汪丽萍等2011年报道了葵花籽油脂肪酸成分标准物质的研制。刘安法等2011年报道了气相色谱法测定菜油中掺伪豆油的初步研究。张青龄2011年报道了食用油中反式脂肪酸的气——质分析法研究。姚菲等2012年报道了茶籽油DNA提取方法的比较。陈瑶等2012年报道了固相比色快速检测油炸食品中油脂过氧化值的研究。任蕾等2012年报道了高效液相色谱法测定芝麻油中芝麻素的试验。田忙雀等2012年报道了固相萃取—气相色谱法测定食用植物油中多种有机磷的研究。朱启思等2014年报道了复合天然抗氧化剂延长储备花生油储存期的效果研究。徐宁等2015年报道了低场核磁技术测定菜籽含油率。唐瑞丽等2019年报道了金属元素对大豆原油储藏稳定性影响的研究。

4. 油脂掺伪检测技术研究

李卓新2001年报道了气相色谱法测定花生油掺假的研究。周祥德2004年报道了掺伪芝麻油中芝麻油含量分析方法的比较研究。黄建军2005年报道了用气相色谱法对花生油中掺入菜籽油的定性鉴别分析。林丽敏2006年报道了用气相色谱法测定芝麻油掺伪的研究。孙晓燕2008年报道了对测定食用油掺入矿物油的几种方法。李雅莲等2008年报道了食用植物油中掺兑棕榈油检验方法的研究。俞晔等2009年报道了用气相色谱法结合冷冻试验，识别低芥酸菜籽油中棕榈油的研究。陈初良等2009年报道了食用植物油掺入动物油脂鉴别方法的研究。

谢远长等2010年报道了菜籽油中掺入大豆油后的鉴别方法。宋慧波等2011年报道了食用植物油掺伪检测方法的研究进展。薛雅林等2012年报道了植物油品质特性和掺伪检验技术研究。郑显奎等2012年报道了食用油掺假棉籽油的快速定性、定量方法研究和应用。张青龄2014年报道了气相色谱法鉴别橄榄油掺伪的研究。朱启思等2015年报道了油茶籽油脂肪酸的组成以及掺混大豆油的检测分析。

5. 油脂储存品质劣变研究

万忠民2005年报道了在不同温度下储藏植物油的品质劣变研究。赵功玲等2006年报道了三种加热方式对油脂品质影响的比较研究。祖丽亚等2007年报道了食用油包装材料和储存条件对氧化指标的影响研究。倪芳妍等2008年报道了不同贮存条件和包装材料对小包装食用油质量影响的研究。

第五节　高水分粮食、油料保管技术研究

为确保高水分粮食和油料的安全储藏，有关专家尝试进行了缺氧、密闭、通风、降温降水等多种储粮方式的研究，取得了较好效果。

一、高水分粮食、油料保管技术研究（20世纪70年代至80年代末）

1. 高水分粮食、油料应急保管技术研究

浙江省鄞县（现宁波市鄞州区）大松粮食所1972年报道了水稻密闭缺氧保管的技术。该技术证明：水稻用塑料薄膜密闭，可以进行短期保管。水分30%左右的稻谷可保存7天；水分20%～25%的可保存10天；一般密闭3天，仓内的二氧化碳浓度可达50%。广东省阳春县粮食局等1977年报道了湿谷、湿麦的保管方法。该研究证明：将堆高80 cm、底宽100 cm，水分为33%的稻谷堆用塑料薄膜覆盖，四周用沙压盖，3天内可确保稻谷不发热、不霉变。用漂白粉拌和稻谷或喷施丙酸也可起到一定效果。除上述三种方法外，还可采用亚硫酸氢铵处理，用6‰的药量，可保持10～15天不发芽、不霉变，无须密闭保管。汤镇嘉1978年报道了湿稻谷密闭保管技术。该研究证明：高体积分数的二氧化碳是抑制湿稻谷发芽的主要原因，低氧有辅助作用；而按3 g/m^{2}的磷化铝杀虫浓度对抑制湿稻谷发芽的效果很差；80%的二氧化碳对湿稻谷呼吸和霉菌的发生具有强烈的抑制作用。在紧急情况下，应及时密闭粮仓。水分为25%的湿稻谷可密闭8天；30%的湿稻谷可密闭5天；35%的湿稻谷可密闭3～4天。种子粮不宜密闭，否则影响发芽。湖南省安乡县安障粮管站1978年报道了高水分油菜籽短期防霉试验。该研究采用磷化铝熏蒸和缺氧两种方法保管水分25%的油菜籽，储藏10天色泽依然正常、新鲜，证明缺氧保管效果更好。呼玉山等1982年报道了高水分粮防霉剂的研究。经筛选证明：正丁醇、二氯甲熔解对霉菌有很好的抑制作用。体积分数为3.0×10^{-4}的正丁醇作为高水分玉米、花生密闭储藏的防霉剂，室内试验的防霉效果比较理想。呼玉山等1983年报道了高水分粮防霉剂的研究——二氯甲烷防霉效果的室内试验。该试验用体积分数为5.0×10^{-4}的二氯甲烷处理高水分粮，对各粮种内部菌抑制效果较差，说明高水分粮的水分不同，内部菌抑制的效果就不同。呼玉山等1985年报道了丙酸与氨水混合液对高水分玉米的防霉效果试验。试验证明：防霉剂对水分20%左右玉米的防霉效果较为理想。施药剂量0.5%（敞开方式储藏）和施药剂量0.3%（密闭方式储藏），丙酸与氨水比例2∶1。水分25%以上的玉米，在30℃条件下，即使采用密闭方式保管，也只能安全保

管10天以内。华南植物研究所等1987年报道了应用多氧霉素抑制高水分种子霉变的初步研究。该研究发现：每50 kg湿稻谷用0.2%多氧霉素加1%食盐或0.2%亚硫酸氢钠混合处理，保管5～7天可确保稻谷不发芽、不霉变，尤以混食盐者效果更佳，浓度过高对种子发芽有一定抑制作用。呼玉山等1987年报道了高水分粮防霉技术的研究。倪兆祯等1988年报道了正丁醇保藏高水分大米及其对品质的影响研究。该研究证明：储粮用正丁醇防霉的效果是显著的，对大米的品质影响甚小。

2. 高水分粮食、油料储藏技术研究

多年来，我国粮食储藏专家学者对半安全水分粮食、油料的相关技术研究主要是通过验证各种形式的通风、降温降水措施的有效性，密闭储藏试验也是在低温条件下进行的。四川省灌县（现都江堰市）崇义粮油管理站等1976年报道了高水分晚稻密闭低氧贮藏初步研究。马永明1984年报道了低温密闭储藏高水分玉米的试验。涂序海等1985年报道了高水分晚籼稻谷安全过夏储藏的试验报告。陈坤生等1985年报道了散堆潮粮热风干燥的试验。该试验设计的加热炉，选用4-72-11型风机，风机出口配置长2 m，直径30 cm的铁皮风管和软管，经过三次试验，取得一定效果。冯小良1986年报道了高水分粮配用空调机进行低温储藏的试验。经试验在简易低温仓中进行，稻谷原始水分从15.9%降至15%，发芽率为87.5%，解决了稻谷水分偏高难以度夏的问题。陶铭盘等1986报道了使用防虫磷防护高水分玉米度夏的研究。该研究证明：只要用药量准确、适当、操作方法正确，就能收到较好效果。从杀虫效果和经济效益的角度来衡量，采用载体20 mg/kg剂量较为理想。原始虫口密度不得超过1～2头/kg。玉米水分超过15%时不宜使用。曹朝章等1986年报道了半安全水分大米过夏的保鲜试验。阮萃才1987年报道了玉米综合防霉试验的观察报告。

二、高水分粮食、油料保管技术研究（20世纪80年代末至今）

刘晖1989年报道了高水分玉米地下库储存试验报告。孙锡坤等1989年报道了PH_3缓释保藏高水分粳米防霉度夏的研究。孙小平等1989年报道了高水分粮食综合治理的对策与思考。

王会生等1990年报道了高水分玉米防霉保鲜生产性试验。呼玉山等1990年报道了高水分玉米的治理研究。吴清华1992年报道了高水分大米储藏技术的综合应用。吴友钦1992年报道了浅谈高水分油菜籽采用机械通风储藏技术。陆荣林等1992年报道了高水分晚粳稻谷烘干与机构通水降水结合过复实仓试验。严以谨等1993年报道了高水分玉米防霉保鲜技术研究Ⅰ。周南珍1994年报道了磷化氢熏蒸预防高水分大米发热及应急处理高水分发热大米的试验。薛裕锦等1994年报道了粮油副产品及饲料度夏防霉试验的研究。朱剑1995年报道了六面密闭结合磷化铝处理高水分发热大米的试验。钟昕华1995年报道了潮湿晚稻的安全储藏研究。刘英1995年报道

了采用"金钱通风垛"处理高水分玉米的试验。王惠民等1995年报道了对冬春两季大堆存放高水分玉米问题的探讨。王金水等1996年报道了高水分玉米应用二氧化氯防霉保鲜研究。沈晓明等1996年报道了高水分粳稻通风度夏试验。雷云国1997年报道了饲料用高水分玉米密闭发酵储存技术研究。徐长明等1997年报道了高水分稻谷地笼通风度夏试验。苏泽维1997年报道了楼房仓储藏高水分粮的试验。黄仁昌1997年报道了高水分玉米安全储藏的生产性试验。王效国1998年报道了高水分稻谷安全度夏的试验报告。宋富太1998年报道了高水分玉米露天储藏安全过夏新技术试验研究。李秀环等1998年报道了高水分玉米的大堆冷冻储藏研究。史朝东等1998年报道了谷保防霉剂对高水分油菜籽的防霉试验。苏泽维等1999年报道了高水分大米储藏防止发热的分析。王子林等1999年报道了冬季高水分玉米的应急储藏——速冻冷藏法的试验。李刚1999年报道了高水分粳稻储气箱就仓吸风降水研究。张忠柏等1999年报道了高水分籼米安全储藏及保鲜技术研究。呼玉山等1999年报道了电子加速器辐照大米防霉技术研究。

苏泽维2000年分别报道了关于楼房仓储藏高水分稻谷生产性探索实践；关于楼房仓储藏高水分稻谷的探讨。孙乃强2000年报道了谷保对高水分油菜籽防霉技术的应用。陈志明2001年报道了对高水分粮食"谷保"防霉应用技术的探讨。陈美娟2002年报道了高水分粮的储藏保管技术。王小坚2002年报道了高水分大米度夏保藏试验。王若兰等2002年报道了房式仓高水分玉米安全储藏研究。沈晓明等2002年报道了缓释低温技术在高水分粮度夏中的应用。张怀君等2003年报道了站台垛高水分玉米的储藏管理。嵇美华2003年报道了高水分玉米安全度夏的技术研究。魏金高等2004年报道了高大平房仓安全储藏中高水分晚粳稻谷的研究。江泽奴等2004年报道了南方长期安全储藏高水分玉米的尝试。张奕群等2004年报道了高水分玉米的化学防治策略。闵炎芳等2004年报道了关于高大平房仓高水分晚粳谷通风降水度夏保质的技术探索。田元方等2005年报道了高水分玉米安全度夏的试验。刘伟等2005年报道了脉冲电磁场杀菌的作用机理及其应用研究。邓兰卿等2005年报道了对较高水分新小麦安全度夏的储藏探索。江燮云2005年报道了对偏高水分稻谷安全储藏技术的探讨。陈保富等2005年报道了对偏高水分小麦安全储藏的探索。和国文等2005年报道了鄂中地区偏高水分晚籼稻谷安全度夏试验。吕建华等2006年报道了高水分小麦安全储藏试验。丁传林等2006年报道了高大平房仓偏高水分粮安全度夏试验。李纯浒等2006年报道了综合储粮技术在偏高水分稻谷过夏保管中的应用。季青跃等2006年报道了高水分玉米储藏试验。赵锡和等2006年报道了对高水分稻谷储存技术的探讨。谢霞等2006年报道了偏高水分籼稻安全储藏条件的研究。庞文渌2006年报道了高水分稻谷保鲜储藏的研究。赵兴元等2006年报道了包打围散储高水分粮安全储藏试验。周天智等2007年报道了带虫入库偏高水分晚籼稻谷低温储藏延缓熏蒸试验。史钢强2008年报道了浅圆仓高水分稻谷分层低温储藏试验。郑理芳等2007年报道了高浓度磷化氢熏蒸对偏高水分稻谷抑菌作用的试验研究。

孙清等2008年报道了对高大平房仓高水分小麦降水控温安全储粮问题的探讨。鲍立伟等2008年报道了长江下游地区偏高水分晚籼稻谷安全储藏的技术研究。王广等2008年报道了南方地区高水分玉米安全储藏试验。安学义等2009年报道了高水分玉米安全度夏的储粮试验。冀圣江等2009年报道了高大平房仓安全储藏高水分小麦的方法。陈传国等2009年报道了高大平房仓偏高水分晚籼稻谷保水储粮试验。张成2009年报道了对偏高水分小麦包打围"三阶段"安全储存技术的探讨。叶真洪等2009年报道了高水分稻谷"不落地"就仓干燥试验。张来林等2009年报道了高水分玉米安全度夏的技术试验。

　　盛强等2010年报道了复合型防霉剂对高水分稻谷的防霉保鲜效果研究。胡琼辉等2010年报道了高水分玉米安全储藏试验。张建利等2010年报道了偏高水分玉米安全储藏保水试验研究与分析。张颜平等2011年报道了三步降水法在高水分稻谷中的应用试验。王法林等2011年报道了高水分小麦直接入库的安全储藏试验。张孟华2011年报道了东南沿海地区高大平房仓高水分玉米安全度夏储藏试验。王效国等2012年报道了高水分晚粳稻谷保管技术的探讨。方玖根2012年报道了关于华东地区收购稻谷和销售大米水分控制范围的探讨。汪福友等2012年报道了中原地区入仓高水分玉米安全度夏的技术研究。赵新明等2012年报道了偏高水分稻谷低温储存试验及效果分析。胡琼辉等2012年报道了南方地区偏高水分玉米安全储藏试验。张会民2013年报道了一边入库一边通风技术在高水分小麦安全储存中的应用试验。刘朝伟等2013年报道了新收获入库高水分小麦安全储藏实仓试验研究。陈玉峰等2014年报道了夏季通风抑制高水分小麦微生物活性的研究。万忠民等2014年报道了短波紫外线对高水分稻谷抑霉效果的研究。蒋伟鑫等2014年报道了高水分稻谷品质劣变与防控技术研究进展。彭明辉等2014年报道了南方地区采取多种综合措施延长高水分大米储藏期限的试验。赵光涛等2015年报道了进口三高玉米的常规储存与管理研究。陈朝等2015年报道了中型谷冷机处理平房仓偏高水分玉米的试验。马佳佳等2015年报道了四种模式对偏高水分粳稻的储藏效果研究。赵兴元等2015年报道了包装仓改造散储高水分小麦安全储藏试验研究。周建新等2015年报道了臭氧处理高水分稻谷储藏过程中理化和微生物指标变化研究。郑秉照2016年报道了南方地区偏高水分玉米安全储藏保水试验技术应用。房强2016年报道了沿海地区高水分玉米安全度夏的储藏试验。卢献礼等2016年报道了高温高湿生态区高水分玉米降水保质的储藏试验。邱忠等2017年报道了高水分粮食度夏控温研究。杨风岐等2017年报道了玉米防霉保水的新方式研究。李慧等2017年报道了玉米储藏过程发热霉变研究综述。陈帅等2017年报道了川渝地区偏高水分稻谷和小麦实仓安全储藏预警技术研究。翟晓娜等2018年报道了高水分玉米的暂存及其品质变化的研究。王雪珂等2019年报道了高水分花生短期储存发热霉变的研究。

第六节 "双低""三低"储粮技术研究

一、"双低""三低"储粮技术研究（20世纪70年代至80年代末）

随着我国储粮熏蒸技术、低温和气调储粮技术的发展，"双低""三低"储粮技术应运而生并得到不断完善。梁权、刘维春等在该项目的理论研究和实践方面起到了重要的指导作用。

万拯群1976年报道了粮食的低氧低药量密封储藏试验研究。认为低氧、低药量密封储藏，是"自然缺氧"保管和低药量保管相结合的一种好方法，该研究还提出了"低温密封"的初步认识。四川省金堂县太平粮站科研组1977年报道了自然降氧结合低浓度磷化铝熏杀害虫的试验。傅启文等1980年报道了气调条件下低磷化氢杀虫效果的试验。刘维春1980年报道了"三低"保粮的应用技术研究。梁权等1980年报道了气调对磷化氢熏蒸杀虫的增效作用及其应用技术途径的试验研究。该试验经毒力测定证明：在自然缺氧所能达到的大气条件范围内，无论是氧气含量的降低或二氧化碳含量的升高，都能够显著提高磷化氢对五种主要粮仓甲虫和强抗性米象的毒效。增效系数的大小取决于害虫群体本身对磷化氢的忍耐力。忍耐力强的虫种，增效系数大；反之则小。增效系数与虫种未发现显著相关性。试验还证明：氧气起始显著增效浓度为12%，二氧化碳的最佳增效浓度为4%~8%。最易诱发抗性的米象蛹，在气调情况下，以中等磷化氢浓度可以彻底除治。试验还证明：延长仓房的密闭时间可以提高药效。

梁权等1981年报道了气调与贮粮害虫防治的试验。证明采用磷化氢气调熏蒸时，为了充分发挥磷化氢的增效作用，氧浓度不应高于12%，二氧化碳浓度也应控制在8%左右，没有必要使用过高浓度的二氧化碳。如果单纯以氧浓度为指标，当粮温在25℃，粮食水分在15%以下的条件下，对常见甲虫的成虫可以彻底除治；当氧浓度为5%时，密闭时间不少于27天；当氧浓度为3%时，密闭时间不少于21天；当氧浓度为2%时，密闭时间不少于16天；如温度较高，则可按温度每升高5℃减少一半的密闭时间来掌握。浙江省粮食科学研究所1981年报道了在气控条件下不同氧浓度与杀虫效果的试验。该试验证明：玉米象、赤拟谷盗、锯谷盗、谷蠹最佳缺氧浓度在2%以下，暴露处理时间在96小时左右。仓虫的致死临界氧浓度为2%~5%。在此浓度范围内，其杀虫效果随着暴露时间的长短、温度、湿度高低而有不同。暴露时间、温度与死亡率成正比；湿度与死亡率成反比。当氧浓度在2%~5%时注入二氧化碳，能缩短仓虫的致死时间，增效作用明显；而当氧浓度在2%以下时，注入二氧化碳无明显增效作用。同时证明：仓虫对低氧的敏感性因虫种、虫态而异，敏感性从大到小依次为：锯谷盗＞长角谷盗＞玉米象＞谷蠹；成虫＞幼虫＞卵＞蛹。上海市奉贤县粮食局1981年报道了关于低氧低剂量及密闭保管粮食的试验。试验证明：粮堆氧的体积分数降至3%左右，二氧化碳的体积分数增至7%～8%，每kg磷化铝片熏蒸25万kg～35万kg粮食为宜。祝彭庆1981报道了关于"三低"保粮的应用和有关机理的探讨。认为：磷化氢低剂量熏蒸的下限值0.5 g/m³是有效的，氧浓度在12%以下、二氧化碳浓度在4%以上，有明显的增效作用。李文辉、徐元章1981年报道了气调熏蒸生产性试验报告。吴富席等1981年报道了从呼吸强度看"双低"储粮的研究。刘富华等1985年报道了"两低"储粮与埋雷投药的试验。李申戌1985年报道了"双低"贮粮的应用技术研究。该研究指出：在一定时间内，粮堆内磷化氢气体浓度保持在0.4 mg/L，能将一般裸露的害虫成虫和幼虫杀死。使用1.32 g/m³磷化铝，如果仓房气密性好，施药204小时内，磷化氢浓度不低于0.04 mg/L。当氧浓度降到12%～16%，二氧化碳浓度上升到3%～5%，磷化铝用量为0.5～1.5 g/m³时，可获得良好的防虫效果。江西省粮油储运公司1985年报道了"三低"保粮综合应用技术总结报告。该报告比较全面地介绍了自1978年江西省推广"三低"保粮技术以来，该省推广实施该技术取得的防治成果。报告还总结出了"三低"保粮的四种操作方法：①密闭降氧—熏蒸杀虫—通风降温—保持低温；②熏蒸杀虫（或拌药防虫）—通风降温（或机械制冷）—保持低温；③通风降温（或机械制冷）—熏蒸杀虫—通风降温—拌药防虫（或拌药）—保持低温；④冷粮入仓—熏蒸杀虫（或拌药防虫）—通风降温—保持低温。金应贵1985年报道了实施"两低"贮粮技术规范化的要求；1986年又报道了成都市制订"两低"储粮技术规范要求的实施情况。曹朝璋等1988年报道了磷化氢结合缺氧进行的大米保鲜试验。

梁权2005年报道了甲基溴淘汰和替代研究概况与展望。该文强调，形势对储粮害虫综合治理的要求越来越高，目前被全球广泛应用的唯一熏蒸剂磷化氢，因甲基溴即将被淘汰而面临更大的压力。在粮食储藏、粮食检疫处理和粮食加工领域，急需开发更多的熏蒸剂和其他防治害虫的新方法，特别是物理的方法，以便延缓害虫抗药性的增长和传播，满足人类对环保和健康安全的要求。

二、"双低""三低"储粮技术研究（20世纪80年代末至今）

李式友等1992年报道了低氧低药量长期保管小麦的研究。徐书德等1992年报道了"三低"储粮技术研究。顾加国1992年报道了缺氧"双低"保藏热机米度夏试验。徐惠迺等1993年报道了"三低"储粮技术的探讨与展望。周景星1994年报道了"三低"防治技术。徐惠迺等1995年报道了谷物低温、低氧、低磷化氢储藏保鲜的技术研究。栗德章1997年报道了"三低"与气流储粮的应用技术。冯宗华等1998年报道了包装五面封粮垛实施"三低"技术的完善与提高技术。

崔光庆等2002年报道了"双低"储粮技术在高大平房仓的应用。杨友信2002年报道了小麦采用"双低"密闭技术储藏的经济效益分析。陈无刚等2003年报道了"双低"储粮对克服储粮害虫抗性问题的探讨。庞文渌等2004年报道了高大平房仓"三低"储粮的效果分析。庞文渌2005年报道了"三低"储粮技术在高大平房仓中的应用试验。张青峰等2014年报道了传统平房仓技术改造双低储粮的试验研究。

第七节 "四项"储粮新技术研究

"四项"储粮新技术指：粮情检测技术、机械通风技术、环流熏蒸技术、谷物冷却技术。该技术已经在全国推广，很好地解决了浅圆仓、高大平房仓安全储粮的问题。平房仓"四合一"储粮升级新技术工艺和设备配置研究，以储粮生态系统理论为指导，坚持"网络共用、功能互补、技术集成、节能增效"的创新理念，根据不同储粮生态地域的实际需要进行系统集成配置。研究报道起到了促进作用。

杨永拓2002年报道了"四项"储粮新技术在高大拱房仓储粮中的综合应用。吴卫平等2003年报道了"四项"储粮新技术在亚热带地区的应用。左圣毛2003年报道了"四项"储粮新技术在高大平房仓的应用研究。王显复2003年报道了"四项"储粮新技术应用中的几个问题。王显复2004年报道了"四项"储粮新技术应用过程中的一些误区。曹毅等2004年报道了"四项"储粮新技术生产性试验辽宁试点总结报告。蒋金安2005年报道了储粮新技术应用中的常见错误。张小飞2008年报道了关于储粮综合技术在大型散粮仓中的应用探索。熊鹤鸣等2009年报道了中温高湿储粮区绿色储粮技术优化集成的应用实践。

张来林等2010年报道了浅谈储粮新技术在新购粮中的作用。欧根生等2011年报道了粤西地区储粮新技术集成应用实践初探。《粮食储藏》杂志通讯员2011年报道了粮仓储备"四合一"新技术研究开发与集成创新。陈谨华等2012年报道了"四项"储粮新技术应用现状及发展趋势。粮食储运国家工程实验室等2014年报道了粮食储藏"四合一"升级新技术概述。云顺忠等2015年报道了粮库科技储粮新技术集成应用与效果的研究。穆俊伟等2015年报道了"四合一"储粮技术应用于浅圆仓储藏大豆的综合效果分析。

第八节 储粮过程中粮堆温度、湿度变化研究

粮食在储藏过程中，粮堆的温度、湿度变化对粮食的品质影响很大。行业内专家、学者对粮堆的温度、湿度情况进行监测，摸索规律，实仓验证、精心研究，实践成果显著。赵玉霞

2002年报道了粮食储藏中粮堆温度与大气温度的关系。蔡庸加等2005年报道了储粮温度变化的规律研究。李琼等2008年报道了关于CFD方法在仓储粮堆温度场研究中的应用探索。

梁醒培等2010年报道了储粮粮堆温度传导的距离—时间—温度曲线模型研究。赫振方等2010年报道了平房仓粮堆温度时空分布的基本统计特征分析。王宝安等2012年报道了基于混合粒子群算法的粮堆温度模型参数优化研究。蔡静平2013年报道了平房仓内环流均衡温湿度的储粮试验。尹君等2014年报道了基于温湿度场耦合的粮堆离散测点温度场重现分析。亓伟等2014年报道了考虑谷物呼吸的仓储粮堆热湿耦合传递研究。张波等2015年报道了平房仓横向谷冷通风仓内粮堆热湿传递的数值模拟研究。高帅等2015年报道了平房仓横向谷冷通风小麦粮堆传热传质数值模拟研究。尹君等2015年报道了不同仓型的粮堆温度场重现及对比分析。高玉树2015年报道了装粮高度8米的高大平房仓内粮温的分布及变化规律研究。潘钰等2015年报道了密闭粮堆中水分和温度变化的模拟研究。兰波等2016年报道了基于无线传感器网络的粮库温度监测节点的技术设计。陈思羽等2016年报道了谷物湿热平衡新模型及热力学特性的研究。张银花等2016年报道了基于云遗传RBF神经网络的储粮温度预测研究。王远成等2017年报道了仓储粮堆内部自然对流和热湿传递的数学分析及验证研究。祁智慧2017年报道了对北京地区粮堆表层温度、水分、气体监测数据的分析。任伯恩2019年报道了关于内环流控温条件下粮堆内部水分变化规律的探讨。

第九节 粮食储藏过程中遇到的主要技术问题研究

粮食储藏过程遇到主要技术问题，除虫霉防治、通风干燥外，尚有粮食入仓破碎问题、储粮与仓体结露问题、粮堆发热问题、粮食入仓自动分级问题、粮仓除尘防爆问题、防雷问题等。

一、粮食入仓破碎问题研究

张家年等1997年报道了稻谷吸湿形成裂纹的初步研究。杜海波2002年报道了玉米在港口散粮装卸中的破碎问题。廖江明等2003年报道了浅圆仓玉米破碎率的调查报告。李宝良等2008年报道了改进储粮配套工艺装备，降低东北玉米破碎问题的探讨。张来林等2009年报道了玉米破碎的原因与解决措施。

王彦超等2010年报道了筒式仓减少玉米入仓破碎的技术措施。王永昌等2010年报道了立筒仓或浅圆仓粮食破碎的原因分析和解决措施。陈江等2010年报道了在仓储环境下抑制稻谷产生裂纹及相关工艺的探讨。王洪兵2011年报道了降低玉米破碎率的对比试验。毕文广等2012年报道了设备改造对玉米烘干和入仓减碎的重要性研究。王健等2017年报道了浅圆仓玉米降破碎装置的应用技术。邓庆等2019年报道了在扦样过程中影响玉米破碎粒因素的探讨。

二、储粮与仓体结露问题研究

于宏根等1989年报道了对立筒库高粮层结块因素和解决办法的探讨。徐寿鸿等1992年报道了露天囤粮食结露现象的预防研究。张平安等1998年报道了关于地下窑洞库防潮、防结露与储粮效应的探索。孙慧1999年报道了土堤仓储粮中的结露与预防措施。

郝令军等2000年报道了土堤仓露天垛储粮的结露及预防研究。程兰萍等2000年报道了外垛架空防结露试验研究。高克友等2001年报道了处理浅圆仓地沟结露的简单办法。杨振海等2001年报道了十字管道温度、湿度平衡，防止结露方法的技术应用。孟彬等2003年报道了浅圆仓地沟结露及防潮的综合处理技术。华祝田等2004年报道了高大平房仓储粮中结露现象的综合防治。张来林等2007年报道了土堤仓秋冬季节储粮结露的原因及预防措施。田向东等2007年报道了高大平房仓储粮防止粮堆结露、结顶的试验研究。巩献忠2007年报道了露天垛储粮防结露技术发展、应用及管理探讨。张来林等2007年报道了土堤仓秋冬季节储粮结露的原因及预防措施。樊曙红等2009年报道了豆粕筒仓防结露的分析与工程设计。

何立军等2010年报道了粮食的结露与处理措施。张来林等2013年报道了粮面结露的几种处理方法。翁胜通等2013年报道了冷风机处理立筒仓粮面发热的效果分析。尹君等2015年报道了基于多场耦合理论分析浅圆仓局部结露机理的研究。徐碧等2015年报道了对华中地区玉米储藏防控结露的探索。陶金亚等2015年报道了粮堆表层结露的预防与处理。王凤起等2017年报道了粮食出仓挂壁结顶的原因分析及控制措施。章铖等2018年报道了粮堆结露成因与预防处理研究进展。王宏等2019年报道了小麦储藏中板结原因及防控措施研究。

三、粮堆发热问题研究

徐恺等2000年报道了接种霉菌的高水分玉米自然发热试验——在室内模拟仓散装玉米中的热转移试验报告。赵景海等2002年报道了粮堆局部处理机对散储玉米局部发热的处理技术。邓中华等2002年报道了浅圆仓散储玉米局部发热的处理措施。杨广义2003年分别报道了引起粮温升高原因的排查方法；局部粮食发热生虫的适当处理措施。罗斌等2006年报道了储粮发热的系统研究。陈福海等2006年报道了综合储粮技术在处理粮堆发热中的应用研究。陈轶群2007年报道了玉米发热的预防和处理方法。闫艳霞等2008年报道了粮仓谷物局部发热温度场数学模型的研究与应用。王兰花2008年报道了高大平房仓粮食发热的预防与处理。杨晨晓等2009年报道了粮食的发热与处理。

房强2016年报道了新粮入仓后发热的预防和处理措施。洪小琴2016年报道了粮面吸热技术在储粮中的应用。袁业宏2016年报道了害虫引起粮堆"窝状"发热的处理措施。陶金亚等2016年报道了湿热扩散对储粮的危害及防治措施。张崇霞等2018年报道了粮堆发热点的研究进展。

四、粮食入仓自动分级问题研究

吕新2003年报道了浅圆仓储粮中心杂质集中问题的解决方案。张亚非等2006年报道了自动分级对高大平房仓长期储藏存粮食的影响及对策。周云等2007年报道了东北地区玉米破碎的原因及解决措施。张来林等2008年报道了粮食自动分级的类型与预防措施。周延智等2009年报道了浅圆仓杂质分布规律的研究。

张慧民等2013年报道了对高大平房仓补仓机窗口入库大豆自动分级的探讨。徐碧2013年报道了杂质对储粮的影响问题。杨文生2014年报道了进口大豆入仓自动分级的特性研究。江列克等2014年报道了浅圆仓布料器防分级效果的评价方法。梁东升等2016年报道了浅圆仓多点均衡落料布料器对粮堆均匀性的影响研究。原方等2017年报道了破碎大米入仓过程分级问题的理论研究。胡智佑等2018年报道了浅圆仓压力门式伞形多点布料器的技术应用。郑毅等2018年报道了多功能中心管与多点布料器实仓试验的对比研究。陈明等2019年报道了北方地区两种主要粮堆结露产生的原因及预防措施。

五、粮仓除尘防爆问题研究

关地1995年报道了粮仓粉尘的爆炸问题与预防措施。李英等1997年报道了大型下料坑吹吸式通风除尘系统的设计技术。马六十等2000年报道了粮食防尘剂的实验室筛选技术。张国梁2001年报道了关于防止粮仓粉尘爆炸与损耗技术问题的探讨。齐志高2001年报道了粮食粉尘爆炸事故分析与安全的评估方法。李堃等2004年报道了可燃性粉尘环境危险区域的分类和划分研究；粮食粉尘防爆的几个误区。周乃如等2004年报道了粮食粉尘的性质与粉尘爆炸关系的研究。张国梁等2004年报道了粉尘爆炸的成因与白油降尘防爆的分析。陈松裕2008年报道了粮食粉尘爆炸及防爆措施的研究。庞映彪2012年报道了浅圆仓粉尘爆炸及其应对管理措施。秦彦霞等2013年报道了粮食物流系统中通风除尘系统中几个重要参数的选择。李堃2015年报道了粮库防止粉尘爆炸应注意的问题。单广平等2016年报道了粮食储存中静电的危害与预防。朱可亮2018年报道了粮食粉尘爆炸的原理及预防措施。

六、防雷问题研究

王自良2002年报道了高大平房仓的防雷设计技术。程方红2011年报道了粮情检测系统雷击故障的分析及防雷技术的应用。

第十节　储粮降低损耗研究

减少储粮损失是储粮科技工作者的一项重要工作，减少损失就是增加收入。我国专家学者从田间的粮食收获，到运输、储存，再到出仓等环节进行了全面深入的研究，发表了一些论述。陈中军等1997年报道了密封储粮自然损耗试验。唐礼安等2000年报道了不同仓库条件对粮食储藏损耗的影响分析。高影等2001年报道了吉林省玉米入库后损耗的研究。徐润琪等2003年报道了适期收割对稻谷损失影响的研究。程晓梅等2008年报道了入仓期的玉米象感染不同时期小麦造成重量损失的研究。

于林平等2010年报道了小麦储存期间的损耗分析与对策。陆祖安等2011年报道了提高楼房仓散粮出仓效率的技术改造试验。蔡云等2011年报道了薄膜密闭储粮保水降耗试验。卢章明等2013年报道了百年老仓储粮损耗不超标问题的探讨。田元方等2014年报道了楼房仓不同保管模式对降低储粮损耗的应用分析。王晶磊等2014年报道了粮食储藏保水减损技术的研究与应用。李浩然等2016年报道了粮食储存损耗因素及应对措施。盛强等2016年报道了储粮保水减损技术的探讨及应用。姜自德等2016年报道了粮食储藏损耗及其应对措施。郑元欣等2016年报道了储粮减损降耗的技术探讨。严翔等2017年报道了探索跨省移库玉米减损的经验。刘金宁2017年报道了华北地区小麦损耗及改善措施。包中平等2017年报道了华南地区玉米保质减损技术集成应用试验。商永辉等2017年报道了储粮在不同温差下通风降温水分损耗的试验。陈传国等2018年报道了节能创新技术改造在安全储粮中的作用研究。谢转弟2019年报道了大米储藏损耗及应对措施的研究。

附：分论二 / 第七章著述目录

第七章　粮食储藏应用技术研究

第一节　粮油储藏技术研究总体进展

[1] 何其名，陈茂东 . 再论微气流在储粮中的应用 [J]. 粮食储藏，1989，（5）：32-37.

[2] 舒坤林 . 浅谈粮油安全储藏 [J]. 粮油仓储科技通讯，1991，（6）：40-42.

[3] 蒋中柱，刘晓夫 . 粮食储藏技术的现状及展望 [J]. 粮食储藏，1992，（3）：22-27.

[4] 谭剑荣 . 双循环储粮技术 [J]. 粮食储藏，1992，（1）：18-23.

[5] 孙德林 . 粮食安全储存时间的预测 [J]. 粮油食品科技，1993，（3）：37，27.

[6] 张聚元 . 粮食储藏与数学 [J]. 南京财经大学学报，1996，（2）：64-70.

[7] 唐为民，呼玉山 . 近十年我国粮食仓储技术研究进展及推广应用概况 [J]. 粮食储藏，1997，（4）：15-21.

[8] 唐承禄 . 浅谈"高仓热入粮冷密闭"[J]. 粮油仓储科技通讯，1997，（2）：23.

[9] 何雷，陈建富，袁玲 . 通风、保护剂、"三低"组合技术保粮 [J]. 粮油仓储科技通讯，1999，（3）：23-24.

[10] 万拯群 . 当前我国科学保粮问题之我见 [J]. 粮食储藏，1999，（1）：25-29.

[11] 李宗良 . 云南省区粮食储藏现状及应采取的技术措施探讨 [J]. 郑州粮食学院学报，1999，（2）：74-76.

[12] 万拯群 . 论"三低六合"综合储粮技术 [J]. 粮油仓储科技通讯，2001，（4）：8-10.

[13] 蒋中柱 . 绿色储粮的理论基础和基本技术 [J]. 粮食科技与经济，2002，（1）：31-33.

[14] 王亚南 . 浅论"无公害"储粮 [J]. 粮食储藏，2002，（5）：47-48.

[15] 王若兰 . 中国和加拿大粮食储藏技术的比较分析 [J]. 粮食科技与经济，2002，（6）：37-39.

[16] 孟大明 . 西北低温对储粮稳定性的影响 [J]. 粮油仓储科技通讯，2002，（4）：23-24.

[17] 肖桂永 . 浅谈如何确定散装粮食的储藏容重 [J]. 粮油仓储科技通讯，2002，（4）：46-47.

[18] 李火金，刘海环，许波春，等 . 清洁卫生防治技术是安全储粮的基础 [J]. 粮油仓储科技通讯，2002，（4）：25-26.

[19] 万拯群 . 我国储粮技术的创新途径与发展思路 [J]. 粮食储藏，2003，（1）：22-26.

[20] 戴林莉 . 粮食仓储行业如何应对"绿色壁垒"[J]. 粮食储藏，2003，（4）：54-56.

[21] 江燮云 . 关于包装改散装储粮工作的探讨 [J]. 粮食储藏，2004，（2）：53-54.

[22] 胡瑞波，田纪春，吕建华 . 小麦多酚氧化酶，（PPO）活性的基因型、环境及其互作效应的分析 [J]. 中国粮油学报，2004，（1）：16-18，22.

[23] 李在刚，张自强，陈惠，等 . 绿色储粮试验研究 [J]. 粮食储藏，2004，（5）：27-29.

[24] 乔龙超 . 谈铁心桥国家粮食储备库储粮技术经验 [J]. 粮食与食品工业，2004，（2）：34-36.

[25] 万拯群 . 我国储粮技术创新途径与发展思路 [J]. 黑龙江粮食，2005(1)：27-30.

[26] 王若兰，李宏洋，王永 . 青稞储藏稳定性的比较研究 [J]. 粮食储藏，2005，（2）：37-40.

[27] 朱安定 . 因地制宜积极探索储粮新技术 [J]. 粮食流通技术，2005，（4）：20-35.

［28］曹阳，卞科，陈春刚，等.基于两维图论聚类分析的中国储粮区域划分 [J]. 中国粮油学报，2005，（4）：122-124，128.

［29］石光斌，兰建军，邹炳，等.环保型保鲜储粮试验 [J]. 粮油食品科技，2005，（4）：11-12.

［30］孟彬，汪福友，孙书生，等.粮面薄膜密闭的延伸：整仓密闭储粮探讨 [J]. 粮食储藏，2005，（2）：51-53.

［31］吴跃进，吴先山，沈宗海，等.水稻耐储藏种质创新及相关技术研究 [J]. 粮食储藏，2005，（1）：17-20.

［32］周长金，胡友，马明君.亚热带地区科学储粮技术探讨 [J]. 粮食储藏，2006，（1）：50-52.

［33］赵思孟.绿色储粮 ABC[J]. 粮食科技与经济，2006，（1）：38，40.

［34］朱宗森，陈明锋，蒋金安.构建节约型储粮模式的探讨 [J]. 粮油食品科技，2006，（4）：23-24，35.

［35］朱宗森，王光春.无药储粮技术探索 [J]. 粮食流通技术，2006，（1）：30-31.

［36］严晓平，周浩，兰盛斌，等.粮食仓储行业 HACCP 研究应用 [J]. 粮食储藏，2006，（6）：3-8.

［37］赵祥涛.真空技术在粮食行业的应用与发展 [J]. 粮食储藏，2006，（4）：20-22.

［38］李森，陈彦海，万华平，等.推广绿色保质保鲜储粮加强粮堆生态检测控制 [J]. 粮油仓储科技通讯，2006，（4）：16-19.

［39］吴凡.粮食仓储与 HACCP[J]. 粮油仓储科技通讯，2006，（3）：32-33.

［40］王光春，田宝俊.几种比较适用的储粮技术 [J]. 粮油食品科技，2007，（1）：34-35.

［41］涂杰，郭道林，张凤枰，等.从绿色化学的角度谈绿色储粮的概念及发展方向 [J]. 粮食储藏，2007，（3）：50-53.

［42］赵文娟，刘映红，白宇耀，等.转 Bt 基因作物储藏期对储粮害虫的影响及风险评估 [J]. 粮食储藏，2007，（4）：3-6.

［43］刘尊华.储粮害虫与绿色储粮关系探讨 [J]. 粮油食品科技，2007，（5）：20-22.

［44］黄启迪，方振湛，黄海鸣，等.临时内地台严重沉降高大平房仓的散装储藏试验 [J]. 粮油仓储科技通讯，2008，（3）：25-28.

［45］徐碧.气候变暖对储粮影响及对策 [J]. 粮油食品科技，2008，（3）：26-27.

［46］谷玉有，张来林，史钢强.东北地区不同仓型储粮特性研究 [J]. 粮食科技与经济，2008，（6）：38-43.

［47］张小飞.储粮综合技术在大型散粮仓中的应用探索 [J]. 粮油仓储科技通讯，2008，（2）：54-56.

［48］谢静杰，汪向刚，黄志俊，等.不同仓型仓温仓湿日变化规律探讨 [J]. 粮食储藏，2009，（1）：52-56.

［49］费杏兴，黄锦良，杜秀珍，等.关于若干储粮技术的实践与思考 [J]. 粮油仓储科技通讯，2009，（2）：26-28.

［50］马鑫，严晓平.模拟培养实验室的构想设计 [J]. 粮油仓储科技通讯，2009，（2）：39-41.

［51］万拯群，万平.我国科学保粮若干问题之我见 [J]. 粮食储藏，2009，（4）：52-56.

［52］郭维荣.粮食过夏储藏方法比较 [J]. 粮油食品科技，2010，（3）：59-60.

［53］杨雷东，吴炳方，李强子，等.粮仓储粮数量探测新方法探讨 [J]. 粮食储藏，2010，（5）：49-54.

［54］张来林，薛丽丽，冯嘉健，等.粮堆密封的方法及应用 [J]. 粮食加工，2010，（5）：88-90，98.

［55］王德学，武传欣.山东区域大中粮库储粮技术优化 [J]. 粮油仓储科技通讯，2010，（4）：15-17.

［56］蒋国斌，梅建峰，史东斌.保持粮食品质减少保管损耗提高储粮效益 [J]. 粮油仓储科技通讯，2010，（4）：54-56.

［57］马中萍，马洪林，何其乐，等.低氧绿色储粮技术应用实践 [J]. 粮食储藏，2010，（3）：9-12.

［58］ 李亿凡，李瑜芳．粮食仓储工作中节能减排的探讨 [J]. 粮油仓储科技通讯，2010，（5）：10-12.

［59］ 李辉，巩蔼，李琛，卢献礼．太阳能在云南省粮食收储中应用的探讨 [J]. 粮食储藏，2011，（2）：54-56.

［60］ 姚磊．储粮新技术应用前景展望 [J]. 粮食储藏，2011，（6）：28-30.

［61］ 范胜华．粮食储藏过程中危险因素及安全防护措施 [J]. 粮食储藏，2012，（2）：13-16.

［62］ 王若兰．粮食规模化生产和储藏的现状及发展趋势 [J]. 粮食科技与经济，2013，（2）：8-9.

［63］ 陆德山，周宏伟，惠立东．构建科学发展的绿色储备粮系统工程 [J]. 粮油仓储科技通讯，2013，（4）：7-9.

［64］ 姚磊，温朝晖．"四无粮仓"活动促进粮食仓储科技创新 [J]. 粮油食品科技，2013，（5）：114-115.

［65］ 吴春平．南方高温高湿地区储存年限内玉米稻谷小麦主要储存品质指标变化规律的探讨 [J]. 粮油仓储科技通讯，2013，（6）：49-50，53.

［66］ 许高峰．我国粮食储藏技术现状、问题及对策研究 [J]. 粮食储藏，2015，（4）：1-5.

［67］ 云顺忠，胡波，文勇，等．粮库科技储粮新技术集成应用与效果 [J]. 粮油仓储科技通讯，2015，（2）：48-49，52.

［68］ 张成，陆峰，杨文生．粮食仓储工作价值浅析 [J]. 粮食储藏，2015，（2）：17-51.

［69］ 黄志军，金建德，赵红辉，等．科技殷仓廪创新促发展 [J]. 粮油仓储科技通讯，2015，（5）：1-4.

［70］ 曹阳，魏雷，赵会义，等．我国绿色储粮技术现状与展望 [J]. 粮油食品科技，2015，（S1）：11-14.

［71］ 尹君，吴子丹，张忠杰，等．不同仓型的粮堆温度场重现及对比分析 [J]. 农业工程学报，2015，（1）：281-287.

［72］ 刘胜强，渠琛玲，王若兰，等．谷物稳定化技术及稳定化对谷物品质的影响研究进展 [J]. 粮食与油脂，2016，（8）：1-4.

［73］ 苏宪庆，顾伟，沈飞祖，等．在储粮深层面下自然生态图像的精密采集技术的研究 [J]. 粮油仓储科技通讯，2016，（5）：39-45.

［74］ 陈思羽，吴文福，李兴军，等．谷物湿热平衡新模型及热力学特性的研究 [J]. 中国粮油学报，2016，（3）：110-114.

［75］ 史钢强．双向混流通风、环流控温、空调补冷、臭氧杀菌储粮系统介绍 [J]. 粮油仓储科技通讯，2016，（5）：18-22.

［76］ 吴兰，王若兰，李秀娟，等．储粮异常评测方法探析 [J]. 粮食储藏，2017，（5）：52-56.

［77］ 杨振和，苏振华，邓树华，等．粮库粮堆的分类与稳定特性研究 [J]. 粮食储藏，2017，（5）：11-15.

［78］ 王超，李刚，刘振华，等．从有害生物生活习性角度浅析有机粮食仓储技术 [J]. 粮油仓储科技通讯，2017，（1）：32-35，48.

［79］ 许东宾．激光水平仪在仓内测量粮堆高度的应用 [J]. 粮油仓储科技通讯，2017，（4）：52-53，56.

［80］ 云顺忠，刘卓，文勇．中心粮库科技储粮技术集约运用 [J]. 粮油仓储科技通讯，2017，（3）：3-4.

［81］ 何联平．我库的"6S"管理初见成效 [J]. 粮油仓储科技通讯，2017，（4）：2-3.

［82］ 刘永利．推广绿色储粮技术，提高粮油仓储综合效益 [J]. 粮油仓储科技通讯，2017，（1）：3-5.

［83］ 宋锋，王雅琳，莫魏林，等．浅析粮食质量安全监管中存在的问题与对策 [J]. 粮油仓储科技通讯，2018，（5）：1-3.

［84］ 袁华山，后其军．以习近平新时代中国特色社会主义思想为指导不断提升粮食质量安全保障能力 [J]. 粮油仓储科技通讯，2018，（4）：1-7.

［85］ 罗家宾，王建闯.低温仓储粮技术操作规程浅析 [J]. 粮油仓储科技通讯，2019，（4）：27–29，33.

第二节 不同粮种储藏技术研究

［86］ 周景星，赵思孟，张来林，等.稻谷自然低温辅助通风保鲜技术的研究总论 [J]. 郑州粮食学院学报，1990，（4）：1–7.

［87］ 王清和.散装稻谷"三低"储粮技术应用中的若干问题综述 [J]. 粮食储藏，1997，（3）：31–35.

［88］ 张来林，陆亨久，尚科旗.不同温度下稻谷的品质变化 [J]. 粮食储藏，2005，（6）：32–34.

［89］ 吴玉章，戴学谦，杨文凤，等.优质晚籼稻保鲜绿色储藏技术初探 [J]. 粮食科技与经济，2005，（3）：40–42.

［90］ 谢斌.优质晚稻科学储藏及品质变化初探 [J]. 粮食科技与经济，2005，（1）：37–38.

［91］ 尚科旗，张来林，陆亨久，等.籼稻储藏期间的水分变化研究 [J]. 粮食科技与经济，2006，（4）：39–40.

［92］ 施广平，李军，袁华清，等.综合应用储粮技术储存稻谷试验 [J]. 粮油仓储科技通讯，2006，（3）：15–16.

［93］ 余建国，季小敏.早籼稻套膜越冬储藏试验 [J]. 粮油仓储科技通讯，2006，（3）：19–20.

［94］ 李益良，潘朝松，江欣，等.优质稻谷保鲜储藏方法研究 [J]. 粮食储藏，2006，（1）：32–36.

［95］ 张晓飞，陆国华.粳谷散储存初步探索 [J]. 中国粮油学报，2006，（3）：334–338.

［96］ 陆建中，杨子全，张晓飞.粳谷散储初步探索 [J]. 粮油仓储科技通讯，2006，（5）：14–16.

［97］ 陈汲，王跃，郭林，等.控制稻谷年度积温安全储粮研究 [J]. 粮食储藏，2007，（4）：19–22，27.

［98］ 彭汝生.优质晚籼稻谷与普通晚籼稻谷储藏对比试验 [J]. 粮食流通技术 2007，（5）：22–24，34.

［99］ 史钢强.浅圆仓高水分稻谷分层低温储藏试验 [J]. 粮食科技与经济 2007，（6）：33–35.

［100］ 葛云瑞，石红兵.延长稻谷储存年限的生产性试验 [J]. 粮油仓储科技通讯，2008，（5）：25–31.

［101］ 谢维治，张奕群，杨雪花.稻谷储藏期间发芽率变化的研究 [J]. 粮食储藏，2008，（1）：47–49.

［102］ 葛云瑞，石红兵，刘小青.北京地区稻谷储藏技术研究 [J]. 粮食流通技术，2009，（2）：21–24.

［103］ 李文辉，陈嘉东，张新府，等.稻谷保鲜储藏技术应用研究 [J]. 粮食储藏，2010，（3）：20–22.

［104］ 陈伊娜，祁正亚，凌育忠，等.优质籼稻保管探索 [J]. 粮油仓储科技通讯，2010，（6）：51–53.

［105］ 赵建华，王若兰，许明辉，等.高大平房仓包装稻谷储存期间品质变化规律研究 [J]. 粮食储藏，2012，（3）：14–17.

［106］ 朱其才，王新，冯为群.重庆地区粳稻谷储藏试验 [J]. 粮油仓储科技通讯，2014，（3）：30–32.

［107］ 冯永健，王双林，刘云花.稻谷储藏安全水分研究 [J]. 粮食储藏，2013，（6）：38–41，45.

［108］ 陈汐，沈银飞.晚粳稻保鲜度夏技术研究 [J]. 粮油仓储科技通讯，2014，（2）：24–26.

［109］ 赵素侠.高水分晚粳稻度夏试验 [J]. 粮油仓储科技通讯，2014，（3）：33–35.

［110］ 王达能，许艳霞，倪小英，等.镉超标稻谷分级储藏研究 [J]. 粮食储藏，2018，（2）：43–47.

［111］ 路茜玉，赵自勉.小麦生理后熟与降氧速率的研究 [J]. 郑州粮食学院学报，1981，（1）：15–22.

［112］ 任永林.小麦种子的发芽生理及芽麦的储藏 [J]. 粮油仓储科技通讯，1989，（6）：47–50.

［113］ 杨来祥，王光，王和祥.自然脱氧储藏小麦 [J]. 粮油仓储科技通讯，1992，（6）：27–28.

［114］ 侯永生，楚见妆.散装小麦储藏技术研究 [J]. 粮食储藏，1993，（2）：32–36.

［115］ 王新田.应用新技术 储藏新小麦 [J]. 粮油仓储科技通讯，1997，（4）：22，24.

[116] 王建文. 常规密闭在稻谷和小麦储藏中的作用 [J]. 粮油仓储科技通讯，2003，（1）：22–24.

[117] 吴兆学，张安华，朱俊岭. 高大平房仓储藏小麦的基本措施 [J]. 粮油仓储科技通讯，2004，（3）：20–23.

[118] 蔡静平. 小麦增湿均匀性对储藏安全性的影响 [C]// 中国粮油学会第三届学术年会论文集（上册）. 北京：中国粮油学会，2004.

[119] 邓兰卿，宋永久，臧波. 较高水分新小麦安全度夏储藏探索 [J]. 粮食流通技术，2005，（4）：23–24.

[120] 吕建华，贾胜利，刘树伦，等. 高水分小麦安全储藏试验 [J]. 粮油仓储科技通讯，2006，（5）：11–13.

[121] 张成，张中. 加拿大红硬小麦保管实践 [J]. 粮油仓储科技通讯，2006，（2）：26–27.

[122] 薛广县. 浅谈关中地区小麦和玉米的安全水分及储存管理 [J]. 粮油仓储科技通讯，2006，（3）：50–52.

[123] 张来林，杨占雷，左永明，等. 不同仓型小麦品质变化研究 [J]. 河南工业大学学报（自然科学版），2008，（6）：26–30，44.

[124] 舒在习. 面粉厂小麦储藏技术 [J]. 粮油加工，2008，（7）：51–53.

[125] 张颜平，朱宗森. 高大平房仓小麦各季降温实验 [J]. 粮油食品科技，2009，（2）：22–23.

[126] 刘朝伟，赵英杰，吕建华. 整仓散装小麦水分调节试验 [J]. 粮油食品科技，2009，（3）：57–59.

[127] 王若兰，夏晨丰. 高筋小麦储藏品质变化的研究 [J]. 现代食品科技，2013，（3）：455–458.

[128] 刘朝伟，吕建华，杜倩，等. 高大平房仓小麦准低温储粮性能研究 [J]. 粮食科技与经济，2014，（5）：47–49.

[129] 宋永令，王若兰，穆垚. 小麦储藏过程中脂质代谢研究 [J]. 河南工业大学学报（自然科学版），2014，（6）：19–24.

[130] 闫保青，刘志麟，罗云飞，等. 高大平房仓低水分小麦降温保水试验 [J]. 粮油仓储科技通讯，2017，（4）：10–13.

[131] 王富强，王明举，刘福兴，等. 新小麦夏季入仓后的安全储存 [J]. 粮油仓储科技通讯，2018，（4）：29–33.

[132] 王惠民，田岩松，马文江，等. 钢板仓通风储藏玉米试验 [J]. 粮食储藏，1991，（6）：3–10.

[133] 杨永拓，王火根. 立筒库散储玉米安全度夏技术初探 [J]. 粮油仓储科技通讯，1999，（4）：29–32.

[134] 刘福保，朱华国，肖学红. 东北玉米在高温高湿地区安全度夏初试 [J]. 粮油仓储科技通讯，1999，（3）：17–18.

[135] 张忠柏，冯以立，陈贤捌，等. 武汉地区玉米安全度夏技术研究 [J]. 粮食储藏，1991，（3）：25–30.

[136] 杨永拓. 新建拱板仓安全储存玉米浅析 [J]. 粮食流通技术，2001，（2）：36–37.

[137] 杨国剑. 南方地区玉米储藏技术研究 [J]. 粮油仓储科技通讯，2002，（4）：28–29.

[138] 王若兰，狄彦芳，王保祥. 房式仓高水分玉米安全储藏研究 [J]. 粮油仓储科技通讯，2002，（2）：13–14.

[139] 何学超，肖学彬，杨军，等. 玉米储存品质控制指标的研究 [J]. 粮食储藏，2004，（3）：46–50.

[140] 倪晓红，刘传云，徐玉斌，等. 粮食储藏调质机对玉米的调质试验 [J]. 粮食与食品工业，2005，（4）：38–41.

[141] 陈明，唐江生，何昌益. 南方玉米储藏实践与探讨 [J]. 粮食储藏，2005，（1）：53–56.

[142] 曹景华，林镇清，于文江，等. 包装玉米长期安全储藏试验 [J]. 粮食储藏，2005，（2）：28–31.

[143] 林镇涛，曹景华，于文江，等. 南方地区玉米储藏保质保鲜的探索 [J]. 粮食科技与经济，2005，（1）：35–36.

［144］张玉荣，周显青，张勇.储存玉米陈化数学模型的建立和机理探讨 [J].河南工业大学学报（自然科学版），2007，（6）：4-8.

［145］李小敏，来钦锋.浅谈浙江地区玉米的安全储藏 [J].粮食流通技术，2007，（1）：27-30.

［146］蒋国斌，梅建峰，张新泉，等.江淮地区散装储藏东北玉米的要点 [J].粮油仓储科技通讯，2008，（6）：13-14.

［147］张来林，李祥利，魏庆伟，等.高水分玉米安全度夏技术试验 [J].粮食加工，2009，（2）：78-80.

［148］黄思华，谢维治，胡建初，等.南方沿海地区高大平房仓玉米安全储藏技术探讨 [J].粮食储藏，2009，（5）：33-35.

［149］周天智，高兴明，刘楚才，等.鄂中地区平房仓东北移库玉米散装储藏技术初探 [J].粮油仓储科技通讯，2010，（2）：53-56.

［150］张颜平，张广林，王效国，等.东北烘干玉米在华东地区的安全储藏 [J].粮油食品科技，2010，（2）：53-55.

［151］刘长生，李群，王德华，等.钢制玉米穗储粮仓设计及使用要点 [J].粮油食品科技，2010，（1）：58-59.

［152］谢维治.南方沿海地区立筒仓玉米安全储藏技术探讨 [J].粮食储藏，2010，（1）：32-35.

［153］李兰芳.玉米储存年限的研究 [J].粮食储藏，2010，（2）：28-32.

［154］杨海涛，唐爱勇，黄国祥，等.玉米常规储藏过夏初探 [J].粮油仓储科技通讯，2011，（4）：55-56.

［155］曹景华，林镇清，安晓鹏，等.南方地区高大平房仓安全储存玉米综合防治探讨 [J].粮油仓储科技通讯，2011，（1）：29-32.

［156］任宏霞，安晓鹏，赖新华，等."回南天"大批量玉米入库安全度夏探索 [J].粮油仓储科技通讯，2011，（3）：10-13.

［157］安西友，刘长荣，崔存清，等.罩棚内围包堆垛玉米散存试验研究 [J].粮油食品科技，2012，（2）：46-49.

［158］刘蕚华，周健，张重咏.浅谈玉米特性与安全储藏技术 [J].粮食流通技术，2012，（4）：27-29.

［159］顾祥明，何岩.高大平房仓玉米储藏温度的研究 [J].粮食储藏，2012，（4）：19-23.

［160］朱京立，李兆岭，李健雅，等.华北地区玉米储存管理工艺研究 [J].粮油仓储科技通讯，2012，（3）：20-21.

［161］林锦彬.玉米保管除湿降水试验 [J].粮油仓储科技通讯，2013，（4）：12-15.

［162］李岩，蔡学军，张来林，等.高温高湿地区偏高水分玉米的筒仓储藏试验 [J].粮食与饲料工业，2013，（9）：14-17，21.

［163］吴芳，李宝玲，李月，等.25℃条件下不同水分玉米对储藏环境中气体浓度变化的影响研究 [J].粮食储藏，2014，（5）：1-7.

［164］刘炳欣，张茂广.玉米度夏保管试验 [J].粮油仓储科技通讯，2015，（2）：22-25.

［165］曹俊，陈银基，蒋伟鑫，等.玉米水分控制与储藏技术 [J].粮油仓储科技通讯，2015，（4）：13-19.

［166］黄之斌，张学良，尹航标，等.高大平房仓中玉米高温度夏措施研究 [J].粮油仓储科技通讯，2015，（2）：8-9，19.

［167］冷本好，闵炎芳，李孟泽，等.不同压盖方式对高大平房仓度夏散存玉米粮情的影响 [J].粮油仓储科技通讯，2016，（2）：17-21，30.

［168］ 渠琛玲，刘畅，王红亮，等 . 粮食储藏过程中快速检测技术的应用 [J]. 粮食与油脂，2017，（8）:1-3.

［169］ 徐大义，于金涛 . 浅谈中温干燥储粮区如何安全储存烘干玉米 [J]. 粮油仓储科技通讯，2018,（6）:8-11.

［170］ 万世杰，刘小景，崔杰，等 . 偏高水分玉米入仓与安全储藏的探讨 [J]. 粮油仓储科技通讯，2018，（3）:54-56.

［171］ 曹毅，崔国华 . 大豆安全储藏技术综述 [J]. 粮食储藏，2005，（3）:17-23.

［172］ 黄金根，舒满夫，杨岳贤，等 . 南方高温高湿地区高大平房仓散装储存大豆 [J]. 粮食储藏，2007，（1）:23-25.

［173］ 严梅，刘天德 . 大豆安全储藏初探 [J]. 粮油食品科技，2007，（2）:23-24.

［174］ 王若兰，李浩杰，孙中磊，等 .LOX 酶缺失大豆新品种耐储藏特性的研究 [J]. 粮食储藏，2008，（3）:34-38.

［175］ 孙小平，朱洪铭，陈鹏，等 . 大豆原料仓及粕料仓 MES 控制模式探讨与实践 [J]. 粮食与食品工业，2009，（4）:38-41.

［176］ 张永君，韩伟 . 大豆安全储藏的应用技术 [J]. 粮食与食品工业，2010，（5）:48-50.

［177］ 刘朝伟，吕建华，乔惠君 . 大豆常温安全储藏应用技术研究 [J]. 粮食科技与经济，2012，（4）:32-34.

［178］ 李岩，蔡学军，张来林，等 . 高温高湿地区不同水分大豆度夏保管方法的研究 [J]. 粮油食品科技，2013，（6）:116-119.

［179］ 朱京立，孙立莉，王光明，等 . 准低温条件下大豆安全储藏模式探讨 [J]. 粮油仓储科技通讯，2013，（4）:20-23.

［180］ 刘俊明，张元孝，金峰昌 . 北方沿海地区大豆储藏技术探讨 [J]. 粮油仓储科技通讯，2015，（3）:52-54.

［181］ 胥建，罗家兵，杨天明，等 . 大豆储藏浅析 [J]. 粮油仓储科技通讯，2016，（4）:51-53.

［182］ 蒋金安，翟继忠 . 实现大豆安全储藏的六个要点 [J]. 粮油仓储科技通讯，2016，（2）:33-34.

［183］ 张颜平，王汉强，周庆刚，等 . 鲁东南地区安全储存进口大豆的工艺研究 [J]. 粮油仓储科技通讯，2016，（1）:27-30.

［184］ 杨海民，刘玉东，王鹏，等 . 利用相邻低温仓"冷源"处理夏季高温高湿大豆 [J]. 粮油仓储科技通讯，2017，（5）:10-13.

［185］ 江党生，陈基彬，莫代亮，等 . 南方地区高大平房仓进口大豆安全储藏技术研究 [J]. 粮食储藏，2019，（6）:11-15.

［186］ 黄德鹏，赵同海 . 糙米安全储藏试验报告 [J]. 郑州粮食学院学报，1990，（1）:96-103.

［187］ 徐德才，熊鹤鸣，任国兴 . 糙米常温储藏性能研究 [J]. 郑州粮食学院学报，1993，（4）:72-75.

［188］ 王若兰，田书普，谭永清 . 不同储藏条件下糙米保鲜效果的研究 [J]. 郑州粮食学院学报，2001，（2）:31-34.

［189］ 谢宏，李新华，王帅 . 不同气体条件对糙米储藏效果影响的研究 [J]. 粮油加工，2007，（4）:61-63.

［190］ 皱强，刘建伟，魏西根，等 . 糙米储藏过程中表面颜色变化的研究 [J]. 粮食储藏，2007，（2）:34-39.

［191］ 李宏洋，王若兰，胡连荣 . 不同储藏条件下糙米品质变化研究 [J]. 粮食储藏，2007，（4）:38-41.

［192］ 李琛 . 危害分析与关键控制点,（HACCP）体系在糙米低温储藏中应用研究 [J]. 粮食储藏,2011,（1）:4-6.

［193］ 杨牧，石红兵，惠春光，等 . 糙米准低温实仓储存试验研究 [J]. 粮食储藏，2012，（5）:25-28.

［194］ 包金阳，孙辉，陆启玉，等 . 糙米储藏表面形态与胚乳结构的变化 [J]. 粮油食品科技，2012，（6）:1-5.

［195］ 包金阳，孙辉，陆启玉，等.糙米储藏过程中外观和品质变化的研究 [J]. 粮油食品科技，2013，（2）：53–56.

［196］ 张玉荣，王亚军，贾少英，等.糙米储藏过程中蒸煮品质及质构特性变化研究 [J]. 粮食与饲料工业，2014，（1）：1–6.

［197］ 付仲泉.使用低浓度磷化氢间熏蒸大米保鲜效果初探 [J]. 粮油仓储科技通讯，1989，（2）：30–39.

［198］ 上海市粮食储运公司.大米储藏 [J]. 粮油仓储科技通讯，1991，（Z2）：23–26.

［199］ 广州市粮食局储运处.六面密闭结合缓释熏蒸保藏大米 [J]. 粮油仓储科技通讯，1991，（Z2）：81–82.

［200］ 赵连印，王春元，陈金海，等.含水量16%以上大米的双低储藏试验报告（摘要）[J]. 粮油仓储科技通讯，1992，（4）：23–25.

［201］ 谷德忠.气垫覆盖储藏大米的试验总结 [J]. 粮油仓储科技通讯，1998，（4）：13–14，18.

［202］ 于秀荣，赵思孟，安红周，等.大米过夏的准低温储藏 [J]. 粮食流通技术，1999，（2）：23–25.

［203］ 谢志毅，汤镇加，嵇慈华，等.常温仓储储藏大米保鲜技术研究 [J]. 粮油仓储科技通讯，2001，（3）：19–22.

［204］ 刘建伟，张萃明，包清彬.大米的薄膜袋小包装储藏形态研究 [J]. 粮食储藏，2002，（5）：26–29.

［205］ 盛宏达.大米保鲜剂研究 [J]. 粮油加工与食品机械，2005，（11）：3.

［206］ 王正刚，周望岩.大米保鲜技术研究进展 [J]. 粮食与食品工业，2005，（3）：1–3.

［207］ 李益良，潘朝松，江欣，等.小包装优质鲜米品质变化及保鲜期的研究 [J]. 粮食储藏，2005，（1）：31–37.

［208］ 程启芬.温度露置时间及水分含量对大米色泽和黏度的影响 [J]. 粮食与食品工业，2006，（3）：20–23.

［209］ 杨振东.大米储藏保鲜技术研究进展 [J]. 粮食与油脂，2009，（10）：1–4.

［210］ 曲春阳，刘鹏，屠康正.大米储藏保鲜技术现状及研究进展 [J]. 粮食储藏，2009，（3）：22–26.

［211］ 邱玲丽.大米储藏保管技术措施的探讨 [J]. 粮食流通技术，2009，（1）：43–44.

［212］ 文浩刚，徐明娟，郭伟民，等.南方地区优质大米准低温储藏试验 [J]. 粮油仓储科技通讯，2010，（5）：13–15.

［213］ 张玉荣，马记红，伦利芳，等.真空包装解封后大米储藏品质变化研究 [J]. 粮油食品科技，2013，（6）：111–115.

［214］ 吴艳丽，潘丽爱.大米保鲜及储藏技术的研究进展 [J]. 农业机械，2013，（29）：59–63.

［215］ 周显清，伦利芳，张玉荣，等.大米储藏与包装的技术研究进展 [J]. 粮油食品科技，2013，（2）：71–75.

［216］ 李会新，易平炎，张水生，等.小麦粉不同储藏方法度夏的研究 [J]. 武汉粮食工业学院学报，1991，（1）：41–44.

［217］ 袁健，宋佳，鞠兴荣，等.小麦粉储藏期间水分变化规律的探讨 [J]. 粮食储藏，2009，（6）：39–42.

［218］ 谭晓燕，国娜.浅析小麦面粉储藏技术 [J]. 黑龙江粮食，2011，（6）：44–47.

［219］ 王若兰，李守星，徐卫星，等.中筋小麦粉不同储藏技术的效果研究 [J]. 河南工业大学学报（自然科学版），2012，（2）：6–10.

［220］ 王若兰，李守星，陈英明，等.高筋小麦粉储藏技术的研究 [J]. 粮食与饲料工业，2012，（4）：15–18，22.

［221］ 钟建军，吕建华，谢更祥，等.不同储藏方式对小麦粉水分、脂肪酸值和白度的影响 [J]. 粮食与饲料工业，2013，（2）：13–15，25.

［222］靳祖训.储藏甘薯窖型 [J]. 粮食科学技术通讯，1958，（2）.

［223］靳祖训.如何储藏甘薯 [J]. 粮食科学技术通讯，1958，（2）.

［224］靳祖训.席老大爷四十年储藏甘薯的经验 [J]. 粮食科学技术通讯，1958，（2）.

［225］靳祖训.甘薯储藏窖型 [M]. 北京：财政经济出版社，1958.

［226］关延生.薯类储藏 [M]. 北京：农业出版社，1958.

［227］陈希凯.山东甘薯储藏问题 [J]. 粮食科学技术通讯，1958，（1）.

［228］靳祖训.薯类储藏 [M]. 北京：轻工业出版社，1959.

［229］中国人民大学农业技术学教研室.甘薯储藏 [M]. 北京：中国人民大学出版社，1959.

［230］靳祖训.如何储藏甘薯，（续）[J]. 粮食科学技术通讯，1959，（1）.

［231］靳祖训，郝耀山.华北地区马铃薯储藏情况调查报告 [J]. 粮食科学技术通讯，1959，（10）.

［232］湖北省粮食厅科研室，湖北英山县粮食局.甘薯库藏试验报告 [J]. 粮食科学技术通讯，1959，（11）.

［233］王成俊.马铃薯长期安全储藏的一种方法 [J]. 粮食科学技术通讯，1959，（11）.

［234］路茜玉.甘薯储藏生理概述 [J]. 生物学通报，1962，（5）：11–13.

［235］浙江省粮食科学研究所.应用抗菌剂 401 保藏鲜甘薯防霉防烂的研究报告 [J]. 粮食科学技术通讯，1965，（2）.

［236］上海市粮食科学研究所.应用抗菌剂 401 防止甘薯在储藏和运输途中霉烂的研究报告 [J]. 粮食科学技术通讯，1965，（2）.

［237］李克裕，陈宪明.应用抗菌剂 401 防治甘薯储藏期间主要病害的试验报告 [J]. 粮食科学技术通讯，1965，（2）.

［238］赵同芳.抗菌剂 401 对甘薯生理代谢的影响和提高抗病能力 [J]. 粮食科学技术通讯，1965，（2）.

［239］浙江省余杭县粮食局，杭州市粮食局，粮食部南京粮食学校，等.示范推广抗菌剂 401 保藏种用与食用甘薯防止腐烂的效果和抗菌剂不同剂量的制菌作用 [J]. 粮食科学技术通讯，1965，（2）.

［240］浙江省余杭县粮食局.应用抗菌剂 401 处理鲜甘薯的生产性储藏技术总结 [J]. 粮食科学技术通讯，1965，（2）.

［241］浙江省粮食厅.抗菌剂 401 处理鲜甘薯操作方法 [J]. 粮食科学技术通讯，1965，（2）.

［242］四川省遂宁县科学技术协会，遂宁县粮食局.二硫化碳熏蒸防治甘薯黑斑病的初步试验 [J]. 粮油科技通讯，1966，（4–5）.

［243］四川省遂宁县科学技术协会，四川省农业厅，四川省粮食厅.用控制温度的办法防治窖藏期甘薯病烂 [J]. 粮油科技通讯，1968，（4）.

［244］商业部四川粮食储藏科学研究所.磷化钙防治窖藏红苕黑斑病试验 [J]. 四川粮油科技，1972，（3）.

［245］四川省仁寿县粮食局，四川省仁寿县文公区粮站，商业部四川粮食储藏科学研究所.二硫化碳防治红苕储藏病害的研究 [J]. 四川粮油科技，1973，（2）.

［246］郑州粮食学院粮油储藏专业粮油储藏教研组.红薯大屋窖储藏的调查研究 [J]. 粮油科技，1974，（1）.

［247］商业部四川粮食储藏科学研究所，四川省三台县粮食局，四川省绵阳地区粮食局.苯雷特防治红苕黑斑病试验报告 [J]. 四川粮油科技，1975，（3）：7–14.

［248］四川省绵阳地区粮食局，商业部四川粮食储藏科学研究所.多菌灵防治红苕黑斑病的试验报告 [J]. 四川粮油科技，1976，（1）：20–29.

［249］四川省资阳县中和粮站.甲乙基托布津杀菌剂保管红苕的试验 [J]. 四川粮油科技，1976，（1）：30-33.

［250］金一生.马铃薯毒素的去毒及测定 [J]. 四川粮油科技，1978，（3）：31.

［251］冯士怀.红薯保管的成功方法：露天泥堆 [J]. 粮食储藏，1979，（4）：21-24.

［252］冯淑忠.多菌灵在窖藏鲜薯上的残留 [J]. 粮食储藏，1980，（2）：37-40.

［253］路茜玉，熊易强.甘薯储藏期间的冷害研究 [J]. 郑州粮食学院学报，1980，（1）：55-60.

［254］四川省粮油储运公司."甘薯小平温窖"技术的研究和应用 [C]// 第三次全国粮油储藏学术会文选.成都：全国粮油储藏科技情报中心站，商业部四川粮食储藏科学研究所，1984.

［255］仇志荣，陆美英.薯类储藏与综合利用 [M]. 北京：金盾出版社，1987.

［256］沈亨理，张庆恩，朱玉铎，等.玉米饲用栽培产量与品质变化的研究报告 [M]. 长春：中国农业科学院辽宁分院，1965.

［257］殷蔚申，张耀东，吴小荣.储藏饲料的霉变与品质变化 [J]. 郑州粮食学院学报，1989，（4）：26-33.

［258］王永昌.饲料的安全储藏 [J]. 粮食与食品工业，2006，（3）：42-46.

［259］李乡状.饲料的选购与储藏 [M]. 哈尔滨：黑龙江教育出版社，2010.

第三节　不同仓型储粮技术研究

［260］唐承禄.浅谈"高仓热入粮冷密闭" [J]. 粮油仓储科技通讯，1997，（2）：23.

［261］赵增华，陈以中，李少清.新型彩板钢顶高大平房仓储粮的初步探讨 [J]. 粮油仓储科技通讯，2001，（2）：41-42.

［262］蒋宗伦，周兴明.如何科学合理利用高大平房仓储粮 [J]. 粮油仓储科技通讯，2001，（1）：11-12.

［263］夏宝莹，汪新龙.高大平房仓堆粮高度的探讨 [J]. 粮食储藏，2002，（6）：46-48.

［264］王宗华，姜汉东，陈占玉，等.高大房式仓粮面压盖隔热试验 [J]. 粮食储藏，2002，（3）：35-37.

［265］袁小平，艾绍滋.低温密闭技术在高大平房仓中的应用 [J]. 粮油仓储科技通讯，2002，（6）：10-11.

［266］李东光.彩钢板顶高大平房仓储粮初探 [J]. 粮油仓储科技通讯，2002，（3）：28-30.

［267］邹贻芳，刘福保，司永寿.高大平房仓陈粮轮换的探讨 [J]. 粮食科技与经济，2002，（4）：44-45.

［268］郑强，蔡尚智.对高大平房仓储存包装粮的探索 [J]. 粮油仓储科技通讯，2002，（3）：26-27.

［269］陈和争.高大平房仓绿色储粮技术研究 [J]. 粮食储藏，2003，（1）：32-33，35.

［270］徐博善，黄宗伟.高大平房仓"三温"变化规律与安全储粮初探 [J]. 粮食储藏，2003，（6）：52-54.

［271］朱安定.浅谈高大平房仓"热皮冷心"现象与安全储粮 [J]. 粮食流通技术，2004，（3）：17-18.

［272］马万镇，谢明财.新建高大平房仓的"三温"年变化规律研究 [J]. 粮食流通技术，2005，（3）：27-30.

［273］胡德新，钟俊伟，李彝平.高大平房仓稻谷储藏品质变化规律的探讨 [J]. 粮食储藏，2005，（5）：29-31.

［274］胡向阳，邓庆.影响新建高大平房仓储粮因素的探讨 [J]. 粮油仓储科技通讯，2005，（1）：55-56.

［275］张春贵，刘学军，郭景柱，等.鲁西地区高大平房仓粮温变化规律研究 [J]. 粮食储藏，2006，（5）：26-28.

［276］谢维治.对高大平房仓安全储粮的思考 [J]. 粮油仓储科技通讯，2006，（5）：55-56.

［277］吴秀仕，孙希春，蒋金安，等.高大平房仓隔热密闭无药保粮试验 [J]. 粮食储藏，2006，（2）：40-42.

［278］朱宗森，陈明锋，蒋金安.高大平房仓储粮周期害虫防治措施 [J]. 粮油食品科技，2006，（3）：12-13.

［279］崔晋波，邓永学，王进军，等.高大平房仓散装稻谷储粮害虫年消长动态研究 [J]. 粮食储藏，2007，（3）：3-7.

［280］ 黄金根,舒满夫,杨岳贤,等.南方高温高湿地区高大平房仓散装储存大豆 [J].粮食储藏,2007,（1）：23-25.

［281］ 郑刚,李志民,孙立君,等.东北地区高大平房仓储粮工艺研究 [J].粮油食品科技,2007,（3）：21-23,26.

［282］ 谷玉有,张来林,史钢强.东北地区不同仓型储粮特性研究 [J].粮食科技与经济,2008,（6）：38-43.

［283］ 李甲戌,张慧民,连红旗,等.高大平房仓在储小麦管理与技术综合应用分析 [J].粮油仓储科技通讯,2008,（3）：19-22.

［284］ 张海波,郭志刚,齐俊刚,等.高大平房仓常年塑料薄膜密闭安全储粮探讨 [J].粮油仓储科技通讯,2009,（5）：53-56.

［285］ 黄思华,谢维治,胡建初,等.南方沿海地区高大平房仓玉米安全储藏技术探讨 [J].粮食储藏,2009,（5）：33-35.

［286］ 郑振堂,刘忠强,陈明峰,等.高大平房仓分段通风降温降水生产试验 [J].粮油食品科技,2009,（3）：54-56.

［287］ 唐同海,蒋世勤,唐力,等.密闭材料对高大平房仓稻谷控温储藏的影响 [J].粮油食品科技,2009,（2）：24-25.

［288］ 王兰花.浅谈高大平房仓粮食发热的预防与处理 [J].粮食流通技术,2009,（1）：25-27.

［289］ 张振声,宋景才,宋立山,等.新型高大平房仓高水分玉米控温储粮试验 [J].粮油仓储科技通讯,2010,（5）：25-27.

［290］ 邹江汉,徐合斌,陈平,等.高大平房仓粮堆"冷源"在南方高温季节降低上层粮温试验初探 [J].粮油仓储科技通讯,2011,（1）：52-53.

［291］ 安西友,刘长荣,周士清,等.高大平房仓大豆安全储藏技术探讨 [J].粮食流通技术,2011,（6）：22-25.

［292］ 黄志宏,林春华.广东地区高大平房仓控温储粮试验研究 [J].粮食储藏,2011,（1）：16-18.

［293］ 安西友,李燕羽,刘长荣,等.高大平房仓大豆安全储存试验研究 [J].粮油食品科技,2012,（4）：47-50.

［294］ 赵建民,王若兰,许明辉,等.高大平房仓包装稻谷储存期间品质变化规律研究 [J].粮食储藏,2012,（3）：14-17.

［295］ 陆耕林,严忠军,王小林,等.高大平房仓散装大豆高湿度条件通风试验研究 [J].粮油食品科技,2012,（3）：57-59.

［296］ 刘文生,张建光,荣士杰.高大平房仓压盖储存稻谷技术的探讨 [J].黑龙江粮食,2012,（1）：37-39.

［297］ 黄文斌,张学良,王小林,等.高大平房仓局部粮堆对外温的敏感度研究 [J].粮油仓储科技通讯,2014,（3）：22-24.

［298］ 王希仁,王志武,许中华,等.辽北地区高大平房仓安全储藏稻谷技术 [J].粮油仓储科技通讯,2015,（3）：25-27.

［299］ 宋锋,许哲华,雷彬,等.高大平房仓优质稻谷储藏技术应用研究 [J].粮油仓储科技通讯,2016,（1）：22-26,30.

［300］ 刘朝伟,吕建华.高大平房仓夏季入库小麦的安全储藏技术研究 [J].粮食与食品工业,2016,（5）：51-54.

[301] 吴宝明,高永生,李胜盛,等.对高大平房仓结构及储藏工艺建设的几点建议 [J]. 粮油仓储科技通讯,2017,（1）：45-48.

[302] 隋明波.高大平房仓安全储存偏高水分小麦试验 [J]. 粮油仓储科技通讯,2018,（1）：21-22.

[303] 王荣雪,杨正源,寇林,等.高大平房仓稻谷粮层霉菌、脂肪酸值和水分差异性研究 [J]. 粮食储藏,2018,（4）：24-26,30.

[304] 王士臣,李树欢.仓房保温密闭技术在高大平房仓储粮中的应用 [J]. 粮食储藏,2019,（5）：20-22.

[305] 李晓亮,董德良,卢献礼,等.超高大平房仓出入仓模式现状调研与分析 [J]. 粮油仓储科技通讯,2019,（2）：9-11,33.

[306] 韩明涛.浅圆仓的储粮特性及改进方法 [J]. 粮油仓储科技通讯,2000,（3）：22-23.

[307] 王志刚,张自强,曹殿云,等.浅圆仓储粮实践 [J]. 粮油仓储科技通讯,2001,（6）：11-13.

[308] 叶丹英,王大枚,钟六华,等.浅圆仓储粮害虫发生和分布的初步研究 [J]. 粮食储藏,2001,（6）：10-14.

[309] 廖江明,罗柏流,钟六华,等.浅圆仓储粮水分变化初探 [J]. 粮油仓储科技通讯,2001,（4）：18-20,43.

[310] 田书普,王若兰,谭叶,等.浅圆仓通风储粮技术研究 [J]. 粮食流通技术,2001,（4）：32-37.

[311] 刘蕚华,姜光明,秦西明.浅圆仓储粮害虫的防治方法 [J]. 粮食流通技术,2002,（6）：32-34.

[312] 王永刚,陈艺.钢板仓储粮技术状况 [J]. 粮食流通技术,2002,（3）：22-23.

[313] 梁永记.浅圆仓储粮存在问题及整改措施 [J]. 粮油食品科技,2002,（3）：21-23.

[314] 沈宗海.浅圆仓储粮存在问题与改进建议 [J]. 粮食流通技术,2003,（3）：36-37,43.

[315] 李宗良,卢献礼.西南地区浅圆仓储粮特性研究 [J]. 粮食储藏,2004,（2）：25-28,31.

[316] 刘严成,张吉利.浅圆仓安全储粮几个问题的探讨 [J]. 粮食储藏,2004,（1）：54-56.

[317] 史钢强,陈福清.浅圆仓安全储粮技术探讨 [J]. 粮食储藏,2004,（2）：55-56.

[318] 农业康,苏进精,黄呈安,等.浅圆仓顶自动喷水降温试验 [J]. 粮食储藏,2006,（3）：24-25.

[319] 汪海鹏,刘洋,金梅,等.浅圆仓安全储粮研究现状与发展趋势 [J]. 粮食储藏,2008,（6）：27-31.

[320] 李林杰,庄泽敏.华南地区浅圆仓控温气调储粮技术应用新思路 [J]. 粮食流通技术,2009,（4）：22-25,51.

[321] 翁胜通,李林杰,段新强.华南地区浅圆仓大豆发热的预防及应对手段 [J]. 粮油仓储科技通讯,2011,（3）：24-25.

[322] 乔占民,张冉,王保祥,等.浅圆仓储粮的技术实践及问题探讨 [J]. 粮食流通技术,2012,（6）：20-22.

[323] 袁小平.浅圆仓作业安全隐患分析及其治理措施 [J]. 粮食储藏,2013,（1）：21-25.

[324] 马六十.浅圆仓"热皮冷芯"粮堆多点常缓施药试验 [J]. 粮食储藏,2014,（2）：18-20.

[325] 吴建民,何志瑾,李兰芳,等.浅圆仓安全储粮探析 [J]. 粮油仓储科技通讯,2014,（3）：25-27.

[326] 杜建光,李浩杰,李玉东,等.浅圆仓夏季冷心环流试验 [J]. 粮食储藏,2014,（5）：17-20.

[327] 张鹏,刘鹏.影响彩钢板浅圆仓储粮因素的探讨 [J]. 粮油仓储科技通讯,2015,（3）：55-56.

[328] 宋卫军,王世伟,雷永福,等.大型浅圆仓储存稻谷设施改造 [J]. 粮油仓储科技通讯,2017,（5）：47-48.

[329] 唐建伟,林海红,曹跃军,等.浅圆仓不同储粮品种储藏工艺探索 [J]. 粮油仓储科技通讯,2017,（6）：18-20,25.

［330］张自升，宋卫军，雷永福，等.大型浅圆仓储存粳稻［J］.粮油仓储科技通讯，2017，（4）：14-17，22.

［331］马爱江，张志愿，邱辉，等.浅圆仓大豆内环流均温试验研究［J］.粮油仓储科技通讯，2018，（1）：17-20.

［332］杨海民，刘玉东，王鹏，等.浅圆仓储存进口大豆期间温度变化规律的探索［J］.粮食储藏，2018，（2）：14-18，22.

［333］刘朝伟，吕建华，杨冰.利用浅圆仓安全储藏小麦过程中技术应用分析［J］.粮食储藏，2018，（6）：7-10，54.

［334］施国伟，庄泽敏，向征，等.华南地区浅圆仓控温储粮应用新工艺［J］.粮食储藏，2018，（6）：25-30.

［335］李守星，张自升，卢兴稳，等.大型浅圆仓粳稻安全储粮试验［J］.粮油仓储科技通讯，2018，（1）：26-30.

［336］董彩莉，李小青.浅圆仓安全储粮应用技术［J］.粮油仓储科技通讯，2018，（3）：21-25.

［337］谢维治，赵磊，李松伟.第七储粮生态区浅圆仓早籼稻安全储存试验［J］.粮食储藏，2019，（6）：4-10.

［338］刘进吉，王殿轩，谢维治，等.高粮堆浅圆仓储存小麦的粮温变化研究［J］.粮食储藏，2019，（1）：4-10.

［339］蔡育池，许国川，李卓，等.东南沿海浅圆仓储粮技术集成研究［J］.粮食储藏，2019，（4）：14-18.

［340］杨尽国，林田明，杨宝福，等.东北地区钢板浅圆仓安全储粮技术［J］.粮油仓储科技通讯，2019，（1）：9-13.

［341］卢全祥，林金火，张孟华，等.浅圆仓储存稻谷安全度夏试验［J］.粮油仓储科技通讯，2019，（3）：17-19，22.

［342］嵇美华，邵光明.常规房式仓控温密闭储藏技术的综合应用［J］.粮油仓储科技通讯，2001，（1）：7-10.

［343］程兰萍，白旭光，陈世可.新型平房仓"三温"年变化规律的研究［J］.郑州工程学院学报，2002，（1）：23-27，35.

［344］胡宏明.压盖密闭储粮技术在平房仓中的应用［J］.粮油仓储科技通讯，2002，（3）：12-14.

［345］李志民，赵海双.东北地区平房仓储粮水分变化研究［J］.粮油仓储科技通讯，2003，（4）：17-18.

［346］于自生，胡群，乔文传.旧式平房仓储粮性能改造［J］.粮食储藏，2003，（1）：50-53.

［347］郑瑞文，朱迈禄，陈斌.南方普通平房仓保管黄豆方式的探索［J］.粮油仓储科技通讯，2004，（2）：25-26.

［348］邵同永，陈文平."苏式"仓存储中央储备粮探究［J］.粮油仓储科技通讯，2006，（4）：42-44.

［349］黄雄伟，蔡庸加，许建华，等.折线型屋架平房仓不同部位温度变化研究［J］.粮食储藏，2006，（5）：29-32.

［350］李伟，霍印君，王晓丽，等.平房仓、浅圆仓和立筒仓储粮性能探讨［J］.粮食储藏，2006，（5）：33-35.

［351］罗中文，黄志俊，贺德齐，等.普通房式仓优质稻谷保鲜生产性试验报告［J］.粮油仓储科技通讯，2006，（4）：40-41.

［352］胡辉林，孙燕，蒋维新，等.楼房仓夏季储粮及品质分析［J］.粮油仓储科技通讯，2006，（3）：27，29.

［353］孟永青，朱惠勇，李士涛，等.散装彩板房式仓储粮技术研究［J］.粮食流通技术，2008，（6）：24-27.

［354］肖大成，李志凡，潘杰君.高大拱板房式仓降温储粮探索［J］.粮油仓储科技通讯，2008，（4）：16-17，22.

［355］程四相，徐玉斌.传统平房仓低温储粮技术改造实践［J］.粮食与食品工业，2009，（3）：46-49.

［356］周天智，高兴明，刘楚才，等.鄂中地区平房仓东北移库玉米散装储藏技术初探[J].粮油仓储科技通讯，2010，（6）：53-56.

［357］赫振方，赵玉霞，曹阳，等.平房仓粮堆温度时空分布的基本统计特征分析[J].粮食储藏，2010，（4）：15-20.

［358］于文江，陈伊娜，罗中文，等.百年老仓包打围散装玉米机械通风降温试验[J].粮油仓储科技通讯，2010，（5）：16-18.

［359］赵兴元，王朝勇，何志明.折线平房仓低碳储粮技术的应用[J].粮油仓储科技通讯，2011，（4）：24，27.

［360］沈银飞，许金毛，吴掌荣，等.普通房式仓气密性改造方法与效果[J].粮食科技与经济，2011，（6）：35-37.

［361］李祥利，王双凤，王远成.房式仓粮堆温度和水分变化的模拟研究[J].粮油食品科技，2012，（3）：53-56.

［362］陈传国，王道华，任宏.房式仓利用粮堆"冷源"均衡粮温度夏试验[J].粮油仓储科技通讯，2012，（5）：13-15.

［363］李应祥，卢章明，刘溪，等.楼房仓改变仓储堆放模式储藏稻谷保质保鲜的探讨[J].粮食储藏，2012，（2）：53-56.

［364］王金奎，丁团结，杨全德.平房仓粮堆温度变化规律研究与应用[J].粮食储藏，2013，（4）：15-18.

［365］黄志军，刘林生，沈波，等.老式拱板房式仓仓储性能改造技术[J].粮油食品科技，2014，（5）：108-110.

［366］汤杰，刘连双，邹享兵，等.拱板平房仓屋面反光控温储粮试验[J].粮油仓储科技通讯，2014，（5）：18-20.

［367］范建勇，范帅通.不同储粮技术组合在平房仓中的应用与对比分析[J].粮油仓储科技通讯，2015，（3）：13-16，21.

［368］黄昕，陈基彬，莫代亮，等.南方房式仓内环流均温均水技术研究[J].粮油仓储科技通讯，2017，（5）：6-9.

［369］彭明文，刘向阳，柳鑫.平房仓稻谷浅层地能空间补冷准低温储藏试验[J].粮油仓储科技通讯，2018，（1）：26-30.

［370］金路，张思根，陈永根，等.平房仓磷化氢熏蒸尾气处理与气体成分分析[J].粮食储藏，2018，（2）：19-22.

［371］程永仙，金路，陈永根，等.平房仓稻谷保质保鲜储存工艺研究[J].粮食储藏，2018，（3）：1-6.

［372］冯平，闫哲，刘敬伟，等.平房仓准低温储存稻谷试验[J].粮油仓储科技通讯，2018，（2）：17-18，21.

［373］蔡殿选.谷物筒仓中储藏物的偏析和固结[J].粮食储藏，1989，（1）：27-32.

［374］贺瑞谛.立筒库群粮温变化规律初探[J].粮食储藏，1989，（3）：15-20.

［375］陈碧祥.立筒仓散装小麦底层固结的探讨[J].粮食储藏，1991，（5）：17-20.

［376］王惠民，曲海，李雪冬，等.烘后玉米钢板仓通风储藏试验[J].粮食储藏，1993，（4）：13-17.

［377］张承光.立筒仓安全储粮的条件探讨[J].粮食储藏，1995，（5）：52-55.

［378］刘忠和，陈福民，夏青文，等.钢板筒仓储藏黄玉米试验报告[J].粮食储藏，1995，（4）：31-34.

［379］刘尚卫，李天文，戴合彬，等．圆形活动筒仓储粮技术研究 [J]．粮食储藏，1995，（4）：27-30．

［380］胡健，周景星，余平，等．我国立筒仓储粮工艺的现状与发展 [J]．郑州粮食学院学报，1997，（2）：8．

［381］李明发，高扬都，徐亮，等．大型钢板仓机械通风降温系统的设计与使用 [J]．粮油食品科技，1997，（5）：2．

［382］张会军．新建钢筋混凝土立筒仓的储粮 [J]．粮食储藏，1999，（4）：44-47．

［383］张来林，李超彬，王金水，等．粮食筒仓的通风降温系统 [J]．粮油仓储科技通讯，1999，（1）：10-13．

［384］赵增华，龙津良，赵思孟，等．立筒仓新型气密材料及气密技术的研究 [J]．粮食储藏，2000，（6）：25-29．

［385］杨永拓，王火根．南方立筒库散储玉米安全度夏技术应用初探 [J]．粮食流通技术，2000，（3）：30-33．

［386］张友春．粮食立筒仓通风工艺设计及应用 [J]．粮食流通技术，2000，（6）：19-24．

［387］刘红如，王瑞金，张冉，等．立筒仓长期储粮温湿度检测试验研究 [J]．粮食流通技术，2001，（4）：26-27，31．

［388］李国长，乔占民，白玉兴，等．钢筋砼立筒仓两种施药方法熏蒸效果的比较 [J]．郑州工程学院学报，2002，（4）：32-35．

［389］李国长，乔占民，李彪，等．钢筋砼立筒仓机械通风储粮技术研究 [J]．郑州工程学院学报，2003，（3）：37-40．

［390］李国长，乔占民，张冉，等．钢筋混凝土立筒仓安全储粮技术管理 [J]．粮食流通技术，2003，（2）：29-31．

［391］束旭强，姚霞菁．高大彩钢板仓储粮技术探讨 [J]．粮食储藏，2003，（3）：55-56．

［392］张会民．密闭隔热通风降温对立筒仓安全储粮的作用 [J]．粮食流通技术，2004，（6）：26-28．

［393］李宗良，卢献礼．西南地区浅圆仓储粮特性研究 [J]．粮食储藏，2004，（2）：25-28，31．

［394］张会民．通风隔热对立筒仓安全储粮的作用 [J]．粮食储藏，2005，（2）：25-27．

［395］司永芝，刘凯霞，李彪，等．大型立筒仓，（15000t）长期储粮综合性能试验研究 [J]．粮食流通技术，2005，（2）：24-26．

［396］雷从林．立筒库储粮两种特色防治方法的实例浅析 [J]．粮油仓储科技通讯，2005，（4）：36-38．

［397］姚寿齐，杨群益．筒仓长期储粮试验报告 [J]．粮食储藏，2006，（2）：33-34，37．

［398］李伟，霍印君，王晓丽，等．平房仓、浅圆仓和立筒仓储粮性能探讨 [J]．粮食储藏，2006，（5）：33-35．

［399］张初阳．立筒仓储粮出现的若干问题及处理 [J]．粮食流通技术，2007，（6）：27-28，40．

［400］蒋桂军．粮食钢板筒仓工艺设计心得 [J]．粮油食品科技，2007，（增刊）．

［401］张虎，侯业茂．粮食立筒仓的静电防治 [J]．粮食流通技术，2007，（2）：38-39．

［402］张友春．谈我国钢板筒仓的储粮性能 [J]．粮油食品科技，2008，（1）：14-18．

［403］刘廷瑜，何宇．肋形双壁钢板筒仓在储粮中的应用 [J]．粮油食品科技，2010，（3）：57-58．

［404］李青松，孙雄星．粮食钢板筒仓的发展现状和工艺设备 [J]．粮食与食品工业，2010，（2）：14-17．

［405］刘志云，唐福元，程绪铎．我国筒仓与房式仓的储粮特征与区域适宜性评估 [J]．粮油仓储科技通讯，2011，（2）：7-9．

［406］向征，何莉莉．华南地区立筒仓大豆储藏试验 [J]．粮油仓储科技通讯，2011，（4）：22-23．

［407］左青．油厂钢板筒仓短期储藏周转安全讨论 [J]．粮油食品科技，2011，（4）：23-25．

［408］吕建华，史雅，张来林．中国钢板仓储粮的应用及发展趋势 [J]．粮食科技与经济，2011，（5）：23-24．

[409] 张来林，吕建华，王彦超，等.钢板立筒仓仓储工艺改造与储粮技术研究 [J].粮食加工，2012，（1）：54–68.

[410] 谢维治，黄思华，何育通.立筒仓机械通风安全储粮技术应用 [J].粮食流通技术，2012，（2）：24–27.

[411] 丁江涛，蒋俊浩，余建国.立筒仓安全储粮的探讨与研究 [J].粮食流通技术，2013，（5）：26–28.

[412] 李岩，蔡学军，张来林，等.高温高湿地区偏高水分玉米的筒仓储藏试验 [J].粮食与饲料工业，2013，（9）：14–17，21.

[413] 张来林，焦义文，蔡学军，等.立筒仓内环流均衡温湿度储粮效果研究 [J].河南工业大学学报（自然科学版），2014，（2）：21–24.

[414] 王子林.地下储粮技术研究 [J].粮食储藏，1994，（1）：14–20.

[415] 徐少华，赵栋，董文全.浅谈喇叭仓的储粮技术 [J].粮食储藏，1998，（6）：20–22.

[416] 赵栋，董文全.浅谈喇叭仓的储粮技术 [J].粮油仓储科技通讯，1998，（1）：22–26.

[417] 王子林，张龙川.建设新型土体地下仓实现储粮安全保鲜 [J].粮食储藏，2000，（3）：22–26.

[418] 章俊宏，张文武.洞库散装储粮技术的应用研究 [J].粮油仓储科技通讯，2004，（3）：15–17.

[419] 何水发，白天乞，李锦池，等.地下洞库大豆安全储藏试验 [J].粮油仓储科技通讯，2005，（2）：27–29.

[420] 孙保平，吕有全，程金河.地下仓储粮特性及管理 [J].粮油仓储科技通讯，2006，（6）：19–20.

[421] 王国利，孙玉华，张龙川.地下仓小麦绿色储藏探讨 [J].粮食储藏，2007，（1）：53–54.

[422] 王玉龙，梁军民，张晓鹏，等.利用地下仓优势实现绿色环保储粮 [J].粮油仓储科技通讯，2008，（6）：10–12.

[423] 刘银来，郑培.我国山洞粮仓储粮情况分析 [J].粮油加工，2009，（7）：88–91.

[424] 郜辰荣，赵栋，董文全，等.大型山洞库储粮技术初探 [J].粮油仓储科技通讯，2010，（5）：19–23.

[425] 常亚飞，肖雄雄，孙俊，等.地下粮库应用脱氧剂实现绿色保管 [J].粮食流通技术，2012，（5）：24–28.

[426] 梁军民，张雪梅，高文照，等.地下仓准低温储存稻谷试验 [J].粮食储藏，2012，（5）：20–24.

[427] 张大洪.浅谈小麦山洞库储藏 [J].粮食流通技术，2013，（1）：22–24，32.

[428] 吴健美，王红军，宋国华.地下窑洞仓储粮特性及管理措施探讨 [J].粮食储藏，2014，（3）：53–56.

[429] 王成然，段浩，王学勤.土堤仓储藏小麦试验报告 [J].粮油仓储科技通讯，1990，（6）：2–12.

[430] 河南省沁阳市粮食局.土堤仓双环流熏蒸杀虫暨机械通风防结露 [J].粮食储藏，1994，（5）：28–33.

[431] 韩振玺，王学玲，雷臣泽.土堤仓蓬布刷洗前后温度的变化及对储粮的影响 [J].粮食流通技术，1999，（2）：36–37.

[432] 孙慧，郝令军，乔占民，等.浅谈大型土堤仓群的储粮管理 [J].粮食流通技术，1999，（5）：27–30.

[433] 郝令军，孙慧，任桂生，等.土堤仓、露天垛的建造及储粮技术管理 [J].郑州粮食学院学报，2000，（2）：60–65.

[434] 郝令军，孙慧，任桂生.土堤仓和露天垛的建造及储粮技术管理 [J].粮食储藏，2000，（4）：32–40.

[435] 许登彦，曹秀珠，苏巧娥，等.土堤仓储粮管理的几点体会 [J].粮食流通技术，2002，（5）：36–37.

[436] 王志刚，张自强，曹殿云，等.北京八达岭长城北侧大型土堤仓储存春小麦实验 [J].粮油仓储科技通讯，2002，（4）：30–31.

[437] 孙慧，陈西雷，宋杰，王宏坤，张辉.土堤仓气密性的测试 [J].粮油仓储科技通讯，2006，（6）：21–22.

［438］ 王毅，冀圣江，司建中，张艳玲，庄亚 . 土堤仓架空储藏技术初探 [J]. 粮食储藏，2008，（4）：35–38.

［439］ 孙慧 . 土堤仓的气密性与熏蒸杀虫效果研究 [J]. 河南工业大学学报（自然科学版），2014，（1）：92–95.

［440］ 孙慧 . 土堤仓储藏小麦的品质变化研究 [J]. 粮油食品科技 2014，（4）：103–106.

［441］ 周德辰 . 新材料露天囤储粮熏蒸技术初探 [J]. 粮油仓储科技通讯，1989，（3）：38–40.

［442］ 卞家安，陈昭桂 .PVC 维纶双面涂塑革露天囤操作方法 [J]. 粮食储藏，1989，（6）：17–20.

［443］ 湖北省仙桃市粮食局 . 露天储粮规范化管理办法 [J]. 粮油仓储科技通讯，1990，（6）：13–15.

［444］ 蒋晓云 . 竹围简便露天囤储粮简介 [J]. 粮油仓储科技通讯，1990，（5）：51–52.

［445］ 四川省粮油储运供应公司 . 江苏省露囤粮储技术总结 [J]. 粮油仓储科技通讯，1991，（Z2）：17–22.

［446］ 北京市平谷县粮食局 . 露天砖堤仓储粮初步体会 [J]. 粮油仓储科技通讯，1991，（Z2）：67–69.

［447］ 孙方元 . 浅谈露天囤安全储粮 [J]. 粮油仓储科技通讯，1991，（6）：20–22.

［448］ 赵月仿，匡华祥 . 高水分粮露天安全储藏试验 [J]. 粮油仓储科技通讯，1992，（2）：17–18.

［449］ 雷本善，董方明 . 露天存粮害虫综合防治工程 [J]. 粮油仓储科技通讯，1992，（6）：57–60.

［450］ 赵月仿 . 露天粮堆高水分粮安全储藏试验 [J]. 粮食储藏，1992，（3）：38–41.

［451］ 吕一鸿，金静亚，陈福海 . 塑瓦组合露天囤 六防一通效果好 [J]. 粮油仓储科技通讯，1992，（4）：18–20.

［452］ 方南平，章新亮 . 露天堆垛害虫防治的探索与实践 [J]. 粮油仓储科技通讯，1992，（3）：28–32.

［453］ 雷本善，李应庆，莫士杰 . 露天存粮"全密封压盖"低温度夏试验 [J]. 粮食储藏，1992，（3）：32–38.

［454］ 吴大军 . 拱顶方形露天堆的制作及储粮性能探讨 [J]. 粮食储藏，1992，（4）：3–8.

［455］ 徐寿鸿，葛红根 . 露天囤粮食结露现象的预防 [J]. 粮油仓储科技通讯，1992，（3）：14–16.

［456］ 陈识涛，汪明英，唐兴玲 . 露天储粮过夏技术研究 [J]. 粮食储藏，1992，（4）：9–12.

［457］ 刘克尧，王选章，王文强 . 露天储存玉米安全度夏试验 [J]. 粮油仓储科技通讯，1993，（2）：27–29.

［458］ 冯茂松，黄东，武传欣，等 .PVC 维纶双面涂塑革在露天储粮中的应用 [J]. 粮食储藏，1993，（1）：4–7.

［459］ 吕一鸿，金静亚，陈福海 . 塑瓦组合露天方囤储粮技术的研究 [J]. 郑州粮食学院学报 1993，（2）：66–69.

［460］ 马建华，马秀芳 . 微气流熏蒸露天玉米垛的技术 [J]. 粮油仓储科技通讯，1994，（3）：13–14.

［461］ 陈修柱 . 露天储粮隔流控温度夏技术研究 [J]. 粮食储藏，1995，（2）：11–14.

［462］ 张国禄 . 露天垛存粮技术简介 [J]. 粮油仓储科技通讯，1995，（2）：16–19.

［463］ 张乃生，张奎忠 . 防鼠通风式露天储粮囤底 [J]. 粮油仓储科技通讯，1995，（3）：12–13.

［464］ 罗俊国 . 露天储藏稻谷小麦真菌区系的研究 [J]. 粮食储藏，1996，（2）：5–9.

［465］ 杨恩浩，刘华富，马仁德 . 小麦露天储藏有害生物及综合防治技术研究 [J]. 粮食储藏，1996，（1）：16–25.

［466］ 秦高祥，吕以琴，祁崇顺，等 . 露天囤套膜高水分小麦地槽通风安全储藏试验 [J]. 粮食储藏，1996，（6）：21–23.

［467］ 徐恺 . 露天储粮通风技术 [J]. 粮油仓储科技通讯，1997，（3）：42–45.

［468］ 李树山，刘忠和，葛万军，等 . 袋装玉米露天堆垛自然通风降水试验 [J]. 粮食储藏，1997，（3）：27–30.

［469］ 吕小军，寇新莲，李浩，等 . 露天储粮技术初探 [J]. 粮油仓储科技通讯，1997，（3）：20–21.

［470］ 雷应华,宋国富,熊连山 . 对露天储粮规范管理的探讨与实践 [J]. 武汉食品工业学院学报,1998,（4）: 61-66.

［471］ 侯俊书 . 外垛储粮技术的探讨 [J]. 粮油仓储科技通讯,1999,（3）: 19-20.

［472］ 阎玉娟,赵峰兰,李军 . 露天储藏高水分玉米的研究 [J]. 粮油仓储科技通讯,1999,（6）: 28-30.

［473］ 马卫东 . 露天储粮害虫防治及其效果 [J]. 粮油仓储科技通讯,1999,（4）: 45-46.

［474］ 王殿轩,韩涛,刘传云,等 . 玻璃钢粮囤储粮应用性能的研究 [J]. 郑州粮食学院学报,1999,（2）:5.

［475］ 侯俊书 . 外垛小麦使用塑料薄膜覆盖密闭储藏技术研究 [J]. 郑州粮食学院学报,1999,（3）: 64-66,71.

［476］ 杨广义 . 如何做好露天垛管理工作 [J]. 粮食流通技术,2000,（5）: 31-32.

［477］ 孙林 . 浅谈东北地区冬季大揽堆储粮技术与应用 [J]. 粮食流通技术,2001,（4）: 38.

［478］ 赵忠斌,章开式,王建文 . 大货位露天储粮方式探究 [J]. 粮油仓储科技通讯,2002,（4）: 27.

［479］ 石春光,辛玉红,石磊 . 南方地区简易棚仓的储粮探讨 [J]. 粮食流通技术,2002,（6）: 27-28.

［480］ 黄抱鸿,姜惕界,黄振华,等 . 仓棚五面密封储粮试验报告 [J]. 粮食储藏,2002,（1）: 33-36.

［481］ 黄攸吉 . 几种露天圆囤搭建技术 [J]. 粮油仓储科技通讯,2002,（5）: 41-42.

［482］ 吴祖凤,Timoty.Herrman. 室外堆粮问题研究 [J]. 粮食流通技术,2003,（3）: 31-32.

［483］ 张怀君,王殿轩,孟彬,等 . 站台垛高水分玉米的储藏管理 [J]. 粮食流通技术,2003,（2）: 26-28,39.

［484］ 陈友逊 . 散装仓大堆垛包装粮储存初探 [J]. 粮食储藏,2004,（1）: 38-40.

［485］ 张学文,刘国和,黄平辉,等 . 包装仓围包散装五面封综合储粮试验 [J]. 粮食科技与经济,2004,（3）: 31-33.

［486］ 朱国军 . 简易仓六面密闭储藏效果的研究 [J]. 粮油仓储科技通讯,2006,（4）: 35-36,44.

［487］ 汪福友,张海涛 . 包打围临时通风垛处理高水分玉米试验 [J]. 粮食流通技术,2009,（3）: 18-19.

［488］ 孙宝明 . 抓好"六防一管",确保露天储粮安全 [J]. 黑龙江粮食,2013,（8）: 53-54.

［489］ 王希仁 . 辽北地区罩棚仓安全储粮技术 [J]. 粮油仓储科技通讯,2016,（4）: 54-56.

［490］ 韦允哲,黄天佑,焦林海,等 . 桂南地区仓间罩棚存放偏高水分玉米安全度夏试验 [J]. 粮油仓储科技通讯,2019,（5）: 23-27,31.

［491］ 王善军 . 新型材料活动仓储粮试验报告 [J]. 粮食储藏,1992,（1）: 13-18.

［492］ 秦有昌 . 轻便型活动粮仓的设计和应用 [J]. 粮食流通技术,1998,（1）: 11-16.

［493］ NAVARRO S,CALIBOSO M,刘京华 . 塑料气密仓储粮试验 [J]. 粮食储藏,1999,（4）: 32-39.

［494］ 柯长国 . 介绍一种风道式包装储粮方式 [J]. 粮油仓储科技通讯,1998,（6）: 13-14.

［495］ 许晓秋,王善学,李景庆,等 . 粮食保鲜袋技术述评 [J]. 粮食储藏,2002,（4）: 25-29.

［496］ 刘建伟,张萃明,包清彬 . 大米的薄膜袋小包装储藏形态研究 [J]. 粮食储藏,2002,（5）: 26-29.

［497］ 陈友逊 . 散装仓大堆垛包装粮储存初探 [J]. 粮食储藏,2004,（1）: 38-40.

［498］ 林春华,陈穗宁,陈志品,等 . 包装粮堆采取全储藏过程密闭的保管方式减少损耗的探讨 [J]. 粮食储藏,2008,（5）: 51-53.

［499］ 刘天寿,毛建华 . 移动式多功能仓的设计 [J]. 粮油食品科技,2011,（1）: 12-14.

［500］ 黄志军,金建德,刘林生,等 . 包装仓散装化改造技术与效果分析 [J]. 粮油食品科技,2012,（5）;50-51.

［501］ 黄志军,金建德,陈明忠,等 . 包装仓实施准低温储粮应用探析 [J]. 粮油食品科技,2012,（1）: 55-27.

［502］ 郭荣华 . 编织袋包装粳稻谷安全储藏试验 [J]. 粮油仓储科技通讯，2012，（2）：17-19.

［503］ 张青峰，杨建春，郑细祥 . 包装粮食储藏技术运用探讨 [J]. 粮食流通技术，2013，（3）：22-25.

［504］ 王超洋，王洪 . 新型粮食包装袋的性能研究与分析 [J]. 粮食储藏，2013，（2）：21-25.

第四节　油料、油品储藏技术研究

［505］ 刘兴信 . 花生油过氧化值的测定 [J]. 粮食科学技术通讯，1958，（6）.

［506］ 刘兴信 . 关于花生米的储藏问题 [J]. 粮食科学技术通讯，1959，（6）.

［507］ 钟佐远 . 大豆压盖密闭保管试验简报 [J]. 粮食科学技术通讯，1960，（2）.

［508］ 上海市粮食储运公司 . 油菜籽密闭保管 [J]. 四川粮油科技，1976，（3）：24-30.

［509］ 安徽省全椒县粮食局 . 油菜籽安全保管方法初探 [C]// 第三次全国粮油储藏学术会文选 . 成都：全国粮油储藏科技情报中心站，商业部四川粮食储藏科学研究所，1984.

［510］ 山西省曲沃县粮食主 6668 仓库 . 关于低温、真空、充氮储藏油脂试验 [C]// 第三次全国粮油储藏学术会文选 . 成都：全国粮油储藏科技情报中心站，商业部四川粮食储藏科学研究所，1984.

［511］ 赵中元，丁治中，王颖彦，等 . 不同氧分压对油脂氧化速率的影响 [J]. 粮食储藏，1986，（6）：49-53.

［512］ 叶谋雄，李桂华 . 气调法储存油脂的研究 [J]. 郑州粮食学院学报，1987，（1）：23-36.

［513］ 赵中原 . 大豆油气调储藏稳定性的比较与研究 [J]. 粮油仓储科技通讯，1988，（1）：42-49.

［514］ 刘瑞宗，娄舒坤 . 葵花油储藏技术生产试验 [J]. 粮油仓储科技通讯，1988，（6）：31-34.

［515］ 蔚旭娣，陆允冲 . 食用植物油脱氧储存技术的研究 [J]. 中国粮油学报，1987，（1）：45-56.

［516］ 童保信，蒋文录，方文富，等 . 除氧剂储油新技术的研究 [J]. 郑州粮食学院学报，1987，（3）：30-33.

［517］ 王小勇，蒋文录，方文富，等 . 除氧剂应用于粮食，（油料）、油品储藏的试验报告 [J]. 粮食储藏，1988，（3）：21-28.

［518］ 赵中原，丁治中，王颖，等 . 除氧剂储油技术方法的探讨 [J]. 粮食储藏，1988，（2）：38-43.

［519］ 韩国麒 . 用于食用油脂的抗氧化剂 [J]. 郑州粮食学院学报，1981，（2）：24-43.

［520］ 贵州省黔南布依族苗族自治州粮食局 . 菜油储藏稳定性室内试验报告 [C]// 第三次全国粮油储藏学术会文选 . 成都：全国粮油储藏科技情报中心站，商业部四川粮食储藏科学研究所，1984.

［521］ 胡文清，陈晓玲，陈荣章，等 . 精炼棉籽油防止酸败技术的研究 [J]. 粮食储藏，1987，（6）：25-30，17.

［522］ 周清，路军，安兰，等 . 葵花油储藏技术研究 [J]. 粮食储藏，1987，（6）：31-36.

［523］ 胡立志，徐雨盛，陈秀英，等 . 葵花油安全储藏技术研究报告 [J]. 粮食储藏，1987，（6）：36-42.

［524］ 郝文川，程建华，冯淑忠，等 . 精、毛菜籽油储藏稳定性 [J]. 粮食储藏，1987，（5、6）：43-51.

［525］ 郝文川，冯淑忠，程建华，等 . 满罐储油技术 [J]. 粮食储藏，1988，（2）：48-52.

［526］ 房桂梅 . 葵花油储藏小型试验研究 [J]. 粮油仓储科技通讯，1989，（6）：42-44.

［527］ 赵中原，丁梅，李唐涛 . 不同水分活性对菜油储藏稳定性的影响 [J]. 粮食储藏，1989，（5）：19-23.

［528］ 胡小泓，李巡府，熊新国，等 . β - 胡萝卜素与油脂稳定性的研究 [J]. 郑州粮食学院学报，1993，（2）：70-74.

［529］ 叶凤娟，郑竞成，胡小泓 . 风味油脂储存的研究 [J]. 武汉食品工业学院学报，1996，（4）：3.

［530］ 高玉琢 . 油罐储油量微机测量系统的研制及实施 [J]. 粮油仓储科技通讯，1999，（5）：46-47.

［531］ 计小艳 . 花生油储藏期间品质控制指标的变化 [J]. 粮油仓储科技通讯，2002，（3）：44-45.

［532］ 陶诚 . 油脂与油料储藏研究进展 [J]. 中国油脂，2004，（10）：11-15.

[533] 徐莉，王若兰，孙海燕 . 橄榄油储藏稳定性研究 [J]. 食品科技，2007，（1）：182–185.

[534] 徐莉，王若兰，曹晓博，等 . 橄榄油抗氧化成分变化研究 [J]. 河南工业大学学报（自然科学版），2007，（2）：38–41，54.

[535] 倪芳妍，孟橘，夏天文，等 . 不同贮存条件和包装材料对小包装食用油质量的影响 [J]. 粮食与食品工业，2008，（2）：9–11，22.

[536] 万拯群 . 花生的低湿密闭储藏 [J]. 粮食储藏，2008，（2）：13–14.

[537] 王东，蔡庸加，熊卫国，等 . 罐存菜籽油全年品质变化规律的研究 [J]. 粮食储藏，2009，（1）：35–38.

[538] 董彩莉，徐涛 . 太阳热反射涂料在钢板油罐中的应用试验 [J]. 粮油仓储科技通讯，2010，（5）：49–51.

[539] 刘丽萍，杨怀娜 . 榛子油储存期预测 [J]. 粮油加工，2010，（5）：5–7.

[540] 王若兰，徐卫星，李守星，等 . 大豆油不同储藏技术的效果研究 [J]. 中国油脂，2012，（10）：41–44.

[541] 王若兰，徐卫星，李守星，等 . 食用油不同储藏技术的效果研究 [J]. 农业机械，2012，（4）：55–58.

[542] 万忠民，李红，董红建，等 . 新收获油菜籽应急处理的探讨 [J]. 粮食储藏，2013，（4）：52–56.

[543] 吴雪辉，寇巧花 . 光照与容器材料对茶油贮藏品质影响研究 [J]. 粮食与油脂，2014，（3）：45–49.

[544] 李月，叶真洪，张崇霞 . 大豆原油充氮储藏保鲜效果研究 [J]. 粮食储藏，2014，（5）：46–49.

[545] 王希仁，陈百会，李孝柏 . 辽北地区花生储藏状况及应对建议 [J]. 粮油仓储科技通讯，2016，（5）：27–29.

[546] 孙玉侠 . 提高菜籽油储藏稳定性的研究进展 [J]. 粮油仓储科技通讯，2016，（4）：48–50，53.

[547] 周天智，王东，吴秋蓉，等 . 菜籽油实罐储存品质变化规律研究 [J]. 粮食储藏，2017，（2）：40–47.

[548] 严辉文，刘潜，李林杰，等 . 氮气气调储油实罐试验 [J]. 粮食储藏，2017，（1）：25–27.

[549] 王伟，张艳，潘凤丽 . 四级菜籽油在不同储藏温度下品质变化研究 [J]. 粮食储藏，2018，（5）：44–46，56.

[550] 曹珊珊，李嵩，李红，等 . 散装油罐储藏油脂品质变化规律的研究 [J]. 粮食储藏，2019，（6）：38–42，52.

[551] 洪庆慈 . 甘草的抗氧化性能及其他 [J]. 粮食储藏，1991，（1）：44–52.

[552] 徐怀幼，陈晓玲 . 提高维生素 E 抗氧化效果的研究 [J]. 粮食储藏，1991，（5）：51–53.

[553] 徐怀幼，陈晓玲，胡文清，等 . 改进金钱草抗氧化性能的研究 [J]. 粮食储藏，1992，（2）：34–38.

[554] 翁新楚，任国谱，段彬，等 . 天然抗氧化剂的筛选 [J]. 中国粮油学报，1998，（4）：3.

[555] 李顺喜，姜克，冯利 . 小包装植物油在储存期间过氧化值变化初探 [J]. 粮油仓储科技通讯，2001，（2）：47–48.

[556] 姚云游，于辉 . 茶多酚和 TBHQ 对花生油、花生大豆调和油抗氧化作用的对比研究 [J]. 粮食与食品工业，2004，（4）：19–21.

[557] 祖丽亚，张蕊，祖利洲，等 . 菜籽油在不同存放条件下的氧化与氧化稳定性 [J]. 粮食储藏，2005，（2）：41–43.

[558] 张佳欣，祖丽亚，段玉权 . 茴香胺值在植物油储藏中变化的研究 [J]. 粮食储藏，2005，（1）：38–40.

[559] 刘蓉华 . 生姜对几种食用植物油抗氧化效果试验研究 [J]. 粮食流通技术，2005，（2）：35–36，40.

[560] 王芳，励建荣，蒋跃明 . 桑叶黄酮的提取纯化及对油脂抗氧化活性的研究 [J]. 中国粮油学报，2006，（4）：106–111.

[561] 陈文学，豆海港，仇原援 . 三种香辛料提取物的抗氧化活性研究 [J]. 粮油食品科技，2007，（3）：37–39.

［562］徐莉，王若兰，曹晓博，等．橄榄油抗氧化成分变化研究 [J]. 河南工业大学学报（自然科学版），2007，（2）：38–41，54.

［563］李秀信，王荣花，李萍．紫苏黄酮对食用油脂抗氧化作用的研究 [J]. 中国粮油学报，2007，（2）：63–65.

［564］张蕊，祖丽亚，樊铁．不同贮存条件下大豆油氧化指标的比较 [J]. 中国粮油学报，2007，（3）：112–114.

［565］李琪，黄荣．储油罐底板腐蚀成因及防护措施 [J]. 粮食与食品工业，2009，（3）：42–45.

［566］王霞．关于油脂过氧化值测定的探讨 [J]. 粮食与食品工业，2009，（2）：40–41.

［567］李素玲，张子德，王强，等．抗氧化剂对杏仁油贮藏稳定性的影响 [J]. 中国油脂，2009，（11）：59–61.

［568］韩飞，周孟良，钱健亚，等．抗氧化剂抗氧化活性测定方法及其评价 [J]. 粮油食品科技，2009，（6）：54–57.

［569］程静，马文红．浅谈油脂储藏过程中影响过氧化值变化的因素 [J]. 粮食与食品工业，2010，（6）：18–19，23.

［570］张振声，冯松，白福军，等．茶多酚对大豆原油和菜籽原油储存过程中品质变化的影响 [J]. 粮食储藏，2012，（2）：30–33.

［571］杨枫，严翔，刘丽菊．测定植物油酸值、过氧化值的通氮探讨 [J]. 粮油仓储科技通讯，2013，（4）：47–48.

［572］朱启思，钟国才，王亚军，等．复合天然抗氧化剂延长储备花生油储存期的效果研究 [J]. 粮食储藏，2014，（1）：33–36.

［573］李月，叶真洪，张崇霞．大豆原油充氮储藏保鲜效果研究 [J]. 粮食储藏，2014，（5）：46–49.

［574］魏建林，左文杰，闵光，等．茶多酚棕榈酸酯和迷迭香提取物复合抗氧化剂对葵花籽油的抗氧化效果研究 [J]. 粮食储藏，2018，（5）：39–43.

［575］朱之光，霍权恭，周展明．食用植物油鉴别方法的研究——不皂化物分离分析法 [J]. 中国粮油学报，1995，（1）：4.

［576］顾伟珠，汪延祥．多元线性回归法分析油菜籽含油量的近红外光谱数据 [J]. 中国粮油学报，1995，（2）：8

［577］张桂英，李琳，蔡妙颜，等．微波环境中植物油品质变化的研究 [J]. 中国粮油学报，1998，（5）：3.

［578］韩红新，岳永德，花日茂，等．异菌脲在油菜籽中残留分析方法研究 [J]. 粮油食品科技，2007，（6）：60–63.

［579］李书国，陈辉，李雪梅，等．食用油酸价分析检测技术研究进展 [J]. 粮油食品科技，2008，（3）：31–33.

［580］董广彬，李鹏，顾鑫荣，等．动植物油脂中苯并（a）芘测定方法的制订及应用 [J]. 粮油食品科技，2009，（4）：39–42.

［581］李东刚，李春娟，史娟，等．气相色谱—串级质谱法（GC/MS/MS）检测植物油中7种多氯联苯 [J]. 粮油食品科技，2009，（4）：36–38.

［582］杜玮，华娣，钱小君．几种特种食用油脂的营养价值及功效 [J]. 粮食与食品工业，2009，（4）：14–17.

［583］谢海燕，姜德铭，曹雪，等．反相高效液相色谱法测定油脂及饲料中BHA和BHT[J]. 粮油食品科技，2009，（3）：36–38.

[584] 曹占文,李彦军,杜东欣.油脂碘值测定的模拟方法[J].粮油食品科技,2010,（6）:40-41.

[585] 金建德,应玲红,陈舒萍.植物油相对密度四种检测方法的比较与分析[J].粮油食品科技,2010,（6）:25-27.

[586] 汪丽萍,郝希成,张蕊.葵花籽油脂肪酸成分标准物质的研制[J].粮油食品科技,2011,（1）:29-31.

[587] 刘安法,李明奇,田笑,等.气相色谱法测定菜油中掺伪豆油的初步研究[J].粮油仓储科技通讯,2011,（6）:45-47.

[588] 张青龄.食用油中反式脂肪酸的气——质分析法研究[J].粮油食品科技,2011,（4）:20-22.

[589] 姚菲,周慧,吴苏喜.茶籽油DNA提取方法的比较[J].粮油食品科技,2012,（3）:17-19,30.

[590] 陈瑶,安铁梅,刘冬蕊,等.固相比色快速检测油炸食品中油脂过氧化值[J].粮油食品科技,2012,（5）:33-35.

[591] 任蕾,袁涛,张文玲,等.高效液相色谱法测定芝麻油中芝麻素[J].粮油食品科技,2012,（5）:30-32.

[592] 田忙雀,吴丽华,杨勤元.固相萃取—气相色谱法测定食用植物油中多种有机磷[J].粮油食品科技,2012,（5）:36-38.

[593] 朱启思,钟国才,王亚军,等.复合天然抗氧化剂延长储备花生油储存期的效果研究[J].粮食储藏,2014,（1）:33-36.

[594] 徐宁,董红健,万忠民,等.低场核磁技术测定菜籽含油率[J].粮油仓储科技通讯,2015,（4）:50-52,56.

[595] 唐瑞丽,高瑀珑,袁华山.金属元素对大豆原油储藏稳定性影响[J].粮食储藏,2019,（5）:35-41.

[596] 李卓新.气相色谱法测定花生油掺假的研究[J].粮食储藏,2001,（3）:41-43.

[597] 周祥德.掺伪芝麻油中芝麻油含量分析方法的比较[J].粮食与食品工业,2004,（2）:53-55.

[598] 黄建军.气相色谱法对花生油中掺入菜籽油的定性鉴别[J].粮食与食品工业,2005,（4）:54-55.

[599] 林丽敏.气相色谱法测定芝麻油掺伪的研究[J].粮食储藏,2006,（3）:43-45,50.

[600] 孙晓燕.对测定食用油掺入矿物油的几种方法的探讨[J].粮油仓储科技通讯,2008,（2）:47-48,51.

[601] 李雅莲,程兴杰,李万军,等.食用植物油中掺兑棕榈油检验方法的研究[J].粮食储藏,2008,（1）:43-46.

[602] 俞晔,董华.气相色谱法结合冷冻试验识别低芥酸菜油中棕榈油[J].粮油食品科技,2009,（3）:39-40.

[603] 陈初良,张惠琴,甘云娟,等.食用植物油掺入动物油脂鉴别方法的研究[J].粮油食品科技,2009,（3）:41-42.

[604] 谢远长,周斌,彭超.菜籽油中掺入大豆油后的鉴别方法初探[J].粮食与食品工业,2010,（2）:52-54.

[605] 宋慧波,师邱毅,何雄.食用植物油掺伪检测方法研究进展[J].粮油食品科技,2011,（3）:39-41.

[606] 薛雅林,龙伶俐,史文青,等.植物油品质特性和掺伪检验技术研究[J].粮油食品科技,2012,（3）:20-23.

[607] 郑显奎,郑显慧.食用油掺假棉籽油快速定性、定量方法的研究和应用[J].粮油仓储科技通讯,2012,（3）:49-54.

[608] 张青龄.气相色谱法鉴别橄榄油掺伪的研究[J].粮食储藏2014,（4）:36-38.

[609] 朱启思,李国丹,关刚恩,等.油茶籽油脂肪酸组成及掺混大豆油的检测[J].粮食储藏,2015,（2）:37-41.

［610］万忠民.不同储藏温度下植物油的品质劣变 [J]. 粮食与食品工业，2005，（2）：32-35.

［611］赵功玲，路建锋，苏丁.三种加热方式对油脂品质影响的比较 [J]. 中国粮油学报，2006，（5）：113-116.

［612］祖丽亚，张蕊，栾霞.食用油包装材料和储存条件对氧化指标的影响 [J]. 粮油食品科技，2007，（5）：38-41.

［613］倪芳妍，孟橘，夏天文，等.不同贮存条件和包装材料对小包装食用油质量的影响 [J]. 粮食与食品工业，2008，（2）：9-11，22.

第五节　高水分粮食、油料保管技术研究

［614］浙江省鄞县大松粮食所.水稻密闭缺氧保管 [J]. 四川粮油科技，1972，（4）.

［615］广东省阳春县粮食局，广东省粮食科学研究所，广东省植物研究所.湿谷、湿麦保管方法 [J]. 四川粮油科技，1977，（3）：7-8.

［616］汤镇嘉.湿稻谷密闭保管 [J]. 四川粮油科技，1978，（4）：19-25.

［617］湖南省安乡县安障粮管站.高水分油菜籽短期防霉试验 [J]. 四川粮油科技，1978，（4）：15-18，35.

［618］呼玉山，杜秀琼.高水分粮防霉剂的研究 [J]. 粮食储藏，1982，（2）：4-14.

［619］呼玉山，罗建伟，杜秀琼，等.高水分粮防霉剂的研究：二氯甲烷防霉效果的室内试验 [J]. 粮食储藏，1983，（1）：26.

［620］呼玉山，罗建伟，杜秀琼，等.丙酸与氨水混合液对高水分玉米的防霉效果 [C]// 商业部四川粮食储藏科学研究所科研报告论文集（1968-1985）.成都：全国粮油储藏科技情报中心站，1985.

［621］华南植物研究所，广东省阳春县粮食局.应用多氧霉素抑制高水分种子霉变的初步分析 [J]. 四川粮油科技，1987，（4）.

［622］呼玉山，高影，戴学敏，等.高水分粮防霉技术的研究 [J]. 中国粮油学报，1987，（1）：35-48.

［623］倪兆祯，何英，王涛，等.正丁醇保藏高水分大米及其对品质的影响 [J]. 粮食储藏，1988，（4）：23-27.

［624］四川省灌县崇义粮油管理站，四川省广汉县新华粮油管理站.高水分晚稻密闭低氧贮藏初步研究 [J]. 四川粮油科技，1976，（3）：18-23.

［625］马永明.低温密闭储藏高水分玉米 [J]. 粮食储藏，1984，（3）：41-43.

［626］涂序海，吴善征，张细佬.高水分晚籼稻谷安全过夏储藏的试验报告 [J]. 江西植保，1985，（3）：23-24，27.

［627］陈坤生，陈沂.散堆潮粮热风干燥的试验 [J]. 粮食储藏，1985，（3）：35-37.

［628］冯小良.高水分粮配用空调机进行低温储藏试验 [J]. 粮油仓储科技通讯，1986，（3）：57.

［629］陶铭盘，周成祖，盛筑辉.使用防虫磷防护高水分玉米度夏的初探 [J]. 粮食储藏，1986，（2）：3-7.

［630］曹朝章，王德芬，劳跃然，等.半安全水分大米过夏保鲜试验 [C]// 中国粮油学会储藏专业学会第一届年会学术交流论文.成都：中国粮油学会储藏专业学会，1986.

［631］阮萃才.玉米综合防霉试验的观察 [J]. 粮食储藏，1987，（5）：25-28.

［632］刘晖.高水分玉米地下库储存试验报告 [J]. 粮油仓储科技通讯，1989，（6）：22-24.

［633］孙锡坤，陈和生，徐永明，等.PH_3 缓释保藏高水分粳米防霉度夏 [J]. 粮油仓储科技通讯，1989，（4）：42-45.

［634］ 孙小平，闻家麟.高水分粮食综合治理的对策与思考 [J]. 粮油仓储科技通讯，1989，（5）：23-25.

［635］ 王会生，孙燕，宋双平，等.高水分玉米防霉保鲜生产性试验 [J]. 粮油仓储科技通讯，1990，（4）：36-40.

［636］ 呼玉山，唐为民.浅谈高水分玉米的治理 [J]. 粮油仓储科技通讯，1990，（4）：5-9.

［637］ 吴清华.高水分大米储藏技术的综合应用 [J]. 郑州粮食学院学报，1992，（4）：68-73.

［638］ 吴友钦.浅谈高水分油菜籽采用机械通风储藏技术 [J]. 粮油仓储科技通讯，1992，（2）：14-16.

［639］ 陆荣林，郁培坤，高炜铭，等.高水分晚粳稻谷烘干与机械通风降水结合过夏实仓试验 [J]. 粮食储藏，1992，（3）：28-31.

［640］ 严以谨，周景星，王金水，等.高水分玉米防霉保鲜技术研究：Ⅰ.高水分玉米防霉方法研究 [J]. 郑州粮食学院学报，1993，（3）：10-14.

［641］ 周南珍.磷化氢熏蒸预防高水分大米发热及应急处理高水分发热大米的试验 [J]. 粮食储藏，1994，（5）：25-28.

［642］ 薛裕锦，严以谨，苏济民.粮油副产品及饲料度夏防霉试验的研究 [J]. 粮食储藏，1994，（Z1）：129-135.

［643］ 朱剑.六面密闭结合磷化铝处理高水分发热大米的试验 [J]. 粮油仓储科技通讯，1995，（4）：20-21.

［644］ 钟昕华.潮湿晚稻的安全储藏 [J]. 粮油仓储科技通讯，1995，（5）：14-15.

［645］ 刘英."金钱通风垛"处理高水分玉米试验 [J]. 粮食储藏，1995，（Z1）：39-40.

［646］ 王惠民，李山.冬春两季大堆存放高水分玉米初探 [J]. 粮油仓储科技通讯，1995，（4）：24-26.

［647］ 王金水，江秀明，戈学亮，等.高水分玉米应用二氧化氯防霉保鲜研究 [J]. 郑州粮食学院学报，1996，（4）：4.

［648］ 沈晓明，陶平，卢前业.高水分粳稻通风度夏试验 [J]. 粮油仓储科技通讯，1996，（1）：16-17.

［649］ 雷云国.关于饲料用高水分玉米密闭发酵储存技术研究及应用情况 [J]. 粮油仓储科技通讯，1997，（6）：21-22，30.

［650］ 徐长明，刘国华.高水分稻谷地笼通风度夏试验初探 [J]. 粮食储藏，1997，（2）：19-21.

［651］ 苏泽维.楼房仓储藏高水分粮初探 [J]. 粮油仓储科技通讯，1997，（5）：16-19.

［652］ 黄仁昌.高水分玉米安全储藏的生产性试验 [J]. 粮油仓储科技通讯，1997，（3）：15-17.

［653］ 王效国.高水分稻谷安全度夏试验报告 [J]. 粮食储藏，1998，（2）：30-33.

［654］ 宋福太.高水分玉米露天储藏安全过夏新技术试验研究 [J]. 郑州粮食学院学报，1998，（1）：4.

［655］ 李秀环，张海臣，田岩松.高水分玉米的大堆冷冻储藏 [J]. 粮食储藏，1998，（3）：24-27.

［656］ 史朝东，张益群，高利军.谷保防霉剂对高水分菜籽防霉试验 [J]. 粮食储藏，1998，（1）：15-19.

［657］ 苏泽维，黎晓东.高水分大米储藏防止发热探索 [J]. 粮油仓储科技通讯，1999，（3）：15-17.

［658］ 王子林，孙玉华.冬季高水分玉米的应急储藏——速冻冷藏法 [J]. 粮油仓储科技通讯，1999，（5）：14-16.

［659］ 李刚.高水分粳稻储气箱就仓吸风降水研究 [J]. 粮食储藏，1999，（6）：29-31.

［660］ 张忠柏，陈贤捌，廖才德，等.高水分籼米安全储藏及保鲜技术研究 [J]. 粮食储藏，1999，（1）：18-24.

［661］ 呼玉山，陈双兴，王经权，等.电子加速器辐照大米防霉技术研究 [J]. 中国粮油学报，1999，（1）：4.

［662］ 苏泽维.楼房仓储藏高水分稻谷生产性探索 [J]. 粮油仓储科技通讯，2000，（4）：30-31.

［663］ 苏泽维，黎晓东．关于楼房仓储藏高水分稻谷的探讨 [J]．粮油仓储科技通讯，2000，（5）：23-25.

［664］ 孙乃强．谷保对高水分油菜籽防霉技术的应用 [J]．粮油仓储科技通讯，2000，（2）：20-23.

［665］ 陈明志．高水分粮食"谷保"防霉应用技术探讨 [J]．粮油仓储科技通讯，2001，（3）：23-26，42.

［666］ 陈美娟．高水分粮的储藏 [J]．粮油食品科技，2002，（1）：35.

［667］ 王小坚．高水分大米度夏保藏试验 [J]．粮食储藏，2002，（5）：21-23.

［668］ 王若兰，狄彦芳，王保祥．房式仓高水分玉米安全储藏研究 [J]．粮油仓储科技通讯，2002，（2）：13-14.

［669］ 沈晓明，胡家权，杨学民，等．缓释低温技术在高水分粮度夏中的应用 [J]．粮油仓储科技通讯，2002，（5）：19-21.

［670］ 张怀君，王殿轩，孟彬，等．站台垛高水分玉米的储藏管理 [J]．粮食流通技术，2003，（2）：26-28，39.

［671］ 嵇美华．高水分玉米安全度夏技术研究 [J]．西部粮油科技，2003，（3）：54-56.

［672］ 魏金高，金浩，周建新，等．高大平房仓安全储藏中高水分晚粳稻谷的研究 [J]．粮食储藏，2004，（6）：28-30.

［673］ 江泽奴，田元方，罗中文，等．南方长期安全储藏高水分玉米的尝试 [J]．粮食储藏，2004，（2）：15-19.

［674］ 张奕群，刘春华．高水分玉米的化学防治策略 [J]．粮食科技与经济，2004，（5）：34-35.

［675］ 闵炎芳，张坚，苏娅．高大平房仓高水分晚粳谷通风降水渡夏保质技术探索 [J]．粮食流通技术，2004，（2）：17-20.

［676］ 田元方，汪向刚，贺德齐，等．高水分玉米安全度夏试验 [J]．粮食储藏，2005，（5）：25-28.

［677］ 刘伟，梁瑞红，刘成梅，林向阳，涂宗财．脉冲电磁场杀菌的作用机理及其应用 [J]．粮食与食品工业，2005，（1）：52-54.

［678］ 邓兰卿，宋永久，臧波．较高水分新小麦安全度夏储藏探索 [J]．粮食流通技术，2005，（4）：23-24.

［679］ 江燮云．偏高水分稻谷安全储藏技术探讨 [J]．粮食储藏，2005，（6）：51-53.

［680］ 陈保富，王国强，孙会，等．偏高水分小麦安全储藏探索 [J]．粮食科技与经济，2005，（4）：42-43.

［681］ 和国文，金勇文，刘呈平，等．鄂中地区偏高水分晚籼稻谷安全度夏试验 [J]．粮食储藏，2005，（6）：24-26.

［682］ 吕建华，贾胜利，刘树伦，等．高水分小麦安全储藏试验 [J]．粮油仓储科技通讯，2006，（5）：11-13.

［683］ 丁传林，张雄，周帮新，等．高大平房仓偏高水分粮安全度夏试验 [J]．粮食流通技术，2006，（3）：25-27.

［684］ 李纯浒，郁宏兵．综合储粮技术在偏高水分稻谷过夏保管中的应用 [J]．粮油仓储科技通讯，2006，（2）：24-25，27.

［685］ 季青跃，于兆锋，李建智，等．高水分玉米储藏试验 [J]．粮油食品科技，2006，（2）：14-16.

［686］ 赵锡和，刘清化，苏建．高水分稻谷储存技术的探讨 [J]．粮油加工，2006，（2）：64-65，68.

［687］ 谢霞，付鹏程，王双林，等．偏高水分籼稻安全储藏条件的研究 [J]．粮食储藏，2006，（4）：33-36.

［688］ 庞文渌．高水分稻谷保鲜储藏的研究 [J]．粮油加工，2006，（4）：56-58，61.

［689］ 赵兴元，何志明，黄青明，等．包打围散储高水分粮安全储藏试验 [J]．粮油仓储科技通讯，2006，（6）：25-26.

[690] 周天智，高兴明，刘向阳，等. 带虫入库偏高水分晚籼稻谷低温储藏延缓熏蒸试验 [J]. 粮食储藏，2007，（1）：13-15.

[691] 史钢强. 浅圆仓高水分稻谷分层低温储藏试验 [J]. 黑龙江粮食，2008，（2）：37-40.

[692] 郑理芳，孙广建，郑子平，等. 高浓度磷化氢熏蒸对偏高水分稻谷抑菌作用的试验研究 [J]. 粮油仓储科技通讯，2007，（6）：27-29.

[693] 孙清，凡赤，付家万，等. 高大平房仓高水分小麦降水控温安全储粮探讨 [J]. 粮油仓储科技通讯，2008，（4）：18-19.

[694] 鲍立伟，夏宝莹，王耀武，等. 长江下游地区偏高水分晚籼稻谷安全储藏技术研究 [J]. 粮食储藏，2008，（1）：24-28.

[695] 王广，张瑞宾，伍永光，等. 南方地区高水分玉米安全储藏试验 [J]. 粮油仓储科技通讯，2008，（5）：13-15.

[696] 安学义，王文波，兰井生，等. 高水分玉米安全度夏储粮试验 [J]. 粮油仓储科技通讯，2009，（6）：22-23.

[697] 冀圣江，朱建民，宋涛，等. 高大平房仓安全储藏高水分小麦的方法 [J]. 粮油仓储科技通讯，2009，（6）：27-28.

[698] 陈传国，高中喜，周邦新，等. 高大平房仓偏高水分晚籼稻谷保水储粮试验 [J]. 粮食流通技术，2009，（5）：22-24.

[699] 张成. 偏高水分小麦包打围"三阶段"安全储存的探讨 [J]. 粮油仓储科技通讯，2009，（2）：32-34.

[700] 叶真洪，孙艳，宋志辉，等. 高水分稻谷"不落地"就仓干燥试验 [J]. 粮食储藏，2009，（4）：29-31.

[701] 张来林，李祥利，魏庆伟，等. 高水分玉米安全度夏技术试验 [J]. 粮食加工，2009，（2）：78-80.

[702] 盛强，伍松陵，王若兰. 复合型防霉剂对高水分稻谷的防霉保鲜效果研究 [J]. 中国粮油学报，2010，（8）：77-80.

[703] 胡琼辉，荣华生，向静. 高水分玉米安全储藏试验 [J]. 粮油仓储科技通讯，2010，（2）：23-24.

[704] 张建利，赵勇，柴雪峰，等. 偏高水分玉米安全储藏保水试验研究与分析 [J]. 粮油仓储科技通讯，2010，（6）：12-14.

[705] 张颜平，王涛，高洪雷，等. 三步降水法在高水分稻谷中的应用试验 [J]. 粮油仓储科技通讯，2011，（5）：19-22.

[706] 王法林，司建中，赵洪泽，等. 高水分小麦直接入库安全储藏试验 [J]. 粮油仓储科技通讯，2011，（3）：18-20.

[707] 张孟华. 东南沿海地区高大平房仓高水分玉米安全度夏储藏试验 [J]. 粮油仓储科技通讯，2011，（3）：29-31.

[708] 王效国，邢衡建. 高水分晚粳稻谷保管技术的探讨 [J]. 粮油仓储科技通讯，2012，（5）：26-28.

[709] 方玖根. 华东地区收购稻谷和销售大米水分控制范围的探讨 [J]. 粮油仓储科技通讯，2012，（5）：23-24.

[710] 汪福友，吕秉霖. 中原地区入仓高水分玉米安全度夏技术研究 [J]. 粮食储藏，2012，（2）：17-20.

[711] 赵新明，傅明亮，庄大恒. 偏高水分稻谷低温储存试验及效果分析 [J]. 粮油仓储科技通讯，2012，（3）：22-24.

[712] 胡琼辉，李明龙，荣华生，等. 南方地区偏高水分玉米安全储藏试验 [J]. 粮油仓储科技通讯，2012，（1）：41-43.

[713] 张会民. 边入库边通风技术在高水分小麦安全储存中的应用试验 [J]. 粮油仓储科技通讯，2013，（4）：18–19，27.

[714] 刘朝伟，吕建华. 新收获入库高水分小麦安全储藏实仓试验研究 [J]. 粮食科技与经济，2013，（1）：40–41.

[715] 陈玉峰，王殿轩，王宏，等. 夏季通风抑制高水分小麦微生物活性研究 [J]. 河南工业大学学报（自然科学版），2014，（4）：44–49.

[716] 万忠民，马佳佳，鞠兴荣，等. 短波紫外线对高水分稻谷抑霉效果的研究 [J]. 粮食储藏，2014，（1）：10–16.

[717] 蒋伟鑫，陈银基，陈霞，等. 高水分稻谷品质劣变与防控技术研究进展 [J]. 粮食与饲料工业 2014，（6）：11–14，17.

[718] 彭明辉，文浩刚，梁颖祺，等. 南方地区采取多种综合措施延长高水分大米储藏期限试验 [J]. 粮油仓储科技通讯，2014，（5）：21–24.

[719] 赵光涛，陈明峰，翟继忠，等. 进口三高玉米的常规储存与管理 [J]. 粮油仓储科技通讯，2015，（6）：7–8.

[720] 陈朝，张来林，杨煊，等. 中型谷冷机处理平房仓偏高水分玉米的试验 [J]. 粮食加工，2015，（4）：61–63.

[721] 马佳佳，刘凤军，万忠民，等. 四种模式对偏高水分粳稻的储藏效果研究 [J]. 粮食储藏，2015，（4）：16–21.

[722] 赵兴元，何志明. 包装仓改造散储高水分小麦安全储藏试验 [J]. 粮油仓储科技通讯，2015，（5）：5–7.

[723] 周建新，黄永军，包月红，等. 臭氧处理高水分稻谷储藏过程中理化和微生物指标变化研究 [J]. 粮食储藏，2015，（2）：30–33.

[724] 郑秉照. 南方地区偏高水分玉米安全储藏保水试验技术应用 [J]. 粮油仓储科技通讯，2016，（4）：20–21，25.

[725] 房强. 沿海地区高水分玉米安全度夏储藏试验 [J]. 粮油仓储科技通讯，2016，（4）：26–27，30.

[726] 卢献礼，杨卫华，杨世集，等. 高温高湿生态区高水分玉米降水保质储藏试验 [J]. 粮油仓储科技通讯，2016，（3）：27–29.

[727] 邱忠，梅友文，赵忠银，等. 高水分粮食度夏控温研究 [J]. 粮油仓储科技通讯，2017，（1）：19–21.

[728] 杨凤岐，殷建森，杨现海. [J]. 粮油仓储科技通讯，2017，（4）：37–38，52.

[729] 李慧，王若兰，渠琛玲，等. 玉米储藏过程发热霉变研究综述 [J]. 食品工业，2017，（8）：188–192.

[730] 陈帅，唐坤，杨娟，等. 川渝地区偏高水分稻谷和小麦实仓安全储藏预警技术研究 [J]. 粮食储藏，2017，（2）：25–29，35.

[731] 翟晓娜，李永磊，李喜朋，等. 高水分玉米的暂存及其品质变化 [J]. 粮油仓储科技通讯，2018，（6）：12–17.

[732] 王雪珂，渠琛玲，汪紫薇，等. 高水分花生短期储存发热霉变研究 [J]. 粮食储藏，2019，（4）：25–28.

第六节 "双低""三低"储粮技术研究

[733] 万拯群. 粮食的低氧低药量密封储藏 [J]. 四川粮油科技，1976，（4）：34–35.

[734] 四川省金堂县太平粮站科研组. 自然降氧结合低浓度磷化铝熏杀害虫的试验 [J]. 四川粮油科技，1977，（4）：27–30.

［735］ 傅启文，沈永福，韩明．气调条件下低磷化氢杀虫效果的试验 [J]. 粮食储藏，1980，（4）：45–48，55.

［736］ 刘维春．谈谈"三低"保粮的应用技术 [J]. 粮食储藏，1980，（2）：13–19.

［737］ 梁权，商志添，孙庆坤，等．气调对磷化氢熏蒸杀虫的增效作用及其应用技术途径的探讨 [J]. 粮食储藏，1980，（1）：1–11，17.

［738］ 梁权，华德坚，王桂才，等．气调与贮粮害虫防治 [J]. 粮食储藏，1981，（1）：20–27.

［739］ 浙江省粮食科学研究所．气控条件下不同氧浓度与杀虫效果的探讨 [J]. 粮食储藏，1981，（2）：1–8，20.

［740］ 上海市奉贤县粮食局．关于低氧低剂量及密闭保管粮食的探讨 [C]// 第二次全国粮油储藏专业学术交流会文献选编．成都：全国粮油储藏科技情报中心站，粮食部四川粮食储藏科学研究所，1981.

［741］ 祝彭庆．"三低"保粮的应用和有关机理的探讨 [C]// 第二次全国粮油储藏专业学术交流会文献选编．成都：全国粮油储藏科技情报中心站，粮食部四川粮食储藏科学研究所，1981.

［742］ 李文辉，徐元章．气调熏蒸生产性试验报告 [C]// 第二次全国粮油储藏专业学术交流会文献选编．成都：全国粮油储藏科技情报中心站，粮食部四川粮食储藏科学研究所，1981.

［743］ 吴富席，陈德宏，吴国恩．从呼吸强度看"双低"储粮 [C]// 第二次全国粮油储藏专业学术交流会文献选编．成都：全国粮油储藏科技情报中心站，粮食部四川粮食储藏科学研究所，1981.

［744］ 刘华富，马仁德，朱祥军．"两低"储粮与埋雷投药 [J]. 粮食储藏，1985，（1）：14–16.

［745］ 李申戌．浅谈"双低"贮粮的应用技术 [J]. 粮油仓储科技通讯，1985，（1）：20–21.

［746］ 江西省粮油储运公司．"三低"保粮综合应用技术总结 [J]. 粮油仓储科技通讯，1985，（1）：1–6.

［747］ 金应贵．浅述"两低"贮粮技术的规范化 [J]. 粮油仓储科技通讯，1985，（2）：27–30.

［748］ 金应贵．成都市制定"两低"储粮技术规范要求 [J]. 粮油仓储科技通讯，1986，（3）：56.

［749］ 曹朝璋，劳耀燃，时长江，等．磷化氢结合缺氧进行大米保鲜试验 [J]. 粮食储藏，1988，（5）：25–31.

［750］ 梁权．甲基溴淘汰和替代研究概况与展望 [J]. 粮食储藏，2005，（3）：36–42.

［751］ 李式友，孙寅呈，刘永新．低氧低药量长期保管小麦 [J]. 粮油仓储科技通讯，1992，（3）：16–18./2

［752］ 徐书德，周文明，孙英玉．"三低"储粮技术研究 [J]. 粮油仓储科技通讯，1992，（5）：6–8.

［753］ 顾加国．缺氧"双低"保藏热机米度夏试验 [J]. 粮油仓储科技通讯，1992，（3）：10–14.

［754］ 徐惠迤，王南炎．"三低"储粮技术探讨与展望 [J]. 粮食储藏，1993，（2）：37–40.

［755］ 周景星．"三低"防治技术 [J]. 粮食储藏，1994，（Z1）：34–43.

［756］ 徐惠迤，章宇人，王南炎，等．谷物低温、低氧、低磷化氢储藏保鲜技术研究 [J]. 粮食储藏，1995，（1）：36–44.

［757］ 栗德章．浅谈"三低"与气流储粮的应用技术 [J]. 粮油仓储科技通讯，1997，（5）：20–24.

［758］ 冯宗华，吴玉新．包装五面封粮垛实施"三低"技术的完善与提高 [J]. 粮食储藏，1998，（5）：21–25.

［759］ 崔光庆，汪修岗，张启云．"双低"储粮技术在高大平房仓的应用 [J]. 粮油仓储科技通讯，2002，（5）：13–14.

［760］ 杨友信．小麦采用"双低"密闭技术储藏的经济效益分析 [J]. 粮油仓储科技通讯，2002，（3）：31–45.

［761］ 陈无刚，杨泽桂，尹光良．"双低"储粮对克服储粮害虫抗性的探讨 [J]. 粮油仓储科技通讯，2003，（3）：34–36.

［762］ 庞文渌，陈国祥．高大平房仓"三低"储粮效果分析 [J]. 粮食流通技术，2004，（1）：14–15，22.

［763］ 庞文渌．"三低"储粮技术在高大平房仓中的应用试验 [J]. 粮食加工与食品机械，2005，（10）：62–64.

［764］ 张青峰，蒋志坚，杨建春，等 . 传统平房仓技术改造双低储粮试验 [J]. 粮食储藏，2014，（2）：24-27.

第七节 "四项"储粮新技术研究

［765］ 杨永拓 . "四项"储粮新技术在高大拱房仓储粮中的综合应用 [J]. 粮油仓储科技通讯，2002，（3）：15-19.

［766］ 吴卫平，陈巧丽 . "四项"储粮新技术在亚热带地区的应用 [J]. 粮油仓储科技通讯，2003，（1）：14-17.

［767］ 左圣毛 . "四项"储粮新技术在高大平房仓的应用研究 [J]. 粮油仓储科技通讯，2003，（5）：16-22.

［768］ 王显复 . "四项"储粮新技术应中的几个问题 [J]. 粮食科技与经济，2003，（4）：40.

［769］ 王显复 . "四项"储粮新技术"应用过程中的一些误区 [J]. 粮油仓储科技通讯，2004，（2）：52-53.

［770］ 曹毅，崔国华，刘长生，等 . "四项"储粮新技术生产性试验辽宁试点总结报告 [J]. 粮食储藏，2004，（1）：18-25.

［771］ 蒋金安 . 储粮新技术应用中的常见错误 [J]. 粮油仓储科技通讯，2005，（2）：54-56.

［772］ 张小飞 . 储粮综合技术在大型散粮仓中的应用探索 [J]. 粮油仓储科技通讯，2008，（2）：54-56.

［773］ 熊鹤鸣，张富胜，周长金，等 . 中温高湿储粮区绿色储粮技术优化集成应用实践 [J]. 粮食储藏，2009，（6）：19-21.

［774］ 张来林，李祥利，魏庆伟 . 浅谈储粮新技术在新购粮中的作用 [J]. 粮食流通技术，2010，（5）：26-27，42.

［775］ 欧根生，张伟文，马俊松 . 粤西地区储粮新技术集成应用实践初探 [J]. 粮食储藏，2011，（5）：53-56.

［776］《粮食储藏》杂志通讯员 . 粮仓储备"四合一"新技术研究开发与集成创新 [J]. 粮食储藏，2011，（2）：3-6.

［777］ 陈谨华，游海洋，李峰，等 . "四项"储粮新技术应用现状及发展趋势 [J]. 粮油仓储科技通讯，2012，（2）：13-16.

［778］ 粮食储运国家工程实验室，国家粮食局科学研究院 . 粮食储藏"四合一"升级新技术概述 [J]. 粮油食品科技，2014，22，（6）：1-5.

［779］ 云顺忠，胡波，文勇，等 . 粮库科技储粮新技术集成应用与效果 [J]. 粮油仓储科技通讯，2015，（2）：48-49，52.

［780］ 穆俊伟，古争艳，李垒 . "四合一"储粮技术应用于浅圆仓储藏大豆综合效果分析 [J]. 粮食储藏，2015，（6）：27-32.

第八节 储粮过程中粮堆温度、湿度变化研究

［781］ 赵玉霞 . 粮食储藏中粮堆温度与大气温度之关系 [J]. 粮油食品科技，2002，（6）：1-5.

［782］ 蔡庸加，李新平，倪立刚 . 储粮温度变化规律研究 [J]. 粮油仓储科技通讯，2005，（5）：51-52.

［783］ 李琼，汪喜波，杨德勇 .CFD 方法在仓储粮堆温度场研究中的应用探索 [J]. 粮食储藏，2008，（3）：21-24.

［784］ 梁醒培，李东方，赫振方，等 . 储粮粮堆温度传导的距离—时间—温度曲线模型研究 [J]. 粮食与饲料工业，2010，（9）：13-14.

［785］ 赫振方，赵玉霞，曹阳，等 . 平房仓粮堆温度时空分布的基本统计特征分析 [J]. 粮食储藏，2010，（4）：15-20.

［786］ 王宝安，甄彤，郭嘉，等．基于混合粒子群算法的粮堆温度模型参数优化研究 [J]. 河南工业大学学报（自然科学版），2012，（3）：81-84.

［787］ 蔡静平．平房仓内环流均衡温湿度储粮试验 [J]. 粮食与饲料工业，2013，（11）：12-16.

［788］ 尹君，吴子丹，吴晓明，等．基于温湿度场耦合的粮堆离散测点温度场重现分析 [J]. 中国粮油学报，2014，（12）：95-101.

［789］ 亓伟，王远成，白忠权，等．考虑谷物呼吸的仓储粮堆热湿耦合传递研究 [J]. 粮食储藏，2014，（5）：21-27，49.

［790］ 张波，王远成，高帅．平房仓横向谷冷通风仓内粮堆热湿传递的数值模拟研究 [J]. 粮食储藏，2015，（5）：10-14.

［791］ 高帅，王远成，赵会义，等．平房仓横向谷冷通风小麦粮堆传热传质数值模拟 [J]. 粮油食品科技，2015，（S1）：15-19.

［792］ 尹君，吴子丹，张忠杰，等．不同仓型的粮堆温度场重现及对比分析 [J]. 农业工程学报，2015，（1）：281-287.

［793］ 高玉树．装粮高度8米的高大平房仓粮温分布及变化规律研究 [J]. 粮食储藏，2015，（2）：15-21.

［794］ 潘钰，张中涛，王远成，等．密闭粮堆中水分和温度变化的模拟研究 [J]. 粮油食品科技，2015，（S1）：24-27.

［795］ 兰波，乔长福，程人俊，等．基于无线传感器网络的粮库温度监测节点设计 [J]. 粮食储藏，2016，（4）：16-18，42.

［796］ 陈思羽，吴文福，李兴军，等．谷物湿热平衡新模型及热力学特性的研究 [J]. 中国粮油学报，2016，（3）：110-114.

［797］ 张银花，甄彤，吴建军．基于云遗传 RBF 神经网络的储粮温度预测研究 [J]. 粮食储藏，2016，（3）：1-3，7.

［798］ 王远成，潘钰，尉尧方，等．仓储粮堆内部自然对流和热湿传递的数学分析及验证 [J]. 中国粮油学报，2017，（9）：120-125，130.

［799］ 祁智慧，高玉树，唐芳，等．北京地区粮堆表层温度、水分、气体监测数据分析 [J]. 粮食储藏，2017，（2）：9-14.

［800］ 任伯恩．内环流控温条件下粮堆内部水分变化规律探讨 [J]. 粮食储藏，2019，（6）：53-54.

第九节　粮食储藏过程遇到的主要技术问题研究

［801］ 张家年，陈海斌，谭军．稻谷吸湿形成裂纹的初步研究 [J]. 粮食储藏，1997，（6）：39-42.

［802］ 杜海波．玉米在港口散粮装卸中的破碎问题 [J]. 粮油仓储科技通讯，2002，（2）：1-4.

［803］ 廖江明，袁传光，姚宏，等．浅圆仓玉米破碎率调查报告 [J]. 粮食储藏，2003，（4）：50-53.

［804］ 李宝良，刘志爱，梁俊英．改进储粮配套工艺装备降低东北玉米破碎问题的探讨 [J]. 粮食流通技术，2008，（2）：13-15，36.

［805］ 张来林，朱彦，张爱强，等．玉米破碎的原因与解决措施 [J]. 粮油食品科技，2009，（1）：27-29.

［806］ 王彦超，张来林，乔占民，等．筒式仓减少玉米入仓破碎的技术措施 [J]. 粮食流通技术，2010，（4）：17-20，24.

［807］ 王永昌，姚文冠．立筒仓 / 浅圆仓粮食破碎问题的原因分析和解决措施 [J]. 粮食流通技术，2010，（4）：21-24.

[808] 陈江，王正，杨国峰.仓储环境下抑制稻谷产生裂纹相关工艺的探讨 [J].粮食储藏，2010，（4）：36-41.

[809] 王洪兵.降低玉米破碎率的对比试验 [J].粮油仓储科技通讯，2011，（1）：46-47.

[810] 毕文广，赵敏，吕国军.设备改造对玉米烘干和入仓减碎的重要性 [J].粮油仓储科技通讯，2012，（2）：38-40.

[811] 王健，杨兴林，李洪鹏，等.浅圆仓玉米降破碎装置的应用 [J].粮油仓储科技通讯，2017，（2）：40-42.

[812] 邓庆，徐宗季，袁华山，等.扦样过程中影响玉米破碎粒因素的探讨 [J].粮食储藏，2019，（1）：53-56.

[813] 于宏根，郑家林.对立筒库高粮层结块因素和解决办法初探 [J].粮油仓储科技通讯，1989，（5）：12-13.

[814] 徐寿鸿，葛红根.露天囤粮食结露现象的预防 [J].粮油仓储科技通讯，1992，（3）：14-16.

[815] 张平安，侯敬斋，冀丁顺，等.地下窑洞库防潮防结露与储粮效应的探索 [J].粮油仓储科技通讯，1998，（1）：43-46.

[816] 孙慧.土堤仓储粮中的结露与预防 [J].粮油仓储科技通讯，1999，（4）：27-28.

[817] 郝令军，孙慧，乔占民，等.土堤仓露天垛储粮的结露及预防 [J].郑州工程学院学报，2000，（4）：84-86.

[818] 程兰萍，刘杰，李秀昌.外垛架空防结露试验 [J].粮油仓储科技通讯，2000，（5）：18-22，25.

[819] 高克友，邱支成，李七成.处理浅圆仓地沟结露的一种简单办法 [J].粮油仓储科技通讯，2001，（6）：21-22.

[820] 杨振海，陈彦甫，任庭绪，等.十字管道温湿平衡防结露法技术应用 [J].粮油仓储科技通讯，2001，（1）：13-14，19.

[821] 孟彬，张五科，张景忠.浅圆仓地沟结露及防潮综合处理 [J].粮油仓储科技通讯，2003，（3）：54-55.

[822] 华祝田，吕庭友.高大平房仓储粮中结露现象的综合防治 [J].粮食与食品工业，2004，（4）：49-50.

[823] 张来林，魏庆伟，周玉香，等.土堤仓秋冬季节储粮结露的原因及预防措施 [J].粮油食品科技，2007，（4）：19-20，25.

[824] 田向东，于海军.高大平房仓储粮防止粮堆结露、结顶的试验研究 [J].粮油加工，2007，（10）：108-110.

[825] 巩献忠.露天垛储粮防结露技术发展应用及管理探讨 [J].粮油仓储科技通讯，2007，（3）：55-56.

[826] 张来林，魏庆伟，周玉香，等.土堤仓秋冬季节储粮结露的原因及预防措施 [J].粮油食品科技，2007，（4）：19-20，25.

[827] 樊曙红，徐玉斌，朱洪铭.豆粕筒仓防结露分析与工程设计 [J].粮食与食品工业，2009，（1）：47-50.

[828] 何立军，张来林，杨晨晓，等.粮食的结露与处理 [J].粮食流通技术，2010，（1）：19-20，27.

[829] 张来林，詹启明，任伟志.粮面结露的几种处理方法 [J].粮食加工，2013，（1）：65-67.

[830] 翁胜通，李林杰，庄泽敏，等.冷风机处理立筒仓粮面发热的效果分析 [J].粮食储藏，2013，（2）：26-27.

[831] 尹君，吴子丹，张忠杰，等.基于多场耦合理论浅析浅圆仓局部结露机理 [J].中国粮油学报，2015，（5）：90-95.

[832] 徐碧，汪志发，何泽红，等.华中地区玉米储藏防控结露探索 [J].粮油仓储科技通讯，2015，（2）：53-54.

[833] 陶金亚，张来林，郑颂，等.粮堆表层结露的预防与处理 [J].现代食品，2015，（24）：68-70.

[834] 王凤起，向飞.粮食出仓挂壁结顶原因分析及控制措施探讨 [J].粮油仓储科技通讯，2017，（1）：55-56.

[835] 章铖，田兴国，何荣，等.粮堆结露成因与预防处理研究进展 [J].粮食储藏，2018，（1）：1-5，9.

[836] 王宏，侯文忠，贾香园，等.小麦储藏中板结原因及防控措施研究 [J].粮食储藏，2019，（2）：20-24.

[837] 徐恺，晏书明，付鹏程.接种霉菌的高水分玉米自然发热试验——在室内模拟仓散装玉米中的热转移试验报告 [J].粮食储藏，2000，（2）：20-26.

[838] 赵景海，刁宝富，王占军，等.粮堆局部处理机对散储玉米局部发热的处理 [J].粮油仓储科技通讯，2002，（6）：8-9.

[839] 邓中华，卢自华.浅圆仓散储玉米局部发热的处理 [J].粮食储藏，2002，（6）：35-37.

[840] 杨广义.引起粮温升高原因的排查方法 [J].粮食流通技术，2003，（3）：38.

[841] 杨广义.局部粮食发热生虫的适当处理 [J].粮食科技与经济，2003，（1）：37.

[842] 罗斌，邓晓兵，陈红霞.储粮发热的系统研究 [J].粮油仓储科技通讯，2006，（1）：23-26.

[843] 陈福海，曹琨.综合储粮技术在处理粮堆发热中的应用 [J].中国粮油学报，2006，（3）：380-383.

[844] 陈轶群.玉米发热的预防和处理 [J].粮油食品科技，2007，（3）：25-26.

[845] 闫艳霞，曹玲芝.粮仓谷物局部发热温度场数学模型研究与应用 [J].粮食与食品工业，2008，（4）：40-42.

[846] 王兰花.高大平房仓粮食发热的预防与处理 [J].粮油仓储科技通讯，2008，（2）：15-16，19.

[847] 杨晨晓，张来林，何立军，等.粮食的发热与处理 [J].粮食科技与经济，2009，（6）：39-40.

[848] 房强.新粮入仓后发热的预防和处理措施探讨 [J].粮食储藏，2016，（3）：53-56.

[849] 洪小琴.粮面吸热技术在储粮中的应用 [J].粮油仓储科技通讯，2016，（3）：34-35.

[850] 袁业宏.害虫引起粮堆"窝状"发热的处理措施 [J].粮油仓储科技通讯，2016，（2）：47-49.

[851] 陶金亚，张来林，李建锋，等.湿热扩散对储粮的危害及防治措施 [J].粮食加工，2016，（5）：64-66.

[852] 张崇霞，许胜伟，吴芳.粮堆发热点的研究进展 [J].粮食储藏，2018，（2）：5-8.

[853] 吕新.浅圆仓储粮中心杂质集中问题的解决方案 [J].粮食流通技术，2003，（1）：19-20.

[854] 张亚非，徐五喜，郑美海，等.自动分级对高大平房仓长期储藏存粮食的影响及对策 [C]// 中国粮油学会第四届学术年会论文集.北京：中国粮油学会，2006.

[855] 周云，曹毅，郑刚，等.东北地区玉米破碎原因及解决措施 [J].粮油食品科技，2007，（6）：20-22.

[856] 张来林，张爱强，朱彦，等.粮食自动分级的类型与预防措施 [J].粮食流通技术，2008，（6）：28-30.

[857] 周延智，李松伟，曾卓.浅圆仓杂质分布规律的研究 [J].粮食科技与经济，2009，（4）：35-37.

[858] 张慧民，杨广军，刘伟，等.高大平房仓补仓机窗口入库大豆自动分级初探 [J].粮油仓储科技通讯，2013，（1）：45-49.

[859] 徐碧.杂质对储粮的影响 [J].粮油仓储科技通讯，2013，（6）：51-53.

[860] 杨文生.进口大豆入仓自动分级特性研究 [J].粮食储藏，2014，（6）：23-26.

[861] 江列克，庄译敏，向征，等.浅圆仓布料器防分级效果评价方法 [J].粮油仓储科技通讯，2014，（1）：42-44.

[862] 梁东升，胡智佑，李文泉.浅圆仓多点均衡落料布料器对粮堆均匀性的影响 [J].粮食储藏，2016，（3）：42-45.

［863］ 原方，张芝荣，徐志军，等 . 破碎大米入仓过程分级问题理论研究 [J]. 粮食储藏，2017，（1）：13-18.

［864］ 胡智佑，杨海民，刘玉东，等 . 浅圆仓压力门式伞形多点布料器应用 [J]. 粮油仓储科技通讯，2018，（1）：44-49.

［865］ 郑毅，邱辉，武传森，等 . 多功能中心管与多点布料器实仓试验对比研究 [J]. 粮油仓储科技通讯，2018，（2）：40-45.

［866］ 陈明，雷丛林 . 北方地区两种主要粮堆结露产生的原因及预防 [J]. 粮油仓储科技通讯，2019，（4）：11-13.

［867］ 关地 . 粮尘的爆炸与防治 [J]. 粮油仓储科技通讯，1995，（5）：21.

［868］ 李英，孙武亮 . 大型下料坑吹吸式通风除尘系统设计 [J]. 武汉食品工业学院学报，1997，（2）：5.

［869］ 马六十，智站伟 . 粮食防尘剂的实验室筛选 [J]. 粮食储藏，2000，（1）：33-37.

［870］ 张国梁 . 防止粮食仓厂粉尘爆炸与损耗技术的探讨 [J]. 粮油仓储科技通讯，2001，（6）：14-15.

［871］ 齐志高 . 粮食粉爆事故分析与安全评估方法 [J]. 粮食储藏，2001，（6）：19-22.

［872］ 李堃，刘锦瑜，齐志高 . 可燃性粉尘环境危险区域的分类和划分 [J]. 粮食储藏，2004，（5）：47-53.

［873］ 李堃，刘锦瑜，齐志高 . 粮食粉尘防爆的几个误区 [J]. 粮油食品科技，2004，（3）：24-25.

［874］ 周乃如，朱凤德，张音，等 . 粮食粉尘的性质与粉尘爆炸关系的研究 [J]. 郑州工程学院学报，2004，（1）：1-3，8.

［875］ 张国梁，王华，陆根林，等 . 粉尘爆炸的成因与白油降尘防爆 [J]. 粮食与食品工业，2004，（2）：37-39.

［876］ 陈松裕 . 粮食粉尘爆炸及防爆措施的研究 [J]. 粮油仓储科技通讯，2008，（2）：10-14.

［877］ 庞映彪 . 浅圆仓粉尘爆炸及其应对管理措施 [J]. 粮油仓储科技通讯，2012，（2）：10-12.

［878］ 秦彦霞，夏永星 . 粮食物流系统中通风除尘系统几个重要参数的选择 [J]. 粮食流通技术，2013，（3）：40-41.

［879］ 李堃 . 粮库防止粉尘爆炸应注意的问题 [J]. 粮油仓储科技通讯，2015，（2）：28-30.

［880］ 单广平，刘孙宝，李可，等 . 粮食储存中静电的危害与预防 [J]. 粮油仓储科技通讯，2016，（1）：44-46.

［881］ 朱可亮 . 粮食粉尘爆炸的原理及预防措施 [J]. 粮油仓储科技通讯，2018，（3）：37-40，44.

［882］ 王自良 . 浅谈高大平房仓的防雷设计 [J]. 粮食流通技术，2002，（1）：35-37.

［883］ 程万红 . 粮情检测系统雷击故障分析及防雷技术应用 [J]. 粮油仓储科技通讯，2011，（2）：42-43.

第十节　储粮降低损耗研究

［884］ 陈中军，陈庆书 . 密封储粮自然损耗试验 [J]. 粮油仓储科技通讯，1997，（5）：23-24.

［885］ 唐礼安，张海马 . 不同仓库条件对粮食储藏损耗的影响 [J]. 粮食储藏，2000，（4）：28-32.

［886］ 高影，兰盛斌，张华昌，等 . 吉林省玉米入库后损耗的研究 [J]. 粮油仓储科技通讯，2001，（3）：10-18.

［887］ 徐润琪，刘建伟，张莘明，等 . 适期收割对稻谷损失影响的研究 [J]. 粮食储藏，2003，（3）：47-50.

［888］ 程晓梅，王殿轩，仲继平，等 . 入仓期玉米象感染不同时期小麦重量损失的研究 [J]. 粮油仓储科技通讯，2008，（4）：48-50.

［889］于林平，曹立新，王光明，等.小麦储存期间的损耗分析与对策 [J].粮油食品科技，2010，（6）：52-53.

［890］陆祖安，祁正亚，于文江，等.提高楼房仓散粮出仓效率技术改造试验 [J].粮油仓储科技通讯，2011，（1）：35-37.

［891］蔡云，李家勇，杨晓明，等.薄膜密闭储粮保水降耗试验 [J].粮油仓储科技通讯，2011，（4）：25-27.

［892］卢章明，谢静杰，陈伊娜，等.百年老仓储粮损耗不超标的探讨 [J].粮油仓储科技通讯，2013，（3）：53-56.

［893］田元方，李应祥，王文祯，等.楼房仓不同保管模式对降低储粮损耗的应用分析 [J].粮食储藏，2014，（3）：33-38.

［894］王晶磊，肖雅斌，李增凯，等.粮食储藏保水减损技术的研究与应用 [J].粮油仓储科技通讯，2014，（5）：15-17.

［895］李浩然，丁建武，盛强，等.粮食储存损耗因素及应对措施 [J].粮油仓储科技通讯，2016，（6）：16-19.

［896］盛强，李浩杰，曹志帅.储粮保水减损技术的探讨及应用 [J].粮油仓储科技通讯，2016，（5）：52-56.

［897］姜自德，苏林，刘强，等.粮食储藏损耗及其应对措施 [J].粮油仓储科技通讯，2016，（3）：6-7，26.

［898］郑元欣，蔡庆春，钟伟先，等.储粮减损降耗技术探讨 [J].粮油仓储科技通讯，2016，（5）：1-4.

［899］严翔，吴桂果，杨枫，等.跨省移库玉米减损经验探索 [J].粮油仓储科技通讯，2017，（6）：49-50.

［900］刘金宁.华北地区小麦损耗及改善措施 [J].粮油仓储科技通讯，2017，（5）：53-56.

［901］包中平，刘涛，陈志刚，等.华南地区玉米保质减损技术集成应用试验 [J].粮食储藏，2017，（3）：13-17.

［902］商永辉，杜明华，丁团结.储粮不同温差下通风降温水分损耗试验 [J].粮油仓储科技通讯，2017，（3）：48-51.

［903］陈传国，高中喜，王道华，等.节能创新技改在安全储粮中的作用 [J].粮油仓储科技通讯，2018，（5）：29-31.

［904］谢转弟.浅谈大米储藏损耗及应对措施 [J].粮油仓储科技通讯，2019，（3）：28-29.

第八章 低温储粮技术研究

第一节 低温储粮技术主要研究工作（20世纪50年代至80年代）

我国低温储粮技术研究工作，包括自然低温通风储粮技术、机械通风低温储粮技术、谷物冷却机降温储粮技术、地下冷源降温储粮技术、利用太阳能制冷机组控温储粮。除地下低温外，其他三种技术多应用于房式仓。近年来，立筒仓通风低温储粮也受到人们重视。周景星1981年出版了《低温贮粮》。关延生等1982年出版了《低温贮粮》专著。

一、自然低温储粮技术研究

自然低温储粮研究在我国有悠久历史，比较系统的研究始于20世纪50年代。从有关研究报告看，开展自然低温储粮研究较早的是上海市、北京市的粮食部门。上海市粮食储运公司1965年报道了冬米保管的技法。北京市粮食局储藏研究室1965年报道了"冷冻杀虫"技术的相关试验研究。沈加伟等1978年报道了对低温保粮及有关问题的试验报告。报告简要介绍了上海地区低温储粮类型，包括自然低温冬米保管。李庆龙1978年报道了高寒地区的低温冷冻储藏试验报告，介绍高寒地区如何利用低温冷冻的方法处理储粮霉变。文中例举了内蒙古乌盟地区在气温−5~0℃的条件下进行自然通风，夏季隔热密闭，粮温可保持在10℃以下。甘肃省长子县粮食局1982年提出了低温储粮研究，该文介绍了自然通风低温储粮的研究情况，并就此问题进行了初步探讨。江西省修水县粮食局1982年提出自然通风低温储藏。王建镐1984年报道了关于粮食自然低温储藏的实践与探讨。刘廷林1984年报道了低温砖圆仓的设计与高水分玉米储藏试验。汪全勇1984年报道了露天粮堆安设通风隧道的试验报告，经过三年试验证明：该方法有利于散湿散热、熏蒸杀虫、减少粮食损失，储粮效果很好。巩永清1985年报道了自然通风棚降低玉米水分。经3年试验证明：该法效果良好。徐国淦等1985年报道了利用我国自然低温处理进口粮谷象问题的初步研究。吉林省粮油食品专科学校1986年报道了自然低温为主，机械制冷为辅储藏玉米试验。周景星1986年报道了确定通风的原则与自然通风法试验。

二、通风低温储粮技术研究

我国机械通风低温储粮研究始于20世纪50年代末期。武汉市第一粮食仓库1958年进行房式仓散装粳稻麻袋围包储藏试验。同年，江苏省苏州市盘蔚粮库进行单管通风试验。北京大红门粮库1959年进行了机械通风降湿、降水试验。

(一)房式仓机械通风低温储粮研究

房式仓机械通风低温储粮研究报道较多，以下拟从通风机类型、通风形式、通风控制、隔热材料、技术经济指标等研究情况加以介绍。

1.通风机类型研究

选择离心式通风机或轴流式通风机，因不同地区、不同气候、不同仓型、不同粮种而定。专家和学者对这些类型进行了一些研究。

（1）使用离心式通风机降温的研究。朱仁康等1981年报道了对粮食固定式机械通风降温与低温储粮技术的探讨报告。报告着重讨论了机械通风降温中有关总通风量、风道布置、通风时机和低温储粮的技术措施。江西省粮食储运公司、江西省宜春地区（现宜春市，下同）粮食局、江西省丰城县（现丰城市）粮食局1981年报道了低温储粮试验报告。浙江省嘉兴地区（现嘉兴市，下同）粮食局1982年报道了储粮机械通风应用技术，介绍了离心式风机选择、风道设置（变截面地下槽、变截面上地笼）、通风方法等。江苏省无锡市粮食局1982年报道了粮食机械通风降温应用情况的报告。陕西省南郑县郭滩粮库1984年报道了机械通风低温储粮研究结果，使用4-72-11型号风机，电流量4.5A，通风效果很好。刘维春1984年报道了机械通风低温储粮的应用技术。该技术重点讨论了通风网路的设置、应用方式与效果；1986年又报道了机械通风储粮技术初步总结。安徽省庐山县粮油食品局（现庐山市粮食局，下同）1987年报道了机械通风在高水分粮过夏中的应用试验。该试验表明：高水分粮通风降温、降水效果良好，粳稻过夏品质正常。杜国栋、徐惠迪1988年报道了对储粮机械通风几个问题的看法。

（2）使用轴流式通风机降温的研究。南京市下关粮库1982年报道了关于大米安全过夏储藏方法的情况汇报。广东省番禺县（现广州市番禺区，下同）粮食局、广州市粮食科学研究所1985年报道了有关储粮机械通风降温技术的体会。该文认为：利用动力风机加速粮堆气流交换，能使粮食长期处于低温干燥状态。地槽抽风、地槽鼓风、窗口排风、多管吸风、地面气筒抽风、粮面气筒吸风六种通风方式，以排风扇排风最为实用、安全、经济。广东省番禺县石基粮食管理所1985年报道了排风扇负压、换气降温情况的报告。广东省番禺县化龙粮管所1985年报道了砖圆仓储粮机械通风降温情况的报告。

刘维春等1987年报道了粮仓负压式通风降温储粮试验报告。该试验将仓门窗密封，利用安装在仓房檐墙上的轴流风机向仓外排风，使仓内粮堆上部空间形成负压，迫使仓外冷空气从仓底地槽进入仓内，并穿过粮堆，带走粮堆内一部分热量。仓内外空间形成70～100 Pa（$7.14～10.2$mmH2O[①]）的气压差，地槽进风口风速2.1～9 m/s，粮堆表观风速2.68～89 m/s，粮温可降至10℃左右。该方法与离心式通风机比较，可节省设备费70%～80%，节省电费80%～90%。李海水1989年报道了单相排风扇地上笼通风降温储粮应用技术研究。陈景松、范有祥1989年报道了使用轴流风机进行储粮降温的试验。

2. 通风形式研究

（1）单管（多管）通风的研究。苏州市粮食局、武汉粮食工业学校苏州市实习队1960年报道了谷物单管通风的试验报告。江苏省无锡1602库1966年报道了稻谷低温密闭储藏试验。该试验介绍多管机械吸风设备的通风效果。湖南省粮食局储运处1985年报道了储粮单管通风降温技术。该技术采用W8×1型降温机，吸式和吹式两种型式各10台，配有压探管机和电控制箱，单台降温机功率为750 W，转速为2 850 r/min，风机风压110 mmH2O，风量900 m³/h，导管3节，每节1 m，口径80 mm，降温效果较好。袁金城1987年报道了储粮单管通风及使用方法。

（2）箱式通风的研究。此种方法多在中小型仓房使用。古静仁等1985年报道了存气箱通风降温试验研究。该试验提出了确定存气箱大小的设计依据，设备安装与操作以及各种仓房降温的效果与改进意见。李逢春1986年报道了存气箱机械通风储粮技术在当地的应用，证明：适时利用1～2月的空气进行通风，方法是可行的。江苏省昆山县（现昆山市，下同）粮食局1986年报道了存气箱通风降温应用技术。黄建华1989年报道了存气箱通风技术试验。

（3）地槽通风的研究。地槽通风是我国粮食部门科技人员研究得最多的一种储粮通风方式，研究内容主要涉及地槽设计和通风效果。刘维春等1983年报道了地槽式机械鼓风的保粮试

---

①毫米水柱：mmH2O。1 mmH2O≈10 Pa，下同。

验。试验证明：地槽机械鼓风降温，可使粮温降至10℃以下，是实现低温储粮的有效方法。试验表明：在通风前必须掌握好通风的有利时机，实行分阶段间歇鼓风；粮温与气温相差10℃以上时，效果更为明显。地槽降温以竹笼做风道最好，变截面可以减少风速在风道中的变化，以保持前后的一致性。张炳泳1983年报道了对房式仓地下槽机械通风设计的探讨。王立1984年报道了关于机械通风进行低温保粮若干问题的探讨。江苏省无锡1602仓库1984年报道了密闭通风两用仓，谈到房式仓的改造问题；1985年该库还报道了储粮通风形式的选择。该库通过对各种通风方式、通风网络参数进行全面测定，认为：地槽通风虽效果好，粮温下降均匀，电耗低，但造价高；地槽管口易出水，适于新建、扩建粮仓使用；存气箱虽造价低，电耗略高，易于推广，但如果揭膜不当就会影响效果。单管和多管风机电耗大，劳动强度大，操作不便。该库推荐采用立槽和存气箱结合的方式进行通风。浙江省粮食局1985年报道了房式仓地槽机械通风降温技术。广东省番禺县粮食局1985年报道了储粮机械通风降温技术在南方地区的应用。试验证明：仓内上部抽风、仓底鼓风方法较好。周传立等1985年报道了晚糯谷降温与隔热度夏保管。张祯祥、左进良、刘维春等1986年报道了地槽式机械通风储粮试验报告。该试验对风量选择、风网设计、通风时机、风机选择和操作规程等提出了见解。1986年，有江苏省粮食局、浙江省粮食储运公司、广东省粮食局储运处、江苏省无锡市粮食局、江西省宜黄县粮油储运公司、江西省宜黄县粮食局、湖北省粮食局、湖北省咸宁地区粮食局，另有艾汉青、赵月仿、汪华祥、肖为海、赖雄彪等都报道了地槽通风试验。黄火世1988年也做了类似报道。

3. 通风控制研究

吴子丹1987年报道了储粮机械通风的计算机控制。通过试验建立起数学函数模型，确立了粮食水分的平衡关系。用该模型编成电算程序，可有效进行储粮机械通风监控。王善军1988年报道了机械通风低温储粮与自动控制，介绍机械通风自控仪器试验情况。邹登顺等1988年报道了低温储粮监控技术试验研究。

4. 通风参数设计、计算与测定研究

江西景德镇市粮食局等1984年报道了有关储粮机械通风主要参数问题的探讨。黄培等1984年报道了关于房式仓地槽机械通风降温装置设计和测试方面几个问题的探讨。浙江省嘉兴地区粮食局等1984年报道了房式地槽式机械通风网路的阻力测定。上海粮食储运公司储藏研究室1985年报道了微速风表测定粮堆风速。左进良等1986年报道了储仓稻谷气流阻力试验。该试验通过测出稻谷中的气流阻力，发现单位深度的压力损失和单位面积的气流呈线性关系，直线斜率随粮层深度的增加而减少，截距随粮导的增加而增加。气流穿过粮层的压力损失，随着粮层深度的增加成比例增加，但随气流速度增加不成比例关系。同时，该试验建立了五个近似等式，可用于储粮通风系统的设计计算。唐启尧1986年报道了谷物通风等静压均匀送风管道设计

计算。罗金荣1986年报道了机械通风仓粮堆阻力的简易测定方法。周诚1987年报道了关于散装粮堆机械通风装置中均匀送风管道的水力学计算。该研究介绍了计算方法，阐明降低通风系统压力损失的主要途径。雷本善1987年报道了对谷物冷却时间两种计算方法的几点质疑。赵余粮1987年、陈福海等1987年、赵思孟1988年分别在讨论排风方向、通风时机方面也作了一些数据推导。雷本善1988年报道了粮食冷却时间热衡计算与实验数据。

5. 保温、隔热材料研究

上海市粮食储运公司1982年提出了保温隔热措施的研究。该研究证明：仓顶传热是粮食热量主要来源，不同仓型、不同结构对仓温的影响不同。粮仓隔热性能应作为选择仓型与结构的重要指标，控制门窗启闭也是粮仓隔热的重要措施。上海市奉贤县粮食局、上海市粮食储运公司储藏研究室1984年报道了粮仓应用铝箔隔热技术的试验报告。顾鼎范等1986年报道了粮仓隔热新途径——盒式铝箔空气层试验，认为该试验可用于生产。

6. 低温仓的管理和技术经济指标研究

吉林省四平市粮食局1986年报道了径向机械通风干燥、降温储藏仓的使用操作规程。曹知霖1986年报道了关于贮粮机械通风经济技术指标的几点看法，提出了比较合理的技术经济指标。李妙金1987年报道了低温与准低温仓的储粮管理研究，介绍粳米不同水分适宜储藏的温度和粮食损失的情况，并提出管理措施。

（二）立筒仓机械通风低温储粮研究

立筒仓机械通风低温储粮的研究报告较少。吴来保1986年报道了立筒仓储粮机械通风研究。该研究认为：立筒仓储粮机械通风降温较其他仓型更为有利。该技术采用上吸式，低风速，高温差，间歇通风的技术手段可达到试验目的；仓顶吸风工艺设备简单、操作方便。杜国栋等1988年报道了立筒仓通风技术研究。介绍了通风仓通风管路设置的研究和风机的选择，达到了通风降温经济有效和出粮方便的要求。董殿文1991年报道了对浅圆仓多管自然通风干燥粮食问题的探讨。

三、制冷低温储粮研究

商业部四川粮食储藏科学研究所等1981年报道了散装大米低温储藏（机械制冷）技术的试验研究。该试验采用KD-10型制冷设备，对25万kg仓容，内装25万kg～27万kg，水分11.2%～11.3%的大米进行机械制冷；风机风量为5 600～9 300 m³/h，风压540～1 200 Pa，冷风交换次数13～21次，粮温可从31℃降至17℃，储藏大米的效果比较理想。广州市粮食局1981年使用2FV-10型冷冻机组，浙江省杭州市粮食局1981年使用4AF10型冷冻机组，湖北省粮食局储运处1983年使用KD-20型、KD-10型制冷设备各一台进行上述试验，都取得了较好的降温效果。上海市粮食储运公司储藏研究室、上海市第一粮食仓库、上海市第二粮食采购供应站1983年报道了配用空调机进行低温储粮的试验。该试验采用聚苯乙烯泡沫或气垫铝箔、配用空调机进行低温储粮，可将粮温控制在20℃以下，实现了高水分粮安全度夏。胡哲传等1984年报道了相对低温储粮的试验报告。该试验用LF-30冷风机组改装成EDL型移动式制冷机，便于移动，达到了较好的效果。仇德庆、杨生等1984年报道了应用移动式粮食制冷机低温储粮的试验研究。该试验采用LDJ-18型移动式制冷机对高水分粮进行低温储粮试验。试验时制冷性能采用：制冷量1.5万J/h，风量5 000 m³/h，蒸发器出口温度9℃，环境相对湿度70%，电压380V，功率10.8 kW。试验结果表明：该实验对水分16%的大米，可延缓陈化，保持正常品质。

使用空调器低温储粮的研究有：上海市粮食储运公司1984年报道了准低温储粮的研究。冯小良1986年报道了高水分粮配用空调机进行低温储藏试验。该试验用窗式空调机作为冷源，对高水分晚粳谷做度夏保藏试验。试验证明：储藏11个月，储粮水分从15.9%降至15%，品质正常。山东省青岛市第二粮库1988年报道了空调准低温储粮试验报告。该试验采用KC-30型窗式空调机，制冷量3 000 kcal/h，去湿量2 L/h，达到了预期目的，取到了较好效果。

四、地下仓低温储粮研究

赵同芳等1959年报道了陕西甘肃窑窖储粮调查报告。郑州粮食学院粮油储藏系储藏教研室1974年报道了河南省地下粮仓储藏性能的初步调查。河南省粮食局1980年报道了地下仓的储粮性能及其管理的报告。该报告重点介绍了地下仓储粮性能和管理方法。周景星等1981年报道了对引地道风冷藏大米的初步探讨报告。该试验在高温季节将地道风引入储藏大米仓房，仓房比对照仓的温度低8～10℃，使大米在较低温度下安全度夏。陕西省粮食局1982年报道了地下储粮技术的研究。研究报告介绍：在低温季节粮食入库，杀虫效果较好。四川省三台县粮食局1982年报道了关于套层通风地下仓与自然低温储粮的试验。试验报告介绍了套层通风地下仓的效能。该仓型不仅增加了防潮功能，粮温还比一般地下仓低3℃～5℃，对安全储粮有利。

山西省曲沃县粮食局6668仓库1982年报道了窑洞仓低温储粮情况汇报。介绍了开展低温储粮，粮堆表面结露的预防和保持低温的措施。浙江省粮食厅储运处等1982年报道了地下库安全储粮技术试验。试验报告介绍了地下仓结构、储粮性能、管理技术，特别介绍了控温、控湿的方法。山东省长岛县粮食局1982年报道了地下仓有利于粮食储藏的研究。重庆市北碚区粮食公司1982年报道了利用防空洞进行自然低温储藏大米的试验情况。糜君舫等1984年报道了关于地下控湿储粮技术问题的探讨。韩惠东1985年报道了地下喇叭仓储粮管理研究。朱德生等1986年分别报道了宁夏地区地下喇叭仓储粮试验研究；宁夏地区山洞库储粮试验研究。

五、低温密闭储粮研究

除上述四种低温储粮类型以外，低温密闭储粮可以认为是更具特色的综合低温储粮类型。无论自然低温储粮、通风低温储粮、制冷低温储粮和地下仓低温储粮，当借助自然通风和机械通风使粮温降低到相对理想程度后，都需要密闭隔热，方能达到预期目的。这里介绍的一些研究工作，也包括试验所用的隔热密闭材料研究。

江苏省吴县粮食局1959年报道了整仓封闭防湿隔热冬眠储粮试验的情况。江苏南京市集合村粮库1972年报道了大米散装低温密闭保管的试验。山东省海阳县粮食局1974年报道了关于花生米低温密闭保管的试验报告。陕西省西安市蓬湖路粮库1974年报道了开展低温保粮，巩固"四无"粮仓综述。山东省济南市纬六粮店1975年报道了大米低温密闭储藏方法的研究。江苏省无锡市财贸粮棉站1975年报道了大米低温密闭保管情况的研究报告。该报告证明：粮食冬季入库后进行机械通风降温，粮堆四周用麻袋草苫覆盖，粮面用糠压盖，可以实现安全保管。

刘廷林1981年报道了低温密闭储粮研究。李道光1984年报道了双笆仓低温储粮情况报告。邹登顺等1984年报道了采用双层塑料薄膜低温密闭储粮的初步试验。马永明1984年报道了低温密闭储藏高水分玉米的研究。江苏省无锡1602仓库1984年报道了密闭通风两用仓简介——兼谈房式仓的改造。山东省寿光县粮食局、山东省潍坊市粮食局1985年报道了双层塑料薄膜控温储粮技术的研究。河北省遵化县（现遵化市，下同）新店子中心粮站1985年报道了双层塑料薄膜密闭粮堆控温技术。刘宝奎等1986年报道了"双膜一草"夹层密闭储粮控温技术及有关问题的探讨。黎友望等1986年报道了露天散装粮堆密闭控温储藏试验报告。李步成等1989年报道了密封粮堆小气候对储粮自然损耗的影响。

六、机械通风降低储粮水分研究

这一时期，利用机械通风降低粮食水分，我国储粮部门做出了有价值的研究。邵永源1981年报道了应用机械通风降低入库玉米水分的试验。鞠今风等1984年报道了粮食径向机械通风干燥技术试验报告。青海省粮食科学研究所等1984年报道了机械通风干燥高水分小麦的初步试验。胡哲传等1984年报道了利用地槽通风仓进行整仓粮食干燥的试验报告。浙江省嘉兴市粮食局等1985年报道了储粮双向气流干燥的研究。江苏省江都县（现扬州市江都区，下同）粮食局、江都县直属粮库1985年报道了大豆整仓通风的干燥试验。陈坤生等1985年报道了散堆潮粮热风干燥的试验。郝令军1986年报道可以通风降水的垛型效能。朱仁康等1986年报道了机械降水、增水一机多用的研究。吉林省四平市粮食局1986年报道了径向机械通风干燥、降温储藏仓的使用操作规程。安徽省庐江县粮油食品局1987年报道了机械通风在高水分粮过夏中的应用。马道炳等1988年报道了露天粮堆辅助加热通风降水技术的应用。上述所有研究结果证明：机械通风不仅可以有效降温，而且可以在一定程度上降低储粮水分，达到安全储粮之目的。

第二节　低温储粮技术主要研究工作（20世纪90年代至今）

这一时期，我国低温储粮技术，特别是机械通风储粮技术取得较快进展。随着我国现代信息技术和现代生物技术的进步，粮食通风相关应用性、基础性研究不断深入，通风技术智能化水平有显著提高，横向通风技术取得了重大突破。这一时期，低温储粮技术的研究报告颇多。以下按照低温储粮技术通论，自然通风低温储粮技术研究，机械通风低温储粮技术研究，谷物冷却机低温储粮技术研究，地下冷源低温储粮技术研究，压盖、隔热低温储粮技术研究分别进行介绍；其后再按不同地区储粮机械通风降温研究，不同通风系统降温效果等研究进行介绍。

一、低温储粮技术通论

以下拟将一些与低温储粮相关的研究报道，作为"低温储粮技术通论"列入。

黄清泉等1989年报道了有关大米低温储藏问题的探讨。陈金智1990年报道了粮堆微风速测量仪技术。江苏省武进县粮食局[①]1991年报道了关于储粮准低温过夏试验情况的报告。蒙向东等1994年报道了大型准低温仓储粮试验报告。陈碧祥1997年报道了如何处理好储粮冬季通风与春季密闭的关系问题。朱志昂1998年报道了采用热管降温安全储粮新技术的探讨。

万拯群等2000年报道了"六双"低温仓低温储粮的研究。邸军等2001年报道了低温储藏延缓粮食陈化的探索。崔国华等2004年报道了粮食低温储藏的应用实践和发展建议。舒在习等2005年报道了对我国低温储粮技术体系技术应用的探讨。于加乾等2006年报道了稻谷低温储藏保鲜技术研究。白旭光等2006年报道了中国典型储粮生态区低温储粮的优化集成方案。田华等2007年报道了对低温、低损耗绿色储粮模式的探讨。王海霞等2007年报道了对低温储粮技术的探讨。田元方2008年报道了采取综合立体控温措施，散装储存高水分玉米的试验。杜召庆等2008

---

① 现江苏省常州市武进区粮食和物资储备局，下同。

年报道了高大平房仓"冷核心粮"现象分析报告。李建智等2008年报道了三种仓型低温储粮的对比试验。谢永宁等2008年报道了粮仓地槽进风孔的技术改造试验。王勇等2009年报道了关于大中型粮库立体绿化与低温储粮的探讨。王小林2009年报道了对通风经济运行模式的探讨。王远成等2009年报道了就仓通风时粮堆内部热湿耦合传递过程的数值预测报告。王兴周等2009年报道了不同功率风机的降温通风试验。

郝振方等2010年报道了平房仓粮堆温度时空分布的基本统计特征分析。段海峰等2010年报道了冷却干燥通风过程中粮仓内热湿耦合传递的数值模拟研究。梁醒培等2010年报道了储粮粮堆温度传导的距离–时间–温度曲线模型研究。阙岳辉等2010年报道了包装稻谷采用不同通风方式的通风效果对比试验。徐红梅等2010年报道了稻谷安全储存水分的指标评价体系研究。黄宗伟等2010年报道了关于机械通风中引起粮堆温度不均衡因素的探讨。徐玉斌等2012年报道了集装糙米低温储藏实仓试验与分析。黄志军等2012年报道了对包装仓实施准低温储粮的应用探析。向长琼等2015年报道了我国低温储粮技术应用现状与思考。程小丽等2016年报道了反重力热管在低温储粮中的应用研究。牟敏等2017年报道了充分利用气候条件开展准低温储粮。王建闯等2018年报道了关于低温储粮技术应用的探讨。

二、自然通风低温储粮技术研究

周景星等1990年分别报道了稻谷自然低温辅助通风保鲜技术的研究Ⅰ：通风降温系统的研究；稻谷自然低温辅助通风保鲜技术的研究总论；1991年又分别报道了稻谷自然低温辅助通风保鲜技术研究：Ⅲ稻谷储藏保鲜技术的研究；稻谷自然低温辅助通风保鲜技术研究：Ⅳ通风低温与保护剂结合防虫技术研究。徐惠逊1991年报道了关于寻求更经济的低温储粮方法的探讨。刘尚卫等1991年报道了非制冷型低温仓储粮的研究。周家云1992年报道了自然低温粮仓在该省的发展前景。郭奉荣等1995年报道了粮堆内设大通风隧道自然通风降温散湿的试验报告。薛辉华等1998年报道了储粮自然通风和机械通风技术研究与应用。

云南省粮油工业公司2000年报道了关于冬春季自然通风降温储粮技术的探讨。陈幼平等2001年报道了竹笼立体式自然通风准低温储粮试验。徐长明2002年报道了竹笼自然通风储粮技术研究与应用。石春光等2003年报道了自然通风降温技术的研究。徐润琪等2003年报道了稻谷自然干燥最佳条件的探讨——从热能利用效率分析干燥条件对稻谷的影响研究；2004年又报道了稻谷自然干燥最佳条件的探讨——从爆腰率发生分析干燥条件对稻谷的影响研究。贾乾涛等2007年报道了控温储粮研究进展。胡冶冰2008年报道了自然通风降温试验。朱志昂2011年报道了热管自然蓄冷低温储粮探索。

三、机械通风低温储粮技术研究

20世纪90年代以来，机械通风低温储粮技术的研究报告有几百篇。为了便于专业人员了解，下面将技术研究报道分成六部分：一是储粮机械通风通论；二是储粮机械通风分论；三是不同地区储粮机械通风降温研究；四是不同通风系统降温效果研究；五是储粮不同通风系统形式研究；六是储粮机械通风技术应用研究。

（一）储粮机械通风通论

周曙明1989年报道了粮食机械通风湿球温度控制法的研究。赵思孟1991年报道了粮食机械通风的发展与应用。吴子丹1991年报道了储粮机械通风的计算机控制研究。吴祖全1991年报道了关于储粮机械通风时机选择的探讨。北京市昌平县粮食局[①]1991年报道了机械通风保粮技术的应用及体会。江苏省武进县粮食局1991年报道了关于储粮准低温过夏试验情况的报告。乔家合1992年报道了低温储粮研究。王湘伟1993年报道了发展中的机械通风储粮技术研究。许孔学1994年报道了机械通风储存高水分包装大米安全度夏的试验。粟德章等1997年报道了形式多样通风储粮技术的推广与应用。傅立权1997年报道了机械通风储粮试验。鞠今风1997年报道了低温储藏常温干燥粮食技术的现状和展望。田书普等1997年报道了两种地槽风道通风性能的比较。刘振有1998年报道了粮食储备库机械通风保粮的研究。熊涤生1998年报道了机械通风储粮中的粮堆结露及预防。张莉萍等1998年报道了储粮冬季机械通风降温试验。周景星等1998年报道了粮堆通风工艺设计及实例。郭中泽等1998年报道了储粮机械通风系统设计中不容忽视的问题研究。熊涤生1999年报道了机械通风储粮中的粮堆结露及预防方法。冀圣江等1999年报道了储粮机械通风操作的技术要点。王海潮等2000年报道了关于中央直属粮库机械通风工艺设计的讨论。潘兵2001年报道了当地冬季进行机械通风降温的可行性。祝超明等2001年报道了粮仓立体通风技术研究。赵思孟2002年报道了储粮机械通风技术的功用与发展研究。易世孝等2002年报道了储粮机械通风中常见的问题及解决办法。郭道林等2002年报道了运用低温储粮技术提高仓储效益的研究。徐永安等2002年报道了低温储粮综合技术试验研究报告。吕建华等2003年报道了不同储粮仓型机械通风技术的研究。赵思孟2003年报道了对新建粮库中储粮机械通风生产试验的评介。蒋中柱2003年报道了对提高储粮机械通风应用效益问题的探讨。庞文渌2003年报道了影响机械通风储粮效果的因素分析。任培喜2004年报道了机械通风死角的检查与处理。万

---

① 现北京市昌平区粮食和物资储备局，下同。

拯群2005年报道了"四双"综合低温储粮的实践与思考。范威等2005年报道了对准低温储粮的探析。王文峥2005年报道了通风技术的应用及探索。张学文等2005年报道了膜下通风与熏蒸一体化新技术的开发与应用研究。殷贵华等2006年报道了华北地区高大平房仓低温储粮模式的探讨与研究。顾巍等2007年报道了机械通风降温效果的数值评估报告。张来林等2008年报道了粮食仓房的通风口改进技术。李宗良等2008年报道了稻谷控温储藏试验。杨国峰等2009年报道了对储粮机械通风温度条件的探讨。宋锋等2009年报道了仓外绿化环境对储粮控温的影响研究。张来林等2009年报道了高水分玉米安全度夏技术试验。李林轩2009年报道了粮食仓储机械设备安全管理报告。杨广军等2009年报道了机械通风技术在夏季入库大豆中的应用研究。王双林等2009年报道了在通风干燥过程中的粮食水分转移规律研究。张来林等2011年报道了储粮通风技术的应用及发展研究。赵建华等2011年报道了科学运用机械通风，推进绿色安全储粮综述。王晶晶等2014年报道了储粮生态区域智能通风应用模式效果研究。赵会义等2015年报道了我国储粮机械通风技术发展的研究。田平等2017年报道了小功率风机冬季间歇通风降温试验。吴镇等2019年报道了我国小麦控温储藏的现状及研究进展。张崇霞等2019年报道了我国低温储粮的应用方式和适用性分析。韩越等2019年报道了低温储粮技术的研究现状与思考。

（二）储粮机械通风分论

1. 机械通风应用性、基础性研究

赵思孟1988年报道了粮堆机械通风时机的判断方法及分析。陈金智1989年报道了通风网路对粮堆各点影响的探讨报告。张来林等1992年分别报道了粮堆机械通风电模拟试验报告；实验室粮堆通风模型试验研究。王清和1997年报道了关于粮食平衡水分理论在实践应用中几个问题的探讨。于秀荣等1997年报道了人工模拟低温、准低温储藏过夏大米品质变化的研究。雷振怀等1998年报道了水分湿热平衡关系式在提高通风储粮效果中的指导报告。杨进等1998年报道了粮堆高度对机械通风粮层阻力的影响研究。吴祖全1999年报道了掌握粮堆气流规律发展气流储粮技术。吴德明1999年报道了换热机组降温降湿工艺设计的研究。王彩云1999年报道了大豆平衡含水率的试验研究。赵思孟2001年分别报道了机械通风系统中风机的合理选择方法；评价储粮机械通风均匀性的思路和方法。汪海波2001年报道了晚稻高水分粮的处理措施。李加祥等2002年报道了包装粮垛"井"式通风法。张前等2003年报道了高大平房仓储粮温度变化规律的数学模型研究；2004年又报道了以粮温实测数据为例探讨低温储粮可行性的研究。万拯群2004年报道了高大平房仓立体机械通风技术研究。陆群等2005年报道了三种风机对平房仓储藏小麦的通风效果比较研究。张来林等2006年报道了浅圆仓不同风机的性能参数比较研究。赵英杰等2006年报道了新收购不安全粮的三种处理模式。中央储备粮滨州直属库2006年报道了多功能通

风管道在粮堆中的应用试验。罗先安等2006年报道了散装粮堆通风死角的成因与处理研究。汪向刚等2006年报道了机械通风技术在单堆中的应用。郭玉成等2006年报道了利用导风管"烟囱效应"解决高大平房仓死角问题的研究。兰中平2006年报道了散装粮仓机械降温通风时间理论探讨。王若兰等2007年报道了模拟通风条件下稻谷平衡水分变化的研究。曹晓博等2007年报道了不同气流速度下小麦平衡水分的研究。沈宗海2008年报道了储粮智能化通风控制数学模型研究。韩东等2008年报道了粮仓廒间内部空调冷气流非稳态数值模拟研究。李省朝等2017年报道了不同通风系统降温效果的数学模拟及试验验证。张来林等2017年报道了不同粮种横向和竖向通风性能参数的对比研究。张来林等2017年报道了大豆粮堆横向和竖向通风性能参数的对比研究。钱立鹏等2017年报道了小麦粮堆横向和竖向通风性能参数的对比研究。李兴军2017年分别报道了谷物粮堆通风的理论依据与目标；小麦平衡水分测定及实仓智能化降温通风试验；采用水分解吸等温线分析粮食安全水分的研究；平衡水分方程精准指导稻谷实仓调质通风试验的原理研究。吴文福等2017年报道了基于绝对水势图的储粮通风作业管理报告。鲁子枫等2017年报道了基于数值模拟技术的三种通风量下储粮机械通风效果的比较研究。姜洪等2017年报道了对山东省小麦、稻谷、玉米实仓试验与储粮安全水分的探讨。张辰等2018年报道了CFD仿真技术在粮食仓储上的应用研究。何旭等2018年报道了改善通风气流运动均衡性，降低粮堆水分梯度的试验研究。袁攀强等2018年报道了圆形卧式通风储存仓小麦干燥试验研究。张晓培等2018年报道了高大平房仓横向通风与竖向通风的对比试验。

2. 不同仓型储粮机械通风系统研究

（1）高大平房仓储粮机械通风研究。吴祖全等1993年报道了大型房式储备粮仓立体通风系统的试验报告。陈修柱等1995年报道了大型房式仓散装储粮立体通风技术研究。徐革2000年报道了大型房式仓储粮通风系统的设计方法。杨国峰等2001年报道了不同风道和风机在高大房式仓机械通风中的应用试验。陈昌荣等2001年报道了立体网络式通风储粮试验报告。祝超明等2001年报道了粮仓立体通风技术。董元堂等2001年报道了钢结构高大平房仓机械通风降温试验。吴际红2001年报道了高大平房仓机械通风生产性试验。沈宗海等2001年报道了高大平房仓缓速通风系统的设计与应用。王桂萍2002年报道了机械通风在高大平房仓中的应用。牛怀强等2002年报道了高大平房仓多层立体通风垛的储藏试验。赵思孟2003年报道了对新建粮库中储粮机械通风生产试验的评介。冯学仕等2004年报道了高大平房仓冬季通风降温试验。宋景才等2004年报道了高大平房仓轴流风机通风降温试验。曾桂水等2004年报道了高大平房仓控温储粮试验。骆福军2004年报道了高大平房仓夏季晚间开窗通风对储粮的影响研究。张家玉等2004年报道了高大平房仓低温储粮的试验报告。齐龙超2004年报道了铁心桥国家粮食储备库安全储粮技术和经验。陈国旗2005年报道了对高大平房仓综合控温储粮技术的探讨。张志成等2005年报道了机械通风技术在高大平房仓中的应用研究。赵小军等2005年报道了高大平房仓智能通风系统夏季排除积热试验。杨国峰等2005年报道了机械通风降低稻谷水分技术在高大平房仓中的应用。郑振堂等2006年报道了高大平房仓低温密闭储粮试验。张来林等2006年报道了对高大平房仓低温粮堆表面生虫治理方法的探讨。王海涛等2006年报道了高大平房仓储粮控温新方法试验报告。李锦亮等2008年报道了高大平房仓上层储粮温控试验。黄雄伟等2008年报道了高大平房仓三种机械通风方式的效果对比试验。谢明财等2008年报道了高大平房仓控温储粮试验。丁传林等2008年报道了高大平房仓冬季通风降温试验。胡德新2008年报道了重庆地区高大平房仓稻谷实施控温储藏研究。严梅等2008年报道了高大平房仓改造低温储粮的试验研究。郑振堂等2009年报道了高大平房仓分段通风降温降水的生产试验。汪宁2009年报道了新型房式仓机械通风的效果研究。李国庆等2010年报道了高大平房仓轴流风机通风降温试验。史钢强2010年报道了平房仓离心和轴流风机高温差通风降温试验。隋明波2010年报道了机械通风在普通房式仓中的应用研究。司福爱等2010年报道了应用控温储粮技术确保大豆安全度夏的研究。陈光杰等2010年报道了影响机械通风效果关联因素的研究。周刚2010年报道了对夏季机械通风降水的试验。李新果等2011年报道了对大粮堆两种不同通风方式通风效果的比较研究。龚正龙等2011年报道了储粮地上笼与地下槽通风系统的对比试验。王平等2011年报道了平房仓横向通风降温技术研究。谢伟燕等2011年报道了利用绿色储粮技术控温保粮的探讨与实践。王毅等2011年报道了现代控温气调储粮技术扩大应用试验。蔡庆春等2011年报道了高大平房仓新粮入库三种通风方式的对比试验。李琛2011年报道了危害分析与关键控制点（HACCP）体系在糙米低温储藏中的应用研究。邹江汉等2011年报道了高大平房仓粮堆"冷源"在南方高温季节降低上层粮温的试验。颜崇银2011年报道了高大平房仓膜下均衡粮温与绿色储粮应用试验。祁正亚等2011年报道了对华南地区新建高大平房仓控温储粮的试验。张慧敏2011年报道了控温气调储粮技术应用研究与分析。李先明等2011年报道了竹笼立体通风储粮技术的应用及效果。宋涛等2011年报道了通风笼改造对玉米通风效果的研究。陆耕林等2012年报道了高大平房仓散装大豆高湿度条件通风试验研究。林春华等2012年报道了华南地区高大平房仓三种风机通风降温能效的分析研究。黄启迪2012年报道了夏天利用出仓粮堆冷心降温通风的研究。郭振宇等2012年报道了玉米降温通风温度模拟及分析。张来林等2013年报道了粮堆表层通风控温试验研究。王昭2013年报道了应用控温技术储存稻谷试验。王毅等2013年报道了新型气囊对仓房通风口密闭与控制底层粮温变化的研究。江春阳等2013年报道了在外温作用下储粮建筑围护结构的传热研究。张崇霞等2013年报道了机械通风对大豆水分影响的室内研究。史钢强2013年报道了智能通风操作系统水分控制模型优化及程序设计。赵兴元等2013年报道了新建高大平房仓稻谷控温储藏试验。张会民2013年报道了边入库边通风技术在高水分小麦安全储存中的应用试验。黄之斌等2014年报道了高大平房仓局部粮堆对外温的敏感度研究。许明珍等2014年报道了新建高大平房仓散粮压仓不同形式的叠包风道通风效果。刘朝伟等2014年报道了高大平房仓小麦准低温储粮性能研究。张来林等2014年报道了用于处理仓房底层粮食的局部横向通风方法。李兴军等2014年报道了平衡水分理论和通风窗口指导稻谷降温通风技术。周全申等2014年报道了机械通风作业条件的公式法推导研究。尹君等2015年报道了小麦竖向通风的阻力研究。赵会义等2015年报道了玉米横向和竖向通风粮层阻力对比研究。史钢强等2015年报道了平房仓空调设计及热像仪应用报告。郑凤祥等2015年报道了玉米粮堆横向和竖向通风性能参数的对比研究。陈军涛等2015年报道了储粮通风技术的应用发展。陈江等2015年报道了基于Phoenics的稻谷通风过程水分分布模拟探讨。高帅等2015年报道了平房仓横向谷冷通风小麦粮堆传热传质数值模拟试验。高帅等2015年报道了横向通风过程中粮堆内热湿耦合前沿规律研究。张云峰等2015年报道了平房仓横向与竖向通风降温失水率研究。王晶磊2015年报道了高大平房仓自动开窗降温效果研究。石天玉等2015年报道了横向通风技术在高大平房仓小麦储藏上的应用。张海青等2016年报道了高大平房仓简易型仓房负压（吸出式）通风采用覆膜改变空气路径试验。姜仲明等2016年报道了智能控制系统在高大平房仓排积热通风中的应用。尉尧方等2016年报道了粮堆通风阻力的研究方法及阻力模型研究进展。潘钰等2016年报道了粮仓自然储藏及通风过程中热湿耦合传递的模拟研究。沈邦灶等2016年报道了横向通风仓两种半衰期气密性测试的对比试验。郑凤祥等2016年报道了玉米粮堆横向和竖向通风性能参数的对比研究。张来林等2016年报道了稻谷粮堆横向和竖向通风性能参数的对比研究。张晓静等2016年报道了仓储粮堆冷却通风温度和水分变化的模拟对比研究。黄亚伟等2017年报道了储粮机械通风均匀性评价方法研究进展。沈邦灶等2017年报道了横向、竖向通风密闭粮堆粮温变化的规律初探。鲁子枫等2017年报道了分阶段储粮降温通风的比较研究。曲安迪等2017年报道了在不同送风湿度下，储粮机械通风效果的数值模拟研究。员怡怡等2017年报道了储粮通风模型及实仓应用研究。王远成等2017年报道了仓储粮堆内部自然对流和热湿传递的数学分析及验证。郭长虹等2017年报道了无动力屋顶排热风球在高大平房仓综合控温工程中的应用。

（2）浅圆仓储粮机械通风研究。田书谱等2001年报道了浅圆仓通风储粮技术研究。陶自沛等2002年报道了机械通风在大型浅圆仓中的应用。赵庆国等2003年报道了钢板浅圆仓机械通风试验。吴晓江等2004年报道了低温储粮在浅圆仓中的应用及探讨。张来林等2006年报道了浅圆仓不同风机的性能参数比较。黄呈安等2006年报道了浅圆仓风网改造试验。吴晓江等2006年报道了浅圆仓机械通风对粮堆水分的影响研究。张友春等2006年报道了圆筒仓通风系统的分类及应用。史钢强等2007年报道了浅圆仓高水分稻谷分层低温储藏试验。白雪松等2011年报道了浅圆仓整仓通风及局部高温处理。李松伟等2011年报道了浅圆仓不同风机的通风降温效果试验。陈惠等2011年报道了浅圆仓轴流风机通风降温试验。郜智贤等2011年报道了华南地区高大浅圆仓不同风机组降温耗能对比试验。范向东等2013年报道了浅圆仓机械通风降温对比试验。闻小龙等2013年报道了浅圆仓四种通风方式的比较试验。杜建光等2014年报道了浅圆仓夏季冷心环流试验。黄之斌等2014年报道了浅圆仓不同功率风机通风试验研究。王金水等2015年报道了大型浅圆仓节能减损储藏试验。郑明辉等2016年报道了不同通风工艺在浅圆仓中应用的研究。王健等2016年报道了浅圆仓机械通风设备的应用。罗家宾等2017年报道了浅圆仓低温储粮技术实践应用及推广探讨。杨海民等2018年报道了浅圆仓储存进口大豆期间温度变化规律的探索。季雪根等2019年报道了浅圆仓智能通风模式探析。

（3）平房仓储粮机械通风研究。李逢春1999年报道了房式仓的准低温储粮研究。王飞生等2001年报道了苏式仓改建后机械通风准低温储粮试验。朱家明等2001年报道了机械通风准低温储粮技术应用及管理。李志民2002年报道了平房仓通风技术初探。周天智等2002年报道了房式仓双层风网立体通风熏蒸试验报告。辛玉红等2002年报道了新建平房仓机械通风降温效果的探讨。任震眠等2003年报道了仓房通风口的改造试验。李甲戌等2003年报道了高大钢板平房仓地上笼机械通风技术的应用试验。范国利2003年报道了房式仓不同地下槽通风形式通风降温效果研究。李承龙等2005年报道了老房式仓机械通风降温储粮试验。陆群等2005年报道了三种风机对平房仓储藏小麦的通风效果比较。张文武2006年报道了平房仓控温储粮试验报告。徐玉斌等2007年分别报道了对平房仓散装粮低温储藏方式的探讨；对新的平房仓散装粮低温储粮方式的探讨。潘瑞有等2009年报道了机械通风技术在苏式仓储粮中的探讨与应用。王平等2011年报道了平房仓横向通风降温技术研究。陈传国等2012年报道了房式仓利用粮堆"冷源"均衡粮温度夏试验。沈波等2014年报道了平房仓创新通风技术方式探析。沈邦灶等2015年报道了平房仓横向与竖向通风系统降温试验对比研究。祝祥坤等2015年报道了稻谷平房仓储藏的横向通风技术工艺研究。沈银飞等2016年报道了平房仓横向通风风机机型试验。曾义华等2016年报道了横向通风技术在平房仓应用的利与弊研究。李丹青2017年报道了锌铁板屋面平房仓冷风机控温储粮试验。沈波等2017年报道了平房仓横向与竖向通风系统入库效能的对比研究；2018年又报道了平房仓竖向和横向通风系统降温能效的对比研究。冯平等2018年报道了平房仓准低温储存稻谷试验。沈邦灶等2018年报道了平房仓不覆膜粮堆横向通风降温的新工艺研究。周晓军等2018年报道了在两种通风模式下，平房仓实仓通风降温效果的比较研究。范东华等2019年报道了平房仓小麦冬季通风蓄冷试验。

（4）立筒仓储粮机械通风研究。赵思孟1982年报道了筒仓贮存稻谷的通风条件。胡冬生等1992年报道了中型立筒仓共用管道熏蒸杀虫通风降温试验报告。王琦等1993年报道了径向机械通风仓干燥规律的实验研究及其过程的计算机模拟试验。吕建华等1993年报道了中型立筒仓共用管道熏蒸杀虫通风降温试验。张来林等1999年报道了粮食筒仓的通风降温系统研究。李洪程

2000年报道了电脑测控连体通风夹层立筒仓的结构与性能探讨。毕文广等2008年报道了立筒仓并联式卸料斗机械通风系统改造技术。高雪峰等2009年报道了机械通风技术在立筒仓的应用及管理。张来林等2011年报道了粮食筒仓的通风口设计。

（5）钢板仓储粮机械通风研究。李明发1999年报道了大型装配式钢板仓机械通风降温系统的设计与使用。胡文正2004年报道了低温通风技术在钢板仓储粮中的应用研究。蒋桂军等2006年报道了钢板筒仓的通风及其方式研究。吕建华等2007年报道了大型彩钢板保温仓控温储粮试验。张友春2008年报道了谷物钢板仓的通风及熏蒸方式试验。胡春亮等2008年报道了彩钢板仓房夏季粮食发热通风降温试验。王子嘉等2019年报道了模拟钢板仓储存大米通风降温试验。

（6）砖圆仓储粮机械通风研究。王钦一2000年报道了对砖圆仓机械通风设计与效益的探讨。王飞生等2001年分别报道了广东省（粤北）山区砖圆仓储粮机械通风应用研究；广东省（粤北）山区砖圆仓储粮机械通风应用研究。

（7）其他仓型储粮机械通风研究。蒋晓云等1993年报道了对露天粮囤机械通风系统空气途径比的变化探索。张会利2001年报道了土堤仓通风储藏高水分玉米安全度夏试验。周景慧等2006年报道了机械通风在露天散存周转玉米中的应用。贾力等2007年报道了山洞仓低温储藏玉米研究。靳吉体2010年报道了筒仓钢罩棚室内通风换气的工艺设计。于文江等2010年报道了百年老仓包打围散装玉米机械通风降温试验。李伟等2012年报道了围包散装东北烘干玉米机械通风技术的应用。李国华等2017年报道了横向通风技术在包打围仓型稻谷储藏上的应用研究。王英瑞2018年报道了露天储存玉米机械通风降水常见问题及处理方法。

（三）不同地区储粮机械通风降温研究

彭建国1998年报道了南方地方通风降温技术。牛怀强等2001年报道了在干燥寒冷地区防止通风中粮食水分减量的几点建议。万莉等2002年报道了江南地区的低温储粮技术研究。李宗良2002年报道了昆明地区低温储粮技术应用报告。孟大明2002年报道了西北低温对储粮稳定性的影响。吴磊等2003年报道了机械通风在西北冬寒终年气干区的综合运用。王延康等2005年报道了西安地区利用粮堆冷心均衡粮温试验。蒋世勤2005年报道了南方地区低温储粮探讨。殷贵华等2006年报道了华北地区高大平房仓低温储粮模式的探讨与研究。陈小平等2006年报道了西安地区智能通风冬季降温试验研究。谢维治等2006年报道了高大平房仓间歇熏蒸技术的应用试验。郑刚等2007年报道了东北地区高大平房仓储粮工艺研究。周铖等2008年报道了对华南沿海地区高大平房仓综合控温问题的探讨。中央储备粮兰州直属库2008年报道了机械通风技术在北方高大平房仓梯形粮堆中的应用研究。高素芬2009年报道了在东北、华北和西北地区低温储粮技术优化集成与典型应用。王捷宏等2009年报道了华南地区高大平房仓综合控温模式试验。史钢强2009年报道了东北地区储粮机械通风的操作管理。牟庆忠等2009年报道了西南中温高湿地区稻谷控温储藏试验。黄启迪等2010年报道了华南地区几种常用控温储粮方式。胡宏明等2010年报道了北方地区控温储藏实仓试验报告。梁军民等2010年报道了北方干旱地区窑式仓玉米水分调节试验。张栋2010年报道了三峡库区综合控温储粮试验报告。袁宝友等2010年报道了通风保水技术在粤西地区的应用与实践。黄志宏等2011年报道了广东地区高大平房仓控温储粮试验研究。郁宏兵2011年报道了长江中下游地区控温储藏技术应用综述。赵介2011年报道了南方高温高湿地区玉米控温储藏试验。张栋2012年报道了三峡库区轴流风机通风降温储粮试验。王鑫等2012年报道了储粮通风减损技术在滇西地区的应用。林春华等2012年报道了华南地区高大平房仓三种风机通风降温的能效分析。曹毅等2013年报道了东北地区大豆保水储藏技术生产性的试验报告。郁宏兵2013年报道了长江中下游地区机械通风储粮技术的工艺探析。高兴超等2015年报道了高原地区稻谷保水减损技术的研究。吕建华等2016年报道了天津地区自然冷源控温储粮的技术试验。郑志华等2019年报道了云贵高原地区稻谷低温储藏技术研究。闵炎芳等2019年报道了浙北地区籼稻准低温储藏应用工艺研究。王士臣等2019年报道了高寒地区控温储粮技术探讨。王鑫等2019年报道了中温低湿储粮生态区夏季不同控温储粮技术的探讨。

（四）不同通风系统降温效果研究

（1）离心风机储粮通风效果研究。庞斐等1989年报道了新颖节能轴流风机试验的研究。钟良才等1997年报道了垂直径向通风系统在大型房式仓中的应用效果。赵思孟2003年报道了机械通风系统风机的配置与合理使用。朱家明2006年报道了关于粮堆径向通风排湿施药管道技术的实验报告。王广等2009年报道了离心风机"一机两口"通风降温试验。翁胜通等2011年报道了利用高压风机对大豆通风降温的效果分析。王平等2011年报道了平房仓横向通风降温的技术研究。张来林等2014年报道了用于处理仓房底层粮食的局部横向的通风方法。陆德山2015年报道了粮堆横向通风与纵向通风降温的比较试验。王培根等2016年报道了粳稻储藏中横向通风技术应用。陈燕2017年报道了散装仓库横向通风效能研究试验。李国华等2017年报道了横向通风技术在33 m跨度平房仓稻谷储藏中的应用研究。姜俊伊等2017年报道了平房仓横向与竖向通风系统储粮温度变化的对比研究。卢洋等2018年报道了两种通风方式对高大平房仓内温湿度的影响研究。沈邦灶等2019年报道了基于横向通风系统的粮堆动态控温储粮应用研究。

（2）轴流风机储粮通风效果研究。李存法等1989年报道了排风扇在储粮通风中的应用研究。邹建明等1993年报道了房式仓全开孔地槽配轴流风扇通风降温。邓波1996年报道了大型仓房离心风机改轴流风机通风研究。朱细添1997年报道了浅谈排风扇压入式机械通风不可忽视的几个问题。王石瑛1998年报道了轴流式风机的特点 选用原则与使用效果分析。张文武等2001年报道了高大房式仓轴流与离心风机通风效果的对比试验。樊宇辉2001年报道了机械通风储粮，实验效果显著的报告。束旭强等2002年报道了排气扇通风降温对比试验报告。刘春和等2003年报道了轴流风机在高大平房仓通风降温中的应用研究。江林然等2004年报道了轴流风机通风降温试验。李国强2005年报道了采用小功率轴流风机实施低温储粮。包刚等2005年报道了轴流风机与离心风机机械通风经济效益对比。季青跃2007年报道了轴流和离心式风机通风对比试验。顾巍2008年报道了轴流风机在辅助粮仓机械通风中的作用。周庆刚等2009年报道了轴流风机通风储粮的水分减量与能耗比较。车宗芝2009年报道了高大平房仓轴流风机负压通风降温技术应用。沈晓明等2010年报道了膜下负压通风降温技术的探讨。王金奎等2010年报道了轴流风机压入式通风降温节能降耗试验。艾春涛等2010年报道了简易温控装置在轴流风机保水降温通风中的运用。宋瑞成等2011年报道了轴流风机自动控制通风系统在储粮中的应用。周祥2012年报道了小功率轴流风机负压通风降温效果分析。王文广等2012年报道了轴流风机在高大平房仓通风降温中的应用。王军等2014年报道了小型轴流风机通风应用试验。陈广军等2015年报道了轴流风机在浅圆仓玉米降温通风中的试验报告。陈民生等2015年报道了轴流风机调质通风技术在晚稻出库中的应用。李泽雨等2015年报道了轻便式轴流风机缓速通风储粮应用。王金奎等2015年报道了小功率轴流风机下行压入式降温通风试验。万世杰等2016年报道了小功率轴流风机缓速通风的优势。李泽雨等2016年报道了轴流风机缓速负压通风保水的可行性试验。田平等2017年报道了小功率风机冬季间歇通风降温试验。唐开梁等2017年报道了轴流风机负压缓速通风技术应用。王伟伟等2019年报道了半密闭式缓式通风技术探讨。

（3）混流风机储粮通风效果研究。丁团结等2018年报道了双向混流风机降温通风应用试验。刘经华2011年报道了混流风机与离心风机通风降温的效果对比试验。

（4）空调控温低温储粮效果研究。刘传魁等1993年报道了应用空调低温储藏大米安全过夏的研究。胡大纲等1997年报道了中央空调在大型粮仓中的应用研究。王威等2002年报道了低温空调技术在粮食保鲜方面的应用与发展研究。姜鸿鸣等2005年报道了窗式空调仓制冷储粮技术的探讨。曹琼2006年报道了冰蓄冷技术在粮食储存中的应用及发展研究。左圣(亻毛)等2006年报道了稻谷控温储藏综合技术的应用效果。姜元启等2007年报道了膜下空调控温储粮试验。王永等2009年报道了高大平房仓空调控温储粮试验。孙肖东等2009年报道了高大平房仓智能空调综合控温储藏稻谷试验。施永华2009年报道了三种不同型号空调控温效果的对比试验。杨文生等2010年报道了中温高湿储粮区高大平房仓空调控温储藏大豆的技术。张卫国2010年报道了夏季利用空调控温储存大豆的试验。王永准等2010年报道了高大平房仓空调综合应用技术储粮试验。张慧敏等2010年报道了福建地区空调控温储粮试验的调研与分析。许海峰2011年报道了空气调节器粮面节能控温试验。沈波等2011年报道了华南地区空调控温储存大米的技术研究。

顾小洲2011年报道了利用空调制冷实现低温储粮，确保高水分稻谷储藏安全的实践。江春阳等2012年报道了节能空调模式在粮仓中的应用。林保等2012年报道了移动式空调控温技术对稻谷品质的影响研究。丁常依等2012年报道了对平房仓空调控温安装方式的探索。黄启迪2012年报道了南方立筒仓应用移动空调控温储存玉米的研究。任宏霞等2012年报道了空调制冷在高大平房仓的控温控湿尝试。俞旭龙等2013年报道了空调控温储粮技术应用试验。黄少辉等2013年报道了移动式小空调结合保温被的控温储粮试验。邢衡建2014年报道了对稻谷综合控温技术的探讨。陈丽等2014年报道了空调控温确保稻谷安全度夏的实践。安晓鹏等2014年报道了移动式空调控温储粮试验。陈素君等2014年报道了空调控温技术在偏高水分稻谷储藏中的应用。安西友等2015年报道了高大平房仓大豆空调控温储藏试验。张来林等2015年报道了高大平房仓空调控温技术合理使用的方式探索。黄金根等2015年报道了空调控温与谷物冷却机控温适用性的对比试验。曹景华等2016年报道了利用蒸发冷却空调开展控温储粮的试验。许海峰等2016年报道了空调控温下玉米压盖与非压盖效果的对比试验。张来林等2016年报道了新型粮库专用空调的技术特点及应用研究。毕文雅等2016年报道了一种用于粮仓控温的新型专用空调。褚洪强等2017年报道了空调控温技术在玉米准低温储藏中的应用。张富胜等2017年报道了高大平房仓应用空调控温技术储存稻谷效果的研究。贺克军等2018年报道了浅圆仓空调控温试验。赵宗民等2018报道了第四储粮生态区空调与内环流控温储粮的效果分析。金林祥等2018年报道了大功率空调在高大平房仓玉米控温中的应用。钟建军等2018年报道了浅圆仓稻谷空调控温应用研究。罗正有等2018年报道了空调控温与惰性粉防虫技术综合应用效果的研究。郑秉照等2019年报道了新建浅圆仓环仓壁排积热试验对储粮的影响研究。吕扬扬等2019年报道了探索粮堆单面封对空调控温技术的影响研究。

（5）环流通风控温储粮效果研究。韩振起等1990年报道了储粮仓密闭循环机械通风湿热交换的研究试验。罗宗海2002年报道了对高大平房仓密闭粮堆膜下通风与环流熏蒸技术的探讨。刘伟云等2005年报道了仓内环流调节粮温技术的试验研究。卢献礼等2005年报道了局部环流降温在低温储粮中的应用。罗会龙等2006年报道了太阳能制冷空气隔离层环流通风储粮的试验研究。张国华等2008年报道了应用膜下环流通风技术实现高大平房仓低温储粮的研究。汪中书等2009年报道了空调粮面控温试验。向金平等2009年报道了应用环流熏蒸系统结合膜下环流管网处理"热皮粮"的技术与探讨。王岩等2010年报道了利用内环流技术借助粮堆内"冷源"使玉米安全度夏的试验。曾建华等2010年报道了离心风机整仓环流均温实仓应用试验。张来林等2010年报道了粮堆膜下环流系统的设计及应用。邵能跃等2010年报道了利用环流熏蒸系统进行膜下环流均温的尝试。许发兵2011年报道了高大平房仓膜下环流均衡粮温试验。唐瑜等2011年报道了利用环流风机进行膜下低压缓速通风降温试验。王文波等2011年报道了高大平房仓仓内膜下环流综合控温技术试验。赵爱敏等2012年报道了利用环流通风技术确保偏高水分玉米安全度夏的试验。张抵抗等2013年报道了应用膜下环流通风技术实现平房仓玉米低温储存的试验。郗曙光等2013年报道了整仓环流通风控温技术在大豆储存中的应用研究。蔡学军等2013年报道了平房仓内环流均衡温湿度储粮试验。徐瑞财等2015年报道了应用内循环均衡粮堆温湿度的储粮试验报告。刘道富等2015年报道了仓内内循环试验。刘根平等2015年报道了秋冬季环流均温通风在浅圆仓储粮中的应用研究。陈明伟等2016年报道了对平房仓内环流控温储粮技术的探讨。史钢强2016年分别报道了高大平房仓通风环流一体化系统测试报告；高大平房仓智能膜下环流及开放环流的控温试验。张效怀等2016年报道了内环流和空调控温应用的效果对比。陆德山2017年报道了利用环流熏蒸回流系统不揭膜的通风降温试验。李文兴等2017年报道了内环流控温技术在高大平房仓内的综合运用。许发兵2017年报道了高大平房仓内环流控温试验。李伟等2017年报道了环流控温对大豆水分变化的影响。王效国等2017年报道了高大平房仓储粮内环流控温试验。王士臣等2017年报道了利用内环流控温技术实现低温储粮的研究。张洪泽等2017年报道了高大平房仓内环流通风智能控制一体化系统的设计与控温效果试验。郭生茂等2017年报道了内环流通风控温保水的效果研究。王宝堂等2017年报道了膜下环流控温保水减损试验。吴宝明等2017年报道了膜下环流通风均温保水对比试验。赵光涛等2017年报道了内环流通风降温蓄冷试验。肖明亮2017年报道了浅圆仓大豆储藏夏季环流均温通风试验。陆德山2017年报道了利用环流熏蒸回流系统不揭膜通风降温试验。樊丽华等2017年报道了我国北疆地区高大平房仓内环流控温保水通风技术试验。芦建宏等2017年报道了环流控温储粮的探索和应用研究。张润堂等2018年报道了高大平房仓内环流控温技术的应用探索。丁希华等2018年报道了负压通风、内环流控温保粮技术的运用试验。吕纪民等2018年报道了内环流仓吊顶控温结构改造试验。张小英等2018年报道了内环流控温系统使用的试验报告。李伟等2018年报道了内环流控温与氮气气调综合应用试验。杨红森2018年报道了内环流系统在冬季降温中的探索应用试验。吴镇等2018年报道了内环流技术对高大平房仓储粮控温的效果研究。龙喆羽2018年报道了高大平房仓仓外控温工艺研究。郭生茂等2018年报道了不同仓型、不同装粮高度粮仓储粮的内环流控温试验。马爱江等2018年报道了浅圆仓大豆内环流均温试验研究。史钢强等2019年报道了简易平房仓利用通风、环流一体化系统储藏大豆的度夏试验。朱旭等2019年报道了两种控温储粮技术对东北粳稻保质减损储藏效果的研究。周运涛等2019年报道了仓顶隔热在内环流控温技术中的应用效果分析。赵光涛等2019年报道了内环流结合空调控温实现储粮免熏蒸的试验。刘长军2019年报道了高大平房仓内环流控温保水通风技术及其应用研究。吴文强等2019年报道了浅圆仓中心点综合处理技术的应用探讨。张美丽等2019年报道了应用内环流和稻壳压盖技术储存稻谷的试验。史钢强2019年报道了简易平房仓大豆"零"损耗降温通风试验。贺光辉等2019年报道了空调内环流储粮控温试验。董朋等2019年报道了内环流与轴流风机循环使用降温保水的通风试验。余军林等2019年报道了内环流控温与空调降温的储粮试验。马倩婷等2019年报道了内环流控温技术在第四储粮生态区的应用研究。申志成等2019年报道了内置式环流通风系统改造及控温技术在高大平房仓中的应用研究。

（五）储粮不同通风系统形式研究

刘子文等1989年报道了应用移动式多管风机降温除湿通风的技术研究。江苏省常州市粮油公司、江苏省武进县粮食局储运股1989年报道了立式气箱径向通风的试验报告。薛成才1990年报道了地下槽压入式通风和地温效应的研究。周兴明1990年报道了对1 000吨高仓地上笼机械通风系统合理设计问题的探讨。张来林等1991年报道了储粮通风风道表观风速的研究报告。周景星等1992年报道了几种储粮通风道的性能比较试验研究。殷华等1992年报道了利用废钢桶制作地上笼风道的实验报告。刘正喜等1992年报道了地槽风道分配器加罩的通风试验报告。张来林等1993年报道了机械通风粮层阻力测定试验报告。刘正喜等1994年报道了通风地槽新型空气分配器试验。樊发雨1994年报道了应用单管风机通风储粮试验。谢国元等1995年报道了单管散热器通风除虫的技术设计研究。江苏省泰兴市泰兴粮库1995年报道了采用存气箱降低储粮温度的试验。田书普等1997年报道了两种地槽风道通风性能的比较试验。唐波等1997年报道了竹笼通风技术在高粮堆中的应用研究。孙乃强等1997年报道了粮食套筒快速降温装置研制。徐惠乃等1999年报道了箱式通风与揭膜相结合提高降温效果的研究。许飞等1999年报道了拱仓大型隧道通风、熏蒸技术的试验报告。吴德明等1999年报道了拱仓大型隧道通风、熏蒸技术试验报告。易先静等1999年报道了扇形地上笼通风试验研究。张筱红等2000年报道了房式仓地上竹笼通风降温储粮试验报告。蔡花真等2000年报道了单管通风储粮技术的新应用。沈晓明等2001年报道了变型风道在储粮通风中的应用。赵学伟2001年报道了粮层阻力计算公式的分析比较研究。杨进等2001年报道了粮层深度与粮层阻力关系的试验分析报告。唐臣有等2002年报道了高大平房仓储粮轮换期间地笼和单管风机结合通风试验。杨大成等2003年报道了新12型可吸式粮堆局部通风系统的通风降温试验。石教斌等2006年报道了对高大平房仓综合控温储粮技术的探讨。牟仁生等2008年报道了吸风排湿装置在粮食贮藏中的应用。赵兴元等2010年报道了单管风机组在解决水分分层中的应用研究。刘溪等2011年报道了多管通风机处理大堆包装稻谷局部发热的试验。王旭2015年报道了壁挂式机械通风试验。刘伟等2019年报道了地槽通风改造系统生产性试验研究。

（六）储粮机械通风技术应用研究

（1）储粮控温、控湿技术研究。孙乃强1993年报道了高水分粮控温度夏的技术研究。刘航周等1995年报道了粮仓温湿度的控制研究。周景星等1997年报道了干燥、通风后期控温控湿技术。鲍振国等2000年报道了几种粮堆控温方法的比较研究。俞一夫2000年报道了低温粮仓的控温技术与管理报告。王天荣等2002年报道了机械通风准低温储粮试验。熊鹤鸣等2004年报道了不同防水材料对控温储粮的影响研究。贾乾涛等2007年报道了控温储粮研究进展。刘长安等2007年报道了高大平房仓控温控湿储粮试验。孟德军等2008年报道了缓速通风降温储粮试验。严忠军等2008年报道了控温储粮现状及发展趋势。王耀武等2008年报道了控温储粮技术的应用与探讨。乔占民等2008年报道了立式风网机械通风处理高水分小麦的应用实践。胡德新2008年报道了重庆地区高大平房仓稻谷实施控温储藏研究。刘永志等2008年报道了高大平房仓玉米烘干入库机械通风降温降水应用试验。林杰等2009年报道了运用控温储藏技术储藏稻谷试验。骆红彬等2009年报道了高水分晚籼稻谷降水控温过夏保管试验。宋锋等2010年报道了仓外环境绿化对储粮控温的影响。吕建华等2010年报道了控温储粮技术应用试验。闫炎芳等2011年报道了高水分晚粳稻降水控温安全度夏试验报告。王明卿等2011年报道了缓速通风和快速通风在储粮降温通风中的综合应用。王宏2011年报道了不同仓型机械通风降水降温的效果分析。仇素平等2011年报道了偏高水分粳稻谷机械通风降水控温储藏的探讨。钱国良等2012年报道了多风道仓房储存偏高水分粮降水控温安全度夏的试验。闻小龙等2012年报道了遮阳网控温储粮试验。穆俊伟等2015年报道了充氮气调对巴西大豆储藏期间的杀虫控温效果试验。郭生茂等2016年报道了不同控温形式的储粮试验。叶贵发2016年报道了简易粮棚粮食控温储藏方法的探讨。吕建华等2016年报道了天津地区自然冷源控温储粮的技术试验。纪智超2017年报道了南方高温入仓的粳稻降水控温度夏试验。王宝堂等2017年报道了控制储粮温度，实现保水减损的试验。李军2017年报道了"多位一体"立体控温储粮技术在本库高大平房仓的应用。韩建平等2017年报道了不同仓型内环流控温技术实仓应用试验。邹易等2017年报道了太阳能控温储粮试验。史钢强2018年报道了斜流风机通风、环流一体化系统自然通风与压入式通风保水低能耗降温的通风试验。张富胜等2018年报道了双膜冷气囊在高大平房仓的应用。

（2）储粮机械通风降水研究。周景星等1989年报道了储粮通风降水系统的研究。河北省石家庄地区粮食局（现石家庄市粮食局）1989年报道了机械通风降温降水的情况总结。白锡武1989年报道了高水分粮机械通风降水间歇时间的测定试验报告。么广任等1994年报道了高水分大米机械通风降水对储粮品质影响的研究。赵思孟1995年报道了如何估算机械通风降水时间的试验。山西省长子县粮食局1998年报道了LS系列机械通风降低粮食水分装置研究。李刚1999年报道了高水分粳稻储气箱就仓吸风降水的研究。余复兴等2000年报道了关于储粮降温降水新途径的探讨。李国卫等2000年报道了间歇式机械通风处理高水分稻谷的探讨。郭尔润2003年报道了高水分小麦机械通风降水效果的比较研究。王小康等2004年报道了高水分玉米就仓通风降水试验。易世孝等2005年报道了高大平房仓入库高水分晚籼稻谷通风降水试验。陈小平等2007年报道了高水分玉米地上笼机械通风降水试验。唐留顺等2008年报道了粳稻谷机械通风降水的探讨。陈民生等2008年报道了高水分小麦通风降水试验。李兰芳等2009年报道了晚籼稻谷通风降水试验。周刚2010年报道了夏季机械通风降水试验。林锦彬2013年报道了玉米保管除湿降水试验。刘道富等2014年报道了关于粳稻谷春季降水的探索。王毅等2014年报道了粮堆内部结构对通风降水与环流熏蒸的影响研究。吴晓宇等2014年报道了高水分稻谷就仓机械通风降水技术研究。王晶磊等2014年报道了高水分玉米通风降水技术研究。胡德新等2015年报道了高水分玉米机械通风降水试验。王效国等2015年报道了低温条件下的通风降水试验。张飞豪等2016年报道了高大平房仓高水分小麦春季降水的通风试验。王乐2018年报道了两种筒型仓通风降水的效果研究。张青峰等2018年报道了高大平房仓机械通风降水的应用实践。徐碧2019年报道了对新入仓粮食机械通风方式的探索。温生山等2019年报道了玉米就仓低温通风降水试验。

（3）储粮机械通风保水研究。吴宏山等1992年报道了一种粮食调质方法——"增湿床"通风调质。黄仁昌1997年报道了筒仓粳稻米过夏降温保质技术——换气扇通风技术的研究。卢盛铭1997年报道了稻谷负压调质通风试验。沈保平2000年报道了对低水分稻谷调质处理的工艺探讨。陈莲等2001年报道了稻谷在增湿通风调质过程中吸湿率的研究。沈达沂等2001年报道了机械通风过程中粮食水分的保持与平衡试验。牛怀强等2001年报道了在干燥寒冷地区防止通风中粮食水分减量的几点建议。陈立柱等2002年报道了在常规条件下，低温储藏对稻谷保质、保鲜作用探索。闵炎芳等2004年报道了高大平房仓高水分晚粳谷通风降水度夏保质技术的探索。蔡静平2004年报道了小麦增湿均匀性对储藏安全性的影响研究。王小康等2004年报道了高水分玉米就仓通风降水试验。陆壮雄等2005年报道了轮出稻谷调质通风试验。叶真洪等2005年报道了高大平房仓在储稻谷机械通风的调质试验。叶真洪等2005年报道了对小麦整仓通风调质试验的探讨。和国文等2005年报道了鄂中地区偏高水分晚籼稻谷安全度夏试验。倪晓红等2005年报道了粮食储藏调质机对玉米的调质试验。闫小平等2006年报道了玉米调质试验总结。杨自力等2006年报道了基建房式仓在储稻谷整仓通风的调质试验。朱宗森等2006年报道了两种调质通风方法的比较。万友祥等2006年报道了湿膜加湿器智能控制整仓小麦的调质试验。张来林等2007报道了低水分粮调质通风试验研究。蒋金安2008年报道了调质通风与保量通风试验。田华等2008年报道了散储小麦通风雾化调节水分试验。王远成等2008年报道了储粮保水降温通风关键技术研究。张堃等2008年报道了调质对改善稻谷加工品质的效果试验。白明杰等2008年报道了低温储粮和保水通风技术效果分析。孟彬等2008年报道了高大平房仓在储小麦通风调质技术的应用研究。杨雪花等2008年报道了高大平房仓早籼稻出库增湿调质的应用试验。闫伯奎2008年报道了采用离心式风机的调质试验。王朝辉等2008年报道了储粮超声波智能调质技术的研究。张堃等2008年报道了调质对改善稻谷加工品质的效果试验。陆群等2009年报道了中原地区小麦出仓前调质试验。张来林等2009年报道了小麦调质通风试验研究。刘朝伟等2009年报道了整仓散装小麦水分调节试验。周祥等2009年报道了机械调质技术在高大平房仓粮堆中的应用。柴军等2009年报道了优化冬季通风方案的应用。王宝堂等2009年报道了巧用粮堆自身"冷源"解决"热皮"问题的试验。曹景华等2010年报道了机械通风降温与储粮保质控水研究。白明杰等2010年报道了平房仓调质通风试验技术研究。汪向刚等2010年报道了华南地区高温季节入库散存粮控温保质试验。何育通等2010年报道了对低功率轴流风机缓式保水通风的探讨。黄志宏等2010年报道了稻谷调质通风的试验研究。刘朝伟等2010年报道了小麦调质通风应用研究。金梅等2010年报道了储粮保水问题的探讨。倪晓红等2010年报道了粮食储藏保水机的应用研究。宋敏捷等2010年报道了储粮过程中粮食保水通风降温节能技术研究。张传洪等2010年报道了储粮加湿调质通风的原理及试验研究。孙耕2010年报道了压入式与吸出式实仓调质的通风试验。崔忠艾等2010年报道了储粮保水降温通风原理及应用。王涛等2011年报道了高大平房仓大豆出库轴流通风调质实验。蒋社才等2011年报道了智能超声雾化调质通风实仓试验。安文举等2011年报道了机械通风降温保水的探讨。夏晓波等2011年报道了下行式轴流风机缓速保水降温应用试验。杨万华等2011年报道了进口大豆低温保质、保水储藏技术探讨。宋瑞成等2011年报道了小麦降温保水通风试验。王鑫等2012年报道了平衡区域保证效率通风与保水通风的试验。王丰富等2013年报道了高大平房仓稻谷控温条件下保水储粮的应用效果研究。史钢强2013年报道了平房仓玉米"内结露"调质增湿试验。薛勇等2014年报道了冬季利用轴流风机对高大平房仓储粮降温保水试验。田枚2014年报道了不同功率风机对小麦保水通风的对比试验。白剑侠等2014年报道了小麦降温保水通风试验。徐留安等2014年报道了小麦调质通风工艺参数研究。王晶磊等2014年报道了粮食储藏保水减损技术的研究与应用。张颜平等2014年报道了进口大豆保水降耗的技术探讨。史钢强等2014年报道了东北玉米通风调质试验。罗智洪等2014年报道了智能通风技术在保水降温通风中的实践应用。张颜平等2014年报道了对进口大豆保水降耗的技术探讨。余吉庆等2015年报道了稻谷储藏环节的保水减损技术集成试验。李泽雨等2016年报道了轴流风机缓速负压通风调质的可行性试验。陈玉增等2016年报道了早籼稻升温增湿调质通风试验。周全功等2016年报道了普通房式仓通风保水减耗储粮试验。吴宝明等2016年报道了西北地区玉米保水的通风试验。邢德建等2016年报道了玉米双向通风保水降温试验。居义等2016年报道了储粮智能通风保水试验。史钢强2017年报道了高大平房仓通风、环流一体化系统压入式"尾气"

回收增湿模式保水通风试验。李兴军等2017年报道了平衡水分方程精准指导稻谷实仓调质通风试验的原理。刘益云等2017年报道了在横向通风模式下升温保水的试验。杨鸿源等2017年报道了横向通风技术降温保水实践及问题探讨。王效国2018年报道了高大平房仓玉米保水蓄冷通风试验。李孟泽等2018年报道了不同通风方式对储粮保水均温减损的效果研究。谢周得2018年报道了高温季节稻谷出仓保水的通风研究。陈民生等2018年报道了楼房仓轴流风机保水通风的技术应用。刘惠标等2019年报道了东南地区降温保水通风对稻谷和小麦品质影响的研究。

（4）储粮机械通风杀（抑）虫效果研究。李斌等1997年报道了大型房式仓散装小麦通风低温抑制害虫初步研究。赵新建1999年报道了冬季粮堆局部生虫发热的有效处理办法。张来林等2006年报道了对高大平房仓低温粮堆表面生虫治理方法的探讨。

（5）储粮机械通风全自动控制系统研究。郝进先2002年报道了储粮机械通风全自动控制系统试验研究。李火金等2004年报道了机械通风自动控制系统研制试验。陈小平等2006年报道了西安地区智能通风冬季降温试验研究。鲁海峰等2007年报道了粮仓智能通风控制系统的试验研究。甄彤等2008年分别报道了基于专家系统在储粮机械通风控制系统中的应用；专家系统在储粮机械通风控制研究中的应用。骆伟声等2008年报道了微电脑自动定时通风系统在楼房仓储粮中的应用。张福年等2009年报道了智能控制通风窗降低仓温技术试验。王强2011年报道了智能机械通风控制系统的实现和应用。王建等2012年报道了通风自动系统实仓应用。欧旺生2013年报道了用温湿度控制仪和计时器开展通风自动化控制改造的试验。罗智洪等2014年报道了智能通风仓间排积热的实仓应用。秦利国等2014年报道了智能通风保水储藏大豆实仓试验。史钢强2014年报道了智能通风操作系统水分控制模型优化及程序设计。陈德发等2014年报道了智能通风技术在高大平房仓中的应用。徐擎宇等2015年报道了智能通风控制技术。居义等2017年报道了离心风机自动化改造。

（6）储粮通风节能研究。周景星等1993年报道了储粮通风降水系统节能技术。邹建明等1994年报道了储粮通风降水系统节能技术的研究。郭中泽1994年报道了关于粮堆中节能均匀通风系统的设计。王清和1998年报道了机械通风降温中的节能与节支问题。邹建明1998年报道了储粮机械通风降温节能技术的应用。甄凤霞2001年报道了轴流通风与离心通风能耗分析试验。陈立柱2002年报道了降低降温通风能耗见解。杨国峰等2004年报道了储粮机械通风中的节能研究。徐向东等2008年报道了智能控制冷源缓释均温储粮技术研究。牛定明等2008年报道了对粮仓节约型机械通风方法的探讨。鲁海峰等2009年报道了采用智能通风的科技手段实现仓房节能排热低温储粮。张民平2009年节能新技术在上海外高桥粮库中的应用。刘新喜等2009年报道了在同样温控条件下，实施不同通风技术降温和损耗的对比研究。宋国敏等2009年报道了平房仓不同风机通风降温耗能对比试验。黄志军等2009年报道了智能型制冷温控系统应用试验。周庆刚等2009年报道了轴流风机通风储粮的水分减量与能耗比较试验。安晓鹏等2010年报道了应用机械通风结合压盖技术，安全储藏晚籼稻谷的试验。陈爱和等2010年报道了保水减耗机械通风实仓试验。毕新明等2010年报道了高大平房仓不同风机降温能耗对比试验。曾颖峰2010年报道了基于ARM的粮仓节能通风控制系统试验。王德学等2010年报道了机械通风储粮节能降耗技术。王瑞元等2010年报道了利用北方气候特点实施准低温储粮试验。吴敬高等2011年报道了三种机械通风降温方式能耗比较试验研究。王金奎等2011年报道了不同机型的通风降温节能降耗试验。朱业才等2011年报道了对高大平房仓低能耗控温储粮的探索。李志民等2011年报道了离心风机节能降耗改造试验。孙耕等2012年报道了同种仓型不同通风方式的能耗对比试验。陈德发等2013年报道了改进型储粮智能通风系统实仓应用效果试验。樊赤等2013年报道了不同型号风机通风降温节能的对比试验。戚长胜等2013年报道了地源热泵技术在准低温储粮中的应用。张锡贤2014年报道了水源热泵在湿热区域稻谷保管过程中的应用试验。商永辉等2016年报道了不同通风降温方式的节能降耗试验；2017年又报道了储粮在不同温差下，通风降温水分的损耗试验。刘进吉等2017年报道了高温高湿区高堆浅圆仓通风节能降耗试验。何兴华等2017年报道了嵌入式风机不同通风方式效果及能耗对比试验。樊丽华等2017年报道了低能耗通风降温技术在粮库中的研究。兰延坤等2017年报道了大功率风机使用变频技术的探讨试验。杜明华等2018年报道了平房仓1.1 kW双向轴流风机通风降温节能减损的应用试验。赵宁睿等2019年报道了关于"仓顶阳光工程"项目的应用与探索。

四、谷物冷却机低温储粮技术研究

赵思孟1982年报道了利用人工制冷对立筒库中小麦进行机械通风。胡庆林等1992年报道了移动式制冷机低温储粮试验。李同茗1999年报道了粮食冷藏与一种谷物冷却机。胡光等2000年分别报道了谷物冷却机低温储粮在浅圆仓中的运用；高大房式仓谷物冷却机低温储粮技术研究。张华昌等2001年分别报道了谷物冷却机复冷降温储粮生产性试验报告；谷冷机制冷降温储粮试验。张建新2001年报道了仓顶处理对仓温影响的探讨。周长金等2001年报道了谷物冷却机与机械通风降温对比性试验。徐玉斌2001年报道了谷物冷却机回风利用与节能。周长金等2001年报道了谷物冷却机保水冷却通风实验报告。石光斌等2001年报道了高大平房仓喷水降温试验初探。雷丛林等2002年报道了浅圆仓谷物冷却机低温储粮试验。张家玉2002年报道了谷物冷却对储粮安全度夏的效果研究。李林杰等2002年报道了谷物冷却技术处理浅圆仓发热玉米的生产性试验。黄雄伟等2002年报道了高大平房仓谷物冷却试验。刘福保等2002年报道了谷物冷却机保水冷却通风试验报告。佟国祥等2002年报道了低温保鲜储粮技术的应用情况报告。曾建华2002年高大平房仓谷物冷却试验。唐建忠等2002年报道了利用谷物冷却机回风低温储粮试验。王火根2002年报道了谷物冷却机与通风机降温储粮对比试验。王若兰等2002年报道了谷物冷却机在浅圆仓储粮中的应用研究。邢勇2003年报道了国家储备粮库项目谷物冷却机应用情况综述。石光斌等2003年报道了谷物冷却机回风低温储粮试验。陈彬等2003年报道了机械通风和谷物冷却对储粮的作用。杨龙德等2003年报道了不揭膜谷物冷却降温试验。王火根2004年报道了浅谈谷物冷却机在储粮中的作用。王昌琴等2004年报道了拱板仓屋面喷水储粮安全度夏效果研究。汪焱清等2004年报道了谷物冷却机应用技术及经济性研究。雷丛林2005年报道了谷物冷却机环流冷却技术在浅圆仓中的应用研究。胡广明等2005年报道了谷物冷却技术处理立筒仓存粮发热问题研究。谭大文等2005年报道了谷物冷却机处理偏高水分粮安全度夏试验。熊鹤鸣等2006年报道了谷物冷却机降水降温试验报告。吴新连等2006年报道了谷物冷却技术应用于浅圆仓高水分玉米降水初探。农世康等2006年报道了浅圆仓仓顶自动喷水降温试验。熊鹤鸣等2006年报道了关于谷物冷却机经济运行模式储粮效果的探讨。陈学华等2006年报道了高大平房仓谷物冷却机低温储存玉米试验。叶益强等2007年报道了谷物冷却机降温保水应用。李林杰等2008年报道了浅圆仓谷冷前后水分变化分析。陆德山等2009年报道了机械通风制冷杀虫试验。陈传国等2009年报道了高大平房仓夏季隔热控温储粮试验。高克勤等2009年报道了机械通风冷冻杀虫试验。黄志军等2009年报道了智能型制冷温控系统应用试验。蒋顺利等2009年报道了减少储粮损耗的研究。吕荣文等2009年报道了谷物冷却机低温储粮试验。

曾卓等2010年报道了华南地区浅圆仓谷冷降温试验。徐德林等2010年报道了太阳能低温储粮新技术。段海峰等2010年报道了在冷却通风过程中，粮仓内温度变化的数值模拟试验。罗绍华等2011年报道了储藏物便携式冷却机在粮仓局部降温中的研究与应用。罗绍华2011年报道了研发节能降耗低成本小型粮仓冷却机的应用。朱志昂2011年报道了热管自然蓄冷低温储粮探索。詹启明等2011年报道了谷物冷却机对东北粳稻的安全度夏储粮试验。赵锦杰等2012年报道了太阳能制冷机组通风系统中粮库温度的系统分析。祁正亚等2013年报道了用谷物冷却机保鲜储存包装大米的研究。陈民生等2013年报道了谷物冷却技术在大豆保管中的应用。黄爱国等2013年报道了新型节能储藏物冷却机的散热控温效果。李艳平2013年报道了谷物冷却机的应用和节能措施。王宝堂2013年报道了综合控温技术的储粮试验。陈加忠等2013年报道了储藏物冷却机在高温高湿区高大平房仓的应用。许海峰2014年报道了谷物冷却机环流冷却技术在高大平房仓中的应用研究。张国檠2014年报道了关于采用光伏电源发展粮食冷藏技术的探讨。周全申等2014年报道了谷物冷却机处理量图解的计算方法。周敏等2015年报道了多功能变频降温（定频）小型仓储冷却机储粮降温研究。胡峰等2015年报道了低功率谷物冷却机实现晚粳稻安全度夏试验。于素平等2015年报道了横向谷冷通风技术在平房仓小麦储藏中的应用。黄昕等2016年报道了空调降温与谷冷降温储粮对比试验。冯燕等2016年报道了改良后的谷物冷却技术在大型散粮中的应用研究。王若兰等2017年报道了小麦粮堆在降温冷却过程中温度变化的研究。郭长虹等2017年报道了新型节能储藏物冷却机在储粮控温中的应用。胡智佑等2017年报道了谷物冷却机在高粮堆浅圆仓中的应用研究。黎晓东等2018年报道了对华南地区冬季谷冷控温储粮模式的探索。张晓培2019年报道了横向谷冷降温技术试验。申志成等2019年报道了组合式谷冷通风技术在平房仓夏季保管中的应用研究。郭辉2019年报道了早籼稻四阶段谷冷降温试验。金鑫等2019年报道了谷冷控温储粮延缓稻谷一年轮出的技术研究。

五、地下冷源低温储粮技术研究

周福生等2004年报道了低温储粮新冷源的开发和应用技术研究报告。向金平等2006年报道了智能温控全自动井水屋面喷淋控温储粮试验报告。张栋2008年报道了高大平房仓PEF贴顶隔热和屋顶喷水降温储粮试验报告。王海霞等2009年报道了水源热泵在低温储粮中的应用。

沈银飞等2010年报道了利用地下水风机盘管机组控制仓温的研究。梁军民等2011年报道了地下仓准低温储存稻谷试验。张锡贤2014年报道了水源热泵在湿热区域稻谷保管过程中的应用试验。彭明文等2018年报道了平房仓稻谷浅层地能空间补冷准低温储藏试验。朱启学等2018年报道了浅层地能低温实仓降温效果初探。

六、压盖、隔热低温储粮技术研究

袁素华等1989年报道了低温粮仓围护结构传热系数K值的确定方法与计算技术。范茂岚等1989年报道了保管粮油采用聚乙烯塑料薄膜垫底试验报告。袁素华1990年报道了粮仓应用铝箔空气层隔热负冷荷的计算方法。鲁兵等1990年报道了仓库纤维板靠墙在保粮中的应用。彭凤鼐1991年报道了塑料薄膜的透气性与在储粮中的应用。熊勇锋等1992年报道了纤维板盖顶储粮试验报告。周丹阳等1992年报道了粮食专用PVC维纶双面涂塑革的研制和应用研究。陈碧祥1992年报道了帐幕密闭粮堆"鼓气"的初步试验。张国安1993年报道了露天储粮堆顶架空隔热与通风试验。唐波等1995年报道了苏式仓泡沫板吊顶隔热储粮的初步试验。李树山等1998年报道了隔温式房式仓储粮技术的应用研究。郭建明等1999年报道了聚苯乙烯泡沫板压盖防热的准低温储藏技术。

曹百鸣2002年报道了应用自旋通风器对高大平房仓屋顶散热的试验。胡宏明2002年报道了压盖密闭储粮技术在平房仓中的应用。施永祥2002年报道了聚苯乙烯泡沫塑料和GR6粮面压盖隔热保冷试验。胡明秀2002年报道了对粮仓隔热保温方法的探讨。魏金高等2002年报道了高大平房仓粮面PEF压盖隔热试验。王宗华等2002年报道了高大房式仓粮面压盖隔热试验。袁育芬等2003年报道了不同储粮区域储备粮仓的保温隔热试验。刘泽勇等2003年报道了国家粮库的保温隔热、密闭和防水研究。张怀君等2003年报道了隔热型浅圆仓储粮管理与粮情变化。朱国军等2004年报道了四种隔热材料的隔热效果研究。王若兰等2004年报道了粮食仓房隔热性能对低温储粮效果的影响。宋峰等2004年报道了高大房式仓稻壳包压盖粮面隔热保冷储粮试验。王国正等2004年报道了石膏与安克声岩棉望板隔热防潮性能的比较。刘圣安等2004年报道了新型反辐射防水隔热涂料控温效果研究。张会民2004年报道了密闭隔热通风降温对立筒仓安全储粮的作用研究。施国伟等2004年报道了浅圆仓仓顶间歇喷淋隔热控温试验报告。张怀君等2005年报道了房式仓密闭防护控温技术在储粮中的综合应用。张来林等2005年报道了粮仓反光隔热改善低温储粮的效果研究。蒋金安2005年报道了高大平房仓隔热密闭无药保粮试验。杨路加等2005年报道了毛毡压盖围护储粮法。庞和诚等2005年报道了聚氨酯硬泡体材料在高大平房仓中的应用。周天智等2005年报道了高大平房仓包膜泡沫板压盖粮面试验。朱永士等2005年报道了高大平房仓隔热降温的新途径。覃礼春等2005年报道了泡沫板隔热控温与储粮品质变化的关系试验。刘圣安等2005年报道了对几种储粮隔热保温方式的效果探讨。张富军等2006年报道了蛭石压盖粮面安全储粮研究。孟永清等2006年报道了高大平房仓仓体综合隔热改造技术与应用效果。邹江汉等2006年报道了不同隔热材料对储粮控温效果的探讨。胡继学等2006年报道了河沙实仓压盖隔热控温储粮试验。洪鸿等2006年报道了高大平房仓粮面稻壳压盖隔热保冷试验。王开光等2006年报道了对平房仓仓顶内外菱镁材料隔热改造方法的初步探索。居义等2006年报道了高大平房仓内壁隔热试验。覃礼春等2006年报道了泡沫板隔热控温与储粮品质变化的关系研究。孟彬等2006年报道了高分子保温板粮面压盖隔热试验。洪鸿等2006年报道了平房仓聚苯乙烯泡沫板粮面压盖隔热储粮试验。乐大强等2006年报道了基建房式仓遮阳网隔热储粮试验。单长友等2006年报道了X-6g型太阳热反射涂料实仓使用报告。周天智等2006年分别报道了泡沫板与稻壳包压盖粮面隔热控温储粮的对比试验；储粮隔热控温保冷材料静电的危害与预防试验。崔新芳等2006年报道了充气隔热毯粮面隔热效果的试验。刘圣安等2006年报道了几种粮面压盖材料隔热保温的效果比较。吴秀仕等2006年报道了高大平房仓隔热密闭无药保粮试验。艾全龙2006年报道了粮仓新型保温隔热吊顶材料效果研究。程德华等2006年报道了应用泡沫板粮面压盖控温试验。杨昭坤等2006年报道了砻糠包与晴纶棉两种材料在粮面压盖中的应用分析。刘瑶凯等2007年报道了PET-4型气泡体复合保温隔热毯储粮试验。张琪等2007年报道了冷气囊隔热保冷储粮度夏试验。董建波等2007年报道了浅圆仓GRC屋顶的气密隔热处理试验。宋林等2007年报道了高大房式仓双层稻壳包覆盖粮面隔热保冷储粮的对比试验。丁传林等2007年报道了拱板仓粮面稻壳压盖与屋面喷水综合控温度夏试验。吴存荣等2007年报道了粮食安全储藏与房式仓保温隔热性能设计改进的探讨。于林平等2007年报道了平房仓仓顶隔热保温性能改造方法的初步探索。施广平等2007年报道了高水分稻谷安全度夏控温及隔热储粮的综合应用。王薇2007年报道了粮食平房仓隔热改造试验与分析。洪鸿等2008年报道了大型平房仓仓顶利用微电脑自动喷水系统降温储粮的应用试验。陆松等2008年报道了粮仓保温隔热结构分析及改造技术。和国文等2008年报道了不同仓型屋面智能喷水降温储粮研究。武永明等2008年报道了粮仓彩钢屋顶的隔热效果及分析。王岩等2008年报道了用新型菱镁材料改造仓顶确保储粮安全度夏试验。邹江汉等2008年报道了五面隔热控温技术的改进。洪鸿等2008年报道了仓顶喷水与几种隔热材料粮面压盖控温储粮对比。鲍建辉等2008年报道了粮面局部制冷隔热节能试验。孟德军等2008年报道了玉米低温压盖储藏试验。姜霖等2008年报道了菱镁隔热保温技术在高大平房仓储粮中的应用。刘洪雁等2008年报道了高大平房仓仓体和粮面密封处理对自然降氧的影响。丁传林等2008年报道了高大平房仓双层压盖隔热控温储粮试验。彭汝生等2008年报道了高大平房仓粮面压盖隔热控温储粮试验。周天智等2008年报道了RM和Mills两种进口新型反光气密涂料的实仓应用试验报告。鲍建辉等2009年报道了PET-3冷气囊隔热控温试验。周天智等2009年报道了平房仓粮面冷气囊密闭压盖动态隔热控温储粮技术研究。王金奎等2009年报道了平房仓菱镁板隔热低温储粮的应用试验。黄雄伟等2009年报道了太阳热反射涂料在高大平房仓中的应用试验。张春贵等2009年报道了平房仓储藏小麦表面压盖后粮温与品质变化的研究。王效国等2009年报道了菱镁板吊顶隔热的储粮试验。覃仁耀2009年报道了折板仓仓顶采用遮阳布（网）隔热控温试验。安学义等2009年报道了关于对高大平房仓菱镁板隔热控温储粮的探讨。唐同海等2009年报道了密闭材料对高大平房仓稻谷控温储藏的影响试验。唐同海等2009年报道了多种密闭材料和方法对高大平房仓稻谷控温储藏的影响试验。

向金平等2010年报道了不同方式散装稻壳压盖隔热储粮情况的对比试验。王海明等2010年报道了太阳热反射涂料对仓房温度的影响研究。姜霖等2010年报道了菱镁隔热保温技术在高大平房仓储粮中的应用试验。金勇文等2010年报道了房式仓粮面双层压盖隔热控温储粮试验。宋涛等2010年报道了对彩钢板仓顶聚氨酯喷顶隔热密闭方法的初步探索。齐俊甫等2010年报道了平房仓粮面采用冷气囊动态隔热技术储藏大豆安全过夏生产性试验。王海涛等2010年报道了高大平房仓隔热装置控温应用试验。杜月福等2010年报道了新型太空隔热涂膜在高大平房仓的控温效果研究。丁玉波2010年报道了钢板仓聚氨酯保温效果的研究。邢勇2010年报道了房式仓仓顶保温隔热措施比较研究。宋涛等2010年报道了对彩钢板仓顶聚氨酯喷顶隔热密闭方法的初步探索。杨文超等2010年报道了豫北钢板平房仓隔热控温储存大豆的应用试验。朱文宇等2010年报道了提高粮食平房仓保温隔热性能的方法研究。姜汉东等2010年报道了对动态隔热结构高大平房仓控温储粮的技术探讨。葛斌等2010年报道了PVC阻燃型卷材粘贴密闭储粮试验。王海明等2010年报道了太阳热反射涂料对仓房温度的影响研究。金勇文等2010年报道了房式仓粮面双层压盖隔热控温储粮试验。黄启迪等2010年报道了华南地区几种常用控温储粮方式的初步分析。胡宏明等2010年报道了北方地区控温储藏实仓试验报告。董彩莉等2010年报道了太阳热反射涂料在钢板油罐中的应用试验。郁宏兵2012年报道了高大平房仓围护结构的隔热试验。庄进荣等2012年报道了两种粮面压盖方式控温效果的比较试验。陈民生等2012年报道了大豆仓使用隔热毯压盖和空调制冷实现低温储藏的比较试验。韩福先等2012年报道了菱镁复合板在彩钢板屋面高大平房仓仓顶改造中的试验研究。陈诗学等2012年报道了在仓房屋面喷涂菲柯特防水隔热涂料进行控温储粮试验的报告。朱庆锋等2013年报道了新型太阳热反射隔热涂料在粮食仓储中的应用。丁光志等2014年报道了聚苯乙烯（EPS）泡沫板粮面压盖隔热试验。陈永平2013年报道了对彩钢板仓顶铺设保温隔热层的效果探讨。李顿2013年报道了折线形屋架散粮平房仓吊顶通风隔热技术。陈正根等2013年报道了仓内薄膜吊顶在改善老式平房仓气密性和隔热性中的技术应用。安西友等2013年报道了屋面聚氨酯发泡与仓内吊顶综合隔热控温储粮的应用效果研究。邓长春等2014年报道了隔热毯压盖和空调制冷实现稻谷低温储藏的试验。李明龙等2014年报道了平房仓气囊粮面压盖隔热储粮试验。宋锋等2014年报道了高大平房仓仓顶遮阳网隔热控温储粮的技术应用。汤杰等2014年报道了拱板平房仓屋面反光控温储粮试验。景桂文2014年报道了稻谷双层密闭隔热低温储藏试验。林春华2014年报道了高大平房仓仓墙绿化的隔热试验。张锡贤2014年报道了水源热泵在湿热区域稻谷保管过程中的应用试验。乐大强2015年报道了高大平房仓粮面压盖储粮试验研究。鲁俊涛等2016年报道了彩钢板屋顶高大平房仓仓顶喷涂反射隔热涂料的应用效果研究。高覃旼2016年报道了EVALTM高阻隔密封袋在粮食储藏领域的应用研究。贾锟等2016年报道了珍珠岩隔热保温层对高大平房仓控温储粮效果的研究。樊丽华2017年报道了新型屋面太阳热反射弹性防水涂料隔热效果的研究。许发兵2018年报道了高大平房仓低温压盖密闭储粮控温试验。马涛等2019年报道了反光隔热材料对平房仓隔热效果的研究。施国伟等2019年报道了浅圆仓仓壁空气间层隔热效果的研究。郭辉2019年报道了通风道口"三高"海绵隔热试验。韦允哲等2019年报道了稻壳包和保温毯压盖粮面使用效果的探讨。张晓鹏等2019年报道了对高大平房仓仓顶喷涂热反射隔热涂料效果的探索。

附：分论二 / 第八章著述目录

第八章　低温储粮技术研究

［1］　周景星.低温贮粮[M].郑州：河南科技出版社，1981.

［2］　关延生，沈加伟.低温贮粮[M].北京：农业出版社，1982.

第一节　低温储粮技术主要研究工作（从20世纪50年代至80年代）

［3］　上海市粮食储运公司.冬米保管[J].粮食科学技术通讯，1965，（4）.

［4］　沈加伟，汤镇嘉.关于低温保粮及有关部问题讨论[J].四川粮油科技，1978，（3）.

［5］　李庆龙.谈高寒地区的低温冷冻储藏[J].四川粮油科技，1978，（3）.

［6］　甘肃省长子县粮食局.低温储粮探讨[C]// 粮油储藏技术资料汇编.南昌：江西省粮油储运公司，1982.

［7］　江西省修水县粮食局.自然通风低温储藏[C]// 粮油储藏技术资料汇编.南昌：江西省粮油储运公司，1982.

［8］　王建镐.关于粮食自然低温储藏的实践与探讨[C]// 第三次全国粮油储藏学术会文选.成都：全国粮油储藏科技情报中心站，商业部四川粮食储藏科学研究所，1984.

［9］　刘廷林.低温砖圆仓的设计与高水分玉米储藏试验[C]// 第三次全国粮油储藏学术会文选.成都：全国粮油储藏科技情报中心站，商业部四川粮食储藏科学研究所，1984.

［10］　汪全勇.露天粮堆安设通风隧道的试验报告[J].粮食储藏，1984，（4）：20–22，5.

［11］　巩永清.自然通风棚降低玉米水分[J].粮油仓储科技通讯，1985，（5）.

［12］　徐国淦，张从仲，叶炳元.利用我国自然低温处理进口粮谷象问题的初步研究[J].粮食储藏，1985，（6）：1–9.

［13］　吉林省粮油食品专科学校.自然低温为主，机械制冷为辅储藏玉米试验[C]// 中国粮油学会储藏专业学会第一届年会学术交流论文.成都：中国粮油学会储藏专业学会，1986.

［14］　周景星.确定通风的原则与自然通风法[J].粮油仓储科技通讯，1986，（1）：49–55.

［15］　朱仁康，夏志光.粮食固定式机械通风降温与低温储粮的探讨[C]// 第二次全国粮油储藏专业学术交流会文献选编.成都：全国粮油储藏科技情报中心站，粮食部四川粮食储藏科学研究所，1981.

［16］　刘维春.浅谈机械通风低温储粮的应用技术[J].粮食储藏，1984，（4）：1–5.

［17］　刘维春.机械通风储粮技术初步总结[J].粮油仓储科技通讯，1986，（5）：2–8.

［18］　安徽省庐山县粮油食品局.机械通风在高水分粮过夏中的应用[J].储粮仓储科技通讯，1987，（4）：20–23.

［19］　杜国栋，徐惠迺.对储粮机械通风几个问题的看法[J].粮油仓储科技通讯，1988，（6）：44–50.

［20］　刘维春，罗金荣，李剑秋，等.粮仓负压式通风降温储粮试验报告[J].粮油仓储科技通讯，1987，（4）：7–19.

［21］　李海水.单相排风扇地上笼通风降温储粮应用技术[J].粮油食品科技，1989，（3）：39–40.

［22］　陈景松，范有祥.使用轴流风机进行储粮降温的试验[J].粮食经济研究，1989：50–52.

［23］ 苏州市粮食局，武汉粮食工业学校苏州实习队.谷物单管通风试验报告 [J].粮食科学技术通讯，1960，（2）.

［24］ 江苏省无锡 1602 库.稻谷低温密闭储藏 [J].粮油科技通讯，1966，（7–8）.

［25］ 湖南省粮食局储运处.储粮单管通风降温技术 [J].粮油仓储科技通讯，1985，（3）：26–27.

［26］ 袁金城.储粮单管通风及使用方法 [J].粮食储藏，1987，（1）：51–54.

［27］ 古静仁，祝彭庆.存气箱通风降温 [J].粮食储藏，1985，（1）：30–33，55.

［28］ 李逢春.存气箱机械通风储粮技术在我县的应用 [J].粮食储藏，1986，（2）：19–24.

［29］ 江苏省昆山县粮食局.存气箱通风降温应用技术 [J].粮油仓储科技通讯，1986，（4）：29–32.

［30］ 黄建华.存气箱通风技术初探 [J].粮食经济与科技，1989，（3）.

［31］ 刘维春，黄庆章.地槽式机械鼓风保粮实验 [J].粮食储藏，1983，（2）.

［32］ 张炳泳.房式仓地下槽机械通风设计的探讨 [J].粮食储藏，1983，（5）：24–31.

［33］ 王立.关于机械通风进行低温保粮若干问题的探讨 [C]// 第三次全国粮油储藏学术会文选.成都：全国粮油储藏科技情报中心站，商业部四川粮食储藏科学研究所，1984.

［34］ 江苏省无锡 1602 仓库.密闭通风两用仓简介：兼谈房式仓的改造 [J].粮食储藏，1984，（4）：13–15.

［35］ 江苏省无锡 1602 仓库.通风形式的选择 [J].粮油仓储科技通讯，1985，（4）：7–11.

［36］ 浙江省粮食局.房式仓地槽机械通风降温技术 [J].粮油仓储科技通讯，1985，（3）：21–26.

［37］ 广东省番禺县粮食局.储粮机械通风降温技术在南方的应用 [J].粮油仓储科技通讯，1985，（6）：22–23.

［38］ 周传立，杨群超，范金祥.晚糯谷降温与隔热度夏保管 [J].粮油仓储科技通讯，1985，（6）：16–19.

［39］ 张祯祥，左进良，刘维春，等.地槽式机械通风储粮试验报告 [C]// 中国粮油学会储藏专业学会第一届年会学术交流论文.成都：中国粮油学会储藏专业学会，1986.

［40］ 江苏省粮食局.机械通风储粮技术总结 [J].粮油仓储技术通讯，1986，（4）：2–12.

［41］ 浙江省粮油储运公司.我省推广机械通风储粮技术的情况 [J].粮油仓储科技通讯，1986，（4）：13–15.

［42］ 广东省粮食局储运处.广东省应用机械通风技术降温概况 [J].粮油仓储科技通讯，1986，（4）：16–21.

［43］ 江苏省无锡市粮食局.储粮机械通风应用情况汇报 [J].粮油仓储科技通讯，1986，（4）：22–24.

［44］ 江西省宜黄县粮油储运公司.采用多种形式，积极推广机械通风储粮技术 [J].粮油仓储科技通讯，1986，（4）：25–28.

［45］ 江西省宜黄县粮食局.排风扇地槽通风降温保粮科技报告 [J].粮油仓储科技通讯，1986，（4）.

［46］ 湖北省粮食局，咸宁地区粮食局调查组.关于蒲圻县应用机械通风储粮的情况调查 [J].粮油仓储科技通讯，1986，（4）：41，44.

［47］ 艾汉青.机械降温与压控保冷的低温储粮初探 [C]// 中国粮油学会储藏专业学会第一届年会学术交流论文.成都：中国粮油学会储藏专业学会，1986.

［48］ 赵月仿，汪华祥.机械通风储粮技术及后期隔热保冷试验报告 [C]// 中国粮油学会储藏专业学会第一届年会学术交流论文.成都：中国粮油学会储藏专业学会，1986.

［49］ 肖为海，赖雄彪.地槽式风道机械通风的试验报告 [C]// 中国粮油学会储藏专业学会第一届年会学术交流论文.成都：中国粮油学会储藏专业学会，1986.

［50］ 黄火世.关于机械通风储粮技术及其应用效果的初步探讨 [J].粮油仓储科技通讯，1988，（3）：25–28.

［51］ 吴子丹.储粮机械通风的计算机控制 [J].粮食储藏，1987，（4）：28–31.

[52] 王善军.机械通风低温储粮与自动控制 [J].粮油仓储科技通讯，1988，（1）：54-56.

[53] 邹登顺，张志荣，刘玉祥，等.低温储粮监控技术试验研究 [J].郑州粮食学院学报，1988，（1）：69-73，53.

[54] 江西省景德镇市粮食局，江西省粮油科学研究所，江西省粮食局储运处.储粮机械通风主要参数的探讨 [C]// 第三次全国粮油储藏学术会文选.成都：全国粮油储藏科技情报中心站，商业部四川粮食储藏科学研究所，1984.

[55] 黄培，俞保海，郑均奎，等.房式仓地槽机械通风降温装置设计和测试方面几个问题的探讨 [C]// 第三次全国粮油储藏学术会文选.成都：全国粮油储藏科技情报中心站，商业部四川粮食储藏科学研究所，1984.

[56] 浙江省嘉兴地区粮食局，浙江省嘉善县粮食局，浙江省嘉善县陶庄粮管所.房仓地槽式机械通风网路的阻力测定 [J].粮食储藏，1984，（2）：31-34.

[57] 上海市粮食储运公司储藏研究室.微速风表测定粮堆风速 [J].粮食储藏，1985，（1）：34.

[58] 左进良，邵灰模，李剑秋.储仓稻谷气流阻力 [C]// 中国粮油学会储藏专业学会第一届年会学术交流论文.成都：中国粮油学会储藏专业学会，1986.

[59] 唐启尧.谷物通风等静压均匀送风管道设计计算 [J].粮食储藏，1986，（6）：17-21.

[60] 罗金荣.机械通风仓粮堆阻力的简易测定方法 [C]// 中国粮油学会储藏专业学会第一届年会学术交流论文.成都：中国粮油学会储藏专业学会，1986.

[61] 周诚.关于散装粮堆机械通风装置中均匀送风管道的水力学计算 [J].粮食储藏，1987，（4）：32-41.

[62] 雷本善.对谷物冷却时间两种计算方法的几点质疑 [J].粮食储藏，1987，（6）：46-47.

[63] 赵余粮.浅谈如何择定排风方向 [J].粮食储藏，1987，（1）：46-48.

[64] 陈福海，郑春亚，陈金智.关于机械通风时机的选择 [J].粮食储藏，1987，（1）：49-50.

[65] 赵思孟.粮堆机械通风时机的判断方法的分析 [J].郑州粮食学院学报，1988，（2）：48-58.

[66] 雷本善.粮食冷却时间热衡计算与实验数据 [J].粮食储藏，1988，（6）：48-52.

[67] 上海市奉贤县粮食局，上海市粮食储运公司储藏研究室.粮仓应用铝箔隔热技术的试验报告 [C]// 第三次全国粮油储藏学术会文选.成都：全国粮油储藏科技情报中心站，商业部四川粮食储藏科学研究所，1984.

[68] 顾鼎范，王惠元.粮仓隔热新途径：盒式铝箔空气层 [J].粮油仓储科技通讯，1986，（3）：42.

[69] 吉林省四平市粮食局.径向机械通风干燥、降温储藏仓的使用操作规程 [J].粮油仓储科技通讯，1986，（4）：37-40.

[70] 曹知霖.关于贮粮机械通风经济技术指标的几点看法 [J].粮油仓储科技通讯，1986，（3）：51-53.

[71] 李妙金.低温与准低温仓的储粮管理 [J].郑州粮食学院学报，1987，（2）：68-73.

[72] 吴来保.立筒仓储粮机械通风技术初探 [J].粮油仓储科技通讯，1986，（5）：25-27.

[73] 杜国栋，吴来保.立筒仓通风技术 [J].粮食储藏，1988，（4）：52-54.

[74] 董殿文.对圆仓多管自然通风干燥粮食的探讨 [J].粮油仓储科技通讯，1991，（6）：14-17.

[75] 商业部四川粮食储藏科学研究所，重庆市储运公司，重庆市鱼家背粮库.散装大米低温储藏（机械制冷）技术的研究 [J].粮食储藏，1981，（3）.

[76] 上海市粮食储运公司储藏研究室，上海市第一粮食仓库，上海市第二粮食采购供应站.配用空调机进行低温储粮 [J].粮食储藏，1983，（4）.

[77] 胡哲传，刘伯容，刘维春. 相对低温储粮的试验报告 [C]// 第三次全国粮油储藏学术会文选. 成都：全国粮油储藏科技情报中心站，商业部四川粮食储藏科学研究所，1984.

[78] 仇德庆，杨生，李元侠，等. 应用移动式粮食制冷机低温储粮的研究 [J]. 粮食储藏，1984，（2）：20–25.

[79] 上海市粮食储运公司. 准低温储粮的研究 [C]// 第三次全国粮油储藏学术会文选. 成都：全国粮油储藏科技情报中心站，商业部四川粮食储藏科学研究所，1984.

[80] 冯小良. 高水分粮配用空调机进行低温储藏试验 [J]. 粮油仓储科技通讯，1986，（3）：57.

[81] 山东省青岛市第二粮库. 空调准低温储粮试验报告 [J]. 粮油仓储科技通讯，1988，（3）：13–17.

[82] 赵同芳，张国梁. 陕西甘肃窑窖储粮调查报告 [J]. 粮食科学技术通讯，1959，（7）.

[83] 郑州粮食学院粮油储藏系储藏教研室. 河南省地下粮仓储藏性能初步调查 [J]. 郑州粮食学院粮油科技，1974，（1）.

[84] 河南省粮食局. 地下仓的储粮性能及其管理 [J]. 粮食储藏，1980，（1）.

[85] 周景星，姚文冠. 引地道风冷藏大米的初步探讨 [J]. 郑州粮食学院学报，1981，（4）.

[86] 糜君舫，王仁风. 地下控湿储粮技术的探讨 [C]// 第三次全国粮油储藏学术会文选. 成都：全国粮油储藏科技情报中心站，商业部四川粮食储藏科学研究所，1984.

[87] 韩惠东. 地下喇叭仓储粮管理 [J]. 粮食储藏，1985，（4）：48–49，47.

[88] 朱德生，史宁. 宁夏地区地下喇叭仓试验研究报告 [C]// 中国粮油学会储藏专业学会第一届年会学术交流论文. 成都：中国粮油学会储藏专业学会，1986.

[89] 朱德生，史宁. 宁夏地区山洞库储粮试验研究报告 [C]// 中国粮油学会储藏专业学会第一届年会学术交流论文. 成都：中国粮油学会储藏专业学会，1986.

[90] 刘廷林. 试谈低温密闭储粮 [C]// 第二次全国粮油储藏专业学术交流会文献选编. 成都：全国粮油储藏科技情报中心站，粮食部四川粮食储藏科学研究所，1981.

[91] 李道光. 双笆仓低温储粮情况报告 [C]// 第三次全国粮油储藏学术会文选. 成都：全国粮油储藏科技情报中心站，商业部四川粮食储藏科学研究所，1984.

[92] 邹登顺，蒋景祥，高友怀，等. 双层塑料薄膜低温密闭储粮初试 [C]// 第三次全国粮油储藏学术会文选. 成都：全国粮油储藏科技情报中心站，商业部四川粮食储藏科学研究所，1984.

[93] 马永明. 低温密闭储藏高水分玉米 [J]. 粮食储藏，1984，（3）：41–43.

[94] 江苏无锡 1602 仓库. 密闭通风两用仓简介：兼谈房式仓的改造 [J]. 粮食储藏，1984，（4）：13–15.

[95] 山东省寿光县粮食局，山东省潍坊市粮食局. 双层塑料薄膜控温储粮技术的研究 [J]. 粮油仓储科技通讯，1985，（3）：31–33.

[96] 河北省遵化县新店子中心粮站. 双层塑料薄膜密闭粮堆控温技术 [J]. 粮油仓储科技通讯，1985，（3）：34–35.

[97] 刘宝奎，王作敏，李文章. "双膜一草"夹层密闭储粮控温技术及有关问题的探讨 [J]. 粮食储藏，1986，（1）：40–43.

[98] 黎友望，汪全勇，张斯信，等. 露天散装粮堆密闭控温储藏试验报告 [J]. 粮食储藏，1986，（6）：27–32.

[99] 李步成，蔡经. 密封粮堆小气候对储粮自然损耗的影响 [J]. 粮食经济研究，1989，（4）.

[100] 邵永源. 应用机械通风降低入库玉米水分 [C]// 第二次全国粮油储藏专业学术交流会文献选编. 成都：全国粮油储藏科技情报中心站，粮食部四川粮食储藏科学研究所，1981.

［101］ 鞠今凤，徐德发 . 粮食径向机械通风干燥技术试验报告 [C]// 第三次全国粮油储藏学术会文选 . 成都：全国粮油储藏科技情报中心站，商业部四川粮食储藏科学研究所，1984.

［102］ 青海省粮油科学研究所，青海省粮油防治队，青海省湟中县粮食局 . 机械通风干燥高水分小麦的初步试验 [C]// 第三次全国粮油储藏学术会文选 . 成都：全国粮油储藏科技情报中心站，商业部四川粮食储藏科学研究所，1984.

［103］ 胡哲传，韩保全 . 利用地槽通风仓进行整仓粮食干燥的试验报告 [J]. 粮食储藏，1984，（4）：16-19.

［104］ 浙江省嘉兴市粮食局，嘉善县粮食局，嘉善县陶庄粮管所 . 储粮双向气流干燥的研究 [J]. 粮食储藏，1985，（1）：26-29，25.

［105］ 江苏省江都县粮食局，江都县直属粮库 . 大豆整仓通风干燥试验 [J]. 粮食储藏，1985，（6）：52-54.

［106］ 陈坤生，陈沂 . 散堆潮粮热风干燥的试验 [J]. 粮食储藏，1985，（2）：35-37.

［107］ 郝令军 . 介绍一种通风降水的垛型 [J]. 粮油仓储科技通讯，1986，（2）：52.

［108］ 朱仁康，黄培，等 . 机械通风降水增水一机多用的研究 [C]// 中国粮油学会储藏专业学会第一届年会学术交流论文 . 成都：中国粮油学会储藏专业学会，1986.

［109］ 吉林省四平市粮食局 . 径向机械通风干燥、降温储藏仓的使用操作规程 [J]. 粮油仓储科技通讯，1986，（4）：37-40.

［110］ 安徽省庐江县粮油食品局 . 机械通风在高水分粮过夏中的应用 [J]. 粮油仓储科技通讯，1987，（4）：20-23.

［111］ 马道炳，王善军，马英干 . 浅谈露天粮堆辅助加热通风降水技术的应用 [J]. 粮油仓储科技通讯，1988，（3）：23-24，17.

第二节　低温储粮技术主要研究工作（20世纪90年代至今）

［112］ 黄清泉，丁志培 . 大米低温储藏探讨 [J]. 粮油仓储科技通讯，1989，（1）：9-13.

［113］ 陈金智 . 粮堆微风速测量仪 [J]. 粮油仓储科技通讯，1990，（5）：46-47.

［114］ 江苏省武进县粮食局 . 关于储粮准低温过夏试验情况的报告 [J]. 粮油仓储科技通讯，1991，（Z2）：86-94.

［115］ 蒙向东，韦根团 . 大型准低温仓储粮试验报告 [J]. 粮食储藏，1994，（5）：34-37.

［116］ 陈碧祥 . 浅谈储粮的冬季通风与春季密闭 [J]. 粮油仓储科技通讯，1997，（6）：12-13，15.

［117］ 朱志昂 . 采用热管降温安全储粮新技术的探讨 [J]. 粮油仓储科技通讯，1998，（1）：47-51.

［118］ 万拯群，黄抱鸿 . "六双"低温仓低温储粮的研究 [J]. 粮食储藏，2000，（3）：30-36.

［119］ 邸军，田玉姝 . 低温储藏延缓粮食陈化的探索 [J]. 粮食流通技术，2001，（6）：28-29.

［120］ 崔国华，曹毅 . 粮食低温储藏的应用实践和发展建议 [J]. 粮食储藏，2004，（2）：20-24.

［121］ 舒在习，谢令德 . 我国低温储粮技术体系的探讨 [J]. 粮油加工与食品机械，2005，（4）：61-62，64.

［122］ 于加乾，周子诚 . 稻谷低温储藏保鲜技术研究 [J]. 粮食储藏，2006，（3）：17-20.

［123］ 白旭光，卞科，田书普，等 . 中国典型储粮生态区低温储粮的优化集成方案 [J]. 粮食储藏，2006，（1）：24-28.

［124］ 田华，陈明伟，周士法，等 . 低温、低损耗绿色储粮模式的探讨 [J]. 粮食储藏，2007，（5）：52-53.

［125］ 王海霞，毕文峰 . 低温储粮技术探讨 [J]. 粮食流通技术，2007，（2）：34-36，39.

［126］ 田元方 . 采取综合立体控温措施散装储存高水分玉米 [J]. 粮食储藏，2008，（4）：24-30.

[127] 杜召庆，刘丕营，杨洪进.高大平房仓"冷核心粮"现象分析 [J].粮油仓储科技通讯，2008，（3）：15–17.

[128] 李建智，曹毅，季青跃，等.三种仓型低温储粮对比试验 [J].粮油仓储科技通讯，2008，（6）：23–27.

[129] 谢永宁，韦玉春，汪旭东，等.粮仓地槽进风孔的技术改造试验 [J].粮油仓储科技通讯，2008，（4）：39–40.

[130] 王勇，赵兴元.关于大中型粮库立体绿化与低温储粮的探讨 [J].粮食与食品工业，2009，（1）：45–46，50.

[131] 王小林.通风经济运行模式初探 [J].粮油仓储科技通讯，2009，（4）：17–18，26.

[132] 王远成，段海峰，张来林.就仓通风时粮堆内部热湿耦合传递过程的数值预测 [J].河南工业大学学报（自然科学版），2009，（6）：75–79.

[133] 王兴周，周健.不同功率风机降温通风试验 [J].粮油仓储科技通讯，2009，（2）：19–20.

[134] 赫振方，赵玉霞，曹阳，等.平房仓粮堆温度时空分布的基本统计特征分析 [J].粮食储藏，2010，（4）：15–20.

[135] 段海峰，王远成，丁德强，等.冷却干燥通风过程中粮仓内热湿耦合传递的数值模拟 [J].粮食储藏，2010，（1）：21–24.

[136] 梁醒培，李东方，赫振方，等.储粮粮堆温度传导的距离—时间—温度曲线模型研究 [J].粮食与饲料工业，2010，（9）：13–14.

[137] 阙岳辉，杨啟威，曾庆清，等.包装稻谷采用不同通风方式的通风效果对比试验 [J].粮食储藏，2010，（4）：28–31.

[138] 徐红梅，宗力.稻谷安全储存水分的指标评价体系研究 [J].粮油加工，2010，（7）：50–54.

[139] 黄宗伟，张杰.机械通风中引起粮堆温度不均衡因素的探讨 [J].粮油仓储科技通讯，2010，（5）：24.

[140] 徐玉斌，杨俊俊.集装糙米低温储藏实仓试验与分析 [J].粮食与食品工业，2012，（1）：45–48.

[141] 黄志军，金建德，陈明忠，等.包装仓实施准低温储粮应用探析 [J].粮油食品科技，2012，（1）：55–57.

[142] 向长琼，周浩，张华昌，等.我国低温储粮技术应用现状与思考 [J].粮油仓储科技通讯，2015，（2）：1–5.

[143] 程小丽，龚向哲.反重力热管在低温储粮中的应用研究 [J].粮食加工，2016，（5）：48–50.

[144] 牟敏，屠清平，王乐明.充分利用气候条件开展准低温储粮 [J].粮油仓储科技通讯，2017，（4）：8–9.

[145] 王建闯，胥健，罗家宾.低温储粮技术应用探讨 [J].粮食储藏，2018，（6）：51–54.

[146] 周景星，赵思孟，张来林，等.稻谷自然低温辅助通风保鲜技术的研究Ⅰ：通风降温系统的研究 [J].郑州粮食学院学报，1990，（4）：8–21.

[147] 周景星，赵思孟，张来林，等.稻谷自然低温辅助通风保鲜技术的研究总论 [J].郑州粮食学院学报，1990，（4）：1–7.

[148] 周景星，赵思孟，张来林，等.稻谷自然低温辅助通风保鲜技术研究：Ⅲ稻谷储藏保鲜技术研究 [J].郑州粮食学院学报，1991，（1）：24–32.

[149] 周景星，赵思孟，张来林，等.稻谷自然低温辅助通风保鲜技术研究：Ⅳ通风低温与保护剂结合防虫技术研究 [J].郑州粮食学院学报，1991，（1）：33–41.

[150] 徐惠迺.关于寻求更经济的低温储粮方法的探讨 [J].粮油仓储科技通讯，1991，（6）：32–39.

［151］ 刘尚卫，刘宝金，陆朴，等.非制冷型低温仓储粮研究［J］.粮食储藏，1991，（5）：12-17.

［152］ 周家云.自然低温粮仓在我省的发展前景［J］.粮油仓储科技通讯，1992，（4）：50-51.

［153］ 郭奉荣，杨国祥，孔凡兴，等.粮堆内设大通风隧道自然通风降温散湿试验报告［J］.粮食储藏，1995，（Z1）：35-39.

［154］ 薛耀华，陈善明.储粮自然通风和机械通风技术研究与应用［J］.粮油仓储科技通讯，1998，（1）：20-21，26.

［155］ 云南省粮油工业公司.冬春季自然通风降温储粮技术初探［J］.粮食流通技术，2000，（2）：32-35.

［156］ 陈幼平，李先明，熊涤生，等.竹笼立体式自然通风准低温储粮试验［J］.粮食储藏，2001，（1）：29-31.

［157］ 徐长明.竹笼自然通风储粮技术研究与应用［J］.粮油仓储科技通讯，2002，（2）：23-24.

［158］ 石春光，辛玉红.自然通风降温技术的研究［J］.粮油仓储科技通讯，2003，（3）：16-17.

［159］ 徐润琪，刘建伟.稻谷自然干燥最佳条件的探讨（Ⅰ）：从热能利用效率分析干燥条件对稻谷的影响［J］.粮食储藏，2003，（4）：19-22.

［160］ 徐润琪，刘建伟.稻谷自然干燥最佳条件的探讨（Ⅱ）：从爆腰率发生分析干燥条件对稻谷的影响［J］.粮食储藏，2004，（1）：26-29.

［161］ 贾乾涛，杨长举，薛东，等.控温储粮研究进展［J］.粮食流通技术，2007，（1）：22-26.

［162］ 胡冶冰.自然通风降温试验［J］.粮油仓储科技通讯，2008，（2）：28-29.

［163］ 朱志昂.热管自然蓄冷低温储粮探索［J］.粮食储藏，2011，（1）：51-52.

［164］ 周曙明.粮食机械通风湿球温度控制法的研究［J］.粮油仓储科技通讯，1989，（1）：38-45.

［165］ 赵思孟.粮食机械通风的发展与应用［J］.粮食储藏，1991，（4）：12-20.

［166］ 吴子丹.再谈储粮机械通风的计算机控制［J］.粮食储藏，1991，（2）：3-9.

［167］ 吴祖全.储粮机械通风时机选择的探讨［J］.粮油仓储科技通讯，1991，（5）：47-51.

［168］ 北京市昌平县粮食局.机械通风保粮技术的应用及体会［J］.粮油仓储科技通讯，1991，（5）：2-6.

［169］ 江苏省武进县粮食局.关于储粮准低温过夏试验情况的报告［J］.粮油仓储科技通讯，1991，（Z2）：86-94.

［170］ 乔家合.浅谈低温储粮［J］.粮油仓储科技通讯，1992，（4）：21-22.

［171］ 王湘伟.浅谈发展中的机械通风储粮技术［J］.粮油仓储科技通讯，1993，（6）：8-10.

［172］ 许孔学.机械通风储存高水分包装大米安全度夏试验［J］.粮油仓储科技通讯，1994，（3）：9-13.

［173］ 粟德章，冯三元.形式多样通风储粮技术的推广应用［J］.粮油仓储科技通讯，1997，（2）：26-27.

［174］ 傅立权.机械通风储粮试验［J］.粮油仓储科技通讯，1997，（3）：18-19，21.

［175］ 鞠今风.低温储藏常温干燥粮食技术的现状和展望［J］.粮食储藏，1997，（1）：15-28.

［176］ 田书普，张来林，赵英杰.两种地槽风道通风性能的比较［J］.武汉食品工业学院学报，1997，（4）：3.

［177］ 刘振有.粮食储备库机械通风保粮［J］.粮油食品科技，1998，（4）：3.

［178］ 熊涤生.机械通风储粮中粮堆结露及预防［J］.西部粮油科技，1998，（5）：52-55.

［179］ 张莉萍，张明亮，姚剑锋.储粮冬季机械通风降温试验［J］.粮食储藏，1998，（3）：18-23.

［180］ 周景星，于秀荣.粮堆通风工艺设计及实例［J］.粮食流通技术，1998，（1）：28-31.

［181］ 郭中泽，阎庆绂.储粮机械通风系统设计中不容忽视的两个问题［J］.粮食储藏，1998，（4）：39-42.

［182］ 熊涤生.机械通风储粮中的粮堆结露及预防［J］.粮食科技与经济，1999，（4）：3.

［183］ 冀圣江，肖水英，曹庆宪．浅谈储粮机械通风操作技术要点 [J]．粮油仓储科技通讯，1999，（4）：36–37.

［184］ 王海潮，刘理国．关于中央直属粮库机械通风工艺设计的讨论 [J]．粮食储藏，2000，（3）：41–44.

［185］ 潘兵．浅论我区冬季进行机械通风降温的可行性 [J]．粮食流通技术，2001，（6）：32–33.

［186］ 祝超明，杨大成，严小平，等．粮仓立体通风技术 [J]．粮油仓储科技通讯，2001，（2）：19–21.

［187］ 赵思孟．储粮机械通风技术的功用与发展 [J]．粮食科技与经济，2002，（5）：39–40.

［188］ 易世孝，王丰富，游红光，等．储粮机械通风中常见的问题及解决办法 [J]．粮食储藏，2002，（1）：43–44.

［189］ 郭道林，胡光，杨龙德，等．运用低温储粮技术提高仓储效益 [J]．粮食储藏，2002，（3）：27–30.

［190］ 徐永安，苏营轩，胡晶明，等．低温储粮综合技术试验研究报告 [J]．粮食储藏，2002，（3）：23–26.

［191］ 吕建华，张振明，刘勤，等．不同储粮仓型机械通风技术研究 [J]．粮油仓储科技通讯，2003，（3）:8–10.

［192］ 赵思孟．新建粮库中储粮机械通风生产试验评介 [J]．粮油食品科技，2003，（1）：4–7.

［193］ 蒋中柱．提高储粮机械通风应用效益探讨 [J]．粮食科技与经济，2003，（1）：34–35.

［194］ 庞文渌．影响机械通风储粮效果的因素分析 [J]．粮食流通技术，2003，（4）：25–26，43.

［195］ 任培喜．机械通风死角的检查与处理 [J]．粮食储藏，2004，（1）：30–31，34.

［196］ 万拯群．"四双"综合低温储粮的实践与思考 [J]．粮食储藏，2005，（6）：48–50.

［197］ 范威，李刚．准低温储粮探析 [J]．粮食储藏，2005，（4）：54–56.

［198］ 王文峥．通风技术的应用及探索 [J]．粮油仓储科技通讯，2005，（3）：14–15，17.

［199］ 张学文，全国红，范发文．膜下通风与熏蒸一体化新技术的开发应用研究 [J]．粮油仓储科技通讯，2005，（4）：41–44.

［200］ 殷贵华，于林平，张利，等．华北地区高大平房仓低温储粮模式的探讨与研究 [J]．粮食储藏，2006，（4）：23–25，39.

［201］ 顾巍，王本龙，胡天群，等．机械通风降温效果的数值评估 [J]．粮食储藏，2007，（5）：29–34.

［202］ 张来林，江列克，曹毅，等．粮食仓房的通风口改进 [J]．河南工业大学学报（自然科学版），2008，（2）：64–67.

［203］ 李宗良，卢献礼，王双林．稻谷控温储藏试验 [J]．粮食储藏，2008，（2）：19–22.

［204］ 杨国峰，丁超．关于储粮机械通风温度条件的探讨 [J]．粮食储藏，2009，（6）：31–33.

［205］ 宋锋，高鹏，莫魏林，等．仓外绿化环境对储粮控温的影响 [J]．粮油仓储科技通讯，2009，（4）：27–28.

［206］ 张来林，李祥利，魏庆伟，等．高水分玉米安全度夏技术试验 [J]．粮食加工，2009，（2）：78–80.

［207］ 李林轩．关注粮食仓储机械设备安全管理 [J]．粮食流通技术，2009，（2）：16–18.

［208］ 杨广军，张慧民，刘伟，等．机械通风技术在夏季入库大豆中的应用 [J]．粮食储藏，2009，（5）：39–43.

［209］ 王双林，郭红．通风干燥过程中的粮食水分转移规律研究 [J]．粮食储藏，2009，（2）：20–22，32.

［210］ 张来林，金文，朱庆芳，等．储粮通风技术的应用及发展 [J]．粮食加工，2011，（3）：66–70.

［211］ 赵建华，任宏霞，安晓鹏，等．科学运用机械通风推进绿色安全储粮 [J]．粮食储藏，2011，（1）：19–23.

［212］ 王晶磊，肖雅斌，王殿轩，等．储粮生态区域智能通风应用模式效果初探 [J]．粮食储藏，2014，（5）：12–16.

[213] 赵会义，张宏宇，李福君，等．我国储粮机械通风技术发展 [J]. 粮油食品科技，2015，（S1）：4–10.

[214] 田平，李胜盛．小功率风机冬季间歇通风降温试验 [J]. 粮食储藏，2017，（1）：54–56.

[215] 吴镇，陆玉卓，杨文棋，等．我国小麦控温储藏的现状及研究进展 [J]. 粮油仓储科技通讯，2019，（5）：14–16.

[216] 张崇霞，许锡炎，李志民，等．我国低温储粮的应用方式和适用性分析 [J]. 粮油仓储科技通讯，2019，（5）：28–31.

[217] 韩越，胡月英．低温储粮技术的研究现状与思考 [J]. 粮油仓储科技通讯，2019，（6）：30–34.

[218] 赵思孟．粮堆机械通风时机判断方法的分析 [J]. 郑州粮食学院学报，1988，（2）：48–58.

[219] 陈金智．通风网路对粮堆各点影响的探讨 [J]. 粮油仓储科技通讯，1989，（5）：2–7.

[220] 张来林，赵思孟．粮堆机械通风电模拟试验初报 [J]. 粮食加工，1992，（1）：29–32.

[221] 张来林，赵思孟．实验室粮堆通风模型试验研究 [J]. 粮食储藏，1992，（6）：3–8.

[222] 王清和．粮食平衡水分理论在实践应用中几个问题的探讨 [J]. 粮食储藏，1997，（5）：47–49.

[223] 于秀荣，赵思孟，蔡凤英，等．人工模拟低温、准低温储藏过夏大米品质变化的研究 [J]. 粮食储藏，1997，（6）：34–38.

[224] 雷振怀，康华民，陈立军，等．水分湿热平衡关系式在提高通风储粮效果中的指导作用 [J]. 粮食储藏，1998，（2）：14–18.

[225] 杨进，杨国峰，万忠民．粮堆高度对机械通风粮层阻力的影响 [J]. 粮食储藏，1998，（6）：44–48.

[226] 吴祖全．掌握粮堆气流规律发展气流储粮技术 [J]. 粮油食品科技，1999，（4）：29–31.

[227] 吴德明．换热机组降温降湿工艺设计的研究 [J]. 郑州粮食学院学报，1999，（1）：9.

[228] 王彩云．大豆平衡含水率的试验研究 [J]. 中国粮油学报，1999，（3）：3.

[229] 赵思孟．机械通风系统中风机的合理选择 [J]. 粮油食品科技，2001，（5）：6–7.

[230] 赵思孟．评价储粮机械通风均匀性的方法 [J]. 粮食流通技术，2001，（3）：14–15，33.

[231] 汪海波．晚稻高水分粮的处理措施 [J]. 粮油仓储科技通讯，2001，（4）：25–41.

[232] 李加祥，姜仲祥．包装粮垛"井"式通风法 [J]. 粮油仓储科技通讯，2002，（3）：20–21.

[233] 张前，周永杰，辛立勇，等．高大平房仓储粮温度变化规律的数学模型．粮食储藏，2003，（6）：25–30.

[234] 张前．以粮温实测数据为例探讨低温储粮的可行性 [J]. 粮食储藏，2004，（3）：3–6.

[235] 万拯群，万福茂．高大平房仓立体机械通风技术研究 [J]. 粮食储藏，2004，（5）：24–26.

[236] 陆群，王殿轩，李长轩，等．三种风机对平房仓储藏小麦的通风效果比较 [J]. 粮食储藏，2005，（4）：26–29.

[237] 张来林，赵英杰，吴建章，等．浅圆仓不同风机的性能参数比较 [J]. 粮食储藏，2006，（5）：19–21，25.

[238] 赵英杰，刘朝伟，乔惠君．新收购不安全粮的三种处理模式 [J]. 粮食储藏，2006，（2）：29–32.

[239] 中央储备粮滨州直属库．多功能通风管道在粮堆中的应用试验 [J]. 粮油仓储科技通讯，2006，（3）：40–42.

[240] 罗先安，周新龙．浅谈散装粮堆通风死角的成因与处理 [J]. 粮油仓储科技通讯，2006，（3）：53–56.

[241] 汪向刚，谢静杰，贺德齐，等．机械通风技术在单堆中的应用 [J]. 粮油仓储科技通讯，2006，（6）：16–18.

［242］ 郭玉成，程进安，张永强，等 . 利用导风管"烟囱效应"解决高大平房仓死角问题 [J]. 粮油仓储科技通讯，2006，（6）：23-24.

［243］ 兰中平 . 散装粮仓机械降温通风时间理论探讨 [J]. 粮油仓储科技通讯，2006，（5）：53-54.

［244］ 王若兰，曹晓博 . 模拟通风条件下稻谷平衡水分变化的研究 [J]. 粮食科技与经济，2007，（4）：32-35.

［245］ 曹晓博，王若兰 . 不同气流速度下小麦平衡水分研究 [J]. 河南工业大学学报（自然科学版），2007，（5）：1-4.

［246］ 沈宗海 . 储粮智能化通风控制数学模型 [J]. 粮食储藏，2008，（4）：41-44.

［247］ 韩东，彭涛，项永祥 . 粮仓廒间内部空调冷气流非稳态数值模拟 [J]. 粮食储藏，2008，（4）：31-34，38.

［248］ 李省朝，杨国峰，丁超，等 . 不同通风系统降温效果的数学模拟及试验验证 [J]. 粮食储藏，2017，（4）：23-31.

［249］ 张来林，钱立鹏，郑凤祥，等 . 不同粮种横向和竖向通风性能参数的对比研究 [J]. 河南工业大学学报（自然科学版），2017，（2）：75-79，99.

［250］ 张来林，郑凤祥，钱立鹏，等 . 大豆粮堆横向和竖向通风性能参数的对比研究 [J]. 粮食与饲料工业，2017，（1）：10-14.

［251］ 钱立鹏，郑颂，张来林，等 . 小麦粮堆横向和竖向通风性能参数的对比研究 [J]. 粮食与食品工业，2017，（1）：24-28，31.

［252］ 李兴军 . 谷物粮堆通风的理论依据与目标 [J]. 粮食加工，2017，（1）：28-38.

［253］ 李兴军，吴子丹，季振江，等 . 小麦平衡水分测定及实仓智能化降温通风试验 [J]. 中国粮油学报，2017，（11）：94-99.

［254］ 李兴军，王双林，付鹏程 . 采用水分解吸等温线分析粮食安全水分的研究 [J]. 粮食加工，2017，（5）：30-36.

［255］ 李兴军，殷树德，吴晓明 . 平衡水分方程精准指导稻谷实仓调质通风试验的原理 [J]. 粮食加工，2017，（6）：25-29.

［256］ 吴文福，陈思羽，韩峰，等 . 基于绝对水势图的储粮通风作业管理初探 [J]. 中国粮油学报，2017，（11）：100-107.

［257］ 鲁子枫，王远成，曹阳，等 . 基于数值模拟技术的三种通风量下储粮机械通风效果的比较研究 [J]. 粮食储藏，2017，（4）：15-22.

［258］ 姜洪，吕平原，任凌云，等 . 山东省小麦、稻谷、玉米实仓试验与储粮安全水分的探讨 [J]. 粮食储藏，2017，（4）：40-44.

［259］ 张辰，朱君生 . CFD 仿真技术在粮食仓储上的应用 [J]. 粮油仓储科技通讯，2018，（4）：18-19，42.

［260］ 何旭，张自升，卢兴稳，等 . 改善通风气流运动均衡性 降低粮堆水分梯度试验研究 [J]. 粮油仓储科技通讯，2018，（2）：4-6，9.

［261］ 袁攀强，舒在习，张洪清，等 . 圆形卧式通风储存仓小麦干燥试验研究 [J]. 粮食储藏，2018，（3）：7-11，16.

［262］ 张晓培，覃永，王富领 . 高大平房仓横向通风与竖向通风对比试验 [J]. 粮油仓储科技通讯，2018，（1）：24-25.

［263］ 吴祖全，雷应华，熊鹤鸣，等 . 大型房式储备粮仓立体通风系统试验报告 [J]. 粮食储藏，1993，（6）：3-14.

［264］ 陈修柱，雷应华.大型房式仓散装储粮立体通风技术研究［J］.粮食储藏，1995，（Z1）：27-31.

［265］ 徐革.大型房式仓储粮通风系统的设计［J］.粮食储藏，2000，（1）：48-51.

［266］ 杨国峰，杨进，袁建，等.不同风道和风机在高大房式仓机械通风中的应用［J］.郑州工程学院学报，2001，（1）：50-53.

［267］ 陈昌荣，洪鸿，张立新.立体网络式通风储粮试验报告［J］.粮油仓储科技通讯，2001，（1）：15-16.

［268］ 祝超明，杨大成，严小平，等.粮仓立体通风技术［J］.粮油仓储科技通讯，2001，（2）：19-21.

［269］ 董元堂，张华阳，邓忆滨.钢结构高大平房仓机械通风降温试验［J］.粮油仓储科技通讯，2001，（5）：26-27.

［270］ 吴际红.高大平房仓机械通风生产性试验［J］.粮油仓储科技通讯，2001，（4）：11-14.

［271］ 沈宗海，张承保，吴先山，等.高大平房仓缓速通风系统设计与应用［J］.粮油仓储科技通讯，2001，（5）：23-25.

［272］ 王桂萍.机械通风在高大平房仓中的应用［J］.郑州工程学院学报，2002，（4）：58-59.

［273］ 牛怀强，吕小军.高大平房仓多层立体通风垛储藏试验［J］.粮食储藏，2002，（5）：24-25.

［274］ 赵思孟.新建粮库中储粮机械通风生产试验评介［J］.粮油食品科技，2003，（1）：4-7.

［275］ 冯学仕，任占达，王书明，等.高大平房仓冬季通风降温试验［J］.粮食科技与经济，2004，（1）：35-36.

［276］ 宋景才，尹洪斌，张志愿.高大平房仓轴流风机通风降温试验［J］.粮食储藏，2004，（6）：31-33.

［277］ 曾桂水，杨勇，徐碧.高大平房仓控温储粮试验［J］.粮油食品科技，2004，（5）：16-18.

［278］ 骆福军.高大平房仓夏季晚间开窗通风对储粮的影响［J］.粮食科技与经济，2004，（3）：34.

［279］ 张家玉，谭大文，陈平，等.高大平房仓低温储粮试验报告［J］.粮油仓储科技通讯，2004，（6）：23-24.

［280］ 齐龙超.谈铁心桥国家粮食储备库储粮技术经验［J］.粮食与食品工业，2004，（2）：34-36.

［281］ 陈国旗，石教斌，肖绪才，等.高大平房仓综合控温储粮技术探讨［J］.粮食储藏，2005，（3）：27-29，35.

［282］ 张志成，孙莹，王冬梅，等.浅谈机械通风技术在高大平房仓中的应用［J］.粮食流通技术，2005，（2）：22-23，39.

［283］ 赵小军，袁耀祥，王录印，等.高大平房仓智能通风系统夏季排除积热试验［J］.粮食储藏，2005，（6）：38-40，47.

［284］ 杨国峰，张新生，李东光，等.机械通风降低稻谷水分技术在高大平房仓中的应用［J］.粮食储藏，2005，（2）：13-15.

［285］ 郑振堂，陈明峰，张颜平.高大平房仓低温密闭储粮试验［J］.粮食储藏，2006，（6）：28-30.

［286］ 张来林，赵英杰，刘文超，等.高大平房仓低温粮堆表面生虫的治理方法探讨［J］.粮油仓储科技通讯，2006，（4）：45-47.

［287］ 王海涛，姜汉东，钱增超，等.高大平房仓储粮控温新方法试验报告［J］.粮油仓储科技通讯，2006，（1）：15.

［288］ 李锦亮，张坚，闵炎芳，等.高大平房仓上层储粮温控试验［J］.粮食储藏，2008，（2）：23-27.

［289］ 黄雄伟，许建华，朱全林，等.高大平房仓三种机械通风方式效果对比试验［J］.粮食储藏，2008，（6）：32-34.

［290］ 谢明财，马万镇 . 高大平房仓控温储粮试验 [J]. 粮油仓储科技通讯，2008，（5）：21–22，34.

［291］ 丁传林，张雄，刘波 . 高大平房仓冬季通风降温试验 [J]. 粮油仓储科技通讯，2008，（5）：6–7.

［292］ 胡德新 . 重庆地区高大平房仓稻谷实施控温储藏研究 [J]. 粮油仓储科技通讯，2008，（6）：21–22，33.

［293］ 严梅，季青跃，袁延太，等 . 高大平房仓改造低温储粮试验研究 [J]. 粮油食品科技，2008，（6）：24–26.

［294］ 郑振堂，刘忠强，陈明峰，等 . 高大平房仓分段通风降温降水生产试验 [J]. 粮油食品科技，2009，（3）：54–56.

［295］ 汪宁 . 新型房式仓机械通风效果研究 [J]. 粮油加工，2009，（12）：122–124.

［296］ 李国庆，李卫东，李玮敏，等 . 高大平房仓轴流风机通风降温试验 [J]. 粮油仓储科技通讯，2010，（1）：29–32.

［297］ 史钢强 . 平房仓离心和轴流风机高温差通风降温试验 [J]. 粮油仓储科技通讯，2010，（3）：24–26.

［298］ 隋明波 . 机械通风在普通房式仓中的应用研究 [J]. 粮油仓储科技通讯，2010，（3）：24–25.

［299］ 司福爱，王宗国，张家德 . 应用控温储粮技术 确保大豆安全度夏 [J]. 粮油仓储科技通讯，2010，（3）：36–38.

［300］ 陈光杰，徐碧 . 影响机械通风效果关联因素研究 [J]. 粮油仓储科技通讯，2010，（3）：22–23，45.

［301］ 周刚 . 夏季机械通风降水探索 [J]. 粮油食品科技，2010，（3）：54–55.

［302］ 李新果，王瑞元，赵宝国，等 . 大粮堆两种不同通风方式通风效果比较 [J]. 粮油仓储科技通讯，2011，（1）：25–26.

［303］ 龚正龙，雷清发，邓显华 . 储粮地上笼与地下槽通风系统的对比试验 [J]. 粮油仓储科技通讯，2011，（1）：27–28.

［304］ 王平，周焰，曹阳，等 . 平房仓横向通风降温技术研究 [J]. 粮油仓储科技通讯，2011，（2）：19–23.

［305］ 谢伟燕，谭波，张善湛，等 . 利用绿色储粮技术控温保粮的探讨与实践 [J]. 粮食储藏，2011，（4）：25–28.

［306］ 王毅，冀圣江，刘志忠，等 现代控温气调储粮技术扩大应用试验 [J]. 粮食储藏，2011，（3）：26–30.

［307］ 蔡庆春，钟伟先，伍世澄，等 . 高大平房仓新粮入库三种通风方式对比试验 [J]. 粮油仓储科技通讯，2011，（6）：10–12.

［308］ 李琛 . 危害分析与关键控制点,（HACCP）体系在糙米低温储藏中应用研究 [J]. 粮食储藏，2011，（4）：4–6.

［309］ 邹江汉，徐合斌，陈平，等 . 高大平房仓粮堆"冷源"在南方高温季节降低上层粮温试验初探 [J]. 粮油仓储科技通讯，2011，（1）：52–53.

［310］ 颜崇银 . 高大平房仓膜下均衡粮温与绿色储粮应用试验 [J]. 粮油仓储科技通讯，2011，（1）：18–21.

［311］ 祁正亚，杨启威，曾庆清，等 . 华南地区新建高大平房仓控温储粮探讨 [J]. 粮油仓储科技通讯，2011，（4）：8–11.

［312］ 张慧敏 . 控温气调储粮技术应用研究与分析 [J]. 粮油仓储科技通讯，2011，（4）：12–13.

［313］ 李先明，徐长明 . 竹笼立体通风储粮技术的应用及效果 [J]. 粮油仓储科技通讯，2011，（4）：43–44.

［314］ 宋涛，孙颖，刘建岭 . 通风笼改造对玉米通风效果的研究 [J]. 粮油仓储科技通讯，2011，（4）：45–47.

［315］ 陆耕林，严忠军，王小林，等 . 高大平房仓散装大豆高湿度条件通风试验研究 [J]. 粮油食品科技，2012，（3）：57–59.

［316］ 林春华，马万镇，朱国军．华南地区高大平房仓三种风机通风降温能效分析［J］.粮油仓储科技通讯，2012，（2）：20-22.

［317］ 黄启迪．夏天利用出仓粮堆冷心降温通风研究［J］.粮油仓储科技通讯，2012，（5）：29-30.

［318］ 郭振宇，陈明九，白忠权．玉米降温通风温度模拟及分析［J］.粮油食品科技，2012，（3）：9-12.

［319］ 张来林，梁敬波，刘志雄，等．粮堆表层通风控温试验研究［J］.粮食与饲料工业，2013，（8）：13-14.

［320］ 王昭．应用控温技术储存稻谷试验［J］.粮油仓储科技通讯，2013，（1）：19-21.

［321］ 王毅，王保东，刘建玲，等．新型气囊对仓房通风口密闭与控制底层粮温变化的研究［J］.粮油仓储科技通讯，2013，（1）：43-44.

［322］ 江春阳，狄育慧，徐子龙．外温作用下储粮建筑围护结构的传热研究［J］.粮食储藏，2013，（6）：22-24.

［323］ 张崇霞，燕洛才，王复元，等．机械通风对大豆水分影响的室内研究［J］.粮食储藏，2013，（2）：13-15.

［324］ 史钢强．智能通风操作系统水分控制模型优化及程序设计［J］.粮油食品科技，2013，（5）：109-113.

［325］ 赵兴元，何志明．新建高大平房仓稻谷控温储藏试验［J］.粮油仓储科技通讯，2013，（1）：29-30.

［326］ 张会民．边入库边通风技术在高水分小麦安全储存中的应用试验［J］.粮油仓储科技通讯，2013，（4）：18-19，27.

［327］ 黄之斌，张学良，王小林，等．高大平房仓局部粮堆对外温的敏感度研究［J］.粮油仓储科技通讯，2014，（3）：22-24.

［328］ 许明珍，金剑，张来林，等．新建高大平房仓散粮压仓不同形式叠包风道通风效果［J］.粮油仓储科技通讯，2014，（2）：27-29.

［329］ 刘朝伟，吕建华，杜倩，等．高大平房仓小麦准低温储粮性能研究［J］.粮油仓储科技通讯，2014，（5）：47-49.

［330］ 张来林，任强，杨海民，等．用于处理仓房底层粮食的局部横向通风方法［J］.粮油食品科技，2014，（3）：106-108.

［331］ 李兴军，吴晓明，殷树德．平衡水分理论和通风窗口指导稻谷降温通风［J］.粮油食品科技，2014，（3）：98-101.

［332］ 周全申，张来林，李广玉，等．机械通风作业条件的公式法推导研究［J］.粮油食品科技，2014，（5）：100-104.

［333］ 尹君，石天玉，魏雷，等．小麦竖向通风阻力研究［J］.粮油食品科技，2015，（S1）：38-42.

［334］ 赵会义，尹君，魏雷，等．玉米横向和竖向通风粮层阻力对比研究［J］.粮油食品科技，2015，（S1）：43-46.

［335］ 史钢强，叶大鹏．平房仓空调设计及热像仪应用报告［J］.粮食储藏，2015，（5）：18-22.

［336］ 郑凤祥，张来林，钱立鹏，等．玉米粮堆横向和竖向通风性能参数的对比研究［J］.粮食储藏，2016，（5）：17-22.

［337］ 陈军涛、祝玉华、甄彤．储粮通风技术的应用发展［J］.粮食储藏，2016，（5）：28-31.

［338］ 陈江，王双林，朱薇洁．基于Phoenics的稻谷通风过程水分分布模拟初探［J］.粮食储藏，2016，（5）：1-6.

［339］ 高帅，王远成，赵会义，等．平房仓横向谷冷通风小麦粮堆传热传质数值模拟［J］.粮油食品科技，2015，（S1）：15-19.

［340］高帅, 王远成, 邱化禹, 等. 横向通风过程中粮堆内热湿耦合前沿规律研究 [J]. 粮食储藏, 2015,（4）: 6-9, 32.

［341］张云峰, 石天玉, 王建民, 等. 平房仓横向与竖向通风降温失水率研究 [J]. 粮油食品科技, 2015,（S1）: 51-55.

［342］王晶磊. 高大平房仓自动开窗降温效果研究 [J]. 粮油仓储科技通讯, 2015,（5）: 15-16.

［343］石天玉, 赵会义, 祝祥坤, 等. 横向通风技术在高大平房仓小麦储藏上的应用 [J]. 粮油食品科技, 2015,（S1）: 28-32.

［344］张海青, 黄海峰, 魏建喜, 等. 高大平房仓简易型仓房负压,（吸出式）通风采用覆膜改变空气路径试验 [J]. 粮油仓储科技通讯, 2016,（3）: 19-22.

［345］姜仲明, 彭颜苹. 智能控制系统在高大平房仓排积热通风中的应用 [J]. 粮油仓储科技通讯, 2016,（3）: 40-42.

［346］尉尧方, 王远成, 潘钰, 等. 粮堆通风阻力的研究方法及阻力模型研究进展 [J]. 粮食储藏, 2016,（4）: 9-15.

［347］潘钰, 王远成, 张晓静, 等. 粮仓自然储藏及通风过程中热湿耦合传递的模拟研究 [J]. 粮食储藏, 2016,（6）: 18-23.

［348］沈邦灶, 王飞, 王会杰. 横向通风仓两种半衰期气密性测试的对比 [J]. 粮食储藏, 2016,（3）: 13-15, 20.

［349］郑凤祥, 张来林, 钱立鹏, 等. 玉米粮堆横向和竖向通风性能参数的对比研究 [J]. 粮食储藏, 2016,（5）: 17-22.

［350］张来林, 郑颂, 钱立鹏, 等. 稻谷粮堆横向和竖向通风性能参数的对比研究 [J]. 粮食加工, 2016,（6）: 31-35.

［351］张晓静, 王远成, 高帅, 等. 仓储粮堆冷却通风温度和水分变化的模拟对比研究 [J]. 粮食储藏, 2016,（1）: 29-34.

［352］黄亚伟, 胡玉兰, 曹宇飞, 等. 储粮机械通风均匀性评价方法研究进展 [J]. 粮仓与油脂, 2017,（11）: 5-7.

［353］沈邦灶, 俞鲁锋. 横、竖向通风密闭粮堆粮温变化规律初探 [J]. 粮油仓储科技通讯, 2017,（6）: 12-14.

［354］鲁子枫, 尉尧方, 曲安迪, 等. 分阶段储粮降温通风的比较研究 [J]. 粮食储藏, 2017,（3）: 1-5, 9.

［355］曲安迪, 王远成, 魏雷, 等. 不同送风湿度下储粮机械通风效果的数值模拟研究 [J]. 粮食储藏, 2017,（5）: 5-10.

［356］员怡怡, 王远成, 杨开敏, 等. 储粮通风模型及实仓应用研究 [J]. 粮食储藏, 2017,（6）: 8-12.

［357］王远成, 潘钰, 尉尧方, 等. 仓储粮堆内部自然对流和热湿传递的数学分析及验证 [J]. 中国粮油学报, 2017,（9）: 120-125, 130.

［358］郭长虹, 张有路. 无动力屋顶排热风球在高大平房仓综合控温工程中的应用 [J]. 粮油仓储科技通讯, 2017,（4）: 35-37.

［359］田书普, 王若兰, 谭叶, 等. 浅圆仓通风储粮技术研究 [J]. 粮食流通技术, 2001,（4）: 32-37.

［360］陶自沛, 许立伟, 朱瑞松. 机械通风在大型浅圆仓中的应用 [J]. 粮食储藏, 2002,（5）: 30-33.

［361］赵庆国, 李爱华. 钢板浅圆仓机械通风试验 [J]. 粮食储藏, 2003,（4）: 23-25.

［362］吴晓江，杜海波．低温储粮在浅圆仓中的应用及探讨 [J]. 粮食储藏，2004，（1）：35-37.

［363］张来林，赵英杰，吴建章，等．浅圆仓不同风机的性能参数比较 [J]. 粮食储藏，2006，（5）：19-21，25.

［364］黄呈安，黄昌健．浅圆仓风网改造初探 [J]. 粮油仓储科技通讯，2006，（3）：39.

［365］吴晓江，魏祖国，刘伟．浅圆仓机械通风对粮堆水分的影响 [J]. 粮油仓储科技通讯，2006，（3）：36-38.

［366］张友春，宋一良．浅谈圆筒仓通风系统的分类及应用 [J]. 粮油仓储科技通讯，2006，（1）：37-42.

［367］史钢强，张来林．浅圆仓高水分稻谷分层低温储藏试验 [J]. 粮食流通技术，2007，（5）：17-21.

［368］白雪松，杨文生，戴云松，等．浅圆仓整仓通风及局部高温处理 [J]. 粮油仓储科技通讯，2011，（3）：21-23，34.

［369］李松伟，杨壮，周延智，等．浅圆仓不同风机通风降温效果 [J]. 粮油仓储科技通讯，2011，（2）：13-15，23.

［370］陈惠，曹殿云，耿玉刚．浅圆仓轴流风机通风降温试验 [J]. 粮油仓储科技通讯，2011，（1）：16-17.

［371］郜智贤，姚亚东，谢茹，等．华南地区高大浅圆仓不同风机组降温耗能对比 [J]. 粮食储藏，2011，（3）：36-39.

［372］范向东，余军林，李学武，等．浅圆仓机械通风降温对比试验 [J]. 粮油仓储科技通讯，2013，（4）：16-17.

［373］闻小龙，汪旭东，唐荣建，等．浅圆仓四种通风方式比较试验 [J]. 粮油仓储科技通讯，2013，（1）：22-24.

［374］杜建光，李浩杰，李玉东，等．浅圆仓夏季冷心环流试验 [J]. 粮食储藏，2014，（5）：17-20.

［375］黄之斌，金林祥，张学良，等．浅圆仓不同功率风机通风试验研究 [J]. 粮食储藏，2014，（1）：29-32.

［376］王金水，李松伟，张奕群，等．浅谈大型浅圆仓节能减损储藏试验 [J]. 粮食储藏，2015，（3）：18-22.

［377］郑明辉，戴云松，王健刚，等．不同通风工艺在浅圆仓中应用的研究 [J]. 粮食储藏，2016，（4）：39-42.

［378］王健，李洪鹏，王明超，等．浅圆仓机械通风设备的应用 [J]. 粮油仓储科技通讯，2016，（2）：35-37.

［379］罗家宾，王建闯．浅圆仓低温储粮技术实践应用及推广探讨 [J]. 粮油仓储科技通讯，2017，（6）：15-17，26.

［380］杨海民，刘玉东，王鹏，等．浅圆仓储存进口大豆期间温度变化规律的探索 [J]. 粮食储藏，2018，（2）：14-18，22.

［381］季雪根，刘朋磊，郭树鹏，等．浅圆仓智能通风模式探析 [J]. 粮油仓储科技通讯，2019，（6）：20-26.

［382］李逢春．房式仓的准低温储粮 [J]. 粮食储藏，1999，（1）：30-34.

［383］王飞生，黄家骧．苏式仓改建后机械通风准低温储粮 [J]. 粮食流通技术，2001，（5）：38-42.

［384］朱家明，舒传国，王凯．机械通风准低温储粮技术应用及管理 [J]. 粮油仓储科技通讯，2001，（1）：20-21.

［385］李志明．平房仓通风技术初探 [J]. 粮油食品科技，2002，（4）：20-21.

［386］周天智，李枝成，陈卫红，等．房式仓双层风网立体通风熏蒸试验报告 [J]. 粮食储藏，2002，（1）：29-32.

［387］辛玉红，石春光．新建平房仓机械通风降温效果的探讨 [J]. 粮油仓储科技通讯，2002，（6）：16-17.

［388］任震眠，谢满春，伍湘东 . 仓房通风口的改造 [J]. 粮食科技与经济，2003，（1）：36.

［389］李甲戌，张惠民，刘晓峰 . 高大钢板平房仓地上笼机械通风技术的应用试验 [J]. 粮食储藏，2003,（2）：39–42.

［390］范国利 . 房式仓不同地下槽通风形式通风降温效果研究 [J]. 粮油仓储科技通讯，2003，（3）：14–15.

［391］李承龙，李家勇 . 老房式仓机械通风降温储粮试验 [J]. 粮油仓储科技通讯，2005，（3）：16–17.

［392］陆群，王殿轩，李长轩，等 . 三种风机对平房仓储藏小麦的通风效果比较 [J]. 粮食储藏，2005，（4）：26–29.

［393］张文武 . 平房仓控温储粮试验报告 [J]. 粮食储藏，2006，（2）：38–39，50.

［394］徐玉斌，樊曙红 . 平房仓散装粮低温储藏方式的探讨 [J]. 粮油食品科技，2007，（3）：17–20.

［395］徐玉斌 . 一种新的平房仓散装粮低温方式的探讨 [J]. 粮油流通技术，2007，（2）：30–33.

［396］潘瑞有，招作华，王艳，等 . 机械通风技术在苏式仓储粮中的探讨与应用 [J]. 粮油仓储科技通讯，2009，（6）：29–30.

［397］王平，周焰，曹阳，等 . 平房仓横向通风降温技术研究 [J]. 粮油仓储科技通讯，2011，（2）：19–23.

［398］陈传国，王道华，任宏 . 房式仓利用粮堆"冷源"均衡粮温度夏试验 [J]. 粮油仓储科技通讯，2012,（5）：13–15.

［399］沈波，黄志军，金建德，等 . 平房仓创新通风技术方式探析 [J]. 粮油仓储科技通讯，2014，（3）：51–53.

［400］沈邦灶，王飞，王会杰，等 . 平房仓横向与竖向通风系统降温试验对比研究 [J]. 粮食储藏，2015，（5）：23–27.

［401］祝祥坤，石天玉，沈波，等 . 稻谷平房仓储藏的横向通风技术工艺研究 [J]. 粮油食品科技，2015,（S1）：33–37.

［402］沈银飞，徐炜，沈学明 . 平房仓横向通风风机机型试验 [J]. 粮油仓储科技通讯，2016，（3）.

［403］曾义华，张堃，张华，等 . 横向通风技术在平房仓应用的利与弊 [J]. 粮油仓储科技通讯，2016，（4）：15–16.

［404］李丹青 . 锌铁板屋面平房仓冷风机控温储粮试验 [J]. 粮油仓储科技通讯，2017，（2）：17–19.

［405］沈波，夏志根，魏永威，等 . 平房仓横向与竖向通风系统入库效能对比研究 [J]. 粮油仓储科技通讯，2017，（2）：14–16.

［406］沈波，刘益云，王建民，等 . 平房仓竖向和横向通风系统降温能效对比研究 [J]. 粮食储藏，2018,（3）：12–16.

［407］冯平，闫哲，刘敬伟，等 . 平房仓准低温储存稻谷试验 [J]. 粮油仓储科技通讯，2018，（2）：17–18，21.

［408］沈邦灶，王伟杰，俞鲁锋，等 . 平房仓不覆膜粮堆横向通风降温新工艺研究 [J]. 粮油仓储科技通讯，2018，（4）：38–42.

［409］周晓军，白春启 . 两种通风模式下平房仓实仓通风降温效果比较[J]. 粮油仓储科技通讯，2018,（6）:5–7.

［410］范东华，刘勇 . 平房仓小麦冬季通风蓄冷试验 [J]. 粮油仓储科技通讯，2019，（3）：20–22.

［411］赵思孟 . 筒仓贮存稻谷的通风条件 [J]. 郑州粮食学院学报，1982，（3）：59–60.

［412］胡冬生，李仁智，吕建华，等 . 中型立筒仓共用管道熏蒸杀虫通风降温试验报告（摘要）[J]. 粮油仓储科技通讯，1992，（4）：39–42.

［413］ 王琦，朱大同，赵思孟．径向机械通风仓干燥规律的实验研究及其过程的计算机模拟 [J]. 郑州粮食学院学报，1993，（4）：39-45.

［414］ 吕建华，刘勤，胡树田，等．中型立筒仓共用管道熏蒸杀虫通风降温试验 [J]. 中国粮油学报，1993，（2）：6-10.

［415］ 张来林，李超彬，王金水，等．粮食筒仓的通风降温系统 [J]. 粮油仓储科技通讯，1999，（1）：10-13.

［416］ 李洪程．电脑测控连体通风夹层立筒仓的结构与性能探讨 [J]. 粮食储藏，2000，（4）：45-49.

［417］ 毕文广，史钢强．立筒仓并联式卸料斗机械通风系统改造 [J]. 粮食食品科技，2008，（4）：26-27.

［418］ 高雪峰，陈先明．机械通风技术在立筒仓的应用及管理 [J]. 粮油仓储科技通讯，2009，（1）：21-23.

［419］ 张来林，王彦超，李守根，等．粮食筒仓的通风口设计 [J]. 粮食与饲料工业，2011，（11）：24-26.

［420］ 李明发．大型装配式钢板仓机械通风降温系统的设计与使用 [J]. 粮食储藏，1999，（2）：37-41.

［421］ 胡文正．浅谈低温通风技术在钢板仓储粮中的应用 [J]. 粮食流通技术，2004，（3）：19-20.

［422］ 蒋桂军，何光文．浅谈钢板筒仓的通风及其方式 [J]. 中国粮油学报，2006，（3）：350-353.

［423］ 吕建华，刘树伦，贾胜利，等．大型彩钢板保温仓控温储粮试验 [J]. 粮油仓储科技通讯，2007，（6）：32-33.

［424］ 张友春．浅谈谷物钢板仓的通风及熏蒸方式 [J]. 粮食流通技术，2008，（2）：26-29.

［425］ 胡春亮，韩典才．彩钢板仓房夏季粮食发热通风降温试验 [J]. 粮油仓储科技通讯，2008，（5）：23-24.

［426］ 王子嘉，张娟，陈雁，等．模拟钢板仓储存大米通风降温试验 [J]. 粮食储藏，2019，（1）：1-3，10.

［427］ 王钦一．砖圆仓机械通风设计与效益 [J]. 粮油仓储科技通讯，2000，（5）：26-31.

［428］ 王飞生，舒在习．粤北山区砖圆仓储粮机械通风应用研究 [J]. 粮油仓储科技通讯，2001，（2）：22-24.

［429］ 王飞生．粤北山区砖圆仓储粮机械通风应用研究 [J]. 郑州粮食学院学报，2001，（1）：33-35.

［430］ 蒋晓云，宋长宏．露天粮囤机械通风系统空气途径比变化初探 [J]. 粮油仓储科技通讯，1993，（1）：14-17.

［431］ 张会利．土堤仓通风储藏高水分玉米安全度夏试验 [J]. 粮油仓储通讯科技，2001，（5）：28-31.

［432］ 周景慧，王喜云，马健承，等．机械通风在露天散存周转玉米中的应用 [J]. 粮食科技与经济，2006，（6）：40-41.

［433］ 贾力，马永教．山洞仓低温储藏玉米 [J]. 粮油仓储科技通讯，2007，（4）：22，29.

［434］ 靳吉体．筒仓钢罩棚室内通风换气的工艺设计 [J]. 粮食流通技术，2010，（4）：13-14.

［435］ 于文江，陈伊娜，罗中文，等．百年老仓包打围散装玉米机械通风降温试验 [J]. 粮油仓储科技通讯，2010，（5）：16-18.

［436］ 李伟，王晓丽，靳振海，等．围包散装东北烘干玉米机械通风技术的应用 [J]. 粮油仓储科技通讯，2012，（1）：25-27.

［437］ 李国华，金秀新，赵会义，等．横向通风技术在包打围仓型稻谷储藏上的应用 [J]. 粮油仓储科技通讯，2017，（4）：18-22.

［438］ 王英瑞．露天储存玉米机械通风降水常见问题及处理方法 [J]. 粮油仓储科技通讯，2018，（5）：32-33.

［439］ 彭建国．南方地方通风降温技术 [J]. 粮油仓储科技通讯，1998，（5）：13-15，29.

［440］ 牛怀强，李浩，何万春．在干燥寒冷地区防止通风中粮食水分减量的几点建议 [J]. 粮油仓储科技通讯，2001，（6）：37-44.

［441］ 万莉，王文周，李武．谈江南地区的低温储粮技术 [J]. 粮食流通技术，2002，（1）：31-32.

［442］李宗良 . 昆明地区低温储粮技术应用报告 [J]. 粮油仓储科技通讯，2002，（6）：12–13.

［443］孟大明 . 西北低温对储粮稳定性的影响 [J]. 粮油仓储科技通讯，2002，（4）：23–24.

［444］吴磊，潘利 . 机械通风在西北冬寒终年气干区的综合运用 [J]. 粮食储藏，2003，（3）：35–37.

［445］王延康，王莉，王录印，等 . 西安地区利用粮堆冷心均衡粮温试验 [J]. 粮食储藏，2005，（4）：22–25.

［446］蒋世勤 . 南方地区低温储粮探讨 [J]. 粮油仓储科技通讯，2005，（1）：49–50.

［447］殷贵华，丁林平，张利，等 . 华北地区高大平房仓低温储粮模式的探讨与研究 [J]. 粮食储藏，2006，（4）：23–25，39.

［448］陈小平，赵小军，王中树，等 . 西安地区智能通风冬季降温试验研究 [J]. 粮食储藏，2006，（5）：22–25.

［449］谢维治，黄思华，张奕群，等 . 高大平房仓间歇熏蒸技术应用试验 [J]. 粮油仓储科技通讯，2006，（4）：22–24.

［450］郑刚，李志民，孙立君，等 . 东北地区高大平房仓储粮工艺研究 [J]. 粮油食品科技，2007，（3）：21–23，26.

［451］周铖，谢维治，谭云鹤，等 . 华南沿海地区高大平房仓综合控温探讨 [J]. 粮油仓储科技通讯，2008，（5）：18–20.

［452］中央储备粮兰州直属库 . 机械通风技术在北方高大平房仓梯形粮堆中的应用 [J]. 粮油仓储科技通讯，2008，（2）：23–25.

［453］高素芬 . "三北地区"低温储粮技术优化集成与典型应用 [J]. 粮油食品科技，2009，（4）：47–50.

［454］王捷宏，甘建华，刘德军，唐孝勇 . 华南地区高大平房仓综合控温模式试验 [J]. 粮食储藏，2009，（5）：36–38.

［455］史钢强 . 东北地区储粮机械通风操作管理 [J]. 粮油食品科技，2009，（4）：59–63.

［456］牟庆忠，靳钟江，姚灿，等 . 西南中温高湿地区稻谷控温储藏试验 [J]. 粮食储藏，2009，（4）：41–44.

［457］黄启迪，方振湛，黄海鸣，等 . 华南地区几种常用控温储粮方式浅析 [J]. 粮油仓储科技通讯，2010，（1）：22–24.

［458］胡宏明，卢新勤，黄玲玲 . 北方地区控温储藏实仓试验报告 [J]. 粮油仓储科技通讯，2010，（1）：11–15.

［459］梁军民，高文照，丁小宁，等 . 北方干旱地区窑式仓玉米水分调节试验 [J]. 粮油仓储科技通讯，2010，（2）：9–12.

［460］张栋 . 三峡库区综合控温储粮试验报告 [J]. 粮油仓储科技通讯，2010，（3）：18–21.

［461］袁宝友，张伟文，马俊松 . 通风保水技术在粤西地区的应用与实践 [J]. 粮油仓储科技通讯，2010，（6）：17–19.

［462］黄志宏，林春华 . 广东地区高大平房仓控温储粮试验研究 [J]. 粮食储藏，2011，（1）：16–18.

［463］郁宏兵 . 长江中下游地区控温储藏技术应用综述 [J]. 粮油仓储科技通讯，2011，（6）：27–30.

［464］赵介 . 南方高温高湿地区玉米控温储藏试验 [J]. 粮油仓储科技通讯，2011，（6）：13–15，22.

［465］张栋 . 三峡库区轴流风机通风降温储粮试验 [J]. 粮油仓储科技通讯，2012，（4）：14–15，18.

［466］王鑫，魏刚，李伟，等 . 储粮通风减损技术在滇西地区的应用 [J]. 粮食流通技术，2012，（3）：28–31.

［467］林春华，马万镇，朱国军 . 华南地区高大平房仓三种风机通风降温能效分析 [J]. 粮油仓储科技通讯，2012，（2）：20–22.

[468] 曹毅，燕洛才，王厚武，等 . 东北地区大豆保水储藏技术生产性试验报告 [J]. 粮食储藏，2013，（6）：13-17，21.

[469] 郁宏兵 . 长江中下游地区机械通风储粮技术工艺探析 [J]. 粮油仓储科技通讯，2013，（3）：38-40.

[470] 高兴超，符世莹，吴永平，等 . 高原地区稻谷保水减损技术的研究 [J]. 粮油仓储科技通讯，2015，（6）：9-11，29.

[471] 吕建华，马宝瑛，武晓彤，等 . 天津地区自然冷源控温储粮技术试验 [J]. 粮油仓储科技通讯，2016，（5）：5-12.

[472] 郑志华，王玮，许辉，等 . 云贵高原地区稻谷低温储藏技术研究 [J]. 粮油仓储科技通讯，2019，（3）：23-25.

[473] 闵炎芳，张坚，张学良，等 . 浙北地区籼稻准低温储藏应用工艺研究 [J]. 粮食储藏，2019，（4）：7-13.

[474] 王士臣，李树欢 . 高寒地区控温储粮技术探讨 [J]. 粮食储藏，2019，（5）：52-54.

[475] 王鑫，关锡林，李守星，等 . 中温低湿储粮生态区夏季不同控温储粮技术的探讨 [J]. 粮油仓储科技通讯，2019，（6）：27-29，38.

[476] 庞斐，史朝东 . 新颖节能轴流风机试验初探 [J]. 粮油仓储科技通讯，1989，（1）：32-33.

[477] 钟良才，李汉洲，邹文捷 . 垂直径向通风系统在大型房式仓中的应用效果 [J]. 粮食储藏，1997，（6）：42-45.

[478] 赵思孟 . 机械通风系统风机的配置与合理使用 [J]. 粮油食品科技，2003，（3）：20-21.

[479] 朱家明 . 关于粮堆径向通风排湿施药管道技术的实验报告 [J]. 粮油仓储科技通讯，2006，（4）：20-21.

[480] 王广，袁艺婉，唐瑜，等 . 离心风机"一机两口"通风降温试验 [J]. 粮油仓储科技通讯，2009，（3）：23-24.

[481] 翁胜通，李林杰，王大枚 . 利用高压风机对大豆通风降温的效果分析 [J]. 粮油仓储科技通讯，2011，（6）：16-17.

[482] 王平，周焰，曹阳，等 . 平房仓横向通风降温技术研究 [J]. 粮油仓储科技通讯，2011，（2）：19-23.

[483] 张来林，任强，杨海民，等 . 用于处理仓房底层粮食的局部横向通风方法 [J]. 粮油食品科技，2014，（3）：106-108.

[484] 陆德山 . 粮堆横向通风与纵向通风降温比较试验 [J]. 粮油仓储科技通讯，2015，（6）：5-6.

[485] 王培根，夏海兵，李志军 . 粳稻储藏中横向通风技术应用的浅析 [J]. 粮油仓储科技通讯，2016，（6）：10-12.

[486] 陈燕 . 散装仓库横向通风效能研究试验 [J]. 粮油仓储科技通讯，2017，（6）：27-29，37.

[487] 李国华，金秀新，赵会义，等 . 横向通风技术在33m跨度平房仓稻谷储藏中的应用 [J]. 粮食储藏，2017，（6）：17-18.

[488] 姜俊伊，李倩倩，沈邦灶，等 . 平房仓横向与竖向通风系统储粮温度变化对比研究 [J]. 粮食储藏，2017，（6）：1-7，28.

[489] 卢洋，张徐，谢宏 . 两种通风方式对高大平房仓内温湿度的影响 [J]. 粮食储藏，2018，（5）：31-33.

[490] 沈邦灶，叶盈盈，俞鲁锋，等 . 基于横向通风系统的粮堆动态控温储粮应用研究 [J]. 粮油仓储科技通讯，2019，（1）：29-32.

[491] 李存法，雷应华，林静海 . 试谈排风扇在储粮通风中的应用 . 粮油仓储科技通讯，1989，（2）：2-6.

[492] 邹建明，司徒峥思，朱文会，等 . 房式仓全开孔地槽配轴流风扇通风降温 [J]. 粮食储藏，1993，（6）：15-19.

［493］邓波．大型仓房离心风机改轴流风机通风研究 [J]. 粮食储藏，1996，（6）：43-46.

［494］朱细添．浅谈排风扇压入式机械通风不可忽视的几个问题 [J]. 粮油仓储科技通讯，1997，（4）：25-33.

［495］王石瑛．轴流式风机的特点 选用原则与使用效果分析 [J]. 粮油仓储科技通讯，1998，（5）：16-18.

［496］张文武，吴先山，章俊宏，等．高大房式仓轴流与离心风机通风效果的对比试验 [J]. 粮油仓储科技通讯，2001，（6）：32-35.

［497］樊宇辉．机械通风储粮实验效果显著 [J]. 粮油仓储科技通讯，2001，（6）：36.

［498］束旭强，江汉忠，缪庆朝．排气扇通风降温对比试验报告 [J]. 粮食储藏，2002，（4）：33-35.

［499］刘春和，冯平．轴流风机在高大平房仓通风降温中的应用研究 [J]. 粮食储藏，2003，（5）：18-20.

［500］江林然，张华阳，董元堂．轴流风机通风降温试验 [J]. 粮食储藏，2004，（5）：22-23，29.

［501］李国强．采用小功率轴流风机实施低温储粮 [J]. 粮食科技与经济，2005，（2）：45.

［502］包刚，胡攀登．轴流风机与离心风机机械通风经济效益对比 [J]. 粮食流通技术，2005，（6）：23-24.

［503］季青跃．轴流和离心式风机通风对比试验 [J]. 粮油食品科技，2007，（4）：16-18.

［504］顾巍．轴流风机在辅助粮仓机械通风中的作用 [J]. 粮食储藏，2008，（2）：34-38.

［505］周庆刚，王殿轩，田华，等．轴流风机通风储粮的水分减量与能耗比较 [J]. 粮油食品科技，2009，（6）：10-12.

［506］车宗芝．高大平房仓轴流风机负压通风降温技术应用 [J]. 粮油仓储科技通讯，2009，（3）：21-22.

［507］沈晓明，许广毅，王万银，等．膜下负压通风降温技术的探讨 [J]. 粮油仓储科技通讯，2010，（3）：14-17.

［508］王金奎，商永辉，王兴英．轴流风机压入式通风降温节能降耗试验 [J]. 粮油仓储科技通讯，2010，（6）：20-21，25.

［509］艾春涛，王玉俊．简易温控装置在轴流风机保水降温通风中的运用 [J]. 粮食储藏，2010，（3）：17-19.

［510］宋瑞成，薛永沂，江涛．轴流风机自动控制通风系统在储粮中的应用 [J]. 粮油食品科技，2011，（1）：54-55.

［511］周祥．小功率轴流风机负压通风降温效果分析 [J]. 粮食储藏，2012，（5）：36-38.

［512］王文广，张来林，沈益荣，等．轴流风机在高大平房仓通风降温中的应用 [J]. 粮食流通技术，2012，（6）：27-29.

［513］王军，周勇．小型轴流风机通风应用试验 [J]. 粮油仓储科技通讯，2014，（3）：28-29.

［514］陈广军，李学武，祁学会．轴流风机在浅圆仓玉米降温通风中的试验报告 [J]. 粮油仓储科技通讯，2015，（2）：10-12.

［515］陈民生，黄楚颖，温鹭宁．轴流风机调质通风技术在晚稻出库中的应用 [J]. 粮油仓储科技通讯，2015，（4）：23-25.

［516］李泽雨，杨凤歧，赵海林，等．轻便式轴流风机缓速通风储粮应用 [J]. 粮油仓储科技通讯，2015，（4）：30-32.

［517］王金奎，丁团结．小功率轴流风机下行压入式降温通风试验 [J]. 粮油仓储科技通讯，2015，（2）：13-15.

［518］万世杰，崔杰，安德林．小功率轴流风机缓速通风的优势 [J]. 粮油仓储科技通讯，2016，（5）：50-51.

［519］李泽雨，黄建华，赵海林，等．轴流风机缓速负压通风保水的可性行试验 [J]. 粮油仓储科技通讯，2016，（2）：31-32.

［520］田平，李胜盛．小功率风机冬季间歇通风降温试验 [J]. 粮食储藏，2017，（1）：54-56.

［521］唐开梁，李泽雨，赵海林，等.轴流风机负压缓速通风技术应用[J].粮油仓储科技通讯，2017，（3）：8-10，22.

［522］王伟伟，朱路.半密闭式缓式通风技术探讨[J].粮油仓储科技通讯，2019，（1）：26-28.

［523］丁团结，商永辉，耿祝杰，等.双向混流风机降温通风应用试验[J].粮油仓储科技通讯，2018，（2）：22-24.

［524］刘经华，杨月海.混流风机与离心风机通风降温效果对比试验：杭州理事会论文集[C].北京：中国粮油学会，2011.

［525］刘传魁，张锡庆.应用空调低温储藏大米安全过夏[J].粮油仓储科技通讯，1993，（3）：3-4.

［526］胡大纲，蔡庸家，胡长保.中央空调在大型粮仓中的应用[J].粮食储藏，1997，（5）：21-25.

［527］王威，鞠今风，宋中会.低温空调技术在粮食保鲜方面的应用与发展[J].粮油仓储科技通讯，2002，（2）：17-19，22.

［528］姜鸿鸣，陈瑞龙.窗式空调仓制冷储粮技术探讨[J].粮食储藏，2005，（1）：51-52.

［529］曹琼.冰蓄冷技术在粮食储存中的应用及发展研究[J].中国粮油学报，2006，（3）：345-349.

［530］左圣（仒毛），欧阳昌设，朱清峰，等.稻谷控温储藏综合技术应用效果[J].粮油仓储科技通讯，2006，（6）：29-30.

［531］姜元启，徐硕，于开敬.膜下空调控温储粮试验[J].粮食储藏，2007，（1）：26-28.

［532］王永，赵国飞，叶明，等.高大平房仓空调控温储粮试验[J].粮食储藏，2009，（4）：37-38，48.

［533］孙肖东，沈克锋，胡永文，等.高大平房仓智能空调综合控温储藏稻谷试验[J].粮油仓储科技通讯，2009，（6）：31-33.

［534］施永华.三种不同型号空调控温效果对比试验[J].粮油仓储科技通讯，2009，（3）：19-20，22.

［535］杨文生，张中，张成.中温高湿储粮区高大平房仓空调控温储藏大豆技术初探[J].粮油仓储科技通讯，2010，（2）：25-28.

［536］张卫国.夏季利用空调控温储存大豆试验[J].粮油仓储科技通讯，2010，（3）：27-29.

［537］王永淮，王进，杜霖，等.高大平房仓空调综合应用技术储粮试验[J].粮油仓储科技通讯，2010，（4）：23-24，35.

［538］张慧敏，王晖.福建地区空调控温储粮试验调研与分析[J].粮食储藏，2010，（5）：22-25.

［539］许海峰.空气调节器粮面节能控温试验[J].粮油仓储科技通讯，2011，（4）：16-18.

［540］沈波，梁青保，曾远青，等.华南地区空调控温储存大米技术研究[J].粮食储藏，2011，（6）：31-33.

［541］顾小洲.利用空调制冷实现低温储粮确保高水分稻谷储藏安全的实践[J].粮油仓储科技通讯，2011，（4）：31-32，56.

［542］江春阳，狄育慧.节能空调模式在粮仓中的应用初探[J].粮食储藏，2012，（5）：29-31.

［543］林保，郭谊，林镇清，等.移动式空调控温技术对稻谷品质的影响[J].粮油仓储科技通讯，2012，（4）：11-13.

［544］丁常依，陈巧丽，吴卫平，等.平房仓空调控温安装方式的探索[J].粮食储藏，2012，（4）：12-18.

［545］黄启迪.南方立筒仓应用移动空调控温储存玉米研究[J].粮食储藏，2012，（5）：39-41.

［546］任宏霞，安晓鹏，郭谊，等.空调制冷在高大平房仓的控温控湿尝试[J].粮油仓储科技通讯，2012，（3）：14-17.

［547］俞旭龙，童新元，吴献民.空调控温储粮技术应用试验[J].粮油仓储科技通讯，2013，（1）：7-9.

［548］黄少辉,张来林,黄树荣,等.移动式小空调结合保温被的控温储粮试验 [J]. 粮食流通技术,2013,（1）：25-27，39.

［549］邢衡建 . 稻谷综合控温技术探讨 [J]. 粮油仓储科技通讯，2014，（3）：54-56.

［550］陈丽，颜世强，王孟亚 . 空调控温确保稻谷安全度夏的实践 [J]. 粮油仓储科技通讯，2014，（6）：32-34.

［551］安晓鹏，赵建华，张来林，等 . 移动式空调控温储粮试验 [J]. 粮食储藏，2014，（2）：21-23.

［552］陈素君，赵国武，陈刚 . 空调控温技术在偏高水分稻谷储藏中的应用 [J]. 粮油食品科技，2014，（4）：114-116.

［553］安西友，薛勇，王正建，等 . 高大平房仓大豆空调控温储藏试验 [J]. 粮油仓储科技通讯，2015，（3）：22-24.

［554］张来林，高杏生，褚金林，等 . 高大平房仓空调控温技术合理使用方式探索 [J]. 粮食加工，2015，（1）：76-77

［555］黄金根，何圣军，王学伟，等 . 空调控温与谷物冷却机控温适用性对比试验 [J]. 粮油仓储科技通讯，2015，（5）：17-19.

［556］曹景华，杨海涛，赖新华，等 . 利用蒸发冷却空调开展控温储粮试验 [J]. 粮食储藏，2016，（4）：28-30.

［557］许海峰，吴青锋，叶遵义 . 空调控温下玉米压盖与非压盖效果对比试验 [J]. 粮油仓储科技通讯，2016，（4）：17-19.

［558］张来林，黄浙文，唐易，等 . 新型粮库专用空调的技术特点及应用 [J]. 粮油仓储科技通讯，2016,（6）：41-43.

［559］毕文雅，张来林，薛渊，等 . 一种用于粮仓控温的新型专用空调 [J]. 现代食品，2016，（16）：95-97.

［560］褚洪强，李轶斐，金林祥，等 . 空调控温技术在玉米准低温储藏中的应用 [J]. 粮油仓储科技通讯，2017，（3）：5-7.

［561］张富胜，胡汉华，王平，等 . 高大平房仓应用空调控温技术储存稻谷效果研究 [J]. 粮油仓储科技通讯，2017，（6）：9-11.

［562］贺克军，陶阿桂，林春华，等 . 浅圆仓空调控温试验 [J]. 粮食储藏，2018，（3）：17-20.

［563］赵宗民，刘玉强，周运涛 . 第四储粮生态区空调与内环流控温储粮效果分析 [J]. 粮油仓储科技通讯，2018，（2）：19-21.

［564］金林祥，张成希，刘继文 . 大功率空调在高大平房仓玉米控温中的应用 [J]. 粮油仓储科技通讯，2018，（5）：21-24.

［565］钟建军，刘宝永，张维恒，等 . 浅圆仓稻谷空调控温应用研究 [J]. 粮食储藏，2018，（1）：13-16，22.

［566］罗正有，周冰，雷万能，等 . 空调控温与惰性粉防虫技术综合应用效果研究 [J]. 粮油仓储科技通讯，2018，（6）：18-20.

［567］郑秉照，陈仕泽 . 新建浅圆仓环仓壁排积热试验对储粮的影响 [J]. 粮油仓储科技通讯，2019，（2）：12-18.

［568］吕扬扬,韩晓敏,谢健,等 . 探索粮堆单面封对空调控温技术的影响 [J]. 粮油仓储科技通讯,2019,（1）:7-8.

［569］韩振起,付文国,王志中,等 . 储粮仓密闭循环机械通风湿热交换的研究试验 [J]. 郑州粮食学院学报，1990，（4）：46-53.

［570］罗宗海.高大平房仓密闭粮堆膜下通风与环流熏蒸技术探讨［J］.粮油仓储科技通讯，2002，（5）:7–14.

［571］刘传云，徐永安，牛兴和，等.仓内环流调节粮温技术试验研究［J］.粮食储藏，2005，（1）:21–23.

［572］卢献礼，范丕程，李宇良，等.局部环流降温在低温储粮中的应用［J］.粮食储藏，2005，（6）:29–31.

［573］罗会龙，王如竹，代彦军，等.太阳能制冷空气隔离层环流通风储粮试验研究［J］.粮食储藏，2006，（1）:29–31.

［574］张国华，王强，张文春，等.应用膜下环流通风技术实现高大平房仓低温储粮［J］.粮油仓储科技通讯，2008，（4）:20–22.

［575］汪中书，吴彀，陈芳.空调粮面控温试验［J］.粮油仓储科技通讯，2009，（2）:21–22.

［576］向金平，杜祖华，王昌政.应用环流熏蒸系统结合膜下环流管网处理"热皮粮"的技术与探讨［J］.粮油仓储科技通讯，2009，（6）:34–36.

［577］王岩，王洪英，张玉杰.利用内环流技术借助粮堆内"冷源"使玉米安全度夏［J］.粮油仓储科技通讯，2010，（2）:30–31.

［578］曾建华，徐燕榕.离心风机整仓环流均温实仓应用试验［J］.粮油仓储科技通讯，2010，（2）:32–34.

［579］张来林，桑青波，李守根，等.粮堆膜下环流系统的设计及应用［J］.粮食与饲料工业，2010，（10）:14–17，20.

［580］邵能跃，林吕彪，陈平，等.利用环流熏蒸系统进行膜下环流均温的尝试与思考［J］.粮油仓储科技通讯，2010，（4）:7–9.

［581］许发兵.高大平房仓膜下环流均衡粮温试验［J］.粮油仓储科技通讯，2011，（2）:24–29.

［582］唐瑜，谢永宁，王广.利用环流风机进行膜下低压缓速通风降温试验［J］.粮油仓储科技通讯，2011，（2）:16–18.

［583］王文波，安学义，兰井生，等.高大平房仓仓内膜下环流综合控温技术试验［J］.粮油仓储科技通讯，2011，（4）:14–15，21.

［584］赵爱敏，王法林，赵洪泽，等.利用环流通风技术确保偏高水分玉米安全度夏［J］.粮油仓储科技通讯，2012，（2）:26–28.

［585］张抵抗，王波，闵金武，等.应用膜下环流通风技术实现平房仓玉米低温储存［J］.粮油仓储科技通讯，2013，（6）:10–13.

［586］郗曙光，冯平，刘志麟，等.整仓环流通风控温技术在大豆储存中的应用［J］.粮油仓储科技通讯，2013，（1）:16–18.

［587］蔡学军，李岩，陈熙科，等.平房仓内环流均衡温湿度储粮试验［J］.粮食与饲料工业，2013，（11）:12–16.

［588］徐瑞财，林为宪，蔡学军，等.应用内循环均衡粮堆温湿度的储粮试验报告［J］.粮食加工，2015，（5）:63–65.

［589］刘道富，孙志茂，郁志国，王梓合.仓内内循环试验［J］.粮油仓储科技通讯，2015，（4）:26–27.

［590］刘根平，武传森，秦宁，等.秋冬季环流均温通风在浅圆仓储粮中的应用［J］.粮油仓储科技通讯，2015，（2）:16–19.

［591］陈明伟，王刚，张永君，等.平房仓内环流控温储粮技术探讨［J］.粮油仓储科技通讯，2016，（6）:27–31.

［592］史钢强.高大平房仓通风环流一体化系统测试报告［J］.粮油仓储科技通讯，2016，（2）:25–30.

［593］ 史钢强 . 高大平房仓智能膜下环流及开放环流控温试验 [J]. 粮油仓储科技通讯，2016，（1）：38–43，46.

［594］ 张效怀，郭生茂 . 内环流和空调控温应用效果对比 [J]. 粮油仓储科技通讯，2016，（3）：30–33.

［595］ 陆德山 . 利用环流熏蒸回流系统不揭膜通风降温试验 [J]. 粮油仓储科技通讯，2017，（5）：32–33，46.

［596］ 李文兴，杨海燕，郭细纺，等 . 内环流控温技术在高大平房仓内的综合运用 [J]. 粮油仓储科技通讯，2017，（2）：26–28.

［597］ 许发兵 . 高大平房仓内环流控温试验 [J]. 粮油仓储科技通讯，2017，（4）：23–29，32.

［598］ 李伟，李水平，甘建伟，等 . 环流控温对大豆水分变化的影响 [J]. 粮油仓储科技通讯，2017，（3）：23–25.

［599］ 王效国，郇志国，邓长春 . 高大平房仓储粮内环流控温试验 [J]. 粮油仓储科技通讯，2017，（3）：19–22.

［600］ 王士臣，白鹏军，李树欢，等 . 利用内环流控温技术实现低温储粮 [J]. 粮食储藏，2017，（6）：23–28.

［601］ 张洪泽，周博阳，刘万军，等 . 高大平房仓内环流通风智控一体化系统设计与控温效果 [J]. 粮食储藏，2017，（5）：16–19.

［602］ 郭生茂，魏存武，闫卫明 . 内环流通风控温保水效果研究 [J]. 粮油仓储科技通讯，2017，（3）：11–13.

［603］ 王宝堂，严梅，王继停，等 . 膜下环流控温保水减损试验 [J]. 粮油仓储科技通讯，2017，（4）：4–7.

［604］ 吴宝明，张成俊，高永生，等 . 膜下环流通风均温保水对比试验 [J]. 粮油仓储科技通讯，2017，（2）：20–22，26.

［605］ 赵光涛，徐伟，刘海波，等 . 内环流通风降温蓄冷 [J]. 粮油仓储科技通讯，2017，（5）：24–25.

［606］ 肖明亮 . 浅圆仓大豆储藏夏季环流均温通风试验 [J]. 粮油仓储科技通讯，2017，（5）：26–28，31.

［607］ 陆德山 . 利用环流熏蒸回流系统不揭膜通风降温试验 [J]. 粮油仓储科技通讯，2017，（5）：32–33，46.

［608］ 樊丽华，胡宏明 . 北疆地区高大平房仓内环流控温保水通风技术试验 [J]. 粮食储藏，2017，（3）：18–21，29.

［609］ 芦建宏，王英瑞 . 环流控温储粮的探索和应用 [J]. 粮油仓储科技通讯，2017，（3）：45–47，51.

［610］ 张润堂，李琳，张万营 . 高大平房仓内环流控温技术应用探索 [J]. 粮油仓储科技通讯，2018，（3）：31–32.

［611］ 丁希华，陈正兴，俞龙文，等 . 负压通风、内环流控温保粮技术运用试验 [J]. 粮油仓储科技通讯，2018，（3）：3–8.

［612］ 吕纪民，颜军 . 内环流仓吊顶控温结构改造 [J]. 粮油仓储科技通讯，2018，（1）：23–30.

［613］ 张小英，冯志强 . 内环流控温系统使用试验报告 [J]. 粮油仓储科技通讯，2018，（2）：30–32.

［614］ 李伟，陈于平，张南，等 . 内环流控温与氮气气调综合应用试验 [J]. 粮油仓储科技通讯，2018，（2）：25–29.

［615］ 杨红森 . 内环流系统在冬季降温中的探索应用试验 [J]. 粮油仓储科技通讯，2018，（2）：10–12.

［616］ 吴镇，陆玉卓，杨金廷，等 . 内环流技术对高大平房仓储粮控温的效果研究 [J]. 粮食储藏，2018，（5）：16–19.

［617］ 龙喆羽 . 高大平房仓仓外控温工艺研究 [J]. 粮食储藏，2018，（4）：12–14，19.

［618］ 郭生茂，王子彬 . 不同仓型不同装粮高度粮仓储粮内环流控温试验 [J]. 粮油仓储科技通讯，2018，（4）：20–22.

［619］马爱江，张志愿，邱辉，等．浅圆仓大豆内环流均温试验研究［J］.粮油仓储科技通讯，2018，（1）：17-20.

［620］史钢强，徐福连．简易平房仓利用通风、环流一体化系统储藏大豆度夏试验［J］.粮食储藏，2019，（3）：23-26.

［621］赵旭，庄重，曹毅，等．两种控温储粮技术对东北粳稻保质减损储藏效果研究［J］.粮食储藏，2019，（3）：10-13，55.

［622］周运涛，何赛，刘玉强．仓顶隔热在内环流控温技术中的应用效果分析［J］.粮油仓储科技通讯，2019，（4）：23-24.

［623］赵光涛，宋瑞卿，徐伟，等．内环流结合空调控温实现储粮免熏蒸［J］.粮油仓储科技通讯，2019，（3）：15-16.

［624］刘长军．高大平房仓内环流控温保水通风技术及其应用［J］.粮油仓储科技通讯，2019，（3）：26-27，29.

［625］吴文强，林小龙，赵崇材，等．浅圆仓中心点综合处理技术应用探讨［J］.粮油仓储科技通讯，2019，（2）：23-24.

［626］张美丽，武芳，荆纪东，等．应用内环流和稻壳压盖技术储存稻谷试验［J］.粮油仓储科技通讯，2019，（2）：25-26.

［627］史钢强．简易平房仓大豆"零"损耗降温通风试验［J］.粮油仓储科技通讯，2019，（4）：16-18.

［628］贺光辉，郭江，刘志全，等．空调内环流储粮控温试验［J］.粮油仓储科技通讯，2019，（2）：27-29.

［629］董朋，谢少秋，李卫国，等．内环流与轴流风机循环使用降温保水通风试验［J］.粮油仓储科技通讯，2019，（6）：17-19，26.

［630］余军林，杨洪志，赵炎，等．内环流控温与空调降温储粮试验［J］.粮油仓储科技通讯，2019，（5）：11-13.

［631］马倩婷，万忠民，李建智，林浩．内环流控温技术在第四储粮生态区的应用研究［J］.粮食储藏，2019，（5）：17-20.

［632］申志成，朱伟，邱辉，等．内置式环流通风系统改造及控温技术在高大平房仓中的应用研究［J］.粮食储藏，2019，（6）：21-27.

［633］刘子文，孙福春，李元侠，等．应用移动式多管风机降温除湿通风技术研究［J］.粮食储藏，1989，（1）：13-16.

［634］江苏省常州市粮油公司，江苏省武进县粮食局储运股．立式气箱径向通风试验报告［J］.粮食储藏，1989，（2）：50-56，34.

［635］薛成才．地下槽压入式通风和地温效应［J］.粮油仓储科技通讯，1990，（4）：12-15.

［636］周兴明.1 000吨高仓地上笼机械通风系统合理设计的探讨［J］.粮油仓储科技通讯，1990，（5）：4-11.

［637］张来林，左进良，程人俊．储粮通风风道表观风速的研究报告［J］.粮食加工，1991，（2）：4-6.

［638］周景星，张祯祥，左进良，等．几种储粮通风道的性能比较［J］.粮食储藏，1992，（1）：3-12.

［639］殷华，陈中易，周有华．利用废钢桶制作地上笼风道实验报告［J］.粮油仓储科技通讯，1992，（2）：52-53.

［640］刘正喜，张来林，涂世均．地槽风道分配器加罩的通风试验［J］.郑州粮食学院学报，1992，（4）：85-89.

［641］ 张来林，赵思盂 . 机械通风粮层阻力测定 [J]. 粮食储藏，1993，（5）：6-10.

［642］ 刘正喜，涂世钧 . 通风地槽新型空气分配器试验 [J]. 粮食储藏，1994，（4）：23-26.

［643］ 樊发雨 . 应用单管风机通风储粮 [J]. 粮油仓储科技通讯，1994，（5）：12-13.

［644］ 谢国元，陈能科 . 单管散热器通风除虫的技术设计 [J]. 粮油仓储科技通讯，1995，（5）：24-25.

［645］ 江苏省泰兴市泰兴粮库 . 采用存气箱降低储粮温度 [J]. 粮油仓储科技通讯，1995，（3）：15-19.

［646］ 田书普，张来林，赵英杰 . 两种地槽风道通风性能的比较 [J]. 武汉食品工业学院学报，1997，（4）：3.

［647］ 唐波，吴起舟 . 竹笼通风技术在高粮堆中的应用 [J]. 粮食储藏，1997，（5）：26-28.

［648］ 孙乃强，褚卫芳 . 粮食套筒快速降温装置研制 [J]. 粮食储藏，1997，（6）：46-48.

［649］ 徐惠乃，李珉，魏国生，等 . 箱式通风与揭膜相结合提高降温效果的研究 [J]. 粮食储藏，1999，（3）：35-39.

［650］ 许飞，吴德明，刘益华，等 . 拱仓大型隧道通风、熏蒸技术试验报告 [J]. 粮油仓储科技通讯，1999，（5）：17-21.

［651］ 吴德明，刘振，毛政回，等 . 拱仓大型隧道通风、熏蒸技术试验报告 [J]. 粮食流通技术，1999，（4）：32-36.

［652］ 易先静，李亮华 . 扇形地上笼通风试验 [J]. 粮食储藏，1999，（3）：31-34.

［653］ 张筱红，王湘伟，雷建国，等 . 房式仓地上竹笼通风降温储粮报告 [J]. 粮油仓储科技通讯，2000，（2）：14-16.

［654］ 蔡花真，毕文庆，楚见妆，等 . 单管通风储粮技术新应用 [J]. 粮油仓储科技通讯，2000，（6）：26-31.

［655］ 沈晓明，张海洋，吴文保 . 变型风道在储粮通风中的应用 [J]. 粮油仓储科技通讯，2001，（6）：42-44.

［656］ 赵学伟 . 粮层阻力计算公式的分析比较 [J]. 粮食储藏，2001，（2）：20-24.

［657］ 杨进，杨国峰，黄祖申 . 粮层深度与粮层阻力关系的试验分析 [J]. 中国粮油学报，2001，（2）：47-49.

［658］ 唐臣有，徐玉琳，陈戈 . 高大平房仓储粮轮换期间地笼和单管风机结合通风试验 [J]. 粮油仓储科技通讯，2002，（3）：22-23.

［659］ 杨大成，杜秀琼，梁尚芬，等 . 新12型可吸式粮堆局部通风系统通风降温试验 [J]. 粮食储藏，2003，（6）：22-24.

［660］ 石教斌，肖绪才，陈敦旺，等 . 高大平房仓综合控温储粮技术探讨 [J]. 粮食储藏，2006，（3）：21-23.

［661］ 牟仁生，李爱芹 . 吸风排湿装置在粮食贮藏中的应用 [J]. 粮油加工，2008，（1）：57-58.

［662］ 赵兴元，黄青明，王朝勇，等 . 单管风机组在解决水分分层中的应用 [J]. 粮油仓储科技通讯，2010，（2）：50，52.

［663］ 刘溪，卢章明，林雷，等 . 多管通风机处理大堆包装稻谷局部发热的尝试 [J]. 粮油仓储科技通讯，2011，（2）：39-41.

［664］ 王旭 . 壁挂式机械通风试验 [J]. 粮油仓储科技通讯，2015，（2）：20-21.

［665］ 刘伟，罗景瑞，吴树会 . 地槽通风改造系统生产性试验研究 [J]. 粮食储藏，2019，（4）：4-6，13.

［666］ 孙乃强 . 高水分粮控温度夏技术研究总结 [J]. 粮油仓储科技通讯，1993，（5）：4-8.

［667］ 刘航周，李人好，姜占杰 . 浅谈粮仓温湿度的控制 [J]. 粮油仓储科技通讯，1995，（5）：16-19.

［668］ 周景星，俞一夫 . 干燥、通风后期控温控湿技术 [J]. 郑州粮食学院学报，1997，（1）：8.

［669］ 鲍振国，沈冬，季红旗 . 几种粮堆控温方法的比较 [J]. 粮食储藏，2000，（2）：33-37.

［670］ 俞一夫 . 低温粮仓的控温技术与管理 [J]. 粮油仓储科技通讯，2000，（1）：18-21.

［671］ 王天荣，张兴国.机械通风准低温储粮试验［J］.粮油仓储科技通讯，2002，（4）：21-22.

［672］ 熊鹤鸣，王东，张家玉，等.不同防水材料对控温储粮的影响［J］.粮食储藏，2004，（6）：26-27，40.

［673］ 贾乾涛，杨长举，薛东，等.控温储粮研究进展［J］.粮食流通技术，2007，（1）：22-26.

［674］ 刘长安，安学义，陈连军，等.高大平房仓控温控湿储粮试验［J］.粮食储藏，2007，（3）：40-42.

［675］ 孟德军，董方亮，周刚，等.缓速通风降温储粮试验［J］.粮油食品科技，2008，（5）：28-29.

［676］ 严忠军，赫治安，陆耕林.控温储粮现状及发展趋势［J］.粮油仓储科技通讯，2008，（1）：29-32.

［677］ 王耀武，张成.控温储粮技术的应用与探讨［J］.粮油仓储科技通讯，2008，（3）：52-53.

［678］ 乔占民，王保祥，徐晓娟，等.立式风网机械通风处理高水分小麦应用实践［J］.粮食储藏，2008，（4）：16-18.

［679］ 胡德新.重庆地区高大平房仓稻谷实施控温储藏研究［J］.粮油仓储科技通讯，2008，（6）：21-22，33.

［680］ 刘永志，宋国敏.高大平房仓玉米烘干入库机械通风降温降水应用试验［J］.粮油仓储科技通讯，2008，（5）：10-12.

［681］ 林杰，刘长生，黄熠林，等.运用控温储藏技术储藏稻谷试验［J］.粮油食品科技，2009，（1）：30-31.

［682］ 骆红彬，颜崇银，姜汉东，等.高水分晚籼稻谷降水控温过夏保管试验［J］.粮油仓储科技通讯，2009，（1）：24-27.

［683］ 宋锋，高鹏，莫魏林，等.仓外环境绿化对储粮控温的影响［J］.粮油食品科技，2010，（1）：60-61.

［684］ 吕建华，朱庆忠，贾胜利，等.控温储粮技术应用试验［J］.粮油仓储科技通讯，2010，（4）：28-33.

［685］ 闵炎芳，章波，张坚，等.高水分晚粳稻降水控温安全度夏试验报告［J］.粮油仓储科技通讯，2011，（3）：26-28.

［686］ 王明卿，孙富能，吉俊.缓速通风和快速通风在储粮降温通风中的综合应用［J］.粮油仓储科技通讯，2011，（3）：32-34.

［687］ 王宏.不同仓型机械通风降水降温效果分析［J］.粮油仓储科技通讯，2011，（3）：35-37，41.

［688］ 仇素平，纪和，宋伟.偏高水分粳稻谷机械通风降水控温储藏探讨［J］.粮油仓储科技通讯，2011，（3）：14-17.

［689］ 钱国良，陆耕林，闵炎芳，等.多风道仓房储存偏高水分粮降水控温安全度夏试验［J］.粮食储藏，2012，（3）：26-29.

［690］ 闻小龙，汪旭东，王广，等.遮阳网控温储粮试验［J］.粮油仓储科技通讯，2012，（6）：26-27.

［691］ 穆俊伟，古争艳，李垒.充氮气调对巴西大豆储藏期间的杀虫控温效果［J］.粮油仓储科技通讯，2015，（6）：35-38.

［692］ 郭生茂，李伟.不同控温形式的储粮试验［J］.粮食储藏，2016，（5）：13-16.

［693］ 叶贵发.简易粮棚粮食控温储藏方法探讨［J］.粮食储藏，2016，（3）：50-52.

［694］ 吕建华，马宝瑛，武晓彤，等.天津地区自然冷源控温储粮技术试验［J］.粮油仓储科技通讯，2016，（5）：5-12.

［695］ 纪智超.南方高温入仓的粳稻降水控温度夏试验［J］.粮油仓储科技通讯，2017，（5）：29-31.

［696］ 王宝堂，李建智，严梅，等.控制储粮温度实现保水减损试验［J］.粮油仓储科技通讯，2017，（2）：23-26.

［697］ 李军."多位一体"立体控温储粮技术在我库高大平房仓的应用［J］.粮油仓储科技通讯，2017，（3）：14-15.

［698］ 韩建平，汪福友，张海涛，等 . 不同仓型内环流控温技术实仓应用试验 [J]. 粮油仓储科技通讯，2017，（6）：18-22.

［699］ 邹易，张红建，谢更祥 . 太阳能控温储粮试验 [J]. 粮食储藏，2017，（6）：19-22.

［700］ 史钢强 . 斜流风机通风、环流一体化系统自然通风与压入式通风保水低能耗降温通风试验 [J]. 粮油仓储科技通讯，2018，（4）：34-37.

［701］ 张富胜，胡汉华，王平，等 . 双膜冷气囊在高大平房仓的应用 [J]. 粮食储藏，2018，（1）：10-12.

［702］ 周景星，吴祖全，何善杰，等 . 储粮通风降水系统的研究 [J]. 郑州粮食学院学报，1989，（4）：9-25.

［703］ 河北省石家庄地区粮食局 . 机械通风降温降水的情况总结 [J]. 粮油仓储科技通讯，1989，（2）：51-55.

［704］ 白锡武 . 浅议高水分粮机械通风降水间歇时间的测定 [J]. 粮油仓储科技通讯，1989，（6）：45-46.

［705］ 么广任，王树清，张元明，等 . 高水分大米机械通风降水及对品质影响的研究 [J]. 粮油仓储科技通讯，1994，（2）：13-17.

［706］ 赵思孟 . 如何估算机械通风降水时间 [J]. 粮食储藏，1995，（Z1）：24-26.

［707］ 山西省长子县粮食局 .LS 系列机械通风降低粮食水分装置的研究 [J]. 粮油仓储科技通讯，1998，（1）：52-56.

［708］ 李刚 . 高水分粳稻储气箱就仓吸风降水研究 [J]. 粮食储藏，1999，（6）：29-31.

［709］ 余复兴，吴宝华，程子平 . 储粮降温降水新途径探讨 [J]. 粮食储藏，2000，（4）：50-53.

［710］ 李国卫，李军 . 间歇式机械通风处理高水分稻谷初探 [J]. 粮油仓储科技通讯，2000，（5）：32-34.

［711］ 郭尔润 . 高水分小麦机械通风降水效果的比较 [J]. 粮油仓储科技通讯，2003，（2）：13-14.

［712］ 王小康，李梅仪，雷清发，等 . 高水分玉米就仓通风降水试验 [J]. 粮食储藏，2004，（2）：35-37.

［713］ 易世孝，盛宏贤，王丰富，等 . 高大平房仓入库高水分晚籼稻谷通风降水试验 [J]. 粮食储藏，2005，（4）：32-34.

［714］ 陈小平，王莉，孙晓勇，等 . 高水分玉米地上笼机械通风降水试验 [J]. 粮食储藏，2007，（3）：36-39.

［715］ 唐留顺，王爱良 . 粳稻谷机械通风降水初探 [J]. 粮油仓储科技通讯，2008，（5）：8-9.

［716］ 陈民生，纪智超，陈闽华 . 高水分小麦通风降水试验 [J]. 粮油仓储科技通讯，2008，（5）：16-17.

［717］ 李兰芳，邵献生，凌建，等 . 晚籼稻谷通风降水试验 [J]. 粮油仓储科技通讯，2009，（6）：19-21.

［718］ 周刚 . 夏季机械通风降水探索 [J]. 粮油食品科技，2010，（3）：54-55.

［719］ 林锦彬 . 玉米保管除湿降水试验 [J]. 粮油仓储科技通讯，2013，（4）：12-15.

［720］ 刘道富，修宗军，郇志国，等 . 粳稻谷春季降水初探 [J]. 粮油仓储科技通讯，2014，（6）：51-53.

［721］ 王毅，郭长江，宋涛，等 . 粮堆内部结构对通风降水与环流熏蒸的影响研究 [J]. 粮油仓储科技通讯，2014，（5）：30-32.

［722］ 吴晓宇，王若兰 . 高水分稻谷就仓机械通风降水技术研究 [J]. 粮油仓储科技通讯，2014，（4）：4-9.

［723］ 王晶磊，徐威 . 高水分玉米通风降水技术研究 [J]. 粮油仓储科技通讯，2014，（1）：21-23.

［724］ 胡德新，王永淮，赵易军，等 . 高水分玉米机械通风降水试验 [J]. 粮油仓储科技通讯，2015，（4）：28-29.

［725］ 王效国，胡志航，张来旺，等 . 低温条件下通风降水试验 [J]. 粮油仓储科技通讯，2015，（2）：26-27.

［726］ 张飞豪，叶景，黄剑 . 高大平房仓高水分小麦春季降水通风试验 [J]. 粮油仓储科技通讯，2016，（5）：23-26.

［727］ 王乐 . 两种筒型仓通风降水效果研究 [J]. 粮食储藏，2018，（2）：9-13.

［728］ 张青峰，马磊，陈志连，等.高大平房仓机械通风降水应用实践 [J]. 粮油仓储科技通讯，2018，（5）：10–15.

［729］ 徐碧.新入仓粮食机械通风方式探索 [J]. 粮油仓储科技通讯，2019，（4）：14–15，18.

［730］ 温生山，刘利兵，刘宇，等.玉米就仓低温通风降水试验 [J]. 粮油仓储科技通讯，2019，（4）：19–22.

［731］ 吴宏山，向明静.介绍一种粮食调质方法："增湿床"通风调质 [J]. 粮油仓储科技通讯，1992，（5）：14–15.

［732］ 黄仁昌.筒仓粳稻过夏降温保质技术：换气扇通风技术的研究 [J]. 粮食储藏，1997，（2）：21–25.

［733］ 卢盛铭.浅议稻谷负压调质通风 [J]. 粮油仓储科技通讯，1997，（6）：14–15.

［734］ 沈保平.低水分稻谷调质处理工艺探讨 [J]. 粮油食品科技，2000，（6）：14–15.

［735］ 陈莲，赵思孟.稻谷增湿通风调质过程中吸湿率的研究 [J]. 淮海工学院学报，2001，（1）：60–62.

［736］ 沈达沂，王学高，陈建富，等.机械通风过程中粮食水分的保持与平衡试验 [J]. 粮油仓储科技通讯，2001，（5）：32–33.

［737］ 牛怀强，李浩，何万春.在干燥寒冷地区防止通风中粮食水分减量的几点建议 [J]. 粮油仓储科技通讯，2001，（6）：37–44.

［738］ 陈立柱，葛晓明，邓波.常规条件下低温储藏对稻谷保质保鲜作用浅探 [J]. 粮食科技与经济，2002，（1）：36–37.

［739］ 闵炎芳，张坚，苏娅.高大平房仓高水分晚粳谷通风降水度夏保质技术探索 [J]. 粮食流通技术，2004，（2）：17–20.

［740］ 蔡静平.小麦增湿均匀性对储藏安全性的影响 [C]// 上海国际粮食油脂和食品安全讨论会论文集.北京：中国粮油学会，2004：263.

［741］ 王小康，李梅仪，雷清发，等.高水分玉米就仓通风降水试验 [J]. 粮食储藏，2004，（2）：35–37.

［742］ 陆壮雄，余国良.轮出稻谷调质通风试验 [J]. 粮食科技与经济，2005，（4）：40–41.

［743］ 叶真洪，洪鸿，张立新.高大平房仓在储稻谷机械通风调质试验 [J]. 粮油仓储科技通讯，2005，（4）：12–13.

［744］ 叶真洪，向飞，殷贵华，等.小麦整仓通风调质试验的探讨 [J]. 粮食储藏，2005，（5）：14–16.

［745］ 和国文，金勇文，刘呈平，等.鄂中地区偏高水分晚籼稻谷安全度夏试验 [J]. 粮食储藏，2005，（6）：24–26.

［746］ 倪晓红，刘传云，徐玉斌，等.粮食储藏调质机对玉米的调质试验 [J]. 粮食与食品工业，2005，（4）：38–41.

［747］ 闫小平，高克勤.玉米调质试验总结 [J]. 粮油仓储科技通讯，2006，（2）：22–23.

［748］ 杨自力，蒋天科，李伟，等.基建房式仓在储稻谷整仓通风调质试验 [J]. 粮油仓储科技通讯，2006，（2）：12–13.

［749］ 朱宗森，陈明峰，郑振堂，等.两种调质通风方法之比较 [J]. 粮食流通技术，2006，（2）：29–30.

［750］ 万友祥，孙新华，周庆刚，等.湿膜加湿器智能控制整仓小麦调质试验 [J]. 粮食储藏，2006，（4）：26–29.

［751］ 张来林，谢康章，刘志麟，等.低水分粮调质通风试验研究 [J]. 河南工业大学学报（自然科学版），2007，（4）：7–11，21.

［752］ 蒋金安.浅析调质通风与保量通风 [J]. 粮油食品科技，2008，（4）：30–31.

［753］田华，陈明伟，刘经甫，等.散储小麦通风雾化调节水分试验 [J]. 油仓储科技通讯，2008，（1）：20–22.

［754］王远成，魏雷，刘伟，等.储粮保水降温通风关键技术研究 [J]. 中国粮油学报，2008，（5）：141–145.

［755］张堃，叶真洪，马勇，等.调质对改善稻谷加工品质的效果试验 [J]. 粮食储藏，2008，（2）：28–30，33.

［756］白明杰，包国良，曹毅，等.低温储粮和保水通风技术效果分析 [J]. 粮食储藏，2008，（4）：19–23.

［757］孟彬，汪福友，刘强，等.高大平房仓在储小麦通风调质技术应用研究 [J]. 粮食流通技术，2008，（6）：31–34.

［758］杨雪花，谢维治，张奕群，等.高大平房仓早籼稻出库增湿调质应用试验 [J]. 粮油仓储科技通讯，2008，（3）：13–14.

［759］闫伯奎.采用离心式风机调质试验 [J]. 粮油仓储科技通讯，2008，（3）：18，22.

［760］朝辉，蒋中柱，聂守明，等.储粮超声波智能调质技术的研究 [J]. 粮油仓储科技通讯，2008，（6）：17–20.

［761］张堃，叶真洪，马勇，等.调质对改善稻谷加工品质的效果试验 [J]. 粮食储藏，2008，（2）：28–30，33.

［762］陆群，王萌辉，曹毅，等.中原地区小麦出仓前调质试验 [J]. 粮油食品科技，2009，（5）：55–57.

［763］张来林，王斌，连桂荣，等.小麦调质通风试验研究 [J]. 河南工业大学学报（自然科学版），2009，（4）：21–23.

［764］刘朝伟，赵英杰，吕建华.整仓散装小麦水分调节试验 [J]. 粮油食品科技，2009，（3）：57–59.

［765］周祥，罗萍.机械调质技术在高大平房仓粮堆中的应用 [J]. 粮油仓储科技通讯，2009，（6）：12–15.

［766］柴军，吴爱国.优化冬季通风方案的应用 [J]. 粮油仓储科技通讯，2009，（6）：24–26.

［767］王宝堂，刘天德，李建智，等.巧用粮堆自身"冷源"解决"热皮"问题 [J]. 粮油仓储科技通讯，2009，（4）：19–21.

［768］曹景华，郑志锐，郭谊，等.机械通风降温与储粮保质控水 [J]. 粮油仓储科技通讯，2010，（1）：25–28.

［769］白明杰，米小洁，包国良，等.平房仓调质通风试验技术研究 [J]. 粮食储藏，2010，（3）：23–26.

［770］汪向刚，黄志俊，谢静杰，等.华南地区高温季节入库散存粮控温保质试验 [J]. 粮食储藏，2010，（3）：13–16.

［771］何育通，谢维治.低功率轴流风机缓式保水通风探讨 [J]. 粮食储藏，2010，（2）：54–56.

［772］黄志宏，林春华，黄锦坚.稻谷调质通风试验研究 [J]. 粮食储藏，2010，（6）：25–27.

［773］刘朝伟，吕建华.小麦调质通风应用研究 [J]. 粮食科技与经济，2010，（4）：20–23.

［774］金梅，陶诚.储粮保水问题探讨 [J]. 粮食储藏，2010，（3）：53–56.

［775］晓红，仇立新，刘得建.粮食储藏保水机的应用 [J]. 粮食流通技术，2010，（1）：17–18.

［776］宋敏捷，李恩生，祁志明，等.储粮过程中粮食保水通风降温节能技术研究 [J]. 粮油仓储科技通讯，2010，（2）：13–16.

［777］张传洪，王远成，段海峰，等.储粮加湿调质通风的原理及试验研究 [J]. 粮食加工，2010，（3）：54–57.

［778］孙耕.压入式与吸出式实仓调质通风试验 [J]. 粮油仓储科技通讯，2010，（4）：20–22.

［779］崔忠艾，魏雷，王远成．储粮保水降温通风原理及应用[J]．河南工业大学学报（自然科学版），2010，（1）：74-79.

［780］王涛，刘忠强，王会宁．高大平房仓大豆出库轴流通风调质实验[J]．粮油食品科技，2011，（3）：68-69.

［781］蒋社才，李志权，黄盛枝，等．智能超声雾化调质通风实仓试验[J]．粮油仓储科技通讯，2011，（1）：22-24.

［782］安文举，鲁德惠，耿波，等．机械通风降温保水的探讨[J]．粮油仓储科技通讯，2011，（2）：54-56.

［783］夏晓波，王玉明，孟宪兵．下行式轴流风机缓速保水降温应用试验[J]．粮油仓储科技通讯，2011，（6）：21-22.

［784］杨万华，王效国．进口大豆低温保质保水储藏技术探讨[J]．粮食流通技术，2011，（1）：26-28.

［785］宋瑞成，于卫东，禹金霞，等．小麦降温保水通风试验[J]．粮油食品科技，2011，（2）：42-43.

［786］王鑫，魏钢，李伟，等．平衡区域保证效率通风与保水通风[J]．粮油仓储科技通讯，2012，（5）：18-20.

［787］王丰富，游红光，胡良华，等．高大平房仓稻谷控温条件下保水储粮的应用效果研究[J]．粮油仓储科技通讯，2013，（1）：13-15.

［788］史钢强．平房仓玉米"内结露"调质增湿试验[J]．粮食流通技术，2013，（6）：18-20，22.

［789］薛勇，张秀琳，王正建．冬季利用轴流风机对高大平房仓储粮降温保水试验[J]．粮油仓储科技通讯，2014，（5）：25-27.

［790］田枚．不同功率风机对小麦保水通风的对比试验[J]．粮食储藏，2014，（4）：22-25.

［791］白剑侠，曹红玺．小麦降温保水通风试验[J]．粮食储藏，2014，（2）：15-17.

［792］徐留安，张来林，李祥利，等．小麦调质通风工艺参数研究[J]．粮食加工，2014，（3）：18-21.

［793］王晶磊，肖雅斌，李增凯，等．粮食储藏保水减损技术的研究与应用[J]．粮油仓储科技通讯，2014，（5）：15-17.

［794］张颜平，刘忠强，翟纪忠，等．进口大豆保水降耗技术探讨[J]．粮油仓储科技通讯，2014，（1）：17-20.

［795］史钢强．东北玉米通风调质试验[J]．粮食储藏，2014，（2）：12-14.

［796］罗智洪，卢兴稳，林荣华，等．智能通风技术在保水降温通风中的实践应用[J]．粮食储藏，2014，（3）：28-32.

［797］张颜平，刘忠强，翟纪忠，等．进口大豆保水降耗技术探讨[J]．粮油仓储科技通讯，2014，（1）：17-20.

［798］余吉庆，雷永福，梁晓松，等．稻谷储藏环节的保水减损技术集成试验[J]．粮油仓储科技通讯，2015，（6）：15-21.

［799］李泽雨，黄建华，赵海林，等．轴流风机缓速负压通风调质的可行性试验[J]．粮油仓储科技通讯，2016，（1）.

［800］陈玉增，范帅通，杨国峰，等．早籼稻升温增湿调质通风试验[J]．粮食储藏，2016，（2）：9-11.

［801］周全功，吴健美，邱忆思，等．普通房式仓通风保水减耗储粮试验[J]．粮油仓储科技通讯，2016，（5）：30-34.

［802］吴宝明，张成俊，李胜盛，等．西北地区玉米保水通风试验[J]．粮油仓储科技通讯，2016，（3）：8-10.

［803］邢德建，王恩峰．玉米双向通风保水降温试验 [J]. 粮油仓储科技通讯，2016，（1）：34–35.

［804］居义，郭江宁，陆勤华，等．储粮智能通风保水试验 [J]. 粮油仓储科技通讯，2016，（6）：20–22.

［805］史钢强．高大平房仓通风、环流一体化系统压入式"尾气"回收增湿模式保水通风试验 [J]. 粮油仓储科技通讯，2017，（5）：14–17.

［806］李兴军，殷树德，吴晓明．平衡水分方程精准指导稻谷实仓调质通风试验的原理 [J]. 粮食加工，2017，（6）：25–29.

［807］刘益云，沈波，应玲红，等．横向通风模式下升温保水试验 [J]. 粮油仓储科技通讯，2017，（3）：29–31.

［808］杨鸿源，李胜盛，邓戈飞，等．横向通风技术降温保水实践及问题探讨 [J]. 粮油仓储科技通讯，2017，（5）：21–23.

［809］王效国．高大平房仓玉米保水蓄冷通风试验 [J]. 粮油仓储科技通讯，2018，（3）：33–36.

［810］李孟泽，闵炎芳，章波，等．不同通风方式对储粮保水均温减损效果研究 [J]. 粮油仓储科技通讯，2018，（5）：16–20，28.

［811］谢周得．高温季节稻谷出仓保水通风研究 [J]. 粮油仓储科技通讯，2018，（4）：15–17.

［812］陈民生，李福清．楼房仓轴流风机保水通风技术应用 [J]. 粮油仓储科技通讯，2018，（02）：13–16.

［813］刘惠标，郑颂，赵恢发，等．东南地区降温保水通风对稻谷和小麦品质影响研究 [J]. 粮食储藏，2019，（5）：5–10.

［814］李斌，栗雪萍．大型房式仓散装小麦通风低温抑制害虫初探 [J]. 粮油仓储科技通讯，1997，（2）：28–29，37.

［815］赵新建．冬季粮堆局部生虫发热的有效处理办法 [J]. 粮油仓储科技通讯，1999，（6）：27–28.

［816］张来林，赵英杰，刘文超，等．高大平房仓低温粮堆表面生虫的治理方法探讨 [J]. 粮油仓储科技通讯，2006，（4）：45–47.

［817］郝进先．浅谈储粮机械通风全自动控制系统 [J]. 粮油食品科技，2002，（4）：18–19.

［818］李火金，郝英才，崔栋义．机械通风自动控制系统研制试验 [J]. 粮食储藏，2004，（3）：51–53.

［819］陈小平，赵小军，王中树，等．西安地区智能通风冬季降温试验研究 [J]. 粮食储藏，2006，（5）：22–25.

［820］鲁海峰，高峰．粮仓智能通风控制系统 [J]. 粮食储藏，2007，（6）：17–21.

［821］甄彤，何小平，祝玉华．基于专家系统在储粮机械通风控制系统 [J]. 现代电子技术，2008，（8）：168–170.

［822］甄彤，何小平，祝玉华．专家系统在储粮机械通风控制研究中的应用 [J]. 河南工业大学学报（自然科学版），2008，（1）：83–86.

［823］骆伟声，汪海敏，杨龙荣，等．微电脑自动定时通风系统在楼房仓储粮中的应用 [J]. 粮油仓储科技通讯，2008，（6）：37–39.

［824］张福年，黄红兵，陈德发，等．智能控制通风窗降低仓温技术 [J]. 粮油仓储科技通讯，2009，（5）：26–28.

［825］王强．智能机械通风控制系统的实现和应用 [J]. 粮食储藏，2011，（2）：31–33.

［826］王建，武强，武毕克，等．通风自动系统实仓应用探讨 [J]. 粮食储藏，2012，（5）：55–56.

［827］ 欧旺生.用温湿度控制仪和计时器开展通风自动化控制改造 [J].粮油仓储科技通讯，2013，（6）：31-32.

［828］ 罗智洪，卢兴稳，林荣华，等.智能通风仓间排积热实仓应用 [J].粮油仓储科技通讯，2014，（6）：15-19，34.

［829］ 秦利国，孙海波，杨文，等.智能通风保水储藏大豆实仓试验 [J].粮油仓储科技通讯，2014，（6）：27-29.

［830］ 史钢强.智能通风操作系统水分控制模型优化及程序设计 [J].粮油仓储科技通讯，2014，（1）：36-41.

［831］ 陈德发，秦维平，马飞.智能通风技术在高大平房仓中的应用 [J].粮油仓储科技通讯，2014，（1）：24-26，41.

［832］ 徐擎宇，苟斌，王丽，等.智能通风控制技术 [J].粮油仓储科技通讯，2015，（4）：10-12.

［833］ 居义，郑学年.离心风机自动化改造 [J].粮油仓储科技通讯，2017，（1）：17-18.

［834］ 周景星，严以谨，黄素兰.储粮通风降水系统节能技术 [J].郑州粮食学院学报，1993，（2）：1-7.

［835］ 邹建明，胡纯刚，金强.储粮通风降水系统节能技术的研究 [J].粮食储藏，1994，（6）：17-21.

［836］ 郭中泽.关于粮堆中节能均匀通风系统的设计 [J].粮油仓储科技通讯，1994，（5）：10-12.

［837］ 王清和.机械通风降温中的节能与节支 [J].粮食储藏，1998，（4）：30-34.

［838］ 邹建明.储粮机械通风降温节能技术的应用 [J].粮油仓储科技通讯，1998，（3）：15-19.

［839］ 甄凤霞.轴流通风与离心通风能耗分析 [J].粮油仓储科技通讯，2001，（3）：43.

［840］ 陈立柱.降低降温通风能耗之我见 [J].粮食科技与经济，2002，（5）：45.

［841］ 杨国峰，宋伟，杨大明，等.储粮机械通风中的节能 [J].中国粮油学报，2004，（6）：67-70.

［842］ 徐向东，罗绍华.智能控制冷源缓释均温储粮技术研究 [J].粮食储藏，2008，（5）：30-32.

［843］ 牛定明，潘子良，王兴福，等.粮仓节约型机械通风方法探讨 [J].粮油仓储科技通讯，2008，（6）：48-50.

［844］ 鲁海峰，王铁钢，时清林，等.采用智能通风的科技手段实现仓房节能排热低温储粮 [J].粮食储藏，2009，（2）：27-29.

［845］ 张民平.节能新技术在上海外高桥粮库中的应用 [J].粮食与食品工业，2009，（3）：50-51，56.

［846］ 刘新喜，冯靖夷，姜杰，等.同样温控条件下实施不同通风技术降温和损耗对比 [J].粮油仓储科技通讯，2009，（3）：15-16.

［847］ 宋国敏，刘永志，辛邈，等.平房仓不同风机通风降温耗能对比试验 [J].粮食储藏，2009，（2）：36-38.

［848］ 黄志军，金建德，刘林生，等.智能型制冷温控系统应用试验 [J].粮食储藏，2009，（4）：39-40.

［849］ 周庆刚，王殿轩，田华，等.轴流风机通风储粮的水分减量与能耗比较 [J].粮油食品科技，2009，（6）：10-12.

［850］ 安晓鹏，王丹，杨海涛，等.应用机械通风结合压盖技术安全储藏晚籼稻谷试验 [J].粮油仓储科技通讯，2010，（2）：20-22.

［851］ 陈爱和，张孟华，徐瑞财.保水减耗机械通风实仓试验 [J].粮油仓储科技通讯，2010，（3）：30-31.

［852］ 毕新明，季利军.高大平房仓不同风机降温能耗对比试验 [J].粮油仓储科技通讯，2010，（6）：15-16.

［853］ 曾颖峰.基于 ARM 的粮仓节能通风控制系统 [J].粮食储藏，2010，（6）：16-18.

［854］ 王德学，楚宜民，王风玲，等.机械通风储粮节能降耗技术 [J].粮油加工，2010，（9）：68-69.

[855] 王瑞元，董文章．利用北方气候特点实施准低温储粮试验 [J]. 粮食储藏，2010，（6）：19–21，27.

[856] 吴敬高，牛明．三种机械通风降温方式能耗比较试验研究 [J]. 粮油仓储科技通讯，2011，（4）：28–30.

[857] 王金奎，商永辉，孙涛，等．不同机型通风降温节能降耗试验 [J]. 粮油仓储科技通讯，2011，（4）：19–21.

[858] 朱其才，王新．高大平房仓低能耗控温储粮探索 [J]. 粮油仓储科技通讯，2011，（1）：54–56.

[859] 李志民，刘焱峰，张德龙，等．离心风机节能降耗改造试验 [J]. 粮油食品科技，2011，（2）：44–45.

[860] 孙耕，万世杰．同种仓型不同通风方式的能耗对比试验 [J]. 粮食储藏，2012，（3）：18–19.

[861] 陈德发，秦维平，马飞．改进型储粮智能通风系统实仓应用效果 [J]. 粮油仓储科技通讯，2013，（3）：43–45.

[862] 樊赤，王官林，何高军，等．不同型号风机通风降温节能对比试验 [J]. 粮油仓储科技通讯，2013，（4）：28–29.

[863] 戚长胜，任动，莫建平，等．地源热泵技术在准低温储粮中的应用 [J]. 粮油仓储科技通讯，2013，（6）：17–19，22.

[864] 张锡贤．水源热泵在湿热区域稻谷保管过程中的应用试验 [J]. 粮油仓储科技通讯，2014，（1）：31–32.

[865] 商永辉，丁团结，耿祝杰．不同通风降温方式节能降耗试验 [J]. 粮油仓储科技通讯，2016，（3）：23–26.

[866] 商永辉，杜明华，丁团结．储粮不同温差下通风降温水分损耗试验 [J]. 粮油仓储科技通讯，2017，（3）：48–51.

[867] 刘进吉，王殿轩，叶海军，等．高温高湿区高堆浅圆仓通风节能降耗试验 [J]. 粮油储藏，2017，（5）：20–23.

[868] 何兴华，方中矢，韩晓敏，等．嵌入式风机不同通风方式效果及能耗对比 [J]. 粮油仓储科技通讯，2017，（3）：16–18.

[869] 樊丽华，冯全虎．低能耗通风降温技术在粮库中的研究 [J]. 粮油仓储科技通讯，2017，（3）：26–28.

[870] 兰延坤，李志民，杨丹旭，等．大功率风机使用变频技术的探讨试验 [J]. 粮油仓储科技通讯，2017，（4）：30–32.

[871] 杜明华，商永辉，丁团结，等．平房仓 1.1KW 双向轴流风机通风降温节能减损应用试验 [J]. 粮油仓储科技通讯，2018，（5）：25–28.

[872] 赵宁睿，陈瑞龙．"仓顶阳光工程"项目应用与探索 [J]. 粮油仓储科技通讯，2019，（3）：49–52.

[873] 赵思孟．利用人工制冷对立筒库中小麦进行机械通风 [J]. 郑州粮食学院学报，1982，（4）：69–72.

[874] 胡庆林，汤宇平，赵一凡．移动式制冷机低温储粮试验 [J]. 粮食储藏，1992，（5）：31–36.

[875] 李同茗．粮食冷藏与一种谷物冷却机 [J]. 粮油仓储科技通讯，1999，（2）：8–9.

[876] 胡光，万清，李琛，等．谷物冷却机低温储粮在浅圆仓中的运用 [J]. 粮食储藏，2000，（5）：36–42.

[877] 胡光，李琛，万清，等．高大房式仓谷物冷却机低温储粮技术研究 [J]. 粮食储藏，2000，（6）：30–40.

[878] 张华昌，郭道林，杨龙德，等．谷物冷却机复冷降温储粮生产性试验报告 [J]. 粮食储藏，2001，（5）：26–31.

[879] 张华昌，郭道林，杨源韶，等．谷冷机制冷降温储粮试验 [J]. 粮食储藏，2001，（6）：22–26.

[880] 张建新．仓顶处理对仓温影响的探讨 [J]. 粮油仓储科技通讯，2001，（1）：47–48.

[881] 周长金，殷雄．谷物冷却机与机械通风降温对比性试验 [J]. 粮油仓储科技通讯，2001，（1）：33–34.

[882] 徐玉斌.谷物冷却机回风利用与节能 [J].粮食储藏，2001，（6）：27-28.

[883] 周长金，胡友，黄峰，等.谷物冷却机保水冷却通风实验报告 [J].粮食储藏，2001，（3）：33-36.

[884] 石光斌，易银祥，兰建军.高大平房仓喷水降温试验初探 [J].粮油仓储科技通讯，2001，（6）：19-20.

[885] 雷丛林，陶琳岩，黄斌.浅圆仓谷物冷却机低温储粮试验 [J].粮食储藏，2002，（5）：34-37.

[886] 张家玉.谷物冷却对储粮安全度夏的效果研究 [J].粮食储藏，2002，（5）：17-20.

[887] 李林杰，黄斌，唐开良.谷物冷却技术处理浅圆仓发热玉米的生产性试验 [J].粮食储藏，2002，（3）：31-34.

[888] 黄雄伟，田智军，夏冰，等.高大平房仓谷物冷却试验 [J].粮油仓储科技通讯，2002，（6）：14-15.

[889] 刘福保，邹贻方，蒋勇，等.谷物冷却机保水冷却通风试验报告 [J].粮油仓储科技通讯，2002，（5）：15-17.

[890] 佟国祥，关连祥，张贤威，等.低温保鲜储粮技术的应用情况报告 [J].粮油仓储科技通讯，2002，（6）：6-7.

[891] 曾建华.高大平房仓谷物冷却试验 [J].粮油仓储科技通讯，2002，（3）：24-25.

[892] 唐建忠，石光斌，兰建军，等.利用谷物冷却机回风低温储粮试验 [J].粮油仓储科技通讯，2002，（4）：20-22.

[893] 王火根.谷物冷却机与通风机降温储粮对比试验 [J].粮食科技与经济，2002，（3）：33-34.

[894] 王若兰，田书普，谭叶，等.谷物冷却机在浅圆仓储粮中的应用研究 [J].粮食储藏，2002，（5）：12-16.

[895] 邢勇.国家储备粮库项目谷物冷却机应用情况综述 [J].粮油食品科技，2003，（5）：21-23.

[896] 石光斌，唐建忠，兰建军，等.谷物冷却机回风低温储粮试验 [J].粮油食品科技，2003，（2）：17-18.

[897] 陈彬，卓国锋，陈爱和.机械通风和谷物冷却对储粮的作用 [J].粮油仓储科技通讯，2003，（1）：20-21.

[898] 杨龙德，杨自力，蒋天科.不揭膜谷物冷却降温试验 [J].粮食储藏，2003，（6）：18-21.

[899] 王火根.浅谈谷物冷却机在储粮中的作用 [J].粮食储藏，2004，（2）：29-31.

[900] 王昌琴，辛保国，张德红，等.拱板仓屋面喷水储粮安全度夏效果研究 [J].粮食储藏，2004，（3）：34-37.

[901] 汪焱清，李仲平，熊鹤鸣.谷物冷却机应用技术及经济性研究初探 [J].粮油仓储科技通讯，2004，（4）：12-14.

[902] 雷丛林.谷物冷却机环流冷却技术在浅圆仓中的应用研究 [J].粮食储藏，2005，（5）：20-24.

[903] 胡广明，马艳平，陶自沛，等.谷物冷却技术处理立筒仓存粮发热问题研究 [J].粮食储藏，2005，（4）：30-31.

[904] 谭大文，万军，陈平，等.谷物冷却机处理偏高水分粮安全度夏试验 [J].粮食储藏，2005，（6）：27-28.

[905] 熊鹤鸣，周长金，董建国，等.谷物冷却机降水降温试验报告 [J].粮油仓储科技通讯，2006，（5）：17-18.

[906] 吴新连，王大枚，李林杰，等.谷物冷却技术应用于浅圆仓高水分玉米降水初探 [J].粮食储藏，2006，（6）：24-27.

[907] 农世康，苏进精，黄呈安，等.浅圆仓仓顶自动喷水降温试验 [J].粮食储藏，2006，（3）：24-25.

[908] 熊鹤鸣,谢军,周长金,等.谷物冷却机经济运行模式储粮效果探讨 [J]. 粮油仓储科技通讯,2006,(6): 11–13.

[909] 陈学华,孙清辉,周新龙.高大平房仓谷物冷却机低温储存玉米试验 [J]. 粮油仓储科技通讯,2006, (1): 28–30.

[910] 叶益强,林国璠,潘明章,等.谷物冷却机降温保水应用 [J]. 粮食流通技术,2007,(3): 23–25.

[911] 李林杰,王大枚,庄泽敏.浅圆仓谷冷前后水分变化分析 [J]. 粮食储藏,2008,(1): 20–23.

[912] 陆德山,高冬成.机械通风制冷杀虫试验 [J]. 粮油仓储科技通讯,2009,(5): 21–22.

[913] 陈传国,王道华,周帮新,等.高大平房仓夏季隔热控温储粮试验 [J]. 粮油仓储科技通讯,2009,(5): 29–31.

[914] 高克勤,金万红,杨会刚,等.机械通风冷冻杀虫试验 [J]. 粮油仓储科技通讯,2009,(6): 40–42.

[915] 黄志军,金建德,刘林生,等.智能型制冷温控系统应用试验 [J]. 粮食储藏,2009,(4): 39–40.

[916] 蒋顺利,李兰芳.减少储粮损耗的研究 [J]. 粮油仓储科技通讯,2009,(2): 23–25.

[917] 吕荣文,杨军.谷物冷却机低温储粮试验 [J]. 粮油仓储科技通讯,2009,(1): 18–20.

[918] 曾卓,周延智,李松伟,等.华南地区浅圆仓谷冷降温试验 [J]. 粮食储藏,2010,(1): 38–41.

[919] 徐德林,欧朝东.太阳能低温储粮新技术 [J]. 粮食与食品工业,2010,(5): 40–43, 50.

[920] 段海峰,张传洪,王远成,等.冷却通风过程中粮仓内温度变化的数值模拟 [J]. 粮油加工,2010,(2): 50–53.

[921] 罗绍华,陈国利,史乾,等.储藏物便携式冷却机在粮仓局部降温中的研究与应用 [J]. 粮油仓储科技通讯,2011,(3): 44–45.

[922] 罗绍华.节能降耗低成本小型粮仓冷却机 [J]. 粮油仓储科技通讯,2011,(4): 18.

[923] 朱志昂.热管自然蓄冷低温储粮探索 [J]. 粮食储藏,2011,(1): 51–52.

[924] 詹启明,张来林,陶培良,等.谷物冷却机对东北粳稻的安全度夏储粮试验 [J]. 粮食流通技术,2011,(3): 24–26.

[925] 赵锦杰,江刘苗,韩东.太阳能制冷机组通风系统中粮库温度的系统分析 [J]. 粮食储藏,2012,(4): 8–11, 33.

[926] 祁正亚,阙岳辉,林泽文,等.谷物冷却机保鲜储存包装大米 [J]. 粮油仓储科技通讯,2013,(4): 24–27.

[927] 陈民生,黄楚颖,赵贵阳,等.谷物冷却技术在大豆保管中的应用 [J]. 粮油仓储科技通讯,2013,(4): 10–11, 15.

[928] 黄爱国,王辉,王若兰.新型节能储藏物冷却机散热控温效果 [J]. 粮食储藏,2013,(4): 19–21.

[929] 李艳平.谷物冷却机的应用和节能措施 [J]. 粮油仓储科技通讯,2013,(6): 25–28.

[930] 王宝堂.综合控温技术储粮试验 [J]. 粮油仓储科技通讯,2013,(1): 10–12.

[931] 陈加忠,郑颂,杨超.储藏物冷却机在高温高湿区高大平房仓的应用 [J]. 粮食储藏,2013,(6): 25–28.

[932] 许海峰.谷物冷却机环流冷却技术在高大平房仓中的应用研究 [J]. 粮油仓储科技通讯,2014,(1): 29–30.

[933] 张国樑.采用光伏电源发展粮食冷藏技术的探讨 [J]. 粮油仓储科技通讯,2014,(6): 50.

［934］周全申，张来林，田原，等.一种谷物冷却机处理量图解计算方法 [J].粮油食品科技，2014，（2）：112–113，116.

［935］周敏，包钢，刘建保，等.多功能变频（定频）小型仓储冷却机储粮降温研究 [J].粮油仓储科技通讯，2015，（2）：31–33.

［936］胡峰，陈瑞龙，李伟.低功率谷物冷却机实现晚粳稻安全度夏试验 [J].粮油仓储科技通讯，2015，（5）：11–14.

［937］于素平，赵会义，马显庆，等.横向谷冷通风技术在平房仓小麦储藏中的应用 [J].粮油食品科技，2015，（S1）：56–60.

［938］黄昕，陈基彬，莫代亮，等.空调降温与谷冷降温储粮对比试验 [J].粮油仓储科技通讯，2016，（3）：11–14.

［939］冯燕，刘玲.改良后的谷物冷却技术在大型散粮中的应用研究 [J].粮油仓储科技通讯，2016，（4）：22–25.

［940］王若兰，刘胜强，李换，等.小麦粮堆降温冷却过程中温度变化研究 [J].粮食与油脂，2017，（5）：23–27.

［941］郭长虹，张友路，蒋先定，等.新型节能储藏物冷却机在储粮控温中的应用 [J].粮食储藏，2017，（3）：22–25.

［942］胡智佑，刘根平，杨晓磊，等.谷物冷却机在高粮堆浅圆仓中的应用研究 [J].粮油仓储科技通讯，2017，（1）：12–13，44.

［943］黎晓东，陶琳岩，张阳.华南地区冬季谷冷控温储粮模式的初探 [J].粮油仓储科技通讯，2018，（1）：13–16.

［944］张晓培.横向谷冷降温技术试验 [J].粮油仓储科技通讯，2019，（4）：25–26.

［945］申志成，邱辉，武传森，等.组合式谷冷通风技术在平房仓夏季保管中的应用研究 [J].粮油仓储科技通讯，2019，（1）：16–20，23.

［946］郭辉.早籼稻四阶段谷冷降温试验 [J].粮食储藏，2019，（2）：16–19.

［947］金鑫，张来林，张岩.谷冷控温储粮延缓稻谷一年轮出的技术研究 [J].粮油仓储科技通讯，2019，（6）：13–16.

［948］周福生，黄大椿，严平贵，等.低温储粮新冷源的开发和应用技术研究报告 [J].粮食科技与经济，2004，（2）：32–36.

［949］向金平，杜祖华，刘军，等.智能温控全自动井水屋面喷淋控温储粮试验报告 [J].粮油仓储科技通讯，2006，（3）：21–22.

［950］张栋.高大平房仓 PEF 贴顶隔热和屋顶喷水降温储粮试验报告 [J].粮油仓储科技通讯，2008，（3）：41–44.

［951］王海霞，毕文峰.水源热泵在低温储粮中的应用 [J].粮油加工，2009，（11）：89–91.

［952］沈银飞，许金毛，吴掌荣，等.利用地下水风机盘管机组控制仓温研究 [J].粮食储藏，2010，（1）：25–28.

［953］梁军民，高文照，王生忠，等.地下仓准低温储存稻谷试验 [J].粮油仓储科技通讯，2011，（2）：10–12.

［954］张锡贤.水源热泵在湿热区域稻谷保管过程中的应用试验 [J].粮油仓储科技通讯，2014，（1）：31–32.

[955] 彭明文，刘向阳，柳鑫.平房仓稻谷浅层地能空间补冷准低温储藏试验[J].粮油仓储科技通讯，2018，（1）：26-30.

[956] 朱启学，黎厚明，蒋天科，等.浅层地能低温实仓降温效果初探[J].粮油仓储科技通讯，2018，（1）：9-12.

[957] 袁素华，项琦付.低温粮仓围护结构传热系数K值的确定方法与计算[J].粮食储藏，1989，（2）：16-22.

[958] 范茂岚，鲁兵，罗中亮.保管粮油采用聚乙烯塑料薄膜垫底试验报告[J].粮油仓储科技通讯，1989，（1）：30-31，33.

[959] 袁素华.粮仓应用铝箔空气层隔热负冷荷的计算[J].武汉粮食工业学院学报，1990，（1）：6-9.

[960] 鲁兵，李华鉴，陈金华，等.仓库纤维板靠墙在保粮中的应用[J].粮油仓储科技通讯，1990，（5）：53-54.

[961] 彭风萧.塑料薄膜的透气性与在储粮中的应用[J].粮食储藏，1991，（6）：42-47.

[962] 熊勇锋，江火明，马学军.纤维板盖顶储粮试验报告[J].粮油仓储科技通讯，1992，（1）：11-16.

[963] 周丹阳，谷玉周，李维森.粮食专用PVC维纶双面涂塑革的研制和应用[J].粮油仓储科技通讯，1992，（4）：26-27.

[964] 陈碧祥.帐幕密闭粮堆"鼓气"初探[J].粮油仓储科技通讯，1992，（4）：16-18.

[965] 张国安.露天储粮堆顶架空隔热与通风试验[J].粮油仓储科技通讯，1993，（2）：29-31.

[966] 唐波，蒋超，何新祖.苏式仓泡沫板吊顶隔热储粮初探[J].粮食储藏，1995，（1）：33-35.

[967] 李树山，刘忠和，董德明，等.隔温式房式仓储粮技术的应用探讨[J].粮食储藏，1998，（1）：20-23.

[968] 郭建明，周永良.浅谈聚苯乙烯泡沫板压盖防热的准低温储藏技术[J].粮油仓储科技通讯，1999，（4）：24-26.

[969] 曹百鸣.应用自旋通风器对高大平房仓屋顶散热[J].粮油仓储科技通讯，2002，（6）：35-42.

[970] 胡宏明.压盖密闭储粮技术在平房仓中的应用[J].粮油仓储科技通讯，2002，（3）：12-14.

[971] 施永祥.聚苯乙烯泡沫塑料和GR6粮面压盖隔热保冷试验[J].粮食储藏，2002，（6）：32-34.

[972] 胡明秀.对粮仓隔热保温方法的探讨[J].粮油仓储科技通讯，2002，（4）：20.

[973] 魏金高，徐永其.高大平房仓粮面PEF压盖隔热试验[J].粮食储藏，2002，（4）：30-32.

[974] 王宗华，姜汉东，陈占玉，等.高大房式仓粮面压盖隔热试验[J].粮食储藏，2002，（3）：35-37.

[975] 袁育芬，张学飞，申好五，等.不同储粮区域储备粮仓的保温隔热[J].粮食储藏，2003，（4）：41-43.

[976] 刘泽勇，黄桂梅，许芹.浅谈国家粮库的保温隔热、密闭和防水[J].粮食流通技术，2003，（4）：14-16.

[977] 张怀君，王殿轩，孟彬，等.隔热型浅圆仓储粮管理与粮情变化[J].粮食经济与科技，2003，（2）：36-38.

[978] 朱国军，汪中书，冯学文，等.四种隔热材料隔热效果研究[J].粮食储藏，2004，（3）：31-33.

[979] 王若兰，白旭光，卞科，等.粮食仓房隔热性能对低温储粮效果的影响[J].粮食储藏，2004，（4）：41-44.

[980] 宋锋，刘兴明，莫魏林，等.高大房式仓稻壳包压盖粮面隔热保冷储粮试验[J].粮食科技与经济，2004，（2）：36-37.

［981］ 王国正，涂显彬.石膏与安克声岩棉望板隔热防潮性能比较 [J].粮食仓储科技通讯，2004，（4）：40—56.

［982］ 刘圣安，邹贻方，董光明，等.新型反辐射防水隔热涂料控温效果研究 [J].粮食储藏，2004，（3）：38—40.

［983］ 张会民.密闭隔热通风降温对立筒仓安全储粮的作用 [J].粮食流通技术，2004，（6）：26—28.

［984］ 施国伟，姜武峰，江列克，等.浅圆仓仓顶间歇喷淋隔热控温试验报告 [J].粮食流通技术，2004，（6）：23—25.

［985］ 张怀君，孟彬，汪福友，等.房式仓密闭防护控温在储粮中的综合应用 [J].粮食流通技术，2005，（1）：26—29.

［986］ 张来林，狄彦芳，赵英杰，等.粮仓反光隔热改善低温储粮效果研究 [J].粮食储藏，2005，（4）：14—18.

［987］ 蒋金安.高大平房仓隔热密闭无药保粮试验 [J].粮油食品科技，2005，（5）：22—24.

［988］ 杨路加，王宝堂.毛毡压盖围护储粮法 [J].粮油食品科技，2005，（1）：30—31.

［989］ 庞和诚，田智军，王连生，等.聚氨酯硬泡体材料在高大平房仓中的应用 [J].粮食储藏，2005，（5）：32—34.

［990］ 周天智，高兴明，刘楚才，等.高大平房仓包膜泡沫板压盖粮面试验 [J].粮油仓储科技通讯，2005，（3）：10—11，50.

［991］ 朱永士，司建中.高大平房仓隔热降温的新途径 [J].粮食流通技术，2005，（2）：20—21.

［992］ 覃礼春，罗旋，刘茂福，等.泡沫板隔热控温与储粮品质变化关系试验 [J].粮食储藏，2005，（5）：35—37.

［993］ 刘圣安，徐合斌，邹贻方，等.几种储粮隔热保温方式的效果探讨 [J].粮食储藏，2005，（5）：52—53.

［994］ 张富军，赵彦兵，汪新，等.蛭石压盖粮面安全储粮研究 [J].粮食储藏，2006，（2）：35—37.

［995］ 孟永清，李玉杰，李士涛.高大平房仓仓体综合隔热改造技术与应用效果 [J].粮油食品科技，2006，（1）：11—14.

［996］ 邹江汉，陈明龙，万军，等.不同隔热材料对储粮控温效果的探讨 [J].粮食储藏，2006，（6）：53—54.

［997］ 胡继学，付文忠，向金平，等.河沙实仓压盖隔热控温储粮试验 [J].粮油仓储科技通讯，2006，（6）：23—25.

［998］ 洪鸿，张立新，朱红波，等.高大平房仓粮面稻壳压盖隔热保冷试验 [J].粮油仓储科技通讯，2006，（5）：26.

［999］ 王开光，李恩生，郑召学，等.平房仓仓顶内外菱镁材料隔热改造方法初探 [J].粮油仓储科技通讯，2006，（5）：34—36.

［1000］ 居义，黄金根.高大平房仓内壁隔热试验 [J].粮油仓储科技通讯，2006，（6）：27—28.

［1001］ 覃礼春，罗旋，刘茂福，等.泡沫板隔热控温与储粮品质变化关系研究 [J].粮油仓储科技通讯，2006，（2）：14—15，23.

［1002］ 孟彬，汪福友，刘强，等.高分子保温板粮面压盖隔热试验 [J].粮油仓储科技通讯，2006，（2）：16—20.

[1003] 洪鸿，张立新，黄常明，等.平房仓聚苯乙烯泡沫板粮面压盖隔热储粮试验 [J]. 粮油仓储科技通讯，2006，（2）：21.

[1004] 乐大强，陈寿强，刘惠标.基建房式仓遮阳网隔热储粮试验 [J]. 粮油仓储科技通讯，2006，（2）：28.

[1005] 单长友，李兰阶，薛辉，等.X-6g 型太阳热反射涂料实仓使用报告 [J]. 粮油仓储科技通讯，2006，（2）：38.

[1006] 周天智，高兴明，刘楚才，等.泡沫板与稻壳包压盖粮面隔热控温储粮的对比试验 [J]. 粮油仓储科技通讯，2006，（3）：13-14.

[1007] 周天智，高兴明，刘向阳，等.储粮隔热控温保冷材料静电的危害与预防 [J]. 粮食科技与经济，2006，（2）：46-47.

[1008] 崔新芳，魏能武，邹武.充气隔热毯粮面隔热效果试验 [J]. 粮油仓储科技通讯，2006，（3）：25-26.

[1009] 刘圣安，徐合斌，邹贻方，等.几种粮面压盖材料隔热保温效果比较 [J]. 粮油仓储科技通讯，2006，（6）：14-15，22.

[1010] 吴秀仕，孙希春，蒋金安，等.高大平房仓隔热密闭无药保粮试验 [J]. 粮食储藏，2006，（2）：40-42.

[1011] 艾全龙.粮仓新型保温隔热吊顶材料效果研究 [J]. 粮食储藏，2006，（4）：30-32.

[1012] 程德华，董恩富，袁土福，等.应用泡沫板粮面压盖控温试验 [J]. 粮食流通技术，2006，（5）：23-24.

[1013] 杨昭坤，张晓飞.砻糠包与晴纶棉在粮面压盖中的应用分析 [J]. 中国粮油学报，2006，（3）：341-344.

[1014] 刘瑶凯，李新平，倪立刚，等.PET-4 型气泡体复合保温隔热毯储粮试验 [J]. 粮油仓储科技通讯，2007，（3）：31-32.

[1015] 张琪，刘汉胜，陈德星，等.冷气囊隔热保冷储粮度夏试验 [J]. 粮食储藏，2007，（4）：36-37.

[1016] 董建波，贾宝绥.浅圆仓 GRC 屋顶的气密隔热处理 [J]. 粮油食品科技，2007，（6）：29-30.

[1017] 宋林，陈勇.高大房式仓双层稻壳包覆盖粮面隔热保冷储粮对比试验 [J]. 粮食储藏，2007，（1）：19-22.

[1018] 丁传林，张雄，周帮新，等.拱板仓粮面稻壳压盖与屋面喷水综合控温度夏试验 [J]. 粮食流通技术，2007，（4）：21-23，41.

[1019] 吴存荣，赵素巧.粮食安全储藏与房式仓保温隔热性能设计改进的探讨 [J]. 粮食储藏，2007，（6）：40-43.

[1020] 于林平，殷贵华，张凤禄，等.平房仓仓顶隔热保温性能改造方法初探 [J]. 中国粮油学报，2007，（5）：130-135，141.

[1021] 施广平，李军，袁华清，等.高水分稻谷安全度夏控温及隔热储粮的综合应用 [J]. 粮油储藏，2007，（4）：34-35.

[1022] 王薇.粮食平房仓隔热改造试验与分析 [J]. 中国粮油学报，2007，（4）：102-105.

[1023] 洪鸿，张立新，易平成，等.大型平房仓仓顶微电脑自动喷水降温储粮应用 [J]. 粮油仓储科技通讯，2007，（1）：32-34.

［1024］ 陆松，张新生，史明法，等 . 粮仓保温隔热结构分析及改造 [J]. 粮油仓储科技通讯，2008，（4）：26–27.

［1025］ 和国文，金勇文，刘呈平，等 . 不同仓型屋面智能喷水降温储粮研究 [J]. 粮油仓储科技通讯，2008，（4）：23–25.

［1026］ 武永明，刘全，景志强，等 . 粮仓彩钢屋顶的隔热效果及分析 [J]. 粮油仓储科技通讯，2008，（6）：34–36.

［1027］ 王岩，赵祥和 . 用新型菱镁材料改造仓顶确保储粮安全度夏 [J]. 粮油仓储科技通讯，2008，（2）：26–27.

［1028］ 邹江汉，徐合斌，万军，等 . 五面隔热控温技术的改进 [J]. 粮油仓储科技通讯，2008，（2）：17–19.

［1029］ 洪鸿，张立新，易平成，等 . 仓顶喷水与几种隔热材料粮面压盖控温储粮对比 [J]. 粮油仓储科技通讯，2008，（3）：11–12，17.

［1030］ 鲍建辉，何联平，黄礼标，等 . 粮面局部制冷隔热节能试验 [J]. 粮油仓储科技通讯，2008，（3）：23–24.

［1031］ 孟德军，董方亮，周刚，等 . 玉米低温压盖储藏试验 [J]. 粮油食品科技，2008，（3）：24–25.

［1032］ 姜霖，贺业安 . 浅谈菱镁隔热保温技术在高大平房仓储粮中的应用 [J]. 粮食流通技术，2008，（6）：37–38.

［1033］ 刘洪雁，邹伟，莫代亮，等 . 高大平房仓仓体和粮面密封处理对自然降氧影响 [J]. 粮油食品科技，2008，（3）：20–23.

［1034］ 丁传林，张雄，周帮新，等 . 高大平房仓双层压盖隔热控温储粮试验 [J]. 粮食流通技术，2008，（4）：26–27，35.

［1035］ 彭汝生，周天智，高兴明，等 . 高大平房仓粮面压盖隔热控温储粮试验 [J]. 粮食流通技术，2008，（5）：21–23.

［1036］ 周天智，高兴明，彭明文，等 . RM 和 Mills 两种进口新型反光气密涂料的实仓应用试验报告 [J]. 粮油仓储科技通讯，2008，（3）：36–40.

［1037］ 鲍建辉，叶益强，马国华 . PET-3 冷气囊隔热控温试验 [J]. 粮油食品科技，2009，（6）：13–14.

［1038］ 周天智，高兴明，彭明文 . 平房仓粮面冷气囊密闭压盖动态隔热控温储粮技术研究 [J]. 粮食储藏，2009，（2）：23–26.

［1039］ 王金奎，商永辉，杨洪进 . 平房仓菱镁板隔热低温储粮应用试验 [J]. 粮油仓储科技通讯，2009，（6）：46–48.

［1040］ 黄雄伟，许建华，朱全林，等 . 太阳热反射涂料在高大平房仓中的应用试验 [J]. 粮食储藏，2009，（2）：30–32.

［1041］ 张春贵，王殿轩，刘学军，等 . 平房仓储藏小麦表面压盖后粮温与品质变化研究 [J]. 粮食储藏，2009，（4）：32–36.

［1042］ 王效国，宋瑞成 . 菱镁板吊顶隔热储粮试验 [J]. 粮油加工，2009，（12）：61–62.

［1043］ 覃仁耀 . 折板仓仓顶采用遮阳布（网）隔热控温试验 [J]. 粮油仓储科技通讯，2009，（1）：46–47.

［1044］ 安学义，王文波，兰井生，等 . 高大平房仓菱镁板隔热控温储粮探讨 [J]. 粮食储藏，2009，（6）：48–49.

［1045］ 唐同海，蒋世勤，唐力，等 . 密闭材料对高大平房仓稻谷控温储藏的影响 [J]. 粮油食品科技，2009，（2）：24–25.

［1046］ 唐同海，蒋世勤，唐力，等 . 多种密闭材料和方法对高大平房仓稻谷控温储藏的影响 [J]. 粮油仓储科技通讯，2009，（2）：42–44.

［1047］ 向金平，刘军，王昌政 . 不同方式散装稻壳压盖隔热储粮情况对比试验 [J]. 粮油仓储科技通讯，2010，（4）：25–27.

[1048] 王海明，董彩莉，张延东，等 . 太阳热反射涂料对仓房温度的影响研究 [J]. 粮油仓储科技通讯，2010，（3）：48–49.

[1049] 姜霖，贺业安，殷树清，等 . 菱镁隔热保温技术在高大平房仓储粮中的应用 [J]. 粮油仓储科技通讯，2010，（3）：50–51.

[1050] 金勇文，万君清，陈高云，等 . 房式仓粮面双层压盖隔热控温储粮试验 [J]. 粮油仓储科技通讯，2010，（6）：22–25.

[1051] 宋涛，肖水英，朱建民 . 彩钢板仓顶聚氨酯喷顶隔热密闭方法初探 [J]. 粮油仓储科技通讯，2010，（6）：36–38.

[1052] 齐俊甫，张勇，杨国宝，等 . 平房仓粮面采用冷气囊动态隔热技术储藏大豆安全过夏生产性试验 [J]. 粮油仓储科技通讯，2010，（4）：10–14.

[1053] 王海涛，陈占玉，钱增超，等 . 高大平房仓隔热装置控温应用试验 [J]. 粮油仓储科技通讯，2010，（2）：17–22.

[1054] 杜月福，李志权，黄盛枝，等 . 新型太空隔热涂膜在高大平房仓的控温效果研究 [J]. 粮油仓储科技通讯，2010，（2）：29–31.

[1055] 丁玉波 . 钢板仓聚氨酯保温效果浅析 [J]. 粮食储藏，2010，（1）：29–31.

[1056] 邢勇 . 房式仓仓顶保温隔热措施比较研究 [J]. 粮油食品科技，2010，（6）：54–55.

[1057] 宋涛，肖水英，朱建民 . 彩钢板仓顶聚氨酯喷顶隔热密闭方法初探 [J]. 粮油仓储科技通讯，2010，（6）：36–38.

[1058] 杨文超，李甲戌，杨广军，等 . 豫北钢板平房仓隔热控温储存大豆应用试验 [J]. 粮食储藏，2010，（5）：16–19.

[1059] 朱文宇，张建峰，黄海生，等 . 提高粮食平房仓保温隔热性能的方法 [J]. 粮食与食品工业，2010，（1）：42–43，57.

[1060] 姜汉东，程德军，杨辉，等 . 动态隔热结构高大平房仓控温储粮技术探讨 [J]. 粮食储藏，2010，（2）：21–24.

[1061] 葛斌，王耘，许红林，等 . PVC 阻燃型卷材粘贴密闭储粮试验 [J]. 粮油仓储科技通讯，2010，（5）：30–31.

[1062] 王海明，董彩莉，张延东，等 . 太阳热反射涂料对仓房温度的影响研究 [J]. 粮油仓储科技通讯，2010，（3）：48–49.

[1063] 金勇文，万君清，陈高云，等 . 房式仓粮面双层压盖隔热控温储粮试验 [J]. 粮油仓储科技通讯，2010，（6）：22–25.

[1064] 黄启迪，方振湛，黄海鸣，等 . 华南地区几种常用控温储粮方式浅析 [J]. 粮油仓储科技通讯，2010，（1）：22–24.

[1065] 胡宏明，卢新勤，黄玲玲 . 北方地区控温储藏实仓试验报告 [J]. 粮油仓储科技通讯，2010，（1）：11–15.

[1066] 董彩莉，徐涛 . 太阳热反射涂料在钢板油罐中的应用试验 [J]. 粮油仓储科技通讯，2010，（5）：49–51.

[1067] 郁宏兵 . 高大平房仓围护结构隔热试验 [J]. 粮食储藏，2012，（1）：26–29.

[1068] 庄进荣，苏贤枝 . 两种粮面压盖方式控温效果比较 [J]. 粮油仓储科技通讯，2012，（4）：16–18.

[1069] 陈民生，纪智超，温鹭宁，等 . 大豆仓使用隔热毯压盖和空调制冷实现低温储藏 [J]. 粮油仓储科技通讯，2012，（4）：19–20.

[1070] 韩福先，金浩，陈轶，等 . 菱镁复合板在彩钢板屋面高大平房仓仓顶改造中的试验研究 [J]. 粮油仓储科技通讯，2012，（3）：32–34.

［1071］陈诗学,张翠华.在仓房屋面喷涂菲柯特防水隔热涂料进行控温储粮试验的报告[J].粮食流通技术,
2012,（2）:28-31.

［1072］朱庆锋,张锡贤,孙苟大,等.新型太阳热反射隔热涂料在粮食仓储中的应用[J].粮油仓储科技通讯,
2013,（4）:45-46.

［1073］丁光志,冯有成,董金安,等.聚苯乙烯,（EPS）泡沫板粮面压盖隔热试验[J].粮油仓储科技通讯,
2013,（6）:20-22.

［1074］陈永平.彩钢板仓顶铺设保温隔热层效果初探[J].粮油仓储科技通讯,2013,（2）:37-38.

［1075］李顿.折线形屋架散粮平房仓吊顶通风隔热技术[J].粮食与饲料工业,2013,（10）:10-11,15.

［1076］陈正根,许建双.仓内薄膜吊顶在改善老式平房仓气密性和隔热性中的应用[J].粮油仓储科技通讯,
2013,（5）:39-42.

［1077］安西友,刘长荣,张锴,等.屋面聚氨酯发泡与仓内吊顶综合隔热控温储粮的应用效果[J].粮油
食品科技,2013,（3）:102-104.

［1078］邓长春,金国涛,刘博,等.隔热毯压盖和空调制冷实现稻谷低温储藏[J].粮油仓储科技通讯,
2014,（4）:20-21.

［1079］李明龙,荣华生,向静.平房仓气囊粮面压盖隔热储粮试验[J].粮油仓储科技通讯,2014,（6）:30-31.

［1080］宋锋,陈卫红,彭凌,等.高大平房仓仓顶遮阳网隔热控温储粮技术应用[J].粮油仓储科技通讯,
2014,（6）:35-36.

［1081］汤杰,刘连双,邹享兵,等.拱板平房仓屋面反光控温储粮试验[J].粮油仓储科技通讯,2014,（5）:18-20.

［1082］景桂文.稻谷双层密闭隔热低温储藏试验[J].粮油仓储科技通讯,2014,（5）:28-29.

［1083］林春华.高大平房仓仓墙绿化隔热试验[J].粮油仓储科技通讯,2014,（1）:27-28.

［1084］张锡贤.水源热泵在湿热区域稻谷保管过程中的应用试验[J].粮油仓储科技通讯,2014,（1）:31-32.

［1085］乐大强.高大平房仓粮面压盖储粮试验[J].粮油仓储科技通讯,2015,（5）:28-30.

［1086］鲁俊涛,陶琳岩,吴万峰,等.彩钢板屋顶高大平房仓仓顶喷涂反射隔热涂料的应用效果[J].粮
食储藏,2016,（3）:8-12.

［1087］高覃旼.EVALTM高阻隔密封袋在粮储领域的应用研究[J].粮油仓储科技通讯,2016,（5）:48-
49,56.

［1088］贾锟,田智军,陈爱国,等.珍珠岩隔热保温层对高大平房仓控温储粮效果的研究[J].粮油仓储
科技通讯,2016,（4）:28-30.

［1089］樊丽华.新型屋面太阳热反射弹性防水涂料隔热效果的研究[J].粮油仓储科技通讯,2017,（2）:
43-44,53.

［1090］许发兵.高大平房仓低温压盖密闭储粮控温试验[J].粮油仓储科技通讯,2018,（4）:23-28.

［1091］马涛,葛蒙蒙,陈家豪.反光隔热材料对平房仓隔热效果研究[J].粮食储藏,2019,（2）:25-27,40.

［1092］施国伟,陈尚里,庄泽敏,等.浅圆仓仓壁空气间层隔热效果研究[J].粮食储藏,2019,（3）:18-22.

［1093］郭辉.通风道口"三高"海绵隔热试验[J].粮油仓储科技通讯,2019,（3）:9-11.

［1094］韦允哲,焦林海,陈全新,等.稻壳包和保温毯压盖粮面使用效果探讨[J].粮食储藏,2019,（4）:
52-56.

［1095］张晓鹏,丁小宁,王保荣,等.高大平房仓仓顶喷涂热反射隔热涂料效果探索[J].粮油仓储科技通讯,
2019,（5）:17-19.

第九章　储粮害虫防治技术研究

近80年来，我国储粮害虫防治技术研究取得了较快进展，受到举世关注。我国在粮食安全储藏方面采取了"以防为主，综合防治"的策略，从物理防治、化学防治、生物防治技术等方面开展了比较广泛的储粮害虫防治科研工作。以磷化氢熏蒸、储粮防护剂为主进行害虫防治等。这方面的工作逐渐扩展到低温储粮、氮气气调等绿色储粮技术的研究和实仓试验中。

第一节　储粮害虫防治综述性研究

有关储粮害虫防治的综述性研究报告对粮食储藏的科研工作有促进作用。檀先昌1980年报道了我国贮粮害虫防治研究30年的回顾与展望。梁权1984年报道了储粮害虫防治技术若干进展摘评综述。陈启宗等1987年报道了关于储藏物害虫与防治中值得商榷的几个问题。

李隆术1990年报道了四年来我国储粮害虫研究和防治进展。张国梁1991年报道了储粮虫、霉、鼠害的化学防治现状与展望。赵素蓉等1993年报道了对储粮害虫防治新法的初步探讨。檀先昌1994年报道了储粮害虫化学防治常用药剂在粮食中的残留及其卫生学评价。檀先昌1995年报道了近15年我国储粮害虫防治研究的进展。张国梁1996年报道了对储粮害虫化学防治现状的探讨。陈继贵1999年报道了国内粮贮熏蒸技术详情简介。

李隆术2001年报道了对储藏产品保护基础科学的探讨。梁权2001年报道了引人注目的储粮害虫防治研究进展述评。万华平等2002年报道了粮食仓库害虫防治注意要点。王殿轩等2004年报道了储粮熏蒸剂的发展动态与前景。梁权2005年报道了甲基溴淘汰和替代研究概况与展望。程晓梅等2008年报道了入仓期玉米象感染不同时期小麦重量损失的研究。张彩乔等2008年报道了关于小麦在储藏过程中影响发芽率因素的探讨。

吕建华2010年报道了中国储粮害虫防治存在的主要问题及对策。程小丽等2010年报道了储粮害虫防治研究进展。陈萍等2010年报道了福建地区储粮害虫防治经济阈值调研与分析。于广威等2015年报道了食品领域虫害防治研究进展。冷本好等2016年报道了储粮害虫防治现状及问题讨论。

第二节　储粮害虫防治泛论

由于近百年来我国专家学者正式发表的有储粮害虫防治研究报告很多。为了便于查阅参考，本著作采用由"泛"到"专"，从"综合"到"单一"的思路和架构。

S.纳瓦罗等1992年报道了气控防治储粮害虫的综合研究。姜子国1992年报道了库内熏蒸密封方法的现状及改进。曹朝璋等1993年报道了码头仓存粮害虫防治的研究。黄远达1994年报道了饲料储藏虫霉防治技术。李玮等1994年报道了烟草甲虫药剂防治的技术研究。山西省襄垣县粮食局1994年报道了利用生态防治技术实现安全储粮保鲜。沈兆鹏1994年报道了螨类防治技术。唐耿新等1998年报道了叠氮气体防治储粮害虫的研究。

李军2002年报道了新建国储库中储粮害虫的防治。魏涛2002年报道了仓库害虫分布及防治工作报告。王殿轩2002年报道了新仓储粮温度上升期的害虫防治处理。刘萼华等2002年报道了浅圆仓储粮害虫的防治方法。任珂等2004年报道了非化学处理对储粮病虫害的控制进展。刘震等2005年报道了无药保粮技术在高大平房仓中的应用。李隆术2005年报道了储藏产品螨类的危害与控制。张来林等2006年报道了储粮害虫的防治。何强等2006年报道了小麦害虫防治效果对比试验。张宏宇2006年报道了论储粮害虫的生态调控。王殿轩等2006年报道了关于储粮害虫防治经济阈值的研究与思考。吴福中等2006年报道了无公害防治储粮害虫的方法与建议。郑碧珍2006年报道了粮库扁谷盗科害虫的防治。关福中等2006年报道了无公害防治储粮害虫的方法与策略。赵英杰等2007年报道了立筒仓害虫防治策略。于林平等2008年报道了高密度虫粮入库防治技术。王殿轩2008年报道了大米和面粉的仓储适用技术与有害生物防治。王士辉等2009年报道了对几种熏蒸方式效果的探讨。

陈光杰等2011年报道了物理防治储粮害虫研究。周健等2013年报道了绿色储粮技术防治储粮害虫的研究。蒋社才等2016年报道了华南地区主要害虫防治新技术应用研究。郝倩2018年报道了储粮害虫防治方法综述。

第三节　储粮害虫综合防治技术研究

刘维春1989年报道了化学药剂防治储粮害虫及其综合应用的技术。李隆术1994年报道了储粮害虫综合治理和预测预报。梁永生1994年报道了综合治理储粮害虫的防治战略。张宗炳1994年报道了仓库害虫的治理策略：IPM，TPM及APM。汪全勇等1996年报道了粮食储藏综合防治技术研究。周天智1998年报道了以控温为主的储粮害虫综合防治技术。乔建军等2003年报道了密闭低剂量仓外施药技术综合应用研究。舒在习等2007年报道了储粮有害生物综合防治技术。钟建军等2012年报道了物理防治在储粮害虫治理中的研究与应用。祁正亚等2012年报道了开展综合防治，实现一年一次低剂量熏蒸储粮的报告。蒋社才等2013年报道了储粮害虫综合防治新技术应用研究。苏青峰等2013年报道了锈赤扁谷盗的综合治理技术对策。

第四节　储粮害虫化学防治技术研究

一、熏蒸剂的研究

（一）熏蒸剂泛论

近几十年，有关熏蒸剂的研究报告频频见诸报道，有少部分报告未具体指出熏蒸剂的使用量。现以熏蒸研究泛论示下。周永龙等1989年报道了应用地槽机械通风道熏蒸粮食技术。王津利等1989年报道了散粮熏蒸技术。夏大平1992年报道了温度与熏蒸药效试验。杨忠廉1995年报道了气环负压熏蒸防治贮粮害虫新技术。孙瑞等1995年报道了立筒仓储粮熏蒸技术。邓波1997年报道了房式仓不揭膜通风及熏蒸技术。赵英杰等1998年报道了筒仓的熏蒸方法及对筒仓气密性要求研究。朱广飞1998年报道了粮堆气流与熏蒸施药点的关系研究。吴德明等1999年报道了拱仓大型隧道通风、熏蒸技术试验报告。王殿轩等1999年报道了真空熏蒸快速杀虫试验研究。

舒在习2001年报道了仓储环境条件对储粮杀虫剂药效的影响。翟疆2002年报道了粮食包装物熏蒸的必要性及方法。谢英祥等2002年报道了对新稻谷储藏及熏蒸技术的探讨。赵英杰2003年报道了熏蒸防治储粮害虫的几个问题；2005年又报道了熏蒸剂使用过程中的人身安全保护。刘少波2007年报道了储粮害虫难以杀死之原因及对策。刘锋等2008年报道了应用粮食多功能扦样器熏蒸杀虫技术。

刘建保等2010年报道了甲基溴替代技术应用试验。郭兴海2011年报道了对提高储粮免熏蒸率途径的探讨。王战君等2012年报道了新型熏蒸药桶在大型散粮仓中的应用研究。郭荣华2012年报道了包围散储两种膜下熏蒸效果的对比试验；2013年又报道了围包散储两种膜下熏蒸方法的对比试验。曹景华等2015年报道了采取纵横埋管方法有效提高杀虫效果。王争艳等2016年报道了4种药剂联用对嗜卷书虱成虫的熏杀效果。刘玲等2016年报道了储粮五面嵌槽密封熏蒸杀虫试验。徐碧2017年报道了储粮害虫熏蒸时机选择试验。

（二）熏蒸剂各论

从20世纪40年代开始，我国使用熏蒸剂防治储粮害虫逐渐成为杀灭仓虫的主要措施。60年代后，磷化氢熏蒸技术成为主要研究与应用内容。此外还有氯华苦、溴甲烷、敌敌畏等防虫剂。

1. 熏蒸剂主要研究（20世纪40年代至80年代）

（1）氯化苦研究。研究证明：氯化苦用药量：空间20～30 m^3、粮堆35～70 g/m^3，暴露时间一般3天为宜。我国在20世纪40年代就有人使用氯化苦，50年代开始研制。胡秉方等1957年报道了利用"六六六"无毒异构体制备氯化苦的研究。汪训方1959年报道了关于氯化苦熏蒸稻谷种子的试验报告，研究了同一用药量对不同水分稻谷种子；不同用药量对不同水分稻谷种子；不同密闭时间对稻谷种子发芽力的影响，证明：水分愈越高，密闭时间越长，影响越大。刘维春1959年报道了关于氯化苦熏蒸的几个问题的商榷，研究了正常粮温熏蒸、冬季熏蒸和预防几种情况下氯化苦的适宜用药量。忻介六等1959年报道了常用熏蒸剂对农作物种子发芽的影响——氯化苦，证明熏蒸剂对不同农作物种子发芽率影响程度从高到低依次为：小麦＞玉米＞大麦＞赤豆＞黄豆＞蚕豆＞绿豆＞荞麦＞芝麻，水分越高，影响越大。冯永新等1959年报道了氯化苦熏蒸和沸水烫种对豌豆象、绿豆象的杀虫效果和对种子发芽力的影响的试验报告，研究了杀死绿豆象、豌豆象各种虫态的有效剂量和沸水烫种的有效时间为：蚕豆为20秒钟、豌豆为16～17秒钟。南京市粮食局1959年报道了氯化苦熏蒸对豆象的毒效和对豆类种子发芽力的影响试验简报。福建省粮食厅等单位1959年报道了氯化苦熏蒸稻谷种子试验总结。上海市粮食油脂公司科学研究所1960年报道了低剂量氯化苦杀虫效果的研究，该研究所指出：可以用低剂量为15～20 g/m^3的氯化苦防治一般害虫的成虫、幼虫。汪训方1960年报道了氯化苦预防熏蒸问题的初步研究。陕西省粮食厅科学研究所1960年报道了二氧化碳与氯化苦混合剂熏蒸大米的初步试验，研究认为用二氧化碳30～50 g/m^3与氯化苦12～15 g/m^3混合熏蒸效果最好。四川省渠县粮食局1966年报道了打氯化苦"针"防治豌豆象的试验。粮食部科学研究设计院等单位1966年报道了豌豆象的生活规律及其在仓库中的防治技术。浙江省余姚县粮食局1967年报道了氯化苦安全经济高效熏蒸法：低剂量仓内投药不戴防毒面具，介绍氯化苦纸探管小瓶投药熏蒸效果。

（2）溴甲烷研究。研究证明：溴甲烷用药量空间15 g/m^3,粮堆30～40 g/m^3，暴露时间2～7

天，可达到杀虫效果。张国梁1958年报道了储粮螨类及其防治，认为溴甲烷对螨类防治有一定效果。王肇慈1960年报道了粮食中溴甲烷残留量的测定。粮食部科研设计院1966年报道了溴甲烷熏蒸的花生仁中无机溴残留量的研究，证明溴甲烷残留与熏蒸的剂量、密闭时间密切相关，温度与水分对残留影响不大，认为溴甲烷不宜多次重复熏蒸花生。中国农业科学院植保所植物检疫组1975年报道了溴甲烷多次重复熏蒸对作物种子发芽率的影响。天津市军粮城机米厂等单位1984年报道了大型钢筋混凝土立筒仓溴甲烷熏蒸杀虫实验报告。

（3）磷化氢研究。磷化氢是由磷化铝产生，用药量以磷化铝计算。常规熏蒸剂量为：空间$3 \sim 6 \ g/m^3$，粮堆$6 \sim 9 \ g/m^3$；低剂量熏蒸：$1 \sim 2 \ g/m^3$。暴露时间常规者$3 \sim 15$天，低剂量者为45天以上。

磷化铝和磷化氢的制备研究：广东省粮食科学研究所1966年报道了自制磷化铝粉剂，原料赤磷、铝粉，成品纯度82.92%，熏蒸效果较好。磷化氢亦可由磷化锌加小苏打、硫酸、水产生。磷化锌产生磷化氢防治储粮害虫于1964年在山东、广东、江西分别试验成功。张锦文等申报了发明专利。研究工作主要是围绕解决安全施药问题进行。广东省粮食科学研究所1976年报道了广东省四种主要粮仓甲虫对磷化氢的抗性试验。湖北省粮食科学研究所1966年报道了一种磷化锌熏蒸投药方法——倒投法。北京市粮食局粮食储藏研究室1966年报道了磷化锌竹筒施药法。山东省粮食厅1966年报道了磷化锌熏蒸储粮害虫试行操作规程。江西省粮食厅储运处防化室1966年报道了用盐酸加磷化锌熏蒸。青岛市粮食局1967年报道了防止磷化锌熏蒸自燃着火的方法，1968年报道了磷化锌仓外投药器。谢风祥等1966年报道了改制磷化锌球熏蒸储粮害虫。磷化锌碱式投药产生磷化氢是由广西开始的，商业部四川粮食储藏科学研究所1972年报道了磷化锌碱式仓外投药的室内实验和磷化锌碱式仓外投药熏蒸操作规程，试验完善了这一方法并提出了室内实验报告和操作规程。磷化锌加有机酸用于农户储粮，刘玉成做过多次报道，行之有效，易于推广。

磷化氢还可以从磷化钙中产生。广东省粮食科学研究所1964年报道了用红磷和石灰烧制。梁永生等1968年报道了磷化钙的土法烧制及使用方法。江西省南昌市粮食局磷化钙试验小组1969年报道了磷矿石直接烧制磷化钙试验的初步总结。张法楷等1968年报道了磷化钙仓内水投试验。上海市粮食科学研究所1967年报道了空气中磷化氢快速测定方法。商业部四川粮食储藏科学研究所、江西省粮食局等单位1970年报道了应用电弧法以磷矿石烧制磷化钙。1987年张子通等、刘运卿等、左超成等、陈勇夫等分别报道了磷化钙成分、毒锂、遗传效应和对人群致突变观察研究。

磷化铝熏蒸防治储粮害虫药效研究：朱跃炳等1964年报道了了应用磷化铝熏蒸储粮害虫初步试验，证明$5.028 \sim 12.574$片/t，熏蒸效果好。河南省粮食厅储运处等单位1966年报道了关于磷化铝熏蒸粮油种子试验。朱跃炳1966年报道了磷化铝熏蒸剂的应用。上海市粮食科学研究所1967年比较系统、全面地报道了磷化铝熏蒸剂应用技术的研究，进行了主要虫种、不同虫态、不同温度下磷化铝熏蒸有效剂量试验。经室内和生产试验证明，在粮堆温度20℃的条件下熏蒸三天，对米象、拟谷盗、长角谷盗、锯谷盗的磷化铝有效剂量不低于0.8 g；粮堆温度为30℃时，磷化铝有效计量不低于0.6 g。北京市粮食局储藏研究室报道了 磷化氢熏蒸面粉试验，证明用磷化铝剂量5片/t 熏蒸后，自然散气三天，磷化氢气体浓度已达0.5 mg/L。广西壮族自治区粮食局储运处1967年报道了应用磷化铝熏蒸面粉加工厂，试验证明4.3 g/m³剂量，防治效果可达100%。1968年广东省粮食科学研究所报道了磷化氢对几种粮仓甲虫的有效致死浓度，证明：各种害虫对磷化氢抵抗力相差悬殊。完全杀死米象、谷蠹、谷斑皮蠹成虫的磷化氢质量浓度为0.03～0.04 mg/L，但要杀死米象、谷蠹、谷斑皮蠹蛹的浓度则应达到0.2 mg/L、0.6 mg/L和0.8 mg/L。河南省粮食厅1968年报道了磷化氢防治储粮害虫的调查。广州市粮食局1968年报道了应用磷化铝残渣杀虫试验。

磷化铝熏蒸气体扩散规律和合理施药方法研究：1967年上海市粮食储运公司在磷化铝熏蒸剂应用技术研究中就提出了安全施药技术。广东省粮食科学研究所1968年报道了磷化氢气体的扩散透渗力的研究。研究结果证明：磷化氢气体扩散渗透力很强，对仓房密闭要求严格；仓房密闭条件的好坏对气体浓度保持效果影响很大。江苏镇江地商局粮油防治组1975年报道了关于磷化氢气体渗透力的实验情况。陈茂东等1979年报道了气流熏蒸法。梁权等1980年报道了关于气调对磷化氢熏蒸杀虫的增效作用及其应用技术途径的探讨。姜永嘉1980年报道了关于磷化氢主要作用特性的研究。檀先昌等1981年报道了磷化氢熏蒸深层地下仓贮粮气体动态的研究，证明：在深达14 m的地下仓储粮，当粮堆中部粮温较高时，可采用表层投药方法熏蒸杀虫，但用药量要适当增加，密闭时间要延长20天。徐洪生等1981年报道了磷化氢气体对cy-7型测氧仪电极的影响。黄建国等1982年报道了关于米象不同虫态对磷化氢的敏感性的探讨；1983年又报道了对磷化氢杀虫不彻底的原因探讨报告。张自强等1983年报道了地下仓低剂量磷化氢熏蒸杀虫试验报告。檀先昌等1983年报道了磷化铝片剂和粉剂熏蒸时的气体浓度变化和CT值，证明：在熏蒸条件相同的土圆仓、地下仓、房式仓使用磷化铝粉剂、片剂的熏蒸效果一致，达到磷化氢最高浓度与用药量成正比例。曹朝璋、劳跃然等1984年报道了薄膜袋装磷化铝缓释熏蒸技术的研究。檀先昌1984年报道了影响磷化氢熏蒸效果的一些因子。刘宝奎1984年报道了在密封粮堆内影响磷化氢扩散因素的探讨报告。孙锡坤等1985年报道了包装小麦磷化铝熏蒸加防虫磷外围防护的效果。姚祥1986年报道了在不同的覆盖条件下，露天垛低剂量磷化铝熏蒸杀虫的研究。吴富席等1986年报道了有关磷化氢低药量熏蒸合理施药部位的探讨，得出磷化氢气体在仓内的运动方向，热心型、冷心型粮堆施药部位均在粮堆高度1/3处。重庆市九龙坡区李家坨粮站等单位1986年报道了不同粮种磷化氢薄膜密闭熏蒸施药剂量的选择。任永林等1987年报道了磷化氢在稻谷上吸附的研究试验。该研究在25℃条件下，将不同磷化氢浓度和装满系数对稻谷和糙米所产生吸附的影响进行试验，并从吸附动力学角度，用回归和相差分析法得出了磷化氢在稻谷和糙米上吸附损失率常数之间的关系。刘萼华等1989年报道了DEH型磷化铝外控投药器熏蒸技术的研究。范金祥等1989年报道了磷化铝仓底熏蒸技术研究。

磷化氢立筒仓熏蒸技术研究：山东省济南市谷庄粮库1984年报道了立筒库中储粮气流及在磷化氢熏蒸时的应用。上海市粮食储运公司储藏研究室等单位1984年报道了立筒库储粮害虫防治技术的研究。筒仓使用磷化铝表层埋藏（3～4 g/m³）并加二氧化碳（62.5～125 g/m³）密闭7天以上，在夏季粮温正常时磷化氢能渗透15～17 m，二氧化碳有效增和负载作用。天津大直沽粮库等单位1984年报道了砖筒仓磷化氢熏蒸杀虫方法试验。上海市粮食储运公司储藏研究室1985年报道了立筒仓熏蒸的试验体会。北京市马连道粮库等单位1986年报道了大型立筒仓气密性实验报告。北京粮食储运公司科学研究所等单位1986年报道了立筒仓磷化氢机械加速扩散熏蒸效果。唐舜功1986年报道了立筒仓气密性标准的研究。张竹平、劳跃然等1986年报道了立筒仓储粮害虫防治的试验。

磷化氢防爆研究：刘祖良等1984年报道了对磷化氢熏蒸气体燃爆问题的试验。试验证明：用各种方法制备的磷化氢气体都有氢气和双磷产生，氢气的存在降低了磷化氢爆炸下限，双磷和氧气反应产生明火。试验认为去除双磷是防止燃爆的关键。北京市东郊粮食仓库等1986年报道了PH_3燃爆条件试验。

磷化铝封存技术研究：覃章贵1985年报道了磷化铝片的储存试验和改进。张涌泉1986年报道了对磷化氢提纯、压缩的初步探讨。

磷化铝熏蒸残留研究：广东省粮食科学研究所1968年报道了磷化氢熏蒸花生残留及其对发芽力的影响。檀先昌等1985年报道了磷化氢多次熏蒸的粮食中磷化氢残留量的测定，证明多次熏蒸后，只要充分散气，磷化氢残留量可达到允许卫生标准，但非挥发性残留，随着熏蒸次数的增加，残留也会增加。一般第一次熏蒸非挥发性残留量最高。

（4）敌敌畏研究。朱跃炳等1964年报道了应用敌敌畏防治储粮害虫的研究。浙江省杭州市防疫站1964年报道了敌敌畏杀灭储粮害虫与粮食中滞留和消长观察，证明：敌敌畏采用喷雾法比挂布条法在粮食中的残留高，其渗透力不强，多残留在粮堆表面，随温度不同，消失速度不同，残留时间5～25天不等。陕西省粮食科学研究所1964年报道了关于敌敌畏用于储粮空仓消毒的试验报告。广东省粮食科学研究所1964年分别报道了敌敌畏空仓熏蒸杀虫的研究；三种施药方式的比较试验；1965年又报道了敌敌畏空仓熏蒸杀虫的三种施药方式及其对两种甲虫药效的比较试验。该试验证明：在仓内温度30℃的环境下，熏蒸24小时，敌敌畏对米象的LD_{50}为

0.019 μg/L，LD$_{95}$为0.13 μg/L;对赤拟谷盗 LD$_{50}$为0.15 μg/L，LD95为0.21μg/L。粮食部科研设计院1965年报道了在不同温度暴露时间下三种虫种对敌敌畏的相对毒力比较和敌敌畏熏蒸的储粮中残留量测定试验，证明：25℃条件下敌敌畏对米象、锯谷盗毒力相近，对赤拟谷盗则要增加4倍用量，当温度增高，其对米象毒力提高的比锯谷盗快。上海市粮食科学研究所1966年报道了应用DDVP杀灭粮店、粮堆露面害虫，用药量0.2~0.3 mL/m^3。济南市粮食局1966年报道了应用敌敌畏熏蒸面粉厂的仓房，试验证明：纯度90%的敌敌畏，用药量1g/m^3，密闭36~48小时，杀虫效果理想。浙江省粮食科学研究所1966年报道了应用敌敌畏防治储粮害虫的研究，证明敌敌畏施药方法不同，效果显著不同，药效持续时间：挂带法〉喷雾法〉纸燃法〉热雾法〉热蒸法（水浴加热）〉砖头吸收法，纸燃法效果显著，剂量50 mg/m^{3}对各部位长角谷盗、锯谷盗、赤拟谷盗死亡率可达100%。山东卫生防疫站等单位1966年报道了粮仓内应用敌敌畏杀虫的安全卫生方法。李伯祥1967年报道了杀灭面粉厂下脚粮中米象的方法。上海市粮食科学研究所1967年报道了实仓应用敌敌畏防治储粮害虫的试验。浙江省余杭县粮食局1968年报道了敌敌畏空仓杀虫几种施药方法效果的观察。成都龙潭寺粮食仓库1974年报道了应用敌敌畏、氯化苦、乙醇混合后对实仓露面杀虫的情况。上海市粮食贮运公司技工学校（现上海市粮食储运公司职工学校）1977年报道了敌敌畏延长药效的试验。张国梁等1983年报道了有关敌敌畏塑料缓释剂应用技术试验；1984年报道了敌敌畏塑料缓释剂——"敌虫块"防治储粮害虫的研究。四川省蓬溪县粮食局防治队1985年报道了敌敌畏气雾熏蒸法。赵一凡1985年分别报道了应用敌敌畏塑料缓释剂防治大豆蛾类的试验；以长效敌虫块作仓底害虫信息探查的应用试验。陈嘉东等1986年报道了利用敌敌畏的熏蒸作用防治农户储粮害虫的。姜吉林1987年报道了敌敌畏安全雾化器使用技术。

（5）二硫化碳研究。四川省遂宁县粮食局、四川省遂宁县科学技术协会1966年报道了二氧化碳熏蒸防治甘薯黑斑病的初步试验。四川省遂宁县粮食局1967年报道了豌豆象的生物学特性和防治方法,介绍二硫化碳防治储粮害虫。四川医学院和商业部、四川粮食储藏科学研究所1974年报道了二硫化碳在粮食中容许残留标准的研究。

2. 熏蒸剂主要研究（20世纪90年代至今）

（1）磷化氢防治储粮害虫研究

① 磷化氢熏蒸研究。姜永嘉1980年报道了关于磷化氢主要作用特性的研究。周永龙等1989年报道了应用地槽机械通风道熏蒸粮食技术。范金祥等1989年报道了磷化铝仓底熏蒸技术研究。王津利、刘慧萍1989年报道了散粮熏蒸技术。刘萼华等1989年报道了DEH型磷化铝外控投药器熏蒸技术的研究。任永林1990年报道了磷化氢熏蒸新途径。李洪军等1990年报道了磷化氢横向管道仓底投药熏蒸新技术。严以谨等1991年报道了磷化氢（PH$_3$）作用机制的研究进展。H.J.班克斯、王善军、何亚新1992年报道了一个分析磷化氢的连续累加程序。射宝奎1992年报道

了应用仓外投药器熏蒸粮仓PH₃在粮堆内扩散情况初步试验。漆福吉1992年报道了不同环境下储粮害虫的熏蒸防治探讨。翦福记等1992年报道了用一种新方法测定磷化氢对腐食酪螨[*Tyrophagus putrescentiae*（Schrank）]成螨的毒力。沈曦1992年报道了磷化铝残渣回收开发利用试验。林进福等1992年报道了磷化铝低剂量熏蒸防治面粉螨类的研究。陈其恩等1992年报道了磷化铝防治红变米霉菌消长的研究。张涌泉等1992年报道了采用微气流原理熏蒸钢板仓储粮害虫。张忠柏1993年报道了PH₃在露天粮堆中分布初步研究。R.W.D.Taylor、何亚新、王善军1993年报道了磷化氢——风险中的主要的粮食熏蒸剂。李焕喜等1993年报道了低温、低药量密闭储藏半安全水分大米的研究。叶永谷1994年报道了磷化氢对大麦发芽率的不良影响与改进。蔡花真等1994年报道了磷化氢混合熏蒸防治书虱。梁权1994年报道了磷化氢熏蒸基础的研究进展与应用。付仲泉1994年报道了房式仓散堆粮磷化氢多次逆渗熏蒸研究。沈兆鹏1994年报道了储粮螨类生活史与熏蒸防治的关系。周诚等1994年报道了不同低氧分压低磷化氢剂量条件下的杀虫效应。王殿轩等1994年报道了聚乙烯薄膜厚度对磷化铝片分解速率的影响。张立力1994年报道了我国储粮中三种扁甲科害虫对磷化氢的敏感性。张立力1995年报道了磷化氢对玉米象各发育虫期生物学效应的研究。翦福记1996年报道了储藏物螨类熏蒸防治方法研究状况及进展。刘萼华1996年报道了磷化氢熏蒸杀虫不彻底的成因及对策。吴梅松1997年报道了提高磷化氢熏蒸杀虫效果的技术途径。魏炳根等1997年报道了AlP薄膜低剂量缓释熏蒸技术的应用。曾伶等1997年报道了四种磷化氢熏蒸技术的生产性试验。邓波1997年报道了对磷化氢熏蒸技术的进一步研讨。秦宗华1997年报道了磷化氢高仓中层横探管杀虫初探。赵英杰等1997年报道了筒仓的熏蒸方法及对筒仓气密性要求。张立力1997年报道了玉米象各发育期对磷化氢的敏感性。赵新建1997年报道了磷化铝片剂局部熏蒸杀虫降温降水试验。赵英杰等1998年报道了筒仓的熏蒸方法及对筒仓气密性要求研究。王殿轩等1998年报道了磷化氢熏蒸与电子测温系统保护研究。罗建平1998年报道了薄膜吊顶密闭熏蒸杀虫的效果探析。张夕贵1998年报道了探索AlP最佳施药剂量的试验。王小非1998年报道了仓虫对PH₃敏感性降低的原因及对策。祝先进等1998年报道了吸湿式PH₃发生器堆外投药杀虫研究。付世明等1998年报道了关于磷化氢低剂量熏蒸杀虫应用技术的探讨。杨连生1999年报道了低药量熏蒸与实践。朱广飞1999年报道了PH₃对仓虫效果下降的原因及解决途径。杨胜华1999年报道了关于磷化铝熏蒸杀虫发生燃烧中毒及预防的探讨。王新1999年报道了熏蒸仓（房）气密性专用涂料的研制。张来林等1999年报道了粮食筒仓的熏蒸杀虫系统研究。白旭光1999年报道了磷化氢钢瓶剂型熏蒸技术。赵新建1999年报道了冬季粮堆局部生虫发热的有效处理办法。侯均等1999年报道了新熏蒸技术——赛若技术及其在中国的应用研究。江利国1999年报道了几种因素对粮食吸附磷化氢能力影响程度的比较。张立力1999年报道了我国三种储粮甲虫的磷化氢麻醉浓度及浓度与时间关系。马中萍2000年报道了大套小探管施药法熏蒸杀虫试验。赵英杰等2000年报道了对磷化氢熏蒸中几个问题的探讨。姜武峰等2000年报道了PH_3地槽熏蒸杀虫技术研究。祝方清等2000年报道了粮堆中PH_3的释放与降解模型。张立力2000年报道了3种蛀食性储粮甲虫的磷化氢阈限浓度及浓度与时间关系。林忠莲等2000年报道了磷化氢作为昆虫呼吸毒剂的生化研究进展。严平贵等2001年报道了关于提高高大平房仓磷化氢熏蒸杀虫效果技术途径的试验研究。曾伶等2001年报道了熏蒸剂ECO_2FUME对储粮害虫的药效试验。贾胜利等2001年报道了高大平房仓PH_3低剂量缓释防治储粮害虫试验。林忠莲等2001年报道了磷化氢对谷蠹和玉米象成虫体内乙酰胆碱酯酶的影响。梁永生等2001年报道了高大平房仓磷化氢熏蒸方法的实仓研究。殷雄等2001年报道了密闭仓进行可控式PH_3仓外发生器熏蒸试验。林忠莲等2001年报道了磷化氢使玉米象成虫麻醉或击倒与死亡反应的关系。金兆仁等2001年报道了高大平房仓粮堆局部生虫发热的处理措施。白旭光等2002年报道了熏蒸环境气密性测定方法的研究。林忠莲等2002年报道了磷化氢对谷蠹、玉米象成虫体内过氧化氢酶的抑制作用。叶益强等2002年报道了高大平房仓磷化氢局部熏蒸生产性试验。王殿轩等2002年报道了水温对磷化铝片剂产生磷化氢的影响。唐德良2002年报道了露天粮堆夏季帐幕熏蒸杀虫。周长金等2002年报道了高大平房仓粮面磷化铝自然潮解环流熏蒸试验。周长金等2002年报道了避免重复熏蒸的技术的探讨。聂守明2002年报道了提高PH_3防治效果的建议。刘萼华等2002年报道了浅圆仓PH_3熏蒸方法的研究。庞文渌2002年报道了磷化氢熏蒸的安全防护。乔占民等2002年报道了平房仓气密性与PH_3浓度变化的关系研究。刘振永等2002年报道了气密性与磷化氢气体浓度的关系研究。王殿轩2002年报道了磷化氢亚致死浓度对赤拟谷盗卵和蛹的影响；2003年又报道了磷化氢点施药在粮堆中的运动分布。方丽等2003年报道了几种特殊情况下的储粮磷化氢熏蒸处理建议。乔建军等2003年报道了密闭低剂量仓外施药技术综合应用研究。吕建华2003年报道了磷化氢多种熏蒸技术综述。王书平等2003年分别报道了科学配比合理使用提高磷化氢药效试验；影响磷化氢熏蒸杀虫效果的主要因素研究。王永淮等2003年报道了仓外投药气流潮解法熏蒸试验。王小坚2003年报道了关于磷化氢熏蒸技术改进的探讨。杨龙德等2003年报道了高大平房仓磷化氢熏蒸最适施药量和施药方法研究。刘长军等2003年报道了磷化氢熏蒸杀虫存在的问题及改进措施。张成金等2003年报道了磷化铝在新型粮堆施药器中分解试验。仇素平等2003年报道了影响PH_3熏蒸杀虫效果的主要因素。马士兵等2003年报道了老式房式仓预埋管道与AlP自然潮解熏蒸试验。郜贺鹏等2003年报道了粮堆局部处理机对小麦仓上层的实仓熏蒸杀虫试验。刘宏伟等2003年报道了探管结合风道PH_3杀虫试验。陈福海等2003年报道了磷化氢罐式发生器的膜下熏蒸试验。黄浙文2003年报道了动态潮解法与常规施药法熏蒸中PH_3浓度变化研究。张家玉等2003年报道了利用PVC管进行熏蒸试验报告。曲荣军等2003年报道了高大平房仓膜下环流熏蒸效果分析。白旭光等2004年报道了包围散装粮堆两种熏蒸方法的对比试验研究。殷贵华2004年报道了无环流熏蒸设施平房仓仓外混合施药的气体分布。翟燕萍等2004年报道了磷化氢高效发生技术的应用研究。陈春刚等2004年报道了磷化氢杀虫机理研究综述。刘春和等2004年报道了高大平房仓大冷心粮堆利用粮堆微气流进行PH₃熏蒸试验。王殿轩等2004年分别报道了锈赤扁谷盗与其他几种储粮害虫对磷化氢的耐受性比较；储粮熏蒸剂的发展动态与前景；浅圆仓储粮应用磷化氢熏蒸的建议。卢全祥等2005年报道了磷化氢防治高抗性锈赤扁谷盗试验。俞一夫2005年报道了关于PH₃熏蒸效果的探讨。罗永昶等2005年报道了自制磷化铝熏蒸施药箱实验与应用。白青云等2005年报道了无色书虱在不同PH₃浓度下种群灭绝时间的研究。张怀君等2005年报道了浅圆仓粮面施药磷化氢自然扩散分布研究。宋景才等2005年报道了新型磷化铝投药器在高大平房仓储粮熏蒸中的应用。邸坤等2005年报道了磷化铝"动态潮解"环流熏蒸技术分析。黄志俊等2005年报道了广州地区PH₃抗性锈赤扁谷盗的防治。王殿轩等2005年报道了小麦水分和装满度对磷化氢吸附率的影响。赵英杰等2005年报道了熏蒸剂使用过程中的人身安全保护。张来林等2005年报道了磷化氢熏蒸杀虫存在的问题及改进措施。张春贵等2005年报道了磷化氢膜下自然潮解环流与常规熏蒸比较试验。王殿轩等2006年报道了平房仓散存稻谷单面封自然潮解磷化氢熏蒸。刘智2006年报道了一种简单实用的磷化铝动态潮解施药架。何强等2006年分别报道了两种熏蒸方法杀虫效果对比试验；小麦害虫防治效果对比试验。赵良田等2006年报道了磷化铝残渣处理系统应用。周仕胜2006年报道了科学处理磷化铝残渣。李本贵等2006年报道了磷化铝药罐处理方法初探。卢兴稳等2006年报道了自制投药盘通风口投药技术应用。王继婷等2006年报道了谷蠹的磷化氢抗性及其完全致死浓度与时间研究。陆国华等2006年报道了密闭粮堆内有害气体回收应用。贾克强等2007年报道了高大平房仓粮面施药自然渗透熏蒸试验。王殿轩2007年报道了储粮中书虱的熏蒸防治。王善举等2008年报道了磷化氢气体在粮堆中渗透能力的试验。张初阳等2008年报道了包装粮磷化氢熏蒸方式比较。鲁玉杰2008年报道了小麦中磷化氢残留检测的快速方法的研究。林镇清等2008年报道了南方地区高大平房仓包装储粮连续两年每年一次磷化氢熏蒸生产性试验报告。王丽娜等2008年报道了磷化氢熏蒸对泰国香米安全储存的研究。汪丽萍等2009年报道了反复熏蒸对储藏小麦中磷化氢残留量的影响研究。鲁玉杰等2009年分别报道了小麦中磷化氢残留快速检测方法的研究；磷化氢熏蒸对全麦粉品质的影响研究。许建双等2009年报道了不同磷化氢抗性的赤拟谷盗亚致死浓度下生长发育比较。王殿轩等2009年报道了赤拟谷盗磷化氢抗性和敏感品系的过氧化氢酶活性比较。庄波2010年报道了磷化铝残渣解析处理试验。陈民生2010年报道了"五面"薄膜密闭熏蒸试验。许明珍等2010年报道了膜下粮面施药与通风口施药熏蒸效果对比试验。袁宝友等2010年报道了大型浅圆仓一年一次较低剂量熏蒸储粮试验。陆群等2010年报道了磷化氢抗性锈赤扁谷盗和其他几种害虫的实仓熏蒸效果比较。鲁玉杰等2010年报道了储粮害虫磷化氢抗性检测方法研究进展。王殿轩等2010年分别报道了磷化氢对三种储粮书虱致死浓度与时间的比较研究；赤拟谷盗的磷化氢敏感和抗性品系体内羧酸酯酶的活性比较研究；不同磷化氢抗性的米象对多杀菌素的敏感性比较研究。陈吉汉等2010年报道了不同磷化氢浓度下三个不同抗性的小眼书虱品系的完全死亡时间。朱建民等2011年报道了实仓熏蒸磷化氢高抗性赤拟谷盗的研究。刘合存等2011年报道了补充施药保持磷化氢浓度熏蒸抗性书虱实仓试验。胡婷婷等2012年报道了亚致死剂量的磷化氢熏蒸对嗜虫书虱种群生长发育的影响。王战君等2012年报道了新型熏蒸药桶在大型散粮仓中的应用研究。金林祥2012年报道了高大平房仓熏蒸仓仓外散气改造。王殿轩等2012年报道了不同书虱品系的磷化氢半数击倒时间与抗性相关性研究。黄子法等2012年报道了补药控制偏高磷化氢浓度熏蒸锈赤扁谷盗生产试验。胡婷婷等2013年报道了亚致死剂量的PH_3熏蒸对嗜虫书虱种群生长发育的影响。吴建民等2013年报道了不同散气方式在平房仓中的应用。刘畅等2013年报道了磷化氢熏蒸对米象抗性相关基因表达的影响。王殿轩等2013年报道了光源及温湿度条件对磷化氢光降解的影响。刘少波2014年报道了影响磷化铝熏蒸杀虫效果的原因及解决的对策。王晶磊等2014年报道了辽宁地区储粮害虫对磷化氢抗性测定及对策研究。郭超等2015年报道了磷化氢对烟草甲不同虫态的毒力研究。陈朝等2015年报道了关于磷化铝丸剂潮解速率的测定研究与应用的探讨。马梦苹等2015年报道了不同条件对臭氧紫外灯降解粮库磷化氢熏蒸尾气速率的影响研究。李佳丽等2016年报道了实仓与模拟熏蒸完全致死磷化氢抗性锈赤扁谷盗试验研究。胡寰翀等2016年报道了储粮熏蒸过程中磷化氢扩散及分布特性研究。赵光涛等2016年报道了磷化氢熏蒸抗药性储粮害虫分析。鲁玉杰等2017年报道了亚致死剂量磷化氢熏蒸对嗜虫书虱性信息素通信系统的影响。金路等2017年报道了磷化氢熏蒸尾气净化试验。王继婷等2017年报道了磷化氢对小麦中玉米象致死效果的研究。刘天德等2017年报道了磷化氢对不同抗性水平害虫的熏杀效果研究。金路等2018年报道了平房仓磷化氢熏蒸尾气处理与气体成分分析。朱延光等2018年报道了富氮低氧条件下200 mL /m³磷化氢熏蒸杀虫效果分析研究。谢光松等2019年报道了磷化铝局部埋藏熏蒸试验。

②磷化氢环流熏蒸研究。董玉尧等1992年报道了房式仓磷化铝环流熏杀害虫试验。张承光等1993年报道了立筒储粮仓内环流熏蒸杀虫技术初探。杨忠廉1993年报道了环流熏蒸杀灭储粮害虫技术。吕建华等1994年报道了立筒仓磷化氢环流熏蒸杀虫试验。张来林等1994年报道了筒仓内环流熏蒸杀虫方法的研究。孙乃强1995年报道了PH_3环流熏蒸杀虫技术研究与推广。谌洪毛等1995年报道了储粮环流熏蒸杀虫试验报告。吴德明等1995年报道了房式仓粮堆膜下通风及熏蒸技术的研究。黄文革等1996年报道了侧翼梳式风网环流熏蒸系统的研究与应用。苏贤君1996年报道了关于PH_3机械通风环流熏蒸的几点质疑。邹建华1997年报道了环流熏蒸防治抗性害虫技术初探。俞一夫等1997年报道了关于PH_3环流熏蒸可行性的探讨。邬初齐等1997年报道了关于固定隧道式仓外投药环流熏蒸装置试验的探讨。郭中泽等1998年报道了储藏小麦环流熏蒸试验。

周长金1998年报道了用黑色管道进行环流熏蒸的杀虫试验。章荣等1998年报道了管道环流熏蒸技术的研究与应用。沈晓明等1998年报道了卧式风道的环流熏蒸试验。夏宝莹等1999年报道了高仓储粮环流熏蒸试验。王清和1999年报道了房式仓粮堆膜下通风与环流熏蒸共用系统改造试验。白旭光1999年报道了磷化氢钢瓶剂型熏蒸技术。蒋晓云等1999年报道了房式仓PH_3内外环流熏蒸杀虫技术的研究。赵英杰等2000年报道了磷化铝自然潮解环流熏蒸生产性试验报告。姜永嘉2000年报道了粮仓环流熏蒸技术知识介绍。孙广建等2000年报道了关于磷化氢环流熏蒸杀虫技术应用的探讨。王殿轩2000年报道了磷化氢环流熏蒸的基本要求。张来林等2000年报道了储粮磷化氢环流熏蒸配套设备及技术在平房仓应用试验报告。张立力等2000年报道了立筒库磷化氢环流熏蒸模型的研究。高彬彬等2000年报道了平房仓磷化氢膜下环流熏蒸技术的应用研究。刘建国等2000年报道了磷化氢环流熏蒸试验报告。姜汉东等2001年报道了高大平房仓内环流熏蒸新技术初探。王殿轩2001年报道了磷化氢环流熏蒸技术应用中需注意的几个问题。陶自沛等2001年报道了环流熏蒸在筒仓和浅圆仓中的应用。张来林等2001年报道了浅圆仓磷化氢环流熏蒸生产性杀虫试验。刘长生等2001年报道了浅圆仓环流熏蒸实验报告。吕军仓2001年报道了浅议环流熏蒸和常规熏蒸的对比。张继顺等2001年报道了检测PH_3浓度指导立筒仓内环流熏蒸试验。赵英杰等2001年报道了大型平房仓包装粮环流熏蒸初报。杨龙德等2001年报道了膜下环流熏蒸对抗性储粮害虫的防治效果。孙建利等2001年报道了磷化氢环流熏蒸技术在高大平房仓中的运用。张来林等2001年报道了采用两种产气方式进行PH_3环流熏蒸的生产性试验。陈福生2001年报道了高大房式仓两种不同环流熏蒸进气系统的使用。张来林等2001年报道了新建平房仓磷化氢环流熏蒸杀虫试验。程兰萍2001年报道了高大平房仓磷化氢环流熏蒸杀虫技术研究。熊迎春等2001年报道了高大平房仓包装储粮环流熏蒸试验。郑超杰等2001年报道了浅圆仓环流熏蒸应用技术及熏蒸效果。李玉杰2001年报道了高大平房仓环流效果初探。杨自力等2001年报道了高大平房仓膜下环流管道的埋设应用。陈大相等2001年报道了关于高大平房仓密封及环流熏蒸技术的探讨。王效国2001年报道了磷化氢环流熏蒸技术在高大房式仓中的应用。江燮云等2001年报道了仓内装配式磷化氢环流熏蒸技术在高大平房仓中的应用。邢九菊等2001年报道了高大平房仓粮面投药的PH_3环流熏蒸生产应用报告。雷丛林等2001年报道了立筒仓磷化氢环流熏蒸试验。吴玉民等2001年报道了环流熏蒸风机降温实验。张来林等2001年报道了磷化氢环流熏蒸技术的应用研究。白旭光等2001年报道了新型平房仓环流熏蒸系统环流效果的研究。凌德福等2001年报道了高大平房仓PH_3环流熏蒸试验。国家粮食储备局2001年报道了中央直属储备粮库环流熏蒸技术质量要求。国家粮食储备局2001年制订了磷化氢环流熏蒸技术规程（试行）。王殿轩2002年报道了仓房气密性与磷化氢环流熏蒸用药量及浓度的相关性。谭大文等2002年报道了环流熏蒸防治抗性储粮害虫的效果研究。李素梅等2002年报道了高大平房仓PH_3环流熏蒸与常规熏蒸比较。严骏2002年报道了因地制宜做好膜下环流熏蒸试验。薛广县2002年报道了包装粮磷化氢环流熏蒸试验报告。陈基彬等2002年报道了磷化氢膜下环流熏蒸应用试验报告。陈晓群等2002年报道了间歇投药法在SIROCIRC熏蒸系统应用研究。乔昕2002年报道了用导气管解决环流熏蒸杀虫不彻底的问题。陈明2002年报道了磷化氢无二氧化碳环流熏蒸试验报告。刘福保等2002年报道了高大平房仓两种施药方式的环流熏蒸试验。陈识涛等2002年报道了高大平房仓磷化氢环流熏蒸应用研究。周祥2002年报道了磷化氢熏蒸用药应注意的几个问题。徐永安等2002年报道了彩板屋盖平房仓膜下环流熏蒸生产性试验。易世孝等2002年报道了高大平房仓环流熏蒸PH_3气体分布均匀性及杀虫效果试验。袁奎2002年报道了环流熏蒸技术在浅圆仓中的应用。胡德新2002年报道了环流熏蒸在低粮温情况下的应用。董元堂等2002年报道了钢结构高大平房仓环流熏蒸试验报告。赵英杰等2002年报道了一种安全实用的磷化氢环流熏蒸施药方法——动态潮解法。程新胜等2002年报道了几种药剂对烟草甲的生物活性评价。程兰萍等2002年报道了普通房式仓磷化氢仓内环流熏蒸杀虫试验报告。肖建等2002年报道了无通风道的基建房式仓膜下环流熏蒸试验。孟永青等2002年报道了磷化氢环流熏蒸生产应用报告。江燮云等2002年报道了仓内装配式磷化氢环流熏蒸技术在高大平房仓中的应用。孙耕等2002年报道了仓外发生器与粮面投药相结合环流熏蒸的实仓杀虫试验。李林杰等2002年报道了浅圆仓环流熏蒸环流时间及间隔时间的确定。卓国锋等2002年报道了新建平房仓环流熏蒸杀虫试验。孟永青等2002年报道了磷化氢环流熏蒸生产应用报告。江汉忠等2002年报道了膜下缓释环流熏蒸试验。张来林等2002年分别报道了新建平房仓包装粮环流熏蒸杀虫试验；环流熏蒸的磷化铝动态潮解法。李林杰等2002年报道了钢屋盖浅圆仓环流熏蒸试验报告。李正刚等2002年报道了磷化氢环流熏蒸杀虫技术应用。蒋宗伦等2002年报道了运用单管风机进行膜下环流熏蒸的可行性试验。张来林等2002年报道了新建平房仓磷化氢环流熏蒸杀虫试验。韩赣东等2002年报道了在低温条件下PH_3环流熏蒸杀虫效果的研究。易世孝等2003年报道了高大平房仓磷化铝动态潮解环流熏蒸试验。沈宗海等2003年报道了高大平房仓环流熏蒸系统设计与应用。崔建国等2003年报道了轴流风机循环熏蒸技术初探。罗崇海2003年报道了密闭粮堆膜下通风与环流熏蒸技术的运用。沈晓明等2003年报道了卧式风道环流熏蒸技术的研究与应用。曲荣军等2003年报道了高大平房仓膜下环流熏蒸效果分析。周长金等2003年报道了不同气密性对环流熏蒸效果的影响。刘潭金2003年报道了环流熏蒸技术研究与应用。肖少香等2003年报道了常规环流熏蒸与混合环流熏蒸对比试验。曹阳等2003年报道了嗜虫书虱磷化氢敏感品系和抗性品系在不同磷化氢浓度下的种群灭绝时间研究。戴学谦等2003年报道了房式仓内环流装置改造技术。程兰萍等2003年报道了普通房式仓磷化氢仓内环流熏蒸杀虫技术研究。史兆国等2003年报道了磷化铝动态潮解膜下环流熏蒸生产性试验。盛中国等2003年报道了PH_3环流熏蒸粮面投药和仓外发生器施药应用效果之比较。刘春华等2003年报道了普通房式仓环流熏蒸的生产性试验报告。丁传林等2003年报道了仓外与粮面联合施药磷化氢环流熏蒸试验。庞和诚等2003年报道了高大平房仓储粮熏蒸效果分析。李志永等2003年报道了高大平房仓AlP动态潮解环流熏蒸生产应用报告。刘海丽等2003年报道了磷化铝动态潮解膜下环流熏蒸法研究与应用。朱其才等2003年报道了环流熏蒸技术在高大平房仓中的应用。杨永拓2003年报道了高大拱板仓粮面压盖、环流熏蒸和机械通风综合试验。王殿轩2003年报道了磷化氢环流熏蒸有效应用的几个关键技术。崔建国2003年报道了移动式PH₃环流熏蒸杀虫技术在高大平房仓中的应用。张坤等2003年报道了房式仓竹笼膜下内环流熏蒸技术初探。张来林2003年报道了环流熏蒸的磷化铝动态潮解法。凌德福等2003年报道了老式高大平房仓环流熏蒸应用报告。庞宗飞等2004年报道了立筒仓局部环流熏蒸杀虫试验。郑天阳等2004年报道了关于AlP动态潮解膜下环流熏蒸的探讨与应用。施广平等2004年报道了高大平房仓膜下缓释、间歇环流熏蒸的综合应用。周天智等2004年报道了高大平房仓膜下双层风网机械通风环流熏蒸储粮。刘道富等2004年报道了高大平房仓PVC管膜下环流熏蒸试验。刘达祥等2004年报道了高大平房仓PH₃膜下环流熏蒸试验。余国良2004年报道了老房式仓膜下环流熏蒸试验。原锴等2004年报道了对磷化氢环流熏蒸技术应用的一些建议。熊鹤鸣等2005年报道了"五面隔热"膜下环流控温储粮技术及应用。邸坤等2005年报道了磷化铝"动态潮解"环流熏蒸技术分析。张春贵等2005年报道了磷化氢膜下自然潮解环流与常规熏蒸比较试验。孙新华等2005年报道了可拆卸分气箱式动态潮解膜下环流熏蒸系统的应用研究。周长金等2005年报道了间歇投药环流熏蒸杀虫效果试验。郑天阳等2006年报道了磷化氢环流熏蒸杀虫最低密闭时间的研究。王诚良等2006年报道了改移动式环流熏蒸系统为地下固定式无二氧化碳环流熏蒸系统。白玉兴2006年报道了浅埋大型房式仓磷化氢环流熏蒸试验研究。苏立新等2006年报道了浅圆仓磷化氢环流熏蒸生产性试验。徐军等2006年报道了膜下垂直管道网络环流熏蒸试验。邓命军等2006年报道了储粮环流熏蒸系统调质通风试验。崔存清2006年报道了AlP动态潮解膜下环流熏蒸技术应用及比较。王梅权等2007年报道了老式仓房通风口投药动态潮解膜下环流技术研究。谢维治等2007年报道了南方地区高大平房仓环流熏蒸应用试验。苏立新等2007年报道了浅圆仓磷化氢环流熏蒸成本的研究。张来林等2008年报道了风道投药动态潮解法环流熏蒸实仓试验。云顺忠等2008年报道了PH₃膜下环流熏蒸杀虫试验。张信斌等2008年报道了关于环流熏蒸杀虫技术有效模式的研究与探讨。范磊等2008年报道了土堤仓储粮磷化氢环流熏蒸工艺与应用。陆群等2008年报道了高大平房仓磷化铝粮面投药单边环流熏蒸的实仓应用研究。张初阳2008年报道了立筒仓磷化氢仓外投药环流熏蒸试验报告。王海涛等2008年报道了关于高大平房仓储粮次年免熏蒸的探索。李彪2008年报道了半地下高大平房仓磷化氢环流熏蒸生产性试验。周天智等2008年报道了双膜冷气囊膜下环流熏蒸应用研究。刘新喜等2008年报道了磷化氢环流熏蒸杀虫最低密闭时间的研究。蔡育池等2008年报道了局部膜下环流熏蒸试验报告。张学文等2008年报道了分装沟网式膜下环流熏蒸新技术的开发与应用。陈俊营等2009年报道了利用膜下环流系统均衡粮温的试验研究。刘经甫等2009年报道了利用混合环流熏蒸技术防治锈赤扁谷盗的试验。唐留顺等2009年报道了高大平房仓不同形式的环流熏蒸试验。祁正亚等2009年报道了浅圆仓环流熏蒸磷化氢气体在粮堆内分布规律的研究。谢振宇等2009年报道了钢板浅圆仓磷化铝自然潮解整仓环流熏蒸技术应用。刘朝伟等2010年报道了缓释环流熏蒸防治磷化氢抗性害虫应用研究。温生山2010年报道了浅圆仓磷化氢环流熏蒸试验。崔栋义等2010年报道了高大平房仓气密性改造对环流熏蒸效果的影响。王文波等2011年报道了高大平房仓仓内膜下环流综合控温技术试验。李兰芳等2011年报道了三种不同熏蒸方式对储粮害虫防治效果比较。李成2011年报道了浅圆仓环流熏蒸系统改造试验报告。赖新华等2011年报道了膜下环流熏蒸在高大平房仓的应用。汪宁等2011年报道了磷化氢环流熏蒸生产性应用研究。郭均钧等2011年报道了环流熏蒸管道的选材和安装对稻谷储藏的影响。邹立新等2011年报道了立筒仓环流熏蒸和机械通风技术改造与储粮试验。金林祥2012年报道了高大平房仓熏蒸仓仓外散气改造。李松伟等2012年报道了环流熏蒸技术在高大浅圆仓中的应用。冯明远等2012年报道了平房仓膜下环流低温储粮技术应用。梁敬波等2012年报道了膜下环流熏蒸与常规熏蒸对比研究。陆爱民等2012年报道了包围散仓房膜下环流熏蒸试验报告。李丹青2014年报道了浅圆仓环流结合缓释熏蒸防治储粮害虫试验。王毅等2014年报道了粮堆内部结构对通风降水与环流熏蒸的影响研究。沈邦灶等2015年报道了磷化氢横向环流熏蒸技术在稻谷储藏中的应用。陈志民等2015年报道了包装粮膜下环流熏蒸试验。徐永安2015年报道了关于环流熏蒸施药与安全的探讨。杨旭等2015年报道了小麦高大平房仓磷化氢横向环流熏蒸技术研究。高玉树2016年报道了装粮高度8m的超高大平房仓环流熏蒸技术应用效果。史钢强2016年报道了高大平房仓智能膜下环流及开放环流控温试验。黄东阳等2017年报道了环流熏蒸系统环流方向改进试验。卓成加等2017年报道了福建地区拱板仓膜下环流熏蒸杀虫试验。韩志强等2018年报道了浅圆仓内环流熏蒸中磷化氢浓度分布规律研究。

③磷化氢缓释熏蒸研究。张友兰1989年报道了对缓释熏蒸防治储粮害虫的改进意见。张立力1990年报道了磷化氢缓释熏蒸中的气体分布均匀性与实仓熏蒸有效性的研究。杨年震等1991年报道了缓释块防治书虱技术的研究。倪国础等1992年报道了CW-磷化铝同步缓释器的制作和使用。吴天荣等1994年报道了包装大米缓释熏蒸密闭储藏试验。郭俊等1994年报道了房式尖底仓的准低温与磷化铝缓释补充熏蒸技术研究。王殿轩等1995年报道了仓底混合和仓顶缓释熏蒸筒仓试验。李永和等1997年报道了磷化铝缓释熏蒸密闭储藏面粉防虫保鲜的研究。庞宗飞等1997年报道了关于包装原粮磷化铝缓释熏蒸技术的探讨。邓文家等1997年报道了低氧低剂量磷化铝缓释熏蒸与低氧储粮防治害虫。阮启错等1999年报道了磷化铝缓释熏蒸防治小麦中的螨类。万拯群1999年报道

了关于磷化氢缓释、间歇、气流、低氧综合熏蒸的探讨。李新等2001年报道了磷化铝潮解与多级缓释相结合熏蒸防治害虫的试验。周南珍2001年报道了高密闭低剂量缓释熏蒸的应用。贾胜利等2001年报道了高大平房仓PH_3低剂量缓释防治储粮害虫试验。刘春华等2001年报道了磷化氢缓释熏蒸的生产性试验报告。郑绍锋2002年报道了PH_3与CO_2混合与缓释结合熏蒸在高大平房仓的应用。左进良2003年报道了包装粮薄膜密闭磷化铝低剂量缓释熏蒸。王学高等2003年报道了利用内环流回风管道进行AlP低剂量缓释熏蒸试验。苏立新等2004年报道了磷化氢缓释熏蒸杀虫技术的合理应用。汪向刚等2006年报道了二级缓释熏蒸在六面密闭粮堆中的应用。谢维治等2006年报道了高大平房仓间歇熏蒸技术应用试验。罗中文等2011年报道了常规与二级缓释相结合熏蒸防治害虫的试验。鲁玉杰等2012年报道了缓释技术对储粮书虱混合引诱剂引诱效果的影响。

④磷化氢间歇熏蒸研究。姜武峰等1990年报道了低剂量磷化铝间歇熏蒸防治长角谷盗的研究。王向古等1992年报道了整仓交替混合低剂量间歇熏蒸试验研究。林文剑等1994年报道了磷化铝间歇熏蒸防治鱼粉螨类的研究。王映忠等1995年报道了仓外混合熏蒸机间歇熏杀啮虫目仓虫的试验。张建新等1998年报道了磷化铝仓外施药间歇熏蒸防治谷蠹的实践。孙贵林等1998年报道了AlP间歇熏蒸储粮害虫致死效果的实验。山西省临汾市粮食局1999年报道了磷化铝间歇熏蒸对储粮害虫致死效果的实验与应用。王运西等2001年报道了土堤仓仓外施药间歇熏蒸新技术研究。李少雄等2003年报道了磷化铝间歇熏蒸对锈赤扁谷盗致死效果研究。

⑤磷化氢混合熏蒸研究

磷化氢与二氧化碳混合熏蒸研究：王柏青等1990年报道了磷化氢和二氧化碳混合气调对土耳其扁谷盗成虫毒杀作用的研究。郑亚林等1993年报道了露天储粮PH_3与CO_2混合机械熏蒸杀虫研究。李森等1993年报道了磷化氢与二氧化碳混合熏蒸试验报告。翦福记等1994年报道了磷化氢、二氧化碳及低氧、二氧化碳混合熏蒸对腐食酪螨成螨毒杀作用的研究。阎永生等1994年报道了低二氧化碳和低磷化氢混合熏蒸储粮害虫和害螨的研究。金克彪1995年报道了密封粮堆中PH_3与CO_2混合熏蒸杀虫试验。朱思明等1995年报道了PH_3与CO_2混合熏蒸储粮害虫的生产性试验报告。翦福记等1995年分别报道了磷化氢、二氧化碳混合气体对腐食酪螨成螨的生物学效应；磷化氢、二氧化碳混合熏蒸对腐食酪螨卵毒杀作用的研究。朱师明等1995年报道了关于PH_3与CO_2混合熏蒸试验报告。陆安邦等1996年报道了磷化氢、二氧化碳混合熏蒸原理及应用。王传锋等1997年报道了高温密闭小麦采用PH_3与CO_2混合熏蒸试验。阎孝玉等1997年报道了PH_3与CO_2混合熏蒸防治椭圆食粉螨试验报告。唐耿新等1998年报道了磷化氢、二氧化碳混合熏蒸防治储粮害虫试验。孙景禄等1998年报道了PH_3与CO_2混合熏蒸露天垛防治PH_3抗性储粮害虫。李素梅等1998年报道了PH_3与CO_2混合增效熏蒸防治PH_3抗性害虫研究。黄淑霞等1998年报道了磷化氢、二氧化碳混合钢瓶剂型实仓应用技术研究。李浩等1999年报道了PH_3、CO_2混合熏蒸处理地下仓粮食发热试验。张云峰等1999年报道了关于二氧化碳对磷化氢杀虫增效作用的探讨。贾胜利等2000年报道了磷化氢与二氧化碳混合熏蒸储藏面粉杀螨抑菌试验报告。王殿轩等2000年报道了高温对PH_3与CO_2混合熏蒸杀虫增速增效作用的研究。王金龙等2000年报道了PH_3与CO_2混合熏蒸技术试验。程显栋2001年报道了立筒库PH_3与CO_2混合熏蒸及微气流熏蒸试验。钟良才等2001年报道了高大平房仓预埋管道进行PH_3与CO_2混合熏蒸试验。孙乃强2002年报道了PH_3与CO_2混合熏蒸杀虫。贾章贵等2002年报道了$PH_3+5\%CO_2$用于高仓熏蒸研究。王殿轩等2002年报道了高温对磷化氢和二氧化碳混合熏蒸杀虫增速增效作用的研究。韩明涛2002年报道了浅圆仓磷化氢与二氧化碳环流熏蒸试验报告。蒋国斌等2005年报道了探管网分布气体的膜下PH_3与CO_2混合熏蒸试验。杨兴中等2008年报道了PH_3与CO_2混合气体在钢筋混凝土仓膜下环流熏蒸试验。

磷化铝与敌敌畏混合熏蒸研究：张汝彬等1989年报道了磷化氢与敌敌畏混合使用熏杀螨类。许宝华等1993年报道了密闭粮堆磷化铝与敌敌畏混合剂防治锈赤扁谷盗。周天智等1994年报道了大型房式仓PH_3与DDVP环流混合熏蒸试验。王效国1999年报道了磷化氢与敌敌畏混合熏蒸杀虫试验。张亚非等2001年报道了关于三剂混合熏蒸杀虫的探讨。付友德等2001年报道了"四合一"综合熏蒸杀虫的试验。徐硕2001年报道了高大平房仓磷化铝与敌敌畏粮面施药混合熏蒸杀虫试验。王明卿2002年报道了敌敌畏、磷化铝单用和混用防治害虫试验。王勇等2002年报道了敌敌畏与磷化氢混合环流熏蒸对书虱的防治效果。孙建利等2002年报道了关于粮膜密闭仓杀虫技术的探讨。戴维超等2003年报道了DDVP烟剂与AlP混合熏蒸防治长角扁谷盗。姜元启等2004年报道了DDVP与AlP自然潮解环流熏蒸杀虫试验。丁传林等2004年报道了高大平房仓敌敌畏与磷化铝粮面混合施药环流熏蒸试验。果玉茹等2004年报道了敌敌畏、酒精、磷化氢混合环流熏蒸防治书虱试验。刘合存等2004年报道了敌敌畏、酒精、磷化氢、混合环流熏蒸防治书虱试验。牛新生等2007年报道了高大连体包装仓磷化氢与敌敌畏烟剂混合环流熏蒸试验。黄春发等2007年报道了PH_3与DDVP混合环流熏蒸防治书虱。张勇等2010年报道了应用敌敌畏、酒精结合不同种磷化铝施药方式防治书虱、锈赤扁谷盗生产试验。

磷化氢和氯化苦混合熏蒸研究：卢雄等1994年报道了高粮位机械通风与磷化铝、氯化苦低剂量混合熏蒸杀虫试验报告。吴梅松1995年报道了磷化铝与氯化苦混合熏蒸防治储粮害虫试验。万拯群等2001年报道了多种熏蒸剂混合下行式吸风熏蒸的研究。赵发进等2003年报道了磷化铝和氯化苦外环流熏蒸的研究。杜锐2003年报道了对氯化苦和磷化铝混合常规熏蒸的初步探索。

溴甲烷与磷化铝混合熏蒸研究：王开湘等2000年报道了溴甲烷与磷化铝混合熏蒸万吨散装粮船的效果。

⑥立筒仓熏蒸研究。朱仁康等1992年报道了大型立筒库PH_3环流熏蒸杀虫技术的研究。孙瑞等1994年报道了立筒仓熏蒸技术研究。张来林等1994年报道了筒仓内环流熏蒸杀虫方法的研

究。孙瑞等1995年报道了立筒仓储粮熏蒸技术研究。张涌泉等1996年报道了利用粮堆微气流熏蒸高大立筒仓储粮害虫的试验。赵英杰等1997年报道了筒仓的熏蒸方法及对筒仓气密性要求。赵英杰等1998年报道了筒仓的熏蒸方法对筒仓气密性要求。邓命军等1999年立筒仓环流熏蒸杀虫试验。张来林等1999年报道了粮食筒仓的熏蒸杀虫系统。张立力等2000年报道了立筒库磷化氢环流熏蒸模型的研究。庞宗飞等2004年报道了立筒仓局部环流熏蒸杀虫试验。赵英杰等2007年报道了立筒仓害虫防治策略。邹立新等2011年报道了立筒仓环流熏蒸和机械通风技术改造与储粮试验。

⑦通风熏蒸一体化研究。严平贵等1992年报道了气流双循环熏蒸降温储粮技术试验。张晓仕等1992年报道了利用循环气流囤外施药熏杀露天储粮害虫。吕建华等1993年报道了中型立筒仓共用管道熏蒸杀虫通风降温试验。吴峡等2001年报道了粮仓局部通风与局部环流熏蒸。范国利2002年报道了房式仓机械通风降温与内环流熏蒸技术的综合应用。张学文等2004年报道了膜下通风熏蒸一体化新技术的开发应用。朱家明2006年报道了关于粮堆径向通风排湿施药管道技术的实验报告。邹立新等2011年报道了立筒仓环流熏蒸和机械通风技术改造与储粮试验。沈波等2016年报道了平房仓横向通风系统分区环流熏蒸应用研究。沈邦灶等2016年报道了环流熏蒸在横向通风系统中的应用研究。

（2）敌敌畏防治储粮害虫研究。严平贵1989年报道了一种敌敌畏药剂作空仓消毒的最佳方法。江苏省溧阳市竹箦粮管所1992年报道了敌敌畏药糠覆盖粮堆表层防虫防热辐射技术实仓试验。王殿轩1995年报道了敌敌畏与甲醛单独及混合熏蒸杀虫比较研究。罗来凌等1995年报道了敌敌畏气化环流熏蒸的初步研究。李传喜1995年报道了敌敌畏循环熏蒸技术的试验。曾德银等2003年报道了高大平房仓DDVP空仓杀虫效果检测。林光庆等2004年报道了自制DDVP缓释块诱杀书虱与螨的试验。李顺2006年报道了采用敌敌畏雾化发生器防治储粮害虫的探索。吕龙等2007年报道了DDVP缓释块诱、捕杀粮堆中书虱试验。

（3）甲酸乙酯防治储粮害虫研究。唐培安等2006年报道了甲酸乙酯控制储粮害虫研究进展。唐培安等2007年报道了模拟仓中甲酸乙酯对4种储粮害虫的熏蒸活性研究。王殿轩等2009年报道了二氧化碳对甲酸乙酯熏蒸米象和赤拟谷盗的毒力增效作用。唐培安等2010年报道了甲酸乙酯对锯谷盗的熏蒸活性研究。王殿轩等2010年报道了甲酸乙酯对不同磷化氢抗性水平赤拟谷盗的毒力比较。徐丽等2010年报道了甲酸对谷蠹乙酰胆碱酯酶及酯酶活性的影响。高良亮等2010年报道了甲酸乙酯和乙酸乙酯分别与辣根素原油混配对赤拟谷盗成虫的联合毒力。王斌等2011年报道了甲酸乙酯的施药高度对仓内空间杀虫效果的影响。

（4）硫酰氟防治储粮害虫研究。徐国淦等2001年报道了硫酰氟熏蒸应用技术的开发研究。徐国淦等2006年分别报道了硫酰氟对储粮害虫活性及残留量实验研究；硫酰氟在我国发展和防治仓储害虫的研究。严晓平等2008年报道了硫酰氟熏蒸稻谷实仓示范试验研究。吴国刚等2011年报道了硫酰氟熏蒸防治储粮害虫应用试验。罗正有等2017年报道了硫酰氟与磷化铝在储粮熏蒸中的对比试验。严晓平等2018年报道了硫酰氟防治储粮害虫研究和应用进展。周业平等2018年报道了硫酰氟在重庆地区粮仓熏蒸杀虫中的应用。

（5）烯丙基异硫氰酸酯防治储粮害虫研究。陆安邦1994年报道了异硫氰酸甲酯作为谷物熏蒸剂。陈春武等2012年报道了烯丙基异硫氰酸酯的熏蒸毒力研究。

（6）CO和CO_2防治储粮害虫研究。李隆术等1992年报道了不同温度下低氧高二氧化碳对腐食酪螨的急性致死作用。杨庆询2002年报道了CO杀虫初步研究。

（7）CS_2与CCl_4混合熏蒸防治储粮害虫研究。杨胜华等2001年报道了二硫化碳与四氯化碳混合熏蒸防治谷蠹试验。李振雄等2002年报道了CS_2与CCl_4混合熏蒸防治储粮害虫试验。张建军等2007年报道了高纯氮气对储粮害虫致死效果的研究。许德存2006年报道了一机两廒氮气防治储粮害虫技术在高大平房仓中的应用。陆宗西等2013年报道了控温充氮气调杀虫应用试验。

（8）氮气与甲酸乙酯混合熏蒸防治储粮害虫研究。唐培安等2007年报道了模拟仓中甲酸乙酯对4种储粮害虫的熏蒸活性研究。王强等2009年报道了95%以上氮气防治储粮害虫的应用研究。唐培安等2013年报道了氮气与甲酸乙酯混合熏蒸对锯谷盗的毒力研究。

（9）电石气防治储粮害虫研究。陈启宗等1993年报道了电石气对腐食酪螨成螨毒杀作用的研究。

（10）熏杀净药剂（C-S-C1）防治储粮害虫研究。杨胜华等1996年报道了熏杀净防治储粮害虫的实验报告。莫正忠等2001年报道了熏杀净防治储粮害虫的实验报告。

二、病虫害检疫研究

方耀添等1990年报道了大批量湿热处理矮腥病麦麸皮的监测技术工作。徐国淦1991年报道了仓储害虫检疫。上海市粮食储运公司等1991年报道了环氧乙烷与CO_2混合熏蒸小麦矮腥黑穗病菌试验。张承光1991年报道了环氧乙烷熏杀小麦矮腥黑穗病方法分析。徐国淦1994年报道了仓储害虫检疫。刘新春等1998年报道了进口小麦中矮腥黑穗病的检疫和灭菌处理。

卢志恒等2000年报道了应用电子辐射技术灭活小麦矮腥菌的研究报告。周肇蕙等2001年报道了大豆疫病种子带菌和传病研究。刘新春2002年报道了接收和处理进口TCK小麦的方法与设施。喻梅等2006年报道了六种检疫性储粮豆象防治研究进展。莫仁浩等2006年报道了关于菜豆象入侵风险及检疫对策的探讨。周圆等2013年报道了入境粮谷产品外来有害生物监测及安全性分析。冯佑富等2019年报道了平房仓硫酰氟浓度渗透衰减规律初探。

三、化学防护剂研究

我国使用防护剂防治储粮害虫历史悠久。近40年来，对储粮害虫化学防护剂的试验研究日趋深入，品种增多，施用方法更加合理和现代化。唐觉1956年报道了糠矽粉杀虫效果试验。姚康1959年报道了除虫菊及其在防治仓库害虫的应用。黄瑞纶等1959年报道了关于用药剂拌和粮食防治储粮害虫问题。

黄瑞纶1962年报道了林丹粉剂拌和储粮防治储粮害虫的研究。张宗炳等1962年报道了昆虫不育性药剂的生物测定法；1964年又报道了昆虫不育性药剂及其生理机制。何其名等1963年报道了关于用药剂拌和粮食来防治储粮害虫的试验：用剂量3~5mg/kg，可用于防治米象等储粮害虫为害，防治期达一年之久。何其名、郝跃山1963年报道了马拉硫磷、除虫菊素对防治花生害虫的试验。研究发现：拌和除虫菊素的粮食发生害虫时间最晚，且有一定驱避作用，麻袋片喷马拉硫磷药效次之。粮食部粮食科研设计院1964年报道了马拉硫磷、马拉硫磷-林丹混合粉剂拌和储粮防治害虫效果的研究，马拉硫磷用药量10 mg/kg，马拉硫磷-林丹混合粉剂以3∶1或1∶1的比例，用药量同为10 mg/kg，两种药剂的防虫效果均可达到一年。湖北罗田县粮食局1966年报道了应用马拉硫磷-林丹混合粉剂拌和粮食防治储粮害虫效果调查。湖北省粮食厅科学研究所等单位1966年报道了马拉硫磷粉剂及马拉硫磷、林丹混合粉剂防治储粮害虫的试验。

商业部四川粮食储藏科学研究所1974年报道了辛硫磷等13种杀虫剂对储粮害虫的毒数，与马拉硫磷比较，西得尔毒效最高，辛硫磷次之，再次是倍硫磷、杀螟松、加登那和溴硫磷。四川什邡县云西粮站等单位1975年报道了辛硫磷粉剂拌合储粮防治害虫的研究及生产试验一年的效果。用辛硫磷剂量5 mg/kg处理，在储藏后期有少量米象；用剂量10~20 mg/kg处理稻谷、小麦、玉米、高粱，一年内没发现害虫；用杀虫畏剂量10~20 mg/kg处理，效果不亚于马拉硫磷。覃章贵等1975年报道了马拉硫磷对储粮害虫的防治。阮启错等1975年报道了小麦水分和储藏温度对辛硫磷分解的影响。商业部四川粮食储藏科学研究所1977年报道了关于应用马拉硫磷乳剂喷洒粮食防治仓库害虫的情况。四川医学院卫生毒理教研组与商业部四川粮食储藏科学研究所1977年报道了辛硫磷在粮食中最高允许残留量标准的研究。四川省粮食局科学研究所虫药组1978年报道了粮食入仓前用马拉硫磷喷雾处理防治害虫效果及其残留研究的情况。覃章贵1978年报道了马拉硫磷在粮油中残留量测定。中国科学院动物所1978年报道了辛硫磷防护储粮害虫，使用2.5 mg/kg辛硫磷防治储粮害虫，药效可达两年之久。浙江省粮食科学研究所1979年报道了新储粮害虫防护剂的研究和防护剂杀螟硫磷在粮食中残留的消失试验。

檀先昌等1980年报道了以碱盐焰离子鉴定器测定粮食中的辛硫磷残留。代学敏等1980年报道了以火焰光度气相色谱法测定辛硫磷在粮食中的残留方法研究。覃章贵等1980年报道了杀虫畏在玉米、小麦中残留量的测定（酶薄层层析法）。浙江省粮食科学研究所1981年报道了马拉硫磷施药方法试验报告。张国梁等1981年报道了影响防护剂药效的因素，1982年报道了仓虫防护剂对种用品质影响的研究。耿天彭1982年报道了谷物防护剂仓贮磷和甲基毒死蜱。江苏省溧阳县（现溧阳市，下同）竹箦粮站1983年报道了杀灭菊酯、溴氰菊酯的实仓实验。云昌杰1983年报道了湖北20年来应用马拉硫磷防治储粮害虫的总结。朱跃炳等1984年报道了绿豆象对溴氰菊酯敏感性的试验。艾汉青等1984年报道了溴氰菊酯防治储麦害虫的研究。张国梁等1984年报道了防治谷蠹的防护剂筛选研究，证明：马拉硫磷、杀螟松、甲基嘧啶硫磷对玉米象防治效果好，但对谷蠹效果差；菊酯类，如溴氰菊酯、杀灭菊酯、二氯苯菊酯、生物苄呋菊酯及氨基甲酸酯类的西维因对谷蠹防治效果较好。张振球1984年报道了马拉硫磷、甲基嘧啶硫磷对绿豆象四种虫态的药效。刘维春1984年报道了防虫磷防治储粮害虫的应用技术。钱明等1984年报道了四种拟除虫菊酯与马拉硫磷对几种仓库害虫的毒力测定。王学勤1984年报道了马拉硫磷的应用与抗性发展研究。浙江省萧山县粮食局1984年报道了农村应用"防虫磷砻糠药"储粮效果好。檀先昌等1985年分别报道了马拉硫磷、溴氰菊酯及其混合剂对几种仓库害虫毒效的研究；马拉硫磷和溴氰菊酯混合使用防治储粮害虫的生产试验；仓储磷处理贮粮防治害虫的生产试验。研究和试验证明：小麦在夏季粮温33℃安全储藏条件下，用20 mg/kg马拉硫磷和0.125 mg/kg溴菊酯，防治玉米象、谷蠹、杂拟谷盗等为害可达一年之久。比单独使用30 mg/kg马拉硫磷和0.5 mg/kg溴氰菊酯效果好，且残留测定前者比后者分解快。耿天彭1985年报道了仓贮磷对谷蠹、玉米象和杂拟谷盗的毒力。陈嘉东等1985年报道了溴氰菊酯与防虫磷混用防治农户储粮害虫。张国梁1986年分别报道了防护剂甲基嘧啶硫磷防治储粮害虫的研究；防护剂杀螟松防治储粮害虫的研究，均证明甲基嘧啶硫磷和杀螟松的药效高于防虫磷，对谷蠹防护效果均较差。杨大成等1986年分别报道了立筒仓储粮施用保护剂防虫试验；施药前谷物内的害虫数量对马拉硫磷等防护剂防虫效果的影响。姜永嘉等1986年报道了应用凯素灵防治储粮害虫的试验报告。张玉岗等1986年报道了新型储粮保护剂甲嘧硫磷防治储粮害虫的应用试验。余树南等1986年报道了溴氰菊酯拌粮防虫试验。该试验证明：用0.5 mg/kg溴氰菊酯拌入小麦、稻谷、绿豆，能有效防治锯谷盗、粉斑螟、麦蛾、脊胸露尾甲和绿豆象，时效达一年之久；防治绿豆象时效可达两年以上，但对玉米象、赤拟谷盗效果极差。华德坚等1986年报道了几种谷物防护剂在广东的药效试验报告。俞国英等1986年报道了不同粒度的马拉硫磷药糠在稻谷中残留消失动态研究。耿天彭1986年报道了谷物防护剂混配防治仓库害虫。张国梁1986年报道了储粮害虫防护剂"防虫磷"推广应用总结。此外，我国有关部门对溴氰菊酯做了全面的研究工作，还出版了《凯安保专辑》。李前泰等1987年报道了防护剂杀螟硫磷处理储粮的药效研究、甲基嘧啶硫磷拌合稻谷生产试验防虫效果。吴峡等1987年报道了溴氰菊酯与马拉硫磷混合使用对玉米象、杂拟谷盗的室内毒力分析。云昌杰1987年报道了防虫磷拌粮防虫技术应用推广工作总结。陈金辉1987年报道了防虫磷与磷化氢混合防治的应用技术初探。陆莲英1987年报道了甲基嘧啶硫磷残留量气相色谱法响应值影响因子的试验。杨大成等1988年报道了防护剂杀螟硫磷在谷物中的残留试验。张立力1987年分别报道了防虫磷对杂拟谷盗成虫体内乙酰胆碱酯酶抑制作用的研究；；用半衰期理论指导最佳保护剂及其施用剂量的选用；1988年又报道了有机磷杀虫剂对四种粮仓害虫作用机制的研究。李一锡等1989年分别报道了立筒库中施用防虫磷防治储粮害虫试验；立筒库位差液压喷施防虫磷试验。檀先昌等1989年报道了土农药毒力测定及空仓消毒初报。杨年震等1989年报道了机械通风与防虫磷配合使用试验报告。李前泰等1989年报道了甲基毒死蜱对谷物种子发芽力影响的研究。

梁权等1991年报道了华南通风低温与施用保护剂防治储粮害虫的研究。杨大成等1991年分别报道了甲基毒死蜱处理稻谷生产性试验的药效研究；甲基毒死蜱在稻谷中的残留研究。张建军等1991年报道了虫螨磷等四种杀虫剂对粉尘螨的毒力。李衍洪等1991年报道了甲基毒死蜱防治储粮害虫药效与残留试验报告。李兴谦等1991年报道了甲基毒死蜱处理稻谷、小麦的田间试验。田建国等1991年报道了甲基毒死蜱与虫螨磷对粗足粉螨与转开肉食螨的毒力测定。甄晟等1992年报道了粮堆表层"回字式"应用防虫磷施药技术。易平炎等1992年报道了几种新型谷物保护剂对储粮害虫的防效研究。张国梁1993年报道了储粮杀虫剂应用进展。李前泰1993年报道了溴氰菊酯三种制剂的主要用途及使用方法。黄辉等1993年报道了溴氰菊酯实仓防治储粮害虫试验。李衍洪等1993年报道了机械通风结合防护剂防治虫害研究。熊涤生1993年报道了关于薄膜密闭与防虫磷配合防虫技术的探讨。蒋庆慈等1993年报道了三种防护剂混配防治储粮害虫的研究。张国梁1994年分别报道了高效安全的新防护剂杀虫松；储粮害虫防护剂应用技术进展。陆安邦1994年报道了异硫氰酸甲酯作为谷物熏蒸剂。黄火炬等1994年报道了储粮径向通风、密闭"保粮安"防护综合试验。王小坚等1994年报道了凯安保防治包装稻谷储粮害虫试验报告。杨大成1994年报道了微胶囊谷物保护剂"保粮磷"防治储粮害虫研究。刘维春等1995年报道了谷虫净防治储粮害虫试验报告。雷霆等1995年报道了马拉硫磷、敌敌畏、乐果标准溶液的制备和定值。熊涤生1995年报道了凯安保与防虫磷混配拌粮防虫试验。张国梁1996年报道了储粮害虫防护剂使用现状与展望。葛志刚等1996年报道了防虫磷颗粒剂防治储粮害虫的应用技术研究。沈兆鹏1996年报道了甲基嘧啶硫磷防治储粮昆虫和螨类的应用。翦福记等1996年报道了储藏物螨类防护剂研究状况及进展。王殿轩等1997年报道了杀虫松粉剂对几种害虫品系的毒力和室内药效研究。李前泰等1997年报道了一种优良的新型储粮防护剂——谷虫净。陕西粮油科学研究所粮食保护剂课题组1998年报道了粮食保护烟剂研究。袁重庆1999年报道了稻谷低温通风与防护剂综合应用技术。韩明涛1999年报道了新型保护剂"保粮磷"防治储粮害虫的效果。沈兆鹏1999年报道了谷物保护剂的种类及其功效。俞崇海等1999年报道了关于磷化铝与防虫磷混合使用防治害虫的探索。刘春英等1999年报道了杀虫松粉剂防治储粮害虫的研究报告。万树青等1999年报道了仿生合成聚乙炔类杀虫剂对几种储粮害虫生物活性的初步研究。

祝先进等2000年报道了马拉硫磷与溴氰菊酯合剂结合机械通风防治储粮害虫试验报告。黎晓东等2000年报道了凯安保防治立筒仓储粮害虫的试验。陆耕林等2000年报道了甲基毒死蜱防治储粮害虫试验。邓波等2001年报道了保粮磷防虫控虫试验。付鹏程等2001年报道了保护剂施药技术及装备的研究。陶自沛等2002年报道了储粮防护剂及其施药装置——自动喷药机的应用。万拯群等2002年报道了新型高效低毒药剂粮仓杀虫灵的开发与应用研究。张国梁2002年分别报道了防护剂在储粮害虫综合治理中的作用与性能；西杀合剂防治储粮害虫药效试验。魏木山等2002年报道了几种防霉剂混合使用抑制颗粒饲料霉菌的研究。罗来凌等2002年报道了巴沙和马拉硫磷对两种储粮害虫成虫的毒力测定。徐淑芹等2003年报道了喷油抑尘杀虫剂的研究。张国梁等2003年报道了关于伪劣防虫磷毒性问题的探讨。蔡继双等2003年报道了凯安保与磷化氢配合防治谷蠹方法初探。杨科等2003年报道了应用仓虫敌防治储粮害虫研究。陈渠玲等2003年报道了仓虫敌Ⅰ防治储粮害虫研究。陈嘉东2003年报道了粮温对储粮防护剂药效和残留影响的研究。叶丹英等2003年报道了三种防护剂用于浅圆仓储粮的生产性试验。于丽萍2003年报道了加强粮食保护剂的推广应用。张国梁等2004年报道了甲基毒死蜱防治储粮害虫的研究。陈凯等2004年报道了应用仓虫敌防治储粮害虫初探。李文辉等2005年报道了新型谷物保护剂"储粮安"的研制及应用。张国梁2006年报道了储粮害虫防护剂应用展望。王宏等2006年报道了甲基嘧啶磷气化防治储粮害虫试验。劳传忠等2007年分别报道了几种杀虫剂对嗜虫书虱的触杀作用研究；杀虫剂对小眼书虱成虫的触杀毒力试验。高雪峰等2007年报道了保粮磷防护害虫应用研究。张国梁2007年报道了绿色储粮防虫——防护剂的应用。吕建华等2007年报道了储粮保护剂应用现状及发展前景。白旭光等2008年报道了常用谷物保护剂在储粮中的残留与粮食卫生安全。唐国文等2008年报道了夹带剂对胡芦巴超临界CO_2萃取物的生物活性影响。蒋社才等2008年报道了新型高效谷物保护剂"储粮安"的应用研究。赵英杰等2008年报道了储粮保护的表层环带施药技术。王松雪等2008年报道了不同储粮环境作用下马拉硫磷在粮食上的残留消解动态。姜一明2009年报道了保粮磷在高大平房仓储粮中的应用。庞文渌2009年报道了关于储粮防护剂应用技术的探讨。

欧阳建勋等2010年报道了5%甲基嘧啶硫磷无气味粉剂防治书虱等害虫的研究。豆威等2010年报道了5种抑制剂对赤拟谷盗AChE的离体作用比较。宫雨乔等2010年报道了粮食中杀螟硫磷的动态降解规律研究。李丹青2011年报道了甲基嘧啶磷原液防治书虱试验。乐大强等2014年报道了灯光诱杀与防护剂组合应用防治长角扁谷盗。郑明辉等2015年报道了利用凯安保对进口大豆粮面防护的试验。裴增辉2018年报道了甲基嘧啶磷保护剂雾化防治储粮害虫示范试验。韩伟等2018年报道了保安谷保护剂雾化防护储粮持效期示范试验。

四、空仓消毒（杀虫）化学药剂研究

近40年来，储粮消毒药剂的研究不断发展。20世纪50年代的一些品种逐步被新的品种取代。目前，经研究并允许使用的空仓消毒药剂有敌敌畏（原油纯度80%，0.1～0.2 g/m²）、敌百虫（90%，0.5%～1.0%水稀释液，30 g/m²）、辛硫磷（50%乳油，0.1%水稀释液，30 g/m²）、杀螟硫磷（50%乳油，0.1%水稀释放，30 g/m²）、马拉硫磷（50%乳油，0.5%水转释液，30 g/m²）。

赵养昌等1956年报道了"六六六"在空仓消毒使用上浓度测定的研究。该研究室内试验证明：0.05%丙体"六六六"在20分钟内可杀死95%的米象。仓库试验证明：0.05%丙体"六六六"可杀死100%米象，但对裸体蛛甲效果差。上海市粮油工业公司第十仓库1959年报道了关于敌百虫对仓虫药效的试验，证明敌百虫可用于空仓和器材消毒。江西省粮食厅粮油科学研究所1959年报道了烟剂空仓消毒试验的初步总结。加工厂使用1.04～1.45 g/m³烟剂熏蒸72小时，杀虫效果可达90%～99.8%；仓库使用1～1.5 g/m³熏蒸72小时，比喷射"六六六"水悬液的毒效高。蒋心廉1959年报道了土制杀虫药效力的简易测定方法。檀先昌1960年报道了化学药剂空仓消毒。粮食部科研设计院1966年报道了林丹及烟剂"六六六"空仓消毒的研究。该研究证明：林丹和"六六六"烟剂与"六六六"（可湿性）相比，前两者空仓消毒更经济、有效、简便。在生产条件下，大型仓房（6 000 m³）用林丹烟剂0.16 g/m³（有效成分）、"六六六"烟剂1 g/m³（有效成分）对米象、蜚蠊、米出尾虫、长角谷盗、拟谷盗、大谷盗、谷蠹、黑菌虫、印度谷蛾等成虫防治效果良好；对黑粉虫、咖啡豆象、锯谷盗、地中海粉螟等防治效果较差。浙江省余姚县粮食局1968年报道了对敌敌畏空仓杀虫几种施药方法效果的观察。该观察对比了挂带法、喷雾法、热雾法、纸燃法、砖块吸收法的效果。经试验证明：挂带法用敌敌畏50 mg/m³加20倍水熏蒸72小时，米象、赤拟谷盗、锯谷盗、长角谷盗100%死亡。湖北省粮食厅科学研究所1968年报道了用马拉硫磷乳剂进行空仓消毒的研究，证明：马拉硫磷乳剂防治锯谷盗效果最好，米象次之，拟谷盗较差，裸体蛛甲最差。50%马拉硫磷乳剂空仓消毒比例采用1∶350～1∶500为宜。

冯士怀1980年报道了"V烟林"用于空仓消毒的初步试验。配方为敌敌畏10%、烟草粉30%、硝酸铵30%、填充剂"六六六"粉30%，该法对幼虫杀虫效果较差，对玉米象、赤拟谷盗有一定杀伤作用。曹志丹等1983年报道了敌百虫烟剂空仓消毒研究报告。李正凡1985年报道了溴氰菊酯用于空（粮）仓杀虫消毒初报，证明：溴氰菊酯或溴氰菊加少量敌敌畏效果很好。陈林祥1986年报道了敌虫菊酯粮仓消毒剂试验。陈愿柱1986年报道了防虫磷空仓消毒的几种方法研究。该研究证明：用热雾法消毒药效较好。上海市粮食储运公司科研室等1987年报道了敌虫菊酯粮仓消毒剂的试验报告。该报告证明：用敌虫菊酯（戊酸氰菊酯）进行了室内、模拟生产试验、生产性试验，杀虫效果很好。该试验用敌虫菊酯加水以1∶75比例，或敌虫菊酯加敌敌畏加水，按照1∶1∶40的比例，用量10 mL，喷布3 m²，每隔15～30天喷施一次，可使粮仓中常见储粮害虫致死；用量150 mL，喷洒在麻袋上做防虫线，每周喷一次，可防止仓虫蔓延。曹志丹1988年报道了敌百虫空仓消毒烟剂杀虫机理与安全性的评价。此外，李衍洪还报道了敌敌畏空仓杀虫的研究结果。

第五节　储粮害虫非化学防治技术研究

一、低温冷冻和高温防治储粮害虫研究

我国利用低温冷冻防治储粮害虫虽已有很长历史，但进行比较深入的研究是从20世纪50年代开始的。赵学熙1960年报道了低温防治储粮害虫的经验介绍。山东省粮食厅1965年报道了高粱冷冻杀虫低温密闭储藏试验。该试验将高粱自然冷冻38～61小时，粮温下降到-5～6℃后，再密闭储藏一年，夏季时粮堆内最高粮温为25.5℃，没发现害虫。安徽省粮食厅1965年报道了冬季储粮降水降温的试验。北京市粮食局储藏研究室1965年报道了冷冻杀虫，证明：不同虫种耐寒能力不同，米象最差，锯谷盗次之，长角谷盗和拟谷盗耐寒能力最强；温度越低，冷冻死亡越快；温度高于5℃，死亡则不显著；干燥与冷冻可促进仓虫死亡。

姜荣等1981年报道了自然低温冬冻杀虫试验，证明：花斑皮蠹幼虫耐寒力最强，当粮温在-3～0℃时，维持64天，花斑皮蠹幼虫才能全部死亡，玉米象成虫次之；相同温度下1～2周死亡率100%；拟谷盗成虫更差，1周死亡率100%；谷蠹最弱，从仓内34℃移至仓外-8℃，几分钟就冷麻痹，12小时可全部死亡。该研究根据兰州地区年平均气温9.5℃，11月至次年3月最低气温在0℃以下的气候条件，认为：对玉米象、拟谷盗、黑皮蠹、花斑皮蠹、印度谷螟、麦蛾、白斑蛛、粉螨、书虱等害虫，采用适当措施可达到杀灭效果。浙江嘉兴地区粮食局1981年报道了储粮机械通风应用技术，研究开展机械通风后玉米象、拟谷盗、锯谷盗、长角谷盗、麦蛾等的死亡情况。傅启文1985年报道了机械通风低温储粮防治害虫，证明：利用低温防治害虫要掌握低温的强度。在上海地区利用秋末冬初寒流来袭时粮温降低到-4℃～8℃，并将低温保持3个月，

能达到很好的杀虫效果。

1. 低温冷冻杀虫研究

张耀东等1998年报道了冰核活性细菌对储粮害虫耐冻性的影响。雷振怀等2000年报道了储粮冬季通风冷冻杀虫试验。王春来等2009年机械通风低温杀虫试验。张英华2013年报道了利用冬季低温冷冻杀虫。张会娜等2015年报道了极端低温处理对玉米象保护酶活性的影响。

2. 高温杀虫研究

沈祥林等1994年报道了高温对腐食酪螨的作用研究初报。徐君等2009年报道了热处理对赤拟谷盗幼虫的影响。朱邦雄等2009年报道了热处理控制稻米害虫危害的研究。吕建华2012年报道了不同温度处理对赤拟谷盗的致死作用。王殿轩等2014年分别报道了干热杀虫过程中温度和小麦水分含量对谷蠹死亡率的影响；中温热处理杀虫技术研究应用及注意问题。吕建华等2014年报道了高温处理对烟草甲各虫态的致死作用研究。张会娜等2014年报道了高温处理对玉米象成虫死亡率和水分含量的影响；2015年报道了热处理对经历高温锻炼的玉米象保护酶活性的影响；2016年又报道了热处理对玉米象保护酶活性的影响。田琳等2015年报道了小麦热入仓防治玉米象效果研究。

二、辐射技术防治储粮害虫研究

（一）辐射技术主要研究内容（20世纪60年代至80年代）

随着科学技术的发展，电磁辐射运用于防治虫害已成为粮食储藏科研的课题。辐射的频率包括多种，根据频率或波长分为不同类型。如微波、红外线、可见光、紫外线、X线摄片及钴60γ射线等。近40年来，在这方面，我国粮食储藏科研部门做了不少研究工作。

1. 利用太阳能防治储粮害虫研究

葛浩等1977年报道了利用太阳能降低粮食水分和杀虫的方法。该方法利用草帘、黑布、塑料薄膜等简单材料，将日光暴晒后的粮食干燥加热到53℃，可使害虫全部死亡。

2. 利用红外线防治储粮害虫研究

河北省邯郸地区农科所植保室1976年报道了利用红外线防治米象的初步试验。试验证明：在一定距离内，随着红外线照射时间的延长和温度的升高，杀虫效果越好。在39.5℃的温度下，15分钟内害虫的死亡率为4.7%；温度上升至53.7℃，45分钟内害虫的死亡率可达100%。用红外线照射1小时，千粒重虽有减少，但对发芽率无影响。

3. 利用微波防治储粮害虫研究

四川省平昌县粮食局1980年报道了应用微波干燥粮食和杀虫试验。该试验用脉冲微波源和连续微波源分别对玉米象、锯谷盗、赤拟谷盗、长角谷盗进行辐射，探索微波热效应和微波生物效应对害虫的致死能力。试验证明：使害虫致死主要是热效应；致死温度50℃以上，非热效应影响很小。此法费用较高，一时尚难推广。

4. 利用钴60γ射线防治储粮害虫研究

粮食部科学研究所1962年报道了电离辐射防治储粮害虫的研究报告。电离辐射剂量3.87 C/kg左右，可在15～20天内造成玉米象死亡；电离辐射剂量2.06 C/kg，可致玉米象不孕。照射后，玉米象食量比原来降低了3/4，甚至完全不取食，且粮食品质不受到影响。天津南开大学生物系昆虫教研组和天津市粮油科学研究所1978年报道了天津市四种储粮害虫辐射效果总结。验证用钴60γ射线照射防治储粮害虫结果。证明：用钴60γ射线辐射剂量10.32 C/kg可使绿豆象致死，15.48 C/kg可使玉米象成虫不育，且4周内死亡；用钴60γ射线20.64 C/kg以上剂量，可以致赤拟谷盗和杂拟谷盗死亡。该所1979年又报道了电离辐射防治储粮害虫的试验报告。试验使用电离辐射量5～16 C/kg，可控制绿豆象为害。陈丽珍等1981年报道了辐射遗传不完全不育性技术防治印度谷蛾的研究。证明：辐射剂量1.29 C/kg可导致一部分亲代末龄幼虫化蛹至成虫，成虫无生育能力（1.29 C/kg为不育照射量）；用0.431～0.645 C/kg辐射剂量辐射印度谷蛾末龄幼虫，可培育出亚不育性印度谷蛾雄或雌成虫，其与正常成虫交配产卵、孵化，但幼虫绝不能化蛹。因此认为：遗传不完全不育性技术是防治储粮害虫印度谷蛾一种方法。孙宝根1985年报道了钴60γ射线对储粮害虫辐射效应的研究，证明：不论是用高剂量钴60γ射线还是低剂量钴60γ射线处理后，储粮害虫不会立即死亡，而是数天后出现个别死亡，一定天数后大量死亡。又证明：不同虫种对辐射敏感度各有不同，赤拟谷盗成虫最小，杂拟谷盗次之，玉米象成虫辐射敏感度最大。辐射玉米象、赤拟谷盗可用高剂量率51.6 C/（kg·h），辐射时间为14分钟。试验还证明：13.9 C/kg可作为防治常见储粮害虫（鞘翅目）的有效辐射照射量。

5. 利用激光辐射防治储粮害虫研究

蒋心廉1981年报道了激光杀虫试验初步报告。证明：激光辐射过程中，应适当翻动麦粒，以便照射均匀；二氧化碳激光剂量5W/cm²杀虫效果更优越；辐射时间以40～60秒为宜。蒋心廉1988年报道了YAG激光杀虫试验。证明：用YAG激光剂量5W/cm²或8W/cm²对玉米象成虫校正，死亡率很高，对谷蠹和赤拟谷盗成虫校正，死亡率略低。辐射时间以10秒或15秒为宜，粮食厚度一层至二层辐射效果最好，对发芽率无影响，对粮粒色泽及化学成分无损害，粮食水分略有下降。

（二）辐射技术主要研究内容（20世纪90年代至今）

吕季璋等1995年报道了放射线辐射防治储粮害虫的研究。姜武峰等2003年报道了应用KW种子仓储杀虫活化处理机防治储粮害虫生产试验报告。李淑荣等2004年报道了电子束对赤拟谷盗辐射效应的试验研究。王殿轩等2004年报道了电子束辐射谷物中玉米象不同虫态的生物效应试验。李淑荣等2004年报道了利用电子加速器辐射处理小麦中玉米象的生物学效应试验；2005年报道了电子束处理对玉米象繁殖力的影响研究；2006年又报道了电子加速器辐射对稻谷品质影响的研究。王海等2006年报道了辐射技术防治储粮害虫研究进展。李光涛等2007年报道了辐射技术在储粮害虫防治中的应用。王海等2007年报道了非化学处理对玉米象成虫的控制作用初探。王殿轩2009年报道了电子束辐射对不同虫态的嗜卷书虱的作用。王殿轩等2009年报道了电子束辐射对米象成虫脂肪酸影响研究。

王殿轩等2010年报道了电子束辐射对嗜虫书虱存活与繁殖力的影响研究。范家霖等2010年报道了电子束对锯谷盗幼虫和成虫的辐射效应研究。陈光杰等2011年报道了物理防治储粮害虫研究。王殿轩等2011年报道了电子束辐射对赤拟谷盗保护酶系的影响研究。郭东权等2011年报道了电子束对不同虫态小眼书虱的辐射效应试验。王殿轩等2011年分别报道了微波处理对米象致死效果及小麦发芽率的影响；微波对锯谷盗不同虫态的致死效应研究。陈云堂等2011年报道了电子束辐射对嗜虫书虱的生物效应试验。王晶磊等2012年报道了电子束对赤拟谷盗成虫辐射效应研究；2014年又分别报道了电子束辐射不同虫态玉米象保护酶系活力变化研究；电子束辐射对玉米象超氧歧化酶及小麦品质的影响研究。郭东权2014年报道了电子束辐射防治不同品系米象成虫及对大米蒸煮品质的影响研究。陈云堂等2015年分别报道了电子束对磷化氢抗性品系和敏感品系赤拟谷盗成虫的辐射效应试验；电子束辐射防治3种扁甲科储粮害虫及对小麦加工品质的影响。范家霖等2015年报道了电子束辐射防治不同品系米象成虫及对大米蒸煮品质的影响研究。郭东权等2016年报道了电子束辐射技术防治扁甲科害虫及对小麦品质影响。王争艳等2016年报道了电子束辐射技术防治绿豆象及对绿豆品质的影响研究。

三、惰性粉防治储粮害虫研究

梁永生1991年报道了黏土粉末作为储粮保护剂载体的研究。王殿轩等1995年报道了防虫灵和几种惰性粉对储粮害虫作用的比较研究。王海修等2000年报道了新型谷物防护剂——硅藻土研究进展。曹阳等2001年报道了在不同湿度下硅藻土对嗜虫书虱成虫的致死效果试验。王殿轩等2001年报道了硅藻土对储粮害虫的防治作用。梁永生2001年报道了用硅藻土作防护剂储藏粮食。覃章贵等2003年报道了硅藻土防治储粮害虫研究。姚英娟等2004年报道了硅藻土单剂及混配剂对书虱的防治效果研究。巩蔼2004年报道了鹿蹄草对两种储粮害虫成虫的毒力测定。丁传林等2005年报道了硅藻土拌粮与保温板压盖低温储粮试验。陆群等2005年报道了平房仓储存小麦硅藻土表层嵌镶式应用效果研究。刘小青等2005年分别报道了硅藻土杀虫剂处理后储粮害虫成虫体重减轻与死亡；硅藻土防治储粮害虫研究和应用进展；2006年又报道了硅藻土杀虫剂的研究和应用进展。杨龙德等2006年报道了硅藻土杀虫剂防治储粮害虫应用试验。王永等2007年报道了硅藻土绿色储粮研究。辛立勇等2007年报道了高大平房仓应用硅藻土杀虫剂防治储粮害虫的效果。丁传林等2007年报道了低温储粮与硅藻土杀虫剂结合处理实仓试验。陈建明等2008年报道了不同产地硅藻土对储粮害虫的杀虫效果评价。郎涛等2009年报道了惰性粉杀虫剂对黄粉虫成虫的物理伤害症状研究。丁传林等2009年报道了低温储粮与硅藻土杀虫剂结合处理实仓试验。王新宇等2009年报道了新型惰性粉防护剂在华北地区防虫效果实仓研究。王雄等2009年报道了一种新型惰性粉杀虫剂对几种储粮害虫杀虫效果的研究。程人俊等2009年报道了硅藻土对麦蛾防治效果研究。

胡继学等2010年报道了高大平房仓硅藻土＋稻壳＋保温板综合储粮试验。黄俊熹等2010年报道了惰性粉应用于浅圆仓试验。王晶磊等2011年分别报道了不同仓型惰性粉防治储粮害虫效果研究；硅藻土对东北地区储粮害虫作用效果研究。杨路加等2011年报道了高大平房仓惰性粉防虫储粮试验。黄雄伟等2012年报道了惰性粉粉剂粮面拌药在高大平房仓中的应用试验。陈威等2012年报道了食品级惰性粉与硅藻土实仓应用与性能比较。张永富等2012年报道了惰性粉与黑光诱杀虫灯结合防治储粮害虫。曹阳等2013年报道了食品级惰性粉对三种储藏物害虫生长发育的影响研究。张涛等2014年报道了空仓内干法喷施食品级惰性粉杀虫效果评价。潘德荣等2014年报道了惰性粉在稻谷储藏中的应用技术。汪中明等2015年报道了食品级惰性粉气溶胶技术防虫效果研究。卢荣发等2015年报道了厦门地区平房仓散装粮惰性粉防虫试验。潘德荣等2015年报道了竖向通风系统食品级惰性粉气溶胶防虫技术实仓应用。李丹青2016年报道了浅圆仓惰性粉防治害虫试验。董震等2016年报道了惰性粉气溶胶横向环流与直排施粉防虫效果比较研究。郑凤祥等2016年报道了福建地区食品级惰性粉防治储粮害虫效果研究。郑颂等2017年报道了惰性粉气溶胶防虫技术在包装粮上的应用试验。周国磊等2017年报道了包装大米仓库喷施食品级惰性粉防治储粮害虫效果评价。牛怀强等2017年报道了惰性粉杀虫与内环流控温技术综合应用。刘谦等2017年报道了储粮食品级惰性粉气溶胶防虫技术的应用。韩志强等2017年报道了平房仓散装稻谷应用惰性粉防治扁谷盗类的研究。韦文生2018年报道了食品级惰性粉粮面表层防护结合粮堆充氮储粮的应用试验。罗正有等2018年报道了食品级惰性粉防治技术的应用与探索。李应祥等2018年报道了华南地区食品级惰性粉在楼房仓储存小麦的应用与探索。祁正亚等2019年报道了食品级惰性粉综合防治储粮害虫的研究。唐荣建等2019年报道了食品级惰性粉气溶胶与磷化氢结合防治抗性锈赤扁谷盗的试验。孙沛灵等2019年报道了PSA横向充氮气调与惰性粉防治技术综合应用研究。

四、储粮害虫生物防治技术研究

（一）储粮害虫生物防治技术综述

20世纪90年代以来，生物防治作为储粮害虫综合治理的重要组成部分受到重视，在研究和应用上都做了大量工作。

梁永生1994年分别报道了储粮害虫综合治理中的生物防治方法：Ⅱ.昆虫病原体的应用；储粮害虫综合治理中的生物防治方法：Ⅴ.抗虫粮种的应用；储粮害虫综合治理中的生物防治方法：Ⅱ.昆虫信息素和生长调节剂的应用。沈兆鹏1997年报道了储粮害虫防治的生物防治法。

邓望喜等2001年报道了中国储藏物害虫生物防治的研究进展。陈斌等2002年报道了储藏物害虫生物性防治技术研究现状和展望。白旭光2002年报道了储粮害虫生物防治技术研究与应用进展。李隆术2005年报道了储藏产品害虫生物性防治技术研究进展。陈明等2006年报道了华南地区冬季印度谷螟的危害现状及生物防治。白旭光等2006年报道了储粮害虫生物防治技术研究与应用进展。陈先明2006年报道了立筒仓储粮害虫综合防治概述。赵英杰等2006年报道了储粮害虫生物防治技术研究现状与应用思考。龚正龙等2010年报道了储备玉米害虫综合防治技术。凌德福等2010年报道了高大平房仓小麦害虫综合防治技术。夏利泽2013年报道了储粮虫害综合防治实践与成效综述。

（二）储粮害虫生物防治主要研究内容

1. 捕食性昆虫防治储粮害虫研究

姚康1981年报道了黄色花蝽是捕食仓库害虫的有效天敌。曾祥鑫1983年报道了仓虫花蝽的生物学特性初步观察。证明：仓虫花蝽体型小，能深入粮层3 m处，捕食对象很广，能捕食玉米象、锈赤扁谷盗、谷蠹等21种害虫幼虫，是储粮害虫有效天敌。邓望喜1983年报道了黄色花蝽防治仓虫获初步成功的经验。姚康等1984年报道了仓双环猎蝽的生活习性及捕食仓虫的效力观察报告。据观察，仓双环猎蝽可捕食杂拟谷盗等22种仓虫成虫和幼虫。姚康等1984年报道了几种生物药剂及天敌防治谷蠹试验。文必然等1988年分别报道了温度对黄冈仓花蝽种群增长的影响；在不同温度下黄冈仓花蝽实验种群生命表。邓望喜等1989年报道了黄色花蝽对杂拟谷盗的模拟控制研究。贺培欢等2016年报道了普通肉食螨对9种储粮害虫的捕食能力研究。

2. 外激素诱杀防治储粮害虫技术研究

巫桂新1984年报道了绿豆象信息素的试验，摸索了绿豆象活性组分的提取、分离，得到纯度较高样品，对比了活性测试方法，认为水盆诱捕效果较好。高金堂等1985年报道了利用性诱剂诱杀法防治麦蛾的试验。试验认为：麦蛾性信息素的化学结构为顺，7-反，11-十六碳二烯醇醋酸酯。性诱剂诱杀麦蛾是一种辅助手段，方法简便、效果显著，但使用上有一定局限性，必须辅以其他防治措施。黄远达1986年报道了麦仓内用"高斯"性诱剂诱捕麦蛾的研究。该研究利用"高斯"性诱剂进行试验，证明有一定诱杀作用。李正凡1986年报道了人工合成昆虫性诱剂捕杀麦蛾的试验报告。陆安邦1987年报道了储藏物害虫信息素和引诱剂。赵致武等1989年报道了"高斯"性诱剂能诱捕多种储粮害虫。黄远达等1989年报道了玉米象性信息素收集方法的研究。秦宗林等1993年报道了谷蠹聚集激素的提取及其活性测定。蒋小龙等1993年报道了应用信息素和食物引诱剂监控斑皮蠹属害虫。轩静渊等1993年报道了腐食酪螨与两种寄生真菌相互关系的初步研究。彭相勤1994年报道了昆虫信息素在储粮害虫防治中的应用。戴小杰1994年报道了储藏物昆虫的信息素及其应用。沈兆鹏等1994年报道了储粮昆虫信息素及其捕器的试验。赵奇等1999年报道了国外应用人工合成信息素防治仓储物害虫的研究；2000年又报道了一种改进的性信息素诱捕器诱捕印度谷蛾的效果。沈兆鹏2001年报道了储粮昆虫以信息素为"语言"的研究。陈斌等2002年报道了储藏物害虫生物性防治技术研究现状和展望。鲁玉杰等2002年报道了温度和光周期对棉铃虫雌性信息素成分的含量与比例的影响；2003年报道了信息素在储藏物害虫综合治理中的应用；2004年又分别报道了嗜卷书虱雌蛾性信息素的研究；棉铃虫雄虫对人工合成性信息素的触角电位反应。沈兆鹏2005年报道了绿色储粮——用信息素和食物引诱剂监控储粮害虫。邵颖等2005年报道了嗜虫书虱雌虫性信息素的确定和主要成分的鉴定；2006年又报道了嗜虫书虱性信息素的提取方法和生物活性测定方法。刘俊杰等2006年报道了米象和锯谷盗信息素收集物诱捕效果研究。M.N.Hassan等2012年报道了昆虫信息素在食品行业中的应用。李兴奎等2013年报道了用昆虫信息素和食物有效化学成分监控储粮害虫。于广威等2013年报道了Dismate PE对印度谷蛾的防治效果。王继勇等2018年报道了亚致死剂量磷化氢熏蒸对嗜虫书虱性信息素生物活性的影响。高嫚妮等2018年报道了昆虫信息素在印度谷蛾监测和防治中的应用。张红建等2019年报道了磷化氢敏感和抗性赤拟谷盗聚集信息素的比较。

3. 内激素防治储粮害虫研究

昆虫内激素能对昆虫生长、发育、变态、生殖等生理作用进行调节与控制。四川省粮食局科学研究所虫药组1977年报道了六种昆虫保幼激素类似物对防治玉米象、杂拟谷盗和锯谷盗的初步试验。詹继吾等1981年报道了灭幼脲1号防治绿豆象的研究。证明：绿豆被害率与绿豆象繁殖率呈正相关。对照组被害率平均为37.25%；处理组用5 mg/L灭幼脲1号处理后，被害率降为0.5%；使用10 mg/L灭幼脲1号处理后，危害极微；使用30 mg/L灭幼脲1号处理后，可完全控制绿豆象后代发生。陆安邦1981年报道了对抗几丁物质杀虫剂的介绍。J.P.EDWARDS、J.E.SHORT、

L.ABRAHAM、黎万武1993年报道了昆虫保幼激素类似物双氧威作为长期储藏小麦的保护剂的总体评价。JaneA.Elek、BarryC.Longstaff、徐汉虹1996年报道了几丁质合成抑制剂对储粮甲虫的防治效果。鲁玉杰等2016年报道了编码昆虫几丁质生物合成关键酶基因功能的研究进展。

五、储粮害虫植物性杀虫剂研究

储粮害虫植物性杀虫剂在我国储粮领域的研究工作是从20世纪50年代开始的，应用历史也十分悠久。80年代，有专家学者做了一些研究。近年对苦楝等植物驱杀仓虫的研究较深入，尚处于试验阶段。安徽省粮食厅仓储处1959年报道了土药液剂空仓消毒试验，两次筛选，找出几十种可供空仓消毒使用植物性药剂。赵善欢1960年报道了植物质土农药的杀虫作用和推广应用，选出八种药效较好的植物。

浙江省加善县陶庄粮管所1975年报道了利用中草药驱杀仓虫的研究，证明：天名精致死效果最好，秋蒿、臭椿叶、苦楝叶次之、曼陀罗最差。四川省温江地区粮食局防治队1975年报道了麻柳叶保管小麦的实仓试验。麻柳叶有效成分为柳酸，实仓试验有一定效果。福建省邵武县（现邵武市）粮食局1975年报道了南瓜丝喷药诱杀仓虫的方法。江苏省溧阳县竹簀粮管所1978年报道了几种中草药杀虫剂的试验和应用，证明：中草药杀虫剂空仓消毒和实仓诱杀有较好效果。湖南省粮食科学研究所等单位1978年报道了野生植物防治储粮害虫资料。

黄福辉等1980年报道了关于山苍子有效成分在储粮中的应用，证明：各种储粮害虫对苍子有效成分柠檬醛抗性不同，效果亦不一致。张兴等1983年报道了几种植物性物质对米象、玉米象的初步防治试验。试验应用了三种楝科植物、两种卫矛科植物样本及几种挥发性油对玉米象、米象进行防治试验，证明：印楝油、苦树和雷公藤根皮粉对两种试虫的种群形成有显著影响。苦树根皮粉无明显的触杀、熏蒸作用，对成虫取食和产卵及卵和低龄幼虫的生长发育有一定影响。山苍子油、柑油、橙油、香茅油对两种试虫有较强的熏杀作用，效果迅速，可完全抑制试虫的后代发生。李光灿等1985年报道了植物芳香油防治仓虫的试验。试验了9种天然植物芳香油和两种芳香油单一成分对杂拟谷盗各虫态死亡率的综合效应，证明：α-蒎烯、冷磨柠檬油、橘油、冷杉油、小叶留兰香油对杂拟谷盗成虫致死效果最好。敏感性从大到小依次为：长角扁谷盗＞锈赤扁谷盗＞杂拟谷盗＞谷蠹＞锯谷盗＞玉米象。在22～32℃范围内，温度对其影响不大，杀虫效果随温度升高而增强。不同虫态中蛹的敏感性最弱，成虫和幼虫敏感性较强。陈其恩、王秀川1986年报道了植物性药物防治四纹豆象的试验。曹阳1987年报道了辽细辛对锯谷盗毒性的研究初报。黄福辉等1988年报道了α-蒎烯防治储粮害虫的研究，证明α-蒎烯对玉米象、谷蠹、赤拟谷盗效果显著，除有较强触杀作用外，还有一定熏蒸作用。高继奇等1988年报道了用植物油做储粮防护剂防止绿豆象危害。姜永嘉1988年报道了三种天然植物性物质对杂拟谷盗成虫作用的研究。李光灿等1989年报道了α-蒎烯防治储粮害虫的室内试验。鄢建等1989年报道了用天然植物芳香油防治腐食酪螨的试验报告。姜永嘉1989年报道了开发和利用我国中草药作为储粮保护剂的研究：1.六种中草药对杂拟谷盗（Tribolium Confusum Jacquelin du Val）成虫的活性作用。严以谨等1989年报道了开发和利用我国中草药作为储粮保护剂的研究：2.苦楝（Melia azedarach L.）和使君子（Quisqualis indica L.）对绿豆象和赤拟谷盗的毒杀作用。刘亮等1989年报道了月桂树叶提取物对赤拟谷盗的驱避试验。邓望喜等1989年报道了几种植物性物质防治储粮害虫的初步研究。胡仕林等1989年报道了植物精油在原粮中熏杀玉米象的研究。杨德军等1989年报道了柑橘属植物精油对仓库害虫的毒性试验。侯兴伟等1989年报道了十三烷酮-2防治储粮害虫研究初报。

严以谨等1990年报道了开发和利用我国中草药作为储粮保护剂的研究：3.苦楝（Melia azedarach L.）对绿豆象和赤拟谷盗毒杀作用机理的初步研究。陈勇等1990年报道了开发和利用我国中草药作为储粮保护剂的研究：4.几种中草药植物物质对杂拟谷盗（Tribolium Confusum Jacquelin du Val）幼虫中肠淀粉酶活性抑制作用的研究。姜永嘉等1992年报道了九种药用植物提取液对储粮害虫毒杀作用的研究。张兴等1992年报道了抑制赤拟谷盗种群形成的植物样品筛选研究。蒋中柱等1992年报道了米糠油防治储粮害虫的研究。李取华等1993年报道了几种药用植物对赤拟谷盗致死作用的研究。蒋小龙等1993年报道了香茅、花椒精油成分分析及对储粮曲霉和青霉熏杀效果的初步研究。徐汉虹等1993年报道了植物精油在仓库害虫防治上的应用。姜永嘉等1993年报道了植物性杀虫剂研究。张兴等1993年报道了抑制玉米象种群的植物样品筛选研究。刘传云等1994年报道了花椒挥发油组分的分离鉴定包结对杂拟谷盗毒力测定的研究。邓望喜1994年报道了储藏物害虫的生物防治技术。卢奎等1995年报道了天然杀虫剂β-水芹烯的合成。路纯明等1995年报道了花椒挥发油组分的分离鉴定及其对杂拟谷盗成虫毒力测定的初步研究。徐汉虹等1995年报道了五种精油对储粮害虫的忌避作用和杀卵作用研究。路纯明等1996年报道了花椒挥发油提取方法及其组分研究。路纯明等1996年报道了花椒乙醚萃取物的成分分析。赵英杰等1997年报道了人工合成储粮保护剂——β-水芹烯对几种储粮害虫作用的研究。王素雅等1998年报道了5种药用植物挥发油对仓库害虫生物活性的研究。王晓清等1999年报道了7种植物提取物对赤拟谷盗种群形成抑制作用的研究。姜武峰等1999年报道了植物防护剂安粮仙防治储粮害虫的研究。

程东美等2000年报道了黄杜鹃花对3种仓库害虫的毒杀试验。夏传国等2000年报道了丹皮及其提取物对几种中药材仓储害虫的忌避作用研究。李倩如等2000年分别报道了银杏叶乙醇提取物对霉菌抑制作用的研究（一）；银杏叶乙醇提取物对霉菌抑制作用的研究（二）。侯华民等2001报道了植物精油对玉米象的熏蒸和种群抑制活性研究。李会新等2001年报道了25种植物精油对四纹豆象的防治效果。唐川江等2001年报道了瑞香狼毒防治仓储害虫的初步研究。李前泰等2001年报道了几种植物挥发油杀虫效果的试验研究。徐淑芹等2003年报道了喷油抑尘杀虫剂的研究。鲁玉杰等2003年报道了大蒜和芦荟提取物防治几种储粮害虫效果的研究。张海燕等2003年报道了植物精油防治储粮害虫的研究进展。许方浩等2003年报道了华东地区常见植物性储粮杀虫剂的识别与使用。姚英娟等2004年报道了植物源农药在储粮害虫防治中的应用。巩蔼2004年报道了鹿蹄草对两种储粮害虫成虫的毒力测定。张海燕等2004年报道了植物精油防治储粮害虫的研究进展。李炜2004年报道了植物杀虫材料在储粮中的应用实验。姚英娟等2005年报道了植物性杀虫剂防治玉米象的研究进展。徐硕2005年报道了植物性杀虫剂的研究与应用。张亚非等2005年报道了中草药拌粮防治储粮害虫在高大平房仓中的应用。王平等2005年报道了茶粕粉作为储粮防护剂的试验研究。卢传兵等2005年报道了黄荆挥发油对玉米象的生物活性及种群控制作用。张丽丽等2005年报道了茵陈蒿的三种不同溶剂提取物对赤拟谷盗作用方式和作用效果的研究。李世广等2005年报道了几种植物性物质防治储粮害虫的研究。吕建华等2006年报道了大蒜挥发油对米象成虫的控制作用。陈小军等2006年报道了唇形科植物在储粮害虫防治中的应用。姚英娟等2006年报道了石菖蒲粉、提取物及复配剂对玉米象的防治效果。徐广文等2006年报道了水菖蒲的杀虫活性成分提取与初步分离。吕建华等2006年分别报道了三种植物精油对四种主要储粮害虫的生物活性研究；四种植物精油对赤拟谷盗的控制作用研究；三种植物精油对米象的控制作用；三种植物提取物对锯谷盗的控制作用；三种植物精油对小眼书虱的控制作用；大蒜挥发油对锯谷盗的控制作用。舒在习等2007年报道了苦楝籽粗提取物对玉米象生物活性的影响。吕建华等2007年分别报道了中草药粉剂及其复配剂对玉米象和赤拟谷盗成虫的防治作用；臭椿树皮提取物对四种主要储粮害虫的生物活性研究。延静等2007年报道了植物杀虫剂在储粮害虫防治中的应用概况和展望。王海等2007年报道了三种植物精油对玉米象成虫的控制作用。聂霄艳等2007年报道了四种花椒提取物对赤拟谷盗成虫熏蒸活性的研究。仲建锋等2007年报道了植物源农药杀虫机理研究进展。黄衍章等2007年报道了石菖蒲根茎甲醇提取物对玉米象和赤拟谷盗的生物活性。仲建锋等2007年报道了大蒜素对储粮害虫熏蒸作用的研究。何雅蔷等2007年报道了美洲商陆粗提取物对赤拟谷盗和玉米象的作用效果研究。吴树会等2008年报道了储粮拟除虫菊酯类农药残留检测研究进展。肖洪美等2008年报道了香茅精油对两种主要储粮害虫的控制作用。聂霄艳等2008年报道了花椒精油和麻素对赤拟谷盗成虫的控制作用。喻梅等2008年报道了1，2-二亚油酸-3-硬脂酸-甘油三酯对玉米象的毒力及主要酶系的影响。黄衍章等2008年报道了石菖蒲根茎提取物对玉米象和谷蠹的有效杀虫活性成分初步分析。吕建华等2008年分别报道了臭椿树皮粉剂对烟草甲的触杀作用；木香薷提取物对玉米象和赤拟谷盗成虫的作用研究。姜元启等2008年报道了中草药榧子粗提物对仓虫成虫作用的研究。程人俊2008年报道了关于蓝桉叶油等13种植物精油对谷蠹成虫熏蒸活性的初步探讨。郭超等2008年报道了苦皮藤素对两种储粮书虱的毒力研究。王景月2009年报道了几种中草药防治储粮害虫应用技术研究。乔利利等2009年报道了水菖蒲两种提取方法粗提物对谷蠹和玉米象的触杀活性。吕建华等2009年分别报道了高良姜根茎提取物对烟草甲的熏蒸作用；臭椿树皮提取物对谷蠹成虫的控制作用研究。李金甫等2009报道了低温环境下辣根素对三种仓储害虫熏蒸效果。曾伶等2009年报道了蛇床子素粉剂对储粮害虫的防治效果。姜元启等2009年报道了中草药香附萃取物对储粮害虫作用的研究。程人俊等2009年报道了植物精油防治储粮害虫研究进展。陈思思等2009年报道了辣根素在密闭干燥器中对储粮害虫熏蒸效果的研究。柴晓乐等2009年报道了对赤拟谷盗成虫具驱避性的芳香植物的正交筛选。叶榕林2009年报道了福橘果皮精油对黄粉虫成虫的驱避作用和种群抑制作用。唐国文等2009年报道了胡芦巴不同溶剂粗提物对主要储粮害虫的生物活性研究。张元臣等2009年报道了植物源赤拟谷盗驱避剂的筛选。吕建华等2009年报道了植物复配剂对米象成虫的控制作用。权跃等2009年报道了防治谷蠹的含有植物精油的植物种类及植物精油对谷蠹作用方式的研究现状。鲁玉杰等2009年报道了固相微萃取与气相色谱联合法测定大蒜素熏蒸小麦后残留。

吕建华等2010年报道了烟草甲在9种植物材料中的生长发育研究。何君等2010年报道了植物源杀虫剂作用方式研究进展。葛玲艳等2010年报道了艾叶精油型粮食防虫剂研制及应用。吴若旻等2010年报道了三种生物源物质及甲基嘧啶硫磷对3种储粮害虫的毒力比较。姜自德等2011年报道了苦皮藤素防治书虱的研究。黄雄伟等2011年报道了蛇床子素粉剂粮面拌药在实仓中的试验。吕建华等2011年报道了植物源复配剂对锯谷盗成虫的防治作用。杨路加等2011年报道了高大平房仓蛇床子素防虫储粮试验。吕建华等2011年报道了植物源农药防治储粮害虫研究的现状和存在问题探析。赵英杰等2011年报道了苦皮藤素乳油对3种储粮害虫的触杀作用。张磊2011年报道了利用苦楝籽中活性物防治杂拟谷盗和玉米象的研究。邓树华等2011年报道了艾绿士对三种主要储粮害虫的毒力测定。胡婷婷等2012年报道了植物源杀虫剂防治绿豆象的研究进展。王晶磊等2012年报道了三种仓型应用蛇床子素防治储粮害虫效果研究。沈茜等2013年报道了蛇床子素对三种储粮害虫的触杀毒力测定。王晶磊等2014年报道了苦皮藤素和硅藻土储粮害虫室内防治效果研究。张红建等2015年报道了植物提取物对赤拟谷盗的生物活性研究。刘汉胜等2016年报道了樟树叶防治储粮害虫试验。鲁玉杰等2016年报道了植物精油对绿豆象成虫熏蒸效果及种群抑制作用的研究。王争艳等2016年报道了四种药剂联用对嗜卷书虱成虫的熏杀效果；五种植物油及其二元混剂对嗜卷书虱的熏蒸活性。罗琼等2016年报道了5种植物油对嗜虫书虱成虫的熏蒸作用。李凯龙等2017年报道了蒜素抗菌杀虫研究进展及其在粮食储藏中的应用前景。王争艳等2017年报道了5种植物油及其二元混剂对锈赤扁谷盗成虫的熏蒸作用。肖学彬等2019年报道了花椒等六种不同香料对常见储粮害虫的防治效果探索。胡婷婷等2019年报道了大蒜精油等五种植物精油对绿豆象熏蒸效果研究。

六、储粮害虫非化学防治多杀菌素技术研究

贺玉平等2006年报道了多杀菌素高产菌株的选育。曹阳等2007年报道了2.5%菜喜悬浮剂（spinosad）对三种储粮害虫的毒力测定。宋炜等2009年报道了MNNG对多杀菌素产生菌的诱变效应。熊犍等2009年报道了多杀菌素的高效液相色谱测定。李丽等2010年报道了刺糖多孢菌生长特性及培养条件的优化。王殿轩等2010年报道了不同磷化氢抗性的米象对多杀菌素的敏感性比较。罗莉斯等2010年报道了96孔板高通量筛选多杀菌素高产菌株的研究。吴若旻等2010年报道了多杀菌素对储粮害虫谷蠹磷化氢抗性和敏感品系的毒力比较。秦为辉等2010年报道了多杀菌素的提取和萃取条件研究。李能威等2010年报道了多杀菌素发酵培养基的研究。张晓琳等2010年报道了一种制备生物农药多杀菌素微胶囊制剂的方法。邓树华等2011年报道了艾绿士对三种主要储粮害虫的毒力测定。李能威等2011年报道了多杀菌素防治储粮害虫的研究进展。张求学等2011年报道了刺糖多孢菌电转化条件研究。甘邱锋等2011年报道了刺糖多孢菌原生质体制备与再生条件优化。秦为辉等2011年分别报道了响应曲面分析方法优化发酵液中多杀菌素的提取工艺技术；多杀菌素发酵提取液的脱色工艺研究。邹泽先等2011年报道了响应面法优化发酵液中多拉菌素的脱色工艺。李能威等2012年报道了多杀菌素在农产品中的残留研究进展。潘明丰等2012年报道了多杀菌素种子培养基及发酵培养基的优化。郭伟群等2012年报道了利用离子注入技术选育多杀菌素高产菌株。吴萍等2012年报道了原生质体融合选育多杀菌素高产菌株试验。王晶磊等2012年报道了多杀菌素高大平房仓防治储粮害虫效果试验。王洁静等2012年分别报道了多杀菌素在储粮害虫防治中的研究及应用进展；多杀菌素在储粮害虫防治中的研究及应用进展。蒋元维2012年报道了刺糖多孢菌S04-41 relA基因阻断株的构建及其对功能的影响。潘明邦等2012年报道了多杀菌素种子培养基及发酵培养基的优化。祝星星等2013年报道了多杀菌素对三种储粮害虫的防治效果。陈园等2013年分别报道了多杀菌素高产菌株快速筛选方法的研究；多杀菌素产生菌的高通量诱变选育。郭伟群等2014年报道了多杀菌素高产菌株的诱变选育及代谢曲线初步研究。夏燕春等2014年分别报道了基于基因组重排技术的多杀菌素高产菌株选育；多杀菌素分离纯化工艺的研究。陈园等2014年报道了杀虫抗生素的研究进展。黄颖等2014年报道了刺糖多孢菌高产菌株和野生型菌株多杀菌素生物合成基因簇（spn）在发酵过程中的表达分析。邹球龙等2014年报道了多杀菌素补料发酵工艺的研究。谭高翼2014年报道了类A因

子级联系统对井冈霉素合成的调控。黄颖等2015年分别报道了麦芽糖转运相关基因的表达对刺糖多孢菌生长及多杀菌素合成的影响研究；微生物源化合物合成基因簇异源表达研究进展。张从宇等2015年报道了多杀菌素在实仓中的应用试验。左晓戎等2015年报道了一种用于杀虫活性物质筛选的生物检测装置。Lan Zhou et al.2015年报道了Optimization of Culture Medium for Maximal Production of Spinosad Using an Artificial Neural Network – Genetic Algorithm Modeling。张晓琳等2016年报道了储粮防护剂微喷机的应用试验。魏金富等2016年报道了一种喷药设备技术。王旭等2016年报道了多杀菌素C–9不同糖基衍生物的合成及杀虫活性分析。陈新等2013年报道了一种多杀菌素衍生物的化学合成方法。左晓戎等2015年报道了一种用于杀虫活性物质筛选的生物检测装置研究。王超等2016年报道了一种多杀菌素与辣根素复配组合物及其应用。吴恒源等2017年报道了45%多杀菌素水分散粒剂的研制及其对黄瓜蓟马的田间防效。陈爽等2018报道了丁烯基多杀菌素高产菌株的诱变选育及培养基优化。吴恒源等2018报道了关键级联调控同源基因在刺糖多孢菌发酵过程中的表达分析。王海霞等2017年分别报道了组合抗生素抗性选育多杀菌素高产菌株；MPMS诱变结合抗生素抗性选育多杀菌素高产菌株。Ying Huang, et al.2018年报道了Improvement of Spinosad Production upon Utilization of Oils and Manipulation of β –Oxidation in a High–Producing Saccharopolyspora spinosa Strain. Chen Zhao, et al.2017 年报道了Heterologous Expression of Spinosyn Biosynthetic Gene Cluster in Streptomyces Species Is Dependent on the Expression of Rhamnose Biosynthesis Genes. Weiqun Guo, et al.2016 年报道了Breeding and fermentation study of a high–yield spinosad producing Saccharopolyspora spinosa strain. Chao Wang, et al.2009 年报道了Strain construction for enhanced production of spinosaa viaintergeneric protoplast fusion.

七、储粮害虫诱捕防治技术研究

蒋小龙等1991年报道了植物油对谷象诱虫性的估价；1992年又报道了仓储害虫诱捕器种类综述。梁永生1995年报道了诱捕器在储粮害虫防治中的应用。陈萍等1999年报道了几种害虫诱捕方法应用效果的调查。孙明常等2000年报道了钢板仓储粮害虫陷阱诱捕技术研究。

杨大成2001年报道了富士诱捕器在粮库中的推广应用试验。郑理芳2002年报道了关于诱捕器在粮库中应用技术的探讨。朱邦雄等2005年报道了应用紫外高压诱杀灯防治储粮害虫。杨龙德等2005年报道了敌敌畏与食用香精对书虱的诱杀效果试验。程兰萍等2006年报道了散储小麦中探管诱集和取样筛检书虱和锈赤扁谷盗效果比较研究。邓树华等2006年报道了紫外高压诱杀灯防治仓外储粮害虫研究。王争艳等2006年分别报道了几种诱捕器对储粮害虫诱捕效果的评价；紫光灯对储粮害虫引诱效果的评价。王平等2006年报道了紫外诱杀灯和瓦楞纸诱捕与取样筛检法检测储粮害虫比较研究。李培章等2006年报道了多功能移动式诱捕器制作和试验。杨自力等2007年报道了探管诱集与取样筛检两种方法检测储粮害虫数量比较。张初阳等2008年报道了储粮害虫诱捕器生产性试验报告。周刚等2009年报道了新型高效引诱剂实仓诱捕储粮害虫效果研究。刘道富等2009年报道了不同引诱剂对不同储粮害虫虫种的诱捕试验。孟祥龙2009年报道了自制仓储害虫电子诱杀器的应用。

王争艳等2010年报道了报道了紫光灯对储粮害虫引诱效果的评价。庄波等2011年报道了LED灯光诱捕器试验。王宝堂等2012年报道了双重诱捕杀虫法试验。韦文生2012年报道了利用LED光催化捕蚊器诱捕主要扁谷盗属储粮害虫的试验。王宝堂等2013年报道了引诱捕杀害虫的试验。王金奎等2014年报道了平房仓真空抽取诱捕器测虫试验。汪中明2014年报道了储粮害虫诱集技术研究进展。乐大强等2014年报道了灯光诱杀与防护剂组合应用防治长角扁谷盗。冼庆等2014年报道了不同光波长与光强度对赤拟谷盗趋光性影响的初步研究。郑秉照2016年报道了粮虫陷阱检测器与扦样器查虫结果的比较。郑祯等2017年报道了探管诱捕与取样筛检小麦粮堆表层储粮害虫的效果比较。王公勤等2017年报道了几种表面诱捕器在仓储稻谷害虫发生初期的检测效果比较。李然等2018年报道了云南省主要储粮生态区储粮害虫探管诱捕研究。刘永清等2019年报道了籼稻仓虫笼杀诱杀害虫免熏蒸试验。李学富2019年报道了一种安全型粮仓害虫诱捕器的设计。

八、储粮害虫非化学防治食物引诱技术研究

李兴奎等2006年报道了食物引诱剂在储粮害虫防治研究中的应用。鲁玉杰等2006年分别报道了食物引诱剂对储粮害虫最佳引诱条件的研究；影响碎小麦对储粮害虫的引诱效果因素的研究。李兴奎等2007年报道了用食物用引诱剂和昆虫信息素联合作用监控储粮害虫的研究；2008年又报道了用食物中有效化学成分监控储粮害虫。鲁玉杰等2008年报道了影响碎麦对储粮害虫引诱效果的因素研究。姜自德等2009年报道了利用食物引诱剂与诱捕器结合诱捕储粮害虫的试验。鲁玉杰等2010年报道了多孔淀粉诱芯在书虱诱捕中的应用。李兴奎等2013年分别报道了不同品种碎麦提取物对储粮害虫的引诱效果；碎麦提取物与昆虫信息素提取物混合诱捕多种储粮害虫效果研究。王争艳等2016年报道了食物源蝇类引诱剂的研制。

九、臭氧杀虫防霉技术研究

李国长等1995年报道了利用臭氧杀虫储粮技术研究探。阎永生等1995年报道了臭氧离子防

霉杀虫效果探讨。陈渠玲等2001年报道了关于臭氧防霉、杀虫和去毒效果的探讨。张永生等2003年报道了关于臭氧储粮防护技术在实际应用中若干问题的探讨。吴峡等2003年报道了臭氧杀虫除霉实仓试验。施国伟等2004年报道了臭氧储粮灭菌杀虫技术研究。范盛良等2007年报道了臭氧在粮食储藏中的应用研究现状。王秋云等2009年报道了臭氧在储粮中的应用前景及研究进展。

马旌升等2010年报道了臭氧在粮食农药残留降解中的应用。孟宪兵2011年报道了臭氧杀虫除菌技术的实仓应用。秦宁等2011年报道了臭氧对两种主要储粮真菌的抑制作用研究。周建新等2014年报道了臭氧处理稻谷降解黄曲霉毒素B_1的工艺条件优化。张美玲等2016年报道了油菜籽应用臭氧处理试验研究。顾小洲2017年报道了利用高浓度臭氧环流熏蒸试验。

十、天敌在储粮害虫防治中的应用

陆安邦等1988年报道了苏云金杆菌乳剂防治储藏小麦中印度谷蛾和粉斑螟的实验室研究。许庆德等1989年报道了关于稻堆天敌治虫的初步观察与探讨。李照会等1999年报道了米象金小蜂对玉米象种群控制作用研究。

沈兆鹏2005年报道了绿色储粮——用微生物制剂消灭储粮害虫。赵英杰2006年报道了苏云金杆菌降低储粮害虫对磷化氢的抗药性试验。吕建华等2009年报道了寄生性天敌在储粮害虫防治中的研究进展。刘芳等2011年报道了苏云金芽孢杆菌对印度谷螟幼虫的致死作用研究。徐碧等2015年报道了印度谷螟对苏云金杆菌实仓应用试验。

十一、耐储种质相关研究

钱祖香等1989年报道了小麦品种可溶性糖和氨基态氮含量与抗玉米象关系的初步研究。Yadi HARYADI（印度尼西亚）等1994年报道了不同水稻品种对麦蛾的相对抵抗力。吴跃进等2005年报道了水稻耐储藏种质创新及相关技术研究。

十二、防治储粮害虫其他方法和材料的研究

（一）缺氧、低氧和低氧高二氧化碳防治储粮害虫的研究

李隆术等1992年报道了不同温度下低氧高二氧化碳对腐食酪螨的急性致死作用。王玉海1992年报道了大豆压盖大米防治玉米象试验。G.L.斯托里、蒋中柱等1992年报道了放热式惰性气体（稀有气体）发生器产生的低氧气体对各种储粮害虫的致死作用。曲贵强等2007年报

道了低氧防治技术应用及研究现状；2008年又报道了缺氧情况赤拟谷盗发育研究。李光涛等2008年报道了低氧环境对四种储粮害虫种群抑制效果试验。顾文毅等2008年报道了房式仓和高大平房仓自然缺氧密封效果。周思旭等2009年报道了2%和5%低氧处理赤拟谷盗不同虫态的乳酸测定研究。莫代亮等2009年报道了储藏玉米实仓低氧防治储粮害虫研究。张涛等2015年报道了急性缺氧和高浓度磷化氢对小白鼠行为及器官的影响；2016年又报道了低氧对PH_3抗性米象和谷蠹的控制作用研究。田琳等2016年报道了不同氧气浓度下印度谷螟卵和幼虫的死亡情况观察。

（二）防虫线杀虫技术研究

江西省高安县粮食局储运股1989年报道了防虫线杀虫效果测定报告。刘明忠1991年报道了泡沫防虫线试验报告；1994年又报道了泡沫防虫线在储粮工作中的应用。陈向红等2006年报道了"点滴式"防虫线在储粮仓库的运用及效果分析。云顺忠等2009年报道了不同载体防虫线在储粮仓库中的防虫效果试验。

（三）沼气防治储粮害虫技术研究

江苏省灌南县粮食局储运股1992年报道了应用沼气防治储粮害虫试验。吕一鸿等1994年报道了沼气储粮杀虫技术的研究。

（四）气调＋植物油活性物质防虫技术研究

王进军等1999年报道了在不同温度下气调及红橘油对嗜卷书虱的熏蒸作用研究。孙相荣等2012年报道了在25℃条件下，不同氮气浓度对储粮害虫控制的效果研究。

（五）盐防治储粮害虫研究

曹东风等1994年报道了施盐防治黄斑露尾甲*Carpophilus hemipterus*（L.）的研究。

（六）防虫新材料技术研究

檀先昌1991年报道了粮食储藏防虫的新材料——防虫薄膜、防虫涂料和微胶囊杀虫剂。熊鹤鸣等2001年报道了光触媒薄膜储粮应用技术初步试验。龚先安等2002年报道了防毒面具的改进。刘中立2003年报道了对过滤型头盔式防毒面具应用的探讨。白旭光等2005年报道了光触媒聚乙烯薄膜对储粮害虫的防治效果研究。王超洋等2013年报道了新型粮食包装袋的性能研究与分析。

第六节 几种储粮害虫防治专项研究

一、麦蛾防治研究

毛有民1989年报道了曝晒新小麦防治玉米象与麦蛾试验报告。汪全勇1991年报道了麦蛾的危害特性及防治研究。董晨晖等2016年报道了麦蛾防治研究进展。

二、书虱防治研究

陈庆书等1994年报道了利用生石灰有效防治书虱和螨类。罗来凌等1994年报道了书虱的生物学、生态学及其防治方法的初步研究。孟来等1998年报道了采用综合措施防治书虱的有效经验。李春燕等1999年报道了书虱的综合防治技术研究。孙冠英等1999年报道了书虱在粮堆中分布的研究。马文斌等2000年报道了两种杀虫剂缓释块对书虱的诱杀研究。丁伟等2001年报道了书虱综合防治技术研究进展。张怀君等2003年报道了书虱的危害与防治。王明卿2004年报道了书虱综合防治技术应用。白青云等2005年分别报道了无色书虱不同虫态对PH_3抗药性的研究；替代FAO法测定无色书虱成虫对PH_3的抗药性。张里俊等2005年报道了书虱的药剂防治研究进展。劳传忠等2007年分别报道了几种杀虫剂对嗜虫书虱的触杀作用；杀虫剂对小眼书虱成虫的触杀毒力。邵能跃等2008年报道了储粮书虱防治技术分析。王金奎等2010年报道了关于对书虱综合防治措施的探索。徐龙飞等2010年报道了书虱诱杀试验。王殿轩等2012年报道了不同书虱品系的磷化氢半数击倒时间与抗性相关性研究。房强2013年报道了高大平房仓防治书虱试验。祁正亚等2014年报道了书虱的特性及储粮中的防治策略。蒋传福等2018年报道了卷材粘虫板防治储粮书虱效果试验。杨迅等2018年报道了四川地区对书虱防治应对措施的探讨。

三、谷蠹防治研究

李前泰1989年报道了谷蠹的危害及防治方法。张新月1991年报道了钴60γ（^{60}Co）辐射谷斑皮蠹各虫态的发育和致死效果的研究。林宝生等1993年报道了灯光诱杀谷蠹试验。钟昕华1993年报道了谷蠹的生育繁殖及防治研究。徐长华1997年报道了谷蠹防治的生物学途径研究。吴德明等1997年报道了谷蠹的生物学特性与防治方法。陈圣强1997年报道了对储粮害虫谷蠹防治的几点试验体会。陈国伟等1998年报道了从改造苏式仓谈谷蠹的综合防治。于洪远等1999年报道了谷蠹防治措施与对策。沈兆鹏2000年报道了有关防治谷蠹的新方法的探讨。杨胜华等2001年报道了二硫化碳与四氯化碳混合熏蒸防治谷蠹试验。刘洪玉2002年报道了谷蠹的发生、传播与防治对策。朱宗森等2006年报道了谷蠹在我国北方高大平房仓的习性与防治。王金奎等2012年报道了粮堆局部发生谷蠹的综合防治措施。王殿轩等2012年报道了谷蠹感染的小麦储存环境中二氧化碳浓度变化研究。

四、锈赤扁谷盗防治研究

谢维治等2001年报道了磷化铝连续两次熏蒸对锈赤扁谷盗防治效果的探索。刘春华2004年报道了广东地区有效防治锈赤扁谷盗的探索。王效国等2008年报道了磷化铝常规与缓释熏蒸结合防治锈赤扁谷盗实仓试验。李兰芳等2008年报道了不同熏蒸方法防治锈赤扁谷盗效果比较。易世孝等2009年报道了锈赤扁谷盗防治试验。刘经甫等2009年报道了利用混合环流熏蒸技术防治锈赤扁谷盗的试验。李建锋等2009年分别报道了抗性锈赤扁谷盗防治策略分析；防治抗药性锈赤扁谷盗的生产性试验。苏青峰等2013年报道了锈赤扁谷盗的综合治理技术对策。林伟波2015年报道了关于锈赤扁谷盗防治不彻底的原因与对策的探讨。姜自德等2015年报道了锈赤扁谷盗的防治措施。阙岳辉等2015年报道了两种熏蒸法防治抗性锈赤扁谷盗效果的比较。刘凤杰等2017年报道了两种防护剂和磷化氢联用对锈赤扁谷盗和两种书虱的防治。黄晓霞等2018年报道了华南地区抗性锈赤扁谷盗的防治策略。

五、鼠害防治研究

在我国，国家粮库对预防鼠雀危害十分重视，这方面的研究报道不是太多。复旦大学生物系动物教研组1978年报道了鼠类及其防治技术。李文勇1978年报道了一种灭鼠新方法。张斯信等1983年报道了露天防鼠货台的建造及效果。戴铁汉1983年报道了一种新型简易电力捕鼠器。崔健1984年报道了几种农村储粮用具和灭鼠的方法。杨茂盛等1984年报道了敌鼠钠盐和杀鼠灵的使用方法。张泉淙等1985年报道了扫频式电子驱鼠仪和电子猫互相配合捕鼠的试验报告。赵尔彦1985年报道了一种防鼠雀的方法。金治平等1985年报道了一种灭鼠技术。侯达等1986年报道了露天储粮防鼠利用玻璃钢的方法。卞家安等1987年报道了露天囤玻璃钢下围防鼠试验。黄俊1990年报道了仓库全方位防鼠灭鼠措施研究。朱锷霆等1996年报道了高效安全型灭鼠毒饵的研究。李文辉等1997年报道了仓库鼠类综合防治技术。赵一凡1999年报道了关于避鼠防虫控霉储粮编织袋的应用。吴志勇2000年报道了粮库鼠类习性及防治策略。沈晓明等2002年报道了鼠害的综合防治技术。陈渠玲等2009年报道了QS鼠类驱避剂研制与应用。

附：分论二／第九章著述目录

第九章　储粮害虫防治技术研究

第一节　储粮害虫防治综述性研究

［1］檀先昌.我国贮粮害虫防治研究三十年的回顾与展望[J].粮食贮藏，1980，（4）：16-29.

［2］梁权.储粮害虫防治技术若干进展摘评[J].粮食储藏，1984，（1）：1-8.

［3］陈启宗，姜永嘉，陆安邦.关于储藏物害虫与防治中值得商榷的几个问题[J].郑州粮食学报学报，1987，（1）：13-17.

［4］李隆术.四年来我国储粮害虫研究和防治进展[J].粮油仓储科技通讯，1990，（3）：17-22.

［5］张国梁.储粮虫、霉、鼠害的化学防治现状与展望[J].粮油仓储科技通讯，1991，（Z2）：44-50.

［6］赵素蓉，王荫福.储粮害虫防治新法初探[J].粮油仓储科技通讯，1993，（1）：38.

［7］檀先昌.储粮害虫化学防治常用药剂在粮食中的残留及其卫生学评价[J].粮食储藏，1994，（Z1）：43-56.

［8］檀先昌.近十五年我国储粮害虫防治研究的进展[J].粮食储藏，1995，（Z1）：63-76.

［9］张国梁.对储粮害虫化学防治现状的探讨[J].粮食储藏，1996，（1）：14-15.

［10］陈继贵.国内粮贮熏蒸技术详情简介[J].粮食流通技术，1999，（6）：19-20.

［11］李隆术.储藏产品保护基础科学的探讨[J].粮食储藏，2001，（1）：3-5，22.

［12］梁权.引人注目的储粮害虫防治研究进展述评[J].粮食储藏，2001，（1）：6-11.

［13］万华平，樊裕民，田长春，等.粮食仓库害虫防治注意要点[J].粮油仓储科技通讯，2002，（5）：28-30.

［14］王殿轩，卞科.储粮熏蒸剂的发展动态与前景[J].粮食储藏，2004，（5）：3-7.

［15］梁权.甲基溴淘汰和替代研究概况与展望[J].粮食储藏，2005，（3）：36-42.

［16］程晓梅，王殿轩，仲维平，等.入仓期玉米象感染不同时期小麦重量损失的研究[J].粮油仓储科技通讯，2008，（4）：48-50.

［17］张彩乔，张伟.小麦储藏过程中影响发芽率因素的探讨[J].粮油仓储科技通讯，2008，（4）：51-52.

［18］吕建华，张来林.中国储粮害虫防治存在的主要问题及对策[J].粮食科技与经济，2010，（1）：35-37.

［19］程小丽，武传欣，刘俊明，等.储粮害虫防治研究进展[J].粮油仓储科技通讯，2010，（6）：26-29.

［20］陈萍，张慧敏，卢全祥，等.福建地区储粮害虫防治经济阈值调研与分析[J].粮食储藏，2010，（1）：10-13.

［21］于广威，陈洋洋.食品领域虫害防治研究进展[J].粮油仓储科技通讯，2015，（5）：42-44.

［22］冷本好，王飞，齐艳梅.储粮害虫防治现状及问题讨论[J].粮油仓储科技通讯，2016，（4）：34-38.

第二节　储粮害虫防治泛论

［23］纳瓦罗S，考尔德伦M，气控防治储粮害虫的综合研究[J].蒋中柱，译.粮油仓储科技通讯，1992，（3）：38-40.

［24］姜子国.库内熏蒸密封方法的现状及改进 [J]. 粮油仓储科技通讯，1992，（2）：35-36.

［25］曹朝璋，吴敬荣，陈光旭，等.码头仓存粮害虫防治的研究 [J]. 粮食储藏，1993，（3）：8-12.

［26］黄远达.饲料储藏虫霉防治技术 [J]. 粮食储藏，1994，（Z1）：121-129.

［27］李玮，姚金娥，尹贵明，等.烟草甲虫药剂防治的技术研究 [J]. 武汉食品工业学院学报，1994，（1）：46-51.

［28］山西省襄垣县粮食局.利用生态防治技术实现安全储粮保鲜 [J]. 粮油仓储科技通讯，1994，（5）：18-20.

［29］沈兆鹏.螨类防治技术 [J]. 粮食储藏，1994，（Z1）：91-99.

［30］唐耿新，李寿辉，钟建国，等.叠氮气体防治储粮害虫的研究 [J]. 粮食储藏，1998，（3）：3-8.

［31］李军.新建国储库中储粮害虫的防治 [J]. 粮食流通技术，2002，（6）：24-26.

［32］魏涛.仓库害虫分布及防治工作之我见 [J]. 粮食流通技术，2002，（2）：31-33.

［33］王殿轩.新仓储粮温度上升期的害虫防治处理 [J]. 粮油仓储科技通讯，2002，（1）：29-30.

［34］刘蓴华，姜光明，秦西明.浅圆仓储粮害虫的防治方法 [J]. 粮食流通技术，2002，（6）：32-34.

［35］任珂，屠康，葛宏.非化学处理对储粮病虫害的控制进展 [J]. 粮食储藏，2004，（5）：8-11.

［36］刘震，高峰，孙丽云.无药保粮技术在高大平房仓中的应用 [J]. 粮食仓储通讯，2005，（2）：15-16.

［37］李隆术.储藏产品螨类的危害与控制 [J]. 粮食储藏，2005，（5）：3-7.

［38］张来林，刘志雄.储粮害虫的防治 [J]. 粮食科技与经济，2006，（2）：43-45.

［39］何强，栗震霄.小麦害虫防治效果对比试验 [J]. 粮油食品科技，2006，（6）：14-15.

［40］张宏宇.论储粮害虫的生态调控 [J]. 粮食储藏，2006，（4）：3-7.

［41］王殿轩，邱丽华.关于储粮害虫防治经济阈值的研究与思考 [J]. 粮食储藏，2006，（6）：48-52.

［42］吴福中，刘志红，林华峰，等.无公害防治储粮害虫的方法与建议 [J]. 粮油仓储科技通讯，2006，（3）：44-47.

［43］郑碧珍.粮库扁谷盗科害虫的防治 [J]. 粮油仓储科技通讯，2006，（6）：44-45.

［44］关福中，林华峰，李世广，等.无公害防治储粮害虫的方法与策略 [J]. 粮油仓储科技通讯，2006，（5）：37-39.

［45］赵英杰，张国民，张来林.立筒仓害虫防治策略 [J]. 粮油食品科技，2007，（3）：29-31.

［46］于林平，张利，曹立新，等.高密度虫粮入库防治技术 [J]. 粮油仓储科技通讯，2008，（1）：34-36.

［47］王殿轩.大米和面粉的仓储适用技术与有害生物防治 [J]. 粮食储藏，2008，（4）：3-7.

［48］王士辉，闫浩，李新果，等.对几种熏蒸方式效果的探讨 [J]. 粮食储藏，2009，（2）：50-52.

［49］陈光杰，徐碧.物理防治储粮害虫研究 [J]. 粮油仓储科技通讯，2011，（1）：33-34.

［50］周健，刘蓴华，周剑宇，等.绿色储粮技术防治储粮害虫的研究 [J]. 粮食储藏，2013，（3）：20-25.

［51］蒋社才，张峰，黄盛枝.华南地区主要害虫防治新技术应用研究 [J]. 粮食储藏，2016，（6）：12-17.

［52］郝倩.储粮害虫防治方法综述 [J]. 粮油仓储科技通讯，2018，（3）：45-48，51.

第三节　储粮害虫综合防治技术研究

［53］刘维春.浅谈化学药剂防治储粮害虫及其综合应用的技术 [J]. 粮油仓储科技通讯，1989，（5）：14-22.

［54］李隆术.储粮害虫综合治理和预测预报 [J]. 粮食储藏，1994，（Z1）：8-15.

［55］梁永生.储粮害虫防治战略：害虫综合治理 [J]. 粮油仓储科技通讯，1994，（4）：7-11.

［56］ 张宗炳.仓库害虫的治理策略：IPM，TPM 及 APM[J].粮食储藏，1994，（Z1）：3-8.

［57］ 汪全勇，李继明，吴秋平.粮食储藏综合防治技术研究[J].武汉食品工业学院学报，1996，（1）：40-43.

［58］ 周天智.以控温为主的储粮害虫综合防治技术[J].粮油仓储科技通讯，1998，（4）：24-25.

［59］ 乔建军，吴红岩，曹学良.密闭低剂量仓外施药技术综合应用研究[J].粮食储藏，2003，（5）：26-29.

［60］ 舒在习，徐广文，周天智，等.储粮有害生物综合防治[J].粮食储藏，2007，（5）：3-6.

［61］ 钟建军，吕建华，王洁静，等.物理防治在储粮害虫治理中的研究与应用[J].粮食与饲料工业，2012，（12）：15-17，21.

［62］ 祁正亚，曾庆清，杨啟威，等.开展综合防治实现一年一次低剂量熏蒸储粮[J].粮油仓储科技通讯，2012，（4）：29-32.

［63］ 蒋社才，张峰，黄盛枝.储粮害虫综合防治新技术应用研究[J].粮食储藏，2013，（5）：7-9，43.

［64］ 苏青峰，王殿轩，郑超杰，等.锈赤扁谷盗的综合治理技术对策[J].粮食储藏，2013，（4）：3-7.

第四节　储粮害虫化学防治技术研究

［65］ 周永龙，江南，俞献明.应用地槽机械通风道熏蒸粮食技术[J].粮油仓储科技通讯，1989，（3）：14-15，13.

［66］ 王津利，刘慧萍.散粮熏蒸技术[J].粮油仓储科技通讯，1989，（2）：42-50.

［67］ 夏大平.温度与熏蒸药效[J].粮油仓储科技通讯，1992，（2）：22-23.

［68］ 杨忠廉.气环负压熏蒸防治贮粮害虫新技术[J].中国粮油学报，1995，（3）：6-10.

［69］ 孙瑞，管良华，张承光，等.立筒仓储粮熏蒸技术研究[J].中国粮油学报，1995，（2）：22-24，34.

［70］ 邓波.房式仓不揭膜通风及熏蒸技术[J].粮油仓储科技通讯，1997，（3）：22-24.

［71］ 赵英杰，张来林，姜永嘉.浅谈筒仓的熏蒸方法及对筒仓气密性要求[J].粮食流通技术，1998，（2）：30-35，42.

［72］ 朱广飞.粮堆气流与熏蒸施药点的关系[J].粮油仓储科技通讯，1998，（5）：30-32.

［73］ 吴德明，刘振，毛政回，等.拱仓大型隧道通风、熏蒸技术试验报告[J].粮食流通技术，1999，（4）：32-36.

［74］ 王殿轩，卢奎，赵俊廷，等.真空熏蒸快速杀虫试验研究[J].郑州粮食学院学报，1999，（3）：11-15.

［75］ 舒在习.仓储环境条件对储粮杀虫剂药效的影响[J].粮油仓储科技通讯，2001，（4）：26-29.

［76］ 翟疆.粮食包装物熏蒸的必要性及方法[J].粮食流通技术，2002，（4）：32.

［77］ 谢英祥，吴崇升.新稻谷储藏及熏蒸技术探讨[J].粮油仓储科技通讯，2002，（1）：13-15.

［78］ 赵英杰.熏蒸防治储粮害虫的几个问题[J].粮食科技与经济，2003，（4）：35-37.

［79］ 赵英杰，张来林，游莉莉，等.熏蒸剂使用过程中的人身安全保护[J].粮食科技与经济，2005，（2）：39-40.

［80］ 刘少波.浅谈储粮害虫难以杀死之原因及对策[J].粮食流通技术，2007，（4）：24-25.

［81］ 刘锋，常爱民.应用粮食多功能扦样器熏蒸杀虫技术[J].粮油仓储科技通讯，2008，（6）：32-33.

［82］ 刘建保，吴学程.甲基溴替代技术应用试验[J].粮油仓储科技通讯，2010，（2）：40-41.

［83］ 郭兴海.对提高储粮免熏蒸率途径的探讨[J].粮油仓储科技通讯，2011，（4）：39-42.

［84］ 王战君，陆爱民，苏宪庆.新型熏蒸药桶在大型散粮仓中的应用研究[J].粮油仓储科技通讯，2012，（5）：31-33.

［85］郭荣华 . 包围散储两种膜下熏蒸效果的对比试验 [J]. 粮食流通技术，2012，（6）：23–26.

［86］郭荣华 . 围包散储两种膜下熏蒸方法的对比试验 [J]. 粮油仓储科技通讯，2013，（2）：31–33.

［87］曹景华，陈健璋，赖新华，等 . 采取纵横埋管方法有效提高杀虫效果 [J]. 粮油仓储科技通讯，2015，（4）：46–49.

［88］王争艳，潘娅梅，谢雅茜，等 . 4 种药剂联用对嗜卷书虱成虫的熏杀效果 [J]. 粮食储藏，2016，（6）:7–11.

［89］刘玲，冯燕 . 储粮五面嵌槽密封熏蒸杀虫试验 [J]. 粮油仓储科技通讯，2016，（6）：38–40.

［90］徐碧 . 储粮害虫熏蒸时机选择试验 [J]. 粮油仓储科技通讯，2017，（1）：29–31.

［91］胡秉方，周长海，沈其丰，等 . 利用 666 无毒异构体制备氯化苦的研究 [J]. 科学通报，1957，（19）：589.

［92］汪训方 . 关于氯化苦熏蒸稻谷种子的试验报告 [J]. 粮食科学技术通讯，1959，（3）.

［93］刘维春 . 关于氯化苦熏蒸的几个问题的商榷 [J]. 粮食科学技术通讯，1959，（4）.

［94］忻介六，薛采芳，梁来荣，等 . 常用熏蒸剂对农作物种籽发芽的影响 . Ⅰ. 氯化苦 [J]. 科学通报，1959，（5）：172.

［95］冯永新，彭以朝 . 氯化苦熏蒸和滞水烫种对豌豆象、绿豆象的杀虫效果和对种子发芽力的影响的试验报告 [J]. 粮食科学技术通讯，1959，（11）.

［96］南京市粮食局 . 氯化苦熏蒸对豆象的毒效和对豆类种子发芽力的影响试验简报 [J]. 粮食科学技术通讯，1959，（8）.

［97］福建省粮食厅，福建农学院，福建省财政干部学校，等 . 氯化苦熏蒸稻谷种子试验总结 [J]. 粮食科学技术通讯，1959，（10）.

［98］上海粮食油脂公司科学研究所 . 低剂量氯化苦杀虫效果的研究 [J]. 粮食科学技术通讯，1960，（5）.

［99］汪训方 . 氯化苦预防熏蒸问题的初步研究 [J]. 粮食科学技术通讯，1960，（7）.

［100］陕西省粮食厅科学研究所 . 二氧化碳与氯化苦混合剂熏蒸大米的初步试验 [J]. 粮食科学技术通讯，1960，（1）.

［101］四川省渠县粮食局 . 打"氯化苦针"防治豌豆象 [J]. 粮油科技通讯，1966，（1）.

［102］粮食部科学研究设计院，湖北省粮食厅科学研究所，罗田县粮食局 . 豌豆象的生活规律及其在仓库中的防治 [J]. 粮油科技通讯，1966，（1）.

［103］浙江余姚县粮食局 . 氯化苦安全经济高效熏蒸法：低剂量仓内投药不戴防毒面具 [J]. 粮油科技通讯，1967，（1）.

［104］张国梁 . 储粮螨类及其防治 [J]. 粮食科学技术通讯，1958，（1）.

［105］王肇慈 . 粮食中溴甲烷残留量的测定 [J]. 粮食科学技术通讯，1960，（6）.

［106］粮食部科学研究设计院 . 溴甲烷熏蒸的花生仁中无机溴残留量的研究 [J]. 粮油科技通讯，1966，（7–8）.

［107］中国农科院植保所植物检疫组 . 溴甲烷多次重复熏蒸对作物种子发芽的影响 [J]. 四川粮油科技，1975，（4）.

［108］天津市军粮城机米厂，天津市粮油科学研究所，天津市大王庄报库中心化验室 . 大型钢砼立筒仓溴甲烷熏蒸杀虫实验报告 [C]// 第三次全国粮油储藏学术会文选 . 成都：全国粮油储藏科技情报中心站，商业部四川粮食储藏科学研究所，1984.

［109］广东省粮食科学研究所 . 自制磷化铝粉剂 [J]. 粮油科技通讯，1966，（1）.

［110］广东省粮食局科学研究所 . 广东四种主要粮仓甲虫对磷化氢的抗性 [J]. 四川粮油科技，1976，（4）：3–13.

[111] 湖北省粮食科学研究所 . 介绍一种磷化锌熏蒸投药方法：倒投法 [J]. 粮油科技通讯，1966，（2）.

[112] 北京市粮食局粮食储藏研究室 . 磷化锌竹筒施药法 [J]. 粮油科技通讯，1966，（2）.

[113] 山东省粮食厅 . 磷化锌熏蒸储粮害虫试行操作规程 [J]. 粮油科技通讯，1966，（4）.

[114] 江西省粮食厅储运处防化室 . 用盐酸加磷化锌熏蒸 [J]. 粮油科技通讯，1966，（6）.

[115] 青岛粮食局 . 防止磷化锌熏蒸自燃着火的方法 [J]. 粮油科技通讯，1967，（6）.

[116] 青岛粮食局 . 磷化锌仓外投药器 [J]. 粮油科技通讯，1968，（2）.

[117] 谢风祥 . 改制磷化锌球熏蒸储粮害虫 [J]. 粮油科技通讯，1966，（6）.

[118] 商业部四川粮食储藏科学研究所 . 磷化锌碱式仓外投药的室内实验 [J]. 四川粮油科技，1972，（1）：17–29.

[119] 商业部四川粮食储藏科学研究所 . 磷化锌碱式仓外投药熏蒸操作规程 [J]. 四川粮油科技，1972，（1）：14–17.

[120] 刘玉成 . 改进氯化苦和磷化氢使用方法的试验报告 [C]// 第三次全国粮油储藏学术会文选 . 成都：全国粮油储藏科技情报中心站，商业部四川粮食储藏科学研究所，1984.

[121] 梁永生，郝文川，杜颖，等 . 磷化钙的土法烧制及其使用方法 [C]// 商业部四川粮食储藏科学研究所科研报告论文集（1968–1985）. 成都：全国粮油储藏科技情报中心站，1985.

[122] 张法楷，徐胜，徐鸿生 . 磷化钙仓内水投试验 [C]// 商业部四川粮食储藏科学研究所科研报告论文集（1968–1985）. 成都：全国粮油储藏科技情报中心站，1985.

[123] 上海粮食科学研究所 . 空气中磷化氢快速测定方法 [J]. 粮油科技通讯，1967，（4）.

[124] 张子通，蔡名方，曾隆强 . 熏蒸剂磷化钙成分的研究 [J]. 郑州粮食学院院报，1987，（3）：34–38.

[125] 刘运卿，游文凤，左超成，等 . 磷化钙毒理研究：1. 磷化钙残渣及染毒粮食的毒性研究 [J]. 郑州粮食学院院报，1987，（3）：38–41.

[126] 左超成，游文凤，宋国英，等 . 磷化钙毒理研究：2. 磷化钙毒理及遗传效应的研究 [J]. 郑州粮食学院院报，1987，（3）：42–46.

[127] 陈勇夫，游文凤，王建国，等 . 磷化钙毒理研究：3. 磷化钙对人群致突变的观察研究 [J]. 郑州粮食学院院报，1987，（3）：51–54.

[128] 朱跃炳，张振林 . 应用磷化铝熏蒸储粮害虫初步试验 [C]//1963 年华东昆虫学术讨论会会刊 . 上海：上海市昆虫学会，1964.

[129] 河南省粮食厅储运处，河南省农业厅种子局 . 关于磷化铝熏蒸粮油种子的试验 [J]. 粮油科技通讯，1966，（6）.

[130] 朱跃炳 . 磷化铝熏蒸剂的应用 [J]. 粮油科技通讯，1966，（2）.

[131] 上海市粮食科学研究所 . 磷化铝熏蒸剂应用技术的研究 [J]. 粮油科技通讯，1967，（1）.

[132] 北京市粮食局储藏研究室 . 磷化氢熏蒸面粉试验 [J]. 粮油科技通讯，1967，（6）.

[133] 广西壮族自治区粮食局储运处 . 应用磷化铝熏蒸面粉加工厂 [J]. 粮油科技通讯，1967，（2）.

[134] 广东省粮食研究所 . 磷化氢对几种粮仓甲虫的有效致死浓度 [J]. 粮油科技通讯，1968，（2）.

[135] 河南省粮食厅 . 关于磷化氢防治储粮害虫的调查 [J]. 粮油科技通讯，1968，（3）.

[136] 广州市粮食局 . 应用磷化铝残渣杀虫 [J]. 粮油科技通讯，1968，（3）.

[137] 上海市粮食储运公司 . 磷化铝熏蒸应用技术的研究 [J]. 粮油科技通讯，1968，（6）.

[138] 广东省粮食科学研究所 . 磷化氢气体的扩散渗透力 [J]. 粮油科技通讯，1968，（5）.

[139] 江苏省镇江地区商业局粮油防治组 . 关于磷化氢气体渗透能力的实验情况和我们的一点体会 [J]. 四川粮油科技，1975，（1）：31-35.

[140] 陈茂东，何其名 . 气流熏蒸法 [J]. 粮食贮藏，1979，（3）：7-10.

[141] 梁权，商志添，孙庆坤，等 . 气调对磷化氢熏蒸杀虫的增效作用及其应用技术途径的探讨 [J]. 粮食贮藏，1980，（1）：1-11，17.

[142] 姜永嘉 . 关于磷化氢主要作用特性的研究 [J]. 郑州粮食学院学报，1980，（1）：29-41.

[143] 檀先昌，杨大成，李前泰，等 . 磷化氢熏蒸深层地下仓贮粮气体动态的研究 [J]. 粮食贮藏，1981，（3）：14-18，26.

[144] 徐洪生，任镯洪 . 磷化氢气体对 cy-7 型测氧仪电极的影响 [J]. 粮食贮藏，1981，（5）：45-47.

[145] 黄建国，姜永嘉 . 探讨米象不同虫态对磷化氢的敏感性 [J]. 郑州粮食学院学报，1982，（3）：12-16.

[146] 黄建国 . 磷化氢杀虫不彻底的原因 [J]. 粮食储藏，1983，（5）：38-41.

[147] 张自强，李建新 . 地下仓低剂量磷化氢熏蒸杀虫试验报告 [J]. 粮食储藏，1983，（3）：13-16.

[148] 檀先昌，尹瑞林 . 磷化铝片剂和粉剂熏蒸时的气体浓度变化和 CT 值 [J]. 粮食储藏，1983，（2）.

[149] 曹朝璋，劳跃然，刘林，等 . 薄膜袋装磷化铝缓释熏蒸技术的研究 [C]// 第三次全国粮油储藏学术会文选 . 成都：全国粮油储藏科技情报中心站，商业部四川粮食储藏科学研究所，1984.

[150] 檀先昌 . 影响磷化氢熏蒸效果的一些因子 [C]// 第三次全国粮油储藏学术会文选 . 成都：全国粮油储藏科技情报中心站，商业部四川粮食储藏科学研究所，1984.

[151] 刘宝奎 . 在密封粮堆内影响磷化氢扩散因素的探讨 [J]. 粮食储藏，1984，（2）：6-8.

[152] 孙锡坤，谭富根 . 包装小麦磷化铝熏蒸加防虫磷外围防护的效果 [J]. 粮食储藏，1985，（5）：11-14.

[153] 姚祥 . 在不同的覆盖条件下，露天垛低剂量磷化铝熏蒸杀虫的研究 [C]// 中国粮油学会储藏专业学会第一届年会学术交流论文 . 成都：中国粮油学会储藏专业学会，1986.

[154] 吴富席，杨平清，杨启万等 . 磷化氢低药量熏蒸合理施药部位探讨 [C]// 中国粮油学会储藏专业学会第一届年会学术交流论文 . 成都：中国粮油学会储藏专业学会，1986.

[155] 重庆市九龙坡区李家坨粮站，重庆市江北县粮食局 . 不同粮种磷化氢薄膜密闭熏蒸施药剂量的选择 [C]// 中国粮油学会储藏专业学会第一届年会学术交流论文 . 成都：中国粮油学会储藏专业学会，1986.

[156] 任永林，J.H 斑克斯 . 磷化氢在稻谷上吸附的研究 [J]. 郑州粮食学院学报，1987，（4）：47-50.

[157] 刘萼华，陈淑贞 . DEH 型磷化铝外控投药器熏蒸技术的研究 [J]. 粮食储藏，1989，（6）：24-29.

[158] 范金祥，张炳泳，杨群超，等 . 磷化铝仓底熏蒸技术研究 [J]. 粮油仓储科技通讯，1989，（4）：31-37.

[159] 山东省济南市谷庄粮库 . 立筒库中的储粮气流及在 PH₃ 熏蒸时的应用 [C]// 第三次全国粮油储藏学术会文选 . 成都：全国粮油储藏科技情报中心站，商业部四川粮食储藏科学研究所，1984.

[160] 上海市粮食储运公司储藏研究室，上海市第六粮食仓库，上海市第四粮食采购供应站 . 立筒库储粮害虫防治技术的研究 [C]// 第三次全国粮油储藏学术会文选 . 成都：全国粮油储藏科技情报中心站，商业部四川粮食储藏科学研究所，1984.

[161] 天津市大直沽粮库，天津市普济道粮库 . 砖筒仓磷化氢熏蒸杀虫方法试验 [C]// 第三次全国粮油储藏学术会文选 . 成都：全国粮油储藏科技情报中心站，商业部四川粮食储藏科学研究所，1984.

[162] 上海市粮食储运公司储藏研究室 . 浅谈立筒仓熏蒸的体会 [J]. 粮食储藏，1985，（3）：11-13.

[163] 北京市马连道粮库，北京市粮食储运公司研究所 . 大型立筒仓气密性实验报告 [C]// 中国粮油学会储藏专业学会第一届年会学术交流论文 . 成都：中国粮油学会储藏专业学会，1986.

[164] 北京市粮食储运公司科学研究所，北京市马连道粮库，北京市东郊粮食仓库，等．立筒仓 PH₃ 机械加速扩散熏蒸效果试验 [C]// 中国粮油学会储藏专业学会第一届年会学术交流论文．成都：中国粮油学会储藏专业学会，1986.

[165] 唐舜功．试论立筒仓气密性标准 [C]// 中国粮油学会储藏专业学会第一届年会学术交流论文．成都：中国粮油学会储藏专业学会，1986.

[166] 张竹平，劳跃然，翁定欧，等．立筒库储粮害虫防治试验报告 [J]．粮油仓储科技通讯，1986，（6）：19-25.

[167] 刘祖良，阮玲，陶英．磷化氢熏蒸气体燃爆问题的探讨 [C]// 第三次全国粮油储藏学术会文选．成都：全国粮油储藏科技情报中心站，商业部四川粮食储藏科学研究所，1984.

[168] 北京市东郊粮食仓库，北京市粮食储运公司研究所．PH₃ 燃爆条件试验 [C]// 中国粮油学会储藏专业学会第一届年会学术交流论文．成都：中国粮油学会储藏专业学会，1986.

[169] 覃章贵．磷化铝片储存试验和改进 [C]// 商业部四川粮食储藏科学研究所科研报告论文集（1968-1985）．成都．全国粮油储藏科技情报中心站，1985.

[170] 张涌泉，丁保荣．对磷化氢提纯、压缩的初步探讨 [C]// 中国粮油学会储藏专业学会第一届年会学术交流论文．成都：中国粮油学会储藏专业学会，1986.

[171] 广东省粮食科学研究所．磷化氢熏蒸花生的残毒及其对发芽力的影响 [J]．粮油科技通讯，1968，（4）.

[172] 檀先昌，戴学敏，张式俭，等．磷化氢多次熏蒸的粮食中磷化氢残留量的测定 [C]// 商业部四川粮食储藏科学研究所科研报告论文集（1968-1985）．成都．全国粮油储藏科技情报中心站，1985.

[173] 朱跃炳，张振球．应用敌敌畏防治储粮害虫的研究 [C]//1963 年华东昆虫学术讨论会会刊．上海：上海市昆虫学会，1964.

[174] 上海粮食科学研究所．应用 DDVP 杀灭粮店粮堆露面害虫 [J]．粮油科技通讯，1966，（3）.

[175] 济南市粮食局．应用敌敌畏熏蒸面粉厂 [J]．粮油科技通讯，1966，（3）.

[176] 浙江省粮食科学研究所．应用敌敌畏防治储粮害虫的研究 [J]．粮油科技通讯，1966，（7~8）.

[177] 山东省卫生防疫站，山东省医学科学院，中国医学科学院劳动卫生研究所，等．粮仓内应用敌敌畏杀虫的安全卫生 [J]．粮油科技通讯，1966，（1）.

[178] 李伯祥．杀灭面粉厂下脚粮中米象的方法 [J]．粮油科技通讯，1967，（1）.

[179] 上海粮食科学研究所．实仓应用敌敌畏防治储粮害虫的试验 [J]．粮油科技通讯，1967，（2）.

[180] 浙江省余杭县粮食局．敌敌畏空仓杀虫几种施药方法效果的观察 [J]．粮油科技通讯，1968，（2）.

[181] 成都市龙潭寺粮食仓库．应用敌敌畏、氯化苦、乙醇混合后对实仓露面杀虫的情况 [J]．四川粮油科技，1974，（4）：28-30.

[182] 上海粮食贮运公司技工学校．敌敌畏延长药效试验的小结 [J]．四川粮油科技，1977，（4）：31-34.

[183] 张国梁，徐宝正．敌敌畏塑料缓释剂应用技术的探讨 [C]// 第三次全国粮油储藏学术会文选．成都：全国粮油储藏科技情报中心站，商业部四川粮食储藏科学研究所，1984.

[184] 张国梁，徐宝正．敌敌畏塑料缓释剂："敌虫块"防治储粮害虫的研究 [J]．粮食储藏，1984，（5）:1-6.

[185] 四川省蓬溪县粮食局防治队．敌敌畏气雾熏蒸法初探 [J]．粮油仓储科技通讯，1985，（1）：18-19.

[186] 赵一凡．应用敌敌畏塑料缓释剂防治大豆蛾类的试验 [J]．粮食储藏，1985，（4）：10-14.

[187] 赵一凡，胡庆林，汤宇平，等．以长效敌虫块作仓底害虫信息探查的应用试验 [J]．粮食储藏，1987，（1）：11-13.

［188］ 陈嘉东，芦如松，潘杰，等 . 利用敌敌畏的熏蒸作用防治农户储粮害虫 [C]// 中国粮油学会储藏专业学会第一届年会学术交流论文 . 成都：中国粮油学会储藏专业学会，1986.

［189］ 张国梁，徐宝正 . 敌敌畏塑料缓释剂："敌虫块" 防治储粮害虫的研究 [J]. 粮食储藏，1984，（5）：1-6.

［190］ 四川省蓬溪县粮食局防治队 . 敌敌畏气雾熏蒸法初探 [J]. 粮油仓储科技通讯 .1985（1）：18-19，50.

［191］ 赵一凡 .1985 年报道了应用敌敌畏塑料缓释剂防治大豆蛾类的试验 [J]. 粮食储藏，1985，（4）：10-14.

［192］ 赵一凡，胡庆林，汤宇平，等 . 以长效敌虫块作仓底害虫信息探查的应用试验 [J]. 粮食储藏 ,1987，（1）：11-13.

［193］ 姜吉林 . 敌敌畏安全雾化器 [J]. 粮油仓储科技通讯，1987，（5）：26-28.

［194］ 四川省遂宁县粮食局，四川省遂宁县科学技术协会 . 二硫化碳熏蒸防治甘薯黑斑病的初步试验 [J]. 粮油科技通讯，1966，（4-5）.

［195］ 四川医学院食品卫生教研组，四川省粮食科学研究所 . 二硫化碳在粮食中容许残留量标准的研究 [J]. 卫生研究，1975，（2）：131-139.

［196］ 姜永嘉 . 关于磷化氢主要作用特性的研究 [J]. 郑州粮食学院学报，1980，（1）：29-41.

［197］ 周永龙，江南，俞献明 . 应用地槽机械通风道熏蒸粮食技术 [J]. 粮油仓储科技通讯，1989，（3）：14-15.

［198］ 范金祥，张炳泳，杨超群，等 . 磷化铝仓底熏蒸技术研究 [J]. 粮油仓储科技通讯，1989，（4）：31-37.

［199］ 王津利，刘慧萍 . 散粮熏蒸技术 [J]. 粮油仓储科技通讯，1989，（2）：42-50.

［200］ 刘蓴华，陈淑贞 .DEH 型磷化铝外控投药器熏蒸技术的研究 [J]. 粮食储藏，1989，（6）：24-29.

［201］ 任永林 . 磷化氢熏蒸新途径 [J]. 粮油仓储科技通讯，1990，（4）：48-51.

［202］ 李洪军，高忠就，王永根 . 磷化氢横向管道仓底投药熏蒸新技术 [J]. 粮油仓储科技通讯，1990，（5）：42-45.

［203］ 严以谨，蒯福记，陆安邦 . 磷化氢（PH_3）作用机制的研究进展 [J]. 郑州粮食学院学报，1991，（3）：104-110.

［204］ 班克斯 H J，王善军，何亚新 . 一个分析磷化氢的连续累加程序 [J]. 粮食储藏，1992，（5）：43-50.

［205］ 射宝奎 . 应用仓外投药器熏蒸粮仓 PH_3 在粮堆内扩散情况初步探讨 [J]. 粮食储藏，1992，（2）：41-48.

［206］ 漆福吉 . 不同环境下储粮害虫的熏蒸防治探讨 [J]. 粮油仓储科技通讯，1992，（2）：29-32.

［207］ 蒯福记，陈启宗，陆安邦 . 用一种新方法测定磷化氢对腐食酪螨 [*Tyrophagus putrescentiae*，（Schrank）] 成螨的毒力 [J]. 郑州粮食学院学报，1992，（1）：39-42.

［208］ 沈曦 . 磷化铝残渣回收开发利用试验 [J]. 粮油仓储科技通讯，1992，（3）：43-46.

［209］ 林进福，林文剑，林萱，等 . 磷化铝低剂量熏蒸防治面粉螨类的研究 [J]. 粮食储藏，1992，（3）：12-18.

［210］ 陈其恩，林翠花，李德明，等 . 磷化铝防治红变米霉菌消长的研究 [J]. 粮食储藏，1992，（2）：49-51.

［211］ 张涌泉，鲁鸣，苏士海，等 . 采用微气流原理熏蒸钢板仓储粮害虫 [J]. 粮油仓储科技通讯，1992，（4）：27-32.

［212］ 张忠柏 .PH_3 在露天粮堆中分布初步研究 [J]. 粮油仓储科技通讯，1993，（2）：50-52.

［213］ TAYLOR R W D，王善军 . 磷化氢：风险中的主要的粮食熏蒸剂 [J]. 何亚新，译 . 粮食储藏，1993，（2）：43-48.

［214］ 李焕喜，贾玉升 . 低温、低药量密闭储藏半安全水分大米的研究 [J]. 粮食储藏，1993，（1）：7-12.

［215］ 叶永谷 . 磷化氢对大麦发芽率的不良影响与改进 [J]. 粮油仓储科技通讯，1994，（1）：28-30.

［216］ 蔡花真，赵青娥，侯永生，等 . 磷化氢混合熏蒸防治书虱 [J]. 粮油仓储科技通讯，1994，（1）：21–22.

［217］ 梁权 . 磷化氢熏蒸基础的研究进展与应用 [J]. 粮食储藏，1994，（Z1）：24–34.

［218］ 付仲泉 . 房式仓散堆粮磷化氢多次逆渗熏蒸研究 [J]. 粮油仓储科技通讯，1994，（2）：34–37.

［219］ 沈兆鹏 . 储粮螨类生活史与熏蒸防治的关系 [J]. 粮油仓储科技通讯，1994，（1）：20.

［220］ 周诚，赵中原，孙明 . 不同低氧分压低磷化氢剂量条件下的杀虫效应 [J]. 粮食储藏，1994，（1）：8–13.

［221］ 王殿轩，赵英杰，吴坤 . 聚乙烯薄膜厚度对磷化铝片分解速率的影响 [J]. 郑州粮食学院学报，1994，（2）：79–82.

［222］ 张立力 . 我国储粮中三种扁甲科害虫对磷化氢的敏感性 [J]. 中国农业科学，1994，（5）：45–50.

［223］ 张立力 . 磷化氢对玉米象各发育虫期生物学效应的研究 [J]. 粮食储藏，1995，（Z1）：77–80.

［224］ 蒯福记 . 储藏物螨类熏蒸防治方法研究状况及进展 [J]. 粮食储藏，1996，（3）：3–10.

［225］ 刘荨华 . 浅析磷化氢熏蒸杀虫不彻底的成因及对策 [J]. 粮食储藏，1996，（6）：13–16.

［226］ 吴梅松 . 浅谈提高磷化氢熏蒸杀虫效果的技术途径 [J]. 粮食储藏，1997，（3）：13–16.

［227］ 魏炳根，金强 . AlP 薄膜低剂量缓释熏蒸技术的应用 [J]. 粮油仓储科技通讯，1997，（3）：25–26.

［228］ 曾伶，吴钟震，张新府，等 . 四种磷化氢熏蒸技术的生产性试验 [J]. 粮食储藏，1997，（6）：13–18.

［229］ 邓波 . 对磷化氢熏蒸技术的进一步研讨 [J]. 粮油仓储科技通讯，1997，（1）：23–24.

［230］ 秦宗华 . 磷化氢高仓中层横探管杀虫初探 [J]. 粮油仓储科技通讯，1997，（2）：30–33.

［231］ 赵英杰，张来林，田书普，等 . 浅谈筒仓的熏蒸方法及对筒仓气密性要求 [J]. 粮食储藏，1997，（4）：3–8.

［232］ 张立力 . 玉米象各发育期对磷化氢的敏感性 [J]. 植物保护学报，1997，（4）：347–350.

［233］ 赵新建 . 磷化铝片剂局部熏蒸杀虫降温降水试验 [J]. 粮油仓储科技通讯，1997，（1）：25–27.

［234］ 赵英杰，张来林，姜永嘉 . 浅谈筒仓的熏蒸方法及对筒仓气密性要求 [J]. 粮食流通技术，1998，（2）：30–35.

［235］ 王殿轩，丛林 . 浅谈磷化氢熏蒸与电子测温系统保护 [J]. 粮油仓储科技通讯，1998，（2）：27–28.

［236］ 罗建平 . 薄膜吊顶密闭熏蒸杀虫的效果探析 [J]. 粮油仓储科技通讯，1998，（3）：25–41.

［237］ 张夕贵 . 探索 AlP 最佳施药剂量的试验 [J]. 郑州粮食学院学报，1998，（4）：32–35.

［238］ 王小非 . 仓虫对 PH_3 敏感性降低的原因及对策 [J]. 粮油仓储科技通讯，1998，（1）：27–29.

［239］ 祝先进，刘观明，李海水，等 . 吸湿式 PH_3 发生器堆外投药杀虫研究 [J]. 粮食储藏，1998，（4）：13–17.

［240］ 付世明，赵建柱 . 磷化氢低剂量熏蒸杀虫应用技术的探讨 [J]. 粮食储藏，1998，（3）：14–17.

［241］ 杨连生 . 低药量熏蒸与实践 [J]. 粮油仓储科技通讯，1999，（5）：24–25.

［242］ 朱广飞 . 浅析 PH_3 对仓虫效果下降的原因及解决途径 [J]. 粮油仓储科技通讯，1999，（3）：36–38.

［243］ 杨胜华 . 磷化铝熏蒸杀虫发生燃烧中毒及预防的探讨 [J]. 粮油仓储科技通讯，1999，（2）：28–31.

［244］ 王新 . 熏蒸仓（房）气密性专用涂料的研制 [J]. 粮食流通技术，1999，（2）：34–35.

［245］ 张来林，赵英杰，王金水，等 . 粮食筒仓的熏蒸杀虫系统 [J]. 粮油仓储科技通讯，1999，（3）：25–30.

［246］ 白旭光 . 磷化氢钢瓶剂型熏蒸技术 [J]. 粮油仓储科技通讯，1999，（4）：38–43.

［247］ 赵新建 . 冬季粮堆局部生虫发热的有效处理办法 [J]. 粮油仓储科技通讯，1999，（6）：27–28.

［248］ 侯均，陶自沛 . 新熏蒸技术：赛若技术及其在中国的应用研究 [J]. 粮食储藏，1999，（1）：3–8.

［249］ 江利国 . 几种因素对粮食吸附磷化氢能力影响程度的比较 [J]. 粮食储藏，1999，（4）：18–22.

［250］张立力 . 我国三种储粮甲虫的磷化氢麻醉浓度及浓度与时间关系 [C]// 面向 21 世纪的科技进步与社会经济发展（下册）. 北京：中国科学技术协会学会学术部，1999：34.

［251］马中萍 . 大套小探管施药法熏蒸杀虫试验 [J]. 粮油仓储科技通讯，2000，（6）：38-39.

［252］赵英杰，张来林，孙志东 . 对磷化氢熏蒸中几个问题的探讨 [J]. 粮食流通技术，2000，（2）：29-31.

［253］姜武峰，宋锋，金克彪，等 . PH₃ 地槽熏蒸杀虫技术研究 [J]. 粮油仓储科技通讯，2000，（3）：24-27.

［254］祝方清，秦宗林 . 粮堆中 PH₃ 的释放与降解模型 [J]. 粮油仓储科技通讯，2000，（4）：16-20.

［255］张立力 . 3 种蛀食性储粮甲虫的磷化氢阈限浓度及浓度与时间关系 [J]. 西南农业大学学报，2000，（3）：229-233.

［256］林忠莲，张立力 . 磷化氢作为昆虫呼吸毒剂的生化研究进展 [J]. 郑州工程学院学报，2000，（4）：27-30.

［257］严平贵，聂守明，周福生 . 浅谈提高高大平房仓磷化氢熏蒸杀虫效果的技术途径 [J]. 粮油仓储科技通讯，2001，（1）：35-37.

［258］曾伶，陈嘉东，张新府，等 . 熏蒸剂 ECO₂FUME 对储粮害虫的药效试验 [J]. 粮食储藏，2001，（3）：17-18.

［259］贾胜利，张富强，于树友，等 . 高大平房仓 PH₃ 低剂量缓释防治储粮害虫试验 [J]. 粮食储藏，2001，（5）：13-16.

［260］林忠莲，张立力 . 磷化氢对谷蠹和玉米象成虫体内乙酰胆碱酯酶的影响 [J]. 郑州工程学院学报，2001，（4）：35-41.

［261］梁永生，覃章贵，严晓平，等 . 高大平房仓磷化氢熏蒸方法的实仓研究 [J]. 粮食储藏，2001，（3）：26-32.

［262］殷雄，马明君，梅敏 . 密闭仓进行可控式 PH₃ 仓外发生器熏蒸试验 [J]. 粮油仓储科技通讯，2001，（6）：23-24.

［263］林忠莲，张立力 . 磷化氢使玉米象成虫麻醉或击倒与死亡反应的关系 [J]. 郑州工程学院学报，2001，（3）：1-5.

［264］金兆仁，沈建平 . 浅谈高大平房仓粮堆局部生虫发热的处理 [J]. 粮油仓储科技通讯，2001，（4）：36.

［265］白旭光，冯敬华，房小宇，等 . 熏蒸环境气密性测定方法的研究 [J]. 粮食储藏，2002，（6）：28-31.

［266］林忠莲，张立力 . 磷化氢对谷蠹、玉米象成虫体内过氧化氢酶的抑制作用 [J]. 郑州工程学院学报，2002，（1）：1-7.

［267］叶益强，孙守文 . 高大平房仓磷化氢局部熏蒸生产性试验 [J]. 粮油仓储科技通讯，2002，（6）：27-29.

［268］王殿轩，徐卫河，徐锦亮 . 水温对磷化铝片剂产生磷化氢的影响 [J]. 粮食储藏，2002，（2）：5-9.

［269］唐德良 . 露天粮堆夏季帐幕熏蒸杀虫 [J]. 粮油仓储科技通讯，2002，（4）：39.

［270］周长金，马明君，李锡伟 . 高大平房仓粮面磷化铝自然潮解环流熏蒸试验 [J]. 粮油仓储科技通讯，2002，（5）：11-12.

［271］周长金，马明君 . 避免重复熏蒸的技术探讨 [J]. 粮油仓储科技通讯，2002，（6）：24.

［272］聂守明 . 提高 PH₃ 防治效果的建议 [J]. 粮食科技与经济，2002，（1）：34-36.

［273］刘尊华，刘述安，尹海燕，等 . 浅圆仓 PH₃ 熏蒸方法的研究 [J]. 粮食科技与经济，2002，（3）：31-32.

［274］庞文禄 . 磷化氢熏蒸的安全防护 [J]. 粮食流通技术，2002，（2）：34-36.

［275］乔占民，徐晓娟，王保祥，等 . 平房仓气密性与 PH₃ 浓度变化关系 [J]. 粮食流通技术，2002，（6）：29-31.

［276］刘振永，范磊，周晓军，等.气密性与磷化氢气体浓度的关系研究 [J]. 粮食储藏，2002，（1）：14-18.

［277］王殿轩.磷化氢亚致死浓度对赤拟谷盗卵和蛹的影响 [J]. 郑州工程学院学报，2002，（3）：23-27.

［278］王殿轩，郑超杰，谭叶，等.磷化氢点施药在粮堆中的运动分布 [J]. 中国粮油学报，2003，（4）：84-88.

［279］方丽，王殿轩，曹德银.几种特殊情况下的储粮磷化氢熏蒸处理建议 [J]. 垦殖与稻作，2003，（6）：39-40.

［280］乔建军，吴红岩，曹学良.密闭低剂量仓外施药技术综合应用研究 [J]. 粮食储藏，2003，（5）：26-29.

［281］吕建华，贾胜利，张振明，等.磷化氢多种熏蒸技术综述 [J]. 粮油仓储科技通讯，2003，（6）：36-39.

［282］王书平，许锡安，李森，等.科学配比合理使用提高磷化氢药效 [J]. 粮食流通技术，2003，（5）：24-25.

［283］王书平，许锡安，李森，等.影响磷化氢熏蒸杀虫效果的主要因素 [J]. 粮食科技与经济，2003，（6）：37-38.

［284］王永淮，杜霖，苏真旭.仓外投药气流潮解法熏蒸试验 [J]. 粮油仓储科技通讯，2003，（2）：41-42.

［285］王小坚.磷化氢熏蒸技术改进的探讨 [J]. 粮食储藏，2003，（1）：54-56.

［286］杨龙德，汤勇，杨自力，等.高大平房仓磷化氢熏蒸最适施药量和施药方法研究 [J]. 粮食储藏，2003，（4）：3-6.

［287］刘长军，汪洲全，兰庆，等.磷化氢熏蒸杀虫存在的问题及改进措施 [J]. 粮食储藏，2003，（5）：55-56.

［288］张成金，刘长军，兰喜庆，等.磷化铝在新型粮堆施药器中分解试验 [J]. 粮油仓储科技通讯，2003，（4）：45-48.

［289］仇素平，卞家安.影响 PH$_3$ 熏蒸杀虫效果的主要因素 [J]. 粮油仓储科技通讯，2003，（2）：46-47.

［290］马士兵，凡红砚，邹文捷，等.老式房式仓预埋管道与 AlP 自然潮解熏蒸试验 [J]. 粮油仓储科技通讯，2003，（4）：29-30.

［291］郜贺鹏，杨大成，杜秀琼，等.粮堆局部处理机对小麦仓上层的实仓熏蒸杀虫试验 [J]. 粮食储藏，2003，（2）：50-54.

［292］刘宏伟，李信生，杜保俊.探管结合风道 PH$_3$ 杀虫试验 [J]. 粮油仓储科技通讯，2003，（6）：34-35.

［293］陈福海，李学富，王爱良，等.磷化氢罐式发生器的膜下熏蒸试验 [J]. 粮油仓储科技通讯，2003，（3）：38-40.

［294］黄浙文.动态潮解法与常规施药法熏蒸中 PH$_3$ 浓度变化研究 [J]. 粮油仓储科技通讯，2003，（1）：24-26.

［295］张家玉，谭大文，万军，等.利用 PVC 管进行熏蒸试验报告 [J]. 粮食储藏，2003，（6）：12-14.

［296］曲荣军，常大礼.高大平房仓膜下环流熏蒸效果分析 [J]. 粮食流通技术，2003，（1）：27-28.

［297］白旭光，罗永昶，沈克锋，等.包围散装粮堆两种熏蒸方法的对比试验研究 [J]. 粮食流通技术，2004，（4）：29-31.

［298］殷贵华，于林平，张利，等.无环流熏蒸设施平房仓仓外混合施药的气体分布 [J]. 粮食科技与经济，2004，（3）：29-30.

［299］翟燕萍，沈美庆，王军，等.磷化氢高效发生技术的应用研究 [J]. 粮油加工与食品机械，2004，（5）：47-49.

［300］陈春刚，曹阳，柏志美 . 磷化氢杀虫机理研究综述 [J]. 粮食储藏，2004，（3）：12–17.

［301］刘春和，张建民，冯平，等 . 高大平房仓大冷心粮堆利用粮堆微气流进行 PH_3 熏蒸试验 [J]. 粮油仓储科技通讯，2004，（2）：33–34.

［302］王殿轩，原锴，武增强，等 . 锈赤扁谷盗与其他几种储粮害虫对磷化氢的耐受性比较 [J]. 郑州工程学院学报，2004，（1）：4–8.

［303］王殿轩，卞科 . 储粮熏蒸剂的发展动态与前景 [J]. 粮食储藏，2004，（5）：3–7.

［304］王殿轩，高希武，庞文渌 . 浅圆仓储粮应用磷化氢熏蒸的建议 [J]. 粮食储藏，2004，（2）：3–5.

［305］卢全祥，彭朝兴，董晓欢 . 磷化氢防治高抗性锈赤扁谷盗试验 [J]. 粮食储藏，2005，（3）：14–16.

［306］俞一夫 . PH_3 熏蒸效果探讨 [J]. 粮油食品科技，2005，（2）：19–20.

［307］罗永昶，张新生，沈克锋 . 自制磷化铝熏蒸施药箱实验与应用 [J]. 粮油仓储科技通讯，2005，（3）：38–39.

［308］白青云，曹阳 . 无色书虱在不同 PH_3 浓度下种群灭绝时间的研究 [J]. 粮食流通技术，2005，（5）：23–26.

［309］张怀君，王殿轩，孟彬，等 . 浅圆仓粮面施药磷化氢自然扩散分布研究 [J]. 粮食科技与经济，2005，（1）：33–34.

［310］宋景才，尹洪斌，张志愿 . 新型磷化铝投药器在高大平房仓储粮熏蒸中的应用 [J]. 粮油仓储科技通讯，2005，（2）：33–34.

［311］邸坤，张翠华，孙美侠 . 磷化铝"动态潮解"环流熏蒸技术浅析 [J]. 粮食流通技术，2005，（3）：24–26.

［312］黄志俊，贺德齐，罗中文，等 . 广州地区 PH_3 抗性锈赤扁谷盗的防治 [J]. 粮食科技与经济，2005，（2）：41–42.

［313］王殿轩，陆群，杨继芳，等 . 小麦水分和装满度对磷化氢吸附的影响 [J]. 植物检疫，2005，（5）：264–267.

［314］赵英杰，张来林，游莉莉，等 . 熏蒸剂使用过程中的人身安全保护 [J]. 粮食科技与经济，2005，（2）：39–40.

［315］张来林，陆亨久，尚科旗 . 磷化氢熏蒸杀虫存在的问题及改进措施 [J]. 粮食科技与经济，2005，（5）：38–39.

［316］张春贵，王殿轩，刘学军，等 . 磷化氢膜下自然潮解环流与常规熏蒸比较试验 [J]. 粮食储藏，2005，（6）：17–20.

［317］王殿轩，邝国柱，蒋社才，等 . 平房仓散存稻谷单面封自然潮解磷化氢熏蒸 [J]. 粮食科技与经济，2006，（2）：41–42，45.

［318］刘智 . 一种简单实用的磷化铝动态潮解施药架 [J]. 粮油仓储科技通讯，2006，（1）：27.

［319］何强，栗震宵，陈宝年，等 . 两种熏蒸方法杀虫效果对比试验 [J]. 粮油仓储科技通讯，2006，（5）：40–42.

［320］何强，栗震霄 . 小麦害虫防治效果对比试验 [J]. 粮油食品技术，2006，（6）：14–15.

［321］赵良田，邵同永，陈文平 . 磷化铝残渣处理系统应用 [J]. 粮油仓储科技通讯，2006，（3）：17–18.

［322］周仕胜 . 科学处理磷化铝残渣 [J]. 粮油仓储科技通讯，2006，（2）：19–20.

［323］李本贵，王云松，刘光辉 . 磷化铝药罐处理方法初探 [J]. 粮油仓储科技通讯，2006，（1）：31.

［324］ 卢兴稳，王柳青.自制投药盘通风口投药技术应用［J］.粮油仓储科技通讯，2006，（3）：34-35.

［325］ 王继婷，王殿轩，李佳丽，等.谷蠹的磷化氢抗性及其完全致死浓度与时间研究［J］.河南工业大学学报（自然科学版），2016，（1）：16-22.

［326］ 陆国华，张晓飞.密闭粮堆内有害气体回收应用［J］.中国粮油学报，2006，（3）：339-340.

［327］ 贾克强，郑德兵，王朝平，等.高大平房仓粮面施药自然渗透熏蒸试验［J］.粮食储藏，2007，（5）：25-28.

［328］ 王殿轩，张建军，马晓辉.储粮中书虱的熏蒸防治［J］.河南工业大学学报（自然科学版），2007，（5）：16-21.

［329］ 王善举，陈雷，程永太.磷化氢气体在粮堆中渗透能力的试验［J］.粮油仓储科技通讯，2008，（5）：32-34.

［330］ 张初阳，邢陆军，罗敏，等.包装粮磷化氢熏蒸方式比较［J］.粮食流通技术，2008，（4）：28-31.

［331］ 鲁玉杰，阎巍.小麦中磷化氢残留检测的快速方法的研究［C］//第十届中国科协年会论文集（三）.北京：中国科学技术协会学会学术部，2008.

［332］ 林镇清，林保，许明辉，等.南方地区高大平房仓包装储粮连续两年每年一次磷化氢熏蒸生产性试验报告［J］.粮食储藏，2008，（5）：14-16.

［333］ 王丽娜，林春华.磷化氢熏蒸对泰国香米安全储存的研究［J］.粮油仓储科技通讯，2008，（4）：35-36.

［334］ 汪丽萍，吴树会，宫雨乔，等.反复熏蒸对储藏小麦中磷化氢残留量的影响研究［J］.粮油加工，2009，（11）：80-83.

［335］ 鲁玉杰，闫巍.小麦中磷化氢残留快速检测方法的研究［J］.河南工业大学学报（自然科学版），2009，（2）：26-29.

［336］ 鲁玉杰，石东.磷化氢熏蒸对全麦粉品质的影响［J］.粮油食品科技，2009，（1）：32-34.

［337］ 许建双，王殿轩，陈刚，等.不同磷化氢抗性的赤拟谷盗亚致死浓度下生长发育比较［J］.粮食储藏，2009，（2）：3-6.

［338］ 王殿轩，王利丹，高希武.赤拟谷盗磷化氢抗性和敏感品系的过氧化氢酶活性比较［J］.河南工业大学学报（自然科学版），2009，（4）：4-7.

［339］ 庄波.磷化铝残渣解析处理试验［J］.粮油仓储科技通讯，2010，（2）：35-36.

［340］ 陈民生."五面"薄膜密闭熏蒸试验［J］.粮油仓储科技通讯，2010，（3）：42-43.

［341］ 许明珍，张来林，金剑，等.膜下粮面施药与通风口施药熏蒸效果对比试验［J］.粮食流通技术，2010，（2）：20-21.

［342］ 袁宝友，姚亚东.大型浅圆仓一年一次较低剂量熏蒸储粮试验［J］.粮油仓储科技通讯，2010，（4）：41-43.

［343］ 陆群，王殿轩，陈文正，等.磷化氢抗性锈赤扁谷盗和其他几种害虫的实仓熏蒸效果比较［J］.粮食储藏，2010，（6）：9-12.

［344］ 鲁玉杰，王雄，王争艳，等.储粮害虫磷化氢抗性检测方法研究进展［J］.安徽农业科学，2010，（13）：6752-6754.

［345］ 王殿轩，陈吉汉，周慧星，等.磷化氢对3种储粮书虱致死浓度与时间的比较研究［J］.植物检疫，2010，（2）：9-12.

［346］ 王殿轩，原锴，高希武.赤拟谷盗的磷化氢敏感和抗性品系体内羧酸酯酶的活性比较［J］.昆虫知识，2010，（2）：275-280.

[347] 王殿轩，吴若旻，张晓琳，等.不同磷化氢抗性的米象对多杀菌素的敏感性比较[J].中国粮油学报，2010，（8）：81-84.

[348] 陈吉汉，王殿轩，吴若旻，等.不同磷化氢浓度下3个不同抗性的小眼书虱品系的完全死亡时间[J].河南工业大学学报（自然科学版），2010，（2）：51-54.

[349] 朱建民，王殿轩，孙颖，等.实仓熏蒸磷化氢高抗性赤拟谷盗的研究[J].河南工业大学学报（自然科学版），2011（2）：28-31.

[350] 刘合存，王殿轩，王法林，等.补充施药保持磷化氢浓度熏蒸抗性书虱实仓试验[J].粮食储藏，2011，（1）：13-15.

[351] 胡婷婷，王争艳，卢骞，等.亚致死剂量的磷化氢熏蒸对嗜虫书虱种群生长发育的影响[J].华中昆虫研究，2012，8：131-135.

[352] 王战君，陆爱民，苏宪庆.新型熏蒸药桶在大型散粮仓中的应用研究[J].粮油仓储科技通讯，2012，（5）：31-33.

[353] 金林祥.高大平房仓熏蒸仓仓外散气改造[J].粮油仓储科技通讯，2012，（5）：25.

[354] 王殿轩，徐威，陈吉汉.不同书虱品系的磷化氢半数击倒时间与抗性相关性研究[J].植物检疫，2012，（3）：17-20.

[355] 黄子法，王殿轩，汪灵广，等.补药控制偏高磷化氢浓度熏蒸锈赤扁谷盗生产试验[J].粮食储藏，2012，（3）：6-8.

[356] 胡婷婷，王争艳，卢骞，等.亚致死剂量的PH_3熏蒸对嗜虫书虱种群生长发育的影响[J].河南工业大学学报（自然科学版），2013，（3）：10-13.

[357] 吴建民，金林祥.不同散气方式在平房仓中的应用[J].粮油仓储科技通讯，2013，（6）：23-24.

[358] 刘畅，胡飞，鲁玉杰，等.磷化氢熏蒸对米象抗性相关基因表达的影响[J].安徽农业科学，2013，（15）：6881-6883.

[359] 王殿轩，冷本好，安西友，等.光源及温湿度条件对磷化氢光降解的影响[J].植物检疫，2013，（5）：45-49.

[360] 刘少波.浅析影响磷化铝熏蒸杀虫效果的原因及解决的对策[J].粮食流通技术，2014，（2）：31-33.

[361] 王晶磊，王殿轩，肖雅斌，等.辽宁地区储粮害虫对磷化氢抗性测定及对策研究[J].粮食与饲料工业，2014，（9）：16-18，23.

[362] 郭超，劳传忠，曾伶，等.磷化氢对烟草甲不同虫态的毒力研究[J].粮食储藏，2015，（6）：6-9.

[363] 陈朝，胡晓军，张来林，等.磷化铝丸剂潮解速率的测定研究与应用探讨[J].河南工业大学学报（自然科学版），2015，（3）：81-85.

[364] 马梦苹，尹绍东，张来林，等.不同条件对臭氧紫外灯降解粮库磷化氢熏蒸尾气速率的影响[J].粮食与饲料工业，2015，（9）：17-20.

[365] 李佳丽，王殿轩，崔运祥，等.实仓与模拟熏蒸完全致死磷化氢抗性锈赤扁谷盗试验研究[J].粮食与饲料工业，2016，（5）：12-15.

[366] 胡寰翀，游海洋，王耀武，等.储粮熏蒸过程中磷化氢扩散及分布特性研究[J].粮食储藏，2016，（3）：16-20.

[367] 赵光涛，羿利民，庄久玉，等.浅析磷化氢熏蒸抗药性储粮害虫[J].粮油仓储科技通讯，2016，（4）：44-45.

［368］鲁玉杰，王文铎，王争艳，等.亚致死剂量磷化氢熏蒸对嗜虫书虱性信息素通讯系统的影响[C]//
河南省植物保护学会第十一次、河南省昆虫学会第十次、河南省植物病理学会第五次会员代表大
会暨学术讨论会论文集.郑州：河南省植物保护学会，2017.

［369］金路，辛培防，陈永根，等.磷化氢熏蒸尾气净化试验[J].粮食储藏，2017，（3）：26-29.

［370］王继婷，王殿轩，赵海鹏，等.磷化氢对小麦中玉米象致死效果的研究[J].植物保护，2017，（1）：
106-111.

［371］刘天德，王继婷，费书平，等.磷化氢对不同抗性水平害虫的熏杀效果研究[J].粮油仓储科技通讯，
2017，（2）：36-38.

［372］金路，张思根，陈永根，等.平房仓磷化氢熏蒸尾气处理与气体成分分析[J].粮食储藏，2018，（2）：19-22.

［373］朱延光，严晓平，何洋，等.富氮低氧条件下200 mL/m³磷化氢熏蒸杀虫效果分析研究[J].粮食储藏，
2018，（5）：1-5.

［374］谢光松，郭辉.磷化铝局部埋藏熏蒸试验[J].粮油仓储科技通讯，2019，（4）：40-42.

［375］董玉尧，金会宁，陈先山.房式仓磷化铝环流熏杀害虫试验[J].粮油仓储科技通讯，1992，（2）：
27-29.

［376］张承光，于健，唐舜功.立筒储粮仓内环流熏蒸杀虫技术初探[J].中国粮油学报，1993，（3）：11-13.

［377］杨忠廉.环流熏蒸杀灭储粮害虫技术[J].粮油仓储科技通讯，1993，（1）：32-36.

［378］吕建华，刘勤，胡树田，等.立筒仓磷化氢环流熏蒸杀虫试验[J].中国粮油学报，1994，（4）：19-24.

［379］张来林，赵英杰，张昭，等.筒仓内环流熏蒸杀虫方法的研究[J].粮食储藏，1994，（4）：7-11.

［380］孙乃强.PH₃环流熏蒸杀虫技术研究与推广[J].粮食储藏，1995，（4）：15-17.

［381］谌洪毛，刘能兔，谢吾元.储粮环流熏蒸杀虫试验报告[J].粮油仓储科技通讯，1995，（1）：34-36.

［382］吴德明，陈胜希.房式仓粮堆膜下通风及熏蒸技术的研究[J].粮食储藏，1995，（4）：17-23.

［383］黄文革，荣安全，叶伟玉.侧翼梳式风网环流熏蒸系统的研究与应用[J].粮食储藏，1996，（1）：
40-44.

［384］苏贤君.关于PH₃机械通风环流熏蒸的几点质疑[J].粮食储藏，1996，（4）：46-49.

［385］邹建华.环流熏蒸防治抗性害虫技术初探[J].粮油仓储科技通讯，1997，（4）：35-36.

［386］俞一夫，周景星.PH₃环流熏蒸可行性探讨[J].粮食储藏，1997，（1）：43-49.

［387］邬初齐，黎金凤，兰义亭，等.固定隧道式仓外投药环流熏蒸装置试验探讨[J].粮油仓储科技通讯，
1997，（6）：31-33.

［388］郭中泽，王怀胜，曲海峰，等.储藏小麦环流熏蒸试验[J].粮油仓储科技通讯，1998，（1）：39-
40，51.

［389］周长金.用黑色管道进行环流熏蒸的杀虫试验[J].粮食储藏，1998，（5）：18-20.

［390］章荣，柏光富，易银祥.管道环流熏蒸技术的研究与应用[J].粮食储藏，1998，（4）：18-23.

［391］沈晓明，程荣，陈金银，等.卧式风道的环流熏蒸试验[J].粮油仓储科技通讯，1998，（6）：21-23.

［392］夏宝莹，张学东，藏叔娟.高仓储粮环流熏蒸试验[J].粮油仓储科技通讯，1999，（2）：22-25.

［393］王清和.房式仓粮堆膜下通风与环流熏蒸共用系统改造试验[J].粮食储藏，1999，（2）：42-46.

［394］白旭光.磷化氢钢瓶剂型熏蒸技术[J].粮油仓储科技通讯，1999，（4）：38-43.

［395］蒋晓云，储兆和，陈先山.房式仓PH₃内外环流熏蒸杀虫技术的研究[J].粮油仓储科技通讯，
1999，（5）：25-29.

[396] 赵英杰，张来林，李超斌，等．磷化铝自然潮解环流熏蒸生产性试验报告 [J]. 粮食储藏，2000，（2）：27–32.

[397] 姜永嘉．粮仓环流熏蒸技术知识介绍 [N]. 郑州：粮油市场报，2000–10–03（2）.

[398] 孙广建，郑理芳．磷化氢环流熏蒸杀虫技术应用的探讨 [J]. 粮油仓储科技通讯，2000，（6）：23–25.

[399] 王殿轩．磷化氢环流熏蒸的基本要求 [J]. 粮食储藏，2000，（5）：29–35.

[400] 张来林，赵英杰，冯常诗，等．储粮磷化氢环流熏蒸配套设备及技术在平房仓应用试验报告 [J]. 粮食流通技术，2000，（1）：29–32.

[401] 张立力，霍洪媛，赵志永，等．立筒库磷化氢环流熏蒸模型的研究 [J]. 粮食储藏，2000，（1）：27–32.

[402] 高彬彬，沈天翔，金宗铨，等．平房仓磷化氢膜下环流熏蒸技术的应用研究 [J]. 粮食储藏，2000，（6）：41–48.

[403] 刘建国，周勤和，朱峰，等．磷化氢环流熏蒸试验报告 [J]. 粮食储藏，2000，（4）：24–27.

[404] 姜汉东，陈占玉．高大平房仓内环流熏蒸新技术初探 [J]. 粮食储藏，2001，（2）：31–33.

[405] 王殿轩．磷化氢环流熏蒸技术应用中需注意的几个问题 [J]. 粮食储藏，2001，（1）：35–41.

[406] 陶自沛，汝俊起，崔丽芳．环流熏蒸在筒仓和浅圆仓中的应用 [J]. 粮油仓储科技通讯，2001，（2）：27–30.

[407] 张来林，王大枚，李林杰．浅圆仓磷化氢环流熏蒸生产性杀虫试验 [J]. 郑州工程学院学报，2001，（4）：24–30.

[408] 刘长生，高树成，邓会超，等．浅圆仓环流熏蒸实验报告 [J]. 粮油仓储科技通讯，2001，（4）：15–17.

[409] 吕军仓．浅议环流熏蒸和常规熏蒸的对比 [J]. 粮油仓储科技通讯，2001，（6）：30–31.

[410] 张继顺，章俊宏，吴先山，等．检测 PH_3 浓度指导立筒仓内环流熏蒸试验 [J]. 粮油仓储科技通讯，2001，（3）：29–31.

[411] 赵英杰，张来林，骆文，等．大型平房仓包装粮环流熏蒸初报 [J]. 粮食流通技术，2001，（5）：30–32.

[412] 杨龙德，杨自力，蒋天科，等．膜下环流熏蒸对抗性储粮害虫的防治效果 [J]. 粮食储藏，2001，（2）：34–39.

[413] 孙建利，段玉亭．磷化氢环流熏蒸技术在高大平房仓中的运用 [J]. 粮油仓储科技通讯，2001，（5）：16–17.

[414] 张来林，赵英杰，朱国强，等．采用两种产气方式进行 PH_3 环流熏蒸的生产性试验 [J]. 粮食流通技术，2001，（3）：21–24.

[415] 陈福生．高大房式仓两种不同环流熏蒸进气系统的使用 [J]. 粮油仓储科技通讯，2001，（5）：22.

[416] 张来林，赵英杰，张玉荣，等．新建平房仓磷化氢环流熏蒸杀虫试验 [J]. 粮食储藏，2001，（3）：27–28.

[417] 程兰萍．高大平房仓磷化氢环流熏蒸杀虫技术研究 [J]. 郑州工程学院学报，2001，（3）：30–35.

[418] 熊迎春，徐军平，崔福发，等．高大平房仓包装储粮环流熏蒸试验 [J]. 粮油仓储科技通讯，2001，（5）：18–19，21.

[419] 郑超杰，白旭光，田书普，等．浅圆仓环流熏蒸应用技术及熏蒸效果 [J]. 粮食流通技术，2001，（3）：25–28.

[420] 李玉杰．高大平房仓环流效果初探 [J]. 粮油仓储科技通讯，2001，（5）：20–21.

[421] 杨自力，蒋天科．高大平房仓膜下环流管道的埋设应用 [J]. 粮油仓储科技通讯，2001，（6）：45.

［422］陈大相，张劲松．高大平房仓密封及环流熏蒸技术探讨［J］. 粮油仓储科技通讯，2001，（6）：25-29.

［423］王效国．磷化氢环流熏蒸技术在高大房式仓中的应用［J］. 粮食储藏，2001，（2）：25-30.

［424］江燮云，聂恒勇，汤兆林，等．仓内装配式磷化氢环流熏蒸技术在高大平房仓中的应用［J］. 粮油仓储科技通讯，2001，（2）：31-34.

［425］邢九菊，谢运凤．高大平房仓粮面投药的 PH₃ 环流熏蒸生产应用报告［J］. 粮食储藏，2001，（3）：19-21.

［426］雷丛林，姚宏，李林杰，等．立筒仓磷化氢环流熏蒸试验［J］. 粮食储藏，2001，（4）：36-41.

［427］吴玉民，杜峰，郝进先．环流熏蒸风机降温实验［J］. 粮油食品科技，2001，（6）：7-8.

［428］张来林，赵英杰，李昭，等．浅谈磷化氢环流熏蒸技术的应用［J］. 郑州工程学院学报，2001，（2）：25-30.

［429］白旭光，田书普，黄淑霞，等．新型平房仓环流熏蒸系统环流效果的研究［J］. 粮食储藏，2001，（4）：29-35.

［430］凌德福，刘现成，郑绍锋．高大平房仓 PH₃ 环流熏蒸试验［J］. 粮食储藏，2001，（6）：29-31.

［431］国家粮食储备局．中央直属储备粮库环流熏蒸技术质量要求［J］. 粮油仓储科技通讯，2001，（1）：22.

［432］国家粮食储备局．磷化氢环流熏蒸技术规程（试行）［J］. 粮油仓储科技通讯，2001，（1）：23-27.

［433］王殿轩．仓房气密性与磷化氢环流熏蒸用药量及浓度的相关性［J］. 粮食储藏，2002，（4）：11-15.

［434］谭大文，黎逊昂．环流熏蒸防治抗性储粮害虫的效果研究［J］. 粮食储藏，2002，（4）：15-18.

［435］李素梅，许登彦，曹秀珠，等．高大平房仓 PH₃ 环流熏蒸与常规熏蒸比较［J］. 粮食科技与经济，2002，（4）：41-42.

［436］严骏．因地制宜做好膜下环流熏蒸试验［J］. 粮油仓储科技通讯，2002，（5）：31-32.

［437］薛广县．包装粮磷化氢环流熏蒸试验报告［J］. 粮油仓储科技通讯，2002，（5）：8-9.

［438］陈基彬，黄仿全，农海珠，等．磷化氢膜下环流熏蒸应用试验报告［J］. 粮油仓储科技通讯，2002，（3）：32-33.

［439］陈晓群，吴晓江，刘伟．间歇投药法在 SIROCIRC 熏蒸系统应用研究［J］. 粮油仓储科技通讯，2002，（4）：15-17.

［440］乔昕．用导气管解决环流熏蒸杀虫不彻底的问题［J］. 粮油仓储科技通讯，2002，（6）：44.

［441］陈明．磷化氢无二氧化碳环流熏蒸试验报告［J］. 粮食储藏，2002，（6）：20-22.

［442］刘福保，刘军，朱华国．高大平房仓两种施药方式的环流熏蒸试验［J］. 粮食储藏，2002，（3）：38-39，42.

［443］陈识涛，付文忠．高大平房仓磷化氢环流熏蒸应用研究［J］. 粮油仓储科技通讯，2002，（2）：20-22.

［444］周祥．浅谈磷化氢熏蒸用药应注意的几个问题［J］. 粮油仓储科技通讯，2002，（5）：22-23.

［445］徐永安，苏营轩，胡晶明，等．彩板屋盖平房仓膜下环流熏蒸生产性试验［J］. 粮油仓储科技通讯，2002，（6）：18-19.

［446］易世孝，王丰富，游红光，等．高大平房仓环流熏蒸 PH₃ 气体分布均匀性及杀虫效果试验［J］. 粮油仓储科技通讯，2002，（6）：22-23.

［447］袁奎．环流熏蒸技术在浅圆仓中的应用［J］. 粮食储藏，2002，（1）：22-24.

［448］胡德新．环流熏蒸在低粮温情况下的应用［J］. 粮食储藏，2002，（6）：13-14，19.

［449］董元堂，邓忆滨，张华阳，等．钢结构高大平房仓环流熏蒸试验报告［J］. 粮油食品科技，2002，（1）:6-8.

［450］ 赵英杰，张来林，施济中 . 一种安全实用的磷化氢环流熏蒸施药方法：动态潮解法 [J]. 粮食储藏，2002，（2）：28-30.

［451］ 程新胜，范方兵 . 几种药剂对烟草甲的生物活性评价 [J]. 粮油仓储科技通讯，2002，（5）：24-25，36.

［452］ 程兰萍，李秀昌 . 普通房式仓磷化氢仓内环流熏蒸杀虫试验报告 [J]. 郑州工程学院学报，2002，（2）：55-58.

［453］ 肖建，黄林海，罗勇，等 . 无通风道的基建房式仓膜下环流熏蒸试验 [J]. 粮食储藏，2002，（6）：23-24，27.

［454］ 孟永青，李秀昌，杨广义，等 . 磷化氢环流熏蒸生产应用报告 [J]. 粮食流通技术，2002，（3）：33-35，45.

［455］ 江燮云，聂恒勇，汤兆林，等 . 仓内装配式磷化氢环流熏蒸技术在高大平房仓中的应用 [C]// 中国粮油学会第二届学术年会论文选集（综合卷）. 北京：中国粮油学会，2002.

［456］ 孙耕，李华 . 仓外发生器与粮面投药相结合环流熏蒸的实仓杀虫试验 [J]. 粮油仓储科技通讯，2002，（5）：26-27.

［457］ 李林杰，陶琳岩，叶丹英 . 浅圆仓环流熏蒸环流时间及间隔时间的确定 [J]. 粮食流通技术，2002，（3）：29-32.

［458］ 卓国锋，陈彬 . 新建平房仓环流熏蒸杀虫试验 [J]. 粮油仓储科技通讯，2002，（6）：20-21.

［459］ 孟永青，李秀昌，杨广义，等 . 磷化氢环流熏蒸生产应用报告 [J]. 粮食流通技术，2002，（3）：33-35，45.

［460］ 江汉忠，缪庆朝，束旭强 . 膜下缓释环流熏蒸试验 [J]. 粮油仓储科技通讯，2002，（6）：30-31.

［461］ 张来林，赵英杰，白国强 . 新建平房仓包装粮环流熏蒸杀虫试验 [J]. 粮食储藏，2002，（3）：19-22.

［462］ 张来林 . 环流熏蒸的磷化铝动态潮解法 [J]. 郑州工程学院学报，2002，（4）：64-67，79.

［463］ 李林杰，王大枚，陶琳岩，等 . 钢屋盖浅圆仓环流熏蒸试验报告 [J]. 粮食储藏，2002，（4）：19-24.

［464］ 李正刚，陈小红 . 磷化氢环流熏蒸杀虫技术应用 [J]. 粮油仓储科技通讯，2002，（4）：36-38.

［465］ 蒋宗伦，周兴明，范威，等 . 运用单管风机进行膜下环流熏蒸的可行性试验 [J]. 粮油仓储科技通讯，2002，（4）：18-20.

［466］ 张来林，李超彬，赵英杰，等 . 新建平房仓磷化氢环流熏蒸杀虫试验 [J]. 粮食科技与经济，2002，（2）：27-28.

［467］ 韩赣东，朱福宝，王纪军，等 . 低温条件下 PH_3 环流熏蒸杀虫效果的研究 [J]. 粮油仓储科技通讯，2002，（6）：32-34.

［468］ 易世孝，盛宏贤，王丰富，等 . 高大平房仓磷化铝动态潮解环流熏蒸试验 [J]. 粮油仓储科技通讯，2003，（4）：26-28.

［469］ 沈宗海，邓其全，宋在亮，等 . 高大平房仓环流熏蒸系统设计与应用 [J]. 粮食储藏，2003，（5）：15-17.

［470］ 崔建国，李国强，章剑，等 . 轴流风机循环熏蒸技术初探 [J]. 粮食科技与经济，2003，（5）：39-40.

［471］ 罗崇海 . 密闭粮堆膜下通风与环流熏蒸技术的运用 [J]. 粮食科技与经济，2003，（3）：39-40.

［472］ 沈晓明，陈恩余，陈金银，等 . 卧式风道环流熏蒸技术的研究与应用 [J]. 粮食储藏，2003，（2）：33-35.

［473］ 曲荣军，常大礼 . 高大平房仓膜下环流熏蒸效果分析 [J]. 粮食流通技术，2003，（1）：27-28.

[474] 周长金，马明君，李锡伟，等．不同气密性对环流熏蒸效果的影响 [J]．粮食储藏，2003，（5）：21-23.

[475] 刘潭金．环流熏蒸技术研究与应用 [J]．粮食科技与经济，2003，（3）：38-44.

[476] 肖少香，任震眠，周雄伟，等．常规环流熏蒸与混合环流熏蒸对比试验 [J]．粮食科技与经济，2003，（2）：39-40.

[477] 曹阳，郭忠建，邱丽华．嗜虫书虱磷化氢敏感品系和抗性品系在不同磷化氢浓度下的种群灭绝时间研究 [J]．粮食储藏，2003，（5）：3-7，10.

[478] 戴学谦，杨文风．房式仓内环流装置改造技术 [J]．粮食科技与经济，2003，（4）：39-46.

[479] 程兰萍，李秀昌．普通房式仓磷化氢仓内环流熏蒸杀虫技术研究 [J]．粮油仓储科技通讯，2003，（5）：33-35.

[480] 史兆国，周健，辛玉红．磷化铝动态潮解膜下环流熏蒸生产性试验 [J]．粮食储藏，2003，（4）：26-28.

[481] 盛中国，宫能凯，刘道祥，等．PH_3 环流熏蒸粮面投药和仓外发生器施药应用效果之比较 [J]．粮油仓储科技通讯，2003，（3）：31-33.

[482] 刘春华，谢维治，冷逸林，等．普通房式仓环流熏蒸的生产性试验报告 [J]．粮食储藏，2003，（4）：11-14.

[483] 丁传林，周帮新，胡敬忠，等．仓外与粮面联合施药磷化氢环流熏蒸试验 [J]．粮食储藏，2003，（3）：21-23.

[484] 庞和诚，黄雄伟，田智军，等．高大平房仓储粮熏蒸效果分析 [J]．粮油仓储科技通讯，2003，（5）：32-35.

[485] 李志永，张墨青．高大平房仓 AlP 动态潮解环流熏蒸生产应用报告 [J]．粮油仓储科技通讯，2003，（3）：29-30.

[486] 刘海丽，刘俊明．磷化铝动态潮解膜下环流熏蒸法研究与应用 [J]．粮食储藏，2003，（2）：36-38.

[487] 朱其才，王新，王军，等．环流熏蒸技术在高大平房仓中的应用 [J]．粮食储藏，2003，（1）：19-21.

[488] 杨永拓．高大拱板仓粮面压盖、环流熏蒸和机械通风综合试验 [J]．粮油仓储科技通讯，2003，（4）：12-14.

[489] 王殿轩．磷化氢环流熏蒸有效应用的几个关键 [J]．粮食储藏，2003，（2）：29-32.

[490] 崔建国．移动式 PH_3 环流熏蒸杀虫技术在高大平房仓中的应用 [J]．粮油仓储科技通讯，2003，（1）：27-29.

[491] 张坤，蒋斌．房式仓竹笼膜下内环流熏蒸技术初探 [J]．粮油仓储科技通讯，2003，（4）：31-32.

[492] 张来林．环流熏蒸的磷化铝动态潮解法 [C]// 全面建设小康社会：中国科技工作者的历史责任：中国科协 2003 年学术年会论文集（上）．沈阳：中国测绘学会，2003.

[493] 凌德福，刘现成，周杰生，等．老式高大平房仓环流熏蒸应用报告 [J]．粮食储藏，2003，（5）：24-25，29.

[494] 庞宗飞，颜志强，邱丽华，等．立筒仓局部环流熏蒸杀虫试验 [J]．粮食储藏，2004，（6）：34-36.

[495] 郑天阳，宫庆，李江伟，等．AlP 动态潮解膜下环流熏蒸的探讨与应用 [J]．粮油仓储科技通讯，2004，（2）：35-36.

[496] 施广平，李军，袁华清，等．高大平房仓膜下缓释、间歇环流熏蒸的综合应用 [J]．粮油仓储科技通讯，2004，（3）：31-32.

［497］周天智,许哲华,宋锋,等.高大平房仓膜下双层风网机械通风环流熏蒸储粮 [J].粮食储藏,2004,（1）：13–17.

［498］刘道富,梁庆文,邢衡建,等.高大平房仓 PVC 管膜下环流熏蒸试验 [J].粮油仓储科技通讯,2004,（6）：34–36.

［499］刘达祥，洪鸿，张立新.高大平房仓 PH_3 膜下环流熏蒸试验 [J].粮油仓储科技通讯，2004，（6）：35–36.

［500］余国良.老房式仓膜下环流熏蒸试验 [J].粮食科技与经济，2004，（5）：32–33.

［501］原锴，方丽，王殿轩.对磷化氢环流熏蒸技术应用的一些建议 [J].垦殖与稻作，2004，（1）：41–42.

［502］熊鹤鸣，江焱清，李仲平."五面隔热"膜下环流控温储粮技术及应用 [J].粮油仓储科技通讯，2005，（6）：10–13.

［503］邸坤，张翠华，孙美侠.磷化铝"动态潮解"环流熏蒸技术浅析 [J].粮食流通技术，2005，（3）：24–26.

［504］张春贵,王殿轩,刘学军,等.磷化氢膜下自然潮解环流与常规熏蒸比较试验 [J].粮食储藏,2005,（6）：17–20.

［505］孙新华，周庆刚，李文华.可拆卸分气箱式动态潮解膜下环流熏蒸系统的应用研究 [J].粮油仓储科技通讯，2005，（6）：9–10.

［506］周长金，马明君.间歇投药环流熏蒸杀虫效果试验 [J].粮油仓储科技通讯，2005，（3）：25–26.

［507］郑天阳，冯靖夷，宫庆，等.磷化氢环流熏蒸杀虫最低密闭时间的研究 [J].粮油仓储科技通讯，2006，（2）：44–46.

［508］王诚良，蒋友明，蒋世勤.改移动式环流熏蒸系统为地下固定式无二氧化碳环流熏蒸系统 [J].粮油仓储科技通讯，2006，（3）：28–29.

［509］白玉兴.浅埋大型房式仓磷化氢环流熏蒸试验研究 [J].粮食储藏，2006，（3）：26–28.

［510］苏立新，徐杰，陈志刚，等.浅圆仓磷化氢环流熏蒸生产性试验 [J].粮油加工，2006，（11）：65–67.

［511］徐军，张松阳，谯先华，等.膜下垂直管道网络环流熏蒸试验 [J].粮油仓储科技通讯，2006，（6）：41–43.

［512］邓命军，杨杰，许志强.储粮环流熏蒸系统调质通风试验 [J].粮食科技与经济，2006，（6）：42–43.

［513］崔存清.AlP 动态潮解膜下环流熏蒸技术应用及比较 [J].粮油仓储科技通讯，2006，（3）：23–24.

［514］王梅权，刘志敏，梁洪礼.老式仓房通风口投药动态潮解膜下环流技术研究 [J].粮油仓储科技通讯，2007，（3）：38–40.

［515］谢维治，黄思华，张奕群，等.南方地区高大平房仓环流熏蒸应用试验 [J].粮食储藏，2007，（5）：19–21.

［516］苏立新，徐杰，陈志刚，等.浅圆仓磷化氢环流熏蒸成本的研究 [J].粮油加工，2007，（12）：107–109.

［517］张来林，陈忠南，林金火，等.风道投药动态潮解法环流熏蒸实仓试验 [J].河南工业大学学报（自然科学版），2008，（3）：29–32.

［518］云顺忠，汪超杰.PH_3 膜下环流熏蒸杀虫试验 [J].粮油仓储科技通讯，2008，（3）：29–31.

［519］张信斌，牛世增，刘阳，等.环流熏蒸杀虫技术有效模式的研究与探讨 [J].粮油仓储科技通讯，2008，（5）：35–37.

［520］ 范磊，张兴梅．土堤仓储粮磷化氢环流熏蒸工艺与应用 [J]．粮食储藏，2008，（3）：12–15.

［521］ 陆群，闫汉书，张建军．高大平房仓磷化铝粮面投药单边环流熏蒸的实仓应用研究 [J]．粮食流通技术，2008，（5）：24–26.

［522］ 张初阳．立筒仓磷化氢仓外投药环流熏蒸试验报告 [J]．粮油仓储科技通讯，2008，（2）：36–38.

［523］ 王海涛，陈占玉，李峰，等．高大平房仓储粮次年免熏蒸的探索 [J]．粮油仓储科技通讯，2008，（4）：33–34.

［524］ 李彪．半地下高大平房仓磷化氢环流熏蒸生产性试验 [J]．粮油仓储科技通讯，2008，（5）：38–43.

［525］ 周天智，高兴明，彭明文，等．双膜冷气囊膜下环流熏蒸应用研究 [J]．粮食储藏，2008，（1）：11–14.

［526］ 刘新喜，冯靖夷，姜杰，等．磷化氢环流熏蒸杀虫最低密闭时间的研究 [J]．粮食流通技术，2008，（1）：26–28，39.

［527］ 蔡育池，孙清辉，刘育森．局部膜下环流熏蒸试验报告 [J]．粮油仓储科技通讯，2008，（2）：34–35.

［528］ 张学文，刘国和，于晓辉，等．分装沟网式膜下环流熏蒸新技术的开发与应用 [J]．粮食储藏，2008，（1）：15–19.

［529］ 陈俊营，崔栋义，孟称．利用膜下环流系统均衡粮温的试验研究 [J]．粮油仓储科技通讯，2009，（3）：12–14.

［530］ 刘经甫，王强，谢周军，等．利用混合环流熏蒸技术防治锈赤扁谷盗的试验 [J]．粮油仓储科技通讯，2009，（1）：40–42.

［531］ 唐留顺，王爱良，吴月亮．高大平房仓不同形式的环流熏蒸试验 [J]．粮油仓储科技通讯，2009，（3）：30–32.

［532］ 祁正亚，姚亚东，李应祥，等．浅圆仓环流熏蒸磷化氢气体在粮堆内分布规律的研究 [J]．粮食储藏，2009，（5）：29–32.

［533］ 谢振宇，王伶俐，赵起军，等．钢板浅圆仓磷化铝自然潮解整仓环流熏蒸技术应用 [J]．粮油仓储科技通讯，2009，（5）：35–36.

［534］ 刘朝伟，吕建华，徐勇．缓释环流熏蒸防治磷化氢抗性害虫应用研究 [J]．粮食储藏，2010，（1）：14–16.

［535］ 温生山．浅圆仓磷化氢环流熏蒸试验 [J]．粮油仓储科技通讯，2010，（6）：33–35.

［536］ 崔栋义，王娜．高大平房仓气密性改造对环流熏蒸效果的影响 [J]．粮油仓储科技通讯，2010，（1）：39–43.

［537］ 王文波，安学义，兰井生，等．高大平房仓仓内膜下环流综合控温技术试验 [J]．粮油仓储科技通讯，2011，（4）：14–15，21.

［538］ 李兰芳，凌建．三种不同熏蒸方式对储粮害虫防治效果比较 [J]．粮食储藏，2011，（6）：13–14，22.

［539］ 李成．浅圆仓环流熏蒸系统改造试验报告 [J]．粮油仓储科技通讯，2011，（2）：30–31，36.

［540］ 赖新华，郭谊，林镇清，等．膜下环流熏蒸在高大平房仓的应用 [J]．粮食储藏，2011，（4）：21–24.

［541］ 汪宁，王旭峰．磷化氢环流熏蒸生产性应用研究 [J]．粮油食品科技，2011，（4）：55–56.

［542］ 郭均钧，郭兴海．环流熏蒸管道的选材和安装对稻谷储藏的影响 [J]．粮食流通技术，2011，（6）：19–21.

［543］ 邹立新，周栋，杨曙光，等．立筒仓环流熏蒸和机械通风技术改造与储粮试验 [J]．粮食储藏，2011，（4）：17–20.

［544］ 金林祥 . 高大平房仓熏蒸仓仓外散气改造 [J]. 粮油仓储科技通讯，2012，（5）：25.

［545］ 李松伟，刘进吉，曾卓，等 . 环流熏蒸技术在高大浅圆仓中的应用 [J]. 农业机械，2012，（27）：86–90.

［546］ 冯明远，王旭 . 平房仓膜下环流低温储粮技术应用 [J]. 粮油仓储科技通讯，2012，（6）：15–18.

［547］ 梁敬波，袁辉 . 膜下环流熏蒸与常规熏蒸对比研究 [J]. 粮油仓储科技通讯，2012，（1）：44–50.

［548］ 陆爱民，王战君，苏宪庆 . 包围散仓房膜下环流熏蒸试验报告 [J]. 粮油仓储科技通讯，2012，（3）：25–26，29.

［549］ 李丹青 . 浅圆仓环流结合缓释熏蒸防治储粮害虫试验 [J]. 粮油仓储科技通讯，2014，（5）：38–40.

［550］ 王毅，郭长江，宋涛，等 . 粮堆内部结构对通风降水与环流熏蒸的影响研究 [J]. 粮油仓储科技通讯，2014，（5）：30–32.

［551］ 沈邦灶，张云峰，赵会义，等 . 磷化氢横向环流熏蒸技术在稻谷储藏中的应用 [J]. 粮油食品科技，2015，（S1）：64–69.

［552］ 陈志民，蔡水木 . 包装粮膜下环流熏蒸试验 [J]. 粮油仓储科技通讯，2015，（3）：28–30，54.

［553］ 徐永安 . 环流熏蒸施药与安全探讨 [J]. 粮食储藏，2015，（4）：51–53.

［554］ 杨旭，赵会义，张文龙，等 . 小麦高大平房仓磷化氢横向环流熏蒸技术研究 [J]. 粮油食品科技，2015，（S1）：70–74.

［555］ 高玉树 . 装粮高度 8 m 的超高大平房仓环流熏蒸技术应用效果 [J]. 粮食储藏，2016，（2）：16–20，56.

［556］ 史钢强 . 高大平房仓智能膜下环流及开放环流控温试验 [J]. 粮油仓储科技通讯，2016，（1）：38–43，46.

［557］ 黄东阳，吴问君，李刚，等 . 环流熏蒸系统环流方向改进试验 [J]. 粮食储藏，2017，（3）：30–32，41.

［558］ 卓成加，杨超，叶胜，等 . 福建地区拱板仓膜下环流熏蒸杀虫试验 [J]. 粮油仓储科技通讯，2017，（5）：34–36，52.

［559］ 韩志强，林乾，张景，等 . 浅圆仓内环流熏蒸中磷化氢浓度分布规律研究 [J]. 粮食储藏，2018，（4）：20–23.

［560］ 张友兰 . 对缓释熏蒸防治储粮害虫的一点改进意见 [J]. 粮油仓储科技通讯，1989，（3）：48–47.

［561］ 张立力，韩炳炎，樊风廷，等 . 磷化氢缓释熏蒸中的气体分布均匀性与实仓熏蒸有效性的研究 [J]. 郑州粮食学院学报，1990，（4）：38–45.

［562］ 杨年震，袁德柱，吴梅松 . 缓释块防治书虱技术的研究 [J]. 粮食储藏，1991，（5）：20–23.

［563］ 倪国础，金兆仁 . CW– 磷化铝同步缓释器的制作和使用 [J]. 粮油仓储科技通讯，1992，（5）：19–21.

［564］ 吴天荣，杨水添 . 包装大米缓释熏蒸密闭储藏试验 [J]. 粮油仓储科技通讯，1994，（5）：32–33.

［565］ 郭俊，董铭奇，王毓灿 . 房式尖底仓的准低温与磷化铝缓释补充熏蒸技术研究 [J]. 粮油仓储科技通讯，1994，（6）：15–18.

［566］ 王殿轩，曹阳，吴存荣，等 . 仓底混合和仓顶缓释熏蒸筒仓试验 [J]. 粮食储藏，1995，（4）：3–7.

［567］ 李永和，蒋中柱 . 磷化铝缓释熏蒸密闭储藏面粉防虫保鲜的研究 [J]. 粮食储藏，1997，（4）：9–14.

［568］ 庞宗飞，陈碧祥 . 包装原粮磷化铝缓释熏蒸技术探讨 [J]. 粮食储藏，1997，（5）：11–15.

［569］ 邓文家，陈其恩 . 低氧低剂量磷化铝缓释熏蒸与低氧储粮防治害虫 [J]. 粮油仓储科技通讯，1997，（2）：31–33.

［570］ 阮启错，林萱，林赛芝，等 . 磷化铝缓释熏蒸防治小麦中的螨类 [J]. 粮食储藏，1999，（5）：10–13.

［571］ 万拯群．磷化氢缓释、间歇、气流、低氧综合熏蒸的探讨［J］. 粮食储藏，1999，（3）：20-24.

［572］ 李新，黄青明，李霆，等．磷化铝潮解与多级缓释相结合熏蒸防治害虫的试验［J］. 粮油仓储科技通讯，2001，（2）：35-36，38.

［573］ 周南珍．高密闭低剂量缓释熏蒸的应用［J］. 粮油仓储科技通讯，2001，（6）：16-18.

［574］ 贾胜利，张富强，于树友，等．高大平房仓 PH_3 低剂量缓释防治储粮害虫试验［J］. 粮食储藏，2001，（5）：13-16.

［575］ 刘春华，江泽奴，田元方．磷化氢缓释熏蒸的生产性试验报告［J］. 粮食储藏，2001，（1）：23-26.

［576］ 郑绍锋． PH_3 与 CO_2 混合与缓释结合熏蒸在高大平房仓的应用［J］. 粮油仓储科技通讯，2002，（3）：40-41.

［577］ 左进良．包装粮薄膜密闭磷化铝低剂量缓释熏蒸［J］. 粮食流通技术，2003，（1）：25-26，40.

［578］ 王学高，孙肖冬，姜汉东．利用内环流回风管道进行 AlP 低剂量缓释熏蒸试验［J］. 粮油仓储科技通讯，2003，（3）：27-28，44.

［579］ 苏立新，徐杰，秦可忠．磷化氢缓释熏蒸杀虫技术的合理应用［J］. 粮食与食品工业，2003，（4）：50-51，61.

［580］ 汪向刚，黄志俊，贺德齐，等．二级缓释熏蒸在六面密闭粮堆中的应用［J］. 粮食储藏，2006，（2）：17-19.

［581］ 谢维治，黄思华，张奕群，等．高大平房仓间歇熏蒸技术应用试验［J］. 粮油仓储科技通讯，2006，（4）：22-24.

［582］ 罗中文，麦智华，冷逸林，等．常规与二级缓释相结合熏蒸防治害虫的试验［J］. 粮油仓储科技通讯，2011，（2）：37-38，41.

［583］ 鲁玉杰，王磊，王争艳，等．缓释技术对储粮书虱混合引诱剂引诱效果的影响［J］. 粮食储藏，2012，（1）：10-12.

［584］ 姜武峰，彭新华，曾斌．低剂量磷化铝间歇熏蒸防治长角谷盗的研究［J］. 粮油仓储科技通讯，1990，（5）：37-39.

［585］ 王向古，王军哲．整仓交替混合低剂量间歇熏蒸试验研究［J］. 粮食储藏，1992，（3）：18-21.

［586］ 林文剑，林进福，林萱，等．磷化铝间歇熏蒸防治鱼粉螨类的研究［J］. 粮食储藏，1994，（6）：14-16.

［587］ 王映忠，张成金，李森，等．仓外混合熏蒸机间歇熏杀啮虫目仓虫的试验［J］. 粮油仓储科技通讯，1995，（2）：25-26，30.

［588］ 张建新，雷乙声，张翠红．磷化铝仓外施药间歇熏蒸防治谷蠹的实践［J］. 粮油仓储科技通讯，1998，（5）：28-29.

［589］ 孙贵林，安小庄．AlP 间歇熏蒸储粮害虫致死效果的实验［J］. 粮油仓储科技通讯，1998，（1）：36-38.

［590］ 山西省临汾市粮食局．磷化铝间歇熏蒸对储粮害虫致死效果的实验与应用［J］. 粮油仓储科技通讯，1999，（6）：35-36.

［591］ 王运西，任国强，韩建平，等．土堤仓仓外施药间歇熏蒸新技术研究［J］. 粮油仓储科技通讯，2001，（4）：21-22.

［592］ 李少雄，马六十．磷化铝间歇熏蒸对锈赤扁谷盗致死效果研究［J］. 粮食储藏，2003，（5）：8-10.

［593］ 王柏青，路茜玉，陆安邦．磷化氢和二氧化碳混合气调对土耳其扁谷盗成虫毒杀作用的研究［J］. 郑州粮食学院学报，1990，（3）：42-51.

［594］郑亚林，蔡荣家，朱茂林，等 . 浅谈露天储粮 PH_3 与 CO_2 混合机械熏蒸杀虫 [J]. 粮油仓储科技通讯，1993，（1）：43–45.

［595］李森，孙恒奇，申福厂 . 磷化氢与二氧化碳混合熏蒸试验报告 [J]. 郑州粮食学院学报，1993，（2）：63–65.

［596］蒯福记，陈启宗，陆安邦 . 磷化氢、二氧化碳及低氧、二氧化碳混合熏蒸对腐食酪螨成螨毒杀作用的研究 [J]. 郑州粮食学院学报，1994，（1）：30–38.

［597］阎永生，陆安邦，周承彦，等 . 低二氧化碳和低磷化氢混合熏蒸储粮害虫和害螨的研究 [J]. 郑州粮食学院学报，1994，（1）：20–29.

［598］金克彪 . 密封粮堆中 PH_3 与 CO_2 混合熏蒸杀虫试验 [J]. 粮油仓储科技通讯，1995，（1）：32–33.

［599］朱思明，胡双平，滕继飞，等 . PH_3 与 CO_2 混合熏蒸储粮害虫的生产性试验报告 [J]. 粮食储藏，1996，（2）：10–13.

［600］蒯福记，陈启宗，陆安邦 . 磷化氢、二氧化碳混合气体对腐食酪螨成螨的生物学效应 [J]. 昆虫学报，1995，（1）：13–19.

［601］蒯福记，李文泉，陆安邦 . 磷化氢、二氧化碳混合熏蒸对腐食酪螨卵毒杀作用的研究 [J]. 郑州粮食学院学报，1995，（1）：84–88.

［602］朱师明，滕继飞，潘高远，等 . 关于 PH_3 与 CO_2 混合熏蒸试验报告 [J]. 粮油仓储科技通讯，1995，（4）：25–28.

［603］陆安邦，郑峰才，焦爱琴，等 . 磷化氢、二氧化碳混合熏蒸原理及应用 [J]. 粮食科技与经济，1996，（2）：25–27.

［604］王传锋，李森，王新秋 . 高温密闭小麦采用 PH_3 与 CO_2 混合熏蒸试验 [J]. 粮油仓储科技通讯，1997，（4）：29–30，36.

［605］阎孝玉，杨年震，吴梅松，等 . PH_3 与 CO_2 混合熏蒸防治椭圆食粉螨试验报告 [J]. 粮食储藏，1997，（5）：16–20.

［606］唐耿新，刘献捷，李发辉，等 . 磷化氢、二氧化碳混合熏蒸防治储粮害虫试验 [J]. 武汉食品工业学院学报，1998，（1）：40–44.

［607］孙景禄，张志雄，刘海峰，等 . PH_3 与 CO_2 混合熏蒸露天垛防治 PH_3 抗性储粮害虫 [J]. 粮食储藏，1998，（2）：3–7.

［608］李素梅，李锁成 . PH_3 与 CO_2 混合增效熏蒸防治 PH_3 抗性害虫研究 [J]. 粮食储藏，1998，（4）：3–8.

［609］黄淑霞，白旭光，蔡静平，等 . 磷化氢、二氧化碳混合钢瓶剂型实仓应用技术研究 [J]. 中国粮油学报，1998，（3）：54–58.

［610］李浩，费炳新，张志海 . PH_3、CO_2 混合熏蒸处理地下仓粮食发热试验 [J]. 粮油仓储科技通讯，1999，（4）：32–34.

［611］张云峰，田宝英 . 二氧化碳对磷化氢杀虫增效作用的探讨 [J]. 粮油仓储科技通讯，1999，（3）：38–40.

［612］贾胜利，杨洁，张振明，等 . 磷化氢与二氧化碳混合熏蒸储藏面粉杀螨抑菌试验报告 [J]. 粮食储藏，2000，（4）：18–23.

［613］王殿轩，石云庆，吴小平 . 高温对 PH_3 与 CO_2 混合熏蒸杀虫增速增效作用的研究 [J]. 粮油仓储科技通讯，2000，（5）：37–42.

［614］王金龙，付文忠 . 浅谈 PH_3 与 CO_2 混合熏蒸技术 [J]. 粮油仓储科技通讯，2000，（4）：41–42，46.

[615] 程显栋.立筒库 PH₃ 与 CO₂ 混合熏蒸及微气流熏蒸试验 [J].粮食储藏，2001，（5）：23-25.

[616] 钟良才，李汉洲，凡红砚，等.高大平房仓预埋管道进行 PH₃ 与 CO₂ 混合熏蒸试验 [J].粮油仓储科技通讯，2001，（1）：17-19.

[617] 孙乃强.PH₃ 与 CO₂ 混合熏蒸杀虫 [J].粮油仓储科技通讯，2002，（3）：37-38.

[618] 贾章贵，郭道林，邓刚，等.PH₃+5%CO₂ 用于高仓熏蒸研究 [J].粮食储藏，2002，（6）：15-19.

[619] 王殿轩，石庆云，吴小平，等.高温对磷化氢和二氧化碳混合熏蒸杀虫增速增效作用的研究 [J].粮食储藏，2002，（3）：11-15.

[620] 韩明涛.浅圆仓磷化氢与二氧化碳环流熏蒸试验报告 [J].粮油仓储科技通讯，2002，（5）：10-30.

[621] 蒋国斌，梅建峰，史东斌，等.探管网分布气体的膜下 PH₃ 与 CO₂ 混合熏蒸试验 [J].粮食储藏，2005，（4）：8-10，21.

[622] 杨兴中，李光涛，李燕羽，等.PH₃ 与 CO₂ 混合气体在钢筋混凝土仓膜下环流熏蒸试验 [C]// 第八届国际储藏物气调与熏蒸大会论文集.成都：中国粮油学会.2008.

[623] 张汝彬，吴冰.磷化氢与敌敌畏混合使用熏杀螨类 [J].粮油仓储科技通讯，1989，（2）：39.

[624] 许宝华，王三杰，张国林.密闭粮堆磷化铝与敌敌畏混合剂防治锈赤扁谷盗 [J].粮油仓储科技通讯，1993，（6）：24-26.

[625] 周天智，高鹏，马文斌，等.大型房式仓 PH₃ 与 DDVP 环流混合熏蒸试验 [J].粮食储藏，1994，（5）：9-13.

[626] 王效国.磷化氢与敌敌畏混合熏蒸杀虫试验 [J].粮食储藏，1999，（2）：10-14.

[627] 张亚非，张炳美，徐五喜，等.关于三剂混合熏蒸杀虫的探讨 [J].粮油仓储科技通讯，2001，（1）：38-39.

[628] 付友德，付国胜，蔡新青."四合一"综合熏蒸杀虫的试验与体会 [J].粮油仓储科技通讯，2001，（2）：37-38.

[629] 徐硕.高大平房仓磷化铝与敌敌畏粮面施药混合熏蒸杀虫试验 [J].粮油仓储科技通讯，2001，（4）：34-35.

[630] 王明卿.敌敌畏、磷化铝单用和混用防治害虫试验 [J].粮油仓储科技通讯，2002，（3）：34-35.

[631] 王勇，黄青明，赵兴元，等.敌敌畏与磷化氢混合环流熏蒸对书虱的防治效果 [J].粮油仓储科技通讯，2002，（4）：32-33.

[632] 孙建利，宋彦荣.粮膜密闭仓杀虫技术探讨 [J].粮油仓储科技通讯，2002，（4）：34-35.

[633] 戴维超，王涛.DDVP 烟剂与 AlP 混合熏蒸防治长角扁谷盗 [J].粮油仓储科技通讯，2003，（3）：25-26.

[634] 姜元启，姜仲维，徐硕.DDVP 与 AlP 自然潮解环流熏蒸杀虫试验 [J].粮油仓储科技通讯，2004，（1）：41-43.

[635] 丁传林，张雄，周帮新，等.高大平房仓敌敌畏与磷化铝粮面混合施药环流熏蒸试验 [J].粮食流通技术，2004，（3）：14-16，22.

[636] 果玉茹，王文波，兰井生，等.敌敌畏、酒精、磷化氢混合环流熏蒸防治书虱试验 [J].粮食储藏，2004，（5）：12-14.

[637] 刘合存，韩建平，任国强，等.敌敌畏、酒精、磷化氢、混合环流熏蒸防治书虱试验 [J].粮食流通技术，2004，（2）：21-23.

［638］牛新生，任中成，蒋阿定，等．高大连体包装仓磷化氢与敌敌畏烟剂混合环流熏蒸试验 [J]. 粮食流通技术，2007，（5）：25-27.

［639］黄春发，袁爱新，秦学堂，等．PH₃ 与 DDVP 混合环流熏蒸防治书虱 [J]. 粮油仓储科技通讯，2007，（1）：35-36.

［640］张勇，杨国宝，齐俊甫，等．应用敌敌畏、酒精结合不同种磷化铝施药方式防治书虱、锈赤扁谷盗生产试验 [J]. 粮油仓储科技通讯，2010，（2）：44-47.

［641］卢雄，肖铨器．高粮位机械通风与磷化铝、氯化苦低剂量混合熏蒸杀虫试验报告 [J]. 粮油仓储科技通讯，1994，（3）：18-21.

［642］吴梅松．浅谈磷化铝与氯化苦混合熏蒸防治储粮害虫 [J]. 粮油仓储科技通讯，1995，（6）：23-24.

［643］万拯群，邹建华．多种熏蒸剂混合下行式吸风熏蒸的研究 [J]. 粮食储藏，2001，（6）：15-18.

［644］赵发进，玉琪．浅谈磷化铝和氯化苦外环流熏蒸 [J]. 粮油仓储科技通讯，2003，（6）：24-25.

［645］杜锐．氯化苦和磷化铝混合常规熏蒸初探 [J]. 粮油仓储科技通讯，2003，（4）：46.

［646］王开湘，张善干，李百胜，等．溴甲烷与磷化铝混合熏蒸万吨散装粮船的效果 [J]. 粮油仓储科技通讯，2000，（1）：25-27.

［647］朱仁康，林国璠，刘阿庆，等．大型立筒库 PH₃ 环流熏蒸杀虫技术的研究 [J]. 粮食储藏，1992，（6）：10-17.

［648］孙瑞，张承光，刘春和，等．立筒仓熏蒸技术研究 [J]. 粮食储藏，1994，（4）：18-23.

［649］张来林，赵英杰，张昭，等．筒仓内环流熏蒸杀虫方法的研究 [J]. 粮食储藏，1994，（4）：7-11.

［650］孙瑞，管良华，张承光，等．立筒仓储粮熏蒸技术研究 [J]. 中国粮油学报，1995，（2）：22-24，34.

［651］张涌泉，苏营轩．利用粮堆微气流熏蒸高大立筒仓储粮害虫的试验 [J]. 粮食储藏，1996，（5）：3-6.

［652］赵英杰，张来林，田书普，等．浅谈筒仓的熏蒸方法及对筒仓气密性要求 [J]. 粮食储藏，1997，（4）：3-8.

［653］赵英杰，张来林，姜永嘉．浅谈筒仓的熏蒸方法及对筒仓气密性要求 [J]. 粮食流通技术，1998，（2）：30-35，42.

［654］邓命军，杨杰，姜立军．立筒仓环流熏蒸杀虫试验 [J]. 粮油仓储科技通讯，1999，（2）：18-21.

［655］张来林，赵英杰，王金水，等．粮食筒仓的熏蒸杀虫系统 [J]. 粮油仓储科技通讯，1999，（3）：25-30.

［656］张立力，霍洪媛，赵志永，等．立筒库磷化氢环流熏蒸模型的研究 [J]. 粮食储藏，2000，（1）：27-32.

［657］庞宗飞，颜志强，邱丽华，等．立筒仓局部环流熏蒸杀虫试验 [J]. 粮食储藏，2004，（6）：34-36.

［658］赵英杰，张国民，张来林．立筒仓害虫防治策略 [J]. 粮油食品科技，2007，（3）：29-31.

［659］邹立新，周栋，杨曙光，等．立筒仓环流熏蒸和机械通风技术改造与储粮试验 [J]. 粮食储藏，2011，（4）：17-20.

［660］严平贵，陈茂占．气流双循环熏蒸降温储粮技术试验 [J]. 粮油仓储科技通讯，1992，（4）：12-16.

［661］张晓仕，张四海，康世全，等．利用循环气流囤外施药熏杀露天储粮害虫 [J]. 粮油仓储科技通讯，1992，（3）：32-37.

［662］吕建华，刘勤，胡树田，等．中型立筒仓共用管道熏蒸杀虫通风降温试验 [J]. 中国粮油学报，1993，（2）：6-10.

［663］吴峡，严晓平，杨大成，等．粮仓局部通风与局部环流熏蒸 [J]. 粮食储藏，2001，（4）：25-28.

［664］范国利．房式仓机械通风降温与内环流熏蒸技术的综合应用 [J]. 粮油仓储科技通讯，2002，（2）：29-30.

[665] 张学文，全国红，范发文.膜下通风熏蒸一体化新技术的开发应用[J].粮食科技与经济，2004，（6）：35-37.

[666] 朱家明.关于粮堆径向通风排湿施药管道技术的实验报告[J].粮油仓储科技通讯，2006，（4）：20-21.

[667] 邹立新，周栋，杨曙光，等.立筒仓环流熏蒸和机械通风技术改造与储粮试验[J].粮食储藏，2011，（4）：17-20.

[668] 沈波，刘益云，赵建江，等.平房仓横向通风系统分区环流熏蒸应用研究[J].粮食储藏，2016，（5）：32-36.

[669] 沈邦灶，王飞.环流熏蒸在横向通风系统中的应用研究[J].粮仓储藏，2016，（4）：31-34.

[670] 严平贵.介绍一种敌敌畏药剂作空仓消毒的最佳方法[J].粮油仓储科技通讯，1989，（2）：20-19.

[671] 江苏省溧阳市竹簧粮管所.敌敌畏药糠覆盖粮堆表层防虫防热辐射实仓试验[J].粮油仓储科技通讯，1992，（4）：34-37.

[672] 王殿轩.敌敌畏与甲醛单独及混合熏蒸杀虫比较研究[J].郑州粮食学院，1995，（2）：40-44.

[673] 罗来凌，麦焕民，劳耀然，等.敌敌畏气化环流熏蒸的初步研究[J].粮食储藏，1995，（4）：8-10.

[674] 李传喜.敌敌畏循环熏蒸技术的试验[J].粮油仓储科技通讯，1995，（3）：20-21，24.

[675] 曾德银，王殿轩，陈保富，等.高大平房仓DDVP空仓杀虫效果检测[J].粮食科技与经济，2003，（6）：35-36.

[676] 林光庆，杨泽桂，尹光良.自制DDVP缓释块诱杀书虱与螨的试验[J].粮油仓储科技通讯，2004，（3）：42-46.

[677] 李顺.采用敌敌畏雾化发生器防治储粮害虫的探索[J].粮油仓储科技通讯，2006，（3）：43.

[678] 吕龙，周刚.DDVP缓释块诱、捕杀粮堆中书虱试验[J].粮油食品科技，2007，（6）：27-28.

[679] 唐培安，邓永学，王进军，等.甲酸乙酯控制储粮害虫研究进展[J].粮食储藏，2006，（1）：13-17.

[680] 唐培安，邓永学，王进军，等.模拟仓中甲酸乙酯对4种储粮害虫的熏蒸活性研究[J].粮食储藏，2007，（1）：3-6.

[681] 王殿轩，郜智贤，国娜，等.二氧化碳对甲酸乙酯熏蒸米象和赤拟谷盗的毒力增效作用[J].河南工业大学学报（自然科学版），2009，（1）：1-5.

[682] 唐培安，宋伟，张婷.甲酸乙酯对锯谷盗的熏蒸活性研究[J].粮食储藏，2010，（6）：3-5.

[683] 王殿轩，刘炎，郜智贤，等.甲酸乙酯对不同磷化氢抗性水平赤拟谷盗的毒力比较[J].植物检疫，2010，（3）：23-26.

[684] 徐丽，贺艳萍，陈思思，等.甲酸对谷蠹乙酰胆碱酯酶及酯酶活性的影响[J].粮食储藏，2010，（2）：7-9.

[685] 高昆亮，李金甫，蔡万伦，等.甲酸乙酯和乙酸乙酯分别与辣根素原油混配对赤拟谷盗成虫的联合毒力[J].粮食储藏，2010，（6）：6-8，12.

[686] 王斌，王殿轩，唐多，等.甲酸乙酯的施药高度对仓内空间杀虫效果的影响[J].植物检疫，2011，（4）：22-26.

[687] 徐国淦，陈仲梅，赵森，等.硫酰氟熏蒸应用技术的开发研究[J].粮食储藏，2001，（1）：12-18.

[688] 徐国淦，山广利，姜盛杰，等.硫酰氟对储粮害虫活性及残留量实验研究[J].粮食储藏，2006，（5）：15-18.

[689] 徐国淦，姜盛杰.硫酰氟在我国发展和防治仓储害虫的研究[J].粮油仓储科技通讯，2006，（2）：39-43.

［690］严晓平，许胜伟，张娟，等 . 硫酰氟熏蒸稻谷实仓示范试验研究 [J]. 粮食储藏，2008，（5）：6-9.

［691］吴国刚，俞伟良，郑细祥，等 . 硫酰氟熏蒸防治储粮害虫应用试验 [J]. 粮油仓储科技通讯，2011，（2）：32-36.

［692］罗正有，徐玉琳，曹宇，等 . 硫酰氟与磷化铝在储粮熏蒸中的对比试验 [J]. 粮油仓储科技通讯，2017，（3）：35-37.

［693］严晓平，穆振亚，李丹丹，等 . 硫酰氟防治储粮害虫研究和应用进展 [J]. 粮食储藏，2018，（4）：15-19.

［694］周业平，周忠祥，张栋，等 . 硫酰氟在重庆地区粮仓熏蒸杀虫中的应用 [J]. 粮食储藏，2018，（3）：21-23，27.

［695］陆安邦 . 异硫氰酸甲酯作为谷物熏蒸剂 [J]. 粮食科技与经济，1994，（3）：18.

［696］陈春武，谢令德，陈雅群，等 . 烯丙基异硫氰酸酯的熏蒸毒力研究 [J]. 粮食储藏，2012，（3）：3-5.

［697］李隆术，张肖薇，郭依泉 . 不同温度下低氧高二氧化碳对腐食酪螨的急性致死作用 [J]. 粮食储藏，1992，（5）：3-7.

［698］杨庆询 . CO 杀虫初步研究 [J]. 粮油仓储科技通讯，2002，（3）：39-43.

［699］杨胜华，王亚南，徐小珠 . 二硫化碳与四氯化碳混合熏蒸防治谷蠹试验 [J]. 粮食储藏，2001，（5）：17-19.

［700］李振雄，曹斌，官文斌，等 . CS_2 与 CCl_4 混合熏蒸防治储粮害虫试验 [J]. 粮油仓储科技通讯，2002，（3）：36.

［701］张建军，曲贵强，李燕羽，等 . 高纯氮气对储粮害虫致死效果的研究 [J]. 粮食储藏，2007，（5）：11-14.

［702］许德存 . 一机两廒氮气防治储粮害虫技术在高大平房仓中的应用 [J]. 粮油仓储科技通讯，2006，（4）：9-12.

［703］陆宗西，张华阳，董元堂 . 控温充氮气调杀虫应用试验 [J]. 粮食储藏，2013，（6）：10-12.

［704］唐培安，邓永学，王进军，等 . 模拟仓中甲酸乙酯对 4 种储粮害虫的熏蒸活性研究 [J]. 粮食储藏，2007，（1）：3-6.

［705］王强，严晓平，张娟，等 . 95% 以上氮气防治储粮害虫的应用研究 [J]. 粮油仓储科技通讯，2009，（4）：31-35.

［706］唐培安，侯晓燕，宋伟，等 . 氮气与甲酸乙酯混合熏蒸对锯谷盗的毒力研究 [J]. 粮食储藏，2013，（5）：3-6.

［707］陈启宗，蒯福记，于立群，等 . 电石气对腐食酪螨成螨毒杀作用的研究 [J]. 郑州粮食学院学报，1993，（3）：1-4.

［708］杨胜华，王亚南，金应贵，等 . "熏杀净"实仓杀灭储粮害虫试验报告 [J]. 四川粮油科技，1996，（4）：50-51，53.

［709］莫正忠，李中林，黎扬，等 . 熏杀净防治储粮害虫的实验报告 [J]. 粮油仓储科技通讯，2001，（1）：40-41，48.

［710］方耀添，郑行茂 . 大批量湿热处理矮腥病麦麸皮的监测技术工作 [J]. 粮油仓储科技通讯，1990，（3）：39-43.

［711］徐国淦 . 仓储害虫检疫 [J]. 粮食储藏，1991，（1）：22-24.

［712］ 上海市粮食储运公司,中国上海动植物检疫所. 环氧乙烷与 CO_2 混合熏蒸小麦矮腥黑穗病菌试验 [J]. 粮食储藏, 1991, （4）: 41–45.

［713］ 张承光. 环氧乙烷熏杀小麦矮腥黑穗病方法分析 [J]. 粮食储藏, 1991, （5）: 45–47.

［714］ 徐国淦. 仓储害虫检疫 [J]. 粮食储藏, 1994, （Z1）: 100–105.

［715］ 刘新春, 陈艺. 进口小麦中矮腥黑穗病的检疫和灭菌处理 [J]. 粮食储藏, 1998, （3）: 9–14.

［716］ 卢志恒, 王圆, 吴品珊, 等. 应用电子辐照技术灭活小麦矮腥菌的研究报告 [J]. 中国粮油学报, 2000, （3）: 59–62.

［717］ 周肇蕙, 严进. 大豆疫病种子带菌和传病研究 [J]. 粮食储藏, 2001, （6）: 3–6.

［718］ 刘新春. 接收和处理进口 TCK 小麦的方法与设施 [J]. 粮油仓储科技通讯, 2002, （5）: 43–44.

［719］ 喻梅, 谢令德, 徐广文, 等. 六种检疫性储粮豆象防治研究进展 [J]. 粮食储藏, 2006, （6）: 9–12.

［720］ 莫仁浩, 吴佳教. 菜豆象入侵风险及检疫对策探讨 [J]. 粮食储藏, 2006, （6）: 13–15.

［721］ 周圆, 王筱筱, 黄雷, 等. 入境粮谷产品外来有害生物监测及安全性分析 [J]. 粮油食品科技, 2013, （1）: 33–37.

［722］ 冯佑富, 周业平, 张栋, 等. 平房仓硫酰氟浓度渗透衰减规律初探 [J]. 粮食储藏, 2019, （1）: 24–27, 38.

［723］ 唐觉. 糠矽粉杀虫效果试验 [J]. 浙江农学院院报, 1956, （2）.

［724］ 姚康. 除虫菊及其在防治仓库害虫的应用 [J]. 粮食科学技术通讯, 1959, （4）.

［725］ 黄瑞纶, 俞菊卿, 刘伊玲. 关于用药剂拌和粮食防治储粮害虫问题 [J]. 粮食科学技术通讯, 1959, （3）.

［726］ 黄瑞纶, 俞菊卿, 刘伊玲, 等. 林丹粉剂拌合储粮防治害虫的研究 [J]. 植物保护学报, 1962, （2）: 51–64.

［727］ 张宗炳, 曹泽溥, 姜永嘉. 昆虫不育性药剂的生物测定法 [C]// 中国昆虫学会 1962 年学术讨论会会刊: 会议论文集. 广州: 中国植物保护学会生物入侵分会, 1962, （2）.

［728］ 张宗炳. 昆虫不育性药剂及其生理机制 [J]. 植物保护, 1964, （6）: 271–274.

［729］ 何其名, 张国梁. 关于用药剂拌和粮食防治储粮害虫问题. 粮食科学技术通讯 [J], 1963, （3）.

［730］ 何其名, 郝跃山. 马拉硫磷、除虫菊素对防治花生害虫的试验 [C]//1963 年华东昆虫学术讨论会会刊. 上海: 上海市昆虫学会, 1964: 105.

［731］ 湖北罗田县粮食局. 应用马拉硫磷 – 林丹混合粉剂拌和粮食防治储粮害虫效果调查 [J]. 粮油科技通讯, 1966, （1）.

［732］ 湖北省粮食厅科学研究所. 马拉硫磷粉剂及马拉硫磷、林丹混合粉剂防治储粮害虫的试验 [J]. 粮油科技通讯, 1966, （4–5）.

［733］ 商业部四川粮食储藏科学研究所. 辛硫磷等十三种杀虫剂对储粮害虫的毒数 [J]. 四川粮油科技, 1974, （2）.

［734］ 四川省什邡县云西粮站, 四川省泸县福集粮站, 四川省粮食局科学研究所虫药组. 辛硫磷粉剂拌合储粮防治害虫的研究: （一）生产试验一年的效果 [J]. 四川粮油科技, 1975, （1）: 1–13.

［735］ 四川省粮食局科学研究所. 关于应用马拉硫磷乳剂喷洒粮食防治仓库害虫的情况 [J]. 四川粮油科技, 1977, （4）: 37–50.

［736］ 四川医学院卫生毒理教研组, 四川省粮食局科学研究所. 辛硫磷在粮食中最高允许残留量标准的研究 [J]. 四川粮油科技, 1977, （4）: 10–16, 26.

［737］ 四川省粮食局科学研究所虫药组 . 粮食入仓前用马拉硫磷喷雾处理防治害虫效果及其残留研究的情况 [J]. 四川粮油科技，1978，（2）：25-30.

［738］ 覃章贵 . 马拉硫磷在粮油中残留量测定 [J]. 四川粮油科技，1978，（2）：29-31.

［739］ 中国科学院动物所 . 辛硫磷防护储粮害虫 [J]. 粮油科技，1978.

［740］ 浙江省粮食科学研究所 . 新贮粮害虫防护剂的研究 [J]. 粮食贮藏，1979，（2）：18-30.

［741］ 浙江省粮食科学研究所 . 防护剂杀螟硫磷在粮食中残留的消失试验 [J]. 粮食贮藏，1979，（3）：11-14.

［742］ 檀先昌，覃章贵，呼玉山 . 以碱盐焰离子鉴定器测定粮食中的辛硫磷残留 [J]. 粮食贮藏，1980，（2）：32-36.

［743］ 代学敏，张式俭，覃章贵，等 . 以火焰光度气相色谱法测定辛硫磷在粮食中的残留方法研究 [J]. 粮食贮藏，1980，（3）：40-45.

［744］ 覃章贵，李前泰，耿天彭 . 杀虫畏在玉米、小麦中残留量的测定（酶薄层层析法）[J]. 粮食贮藏，1980，（1）：12-17.

［745］ 浙江省粮食科学研究所 . 马拉硫磷施药方法试验报告 [J]. 粮食贮藏，1981，（4）：25-32.

［746］ 张国梁 . 影响防护剂药效的因素 [J]. 粮食贮藏，1981，（3）：19-26.

［747］ 张国梁，徐宝正，李衍洪，等 . 仓虫防护剂对种用品质影响的研究 [J]. 粮食贮藏，1982，（3）：11-16，55.

［748］ 耿天彭 . 谷物保护剂仓贮磷和甲基毒死蜱 [J]. 粮食贮藏，1982，（5）：44-49.

［749］ 江苏省溧阳县竹箦粮站 . 杀灭菊酯、溴氰菊酯的实仓实验 [J]. 粮食储藏，1983，（4）.

［750］ 云昌杰 . 湖北20年来应用马拉硫磷防治储粮害虫的总结 [J]. 粮食储藏，1983，（2）.

［751］ 朱跃炳，张振球 . 绿豆象对溴氰菊酯敏感性的试验 [C]// 第三次全国粮油储藏学术会文选 . 成都：全国粮油储藏科技情报中心站，商业部四川粮食储藏科学研究所，1984.

［752］ 艾汉青，聂守明，徐家杰，等 . 溴氰菊酯防治储麦害虫的研究 [C]// 第三次全国粮油储藏学术会文选 . 成都：全国粮油储藏科技情报中心站，商业部四川粮食储藏科学研究所，1984.

［753］ 张国梁，李衍洪，傅宝康 . 防治谷蠹的防护剂筛选研究 [C]// 第三次全国粮油储藏学术会文选 . 成都：全国粮油储藏科技情报中心站，商业部四川粮食储藏科学研究所，1984.

［754］ 张振球 . 马拉硫磷、甲基嘧啶硫磷对绿豆象四种虫态的药效试验 [C]// 第三次全国粮油储藏学术会文选 . 成都：全国粮油储藏科技情报中心站，商业部四川粮食储藏科学研究所，1984.

［755］ 刘维春 . 防虫磷防治储粮害虫的应用技术 [J]. 粮食储藏，1984，（2）：1-5.

［756］ 钱明，巫桂新，张振球 . 四种拟除虫菊酯与马拉硫磷对几种仓库害虫的毒力测定 [J]. 粮食储藏，1984，（3）：7-11.

［757］ 王学勤 . 浅谈马拉硫磷的应用与抗性发展 [J]. 粮食储藏，1984，（6）.

［758］ 浙江省萧山县粮食局 . 农村应用"防虫磷砻糠药"储粮效果好 [J]. 粮食储藏，1984，（1）：16-17.

［759］ 覃章贵，呼玉山，沈兆鹏，等 . 马拉硫磷对储粮害虫的防治 [C]// 商业部四川粮食储藏科学研究所科研报告论文集（1968-1985）. 成都：全国粮油储藏科技情报中心站，1985.

［760］ 江若兰，陈丽珍，等 . 小麦水分和储藏温度对辛硫磷分解的影响 [C]// 商业部四川粮食储藏科学研究所科研报告论文集（1968-1985）. 成都：全国粮油储藏科技情报中心站，1985.

［761］ 檀先昌，杨大成，李前泰，等 . 马拉硫磷、溴氰菊酯及其混合剂对几种仓库害虫毒效的研究 [J]. 粮食储藏，1985，（5）：7-10.

［762］ 檀先昌，杨大成，李前泰，等．马拉硫磷和溴氰菊酯混合使用防治储粮害虫的生产试验［J］. 粮食储藏，1985，（6）：9-16，19.

［763］ 檀先昌，李前泰，杨大成，等．仓储磷处理贮粮防治害虫的生产试验［J］. 粮食储藏，1985，（2）：1-5.

［764］ 耿天彭，吴峡．仓贮磷对谷蠹、玉米象和杂拟谷盗的毒力［J］. 粮食储藏，1985，（2）：11-13.

［765］ 陈嘉东，芦如松，吴任成．溴氰菊酯与防虫磷混用防治农户储粮害虫［J］. 粮食储藏，1985，（5）：15-19.

［766］ 张国梁，李前泰，魏洪恩，等．防护剂甲基嘧啶硫磷防治储粮害虫的研究［C］// 中国粮油学会储藏专业学会第一届年会学术交流论文．成都：中国粮油学会储藏专业学会，1986.

［767］ 张国梁，李前泰，魏洪恩，等．防护剂杀螟松防治储粮害虫的研究［C］// 中国粮油学会储藏专业学会第一届年会学术交流论文．成都：中国粮油学会储藏专业学会，1986.

［768］ 杨大成，覃章贵，戴学敏，等．立筒仓储粮施用保护剂防虫试验［J］. 粮食储藏，1986，（3）：25-27.

［769］ 杨大成，李前泰．施药前谷物内的害虫数量对马拉硫磷等保护剂防虫效果的影响［J］. 粮油仓储科技通讯，1986，（1）：17-22.

［770］ 姜永嘉，黄淑霞，臧永臧．应用凯素灵防治储粮害虫的试验报告［J］. 郑州粮食学院学报，1986，（3）：46-52.

［771］ 张玉岗，孙秀华，姜永嘉，等．新型储粮保护剂甲嘧硫磷防治储粮害虫的应用试验［J］. 郑州粮食学院学报，1986，（3）：22-31.

［772］ 余树南，周炳川，张建业．溴氰菊酯拌粮防虫试验［C］// 中国粮油学会储藏专业学会第一届年会学术交流论文．成都：中国粮油学会储藏专业学会，1986.

［773］ 华德坚，陈嘉东，张新府，等．几种谷物防护剂在广东的药效试验报告［C］// 中国粮油学会储藏专业学会第一届年会学术交流论文．成都：中国粮油学会储藏专业学会，1986.

［774］ 俞国英，林江．不同粒度的马拉硫磷药糠在稻谷中残留消失动态研究［C］// 中国粮油学会储藏专业学会第一届年会学术交流论文．成都：中国粮油学会储藏专业学会，1986.

［775］ 耿天彭．谷物保护剂混配防治仓库害虫［J］. 粮油仓储科技通讯，1986，（2）：44-48.

［776］ 张国梁，李衍洪，徐宝正，等．储粮害虫防护剂"防虫磷"推广应用总结［J］. 粮油仓储科技通讯，1986，（5）：9-12.

［777］ 李前泰，檀先昌，杨大成，等．防护剂杀螟硫磷处理储粮的药效研究［J］. 粮食储藏，1987，（5）：30-36.

［778］ 李前泰，覃章贵，檀先昌，等．甲基嘧啶硫磷拌合稻谷生产试验防虫效果［J］. 粮食储藏，1987，（3）：8-12.

［779］ 吴峡，耿天彭．溴氰菊酯与马拉硫磷混合使用对玉米象、杂拟谷盗的室内毒力分析［J］. 粮食储藏，1987，（4）：13-18.

［780］ 云昌杰．防虫磷拌粮防虫技术应用推广工作总结［J］. 粮油仓储科技通讯，1987，（4）：35-36.

［781］ 陈金辉．防虫磷与磷化氢混合防治的应用技术初探［J］. 粮油仓储科技通讯，1987，（4）：37-38.

［782］ 陆莲英．甲基嘧啶硫磷残留量气相色谱法响应值影响因子的试验［J］. 粮食储藏，1987，（5）：37-42.

［783］ 杨大成，檀先昌，李前泰，等．防护剂杀螟硫磷在谷物中的残留试验［J］. 粮食储藏，1988，（3）：29-33.

［784］ 张立力．防虫磷对杂拟谷盗成虫体内乙酰胆碱酯酶抑制作用的研究［J］. 郑州粮食学院学报，1987，（1）：70-74.

［785］张立力．用半衰期理论指导最佳保护剂及其施用剂量的选用 [J]．郑州粮食学院学报，1987，（3）：83–86．

［786］张立力，胡双平，李勇．有机磷杀虫剂对四种粮仓害虫作用机制的研究 [J]．郑州粮食学院学报，1988，（3）：40–46．

［787］李一锡，李国庆．立筒库中施用防虫磷防治储粮害虫试验 [J]．粮油仓储科技通讯，1989，（3）：5–7．

［788］李一锡．立筒库位差液压喷施防虫磷试验 [J]．粮油仓储科技通讯，1989，（6）：18–22．

［789］檀先昌，李雁声．土农药毒力测定及空仓消毒初报 [J]．粮食储藏，1989，（6）：39–47．

［790］杨年震，吴梅松．机械通风与防虫磷配合使用试验报告 [J]．粮油仓储科技通讯，1989，（6）：53–55．

［791］李前泰，耿天彭，杨大成，等．甲基毒死蜱对谷物种子发芽力影响的研究 [J]．粮油仓储科技通讯，1989，（5）：35–38．

［792］梁权，陈嘉东，华德坚，等．华南通风低温与施用保护剂防治储粮害虫的研究 [J]．粮食储藏，1991，（3）：9–16，21．

［793］杨大成，覃章贵，檀先昌，等．甲基毒死蜱处理稻谷生产性试验的药效研究 [J]．粮食储藏，1991，（3）：36–41．

［794］杨大成，戴学敏，冉丽，等．甲基毒死蜱在稻谷中的残留研究 [J]．粮食储藏，1991，（3）：41–45．

［795］张建军，李海华．虫螨磷等四种杀虫剂对粉尘螨的毒力 [J]．粮食储藏，1991，（3）：16–20．

［796］李衍洪，俞国英，林江，等．甲基毒死蜱防治储粮害虫药效与残留试验报告 [J]．粮食储藏，1991，（3）．

［797］李兴谦，徐昌能，冉亨铭．甲基毒死蜱处理稻谷、小麦的田间试验 [J]．粮食储藏，1991，（3）：50–53．

［798］田建国，孙丽萍．甲基毒死蜱与虫螨磷对粗足粉螨与转开肉食螨的毒力测定 [J]．粮食储藏，1991，（4）：31–36．

［799］甄晟，李玉民，庞占永．粮堆表层"回字式"应用防虫磷施药技术 [J]．粮油仓储科技通讯，1992，（2）：25–27．

［800］易平炎，李会新，胡章华，等．几种新型谷物保护剂对储粮害虫的防效研究 [J]．粮食储藏，1992，（2）：15–20．

［801］张国梁．储粮杀虫剂应用进展 [J]．粮油仓储科技通讯，1993，（6）：12–14．

［802］李前泰．溴氰菊酯三种制剂的主要用途及使用方法 [J]．粮油仓储科技通讯，1993，（5）：20–21．

［803］黄辉，胡金才，王仲基，等．溴氰菊酯实仓防治储粮害虫试验 [J]．粮油仓储科技通讯，1993，（6）：14–17．

［804］李衍洪，俞国英，朱锷霆，等．机械通风结合防护剂防治虫害研究 [J]．粮食储藏，1993，（2）：14–20．

［805］熊涤生．薄膜密闭与防虫磷配合防虫技术的探讨 [J]．粮油仓储科技通讯，1993，（5）：27–28．

［806］蒋庆慈，黄辅元，姜武峰，等．三种防护剂混配防治储粮害虫的研究 [J]．粮油仓储科技通讯，1993，（1）：45–47．

［807］张国梁．高效安全的新防护剂杀虫松 [J]．粮油仓储科技通讯，1994，（6）：53．

［808］张国梁．储粮害虫防护剂应用技术进展 [J]．粮食储藏，1994，（Z1）：15–23．

［809］陆安邦．异硫氰酸甲酯作为谷物熏蒸剂 [J]．粮食经济与科技，1994，（3）：18．

［810］黄火炬，唐学军，林耀中．储粮径向通风、密闭"保粮安"防护综合试验 [J]．粮油仓储科技通讯，1994，（5）：14–17．

［811］王小坚，苏泽维.凯安保防治包装稻谷储粮害虫试验报告［J］.粮油仓储科技通讯，1994，（3）：22–24.

［812］杨大成.微胶囊谷物保护剂"保粮磷"防治储粮害虫研究［J］.粮食储藏，1994，（6）：3–7.

［813］刘维春，黄抱鸿，胡希良，等.谷虫净防治储粮害虫试验报告［J］.粮食储藏，1995，（Z1）：101–104.

［814］雷霆，郝希成.马拉硫磷、敌敌畏、乐果标准溶液的制备和定值［J］.中国粮油学报，1995，（1）:6–9.

［815］熊涤生.凯安保与防虫磷混配拌粮防虫试验［J］.粮油仓储科技通讯，1995，（4）：22–23.

［816］张国梁.储粮害虫防护剂使用现状与展望［J］.粮食储藏，1996，（4）：27–31.

［817］葛志刚，张国梁，朱永年.防虫磷颗粒剂防治储粮害虫的应用技术研究［J］.粮食储藏，1996，（6）：17–20.

［818］沈兆鹏.甲基嘧啶硫磷防治储粮昆虫和螨类的应用［J］.粮食储藏，1996，（4）：32–34.

［819］蒯福记，陈启宗，陆安邦.储藏物螨类防护剂研究状况及进展［J］.粮食储藏，1996，（3）：10–15.

［820］王殿轩，张志雄，刘海峰，等.杀虫松粉剂对几种害虫品系的毒力和室内药效研究［J］.郑州粮食学院学报，1997，（2）：20–25.

［821］李前泰，宋永成.谷虫净：一种优良的新型储粮防护剂［J］.粮油仓储科技通讯，1997，（4）：48.

［822］陕西省粮油科学研究所粮食保护烟剂课题组.粮食保护烟剂研究［J］.粮食储藏，1998，（6）：23–29.

［823］袁重庆.稻谷低温通风与防护剂综合应用技术［J］.粮油仓储科技通讯，1999，（2）：10–12.

［824］韩明涛.浅谈新型保护剂：保粮磷防治储粮害虫的效果［J］.粮油仓储科技通讯，1999，（5）：35–36.

［825］沈兆鹏.谷物保护剂的种类及其功效［J］.粮油仓储科技通讯，1999，（3）：30–35.

［826］俞崇海，唐俊华，颜家红.磷化铝与防虫磷混合使用防治害虫的探索［J］.粮油仓储科技通讯，1999，（5）：33–35.

［827］刘春英，张秀明.杀虫松粉剂防治储粮害虫的研究报告［J］.粮油仓储科技通讯，1999，（1）：33–36.

［828］万树青，徐汉虹，赵善欢，等.仿生合成聚乙炔类杀虫剂对几种储粮害虫生物活性的初步研究［J］.粮食储藏，1999，（4）：13–17.

［829］祝先进，李海水，江志坚.马拉硫磷与溴氰菊酯合剂结合机械通风防治储粮害虫试验报告［J］.粮油仓储科技通讯，2000，（5）：46–48.

［830］黎晓东，刘士坚，庞宗飞，等.凯安保防治立筒仓储粮害虫的试验［J］.粮食储藏，2000，（2）：13–19.

［831］陆耕林，汤尧庚，唐一鸣，等.甲基毒死蜱防治储粮害虫试验［J］.郑州工程学院学报，2000，（4）：82–83，86.

［832］邓波，王科.保粮磷防虫控虫试验［J］.粮油仓储科技通讯，2001，（3）：35–36.

［833］付鹏程，徐恺，晏书明，等.保护剂施药技术及装备的研究［J］.粮食储藏，2001，（3）：44–46.

［834］陶自沛，姬厚利.储粮防护剂及其施药装置：自动喷药机的应用［J］.粮油食品科技，2002，（1）：33–34.

［835］万拯群，罗金荣，陈祥辉，等.新型高效低毒药剂粮仓杀虫灵的开发与应用研究［J］.粮食储藏，2002，（5）：9–11.

［836］张国梁.防护剂在储粮害虫综合治理中的作用与性能［J］.粮食储藏，2002，（6）：8–12.

［837］张国梁，李衍洪，葛志刚，等.西杀合剂防治储粮害虫药效试验［J］.粮食储藏，2002，（3）：16–18，22.

［838］魏木山，李会新，易平炎，等.几种防霉剂混合使用抑制颗粒饲料霉菌的研究［J］.粮食储藏，2002，（1）：25–28.

［839］ 罗来凌，刘伟强，田世尧，等．巴沙和马拉硫磷对两种储粮害虫成虫的毒力测定［J］．粮食储藏，2002，（1）：19-21.

［840］ 徐淑芹，任守国，周乃如．喷油抑尘杀虫剂的研究［J］．粮食储藏，2003，（2）：22-25.

［841］ 张国梁．伪劣防虫磷毒性问题的探讨［J］．粮食储藏，2003，（2）：55-56.

［842］ 蔡继双，叶华．凯安保与磷化氢配合防治谷蠹方法初探［J］．粮油仓储科技通讯，2003，（3）：37.

［843］ 杨科，吴命勋，何志雄，等．应用仓虫敌防治储粮害虫研究［J］．粮食储藏，2003，（4）：7-10.

［844］ 陈渠玲，邓树学，周剑宇，等．仓虫敌Ⅰ防治储粮害虫研究［J］．粮食储藏，2003，（1）：13-15.

［845］ 陈嘉东．粮温对储粮防护剂药效和残留影响的研究［J］．粮食储藏，2003，（2）：3-5.

［846］ 叶丹英，陶琳岩，王大枚．三种防护剂用于浅圆仓储粮的生产性试验［J］．粮食储藏，2003，（2）：26-28，32.

［847］ 于丽萍．加强粮食保护剂的推广应用［J］．粮食流通技术，2003，（1）：29-30.

［848］ 张国梁，朱锷霆，陈宪明，等．甲基毒死蜱防治储粮害虫的研究［J］．粮食储藏，2004，（1）：3-5.

［849］ 陈凯，孙颖，宋涛，等．应用仓虫敌防治储粮害虫初探［J］．粮食流通技术，2004，（5）：23-24，46.

［850］ 李文辉，华德坚，张新府，等．新型谷物保护剂"储粮安"的研制及应用［J］．粮油食品科技，2005，（4）：9-10.

［851］ 张国梁．储粮害虫防护剂应用展望［J］．粮食储藏，2006，（1）：10-12.

［852］ 王宏，谢婧，向楚华，等．甲基嘧啶磷气化防治储粮害虫试验［J］．粮食储藏，2006，（1）：22-23，31.

［853］ 劳传忠，刘芳芳，冼庆，等．几种杀虫剂对嗜虫书虱的触杀作用［J］．昆虫天敌，2007，（1）：16-20.

［854］ 劳传忠，冼庆，刘芳芳，等．杀虫剂对小眼书虱成虫的触杀毒力［J］．粮食储藏，2007，（4）：11-12，18.

［855］ 高雪峰，李志民，杨成墨，等．保粮磷防护害虫应用研究［J］．粮油仓储科技通讯，2007，（4）：35-36.

［856］ 张国梁．绿色储粮防虫：防护剂的应用［J］．粮食储藏，2007，（2）：3-5.

［857］ 吕建华，赵英杰，吴树会．储粮保护剂应用现状及发展前景［J］．粮食科技与经济，2007，（5）：34-37.

［858］ 白旭光，唐利红．常用谷物保护剂在储粮中的残留与粮食卫生安全［J］．粮食科技与经济，2008，（2）：30-32.

［859］ 唐国文，洪承昊，吕再平，等．夹带剂对胡芦巴超临界 CO_2 萃取物的生物活性影响［J］．粮食储藏，2008，（6）：12-16.

［860］ 蒋社才，李志权，张峰，等．新型高效谷物保护剂"储粮安"的应用研究［J］．粮食储藏，2008，（6）：17-21.

［861］ 赵英杰，张来林，吕建华．储粮保护的表层环带施药技术［J］．河南工业大学学报（自然科学版），2008，（5）：51-53.

［862］ 王松雪，苏福荣，谢刚，等．不同储粮环境作用下马拉硫磷在粮食上的残留消解动态［J］．食品科学，2008，（7）：78-80.

［863］ 姜一明．保粮磷在高大平房仓储粮中的应用［J］．粮油仓储科技通讯，2009，（1）：43-45.

［864］ 庞文渌．储粮防护剂应用技术的探讨［J］．粮食加工，2009，（8）：41-43.

［865］ 欧阳建勋，朱邦雄，伍湘东，等．5% 甲基嘧啶硫磷无气味粉剂防治书虱等害虫的研究［J］．粮食储藏，2010，（4）：7-10.

［866］ 豆威，刘国瑛，肖丽莎，等．5 种抑制剂对赤拟谷盗 AChE 的离体作用比较［J］．粮食储藏，2010，（2）：3-6.

[867] 宫雨乔，吕建华，汪丽萍．粮食中杀螟硫磷的动态降解规律研究 [J]．粮油加工，2010，（6）：61-63.

[868] 李丹青．甲基嘧啶磷原液防治书虱试验 [J]．粮油仓储科技通讯，2011，（6）：31-32.

[869] 乐大强，王剑斌，汤惠明，等．灯光诱杀与防护剂组合应用防治长角扁谷盗 [J]．粮油仓储科技通讯，2014，（3）：50-56.

[870] 郑明辉，戴云松，张成，等．利用凯安保对进口大豆粮面防护的试验 [J]．粮油仓储科技通讯，2015，（6）：32-34.

[871] 裴增辉．甲基嘧啶磷保护剂雾化防治储粮害虫示范试验 [J]．粮油仓储科技通讯，2018，（2）：33-35.

[872] 韩伟，王波．保安谷保护剂雾化防护储粮持效期示范试验 [J]．粮食储藏，2018，（6）：31-32.

[873] 赵养昌，王孝祖．"六六六"在"空仓消毒"使用上浓度测定的研究 [J]．昆虫学报，1956，（2）.203-210.

[874] 上海市粮油工业公司第十仓库．关于敌百虫对仓虫药效的试验 [J]．粮食科学技术流通，1959，（5）.

[875] 江西省粮食厅粮油科学研究所．烟剂空仓消毒试验初步总结 [J]．粮食科学技术流通，1959，（10）.

[876] 蒋心廉．土制杀虫药效力的简易测定方法 [J]．粮食科学技术通讯，1959，（12）.

[877] 檀先昌．化学药剂空仓消毒 [J]．粮食科学科术通讯，1960，（2）.

[878] 粮食部科学研究设计院．林丹及"六六六"烟剂空仓消毒 [J]．粮油科技通讯，1966，（1）.

[879] 浙江省余姚县粮食局．敌敌畏空仓杀虫几种施药方法效果的观察 [J]．粮油科技通讯，1968，（2）.

[880] 湖北省粮食厅科学研究所．用马拉硫磷乳剂进行空仓消毒 [J]．粮油科技通讯，1968，（2）.

[881] 冯士怀．"V 烟林"用于空仓消毒的初步试验 [J]．粮食贮藏，1980，（4）：43-44.

[882] 曹志丹，苗宽崇．敌百虫烟剂空仓消毒的研究报告 [J]．粮食加工，1982，（4）：2-12.

[883] 李正凡．溴氰菊酯用于空（粮）仓杀虫消毒初报 [J]．粮食储藏，1985，（1）：16-18，52.

[884] 陈林祥．敌虫菊酯粮仓消毒剂的试验 [C]// 中国粮油学会储藏专业学会第一届年会学术交流论文．成都：中国粮油学会储藏专业学会，1986.

[885] 陈愿柱．浅谈防虫磷空仓消毒的几种方法 [J]．粮油仓储科技通讯，1986，（4）：47-49.

[886] 上海市粮食储运公司科研室，上海市第十粮食仓库，上海市农药厂．敌虫菊酯粮仓消毒剂的试验报告 [J]．粮油仓储科技通讯，1987，（6）：29-37.

[887] 曹志丹．敌百虫空仓消毒烟剂杀虫机理与安全性的评价 [J]．粮食储藏，1988，（6）：15-18.

[888] 李衍洪．应用敌敌畏空仓杀虫药效的研究报告 [C]// 浙江粮食科学研究所建所三十周年科研文集．杭州：浙江粮食科学研究所，1987.

第五节 储粮害虫非化学防治技术研究

[889] 赵学熙．低温防治储粮害虫的经验介绍 [J]．粮食科学技术通讯，1960，（1）.

[890] 山东省粮食厅．高粱冷冻杀虫低温密闭储藏试验 [J]．粮食科学技术通讯，1965，（4）.

[891] 安徽省粮食厅．冬季储粮降水降温的试验 [J]．粮食科学技术通讯，1965，（4）.

[892] 北京市粮食局储藏研究室．冷冻杀虫 [J]．粮食科学技术通讯，1965，（4）.

[893] 姜荣，陆兴．自然低温冬冻杀虫试验小结 [C]// 第二次全国粮油储藏专业学术交流会文献选编．成都：全国粮油储藏科技情报中心站，粮食部四川粮食储藏科学研究所，1981.

[894] 浙江嘉兴地区粮食局．储粮机械通风应用技术 [J]．粮食贮藏，1981，（6）.

[895] 傅启文．机械通风低温储粮防治害虫 [J]．粮食储藏，1985，（1）：10-13.

[896] 张耀东，曹阳，于林平，等．冰核活性细菌对储粮害虫耐冻性的影响 [J]．郑州粮食学院学报，1998，（2）:3-7.

[897] 雷振怀，董彩莉．储粮冬季通风冷冻杀虫试验 [J]．粮油仓储科技通讯，2000，（5）：43-45.

[898] 王春来，王保生，高宝良，等 . 机械通风低温杀虫试验 [J]. 粮油仓储科技通讯，2009，（2）：29-31.

[899] 张英华 . 利用冬季低温冷冻杀虫 [J]. 粮油仓储科技通讯，2013，（4）：34-35.

[900] 张会娜，吕建华，白旭光，等 . 极端低温处理对玉米象保护酶活性的影响 [J]. 河南工业大学学报（自然科学版），2015，（5）：1-6.

[901] 沈祥林，赵英杰，王殿轩，等 . 高温对腐食酪螨的作用研究初报 [J]. 郑州粮食学院学报，1994，（3）：49-52.

[902] 徐君，周继成，丁静，等 . 热处理对赤拟谷盗幼虫的影响 [J]. 粮油仓储科技通讯，2009，（5）：37-39.

[903] 朱邦雄，邓树华，周剑宇，等 . 热处理控制稻米害虫危害的研究 [J]. 粮食储藏，2009，（6）：10-14.

[904] 吕建华，钟建军，王洁静，等 . 不同温度处理对赤拟谷盗的致死作用 [J]. 河南工业大学学报（自然科学版），2012，（2）：11-14.

[905] 王殿轩，王世伟，白春启，等 . 干热杀虫过程中温度和小麦水分含量对谷蠹死亡率的影响 [J]. 河南工业大学学报（自然科学版），2014，（3）：1-6.

[906] 王殿轩，王世伟，白春启，等 . 中温热处理杀虫技术研究应用及注意问题 [J]. 粮食与饲料工业，2014，（3）：11-14.

[907] 吕建华，钟建军，张会娜，等 . 高温处理对烟草甲各虫态的致死作用研究 [J]. 农业灾害研究，2014，（3）：15-17，20.

[908] 张会娜，吕建华，亚川川，等 . 高温处理对玉米象成虫死亡率和水分含量的影响 [J]. 河南工业大学学报（自然科学版），2014，（6）：45-48.

[909] 张会娜，吕建华，张晨光，等 . 热处理对经历高温锻炼的玉米象保护酶活性的影响 [J]. 河南工业大学学报（自然科学版），2015，（3）：76-80.

[910] 张会娜，吕建华，白旭光，等 . 热处理对玉米象保护酶活性的影响 [J]. 中国粮油学报，2016，（8）：90-94.

[911] 田琳，贺培欢，齐艳梅，等 . 小麦热入仓防治玉米象效果研究 [J]. 粮油食品科技，2015，（5）：106-109.

[912] 葛浩，何其名 . 利用太阳能降低粮食水份和杀虫的方法 [J]. 四川粮油科技，1977，（3）：4-6.

[913] 河北省邯郸地区农科所植保室 . 利用红外线防治米象的初步试验 [J]. 四川粮油科技，1976，（2）：27-28.

[914] 四川省平昌县粮食局 . 应用微波干燥粮食、杀虫试验初探 [J]. 粮食贮藏，1980，（2）：53-55.

[915] 天津南开大学生物系昆虫教研组，天津市粮油科学研究所 . 天津市四种储粮害虫辐射效果小结 [J]. 天津粮油科技，1978，（4）.

[916] 天津市粮油科学研究所 . 电离辐射防治储粮害虫 [J]. 天津粮油科技，1979，（5）.

[917] 陈丽珍，孙宝根 . 辐射遗传不完全不育性技术防治印度谷蛾的研究 [J]. 粮食贮藏，1981，（6）：22-25.

[918] 孙宝根 . 钴60γ射线对储粮害虫辐射效应的研究 [C]// 商业部四川粮食储藏科学研究所科研报告论文集（1968-1985）. 成都 . 全国粮油储藏科技情报中心站，1985.

[919] 蒋心廉 . 激光杀虫试验初步报告 [J]. 粮食贮藏，1981，（4）：33-36.

[920] 蒋心廉 . YAG 激光杀虫试验报告 [J]. 中国激光，1988，（1）：59-60.

[921] 吕季璋，钟丽玉，ACHOURIALLAOUA. 放射线辐照防治储粮害虫的研究 [J]. 粮食储藏，1995，（Z1）：86-89.

［922］ 姜武峰，许哲华，宋锋，等.应用KW种子仓储杀虫活化处理机防治储粮害虫生产试验报告［J］.粮食储藏，2003，（1）：16-18，26.

［923］ 李淑荣，王殿轩，温贤芳，等.电子束对赤拟谷盗辐照效应的试验研究［J］.郑州工程学院学报，2004，（2）：26-28.

［924］ 王殿轩，李淑荣，温贤芳，等.电子束辐照谷物中玉米象不同虫态的生物效应［J］.核农学报，2004，（2）：131-133.

［925］ 李淑荣，王殿轩，高美须，等.利用电子加速器辐照处理小麦中玉米象的生物学效应研究［C］// 中国原子能农学会第七次代表大会暨学术研讨会论文集.杭州：中国原子能农学会，2004.

［926］ 李淑荣，王殿轩，高美须，等.电子束处理对玉米象繁殖力的影响［J］.核农学报，2005，（1）：46-48.

［927］ 李淑荣，王殿轩，高美须.电子加速器辐照对稻谷品质影响的研究［J］.河南工业大学学报（自然科学版），2006，（5）：30-32.

［928］ 王海，屠康.辐射技术防治储粮害虫研究进展［J］.粮食储藏，2006，（5）：3-7.

［929］ 李光涛，曹阳，孙辉，等.辐照技术在储粮害虫防治中的应用［J］.粮食储藏，2007，（2）：10-16.

［930］ 王海，屠康，廖志军，等.非化学处理对玉米象成虫的控制作用初探［J］.粮食储藏，2007，（5）：15-18.

［931］ 王殿轩，韩辉，李淑荣，等.电子束辐照对不同虫态的嗜卷书虱的作用［J］.核农学报，2009，（3）：467-470.

［932］ 王殿轩，王晶磊，李淑荣，等.电子束辐照对米象成虫脂肪酸影响研究［J］.粮食储藏，2009，（2）：12-15.

［933］ 王殿轩，李淑荣，韩辉，等.电子束辐照对嗜虫书虱存活与繁殖力的影响［J］.昆虫知识，2010，（5）：910-914.

［934］ 范家霖，陈云堂，郭东权，等.电子束对锯谷盗幼虫和成虫的辐照效应研究［J］.安徽农业科学，2010，（24）：13246-13248.

［935］ 陈光杰，徐碧.物理防治储粮害虫研究［J］.粮油仓储科技通讯，2011，（1）：33-34.

［936］ 王殿轩，王晶磊，李淑荣，等.电子束辐照对赤拟谷盗保护酶系的影响［J］.粮食储藏，2011，（4）：10-12.

［937］ 郭东权，陈云堂，范家霖，等.电子束对不同虫态小眼书虱的辐照效应［J］.中国农学通报，2011，（7）：279-283.

［938］ 王殿轩，刘炎，曹阳，等.微波处理对米象致死效果及小麦发芽率的影响［J］.核农学报，2011，（1）：105-109.

［939］ 王殿轩，刘炎，荆纪东，等.微波对锯谷盗不同虫态的致死效应研究［J］.粮食储藏，2011，（3）：3-7，30.

［940］ 陈云堂，郭东权，范家霖，等.电子束辐照对嗜虫书虱的生物效应［J］.河北农业科技，2011，（10）：2014-2018.

［941］ 王晶磊，王殿轩，徐威.电子束对赤拟谷盗成虫辐照效应研究［J］.粮食科技与经济，2012，（5）：27-29.

［942］ 王晶磊，肖雅斌，王殿轩，等.电子束辐照不同虫态玉米象保护酶系活力变化研究［J］.粮食储藏，2014，（1）：17-20.

［943］王晶磊，肖雅斌，王殿轩，等.电子束辐照对玉米象超氧歧化酶及小麦品质的影响［J］.粮食储藏，2014，（3）：39-41.

［944］郭东权，范家霖，张建伟，等.电子束辐照防治不同品系米象成虫及对大米蒸煮品质的影响［J］.粮食储藏，2014，（6）：1-6.

［945］陈云堂，郭东权，李湘，等.电子束对磷化氢抗性品系和敏感品系赤拟谷盗成虫的辐照效应［J］.核农学报，2015，（3）：472-477.

［946］陈云堂，郭东权，王争艳，等.电子束辐照防治3种扁甲科储粮害虫及对小麦加工品质的影响［C］//中国核科学技术进展报告（第四卷）.中国核学会2015年学术年会论文集第8册.四川绵阳：中国核学会，2015.

［947］范家霖，陈云堂，郭东权，等.电子束辐照防治不同品系米象成虫及对大米蒸煮品质的影响［C］//中国核科学技术进展报告（第四卷）.中国核学会2015年学术年会论文集第8册.四川绵阳：中国核学会，2015.

［948］郭东权，王争艳，鲁玉杰，等.电子束辐照防治扁甲科害虫及对小麦品质影响［J］.中国浪油学报，2016，（2）：98-102.

［949］王争艳，王文铎，鲁玉杰，等.电子束辐照防治绿豆象及对绿豆品质的影响［J］.中国粮油学报，2016，（10）：93-97.

［950］梁永生.黏土粉末作为储粮保护剂载体的研究［J］.粮食储藏，1991，（4）：3-11.

［951］王殿轩，朱广有，侯泽华.防虫灵和几种惰性粉对储粮害虫作用的比较研究［J］.郑州粮食学院学报，1995，（4）：33-37.

［952］王海修，杨光，王桉策.新型谷物防护剂：硅藻土研究进展［J］.粮油仓储科技通讯，2000，（4）：36-40.

［953］曹阳，李桂杰，杨峰灏，等.不同湿度下硅藻土对嗜虫书虱成虫的致死效果［J］.粮食储藏，2001，（5）：9-12.

［954］王殿轩，闫兴江.硅藻土对储粮害虫的防治作用［J］.粮食流通技术，2001，（5）：35-37.

［955］梁永生.用硅藻土作防护剂储藏粮食［J］.粮油仓储科技通讯，2001，（5）：37-40.

［956］覃章贵，严晓平，冉莉，等.硅藻土防治储粮害虫研究［J］.粮食储藏，2003，（6）：8-11.

［957］姚英娟，张里俊，薛东，等.硅藻土单剂及混配剂对书虱的防治效果研究［J］.粮食储藏，2004，（6）：12-17.

［958］巩蔼.鹿蹄草对两种储粮害虫成虫的毒力测定［J］.粮食储藏，2004，（6）：18-19.

［959］丁传林，张雄，周帮新，等.硅藻土拌粮与保温板压盖低温储粮试验［J］.粮油仓储科技通讯，2005，（5）：31-33.

［960］陆群，王殿轩，李长轩，等.平房仓储存小麦硅藻土表层嵌镶式应用效果研究［J］.粮食流通技术，2005，（5）：30-32.

［961］刘小青，曹阳，李燕羽，等.硅藻土杀虫剂处理后储粮害虫成虫体重减轻与死亡［J］.粮食储藏，2005，（5）：8-10.

［962］刘小青，曹阳，李燕羽.硅藻土防治储粮害虫研究和应用进展［J］.粮食储藏，2005，（2）：32-36.

［963］刘小青，曹阳，李燕羽.硅藻土杀虫剂的研究和应用进展［J］.粮油仓储科技通讯，2006，（1）：32-35，42.

[964] 杨龙德，杨自力，蒋天科，等.硅藻土杀虫剂防治储粮害虫应用试验[J].粮食储藏，2006，（6）：16-19.

[965] 王永，何旭其，陈达民，等.硅藻土绿色储粮研究[J].粮油仓储科技通讯，2007，（5）：35-36.

[966] 辛立勇，石志国，张海东，等.高大平房仓应用硅藻土杀虫剂防治储粮害虫的效果[J].粮油食品科技，2007，（6）：23-26.

[967] 丁传林，张雄，周帮新，等.低温储粮与硅藻土杀虫剂结合处理实仓试验[J].粮油食品科技，2007，（5）：23-24，28.

[968] 陈建明，俞晓平.不同产地硅藻土对储粮害虫的杀虫效果评价[J].粮食储藏，2008，（5）：10-13.

[969] 郎涛，曹阳，王平坪，等.惰性粉杀虫剂对黄粉虫成虫的物理伤害症状研究[J].粮食储藏，2009，（2）：7-11.

[970] 丁传林，张雄，周帮新，等.低温储粮与硅藻土杀虫剂结合处理实仓试验[J].粮油仓储科技通讯，2009，（3）：27-29.

[971] 王新宇，李燕羽，张涛，等.新型惰性粉防护剂在华北地区防虫效果实仓研究[J].粮油仓储科技通讯，2009，（6）：37-39.

[972] 王雄，鲁玉杰，刘宪雄.一种新型惰性粉杀虫剂对几种储粮害虫杀虫效果的研究[J].粮食储藏，2009，（4）：10-13，28.

[973] 程人俊，兰波，韦斌，等.硅藻土对麦蛾防治效果研究[J].粮食储藏，2009，（3）：14-17.

[974] 胡继学，付文忠，陈传国，等.高大平房仓硅藻土＋稻壳＋保温板综合储粮试验[J].粮油仓储科技通讯，2010，（4）：38-40.

[975] 黄俊熹，檀华文.惰性粉应用于浅圆仓试验[J].油仓储科技通讯，2010，（4）：36-37.

[976] 王晶磊，徐威，曹阳，等.不同仓型惰性粉防治储粮害虫效果研究[J].粮油食品科技，2011，（1）：7-12.

[977] 王晶磊，徐威，曹阳，等.硅藻土对东北地区储粮害虫作用效果研究[J].粮食科技与经济，2011，（1）：24-26.

[978] 杨路加，刘天德，李建志，等.高大平房仓惰性粉防虫储粮试验[J].粮油仓储科技通讯，2011，（4）：33-36.

[979] 黄雄伟，许建华，朱全林，等.惰性粉粉剂粮面拌药在高大平房仓中的应用试验[J].粮食储藏，2012，（1）：13-15.

[980] 陈威，王飞，宋文胜.食品级惰性粉与硅藻土实仓应用与性能比较[J].粮油仓储科技通讯，2012，（5）：34-36.

[981] 张永富，田娟娟，彭伟彪，等.惰性粉与黑光诱杀虫灯结合防治储粮害虫[J].粮油仓储科技通讯，2012，（5）：37-39.

[982] 曹阳，李锦，李燕羽，等.食品级惰性粉对三种储藏物害虫生长发育的影响[J].应用昆虫学报，2013，（6）：1665-1670.

[983] 张涛，曹阳，李燕羽，等.空仓内干法喷施食品级惰性粉杀虫效果评价[J].粮油食品科技，2014，（5）：105-107.

[984] 潘德荣，李燕羽，曹阳，等.惰性粉在稻谷储藏中的应用技术[J].粮油食品科技，2014，（4）：111-113.

[985] 汪中明，李燕羽，张振军，等.食品级惰性粉气溶胶技术防虫效果研究[J].粮油食品科技，2015，（S1）：75-78.

［986］ 卢荣发，张亚明 . 厦门地区平房仓散装粮惰性粉防虫试验 [J]. 粮油仓储科技通讯，2015，（4）：44–45.

［987］ 潘德荣，曹阳，张振军，等 . 竖向通风系统食品级惰性粉气溶胶防虫技术实仓应用 [J]. 粮油食品科技，2015，（S1）：79–81.

［988］ 李丹青 . 浅圆仓惰性粉防治害虫试验 [J]. 粮油仓储科技通讯，2016，（1）：55–56.

［989］ 董震，汪中明，沈邦灶，等 . 惰性粉气溶胶横向环流与直排施粉防虫效果比较研究 [J]. 粮食储藏，2016，（4）：35–38.

［990］ 郑凤祥，陈加忠，杨超，等 . 福建地区食品级惰性粉防治储粮害虫效果研究 [J]. 粮油仓储科技通讯，2016，（1）：51–54.

［991］ 郑颂，汪中明，颜希鸿，等 . 惰性粉气溶胶防虫技术在包装粮上的应用 [J]. 粮油仓储科技通讯，2017，（4）：42–44.

［992］ 周国磊，李娜，吴玉公，等 . 包装大米仓库喷施食品级惰性粉防治储粮害虫效果评价 [J]. 粮食储藏，2017，（4）：36–39.

［993］ 牛怀强，樊裕民，刘君姬 . 惰性粉杀虫与内环流控温技术综合应用 [J]. 粮油仓储科技通讯，2017，（5）：39–42.

［994］ 刘谦，吴桂果，王进刚，等 . 储粮食品级惰性粉气溶胶防虫技术的应用 [J]. 粮油仓储科技通讯，2017，（1）：36–38.

［995］ 韩志强，韩冰冰，潘尽锋，等 . 平房仓散装稻谷应用惰性粉防治扁谷盗类的研究 [J]. 粮油仓储科技通讯，2017，（1）：42–44.

［996］ 韦文生 . 食品级惰性粉粮面表层防护结合粮堆充氮储粮的应用试验 [J]. 粮油仓储科技通讯，2018，（6）：25–27.

［997］ 罗正有，雷万能，曹宇，等 . 食品级惰性粉防治技术的应用探索 [J]. 粮油仓储科技通讯，2018，（5）：42–45.

［998］ 李应祥，吴健美，于文江，等 . 华南地区食品级惰性粉在楼房仓储存小麦的应用初探 [J]. 粮油仓储科技通讯，2018，（6）：28–30，38.

［999］ 祁正亚，黄思华，阙岳辉，等 . 食品级惰性粉综合防治储粮害虫的研究 [J]. 粮食储藏，2019，（1）：28–31.

［1000］ 唐荣建，伍永光，韦军智 . 食品级惰性粉气溶胶与磷化氢结合防治抗性锈赤扁谷盗的试验 [J]. 粮油仓储科技通讯，2019，（1）：33–35.

［1001］ 孙沛灵，季雪根，沈波，等 . PSA 横向充氮气调与惰性粉防治技术综合应用研究 [J]. 粮食储藏，2019，（5）：21–24.

［1002］ 梁永生 . 储粮害虫综合治理中的生物防治方法：Ⅱ . 昆虫病原体的应用 [J]. 粮油仓储科技通讯，1994，（3）：16–18.

［1003］ 梁永生 . 储粮害虫综合治理中的生物防治方法：Ⅴ . 抗虫粮种的应用 [J]. 粮油仓储科技通讯，1994，（6）：19–21.

［1004］ 梁永生 . 储粮害虫综合治理中的生物防治方法：Ⅱ . 昆虫信息素和生长调节剂的应用 [J]. 粮油仓储科技通讯，1994，（5）：27–31，35.

［1005］ 沈兆鹏 . 储粮害虫防治新方法：生物防治法 [J]. 粮食储藏，1997，（2）：26–30.

［1006］ 邓望喜，张宏宇，华红霞 . 中国储藏物害虫生物防治的研究进展 [J]. 粮食储藏，2001，（2）：3–7.

［1007］陈斌，李隆术．储藏物害虫生物性防治技术研究现状和展望 [J]. 植物保护学报，2002，（3）：272-278.

［1008］白旭光．储粮害虫生物防治技术研究与应用进展 [C]// 中国粮油学会第二届年会论文选集（综合卷）. 成都：中国粮油学会，2002.

［1009］李隆术．储藏产品害虫生物性防治技术研究进展 [J]. 粮食储藏，2005，（4）：3-7.

［1010］陈明，周继荣，唐江生，等．华南地区冬季印度谷螟的危害现状及生物防治 [J]. 粮油仓储科技通讯，2006，（1）：36-51.

［1011］白旭光，曾实，常共宇．储粮害虫生物防治技术研究与应用进展 [J]. 河南工业大学学报（自然科学版），2006，（1）：82-85.

［1012］陈先明．立筒仓储粮害虫综合防治概述 [J]. 粮油仓储科技通讯，2006，（2）：47-48.

［1013］赵英杰，王殿轩，郭超，等．储粮害虫生物防治技术研究现状与应用思考 [J]. 河南工业大学学报（自然科学版），2006，（5）：68-72.

［1014］龚正龙，雷清波，邓显华．储备玉米害虫综合防治技术 [J]. 粮油仓储科技通讯，2010，（2）：37-39.

［1015］凌德福，周杰生，王建明，等．高大平房仓小麦害虫综合防治技术 [J]. 粮油仓储科技通讯，2010，（3）：39-41.

［1016］夏利泽．储粮虫害综合防治实践与成效 [J]. 粮油仓储科技通讯，2013，（1）：36-38.

［1017］姚康．黄色花蝽是捕食仓库害虫的有效天敌 [J]. 华中农学院学报，1981，（1）：95-101.

［1018］曾祥鑫．仓虫花蝽生物学特性初步观察 [J]. 粮食储藏，1983，（1）

［1019］邓望喜．黄色花蝽防治仓库害虫获初步成功 [N]. 湖北科技报，1983，（12）.

［1020］姚康，邓望喜，陶靖平，等．仓双环猎蝽的生活习性及捕食仓虫效力的初步观察 [J]. 华中农学院学报，1984，（1）：44-47.

［1021］姚康，陶靖平．几种生物药剂及天敌防治谷蠹试验 [C]// 第三次全国粮油储藏学术会文选. 成都：全国粮油储藏科技情报中心站，商业部四川粮食储藏科学研究所，1984.

［1022］文必然，邓望喜，姚康．温度对黄冈仓花蝽种群增长的影响 [J]. 昆虫学报，1988，（3）：273-279.

［1023］文必然，邓望喜．不同温度下黄冈仓花蝽实验种群生命表 [J]. 华中农业大学学报，1988，（2）：130-134.

［1024］邓望喜，文必然．黄色花蝽对杂拟谷盗的模拟控制研究 [J]. 生物防治通报，1989，（1）：6-8.

［1025］贺培欢，张涛，伍祎，等．普通肉食螨对 9 种储粮害虫的捕食能力研究 [J]. 中国粮油学报，2016，（11）：112-117.

［1026］巫桂新．绿豆象信息素的试验 [C]// 第三次全国粮油储藏学术会文选. 成都：全国粮油储藏科技情报中心站，商业部四川粮食储藏科学研究所，1984.

［1027］高金堂，聂崧庆．利用性诱剂诱杀法防治麦蛾 [J]. 粮食储藏，1985，（6）：17-19.

［1028］黄远达．麦仓内"高斯"性诱剂诱捕麦蛾的研究初报 [J]. 粮食储藏，1986，（6）：11-13.

［1029］李正凡．人工合成昆虫性诱剂捕杀麦蛾的试验报告 [J]. 粮食储藏，1986，（6）：13-16.

［1030］陆安邦．储藏物害虫信息素和引诱剂 [J]. 郑州粮食学院学报，1987，（3）：96-100.

［1031］赵致武，杨德江．"高斯"性诱剂能诱捕多种储粮害虫 [J]. 粮食储藏，1989，（1）：9-13.

［1032］黄远达，邓彦能，沈恒胜，等．玉米象性信息素收集方法的研究 [J]. 武汉粮食工业学院学报，1989，（4）：12-17.

[1033] KHORRAMSHAHI A, BRKHOCDER W E, 秦宗林. 谷蠹聚集激素的提取及其活性测定 [J]. 粮油仓储科技通讯, 1993, (6): 26-27.

[1034] 蒋小龙, BURKHOLDER W B. 等. 应用信息素和食物引诱剂监控斑皮蠹属害虫 [J]. 粮食储藏, 1993, (2): 9-14.

[1035] 轩静渊, 王忠肃, 王朝斌, 等. 腐食酪螨与两种寄生真菌相互关系的初步研究 [J]. 粮食储藏, 1993, (3): 20-26.

[1036] 彭相勤. 昆虫信息素在储粮害虫防治中的应用 [J]. 粮油仓储科技通讯, 1994, (2): 24.

[1037] 戴小杰. 储藏物昆虫的信息素及其应用 [J]. 粮食储藏, 1994, (Z1): 68-79.

[1038] 沈兆鹏, 陈丽珍, 孙宝根. 储粮昆虫信息素及其捕器的试验 [J]. 粮食储藏, 1994, (4): 3-6.

[1039] 赵奇, 田本志. 国外应用人工合成信息素防治仓储物害虫的研究 [J]. 中国粮油学报, 1999, (2): 54-57.

[1040] 赵奇, 田本志, 赵成德, 等. 一种改进的性信息素诱捕器诱捕印度谷螟的效果 [J]. 粮食储藏, 2000, (2): 3-8.

[1041] 沈兆鹏. 储粮昆虫以信息素为"语言"[J]. 粮油仓储科技通讯, 2001, (4): 30-33.

[1042] 陈斌, 李隆术. 储藏物害虫生物性防治技术研究现状和展望 [J]. 植物保护学报, 2002, (3): 272-278.

[1043] 鲁玉杰, 张孝羲, 翟保平. 温度和光周期对棉铃虫雌性信息素成分的含量与比例的影响 [J]. 生态学报, 2002, (4): 566-570.

[1044] 鲁玉杰, 王争艳, 邵颖. 信息素在储藏物害虫综合治理中的应用 [C]//2003 国际农业生物环境与能源工程论坛论文集. 北京: 中国农业工程学会, 2003.

[1045] 鲁玉杰. 嗜卷书虱雌蛾性信息素的研究 [C]// 粮油食品安全上海国际研讨会论文集. 北京: 中国粮油学会, 2004: 292.

[1046] 鲁玉杰, 张孝羲. 棉铃虫雄虫对人工合成性信息素的触角电位反应 [J]. 河南农业大学学报 (自然科学版), 2004, (1): 49-53.

[1047] 沈兆鹏. 绿色储粮: 用信息素和食物引诱剂监控储粮害虫 [J]. 粮食科技与经济, 2005, (2): 7-10.

[1048] 邵颖, 鲁玉杰. 嗜虫书虱雌虫性信息素的确定和主要成分的鉴定 [J]. 河南工业大学学报 (自然科学版), 2005, (5): 43-46, 50.

[1049] 邵颖, 鲁玉杰, 魏宗烽. 嗜虫书虱性信息素的提取方法和生物活性测定方法 [J]. 生态学报, 2006, (7): 2148-2153.

[1050] 刘俊杰, 鲁玉杰, 王殿轩. 米象和锯谷盗信息素收集物诱捕效果研究 [J]. 河南工业大学学报 (自然科学版), 2006, (2): 47-50.

[1051] HASSAN M N, 于广威, 王丽丽. 昆虫信息素在食品行业中的应用 [J]. 粮油仓储科技通讯, 2012, (2): 29-32.

[1052] 李兴奎, 张新伟. 用昆虫信息素和食物有效化学成分监控储粮害虫 [J]. 粮食流通技术, 2013, (4): 25-28.

[1053] 于广威, 王丽丽. Dismate PE 对印度谷螟的防治效果 [J]. 粮食储藏, 2013, (2): 3-4.

[1054] 王继勇, 王文铎, 鲁玉杰. 亚致死剂量磷化氢熏蒸对嗜虫书虱性信息素生物活性的影响 [J]. 粮油仓储科技通讯, 2018, (4): 47-49.

［1055］高嫚妮，吴亮亮，李拥虎.昆虫信息素在印度谷螟监测和防治中的应用[J].粮油仓储科技通讯，2018，（2）：36-38.

［1056］张红建，梁爱文，贺艳萍，等.磷化氢敏感和抗性赤拟谷盗聚集信息素的比较[J].粮食储藏，2019，（3）：38-41.

［1057］四川省粮食局科学研究所虫药组.六种昆虫保幼激素类似物对防治玉米象、杂拟谷盗和锯谷盗的初步试验[J].四川粮油科技，1977，（3）：1-3.

［1058］詹继吾，李采萍，聂守明.灭幼脲1号防治绿豆象的研究[C]//第二次全国粮油储藏专业学术交流会文献选编.成都：全国粮油储藏科技情报中心站，粮食部四川粮食储藏科学研究所，1981.

［1059］陆安邦.对抗几丁物质杀虫剂的介绍[J].郑州粮食学院学报，1981，（3）：65-70.

［1060］P EDWARDS J，E SHORT J，ABRAHAM L，et al.昆虫保幼激素类似物双氧威作为长期储藏小麦的保护剂的总体评价[J].粮食储藏，1993，（5）：34-40.

［1061］ELEK J，LONGSTAFF B，徐汉虹.几丁质合成抑制剂对储粮甲虫的防治效果[J].粮食储藏，1996，（1）：26-30.

［1062］鲁玉杰，王改霞，王争艳.编码昆虫几丁质生物合成关键酶基因功能的研究进展[J].粮食储藏，2016，（1）：11-15，20.

［1063］赵善欢.植物质土农药的杀虫作用和推广应用[J].中国农业科学，1960，（5）：45-50.

［1064］浙江省加善县陶庄粮管所.利用中草药驱杀仓虫的初探[J].四川粮油科技，1975，（2）：26-27.

［1065］四川省温江地区粮食局防治队.麻柳叶保管小麦种[J].四川粮油科技，1975，（3）：15-16.

［1066］福建省邵武县革委会粮食局.南瓜丝喷药诱杀仓虫的方法[J].四川粮油科技，1975，（3）：46-47.

［1067］江苏省溧阳县竹箦粮管所.几种中草药杀虫剂的试制和应用[J].四川粮油科技，1978，（4）：26-35.

［1068］黄福辉，项发根，周为民.关于山苍子有效成分在储粮中的应用[J].粮食储藏，1980，（2）：19-22.

［1069］张兴，赵善欢.几种植物性物质对米象、玉米象的初步防治试验[J].粮食贮藏，1983，（1）.

［1070］李光灿，李隆术.植物芳香油防治仓虫的试验[J].粮食储藏，1985，（4）：1-9.

［1071］陈其恩，王秀川.植物性药物防治四纹豆象的试验报告[C]//中国粮油学会储藏专业学会第一届年会学术交流论文.成都：中国粮油学会储藏专业学会，1986.

［1072］曹阳.辽细辛对锯谷盗毒性的研究初报[J].郑州粮食学院学报，1987，（2）：58-59.

［1073］黄福辉，郑家铨，张令夫，等.α-蒎烯防治储粮害虫的研究[J].粮食储藏，1988，（1）：34-43.

［1074］高继奇，杨培英，吴艳霞.用植物油做储粮防护剂防止绿豆象危害[J].粮食储藏，1988，（3）：16-20.

［1075］姜永嘉.三种天然植物性物质对杂拟谷盗成虫作用的研究[J].郑州粮食学院学报，1988，（1）：10-16.

［1076］李光灿，秦宗林，熊兴占，等.α-蒎烯防治储粮害虫的室内试验[J].粮食储藏，1989，（3）：40-46.

［1077］鄢建，秦宗林，李光灿.用天然植物芳香油防治腐食酪螨的试验报告[J].粮油仓储科技通讯，1989，（3）：23-24.

［1078］姜永嘉.开发和利用我国中草药作为储粮保护剂的研究：1.六种中草药对杂拟谷盗（*Tribolium Confusum Jacquelin du Val*）成虫的活性作用[J].郑州粮食学院学报，1989，（1）：29-38.

［1079］严以谨，姜永嘉，陈启宇.开发和利用我国中草药作为储粮保护剂的研究：2.苦楝（*Melia azedarach* L.）和使君子（*Quisqualis indica* L.）对绿豆象和赤拟谷盗的毒杀作用[J].郑州粮食学院学报，1989，（4）：48-53.

［1080］ 刘亮 . 月桂树叶提取物对赤拟谷盗的驱避试验 [J]. 粮油仓储科技通讯，1989，（2）：8.

［1081］ 邓望喜，杨志慧，杨长举，等 . 几种植物性物质防治储粮害虫的初步研究 [J]. 粮食储藏，1989，（2）：29–34.

［1082］ 胡仕林，华昌培，杨德军，等 . 植物精油在原粮中熏杀玉米象的研究 [J]. 粮食储藏，1989，（5）：45–51.

［1083］ 杨德军，华昌培，胡仕林，等 . 柑橘属植物精油对仓库害虫的毒性试验 [J]. 粮食储藏，1989，（5）：7–13.

［1084］ 侯兴伟，檀先昌，覃章贵，等 . 十三烷酮 –2 防治储粮害虫研究初报 [J]. 粮食储藏，1989，（6）：20–23.

［1085］ 严以谨，姜永嘉，陈启宇 . 开发和利用我国中草药作为储粮保护剂的研究：3. 苦楝（*Melia azedarach* L.）对绿豆象和赤拟谷盗毒杀作用机理的初步研究 [J]. 郑州粮食学院学报，1990，（1）：12–20.

［1086］ 陈勇，严以谨，姜永嘉，等 . 开发和利用我国中草药作为储粮保护剂的研究：4. 几种中草药植物物质对杂拟谷盗（*Tribolium Confusum Jacquelin du* Val）幼虫中肠淀粉酶活性抑制作用的研究 [J]. 郑州粮食学院学报，1990，（3）：52–62.

［1087］ 严以谨，姜永嘉，陈启宗 . 开发和利用我国中草药作为储粮保护剂的研究：2. 苦楝（*Melia azedarach* L.）和使君子（*Quisqualis indica* L.）对绿豆象和赤拟谷盗的毒杀作用 [J]. 郑州粮食学院学报，1989，（4）：51–56.

［1088］ 姜永嘉，严以谨 . 九种药用植物提取液对储粮害虫毒杀作用的研究 [J]. 中国粮油学报，1992，（2）：57–65.

［1089］ 张兴，王兴林，胡兆农 . 抑制赤拟谷盗种群形成的植物样品筛选研究 [J]. 粮食储藏，1992，（3）：3–9.

［1090］ 蒋中柱，刘宜鹤，刘晓夫，等 . 米糠油防治储粮害虫的研究 [J]. 粮食储藏，1992，（1）：39–45.

［1091］ 李取华，姜永嘉，黄素兰 . 几种药用植物对赤拟谷盗致死作用的研究 [J]. 郑州粮食学院学报，1993，（1）：29–37.

［1092］ 蒋小龙，寸东义，杨晶焰，等 . 香茅、花椒精油成分分析及对储粮曲霉和青霉熏杀效果的初步研究 [J]. 粮食储藏，1993，（3）：13–19.

［1093］ 徐汉虹，赵善欢 . 植物精油在仓库害虫防治上的应用 [J]. 粮食储藏，1993，（2）：5–8.

［1094］ 姜永嘉，任永林，方云，等 . 植物性杀虫剂研究 [J]. 粮油食品科技，1993，（1）：36–38.

［1095］ 张兴，王兴林，杨凌 . 抑制玉米象种群的植物样品筛选研究 [J]. 粮食储藏，1993，（4）：3–8.

［1096］ 刘传云，姜永嘉 . 花椒挥发油组分的分离鉴定包结对杂拟谷盗毒力测定的研究 [J]. 郑州粮食学院学报，1994，（3）：1–13.

［1097］ 邓望喜 . 储藏物害虫的生物防治技术 [J]. 粮食储藏，1994，（Z1）：80–91.

［1098］ 卢奎，刘延奇，赵英杰，等 . 天然杀虫剂 β – 水芹烯的合成 [J]. 粮食储藏，1995，（Z1）：92–96.

［1099］ 路纯明，卢奎，严以谨，等 . 花椒挥发油组分的分离鉴定及其对杂拟谷盗成虫毒力测定的初步研究 [J]. 中国粮油学报，1995，（2）：15–21.

［1100］ 徐汉虹，赵善欢 . 五种精油对储粮害虫的忌避作用和杀卵作用研究 [J]. 中国粮油学报，1995，（1）：1–5.

［1101］ 路纯明，张小麟，赵英杰，等 . 花椒挥发油提取方法及其组分研究 [J]. 中国粮油学报，1996，（4）：12–16.

［1102］ 路纯明，张小麟，赵英杰，等 . 花椒乙醚萃取物的成分分析 [J]. 郑州粮食学院学报，1996，（4）：72–73，75.

［1103］ 赵英杰，姜永嘉，刘廷奇，等 . 人工合成储粮保护剂：β – 水芹烯对几种储粮害虫作用的研究 [J]. 中国粮油学报，1997，（6）：1–4.

［1104］ 王素雅，姜永嘉 .5 种药用植物挥发油对仓库害虫生物活性的研究 [J]. 郑州粮食学院学报，1998，（3）：3–13.

［1105］ 王晓清，姜武峰，马文斌，等 .7 种植物提取物对赤拟谷盗种群形成抑制作用的研究 [J]. 粮食储藏，1999，（1）：9–12.

［1106］ 姜武峰，马文斌，向金平，等 . 植物防护剂安粮仙防治储粮害虫的研究 [J]. 粮食储藏，1999，（5）：19–22.

［1107］ 程东美，胡美英 . 黄杜鹃花对 3 种仓库害虫的毒杀试验 [J]. 粮食储藏，2000，（6）：3–6.

［1108］ 夏传国，陈杰林，李降术，等 . 丹皮及其提取物对几种中药材仓储害虫的忌避作用研究 [J]. 粮食储藏，2000，（1）：3–9.

［1109］ 李倩如，姜永嘉，张耀东 . 银杏叶乙醇提取物对霉菌抑制作用的研究（一）：银杏叶乙醇提取物对储藏物霉菌的抑制作用 [J]. 郑州粮食学院学报，2000，（2）：16–20.

［1110］ 李倩如，路纯明，姜永嘉 . 银杏叶乙醇提取物对霉菌抑制作用的研究（二）：银杏叶乙醇粗、精分离物抑菌作用及其化学组分 [J]. 郑州粮食学院学报，2000，（3）：15–20.

［1111］ 侯华民，张兴 . 植物精油对玉米象的熏蒸和种群抑制活性研究 [J]. 粮食储藏，2001，（3）：8–11.

［1112］ 李会新，魏木山，易平炎，等 .25 种植物精油对四纹豆象的防治效果 [J]. 粮食储藏，2001，（6）：7–9.

［1113］ 唐川江，侯太平，陈放 . 瑞香狼毒防治仓储害虫的初步研究 [J]. 粮食储藏，2001，（4）：11–13.

［1114］ 李前泰，宋永成 . 几种植物挥发油杀虫效果的试验研究 [J]. 粮食储藏，2001，（1）：19–22.

［1115］ 徐淑芹，任守国，周乃如 . 喷油抑尘杀虫剂的研究 [J]. 粮食储藏，2003，（2）：22–25.

［1116］ 鲁玉杰，刘凤杰 . 大蒜和芦荟提取物防治几种储粮害虫效果的研究 [J]. 粮食储藏，2003，（3）：14–17.

［1117］ 张海燕，邓永学，王进军，等 . 植物精油防治储粮害虫的研究进展 [J]. 粮食储藏，2004，（3）：7–11，17.

［1118］ 许方浩，华祝田 . 华东地区常见植物性储粮杀虫剂的识别与使用 [J]. 粮油仓储科技通讯，2003，（6）：40–42.

［1119］ 姚英娟，薛东，杨长举 . 植物源农药在储粮害虫防治中的应用 [J]. 粮食储藏，2004，（2）：6–9.

［1120］ 巩蔼 . 鹿蹄草对两种储粮害虫成虫的毒力测定 [J]. 粮食储藏，2004，（6）：18–19.

［1121］ 张海燕，邓永学，王进军，等 . 植物精油防治储粮害虫的研究进展 [J]. 粮食储藏，2004，（3）：7–11，17.

［1122］ 李炜 . 植物杀虫材料在储粮中的应用实验 [J]. 粮食储藏，2004，（1）：6–8.

［1123］ 姚英娟，薛东，杨长举，等 . 植物性杀虫剂防治玉米象的研究进展 [J]. 中国粮油学报，2005，（3）：83–88.

［1124］ 徐硕 . 植物性杀虫剂的研究与应用 [J]. 粮油仓储科技通讯，2005，（2）：41–45.

［1125］ 张亚非，徐五喜，郑美海，等 . 中草药拌粮防治储粮害虫在高大平房仓中的应用 [J]. 粮油仓储科技通讯，2005，（5）：29–30.

［1126］ 王平，徐明亮，苏金平，等.茶粕粉作为储粮防护剂的试验研究 [J].粮食科技与经济，2005，（4）：38-39.

［1127］ 卢传兵，薛明，刘雨晴，等.黄荆挥发油对玉米象的生物活性及种群控制作用 [J].粮食储藏，2005，（6）：13-16.

［1128］ 张丽丽，杨长举.茵陈蒿的三种不同溶剂提取物对赤拟谷盗作用方式和作用效果的研究 [J].粮食储藏，2005，（2）：6-8，31.

［1129］ 李世广，林华峰，刘志红，等.几种植物性物质防治储粮害虫的研究 [J].粮食储藏，2005，（1）：8-10.

［1130］ 吕建华，鲁玉杰，王殿轩，等.大蒜挥发油对米象成虫的控制作用 [J].粮食储藏，2006，（1）：18-21.

［1131］ 陈小军，张志祥，徐汉虹.唇形科植物在储粮害虫防治中的应用 [J].粮食储藏，2006，（4）：8-12.

［1132］ 姚英娟，杨长举，薛东.石菖蒲粉、提取物及复配剂对玉米象的防治效果 [J].中国粮油学报，2006，（5）：133-138.

［1133］ 徐广文，谢令德，舒在习，等.水菖蒲的杀虫活性成分提取与初步分离 [J].中国粮油学报，2006，（3）：330-333.

［1134］ 吕建华，赵英杰，鲁玉杰.三种植物精油对四种主要储粮害虫的生物活性研究 [J].中国粮油学报，2006，（3）：325-329.

［1135］ 吕建华，王新民，白旭光，等.4种植物精油对赤拟谷盗的控制作用研究 [J].河南农业科技，2006，（9）：68-71.

［1136］ 吕建华，任信升，许建双，等.三种植物精油对米象的控制作用 [J].湖北农业科学，2006，（4）：470-472.

［1137］ 吕建华，鲁玉杰，谭永斌，等.3种植物提取物对锯谷盗的控制作用 [J].河南工业大学学报（自然科学版），2006，（3）：17-20.

［1138］ 吕建华，鲁玉杰，胡彦艳.3种植物精油对小眼书虱的控制作用 [J].河南农业科学（自然科学版），2006，（5）：53-56.

［1139］ 吕建华，鲁玉杰，翟盟盟.大蒜挥发油对锯谷盗的控制作用 [J].河南农业大学学报（自然科学版），2006，（4）：366-369.

［1140］ 吕建华，袁良月，吴树会，等.中草药粉剂及其复配剂对玉米象和赤拟谷盗成虫的防治作用 [J].粮食储藏，2007，（5）：7-10.

［1141］ 吕建华.臭椿树皮提取物对四种主要储粮害虫的生物活性研究 [J].粮食储藏，2007，（2）：17-20.

［1142］ 延静，谢令德，徐广文，等.植物杀虫剂在储粮害虫防治中的应用概况和展望 [J].粮食储藏，2007，（4）：7-10.

［1143］ 王海，屠康，陈继昆，等.三种植物精油对玉米象成虫的控制作用 [J].粮食储藏，2007，（3）：8-11.

［1144］ 聂霄艳，邓永学，王进军，等.四种花椒提取物对赤拟谷盗成虫熏蒸活性的研究 [J].粮食储藏，2007，（3）：12-15.

［1145］ 仲建锋，鲁玉杰，刘凤杰，等.植物源农药杀虫机理研究进展 [J].粮油食品科技，2007，（3）：32-34.

［1146］ 黄衍章，杨长举，薛东，等.石菖蒲根茎甲醇提取物对玉米象和赤拟谷盗的生物活性 [J].中国粮油学报，2007，（5）：125-129.

［1147］ 仲建锋，鲁玉杰，李兴奎，等.大蒜素对储粮害虫熏蒸作用的研究 [J].河南工业大学学报（自然科学版），2007，（4）：442-446.

[1148] 何雅蔷，鲁玉杰，仲建锋，等．美洲商陆粗提物对赤拟谷盗和玉米象的作用效果研究 [J]．河南工业大学学报（自然科学版），2007，（2）：19–22．

[1149] 吴树会，吕建华，祖丽亚，等．储粮拟除虫菊酯类农药残留检测研究进展 [J]．粮油食品科技，2008，（5）：19–22．

[1150] 肖洪美，屠康．香茅精油对两种主要储粮害虫的控制作用 [J]．粮食储藏，2008，（3）：8–11．

[1151] 聂霄艳，邓永学，王进军，等．花椒精油和麻素对赤拟谷盗成虫的控制作用 [J]．中国粮油学报，2008，（4）：185–188．

[1152] 喻梅，谢令德，贺艳梅，等．1，2–二亚油酸 –3– 硬脂酸 – 甘油三酯对玉米象的毒力及主要酶系的影响 [J]．粮食储藏，2008，（4）：8–12．

[1153] 黄衍章，杨长举，薛东，等．石菖蒲根茎提取物对玉米象和谷蠹的有效杀虫活性成分初步分析 [J]．中国粮油学报，2008，（1）：137–140．

[1154] 吕建华，赵英杰，张来林，等．臭椿树皮粉剂对烟草甲的触杀作用 [J]．粮食科技与经济，2008，（5）：37–38．

[1155] 吕建华，吴树会，袁良月，等．木香薷提取物对玉米象和赤拟谷盗成虫的作用研究 [J]．河南工业大学学报（自然科学版），2008，（2）：31–34．

[1156] 姜元启，徐硕，程鑫，等．中草药榧子粗提物对仓虫成虫作用的研究 [J]．粮油仓储科技通讯，2008，（4）：31–32．

[1157] 程人俊．蓝桉叶油等 13 种植物精油对谷蠹成虫熏蒸活性的初步探讨 [J]．粮食储藏，2008，（5）：3–5．

[1158] 郭超，王殿轩，马晓辉．苦皮藤素对两种储粮书虱的毒力研究 [J]．河南工业大学学报（自然科学版），2008，（2）：35–38．

[1159] 王景月．几种中草药防治储粮害虫应用技术研究 [J]．粮油仓储科技通讯，2009，（2）：35–36．

[1160] 乔利利，蔡万伦，杨长举，等．水菖蒲两种提取方法粗提物对谷蠹和玉米象的触杀活性 [J]．粮食储藏，2009，（3）：10–13．

[1161] 吕建华，袁良月，董凡卓．高良姜根茎提取物对烟草甲的熏蒸作用 [J]．河南工业大学学报（自然科学版），2009，（1）：18–21．

[1162] 吕建华，刘敬涛，袁良月．臭椿树皮提取物对谷蠹成虫的控制作用研究 [J]．粮食储藏，2009，（3）：3–6．

[1163] 李金甫，彭贝，杨长举，等．低温环境下辣根素对三种仓储害虫熏蒸效果 [J]．粮食储藏，2009，（6）：3–5．

[1164] 曾伶，劳传忠，张新府，等．蛇床子素粉剂对储粮害虫的防治效果 [J]．粮食储藏，2009，（3）：7–9，17．

[1165] 姜元启，徐硕．中草药香附萃取物对储粮害虫作用的研究 [J]．粮油仓储科技通讯，2009，（2）：37–38．

[1166] 程人俊，周远，兰波，等．植物精油防治储粮害虫研究进展 [J]．粮油食品科技，2009，（2）：26–28．

[1167] 陈思思，贺艳萍，徐丽，等．辣根素在密闭干燥器中对储粮害虫熏蒸效果的研究 [J]．粮油仓储科技通讯，2009，（5）：32–34．

[1168] 柴晓乐，李坤，游秀峰，等．对赤拟谷盗成虫具驱避性的芳香植物的正交筛选 [J]．河南工业大学学报（自然科学版），2009，（5）：54–58，64．

[1169] 叶榕林．福橘果皮精油对黄粉虫成虫的驱避作用和种群抑制作用 [J]．粮食储藏，2009，（4）：18–20．

[1170] 唐国文，苏远萍，乔利利，等．胡芦巴不同溶剂粗提物对主要储粮害虫的生物活性研究 [J]．粮食储藏，2009，（1）：7–12．

[1171] 张元臣，李为争，柴晓乐，等．植物源赤拟谷盗驱避剂的筛选 [J]. 粮食储藏，2009，（6）：6–9.

[1172] 吕建华，邹政，张雅婧，等．植物复配剂对米象成虫的控制作用 [J]. 粮食储藏，2009，（1）：3–6.

[1173] 权跃，吕龙石，邓永学．防治谷蠹的含有植物精油的植物种类及植物精油对谷蠹作用方式的研究现状 [J]. 粮食储藏，2009，（5）：17–21.

[1174] 鲁玉杰，仲键峰．固相微萃取与气相色谱联合法测定大蒜素熏蒸小麦后残留 [J]. 粮食储藏，2009，（1）：32–34.

[1175] 吕建华，苏新宏，袁良月，等．烟草甲在 9 种植物材料中的生长发育研究 [J]. 河南工业大学学报（自然科学版），2010，（4）：9–13.

[1176] 何君，谢令德，贺艳萍．植物源杀虫剂作用方式研究进展 [J]. 粮油仓储科技通讯，2010，（6）：30–32.

[1177] 葛玲艳，李喜宏，王静．艾叶精油型粮食防虫剂研制及应用 [J]. 粮食储藏，2010，（5）：3–6.

[1178] 吴若旻，王殿轩，陈吉汉，等．3 种生物源物质及甲基嘧啶硫磷对 3 种储粮害虫的毒力比较 [J]. 河南工业大学学报（自然科学版），2010，（2）：28–31.

[1179] 姜自德，张宏宇，侯善社．苦皮藤素防治书虱的研究 [J]. 粮油仓储科技通讯，2011，（6）：52–53.

[1180] 黄雄伟，许建华，刘丰，等．蛇床子素粉剂粮面拌药在实仓中的试验 [J]. 粮油仓储科技通讯，2011，（3）：42–43，45.

[1181] 吕建华，钟建军，王吉龙．植物源复配剂对锯谷盗成虫的防治作用 [J]. 粮食科技与经济，2011，（2）：24–25，56.

[1182] 杨路加，王晶磊，李建志．高大平房仓蛇床子素防虫储粮试验 [J]. 粮油食品科技，2011，（4）：52–54.

[1183] 吕建华，钟建军．植物源农药防治储粮害虫研究的现状和存在问题探析 [J]. 粮油食品科技，2011，（3）：62–64.

[1184] 赵英杰，李建锋，宋君杰，等．苦皮藤素乳油对 3 种储粮害虫的触杀作用 [J]. 河南工业大学学报（自然科学版），2011，（3）：64–66.

[1185] 张磊．利用苦楝籽中活性物防治杂拟谷盗和玉米象的研究 [J]. 粮油仓储科技通讯，2011，（3）：38–41.

[1186] 邓树华，张志航，吴树会，等．艾绿士对三种主要储粮害虫的毒力测定 [J]. 粮食储藏，2011，（4）：3–5，9.

[1187] 胡婷婷，鲁玉杰，王争艳．植物源杀虫剂防治绿豆象的研究进展 [J]. 华中昆虫研究，2012，（8）：27–31.

[1188] 王晶磊，徐威，宋玉东．三种仓型应用蛇床子素防治储粮害虫效果研究 [J]. 粮油仓储科技通讯，2012，（4）：21–24.

[1189] 沈茜，谢令德，禹建辉，等．蛇床子素对三种储粮害虫的触杀毒力测定 [J]. 粮食储藏，2013，（1）：6–8.

[1190] 王晶磊，肖雅斌，李增凯，等．苦皮藤素和硅藻土储粮害虫室内防治效果研究 [J]. 粮食储藏，2014：43，（2）：5–8.

[1191] 张红建，郑联合，赵阔，等．植物提取物对赤拟谷盗的生物活性研究 [J]. 粮食储藏，2015，（6）：1–5.

[1192] 刘汉胜，涂利萍，张光明，等．樟树叶防治储粮害虫试验 [J]. 粮食储藏，2016，（5）：46–47.

[1193] 鲁玉杰，孙磊，王争艳．植物精油对绿豆象成虫熏蒸效果及种群抑制作用的研究 [J]. 河南工业大学学报（自然科学版），2016，（3）：76–81.

[1194] 王争艳,潘娅梅,谢雅茜,等.4种药剂联用对嗜卷书虱成虫的熏杀效果[J].粮食储藏,2016,(6):7-11.

[1195] 王争艳,罗琼,栗婷,等.五种植物油及其二元混剂对嗜卷书虱的熏蒸活性[J].山东农业大学学报,2016,（2）:172-176.

[1196] 罗琼,王争艳,王喜娟,等.5种植物油对嗜虫书虱成虫的熏蒸作用[J].河南工业大学学报（自然科学版）,2016,（3）:82-86.

[1197] 李凯龙,王达能,胡飞俊,等.蒜素抗菌杀虫研究进展及其在粮食储藏中的应用前景[J].粮油仓储科技通讯,2017,（3）:32-34,37.

[1198] 王争艳,王洋,吴林军,等.5种植物油及其二元混剂对锈赤扁谷盗成虫的熏蒸作用[J].河南工业大学学报（自然科学版）,2017,（1）:55-58.

[1199] 肖学彬,陈弋,何洋,等.花椒等六种不同香料对常见储粮害虫的防治效果探索[J].粮油仓储科技通讯,2019,（5）:32-34.

[1200] 胡婷婷,鲁玉杰,洪冰,等.大蒜精油等五种植物精油对绿豆象熏蒸效果研究[J].粮食储藏,2019,（2）:28-33.

[1201] 贺玉平,戴经元,代鹏,等.多杀菌素高产菌株的选育[J].中国生物防治,2006,（1）:37-39.

[1202] 曹阳,齐朝富,李光涛,等.2.5%菜喜悬浮剂（spinosad）对三种储粮害虫的毒力测定[J].中国粮油学报,2007,（4）:99-101.

[1203] 宋炜,熊犍,郭伟群,等.MNNG对多杀菌素产生菌的诱变效应[J].中国生物防治,2009,（2）:176-180.

[1204] 熊犍,李能威,叶君,等.多杀菌素的高效液相色谱测定[J].现代食品科技,2009,（6）:704-706.

[1205] 李丽,罗莉斯,王艳萍,等.刺糖多孢菌生长特性及培养条件的优化[J].中国粮油学报,2010,（11）:89-93.

[1206] 王殿轩,吴若旻,张晓琳,等.不同磷化氢抗性的米象对多杀菌素的敏感性比较[J].中国粮油学报,2010,（8）:81-84.

[1207] 罗莉斯,李能威,李丽,等.96孔板高通量筛选多杀菌素高产菌株的研究[J].中国农业科技导报,2010,（2）:133-137.

[1208] 吴若旻,王殿轩,姜雪,等.多杀菌素对储粮害虫谷蠹磷化氢抗性和敏感品系的毒力比较[J].河南农业大学学报,2010,（2）:202-205.

[1209] 秦为辉,陈新,张晓琳,等.多杀菌素的提取和萃取条件研究[J].西北农林科技大学学报,2010,（4）:151-156.

[1210] 李能威,张晓林,郭伟群,等.多杀菌素发酵培养基的研究[J].西北农林科技大学学报,2010,（1）:216-224.

[1211] 邓树华,张志航,吴树会,等.艾绿士对三种主要储粮害虫的毒力测定[J].粮食储藏,2011,（4）:3-5,9.

[1212] 李能威,张晓琳,郭伟群,等.多杀菌素防治储粮害虫的研究进展[J].中国生物防治学报,2011,（3）:400-403.

[1213] 张求学,兰周,汪洋,等.刺糖多孢菌电转化条件研究[J].中国生物工程杂志,2011,（5）:81-85.

［1214］ 甘邱锋，张晓琳，王洁颖，等 . 刺糖多孢菌原生质体制备与再生条件优化 [J]. 中国抗生素杂志，2011，（1）：18-24.

［1215］ 秦为辉，李丽，张晓琳，等 . 响应曲面分析方法优化发酵液中多杀菌素的提取工艺 [J]. 天然产物研究与开发，2011，（2）：314-319.

［1216］ 秦为辉，张晓琳，陈新，等 . 多杀菌素发酵提取液的脱色工艺研究 [J]. 中国抗生素杂志，2011，（1）：48-52.

［1217］ 邹泽先，张晓琳，陈新，等 . 响应面法优化发酵液中多拉菌素的脱色工艺 [J]. 中国抗生素杂志，2011，（12）：912-916，942.

［1218］ 李能威，张晓琳 . 多杀菌素在农产品中的残留研究进展 [J]. 食品科学，2012，（21）：328-331.

［1219］ 潘明丰，郭美锦，储炬，等 . 多杀菌素种子培养基及发酵培养基的优化 [J]. 中国抗生素杂志，2012，（10）：745-751.

［1220］ 郭伟群，罗莉斯，李传威，等 . 利用离子注入技术选育多杀菌素高产菌株 [J]. 中国农业科学导报，2012，（4）：148-152.

［1221］ 吴萍，郭伟群，张娟琨，等 . 原生质体融合选育多杀菌素高产菌株 [J]. 粮油食品科技，2012，（3）：46-49.

［1222］ 张晓琳，秦为辉，李能威，等 . 一种制备生物农药多杀菌素微胶囊制剂的方法 [P]. 中国专利，201711363151.3，2018-05-18.

［1223］ 王晶磊，徐威 . 多杀菌素高大平房仓防治储粮害虫效果初探 [J]. 粮油仓储科技通讯，2012，（6）：28-31.

［1224］ 王洁静，吕建华 . 多杀菌素在储粮害虫防治中的研究及应用进展 [J]. 粮食与饲料工业，2012，（4）：19-22.

［1225］ 王洁静，吕建华 . 多杀菌素在储粮害虫防治中的研究及应用进展 [J]. 粮食与饲料工业，2012，（4）：19-22.

［1226］ 蒋元维 . 刺糖多孢菌 S04-41 relA 基因阻断株的构建及其对功能的影响（D）. 长沙：湖南师范大学，2012.

［1227］ 祝星星，谢令德，贺艳萍，等 . 多杀菌素对三种储粮害虫的防效 [J]. 粮食储藏，2013，（6）：3-5.

［1228］ 陈园，熊犍，王超，等 . 多杀菌素高产菌株快速筛选方法的研究 [J]. 粮油食品科技，2013，（4）：99-102

［1229］ 陈园，熊犍，郭伟群，等 . 多杀菌素产生菌的高通量诱变选育 [J]. 中国抗生素杂志，2013，（5）：99-102.

［1230］ 郭伟群，邹球龙，陈园，等 . 多杀菌素高产菌株的诱变选育及代谢曲线初步研究 [J]. 中国抗生素杂志，2014，（4）：245-248.

［1231］ 燕春，王超，陈园，等 . 基于基因组重排技术的多杀菌素高产菌株选育 [J]. 化工学报，2014，（9）：3576-3582.

［1232］ 夏燕春，王超，吴江磊，等 . 多杀菌素分离纯化工艺的研究 [J]. 中国粮油学报，2014，（3）：95-101.

［1233］ 陈园，张晓琳，黄颖，等 . 杀虫抗生素的研究进展 [J]. 农业生物技术学报，2014，（11）：1455-1462.

［1234］ 黄颖，赵晨，杨博磊，等 . 刺糖多孢菌高产菌株和野生型菌株多杀菌素生物合成基因簇，（spn）在发酵过程中的表达分析 [J]. 农业生物技术学报，2014，（11）：1337-1346.

［1235］邹球龙，郭伟群，王超，等．多杀菌素补料发酵工艺的研究 [J]. 粮油食品科技，2014，（3）：86-88.

［1236］谭高翼．类 A 因子级联系统对井冈霉素合成的调控 [D]. 上海：上海交通大学，2014.

［1237］黄颖，赵晨，张求学，等．麦芽糖转运相关基因的表达对刺糖多孢菌生长及多杀菌素合成的影响 [J]. 农业生物技术学报，2015，（11）：1438-1444.

［1238］黄颖，赵晨，关雄，等．微生物源化合物合成基因簇异源表达研究进展 [J]. 中国粮油学报，2015，（9）：133-138.

［1239］张从宇，王国万，汪正雄，等．多杀菌素在实仓中的应用试验 [J]. 粮油仓储科技通讯，2015，（1）：37-38，46.

［1240］左晓戎，陈园，张晓琳，等．一种用于杀虫活性物质筛选的生物检测装置 [P]. 中国专利：201520803440.0，2016-03-02.

［1241］LAN Z，ZHAO C，GUO W，et al. Optimization of Culture Medium for Maximal Production of Spinosad Using an Artificial Neural Network - Genetic Algorithm Modeling[J].Journal of Molecular microbiology and Biotechnology，2015，25（4）：253-261.

［1242］张晓琳，李君兴，王超，等．一种储粮防护剂微喷机 [P]. 中国专利：201610843829.7.2017-02-01.

［1243］魏金富，任保中，魏昱进，等．一种喷药设备 [P]. 中国专利：201621377961.5，2017-08-08.

［1244］王旭，陈新，李龙，等．多杀菌素 C-9 不同糖基衍生物的合成及杀虫活性分析 [J]. 西北农林科技大学学报，2016，（6）：141-149.

［1245］陈新，李龙，张晓琳，等．一种多杀菌素衍生物的化学合成方法 [P]. 中国专利：201310613847.2，2016-08-17.

［1246］左晓戎，陈园，张晓琳，等．一种用于杀虫活性物质筛选的生物检测装置 [P]. 中国专利：201520803440.0，2016-03-02.

［1247］王超，张晓琳，邹球龙，等．一种多杀菌素与辣根素复配组合物及其应用 [P]. 中国专利：201610266891.4，2016-07-13.

［1248］吴恒源，熊犍，王超，等．45% 多杀菌素水分散粒剂的研制及其对黄瓜蓟马的田间防效 [J]. 农药，2017，（10）：721-724.

［1249］陈爽，赵晨，黎琪，等．丁烯基多杀菌素高产菌株的诱变选育及培养基优化 [J]. 江苏农业科学，2018，（9）：108-111.

［1250］吴恒源，熊犍，黄颖，等．关键级联调控同源基因在刺糖多孢菌发酵过程中的表达分析 [J]. 农业生物技术学报，2018，（5）：849-860..

［1251］王海霞，陈园，王超，等．组合抗生素抗性选育多杀菌素高产菌株 [J]. 粮油食品科技，2017，（4）：70-75.

［1252］王海霞，陈园，王超，等．MPMS 诱变结合抗生素抗性选育多杀菌素高产菌株 [J]. 粮油食品科技，2017，（3）：82-86.

［1253］HUANG Y，ZHANG X，ZHAO C，et al. Improvement of Spinosad Production upon Utilization of Oils and Manipulation of β -Oxidation in a High-Producing Saccharopolyspora spinosa Strain[J]. Journal of Molecular microbiology and biotechnology，2018, 28，（2）：53-64.

［1254］ZHAO C，HUANG Y，GUO C，et al. Heterologous Expression of Spinosyn Biosynthetic Gene Cluster in Streptomyces Species Is Dependent on the Expression of Rhamnose Biosynthesis Genes[J]. Journal of Molecular Microbiology and Biotechnology，2017，27，（3）：190-198.

［1255］ WANG C，ZHANG X L，CHEN Z，et al. Strain construction for enhanced production of spinosad via intergeneric protoplast fusion[J].Canadian Journal of Microbiology，2009，55（9）：1070–1075.

［1256］ 蒋小龙，BURKHOLDER W E. 植物油对谷象诱虫性的估价 [J]. 粮食储藏，1991，（2）：10–15.

［1257］ 蒋小龙 . 仓储害虫诱捕器种类综述 [J]. 粮食储藏，1992，（2）：10–15.

［1258］ 梁永生 . 诱捕器在储粮害虫防治中的应用 [J]. 粮食储藏，1995，（Z1）：89–92.

［1259］ 陈萍，林玉辉 . 几种害虫诱捕方法应用效果的调查 [J]. 粮食储藏，1999，（6）：25–28.

［1260］ 孙明常，温钦豪，莫炳文，等 . 钢板仓储粮害虫陷阱诱捕技术研究 [J]. 粮食储藏，2000，（5）：20–23.

［1261］ 杨大成 . 富士诱捕器在粮库中的推广应用试验 [J]. 粮食储藏，2001，（2）：10–15.

［1262］ 郑理芳 . 诱捕器在粮库中应用技术的探讨 [J]. 粮油仓储科技通讯，2002，（5）：33.

［1263］ 朱邦雄，刘国述，刘荣，等 . 应用紫外高压诱杀灯防治储粮害虫 [J]. 粮食储藏，2005，（3）：7–13.

［1264］ 杨龙德，杨自力，蒋天科 . 敌敌畏与食用香精对书虱的诱杀效果试验 [J]. 粮食储藏，2005，（4）：11–13.

［1265］ 程兰萍，王殿轩，仲维平，等 . 散储小麦中探管诱集和取样筛检书虱和锈赤扁谷盗效果比较研究 [J]. 粮食储藏，2006，（3）：9–12.

［1266］ 邓树华，王平，朱邦雄，等 . 紫外高压诱杀灯防治仓外储粮害虫研究 [J]. 粮食储藏，2006，（3）：5–8.

［1267］ 王争艳，鲁玉杰 . 几种诱捕器对储粮害虫诱捕效果的评价 [J]. 河南工业大学学报（自然科学版），2006，（1）：36–38.

［1268］ 王争艳，鲁玉杰，宫雨乔，等 . 紫光灯对储粮害虫引诱效果的评价 [J]. 粮油加工，2010，（11）：75–77.

［1269］ 王平，王殿轩，苏金平，等 . 紫外诱杀灯和瓦楞纸诱捕与取样筛检法检测储粮害虫比较研究 [J]. 粮食储藏，2006，（4）：16–19.

［1270］ 李培章，郭雷 . 多功能移动式诱捕器制作和试验 [J]. 粮油仓储科技通讯，2006，（6）：31–32.

［1271］ 杨自力，蒋天科，李伟，等 . 探管诱集与取样筛检两种方法检测储粮害虫数量比较 [J]. 粮食储藏，2007，（3）：16–19.

［1272］ 张初阳，黎国志 . 储粮害虫诱捕器生产性试验报告 [J]. 粮食储藏，2008，（2）：6–9.

［1273］ 周刚，李心田，鲁玉杰，等 . 新型高效引诱剂实仓诱捕储粮害虫效果研究 [J]. 粮食储藏，2009，（6）：8–11.

［1274］ 刘道富，梁庆文，邢衡建，等 . 不同引诱剂对不同储粮害虫虫种的诱捕试验 [J]. 粮油仓储科技通讯，2007，（4）：37–38，42.

［1275］ 孟祥龙 . 自制仓储害虫电子诱杀器的应用 [J]. 粮油仓储科技通讯，2009，（5）：43.

［1276］ 王争艳，鲁玉杰，宫雨乔，等 . 紫光灯对储粮害虫引诱效果的评价 [J]. 粮油加工，2010，（11）：75–77.

［1277］ 庄波，陈远煌 . LED 灯光诱捕器试验 [J]. 粮油仓储科技通讯，2011，（4）：37–38.

［1278］ 王宝堂，刘吉海 . 双重诱捕杀虫法试验 [J]. 粮油仓储科技通讯，2012，（2）：33–34，40.

［1279］ 韦文生 . 利用 LED 光催化捕蚊器诱捕主要扁谷盗属储粮害虫的试验 [J]. 粮油仓储科技通讯，2012，（6）：32–33.

［1280］ 王宝堂，刘吉海，于广威，等.引诱捕杀害虫的试验 [J].粮食储藏，2013，（4）：8-10.

［1281］ 王金奎，丁团结.平房仓真空抽取诱捕器测虫试验 [J].粮食储藏，2014，（3）：16-18.

［1282］ 汪中明，齐艳梅，李燕羽，等.储粮害虫诱集技术研究进展 [J].粮油食品科技，2014，（5）：111-116.

［1283］ 乐大强，王剑斌，汤惠明，等.灯光诱杀与防护剂组合应用防治长角扁谷盗 [J].粮油仓储科技通讯，2014，（3）：50-56.

［1284］ 冼庆，鲁玉杰.不同光波长与光强度对赤拟谷盗趋光性影响的初步研究 [J].粮食储藏，2014，（4）：9-12.

［1285］ 郑秉照.粮虫陷阱检测器与扦样器查虫结果的比较 [J].粮食储藏，2016，（3）：21-23.

［1286］ 郑祯，王殿轩，周晓军，等.探管诱捕与取样筛检小麦粮堆表层储粮害虫的效果比较 [J].河南工业大学学报（自然科学版），2017，（2）：116-121.

［1287］ 王公勤，王殿轩，汪灵广，等.几种表面诱捕器在仓储稻谷害虫发生初期的检测效果比较 [J].粮食储藏，2017，（1）：43-47.

［1288］ 李然，李琛，文韵漫，等.云南省主要储粮生态区储粮害虫探管诱捕研究 [J].粮食储藏，2018，（5）：6-11.

［1289］ 刘永清，何伟，马骏.籼稻仓虫笼杀诱杀害虫免熏蒸试验 [J].粮油仓储科技通讯，2019，（6）：39-42.

［1290］ 李学富.一种安全型粮仓害虫诱捕器的设计 [J].粮油仓储科技通讯，2019，（6）：47-48，52.

［1291］ 李兴奎，鲁玉杰，仲建锋.食物引诱剂在储粮害虫防治研究中的应用 [J].粮食流通技术 2006，（4）：22-26.

［1292］ 鲁玉杰，刘凤杰，王争艳.食物引诱剂对储粮害虫最佳引诱条件的研究 [J].中国粮油学报，2006，（3）：320-324.

［1293］ 鲁玉杰，李兴奎，仲建峰，等.影响碎小麦对储粮害虫的引诱效果因素的研究 [C]//华中三省（河南、湖北、湖南）昆虫学会 2006 年学术年会论文集.河南鹤壁：河南省昆虫学会，2006.

［1294］ 李兴奎，鲁玉杰，仲建锋，等.用食物引诱剂和昆虫信息素联合作用监控储粮害虫的研究 [J].安徽农业科学，2007，（7）：2080-2081.

［1295］ 李兴奎，孙俊景，鲁玉杰.用食物中有效化学成分监控储粮害虫 [J].粮食流通技术，2008，（4）：21-25.

［1296］ 鲁玉杰，李兴奎，仲建锋，等.影响碎麦对储粮害虫引诱效果的因素研究 [J].河南大学学报（自然科学版），2008，（2）：185-189，194.

［1297］ 姜自德，张宏宇.利用食物引诱剂与诱捕器结合诱捕储粮害虫的试验 [J].粮油仓储科技通讯，2009，（4）：36-37.

［1298］ 鲁玉杰，李心田，王争艳，等.多孔淀粉诱芯在书虱诱捕中的应用 [J].粮油加工，2010，（7）：54-56.

［1299］ 李兴奎，张新伟，鲁玉杰.不同品种碎麦提取物对储粮害虫的引诱效果 [J].湖北农业科学，2013，（19）：4661-4664.

［1300］ 李兴奎，张新伟，鲁玉杰.碎麦提取物与昆虫信息素提取物混合诱捕多种储粮害虫效果研究 [J].粮食流通技术，2013，（2）：43-47.

［1301］ 王争艳，赵亚茹，鲁玉杰，等.食物源蝇类引诱剂的研制 [J].应用昆虫学报，2016，（3）：676-681.

［1302］ 李国长，李超军，董才，等.利用臭氧杀虫储粮技术研究初探 [J]. 中国粮油学报，1995，（3）：

［1303］ 阎永生，赵文平，王秀华.臭氧离子防霉杀虫效果初探 [J]. 粮食储藏，1995，（1）：9-14.

［1304］ 陈渠玲，邓树华，周剑宇，等.臭氧防霉、杀虫和去毒效果的探讨 [J]. 粮食储藏，2001，（2）：16-19.

［1305］ 张永生，张伟.臭氧储粮防护技术在实际应用中若干问题的探讨 [J]. 粮油仓储科技通讯，2003，（6）：20-21.

［1306］ 吴峡，严晓平，覃章贵，等.臭氧杀虫除霉实仓试验 [J]. 粮食储藏，2003，（5）：11-14.

［1307］ 施国伟，谢昌其，黄志宏.臭氧储粮灭菌杀虫技术研究 [J]. 粮食储藏，2004，（4）：20-22.

［1308］ 范盛良，梁永生，冉启权，等.臭氧在粮食储藏中的应用研究现状 [J]. 粮油仓储科技通讯，2007，（5）：31-34.

［1309］ 王秋云，刘少典，韩军岐.臭氧在储粮中的应用前景及研究进展 [J]. 粮油仓储科技通讯，2009，（5）：19-20.

［1310］ 马旌升，张斌.臭氧在粮食农药残留降解中的应用 [J]. 粮油仓储科技通讯，2010，（4）：34-35.

［1311］ 孟宪兵.臭氧杀虫除菌技术的实仓应用 [J]. 粮食储藏，2011，（3）：14-17.

［1312］ 秦宁，郭道林，王双林，等.臭氧对两种主要储粮真菌的抑制作用研究 [J]. 粮食储藏，2011，（5）：3-6.

［1313］ 周建新，吴萌萌，包月红，等.臭氧处理稻谷降解黄曲霉毒素 B_1 的工艺条件优化 [J]. 粮食储藏，2014，（4）：17-21.

［1314］ 张美玲，霍晓亮，何岩.油菜籽应用臭氧处理试验研究 [J]. 粮食储藏，2016，（2）：12-15.

［1315］ 顾小洲.利用高浓度臭氧环流熏蒸试验 [J]. 粮油仓储科技通讯，2017，（1）：39-41.

［1316］ 陆安邦，赵英杰，李魁，等.苏云金杆菌乳剂防治储藏小麦中印度谷蛾和粉斑螟的实验室研究 [J]. 郑州粮食学院学报，1988，（4）：26-29.

［1317］ 许庆德，刘剑英.稻堆天敌治虫的初步观察与探讨 [J]. 粮食储藏，1989，（5）：14-18.

［1318］ 李照会，郑万强，叶保华，等.米象金小蜂对玉米象种群控制作用研究 [J]. 粮食储藏，1999，（6）：13-15.

［1319］ 沈兆鹏.绿色储粮：用微生物制剂消灭储粮害虫 [J]. 粮食科技与经济，2005，（4）：7-8，14.

［1320］ 赵英杰，张来林，吕建华.苏云金杆菌降低储粮害虫对磷化氢的抗药性 [J]. 粮食储藏，2006，（4）：13-15.

［1321］ 吕建华，张来林，赵英杰.寄生性天敌在储粮害虫防治中的研究进展 [J]. 粮食科技与经济，2009，（5）：32-33，36.

［1322］ 刘芳，曹阳，孙长坡，等.苏云金芽孢杆菌对印度谷螟幼虫的致死作用 [J]. 中国粮油学报，2011，（9）：79-82.

［1323］ 徐碧，汪志发，周承杰，等.印度谷螟对苏云金杆菌实仓应用试验 [J]. 粮油仓储科技通讯，2015，（6）：39-40.

［1324］ 钱祖香，李荣伟.小麦品种可溶性糖和氨基态氮含量与抗玉米象关系的初步研究 [J]. 粮食储藏，1989，（1）：33-38.

［1325］ HARYADI Y，FLEUAT-LESSARD F，王泽林.不同水稻品种对麦蛾的相对抵抗力 [J]. 粮食储藏，1994，（1）：42-46.

［1326］ 吴跃进，吴秀山，沈宗海，等.水稻耐储藏种质创新及相关技术研究 [J]. 粮食储藏，2005，（1）：17-20.

［1327］李隆术，张肖薇，郭依泉．不同温度下低氧高二氧化碳对腐食酪螨的急性致死作用［J］．粮食储藏，1992，（5）：3-7.

［1328］王玉海．大豆压盖大米防治玉米象试验［J］．粮油仓储科技通讯，1992，（6）：29.

［1329］斯托里 G L，蒋中柱．放热式惰性气体发生器产生的低氧气体对各种储粮害虫的致死作用［J］．粮食储藏，1992，（3）：51-55.

［1330］曲贵强，张建军，李燕羽，等．低氧防治技术应用及研究现状［J］．粮油食品科技，2007，（4）：22-25.

［1331］曲贵强，曹阳，李燕羽．缺氧情况赤拟谷盗发育［C］//第八届国际储藏物气调与熏蒸大会论文集．成都：中国粮油学会．2008.

［1332］李光涛，周佳，李燕羽，等．低氧环境对四种储粮害虫种群抑制效果研究［C］//中国农业生物技术学会2008年生物技术与粮食储藏安全学术研讨会论文集．北京：中国农业生物技术学会，2008.

［1333］顾文毅，曹阳．房式仓和高大平房仓自然缺氧密封效果［C］//第八届国际储藏物气调与熏蒸大会论文集．成都：中国粮油学会．2008.

［1334］周思旭，曹阳，李光涛，等．2%和5%低氧处理赤拟谷盗不同虫态的乳酸测定研究［J］．中国粮油学报，2009，（9）：97-100.

［1335］莫代亮，顾文毅，李克强，等．储藏玉米实仓低氧防治储粮害虫研究［J］．粮食储藏，2009，（3）：27-30.

［1336］张涛，汪中明，贺培欢，等．急性缺氧和高浓度磷化氢对小白鼠行为及器官的影响［J］．粮油食品科技，2015，（6）：111-114.

［1337］张涛，田琳，伍祎，等．低氧对 PH_3 抗性米象和谷蠹的控制作用研究［J］．粮油食品科技，2016，（2）：90-92.

［1338］田琳，王吉腾，张涛，等．不同氧气浓度下印度谷螟卵和幼虫的死亡情况观察［J］．粮食科技与经济，2016，（1）：49-50.

［1339］江西省高安县粮食局储运股．防虫线杀虫效果测定报告［J］．粮油仓储科技通讯，1989，（3）：29-30.

［1340］刘明忠．泡沫防虫线［J］．粮油仓储科技通讯，1991，（6）：27-28.

［1341］刘明忠．泡沫防虫线在储粮工作中的应用［J］．粮油仓储科技通讯，1994，（6）：33-35.

［1342］陈向红，秦学堂．"点滴式"防虫线在储粮仓库的运用及效果分析［J］．粮油仓储科技通讯，2006，（6）：42-43.

［1343］云顺忠，汪超杰．不同载体防虫线在储粮仓库中的防虫效果试验［J］．粮油仓储科技通讯，2009，（3）：25-26.

［1344］江苏省灌南县粮食局储运股．应用沼气防治储粮害虫［J］．粮油仓储科技通讯，1992，（5）：24-25.

［1345］吕一鸿，金静亚，陈福海．沼气储粮杀虫技术的研究［J］．粮油仓储科技通讯，1994，（2）：30-33.

［1346］王进军，赵志模，李隆术．不同温度下气调及红橘油对嗜卷书虱的熏蒸作用研究［J］．粮食储藏，1999，（5）：3-9.

［1347］孙相荣，杨健，吴芳，等．25℃条件下不同氮气浓度对储粮害虫控制效果研究［J］．粮食储藏，2012，（1）：4-9.

[1348] 曹东风,轩静渊.施盐防治黄斑露尾甲 *Carpophilus hemipterus*,（L.）的研究 [J]. 粮食储藏,1994,（6）:7-13.

[1349] 檀先昌.粮食储藏防虫的新材料：防虫薄膜、防虫涂料和微胶囊杀虫剂 [J]. 粮油仓储科技通讯,1991,（Z2）:51-53.

[1350] 熊鹤鸣，张忠柏，田智军.光触媒薄膜储粮应用技术初步试验 [J]. 粮食储藏,2001,（4）:21-24.

[1351] 龚先安，曾庆先，刘建光，等.防毒面具的改进 [J]. 粮食科技与经济,2002,（5）:41-42.

[1352] 刘中立.过滤型头盔式防毒面具应用探讨 [J]. 粮食储藏,2003,（2）:55-56.

[1353] 白旭光,郭静,李志刚.光触媒聚乙烯薄膜对储粮害虫的防治效果研究 [J]. 中国粮油学报,2005,（1）:73-76.

[1354] 王超洋、王洪.新型粮食包装袋的性能研究与分析 [J]. 粮食储藏,2013,（2）:21-25.

第六节　几种储粮害虫防治专项研究

[1355] 毛有民，郭庆海，孙宏运.曝晒新小麦防治玉米象与麦蛾的试验报告 [J]. 粮油仓储科技通讯,1989,（2）:12-17.

[1356] 汪全勇.麦蛾的危害特性及防治研究 [J]. 武汉粮食工业学院学报,1991,（1）:61-64.

[1357] 董晨晖，黄钰森，陈国华，等.麦蛾防治研究进展 [J]. 粮食储藏,2015,（3）:1-8.

[1358] 陈庆书，中军.利用生石灰有效防治书虱和螨类 [J]. 粮油仓储科技通讯,1994,（5）:34-35.

[1359] 罗来凌，吴敏荣，陈光旭，等.书虱的生物学、生态学及其防治方法的初步研究 [J]. 粮食储藏,1994,（4）:12-17.

[1360] 孟来，景柱，保同，等.采用综合措施防治书虱效果好 [J]. 粮油仓储科技通讯,1998,（3）:23-24.

[1361] 李春燕，蔡政俊，汪涛.书虱的综合防治技术研究 [J]. 郑州粮食学院学报,1999,（2）:67-68.

[1362] 孙冠英，曹阳，姜永嘉，等.书虱在粮堆中分布的研究 [J]. 粮食储藏,1999,（6）:16-21.

[1363] 马文斌，曹英乾，杨卫东.两种杀虫剂缓释块对书虱的诱杀研究 [J]. 粮油仓储科技通讯,2000,（5）:49-50.

[1364] 丁伟，李隆术，赵志模.书虱综合防治技术研究进展 [J]. 粮食储藏,2001,（4）:3-6.

[1365] 张怀君，孟彬，刘强，等.书虱的危害与防治 [J]. 粮油仓储科技通讯,2003,（1）:30-31.

[1366] 王明卿.书虱综合防治技术应用 [J]. 粮油仓储科技通讯,2004,（5）:35-36.

[1367] 白青云,朱克瑞,曹阳.无色书虱不同虫态对 PH_3 抗药性的研究 [J]. 粮食储藏,2005,（2）:9-12.

[1368] 白青云,曹阳.替代 FAO 法测定无色书虱成虫对 PH_3 的抗药性 [J]. 粮食储藏,2005,（5）:11-13,56.

[1369] 张里俊，薛东，杨长举，等.书虱的药剂防治研究进展 [J]. 粮油仓储科技通讯,2005,（1）:21-23.

[1370] 劳传忠，刘芳芳，冼庆，等.几种杀虫剂对嗜虫书虱的触杀作用 [J]. 昆虫天敌,2007,（1）:16-20.

[1371] 劳传忠，冼庆，刘芳芳，等.杀虫剂对小眼书虱成虫的触杀毒力 [J]. 粮食储藏,2007,（4）:11-12,18.

[1372] 邵能跃，林吕彪，陈平，等.浅析储粮书虱防治技术 [J]. 粮油仓储科技通讯,2008,（3）:32-33.

[1373] 王金奎，商永辉，杜明华，等.书虱综合防治措施的探索 [J]. 粮油仓储科技通讯,2010,（2）:42-43.

[1374] 徐龙飞，邱辉，武国富，等.书虱诱杀试验 [J]. 粮油仓储科技通讯,2010,（3）:44-45.

[1375] 王殿轩，徐威，陈吉汉.不同书虱品系的磷化氢半数击倒时间与抗性相关性研究 [J]. 植物检疫,2012,（3）:17-20.

［1376］房强.高大平房仓防治书虱试验 [J]. 粮油仓储科技通讯，2013，（4）：33-40.

［1377］祁正亚，阚兵辉，黄晓霞.书虱的特性及储粮中的防治策略 [J]. 粮食储藏，2014，（5）：28-32.

［1378］蒋传福，刘尚峰，董震，等.卷材粘虫板防治储粮书虱效果初探 [J]. 粮油仓储科技通讯，2018，（1）：37-38，41.

［1379］杨迅，王钦，肖洪忠，等.四川地区书虱防治应对措施探讨 [J]. 粮油仓储科技通讯，2018，（1）：39-41.

［1380］李前泰.谷蠹的危害及防治方法 [J]. 粮油仓储科技通讯，1989，（2）：26-29.

［1381］张新月.^{60}Co 辐照谷斑皮蠹各虫态的发育和致死效果的研究 [J]. 粮食储藏，1991，（1）：3-8.

［1382］林宝生，杨德生，虞茂力.灯光诱杀谷蠹试验 [J]. 粮油仓储科技通讯，1993，（5）：22-24.

［1383］钟昕华.浅谈谷蠹的生育繁殖及防治 [J]. 粮油仓储科技通讯，1993，（3）：38-40.

［1384］徐长华.浅谈谷蠹防治的生物学途径 [J]. 粮油仓储科技通讯，1997，（5）：27-28.

［1385］吴德明，浦海根.谷蠹的生物学特性与防治方法 [J]. 粮食储藏，1997，（2）：30-36.

［1386］陈圣强.对储粮害虫谷蠹防治的几点体会 [J]. 粮油仓储科技通讯，1997，（4）：34-36.

［1387］陈国伟，贾永强，霍耀丽，等.从改造苏式仓谈谷蠹的综合防治 [J]. 粮油仓储科技通讯，1998，（1）：41-42，46.

［1388］于洪远，马景源.谷蠹防治措施与对策 [J]. 粮油仓储科技通讯，1999，（6）：37-38.

［1389］沈兆鹏.探讨防治谷蠹的新方法 [J]. 粮油仓储科技通讯，2000，（6）：32-37.

［1390］杨胜华，王亚南，徐小珠.二硫化碳与四氯化碳混合熏蒸防治谷蠹试验 [J]. 粮食储藏，2001，（5）：17-19.

［1391］刘洪玉.谷蠹的发生、传播与防治对策 [J]. 粮油仓储科技通讯，2002，（6）：28-29.

［1392］朱宗森，王光春.谷蠹在我国北方高大平房仓的习性与防治 [J]. 粮油食品科技，2006，（5）：21.

［1393］王金奎，商永辉，杜明华.粮堆局部发生谷蠹的综合防治措施 [J]. 粮油食品科技，2012，（3）：60-61，64.

［1394］王殿轩，唐多，朱广有.谷蠹感染的小麦储存环境中二氧化碳浓度变化研究 [J]. 昆虫学报，2012，（2）：490-495.

［1395］谢维治，马六十，李少雄，等.磷化铝连续两次熏蒸对锈赤扁谷盗防治效果的探索 [J]. 粮油仓储科技通讯，2001，（3）：32-34.

［1396］刘春华.广东地区有效防治锈赤扁谷盗的探索 [J]. 粮食储藏，2004，（3）：21-23.

［1397］王效国，吴秀仕，琊衡健.磷化铝常规与缓释熏蒸结合防治锈赤扁谷盗实仓试验 [J]. 粮油仓储科技通讯，2008，（3）：34-35.

［1398］李兰芳，吴桂森，严忠军.不同熏蒸方法防治锈赤扁谷盗效果比较 [J]. 粮油仓储科技通讯，2008，（2）：30-33，40.

［1399］易世孝，盛宏贤，王丰富，等.锈赤扁谷盗防治试验 [J]. 粮油仓储科技通讯，2009，（4）：38-40.

［1400］刘经甫，王强，谢周军，等.利用混合环流熏蒸技术防治锈赤扁谷盗的试验 [J]. 粮油仓储科技通讯，2009，（1）：40-42.

［1401］李建锋，张来林，陈娟，等.抗性锈赤扁谷盗防治策略浅析 [J]. 粮油加工，2009，（10）：100-103.

［1402］李建锋，张来林，易世孝，等.防治抗药性锈赤扁谷盗的生产性试验 [J]. 河南工业大学学报（自然科学版），2009，（2）：22-25.

［1403］苏青峰，王殿轩，郑超杰，等 . 锈赤扁谷盗的综合治理技术对策 [J]. 粮食储藏，2013，（4）：3-7.

［1404］林伟波 . 锈赤扁谷盗防治不彻底的原因与对策探讨 [J]. 粮油仓储科技通讯，2015，（6）：30-31.

［1405］姜自德，苏林 . 锈赤扁谷盗的防治措施 [J]. 粮油仓储科技通讯，2015，（3）：31-32.

［1406］阙岳辉，祁正亚，黄晓霞 . 两种熏蒸法防治抗性锈赤扁谷盗效果的比较 [J]. 粮油仓储科技通讯，2015，（4）：35-37.

［1407］刘凤杰，王利利，鲁玉杰，等 . 两种防护剂和磷化氢联用对锈赤扁谷盗和两种书虱的防治 [J]. 粮食储藏，2017，（6）：29-34.

［1408］黄晓霞，祁正亚，曾庆清 . 华南地区抗性锈赤扁谷盗的防治策略 [J]. 粮油仓储科技通讯，2018，（1）：33-36.

［1409］复旦大学生物系动物学教研组 . 鼠类及其防治 [J]. 四川粮油科技，1978，（2）：1-20.

［1410］李文勇 . 介绍一种灭鼠方法 [J]. 四川粮油科技，1978，（4）：40-45.

［1411］张斯信，汪全勇 . 露天防鼠货台的建造及效果 [J]. 粮食储藏，1983，（6）：42-44.

［1412］戴铁汉 . 介绍一种新型简易电力捕鼠器 [J]. 粮食储藏，1983，（6）：45-46.

［1413］崔健 . 介绍几种农村储粮用具和灭鼠方法 [J]. 粮食储藏，1984，（5）：47-48，50.

［1414］杨茂盛，王永忠 . 敌鼠钠盐和杀鼠灵的使用方法 [J]. 粮食储藏，1984，（3）：54.

［1415］张泉淙，李学玉 . 扫频式电子驱鼠仪和电子猫互相配合捕鼠实验报告 [J]. 粮油仓储科技通讯，1985，（1）：33-35.

［1416］赵尔彦 . 介绍一种防鼠雀方法 [J]. 粮油仓储科技通讯，1985，（1）：39.

［1417］金治平，陈天喜 . 灭鼠 [J]. 粮油仓储科技通讯，1985，（4）.27-29.

［1418］侯达，冯小良，陆振元 . 露天储粮防鼠利用玻璃钢效果好 [J]. 粮油仓储科技通讯，1986，（5）：41-42.

［1419］卞家安，陈昭桂 . 露天囤玻璃钢下围防鼠试验报告 [J]. 粮油仓储科技通讯，1987，（2）：47-48.

［1420］黄俊 . 浅谈仓库全方位防鼠灭鼠措施 [J]. 粮油仓储科技通讯，1990，（5）：26-27.

［1421］朱锷霆，张国梁 . 高效安全型灭鼠毒饵的研究 [J]. 粮食储藏，1996，（3）：22-24.

［1422］李文辉，华德坚，曾伶，等 . 仓库鼠类综合防治技术的研究 [J]. 粮食储藏，1997，（3）：17-22.

［1423］赵一凡 . 关于避鼠防虫控霉储粮编织袋的应用试验 [J]. 粮油仓储科技通讯，1999，（1）：26-27.

［1424］吴志勇 . 粮库鼠类习性及防治策略 [J]. 粮油仓储科技通讯，2000，（1）：38-40.

［1425］沈晓明，花永开 . 鼠害的综合防治技术 [J]. 粮油仓储科技通讯，2002，（2）：40-41.

［1426］陈渠玲，邵树华 . QS 鼠类驱避剂研制与应用 [J]. 粮食储藏，2009，（4）：14-17.

第十章 粮食干燥技术研究

通过对粮食干燥技术的研究来提高粮食储藏的安全系数，这是确保高水分粮食储藏安全的有效途径。我国粮食储藏研究通过近百年的发展，已经从传统的燃煤热风炉干燥技术，扩展到对清洁能源的有效利用，如对太阳能、电能、生物质能等能源开展了相关的研究和应用。结合不同生态区域的储能、环境和粮食特征，有针对性地研究出不同形式的清洁能源干燥技术。诸如：一是空气源热泵的干燥装备，这是以空气为热源，通过热泵子系统产生热能，适用于高水分粮食的干燥技术，具有无污染、能效高、干燥品质优等特点。二是开发了红外对流联合干燥装备，热源以天然气和燃油为主，针对种粮大农户和农村合作社的优质粮食保质干燥需求进行研发，适用于粮食水分在18%以下的均匀性节能保质干燥。干燥技术的研发促进了粮食储藏干燥技术与设备的快速发展。以下所列相关的研究报道。

第一节 粮食干燥技术主要研究工作（20世纪50年代至80年代）

我国高水分粮干燥技术研究是从20世纪50年代开始的，它是解决高水分粮问题最有效的途径。辽宁省粮食科学研究所1959年报道了通热风干燥粮食试验总结。陈舜祖1959年报道了稻谷烘干试验。粮食部南京粮食学校（现南京财经大学前身，下同）1960年报道了用库兹巴斯烘干机烘干稻谷的试验报告。王立1966年报道了地槽通风降低烘后水分和温度的研究。

江苏省南通县（现南通市，下同）平潮粮库、粮食部南京粮食学校教务组1973年报道了砖砌粮食烘干槽的结构和操作管理。上海市粮食科学研究所1973年报道了立筒型气流烘干机。王立1973年报道了砖砌烘干槽试验应用；1975年报道了关于流化斜槽烘干机使用中的问题和改进意见。王立、张望1976年出版了《砖砌流化烘干机》一书。王立1976年报道了双层孔板砖砌流化烘干机试验；1977年报道了流化槽烘干机的使用和管理经验。

黑龙江省哈尔滨市粮食科学研究所1981年报道了太阳能辅助降水仓实验。王立1981年报道了单层孔板流化烘干机的计算应用。刘亚军等1982年报道了我国第一座大型现代化粮食贮藏和处理中心在黑龙江省洪河农场建成使用的消息。江瞿1982年报道了对《单层孔板流化烘干机的计算》一文提出自己见。张孟浩1983年报道了改造塔式烘干机的技术途径。曹智霖1985年报道了 HH·32×320×1B流化烘干机。江苏省无锡市1602仓库1985年报道了HY·125圆筒烘干机性能特征介绍。胡维恩1986年报道了太阳能自然干燥降水棚仓的性能特点。李逢春1986年报道了小麦的烘干处理技术。杨衍有1987年报道了关于我国粮食干燥技术发展状况的报告。张化杰1988年报道了对粮食干燥机介质温度的探讨。张孟浩1989年报道了LZ稻谷干燥工艺与网柱烘干机的工艺流程和特点。申保庆等1989年报道了BTG型太阳能补充热力粮食通风干燥仓的研究。臧安国等1989年报道了一种新型粮食干燥机的研究。诸铸刚1989年报道了对圆筒烘干机节能技术的研究。

第二节　粮食干燥技术主要研究工作（20世纪90年代至今）

从20世纪90年代以来，我国粮食干燥技术，包括干燥工艺和干燥设备研究取得较快进展。为了便于专业人员了解，下面按粮食干燥通论，粮食干燥应用基础性研究，粮食干燥机类型研究（就仓干燥、干燥控制、热风设备），粮食干燥节能降耗研究，粮食干燥对品质影响的研究，粮食烘干破碎研究以及粮食干燥与储藏研究等内容进行分述。

一、粮食干燥通论

粮食干燥通论的涉及的研究报告中只提到"干燥"二字，并未提及具体的工艺与设备名称。主要有以下研究：赵思孟1982年报道了粮食低温慢速通风干燥研究。王立1983年出版了《粮食干燥》一书。赵思孟1989年报道了我国粮食干燥技术的发展与现状报告。

湖北省粮食局储运处1990年报道了粮食干燥的现状及发展方向。赵思孟1993年报道了高水分玉米烘干应选用适宜的工艺；1999年又报道了关于我国高水分玉米干燥问题的研究。赵思孟

2000—2006年连续报道了关于粮食干燥技术的论述（续一～续十八）。郝立群2004年报道了关于影响烘后玉米水分不均匀因素及解决方法的探讨。朱文学等2005年报道了我国干燥用热源的研究和应用现状分析。张来林等2007年报道了安徽西南稻谷产区烘干机应用的调查报告。毕文雅等2016年报道了我国粮食干燥的现状及发展方向探讨。渠琛玲等2017年报道了粮食辐射干燥的研究进展。

二、粮食干燥应用基础性研究

赵思孟1982年报道了粮食干燥技术中干燥介质的比容研究。王琦等1990年报道了玉米薄层干燥速率的实验研究。窦启明1990年报道了大豆烘干试验——论大豆干燥最佳温度试验报告。李为民1993年报道了我国粮食干燥降水途径分析报告。白维春1995年报道了关于粮食晾晒降水变化规律的探讨。戴天红等1996年报道了我国谷物主要产区低温干燥的可行性分析报告。洪家乐等1998年报道了对黑龙江省粮食烘干机的机型比较和选型意见。段铁清等1999年报道了世行项目玉米干燥机参数确定及应用研究。

刘建伟等2001年报道了稻谷自然干燥特性与品质研究。王继焕2001年报道了稻谷机械干燥关键技术与措施。刘啟觉2001年报道了稻谷烘干工艺和实验研究。赵学伟2002年报道了稻谷薄层干燥及吸湿性研究进展。王继焕2002年报道了稻谷和油菜籽烘干特性研究。谢世吉等2003年报道了解决烘后粮夹生问题的几点建议。徐润琪等2003年报道了关于稻谷自然干燥最佳条件的探讨（Ⅰ）——从热能利用效率分析干燥条件对稻谷的影响。王亚洲等2003年报道了对东北地区玉米烘干机单位热耗设计指标的探讨。顾尧臣2004年报道了改善稻谷整米出率的烘干试验。杜先锋等2004年报道了粮食干燥过程中的在线水分测量方法。徐润琪等2004年报道了对稻谷自然干燥最佳条件的探讨（Ⅱ）——从爆腰率发生分析干燥条件对稻谷的影响。汪喜波等2005年报道了脉动气流雾化试验研究。郝立群2005年分别报道了干燥后玉米水分不均匀度影响因素的分析与建议；玉米干燥机工艺结构对干燥后玉米水分不均匀度的影响。屈小会2006年报道了对典型粮食烘干工艺的探讨。肖慧等2006年报道了粮食干燥智能水分测量系统研究。赵祥涛2007年分别报道了粮食干燥企业工艺优选模糊综合评价；粮食干燥品质质量AHP综合评价。江思佳等2009年报道了稻谷变温干燥工艺研究。王双林等2009年报道了通风干燥过程中的粮食水分转移规律研究。

赵祥涛等2010年报道了粮食干燥技术评价指标体系的构建。方茜等2010年报道了当前我国高水分粮处理的现状与对策。汪福友2013年报道了粮食烘干机建设应用现状与发展对策。潘俊等2013年报道了粳稻水分对低温烘干效益的影响试验。姜平等2016年报道了干燥过程中玉米籽粒水分扩散系数及热特性研究。刘兵等2016年报道了稻谷玻璃化转变温度的测定方法及影响因素研究进展。张崇霞等2016年报道了德美亚1号玉米烘干工艺优化探讨。孙君等2017年报道了不同干燥工艺对稻谷导热系数影响的研究。叶维林等2019年报道了移动、固定两用谷物烘干机的研制及应用。史钢强2019年报道了玉米高温烘干塔人工控制及自动控制数据挖掘及数学模型分析研究。杨开敏等2019年报道了农产品干燥用热源类型的研究。

三、粮食干燥机类型研究

从20世纪90年代以来，我国粮食干燥工艺与设备研究得到了快速发展，粮食干燥机设备类型繁多。为了便于专业人员了解，以下按烘干机通论，高温快速干燥机研究，低温慢速干燥机研究等内容加以介绍。

（一）烘干机通论

赵书琨1989年报道了粮食干燥的各类流化技术。张孟浩1992年报道了我国东北地区粮食烘干机的现状与发展。洪家乐等1998年报道了对黑龙江省粮食烘干机的机型比较和选型意见。赵思孟等1998年报道了粮食烘干机性能测试分析及综合评定。梅君1998年报道了消除大豆干燥内控现象的研究。崔国华2000年报道了论粮食（玉米）烘干技术及装备的现状和发展设想。姜昭芬2001年报道了高效节能干燥机——管束干燥机。段立英等2002年报道了对烘干机负载试车中有关问题的探讨。胥振那2004年报道了粮食烘干技术发展分析。申保庆2007年报道了东北地区粮食干燥机调研报告。潘九君等2008年报道了气温偏高东北地区湿玉米暂存及烘干处理对策。张海臣等2009年报道了大豆热风烘干机的设计计算研究。李云克等2012年报道了粮食烘干机设计参数的简单计算。张翠华2012年报道了盘锦稻作区推广稻谷干燥机械化可行性研究。冯爱国等2012年报道了食品干燥技术。刘兵等2016年报道了稻谷玻璃化转变温度的测定方法及影响因素研究进展。李克强等2017年报道了非安全水分稻谷缓苏过程的水分扩散特性与品质特性研究。

（二）高温快速干燥机研究

1. 塔式烘干机研究

赵思孟1980年报道了关于塔式烘干机若干问题的讨论。李健2001年报道了塔式烘干机在粮食储藏中的应用。

2. 蒸汽烘干塔研究

赵思孟1985年报道了蒸汽烘干塔的发展与应用。窦启明1999年报道了利用蒸汽烘干塔干燥大豆问题的探讨——兼谈大豆干燥的最佳温度。李宁等2003年报道了稻谷塔式烘干技术的应用。

3. 逆顺流粮食烘干机研究

李德宝等1991年报道了组合式谷物干燥设备和工艺设计。姜秀增2000年报道了新型逆顺流粮食烘干机的研制与应用。芦燕敏等2000年报道了利用顺逆流烘干机技术改造蒸汽烘干塔的试验。任金祥等2003年报道了串联顺逆流冷却工艺在粮食干燥中的应用。李小化等2004年报道了一机两用的顺逆流粮食干燥机。邸坤等2005年报道了新型顺混流粮食干燥工艺的研究设计。李杰等2006年报道了顺混流粮食干燥机的开发设计和实际应用。刘春霜2008年报道了大豆烘干与储藏技术。雷晓东等2014年报道了大型逆流冷却干燥机的改进设计。刘文利等2015 年报道了5HZD-5型水稻种子干燥机的研究与设计（低温大风量、三级干燥、三级缓苏和冷却，配燃煤热风炉做热源，因该机为混流式机型，故列此）。

4. 滚筒干燥机研究

诸铸刚1989年报道了圆筒烘干机节能技术的研究。黄志刚等2004年报道了转筒干燥器内颗粒物料运动的模拟与试验研究。吴伟中2007年报道了对大型滚筒干燥机设计和应用的探讨。黄志刚等2008年报道了玉米在转筒干燥器中的干燥工艺优化研究。张勇等2013年报道了直热式转筒干燥的活动折弯抄板设计研究。

5. 流化槽烘干机研究

赵广播等1994年报道了流化床玉米干燥机的排粮水分及水分分布。丁应生2004年报道了螺旋面振动干燥机的特点和应用。

（三）低温慢速干燥研究

1. 整仓通风干燥、就仓干燥研究

徐德才等1989年报道了谷物热力通风分层控制干燥技术研究。申保庆等1989年报道了BTG型太阳能补充热力粮食通风干燥仓的研究。曹知霖等1991年报道了高水分粮食整仓（囤）机械通风干燥方法在江淮地区的应用效果。董殿文1991年报道了对圆仓多管自然通风干燥粮食的探讨。李宝君等1991年报道了机械通风干燥粮食单位风量的计算与选择。郑均逮等1992年报道了仓内补充热力机械通风干燥高水分稻谷的研究。王海潮1993年报道了辅助热力通风干燥设备——CRFY5型移动式仓用热风机。吴伯安等1993年报道了房式仓散装粮机械通风干燥技术研究。龚宝顶1994年报道了房式仓散装粮机械通风干燥技术研究。孙方元1995年报道了热风机就仓烘干潮粮的技术初探。杨玉文等1995年报道了辅助热源机械通风干燥玉米的研究。程勒等1997年报道了一种风能、电能两用式粮仓通风干燥装置的设计。赵学伟2002年报道了稻谷薄层干燥及吸湿性研究进展。王双林等2004年报道了稻谷在储干燥试验。蔡静平2004年报道了大型

粮仓玉米就仓干燥的微生物的为害控制技术。邹江汉等2004年报道了高水分籼稻谷就仓干燥试验。兰盛斌等2004年报道了移动组合立体通风就仓干燥高水分稻谷试验。张杰等2005年报道了大型粮仓玉米就仓干燥的微生物为害控制技术。张前等2005年报道了对玉米就仓干燥实仓试验的探索。潘朝松等2005年报道了新型就仓干燥设备用于高水分小麦就干燥试验。王双林等2005年报道了高水分粮食解吸试验。曹强等2006年报道了高水分小麦就仓干燥实仓应用。李益良等2006年报道了优质稻谷保鲜干燥方法研究。张德春等2006年报道了关于粮食低温干燥与低温储藏问题的探讨。付鹏程等2007年报道了热泵技术在粮食整仓干燥中的应用前景及效果分析。刘慧等2007年报道了高水分粮机械通风就仓干燥试验。李兰芳等2007年报道了高大平房仓高水分玉米就仓干燥及安全度夏综合技术研究。杨国峰等2008年报道了高大平房仓玉米就仓干燥试验研究。代建国等2008年报道了谷物热泵就仓干燥过程分析与探讨。赵小军等2008年报道了高水分稻谷仓内干燥集成技术研究。吴红岩2008年报道了高水分粮整仓热风干燥通风降水技术研究。张亚非等2008年报道了高水分中晚籼稻谷的就仓干燥技术。李国庆等2008年报道了高水分玉米就垛干燥通风降水试验。牟敏等2009年报道了玉米就仓干燥试验。王远成等2009年报道了就仓通风时粮堆内部热湿耦合传递过程的数值预测。叶真洪等2009年报道了高水分稻谷"不落地"就仓干燥试验。王效国等2009年报道了高水分小麦就仓干燥技术在超大型简易仓中的应用。郑振堂等2009年报道了就仓干燥技术在高水分小麦仓储保管中的应用。沈土军等2009年报道了影响高水分粮就仓干燥效果的主要因素。王远鹏等2010年报道了钢板仓通风干燥与低温储粮。董殿文等2010年报道了玉米果穗就仓干燥的试验与探讨。仲立新2010年报道了稻谷就仓低温通风干燥系统设计。王效国2010年报道了高水分小麦就仓干燥技术在大型简易仓中的应用。王方民等2010年报道了高水分玉米组合式通风干燥试验。陆继龙等2010年报道了对高水分玉米地下仓就仓干燥技术的探索。王会宁等2010年报道了就仓干燥技术在高水分玉米保管中的应用。李亚非等2010年报道了高水分玉米就仓干燥通风降水试验。余吉庆2011年报道了智能通风技术应用之高水分粮就仓干燥能耗测算。沈晓明等2011年报道了超高水分粮食就仓通风降水安全保管试验。鲁德惠等2011年报道了高水分玉米就垛干燥技术。段明松等2011年报道了高水分高粱就仓干燥通风试验。黄爱国等2012年报道了高水分晚籼稻谷就仓干燥试验。刘新喜等2012年报道了高水分小麦就仓干燥技术。王旭峰2013年报道了高大平房仓偏高水分小麦缓速就仓干燥试验。戚长胜等2013年报道了偏高水分早籼稻机械通风干燥试验。王鑫等2013年报道了利用高温低湿空气对高水分玉米进行就仓干燥。宋锋等2013年报道了高大平房仓储粮就仓干燥技术应用。曹景华等2013年报道了偏高水分小麦就仓干燥通风降水试验报告。刘强等2014年报道了偏高水分稻谷立体式就仓热风干燥试验。戚浩等2015年报道了移动式粮食通风干燥仓的研发。李省朝等2016年报道了基于立体插管式通风系统稻谷就仓干燥研究。张德欣等2016年报道了高水分地产玉米就仓干燥试验。欧阳慧等2016年报道了基于BP神经网络的储粮就仓干燥通风时长预测模型。曹胜男等2019年报道了安徽地区钢板仓稻谷就仓干燥试验。

2. 粮食微波干燥研究

赵思孟1983年报道了红外辐射干燥粮食。于秀荣等1997年报道了微波干燥稻谷的研究。张桂英1998年报道了微波环境中植物油品质变化的研究。王俊等1998年报道了稻谷的微波干燥特性及质热模型。于秀荣等2000年分别报道了关于微波干燥粮食的可行性探讨；微波干燥粮食的初步研究；2004年又报道了对高水分玉米微波干燥的探讨。朱德文2004年报道了微波干燥稻谷的试验研究。蒋德云等2006年报道了微波干燥粮食的研究。张玉荣等2009年报道了高水分玉米微波干燥特性及对加工品质的影响。渠琛玲等2017年分别报道了微波干燥对小麦籽粒水分迁移的影响；微波处理对小麦风味的影响研究。

3. 低温真空干燥研究

丁贤玉2004年报道了玉米低温真空干燥的分析。申保庆等2004年报道了低温真空干燥技术与设备的发展前景与适用范围。赵祥涛2006年报道了真空技术在粮食行业的应用与发展。刘勇献等2006年报道了高水分玉米低温真空干燥新技术研究及应用。尹丽妍等2006年报道了有关谷物低温真空干燥机理的探讨。赵祥涛2007年报道了高水分玉米真空低温干燥工艺生产性试验研究；2009年又报道了节能减排加强真空低温连续干燥新技术推广与应用。张玉荣等2010年报道了热风和真空干燥玉米的品质评价与指标筛选。付浩华等2011年报道了油菜籽薄层真空干燥技术的研究。张玉荣等2012年报道了稻谷热风与真空干燥特性及其加工品质的对比研究。仇红娟等2014年报道了相对真空度和干燥温度对稻谷间歇干燥品质的影响。

4. 循环式谷物烘干机研究

赵思孟1981年报道了循环粮食干燥机与循环等温粮食干燥机的技术应用。李保安等2009年报道了CHGT移动式循环谷物烘干机在稻谷干燥中的应用。凌启文2012年报道了连续式稻谷烘干系统概述。邸坤2013年报道了连续式与循环式稻谷烘干机技术经济性能的探讨。郭桂霞等2015年报道了连续和批次循环小型粮食烘干机的研发。张来林等2016年报道了低温循环式粮食干燥机降水能力生产性试验。

5. 袋式干燥研究

罗海军等2010年报道了高水分稻谷袋式干燥工艺研究。王双林等2013年报道了高水分稻谷袋式干燥试验研究。罗海军等2014年报道了基于灰色预测理论的干燥集装袋老化力学性能研究。国德宏等2015年报道了玉米袋式干燥试验研究。司武剑等2015年报道了新收获稻谷袋式干燥试验研究。

6. 小型粮食干燥机及其烘干研究

戴天红等1998年报道了谷物低温干燥系统的管理。马晓录等2001年报道了移动式小麦烘干及清理设备的设计研究。王宗华等2003年报道了移动式低温烘干机干燥晚籼稻生产性试验。邢勇2003年报道了小型稻谷烘干机试点项目风险研究。朱恩龙等2004年报道了5HSD-16型水稻保质干燥机成套设备的研制。王云松等2005年报道了小型低温烘干系统的应用及对比分析。徐碧2005年报道了国家储备粮库试点项目小型烘干机系统应用效果。杨国峰等2006年报道了一种小型粮食烘干机的结构和性能分析。夏朝勇等2007年报道了我国小型粮食干燥机的现状与发展前景。王波等2009年报道了围包散装玉米组合式通风干燥试验。

7. 组挂式干燥仓研究

潘俊等2013年报道了粳稻水分对低温烘干效益的影响试验。石天玉等2014年报道了组挂式粮食干燥仓处理高水分玉米工艺试验。王彩霞等2014年报道了组挂式粮食干燥仓玉米籽粒自然干燥研究。

（四）其他类型干燥设备研究

李鸿声1989报道了新型叠床式热水粮食干燥机应用情况的调查报告。杜华泰1997年报道了气流干燥设备研究新进展。韩丽华等1997年报道了履带式气流干燥器的研究与设计。贾友苏等1998年报道了新型高效平板烘干机的研制。巫照平等1998年报道了关于平板烘干机的几点改进意见。谭体升等2006年报道了新型带式烘干机的设计与开发试验。丁超等2015年报道了红外加热技术在粮食行业的研究进展。

（五）油料干燥工艺与设备研究

胡建新1998年报道了菜籽烘干塔工艺与设备简介。梁礼燕等2011年报道了稻谷薄层干燥特性及工艺研究。刘增革等2014年报道了油茶籽干燥工艺与设备研究。万忠民等2015年报道了响应面法优化油菜籽流化干燥工艺。

（六）粮食烘干机供热装置研究

王国恒1995年报道了热风炉的热工行为。潘九君等2005年报道了燃稻壳热风炉的结构特点及技术特性分析。王云华等2019年报道了粮食烘干机热源问题的调查和应对措施。

（七）粮食干燥机自动控制技术研究

卢英林等1998年报道了大型粮食干燥塔的自动控制。顾欲晓1999年报道了粮食烘干机的自动控制。方建军等2000年报道了圆筒型内循环式粮食干燥机多媒体信息管理系统的开发。凌利等2003年报道了PLC在谷物烘干机自动控制中应用。刘建军等2005年报道了粮食烘干塔测控系统的研究。周钢霞等2005年报道了一种新型的粮食干燥塔智能控制系统。李国昉等2006年报道了粮食干燥过程控制。刘怀海等2009年报道了稻谷变温干燥与在线控制研究。王施平等2010年报道了干燥设备控制系统现状与研究进展。刘庆利2012年报道了粮食烘干水分智能控制系统的应用与问题解决方案。

四、粮食干燥节能降耗研究

张海臣等1999年报道了关于玉米在烘干过程中损耗量的研究。王继焕等1999年报道了粮食烘干机尾气余热利用与中间缓苏仓试验研究。赵学伟等2000年报道了高寒地区玉米烘干的热耗分析及节能途径研究。曹顺2004年报道了高效低耗的粮食烘干机研制与试验报告。高峰等2009年报道了通过烘干机数据控制改造和实现玉米烘干降水节能增效的试验报告。张智亮等2008年报道了热管技术与太阳能在粮食干燥节能上的应用。卢献礼等2009年报道了太阳能辅助热泵就仓干燥系统集成示范应用研究。

邸坤等2010年报道了变频调速技术在粮食干燥系统中的应用。夏朝勇2010年报道了热泵稻谷干燥的潜力与展望。李杰等2010年报道了节能减排技术和措施在粮食干燥系统中的应用。刘遂宪等2010年报道了烘干系统中的变频调速节能控制技术研究。李杰2011年报道了我国粮食干燥节能减排技术发展现状与展望。朱旭东2011年报道了有关高水分玉米烘干过程降低损耗问题的探讨。杨占国等2012年报道了变频调速技术在粮食烘干系统中的优越性分析。王双凤等2012年报道了太阳能辅助热泵干燥粮食的数值模拟研究。李增凯2012年报道了用节能减排新技术改造现有粮食干燥机。吴耀森等2014年报道了南方夏季稻谷热泵干燥特性研究。王龙龙等2015年报道了粮食干燥系统余热回收技术及装置设计。董殿文等2016年报道了东北玉米烘干机实施节能减排技术措施。李伟钊等2018年报道了节能减排加强粮食热泵干燥新技术推广与应用。李博等2018年报道了热泵干燥技术在粮库节能减排中的应用。

五、粮食干燥对品质的影响研究

郑先哲等2001年报道了干燥条件对稻谷加工品质影响的研究。万忠民等2008年报道了不同干燥条件对稻谷的降水和品质的影响的研究。许斌等2009年报道了干燥温度对玉米储存品质的影响。张玉荣等2012年报道了干燥技术对稻谷品质影响的研究进展。陈江等2015年报道了低真空度变温干燥对稻谷干燥品质的影响研究。魏娟等2018年报道了对热泵绿色优品粮食干燥工艺的探讨。

六、粮食烘干破碎研究

赵学伟等2001年报道了干燥过程中稻谷裂纹产生的机理研究。崔国华等2002年报道了不同品质玉米在烘干过程中破碎率和裂纹率指标的合理确定。赵学工等2003年报道了烘干机系统的破碎率增值试验研究。顾冰洁等2003年报道了玉米烘干机系统籽粒破碎的原因。郝立群等2005年报道了影响玉米干燥系统破碎率的因素及解决方法。白岩等2006年报道了玉米裂纹及其检测报告。赵思孟2007年报道了玉米裂纹与干燥、冷却的关系。周云等2007年报道了东北地区玉米破碎原因及解决措施。张来林等2009年报道了玉米破碎的原因与解决措施。

杨军伟等2015年报道了粮食颗粒在气力输送系统中的破碎原因分析。张龙等2015年报道了稻谷水分含量对其干燥过程中籽粒破碎的影响研究。姚英政等2017年报道了烘干设备干燥效率比较及对稻谷爆腰率的影响。

七、粮食干燥与储藏研究

田岩松等1993年报道了联合干燥玉米安全过夏试验。刘平来等1994年报道了大米品质与收获、干燥及储藏方法的关系。徐元伦1998年报道了大豆烘干与储藏综合管理。

刘春霜2008年报道了大豆烘干与储藏技术。许斌等2009年报道了干燥温度对玉米储存品质的影响。

张颜平等2010年报道了东北烘干玉米在华东地区的安全储藏。杨靖东等2013年报道了不同热风干燥温度对发芽糙米品质的影响。徐龙骞等2014年报道了粮食烘干过程中影响品质下降和烘后品质水分不匀度因素的分析及对策研究。

附：分论二／第十章著述目录

第十章　粮食干燥技术研究

第一节　粮食干燥技术主要研究工作（20世纪50年代至80年代）

［1］ 粮食部南京粮食学校.用库兹巴斯烘干机烘干稻谷的试验报告 [J]. 粮食科学技术通讯，1960，（4）.

［2］ 王立.地槽通风降低烘后水分和温度 [J]. 江苏粮油科技通讯，1966.

［3］ 江苏省南通县平潮粮库，粮食部南京粮食学校教务组.砖砌粮食烘干槽的结构和操作管理 [J]. 四川粮食科技，1973，（3）：20–31.

［4］ 上海市粮食科学研究所.立筒型气流烘干机 [J]. 农业机械资料，1973，（5）：17–20.

［5］ 王立.砖砌烘干槽 [J]. 粮油科技情报，1973.

［6］ 王立.关于流化斜槽烘干机使用中的问题和改进意见 [J]. 四川粮油科技，1975，（4）：8–20.

［7］ 王立，张望.砖砌流化烘干机 [M]. 西宁：青海人民出版社，1976.

［8］ 王立.双层孔板砖砌流化烘干机 [J]. 粮食干燥，1976.

［9］ 王立.流化槽烘干机的使用和管理 [J]. 江苏粮油储藏，1977.

［10］ 黑龙江省哈尔滨市粮食科学研究所.太阳能辅助降水仓实验小结 [C].// 第二次全国粮油储藏专业学术交流会文献选编.成都：全国粮油储藏科技情报中心站，粮食部四川粮食储藏科学研究所，1981.

［11］ 王立.单层孔板流化烘干机的计算 [J]. 粮食贮藏，1981，（5）：50–54.

［12］ 刘亚军，欧阳作雨.我国第一座大型现代化粮食贮藏和处理中心在黑龙江省洪河农场建成使用 [J]. 粮食贮藏，1982，（5）：18–19.

［13］ 江瞿.对《单层孔板流化烘干机的计算》一文的几点意见 [J]. 粮食贮藏，1982，（6）：50–53.

［14］ 张孟浩.改造塔式烘干机的技术途径 [J]. 粮食储藏，1983，（3）：38–44.

［15］ 曹智霖.HH·32×320×1B 流化烘干机 [J]. 粮油仓储科技通讯，1985，（3）：56–58.

［16］ 江苏省无锡市 1602 仓库.HY·125 圆筒烘干机 [J]. 粮油仓储科技通讯，1985，（4）：2–7.

［17］ 胡维恩.太阳能自然干燥降水棚仓 [J]. 粮油仓储科技通讯，1986，（2）：52.

［18］ 李逢春.小麦的烘干处理 [C]// 中国粮油学会储藏专业学会第一届年会学术交流论文.成都：中国粮油学会储藏专业学会，1986.

［19］ 杨衍有.浅谈我国粮食干燥技术的发展 [J]. 粮食与饲料工业，1987，（2）：47–52.

［20］ 张化杰.对粮食干燥机介质温度的一点探讨 [J]. 粮食储藏，1988，（6）：44–46.

［21］ 张孟浩.LZ 稻谷干燥工艺与网柱烘干机 [J]. 粮食储藏，1989，（4）：3–14.

［22］ 申保庆，李和平，姚郑，等.BTG 型太阳能补充热力粮食通风干燥仓的研究 [J]. 粮食储藏，1989，（1）：18–26.

［23］ 臧安国，张化杰，李和平.一种新型粮食干燥机的研究 [J]. 粮食储藏，1989，（4）：15–21.

［24］ 诸铸刚.圆筒烘干机节能技术的研究 [J]. 粮食储藏，1989，（4）：21–26.

第二节 粮食干燥技术主要研究工作（20世纪90年代至今）

［25］ 赵思孟.粮食低温慢速通风干燥[J].郑州粮食学院学报，1982，（2）：2-12，18.

［26］ 王立.粮食干燥[M].北京：中国财政经济出版社，1983.

［27］ 赵思孟.我国粮食干燥技术的发展与现状[J].郑州粮食学院学报，1989，（4）：54-62.

［28］ 湖北省粮食局储运处.粮食干燥的现状及发展方向[J].粮油仓储科技通讯，1990，（5）：2-4.

［29］ 赵思孟.高水分玉米烘干应选用适宜的工艺[J].农村实用工程技术，1993，（11）：3.

［30］ 赵思孟.关于我国高水分玉米干燥问题的思考[J].粮油仓储科技通讯，1999，（6）：39-42.

［31］ 赵思孟.粮食干燥技术简述[J].粮食流通技术，2000，（4）：32-33，38.

［32］ 赵思孟.粮食干燥技术简述（续一）[J].粮食流通技术，2000，（5）：33-38.

［33］ 赵思孟.粮食干燥技术简述（续二）[J].粮食流通技术，2000，（6）：34-38.

［34］ 赵思孟.粮食干燥技术简述（续三）[J].粮食流通技术，2001，（1）;40-41.

［35］ 赵思孟.粮食干燥技术简述（续四）[J].粮食流通技术，2001，（2）:38-43.

［36］ 赵思孟.粮食干燥技术简述（续五）[J].粮食流通技术，2002，（2）:37-41.

［37］ 赵思孟.粮食干燥技术简述（续六）[J].粮食流通技术，2002，（4）:28-31.

［38］ 赵思孟.粮食干燥技术简述（续七）[J].粮食流通技术，2002，（6）：35-38.

［39］ 赵思孟.粮食干燥技术简述（续八）[J].粮食流通技术，2003，（1）：31-33.

［40］ 赵思孟.粮食干燥技术简述（续九）[J].粮食流通技术，2003，（2）：32-35.

［41］ 赵思孟.粮食干燥技术简述（续十）[J].粮食流通技术，2003，（4）：32-34.

［42］ 赵思孟.粮食干燥技术简述（续十一）[J].粮食流通技术，2004，（2）：24-27.

［43］ 赵思孟.粮食干燥技术简述（续十二）[J].粮食流通技术，2004，（3）：23-26.

［44］ 赵思孟.粮食干燥技术简述（续十三）[J].粮食流通技术，2004，（5）：25-28.

［45］ 赵思孟.粮食干燥技术简述（续十四）[J].粮食流通技术，2005，（3）：31-32.

［46］ 赵思孟.粮食干燥技术简述（续十五）[J].粮食流通技术，2005，（4）：25-26.

［47］ 赵思孟.粮食干燥技术简述（续十六）[J].粮食流通技术，2005，（6）：27-29.

［48］ 赵思孟.粮食干燥技术简述（续十七）[J].粮食流通技术，2006，（2）：33-35.

［49］ 赵思孟.粮食干燥技术简述（续十八）[J].粮食流通技术，2006，（5）：18-20.

［50］ 郝立群.影响烘后玉米水分不均匀的因素及解决方法的探讨[J].粮食储藏，2004，（6）：49-52.

［51］ 朱文学，张仲欣，刘建学，等.我国干燥用热源的研究和应用现状分析[J].粮食储藏，2005，（4）：40-46.

［52］ 张来林，赵英杰，吕建华，等.皖西南稻谷产区烘干机应用调查报告[J].粮食储藏，2007，（5）：45-48.

［53］ 毕文雅，张来林，郭桂霞.我国粮食干燥的现状及发展方向[J].粮食与饲料工业，2016，（7）：12-15.

［54］ 渠琛玲，王红亮，刘畅，等.粮食辐射干燥的研究进展[J].食品科技，2017，（3）：186-189.

［55］ 赵思孟.粮食干燥技术中干燥介质的比容[J].郑州粮食学院学报，1982，（3）：17-20，58.

［56］ 王琦，赵思孟，朱大同.玉米薄层干燥速率的实验研究[J].郑州粮食学院学报，1990，（2）：28-33.

［57］ 窦启明.大豆烘干试验：论大豆干燥最佳温度[J].粮油仓储科技通讯，1990，（4）：30-33.

［58］ 李为民.我国粮食干燥降水途径浅析[J].粮食储藏，1993，（4）：9-13.

［59］ 白维春.粮食晾晒降水变化规律的探讨[J].粮油仓储科技通讯，1995，（2）：14-15.

［60］ 戴天红，曹崇文 . 我国谷物主要产区低温干燥的可行性分析 [J]. 粮食储藏，1996，（5）：23-27.

［61］ 洪家乐，柳芳久 . 对黑龙江省粮食烘干机的机型比较和选型意见 [J]. 中国粮油学报，1998，（1）：59-60.

［62］ 段铁清，刘林，王明阳，等 . 世行项目玉米干燥机参数确定 [J]. 粮食流通技术，1999，（6）：24-25.

［63］ 刘建伟，徐润琪，包清彬 . 稻谷自然干燥特性与品质的研究 [J]. 粮食储藏，2001，（5）：37-41.

［64］ 王继焕 . 稻谷机械干燥关键技术与措施 [J]. 武汉工业学院学报，2001，（3）：16-18.

［65］ 刘啟觉 . 稻谷烘干工艺和实验研究 [J]. 粮油仓储科技通讯，2001，（3）：27-28.

［66］ 赵学伟 . 稻谷薄层干燥及吸湿性研究进展 [J]. 粮食流通技术，2002，（1）：24-28.

［67］ 王继焕 . 稻谷和油菜籽烘干特性研究 [J]. 粮食储藏，2002，（3）：40-42.

［68］ 谢世吉，陈贵洲，杨志宏 . 解决烘后粮夹生问题的几点建议 [J]. 粮食储藏，2003，（2）：48-49.

［69］ 徐润琪，刘建伟 . 稻谷自然干燥最佳条件的探讨（Ⅰ）：从热能利用效率分析干燥条件对稻谷的影响 [J]. 粮食储藏，2003，（4）：19-22.

［70］ 王亚洲，牛兴和，马作明 . 东北地区玉米烘干机单位热耗设计指标的探讨 [J]. 粮食储藏，2003，（6）：42-44

［71］ 顾尧臣 . 改善稻谷整米出率的烘干试验 [J]. 粮油食品科技，2004，（4）：4-6.

［72］ 杜先锋，张永林 . 粮食干燥过程中的在线水分测量方法 [J]. 粮油加工与食品机械，2004，（8）：51-53.

［73］ 徐润琪，刘建伟 . 稻谷自然干燥最佳条件的探讨（Ⅱ）：从爆腰率发生分析干燥条件对稻谷的影响 [J]. 粮食储藏，2004，（1）：26-29.

［74］ 汪喜波，谢翔燕，刘相东，等 . 脉动气流雾化试验研究 [J]. 粮食储藏，2005，（2）：44-48.

［75］ 郝立群 . 干燥后玉米水分不均匀度影响因素的分析与建议 [J]. 中国粮油学报，2005，（4）：110-114.

［76］ 郝立群 . 浅析玉米干燥机工艺结构对干燥后玉米水分不均匀度的影响 [J]. 粮食与食品工业，2005，（1）：41-43.

［77］ 屈小会 . 典型粮食烘干工艺的探讨 [J]. 粮食储藏，2006，（3）：54-56.

［78］ 肖慧，张永林，张胜全 . 粮食干燥智能水分测量系统研究 [J]. 粮食与饲料工业，2006，（9）：17-18.

［79］ 赵祥涛 . 粮食干燥企业工艺优选模糊综合评价 [J]. 粮油食品科技，2007，（6）：8-11.

［80］ 赵祥涛 . 粮食干燥品质质量 AHP 综合评价 [J]. 粮食储藏，2007，（3）：25-27.

［81］ 江思佳，刘启觉 . 稻谷变温干燥工艺研究 [J]. 粮食与饲料工业，2009，（2）：10-12.

［82］ 王双林，郭红 . 通风干燥过程中的粮食水分转移规律研究 [J]. 粮食储藏，2009，（2）：20-22.

［83］ 赵祥涛，张正华，辛烁军，等 . 粮食干燥技术评价指标体系的构建 [J]. 粮食储藏，2010，（2）：10-13.

［84］ 方茜，陶诚 . 当前我国高水分粮处理的现状与对策 [J]. 粮食储藏，2010，（2）：14-20.

［85］ 汪福友 . 粮食烘干机建设应用现状与发展对策 [J]. 粮食储藏，2013，（4）：46-49.

［86］ 潘俊，姚平，苏锋，等 . 粳稻水分对低温烘干效益的影响试验 [J]. 粮食储藏，2013，（1）：26-29.

［87］ 姜平，李兴军 . 干燥过程中玉米籽粒水分扩散系数及热特性研究 [J]. 食品工业科技，2016，（15）：53-59.

［88］ 刘兵，李冬坤，邵小龙，等 . 稻谷玻璃化转变温度的测定方法及影响因素研究进展 [J]. 粮食储藏，2016，（2）：40-44.

［89］ 张崇霞，鲍玉军，李丹丹，等．德美亚1号玉米烘干工艺优化初探 [J]. 粮食储藏，2016，（4）：19–22.

［90］ 孙君，万忠民，张晓红，等．不同干燥工艺对稻谷导热系数影响的研究 [J]. 粮食储藏，2017，（3）：6–9.

［91］ 叶维林，苏勇，李钰志，等．移动、固定两用谷物烘干机的研制 [J]. 粮油仓储科技通讯，2019，（4）：50–53.

［92］ 史钢强．玉米高温烘干塔人工控制及自动控制数据挖掘及数学模型分析研究 [J]. 粮油仓储科技通讯，2019，（1）：46–49.

［93］ 杨开敏，马翠亚，程培强，等．农产品干燥用热源类型的研究 [J]. 粮食储藏，2019，（1）：11–15.

［94］ 赵书琨．粮食干燥的各类流化技术 [J]. 粮油仓储科技通讯，1989，（6）：2–13.

［95］ 张孟浩．我国东北地区粮食烘干机的现状与发展 [J]. 粮食储藏，1992，（5）：13–17.

［96］ 洪家乐，柳芳久．对黑龙江省粮食烘干机的机型比较和选型意见 [J]. 中国粮油学报，1998，（1）：59–60.

［97］ 赵思孟，牛兴和，武守真，等．粮食烘干机性能测试分析及综合评定 [J]. 黑龙江粮油科技，1998，（3）：6–13，16.

［98］ 梅君．消除大豆干燥内控现象的研究 [J]. 中国油脂，1998，（4）：30.

［99］ 崔国华．论粮食（玉米）烘干技术及装备的现状和发展设想 [J]. 粮油仓储科技通讯，2000，（5）：7–11.

［100］ 姜昭芬．高效节能干燥机：管束干燥机 [J]. 中国油脂，2001，（1）：60–61.

［101］ 段立英，宋宝生，李吉芬，等．烘干机负载试车中有关问题的探讨 [J]. 粮食储藏，2002，（3）：47–48.

［102］ 胥振那．粮食烘干技术发展浅析 [J]. 粮食与油脂，2004，（11）：33–35.

［103］ 申保庆．东北地区粮食干燥机调研 [J]. 粮食流通技术，2007，（1）：19–21.

［104］ 潘九君，姜洪波．气温偏高东北地区湿玉米暂存及烘干处理对策 [J]. 粮食流通技术，2008，（3）：28–30.

［105］ 张海臣，王纯彬，甄洪生，等．大豆热风烘干机的设计计算 [J]. 中国油脂，2009，（8）：69–71.

［106］ 李云克，闫汉书．粮食烘干机设计参数的简单计算 [J]. 粮食流通技术，2012，（2）：17–18.

［107］ 张翠华．盘锦稻作区推广稻谷干燥机械化可行性研究 [J]. 农业机械，2012，（5）：68–70.

［108］ 冯爱国，李国霞，李春艳．食品干燥技术的研究进展 [J]. 农业机械，2012，（6）：90–93.

［109］ 刘兵，李冬坤，邵小龙，等．稻谷玻璃化转变温度的测定方法及影响因素研究进展 [J]. 粮食储藏，2016，（2）：40–44.

［110］ 李克强，陈江．非安全水分稻谷缓苏过程的水分扩散特性与品质特性研究 [J]. 粮食储藏，2017，（5）：46–51.

［111］ 赵思孟．关于塔式烘干机若干问题的讨论 [J]. 郑州粮食学院学报，1980，（2）：35–45.

［112］ 李健．塔式烘干机在粮食储藏中应用 [J]. 粮食与油脂，2001，（8）：41–42.

［113］ 赵思孟．蒸汽烘干塔的发展与应用 [J]. 郑州粮食学院学报，1985，（2）：15–18.

［114］ 窦启明．利用蒸汽烘干塔干燥大豆的探讨——兼谈大豆干燥的最佳温度 [J]. 粮食储藏，1999（6）：44–48.

［115］ 李宁，何国俊，刘华，等．稻谷塔式烘干技术的应用 [J]. 粮食科技与经济，2003，（4）：37–38.

［116］ 李德宝，冯国孝．组合式谷物干燥设备和工艺 [J]. 粮食储藏，1991，（1）：30–35.

［117］ 姜秀增．新型逆顺流粮食烘干机的研制与应用 [J]. 粮油仓储科技通讯，2000，（1）：44–46.

［118］ 芦燕敏，姚郑．利用顺逆流烘干机技术改造蒸汽烘干塔 [J]. 郑州粮食学院学报，2000，（6）：31–33.

[119] 任金祥，董梅，邓会超.串联顺逆流冷却工艺在粮食干燥中的应用 [J].粮油仓储科技通讯，2003，（3）：56.

[120] 李小化，李杰，王宝来，等.一机两用的顺逆流粮食干燥机 [J].粮食流通技术，2004，（4）：26-28.

[121] 邸坤，李杰.新型顺混流粮食干燥工艺的研究设计 [J].粮食储藏，2005，（5）：44-48.

[122] 李杰，邸坤，马云霞.顺混流粮食干燥机的开发设计和实际应用 [J].粮油仓储科技通讯，2006，（1）：45-46.

[123] 刘春霜.大豆烘干与储藏技术 [J].粮油食品科技，2008，（4）：12-14.

[124] 雷晓东，曹永政，刘增革，等.大型逆流冷却干燥机的改进设计 [J].粮油加工，2014，（6）：19-21.

[125] 刘文利，王金，盛国成.5HZD—5 型水稻种子干燥机的研究与设计 [J].粮食储藏，2015，（5）：46-49.

[126] 诸铸刚.圆筒烘干机节能技术的研究 [J].粮食储藏，1989，（4）：21-26.

[127] 黄志刚，朱清萍，朱慧，等.转筒干燥器内颗粒物料运动的模拟与试验研究 [J].粮油加工与食品机械，2004，（1）：65-66.

[128] 吴伟中.大型滚筒干燥机设计和应用的探讨 [J].粮油加工，2007，（1）：74-77.

[129] 黄志刚，俱浪，朱慧.玉米在转筒干燥器中的干燥工艺优化研究 [J].粮油加工机械，2008，（3）：106-109.

[130] 张勇，马晓录.直热式转筒干燥的活动折弯抄板设计研究 [J].农业机械，2013，（11）：66-70.

[131] 赵广播，朱群益，阮根健，等.流化床玉米干燥机的排粮水分及水分分布 [J].粮食储藏，1994，（1）：21-24.

[132] 丁应生.螺旋面振动干燥机的特点和应用 [J].粮油加工与食品机械，2004，（1）：53-54.

[133] 徐德才，朱建华.谷物热力通风分层控制干燥技术研究 [J].粮油仓储科技通讯，1989，（6）：30-34.

[134] 申保庆，李和平，姚郑，等.BTG 型太阳能补充热力粮食通风干燥仓的研究 [J].粮食储藏，1989，（1）：18-26.

[135] 曹知霖，范有强.高水分粮食整仓（囤）机械通风干燥方法在江淮地区的应用效果 [J].粮油仓储科技通讯，1991，（6）：42-44.

[136] 董殿文.对圆仓多管自然通风干燥粮食的探讨 [J].粮油仓储科技通讯，1991，（6）：12-15.

[137] 李宝君，李焕喜.机械通风干燥粮食单位风量的计算与选择 [J].粮食储藏，1991，（5）：3-5.

[138] 郑均逑，俞保海，林建鸣，等.仓内补充热力机械通风干燥高水分稻谷的研究 [J].粮食储藏，1992，（2）：21-26.

[139] 王海潮.辅助热力通风干燥设备：CRFY5 型移动式仓用热风机 [J].粮食储藏，1993，（1）：27-29.

[140] 龚宝顶.房式仓散装粮机械通风干燥技术研究 [J].粮油仓储科技通讯，1994，（1）：6-9.

[141] 孙方元.热风机就仓烘干潮粮技术初探 [J].粮油仓储科技通讯，1995，（6）：10-15.

[142] 吴伯安，龚保顶，杨俊，等.房式仓散装粮机械通风干燥技术研究 [J].粮食储藏，1993，（1）：13-18.

[143] 杨玉文，彭海青.辅助热源机械通风干燥玉米的研究 [J].粮油仓储科技通讯，1995，（2）：10-13.

[144] 程勒，赵肃铭.一种风能电能两用式粮仓通风干燥装置方案设计 [J].粮食储藏，1997，（1）：32-37.

[145] 赵学伟.稻谷薄层干燥及吸湿性研究进展 [J].粮食流通技术，2002，（1）：24-28.

[146] 王双林，高影，张华昌，等.稻谷在储干燥试验 [J].粮食储藏，2004，（2）：32-34.

[147] 蔡静平.大型粮仓玉米"就仓干燥"微生物危害控制技术 [C]// 上海国际粮油食品安全研讨会论文集.上海：中国粮油学会，国际谷物科技协会，2004.

[148] 邹江汉，陈平，齐涛，等.高水分籼稻谷就仓干燥试验 [J].粮食流通技术，2004，（6）：29-30，42.

[149] 兰盛斌，付鹏程，王双林，等.移动组合立体通风就仓干燥高水分稻谷试验 [J].粮食储藏，2004，（6）：24-25，30.

[150] 张杰，蔡静平，郭钦，等.大型粮仓玉米就仓干燥的微生物危害控制技术 [J].粮食储藏，2005，（5）：38-40.

[151] 张前，陈继军，辛立勇，等.玉米就仓干燥实仓试验的探索 [J].粮食储藏，2005，（3）：24-26.

[152] 潘朝松，江欣，王亚南，等.新型就仓干燥设备用于高水分小麦就干燥试验 [J].粮食储藏，2005，（6）：41-44.

[153] 王双林，谢霞，赵小军，等.高水分粮食解吸试验 [J].粮食储藏，2005，（6）：21-23.

[154] 曹强，刘凤龙，赫建军，等.高水分小麦就仓干燥实仓应用 [J].粮食流通技术，2006，（5）：25-27.

[155] 李益良，潘朝松，江欣，等.优质稻谷保鲜干燥方法研究 [J].粮食储藏，2006，（2）：24-28.

[156] 张德春，张麟龙，徐富贵，等.粮食低温干燥与低温储藏的探讨 [J].粮油仓储科技通讯，2006，（2）：55-56.

[157] 付鹏程，李可，廖胜文，等.热泵技术在粮食整仓干燥中的应用前景及效果分析 [J].粮食储藏，2007，（1）：16-18.

[158] 刘慧，张来林，任力民，等.高水分粮机械通风就仓干燥试验 [J].河南工业大学学报（自然科学版），2007，（5）：22-25.

[159] 李兰芳，凌建.高大平房仓高水分玉米就仓干燥及安全度夏综合技术研究 [J].粮油仓储科技通讯，2007，（6）：20-22.

[160] 杨国峰，郑幼骥，顾翔，等.高大平房仓玉米就仓干燥试验研究 [J].粮食储藏，2008，（3）：16-20.

[161] 代建国，王喜波，代彦军，等.谷物热泵就仓干燥过程分析与探讨 [J].粮食储藏，2008，（3）：25-29.

[162] 赵小军，王双林，叶真洪，等.高水分稻谷仓内干燥集成技术研究 [J].粮食储藏，2008，（2）：15-18.

[163] 吴红岩.高水分粮整仓热风干燥通风降水技术研究 [J].河南工业大学学报（自然科学版），2008，（4）：28-31.

[164] 张亚非，徐五喜，郑美海，等.高水分中晚籼稻谷的就仓干燥 [J].粮油仓储科技通讯，2008，（6）：15-16.

[165] 李国庆，毕存荣，许发兵.高水分玉米就垛干燥通风降水试验 [J].粮油仓储科技通讯，2008，（2）：20-22.

[166] 牟敏，王双林，李建喜，等.玉米就仓干燥试验 [J].粮油仓储科技通讯，2009，（2）：14-18.

[167] 王远成，段海峰，张来林.就仓通风时粮堆内部热湿耦合传递过程的数值预测 [J].河南工业大学学报（自然科学版），2009，（6）：75-79.

[168] 叶真洪，孙艳，宋志辉，等.高水分稻谷"不落地"就仓干燥试验 [J].粮食储藏，2009，（4）：29-31.

[169] 王效国，杨靖松.高水分小麦就仓干燥技术在超大型简易仓中的应用 [J].粮油仓储科技通讯，2009，（6）：16-18.

[170] 郑振堂，刘志强，陈明锋，等.就仓干燥技术在高水分小麦仓储保管中的应用 [J].粮油仓储科技通讯，2009，（1）：28-30.

[171] 沈士军，汤金来.影响高水分粮就仓干燥效果的主要因素 [J].粮油仓储科技通讯，2009，（1）：31-34.

[172] 王远鹏，韩洪民，刘岐阳.钢板仓通风干燥与低温储粮 [J].粮油食品科技，2010，（2）：56-57.

[173] 董殿文，周云.玉米果穗就仓干燥的试验与探讨 [J].粮油食品科技，2010，（6）：47-48.

[174] 仲立新.稻谷就仓低温通风干燥系统设计 [J].粮油食品科技，2010，（3）：1-3.

[175] 王效国，杨靖松.高水分小麦就仓干燥技术在大型简易仓中的应用 [J].粮油食品科技，2010，（1）：62-63.

[176] 王方民，曹德劲，叶真洪，等.高水分玉米组合式通风干燥试验 [J].粮油仓储科技通讯，2010，（5）：28-29.

[177] 陆继龙，孙学选，宋增刚，等.高水分玉米地下仓就仓干燥技术探索 [J].粮油仓储科技通讯，2010，（4）：18-19.

[178] 王会宁，刘忠强，王清波，等.就仓干燥技术在高水分玉米保管中的应用 [J].粮油仓储科技通讯，2010，（1）：33-35.

[179] 李亚非，曾江南.高水分玉米就仓干燥通风降水试验 [J].粮油仓储科技通讯，2010，（1）：19-21.

[180] 余吉庆，周智华，万清，等.智能通风技术应用之高水分粮就仓干燥能耗测算 [J].粮油仓储科技通讯，2011，（6）：23-26.

[181] 沈晓明，叶良先，李肖玲.超高水分粮食就仓通风降水安全保管试验 [J].粮油仓储科技通讯，2011，（5）：25-28.

[182] 鲁德惠，耿波，于明玉，等.高水分玉米就垛干燥技术 [J].粮油仓储科技通讯，2011，（5）：23-24.

[183] 段明松，凌昆.高水分高粱就仓干燥通风试验 [J].粮食储藏，2011，（4）：29-32.

[184] 黄爱国，赵海国，肖作安，等.高水分晚籼稻谷就仓干燥试验 [J].粮油仓储科技通讯，2012，（6）：24-25.

[185] 刘新喜，宫庆，殷树清，等.高水分小麦就仓干燥技术 [J].粮油仓储科技通讯，2012，（5）：21-22.

[186] 王旭峰.高大平房仓偏高水分小麦缓速就仓干燥试验 [J].粮油食品科技，2013，（3）：105-108.

[187] 戚长胜，李洪波，郭飚.偏高水分早籼稻机械通风干燥试验 [J].粮油仓储科技通讯，2013，（2）：22-24.

[188] 王鑫，崔立军，潘治，等.利用高温低湿空气对高水分玉米进行就仓干燥 [J].粮油仓储科技通讯，2013，（6）：14-16.

[189] 宋锋，莫魏林，潘双建，等.高大平房仓储粮就仓干燥技术应用 [J].粮食仓储科技通讯，2013，（1）：25-28.

[190] 曹景华，林镇清，陈健璋，等.偏高水分小麦就仓干燥通风降水试验报告 [J].粮油仓储科技通讯，2013，（1）：33-35.

[191] 刘强，杨益荣，杨文，等.偏高水分稻谷立体式就仓热风干燥试验 [J].粮食储藏，2014，（5）：8-11.

[192] 戚浩，陶琳岩，张来林，等.移动式粮食通风干燥仓的研发 [J].粮食与饲料工业，2015，（5）：22-24.

[193] 李省朝，杨基汉，丁超，等.基于立体插管式通风系统稻谷就仓干燥研究 [J].粮食储藏，2016，（5）：7-12.

[194] 张德欣，杨庆询，刘艳芳，等.高水分地产玉米就仓干燥试验 [J].粮食储藏，2016，（2）：1-5.

[195] 欧阳慧，刘景云，吴旭，等.基于 BP 神经网络的储粮就仓干燥通风时长预测模型 [J].粮食储藏，2016，（1）：21-25.

[196] 曹胜男，刘超，周健，等.安徽地区钢板仓稻谷就仓干燥试验 [J].粮食储藏，2019，（5）：1-4.

[197] 赵思孟.红外辐射干燥粮食 [J].郑州粮食学院学报，1983，（3）：45-55.

［198］于秀荣，赵思孟，周长智，等.微波干燥稻谷的研究［J］.郑州粮食学院学报，1997，（1）：65-69.

［199］张桂英，李琳，蔡妙颜，等.微波环境中植物油品质变化的研究［J］.中国浪油学报，1998，（5）：55-57.

［200］王俊，金天明，许乃章.稻谷的微波干燥特性及质热模型［J］.中国粮油学报，1998，（5）：8-11.

［201］于秀荣，张来林，胡皓鸿.微波干燥粮食可行性探讨［J］.粮食储藏，2000，（2）：45-50.

［202］于秀荣，陈建仁，黄社章，等.微波干燥粮食初探［J］.中国粮油学报，2000，（5）：57-62.

［203］于秀荣，吴存荣，刘虹，等.高水分玉米微波干燥初探［J］.粮食储藏，2004，（3）：28-30.

［204］朱德文.微波干燥稻谷的试验研究［J］.粮油加工与食品机械，2004，（3）：49-51.

［205］蒋德云，朱德泉，周杰敏.微波干燥粮食的研究［J］.粮油食品科技，2006，（2）：12-13.

［206］张玉荣，成军虎，周显青，等.高水分玉米微波干燥特性及对加工品质的影响［J］.河南工业大学学报（自然科学版），2009，（6）：1-5.

［207］渠琛玲，刘畅，王芳婷，等.微波干燥对小麦籽粒水分迁移的影响［J］.食品工业，2017，（2）：91-93.

［208］渠琛玲，王红亮，王芳婷，等.微波处理对小麦风味的影响［J］.粮食与油脂，2017，（9）：26-28.

［209］丁贤玉.玉米低温真空干燥的分析［J］.粮食流通技术，2004，（4）：22-23.

［210］申保庆，赵祥涛，何翔.低温真空干燥技术与设备的发展前景与适用范围［J］.粮食流通技术，2004，（4）：32-42.

［211］赵祥涛.真空技术在粮食行业的应用与发展［J］.粮食储藏，2006，（4）：20-22.

［212］刘勇献，苏娅.高水分玉米低温真空干燥新技术研究及应用［J］.粮食储藏，2006，（6）：20-23.

［213］尹丽妍，于辅超，吴文福，等.谷物低温真空干燥机理的探讨［J］.中国粮油学报，2006，（5）：129-132.

［214］赵祥涛.高水分玉米真空低温干燥工艺生产性试验研究［J］.粮食储藏，2007，（4）：51-53，56.

［215］赵祥涛，唐学军，张明学.节能减排加强真空低温连续干燥新技术推广与应用［J］.粮食储藏，2009，（1）：28-31.

［216］张玉荣，周显青.热风和真空干燥玉米的品质评价与指标筛选［J］.农业工程学报，2010，（3）：346-352.

［217］付浩华，包李林，熊巍林，等.油菜籽薄层真空干燥技术的研究［J］.粮油食品科技，2011，（3）：27-29.

［218］张玉荣，刘诺阳，周显青.稻谷热风与真空干燥特性及其加工品质的对比研究［J］.粮食与饲料工业，2012，（4）：5-9.

［219］仇红娟，杨国峰，陈江，等.相对真空度和干燥温度对稻谷间歇干燥品质的影响［J］.粮食储藏，2014，（4）：31-35.

［220］赵思孟.循环粮食干燥机与循环等温粮食干燥机［J］.现代化农业，1981，（2）：36-40.

［221］李保安，张来林，李丽，等.CHGT移动式循环谷物烘干机在稻谷干燥中的应用［J］.粮油食品科技，2009，（3）：61-63.

［222］凌启文.连续式稻谷烘干系统概述［J］.粮食与饲料工业，2012，（12）：18-21.

［223］邸坤.连续式与循环式稻谷烘干机技术经济性能探讨［J］.粮食流通技术，2012，（2）：19-23.

［224］郭桂霞，张来林.连续和批次循环小型粮食烘干机的研发［J］.粮食与饲料工艺，2015，（8）：14-18，21.

［225］张来林，高杏生，褚金林，等 . 低温循环式粮食干燥机降水能力生产性试验 [J]. 粮食与饲料工业，2016，（3）：17–18，22.

［226］罗海军，王双林，付鹏程，等 . 高水分稻谷袋式干燥工艺研究 [J]. 粮食储藏，2010，（2）：25–27.

［227］王双林，兰盛斌，罗海军，等 . 高水分稻谷袋式干燥试验研究 [J]. 粮食储藏，2013，（1）：13–16.

［228］罗海军，张冯章，陈杰 . 基于灰色预测理论的干燥集装袋老化力学性能研究 [J]. 粮食储藏，2014，（6）：20–22.

［229］国德宏，杨志国，王双林，等 . 玉米袋式干燥试验研究 [J]. 粮食储藏，2015，（6）：33–36.

［230］司武剑，郭道林，王双林 . 新收获稻谷袋式干燥试验研究 [J]. 粮食储藏，2015，（3）：14–17.

［231］戴天红，曹崇文 . 谷物低温干燥系统的管理 [J]. 中国粮油学报，1998，（5）：3–7.

［232］马晓录，阮竞兰，尚永生，等 . 移动式小麦烘干及清理设备的设计研究 [J]. 郑州工程学院学报，2001，（1）：36–38.

［233］王宗华，陈占玉，王玉坤，等 . 移动式低温烘干机干燥晚籼稻生产性试验 [J]. 粮食储藏，2003，（4）：47–49.

［234］邢勇 . 小型稻谷烘干机试点项目风险研究 [J]. 粮食储藏，2003，（6）：45–48.

［235］朱恩龙，郭红莲，汪春，等 .5HSD–16 型水稻保质干燥机成套设备的研制 [J]. 粮油加工与食品机械，2004，（2）：49–50.

［236］王云松，廖胜文，李本贵，等 . 小型低温烘干系统的应用及对比分析 [J]. 粮油仓储科技通讯，2005，（5）：39–40，49.

［237］徐碧 . 国家储备粮库试点项目小型烘干机系统应用效果 [J]. 粮食储藏，2005，（1）：29–30.

［238］杨国峰，周建新 . 一种小型粮食烘干机的结构和性能分析 [J]. 粮食储藏，2006，（6）：45–47.

［239］夏朝勇，李杰，芦燕敏，等 . 我国小型粮食干燥机的现状与发展前景 [J]. 粮油食品科技，2007，（6）：5–7.

［240］王波，张从选，冯涛，等 . 围包散装玉米组合式通风干燥试验 [J]. 粮油仓储科技通讯，2009，（5）：17–18.

［241］潘俊，姚平，苏锋，等 . 粳稻水分对低温烘干效益的影响试验 [J]. 粮食储藏，2013，（1）：26–29.

［242］石天玉，赵会义，张洪清，等 . 组挂式粮食干燥仓处理高水分玉米工艺试验 [J]. 粮油食品科技，2014，（2）：107–111.

［243］王彩霞，彭桂兰，曹阳，等 . 组挂式粮食干燥仓玉米籽粒自然干燥研究 [J]. 粮油食品科技，2014，（6）：110–114.

［244］李鸿声 . 新型叠床式热水粮食干燥机应用情况的调查报告 [J]. 粮油仓储科技通讯，1989，（5）：47–48.

［245］杜华泰 . 气流干燥设备研究新进展 [J]. 粮食储藏，1997，（4）：22–29.

［246］韩丽华，张百川，刘国琴，等 . 履带式气流干燥器的研究与设计 [J]. 中国油脂，1997，（4）：27–30.

［247］贾友苏，蔡金贵，王斌，等 . 新型高效平板烘干机的研制 [J]. 中国油脂，1998，（3）：19–21.

［248］巫照平，夏启明，于崇清，等 . 浅谈平板烘干机的几点改进 [J]. 中国油脂，1998，（3）：25.

［249］谭体升，李普选，马杰 . 新型带式烘干机的设计与开发 [J]. 中国油脂，2006，（7）：24–25.

［250］丁超，陶婷婷，刘强，等 . 红外加热技术在粮食行业的研究进展 [J]. 粮油仓储科技通讯，2015，（3）：5–9.

［251］胡建新 . 菜籽烘干塔工艺与设备简介 [J]. 中国油脂，1998，（4）：27–29.

［252］刘增革，相海，胡淑珍，等 . 油茶籽干燥工艺与设备研究 [J]. 中国油脂，2014，（2）：74–77.

[253] 梁礼燕，丁超，杨国峰. 稻谷薄层干燥特性及工艺研究 [J]. 粮食储藏，2011，（6）：39-44.

[254] 万忠民，董红健，李红，等. 响应面法优化油菜籽流化干燥工艺 [J]. 粮食储藏，2015，（3）：29-33.

[255] 王国恒. 热风炉的热工行为 [J]. 粮食储藏，1995，（2）：39-42.

[256] 潘九君，尹思万，辛莉，等. 燃稻壳热风炉的结构特点及技术特性分析 [J]. 粮食流通技术，2005，（6）：21-22，24.

[257] 王云华，斯武军，马善林，等. 粮食烘干机热源问题的调查和应对措施 [J]. 现代农机，2019（2）：32-33.

[258] 卢英林，许桂兰. 大型粮食干燥塔的自动控制 [J]. 粮食储藏，1998，（2）：34-37.

[259] 顾欲晓. 粮食烘干机的自动控制 [J]. 粮食流通技术，1999，（6）：28-30，40.

[260] 方建军，牛兴和，丛林. 圆筒型内循环式粮食干燥机多媒体信息管理系统的开发 [J]. 中国粮油学报，2000，（1）：59-62.

[261] 凌利，潘少鹏，章达礼. PLC 在谷物烘干机自动控制中应用 [J]. 粮食与油脂，2003，（1）：18-19.

[262] 刘建军，王振涛，刘杰，等. 粮食烘干塔测控系统的研究 [J]. 粮油加工食品机械，2005，（1）：67-68.

[263] 周钢霞，崔国华，赵学工，等. 一种新型的粮食干燥塔智能控制系统 [J]. 粮食与食品工业，2005，（3）：25-27.

[264] 李国昉，毛志怀，齐玉斌. 粮食干燥过程控制 [J]. 中国粮油学报，2006，（2）：31-32，48.

[265] 刘怀海，王继焕. 稻谷变温干燥与在线控制研究 [J]. 粮油加工，2009，（2）：89-92.

[266] 王施平，张绪坤，张进疆，等. 干燥设备控制系统现状与研究进展 [J]. 粮油加工，2010，（8）：171-175.

[267] 刘庆利，王添波，王文峥，等. 粮食烘干水分智能控制系统的应用与问题解决方案 [J]. 粮油仓储科技通讯，2012，（6）：10-11.

[268] 张海臣，朱建军. 关于玉米在烘干过程中损耗量的研究 [J]. 粮食流通技术，1999，（6）：26-28.

[269] 王继焕，刘启觉. 粮食烘干机尾气余热利用与中间缓苏仓试验研究 [J]. 武汉食品工业学院学报，1999，（2）：46-49.

[270] 赵学伟，李杰. 高寒地区玉米烘干的热耗分析及节能途径 [J]. 粮食流通技术，2000，（5）：27-30.

[271] 曹顺. 高效低耗的粮食烘干机研制与试验报告 [J]. 粮食储藏，2004，（5）：33-35.

[272] 高峰，于文霞，蒋万铭，等. 通过烘干机数控改造实现玉米烘干降水节能增效 [J]. 粮油仓储科技通讯，2009，（5）：23-25.

[273] 张智亮，付丽. 热管技术与太阳能在粮食干燥节能上的应用 [J]. 粮油加工，2008，（2）：91-94.

[274] 卢献礼，周智华，李宗良，等. 太阳能辅助热泵就仓干燥系统集成示范应用研究 [J]. 粮食储藏，2009，（6）：26-30.

[275] 邸坤，李杰，陈诗学. 变频调速技术在粮食干燥系统中的应用 [J]. 粮食流通技术，2010，（6）：21-24.

[276] 夏朝勇. 热泵稻谷干燥的潜力与展望 [J]. 粮食流通技术，2010，（6）：25-27.

[277] 李杰，芦燕敏，夏朝勇. 节能减排技术和措施在粮食干燥系统中的应用 [J]. 粮食流通技术，2010，（3）：25-27.

[278] 刘遂宪，邢俊杰. 烘干系统中的变频调速节能控制技术研究 [J]. 粮食流通技术，2010，（6）：28-31.

[279] 李杰. 我国粮食干燥节能减排技术发展现状与展望 [J]. 粮食储藏，2011，（4）：13-16.

[280] 朱旭东. 高水分玉米烘干过程降低损耗的探讨 [J]. 粮油食品科技，2011，（1）：52-53.

［281］杨占国，谢建松，马云霞，等 . 变频调速技术在粮食烘干系统中的优越性分析 [J]. 粮食流通技术，2012，（2）：32-34.

［282］王双凤，尹明山，郭振宇，等 . 太阳能辅助热泵干燥粮食的数值模拟研究 [J]. 粮食储藏，2012，（2）：7-12.

［283］李增凯 . 用节能减排新技术改造现有粮食干燥机 [J]. 粮食流通技术，2012，（3）：22-23.

［284］吴耀森，赵锡和，刘清化，等 . 南方夏季稻谷热泵干燥特性研究 [J]. 粮油加工，2014，（1）：54-57.

［285］王龙龙，武文斌，李衡，等 . 粮食干燥系统余热回收技术及装置设计 [J]. 粮食储藏，2015，（4）：48-50.

［286］董殿文，高树成，周云，等 . 东北玉米烘干机实施节能减排技术措施 [J]. 粮食储藏，2016，（2）：6-8.

［287］李伟钊，张冲，李博，等 . 节能减排加强粮食热泵干燥新技术推广与应用 [J]. 粮油仓储科技通讯，2018，（4）：10-14.

［288］李博，李伟钊，魏娟，等 . 热泵干燥技术在粮库节能减排中的应用 [J]. 粮食储藏，2018，（6）：11-14.

［289］郑先哲，周修理，夏吉庆 . 干燥条件对稻谷加工品质影响的研究 [J]. 东北农业大学学报，2001，（1）：48-52.

［290］万忠民，杨国峰 . 不同干燥条件对稻谷的降水和品质的影响 [J]. 粮食储藏，2008，（5）：46-50.

［291］许斌，孙相荣，靳钟江 . 干燥温度对玉米储存品质的影响 [J]. 粮油食品科技，2009，（3）：4-6.

［292］张玉荣，刘诺相，周显青 . 干燥技术对稻谷品质影响的研究进展 [J]. 粮油食品科技，2012，（3）：1-5.

［293］陈江，杨国峰，仇红娟，等 . 低真空度变温干燥对稻谷干燥品质的影响研究 [J]. 粮食储藏，2015，（4）：37-42，56.

［294］魏娟，李伟钊，李博，等 . 热泵绿色优品粮食干燥工艺探讨 [J]. 粮食储藏，2018，（3）：53-56.

［295］赵学伟，马云霞 . 干燥过程中稻谷裂纹产生的机理 [J]. 粮食流通技术，2001，（3）：29-33.

［296］崔国华，胡振义，李雅莲，等 . 不同品质玉米在烘干过程中破碎率和裂纹率指标的合理确定 [J]. 粮食储藏，2002，（4）：40-43.

［297］赵学工，郝立群 . 浅谈烘干机系统的破碎率增值 [J]. 粮食与食品工业，2003，（4）：48-49.

［298］顾冰洁，潘九君，韩建志 . 玉米烘干机系统籽粒破碎的原因 [J]. 粮食流通技术，2003，（3）：29-30.

［299］郝立群，董梅，白岩 . 影响玉米干燥系统破碎率的因素及解决方法 [J]. 粮食储藏，2005，（4）：19-21.

［300］白岩，赵思孟 . 玉米裂纹及其检测 [J]. 粮食储藏，2006，（4）：43-45.

［301］赵思孟 . 玉米裂纹与干燥、冷却的关系 [J]. 粮食储藏，2007，（1）：50-52.

［302］周云，曹毅，郑刚，等 . 东北地区玉米破碎原因及解决措施 [J]. 粮油食品科技，2007，（6）：20-22.

［303］张来林，朱彦，张爱强，等 . 玉米破碎的原因与解决措施 [J]. 粮油食品科技，2009，（1）：27-29

［304］杨军伟，张峻岭 . 粮食颗粒在气力输送系统中的破碎原因分析 [J]. 粮食储藏，2015，（2）：7-10.

［305］张龙，吕建华，李兴军，等 . 稻谷水分含量对其干燥过程中籽粒破碎的影响研究 [J]. 粮食科技与经济，2015，（5）：53-56.

［306］姚英政，董玲，朱宇 . 烘干设备干燥效率比较及对稻谷爆腰率的影响 [J]. 粮食储藏，2017，（2）：21-24.

［307］田岩松，夏淑春，刘玉军 . 联合干燥玉米安全过夏试验 [J]. 粮食储藏，1993，（5）：11-15.

［308］刘平来，KUNZE O R. 大米品质与收获、干燥及储藏方法的关系 [J]. 粮食储藏，1994，（1）：39-41.

［309］元伦 . 大豆烘干与储藏综合管理 [J]. 粮食储藏，1998，（2）：25-29.

［310］刘春霜．大豆烘干与储藏技术［J］.粮油食品科技，2008，（4）：12-14.

［311］许斌，孙相荣，靳钟江．干燥温度对玉米储存品质的影响［J］.粮油食品科技，2009，（3）：4-6.

［312］张颜平，张广林，王效国，等．东北烘干玉米在华东地区的安全储藏［J］.粮油食品科技，2010，（2）：53-55.

［313］杨靖东，姜雯翔，史晓媛，等．不同热风干燥温度对发芽糙米品质的影响［J］.粮食储藏，2013，（2）：30-34.

［314］徐龙骞，滕飞，李小化．粮食烘干过程中影响品质下降和烘后品质水分不匀度因素的分析及对策［J］.粮食流通技术，2014，（3）：24-26.

第十一章 气调储粮技术研究

我国粮食的气调储粮技术研究试验始于20世纪60年代。浙江省、上海市等地区的粮食基层部门作了许多探索，其后粮食科研部门、高等院校相关学科研究者也做了大量工作，经过近20多年的快速发展，气调储粮技术在我国南方区域已大面积实施，技术应用成熟。目前，我国在气调储粮应用技术研究方面已走在国际前列。近年国内许多研究者发表了大量研究报告见诸报刊。

第一节 气调储粮技术主要研究工作（20世纪50年代至80年代）

一、自然脱氧储粮技术研究

自然脱氧储粮是利用粮食本身和粮食微生物等的呼吸作用，消耗粮堆内氧气，增加二氧化碳含量，营造缺氧环境，从而抑制粮食微生物和储粮害虫的发生、发展。浙江省嘉善县粮食局直属库1974年报道了"自然缺氧"储粮的初步试验情况。证明：当氧气浓度在0.5%以下，米象、拟谷盗、锯谷盗在48小时内全部死亡。证明：储粮水分、粮温越高，缺氧速度越快。不同原粮、成品粮缺氧速度为：小麦＞粳米＞粳稻＞面粉。四川省灌县（现都江堰市，下同）崇义粮油管理站等1976年报道了高水分晚稻密闭低氧储藏初步研究。张福如1976年报道了开展粮油贮藏科技情报工作，搞好粮油缺氧贮粮科学试验。山东省郯城县粮食局1977年报道了"自然缺氧"防治豌豆象的初步试验报告。广东省海南行政区（现海南省，下同）粮食局1981年报道了自然缺氧储藏稻谷的报告。陈名光等1981年报道了四年密封储粮的试验研究。赵自敏1986出版了《缺氧储粮》；1988年又报道了小麦生理后熟呼吸强度降氧速率与自然缺氧储藏关系的研究报告。陈其恩1988年报道了低水分稻谷自然缺氧储藏。

二、自然缺氧辅助植物叶子降氧储粮技术研究

浙江省嘉善县直属粮库1974年报道了粮食"自然缺氧"保管中辅助加速降氧方法的研究，该研究对树叶呼吸强度与粮食呼吸强度做过比较，得到了比较详细的数据，证明树叶辅助降氧效果是很明显的。但仓库容量大、储粮多，此法难以推广。

三、自然缺氧辅助微生物降氧储粮技术研究

湖南省湘潭地区（现湘潭市，下同）粮食局科研室1975年报道了利用微生物加速脱氧的试验。试验尝试用豆腐干培养高大毛霉。试验组比对照组二氧化碳含量高5～6倍；后来改用甜酒药（糖化菌和酵母菌），用量为7‰（万分之七），并设计简易培养箱，试验取得一定效果。浙江省嘉善粮食局直属库科研组1976年报道了缺氧贮粮中应用微生物降氧的实验。河南省鹿邑县付桥粮库等1976年报道了贮粮应用微生物辅助降氧实验报告。河南省镇平县高丘粮管所1978年报道了调温导气微生物培养箱。蒋中柱等1981年分别报道了微生物降氧流动车和微生物降氧储粮新技术研究。吴庆华1986年报道了微生物液体发酵脱氧储粮的实验报告。该报告认为：自制发酵罐性能较好，基本能满足微生物繁育的需要，操作方便，液态发酵比固态发酵工艺简单、成功率高、效果好、成本低。此法至今亦没能在生产上推广应用。

四、燃烧脱氧储粮技术研究

江西省南昌市粮食公司第二粮库1972年报道了空气脱氧保粮试验。广东省湛江市粮食局等1975年报道了贮粮对一氧化碳的吸附和解吸作用。浙江省杭州市第二米厂义桥粮库等1977年报道了大米缺氧贮藏试验，证明：燃烧脱氧与自然缺氧、充气、充二氧化碳均可控制储粮害虫，达到了安全度夏目的。四川省粮食局科学研究所3,4-苯并芘组1978年报道了"燃烧脱氧"保粮污染3,4-苯并芘的研究。四川省眉山县（现眉山市，下同）城关粮站1981年报道了关于燃烧循环降氧机的试验报告。采用此法因对进气口粮食有污染可能性，操作比较复杂，亦未推广。郭俊等1994年报道了脱氧剂在大型粮仓中应用技术研究。

五、分子筛富氮储粮技术研究

湘潭地区粮油公司1976年报道了利用分子筛集氮保粮的试验。湖南省湘潭地区粮食局1976年报道了分子筛富氮贮粮的初步试验。上海市粮食储运公司储藏研究室、上海市第一粮食采购供应站1982年报道了关于5A分子筛富氮保粮杀虫的试验报告。证明：产气量20 m^3/h的5A富氮机，能用于保粮杀虫。在气温20～30℃，氮气浓度达97%以上，二氧化碳浓度2%左右，密封72小时，粮堆内玉米象、赤拟谷盗、长角谷盗等害虫均可100%死亡。负压串联置换技术可加速脱氧速度。蒋中柱等1983年报道了分子筛富氮贮粮的研究报告。报告认为：该法降氧快、效果好，能较好保持粮食品质。陈志远1983年报道了碳分子筛空分制氮研究。认为：碳分子筛制氮优于沸石分子筛，耗能少、工艺简单、设备投资少。该装置制得氧气的体积分数小于2%，产氮率和回收率较高。上海市粮食储运公司储藏研究室等1984年再次报道了高水分大米的安全过夏——5A分子筛富氮机的应用，获得了比较好的研究结果。

六、制氮机降氧储粮技术研究

山西省燃料化学所1977年报道了供气调用的简易制氮机的技术应用报告。据介绍：当液化气燃烧时，产生的二氧化碳和水消耗空气中的氧气并产生氮气，产氮量20 m^3/h，气体成分中氧的体积分数为3%～5%，二氧化碳的体积分数为10%～12%，氮气浓度为84%～86%，经商业部四川粮食储藏科学研究所等单位试用，杀虫效果较好。山东省临清县粮食局1979年报道了制氮机用于缺氧储粮的试验报告。

七、真空充氮储粮技术研究

上海市粮食储运公司储藏研究室1972年报道了保好粮的真空充氮保管大米试验。试验证明：真空度高、氮气浓度高，大米品质保持较好；氮气浓度低于0.5%，储藏期间易生青霉，后期易生白曲霉；而氮气浓度达到95%以上时则无此现象。滕建平1981年报道了真空吸附的储粮试验。四川省富顺县粮食局1981年报道了单面密封充氮保管散装稻谷。

八、除氧剂在储粮中的应用技术研究

我国研究除氧剂的时间较晚。上海市第二粮食采购供应站、上海复旦大学生物系微生物教研组1982年报道了化学除氧剂应用的初探。证明：使用降氧机较一般真空储藏有明显杀虫效果。路茜玉等1982年报道了脱氧剂应用于贮粮的试验研究。认为特制铁粉脱氧比连二亚硫酸钠应用前途更好。路茜玉1983年报道了气调贮粮概说。黄志良等1985年报道了应用脱氧剂储藏大米、食品的研究。赵自敏等1986年报道了除氧剂在大豆、小麦、面粉储藏中的应用研究。赵自敏在《缺氧储粮》一书中还介绍了特制铁粉与连二亚硫酸钠脱氧效果的比较试验，并介绍了河南省太康县粮食科学研究所、逊母口粮食管理所应用脱氧剂的情况。倪兆祯等1986年报道了铁型除氧剂耗氧量的试验研究。试验测定了铁粉不同时间的吸氧量。研究认为：1g铁粉完全转化为氢氧化铁，需要氧气0.34 g，约等于氧气300 mL。铁粉吸氧反应在1小时后即能发生，三天全部完成反应过程。何启华等1987年报道了除氧剂保藏盐花生及花生果的初步试验。路茜玉等1987报道了应用气调技术保鲜食品的研究。王小勇等1988年报道了除氧剂应用于粮食（油料）油品储藏的试验报告。路茜玉等1988年报道了自制脱氧剂的储粮研究报告。介绍了自制脱氧剂生产性试验方法、效果及推广情况，证明FX-B型脱氧剂应用前景较好。

九、气调储粮密封材料与密封技术研究

滕建平1978年报道了关于低水分稻谷低氧贮藏问题的探讨，将所对应的薄膜进行选择。汤镇嘉等1979年报道了二氧化碳贮粮的试验结果。该试验测定了四种塑料薄膜渗漏二氧化碳的情况，研究二氧化碳抑制大米呼吸和微生物繁育的情况。上海市粮食科学研究所1981年报道了缺氧储藏——密封技术和密封材料的研究。介绍了国产塑料薄膜和复合塑料薄膜主要性能测试结果，并报道了生产性试验结果。徐元章等1983年报道了四种仓墙涂料的气密性测定试验。试验证明：两层10号沥青、两层纸筋灰气密性最好。重庆市九龙坡区粮食公司等1984年报道了"密闭储藏"中的薄膜黏合技术。张自权1984年报道了仓库气密性涂料的初步研究。滕建平1984年报道了密封储藏中聚氯乙烯薄膜透气度的应用试验研究。试验测定了不同薄膜的透气度和不同水分稻谷的耗氧情况，以及在仓房密封良好的条件下，稻谷完全绝氧的所需时间；测定了不同厚度聚氯乙烯薄膜密封不同水分的稻谷以及储藏期中粮堆氧的含量。试验证明：在聚氯乙烯薄膜厚度约0.24 mm，在稻谷密封水分11.0%～15.0%的情况下可以安全储藏。四川省绵阳地区粮食局储运科等1984年报道了塑料薄膜与仓墙黏结的方法。该方法通过对塑料板黏结法、黏合剂黏结法、油漆黏结法、石蜡密封法的对比试验。试验各抽气20分钟，真空度分别为4 900，686，

1 470，735 Pa。研究认为：从气密性、黏结牢度和经费方面综合考虑，油漆黏结法、黏合剂黏结法可以采用；塑料板黏结法虽然一次性投资较高，但使用时间较长，有一定推广价值。

第二节 气调储粮技术主要研究工作（20世纪90年代至今）

近40年来，我国气调储粮技术研究进展较快，研究成果颇丰，在储粮工艺，防治储粮害虫、气调对储粮品质变化的影响、仓房气密性改造、充氮工艺等方面有详细报道。

一、气调储粮工艺研究

苏肇侃1988年报道了一种新型的气调储粮动态工艺及设备。韩玉民1989年报道了利用脱氧胶技术进行大米保鲜度夏试验。陆荣林等1990年报道了除氧剂与硅橡胶的联合作用进行高水分大米保鲜过夏试验。徐寿鸿等1991年报道了除氧保鲜剂的研制与探讨。陈兴国等1991年报道了糯米气调小包装保鲜研究。侯永生1993年报道了自制脱氧剂储藏大米。叶永谷1993年报道了应用充气橡皮管改善仓储气密效果。陈世文1994年报道了气调缺氧储粮。

于健等2001年报道了砖筒仓充二氧化碳安全储麦技术研究。邓永学等2002年报道了高浓度CO_2气调防治谷蠹及杂拟谷盗的研究。徐玉斌等2002年报道了关于CO_2粮食储藏气调仓气密性计算试验的探讨。许晓秋等2002年报道了粮食保鲜袋技术述评。涂杰等2004年报道了CO_2气调储藏和常规储藏小麦品质比较。刘作伟等2004年报道了CO_2气调储藏防治储粮害虫的研究。马中萍等2006年报道了二氧化碳气调储粮技术在粮库的应用情况概述。杨照等2006年报道了二氧化碳气调储粮的实仓试验研究。邓兰卿等2006年报道了气控储藏在储粮中的应用研究。王世清等2008年报道了气调库与气调贮藏保鲜技术。刘倩等2008年报道了大帐常温自发气调大米保鲜技术的试验。郑理芳2009年报道了在中央直属粮库应用充氮气调储粮新技术的探讨。邹伟等2009年报道了CZDM膜制氮机组降氧工艺与氧气浓度变化规律研究。刘兴2009年报道了包装粮氮气气调储藏初探。饶如勇等2009年报道了华南地区浅圆仓玉米氮气气调储藏试验研究。高素芬2009年报道了氮气气调储粮技术应用进展。

胡建初等2010年报道了不同胶管压条改善薄膜密闭粮仓气密效果比较。翁胜通2010年报道了高温高湿地区浅圆仓大豆气调储藏技术探讨。张中等2010年报道了浅圆仓环流充氮气调技术研究。黄明远等2011年报道了PSA变压吸附制氮系统实仓玉米富氮降氧工艺应用研究。张来林等2011年报道了我国气调储粮技术的发展及应用。游海洋2011年报道了氮气储粮技术在黄淮地区的应用。徐明娟等2011年报道了低氧富氮储藏技术在旧式仓房中的应用。司建中2011年报道了氮气气调储粮与二氧化碳储粮对比分析。刘德军2011年报道了对华南地区高大平房仓玉米氮气气调储藏的探讨。杨文生等2011年报道了浅圆仓环流降氧工艺研究。袁小平等2012年报道了粮食气调储粮技术的优势及应用前景。李云霄等2012年报道了富氮气调在储粮应用中有关问题的探讨。高兴明等2012年报道了平房仓晚籼稻谷充氮气调储藏试验。陈巧丽等2012年报道了充氮气调处理储粮局部初期发热试验。张崇霞等2012年报道了氮气气调对不同水分大豆储藏效果研究。孙志威2012年报道了我国气调贮藏技术的研究现状及展望。王毅等2012年报道了中原地区玉米富氮低氧储藏试验。刘德军等2012年报道了充氮气调压盖与不压盖控温效果的探讨。李颖等2012年报道了简易仓氮气气调储小麦试验。闻小龙等2012年报道了平房仓整仓充氮试验。罗景瑞等2012年报道了关于富氮低氧气调储粮膜下通风降温方法的探索。罗永昶等2013年报道了浅圆仓智能化充氮气调储粮技术应用。李涛等2013年报道了富氮低氧"充环"气调储粮工艺的研发及应用试验。侯少杰等2013年报道了平房仓双向环流充氮气调储粮试验研究。庄泽敏等2013年报道了浅圆仓氮气储粮不同充气工艺试验。杨健等2013年报道了不同温度条件下氮气气调储粮对玉米脂肪酸值的影响。汪中书等2013年报道了氮气气调与控温储粮试验。余吉庆等2013年报道了现代氮气气调控温储粮技术防治粮害虫试验。张来林等2014年报道了一种降低气调仓充氮费用的新工艺。张玲等2014年报道了氮气气调控温储粮技术实仓试验。莫敏等2014年报道了绿色气调技术保管不同水分玉米对比试验。韩枫等2019年报道了关于浅圆仓固定式膜分离充氮气调工艺的探索。谢周得2019年报道了间歇式充氮控温储粮技术实仓研究。陈燕2019年报道了移动式智能充氮设备在包装粮的应用。刘旭光等2019年报道了二氧化碳气调储粮新工艺试验。刘进吉等2019年报道了浅圆仓不同充氮工艺气调试验。

二、气调防治储粮害虫研究

D.P.洛克泰里、E.多利欧、王慎宽1994年报道了在减压条件下CO_2防治包装稻谷害虫的效果。李前泰等1997年分别报道了二氧化碳气调防治储粮害虫的研究（Ⅰ）；二氧化碳气调防治储粮害虫的研究（Ⅱ）；1998年又报道了二氧化碳气调防治储粮害虫的研究（Ⅲ）。唐耿新等1998年报道了叠氮气体防治储粮害虫的研究。丁伟等1999年报道了气调储藏及贮粮害虫的抗气性。

邓永学等2002年报道了高浓度CO_2气调防治谷蠹及杂拟谷盗的研究。张建军等2007年报道了高纯氮气对储粮害虫致死效果的研究。莫代亮等2009年报道了储藏玉米实仓低氧防治储粮害虫研究。严晓平等2010年报道了在一定条件下96%以上氮气控制主要储粮害虫试验。黄祖亮等2010年报道了氮气气调储粮效果与仓房气密性的关系研究。莫敏等2010年报道了富氮低氧储粮防虫试验。杨健等2011年报道了 30℃条件下不同氮气浓度对储粮害虫控制效果研究。黄志宏等2011年报道了高温高湿地区充氮气调杀虫效果试验。丁常依等2011年报道了富氮低氧储存偏高水分玉米安全度夏试验。韦允哲等2012年分别报道了罩棚仓临时堆包粮充氮杀虫试验；气囊式充氮与熏蒸防治害虫效果对比试验。劳传忠2012年报道了两种低氧条件对赤拟谷盗不同虫态的抑制作用。杜斌等2013年报道了高大平房仓整仓富氮低氧气调防治储粮害虫研究。孟现涛等2014年报道了高大平房仓氮气储粮杀虫生产性试验。张晓培等2014年报道了氮气气调技术对三种新粮杀虫效果比较。钟建军等2015年报道了浅圆仓气调作用效果研究。刘兴等2015年报道了老仓房粮堆气密性改良与杀虫效果。卢佐昌等2016年报道了充氮气调防治储粮害虫试验。金鑫等2019年报道了无气囊整仓充氮气调杀虫试验。韦允哲等2019年报道了富氮低氧气囊微正压保持技术杀虫原理及操作要点。柳虎等2019年报道了氮气与磷化氢联合熏蒸对粉食性储粮害虫杀虫效果研究。李丹青等2019年报道了高大平房仓氮气气调防治试验。

三、气调储粮品质变化研究

路茜玉等1987年报道了气调贮藏中米的质构及流变学的研究。高权河等1993年报道了不同气调储藏方式对大米品质的影响研究。高影等1997年报道了不同水分、温度条件下CO_2浓度对大米品质的影响。涂杰等2003年报道了CO_2气调储藏和常规储藏籼稻谷品质比较。涂杰等2003年报道了CO_2气调储藏稻谷启封后品质变化的研究。高影等2004年报道了CO_2气调储粮启封后品质变化的原因及控制方法。于莉等2007年报道了不同气调储藏方式下大米陈化过程中的品质变化。霍雨霞等2009年报道了不同气调储存条件对大米脂类变化的影响。

李岩峰等2010年报道了充氮气调对稻谷品质的影响研究。金文等2010年报道了充氮气调对大豆品质的影响研究。肖建文等2010年报道了充氮气调对玉米品质的影响研究。张来林等2011年报道了充氮气调对高粱储藏品质的影响；2012年又报道了充氮气调对花生制油品质的影响研究。钱志海等2012年报道了富氮低氧条件对粮食储存品质影响调查分析。张来林等2012年报道了充氮气调对花生仁储藏品质影响的研究。王素雅等2013年报道了大豆充氮储藏中油脂品质变化研究。张玉荣等2013年分别报道了充二氧化碳气调解除后大米储藏品质变化研究；真空包装解封后大米储藏品质变化研究。杨慧萍等2014年报道了气调储藏粳稻谷对其发芽糙米 γ−氨基丁酸含量的影响。付家榕等2014年报道了充氮储藏对大豆老化劣变影响的研究。焦义文等2014年报道了充氮气调对小麦储藏品质的影响研究。李颖等2014年报道了不同温度下充氮气调对稻谷理化特性的影响研究。朱庆贺等2015年报道了气调储藏对芝麻生理品质影响的研究。张玉荣等2015年报道了CO_2气调解除后大米蒸煮特性、质构特性及食味品质的变化研究。郑秉照2016年报道了充氮控温气调储粮技术对储粮品质的影响。李浩杰等2016年报道了不同温度条件下氮气气调储粮对稻谷品尝评分值的影响。杨健等2016年报道了不同温度条件下氮气气调储粮对玉米品尝评分值的影响。张玉荣等2013年报道了真空包装解封后大米储藏品质变化研究。谢雅茜等2016年报道了不同包装材料和真空度对真空包装大米脂肪酸值的影响。金建德等2016年报道了膜分离富氮低氧环流技术在横向通风系统中的应用试验。毕文雅2019年报道了气调结合低温、准低温储藏对偏高水分优质稻品质的影响研究。尹绍东等2016年报道了充氮气调启封后对粳糙米品质的影响。王若兰等2016年报道了燕麦气调储藏品质变化规律的研究。王玉生等2017年报道了氮气气调对玉米品质影响研究。韦文生2017年报道了不同氮气浓度对储粮品质影响的试验。

四、气调储粮抑制霉菌研究

罗建伟等2003年报道了CO_2气调储粮技术对粮食真菌的抑制效果研究。王若兰等2011年报道了气调储藏条件下糙米中微生物变化规律研究。蔡静平等2012年报道了储粮中CO_2气体的扩散特性及霉菌活动监测研究。吴卫平等2013年报道了富氮低氧储存玉米保质抑霉试验。卢佐昌等2018年报道了富氮低氧储粮技术在旧仓房中的应用。

五、气调储粮仓房气密性检测研究

赵增华2000年报道了立筒仓新型气密材料及气密技术的研究。张来林等2000年报道了粮食仓房气密性测试与CM系列仓用密封门窗应用研究报告。韩德生等2001年报道了浅圆仓密闭处理及气密性测定研究。舒在习2001年报道了论仓房气密性对储粮安全影响的研究。赵英杰等2001年报道了对粮仓气密性标准的看法。王蓉等2003年报道了粮食仓房气密性及气密性检测试验报告。李敏等2005年报道了对不同仓型浅圆仓气密性差异的初步探索。张中等2010年报道了浅圆仓气密性检测与处理措施研究。黄祖亮等2010年报道了氮气气调储粮效果与仓房气密性的关系研究。孙相荣等2012年报道了氮气进气量对粮堆中氮气浓度的影响研究。陈旭等2017年报道了粮仓气密性检测对储粮安全的重要性分析。王若兰等2017年报道了小麦在气调储藏环境中氮气传递规律的研究。

六、气调储粮仓房气密性改造和处理研究

张来林等2002年报道了粮仓的气密测试与气密改造试验；2003年又分别报道了粮仓的气密性测试与气密改造试验；拱板仓拱板伸缩缝的气密处理试验；拱板仓气密技术研究报告。黄

曼等2004年报道了立筒仓气密性改造应用技术。蒋金安2004年报道了高大平房仓气密性改造技术。娄辉等2005年报道了粮仓气密技术处理材料与方法。刘洪雁2008年报道了高大平房仓仓体和粮面密封处理对自然降氧的影响研究。

张来林等2011年报道了关于气调仓房的气密性及处理措施。杨海涛等2013年报道了粮食仓房的气密测试及气密改造试验。任炳华等2014年报道了仓房气密性改造与充氮对比试验。蔡学军等2015年报道了软基地坪粮仓气密性改造试验。余波等2016年报道了气调储粮前期仓房气密性整改工作。陶金亚等2016年报道了粮食仓房的气密性分析报告。陈英明等2017年报道了平房仓气密性改造应用研究应用。严辉文等2017年报道了氮气气调储油实罐试验。叶真洪等2019年报道了平房仓气密性工程化改造试验。刘旭光等2019年报道了平房仓气密改造新材料新工艺试验。李松伟等2019年报道了影响浅圆仓气密性的主要因素和处理措施。纪智超2019年报道了充氮气调仓房的气密性改造试验。

七、缺氧与安全研究

广东省粮食局工业保管处、广州市粮食局储运管理处、广东省粮食局科学研究所1977年报道了关于贮粮缺氧及防护的研究。张涛等2014年报道了缺氧对粮库进仓人员危害的探讨。

八、智能气调储粮技术研究

闻小龙等2012年报道了智能气调和智能通风系统应用试验。常亚飞等2014年报道了对低氧富氮结合脱氧剂储粮技术的探索。黄浙文等2014年报道了两种充氮工艺对玉米储藏效果的影响。陈燕2014年报道了关于脱氧保鲜剂储粮应用的探讨。庄进荣等2014年报道了高温高湿地区氮气储粮技术应用试验。李在刚等2014年报道了华北地区玉米氮气气调智能控制应用试验。付家榕等2014年报道了充氮储藏对大豆老化劣变影响的研究。王若兰等2014年分别报道了玉米储藏微环境中氮气扩散规律研究；稻谷储藏微环境中氮气扩散规律研究。许海峰等2015年报道了浅圆仓氮气气调储藏试验。李宝升等2015年报道了气调储粮技术的发展与应用研究。李丹丹等2015年报道了我国氮气气调储粮研发和推广应用进展。张世杰等2015年报道了氮气储粮平房仓沉降监测全过程的观察报告。张艳涛等2015年报道了绿色充氮气调储藏应用成效的分析报告。彭明文2015年报道了鄂中地区平房仓稻谷氮气气调储藏应用研究。张海涛等2015年报道了氮气气调储粮技术应用。张来林等2015年报道了关于高大平房仓空调控温技术合理使用方式的探索。冷本好等2015年报道了高大平房仓富氮低氧气调储粮生产试验。余建国等2015年报道了旧仓房富氮低氧储粮技术实践与应用。张坚等2015年报道了立筒仓氮气储粮技术应用试验。邱化禹等2015年分别报道了横向通风系统充氮气调的数值模拟与现场试验对比；横向充氮气调工艺数值模拟研究及评价。武传欣等2016年报道了基于CFD方法的充氮气调工艺优化设计及分析报告。洪小琴2016年报道了上海地区应用充氮气调储粮技术分析报告。金建德等2016年报道了膜分离富氮低氧环流技术在横向通风系统中的应用试验。仇灵光等2016年报道了富氮低氧气调储粮充气工艺研究。常亚飞等2016年报道了关于低氧富氮结合硅藻土储粮的技术探索。郑秉照2016年报道了富氮低氧气调储粮技术的应用。肖建文等2017年报道了铁系脱氧剂在包装小麦储存中的应用研究。董晓欢等2017年报道了浅圆仓膜下氮气气调膜上控温储粮试验。张飞豪等2017年报道了PSA横向充氮气调实仓应用试验。牟敏等2017年报道了氮气储粮与稻壳压盖控温储粮技术应用对比。韩晓敏等2017年报道了富氮低氧储存大米安全度夏试验。崔栋义等2017年报道了氮气气调智能化测控系统设计、编程与实施报告。林海红等2017年报道了浅圆仓充氮气调技术实仓应用探究。金建德等2018年报道了智能型膜分离制氮机横向充氮气调储粮实仓应用研究。赵子龙等2018年报道了软土地区高大平房仓整仓氮气气调储粮效果评价。王西林等2018年报道了高大平房仓膜下充氮气调与膜上空调控温储粮实仓应用。

附：分论二 / 第十一章著述目录

第十一章　气调储藏技术研究

第一节　气调储粮技术主要研究工作（20世纪50年代至80年代）

[1] 浙江省嘉善县粮食局直属库."自然缺氧"储粮的初步试验情况 [J]. 四川粮油科技，1974，（2）：20–26.

[2] 四川省灌县崇义粮油管理站，四川省广汉县新华粮油管理站，四川省粮油学校储藏二班.高水分晚稻密闭低氧贮藏初步研究 [J]. 四川粮油科技，1976，（3）：18–23.

[3] 张福如.开展粮油贮藏科技情报工作，搞好粮油缺氧贮粮科学试验 [J]. 四川粮油科技，1976，（1）：13–15.

[4] 山东省郯城县粮食局."自然缺氧"防治豌豆象的初步试验 [J]. 四川粮油科技，1977，（1/2）：29–31.

[5] 广东省海南行政区粮食局.自然缺氧储藏稻谷的报告 [C]// 第二次全国粮油储藏专业学术交流会文献选编.成都：全国粮油储藏科技情报中心站，粮食部四川粮食储藏科学研究所，1981.

[6] 陈名光，李未明等.四年密封储粮试验 [C]// 第二次全国粮油储藏专业学术交流会文献选编.成都：全国粮油储藏科技情报中心站，粮食部四川粮食储藏科学研究所，1981.

[7] 赵自敏.小麦生理后熟呼吸强度降氧速率与自然缺氧储藏关系的研究报告 [J]. 粮油仓储科技通讯，1988，（3）：2–7.

[8] 陈其恩.低水分稻谷自然缺氧储藏 [J]. 粮油仓储科技通讯，1988，（3）：34–41.

[9] 浙江省嘉善县直属粮库.粮食"自然缺氧"保管中辅助加速降氧方法的讨论 [J]. 四川粮油科技，1974，（4）：38–40.

[10] 湖南省湘潭地区粮食局科研室.利用微生物加速脱氧 [J]. 四川粮油科技，1975，（3）：48.

[11] 浙江省嘉善粮食局直属库科研组.缺氧贮粮中应用微生物降氧的实验 [J]. 四川粮油科技，1976，（1）：34–37.

[12] 河南省鹿邑县付桥粮库，河南省粮食局科研所，郑州工学院粮油工业系贮藏专业"粮食缺氧贮藏"毕业实践小分队.贮粮应用微生物辅助降氧实验报告 [J]. 四川粮油科技，1976，（4）：26–31.

[13] 河南省镇平县高丘粮管所.调温导气微生物培养箱 [J]. 四川粮油科技，1978，（1）：1–4.

[14] 蒋中柱，齐德荣，邹祖勤.微生物降氧流动车 [J]. 粮食贮藏，1981，（2）：30–38.

[15] 蒋中柱，齐德荣.微生物降氧储粮新技术研究 [C]// 第二次全国粮油储藏专业学术交流会文献选编.成都：全国粮油储藏科技情报中心站，粮食部四川粮食储藏科学研究所，1981.

[16] 吴庆华.微生物液体发酵脱氧储粮的实验报告 [J]. 粮油仓储科技通讯，1986，（5）：13–20.

[17] 江西省南昌市粮食公司第二粮库.空气脱氧保粮试验 [J]. 四川粮油科技，1972，（4）.

[18] 广东省湛江市粮食局，广州市粮食局西区仓库，广东省粮食局科研所.贮粮对一氧化碳的吸附和解吸作用 [J]. 四川粮油科技，1975，（2）：38–41.

[19] 浙江省杭州市第二米厂义桥粮库，四川省粮食局科研所缺氧贮藏组，浙江省粮食科学研究所.大米缺氧贮藏试验 [J]. 四川粮油科技，1977，（Z1）：15–22.

［20］ 四川省粮食局科研所3，4-苯并芘组．"燃烧脱氧"保粮污染3，4-苯并芘的研究［J］．四川粮油科技，1978，（2）：21-24．

［21］ 四川省眉山县城关粮站．关于燃烧循环降氧机的试验报告［C］//第二次全国粮油储藏专业学术交流会文献选编．成都：全国粮油储藏科技情报中心站，粮食部四川粮食储藏科学研究所，1981．

［22］ 郭俊，瞿勇，刘文雄，等．脱氧剂在大型粮仓中应用技术的研究［J］．粮油仓储科技通讯，1994，（5）：21-24．

［23］ 湘潭地区粮油公司．利用分子筛集氮保粮的试验［J］．四川粮油科技，1976，（4）：32-33．

［24］ 湖南省湘潭地区粮食局．分子筛富氮贮粮的初步试验［J］．四川粮油科技，1976，（4）：23-28．

［25］ 上海市粮食储运公司储藏研究室，上海市第一粮食采购供应站．关于5A分子筛富氮保粮杀虫的试验报告［J］．粮食贮藏，1982，（5）：20-24．

［26］ 蒋中柱，刘锡其，齐德荣．分子筛富氮贮粮的研究报告［J］．粮食储藏，1983，（5）：15-20．

［27］ 陈志远．碳分子筛空分制氮［J］．粮食储藏，1983，（5）：21-23．

［28］ 上海市粮食储运公司储藏研究室，上海市第一粮食采购供应站．高水分大米的安全过夏：5A分子筛富氮机的应用［J］．粮食储藏，1984，（2）：16-19．

［29］ 山西省燃料化学所．一种供气调用的简易制氮机［J］．四川粮油科技，1977，（Z1）：66-68．

［30］ 山东省临清县粮食局．制氮机用于缺氧贮粮的试验报告［J］．粮食贮藏，1979，（3）：15-18．

［31］ 上海市粮食储运公司．用毛主席的哲学思想保好粮：真空充氮保管大米试验［J］．四川粮油科技，1972，（1）：29-33．

［32］ 滕建平．真空吸附储粮试验小结［C］//第二次全国粮油储藏专业学术交流会文献选编．成都：全国粮油储藏科技情报中心站，粮食部四川粮食储藏科学研究所，1981．

［33］ 四川省富顺县粮食局．单面密封充氮保管散装稻谷［C］//第二次全国粮油储藏专业学术交流会文献选编．成都：全国粮油储藏科技情报中心站，粮食部四川粮食储藏科学研究所，1981．

［34］ 上海市第二粮食采购供应站，上海复旦大学生物系微生物教研组．化学除氧剂应用的初探［J］．粮食贮藏，1982，（6）：21-26．

［35］ 路茜玉，朱大同，王稼农，等．脱氧剂应用于贮粮的试验研究［J］．郑州粮食学院学报，1982，（4）：1-9．

［36］ 路茜玉．气调贮粮概说［J］．郑州粮食学院学报，1983，（1）：59-63．

［37］ 黄志良，凌力新，施伯衡，等．应用脱氧剂储藏大米、食品的研究［J］．粮食储藏，1985，（2）：26-34．

［38］ 赵自敏，李敬堂，姬淑贞．除氧剂在大豆、小麦、面粉储藏中的应用［C］//中国粮油学会储藏专业学会第一届年会学术交流论文．成都：中国粮油学会储藏专业学会，1986．

［39］ 倪兆祯，吴晋杏．铁型除氧剂耗氧量的初步研讨［J］．粮食储藏，1986，（6）：21-25．

［40］ 何启华，林志刚，潘松连，等．除氧剂保藏盐花生及花生果的初步试验［J］．粮油仓储科技通讯，1987，（5）：36-44．

［41］ 路茜玉，陈锡进，陈正宏．应用气调技术保鲜食品的研究［J］．郑州粮食学院学报，1987，（2）：15-21．

［42］ 王小勇，蒋文录，方文富，等．除氧剂应用于粮食（油料）油品储藏的试验报告［J］．粮食储藏，1988，（3）：21-28．

［43］ 路茜玉，阎永生，黄德鹏．自制脱氧剂储粮研究报告［J］．中国粮油学报，1988，（4）：28-36．

［44］ 滕建平．低水分稻谷低氧贮芷的探讨［J］．四川粮油科技，1978，（1）：5-7，18．

［45］ 汤镇嘉，周珠美．二氧化碳贮藏［J］．粮食贮藏，1979，（4）：1-14．

［46］上海市粮食科学研究所.缺氧储藏：密封技术和密封材料的研究 [C]// 第二次全国粮油储藏专业学术交流会文献选编.成都：全国粮油储藏科技情报中心站，粮食部四川粮食储藏科学研究所，1981.

［47］徐元章，李文辉.四种仓墙涂料的气密性测定 [J].粮食贮藏，1983，（4）.

［48］重庆市九龙坡区粮食公司，重庆市江北县粮食局.浅谈"密闭储藏"中的薄膜黏合技术 [C]// 第三次全国粮油储藏学术会文选.成都：全国粮油储藏科技情报中心站，商业部四川粮食储藏科学研究所，1984：361-364,356.

［49］张自权.仓库气密性涂料的初步研究 [C]// 第三次全国粮油储藏学术会文选.成都：全国粮油储藏科技情报中心站，商业部四川粮食储藏科学研究所，1984：373-375.

［50］滕建平.密封储藏中聚氯乙烯薄膜透气度的应用及其他 [J].粮食储藏，1984，（2）：26-31.

［51］四川省绵阳地区粮食局储运科，四川省绵阳市粮食局，四川省绵阳市丰谷粮站.塑料薄膜与仓墙粘结方法 [J].粮食储藏，1984，（1）：41-43.

第二节　气调储粮技术主要研究工作（20世纪90年代至今）

［52］苏肇侃.一种新型的气调储粮动态工艺及设备 [J].武汉粮食工业学院学报，1988，（3）：47-50.

［53］韩玉民.利用脱氧胶实技术进行大米保鲜度夏 [J].郑州粮食学院学报，1989，（3）：98-102.

［54］陆荣林，郁培坤.除氧剂与硅橡胶的联合作用进行高水分大米保鲜过夏试验 [J].粮油仓储科技通讯，1990，（3）：46-49.

［55］徐寿鸿，姚莲芳.除氧保鲜剂的研制与探讨 [J].粮食储藏，1991，（6）：33-35.

［56］陈兴国，路茜玉.糯米气调小包装保鲜研究 [J].郑州粮食学院学报，1991，（4）：1-14.

［57］侯永生.自制脱氧剂储藏大米 [J].粮油仓储科技通讯，1993，（2）：19-21.

［58］叶永谷.应用充气橡皮管改善仓储气密效果 [J].粮油仓储科技通讯，1993，（5）：13-14.

［59］陈世文.气调缺氧储粮 [J].粮油仓储科技通讯，1994，（1）：13-14.

［60］于健，唐舜功，杨金廷.砖筒仓充二氧化碳安全储麦技术研究 [J].粮食储藏，2001，（1）：27-28.

［61］邓永学，赵志模，李隆术.高浓度 CO_2 气调防治谷蠹及杂拟谷盗的研究 [J].粮食储藏，2002，（1）：3-6.

［62］徐玉斌，雷洪.CO_2 粮食储藏气调仓气密性计算的探讨 [J].粮食储藏，2002，（6）：42-45.

［63］许晓秋，王善学，李景庆，等.粮食保鲜袋技术述评 [J].粮食储藏，2002，（4）：25-29.

［64］涂杰，郭道林，兰盛斌，等.CO_2 气调储藏和常规储藏小麦品质比较 [J].粮食储藏，2004，（1）：41-43.

［65］刘作伟，郭道林，严晓平，等.CO_2 气调储藏防治储粮害虫的研究 [J].粮食储藏，2004，（2）：10-14.

［66］马仲萍，马洪林，何其乐，等.二氧化碳气调储粮技术在我库的应用情况概述 [J].粮食储藏，2006，（3）：13-16.

［67］杨昭，王双林，饶明泉，等.二氧化碳气调储粮的实仓试验研究 [J].粮食储藏，2006，（2）：20-23.

［68］邓兰卿，王兰花.浅谈气控储藏在储粮中的应用 [J].粮食流通技术，2006，（3）：20-23.

［69］王世清，姜文利，李凤梅，等.气调库与气调贮藏保鲜技术 [J].粮油加工，2008，（10）：124-127.

［70］刘倩，李喜宏，胡云峰，等.大帐常温自发气调大米保鲜技术的研究 [J].粮油加工，2008，（8）：78-81.

［71］郑理芳.在中央直属粮库应用充氮气调储粮新技术的探讨 [J].粮油仓储科技通讯，2009，（1）：53-56.

［72］邹伟，莫代亮，陈基彬，等.CZDM 膜制氮机组降氧工艺与氧气浓度变化规律研究 [J].粮食储藏，2009，38（1）：22-27.

［73］ 刘兴. 包装粮氮气气调储藏初探 [J]. 粮食流通技术，2009，（2）：25-26.

［74］ 饶如勇，杨健，庄泽敏，等. 华南地区浅圆仓玉米氮气气调储藏试验研究 [J]. 粮食储藏，2009，（5）：25-28.

［75］ 高素芬. 氮气气调储粮技术应用进展 [J]. 粮食储藏，2009，（4）：25-28.

［76］ 胡建初，白国强，李素娟，等. 不同胶管压条改善薄膜密闭粮仓气密效果比较 [J]. 粮食储藏，2010，（5）：20-21.

［77］ 翁胜通. 高温高湿地区浅圆仓大豆气调储藏技术初探 [J]. 粮食储藏，2010，（5）：26-28.

［78］ 张中，张成，杨成生，等. 浅圆仓环流充氮气调技术研究 [J]. 粮食储藏，2010，（6）：22-24.

［79］ 黄明远，黄昕，邹伟，等. PSA 变压吸附制氮系统实仓玉米富氮降氧工艺应用研究 [J]. 粮食储藏，2011，（2）：27-30.

［80］ 张来林，金文，付鹏程，等. 我国气调储粮技术的发展及应用 [J]. 粮食与饲料工业，2011，（9）：20-23.

［81］ 游海洋，孙肖冬，沈克峰，等. 氮气储粮技术在黄淮地区的应用 [J]. 粮食储藏，2011，（2）：24-26.

［82］ 徐明娟，文浩刚，贺德齐，等. 低氧富氮储藏技术在旧式仓房中的应用 [J]. 粮油仓储科技通讯，2011，（6）：18-20.

［83］ 司建中. 氮气气调储粮与二氧化碳储粮对比分析 [J]. 粮油仓储科技通讯，2011，（6）：40-42.

［84］ 刘德军. 华南地区高大平房仓玉米氮气气调储藏探讨 [J]. 粮油仓储科技通讯，2011，（5）：36-38.

［85］ 杨文生，张成，鲍凤军，等. 浅圆仓环流降氧工艺研究 [J]. 粮食流通技术，2011，（6）：26-28.

［86］ 袁小平，严忠军，付鹏程. 粮食气调储藏技术的优势及应用前景 [J]. 粮食储藏，2012，（5）：16-19.

［87］ 李云霄，陈宏斌. 富氮气调在储粮应用中的问题探讨 [J]. 粮食流通技术，2012，（5）：3-4，23.

［88］ 高兴明，彭明文. 平房仓晚籼稻谷充氮气调储藏试验 [J]. 粮食流通技术，2012，（3）：24-27，36.

［89］ 陈巧丽，韦允哲，陈全新. 充氮气调处理储粮局部初期发热 [J]. 粮食储藏，2012，（1）：30-33.

［90］ 张崇霞，王伟，李荣涛. 氮气气调对不同水分大豆储藏效果研究 [J]. 粮食储藏，2012，（1）：20-22.

［91］ 孙志威. 我国气调贮藏技术的研究现状及展望 [J]. 农产品加工（学刊），2012，（2）：97-99.

［92］ 王毅，冀圣江，孟彬，等. 中原地区玉米富氮低氧储藏试验 [J]. 粮油食品科技，2012，（2）：50-54.

［93］ 刘德军，刘志雄. 充氮气调压盖与不压盖控温效果探讨 [J]. 粮食流通技术，2012，（5）：20-23.

［94］ 李颖，覃新锋，李明革. 简易仓氮气气调储存小麦试验 [J]. 粮食储藏，2012，（1）：23-25.

［95］ 闻小龙，汪旭东，张晓培，等. 平房仓整仓充氮试验 [J]. 粮油仓储科技通讯，2012，（5）：16-17.

［96］ 罗景瑞，刘伟. 富氮低氧气调储粮膜下通风降温方法探索 [J]. 粮食储藏，2012，（3）：30-32.

［97］ 罗永昶，朱高举，陈平，等. 浅圆仓智能化充氮气调储粮技术应用 [J]. 粮油仓储科技通讯，2013，（4）：30-32.

［98］ 李涛，俞旭龙，吴献民，等. 富氮低氧"充环"气调储粮工艺的研发及应用试验 [J]. 河南工业大学学报（自然科学版），2013，（6）：91-95.

［99］ 侯少杰，盛德华，曹阳，等. 平房仓双向环流充氮气调储粮试验研究 [J]. 粮油食品科技，2013，（4）：107-110.

［100］ 庄泽敏，赵娟，李林杰，等. 浅圆仓氮气储粮不同充气工艺试验 [J]. 粮食储藏，2013，（3）：15-17.

［101］ 杨健，周浩，黎万武，等. 不同温度条件下氮气气调储粮对玉米脂肪酸值的影响 [J]. 粮食储藏，2013，（4）：22-26.

［102］汪中书，刘国军，吴弢，等.氮气气调与控温储粮试验 [J]. 粮食储藏，2013，（2）：5-7.

［103］余吉庆，周智华，李宗良，等.现代氮气气调控温储粮技术防治粮害虫试验 [J]. 粮油仓储科技通讯，2013，（6）：29-30.

［104］张来林，李庆光，季雪根，等.一种降低气调仓充氮费用的新工艺 [J]. 粮食与饲料工业，2014，（7）：14-16.

［105］张玲，肖开德，周智华，等.氮气气调控温储粮技术实仓试验 [J]. 粮油仓储科技通讯，2014，（1）：12-13.

［106］莫敏，王广，张晓培，等.绿色气调技术保管不同水分玉米对比试验 [J]. 粮油仓储科技通讯，2014，（1）：14-16.

［107］韩枫，孔志超，夏利泽，等.浅圆仓固定式膜分离充氮气调工艺探索 [J]. 粮油仓储科技通讯，2019，（4）：34-37.

［108］谢周德.间歇式充氮控温储粮技术实仓研究 [J]. 粮油仓储科技通讯，2019，（4）：38-39，45.

［109］陈燕.移动式智能充氮设备在包装粮的应用 [J]. 粮油仓储科技通讯，2019，（3）：12-14，16.

［110］刘旭光，朱华锦，洪文奎，等.二氧化碳气调储粮新工艺试验 [J]. 粮食储藏，2019，（3）：6-9.

［111］刘进吉，赵磊，叶海军，等.浅圆仓不同充氮工艺气调试验 [J]. 粮食储藏，2019，（6）：16-20.

［112］D.P. 洛克泰里，E. 多利欧，王慎宽.在减压条件下 CO_2 防治包装稻谷害虫的效果 [J]. 粮食储藏，1994，（Z1）：135-145.

［113］李前泰，宋永成，王新华，等.二氧化碳气调防治储粮害虫的研究（Ⅰ）[J]. 粮食储藏，1997，（5）：3-10.

［114］李前泰，宋永成，王新华，等.二氧化碳气调防治储粮害虫的研究（Ⅱ）[J]. 粮食储藏，1997，（6）：7-12.

［115］李前泰，宋永成，王新华，等.二氧化碳气调防治储粮害虫的研究（Ⅲ）[J]. 粮食储藏，1998，（1）：9-14.

［116］唐耿新，李寿辉，钟建国，等.叠氮气体防治储粮害虫的研究 [J]. 粮食储藏，1998，（3）：3-8.

［117］丁伟，赵志模，王进军.气调储藏及贮粮害虫的抗气性 [J]. 世界农业，1999，（5）：33-35.

［118］邓永学，赵志模，李隆术.高浓度 CO_2 气调防治谷蠹及杂拟谷盗的研究 [J]. 粮食储藏，2002，（1）：3-6.

［119］张建军，曲贵强，李燕羽，等.高纯氮气对储粮害虫致死效果的研究 [J]. 粮食储藏，2007，（5）：11-14.

［120］莫代亮，顾文毅，李克强，等.储藏玉米实仓低氧防治储粮害虫研究 [J]. 粮食储藏，2009，（3）：27-30.

［121］严晓平，宋永成，王强，等.一定条件下 96% 以上氮气控制主要储粮害虫试验 [J]. 粮食储藏，2010，（1）：3-5.

［122］黄祖亮，郑理芳，陈疆，等.氮气气调储粮效果与仓房气密性的关系研究 [J]. 粮食储藏，2010，（1）：35-37.

［123］莫敏，卢佐昌，王广，等.富氮低氧储粮防虫试验 [J]. 粮油仓储科技通讯，2010，（5）：32-34.

［124］杨健，吴芳，宋永成，等.30℃条件下不同氮气浓度对储粮害虫控制效果研究 [J]. 粮食储藏，2011，（6）：7-12.

［125］黄志宏，林春华，施国伟，等.高温高湿地区充氮气调杀虫效果试验 [J]. 粮食储藏，2011，（6）：15-17.

[126] 丁常依，韦允哲，吴卫平，等．富氮低氧储存偏高水分玉米安全度夏试验[J]．粮食储藏，2011，（6）：23-27．

[127] 韦允哲，陈全新，焦林海．罩棚仓临时堆包粮充氮杀虫试验[J]．粮食储藏，2012，（2）：21-25．

[128] 韦允哲，焦林海，陈全新，等．气囊式充氮与熏蒸防治害虫效果对比试验[J]．粮油仓储科技通讯，2012，（4）：25-28．

[129] 劳传忠，曾伶，郭超．两种低氧条件对赤拟谷盗不同虫态的抑制作用[J]．粮食储藏，2012，（4）：27-29．

[130] 杜斌，李国良，季雪根，等．高大平房仓整仓富氮低氧气调防治储粮害虫研究[J]．粮食储藏，2013，（2）：8-12．

[131] 孟现涛，张学东，王文成，等．高大平房仓氮气储粮杀虫生产性试验[J]．粮油仓储科技通讯，2014，（5）：33-37．

[132] 张晓培，唐瑜．氮气气调技术对三种新粮杀虫效果比较[J]．粮油仓储科技通讯，2014，（4）：38-40．

[133] 钟建军，张维恒，薛兵，等．浅圆仓气调作用效果研究[J]．粮油仓储科技通讯，2015，（2）：38-41．

[134] 刘兴，吴小良，祁鸣，等．老仓房粮堆气密性改良与杀虫效果[J]．粮油仓储科技通讯，2015，（6）：26-29．

[135] 卢佐昌，荣华生，吕旭，等．充氮气调防治储粮害虫试验[J]．粮油仓储科技通讯，2016，（4）：39-40，43．

[136] 金鑫，钟新光．无气囊整仓充氮气调杀虫试验[J]．粮油仓储科技通讯，2019，（3）：30-32．

[137] 韦允哲，焦林海．富氮低氧气囊微正压保持技术杀虫原理及操作要点[J]．粮食储藏，2019，（3）：27-31．

[138] 柳虎，王慧芳，窦涛，等．氮气与磷化氢联合熏蒸对粉食性储粮害虫杀虫效果研究[J]．粮食储藏，2019，（2）：34-40．

[139] 李丹青，李明成，欧旺生，等．高大平房仓氮气气调防治试验[J]．粮油仓储科技通讯，2019，（6）：35-38．

[140] 路茜玉，甘智林．气调贮藏中米的质构及流变学的研究[J]．中国粮油学报，1987，（1）：49-62．

[141] 高权河，吕季璋．不同气调储藏方式对大米品质的影响研究[J]．郑州粮食学院学报，1993，（2）：86-92．

[142] 高影，杨建新，邬建纯，等．不同水分、温度条件下 CO_2 浓度对大米品质的影响[J]．粮食储藏，1997，（1）：3-14．

[143] 涂杰，兰盛斌，高影，等．CO_2 气调储藏和常规储藏籼稻谷品质比较[J]．粮食储藏，2003，（6）：31-33．

[144] 涂杰，郭道林，兰盛斌，等．CO_2 气调储藏稻谷启封后品质变化的研究[J]．粮食储藏，2004，（3）：43-45，56．

[145] 高影，杨建新，刘汝智，等．CO_2 气调储粮启封后品质变化的原因及控制方法[J]．粮食储藏，2004，（2）：38-40．

[146] 于莉，陈丽，张建新，等．不同气调储藏方式下大米陈化过程中的品质变化[J]．粮油加工，2007，（8）：96-98．

[147] 霍雨霞，李喜宏，张兴亮，等．不同气调储存条件对大米脂类变化的影响[J]．粮油加工，2009，（10）：97-100．

［148］李岩峰，肖建文，张来林，等.充氮气调对稻谷品质的影响研究 [J].粮食加工，2010，（1）：46-48.

［149］金文，肖建文，张来林，等.充氮气调对大豆品质的影响研究 [J].河南工业大学学报（自然科学版），2010，（1）：71-73.

［150］肖建文，张来林，金文，等.充氮气调对玉米品质的影响研究 [J].河南工业大学学报（自然科学版），2010，（4）：57-60.

［151］张来林，桑青波，傅元海，等.充氮气调对高粱储藏品质的影响 [J].河南工业大学学报（自然科学版），2011，（6）：18-23.

［152］张来林，薛丽丽，杨文超，等.充氮气调对花生制油品质的影响研究 [J].中国油脂，2012，（6）：50-53.

［153］钱志海，陈超胜，李颖.富氮低氧条件对粮食储存品质影响调查分析 [J].粮食储藏，2012，（4）：24-26.

［154］张来林，薛丽丽，杨文超，等.充氮气调对花生仁储藏品质影响的研究 [J].河南工业大学学报（自然科学版），2012，（1）：27-30.

［155］王素雅，刘锦，袁建.大豆充氮储藏中油脂品质变化研究 [J].河南工业大学学报（自然科学版），2013，（1）：91-95，102.

［156］张玉荣，马记红，周显青，等.充二氧化碳气调解除后大米储藏品质变化研究 [J].河南工业大学学报（自然科学版），2013，（2）：29-33.

［157］张玉荣，马记红，伦利芳，等.真空包装解封后大米储藏品质变化研究 [J].粮油食品科技，2013，（6）：111-115.

［158］杨慧萍，陈琴，扈战强，等.气调储藏粳稻谷对其共发芽糙米 γ-氨基丁酸含量的影响 [J].粮食储藏，2014，（2）：39-43.

［159］付家榕，袁健.充氮储藏对大豆老化劣变影响的研究 [J].粮食储藏，2014，（1）：40-44.

［160］焦义文，李庆光，陈娟，等.充氮气调对小麦储藏品质的影响研究 [J].河南工业大学学报（自然科学版），2014，（5）：97-100.

［161］李颖，李岩峰.不同温度下充氮气调对稻谷理化特性的影响研究 [J].粮食储藏，2014，（9）：26-30.

［162］朱庆贺，张来林，王书礼，等.气调储藏对芝麻生理品质影响的研究 [J].河南工业大学学报（自然科学版），2015，（1）：67-71.

［163］张玉荣，刘敬婉，周显青，等.CO_2气调解除后大米蒸煮特性、质构特性及食味品质的变化研究 [J].粮食与饲料工业，2015，（9）：12-16.

［164］郑秉照.充氮控温气调储粮技术对储粮品质的影响 [J].粮油仓储科技通讯，2016，（3）：45-48.

［165］李浩杰，蒋天科，盛强，等.不同温度条件下氮气气调储粮对稻谷品尝评分值的影响 [J].粮油仓储科技通讯，2016，（2）：50-54.

［166］杨健，蒋天科，乐大强，等.不同温度条件下氮气气调储粮对玉米品尝评分值的影响 [J].粮油仓储科技通讯，2016，（3）：36-39.

［167］张玉荣，马纪红，伦利芳，等.真空包装解封后大米储藏品质变化研究 [J].粮油食品科技，2013，（6）：111-115.

［168］谢雅茜，方智毅，郭培俊，等.不同包装材料和真空度对真空包装大米脂肪酸值的影响 [J].粮食储藏，2016，（2）：31-34.

[169] 金建德，沈波，刘益云，等 . 膜分离富氮低氧环流技术在横向通风系统中的应用试验 [J]. 粮油仓储科技通讯，2016，（1）：19-21.

[170] 毕文雅 . 气调结合低温、准低温储藏对偏高水分优质稻品质的影响研究 [J]. 粮食储藏，2019，（5）：11-12.

[171] 尹绍东，张来林，毕文雅，等 . 充氮气调启封后对粳糙米品质的影响 [J]. 粮食加工，2016，（1）：20-23.

[172] 王若兰，赵海波 . 燕麦气调储藏品质变化规律的研究 [J]. 河南工业大学学报（自然科学版），2016，（2）：1-5.

[173] 王玉生，李浩杰，王法林，等 . 氮气气调对玉米品质影响研究 [J]. 粮油仓储科技通讯，2017，（2）：47-50.

[174] 韦文生 . 不同氮气浓度对储粮品质影响的试验 [J]. 粮油仓储科技通讯，2017，（2）：45-46

[175] 罗建伟，李荣涛，陈兰，等 . CO_2 气调储粮技术对粮食真菌的抑制效果研究 [J]. 粮食储藏，2003，（6）：34-41.

[176] 王若兰，孔祥刚，赵妍，等 . 气调储藏条件下糙米中微生物变化规律研究 [C]// 智能信息技术应用学会会议论文集 . 上海：智能信息技术应用学会，2011.

[177] 蔡静平，王智，黄淑霞 . 储粮中 CO_2 气体的扩散特性及霉菌活动监测研究 [J]. 河南工业大学学报（自然科学版），2012，（3）：1-4，9.

[178] 吴卫平，罗火林，乐炳红，等 . 富氮低氧储存玉米保质抑霉试验 [J]. 粮食储藏，2013，（3）：8-14.

[179] 卢佐昌，吕旭，邓莹莹 . 富氮低氧储粮技术在旧仓房中的应用 [J]. 粮油仓储科技通讯，2018，（1）：31-32，36.

[180] 赵增华，龙津良，赵思孟，等 . 立筒仓新型气密材料及气密技术的研究 [J]. 粮食储藏，2000，（6）：25-29.

[181] 张来林，赵英杰，狄彦芳，等 . 粮食仓房气密性测试与 CM 系列仓用密封门窗应用报告 [J]. 粮食储藏，2000，（6）：18-24.

[182] 韩德生，郑超杰，周晓军，等 . 浅圆仓密闭处理及气密性测定 [J]. 粮油仓储科技通讯，2001，（2）：8-10.

[183] 舒在习 . 论仓房气密性对储粮安全的影响 [J]. 粮食流通技术，2001，（5）：33-34，42.

[184] 赵英杰，张来林，孙志东，等 . 对粮仓气密性标准的看法 [J]. 粮食储藏，2001，（6）：37-38.

[185] 王蓉，李军五 . 粮食仓房气密性及气密性检测 [J]. 粮食流通技术，2003，（1）：14-15.

[186] 李敏，申丽荣，董学军，等 . 不同仓型浅圆仓气密性差异初探 [J]. 粮食流通技术，2005，（4）：21-22，33.

[187] 张中，张成，白雪松，等 . 浅圆仓气密性检测与处理措施 [J]. 粮油仓储科技通讯，2010，（6）：39-40.

[188] 黄祖亮，郑理芳，陈疆，等 . 氮气气调储粮效果与仓房气密性的关系研究 [J]. 粮食储藏，2010，（1）：35-37.

[189] 孙相荣，杨健，黎万武，等 . 氮气进气量对粮堆中氮气浓度的影响 [J]. 粮食储藏，2012，（3）：18-20.

[190] 陈旭，张峻岭 . 粮仓气密性检测对储粮安全的重要性分析 [J]. 粮油仓储科技通讯，2017，（6）：30-33.

[191] 王若兰，肖蕾，李换，等 . 小麦气调储藏环境中氮气传递规律的研究 [J]. 现代食品科技，2017，（4）：154-159.

[192] 张来林，李超彬，赵英杰 . 浅谈粮仓的气密测试与气密改造 [C]// 中国粮油学会第二届学术年会论文选集（储藏分卷）. 北京：中国粮油学会，2002.

［193］ 张来林，李超彬，赵英杰 . 粮仓的气密性测试与气密改造 [J]. 粮食储藏，2003，（4）：15–18.

［194］ 张来林，吴红岩，赵英杰，等 . 拱板仓拱板伸缩缝的气密处理 [J]. 粮食流通技术，2003，（6）：19–20，28.

［195］ 张来林，赵英杰，乔建军，等 . 拱板仓气密技术研究 [J]. 粮食储藏，2003，（6）：15–17.

［196］ 黄曼，王学涛，王新 . 立筒仓气密性改造的应用技术 [J]. 粮食流通技术，2004，（1）：16–18.

［197］ 蒋金安 . 高大平房仓的气密性改造 [J]. 粮食科技与经济，2004，（5）：37–45.

［198］ 娄辉，吴红岩，申俊豪 . 粮仓气密技术处理材料与方法 [J]. 粮食流通技术，2005，（6）：25–26.

［199］ 刘洪雁，邹伟，莫代亮，等 . 高大平房仓仓体和粮面密封处理对自然降氧影响 [J]. 粮油食品科技，2008，（3）：20–23.

［200］ 张来林，罗飞天，李岩峰，等 . 浅谈气调仓房的气密性及处理措施 [J]. 粮食与饲料工业，2011，（4）：14–18.

［201］ 杨海涛，张来林，王丹，等 . 粮食仓房的气密测试及气密改造探讨 [J]. 粮食储藏，2013，（6）：52–54.

［202］ 任炳华，卢志柏，贺克军，等 . 仓房气密性改造与充氮对比试验 [J]. 粮食储藏，2014，（6）：27–29.

［203］ 蔡学军，吴军里，徐瑞财，等 . 软基地坪粮仓气密性改造 [J]. 粮食储藏，2015，（5）：15–17.

［204］ 余波，何兴华，方中矢，等 . 气调储粮前期仓房气密性整改工作 [J]. 粮油仓储科技通讯，2016，（6）：13–15.

［205］ 陶金亚，张来林，黄浙文，等 . 粮食仓房的气密性分析 [J]. 现代食品，2016，（16）：26–30.

［206］ 陈英明，沈银飞，王华东，等 . 平房仓气密性改造应用研究应用 [J]. 粮食储藏，2017，（5）：24–26.

［207］ 严辉文，刘潜，李林杰，等 . 氮气气调储油实罐试验 [J]. 粮食储藏，2017，（1）：25–27.

［208］ 叶真洪，夏露，付鹏程，等 . 平房仓气密性工程化改造试验 [J]. 粮食储藏，2019，（4）：1–3.

［209］ 刘旭光，叶真洪，付慧坛，等 . 平房仓气密改造新材料新工艺试验 [J]. 粮食储藏，2019，（6）：1–3，10.

［210］ 李松伟，刘进吉，叶海军，等 . 影响浅圆仓气密性的主要因素和处理措施 [J]. 粮食储藏，2019，（5）：13–16.

［211］ 纪智超 . 充氮气调仓房的气密性改造试验 [J]. 粮油仓储科技通讯，2019，（6）：10–12.

［212］ 广东省粮食局工业保管处，广州市粮食局储运管理处，广东省粮食局科学研究所 . 关于贮粮缺氧及防护的研究 [J]. 四川粮油科技,1977（Z1）:36–40.

［213］ 张涛，曹阳，赵会义 . 缺氧对粮库进仓人员危害的探讨 [J]. 粮油食品科技，2014，（1）：130–132.

［214］ 闻小龙，张来林，汪旭东，等 . 智能气调和智能通风系统应用试验 [J]. 粮食流通技术，2012，（5）：32–35.

［215］ 常亚飞，孙俊，陈彩根 . 低氧富氮结合脱氧剂储粮技术探索 [J]. 粮食流通技术，2014，（4）：27–29.

［216］ 黄浙文，陈明明，吴俊友 . 两种充氮工艺对玉米储藏效果的影响 [J]. 粮油仓储科技通讯，2014，（5）：47–50.

［217］ 陈燕 . 脱氧保鲜剂储粮应用探讨 [J]. 粮食储藏，2014，（5）：54–56.

［218］ 庄进荣，叶向荣 . 高温高湿地区氮气储粮技术应用试验 [J]. 粮油仓储科技通讯，2014，（3）：18–21.

［219］ 李在刚，温生山，李伟，等 . 华北地区玉米氮气气调智能控制应用试验 [J]. 粮食储藏，2014，（3）：23–27.

［220］ 付家榕，袁健 . 充氮储藏对大豆老化劣变影响的研究 [J]. 粮食储藏，2014，（1）：40–44.

[221] 王若兰，曹志帅，汤明远，等．玉米储藏微环境中氮气扩散规律研究[J]．粮食与油脂，2014，（2）：45-50．

[222] 王若兰，汤明远，田书普．稻谷储藏微环境中氮气扩散规律研究[J]．粮食与油脂，2014，（4）：52-56．

[223] 许海峰，陈孝棣，叶遵义．浅圆仓氮气气调储藏试验[J]．粮油仓储科技通讯，2015，31（5）：8-10．

[224] 李宝升，李岩峰，凌才青，等．气调储粮技术的发展与应用研究[J]．粮食加工，2015，（5）：71-74，77．

[225] 李丹丹，李浩杰，张志雄，等．我国氮气气调储粮研发和推广应用进展[J]．粮油仓储科技通讯，2015，（5）：37-41．

[226] 张世杰，许启铿，王录民，等．氮气储粮平房仓全过程沉降监测[J]．现代食品，2015，（14）：61-64．

[227] 张艳涛，任丽君，张峰．绿色充氮气调储藏应用成效的分析[J]．粮油仓储科技通讯，2015，（5）：33-36．

[228] 彭明文．鄂中地区平房仓稻谷氮气气调储藏应用研究[J]．粮油仓储科技通讯，2015，（3）：17-21．

[229] 张海涛，张嵛，汪福友，等．氮气气调储粮技术应用[J]．粮油仓储科技通讯，2015，（6）：12-14．

[230] 张来林，高杏生，褚金林，等．高大平房仓空调控温技术合理使用方式探索[J]．粮食加工，2015，（4）：76-77．

[231] 冷本好，王飞，李孟泽，等．高大平房仓富氮低氧气调储粮生产试验[J]．粮油仓储科技通讯，2015，（3）：34-37．

[232] 余建国，何旭其，常亚飞．旧仓房富氮低氧储粮技术实践与应用[J]．粮油仓储科技通讯，2015，（4）：38-39．

[233] 张坚，陆耕林，闵炎芳，等．立筒仓氮气储粮技术应用试验[J]．粮食储藏，2015，（2）：11-14．

[234] 邱华禹，王远成，高帅，等．横向通风系统充氮气调的数值模拟与现场试验对比[J]．粮食储藏，2015，（6）：22-26．

[235] 邱化禹，赵会义，石天玉，等．横向充氮气调工艺数值模拟研究及评价[J]．粮油食品科技，2015，（Z1）：20-23．

[236] 武传欣，王远成，邱华禹，等．基于CFD方法的充氮气调工艺优化设计及分析[J]．粮食储藏，2016，（5）：23-27．

[237] 洪小琴．上海地区应用充氮气调储粮技术分析报告[J]．粮食储藏，2016，（3）：4-7．

[238] 金建德，沈波，刘益云，等．膜分离富氮低氧环流技术在横向通风系统中的应用试验[J]．粮油仓储科技通讯，2016，（1）：19-21．

[239] 仇灵光，季雪根，何力，等．富氮低氧气调储粮充气工艺研究[J]．粮油仓储科技通讯，2016，（6）：32-35．

[240] 常亚飞，万小进，孙俊，等．低氧富氮结合硅藻土储粮技术探索[J]．粮油仓储科技通讯，2016，（6）：36-37．

[241] 郑秉照．富氮低氧气调储粮技术的应用[J]．粮油仓储科技通讯，2016，（5）：35-38．

[242] 肖建文，何文扬，金帅坤．铁系脱氧剂在包装小麦储存中的应用研究[J]．粮油仓储科技通讯，2017，（6）：23-26．

[243] 董晓欢，黄俊熹，彭朝兴．浅圆仓膜下氮气气调膜上控温储粮试验[J]．粮食储藏，2017，（4）：32-35，39．

［244］张飞豪，孙沛灵，徐灵中，等. PSA 横向充氮气调实仓应用试验 [J]. 粮油仓储科技通讯，2017，（6）：34-37.

［245］牟敏，殷建竣，郭新立，等. 氮气储粮与稻壳压盖控温储粮技术应用对比 [J]. 粮油仓储科技通讯，2017，（2）：27-29.

［246］韩晓敏，吕扬扬. 富氮低氧储存大米安全度夏试验 [J]. 粮油仓储科技通讯，2017，（5）：37-38.

［247］崔栋义，王剑，肖楠. 氮气气调智能化测控系统设计、编程与实施 [J]. 粮油仓储科技通讯，2017，（6）：40-42.

［248］林海红，郑雄友，韩枫，等. 浅圆仓充氮气调技术实仓应用探究 [J]. 粮食储藏，2017，（2）：15-20.

［249］金建德，沈波，刘益云，等. 智能型膜分离制氮机横向充氮气调储粮实仓应用研究 [J]. 粮油仓储科技通讯，2018，（3）：16-20.

［250］赵子龙，罗施福，张云涛，等. 软土地区高大平房仓整仓氮气气调储粮效果评价 [J]. 粮油仓储科技通讯，2018，（5）：34-36.

［251］王西林，施怡良，钟武毅，等. 高大平房仓膜下充氮气调与膜上空调控温储粮实仓应用 [J]. 粮油仓储科技通讯，2018，（5）：37-41.

第十二章 粮情检测与信息化研究

第一节 粮情检测监控监管研究

在我国，粮情检测监控研究在20世纪70年代开始受到重视，对粮情的检测最早主要采用手持式热电偶测温器进行。到90年代末，随着粮情检测技术的快速发展，开始使用计算机进行检测粮温。近几年来，经过专家学者对粮堆多场耦合理论和储粮生态学的研究，粮情检测技术已经从运用数学分析方法、计算机技术、自动控制与检测技术，发展到智能粮情云图分析软件系统和粮情测控系统。这些智能系统，可以对粮情进行自动分析，对储粮品质进行自动分析和防控。有关研究报道较多。

四川省丰都县（现重庆市丰都县）飞龙区粮站1972年报道了金属遥测、半导体点温度仪的应用。四川省芦山县思延粮库1972年报道了试用热电偶测温器进行仓外测温的应用。成都市国营七一五厂、成都市粮油管理局1973年报道了运用热敏电阻进行仓外多点遥测粮温的试验。阳宏1974年报道了ZLB-600型粮温自动测量仪及其使用情况。江西省景德镇市粮食局储运加工站1974年报道了粮食温度水分遥测器的应用。湖北黄梅县小池镇粮油储运站1975年报道了JS-1程序控制粮温遥测机的应用。江苏邗江县粮食局科研组等1976年报道了SLX-Ⅰ型数字式粮食温度巡回遥测仪的应用。河南省郸城县粮食局科研组1977年报道了粮食遥控自动三测仪简介。苏景和1982年报道了热敏电阻的应用。上海医用仪表厂1983年报道了自动测温、测湿技术在粮食生产中的应用。路洋1983年报道了SWJ-81型袖珍式数字温度仪的应用。浙江省粮仓电子技术应用研制组1984年报道了CXLT-1数字式粮温巡测仪的研制情况。李春杰等1984年报道了地下仓储粮测温装置研制报告。樊家祺1984年报道了BL型袖珍数字测温仪的应用。王际胜1986年报道了数字式热电偶粮食测温装置试验报告。王亚南1986年报道了一种新型粮仓矩阵测温布线的方法。张永生等1986年报道了轻型测温电缆的结构设计原理。黑龙江省粮油储运公司1986年报道了数字式热电偶粮仓测温装置试验报告。黄代制等1987年报道了对当前粮仓电子测温敏感元件的探讨。姜吉林1988年报道了GJ87型干簧继电器矩阵布线测温装置的方法。钱火生1988年报道了单板计算机在粮食温度检测中的应用。史洪义等1988年报道了用PC-1500微机检测粮食温湿度和水分的方法。孙长增1989年报道了应用微机程控巡测粮温和水分的方法。张永生等1989年报道了微型计算机粮情管理系统的应用。邓发临等1989 年报道了对CWJ型矩阵布线测温的实验探索。蔡红深1990年报道了用热敏电阻作传感头制作干湿计的方法。李俊录等1992年报道了微机多点测温系统的应用研究。安运富等1993年报道了PN-4H型粮仓温湿度微机测控系统试验。范景臣等1993年报道了微机仓储管理系统的设计和应用。仇国斌1993年报道了计算机在地下仓粮温检测中的应用。蒋洪清等1993年报道了单片微机在粮库温湿度测量和通风中的应用。黄素兰1993年报道了PN结测温应用技术研究。赵月仿等1995年报道了粮仓微机检测系统的研究与应用。云昌杰等1995年报道了计算机在粮库中的应用现状与展望。田勇利等1996年报道了粮食仓库计算机测温中的通信技术。罗晓慧等1996年报道了一种分布式粮仓温度湿度检测系统。安运富等1997年报道了PN-4H2型温湿度微机测控系统试验。齐建伟等1998年报道了CWS-I型微机粮情检测及管理系统测试。张胜全1998年报道了用热敏电阻作传感器的粮温采集系统的一种新颖设计方案。张胜全1998年报道了可用于粮温检测的新型单线数字温度传感器。

郭计文2000年报道了适用于粮仓测温的数字集成温度传感器的应用。寇新莲等2000年报道了粮情测量控制系统的选择安装及使用。齐志高等2000年报道了可编程控制器（PLC）技术在散粮储运自动化中的应用。万华平等2000年报道了粮情测量控制系统选择安装使用管理的要点。郭红等2001年报道了如何提高LYLDC-1A粮情测控系统的数据采集与传输性能。赫振方2001年报道了粮情测控系统在粮食储藏中的应用。李宏伟等2001年报道了矩阵布线在高大平房仓应用中存在的问题。张晶2001年报道了数据仓库技术在粮食系统中的应用。王效国等2001年报道了粮情测控系统在高大房式仓应用中的几点改进意见。雍治东等2001年报道了粮情测控系统在粮仓中的应用。石林2001年报道了如何选购粮情检测分析控制系统的方法。王立春2001年报道了粮情测控系统验收的要点。李宏伟等2001年报道了矩阵布线在高大平房仓应用中存在的问题。张胜全等2002年报道了粮库温度集中监测系统的新技术。姚渭等2002年报道了储粮害虫数量传感机理与技术体系。赵玉霞2002年报道了粮食储藏中粮堆温度与大气温度的关系。汪建等2002年报道了21世纪粮情测控系统的研究与实现。范向东等2002年报道了浅圆仓测温电缆孔密闭的新方法。尹在宁等2003年报道了粮情测控系统在使用过程中存在的问题及其分析。张怀君等2003年报道了粮情测控系统在粮仓管理中的应用。岑琼等2003年报道了数字温度传感器在储粮中的应用。郑理芳2004年报道了粮虫陷阱检测器在粮库中应用的初步研究。徐军玲2004年报道了计算机粮情测控系统在使用中易出现的问题及解决办法。吴迪等2004年报道了粮情电子测控系统的使用现状与展望。乔龙超2004年报道了CANGDS粮情测控系统的故障与维护。顾伟等2004年报道了远红外数据传输粮情检测系统的应用。唐发明等2005年报道了OpenGL在粮仓温度场可视化中的应用。谭璐2005年报道了基于Java技术的粮库湿度控制解决方案。黎洪真等2005年报道了ZH128型粮情检测控制系统的应用和维护。徐广文等2005年报道了粮仓温度检测无线传输系统的研究。许振伟2006年报道了数据融合技术在粮情自动检测系统中的应用研究。雷丛林2006年报道了粮情检测系统打印格式及数据处理研究。王艳萍2006年报道了H.264压缩算法在粮仓储粮远程视频监控系统中的应用。许德存2006年报道了粮情检测无线传输系统的研究与应用。李天地等2006年报道了DLC–Ⅱ型粮情测控系统的常见故障及处理措施。徐碧2006年报道了全数字式粮情测控系统的应用。江燮云2006年报道了粮情检查的内容与程序。何强等2006年报道了MCGS组态软件在粮情监控系统的应用。乔龙超2006年分别报道了计算机电子测温系统防雷的保护措施；CANGDS粮情测控系统控制电源的改进。和国文等2006年报道了数字式及模拟式粮情检测运用试验。梁勇2007年报道了粮仓中使用的各种温度传感器的分析与比较。何强等2007年报道了数字式粮情测控系统在粮库中的应用。李俊林等2007年报道了微波检测储粮水分技术的研究。闫艳霞等2007年报道了粮仓温度场数学模型研究。刘亚卓等2007年报道了微波辐射计测粮仓粮食温度的研究。刘宇静2008年报道了基于无线传感器网络的智能粮仓监控系统。陈得民等2008年报道了粮库PWSN部署中NP–Hard问题的研究。李兴奎等2008年报道了用食物中有效化学成分监控储粮害虫技术。朴相范等2008年报道了便携式智能粮食温度检测系统研究。陈得民等2008年报道了粮库专用压力传感器的研制。曾颖峰等2008年报道了基于RS–485总线粮温监测系统应用。孙会峰等2008年报道了基于XML的粮食储备库异构信息集成平台设计。钟朱彬2008年报道了数字式粮情测控系统的应用和维护技术。甄彤等2008年报道了多传感器信息融合技术在粮情测控中的应用。汪福友2008年报道了LYLJ型粮情测控系统的常见故障检修及应用体会。张从宇等2008年报道了新型无线手持检测系统在粮库中的应用。王军等2008年报道了低辐射全无线技术在粮情监控中的应用。徐振方等2009年报道了基于"一线总线"的粮库温湿度监测系统。孔李军等2009年报道了基于RBF神经网络的多传感器信息融合技术在粮情测控系统的应用。乔龙超2009年报道了新型GSM系列粮情测控系统的运用。鞠兴荣等2009年报道了粮食安全控制体系的建立。马志等2009年报道了基于BP神经网络和D–S证据理论的粮情评价研究。何联平等2009年报道了无线粮情测控系统在粮库的应用。

许明辉等2010年报道了GV2008型粮情测控系统的应用与维护。周显青等2010年报道了电子鼻用于粮食储藏的研究进展。陈宝均等2010年报道了太阳能供电的粮库无线温湿度监控系统应用。王朋涛等2010年报道了粮库储粮在空洞检测过程中的证据和冲突研究。蒋玉英等2010年报道了电磁波在粮仓储粮中传播衰减特性的研究。王婧等2010年报道了混合粒子群算法在储粮环境中的应用。张兴红等2010年报道了基于DES和MD5算法的安全注册系统。张振声等2011年报道了远程粮情无线监控系统应用报告。王永强2011年报道了工业电视监控系统在散粮系统生产中的应用。程万红2011年报道了粮情检测系统雷击故障分析及防雷技术应用。王刚等2012年报道了基于GPRS网络的粮食温度检测系统设计。朱铁军等2012年报道了近红外光谱技术在粮食检测中的应用进展。张志明等2012年报道了物联网粮情测控系统在粮食仓储管理中的应用。许明辉等2012年报道了高大平房仓粮情测控系统的防雷措施及设计方案分析。苏州2012年报道了基于嵌入式Linux-ARM的储粮监测技术的研究。甄彤等2012年分别报道了基于声音的储粮害虫检测系统设计；粒子群算法求解粮堆温度模型参数优化问题。戚长胜等2012年报道了太阳能无线数字式粮情测控系统的技术应用。罗源等2013年报道了双频段无线传感网络粮情测控系统研究。王彩红等2013年报道了无线粮情检测与管理系统设计。王艺锦等2013年报道了基于电磁波层析成像的粮仓储粮水分检测方法的研究。戴明等2013年报道了视频合成技术粮食存储无线监控系统设计。刘志祥2013年报道了我国粮情测控系统的现状及展望。张伟2014年报道了粮食筒仓斗提机测温系统的研究与应用。张学娣等2014年报道了新技术在粮食检测中的应用。甄彤等2014年报道了WebGL技术在粮温监控中的应用。尹君等2014年报道了基于温湿度场耦合的粮堆离散测点温度场重现分析。刘志祥2014年报道了多点粮情测温仪表的设计。刘鲁光等2014年报道了远程粮情暨空仓预警系统的应用与维护研究。王晶磊2015年报道了粮情测控远程监管平台使用效果及情况分析。陈赛赛等2015年分别报道了粮食智能出入库系统实现与应用；粮库视频监控系统应用与思考。张志明等2015年报道了数字化技术在粮食熏蒸磷化氢浓度远程检测中的应用。严梅2015年报道了粮情测控远程监管系统在仓储管理中的应用。姜辉等2015年报道了基于ARM/ZigBee的远程粮情监控系统的研究与设计。戴诚等2016年报道了一种有效监管粮食进出库的方法。胡荣辉等2016年报道了大数据在粮库粮情预测中的应用。张银花等2016年报道了基于云遗传RBF神经网络的储粮温度预测研究。金路等2017年报道了多参数粮情在线检测系统的研究和应用。付鹏程等2017年报道了粮情分析系统开发及应用实践（一）。曹志帅等2017年报道了粮情分析系统开发及应用实践（二）。王大童等2017年报道了手持式粮情数据采集表的设计。吴兰等2017年报道了储粮异常评测方法探析。廉飞宇等2018年报道了粮虫在线检测图像的Daubechies小波压缩算法。马彬等2018年报道了储粮害虫在线监测技术的研究进展。鲍舒恬2018年报道了基于物联网和云平台技术的超低功耗多功能无线粮情测控系统设计试验。魏金文等

2018年报道了自适应高效粮情测控板的设计与实现。沈银飞等2018年报道了多参数粮情检测系统实仓应用与研究。卢献礼等2018年报道了关于粮情测控系统使用情况的调研报告。黄曦东等2019年报道了远程无线粮情监测云平台的设计与应用。王涛等2019年报道了粮仓光纤温湿度监测技术研究。

20世纪七八十年代，一些单位和科研人员针对探测储粮害虫仪器的制作和试验作了一些探索。如上海市第十粮食仓库1974年报道了晶体管微音粮食害虫探测仪（TWI）的制作和试验过程，证明试验达到了预定的目的和性能要求。该库1975年还报道了晶体管粮食害虫探测仪（晶体管粮食害虫探测仪）的实验与制作报告。许景伍等1981年报道了改制的轻便电动吸粉螨器试验。

第二节　粮油品质检测技术与方法研究

保持粮食在储藏过程中的品质是整个储藏环节的目标。因此在储藏过程中，粮食品质的检测与控制尤为重要。在储藏过程中须对相关品质指标进行重点检测，比如脂肪酸值、水分、稻谷黄粒米、霉变粒等。检测方法主要涉及感官检测技术、气相或液相色谱技术、酸碱滴定技术等。

近40多年，粮食储藏专家学者为制订或修订粮油国家标准、部级标准做了大量研究工作，更多的科研人员在粮油品质的检测技术和试验方法上做了大量的研究工作，发表了几百份研究报告。下面依年代择其要者予以介绍。

吴汉芹 1959年报道了稻米品质的几种简易测定方法。杨浩然1959年报道了用碘量法测定谷物中的还原糖与非还原糖的测定方法。刘洪英 1960年报道了粮食油料中结合态与游离态脂肪及其含量的测定方法。河北省粮食厅1966年报道了油脂感官鉴定技术。顾士祥 1966年报道了快速测定含油量的试验。江苏省无线电科学研究所 1967年报道了面粉白度计。

天津市商检局（进出口商品检验局） 1976年报道了蛋白质快速测定法（5分钟缩二脲方法）。广西壮族自治区三江县粮食局1976年报道了蛋白质快速测定法。上海市粮食储运公司1977年报道了大米黏度方法的试验。孟庆生等 1978年分别报道了用"蒽酮分光光度法"测定稻谷中淀粉的试验；用气相色谱法测定稻谷中游离脂肪酸的试验。四川省万县地区（现重庆市万州区，下同）粮食局炼油厂化验室1978年报道了改进脂肪抽提器及抽提方法的初步试验。北京市粮食科学研究所生化组1978年报道了测定条件对粮食脂肪酸含量测定结果的影响。胡文清1979年报道了稻谷甲脂值的测定方法。李志高报道了关于面粉中磁性金属含量测定方法。湖北省公安县粮食局1979年报道了"浮谷定糙"方法介绍。

彭以成 1980年报道了大米留皮次甲基兰、甲基红染色法。李志高1980年报道了检验面粉中泥砂含量的一种方法介绍。孟庆生等1980年报道了淀粉成分与粮食品质及其测定方法。凌家煜等1980年报道了粮食中挥发性羰基化合物(VCC)的组成分析与含量测定。朱承相等1980年报道了糖化力及其测定。黄思棣等 1980年报道了谷物中蛋白质的快速消化法试验。乐也国 1980年报道了关于油脂碘值测定中韦氏碘液配制的方法。湖北省粮食厅科技处1980年报道了"浮谷定糙"法及其计算盘介绍。钟丽玉1981年报道了米面食品中生熟度的鉴别方法。李未明1981年报道了粗脂肪的几种测定方法对比试验。朱雪瑜等1981年报道了大米黏度与碘兰值相关性的研究。杜颖等1981年报道了折光指数法测定亚麻油碘价方法。陈家驹1982年报道了对"浮谷定糙"法的几点不同意见。刘瑞征等1982年报道了粮食蛋白质的电泳分析Ⅰ.电泳技术在粮食科学中的应用。杨伟雄等1982年报道了DBL法测定谷物和饲料中赖氨酸含量的研究。余德寿等1982年报道了用薄层色谱法试测稻谷和大米中核黄素。孟庆生等1982年报道了菜籽油中芥酸的测定方法。单友谅等1982年报道了谷物淀粉组份碘结合量及相对分子量的测定。孟庆生等1983年玉米醇溶蛋白亚基组分的研究——十二烷基硫酸钠聚丙烯酰胺凝胶电泳法。钟丽玉1983年报道了谷物中的赖氨酸分析——TNBS 法的实验研究。徐全生等1983年报道了部分油菜籽品种的芥酸含量的研究。刘瑞征等1983年报道了小麦 α 淀粉酶活性比色测定法。熊绿芸1983年报道了温度对染料结合(DBL)法测定谷物中赖氨酸含量的影响。孟庆生等1984年报道了利用小麦醇溶性蛋白十二烷基硫酸钠——聚丙烯酰胺凝胶电泳图谱鉴定小麦品种的试验。何照范等1984年 报道了谷物直链、支链淀粉纯品制备及测定方法的研究。叶在荣等 1984年报道了植物种子中主要不饱和脂肪酸的薄层分析方法。关剑秋等 1984年报道了葵花籽油絮状凝集物的分析。佟祥山等1984年报道了葵花籽研究Ⅱ葵花籽及其榨油饼中绿原酸的研究。胡文清 1984年报道了粮油中脂类物质及其脂肪酸组成的分析技术。徐永安1984年报道了几种小麦硬度测定方法的研究比较。郑家丰等1984年报道了一种快速测定黏度的方法——米降落黏度法。余纲哲1984年报道了小麦糖脂的测定及其应用。王钦文1984年报道了用磺化反应法测定亚麻油纯度的技术。谭鑫寿1984年报道了关于桐子含油量测定方法的讨论。吕季璋1984年报道了捕集大米中的挥发性硫化物及大米储藏陈化劣度指标检测方法。代学敏1984年报道了粮油中脂肪酸的气相色谱法。张式俭1984年报道了高压液相色谱方法在粮油食品分析中的应用，杨建新1984年报道了粮食脂肪酸测定方法——无水乙醇提取法。张福田1984年报道了用发射光谱法测定粮食中20种微量元素的试验。刘瑞征等1984年报道了发芽小麦籽粒不同的部位的 α –淀粉酶活力。杨浩然1984年报道了粮食黏度的测定——毛细管黏度计法。李合连1984年报道了面粉灰分测定方法的研究。冯淑忠等1984年报道了正相高压液相色谱法测定植物油中的生育酚。郝文川1984年报道了罗维朋比色计的使用方法。叶如生1984年报道了用2%氯化钠溶液测定小麦粉面筋质的方法。四川省遂宁县粮食局中心化验室1984年报道了麻油香味的糠醛比色测定法和应用。凌家煜等1985年报道了稻米中游离脂肪酸和有机酸的层析研究。孟庆生等1985年分别报道了干凝胶片制作方法的研究；小麦醇溶蛋白薄层凝胶等电聚焦图谱比较及在品种鉴定上的应用试验。夏奇志等1985年报道了稻谷中挥发性羰基化合物(VCC)的组成和含量与储藏年限及储藏方法的关系。朱展才1985年报道了过氧化物酶活性的测定。胡文清等1985年报道了气相色谱法测定粮油样品脂肪酸成分的比较研究。谢晓涛1985年报道了花生油酸价、过氧化值和酸败三者相关性初步探索。叶在荣等1986年报道了油菜籽芥酸含量分析中取样量对测定值影响的研究。余德寿等1985年报道了植物油中磷脂的测定。乔宗清1985年报道了不同浓度乙醇配制的氢氧化钾液对粮食脂肪酸值结果的影响。田春1985年报道了食油酸价新的快速测定法。龚汉林1986年报道了粮食黏度的测定——毛细管式黏度记测定法。王荣民等1986年报道了溶剂萃取、气相色谱法及卡尔、费休法测定AW值的试验报告。谢守华1986年报道了水溶性无机磷含量和稻谷品质的关系。覃章贵等1986年报道了植物油中β胡萝卜素的测定。沈超等1986年报道了油菜籽收割方法与含油量关系的初步探索。霍权恭等1986年报道了小麦品质的近红外光谱研究。荣黎旺等1986年报道了食品中糖类物质掺伪检验技术。郭景柱等1986年报道了LL–300型热浸式快速脂肪抽提器试验研究。朱雪瑜等1986年报道了用SDS–聚丙烯酰胺电泳分析法分析粮食蛋白质技术。张瑞婷1986年报道了用日立–50型分析仪进行氨基酸分析过程中盐酸水解法制备样品液的某些具体操作对分析结果的影响。张华兰1986年分别报道了降低氨基酸成本的有效方法；酸水解样品提高氮氨酸回收率方法。史海林等1987年报道了大豆中脲酶活力测定及热钝化作用研究。吴金兰等1987年报道了稻谷、大米过氧化物酶变化规律研究。沈东根1987年报道了小麦粉烘焙品质的简易判别方法。何照范等1988年报道了主要谷物中维生素E含量的分析。王兰等1988年报道了淀粉对面包烘焙品质的影响。钟丽玉等1988年报道了大米糊化特性曲线研究。王肇慈等1988年报道了沉降值与小麦食用工艺品质的关系。余德寿等1988年报道了双波长分光光度法同时测定直链淀粉、支链淀粉、淀粉总量及鉴别糯米粉中掺混籼米粉的研究。吴泉兴等1988年报道了电磁式研磨器在测定粮油粗脂肪含量中的应用研究。曾远新等1988年报道了NH5110核磁共振含油量测试仪原理及应用。宋福太1988年报道了七种谷物的降落值与其他品质指标的关系。晏书明等1989年报道了我国粮食水分快速测定仪选定型精选试验的研究。

　　柯惠玲等1990年报道了试用布拉班德磨测定小麦出粉率的研究。刘静义等1991年小麦粉品质常用指标集的数学试验设计。张辉1992年报道了隧道式水分测定器中点校准法。田玉恩等1993年报道了关于储藏玉米品质控制指标问题的商榷。汤镇加等1994年报道了不同储藏形式粳谷品质变化研究。张聚元等1994年报道了应用灰色系统理论对粮食储藏品质变化的分析研究。祁国中等1995年报道了玉米品种自动化鉴定研究Ⅰ.电泳数据标准化研究。顾伟珠等1995年报道了多元线性回归法分析油菜籽含油量的近红外光谱数据。朱之光等1995年报道了食用植物油鉴别方法的研究——不皂化物分离分析法。张玉良等1995年报道了我国小麦品种资源蛋白质含量的研究。潘良文等1998年报道了用SDS-PAGE方法鉴别进口大麦品种。滕召胜等1999年报道了粮食水分快速检测技术综合评述。程国旺等1999年报道了小麦品质性状与我国小麦品质的改良途径。

沈培林等2000年报道了快速测定面粉品质的方法。梁岐等2000年报道了储存受损害大豆的磷脂成分变化的高效液相色谱分析。王明伟等2000年报道了小麦粉复合品质改良及营养强化的研究。袁建等2000年报道了稻米直链淀粉含量测定方法的研究。何英2000年报道了油脂过氧化值测定方法的比较。屠洁2000年报道了气相色谱测定浸出油残留溶剂的改进方法——在没有新鲜机榨油情况下测定残留溶剂。章广萍2001年报道了深层次分析稻谷水分的测定结果。郭维荣2001年报道了用米汤碘兰值作为大米食用品质代用指标的探讨。张耀武等2001年报道了红外光谱法测定涂油大米中的矿物油。洪大应2001年报道了对提高稻谷整精米率检验准确度的意见。彭健2001年报道了试论粮食黏度测定中的几个问题。尚艳娥等2001年报道了加碘芝麻油中碘含量测定方法的研究。吴晓寅2001年报道了关于玉米脂肪酸值测定标准的讨论。胡德新2001年报道了LDS-ID电脑水分测定仪测定稻谷水分应用报告。李可2001年报道了对正确确定粮食储藏容重方法的初探。杨国剑2001年报道了影响稻谷整精米率的因素初探。陈向红等2001年报道了关于整精米率的检验结果及其相关问题的思考。展海军等2002年报道了小麦储藏期间品质变化的研究。史玮2002年报道了测定过氧化苯甲酰所需色谱柱的制备及老化方法研究。易世孝等2002年报道了关于稻谷整精米率检验操作的探讨。范璐等2002年报道了图像分析测定红麦硬度方法的研究。何学超等2002年报道了用"质量容积"代替"容重"评价粮油品质的探讨。戴晋生等2002年报道了测定食用植物油中过氧化值的方法改进。黄光华等2002年报道了关于面粉增白剂过氧化苯甲酰若干问题的探讨。张彩乔2002年报道了对粮油检验过程中几个问题的探讨。徐萍等2002年报道了关于影响整精米率因素的探讨。谢新华等2003年报道了近红外光谱技术在粮油检测中的应用。刘烨等2003年报道了用色谱柱箱作为烘箱测定粮食与油料中水分含量的试验。张莉莉2003年报道了粮油质检工作存在的问题及对策。杨军等2003年报道了玉米水分测定方法的比较。蔚然2003年报道了关于优质小麦快速检测方法的探讨。展海军等2003年报道了用热分析技术评价小麦新鲜度的研究。侯彩云等2003年报道了稻谷品质的图像识别与快速检测。杨慧萍等2003年报道了电位滴定法测定粮食脂肪酸值的研究。薛志勇2003年报道了粮食灰分测定中应注意的问题。谢新华等2003年报道了近红外光谱技术在粮油检测中的应用。谭大文等2003年报道了碾磨细度对稻谷黏度测定结果的影响。肇立春2003年报道了食用油脂的氧化及其测定。杜平2004年报道了面粉检查筛与面粉质量的稳定性。戴红英等2004年报道了关于粮食黏度测定操作之探讨。杨军等2004年报道了对影响脂肪酸值测定因素的探讨。陈向红等2004年报道了对稻谷黏度测定结果准确度的剖析。张凤枰等2004年报道了粮食、油料及饲料粗脂肪测定方法比较。史玮等2004年报道了对小麦粉中过氧化苯甲酰测定方法的探讨。钟国清2004年分别报道了油脂碘值的测定方法研究；油脂碘值的快速测定试验。刘晓庚等2004年报道了论粮油食品理化检测中的质量保证与控制。刘桦等2004年报道了高光谱图像在农畜产品品质与安全性检测中的研究现状与展望。张胜全2005年报道了电阻式粮食水分含量的测定方法。李天真等2005年报道了基于计算机视觉技术的稻米检测研究。吴纪秋2005年报道了快速检验小麦品质方法初探。王世杰等2006年报道了小麦品质微量测定方法的评价。张鹏等2006年报道了小麦面团黏度的影响因素研究进展。龚红菊等2006年报道了谷物水分测量方法的比较研究。屠洁2006年报道了色谱柱的填充和老化。王小萍2006年报道了确保粮油检测结果准确性应注意的几个问题；同年，王小萍等报道了核磁共振（磁共振）法在油菜籽含油量测定技术中的应用研究。穆洪海等2006年报道了用活性炭作脱色剂对粮食脂肪酸值测定的影响。杨慧萍等2006年报道了三种测定粮食脂肪酸值标准方法的比较。陈福海等2006年报道了便携式多功能粮食检测箱的试验和应用。魏瑶2006年报道了小麦淀粉磷酸酯取代度的测定。王小伟等2006年报道了小麦粉中三价铁检测方法的研究。狄岚2006年报道了利用矩阵实验室（MATLAB）实现谷类图像的增强。何学超等2006年报道了脂肪酸值仪法测定稻米脂肪酸值研究。高向阳等2006年报道了标准加入直读法快速测定南阳彩色小麦面粉中硝酸根的研究。严梅荣2006年报道了粮食脂肪酸值测定方法的研究进展。董德良等2006年报道了米质判定器在粮食感官检验方面的应用。程建华等2006年报道了饲料储藏品质指标研究。孙向东等2006年报道了糙米发芽期间生理活性成分 γ-氨基丁酸变化规律研究。周斌2006年报道了关于面粉中溴酸钾测定方法的探讨。郑定钊2006年报道了稻谷脂肪酸值测定中不确定度的影响因素及研究。刘付彩等2006年报道了小麦黏度测定中糊化状态的控制。蔡长军等2006年报道了MH-300型全自动热水炉对棕榈油脂的加热试验。唐致忠等2006年报道了对粮食黏度值测定的几点认识。毛禹忠2006年报道了粮油食品配送中心定位的计算机决策支持选址研究。梁维权2006年报道了四级菜籽油的入库质量控制与检验。范璐等2006年报道了涂石蜡大米的石蜡含量测定方法的研究。张浩等2006年报道了基于图像处理技术大米加工精度的检测研究。徐杰等2006年报道了面粉脂肪酸值测定过程中的几个关键环节。胡钧铭等2007年报道了籼型稻米整精米率影响因子研究进展。田晓红等2007年报道了降落数值测定中的若干注意事项。韩红新等2007年报道了异菌脲在油菜籽中残留分析方法研究。程建华等2007年报道了粮食粉类含砂量测定方法研究。孙建等2007年报道了国内外粮食水分快速检测方法的研究。张聪等2007年报道了基于数学形态学的稻米粒形边缘检测研究。许琳等2007年报道了糙米储藏过程的品质变化与米粒图像颜色特征参数的关联。程树维2007年报道了分光光度法测定油脂中磷脂含量的不确定度评定。程建华等2007年报道了谷物不溶性膳食纤维测定改进方法研究。严梅荣2007年报道了比色法测定粮食脂肪酸值的研究。陶娜等2007年报道了小麦品质指标及蛋白质测定方法比较。刘晓庚2007年报道了近红外光谱技术在粮油储藏及其品质分析中的应用。宋长权等2008年报道了关于粮食油料粗淀粉测定方法的探讨。杜召庆等2008年报道了InfratecTM1241近红外谷物分析仪在小麦质量检验中的应用。刘红梅等2008年报道了关于实验室小麦磨粉机应用过程中应该注意问题的探讨。祝晓芳等2008年报道了基于计算机图像处理技术的黄粒米检测系统研究。许斌等2008年报道了关于粮食水分快速测定方法的探讨。石亚萍等2008年报道了玉米种子发芽率快速测定方法的研究。宋伟等2008年报道了谷物碾磨制品脂肪酸值的测定，对修改采用ISO7305：1998标准的探讨。张慧等2008年报道了大米粒形边缘检测算法研究。陈建伟等2008年报道了基于机器视觉技术的大米品质检测综述。张竹青等2008年报道了对全小麦粉主要技术指标的探讨。王会博等2008年报道了对影响气相色谱填充柱柱效问题的探讨。祝晓芳等2008年报道了基于计算机图像处理技术的黄粒米检测系统研究。张慧等2008年报道了大米粒形边缘检测算法研究。韩飞等2008年报道了小麦粉及其制品中溴酸钾含量测定方法研究进展。郭谊等2008年报道了实验室条件下稻谷水分对整精米率的影响验证实验。张秀华等2008年报道了关于小麦不完善粒检测技术探讨。程建华等2008年报道了谷物不溶性膳食纤维测定方法研究。范维燕等2008年报道了稻谷脂肪酸值测定条件优化与比较的研究。高向阳等2008年报道了微波消解–恒pH滴定法快速测定粮食中的粗蛋白。李书国等2008年报道了食用油酸价分析检测技术研究进展。陈萍等2008年报道了用显著性检验法判断快速测定粮食水分——电容法。王柯等2008年报道了粉类磁性金属检测方法中的注意事项。陈无刚等2008年报道了对影响粮食脂肪酸值测定因素的探讨。陈晶2008年报道了关于散装粮扦样方案的探讨。殷贵华等2008年报道了常温仓低温仓储存小麦品质变化规律研究。黄永东等2008年报道了大米水分测量结果不确定度的评定。李耀等2008年报道了粮食脂肪酸值自动测定方法与应用。王启辉等2008年报道了双相滴定法在稻谷陈化度测定中的应用研究。张玉荣等2008年报道了影响愈创木酚法测定玉米过氧化物酶活力的因素。王霞2009年报道了关于油脂过氧化值测定的探讨。张艳萍等2009年报道了高效液相色谱法测定植物性样品中三聚氰胺的含量。丁耀魁等2009年报道了粮食相对密度测定的影响因素。刘光亚2009年报道了影响无水乙醇提取法谷物脂肪酸测定值的几个操作因素。崔丽芳等2009年报道了对改进粮食脂肪酸值滴定方法的探讨。章广萍等2009年报道了油脂酸值测定的仿真试验法。王琳2009年报道了玉米容重相关性分析。殷杰等2009年报道了采用毛细管色谱法检测植物油中甾醇类化合物。林春华等2009年报道了不同储藏温度下玉米脂肪酸值的变化情况。苏蕊雨2009年报道了影响稻谷脂肪酸值测定的因素。汤杰等2009年报道了温度对粮食在储藏过程中脂肪酸值的影响。陈巨宏等2009年报道了对面筋吸水量品质指标检测的探讨。李亿凡等2009年报道了快速水分检测仪对不同水分含量稻谷测定结果的研究。吴广翠2009年报道了用短颈分离漏斗测定粉类含砂量的研讨。汤杰等2009年报道了温度对储粮脂肪酸值的影响。王毅等2009年报道了对小麦新陈度鉴别方法的探讨。王淡兮等2009年报道了对蛋白质定量检测方法的探讨。谢海燕等2009年报道了反相高效液相色谱法测定油脂及饲料中BHA和BHT。王咏梅2009年报道了对玉米脂肪酸值测定影响因素的探讨。丁耀魁等2009年报道了粮食相对密度测定的影响因素。石恒等2009年报道了影响面团拉伸仪性能因素的分析。程建华等2009年报道了灼烧恒质对饲料粗灰分测定的影响研究。石恒等2009年报道了光度滴定仪法测定稻米脂肪酸值的研究。邵学良等2009年报道了稻谷水分含量测定方法的比较。刘圣安2009年报道了脂肪酸值测定结果的不确定度评定。

胡德新2010年报道了小麦硬度指数仪比对实验报告。宿雪莲等2010年报道了对大豆油加热试验后色值减少颜色变浅的探讨。潘晓丽2010年报道了早籼稻整精米率测定的影响因素。金建德等2010年报道了植物油相对密度四种检测方法的比较与分析。朱丹丹等2010年报道了顶空气气相色谱法检测残留溶剂方法的对比研究。曹占文等2010年报道了油脂碘值测定的模拟方法。孙敬飞等2010年报道了形态学分水岭算法在粘连大米图像分割中的应用。汪桃花2010年报道了小麦粉中过氧化苯甲酰含量的简易判断方法。丁耀魁等2010年报道了快速检测试纸条法在大豆转基因检测中的应用。张玉荣等2010年报道了顶空固相微萃取—气质联用分析小麦储藏过程中挥发性成分变化。金文等2010年报道了稻谷导热系数的测定研究。董德良等2010年报道了面包质构特性测定方法的研究（Ⅱ）：面包样品放置时间对面包硬度测定值的影响。曹占文等2010年报道了从测定酸值的废液中回收利用混合溶剂。刘建伟等2010年报道了面包质构特性测定方法的研究（Ⅲ）：面包样品切片方法、测试部位及环境温湿度对面包硬度测定值的影响。毛根武等2010年报道了面包质构特性测定方法的研究暨面包样品制作与质构测试方法的探讨。郭蕊等2010年报道了电子鼻在储粮品质检测方面的研究进展。张会娜等2010年报道了影响粮食水分测定因素的分析。孙敬飞等2010年报道了形态学分水岭算法在粘连大米图像分割中的应用。周显青等2010年报道了电子鼻在粮食储藏中的应用研究进展。靳翼等2010年报道了基于ARM平台的多功能滴定软件设计。许斌等2010年报道了关于稻谷脂肪酸值快速测定方法的探讨。万鹏等2010年报道了基于灰度–梯度共生矩阵的大米加工精度的机器视觉检测方法。陈淑娟2010年报道了不同粉碎机对粮食水分测定的影响。赵建华等2010年报道了稻谷新陈度的快速测定方法的研究。张晔等2011年报道了凯氏定氮法测定大米中蛋白质的不确定度分析。曹玉华等2011年报道了微波法测定油料水分和脂肪含量的研究。杨瑞征等2011年报道了面包质构特性测定方法的研究（Ⅳ）——面包质构测试条件对面包硬度测定值的影响。张华昌等2011年报道了影响脂肪酸值测定仪测试稳定性的条件研究。于小禾等2011年报道了直接干燥法测定粮食水分的条件优化。毛根武等2011年报道了面包质构特性测定方法的研究（Ⅴ）：压缩程度和压缩速度对面包硬度测定值的影响。刘海顺等2011年报道了关于大豆水溶性蛋白测定方法的探讨。杨晨阳等2011年报道了微波消解——凯式定氮法在大豆蛋白质含量测定中的应用。丁卫新2011年报道了粳稻谷常规检验方法及江苏地区的样品分析。高清海等2011年报道了小麦粉水分含量测定的不确定度评定。张青龄2011年报道了食用油中反式脂肪酸的气质分析法研究。张红艳等2011年报道了原子吸收光谱法测定大米粉中铜含量的不确定度。张春林等2011年报道了关于小麦粉中过氧化苯甲酰测定方法的探讨。邓泽英等2011年报道了应用电感耦合等离子体发射光谱法测定食品中的钙铁锌。穆同娜等2011年报道了三种食用植物油中不饱和脂肪酸含量调查。陈立君等2011年报道了稻谷整精米率的测定。何岩2011年报道了玉米脂肪酸值测定的不确定度的评定。祁亚娟等2011年报道了大豆粗脂肪酸值测定方法的比较。李学青2011年报道了玉米脂肪酸值的测定方法。高俐2011年报道了对粮食中蛋白质测定方法的探讨。董秀芳等2011年报道了对粉类含砂量测定方法的探讨。张霞等2011年报道了关于对垩白粒率检验方法的探讨。乔丽娜等2011年报道了粳稻谷整精米率标准样品均匀性检验和定值中的数理统计方法。张春林等2011年报道了氢化物-原子荧光光谱法测定粮食中微量铅。高清海等2011年报道了小麦粉水分含量测定的不确定度评定。张浩等2011年报道了基于计算机图像处理技术整精米重量自动测定研究。崔丽静等2011年报道了顶空固相微萃取与气-质联用法分析玉米挥发性成分。郝希成等2011年报道了玉米油脂肪酸成分标准物质的研制。赵丹等2012年报道了电子鼻在小麦品质控制中的应用研究。赵丹等2012年报道了小麦储藏品质评价指标研究进展。刘森2012年报道了对玉米脂肪酸检测非标方法的确认。王华等2012年报道了硅钼蓝分光光度法测定进口玉米中的二氧化硅。岳寰等2012年报道了JDDY型粮油滴定分析仪在稻谷玉米脂肪酸值测定中的应用。张素苹等2012年报道了食品检验实验室标准滴定溶液的质量控制。郑显奎等2012年报道了芝麻油纯度快速定性、定量方法的研究及应用。张东等2012年报道了高效液相色谱法测定玉米中生育酚异构体。潘红红等2012年报道了超声提取——气相色谱法测定油脂中胆固醇。蔡建梅等2012年报道了对粳稻谷及大米新陈度鉴定方法的探讨。胡青骏2012年报道了小麦面筋吸水率测定结果不确定度的评定。郭维荣2012年报道了降落数值测定仪对测定结果的影响因素分析。鲁玉杰等2012年报道了粮食新鲜度指标测定方法的研究进展。左晓戎等2012年报道了粮堆声传播参数测量系统的研究。姚菲等2012年报道了茶籽油DNA提取方法的比较。任蕾等2012年报道了高效液相色谱法测定芝麻油中芝麻素。车海先等2012年报道了比色法判定稻谷新陈度的探索。张兴梅2012年报道了玉米、小麦、稻谷不完善粒及稻谷黄粒米检验。刘云花等2012年报道了影响液相色谱检测麦角甾醇结果的因素。张东等2012年报道了高效液相色谱法测定玉米中生育酚异构体。郁伟2012年报道了对《玉米储存品质判定规则》脂肪酸值指标修改的建议。刘波等2012年报道了高效液相色谱法测定面粉中过氧化苯甲酰。潘晓丽2012年报道了对籼稻新鲜度快速测定的探讨。田素梅2012年报道了两种小麦籽粒硬度测定方法比较试验。纪立波等2012年报道了粮食水分快速烘干测定法。张志航等2012年报道了原粮检测中质量控制的运用与研究。张金龙2013年报道了微波消解氢化物发生原子荧光光谱法测定粮食中的汞。童茂彬等2013年报道了不同储藏方式对籼糙米储藏品质的影响研究。王华等2013年报道了关于对进口玉米质量品质情况的调查报告。刘云花等2013年报道了高效液相色谱法同时测定强化面粉中游离的烟酸、VB1和VB2。张霞等2013年报道了粉类含砂量测定方法的研究。邵小龙等2013年报道了基于低场核磁的稻谷储藏指标快速测定初探。杨卫花等2013年报道了气相色谱/三重串联四级杆质谱分析食用植物油中抗氧化剂BHA、BHT和TBHQ。潘蓓等2013年报道了油菜籽中含油量的测定方法研究。龙阳等2013年报道了不确定度评定在油菜籽水分测定中的应用。孙国忠2013年报道了玉米水分与容重的关系。杨枫等2013年报道了对测定植物油酸值、过氧化值的通氮探讨。赵国飞等2013年报道了小麦硬度指数测定结果的不确定度评定。王若兰等2013年报道了小麦脂肪酸值的近红外光谱快速测定研究。褚洪强等2013年报道了糙米加工品质评价指标及检测技术进展。王春华等2013年报道了小麦发芽率近红外测定模型的建立与优化。李国飞等2013年报道了小麦硬度指数数测定结果的不确定度评定。黄亚伟等2013年报道了近红外光谱技术测定小麦过氧化氢酶的研究。张玉荣等2013年分别报道了基于近红外光谱技术测定小麦蛋白质模型的建立；基于BP神经网络小麦含水量的近红外检测方法。刘天寿2013年报道了扦样器改进及使用创新提高取样代表性的研究。杨磊等2013年报道了稳定化处理方式对麦胚的贮藏稳定性、抗氧化活性和总酚含量的影响。张珅铖等2014年报道了不同储藏方式下小麦淀粉消化率变化规律的研究。周延智2014年报道了小麦储存品质判定指标的研究。杨民南2014年报道了Excel VBA在食用植物油检查中的应用。王茜茜等2014年报道了玉米粉放置时间对玉米脂肪酸值影响的研究。鲍磊等2014年报道了图像处理对大豆外观品质识别的方法。王琳2014年报道了不同储存温度对玉米脂肪酸值的影响。吴春平2014年报道了比对法感官检测判定小麦粉含砂量试验。潘晓丽等2014年报道了多功能粮食扦样机对稻谷杂质影响的分析。邹勇等2014年报道了对芝麻酸值快速测定方法的探讨。岳寰等2014年报道了对粮食酸度回收率测定方法的首次探讨。田英等2014年报道了提取过程对玉米脂肪酸值影响的探讨。刘莉等2014年报道了基于图像处理的储藏小麦电导率变化的相关性研究。张浩等2014年报道了基于色泽检测技术的油脂中戊二醛含量快速检测。黄亚伟等2014年分别报道了表面增强拉曼光谱在食品非法添加物检测中的应用进展；基于近红外光谱的玉米脂肪酸值快速测定研究。张玉荣2014年分别报道了小麦图像检测技术研究进展；基于图像处理和神经网络的小麦不完善粒识别方法研究；基于图像处理的小麦水分含量识别方法研究；典型储粮环境下小麦淀粉理化性质的变化及差异性分析；小麦中淀粉在不同储藏温湿度下糊化特性的变化。张燕燕等2014年报道了气体分析法监测粮食储藏安全性的研究与应用进展。黄亚伟等2014年报道了基于近红外光谱的玉米脂肪酸值快速测定研究。庞晓丹2014年报道了基于图像处理技术的小麦营养状况远程监测系统设计与实现。何建华等2015年报道了小麦粉中硼砂的快速检测方法研究。熊升伟等2015年报道了微波消解法和电热板加热消解法测定富硒大米中的硒。李丹丹等2015年报道了谷物新鲜度检测方法概述。丁耀魁2015年报道了气相色谱法测定植物油溶剂残留的不确定度评定。张玉荣2015年报道了基于图像处理的小麦容重检测方法研究。王若兰等2015年报道了玉米霉变与其图像颜色特征参数之间的相关性研究。马良等2015年分别报道了玉米窝头挥发性成分分析；玉米储藏过程中挥发性成分变化研究；顶空固相微萃取—气质联用技术在粮油食品中的应用进展。赵炎2015年报道了霉变玉米真菌毒素含量与图像颜色特征参数之间的相关性研究。李学富2015年报道了粮食不完善粒检测板的设计与应用。邬冰等2015年报道了粮油实验室的检测质量控制。王亚东等2015年报道了电容式谷物水分测定仪的定标与应用分析。付爱华等2016年报道了凯氏定氮法国产与进口催化剂催化效率的比较。李梅2016年分别报道了X射线荧光光谱法快速测定稻谷中的镉；关于大米胶稠度测定影响因素的探讨。王业海等2016年报道了使用愈创木酚快速测定稻谷新陈度方法的研究。黄亚伟等2016年报道了HS-SPME/GC-MS对五常大米中挥发性成分分析。黄南等2016年报道了基于RGB图像特征的大豆含水量快速测定系统研究。张德伟等2017年报道了原粮检验中小麦、玉米不完善粒检测结果差异性原因分析。陈甜等2017年报道了稻谷新陈度检测方法研究进展。刘双2017年报道了影响稻谷脂肪酸值测定的因素的研究。渠琛玲等2017年报道了稻谷新鲜度分析技术研究进展。张愉佳等2017年报道了进口大豆粉碎细度对索氏抽提法测粗脂肪含量的影响。薛民杰等2017年报道了采用不同标准方法测定玉米水分的对比试验。唐开梁2017年报道了对小麦不完善粒中生芽粒的思考与探讨。姜洪等2017年报道了主要粮种120℃水分便捷测定方法与国标方法的比较。肖学彬等2017年报道了粮食脂肪酸值前处理方法改进与设备研制。李小明等2017年报道了粮食质量安全监测抽样信息化系统建设和实践。王清华等2017年报道了智能定等系统实际应用效果分析。龙阳等2018年报道了进境油菜籽中苋属杂草籽分离方法研究。石恒等2018年报道了全自动脂肪酸值测定仪的研制。贺波等2018年报道了实验室粮食样品自动分样器的研制。肖学彬等2018年报道了对青稞不完善粒检测方法探讨。陈文根等2018年报道了基于深度卷积网络的小麦品种识别研究。关利京2018年报道了粮食检验实践中测量系统分析（MSA）方法的应用。付玲等2018年报道了水分快速测定仪检测国产大豆水分的效果分析。张虎等2018年报道了大豆油储藏与过氧化值的分析。李春雷2018年报道了饲料油脂在储存过程中的变化。李文泉等2018年报道了抽提剂对测定进口大豆粗脂肪含量的影响。钱国平等[746]2018年报道了GPC-GC/MS测定植物油中18种邻苯二甲酸酯类化合物。赵影等2018年报道了两种仪器测定国产大豆粗蛋白含量的比较。陈方奇等2019年报道了不同温度和放置时间对糙米粉脂肪酸值的影响。石恒等2019年报道了全自动脂肪酸值测定仪在稻谷和玉米脂肪酸值测定中的应用。陈军2019年报道了对改进稻谷脂肪酸值测定方法的探讨。刘付英等2019年报道了食用油脂碘值测定结果的不确定度评定。韩培培2019年报道了玉米脂肪酸值测量结果不确定度评定。黎美冯等2019年报道了超声波辅助提取大豆粗脂肪技术用于大豆粗脂肪酸值测定的可行性研究。薛民杰等2019年报道了采用不同标准方法测定粮食水分的对比试验。李晓亮等2019年报道了小麦不完善粒图像采集技术及检测设备研发。盛林霞等2019年报道了滴定法测定大豆原油过氧化值不确定度的评定。

第三节　粮油污染检测技术研究

粮油污染检测技术主要针对农药残留方面，在储藏过程中难免使用化学药剂，如磷化氢熏蒸、有机磷农药保护剂等，早年曾使用熏蒸剂溴甲烷、敌敌畏、氯化苦等，主要通过气相色谱法检测药剂残留，防止污染的粮食进入口粮市场。相关报道了如下：

一、粮油污染检测技术研究（20世纪70年代至80年代末）

（一）常用防治储粮害虫化学药剂残留检测技术研究

王肇慈1960年报道了粮食中溴甲烷残留量的测定。粮食部科学研究设计院1966年报道了溴甲烷熏蒸的花生仁中无机溴残留量的研究。上海市粮食科学研究所1967年报道了空气中磷化氢快速测定方法。粮食部南京粮食学校1967年报道了粮食中磷化氢残留量的测定方法。商业部四川粮食储藏科学研究所1973年报道了粮食中氯化苦残留量的测定方法。广东省粮食公司等1973年报道了粮食中磷化氢残留量的测定方法。商业部四川粮食储藏科学研究所1974年报道了磷化氢多次熏蒸的粮食中磷化氢残留量的测定方法。四川省粮食局科学研究所残留分析组1974年报道了二硫化碳在粮食中允许残量留标准的研究。江苏省粮校、粮油分析教研组1974年报道了关于粮食中磷化氢残留量测定方法的探讨——用氯化亚锡作还原剂的钼兰比色法。广东省农药残留量气液色谱分析研究协作组1975年报道了大米中"六六六"残留量气液色谱测定法。旅大市卫生防疫站等1975年报道了粮食中熏蒸剂溴甲烷、二硫化碳、四氯化碳、氯化苦残留量的气相色谱分析。四川省粮食局粮油中心监测站1977年报道了稻谷小麦、玉米中1605、敌敌畏残留量薄层层析—酶抑制法。覃章贵1979年报道了有机磷农药的氯酸钾氧化全碳比色法测定；1980年又报道了杀虫畏在玉米、小麦中残留量的测定（酶薄层层析法）。檀先昌等1980年报道了以碱盐焰离子鉴定器测定粮食中的辛硫磷残留。戴学敏等1980年报道了以火焰光度气相色谱法测定辛硫磷在粮食中的残留方法研究。山东省卫生防疫站、山东省粮油科学研究所1980年报道了紫外线照射黄曲霉毒素B₁污染的花生油急性鸭雏毒性实验。王肇慈1980年报道了粮食中磷化氢残留量的测定——磷钼兰–罗丹明β光度法。陆莲英1981年报道了甲基嘧啶硫磷残留量气相色谱分析法。黄思棣等1981年报道了粮食中若干有机磷农药的薄层层析测定法。王肇慈等1981年报道了氯化苦残留量测定（格力氏试剂法）中显色反应速度与反应温度关系的探讨。李洪兴1981年报道了对氯化苦测定方法的改进意见。窦景山1982年报道了粮食中氰化物的气相色谱测定法。刘志同等1984年报道了气相色谱法测定稻谷中溴氰菊酯、增效醚、马拉硫磷的残留。戴学敏等1984年报道了粮食中多种有机磷农药残留量的系统分析法。徐胜等1985年报道了某些有机磷农药与辐射大米的Ames试验。张式俭等1985年报道了辛硫磷在储粮中的残留检测方法。耿天彭1985年报道了粮食中二溴乙烷残留的检测方法。杨大成等1985年报道了仓储磷处理储粮的残留研究。覃章贵等1985年报道了用高压液相色谱法测定原粉和乳剂中的甲基毒死蜱试验；1986年又报道了用高压液相色谱法测定凯素灵和敌杀死中溴氰菊酯的技术。王文星等1986年报道了纸带法快速检测磷化氢浓度试验。北京市粮油食品检验所1986年报道了测定粮食及食品中二溴乙烷的一种方法，该方法可以对小麦中的二溴乙烷残留量进行快速测定。赵淑芹等1987年报道了粮食中微量氰化物的亚甲篮萃取分光光度法。

有关防霉剂残留量的研究很少。戴学敏1986年报道了高水分粮食中防霉剂正丁醇、二氯代甲烷残留量的气相色谱法。

（二）农药污染残留检测技术研究

广东省粮食局科学研究所1975年报道了稻谷、大米中甲基1605残留量的测定（薄层层析法）。徐全生1981年报道了有机农药在粮食中的污染、测定、去毒、残留限制的情况。徐爱珍等1981年报道了粮食中有机农药及污染源的调查。许惠民1981年报道了蒸谷米中"六六六"（原文"666"）残留量的研究。罗远洲1982年报道了气液色谱测定大米中"六六六"、DDT残留量的比较研究。徐全生等1985年报道了"六六六"、DDT的检测技术研究。

（三）重金属和其他有毒有害物质检测技术研究

上海市第十粮食仓库1976年报道了对粮食中微量砷测定方法的探讨。商业部四川粮食储藏科学研究所1977年报道了3,4-苯并芘污染粮油食品的检测及去毒技术研究。凌家煜等1980年报道了关于公路晒粮和石钢工业污染对小麦中铅、镉含量影响的研究。粮食部谷物油脂化学研究所等1981年报道了原子吸收光谱法测定小麦中的铅和镉的研究。周惠兰等1981年报道了5-Br-PADAP萃取光度法连续测定粮食中的钴和镍的研究。刘志同1981年报道了粮食中对–甲苯胺残留量的测定技术。傅梅轩等1981年报道了浸出油粕中残留溶剂的气相色谱测定方法研究。崔风珍1981年报道了浸出粕中溶剂残留量分析方法。胥泽道等1985年报道了四川省工业区与非工业区小麦、稻谷、玉米中镉、锌、铅、铬含量变化的调查报告。

此外，我国储粮科研部门从20世纪70年代以来，对3,4-苯并芘污染粮油的情况以及测定技术有过一些报道。如庄则英1981年报道了北京市工业区与非工业区粮食中3,4-苯并芘污染情况的分析报告。余敦年等1981年报道了湖北省粮食中3,4-苯并芘的调查，代美娣1981年报道了黑龙江省粮食中3,4-苯并芘污染情况调查。柴慧娟等1983年报道了自制电热原子化装置在P-E4000型原子吸收分光光度计上的应用。徐全生1983年报道了沥青中的3,4-苯并芘对粮食污染及防止技术的研究已通过鉴定的报告。商业部四川粮食储藏科研所1984年报道了沥青中3,4-苯并芘对粮食污染及防止技术研究。檀先昌1985年报道了高粱中PSP残留的测定。胥泽道等1984年报道了原子吸收光谱测定油菜籽中的硫葡萄糖试试验。

在我国，由于3,4-苯并芘对正常生产的粮食污染问题并不明显，这里不再详细列举。

二、粮油污染检测技术研究（20世纪90年代至今）

吴正祥1990年报道了粮食中乙炔残留量的测定。雷霆等1993年报道了粮油食品中主要污染物监测用标准物质的研究I.马拉硫磷、敌敌畏、乐果标准溶液的制备和定值。茅于道1994年报道了试论储粮害虫防护剂的残留。戴学敏1994年报道了粮食中磷化氢残留量的气相色谱分析法。尚瑛达1995年报道了对四氯化碳法测定含砂量方法改进的探讨。马健雄等1996年报道了新疆地区粮食中有机氯农药（"六六六"、DDT）残留量普查分析。白喜春等1997年报道了关于磷化氢残留量测定中几个问题的探讨。纪翠荣等1997年报道了粮食中多种痕量元素的同时测定。俞国英等2002年报道了西维因在粮食中的残留消解动态及残留分析方法。肖学彬2005年报道了饮用水中砷和汞的同时测定——氢化物发生原子荧光法。周天智等2005年报道了对HL系列磷化氢气体检测仪的应用探讨。郭琳琳等2006年报道了用"孔雀绿"法测定粮食中微量砷的检测方法。肖学彬2006年报道了饲料中硒的测定方法——氢化物发生原子荧光法。吕建华等2006年报道了农药残留对我国食品安全的影响及相应对策。王永昌等2006年报道了饲料污染与预防研究续篇。肖学彬等2007年报道了用石墨炉子原子吸收法测定粮食中镉的检测方法。谢玉珍等2007年报道了关于溴氰菊酯农药在粮食中残留量分析方法的探讨。倪小英等2008年报道了用氢化物原子荧光光度法测定粮食中无机砷的探讨。银尧明2008年报道了用氢化物原子荧光光谱法测定粮食中铅含量的不确定度的评测报告。张继明等2008年报道了用火焰原子荧光分光光度法测定粮食中的镉的检测方法。王松雪等2008年报道了不同储粮环境作用下马拉硫磷在粮食上的残留消解动态。吴敏等2008年报道了原子吸收石墨炉测定稻谷中铅、镉含量的最佳条件和方法。鲁玉杰2008年报道了小麦中磷化氢残留检测的快速方法研究。丁耀魁2008年报道了气相色谱法测定玉米中马拉硫磷的不确定度评定。吴树会等2008年报道了储粮拟除虫菊酯类农药残留检测研究进展。包雁梅等2008年报道了重金属测定预处理中强酸的作用。张继明等2009年报道了提高氢化物原子荧光光谱法测定粮食中铅的精密度与灵敏度的试验。朱剑等2009年报道了稻米中砷汞铅镉重金属元素含量及分析。王冬群等2009年报道了气相色谱测定大米中有机磷农药残留量。李东刚等2009年报道了气相色谱——串级质谱法（GC/MS/MS）检测植物油中7种多氯联苯。董广彬等2009年报道了动植物油脂中3,4-苯并芘测定方法的制订及应用。马红军2009年报道了分光光度法测定食品中的铝含量。王杏娟等2009年报道了粉类磁性金属物测定方法的研究。史玮等2009年报道了氢化物原子荧光法测定稻谷中无机砷的研究。高向阳等2009年报道了微波消解–流动注射化学发光法快速测定小麦中的稀土元素。吴敏2009年报道了水浴消解——原子荧光光谱法快速测定粮食中的微量汞。鲁玉杰等2009年报道了小麦中磷化氢残留快速检测方法的研究。汪丽萍等2009年报道了毛细管柱气相色谱法检测小麦、玉米和稻谷中的溴氰菊酯残留技术。宫雨乔等2009年报道了储粮中有机磷类农药残留检测研究进展。严晓平等2009年报道了一种快速测定小麦中硫酰氟残留量的方法。

王彩琴等2010年报道了粮油产品铅汞污染现状。姜涛等2010年报道了毛细管柱气相色谱法测定菜粕中的异硫氰酸酯。赵子刚等2010年分别报道了采用凝胶渗透色谱–气相色谱法检测小麦中的24种农药残留分析；凝胶渗透色谱技术在农药残留检测中的应用研究。高杨菲等2010年报道了有机磷农药残留的检测方法研究进展。李利世等2011年报道了直接测汞仪测定大米中的汞含量。李雅莲等2011年报道了气相色谱检测粮食中有机氯农药残留量前处理方法的优化。张春林等2011年报道了用氢化物–原子荧光光谱法测定粮食中微量铅。牟钧2011年报道了固相萃取—高效液相色谱法测定食品中的3,4-苯并芘。吕建华等2011年报道了两种样品前处理方法在检测小麦农药残留中的应用。周天智等2012年报道了高大平房仓储粮磷化氢熏蒸散气后残留量变化研究。何岩等2012年报道了银盐法测定稻谷中无机砷含量的不确定度评定。陆飞峰等2012年报道了四种消解方法对小麦中铅含量测定的比较。田忙雀等2012年报道了固相萃取——用气相色谱法测定食用植物油中多种有机磷的方法。宋景兰2012年报道了用石墨炉原子吸收光谱法测定稻谷中的砷和铅的方法。张兴梅等2012年报道了用电感耦合等离子体原子发射光谱法直接进样测定花生油中的锌的方法。韩笑2013年报道了用原子荧光光度法测试粮食中的无机砷的检方法。李琛等2013年报道了不同加工程度对稻米中铅含量的影响。杨庆惠2013年报道了用石墨炉原子吸收光谱法测定小麦中的镉的方法。丁江涛等2013年报道了硫酰氟在小麦上的残留试验。韩笑等2014年报道了用气相色谱法测定粮食中有机磷农药残留量的方法研究。王亚东等2014年报道了石墨炉原子吸收法检测大米中镉含量影响因素的响应面优化。罗兰等2014年报道了用双道原子荧光分析仪测定粮食中无机砷的方法。章月莹等2014年报道了不同加工程度对粮食中镉含量的影响研究。薛红梅等2014年报道了粮食中磷化物残留测定的不确定度评定。董晓荣等2015年报道了小麦中溴氰菊酯残留量测定前的处理方法。李文辉等2015年报道了粮食安全监测免疫分析技术研究。贾继荣等2015年报道了ICP-MS测定小麦中的铅、镉、汞、砷。张少波等2017年报道了粮食污染物残留免疫分析技术研究。钟一平2017年报道了用原子荧光光谱法测定大米中的砷含量的方法。刘冰2017年报道了在粮食中磷化物残留量测定过程中应注意的问题。彭海燕等2018年报道了用石墨炉原子吸收法检测食品中铅稳定性的因素。万红艳等2018年报道了粮食中有害重金属检测消解设备的改进试验。袁艺婉等2018年报道了稻谷中有害元素镉的检测方法。刘芸等2018年报道了液相色谱-原子荧光光谱法无机砷测定的试验。袁毅2018年报道了表面增强拉曼光谱法快速测定4种禁用合成色素的方法。刘付英等2018年报道了氢化物发生-原子荧光光谱法测定粮食及其制品中铅的方法优化。姚晶2018年报道了超声提取-石墨炉原子吸收法测定稻谷中的镉。赵美凤等2018年报道了用X线摄片荧光光谱仪测定稻谷中镉含量的适用性验证。邱艳等2019年报道了用微波和湿法消解测定菜籽油中总砷含量的对比研究。程立立等2019年报道了我国粮食重金属研究进展。陈晋莹等2019年报道了用石墨炉原子吸收光谱法测定稻谷中镉含量的不确定度评价。

第四节 粮油储藏和品质检测仪器研制

粮食储藏过程的品质检测离不开相应的检测设备，我国在粮油储藏和品质检测仪器设备上也投入了大量的精力，开发了相应的实验室检测设备，如水分测定仪、脂肪酸值测定仪、实验室用砻谷机、实验室用碾米机、粮食脂肪酸值自动测定系统、粮食自动分样器等粮油检测仪器设备，并逐步实现小型化、自动化、智能化，为粮油储藏过程中的品质测定提供了保障。相关研究作了如下报道。

一、粮油储藏和品质检测仪器研制（20世纪60年代至80年代）

（一）测定粮食油料水分仪器的研制

上海面粉厂、粮食部科学研究设计院1967年报道了粮食水分连续自动测定器。四川省粮食局科学研究所水测仪组1972年报道了粮食水分快速测定器（LSKC型）构造原理、使用及维修方法。四川省粮食局科学研究所水测仪组1974年报道了LSKC型粮食水分快速测定仪试验改进资料。曹和平1978年报道了高频粮食水分测湿仪。广东省海南行政区粮食局1981年报道了粮食水分快测仪的实验结果。宗继武1981年报道了关于电子测水仪准确度若干问题的探讨。陈敬洪1981年报道了高频快速粮食水测仪试制若干理论问题的探讨。王朝璋1981年报道了电阻电容式粮食测水法误差来源的探讨。杜天柱1983年报道了介绍一种隧道式测水仪上使用的报警装置。尹瑞林、江利国等1984年报道了LSC—3型字式粮食水分快速测定仪。叶贵明1984年报道了电容式粮食水测仪传感器改进的探讨。曾激等1985年报道了粮食安全水分检查器。商业部四川粮食储藏科研所1986年报道了我国粮食水分快速测定仪选定型（A类）精选试验报告。张立行1987年报道了LXZQ–A–1型粮食水分快速测定仪的研制。

（二）测定粮堆和粮仓温度仪器的研制

四川省丰都县飞龙区粮站1972年报道了金属遥测、半导体点温度仪。四川芦山县粮食局思延粮库1972年报道了试用热电偶测温器进行仓外测温。国营七一五厂、成都市粮油管理局1973年报道了运用热敏电阻进行仓外多点遥测粮温的试验。阳宏1974年报道了ZLB-600型粮温自动测量仪及其使用情况。江西省景德镇市粮食局储运加工站1974年报道了粮食温度水分遥测器。湖北黄梅县小池粮油储运站1975年报道了JS-1程序控制粮温遥测机简介。江苏邗江县知识青年农业电子协作组，江苏邗江县粮食局科研组1976年报道了SLX–Ⅰ型数字式粮食温度巡回遥测仪。河南省郸城县粮食局科研组1977年报道了粮食遥控自动三测仪简介。苏景和1982年报道了热敏电阻的应用。李春杰等1983年报道了地下仓贮粮测温装置研制报告。上海医用仪表厂1983年报道了自动测温测湿技术在粮食中的应用。路洋1983年报道了SWJ-81型袖珍式数字测温仪。樊家祺1984年报道了JCI型袖珍数字测温仪。浙江省粮仓电子技术应用研制组1984年报道了CXLT–1数字式粮温巡测仪研制情况介绍。王际胜1986年报道了数字式热电偶粮食测温装置试验报告。王亚南1986年报道了炬阵布线：一种新型粮仓测温布线法。张永生等1986年报道了轻型测温电缆的结构设计原理。黑龙江省粮油储运公司1986年报道了数字式热电偶粮仓测温装置试验报告。黄代制等1987年报道了关于当前粮仓电子测温敏感元件的探讨。姜吉林1988年报道了GJ87型干簧继电器矩阵布线测温装置。钱火生1988年报道了单板计算机在粮食温度检测中的应用。史洪义等1988年报道了用PC-1500微机检测粮食温湿度和水分。

（三）粮油品质检测装置的研制

吕加祥、陈其贵1980年报道了半自动台式电动圆形检验筛的试制报告。淦新生等1981年报道了电磁振动谷稗分离器试制报告。芦德伯1981年报道了用洗麸箱检验麸皮含粉的方法。辜晓勇1981年报道了便携式浮谷定糙数字显示仪特性。陈建康1981年报道了数字式含油量测定仪的研究（电子仪器部分）。张景春等1986年报道了热浸式快速脂肪抽提器。李长河1988年报道了黄曲霉毒素检测仪器的研究。徐全生等1988年报道了核磁共振含油量测试仪在油菜籽含油量测定中的应用。

（四）粮油储藏管理与安全报警装置研制

杨云芳1981年报道了粮面结露探测自动报警器的探讨。山东省即墨县粮食局1985年报道了油罐储油安全自动报警器。牟墩强1986年报道了150吨油罐"自动保安器"。周曙明1986年报道了"安全储粮参数转盘"的设计与应用。刘斌等1987年报道了应用汉字信息微机管理粮食仓库的研究。祝春友等1988年报道了应用电子计算机编制油罐计量表。

二、粮油储藏和品质检测仪器研制（20世纪90年代至今）

王前明1991年报道了数字逻辑式小麦水分控制仪的研制。张晓波1999年报道了电容式谷物水分测定仪校准检验方法研究。聂朱桂2002年报道了探头预埋式仓储散粮测水测温仪的研制。刘晓庚等2004年报道了论粮油食品理化检测中的质量保证与控制。杜平2004年报道了面粉检查筛与面粉质量的稳定性。王杏娟等2005年报道了检验用碾米机的研制报告。孙辉等2005年报道了小麦质量安全研究进展。虞弘等2005年报道了LRMM8040-3-D新型实验磨粉机的实际应用。陈福海等2006年报道了便携式多功能粮食检测箱的试验和应用。王杏娟等2007年报道了检验用砻谷机研制报告。周林泉等2007年报道了便携式粮仓氮气浓度检测仪的研制。毛根武2008年报道了锤片式粉碎机设备标准化探讨。石恒等2009年报道了影响面团拉伸仪性能因素的分析。杨路加等2009年报道了几种进口小麦的质量比较研究。张玉荣等2009年报道了大米食味品质评价方法的研究现状与展望。

谢月昆2010年报道了小麦硬度指数测定仪使用中的常见问题与对策。石恒等2010年报道了基于嵌入式机器视觉的粮油滴定分析仪研究。虞泓等2010年报道了一种大米整精米率快速检测设备。于卫新2011年报道了粳稻谷常规检验方法及江苏地区的样品分析。林家永等2011年报道了稻米储藏品质近红外光谱快速判定技术及仪器研发。张华昌等2011年报道了JZSG-Ⅱ型脂肪酸值测定仪的研究开发。张华昌等2011年报道了实验用小型碾米机研制开发。张玉荣等2014年报道了米饭外观仪器评价与其感官评价的关联性研究。唐文强等2015年报道了JDDY型自动滴定分析仪测定谷物脂肪酸值准确度的继续研究。董光宇等2015年报道了不同国家大豆质量比较分析。黄南等2016年报道了基于图像处理技术的玉米数字图像特征值与水分含量相关性研究。毛根武等2016年报道了一种新型检验用碾米机的研制。石恒等2016年报道了检测谷物及淀粉糊化特性的旋转式粘度仪的研制。于素平等2017年报道了稻谷新鲜程度快速检测仪器研究。胡玉兰等2017年报道了便携式拉曼光谱仪在食品检测中的应用。黄亚伟等2017年报道了微型近红外光谱仪在农产品检测中的应用研究进展。黄亚伟2017年报道了大米品质的仪器分析方法研究进展。郭凤民等2018年报道了一种新型检验用砻谷机的研制。石恒等2018年报道了全自动脂肪酸值测定仪的研制。贺波等2018年报道了实验室粮食样品自动分样器的研制。李学富2019年报道了多功能粮仓害虫选筛的创新设计。贺波等2019年报道了实验室粮食样品自动分样器的性能参数验证。张杰等2019年报道了国内粮食质量检验设备使用现状与发展方向。

第五节　储粮"专家系统"与信息化研究

储粮信息化在20世纪末开始着手研究，近20年发展很快，在出入仓、储藏管理等方面都实现了计算机管理，粮库信息化管理已经普及，相关研究和报道如下。李益良1989年报道了浅谈微电子技术在粮食储藏中的应用。王善军1991年报道了浅谈粮库微机管理及自控系统的开发与应用。王善军等1995年报道了浅谈专家系统在现代粮库中的应用。云昌杰等1995年报道了计算机在粮库中的应用现状与展望。柳琴等1998年报道了国家粮食储备库计算机管理信息系统的研究与开发。滕召胜等1999年报道了粮食储备库综合测试专家系统。刘全利等1999年报道了国家粮食储备信息系统计算机网络的安全与保密。

顾伟2001年报道了计算机信息管理系统在粮食企业中的应用及其需关注的焦点。蒋宗伦等2001年报道了组建中直粮库计算机网络系统应注意的几个问题。赵予新2002年报道了粮食仓储网络的目标模式与建设内容研究。赵予新2002年报道了关于构建我国粮食仓储网络原则的研究。王鸿祥等2002年报道了粮库内局域网结构及传输介质的比较与选择。黄家怀2003年报道了谈粮食企业信息化。顾欲晓2003年报道了中央直属储备粮库的信息系统。陈世平2003年报道了关于建设信息化低温储粮仓的建议。孙亮亮等2004年报道了基于ASP.NET的粮库虫害诊断专家系统。刘达等2004年报道了管控一体化在粮库中的应用。余沛等2004年报道了嵌入式Linux系统在粮库中的应用。赵小军等2005年报道了高大平房仓智能通风系统夏季排除积热试验。刘道富等2006年报道了出入库信息管理系统软件。顾根来等2006年报道了粮库计算机管理控制系统初探。吴海生2006年报道了粮库自动控制系统的运行和维护。李绪强2006年报道了Access 2000在粮库信息化管理中的应用。蔡长军等2006年报道了微机控制系统在油脂出仓计量中的应用。邓玉华等2007年报道了基于Visual C＋＋矩形标尺智能识别。甄彤等2008年分别报道了专家系统在储粮机械通风控制研究中的应用研究；粮情智能决策支持系统研究与设计技术；2009年又分别报道了储粮害虫防治专家系统的研究；储粮熏蒸专家系统的知识表示与知识库的建立。钟朱彬2009年报道了虚拟专用网在储备粮库信息化中的应用研究。王新2009年报道了全国粮食统一电子竞价交易平台助力宏观调控的报告。张海洲等2009年报道了锦州港粮食现代物流管理信息系统的设计与开发。孙小平等2009年分别报道了大豆原料仓及粕料仓MES控制模式探讨与实践；信息化技术在粮食仓储物流企业中的创新应用。轩春江等2009年报道了MVC模式在粮油检验信息管理系统中的研究与应用。钟朱彬2009年报道了自动控制系统在机械化浅圆仓中的应用。

张兴红等2010年报道了基于神经网络的储粮测控专家系统的研究与应用。谢求实2010年报道了企业袋装产品仓储码放设计研究及经济性分析。王永强2011年报道了工业电视监控系统在散粮系统生产中的应用。周林泉2011年报道了粮仓窗户远程自动控制系统设计。潘剑峰2012年报道了粮食仓储中无线终端技术的应用。张锡贤等2012年报道了粮食仓储物流企业中信息化技术的全面应用。罗源等2012年报道了全信息化粮情智能监测系统研究。史钢强2012年报道了智能通风操作系统水分控制模型优化及程序设计。闻小龙等2012年报道了智能气调和智能通风系统应用试验。王金奎等2012年报道了信息化技术在粮食仓储管理中的应用。云顺忠等2012年报道了粮食储备库管理信息系统设计与应用。余吉庆等2012年报道了智能通风在储粮降温中扩大应用的研究。王涛等2012年报道了基于MapXtreme的全国粮食质量信息服务系统。宋锋等2013年报道了粮油仓储企业管理信息化系统建设与实践。何东华2013年报道了基于安卓的粮库信息查询系统。钟朱彬2013年报道了广东省储备粮管理信息化实践。江杨中2013年报道了数据备份在粮库信息化管理中的应用。李伟等2014年报道了智能出入库系统建设应用。卢曼等2016年报道了全集成自动化控制系统在粮食储备库中的应用。杨军2016年报道了借力"互联网＋"，提升粮油质量监测能力。王殿轩2016年报道了关于粮库智能化建设中仓储技术智能化的几点思考。陈赛赛等2016年报道了智能化粮库建设与应用现状。甄彤2017年报道了粮食信息化发展趋势。李小明等2017年报道了粮食质量安全监测抽样信息化系统建设和实践。韩志强等2018年报道了基于UWB定位系统在粮库中的应用分析。魏金久等2018年报道了粮库智能综合显控平台设计与应用。范帅通2018年报道了粮库信息化建设的硬件和软件。董晨阳等2019年报道了打造"智慧粮库"助力军粮企业发展。

附：分论二/第十二章著述目录

第十二章 粮情检测与信息化研究

第一节 粮情检测监控监管研究

［1］ 四川省丰都县飞龙区粮站.金属遥测、半导体点温度仪［J］.四川粮油科技，1972，（3）.

［2］ 四川芦山县思延粮库.试用热电偶测温器进行仓外测温［J］.四川粮油科技，1972，（3）:.

［3］ 成都市国营七一五厂，成都市粮油管理局.运用热敏电阻进行仓外多点遥测粮温的试验［J］.四川粮油科技，1973，（2）:20-23.

［4］ 阳宏.ZLB-600型粮温自动测量仪及其使用情况［J］.四川粮油科技，1974，（3）:1-6.

［5］ 江西省景德镇市粮食局储运加工站.粮食温度水分遥测器［J］.四川粮油科技，1974，（3）:26.

［6］ 湖北黄梅县小池镇粮油储运站.JS-1程序控制粮温遥测机简介［J］.四川粮油科技，1975，（3）:49.

［7］ 江苏省邗江县知识青年农业电子协作组，江苏邗江县粮食局科研组.SLX—Ⅰ型数字式粮食温度巡回遥测仪［J］.四川粮油科技，1976，（2）:16-20.

［8］ 河南省郸城县粮食局科研组.粮食遥控自动三测仪简介仪［J］.四川粮油科技，1977，（4）:35-36，44.

［9］ 苏景和.热敏电阻的应用［J］.粮食贮藏，1982，（4）:45-48.

［10］ 上海医用仪表厂.自动测温、测湿技术在粮食生产中的应用［J］.自动化仪表，1983，（4）:29.

［11］ 路洋.SWJ-81型袖珍式数字温度仪［J］.粮食储藏，1983，（4）:54.

［12］ 浙江省粮仓电子技术应用研制组.CXLT-1数字式粮温巡测仪研制情况介绍［C］//第三次全国粮油储藏学术会文选.成都：全国粮油储藏科技情报中心站，商业部四川粮食储藏科学研究所，1984.

［13］ 李春杰，张永生.地下仓储粮测温装置研制报告［C］//第三次全国粮油储藏学术会文选.成都：全国粮油储藏科技情报中心站，商业部四川粮食储藏科学研究所，1984.

［14］ 樊家祺.BL型袖珍数字测温仪［J］.粮食储藏，1984，（6）.

［15］ 王际胜.数字式热电偶粮食测温装置试验报告［C］//中国粮油学会储藏专业学会第一届年会学术交流论文.成都：中国粮油学会储藏专业学会，1986.

［16］ 王亚南.矩阵布线：一种新型粮仓测温布线法［C］//中国粮油学会储藏专业学会第一届年会学术交流论文.成都：中国粮油学会储藏专业学会，1986.

［17］ 张永生，李春杰.轻型测温电缆的结构设计原理［J］.粮食储藏，1986，（3）:7-9.

［18］ 黑龙江省粮油储运公司.数字式热电偶粮仓测温装置试验报告［C］//中国粮油学会储藏专业学会第一届年会学术交流论文.成都：中国粮油学会储藏专业学会，1986.

［19］ 黄代制，黄德成.关于当前粮仓电子测温敏感元件的探讨［J］.粮油仓储科技通讯，1987，（2）:44-45.

［20］ 姜吉林.GJ87型干簧继电器矩阵布线测温装置［J］.粮油仓储科技通讯，1988，（6）:29-30.

［21］ 钱火生.单板计算机在粮食温度检测中的应用［J］.粮油仓储科技通讯，1988，（5）:21-24.

［22］ 史洪义，甄艳华.用PC-1500微机检测粮食温湿度和水分［J］.粮油仓储科技通讯，1988，（4）:48-51.

［23］ 孙长增.应用微机程控巡测粮温和水分［J］.粮油仓储科技通讯，1989，（2）:9-12.

［24］张永生，石文生. 微型计算机粮情管理系统 [J]. 粮油仓储科技通讯，1989，（4）：20–24.

［25］邓发临，张涛，张琴. CWJ 型矩阵布线测温探索 [J]. 粮油仓储科技通讯，1989，（5）：9–11.

［26］蔡红深. 用热敏电阻作传感头制作干湿计 [J]. 粮油仓储科技通讯，1990，（3）：55–56.

［27］李俊录，吴福堂，黄军建，等. 微机多点测温系统应用研究 [J]. 粮油仓储科技通讯，1992，（5）：2–5.

［28］安运富，石亚和，陈晓波. PN–4H 型粮仓温湿度微机测控系统 [J]. 粮食储藏，1993，（6）：34–35.

［29］范景臣，胡韦华，赵新凯，等. 微机仓储管理系统的设计和应用 [J]. 粮油仓储科技通讯，1993，（1）：9–12.

［30］仇国斌. 计算机在地下仓粮温检测中的应用 [J]. 粮油仓储科技通讯，1993，（4）：15–18.

［31］蒋洪青，李毓敏，虞国伟，等. 单片微机在粮库温湿度测量和通风中的应用 [J]. 粮油仓储科技通讯，1993，（4）：10–14.

［32］黄素兰. PN 结测温应用技术研究 [J]. 粮油仓储科技通讯，1993，（3）：5.

［33］赵月仿，张建华. 粮仓微机检测系统的研究与应用 [J]. 粮食储藏，1995，（1）：30–33.

［34］云昌杰，廖继华. 计算机在粮库中的应用现状与展望 [J]. 粮食储藏，1995，（Z1）：45–48.

［35］田勇利，李仲平. 粮食仓库计算机测温中的通信技术 [J]. 郑州工程学院学报，1996，（3）：75–79.

［36］罗晓慧，赵仁斌. 一种分布式粮仓温度湿度检测系统 [J]. 郑州工程学院学报，1996，（3）：80–84.

［37］安运富，吴晓东，毛立贵. PN–4H2 型温湿度微机测控系统 [J]. 粮油仓储科技通讯，1997，（2）：20–22.

［38］齐建伟，侯永生，李秀英. CWS–I 型微机粮情检测及管理系统 [J]. 粮油仓储科技通讯，1998，（4）：15–18.

［39］张胜全. 用热敏电阻作传感器的粮温采集系统的一种新颖设计方案 [J]. 粮食储藏，1998，（4）：43–45.

［40］张胜全. 可用于粮温检测的新型单线数字温度传感器 [J]. 粮食储藏，1998，（2）：43–45.

［41］郭计文. 适用于粮仓测温的数字集成温度传感器 [J]. 粮油仓储科技通讯，2000，（5）：35–36.

［42］寇新莲，樊裕民，田长春，等. 再谈粮情测量控制系统的选择安装及使用 [J]. 粮油仓储科技通讯，2000，（4）：43–46.

［43］齐志高，李堃. 可编程控制器（PLC）技术在散粮储运自动化中的应用 [J]. 粮食储藏，2000，（3）：9–14.

［44］万华平，寇新莲，樊裕民，等. 论粮情测量控制系统选择安装使用管理的一些要点 [J]. 粮食流通技术，2000，（3）：34–36.

［45］郭红，石林. 如何提高 LYLDC–1A 粮情测控系统的数据采集与传输性能 [J]. 粮食储藏，2001，（1）：32–34.

［46］赫振方. 粮情测控系统在粮食储藏中的应用（一）[J]. 粮油食品科技，2001，（3）：20–22，26.

［47］李宏伟，吴捍东，兰建军. 浅谈矩阵布线在高大平房仓应用中存在的问题 [J]. 粮油仓储科技通讯，2001，（4）：23–24.

［48］张晶. 数据仓库技术在粮食系统中的应用 [J]. 郑州工程学院学报，2001，（3）：95–96，99.

［49］王效国，于卫东. 粮情测控系统在高大房式仓应用中的几点改进意见 [J]. 粮油仓储科技通讯，2001，（5）：35–36.

［50］雍治东，任培喜. 浅谈粮情测控系统在粮仓中的应用 [J]. 粮油仓储科技通讯，2001，（4）：37–38.

［51］石林. 如何选购粮情检测分析控制系统 [J]. 粮油仓储科技通讯，2001，（1）：30–32.

［52］王立春. 粮情测控系统验收要点 [J]. 粮油仓储科技通讯，2001，（2）：25–26.

［53］李宏伟，吴捍东，兰建军. 浅谈矩阵布线在高大平房仓应用中存在的问题 [J]. 粮油仓储科技通讯，2001，（4）：23–24.

［54］张胜全，谢兆鸿，毛哲，等．粮库温度集中监测系统的新技术 [J]. 粮油仓储科技通讯，2002，（2）：15-16.

［55］姚渭，傅剑萍．储粮害虫数量传感机理与技术体系 [J]. 粮食储藏，2002，（5）：3-8.

［56］赵玉霞．粮食储藏中粮堆温度与大气温度之关系 [J]. 粮油食品科技，2002，（6）：1-5.

［57］汪建，许驰．21 世纪粮情测控系统的研究与实现 [J]. 粮油仓储科技通讯，2002，（5）：34-36.

［58］范向东，李学武，梁维国，等．浅圆仓测温电缆孔密闭新方法 [J]. 粮油仓储科技通讯，2002，（5）：18.

［59］尹在宁，王火根．粮情测控系统在使用过程中存在的问题及其分析 [J]. 粮油仓储科技通讯，2003,（2）：50-51.

［60］张怀君，孟彬，汪福友．粮情测控系统在粮仓管理中的应用 [J]. 粮油仓储科技通讯，2003，（5）：47-48.

［61］岑琼，卓训文，陈伟．数字温度传感器在储粮中的应用 [J]. 粮食与油脂，2003，（12）：17-18.

［62］郑理芳．粮虫陷阱检测器在粮库中应用的初步研究 [J]. 粮油仓储科技通讯，2004，（1）：46.

［63］徐军玲．计算机粮情测控系统使用中易出现的问题及解决办法 [J]. 粮油仓储科技通讯，2004，（1）：31.

［64］吴迪，王玉坤，陈占玉，等．粮情电子测控系统使用现状与展望 [J]. 粮油仓储科技通讯，2004，（5）：22-23，33.

［65］乔龙超．CANGDS 粮情测控系统的故障与维护 [J]. 粮食与食品工业，2004，（1）：52-53.

［66］顾伟，苏宪庆．远红外数据传输粮情检测系统 [J]. 粮油仓储科技通讯，2004，（6）：39-41.

［67］唐发明，王仲东，陈绵云．OpenGL 在粮仓温度场可视化中的应用 [J]. 粮食储藏，2005，（2）：20-24.

［68］谭璐．基于 Java 技术的粮库湿度控制解决方案 [J]. 粮食科技与经济，2005，（2）：43-44.

［69］黎洪真，林镇清，于文江，等．ZH128 型粮情检测控制系统的应用和维护 [J]. 粮食科技与经济，2005，（4）：44-45.

［70］徐广文，谢兆鸿，毛哲，等．粮仓温度检测无线传输系统的研究 [J]. 粮食储藏，2005，（5）：49-51.

［71］许振伟．数据融合技术在粮情自动检测系统中的应用研究 [J]. 中国粮油学报，2006，（1）：122-124.

［72］雷丛林．粮情检测系统打印格式及数据处理研究 [J]. 粮食储藏，2006，（2）：47-50.

［73］王艳萍．H.264 压缩算法在粮仓储粮远程视频监控系统中的应用[J]. 河南工业大学学报(自然科学版），2006，（4）：86-88.

［74］许德存．粮情检测无线传输系统研究与应用 [J]. 粮油仓储科技通讯，2006，（5）：27-31.

［75］李天地，廖春黎．DLC- Ⅱ型粮情测控系统的常见故障及处理措施 [J]. 粮油仓储科技通讯，2006，（2）：29-30.

［76］徐碧．全数字式粮情测控系统的应用 [J]. 粮油仓储科技通讯，2006，（2）：31-32.

［77］江燮云．粮情检查的内容与程序 [J]. 粮油仓储科技通讯，2006，（3）：30-31.

［78］何强，栗震霄，陈宝军．MCGS 组态软件在粮情监控系统的应用 [J]. 粮油仓储科技通讯，2006，（6）：37-38.

［79］乔龙超．计算机电子测温系统防雷保护措施 [J]. 粮油仓储科技通讯，2006，（4）：33-34.

［80］乔龙超．CANGDS 粮情测控系统控制电源的改进 [J]. 粮油仓储科技通讯，2006，（1）：43-44.

［81］和国文，刘呈平，万君清．数字式及模拟式粮情检测运用试验 [J]. 粮油仓储科技通讯，2006，（1）：49-51.

［82］梁勇．粮仓中使用的各种温度传感器的分析与比较 [J]. 粮食储藏，2007，（6）：44-47.

［83］何强，栗震霄，陈宝军．数字式粮情测控系统在粮库中的应用 [J]．粮油食品科技，2007，（2）：21-22.

［84］李俊林，张元，廉飞宇．微波检测储粮水分技术的研究 [J]．粮油加工，2007，（9）：98-101.

［85］闫艳霞，曹玲芝．粮仓温度场数学模型研究 [J]．粮食储藏，2007，（4）：28-30.

［86］刘亚卓，张元．微波辐射计测粮仓粮食温度的研究 [J]．粮油加工，2007，（11）：96-98.

［87］刘宇静．基于无线传感器网络的智能粮仓监控系统 [J]．粮食储藏，2008，（3）：30-33.

［88］陈得民，张元，廉飞宇，等．粮库 PWSN 部署中 NP-Hard 问题的研究 [J]．河南工业大学学报（自然科学版），2008，（4）：6-9，19.

［89］李兴奎，孙俊景，鲁玉杰．用食物中有效化学成分监控储粮害虫 [J]．粮食流通技术，2008，（4）：21-25.

［90］朴相范，金明花．便携式智能粮食温度检测系统 [J]．粮食流通技术，2008，（3）：31-33.

［91］陈得民，张元，廉飞宇，等．粮库专用压力传感器的研制 [J]．河南工业大学学报（自然科学版），2008，（6）：65-68.

［92］曾颖峰，黄惟公，陈潇煜．基于 RS-485 总线粮温监测系统 [J]．粮食储藏，2008，（4）：39-40，44.

［93］孙会峰，万会蕊．基于 XML 的粮食储备库异构信息集成平台设计 [J]．河南工业大学学报（自然科学版），2008，（4）：60-63.

［94］钟朱彬．数字式粮情测控系统的应用和维护 [J]．粮食储藏，2008，（2）：39-42.

［95］甄彤，马志，张秋闻．多传感器信息融合技术在粮情测控中的应用 [J]．河南工业大学学报（自然科学版），2008，（4）：56-59.

［96］汪福友．LYLJ 型粮情测控系统的常见故障检修及应用体会 [J]．粮油仓储科技通讯，2008，（2）：43-44.

［97］张从宇，邱忠，罗绍华，等．新型无线手持检测系统在粮库中的应用 [J]．粮油仓储科技通讯，2008，（2）：41-42.

［98］王军，隋红华，徐宝昌．低辐射全无线技术在粮情监控中的应用 [J]．粮油仓储科技通讯，2008，（4）：28-30.

［99］徐振方，余文奇，孟艳花．基于"一线总线"的粮库温湿度监测系统 [J]．粮油加工，2009，（9）：103-105.

［100］孔李军，王锋．基于 RBF 神经网络的多传感器信息融合技术在粮情测控系统的应用 [J]．粮油加工，2009，（9）：99-103.

［101］乔龙超．新型 GSM 系列粮情测控系统的运用 [J]．粮油仓储科技通讯，2009，（3）：41-43.

［102］鞠兴荣，万忠民，陈建伟．粮食安全控制体系的建立 [J]．粮食储藏，2009，（3）：18-21.

［103］马志，甄彤，张秋闻．基于 BP 神经网络和 D-S 证据理论的粮情评价研究 [J]．粮食加工，2009，（4）：55-59.

［104］何联平，张超明．无线粮情测控系统在我库的应用 [J]．粮油仓储科技通讯，2009，（3）：17-18.

［105］许明辉，赵建华，任宏霞，等．GV2008 型粮情测控系统的应用与维护 [J]．粮食储藏，2010，（2）：44-47.

［106］周显青，崔丽静，林家永，等．电子鼻用于粮食储藏的研究进展 [J]．粮油食品科技，2010，（5）：63-66.

［107］陈宝均，申建邦，王玉栋，等．太阳能供电的粮库无线温湿度监控系统应用 [J]．粮油食品科技，2010，（6）：49-51.

［108］王朋涛，张元，付麦霞．粮库储粮空洞检测过程中证据冲突研究［J］.河南工业大学学报（自然科学版），2010，（1）：22-25.

［109］蒋玉英，张元，葛宏义．电磁波在粮仓储粮中传播衰减特性的研究［J］.粮油加工，2010，（7）：59-61.

［110］王婧，甄彤，吴建军，等．混合粒子群算法在储粮环境中的应用［J］.河南工业大学学报（自然科学版），2010，（4）：76-79.

［111］张兴红，甄彤，包晖．基于 DES 和 MD5 算法的安全注册系统［J］.计算机与数字工程，2010，（5）：96-98，150.

［112］张振声，刘献国，冯百联，等．远程粮情无线监控系统应用报告［J］.粮油仓储科技通讯，2011，（5）：7-9，22.

［113］王永强．工业电视监控系统在散粮系统生产中的应用［J］.粮油食品科技，2011，（4）：50-51.

［114］程万红．粮情检测系统雷击故障分析及防雷技术应用［J］.粮油仓储科技通讯，2011，（2）：42-43.

［115］王刚，朴相范．基于 GPRS 网络的粮食温度检测系统设计［J］.粮食与食品工业，2012，（1）：49-52.

［116］朱铁军，孟凡刚，施艳舞，等．近红外光谱技术在粮食检测中的应用进展［J］.粮食储藏，2012，（4）：46-50.

［117］张志明，程人俊，兰波．物联网粮情测控系统在粮食仓储管理中的应用［J］.粮油仓储科技通讯，2012，（6）：41-44.

［118］[121] 许明辉，林镇清．高大平房仓粮情测控系统防雷措施及设计方案浅析［J］.粮油仓储科技通讯，2012，（3）：30-31.

［119］苏州．基于嵌入式 Linux—ARM 的储粮监测技术的研究［J］.粮食储藏，2012，（4）：3-7.

［120］甄彤，董志杰，郭嘉，等．基于声音的储粮害虫检测系统设计［J］.河南工业大学学报（自然科学版），2012，（5）：79-82.

［121］甄彤，郭嘉，吴建军，等．粒子群算法求解粮堆温度模型参数优化问题［J］.计算机工程与应用，2012，（12）：206-208.

［122］戚长胜，莫建平，陈威．太阳能无线数字式粮情测控系统初探［J］.粮油仓储科技通讯，2012，（6）：12-14.

［123］罗源，庄波，罗绍华，等．双频段无线传感网络的粮情测控系统研究［J］.粮油仓储科技通讯，2013，（4）：41-44.

［124］王彩红，金广锋，张庆辉．无线粮情检测与管理系统设计［J］.河南工业大学学报（自然科学版），2013，（1）：103-107.

［125］王艺锦，张元，孙希林．基于电磁波层析成像的粮仓储粮水分检测方法的研究［J］.河南工业大学学报（自然科学版），2013，（3）：14-18.

［126］戴明，杨国华，孟召议．视频合成技术的粮食存储无线监控系统的设计［J］.粮食与饲料工业，2013，（12）：10-12.

［127］刘志祥．我国粮情测控系统的现状及展望［J］.粮油仓储科技通讯，2013，（6）：38-39.

［128］张伟．粮食筒仓斗提机测温系统的研究与应用［J］.粮食流通技术，2014，（1）：43-47.

［129］张学娣，杨晨晓．浅析新技术在粮食检测中的应用［J］.粮油加工，2014，（2）：66-68.

［130］甄彤，桑俊杰，肖乐．WebGL 技术在粮温监控中的应用［J］.河南工业大学学报（自然科学版），2014，（1）：96-99.

［131］尹君，吴子丹，吴晓明，等 . 基于温湿度场耦合的粮堆离散测点温度场重现分析 [J]. 中国粮油学报，2014，（12）：95-101.

［132］刘志祥 . 多点粮情测温仪表的设计 [J]. 粮油仓储科技通讯，2014，（1）：48-49.

［133］刘鲁光，周士发，陈明伟，等 . 远程粮情暨空仓预警系统的应用与维护研究 [J]. 粮油仓储科技通讯，2014，（1）：7-9.

［134］王晶磊 . 粮情测控远程监管平台使用效果及情况分析 [J]. 粮油仓储科技通讯，2015，（2）：50-52.

［135］陈赛赛，王力，尹道娟，等 . 粮食智能出入库系统实现与应用 [J]. 粮食储藏，2015，（5）：50-54.

［136］陈赛赛，王力，胡育铭，等 . 粮库视频监控系统应用与思考 [J]. 粮食储藏，2015，（5）：53-55.

［137］张志明，兰波，刘建荣，等 . 数字化技术在粮食熏蒸磷化氢浓度远程检测中的应用 [J]. 粮食储藏，2015，（2）：27-29.

［138］严梅 . 浅谈粮情测控远程监管系统在仓储管理中的应用 [J]. 粮油仓储科技通讯，2015，（4）：33-34.

［139］姜辉，甄彤，王锋 . 基于 ARM/ZigBee 的远程粮情监控系统的研究与设计 [J]. 中国农机化学报，2015，（2）：99-103.

［140］戴斌，雷超祥，张春锋 . 一种有效监管粮食进出库的方法探讨 [J]. 粮油仓储科技通讯，2016，（1）：13-18.

［141］胡荣辉，甄彤，陶文浩，等 . 大数据在粮库粮情预测中的应用 [J]. 粮油食品科技，2016，（5）：98-101.

［142］张银花，甄彤，吴建军 . 基于云遗传 RBF 神经网络的储粮温度预测研究 [J]. 粮食储藏，2016，（3）：1-3.

［143］金路，陈永根，程永仙 . 多参数粮情在线检测系统的研究和应用 [J]. 粮油仓储科技通讯，2017，（1）：14-16.

［144］付鹏程，赵小军，李晓亮，等 . 粮情分析系统开发及应用实践（一）[J]. 粮食储藏，2017，（4）：1-4.

［145］曹志帅，姜祖新，赵小军，等 . 粮情分析系统开发及应用实践（二）[J]. 粮食储藏，2017，（5）：1-4.

［146］王大童，程万红 . 手持式粮情数据采集表的设计 [J]. 粮食储藏，2017，（5）：43-45.

［147］吴兰，王若兰，李秀娟，等 . 储粮异常评测方法探析 [J]. 粮食储藏，2017，（5）：52-56.

［148］廉飞宇，付麦霞，许德刚 . 粮虫在线检测图像的 Daubechies 小波压缩算法 [J]. 粮食储藏，2018，（1）：17-22.

［149］马彬，金志明，蒋旭初，等 . 储粮害虫在线监测技术的研究进展 [J]. 粮食储藏，2018，（2）：27-31.

［150］鲍舒恬 . 基于物联网和云平台技术的超低功耗多功能无线粮情测控系统设计的探讨 [J]. 粮油仓储科技通讯，2018，（3）：41-44.

［151］魏金久，牛佳，张勇 . 自适应高效粮情测控板的设计与实现 [J]. 粮食储藏，2018，（5）：47-52.

［152］沈银飞，徐炜，沈学明，等 . 多参数粮情检测系统实仓应用与研究 [J]. 粮食储藏，2018，（5）：53-56.

［153］卢献礼，李克强，李晓亮 . 关于粮情测控系统使用情况的调研报告 [J]. 粮油仓储科技通讯，2018，（3）：14-15.

［154］黄曦东，黄新宏，万安平，等 . 远程无线粮情监测云平台的设计与应用 [J]. 粮油仓储科技通讯，2019，（2）：30-33.

［155］王涛，王纪强，赵林 . 粮仓光纤温湿度监测技术研究 [J]. 粮油仓储科技通讯，2019，（6）：49-52.

［156］上海市第十粮食仓库 . 晶体管微音粮食害虫探测仪（TWI）[J]. 四川粮油科技，1974，（3）：17-20.

［157］上海市第十粮食仓库 . 晶体管粮食害虫探测仪 (晶体管粮食害虫探测仪的实验与制作)[J]. 四川粮油科技，1975，（3）：25-34.

［158］许景伍，滕瑞干 . 电动吸粉螨器 [J]. 粮食贮藏，1981，（4）：52.

第二节　粮油品质检测技术与方法研究

［159］吴汉芹．稻米品质的几种简易测定方法 [J]．粮食科技通讯，1959，（1）．

［160］杨浩然．用碘量法测定谷物中的还原糖与非还原糖 [J]．粮食科技通讯，1959，（4）．

［161］刘洪英．粮食油料中结合态与游离态脂肪及其含量的测定方法 [J]．粮食科技通讯，1960，（3）．

［162］河北省粮食厅．油脂感官鉴定 [J]．粮食科技通讯，1966，（3）．

［163］顾士祥．系于快速测定含油量的试验 [J]．粮油科技通讯，1966，（9）．

［164］江苏无线电科研所．面粉白度计 [J]．粮油科技通讯，1967，（1）．

［165］天津商检局．蛋白质快速测定法（5 分钟缩二脲方法）[J]．四川粮油科技，1976，（4）：45.

［166］广西壮族自治区三江县粮食局．蛋白质快速测定法 [J]．四川粮油科技，1976，（4）．

［167］上海市粮食储运公司．大米黏度方法的试验 [J]．四川粮油科技，1977，（3）：9-16.

［168］孟庆生，莫汝金．试用"蒽酮分光光度法"测定稻谷中的淀粉 [J]．四川粮油科技，1978，（4）：36-39.

［169］孟庆生．气相色谱法测定稻谷中游离脂肪酸 [J]．四川粮油科技，1978，（1）：45-48.

［170］四川省万县地区粮食局炼油厂化验室．改进脂肪抽提器及抽提方法的初步试验 [J]．四川粮油科技，1978，（2）：32-36.

［171］北京市粮科所生化组．测定条件对粮食脂肪酸含量测定结果的影响 [J]．四川粮油科技，1978，（3）：15-17.

［172］胡文清．稻谷甲脂值的测定方法 [J]．粮食贮藏，1979，（3）．

［173］李志高．关于面粉中磁性金属含量测定 [J]．粮食贮藏，1979，（4）：29，31.

［174］湖北省公安县粮食局．"浮谷定糙"方法介绍 [J]．粮食贮藏，1979，（4）：36-37.

［175］彭以成，毛原福．大米留皮次甲基兰、甲基红染色法 [J]．粮食贮藏，1980，（1）：34-35.

［176］李志高．检验面粉中泥砂含量的一种方法介绍 [J]．粮食贮藏，1980，（1）：35-36.

［177］孟庆生，莫汝金．淀粉成分与粮食品质及其测定方法简介 [J]．粮食贮藏，1980，（1）：26-30.

［178］凌家煜，夏奇志，蒋美英．粮食中挥发性羰基化合物 (VCC) 的组成分析与含量测定 [J]．粮食贮藏，1980，（1）：20-25.

［179］朱承相，史海林，郝文川．糖化力及其测定 [J]．粮食贮藏，1980，（4）：8-12.

［180］黄思棣，张法楷．谷物中蛋白质的快速消化法 [J]．粮食贮藏，1980，（4）：13-15.

［181］乐也国．关于油脂碘值测定中韦氏碘液配制方法讨论 [J]．粮食贮藏，1980，（3）：28-29.

［182］湖北省粮食厅科技处．浮谷定糙法和计算盘介绍 [J]．粮食贮藏，1980，（3）：30-31.

［183］钟丽玉．米面食品中生熟度的鉴别 [C]// 第二次全国粮油储藏专业学术交流会文献选编．成都：全国粮油储藏科技情报中心站，粮食部四川粮食储藏科学研究所，1981.

［184］李未明．粗脂肪的几种测定方法对比试验 [C]// 第二次全国粮油储藏专业学术交流会文献选编．成都：全国粮油储藏科技情报中心站，粮食部四川粮食储藏科学研究所，1981.

［185］朱雪瑜，徐一纯，张菊英．大米黏度与碘兰值相关性的研究 [J]．粮食贮藏，1981，（3）：41-44.

［186］杜颖，王文钦．折光指数法测定亚麻油碘价 [J]．粮食贮藏，1981，（5）：43-45.

［187］陈家驹．对浮谷定糙的几点不同意见 [J]．粮食贮藏，1982，（6）：54-56.

［188］刘瑞征，黄绍鸣．粮食蛋白质的电泳分析Ⅰ．电泳技术在粮食科学中的应用 [J]．粮食贮藏，1982，（4）：24-29.

［189］杨伟雄，汪萝苹，胡昌彬 . DBL 法测定谷物和饲料中赖氨酸含量的研究 [J]. 粮食贮藏，1982，（4）：30–37.

［190］余德寿，杨玲 . 用薄层色谱法试测稻谷和大米中核黄素 [J]. 粮食贮藏，1982，（4）：38–39.

［191］孟庆生，莫汝金，代学敏，等 . 菜籽油中芥酸的测定方法 [J]. 粮食贮藏，1982，（1）：30–31.

［192］单友谅，何照范 . 谷物淀粉组份碘结合量及相对分子量的测定 [J]. 粮食贮藏，1982，（5）：11–13.

［193］孟庆生，莫汝金 . 玉米醇溶蛋白亚基组分的研究：十二烷基硫酸钠聚丙烯酰胺凝胶电泳法 [J]. 粮食储藏，1983，（5）：32–35.

［194］钟丽玉 . 谷物中的赖氨酸分析：TNBS 法的实验研究 [J]. 粮食储藏，1983，（3）：27–33.

［195］徐全生，戴学敏，杨运国，等 . 部分油菜籽品种的芥酸含量的研究 [J]. 粮食储藏，1983，（3）：33–37.

［196］刘瑞征，郑慧芬，曲华 . 小麦 α 淀粉酶活性比色测定法 [J]. 粮食储藏，1983，（4）.

［197］熊绿芸 . 温度对染料结合 (DBL) 法测定谷物中赖氨酸含量的影响 [J]. 粮食储藏，1983，（6）：35–39，41.

［198］孟庆生，莫汝金 . 利用小麦醇溶性蛋白十二烷基硫酸钠：聚丙烯酰胺凝胶电泳图谱鉴定小麦品种 [C]// 第三次全国粮油储藏学术会文选 . 成都：全国粮油储藏科技情报中心站，商业部四川粮食储藏科学研究所，1984：494–499.

［199］何照范，单友谅 . 谷物直链、支链淀粉纯品制备及测定方法的研究 [C]// 第三次全国粮油储藏学术会文选 . 成都：全国粮油储藏科技情报中心站，商业部四川粮食储藏科学研究所，1984.

［200］叶在荣，单友谅，朱文适 . 植物种子中主要不饱和脂肪酸的薄层分析方法 [C]// 第三次全国粮油储藏学术会文选 . 成都：全国粮油储藏科技情报中心站，商业部四川粮食储藏科学研究所，1984.

［201］关剑秋，张杰等 . 葵花籽油絮状凝集物的分析 [C]// 第三次全国粮油储藏学术会文选 . 成都：全国粮油储藏科技情报中心站，商业部四川粮食储藏科学研究所，1984.

［202］佟祥山，林永齐，李青山，等 . 葵花籽研究 II 葵花籽及其榨油饼中绿原酸的研究 [C]// 第三次全国粮油储藏学术会文选 . 成都：全国粮油储藏科技情报中心站，商业部四川粮食储藏科学研究所，1984.

［203］胡文清 . 粮油中脂类物质及其脂肪酸组成的分析技术 [C]// 第三次全国粮油储藏学术会文选 . 成都：全国粮油储藏科技情报中心站，商业部四川粮食储藏科学研究所，1984.

［204］徐永安 . 几种小麦硬度测定方法的研究比较 [C]// 第三次全国粮油储藏科技情报中心站，商业部四川粮食储藏科学研究所，1984.

［205］郑家丰，吴子丹，褚丙生 . 白米降落黏度法：一种快速黏度测定方法 [C]// 第三次全国粮油储藏学术会文选 . 成都：全国粮油储藏科技情报中心站，商业部四川粮食储藏科学研究所，1984.

［206］佘纲哲 . 小麦糖脂的测定及其应用 [C]// 第三次全国粮油储藏学术会文选 . 成都：全国粮油储藏科技情报中心站，商业部四川粮食储藏科学研究所，1984.

［207］王钦文 . 用磺化反应法测定亚麻油的纯度 [C]// 第三次全国粮油储藏学术会文选 . 成都：全国粮油储藏科技情报中心站，商业部四川粮食储藏科学研究所，1984.

［208］谭鑫寿 . 桐子含油量测定方法的讨论 [C]// 第三次全国粮油储藏科技情报中心站，商业部四川粮食储藏科学研究所，1984.

［209］吕季璋 . 大米中挥发性硫化物的捕集及分光光度测定法：大米储藏陈化劣度指标检测方法的研究（之一）[J]. 粮食储藏，1984，（6）.

［210］代学敏. 粮油中脂肪酸的气相色谱法 [J]. 粮食储藏，1984，（1）:33-37.

［211］张式俭. 高压液相色谱方法在粮油食品分析中的应用 [J]. 粮油储藏，1984，（2）：39-44.

［212］杨建新. 粮食脂肪酸测定方法：无水乙醇提取法 [J]. 粮食储藏，1984，（2）：35-38.

［213］张福田. 发射光谱法测定粮食中二十种微量元素 [J]. 粮食储藏，1984，（6）.

［214］刘瑞征，郑慧芬. 发芽小麦籽粒不同的部位的 α：淀粉酶活力 [J]. 粮食储藏，1984，（3）：12-14.

［215］杨浩然. 粮食黏度的测定：毛细管黏度计法 [J]. 粮食储藏，1984，（5）：25-27.

［216］李合连. 面粉灰分测定方法的研究 [J]. 粮食储藏，1984，（3）：18-22.

［217］冯淑忠，郝文川，覃章贵. 正相高压液相色谱法测定植物油中的生育酚 [J]. 粮食储藏，1984，（4）：39-42.

［218］郝文川. 罗维朋比色计的使用 [J]. 粮食储藏，1984，（2）：44-46.

［219］叶如生. 2% 氯化钠溶液测定小麦粉面筋质 [J]. 粮食储藏，1984，（3）：37-38.

［220］四川省遂宁县粮食局中心化验室. 麻油香味的糠醛比色测定法和应用 [J]. 粮食储藏，1984，（3）：15-17.

［221］383 凌家煜，孟庆生，龚兰，等. 稻米中游离脂肪酸和有机酸的层析研究 [C]// 商业部四川粮食储藏科学研究所科研报告论文集. 成都：全国粮油储藏科技情报中心站，1985.

［222］孟庆生，莫汝金. 干凝胶片制作方法的研究 [C]// 商业部四川粮食储藏科学研究所科研报告论文集. 成都：全国粮油储藏科技情报中心站，1985.

［223］孟庆生，莫汝金. 小麦醇溶蛋白薄层凝胶等电聚焦图谱比较及在品种鉴定上的应用 [C]// 商业部四川粮食储藏科学研究所科研报告论文集. 成都：全国粮油储藏科技情报中心站，1985.

［224］夏奇志，蒋美英. 稻谷中挥发性羰基化合物 (VCC) 的组成和含量与储藏年限及储藏方法的关系 [C]// 商业部四川粮食储藏科学研究所科研报告论文集. 成都：全国粮油储藏科技情报中心站，1985.

［225］朱展才. 过氧化物酶活性的测定 [J]. 粮食储藏，1985，（3）：72-80.

［226］胡文清，刘道富，陈一民. 气相色谱法测定粮油样品脂肪酸成分的比较研究 [J]. 粮食储藏，1985，（1）：35-44.

［227］谢晓涛. 花生油酸价、过氧化值和酸败三者相关性初探 [J]. 粮食储藏，1985，（3）：25-28.

［228］余德寿，周虹，杨玲，等. 植物油中磷脂的测定 [J]. 粮食储藏，1985，（5）：41-44.

［229］乔宗清. 不同浓度乙醇配制的氢氧化钾液对粮食脂肪酸值结果的影响 [J]. 粮油仓储科技通讯，1985，（4）：31.

［230］田春. 食油酸价测定有了新的快速法 [J]. 粮油仓储科技通讯，1985，（1）：38.

［231］叶在荣，单友谅，朱文适. 油菜籽芥酸含量分析中取样量对测定值影响的研究 [J]. 粮食储藏，1986，（4）：29-32.

［232］龚汉林. 粮食黏度的测定：毛细管式黏度记测定法 [J]. 粮食储藏，1986，（3）.

［233］王荣民，顾春风. 溶剂萃取、气相色谱法及卡尔、费休法测定 AW 值的探讨 [J]. 粮食储藏，1986，（1）：47-51.

［234］谢守华. 水溶性无机磷含量和稻谷品质的关系 [J]. 粮食储藏，1986，（2）：43-46.

［235］覃章贵，冯淑忠. 植物油中 β 胡萝卜素的测定 [J]. 粮食储藏，1986，（2）：38-42.

［236］沈超，王显纯. 油菜籽收割方法与含油量关系的初探 [J]. 粮油仓储科技通讯，1986，（4）：50-51.

［237］霍权恭，周展明，陈达明，等. 小麦品质的近红外光谱研究 [C]// 中国粮油学会储藏专业学会第一届年会学术交流论文. 成都：中国粮油学会储藏专业学会，1986.

[238] 荣黎旺，张桂莲.食品中糖类物质掺伪检验 [C]// 中国粮油学会储藏专业学会第一届年会学术交流论文.成都：中国粮油学会储藏专业学会，1986.

[239] 郭景柱，张景春.LL- 300 型热浸式快速脂肪抽提器试验研究 [C]// 中国粮油学会储藏专业学会第一届年会学术交流论文.成都：中国粮油学会储藏专业学会，1986.

[240] 朱雪瑜，赵同芳.用 SDS- 聚丙烯酰胺电泳分析法分析粮食蛋白质技术介绍 [C]// 中国粮油学会储藏专业学会第一届年会学术交流论文.成都：中国粮油学会储藏专业学会，1986.

[241] 张瑞婷.用日立 –50 型分析仪进行氨基酸分析过程中盐酸水解法制备样品液的某些具体操作对分析结果的影响 [C]// 中国粮油学会储藏专业学会第一届年会学术交流论文.成都：中国粮油学会储藏专业学会，1986.

[242] 张华兰.降低氨基酸成本的有效方法 [C]// 中国粮油学会储藏专业学会第一届年会学术交流论文.成都：中国粮油学会储藏专业学会，1986.

[243] 张华兰.酸水解样品提高氮氨酸回收率方法 [C]// 中国粮油学会储藏专业学会第一届年会学术交流论文.成都：中国粮油学会储藏专业学会，1986.

[244] 史海林，张式俭，黄彦斌.大豆中脲酶活力测定及热钝化作用研究 [J].粮食储藏，1987，（3）：30–34.

[245] 吴金兰，杨均瑜.稻谷、大米过氧化物酶变化规律研究 [J].粮食储藏，1987，（3）：35–41.

[246] 沈东根.小麦粉烘焙品质的简易判别法 [J].粮油仓储科技通讯，1987，（4）：33–34.

[247] 何照范，熊绿芸，卿晓红.主要谷物中维生素 E 含量的分析 [J].粮食储藏，1988，（1）：17–21.

[248] 王兰，张旭林，李志军.淀粉对面包烘焙品质的影响 [J].郑州粮食学院学报，1988，（1）：29–35.

[249] 钟丽玉，俞霄霖，洪丹，等.大米糊化特性曲线探讨 [J].粮食储藏，1988，（3）：43–49.

[250] 王肇慈，袁健.沉降值与小麦食用工艺品质的关系 [J].粮食储藏，1988，（3）：50–56.

[251] 余德寿，银尧明，杨玲，等.双波长分光光度法同时测定直链淀粉、支链淀粉、淀粉总量及鉴别糯米粉中掺混籼米粉研究 [J].粮食储藏，1988，（6）：24–28.

[252] 吴泉兴，顾云仙，黄府珍.电磁式研磨器在测定粮油粗脂肪含量中的应用 [J].粮食储藏，1988，（6）：40–43.

[253] 曾远新，郑玉茂.NH5110 核磁共振含油量测试仪原理及应用 [J].粮食储藏，1988，（4）：34–38.

[254] 宋福太.七种谷物的降落值与其他品质指标的关系 [J].郑州粮食学院学报，1988，（2）：100–102.

[255] 晏书明，石海燕，彭文君，等.我国粮食水分快速测定仪选定型精选试验的研究 [J].粮食储藏，1989，（2）：35–45.

[256] 柯惠玲，胡秋林，潘从道.试用布拉班德磨测定小麦出粉率的研究 [J].武汉粮食工业学院学报，1990，（2）：1–6.

[257] 刘静义，王明俊，于明善.小麦粉品质常用指标集的数学试验设计 [J].武汉粮食工业学院学报，1991，（3）：48–55.

[258] 张辉.隧道式水分测定器中点校准法 [J].粮油仓储科技通讯，1992，（4）：43–44.

[259] 田玉恩，李焕喜，鞠今风.关于储藏玉米品质控制指标问题的商榷 [J].粮食储藏，1993，（2）：41–42.

[260] 汤镇加，陈淑清，赵秋霞.不同储藏形式粳谷品质变化研究 [J].粮食储藏，1994，（5）：17–21.

[261] 张聚元，李红斌.应用灰色系统理论对粮食储藏品质变化的分析研究 [J].粮食储藏，1994，（6）：26–33.

［262］祁国中，路茜玉，周展明．玉米品种自动化鉴定研究Ⅰ．电泳数据标准化研究 [J]．中国粮油学报，1995，（2）：35–38．

［263］顾伟珠，汪延祥．多元线性回归法分析油菜籽含油量的近红外光谱数据 [J]．中国粮油学报，1995，（2）：57–64．

［264］朱之光，霍权恭，周展明．食用植物油鉴别方法的研究：不皂化物分离分析法 [J]．中国粮油学报，1995，（1）：46–49．

［265］张玉良，曹永生．我国小麦品种资源蛋白质含量的研究 [J]．中国粮油学报，1995，（2）：5–8．

［266］潘良文，陶军，关裕亮．用 SDS–PAGE 方法鉴别进口大麦品种 [J]．中国粮油学报，1998，（4）：8–12

［267］滕召胜，刘坤华，唐瑞明，等．粮食水分快速检测技术综合评述 [J]．中国粮油学报，1999，（3）：53–57．

［268］程国旺，马传喜．小麦品质性状与我国小麦品质的改良途径 [J]．粮油仓储科技通讯，1999，（5）：28–29．

［269］沈培林，席杰武，李选臣．快速测定面粉品质的方法 [J]．粮食储藏，2000，（4）：41–44．

［270］梁岐，张鸣镝，陶红．储存受损害大豆的磷脂成分变化的高效液相色谱分析 [J]．中国油脂，2000，（6）：141–142．

［271］王明伟，潘从道，韦云熙，等．小麦粉复合品质改良及营养强化的研究 [J]．武汉工业学院学报，2000，（1）：1–5．

［272］袁建，杨晓蓉，王肇慈．稻米直链淀粉含量测定方法的研究 [J]．粮食储藏，2000，（1）：38–44．

［273］何英．油脂过氧化值测定方法的比较 [J]．粮食储藏，2000，（1）：45–47．

［274］屠洁．气相色谱测定浸出油残留溶剂的改进方法：在没有新鲜机榨油情况下测定残留溶剂 [J]．粮食储藏，2000，（2）：38–41．

［275］章广萍．深层次分析稻谷水分的测定结果 [J]．粮油仓储科技通讯，2001，（2）：44．

［276］郭维荣．米汤碘兰值作为大米食用品质代用指标的探讨 [J]．粮油仓储科技通讯，2001，（2）：43–44．

［277］张耀武，王振军．红外光谱法测定涂油大米中的矿物油 [J]．粮油食品科技，2001，（5）：48–49．

［278］洪大应．对提高稻谷整精米率检验准确度的意见 [J]．粮食储藏，2001，（3）：47–48．

［279］彭健．试论粮食黏度测定中的几个问题 [J]．粮油食品科技，2001，（5）：50–51．

［280］尚艳娥，周光俊．加碘芝麻油中碘含量测定方法的研究 [J]．粮食储藏，2001，（6）：32–34．

［281］吴晓寅．关于玉米脂肪酸值测定标准的讨论 [J]．粮油仓储科技通讯，2001，（3）：39．

［282］胡德新．LDS–ID 电脑水分测定仪测定稻谷水分应用报告 [J]．粮油仓储科技通讯，2001，（5）：34–36．

［283］李可．对正确确定粮食储藏容重方法的初探 [J]．粮油仓储科技通讯，2001，（5）：47．

［284］杨国剑．影响稻谷整精米率的因素初探 [J]．粮油仓储科技通讯，2001，（2）：45–46．

［285］陈向红，何春雷．关于整精米率的检验结果及其相关问题的思考 [J]．粮油仓储科技通讯，2001，（5）：44–46．

［286］展海军，李建伟，金华丽，等．小麦储藏期间品质变化的研究 [J]．郑州工程学院学报，2002，（2）：41–43．

［287］史玮．测定过氧化苯甲酰所需色谱柱的制备及老化方法研究 [J]．粮食储藏，2002，（5）：38–39．

［288］易世孝，王丰富，游红光，等．稻谷整精米率检验操作之探讨 [J]．粮食储藏，2002，（5）：45–46．

［289］范璐，周展明，汤坚．图像分析测定红麦硬度方法的研究 [J]．中国粮油学报，2002，（6）：28–31．

［290］何学超，杨军，肖学彬 . "质量容积"代替"容重"评价粮油品质的探讨 [J]. 粮油仓储科技通讯，2002，（3）：46-48.

［291］戴晋生，曹素芳，尚瑛达 . 测定食用植物油中过氧化值的方法改进 [J]. 粮油仓储科技通讯，2002，（4）：45-47.

［292］黄光华，杨文钢 . 面粉增白剂过氧化苯甲酰若干问题的探讨 [J]. 粮油仓储科技通讯，2002，（5）：45-46.

［293］张彩乔 . 粮油检验过程中几个问题的探讨 [J]. 粮油仓储科技通讯，2002，（6）：43-44.

［294］徐萍，王宏明，苏坚 . 影响整精米率因素的探讨 [J]. 粮油仓储科技通讯，2002，（6）：45.

［295］谢新华，肖昕，李晓方，等 . 近红外光谱技术在粮油检测中的应用 [J]. 粮食与食品工业，2003，（4）：55-58.

［296］刘烨，董艳，赫世杰 . 用色谱柱箱作为烘箱测定粮食与油料中水分含量的试验 [J]. 粮食与食品工业，2003，（4）：52-54.

［297］张莉莉 . 粮油质检工作存在的问题及对策 [J]. 粮食与食品工业，2003，（4）：5-6，14.

［298］杨军，杨卫民 . 玉米水分测定方法的比较 [J]. 粮食储藏，2003，（2）：46-47.

［299］蔚然 . 优质小麦快速检测方法的探讨 [J]. 粮食储藏，2003，（2）：43-45.

［300］展海军，范璐，周展明，等 . 用热分析技术评价小麦新鲜度的研究 [J]. 中国粮油学报，2003，（1）：78-80.

［301］侯彩云，李慧园，尚艳芬，等 . 稻谷品质的图像识别与快速检测 [J]. 中国粮油学报，2003，（4）：80-83.

［302］杨慧萍，宋伟，曹玉华，等 . 电位滴定法测定粮食脂肪酸值的研究 [J]. 中国粮油学报，2003，（6）：78-82.

［303］薛志勇 . 粮食灰分测定中应注意的问题 [J]. 粮食流通技术，2003，（1）：21-46.

［304］谢新华，肖昕，李晓方，等 . 近红外光谱技术在粮油检测中的应用 [J]. 粮食与食品工业，2003，（4）：55-58.

［305］谭大文，杨德香，黎迤昂 . 碾磨细度对稻谷黏度测定结果的影响 [J]. 粮食储藏，2003，（5）：33-35.

［306］肇立春 . 浅谈食用油脂的氧化及其测定 [J]. 粮食与食品工业，2003，（1）：17-18.

［307］杜平 . 面粉检查筛与面粉质量的稳定性 [J]. 粮食与食品工业，2004，（4）：26.

［308］戴红英，马明 . 粮食黏度测定操作之探讨 [J]. 粮食储藏，2004，（6）：53-54.

［309］杨军，肖学彬 . 影响脂肪酸值测定因素探讨 [J]. 粮食储藏，2004，（5）：54-56.

［310］陈向红，何春雷，张薇，等 . 对稻谷黏度测定结果准确度的剖析 [J]. 粮食储藏，2004，（5）：45-46.

［311］张凤枰，冉莉，张蓉健，等 . 粮食、油料及饲料粗脂肪测定方法比较 [J]. 粮食储藏，2004，（5）：42-44.

［312］史玮，李姣红 . 小麦粉中过氧化苯甲酰测定方法的探讨 [J]. 粮食储藏，2004，（1）：44-56.

［313］钟国清 . 油脂碘值的测定方法研究 [J]. 粮食储藏，2004，（1）：29-30.

［314］钟国清 . 油脂碘值的快速测定 [J]. 粮食储藏，2004，（2）：44-45.

［315］刘晓庚，陶进华，汪玉敏，等 . 论粮油食品理化检测中的质量保证与控制 [J]. 粮食与食品工业，2004，（2）：50-52.

[316] 刘桦，赵杰文，江水泉 . 高光谱图像在农畜产品品质与安全性检测中的研究现状与展望 [J]. 粮食与食品工业，2004，（2）：47-49.

[317] 张胜全 . 电阻式粮食水分含量的测定方法 [J]. 粮食加工与食品机械，2005，（2）：66-67.

[318] 李天真，周柏清 . 基于计算机视觉技术的稻米检测研究 [J]. 粮食与食品工业，2005，（4）：50-53.

[319] 吴纪秋 . 快速检验小麦品质方法初探 [J]. 粮食与食品工业，2005，（3）：49-52.

[320] 王世杰，林作楫，吴政卿，等 . 小麦品质微量测定方法的评价 [J]. 中国粮油学报，2006，（4）：124-127.

[321] 张鹏，王凤成，张勇，等 . 小麦面团黏度的影响因素研究进展 [J]. 粮食与油脂，2006，（6）：12-13.

[322] 龚红菊，姬长英 . 谷物水分测量方法的比较研究 [J]. 粮油加工，2006，（3）：60-61.

[323] 屠洁 . 色谱柱的填充和老化 [J]. 粮油仓储科技通讯，2006，（2）：51-52.

[324] 王小萍 . 确保粮油检测结果准确性应注意的几个问题 [J]. 粮油仓储科技通讯，2006，（2）：53-54.

[325] 王小萍，张庶社 . 核磁共振法在油菜籽含油量测定技术中的应用 [J]. 粮油仓储科技通讯，2006，（5）：43-44.

[326] 穆洪海，易宗贵 . 用活性炭作脱色剂对粮食脂肪酸值测定的影响 [J]. 粮油仓储科技通讯，2006，（5）：45-46.

[327] 杨慧萍，宋伟，王素雅，等 . 三种测定粮食脂肪酸值标准方法的比较 [J]. 粮食储藏，2006，（2）：43-46.

[328] 陈福海，李学富 . 便携式多功能粮食检测箱的试验和应用 [J]. 粮油仓储科技通讯，2006，（6）：33-34.

[329] 魏瑶 . 小麦淀粉磷酸酯取代度的测定 [J]. 粮食储藏，2006，（4）：46-48.

[330] 王小伟，侯彩云 . 小麦粉中三价铁检测方法的研究 [J]. 中国粮油学报，2006，（5）：144-147.

[331] 狄岚 . 利用矩阵实验室（MATLAB）实现谷类图像的增强 [J]. 粮食与食品工业，2006，（1）：54-57.

[332] 何学超，郭道林，肖学彬，等 . 脂肪酸值仪法测定稻米脂肪酸值研究 [J]. 粮食储藏，2006，（6）：31-38.

[333] 高向阳，冉慧慧，陈启航 . 标准加入直读法快速测定南阳彩色小麦面粉中硝酸根的研究 [J]. 粮食储藏，2006，（6）：39-41.

[334] 严梅荣 . 粮食脂肪酸值测定方法的研究进展 [J]. 粮食储藏，2006，（3）：29-31.

[335] 董德良，毛根武 . 米质判定器在粮食感官检验方面的应用 [J]. 粮食储藏，2006，（3）：32-34.

[336] 程建华，姜涛，王德谦 . 饲料储藏品质指标研究 [J]. 粮食储藏，2006，（3）：35-38.

[337] 孙向东，任红波，姚鑫淼 . 糙米发芽期间生理活性成分 γ - 氨基丁酸变化规律研究 [J]. 粮油加工，2006，（1）;63-68.

[338] 周斌 . 面粉中溴酸钾测定方法的探讨 [J]. 粮油仓储科技通讯，2006，（1）:48，56.

[339] 郑定钊 . 稻谷脂肪酸值测定中不确定度的影响因素及讨论 [J]. 粮油仓储科技通讯，2006，（4）:27-30.

[340] 刘付彩，宋加良，王万永 . 小麦黏度测定中糊化状态的控制 [J]. 粮油仓储科技通讯，2006，（4）:31-32.

[341] 蔡长军，许光，马六十 . MH-300型全自动热水炉对棕榈油脂的加热试验 [J]. 粮油仓储科技通讯，2006，（2）:17-18.

[342] 唐致忠，闫小平 . 对粮食黏度值测定的几点认识 [J]. 粮油仓储科技通讯，2006，（3）:48-49.

[343] 毛禹忠 . 粮油食品配送中心定位的计算机决策支持选址研究 [J]. 中国粮油学报，2006，（4）:138-141.

[344] 梁维权 . 四级菜籽油的入库质量控制与检验 [J]. 粮油仓储科技通讯，2006，（5）：21-22.

[345] 范璐，毕艳兰，蔡凤英，等 . 涂石蜡大米的石蜡含量测定方法的研究 [J]. 中国粮油学报，2006，（4）：131-134.

[346] 张浩，孟永成，周展明，等 . 基于图像处理技术大米加工精度的检测研究 [J]. 中国粮油学报，2006，（4）：135-137.

[347] 徐杰，董殿文，苏立新 . 面粉脂肪酸值测定过程中的几个关键环节 [J]. 粮油加工，2006，（12）：61，64.

[348] 胡钧铭，江立庚 . 籼型稻米整精米率影响因子研究进展 [J]. 粮油食品科技，2007，（3）：4-6.

[349] 田晓红，孙辉，王松雪 . 降落数值测定中的若干注意事项 [J]. 粮油食品科技，2007，（3）：56.

[350] 韩红新，岳永德，花日茂，等 . 异菌脲在油菜籽中残留分析方法研究 [J]. 粮油食品科技，2007，（6）：60-63.

[351] 程建华，姜涛，王德谦，等 . 粮食粉类含砂量测定方法研究 [J]. 粮食储藏，2007，（2）：40-44.

[352] 孙健，周展明，唐怀建 . 国内外粮食水分快速检测方法的研究 [J]. 粮食储藏，2007，（3）：46-49.

[353] 张聪，张慧 . 基于数学形态学的稻米粒形边缘检测研究 [J]. 中国粮油学报，2007，（5）：139-141.

[354] 许琳，邹鸿峰，罗小虎，等 . 糙米储藏过程的品质变化与米粒图像颜色特征参数的关联 [J]. 粮食储藏，2007，（5）：35-38.

[355] 程树维 . 分光光度法测定油脂中磷脂含量的不确定度评定 [J]. 粮食储藏，2007，（6）：27-30.

[356] 程建华，王德谦，熊升伟，等 . 谷物不溶性膳食纤维测定改进方法研究 [J]. 粮食储藏，2007，（6）：31-35.

[357] 严梅荣 . 比色法测定粮食脂肪酸值的研究 [J]. 粮食储藏，2007，（3）：43-45.

[358] 陶娜，罗松明，张釜，等 . 小麦品质指标及蛋白质测定方法比较 [J]. 粮食储藏，2007，（1）：36-39.

[359] 刘晓庚 . 近红外光谱技术在粮油储藏及其品质分析中的应用 [J]. 粮食储藏，2007，（1）：29-35.

[360] 宋长权，谢玉珍 . 粮食油料粗淀粉测定方法的探讨 [J]. 粮食储藏，2008，（2）：55-56.

[361] 杜召庆，刘丕营，杨洪进，等 . InfratecTM1241 近红外谷物分析仪在小麦质量检验中的应用 [J]. 粮食储藏，2008，（2）：50-52.

[362] 刘红梅，毛根武 . 实验室小麦磨粉机应用过程中应该注意的问题探讨 [J]. 粮食储藏，2008，（5）：54-56.

[363] 祝晓芳，侯彩云，芮闯 . 基于计算机图像处理技术的黄粒米检测系统研究 [J]. 粮油食品科技，2008，（4）：6-8.

[364] 许斌，张锐，王顺芬 . 粮食水分快速测定方法探讨 [J]. 粮食储藏，2008，（3）：52-53.

[365] 石亚萍，蔡静平 . 玉米种子发芽率快速测定方法的研究 [J]. 中国粮油学报，2008，（6）：181-183.

[366] 宋伟，杨慧萍，王素雅，等 . 谷物碾磨制品—脂肪酸值的测定：修改采用 ISO7305：1998 的探讨 [J]. 粮食储藏，2008，（1）：50-53.

[367] 张慧，张聪 . 大米粒形边缘检测算法研究 [J]. 粮油食品科技，2008，（4）：9-11.

[368] 陈建伟，刘璎瑛 . 基于机器视觉技术的大米品质检测综述 [J]. 粮食与食品工业，2008，（3）：44-47.

[369] 张竹青，毕玉光 . 全小麦粉主要技术指标探讨 [J]. 粮食与食品工业，2008，（3）：1-2.

[370] 王会博，刘绍川 . 影响气相色谱填充柱柱效问题的探讨 [J]. 粮油食品科技，2008，（3）：57-58.

［371］祝晓芳，侯彩云，芮闯．基于计算机图像处理技术的黄粒米检测系统研究 [J]. 粮油食品科技，2008，（4）：6-8.

［372］张慧，张聪．大米粒形边缘检测算法研究 [J]. 粮油食品科技，2008，（4）：9-11.

［373］韩飞，于婷婷．小麦粉及其制品中溴酸钾含量测定方法研究进展 [J]. 粮油食品科技，2008，（4）：55-57.

［374］郭谊，林保，任宏霞，等．实验室条件下稻谷水分对整精米率的影响验证实验 [J]. 粮食储藏，2008，（3）：42-44.

［375］张秀华，刘森．小麦不完善粒检测技术探讨 [J]. 粮食储藏，2008，（4）：55-56.

［376］程建华，熊升伟，姜涛，等．谷物不溶性膳食纤维测定方法研究 [J]. 粮食储藏，2008，（4）：49-52.

［377］范维燕，林家永，邢邯．稻谷脂肪酸值测定条件优化与比较的研究 [J]. 粮食储藏，2008，（6）：35-38.

［378］高向阳，黄进慧，张震芳，等．微波消解·恒 pH 滴定法快速测定粮食中的粗蛋白 [J]. 粮食储藏，2008，（5）：33-35.

［379］李书国，陈辉，李雪梅，等．食用油酸价分析检测技术研究进展 [J]. 粮油食品科技，2008，（3）：31-33.

［380］陈萍，刘辉，华丽，等．用显著性检验法判断快速测定粮食水分：电容法 [J]. 粮油仓储科技通讯，2008，（3）：48-49.

［381］王柯，王杏娟．粉类磁性金属检测方法中的注意事项 [J]. 粮油仓储科技通讯，2008，（6）：40-41.

［382］陈无刚，尹光良，杨泽桂．影响粮食脂肪酸值测定因素的探讨 [J]. 粮油仓储科技通讯，2008，（4）：55-56.

［383］陈晶．散装粮扦样方案探讨 [J]. 粮油仓储科技通讯，2008，（4）：53-54.

［384］殷贵华，于林平，朱京立，等．常温仓低温仓储存小麦品质变化规律研究 [J]. 粮食储藏，2008，（1）：29-31.

［385］黄永东，李博，李洪程．大米水分测量结果不确定度的评定 [J]. 粮食储藏，2008，（1）：40-42.

［386］李耀，杨慧萍，章磊，等．粮食脂肪酸值自动测定方法与应用 [J]. 中国粮油学报，2008，（6）：198-201.

［387］王启辉，侯彩云．双相滴定法在稻谷陈化度测定中的应用研究 [J]. 粮油食品科技，2008，（4）：52-54.

［388］张玉荣，刘通，周显青．影响愈创木酚法测定玉米过氧化物酶活力的因素 [J]. 粮油加工，2008，（3）：94-97.

［389］王霞．关于油脂过氧化值测定的探讨 [J]. 粮食与食品工业，2009，（2）：40-41.

［390］张艳萍，俞远志，傅晓航．高效液相色谱法测定植物性样品中三聚氰胺的含量 [J]. 粮油食品科技，2009，（6）：37-39.

［391］丁耀魁，刘伟，齐正林．粮食相对密度测定的影响因素 [J]. 粮油食品科技，2009，（6）：35-36.

［392］刘光亚．影响无水乙醇提取法谷物脂肪酸测定值的几个操作因素 [J]. 粮食储藏，2009，（3）：55-56.

［393］崔丽芳，赵春吉．改进粮食脂肪酸值滴定方法探讨 [J]. 粮油仓储科技通讯，2009，（2）：50-52.

［394］章广萍，徐兰娇．油脂酸值测定的仿真试验法 [J]. 粮油仓储科技通讯，2009，（3）：39-40.

［395］王琳．玉米容重相关性分析 [J]. 粮油仓储科技通讯，2009，（3）：37-38.

［396］殷杰，丛连东．采用毛细管色谱法检测植物油中甾醇类化合物 [J]. 粮油仓储科技通讯，2009，（3）：33，36.

［397］林春华，黄志宏，徐结儿，等 . 不同储藏温度下玉米脂肪酸值的变化情况 [J]. 粮油仓储科技通讯，2009，（5）：44–45.

［398］苏蕊雨 . 影响稻谷脂肪酸值测定的因素 [J]. 粮油仓储科技，2009，25（6）：49–50.

［399］汤杰，林光庆，李明勇 . 温度对粮食在储藏过程中脂肪酸值的影响 [J]. 粮油仓储科技通讯，2009，（6）：51–52.

［400］陈巨宏，郭长征 . 面筋吸水量品质指标检测探讨 [J]. 粮油仓储科技通讯，2009，（6）：53.

［401］胡德新 . 小麦硬度指数仪比对实验报告 [J]. 粮油仓储科技通讯，2010，（2）：51–52.

［402］刘圣安，郭建国，肖学红，等 . 脂肪酸值测定结果的不确定度评定 [J]. 粮油仓储科技通讯，2009，（4）：45–48.

［403］李亿凡，汪海敏，陈艳霜 . 快速水分检测仪对不同水分含量稻谷测定结果的研究 [J]. 粮油仓储科技通讯，2009，（4）：52–54.

［404］吴广翠 . 用短颈分离漏斗测定粉类含砂量的研讨 [J]. 粮油仓储科技通讯，2009，（2）：45–46.

［405］汤杰，林光庆，李明勇 . 温度对储粮脂肪酸值的影响 [J]. 粮油仓储科技通讯，2009，（2）：47–49.

［406］王毅，黄圣江，司建中 . 小麦新陈度鉴别方法探讨 [J]. 粮油仓储科技通讯，2009，（1）：48–49.

［407］王淡兮，孙秀兰 . 蛋白质定量检测方法的探讨 [J]. 粮食与食品工业，2009，（4）：49–51.

［408］谢海燕，姜德铭，曹雪，等 . 反相高效液相色谱法测定油脂及饲料中 BHA 和 BHT[J]. 粮油食品科技，2009，（3）：36–38.

［409］王咏梅 . 玉米脂肪酸值测定影响因素的探讨 [J]. 粮食与食品工业，2009，（3）：52–53.

［410］丁耀魁，刘伟，齐正林 . 粮食相对密度测定的影响因素 [J]. 粮油食品科技，2009，（6）：35–36.

［411］石恒，董德良，张华昌 . 影响面团拉伸仪性能因素的分析 [J]. 粮食储藏，2009，（4）：45–48.

［412］程建华，熊升伟，姜涛，等 . 灼烧恒质对饲料粗灰分测定的影响研究 [J]. 粮食储藏，2009，（1）：43–47.

［413］石恒，张华昌，董德良，等 . 光度滴定仪法测定稻米脂肪酸值的研究 [J]. 粮食储藏，2009，（6）：34–38.

［414］邵学良，刘志伟，陆晖，等 . 稻谷水分含量测定方法的比较 [J]. 粮食储藏，2009，（3）：52–54.

［415］宿雪莲，涂勇 . 对大豆油加热试验后色值减少颜色变浅的探讨 [J]. 粮油仓储科技通讯，2010，（3）：54–56.

［416］潘晓丽 . 早籼稻整精米率测定的影响因素 [J]. 粮油仓储科技通讯，2010，（3）：52–53.

［417］金建德，应玲红，陈舒萍 . 植物油相对密度四种检测方法的比较与分析 [J]. 粮油食品科技，2010，（6）：25–27.

［418］朱丹丹，化广智，冯守刚 . 顶空气气相色谱法检测残留溶剂方法的对比研究 [J]. 粮油食品科技，2010，（6）：37–39.

［419］曹占文，李彦军，杜东欣 . 油脂碘值测定的模拟方法 [J]. 粮油食品科技，2010，（6）：40–41.

［420］孙敬飞，杨红卫 . 形态学分水岭算法在黏连大米图像分割中的应用 [J]. 粮油食品科技，2010，（3）：4–6.

［421］汪桃花 . 小麦粉中过氧化苯甲酰含量的简易判断方法 [J]. 粮食与食品工业，2010，（2）：59–61.

［422］丁耀魁，沈娟，马黎黎 . 快速检测试纸条法在大豆转基因检测中的应用 [J]. 粮油食品科技，2010，（2）：45–46.

［423］张玉荣，高艳娜，林家勇，等 . 顶空固相微萃取—气质联用分析小麦储藏过程中挥发性成分变化 [J]. 分析化学，2010，（7）：953–957.

［424］金文，张来林，李光涛，等．稻谷导热系数的测定研究 [J]. 粮油食品科技，2010，（2）：1-3.

［425］董德良，毛根武，杨瑞征，等．面包质构特性测定方法的研究（Ⅱ）：面包样品放置时间对面包硬度测定值的影响 [J]. 粮食储藏，2010（3）：31-34.

［426］曹占文，刘文娟，宋鑫．从测定酸值的废液中回收利用混合溶剂 [J]. 粮食储藏，2010，（3）：35-36.

［427］刘建伟，杨瑞征，毛根武，等．面包质构特性测定方法的研究（Ⅲ）：面包样品切片方法、测试部位及环境温湿度对面包硬度测定值的影响 [J]. 粮食储藏，2010，（6）：34-39.

［428］毛根武，董德良，杨瑞征，等．面包质构特性测定方法的研究（Ⅰ）：面包样品制作与质构测试方法探讨 [J]. 粮食储藏，2010，（2）：33-37.

［429］郭蕊，王金水，渠琛玲，等．电子鼻在储粮品质检测方面的研究进展 [J]. 粮油仓储科技通讯，2010，（5）：35-37.

［430］张会娜，黄淑霞，蔡静平，等．影响粮食水分测定因素的分析 [J]. 粮油加工，2010，（5）：37-39.

［431］孙敬飞，杨红卫．形态学分水岭算法在黏连大米图像分割中的应用 [J]. 粮油食品科技，2010，（3）：4-6.

［432］周显青，崔丽静，林家永，等．电子鼻在粮食储藏中的应用研究进展 [J]. 粮油储藏，2010，（4）：11-14.

［433］靳翼，邵怀宗，董德良，等．基于 ARM 平台的多功能滴定软件设计 [J]. 粮食储藏，2010，（1）：45-48.

［434］许斌，孙相荣，靳钟江，等．稻谷脂肪酸值快速测定方法探讨 [J]. 粮食储藏，2010，（4）：52-54.

［435］万鹏，龙长江．基于灰度：梯度共生矩阵的大米加工精度的机器视觉检测方法 [J]. 粮食储藏，2010，（4）：48-51.

［436］陈淑娟．不同粉碎机对粮食水分测定的影响 [J]. 粮油仓储科技通讯，2010，（4）：44-45.

［437］赵建华，许明辉，林镇清．稻谷新陈度的快速测定方法的研究 [J]. 粮食储藏，2010，（4）：42-47.

［438］张晔，张欢．凯氏定氮法测定大米中蛋白质的不确定度分析 [J]. 粮食储藏，2011，（1）：48-50.

［439］曹玉华，杨慧萍，王永向．微波法测定油料水分和脂肪含量的研究 [J]. 粮食储藏，2011，（2）：41-43.

［440］杨瑞征，任小利，毛根武，等．面包质构特性测定方法的研究（Ⅳ）：面包质构测试条件对面包硬度测定值的影响 [J]. 粮食储藏，2011，（4）：38-41.

［441］张华昌，董德良，王杏娟，等．影响脂肪酸值测定仪测试稳定性的条件研究 [J]. 粮食储藏，2011，（4）：42-45.

［442］于小禾，江南平．直接干燥法测定粮食水分的条件优化 [J]. 粮食储藏，2011，（4）：46-49.

［443］毛根武，董德良，杨瑞征，等．面包质构特性测定方法的研究（Ⅴ）：压缩程度和压缩速度对面包硬度测定值的影响 [J]. 粮食储藏，2011，（3）：43-47.

［444］刘海顺，张志航，胡瑞丰，等．大豆水溶性蛋白测定方法探讨 [J]. 粮食储藏，2011，（3）：48-49.

［445］杨晨阳，任志秋．微波消解：凯式定氮法在大豆蛋白质含量测定中的应用 [J]. 粮食储藏，2011，（3）：50-52.

［446］丁卫新．粳稻谷常规检验方法及江苏地区的样品分析 [J]. 粮油食品科技，2011，（4）：26-30.

［447］高清海，吕宏．小麦粉水分含量测定的不确定度评定 [J]. 粮油食品科技，2011，（4）：31-32.

［448］张青龄．食用油中反式脂肪酸的气质分析法研究 [J]. 粮油食品科技，2011，（4）：20-22.

［449］张红艳，肖英，帕尔哈提，等．原子吸收光谱法测定大米粉中铜含量的不确定度 [J]. 粮油食品科技，2011，（2）：32-34.

［450］张春林，高艳．小麦粉中过氧化苯甲酰测定方法探讨 [J]. 粮油食品科技，2011，（2）：35，45.

［451］邓泽英，应丹青．应用电感耦合等离子体发射光谱法测定食品中的钙铁锌 [J]. 粮油食品科技，2011，（3）：49-51.

［452］穆同娜，孙婷，吴燕涛，等．三种食用植物油中不饱和脂肪酸含量调查 [J]. 粮油食品科技，2011，（3）：36-38.

［453］陈立君，罗军，高俐．稻谷整精米率的测定 [J]. 粮油仓储科技通讯，2011，（1）：48-50.

［454］何岩．玉米脂肪酸值测定的不确定度的评定 [J]. 粮油仓储科技通讯，2011，（2）：44-48.

［455］祁亚娟，易涛．大豆粗脂肪酸值测定方法的比较 [J]. 粮油仓储科技通讯，2011，（2）：49-50.

［456］李学青．玉米脂肪酸值的测定方法 [J]. 粮油仓储科技通讯，2011，（3）：50-51.

［457］高俐．粮食中蛋白质测定方法的探讨 [J]. 粮油仓储科技通讯，2011，（4）：51-52.

［458］董秀芳，刘红，曹顺．对粉类含砂量测定方法的探讨 [J]. 粮油仓储科技通讯，2011，（6）：48-49.

［459］张霞，杨军，安丽春．关于垩白粒率检验方法的探讨 [J]. 粮油仓储科技通讯，2011，（6）：50-51.

［460］乔丽娜，张玉琴，翟国华．粳稻谷整精米率标准样品均匀性检验和定值中的数理统计方法 [J]. 粮油食品科技，2011，（1）：36-38.

［461］张春林，高艳．氢化物－原子荧光光谱法测定粮食中微量铅 [J]. 粮油食品科技，2011，（1）：42，55.

［462］高清海，吕宏．小麦粉水分含量测定的不确定度评定 [J]. 粮油食品科技，2011，（4）：31-32.

［463］张浩，王若兰．基于计算机图像处理技术整精米重量自动测定研究 [C]// 国际生物制药与工程会议论文集．上海：智能信息技术应用学会，2011.

［464］崔丽静，林家永，周显青，等．顶空固相微萃取与气－质联用法分析玉米挥发性成分 [J]. 粮食储藏，2011，（1）：36-40.

［465］郝希成，汪丽萍，张蕊．玉米油脂肪酸成分标准物质的研制 [J]. 粮食储藏，2011，（1）：41-44.

［466］赵丹，张玉荣，林家永，等．电子鼻在小麦品质控制中的应用研究 [J]. 粮食与饲料工业，2012，（3）：10-15.

［467］赵丹，张玉荣，林家永，等．小麦储藏品质评价指标研究进展 [J]. 粮食与饲料工业，2012，（2）：10-14.

［468］刘森．玉米脂肪酸检测非标方法的确认 [J]. 粮食储藏，2012，（2）：42-43.

［469］王华，熊升伟，盛强．硅钼蓝分光光度法测定进口玉米中的二氧化硅 [J]. 粮食储藏，2012，（5）：42-44.

［470］岳寰，石恒，董德良，等．JDDY 型粮油滴定分析仪在稻谷玉米脂肪酸值测定中的应用 [J]. 粮食储藏，2012，（2）：38-41.

［471］张素苹，刘峥．食品检验实验室标准滴定溶液的质量控制 [J]. 粮油食品科技，2012，（5）：44-46.

［472］郑显奎，郑显慧．芝麻油纯度快速定性、定量方法的研究及应用 [J]. 粮食储藏，2012，（3）：43-49.

［473］张东，薛雅琳．高效液相色谱法测定玉米中生育酚异构体 [J]. 粮油食品科技，2012，（1）：36-38.

［474］潘红红，姜涛，周易，等．超声提取：气相色谱法测定油脂中胆固醇 [J]. 粮食储藏，2012，（2）：34-37.

［475］蔡建梅，穆晓燕．粳稻谷及大米新陈鉴定方法探讨 [J]. 粮油食品科技，2012，（3）：31-32.

［476］胡青骏．小麦面筋吸水率测定结果不确定度的评定 [J]. 粮食储藏，2012，（5）：45-47.

［477］郭维荣．降落数值测定仪对测定结果的影响因素分析 [J]. 粮油食品科技，2012，（5）：23-25.

［478］ 鲁玉杰，白玉玲，王争艳．粮食新鲜度指标测定方法的研究进展 [J].农业机械，2012，（3）：70–72.

［479］ 左晓戎，李晓东，张林，等.粮堆声传播参数测量系统的研究 [J].粮油食品科技，2012，（5）：47–49.

［480］ 姚菲，周慧，吴苏喜.茶籽油 DNA 提取方法的比较 [J].粮油食品科技，2012，（3）：17–19+30.

［481］ 任蕾，袁涛，张文玲，等.高效液相色谱法测定芝麻油中芝麻素 [J].粮油食品科技，2012，（5）：30–32.

［482］ 车海先，张春林.比色法判定稻谷新陈度的探索 [J].粮食与食品工业，2012，（1）：56–57.

［483］ 张兴梅.玉米、小麦、稻谷不完善粒及稻谷黄粒米检验 [J].粮油仓储科技通讯，2012，（2）：43–45.

［484］ 刘云花，李辉章，姜涛，等.影响液相色谱检测麦角甾醇结果的因素 [J].粮油仓储科技通讯，2012，（2）：41–42.

［485］ 张东，薛雅琳.高效液相色谱法测定玉米中生育酚异构体 [J].粮油食品科技，2012，（1）：36–38.

［486］ 郁伟.对《玉米储存品质判定规则》脂肪酸值指标修改的建议 [J].粮油食品科技，2012，（1）：39–40.

［487］ 刘波，张欣.高效液相色谱法测定面粉中过氧化苯甲酰 [J].粮油仓储科技通讯，2012，（5）：46–48.

［488］ 潘晓丽.籼稻新鲜度快速测定的探讨 [J].粮油仓储科技通讯，2012，（5）：55–56.

［489］ 田素梅.两种小麦籽粒硬度测定方法比较试验 [J].粮油仓储科技通讯，2012，（4）：38–39.

［490］ 纪立波，肖雅斌，赵东霞，等.粮食水分快速烘干测定法 [J].粮油仓储科技通讯，2012，（4）：40–42.

［491］ 张志航，胡瑞丰，马冰雪，等.原粮检测中质量控制的运用与研究 [J].粮油仓储科技通讯，2012，（4）：43–45.

［492］ 张金龙.微波消解氢化物发生原子荧光光谱法测定粮食中的汞 [J].黑龙江粮食，2013，（7）：51–52.

［493］ 童茂彬，李岩，董晓欢，等.不同储藏方式对籼糙米储藏品质的影响研究 [J].河南工业大学学报（自然科学版），2013，（1）：96–102.

［494］ 王华，廖江明，吴新连，等.关于对进口玉米质量品质情况的调查报告 [J].粮油仓储科技通讯，2013，（1）：31–32，38.

［495］ 刘云花，税丹，姜涛，等.高效液相色谱法同时测定强化面粉中游离的烟酸、VB1 和 VB2[J].粮食储藏，2013，（4）：35–37，41.

［496］ 张霞，杨军，程莉.粉类含砂量测定方法的研究 [J].粮食储藏，2013，（4）：76–78.

［497］ 邵小龙，张蓝月，殷灿，等.基于低场核磁的稻谷储藏指标快速测定初探 [J].粮食储藏，2013，（6）：29–32.

［498］ 杨卫花，徐幸，赵浩军，等.气相色谱/三重串联四级杆质谱分析食用植物油中抗氧化剂 BHA、BHT 和 TBHQ[J].粮食储藏，2013，（1）：41–44.

［499］ 潘蓓，李小明，袁杰，等.油菜籽中含油量的测定方法研究 [J].粮食储藏，2013，（1）：45–48.

［500］ 龙阳，马新华，侯翠丽，等.不确定度评定在油菜籽水分测定中的应用 [J].粮油仓储科技通讯，2013，（6）：44–45.

［501］ 孙国忠.玉米水分与容重的关系 [J].粮油仓储科技通讯，2013，（1）：50–51，53.

［502］ 杨枫，严翔，刘丽菊.测定植物油酸值过氧化值的通氮探讨 [J].粮油仓储科技通讯，2013，（4）：47–48.

［503］ 赵国飞，陈达民，章才福，等.小麦硬度指数测定结果的不确定度评定 [J].粮油仓储科技通讯，2013，（4）：49–51.

［504］王若兰，王春华，黄亚伟．小麦脂肪酸值的近红外光谱快速测定研究 [J]．现代食品科技，2013，（2）：393-396.

［505］褚洪强，张玉荣，周显青，等．糙米加工品质评价指标及检测技术进展 [J]．粮食与饲料工业，2013，（4）：1-4，8.

［506］王春华，黄亚伟，王若兰．小麦发芽率近红外测定模型的建立与优化 [J]．粮油食品科技，2013，（6）：73-75.

［507］赵国飞，陈达民，章才福，等．小麦硬度指数数测定结果的不确定度评定 [J]．粮油仓储科技通讯，2013，（4）：49-51.

［508］黄亚伟，王青华，王若兰．近红外光谱技术测定小麦过氧化氢酶的研究 [J]．河南工业大学学报（自然科学版），2013，（2）：1-3.

［509］张玉荣，付玲，周显青，等．基于近红外光谱技术测定小麦蛋白质模型的建立 [J]．粮食与饲料工业，2013，（4）：15-18.

［510］张玉荣，付玲，周显青．基于 BP 神经网络小麦含水量的近红外检测方法 [J]．河南工业大学学报（自然科学版），2013，（1）：17-20.

［511］刘天寿．扦样器改进及使用创新提高取样代表性的研究 [J]．粮油仓储科技通讯，2013，（6）：33-37.

［512］杨磊，朱科学，郭晓娜，等．稳定化处理方式对麦胚的贮藏稳定性、抗氧化活性和总酚含量的影响 [J]．中国油脂，2013，（6）：31-34.

［513］张坤铖，关二旗，卞科，等．不同储藏方式下小麦淀粉消化率变化规律的研究 [J]．粮食与饲料工业，2014，（3）：15-17.

［514］周延智．小麦储存品质判定指标的研究 [J]．粮油加工，2014，（9）：48-50.

［515］杨民南．Excel VBA 在食用植物油检查中的应用 [J]．粮油仓储科技通讯，2014，（6）：37-39.

［516］王茜茜，张永辉．玉米粉放置时间对玉米脂肪酸值影响的研究 [J]．粮油仓储科技通讯，2014，（6）：40-41.

［517］鲍磊，袁辉，侯升飞．图像处理对大豆外观品质识别的方法 [J]．粮油仓储科技通讯，2014，（6）：42-44.

［518］王琳．不同储存温度对玉米脂肪酸值的影响 [J]．粮油仓储科技通讯，2014，（6）：45-46.

［519］吴春平．比对法感官检测判定小麦粉含砂量试验 [J]．粮油仓储科技通讯，2014，（3）：45-46.

［520］潘晓丽，陈晓红．多功能粮食扦样机对稻谷杂质影响的分析 [J]．粮油仓储科技通讯，2014，（5）：41-43.

［521］邹勇，周斌，王霞，等．芝麻酸值快速测定方法的探讨 [J]．粮油仓储科技通讯，2014，（5）：51-52.

［522］岳寰，石恒，董德良，等．粮食酸度回收率测定方法的首次探讨 [J]．粮食储藏，2014，（3）：43-47.

［523］田英，冀圣江，李明奇．提取过程对玉米脂肪酸值影响的探讨 [J]．粮食储藏，2014，（1）：53-55.

［524］刘莉，王若兰，王志山．基于图像处理的储藏小麦电导率变化的相关性研究 [J]．粮油食品科技，2014，（4）：95-97.

［525］张浩，王若兰．基于色泽检测技术的油脂中戊二醛含量快速检测 [J]．农业工程学报，2014，（18）：302-306.

［526］黄亚伟，张令，王若兰，等．表面增强拉曼光谱在食品非法添加物检测中的应用进展 [J]．粮食与饲料工业，2014，（9）：24-27.

［527］黄亚伟，魏光，王若兰，等.基于近红外光谱的玉米脂肪酸值快速测定研究［J］.粮食与饲料工业，2014，（3）：57-59.

［528］张玉荣，陈赛赛，周显青.小麦图像检测技术研究进展［J］.中国粮油学报，2014，（4）：118-123.

［529］张玉荣，陈赛赛，周显青，等.基于图像处理和神经网络的小麦不完善粒识别方法研究［J］.粮油食品科技，2014，（3）：59-63.

［530］张玉荣，陈赛赛，周显青.基于图像处理的小麦水分含量识别方法研究［J］.河南工业大学学报（自然科学版），2014，（5）：101-106.

［531］张玉荣，刘月婷，周显青，等.典型储粮环境下小麦淀粉理化性质的变化及差异性分析［J］.粮食与饲料工业，2014，（10）：10-15.

［532］张玉荣，刘月婷，张德伟，等.小麦中淀粉在不同储藏温湿度下糊化特性的变化［J］.河南工业大学学报（自然科学版），2014，（2）：10-15.

［533］张燕燕，蔡静平，蒋澎，等.气体分析法监测粮食储藏安全性的研究与应用进展［J］.中国粮油学报，2014，（10）：122-128.

［534］黄亚伟，魏光，王若兰，等.基于近红外光谱的玉米脂肪酸值快速测定研究［J］.粮食与饲料工业，2014，（3）：57-59.

［535］晓丹.基于图像处理技术的小麦营养状况远程监测系统设计与实现［D］.郑州：河南农业大学，2014

［536］何建华，宋立山，张德伟.小麦粉中硼砂的快速检测方法研究［J］.粮食储藏，2015，（5）：42-45.

［537］熊升伟，付爱华，姜涛，等.微波消解法和电热板加热消解法测定富硒大米中的硒［J］.粮食储藏，2015，（5）：28-30.

［538］李丹丹，张崇霞，贺波，等.谷物新鲜度检测方法概述［J］.粮油仓储科技通讯，2015，（6）：45-49.

［539］丁耀魁.气相色谱法测定植物油溶剂残留的不确定度评定［J］.粮食储藏，2015（5）：37-39.

［540］张玉荣，陈赛赛，姜忠丽，等.基于图像处理的小麦容重检测方法研究［J］.中国粮油学报，2015，（3）：116-121.

［541］王若兰，赵炎，张令，等.玉米霉变与其图像颜色特征参数之间的相关性研究［J］.粮食与饲料工业，2015，（2）:13-16.

［542］马良，张乃建，王若兰.玉米窝头挥发性成分分析［J］.粮食与油脂，2015，（8）：42-44.

［543］马良，王若兰.玉米储藏过程中挥发性成分变化研究［J］.现代食品科技，2015，（7）：316-325.

［544］马良，王若兰.顶空固相微萃取—气质联用技术在粮油食品中的应用进展［J］.粮食与油脂，2015，（1）：6-10.

［545］赵炎，张乃建，王若兰.霉变玉米真菌毒素含量与图像颜色特征参数之间的相关性研究［J］.粮食与饲料工业，2015，（12）：21-26.

［546］李学富.粮食不完善粒检测板的设计与应用［J］.粮油仓储科技通讯，2015，（5）：50-52.

［547］邬冰，刘璐.浅谈粮油实验室的检测质量控制［J］.粮油仓储科技通讯，2015，（5）：53-56.

［548］王亚东，顾佳，杨彪，等.电容式谷物水分测定仪的定标与应用分析［J］.粮油仓储科技通讯，2015，（3）：33-35.

［549］付爱华，杨超，姜友军，等.凯氏定氮法国产与进口催化剂催化效率的比较［J］.粮食储藏，2016，（6）：43-45.

［550］李梅.X射线荧光光谱法快速测定稻谷中的镉［J］.粮食储藏，2016，（1）：46-48.

［551］李梅.关于大米胶稠度测定影响因素的探讨 [J]. 粮食储藏，2016，（4）：48-50.

［552］王业海，李志民，徐桂玲，等.使用愈创木酚快速测定稻谷新陈度方法的研究 [J]. 粮食储藏，2016，（2）：45-48.

［553］黄亚伟，徐晋，王若兰，等.HS-SPME/GC-MS 对五常大米中挥发性成分分析 [J]. 食品工业，2016，（4）：266-269.

［554］黄南，王若兰，岳佳.基于 RGB 图像特征的大豆含水量快速测定系统研究 [J]. 粮油食品科技，2016，（1）：106-111.

［555］张德伟，宋立山，何建华，等.原粮检验中小麦、玉米不完善粒检测结果差异性原因分析 [J]. 粮油仓储科技通讯，2017，（3）：42-44.

［556］陈甜，李凯龙，邓树华，等.稻谷新陈度检测方法研究进展 [J]. 粮油仓储科技通讯，2017，（5）：49-52.

［557］刘双.影响稻谷脂肪酸值测定的因素 [J]. 粮食储藏，2017，46（5）：35-37.

［558］渠琛玲，王红亮，刘胜强，等.稻谷新鲜度分析技术研究进展 [J]. 食品工业，2017，（10）：195-199.

［559］张愉佳，张伟，佟庆龙.进口大豆粉碎细度对索氏抽提法测粗脂肪含量的影响 [J]. 粮食储藏，2017，（1）：52-53.

［560］薛民杰，刘海顺，李永生，等.采用不同标准方法测定玉米水分的对比试验 [J]. 粮食储藏，2017，（3）：42-44.

［561］唐开梁，李明瑞，暴俊峰，等.对小麦不完善粒中生芽粒的思考与探讨 [J]. 粮油仓储科技通讯，2017，（2）：54-55.

［562］姜洪，崔国有，李振华，等.主要粮种 120℃水分便捷测定方法与国标方法的比较 [J]. 粮食储藏，2017，（1）：48-51.

［563］肖学彬，陈戈，符云勇，等.粮食脂肪酸值前处理方法改进与设备研制 [J]. 粮食储藏，2017，（6）：40-43.

［564］李小明，杨军，银尧明，等.粮食质量安全监测抽样信息化系统建设和实践 [J]. 粮食储藏，2017，（4）：54-56.

［565］王清华，李金刚，王宝元，等.智能定等系统实际应用效果分析 [J]. 粮油仓储科技通讯，2017，（1）：52-54.

［566］龙阳，卢乃会，袁俊杰，等.进境油菜籽中苋属杂草籽分离方法研究 [J]. 粮油仓储科通讯技，2018，（5）：51-52.

［567］石恒，董德良，贺波，等.全自动脂肪酸值测定仪的研制 [J]. 粮食储藏，2018，（1）：37-39，42.

［568］贺波，董德良，兰盛斌，等.实验室粮食样品自动分样器的研制 [J]. 粮食储藏，2018，（1）：48-50.

［569］肖学彬，王小庆，符云勇，等.青稞不完善粒检测方法探讨 [J]. 粮食储藏，2018，（2）：55-56.

［570］陈文根，李秀娟，吴兰.基于深度卷积网络的小麦品种识别研究 [J]. 粮食储藏，2018，（2）：1-4.

［571］关利京.粮食检验实践中测量系统分析（MSA）方法的应用 [J]. 粮食储藏，2018，（1）：23-27.

［572］付玲，武昕晖，韩彦东，等.水分快速测定仪检测国产大豆水分的效果分析 [J]. 粮食储藏，2018，（1）：40-42.

［573］张虎，胡殿龙.大豆油储藏与过氧化值的分析 [J]. 粮油仓储科技通讯，2018，（4）：50-51.

[574] 李春雷. 饲料油脂在储存过程中的变化 [J]. 粮油仓储科技通讯, 2018, （5）:53-56.

[575] 李文泉, 张愉佳, 张伟, 等. 抽提剂对测定进口大豆粗脂肪含量的影响 [J]. 粮油仓储科技通讯, 2018, （6）:37-38.

[576] 钱国平, 周洲, 张榴萍, 等. GPC-GC/MS 测定植物油中 18 种邻苯二甲酸酯类化合物 [J]. 粮食储藏, 2018, （6）:40-44.

[577] 赵影, 王文和, 滕娇琴, 等. 两种仪器测定国产大豆粗蛋白含量的比较 [J]. 粮食储藏, 2018, （4）: 37-39.

[578] 陈方奇, 陈世行, 赵代彬, 等. 不同温度和放置时间对糙米粉脂肪酸值的影响 [J]. 粮油仓储科技通讯, 2019, （3）: 37-38.

[579] 石恒, 郭道林, 董德良, 等. 全自动脂肪酸值测定仪在稻谷和玉米脂肪酸值测定中的应用 [J]. 粮食储藏, 2019, （1）: 32-38.

[580] 陈军. 对改进稻谷脂肪酸值测定方法的探讨 [J]. 粮食储藏, 2019, （1）: 43-45.

[581] 刘付英, 张晓东, 郭颖, 等. 食用油脂碘值测定结果的不确定度评定 [J]. 粮食储藏, 2019, （3）: 51-55.

[582] 韩培培. 玉米脂肪酸值测量结果不确定度评定 [J]. 粮食储藏, 2019, （4）: 42-45.

[583] 黎美冯, 李林杰. 超声波辅助提取大豆粗脂肪技术用于大豆粗脂肪酸值测定的可行性研究 [J]. 粮油仓储科技通讯, 2019, （3）: 33-36.

[584] 薛民杰, 白福军, 李永生, 等. 采用不同标准方法测定粮食水分的对比试验 [J]. 粮油仓储科技通讯, 2019, （1）: 36-38.

[585] 李晓亮, 石恒, 董德良, 等. 小麦不完善粒图像采集技术及检测设备研发 [J]. 粮食储藏, 2019, （5）: 46-51.

[586] 盛林霞, 付豪, 金建德, 等. 滴定法测定大豆原油过氧化值不确定度的评定 [J]. 粮食储藏, 2019, （6）: 43-46.

第三节　粮油污染检测技术研究

[587] 王肇慈. 粮食中溴甲烷残留量的测定 [J]. 粮食科学技术通讯, 1960, （6）.

[588] 粮食部科学研究设计院. 溴甲烷熏蒸的花生仁中无机溴残留量的研究 [J]. 粮油科技通讯, 1966, （7/8）.

[589] 上海市粮食科学研究所. 空气中磷化氢快速测定方法 [J]. 粮油科技通讯, 1967, （4）.

[590] 粮食部南京粮食学校. 粮食中磷化氢残留量的测定 [J]. 粮油科技通讯, 1967, （1）.

[591] 商业部四川粮食储藏科研所. 粮食中氯化苦残留量的测定 [J]. 四川粮油科技, 1973, （1）: 30-33.

[592] 广东省粮食公司, 广州市粮食局, 中国医学科学院卫生研究所, 等. 粮食中磷化氢残留量的测定 [J]. 四川粮油科技, 1973, （2）: 24-31.

[593] 四川省粮食局科研所残留分析组. 磷化氢多次熏蒸的粮食中磷化氢残留量的测定 [J]. 四川粮油科技, 1974, （2）: 6-13.

[594] 四川省粮食局科研所残留分析组. 粮食中二硫化碳残留量的测定 [J]. 四川粮油科技, 1974, （3）: 11-16.

[595] 江苏省粮食学校, 粮油分析教研组. 粮食中磷化氢残留量测定方法的探讨：用氯化亚锡作还原剂的钼兰比色法 [J]. 四川粮油科技, 1974, （4）: 32-37.

［596］ 广东省农药残留量气液色谱分析研究协作组. 大米中"六六六"残留量气液色谱测定法 [J]. 四川粮油科技，1975，（3）：35-38.

［597］ 旅大市商品检验局，旅大市卫生防疫站，四川省粮食局科学研究所虫药组. 粮食中熏蒸剂溴甲烷、二硫化碳、四氯化碳、氯化苦残留量的气相色谱分析 [J]. 四川粮油科技，1975，（4）：1-4.

［598］ 四川省粮食局粮油中心监测站. 稻谷小麦、玉米中1605、敌敌畏残留量薄层层析 – 酶抑制法 [J]. 四川粮油科技，1977，（3）：49-50.

［599］ 覃章贵. 有机磷农药的氯酸钾氧化全磷比色法测定 [J]. 粮食储藏，1979，（4）：30-35.

［600］ 覃章贵，李前泰，耿天彭. 杀虫畏在玉米、小麦中残留量的测定 (酶薄层层析法)[J]. 粮食贮藏，1980，（1）：12-17.

［601］ 檀先昌，覃章贵，呼玉山. 以碱盐焰离子鉴定器测定粮食中的辛硫磷残留 [J]. 粮食贮藏，1980，（2）：32-36.

［602］ 戴学敏，张式俭，覃章贵，杨小蓉. 以火焰光度气相色谱法测定辛硫磷在粮食中的残留方法研究 [J]. 粮食贮藏，1980，（3）：40-45.

［603］ 山东省卫生防疫站，山东省粮油科研所. 紫外线照射黄曲霉毒素 B_1 污染的花生油急性鸭雏毒性实验 [J]. 粮食贮藏，1980，（3）：35-39.

［604］ 王肇慈. 粮食中磷化氢残留量的测定：磷钼兰 – 罗丹明 β 光度法 [J]. 粮食贮藏，1980，（4）：53-55.

［605］ 陆莲英. 甲基嘧啶硫磷残留量气相色谱分析法 [C]// 第二次全国粮油储藏专业学术交流会文献选编. 成都：全国粮油储藏科技情报中心站，粮食部四川粮食储藏科学研究所，1981.

［606］ 黄思棣，王琦. 粮食中若干有机磷农药的薄层层析测定法 [J]. 粮食贮藏，1981，（1）：40-46.

［607］ 王肇慈，张萃仁. 氯化苦残留量测定 (格力氏试剂法) 中显色反应速度与反应温度关系探讨 [J]. 粮食贮藏，1981，（3）：44-45.

［608］ 李洪兴. 对氯化苦测定方法的改进意见 [J]. 粮食贮藏，1981，（5）：47-49.

［609］ 窦景山. 粮食中氰化物的气相色谱测定法 [J]. 粮食贮藏，1982，（6）：46-49.

［610］ 刘志同，宋玉兰. 气相色谱法测定稻谷中溴氰菊酯、增效醚、马拉硫磷的残留 [C]// 第三次全国粮油储藏学术会文选. 成都：全国粮油储藏科技情报中心站，商业部四川粮食储藏科学研究所，1984.

［611］ 戴学敏. 粮食中多种有机磷农药残留量的系统分析法 [J]. 粮食储藏，1984，（6）.

［612］ 徐胜，王瑞淑. 某些有机磷农药与辐射大米的 Ames 试验 [C]// 商业部四川粮食储藏科学研究所科研报告论文集. 成都：全国粮油储藏科技情报中心站，1985.

［613］ 张式俭，秦毅夫，覃章贵，等. 辛硫磷在储粮中的残留 [C]// 商业部四川粮食储藏科学研究所科研报告论文集. 成都：全国粮油储藏科技情报中心站，1985.

［614］ 耿天彭. 粮食中二溴乙烷残留的检测方法 [J]. 粮食储藏，1985，（3）：48-54.

［615］ 杨大成，檀先昌，李前泰，等. 仓储磷处理储粮的残留研究 [J]. 粮食储藏，1985，（4）：44-47.

［616］ 覃章贵，耿天彭. 高压液相色谱法测定原粉和乳剂中的甲基毒死蜱 [J]. 粮食储藏，1985，（5）：38-40.

［617］ 覃章贵. 高压液相色谱法测定凯素灵和敌杀死中的溴氰菊酯 [J]. 粮食储藏，1986，（6）：37-41.

［618］ 王文星，张顺权，陈碧美，等. 纸带法快速检测磷化氢浓度 [J]. 粮油仓储科技通讯，1986，（3）：36-37.

［619］ 北京市粮油食品检验所. 粮食及食品中二溴乙烷测定方法：小麦中二溴乙烷残留量快速测定法 [C]// 中国粮油学会储藏专业学会第一届年会学术交流论文. 成都：中国粮油学会储藏专业学会，1986.

[620] 赵淑芹，窦景山．粮食中微量氰化物的亚甲篮萃取分光光度法 [J]. 粮食储藏，1987，（2）：42-45.

[621] 戴学敏．高水份粮食中防霉剂正丁醇、二氯代甲烷残留量的气相色谱法 [J]. 粮食储藏，1986，（6）：45-48.

[622] 广东省粮食局科学研究所．稻谷、大米中甲基 1605 残留量的测定（薄层层析法）[J]. 四川粮油科技，1975，（3）：19-23.

[623] 徐全生．有机农药在粮食中的污染、测定、去毒、残留限制情况 [C]// 第二次全国粮油储藏专业学术交流会文献选编．成都：全国粮油储藏科技情报中心站，粮食部四川粮食储藏科学研究所，1981.

[624] 徐爱珍．粮食中有机农药及污染源的调查 [C]// 第二次全国粮油储藏专业学术交流会文献选编．成都：全国粮油储藏科技情报中心站，粮食部四川粮食储藏科学研究所，1981.

[625] 许惠民．蒸谷米中 666 残留量的研究 [C]// 第二次全国粮油储藏专业学术交流会文献选编．成都：全国粮油储藏科技情报中心站，粮食部四川粮食储藏科学研究所，1981.

[626] 罗远洲．气液色谱测定大米中"六六六"、DDT 残留量的比较研究试验 [J]. 粮食贮藏，1982，（6）：42-45.

[627] 徐全生．"六六六"、DDT 检测技术研究 [C]// 商业部四川粮食储藏科学研究所科研报告论文集．成都：全国粮油储藏科技情报中心站，1985.

[628] 上海市第十粮食仓库．粮食中微量砷测定方法的探讨 [J]. 四川粮油科技，1976，（4）：36-44.

[629] 商业部四川粮食储藏科学研究所 3,4- 苯并芘污染粮油食品的检测及去毒技术研究 [J]. 四川粮油科技，1977，（4）：38-39,44.

[630] 凌家煜，潘铎．关于公路晒粮和工业区污染对小麦中铅、镉含量影响的研究 [J]. 粮食贮藏，1980，（4）：49-52.

[631] 粮食部谷物油脂化学研究所，粮食部四川粮食储藏科学研究所．原子吸收光谱法测定小麦中的铅和镉 [J]. 粮食贮藏，1981，（4）：36-39.

[632] 周惠兰，巩玉珍，胡之德．5- Br- PADAP 萃取光度法连续测定粮食中的钴和镍 [J]. 粮食贮藏，1981，（5）：38-42.

[633] 刘志同．粮食中对 - 甲苯胺残留量的测定 [C]// 第二次全国粮油储藏专业学术交流会文献选编．成都：全国粮油储藏科技情报中心站，粮食部四川粮食储藏科学研究所，1981.

[634] 傅梅轩．浸出油粕中残留溶剂的气相色谱测定方法研究 [C]// 第二次全国粮油储藏专业学术交流会文献选编．成都：全国粮油储藏科技情报中心站，粮食部四川粮食储藏科学研究所，1981.

[635] 崔凤珍．浸出油粕中溶剂残留量分析方法 [C]// 第二次全国粮油储藏专业学术交流会文献选编．成都：全国粮油储藏科技情报中心站，粮食部四川粮食储藏科学研究所，1981.

[636] 胥泽道，冉琼珍．原子吸收光谱测定油莱籽中的磷葡萄糖甙 [C]// 商业部四川粮食储藏科学研究所科研报告论文集．成都：全国粮油储藏科技情报中心站，1985.

[637] 庄则英．北京市工业区与非工业区粮食中 3,4- 苯并芘污染情况 [C]// 第二次全国粮油储藏专业学术交流会文献选编．成都：全国粮油储藏科技情报中心站，粮食部四川粮食储藏科学研究所，1981.

[638] 余敎年．湖北省粮中 3,4- 苯并芘的调查 [C]// 第二次全国粮油储藏专业学术交流会文献选编．成都：全国粮油储藏科技情报中心站，粮食部四川粮食储藏科学研究所，1981.

[639] 代美娣．黑龙江省粮食中 3,4- 苯并芘污染情况调查 [C]// 第二次全国粮油储藏专业学术交流会文献选编．成都：全国粮油储藏科技情报中心站，粮食部四川粮食储藏科学研究所，1981.

［640］柴慧娟等.自制电热原子化装置在 P-E4000 型原子吸收分光光度计上的应用 [J]. 粮食储藏,1983,（2）.

［641］徐全生.沥青中的 3,4- 苯并蒽对粮食污染及防止技术的研究已通过鉴定 [J]. 粮食贮藏,1983,（3）.

［642］商业部四川粮食储藏研究所沥青组,四川省粮油中心监测站沥青组.沥青中 3,4- 苯并芘对粮食污染及防止技术的研究 [J]. 粮食储藏,1984,（3）：30-36.

［643］胥泽道.四川省工业区与非工业区小麦、稻谷、玉米中镉、锌、铅、铬含量变化的调查 [C]// 商业部四川粮食储藏科学研究所科研报告论文集.成都：全国粮油储藏科技情报中心站,1985.

［644］檀先昌.高粱中 PSP 残留的测定 [C]// 商业部四川粮食储藏科学研究所科研报告论文集.成都：全国粮油储藏科技情报中心站,1985.

［645］吴正祥,陈茂东,魏宏,等.粮食中乙炔残留量的测定 [J]. 粮油仓储科技通讯,1990,（3）：50-54.

［646］雷霆,郝希成.粮食食品中主要污染物监测用标准物质的研究 Ⅰ. 马拉硫磷、敌敌畏、乐果标准溶液的制备和定值 [J]. 粮食储藏,1993,（6）：24-30.

［647］茅于道.试论储粮害虫防护剂的残留 [J]. 粮食储藏,1994,（4）：33-35.

［648］戴学敏.粮食中磷化氢残留量的气相色谱分析法 [J]. 粮食储藏,1994,（5）：42-44.

［649］尚瑛达.四氯化碳法测定含砂量方法改进探讨 [J]. 粮油仓储科技通讯,1995,（3）：25-26.

［650］马健雄,马宏,王刚,等.新疆地区粮食中有机氯农药（"六六六"、DDT）残留量普查分析 [J]. 粮食储藏,1996,（1）：31-34.

［651］白喜春,张利民,谭晓艳.磷化氢残留量测定中的几个问题探讨 [J]. 粮油仓储科技通讯,1997,（3）：36-37.

［652］纪翠荣,白莉,李建军.粮食中多种痕量元素的同时测定 [J]. 郑州粮食学院学报,1997,（4）：55-58.

［653］俞国英,林江,张国梁,等.西维因在粮食中的残留消解动态及残留分析方法 [J]. 粮食储藏,2002,（3）：43-44.

［654］肖学彬.饮用水中砷和汞的同时测定：氢化物发生原子荧光法 [J]. 粮食储藏,2005,（3）：47-48.

［655］周天智,高兴明,刘向阳,等.HL 系列磷化氢气体检测仪的应用探讨 [J]. 粮食储藏,2005,（5）：54-55.

［656］郭琳琳,朱旭东,齐朝富.砷钼杂多酸：孔雀绿法测粮食中微量砷 [J]. 粮食储藏,2006,（4）：37-39.

［657］肖学彬.饲料中硒的测定：氢化物发生原子荧光法 [J]. 粮食储藏,2006,（5）：43-45.

［658］吕建华,安红周,郭天松.农药残留对我国食品安全的影响及相应对策 [J]. 食品科技,2006,（11）：16-20.

［659］王永昌,蒋蕴珍.饲料污染与预防（中）[J]. 粮食与食品工业,2006,（1）：50-53.

［660］肖学彬,何学超,熊升伟,等.石墨炉子原子吸收法测定粮食中的镉 [J]. 粮食储藏,2007,（4）：46-48.

［661］谢玉珍,宋长权,史玮,等.溴氰菊酯农药在粮食中残留量分析方法的探讨 [J]. 粮食储藏,2007,（4）：49-50.

［662］倪小英,陈渠玲,黄卫,等.氢化物原子荧光光度法测定粮食中无机砷的探讨 [J]. 粮食储藏,2008,（3）：49-51.

［663］银尧明.氢化物原子荧光光谱法测定粮食中铅含量的不确定度评定 [J]. 粮食储藏,2008,（5）：42-45.

［664］张继明,汪勇,吴广翠,等.火焰原子荧光分光光度法测定粮食中的镉 [J]. 粮油仓储科技通讯,2008,（3）：50-51.

［665］王松雪，苏福荣，谢刚，等．不同储粮环境作用下马拉硫磷在粮食上的残留消解动态 [J]. 食品科学，2008，（7）：78-80.

［666］吴敏，徐波，崔国华，等．原子吸收石墨炉测定稻谷中铅、镉含量的最佳条件 [J]. 粮油食品科技，2008，（4）：58-59.

［667］鲁玉杰．小麦中磷化氢残留检测的快速方法的研究 [C]// 第十届中国科协技术协会年会论文集（三）．北京：中国科协技术协会学会，2008.

［668］丁耀魁．气相色谱法测定玉米中马拉硫磷的不确定度评定 [J]. 粮食与食品工业，2008，（2）：53-56.

［669］吴树会，吕建华，祖丽亚，等．储粮拟除虫菊酯类农药残留检测研究进展 [J]. 粮油食品科技，2008，（5）：19-22.

［670］包雁梅，曹占文．重金属测定预处理中强酸的作用 [J]. 粮油仓储科技通讯，2008，（2）：45-46.

［671］张继明，杨魁伟，涂勇，等．提高氢化物原子荧光光谱法测定粮食中铅的精密度与灵敏度的探讨 [J]. 粮油仓储科技通讯，2009，（4）：55-56.

［672］朱剑，时南平，王红娟，等．稻米中砷汞铅镉重金属元素含量及分析 [J]. 粮油仓储科技通讯，2009，（1）：50-52.

［673］王冬群，韩敏晖，陆宏．气相色谱测定大米中有机磷农药残留量 [J]. 粮油食品科技，2009，（4）：33-35.

［674］李东刚，李春娟，史娟，等．气相色谱：串级质谱法（GC/MS/MS）检测植物油中 7 种多氯联苯 [J]. 粮油食品科技，2009，（4）：36-38.

［675］董广彬，李鹏，顾鑫荣，等．动植物油脂中苯并（a）芘测定方法的制定及应用 [J]. 粮油食品科技，2009，（4）：39-42.

［676］马红军．分光光度法测定食品中的铝含量 [J]. 粮油食品科技，2009，（4）：43-46.

［677］王杏娟，王珂，张华昌，等．粉类磁性金属物测定方法的研究 [J]. 粮食储藏，2009，（1）：39-42.

［678］史玮，吴岩，霍岩，等．氢化物原子荧光法测定稻谷中无机砷的研究 [J]. 粮食储藏，2009，（2）：39-40.

［679］高向阳，王坤，黄进慧．微波消解 – 流动注射化学发光法快速测定小麦中的稀土元素 [J]. 粮食储藏，2009，（5）：44-46.

［680］吴敏．水浴消解：原子荧光光谱法快速测定粮食中的微量汞 [J]. 粮食储藏，2009，（3）：46-48.

［681］鲁玉杰，闫巍．小麦中磷化氢残留快速检测方法的研究 [J]. 河南工业大学学报（自然科学版），2009，（2）：26-29.

［682］汪丽萍，吴树会，祖丽亚，等．毛细管柱气相色谱法检测小麦、玉米和稻谷中的溴氰菊酯残留 [J]. 粮食与饲料工业，2009，（11）：45-47.

［683］宫雨乔，吕建华，祖丽亚，等．储粮中有机磷类农药残留检测研究进展 [J]. 粮油加工，2009，（4）：96-99.

［684］严晓平，吴芳，王强，等．一种快速测定小麦中硫酰氟残留量的方法 [J]. 粮食储藏，2009，（3）：34-36.

［685］王彩琴，周光俊，郭健．粮油产品铅汞污染现状 [J]. 粮食储藏，2010，（3）：37-40.

［686］姜涛，万渝平，叶梅，等．毛细管柱气相色谱法测定菜粕中的异硫氰酸酯 [J]. 粮食储藏，2010，（5）：36-38.

［687］赵子刚，王建，贾斌，等 . 凝胶渗透色谱 – 气相色谱法检测小麦中的 24 种农药残留 [J]. 河南工业大学学报（自然科学版），2010，（3）：20-24.

［688］赵子刚，吕建华，王健 . 凝胶渗透色谱技术在农药残留检测中的应用 [J]. 粮油食品科技，2010，（2）：47-50.

［689］高杨菲，江南平，汪海峰 . 有机磷农药残留的检测方法研究进展 [J]. 粮油仓储科技通讯，2010，（1）：44-46.

［690］李利世，檀军锋 . 直接测汞仪测定大米中的汞含量 [J]. 粮食储藏，2011，（6）：45-46.

［691］李雅莲，李万军，程兴杰，等 . 气相色谱检测粮食中有机氯农药残留量前处理方法的优化 [J]. 粮食储藏，2011，（6）：47-49.

［692］张春林，高艳 . 氢化物 – 原子荧光光谱法测定粮食中微量铅 [J]. 粮油食品科技，2011，（1）：42，55.

［693］牟钧 . 固相萃取 – 高效液相色谱法测定食品中的苯并（α）芘 [J]. 粮油食品科技，2011，（3）：42-44.

［694］吕建华，赵子刚，王健，等 . 两种样品前处理方法在检测小麦农药残留中的应用 [J]. 河南工业大学学报（自然科学版），2011，（3）：51-55.

［695］周天智，吴秋蓉，许建华，等 . 高大平房仓储粮磷化氢熏蒸散气后残留量变化研究 [J]. 粮食储藏，2012，（5）：7-9.

［696］何岩，于治宇，张徐 . 银盐法测定稻谷中无机砷含量的不确定度评定 [J]. 粮食储藏，2012，（5）：48-51.

［697］陆飞峰，黄金成 . 四种消解方法对小麦中铅含量测定的比较 [J]. 粮油仓储科技通讯，2012，（2）：46-47.

［698］田忙雀，吴丽华，杨勤元 . 固相萃取：气相色谱法测定食用植物油中多种有机磷 [J]. 粮油食品科技，2012，（5）：36-38.

［699］宋景兰 . 石墨炉原子吸收光谱法测定稻谷中的砷和铅 [J]. 黑龙江粮食，2012，（1）：39-41.

［700］张兴梅，周西林 . 电感耦合等离子体原子发射光谱法直接进样测定花生油中的锌 [J]. 粮食储藏，2012，（3）：50-52.

［701］韩笑 . 浅谈原子荧光光度法测试粮食中的无机砷 [J]. 粮油仓储科技通讯，2013，（1）：52-53.

［702］李琛，章月莹 . 不同加工程度对稻米中铅含量的影响 [J]. 粮油仓储科技通讯，2013，（6）：46-48.

［703］杨庆惠 . 石墨炉原子吸收光谱法测定小麦中的镉 [J]. 粮食储藏，2013，（1）：39-40.

［704］丁江涛，杨卫东，甘春水，等 . 硫酰氟在小麦上的残留试验 [J]. 粮食储藏，2013，（6）：49-51.

［705］韩笑，刘怡菲，韩茜 . 气相色谱法测定粮食中有机磷农药残留量的方法研究 [J]. 粮食储藏，2014，（6）：37-40.

［706］王亚东，王志鹏，吕秉霖，等 . 石墨炉原子吸收法检测大米中镉含量影响因素的响应面优化 [J]. 粮食储藏，2014，（6）：41-46.

［707］罗兰，张其庄，周斌，等 . 双道原子荧光分析仪测定粮食中无机砷 [J]. 粮食储藏，2014，（5）：38-40.

［708］章月莹，李琛 . 不同加工程度对粮食中镉含量的影响研究 [J]. 粮食储藏，2014，（1）：37-39.

［709］薛红梅，俞淑 . 粮食中磷化物残留测定的不确定度评定 [J]. 粮油加工，2014，（4）：56-59.

［710］董晓荣，李林，周建征 . 小麦中溴氰菊酯残留量测定的前处理方法改进 [J]. 粮食储藏，2015，（6）：44-46.

［711］李文辉，许艇，张小松，等 . 粮食安全监测免疫分析技术研究 [J]. 粮食储藏，2015，（3）：46-50.

［712］贾继荣，莫晓嵩，张祎，等.ICP-MS测定小麦中的铅、镉、汞、砷 [J]. 粮食储藏，2015，（3）：37-40.

［713］张少波，张文生，李文辉，等.粮食污染物残留免疫分析技术研究与示范 [J]. 粮食储藏，2017，（4）：5-14.

［714］钟一平.原子荧光光谱法测定大米中的砷含量 [J]. 粮食储藏，2017，（5）：27-29.

［715］刘冰.粮食中磷化物残留量测定过程中应注意的问题 [J]. 粮油仓储科技通讯，2017，（3）：40-41.

［716］彭海燕，马馨萍，蹇玉琼，等.石墨炉原子吸收法检测食品中铅稳定性的因素 [J]. 粮油仓储科技通讯，2018，（3）：52-53.

［717］万红艳，马海洋，姜叶.粮食中有害重金属检测消解设备的改进与探讨 [J]. 粮油仓储科技通讯，2018，34（2）：46-51.

［718］袁艺婉，周维斌，阮学香.稻谷中有害元素镉的检测 [J]. 粮油仓储科技通讯，2018，（6）：34-36.

［719］刘芸，王小平.液相色谱 – 原子荧光光谱法无机砷测定的探讨 [J]. 粮食储藏，2018，（4）：53-56.

［720］袁毅.表面增强拉曼光谱法快速测定 4 种禁用合成色素 [J]. 粮食储藏，2018，（4）：45-48.

［721］刘付英，邵志凌，杨再竹，等.氢化物发生 – 原子荧光光谱法测定粮食及其制品中铅的方法优化 [J]. 粮食储藏，2018，（2）：35-38.

［722］姚晶.超声提取 – 石墨炉原子吸收法测定稻谷中的镉 [J]. 粮食储藏，2018，（2）：48-51.

［723］赵美凤，邵亮亮，杜京霏，等.X 射线荧光光谱仪测定稻谷中镉含量的适用性验证 [J]. 粮食储藏，2018，（4）：31-36.

［724］邱艳，周天智，吴秋蓉，等.微波和湿法消解测定菜籽油中总砷含量的对比研究 [J]. 粮食储藏，2019，（2）：41-43.

［725］程立立，张成，张榴萍，等.我国粮食重金属研究进展 [J]. 粮油仓储科技通讯，2019，（1）：42-45.

［726］陈晋莹，秦静雯，许锡炎，等.石墨炉原子吸收光谱法测定稻谷中镉含量的不确定度评价 [J]. 粮食储藏，2019，（5）：30-34.

第四节　粮油储藏和品质检测仪器研制

［727］上海面粉厂，粮食部科学研究设计院.粮食水分连续自动测定器 [J]. 粮油科技通讯，1967，（6）.

［728］四川省粮食局科学研究所水测仪组.粮食水分快速测定器（LSKC 型）构造原理、使用及维修方法 [J]. 四川粮油科技，1972，（2）：15-20.

［729］四川省粮食局科学研究所水测仪组.LSKC 型粮食水分快速测定仪试验改进资料 [J]. 四川粮油科技，1974，（1）：26-31.

［730］曹和平.高频粮食水分测湿仪 [J]. 四川粮油科技，1978，（1）：75-76.

［731］广东省海南行政区粮食局.粮食水分快测仪的实验结果 [C]// 第二次全国粮油储藏专业学术交流会文献选编.成都：全国粮油储藏科技情报中心站，粮食部四川粮食储藏科学研究所，1981.

［732］宗继武.关于电子测水仪准确度若干问题的探讨 [C]// 第二次全国粮油储藏专业学术交流会文献选编.成都：全国粮油储藏科技情报中心站，粮食部四川粮食储藏科学研究所，1981.

［733］陈敬洪.高频快速粮食水测仪试制若干理论问题的探 [C]// 第二次全国粮油储藏专业学术交流会文献选编.成都：全国粮油储藏科技情报中心站，粮食部四川粮食储藏科学研究所，1981.

［734］王朝璋.电阻电容式粮食测水法误差来源的探讨 [J]. 粮食贮藏，1981，（1）：46-50.

［735］ 杜天柱.介绍一种隧道式测水仪上使用的报警装置 [J]. 粮食储藏，1983，（4）.

［736］ 尹瑞林，江利国.LSC—3 型字式粮食水分快速测定仪 [C]// 第三次全国粮油储藏学术会文选.成都：全国粮油储藏科技情报中心站，商业部四川粮食储藏科学研究所，1984.

［737］ 叶贵明.电容式粮食水测仪传感器改进的探讨 [J]. 粮食储藏，1984，（6）.

［738］ 曾激，李文辉，卢永林，等.粮食安全水分检查器 [J]. 粮油仓储科技通讯，1985，（4）：29-30.

［739］ 商业部四川粮食储藏科学研究所.我国粮食水分快速测定仪选定型（A 类）精选试验报告 [C]// 中国粮油学会储藏专业学会第一届年会学术交流论文.成都：中国粮油学会储藏专业学会，1986.

［740］ 张立行.LXZQ-A-1 型粮食水分快速测定仪的研制 [J]. 粮食储藏，1987，（3）：42-46.

［741］ 四川省丰都县飞龙区粮站.金属遥测、半导体点温度仪 [J]. 四川粮油科技，1972，（3）.

［742］ 四川芦山县粮食局思延粮库.试用热电偶测温器进行仓外测温 [J]. 四川粮油科技，1972，（3）.

［743］ 国营七一五厂，成都市粮油管理局.运用热敏电阻进行仓外多点遥测粮温的试验 [J]. 四川粮油科技，1973，（2）：20-23.

［744］ 阳宏.ZLB-600 型粮温自动测量仪及其使用情况 [J]. 四川粮油科技，1974，（3）：1-6.

［745］ 江西省景德镇市粮食局储运加工站.粮食温度水分遥测器 [J]. 四川粮油科技，1974，（3）：26.

［746］ 湖北黄梅县小池粮油储运站.JS-1 程序控制粮温遥测机简介 [J]. 四川粮油科技，1975，（3）：49.

［747］ 江苏邗江县知识青年农业电子协作组，江苏邗江县粮食局科研组.SLX- I 型数字式粮食温度巡回遥测仪 [J]. 四川粮油科技，1976，（2）：16-20.

［748］ 河南省郸城县粮食局科研组.粮食遥控自动三测仪简介 [J]. 四川粮油科技，1977，（4）：35-36.

［749］ 苏景和.热敏电阻的应用 [J]. 粮食贮藏，1982，（4）：45-48.

［750］ 李春杰，张永生.地下仓贮粮测温装置研制报告 [J]. 粮食加工，1983，（2）：1-5.

［751］ 上海医用仪表厂.自动测温测湿技术在粮食中的应用 [J]. 粮食储藏，1983，（2）.

［752］ 路洋.SWJ-81 型袖珍式数字测温仪 [J]. 粮食储藏，1983，（4）.

［753］ 樊家祺.JCI 型袖珍数字测温仪 [J]. 粮油食品科技，1984，（4）:8.

［754］ 浙江省粮仓电子技术应用研制组.CXLT-1 数字式粮温巡测仪研制情况介绍 [C]// 第三次全国粮油储藏学术会文选.成都：全国粮油储藏科技情报中心站，商业部四川粮食储藏科学研究所，1984.

［755］ 王际胜.数字式热电偶粮食测温装置试验报告 [C]// 中国粮油学会储藏专业学会第一届年会学术交流论文.成都：中国粮油学会储藏专业学会，1986.

［756］ 王亚南.炬阵布线：一种新型粮仓测温布线法 [C]// 中国粮油学会储藏专业学会第一届年会学术交流论文.成都：中国粮油学会储藏专业学会，1986.

［757］ 张永生，李春杰.轻型测温电缆的结构设计原理 [J]. 粮食储藏，1986，（3）：7-9.

［758］ 黑龙江省粮油储运公司.数字式热电偶粮仓测温装置试验报告 [C]// 中国粮油学会储藏专业学会第一届年会学术交流论文.成都：中国粮油学会储藏专业学会，1986.

［759］ 黄代制，黄德成.关于当前粮仓电子测温敏感元件的探讨 [J]. 粮油仓储科技通讯，1987，（2）：44-45.

［760］ 姜吉林.GJ87 型干簧继电器矩阵布线测温装置 [J]. 粮油仓储科技通讯，1988，（6）：29-30.

［761］ 钱火生.单板计算机在粮食温度检测中的应用 [J]. 粮油仓储科技通讯，1988，（5）：21-24.

［762］ 史洪义，甄艳华.用 PC-1500 微机检测粮食温湿度和水分 [J]. 粮油仓储科技通讯，1988，（4）：48-51.

［763］ 吕加祥，陈其贵.半自动台式电动圆形检验筛 [C]// 第二次全国粮油储藏专业学术交流会文献选编.成都：全国粮油储藏科技情报中心站，粮食部四川粮食储藏科学研究所，1981.

［764］ 淦新生，沈祖龄，潘世忠，殷余庆．电磁振动谷稗分离器试制报告 [C]// 第二次全国粮油储藏专业学术交流会文献选编．成都：全国粮油储藏科技情报中心站，粮食部四川粮食储藏科学研究所，1981.

［765］ 芦德伯．用洗麸箱检验麸皮含粉的方法 [C]// 第二次全国粮油储藏专业学术交流会文献选编．成都：全国粮油储藏科技情报中心站，粮食部四川粮食储藏科学研究所，1981.

［766］ 辜晓勇．便携式浮谷定糙数字显示仪 [J]．粮食贮藏，1981，（4）：51.

［767］ 陈建康．数字式含油量测定仪的研究（电子仪器部分）[C]// 第二次全国粮油储藏专业学术交流会文献选编．成都：全国粮油储藏科技情报中心站，粮食部四川粮食储藏科学研究所，1981.

［768］ 张景春，高布潜，郭景柱，等．热浸式快速脂肪抽提器 [J]．粮食储藏，1986，（3）：5-6.

［769］ 李长河．黄曲霉毒素检测仪器的研究 [J]．粮食储藏，1988，（2）：26-30.

［770］ 徐全生，张桂芳，向阳．核磁共振含油量测试仪在油菜籽含油量测定中的应用 [J]．粮油仓储科技通讯，1988，（6）：14-16.

［771］ 杨云芳．粮面结露探测自动报警器的探讨 [C]// 第二次全国粮油储藏专业学术交流会文献选编．成都：全国粮油储藏科技情报中心站，粮食部四川粮食储藏科学研究所，1981.

［772］ 山东省即墨县粮食局．油罐储油安全自动报警器 [J]．粮油仓储科技通讯，1985，（1）：41-42.

［773］ 牟墩强．150吨油罐"自动保安器" [J]．粮油仓储科技通讯，1986，（5）：31-32.

［774］ 周曙明．"安全储粮参数转盘"的设计与应用第一届中国粮油学会储藏专业学会第一届年会学术交流论文．成都：中国粮油学会储藏专业学会，1986.

［775］ 刘斌，吴明志，彭怀庭，等．应用汉字信息微机管理粮食仓库的研究 [J]．粮食储藏，1987，（3）：51-56.

［776］ 祝春友，许伶敏．应用电子计算机编制油罐计量表 [J]．粮油仓储科技通讯，1988，（3）：47-50.

［777］ 王前明．数字逻辑式小麦水分控制仪的研制 [J]．武汉粮食工业学院学报，1991，（1）：26-32.

［778］ 张晓波．电容式谷物水分测定仪校准检验方法研究 [J]．粮油食品科技，1999，（3）：28-29.

［779］ 聂朱桂．探头预埋式仓储散粮测水测温仪的研制 [J]．粮油仓储科技通讯，2002，（4）：40-41.

［780］ 刘晓庚，陶进华，汪玉敏，等．论粮油食品理化检测中的质量保证与控制 [J]．粮食与食品工业，2004，（2）：50-52.

［781］ 杜平．面粉检查筛与面粉质量的稳定性 [J]．粮食与食品工业，2004，（4）：26.

［782］ 王杏娟，祁先美．检验用碾米机的研制报告 [J]．粮食储藏，2005，（6）：35-37.

［783］ 孙辉，黄兴峰，张之玉，等．小麦质量安全研究进展 [J]．粮油食品科技，2005，（4）：1-4.

［784］ 虞弘，吴文杰．LRMM8040-3-D新型实验磨粉机的实际应用 [J]．粮食与食品工业，2005，（4）：31-34.

［785］ 陈福海，李学富．便携式多功能粮食检测箱的试验和应用 [J]．粮油仓储科技通讯，2006，（6）：33-34.

［786］ 王杏娟，祁先美．检验用砻谷机研制报告 [J]．粮食储藏，2007，（2）：45-47.

［787］ 周林泉，许德存．便携式粮仓氮气浓度检测仪的研制 [J]．粮食储藏，2007，（6）：48-50.

［788］ 毛根武．锤片式粉碎机设备标准化探讨 [J]．粮食储藏，2008，（6）：45-48.

［789］ 石恒，董德良，张华昌．影响面团拉伸仪性能因素的分析 [J]．粮食储藏，2009，（4）：45-48.

［790］ 杨路加，陈莉．几种进口小麦的质量比较研究 [J]．粮油食品科技，2009，（1）：1-2.

［791］张玉荣，周显青，杨兰兰．大米食味品质评价方法的研究现状与展望 [J]. 中国粮油学报，2019，（8）：155–160.

［792］谢月昆．小麦硬度指数测定仪使用中的常见问题与对策 [J]. 粮油仓储科技通讯，2010，（1）：50–51.

［793］石恒，张华昌，董德良，等．基于嵌入式机器视觉的粮油滴定分析仪研究 [J]. 粮食储藏，2010，（5）：42–48.

［794］虞泓，李国政，柯松虎，等．一种大米整精米率快速检测设备 [J]. 粮食与食品工业，2010，（6）：46–50.

［795］于卫新．粳稻谷常规检验方法及江苏地区的样品分析 [J]. 粮油食品科技，2011，（4）：26–30.

［796］林家永，范维燕，薛雅琳，等．稻米储藏品质近红外光谱快速判定技术及仪器研发 [J]. 中国粮油学报，2011，（7）：113–118.

［797］张华昌，石恒，柯淋．JZSG– Ⅱ型脂肪酸值测定仪的研究开发 [J]. 粮油仓储科技通讯，2011，（3）：46–49.

［798］张华昌，王科，董德良．实验用小型碾米机研制开发 [J]. 粮食储藏，2011，（3）：40–42.

［799］张玉荣，邢晓丽，周显青，等．米饭外观仪器评价与其感官评价的关联性研究 [J]. 河南工业大学学报（自然科学版），2014，（3）：7–11.

［800］唐文强，董德良，石恒，等．JDDY 型自动滴定分析仪测定谷物脂肪酸值准确度的继续研究 [J]. 粮油仓储科技通讯，2015，（6）：41–44.

［801］董光宇，柏禄乾，高文迪，等．不同国家大豆质量比较分析 [J]. 粮油仓储科技通讯，2015，（3）：42–43.

［802］黄南，王若兰，岳佳．基于图像处理技术的玉米数字图像特征值与水分含量相关性研究 [J]. 河南工业大学学报（自然科学版），2016，（6）：12–17.

［803］毛根武，杜昌爵，景书斌，等．一种新型检验用碾米机的研制 [J]. 粮食储藏，2016，（5）：48–52.

［804］石恒，张华昌，董德良，等．检测谷物及淀粉糊化特性的旋转式粘度仪的研制 [J]. 粮食储藏，2016，（1）：49–52.

［805］于素平，石翠霞，高岩，等．稻谷新鲜程度快速检测仪器研究 [J]. 粮食储藏，2017，（5）：38–42.

［806］胡玉兰，黄亚伟，王若兰，等．便携式拉曼光谱仪在食品检测中的应用 [J]. 食品工业科技，2017，（17）：319–323.

［807］黄亚伟，李换，王若兰．微型近红外光谱仪在农产品检测中的应用研究进展 [J]. 粮食与油脂，2017，（7）：1–3.

［808］黄亚伟，李换，王若兰．大米品质的仪器分析方法研究进展 [J]. 粮食与油脂，2017，（1）：1–4.

［809］郭凤民，毛根武．一种新型检验用砻谷机的研制 [J]. 粮食储藏，2018，（3）：48–52.

［810］石恒，董德良，贺波，等．全自动脂肪酸值测定仪的研制 [J]. 粮食储藏，2018，（1）：37–39.

［811］贺波，董德良，兰盛斌，等．实验室粮食样品自动分样器的研制 [J]. 粮食储藏，2018，（1）：48–50.

［812］李学富．多功能粮仓害虫选筛的创新设计 [J]. 粮油仓储科技通讯，2019，（2）：34–36.

［813］贺波，李兵，董德良，等．实验室粮食样品自动分样器的性能参数验证 [J]. 粮食储藏，2019，（2）：44–46.

［814］张杰，郭红英，刘焱，等．国内粮食质量检验设备使用现状与发展方向 [J]. 粮油仓储科技通讯，2019，（6）：7–9.

第五节 储粮"专家系统"与信息化研究

[815] 李益良. 浅谈微电子技术在粮食储藏中的应用 [J]. 粮油仓储科技通讯，1989，（1）：2-4.

[816] 王善军. 浅谈粮库微机管理及自控系统的开发与应用 [J]. 粮食储藏，1991，（1）：53-56.

[817] 王善军，方红标. 浅谈专家系统在现代粮库中的应用 [J]. 粮食储藏，1995，（Z1）：49-51.

[818] 云昌杰，廖继华. 计算机在粮库中的应用现状与展望 [J]. 粮食储藏，1995，（Z1）：45-48.

[819] 柳琴，许毳，熊修生，等. 国家粮食储备库计算机管理信息系统的研究与开发 [J]. 粮食流通技术，1998，（3）：25-28.

[820] 滕召胜，童调生. 粮食储备库综合测试专家系统 [J]. 粮食储藏，1999，（4）：39-43.

[821] 刘全利，胡维国，王高平. 国家粮食储备信息系统计算机网络的安全与保密 [J]. 郑州粮食学院学报，1999，（2）：37-39.

[822] 顾伟. 计算机信息管理系统在粮食企业中的应用及其需关注的焦点 [J]. 粮油仓储科技通讯，2001，（5）：9-11.

[823] 蒋宗纶，周兴明，肖卫华，等. 组建中直粮库计算机网络系统应注意的几个问题 [J]. 粮油仓储科技通讯，2001，（6）：10-13.

[824] 赵予新. 粮食仓储网络的目标模式与建设内容研究 [J]. 粮油食品科技，2002，（4）：14-16.

[825] 赵予新. 关于构建我国粮食仓储网络原则的研究 [J]. 粮油仓储科技通讯，2002，（3）：2-4.

[826] 王鸿祥，顾欲晓. 粮库内局域网结构及传输介质的比较与选择 [J]. 粮食流通技术，2002，（4）：33-34.

[827] 黄家怀. 谈粮食企业信息化 [J]. 粮食流通技术，2003，（1）：41-43.

[828] 顾欲晓. 中央直属储备粮库的信息系统 [J]. 粮食流通技术，2003，（1）：34-37.

[829] 陈世平. 关于建设信息化低温储粮仓的建议 [J]. 粮油食品科技，2003，（1）：14-15.

[830] 孙亮亮，黄剑，佘德猛. 基于 ASP.NET 的粮库虫害诊断专家系统 [J]. 粮食储藏，2004，（3）：18-20.

[831] 刘达，王仲东，胡智华. 管控一体化在粮库中的应用 [J]. 粮食储藏，2004，（4）：30-31.

[832] 余沛，王仲东，顾根来. 嵌入式 Linux 系统在粮库中的应用 [J]. 粮食储藏，2004，（6）：20-23.

[833] 赵小军，袁耀祥，王录印，等. 高大平房仓智能通风系统夏季排除积热试验 [J]. 粮食储藏，2005，（6）：38-40.

[834] 刘道富，张锡军，梁庆文. 出入库信息管理系统软件 [J]. 粮油仓储科技通讯，2006，（4）：13-15.

[835] 顾根来，贾锟，佘德猛. 粮库计算机管理控制系统初探 [J]. 粮油仓储科技通讯，2006，（2）：35-37.

[836] 吴海生. 粮库自动控制系统的运行和维护 [J]. 粮油仓储科技通讯，2006，（6）：35-36.

[837] 李绪强. Access 2000 在粮库信息化管理中的应用 [J]. 粮油仓储科技通讯，2006，（1）：19-22.

[838] 蔡长军，许光，罗志雄，等. 微机控制系统在油脂出仓计量中的应用 [J]. 粮油仓储科技通讯，2006，（1）：16，18.

[839] 邓玉华，冯运义. 基于 Visual C++ 矩形标尺智能识别 [J]. 粮食储藏，2007，（6）：13-16.

[840] 甄彤，何小平，祝玉华. 专家系统在储粮机械通风控制研究中的应用 [J]. 河南工业大学学报（自然科学版），2008，（1）：83-86.

[841] 甄彤，陈乔. 粮情智能决策支持系统研究与设计 [J]. 微计算机信息，2008，（30）：267-268.

[842] 甄彤，鲍圣洁，吴建军. 储粮害虫防治专家系统的研究 [J]. 华北水利水电学院学报，2009，（3）：47-50.

［843］ 甄彤，鲍圣洁，吴建军．储粮熏蒸专家系统的知识表示与知识库的建立 [J]. 河南工业大学学报（自然科学版），2009，（3）：79-83.

［844］ 钟朱彬．虚拟专用网在储备粮库信息化中的应用 [J]. 粮油仓储科技通讯，2009，（5）：40-42.

［845］ 王新．全国粮食统一电子竞价交易平台助力宏观调控 [J]. 粮油仓储科技通讯，2009，（1）：2-5.

［846］ 张海洲，刘波，刘遂宪．锦州港粮食现代物流管理信息系统的设计与开发 [J]. 粮食流通技术，2009，（2）：31-33.

［847］ 孙小平，朱洪铭，陈鹏，等．大豆原料仓及粕料仓 MES 控制模式探讨与实践 [J]. 粮食与食品工业，2009，（4）：38-41.

［848］ 孙小平，欧阳超，吴刚，等．信息化技术在粮食仓储物流企业中的创新应用 [J]. 粮食与食品工业，2009，（5）：40-42.

［849］ 轩春江，徐生菊，但启淮．MVC 模式在粮油检验信息管理系统中的研究与应用 [J]. 粮食储藏，2009，（5）：47-49.

［850］ 钟朱彬．自动控制系统在机械化浅圆仓中的应用 [J]. 粮油仓储科技通讯，2009，（3）：44-46.

［851］ 张兴红，甄彤，包晖，等．基于神经网络的储粮测控专家系统的研究与应用 [J]. 河南工业大学学报（自然科学版），2010，（3）：76-79.

［852］ 谢求实．企业袋装产品仓储码放设计研究及经济性分析 [J]. 粮食与食品工业，2010，（6）：35-37.

［853］ 王永强．工业电视监控系统在散粮系统生产中的应用 [J]. 粮油食品科技，2011，（4）：50-51.

［854］ 周林泉．粮仓窗户远程自动控制系统设计 [J]. 粮食储藏，2011，（1）：24-25.

［855］ 潘剑峰．粮食仓储中无线终端技术的应用 [J]. 粮油仓储科技通讯，2012，（4）：33-35.

［856］ 张锡贤，孙苟大，朱庆锋．粮食仓储物流企业中信息化技术的全面应用 [J]. 粮油仓储科技通讯，2012，（4）：54-56.

［857］ 罗源，罗绍华，罗雄，等．全信息化粮情智能监测系统研究 [J]. 粮油仓储科技通讯，2012，（5）：42-45.

［858］ 史钢强．智能通风操作系统水分控制模型优化及程序设计 [J]. 粮油食品科技，2013，（5）：109-113.

［859］ 闻小龙，张来林，汪旭东，等．智能气调和智能通风系统应用试验 [J]. 粮食流通技术，2012，（5）：32-35.

［860］ 王金奎，南永辉．信息化技术在粮食仓储管理中的应用 [J]. 粮油食品科技，2012，（1）：63-64.

［861］ 云顺忠，胡滨，刘卓．粮食储备库管理信息系统设计与应用 [J]. 粮油仓储科技通讯，2012，（6）：45-47.

［862］ 余吉庆，李宗良，周智华，等．智能通风在储粮降温中扩大应用的研究 [J]. 粮食储藏，2012，（6）：22-26.

［863］ 王涛，左晓戎．基于 MapXtreme 的全国粮食质量信息服务系统 [J]. 粮油食品科技，2012，（3）：62-64.

［864］ 宋锋，王萍芳，陶春霞，等．粮油仓储企业管理信息化系统建设与实践 [J]. 粮油仓储科技通讯，2013，（4）：36-37.

［865］ 何东华．基于安卓的粮库信息查询系统 [J]. 粮食储藏，2013，（2）：47-50.

［866］ 钟朱彬．广东省储备粮管理信息化实践 [J]. 粮食储藏，2013，（1）：49-53.

［867］ 江杨中．数据备份在粮库信息化管理中的应用 [J]. 粮油仓储科技通讯，2013，（4）：38-40.

［868］ 李伟，李在刚，温生山，等．智能出入库系统建设应用 [J]. 粮食储藏，2014，（5）：38-40.

［869］卢曼，韩光辉，魏鸿飞.全集成自动化控制系统在粮食储备库中的应用 [J].粮食储藏，2016，（3）：46-49.

［870］军.借力"互联网 +"，提升粮油质量监测能力 [J].粮食储藏，2016，（2）：52-56.

［871］王殿轩.关于粮库智能化建设中仓储技术智能化的几点思考 [J].粮食储藏，2016，（6）：50-54.

［872］陈赛赛，王力，胡育铭，等.智能化粮库建设与应用现状 [J].粮油食品科技，2016，（2）：97-101.

［873］甄彤.粮食信息化发展趋势 [J].中国粮食经济，2017，（1）：49-53.

［874］李小明，杨军，银尧明，等.粮食质量安全监测抽样信息化系统建设和实践 [J].粮食储藏，2017，（4）：54-56.

［875］韩志强，林乾，陈亮，等.基于 UWB 定位系统在粮库中的应用分析 [J].粮食储藏，2018，（1）:6-9.

［876］魏金久，陈赛赛，张勇，等.粮库智能综合显控平台设计与应用 [J].粮食储藏，2018，（1）：43-47.

［877］范帅通.粮库信息化建设的硬件和软件 [J].粮食仓储科技通讯，2018，（1）：7-8.

［878］董晨阳，张博.打造"智慧粮库"助力军粮企业发展 [J].粮油仓储科技通讯，2019，（1）：4-6.

第十三章　粮仓建设与改造的相关研究

第一节　粮仓机械研究

粮仓机械在装粮、储粮、卸粮过程中发挥了重要作用，如皮带输送机、扦样器、熏蒸设备、通风设备、干燥设备、清理设备、扒粮设备等。粮仓机械设备设计从笨重到小型化、从手动到自动，近些年，粮仓机械的发展上了一个新的台阶，初步展示了中国制造的水平，粮仓机械正逐步向实现智能化发展。

一、粮仓机械研究总论

赵思孟1986年发表了在粮食储藏科学中要不要粮仓机械的探讨文章。赵德龙1989年报道了高速振动筛的动力学分析试验。柯宏林1990年报道了提升机提升物料阻塞故障监控器的试验。徐德才等1992年报道了仓窗自控管理装置研究。郑均逮等1993年报道了气动喷雾施药机的研制及其应用。邹建明等1994年报道了粮食烘干机房式冷却流化出仓技术的研究。石羽章等1994年报道了粮食小包装机械化国内外的发展概况。刘忠和等1995年报道了往复振动筛在玉米整理中的应用试验。季学川1995年报道了试用XZI-IV型粮食仓外混合熏蒸机试验。刘林等1999年报道了流化卸粮装置在钢板仓中的应用研究。胡健等1999年报道了筒仓储粮多功能减压管的设计与应用试验。

刘新春2000年报道了平底粮食筒仓气鼓式清仓装置应用试验。樊自良等2000年报道了大跨度房式仓散粮进出仓的新技术与设备。王涛等2001年报道了移动式升降型输送机的研制及应用。岑铁恒等2001年报道了气垫带式输送机在粮食仓储中的应用。王继焕2001年报道了振动式排粮装置的工作原理与设计。姜滨2002年报道了关于设备大修的技术与管理经验。于林平等2002年报道了关于仓外混合熏蒸机使用的改进建议。国家粮食局行政管理司2002年报道了粮食气力输送（吸粮机）技术的发展趋势。平海2003年报道了油脂储运系统装卸工艺设计。徐碧2003年报道了关于改进新建粮库平房仓机械运输方式的应用研究。柴文福等2003年报道了浅圆仓清仓作业机械的选择应用。李壮等2004年报道了PLC在散粮卸船机控制系统的应用研究。徐水龙等2004年报道了移动带式输送机的改进设计。赵祥涛等2004年报道了平房仓散粮组合式出仓机的研究与开发。苏娅等2004年报道了散粮储藏喷油抑尘装置的研究和开发。杨文勇等2004年报道了粮食集散自控系统中的PLC编程技术。赵祥涛2004年报道了变频调速器在机械通风与谷物冷却中的应用前景研究。周天智等2005年报道了大中型粮库仓储机械设备规范化管理的实践。龚平等2005年报道了实现SIEMENSPLC与流量秤数据通讯的两种方法。江扬中2006年报道了关于拱板平房仓隔热层排风扇控制电路的试验探讨。杨亲银等2006年报道了如何走出粮机制造业改革困境的分析报告。孙新华等2006年报道了移动调节式散装汽车卸粮平台应用研究。许方浩等2006年报道了一种先进的三通管件的制作方法。吕军仓等2006年报道了大明宫直属库浅圆仓进粮系统改造试验。叶涛等2006年报道了关于散粮装卸系统中扦样方法的探讨。杨大明等2007年报道了小型轮式机械铲的设计与样机的制造试验。乔占民等2007年报道了多功能减压管在立筒仓和浅圆仓中的应用。姚文冠2007年报道了关于《散粮接收发放设施设计技术规程》计算案例。李伟等2007年报道了现有仓储设施存在的缺陷及其处理措施。张波等2007年报道了轨道式粮面平整器的设计与制作。杨正中2008年报道了保证埋刮板输送链条可靠运行的措施。程绪铎2008年报道了筒仓中粮食卸载动压力的研究与进展。田光宇等2008年报道了固定式出仓机在筒仓出仓作业中的应用。尹国彬等2008年报道了散粮机械采样系统故障分析及排除技术。鲁济彦2008年报道了粮库电子磅计算机技术的应用研究。孙水在等2008年报道了关于高频震动筛降低粮食不完善率的探讨。王永淮等2008年报道了自制移动式粮食风选除杂机的应用试验。李林轩2009年报道了要关注粮食仓储机械设备安全管理的分析报告。靳吉林2009年报道了粮食入库前的初清工艺设计分析。于林平等2009年报道了关于输送机提高产量的技术改造试验。刘海波等2009年报道了降压启动控制线路应用试验。匡华祥等2009年报道了电子灭虫网在储粮仓房中的应用试验。张兴海等2009年报道了粮面自动平整压光机的设计制作与实验效果。张诚彬2009年报道了卡车地中衡的维修应用试验。邵长学等2009年报道了电滚筒式扒谷机的改造试验。

姜汉东等2010年报道了储粮智能通风机研制报告。罗海军等2010年报道了粮食保护剂喷洒技术与设备研究。刘祺祥等2010年报道了对铁路散粮发放系统备料仓中长期安全储粮的尝试。

卢献礼等2010年报道了翻粮机在实仓储粮中的应用。李青松等2010年报道了粮食钢板筒仓的出料方式和通风系统设计。田颖2011年报道了大型食用植物油库复核计量系统的甄选与配置。黄之斌等2011年报道了减少粮食装仓破碎率装置的设计试验。张来林等2011年报道了移动式粮食除杂机的研制与应用。向金平等2011年报道了粮面落尘清理应用技术和装置。张来林等2011年报道了FA-120型自动行走翻粮机的应用试验。向金平等2011年报道了粮食在出入库过程中机械设备的搭配应用工艺。陆耕林等2012年报道了集装箱散粮简易接卸装置的设计制作和应用。翁胜通等2012年报道了浅圆仓布料器减缓大豆发热结块情况的效果分析报告。赵光涛2012年报道了高大平房仓挡粮板上出粮口的改造试验。安西友等2012年报道了无自流口散运车车厢卸粮调节器的初步设计。张来林等2012年报道了一种具有升降功能的粮食灌包机的开发与应用。张来林等2012年报道了一种用于处理结露粮层的翻粮机的应用效能。张海臣2013年报道了关于带式粮食输送机使用与维护的探讨。郑超杰等2013年报道了数控布粮器小麦入仓储粮试验。张志辉等2013年报道了关于粮食除杂方式的探讨。安西友等2013年报道了一种节能高效粮食轻型杂质清理设备的设计与试验。程绪铎等2013年报道了双直溜槽与双螺旋溜槽连接式装粮器的结构设计。朱金林等2013年报道了原粮风筛组合清理装置研究开发。沈一青2013年报道了平房仓粮食自动进出系统设计。周全申等2013年报道了埋刮板输送机图解选型方法。毛根武等2014年报道了TFSQ型高效环保组合式粮食杂质清理筛的性能测试和应用。杨海民等2014年报道了油罐取样打尺平台的设计与使用。杨海涛等2014年报道了高大平房仓粮食出入仓机械设备优化使用和维护的生产性探讨。周全申等2014年报道了气垫带式输送机图解选型法。虞建忠等2014年报道了立筒仓钢斗安装现状及对策。毕文雅等2014年报道了一种用于入仓粮面平整的平仓机的应用试验。周日春等2015年报道了重力谷糙分离机在稻谷入库中的改造与应用。吴晓寅等2015年报道了关于粮食出入仓现场机械设备本质安全化与智能化的探讨。陶琳岩等2015年报道了粮仓旋转紧固圆形通风口的应用。赵爱敏等2015年报道了色选机在玉米清除生霉粒中的应用研究。孙新科等2015年报道了立筒仓实仓卸料管通风及排粮转换装置的改造试验。赵祥涛等2015年报道了高效自行走散粮扒谷机的研究与开发。梁东升等2016年报道了浅圆仓多点均衡落料布料器对粮堆均匀性的影响研究。巩智利等2016年报道了玉米色选机在收购现场的应用试验。李书营等2016年报道了谷物冷却机的设计优化研究。张刚等2016年报道了稻谷在入仓过程中杂质清理技术改进的研究。陈传国等2016年报道了"一线二机四吹一扫"的收购模式。陈赛赛等2016年报道了粮库智能扦样质量检测系统的实现与应用。刘占广2016年报道了粮食进出库过程中关键设施、设备的创新与技术改造。李学富2016年报道了粮油监管巡查车的设计思考。李晓亮等2017年报道了移动式玉米色选机的探究与试验。黄启迪2017年报道了视频系统在粮食装卸中的运用研究。张来林等2017年分别报道了用于筛分小麦赤霉病粮的清选机设备；一种可清理小麦赤霉病粒的新型比重式精选机设备；关于粮仓挡粮门的改进技术试验。韩建平等2017年报道了对质检体系新模式的探索与实践。王效国等2017年报道了挡粮门的弊端与改进措施。郑颂等2017年报道了比重复式清选机在小麦入库过程中的应用研究。吴宝明等2018年报道了移动式无动力溜筛在粮食入库清理作业中的应用。原方等2018年报道了筒仓中内置减压管作用的试验研究。陈开军等2018年报道了一种高效率平仓装置的设计与使用。郑毅等2018年报道了多功能中心管与多点布料器实仓试验的对比研究。薛兵等2018年报道了基于固定式粮食扦样机的连续自动分样器的设计。胡智佑等2018年报道了浅圆仓压力门式伞形多点布料器的应用。黄启迪等2018年报道了粮食输送设备两侧可独立开关控制改造的研究。刘耀进等2018年报道了新型三角挡粮门安全应用及便利出仓技术应用探究。林乾等2018年报道了吨袋在包装大米储备周转中的应用分析。李文泉等2019年报道了浅圆仓多点均衡落料布料器对大豆杂质分布的影响研究。黎世静等2019年报道了一种重型清扫器在粮食系统的应用。胡志航等2019年报道了移动式大容量卸粮斗设计应用研究。高斐等2019年报道了外开式保温窗的设计与制作。李垒等2019年报道了谷物冷却机的日常使用和维护保养。聂鹤等2019年报道了浅圆仓布料器使用效果对比研究。李文泉等2019年报道了输粮皮带机积灰收集改造方法。许东宾等2019年报道了浅圆仓斗提机堵料原因及分析。高斐等2019年报道了侧移轮的设计与使用。

二、扦样装置研制

四川省粮食局科学研究所仪器组1974年报道了对吸式粮堆扦样器的效率分析。广东省阳春县粮食局，广东省粮食局科学研究所1976年报道了风吸扦样器的试验总结。辽宁省海城县第一粮库1976年报道了手提式粮谷扦样器的使用方法。山东省益都县粮食局直属粮库1976年报道了75-1型粮食风力扦样器。江西省鹰潭镇粮食局1976年报道了风力扦样器使用方法。甘肃省粮食局防治队1976年报道了JDI型见底扦样器的原理及应用。河南省新郑县车站粮库1976年报道了经改进的分节、定点粮食扦样器的使用效果。四川省粮食局科学研究所机械室1978年报道了深层粮堆扦样器试制成功的报告。

三、粮食分样器的研制

赵亦群等1985年报道了DFYL-16×12型离心式电动分样器的原理及使用方法。贺波等2018年报道了实验室粮食样品自动分样器的研制报告。

四、测氧装置的研究

上海市第十粮食仓库1976年报道了CY–2测氧仪及其使用方法。徐建国等1986年报道了一种快速、小型的数字显示测氧仪的原理及使用方法。

五、施药装置的研制

上海市粮食科学研究所1966年报道了氯化苦仓外熏蒸机的原理及使用方法。浙江省粮食科学研究所1966年报道了应用敌敌畏防治粮储害虫的研究。江苏省无锡市第二粮库1966年报道了磷化锌仓外投药的方法。青岛市粮食局1968年报道了介绍磷化锌仓外投药器的使用方法。湖北省罗田县粮食局1968年报道了马拉硫磷拌粉器的使用方法。

四川省酉阳县粮食局1972年报道了氯化苦仓外施药方法。重庆市南桐矿区粮食公司1972年报道了试用磷化钙仓外施药杀虫的经验。浙江省鄞县大松粮管所1973年报道了机动、手压两用式氯化苦仓外熏蒸器的使用方法。江苏省吴县粮食局1975年报道了磷化氢熏蒸仓外投药器试验情况。四川省安岳县城关粮站、四川省粮食局科学研究所机械室1977年报道了喷雾拌药机的使用方法。浙江省嘉善县直属粮库1977年报道了磷化铝（粉剂）分药器的使用方法。四川省绵阳地区粮食局1977年报道了气化循环法仓外施药方法。管彦煜、管一飞1984年报道了0.2型磷化氢发生器的使用方法。林宝生等1984年报道了磷化铝分药器的使用方法。徐二喜1985年报道了磷化铝粉剂小布袋深埋投药器的使用方法。吴继康1986年报道了电控磷化铝投药器的使用方法。郑均逮、王光亮、李岱恒1987年报道了CW–15仓用喷雾机的研制及其应用。林宝生、史优林1987年报道了磷化铝快速深埋投药器的使用方法。北京市东郊粮库1987年报道了磷化铝袋式仓外投药器的试验报告。姜吉林1987年报道了敌敌畏安全雾化器的试验报告。

第二节　粮仓建设与改造的有关研究

我国在20世纪六七十年代主要使用苏式仓进行储粮，到了20世纪末发展到高大平房仓、浅圆仓、立筒仓，近10年来主要对老旧粮仓进行维修改造，且仓储机械化、自动化在逐步提升。近几年，粮食储藏科研人员研究设计了一种建造快速、成本低、绿色环保的气膜粮仓新仓型，有实仓试验和研究报告发表。

一、 粮仓建设与改造总论

唐为民等1994年报道了关于我国粮仓建设的技术探讨。李春祥等2000年报道了简易拱棚仓的建设与使用。史海林等2000年报道了我国北方粮食仓库建设与使用情况的调查报告。邢九菊2000年报道了对粮仓建设的几点建议。李素梅2000年报道了高大平房仓入粮中的问题及建议。王立2000年报道了关于新建粮仓的建议。王子林等2000年报道了建设新型土体地下仓实现储粮安全保鲜试验。司永芝等2000年报道了500万kg房式仓的建设与应用。张玉连等2001年报道了关于新建粮库存在的问题与建议。赵英杰等2001年报道了对粮仓气密性标准的看法。万拯群2001年报道了对当前储粮技术与粮仓建设的见解。韩德生等2001年报道了国家储备粮库选建仓型的见解。熊鹤鸣2001年报道了关于粮库建设的思考。刘铁军2001年报道了关于全国储备粮库建设布局的设想。魏涛2001年报道了对当前粮食仓房建设的思考。赵思孟2002年报道了对新建粮仓的初步认识。李吉芬等2002年报道了对新型轻体钢板仓制作应用有关问题的探讨。张振镕2002年报道了粮食仓库建设回顾与仓型的选择。赵予新等2002年报道了国家储备粮库建设应对加入WTO的对策分析。蔡育池2003年报道了高大平房仓建设中应注意的几个问题。陈国文等2003 年报道了24-13型钢板仓安装实践。马六十等2004年报道了改造楼房仓进行散装储粮的试验。陈愿柱等2004年报道了高大平房仓的局部改造对气密性改善的探索。苏立新等2004年报道了浅圆仓储粮经济效益分析。王捷宏等2006年报道了南方销区中央储备粮库发展问题的探讨。张民平等2009年报道了太阳能照明技术在外高桥粮库项目中的集成应用。宋峰2009年报道了在新形势下，国有粮食购销企业仓储设施建设的调查与思考。

李青松等2010年分别报道了粮食钢板筒仓的发展现状和工艺设备技术；钢板仓的制造安装与工艺设计及应用。赵学梅2014年报道了关于储粮设施建设的几点建议。王效国等2015年报道了当代粮仓建设存在的弊端及改进措施。叶青云等2019年报道了对气膜粮仓的实用试验研究。该试验介绍了气膜粮仓的特性，提出了安全、经济、高效的管理建议以及气膜粮仓各系统整合的智能化研究方向。

二、仓型商榷

靳祖训等2001年报道了关于中国现代储粮仓型的商榷。程延树2002年报道了关于中国散装粮食仓型选择标准的商榷。张承光2002年报道了现代化储粮仓型的选择。陈宏斌等2003年报道了我国粮食储备库新仓型的现状及发展。袁育芬等2003年报道了不同储粮区域的储备粮仓仓型优化分析。郑培等2009年报道了我国地下粮仓新仓型探讨及其有限元分析。刘海燕等2012年报道了绿色生态储粮的地下粮仓仓型。王大宏等2013年报道了粮食储备仓型的比选与创新。

三、粮库与粮仓设计研究

程雪源1989年报道了粮食安全储藏与房式仓建筑设计的关系。赵月仿1989年报道了瓦楞钢板仓建造及储粮性能的研究。罗金荣等1995年报道了粮仓钢板网天棚的开发与应用。王惠民等1995年报道了多功能钢板竹帘仓的研制与应用。李永敏等1995年报道了预应力拱板型屋面建仓技术的应用实践与探讨。薛世芬1997年报道了新储罐设计规范及其在油罐设计中的应用。刘伟然1997年报道了大型立式细长圆筒型储油罐设计及实践。张来林等1997年报道了从储藏角度看筒仓储粮工艺设计的重要性。王浩1998年报道了散粮平房仓地震作用的计算方法。徐玉斌1998年报道了包装种子粮低温储藏库的空调系统设计。冯天民1999年报道了24米跨双曲薄壳板设计及其在粮库建设中的应用研究。

万平2000年报道了铁路专用线卸粮坑的施工及发展前景报告。金兆仁2000年报道了关于新仓房的设计与实用性探讨。岳佳超2000年报道了关于粮库的总平面设计系统研究。陈永平等2000年报道了V型折板屋面应用于粮食仓库的优点。梁传珍等2000年报道了矮圆仓的仓壁荷载问题。管锦桃2002年报道了关于平房仓建仓的见解。李为民2001年报道了粮库建设工作的回顾与思考。周勤良2001年报道了食用油储罐设计制造的几个要点。程亨华2001年报道了地下粮仓设计及仓型特点。龙重红2002年报道了防治外墙渗漏的监控方法。江爕云2002年报道了对高大房式仓及配套设施的改进建议。韩建民等2002年报道了对新建平房仓设计中待改进问题的建议。张畲2002年报道了粮仓维修建设存在的主要问题与对策。熊显凡等2002年报道了铺设槽型水泥大瓦，治理平房仓房盖渗漏方法。姜永顺等2002年报道了立筒库人孔盖板存在的弊端与改进方法。赵思孟2002年报道了对新建粮仓的初步认识。黄攸吉2002年报道了几种露天圆囤的搭建技术。涂杰等2002年报道了中央储备粮绵阳直属库CO_2气调储粮工程的建设情况。韩明涛等2002年报道了高大平房仓的气密性改造措施。周全申等2003年报道了散粮中转库仓容设计仿真研究。徐建伟2003年报道了关于散料分配仓的探讨。潘九君等2003年报道了国储库项目烘干机系统需要研究和改善的问题。吴红岩2004年报道了拱板仓气密工程技术改造及储粮应用研究。朱永士等2004年报道了拱板仓气密工程技术改造及储粮应用研究。王志法2005年报道了粮食立筒库室内消火栓给水系统的设计。刘起霞等2005年报道了粮库建设工程中地基的处理方法。王建业等2005年报道了中国古代粮食仓库建设的骄傲——丰图义仓。周天智等2006年报道了荆门市粮仓"三防"门结构的演变与发展。白玉兴2006年报道了浅埋大型房式仓长期储粮热湿性能研究。

左晓戎等2006年报道了散粮专用设施建设的经济性分析。秦卫国第2006年报道了植物油储库建设管理及投资建议。张乃俊2007年报道了老仓房应用储粮新技术探讨。张来林2007年报道了粮食储藏对仓房设计的要求。蒋桂军2007年报道了粮食钢板筒仓工艺设计心得。梁永记2007年报道了浅圆仓双层彩钢扣板顶盖施工技术。孙慧等2008年报道了从土堤仓储粮谈大型房式仓的建设研究。赵兴元等2008年报道了薄腹梁平房仓散装改造储粮试验。黄海生等2008年报道了松散砂性地基上油罐基础的设计。陈宏斌等2008年报道了机械化平房仓的设计。张立2008年报道了粮库软弱地基处理工程实例分析。韩楚良2008年报道了沉降控制复合桩基在粮库中的应用。刘柏林等2008年报道了对安徽省近三年仓储设施建设情况的调查与建议。余汉华等2008年报道了我国地下粮仓应用的现状及前瞻。谷玉有等2008年报道了我国东北地区不同仓型储粮特性研究。孙小平等2009年报道了大豆原料仓及粕料仓MES控制模式探讨与实践。佟蕾等2009年报道了双层节能隔热外墙技术在平房仓改造中的应用。宋伟等2009年报道了模拟粮仓压力半衰期规律研究。邢勇等2009年报道了蒸压粉煤灰砖替代粮仓墙体黏土砖的比较。

张斌等2010年报道了对新建平房仓气密处理探讨。田颖2010年报道了对鄂西北明清遗存古粮仓的功能设计分析研究。祁正亚等2010年报道了对技术改造提升旧式房仓储粮性能的探讨。李本军等2010年报道了散粮在码头中转仓容量优化设计试验。葛斌等2010年报道了PVC阻燃型卷材粘贴密闭储粮试验。刘畅等2010年报道了页岩砖替代粮仓墙体黏土砖性能比较。王雪芬等2010年报道了粮食筒仓通风除尘改造措施。徐成中等2010年报道了粮食工作塔结构在高烈度地区的设计实践。周媛2010年报道了储备粮库油罐区固定式消防系统设计。沈银飞等2011年报道了对老式房式仓气密性改造的探讨。刘天寿等2011年报道了移动式多功能仓的设计。游海洋等2011年报道了平房仓仓窗智能电动改造与应用。刘志云等2011年报道了我国筒仓与房式仓的储粮特征与区域适宜性评估。张龙等2012年报道了关于浅圆仓建设预留预埋技术控制的探讨。黄志军等2012年报道了包装仓散装化改造技术与效果分析。李光曦2012年报道了对粮食储备库道路照明节能装置的探讨。宋辉等2013年报道了基于eQUEST软件的仓储建筑能耗模拟分析研究。刘磊等2014年报道了中国和欧盟钢板筒仓储粮荷载设计规范比较。于文江2014年报道了旧粮仓综合改造提升储粮功能研究。戴云松等2014年报道了浅圆仓地下通廊防水改造技术。刘磊2014年报道了中国和欧盟钢板筒仓储粮荷载设计的规范比较。张世杰等2015年报道了"模拟平房仓"压仓作业压力测试分析。李兰芬2015年报道了应用高分子材料对硬基地坪及仓房进行气密性改造实践。张世杰等2015年报道了氮气储粮平房仓全过程沉降监测。刘根平等2015年报道了浅圆仓多功能中心系统的应用与研究。王殿轩2016年报道了关于在粮库智能化建设中对仓储技术智能化的几点思考。李浩杰等2016年报道了智能化粮库建设及应用思考。陈立君等2016年报道了低温库建设（改造）的技术方案。金建德等2016年报道了建筑光电一体化对粮食保鲜储藏试验应用研究。马利平等2016年报道了负压输粮管道的优化设计。董震等2017年报道了我国粮食钢板仓的发展现状及趋势。丁希华2017年报道了粮库智能化建设应用及思考。黄金根等2017年报道了不同改造工艺对软土地基仓房气密性影响。赵立新等2018年报道了粮库电动保温气密窗开关窗系统设计。吕纪民等2018年报道了内环流仓吊顶控温结构改造。陈燕等2018年报道了仓房密闭封门登高防护梯的设计与使用。吕庆锦等2018年报道了卸粮坑除尘系统改造与效果评价。纪智超2018年报道了高大平房仓建设经验与应用探讨。赵立新等2018年报道了粮库电动保温气密窗开关窗系统设计。毛东旭2019年报道了夏热冬冷地区平房仓改低温仓土建技术方案研究。叶维林等2019年报道了隔热保冷超低温钢板立筒仓的试制与应用。王威等2019年报道了粮库平房仓平推式机械通风窗自动化改造试验。谢和生2019年报道了TPO卷材在粮库屋面应用的效果研究。王玥等2019年报道了新型防虫密闭两用窗的开发与应用。胡志航等2019年报道了智能化粮库防汛水位预警系统的研发和应用。李琛等2019年报道了云南实用储粮仓型和新技术应用研究。温生山等2019年报道了粮食实物检查新型大容器制作技术。

四、仓房结构研究

孙怀林等2008年报道了钢板筒仓桥架结构的有限元分析。朱文宇等2008年报道了大跨度及高堆粮平房仓的结构设计。陈峰等2008年报道了包装粮低温仓的设计与特点分析。邢衡建等2015年报道了双"T"板屋面与折线屋架结构仓房的利与弊。张庆章等2016年报道了粮食楼房仓结构和储粮工艺研究进展。

五、粮库智能化建设

王军等2003年报道了粮食仓库设计标准使用的智能化系统模式研究。王殿轩2016年报道了关于粮库智能化建设中仓储技术智能化的几点思考。李浩杰等2016年报道了智能化粮库建设及应用思考。韩志强等2018年报道了基于UWB定位系统在粮库中的应用分析。魏金久等2018年报道了粮库智能综合显控平台设计与应用。刘小全等2018年报道了中小包装食用油仓库智能仓储系统应用实践。范帅通2018年报道了粮库信息化建设的硬件和软件。何志军等2018年报道了信息智能化在粮仓中的应用及思考。陆峰等2018年报道了植物油油罐基础防水处理新工艺探讨。

六、仓房改造研究

徐书德等1990年报道了有机硅防水剂在粮食仓库的应用。肖友平等2002年报道了苏式仓房的技术改造试验。沈银飞等2011年报道了普通房式仓气密性改造方法与效果。黄志军等2012年报道了包装仓散装化改造技术与效果分析。向金平等2015年报道了粮库老仓改造项目执行方案的设计。

七、建仓新材料、新技术与仓房鉴定、压仓研究

邓福安等1993年报道了HY-AB型硅橡胶防水涂料在粮仓建筑中的应用。李洪程2000年报道了关于电脑测控连体通风夹层立筒仓的结构与性能探讨。梁永记2001年报道了提高粮食筒仓仓体滑模的气密性技术试验。苏炜等2003年报道了储粮仓房安全性鉴定中各影响因素权重取值分析。王录民等2007年报道了粮仓EPS填充板的研究。张世杰等2015年报道了"模拟平房仓"压仓作业压力测试分析。金志明等2018年报道了立筒仓功能转型升级的改造探索。张明友等2019年报道了平房仓粮食入仓作业线粉尘的防控改造。

八、粮仓在储粮过程中的动静态荷载研究

苏乐逍1997年报道了立筒仓卸料结拱弹性变形及其对仓壁压力的影响试验；1998年又报道了立筒仓卸料时仓壁超压的力学分析报告。胡亚民1998年报道了从结构设计与施工谈钢筋混凝土筒仓仓壁的裂缝控制技术。薛勇1999年报道了筒仓偏心卸料时贮料作用于仓壁上水平压力的分析。张会军1999年报道了新建钢筋混凝土立筒仓的储粮。

王广国等2000年报道了筒仓内散体物料侧压力分布研究。赵学伟2001年报道了粮层阻力计算公式的分析比较。杜明芳等2004年报道了储料的密度对立筒仓压力影响的颗粒流数值模拟。程绪铎等2005年报道了谷物储藏中静态载荷的几个理论的分析与比较；2007年报道了谷物储藏中动态载荷的研究与进展；2008年分别报道了预测筒仓中谷物水分增加引起仓壁侧压力增加的颗粒堆放模型；筒仓中粮食卸载动压力的研究与进展。宋伟等2009年报道了模拟粮仓压力半衰期规律研究。王振清等2013年报道了一种圆筒形地下粮仓的抗浮设计。

附：分论二/第十三章著述目录

第十三章　粮仓建设与改造的相关研究

第一节　粮仓机械研究

［1］赵思孟.粮食储藏科学中要不要粮仓机械 [J].郑州粮食学院学报，1986，（4）：60-62.

［2］赵德龙.高速振动筛的动力学分析 [J].武汉粮食工业学院学报，1989，（3）：10-19.

［3］柯宏林.提升机提升物料阻塞故障监控器 [J].粮油仓储科技通讯，1990，（5）：48-50.

［4］徐德才，杨渝生，任国兴，等.仓窗自控管理装置研究 [J].粮食储藏，1992，（2）：26-31.

［5］郑均遽，徐学东，熊居祥，等.气动喷雾施药机的研制及其应用 [J].粮食储藏，1993，（5）：29-33.

［6］邹建明，施问连，朱祖洪，等.粮食烘干机房式冷却流化出仓技术的研究 [J].粮食储藏，1994，（5）：14-16.

［7］石羽章，陈登丰.粮食小包装机械化国内外发展概况 [J].粮油仓储科技通讯，1994，（6）：36-40.

［8］刘忠和，陈福民，夏青文，等.往复振动筛在玉米整理中的应用 [J].粮食储藏，1995，（2）：37-39.

［9］季学川.试用 XZI-Ⅳ型粮食仓外混合熏蒸机浅见 [J].粮油仓储科技通讯，1995，（5）：26-27.

［10］刘林，周新桐，胡秀和，等.流化卸粮装置在钢板仓中的应用 [J].粮食储藏，1999，（1）：42-47.

［11］胡健，余平.筒仓储粮多功能减压管的设计与应用试验 [J].粮食储藏，1999，（3）：47-52.

［12］刘新春.平底粮食筒仓气鼓式清仓装置 [J].粮食储藏，2000，（3）：17-19.

［13］樊自良，马秋良.浅谈大跨度房式仓散粮进出仓的新技术与设备 [J].粮食流通技术，2000，（6）：29-30.

［14］王涛，崔云鹏，白宝云.移动式升降型输送机的研制及应用 [J].粮油食品科技，2001，（4）：8-9.

［15］岑铁恒，汝俊起，冷逸林.浅析气垫带式输送机在粮食仓储中的应用 [J].粮油仓储科技通讯，2001，（4）：39-41.

［16］王继焕.振动式排粮装置的工作原理与设计 [J].粮油仓储科技通讯，2001，（3）：40-42.

［17］姜滨.论设备大修的技术与管理 [J].粮油仓储科技通讯，2002，（4）：43-44.

［18］于林平，王宝春，郭双乐，等.关于仓外混合熏蒸机使用的改进建议 [J].粮油仓储科技通讯，2002，（3）：42-43.

［19］国家粮食局行政管理司.粮食气力输送（吸粮机）技术的发展趋势 [J].粮食科技与经济，2002，（1）：38.

［20］平海.油脂储运系统装卸工艺设计 [J].中国油脂，2003，（2）：31-33.

［21］徐碧.关于改进新建粮库平房仓机械运输方式的探讨 [J].粮油食品科技，2003，（5）：29-30.

［22］柴文福，王永昌，间维健.浅圆仓清仓作业机械的选择 [J].粮食与食品工业，2003，（4）：44-47.

［23］李壮，张强.PLC 在散粮装卸船机控制系统的应用 [J].粮食流通技术，2003，（4）：27-28.

［24］徐水龙，沈一青.移动带式输送机的改进设计 [J].粮食与食品工业，2004，（2）：40-55.

［25］赵祥涛，普煜，刘忠，等.平房仓散粮组合式出仓机的研究与开发 [J].粮食储藏，2004，（5）：30-32.

［26］苏娅，赵祥涛，刘新春.散粮储藏喷油抑尘装置的研究和开发 [J].粮食储藏，2004，（1）：47-50.

［27］ 杨文勇，康凯，张志寰 . 粮食集散自控系统中的 PLC 编程技术 [J]. 粮油仓储科技通讯，2004，（5）：18-19.

［28］ 赵祥涛 . 变频调速器在机械通风与谷物冷却中的应用前景 [J]. 粮食储藏，2004，（2）：46-47.

［29］ 周天智，刘楚才，赵旭东 . 大中型粮库仓储机械设备规范化管理的实践与探讨 [J]. 粮食流通技术，2005，（6）：17-20.

［30］ 龚平，梅学军 . SIEMENSPLC 与流量秤数据通讯两种方法的实现 [J]. 粮食与食品工业，2005，（3）：28-29.

［31］ 江扬中 . 拱板平房仓隔热层排风扇控制电路探讨 [J]. 粮油仓储科技通讯，2006，（1）：17-18.

［32］ 杨亲银，饶如勇 . 浅谈如何走出粮机制造业改革的困境 [J]. 粮油仓储科技通讯，2006，（1）：47.

［33］ 孙新华，孟宪成，董守民，等 . 移动调节式散装汽车卸粮平台应用研究 [J]. 粮油仓储科技通讯，2006，（4）：25-26.

［34］ 许方浩，华祝田 . 一种先进的三通管件的制作方法 [J]. 粮油仓储科技通讯，2006（2）：33-34.

［35］ 吕军仓，席小艳，张来林，等 . 大明宫直属库浅圆仓进粮系统改造 [J]. 粮食加工，2006，（1）：57-58.

［36］ 叶涛，魏祖国 . 散粮装卸系统中扦样方法的探讨 [J]. 粮食储藏，2006，（2）：55-56.

［37］ 杨大明，杨国峰，吉怀军，等 . 小型轮式机械铲的设计与样机制造 [J]. 粮食储藏，2007，（5）：49-51.

［38］ 乔占民，李国长，王保祥，等 . 多功能减压管在立筒仓和浅圆仓中的应用 [J]. 粮食储藏，2007，（4）：31-33.

［39］ 姚文冠 .《散粮接收、发放设施设计技术规程》计算案例 [J]. 粮油食品科技，2007，（Z1）：52-63.

［40］ 李伟，霍印君，王晓丽，等 . 现有仓储设施存在的缺陷及其处理措施探讨 [J]. 粮食储藏，2007，（2）：53-56.

［41］ 张波，吴志才 . 轨道式粮面平整器的设计与制作试验 [J]. 粮食储藏，2007，（1）：43-45.

［42］ 杨正中 . 保证埋刮板输送链条可靠运行的措施 [J]. 粮食与食品工业，2008，（3）：25-28.

［43］ 程绪铎 . 筒仓中粮食卸载动压力的研究与进展 [J]. 粮食储藏，2008，（5）：20-24.

［44］ 田光宇，周琼，闫汉书 . 固定式出仓机在筒仓出仓作业中的应用 [J]. 粮食储藏，2008，（2）：31-33.

［45］ 尹国彬，李佰明，刘伟 . 散粮机械采样系统故障分析及排除 [J]. 粮油仓储科技通讯，2008，（3）：18-19.

［46］ 鲁济彦 . 粮库电子磅计算机技术应用研究 [J]. 粮油仓储科技通讯，2008，（4）：37-38.

［47］ 孙水在，陈金华 . 高频震动筛降低粮食不完善率初探 [J]. 粮油仓储科技通讯，2008，（5）：47-48.

［48］ 王永淮，徐刚鸿，王大春 . 自制移动式粮食风选除杂机应用试验 [J]. 粮油仓储科技通讯，2008，（2）：39-40.

［49］ 李林轩 . 关注粮食仓储机械设备安全管理 [J]. 粮食流通技术，2009，（2）：16-18.

［50］ 靳吉林 . 粮食入库前的初清工艺设计 [J]. 粮食流通技术，2009，（2）：13-15.

［51］ 于林平，崔天忠，刘新华，等 . 关于输送机提高产量的技术改造试验 [J]. 粮油仓储科技通讯，2009，（3）：47-48.

［52］ 刘海波，克向国，王玉泉 . 降压启动控制线路应用试验 [J]. 粮油仓储科技通讯，2009，（4）：41-43.

［53］ 匡华祥，但建军，岳新红 . 电子灭虫网在储粮仓房中的应用试验 [J]. 粮油仓储科技通讯，2009，（4）：44.

［54］ 张兴海，朱付伟，张保忠 . 粮面自动平整压光机的设计制作与实验效果 [J]. 粮油仓储科技通讯，2009，（1）：44-45.

［55］张诚彬.卡车地中衡的维修 [J].粮油食品科技，2009，（3）：60，65.

［56］邵长学，牛宝培，高志伟，等.电滚筒式扒谷机的改造 [J].粮油食品科技，2009，（6）：60–61.

［57］姜汉东，程德军，鲍立伟，等.储粮智能通风机研制报告 [J].粮油仓储科技通讯，2010，（2）：48–49.

［58］罗海军，付鹏程，丁朝明，等.粮食保护剂喷洒技术与设备研究 [J].粮油仓储科技通讯，2010，（1）：36–38.

［59］刘祺祥，马进琪，李文兴，等.铁路散粮发放系统备料仓中长期安全储粮的尝试 [J].粮油仓储科技通讯，2010，（3）：32–33.

［60］卢献礼，周智华，李宗良，等.翻粮机在实仓储粮中的应用 [J].粮油仓储科技通讯，2010，（3）：46–47.

［61］李青松，孙雄星.粮食钢板筒仓的出料方式和通风系统设计（上）[J].粮食与食品工业，2010，（3）：40–42.

［62］李青松，孙雄星.粮食钢板筒仓的出料方式和通风系统设计（下）[J].粮食与食品工业，2010，（5）：44–47.

［63］田颖.大型食用植物油库复核计量系统的甄选与配置 [J].粮油食品科技，2011，（3）：33–35.

［64］黄之斌，程绪铎.减少粮食装仓破碎率装置的设计 [J].粮食储藏，2011，（1）：26–29.

［65］张来林，林光华，唐小斌.移动式粮食除杂机的研制与应用 [J].粮食储藏，2011，（2）：38–40.

［66］向金平，钟立绪，刘军，等.粮面落尘清理应用技术和装置 [J].粮油仓储科技通讯，2011，（6）：43–44.

［67］张来林，李岩，吕建华，等.FA-120 型自动行走翻粮机的应用试验 [J].粮油食品科技，2011，（6）：55–56.

［68］向金平，刘军，王昌政.粮食出入库过程中机械设备的搭配应用工艺 [J].粮油仓储科技通讯，2011，（1）：41–42.

［69］陆耕林，施永华，陈平.集装箱散粮简易接卸装置的设计制作和应用 [J].粮油仓储科技通讯，2012，（5）：40–41.

［70］翁胜通，李林杰.浅圆仓布料器减缓大豆发热结块情况的效果分析 [J].粮食储藏，2012，（5）：52–54.

［71］赵光涛.高大平房仓挡粮板上出粮口的改造 [J].粮油仓储科技通讯，2012，（2）：35.

［72］安西友，邱广阔，曹东杰.无自流口散运车车厢卸粮调节器的初步设计 [J].粮油仓储科技通讯，2012，（2）：36–37.

［73］张来林，江雪杰，林光华，等.一种具有升降功能的粮食灌包机 [J].粮食流通技术，2012，（3）：20–21.

［74］张来林，韩志强，吕建华，等.一种用于处理结露粮层的翻粮机 [J].粮食储藏，2012，（2）：44–46.

［75］张海臣.关于带式粮食输送机使用与维护的探讨 [J].农业机械，2013，（35）：40–44.

［76］郑超杰，张明学，赵东虎.数控布粮器小麦入仓储粮试验 [J].粮食流通技术，2013，（3）：20–21.

［77］张志辉，张春.粮食除杂方式探讨 [J].粮油仓储科技通讯，2013，（1）：39–40.

［78］安西友，邱广阔，曹东杰.一种节能高效粮食轻型杂质清理设备的设计与使用 [J].粮油仓储科技通讯，2013，（1）：41–42.

［79］程绪铎，严晓婕，黄之斌.双直溜槽与双螺旋溜槽连接式装粮器的结构设计 [J].粮食储藏，2013，（4）：42–45.

［80］朱金林，赵祥涛，张明学，等.原粮风筛组合清理装置研究开发 [J].粮食储藏，2013，（4）：50-51.

［81］沈一青.平房仓粮食自动进出系统设计 [J].粮油与饲料工业，2013（5）：15-17.

［82］周全申，韩亦枫，刘国锋，等.埋刮板输送机图解选型方法 [J].粮食与饲料工业，2013，（9）：11-13.

［83］毛根武，董德良，肖红，等.TFSQ 型高效环保组合式粮食杂质清理筛的性能测试和应用 [J].粮油仓储科技通讯，2014，（1）：33-35.

［84］杨海民，杜建光，刘欢，等.油罐取样打尺平台的设计与使用 [J].粮油仓储科技通讯，2014，（1）：45-47.

［85］杨海涛，林镇清，王丹，等.高大平房仓粮食出入仓机械设备优化使用和维护的生产性探讨 [J].粮油仓储科技通讯，2014，（3）：47-49.

［86］周全申，朱同顺，刘存中，等.气垫带式输送机图解选型法 [J].粮食与饲料工业，2014，（2）：8-12.

［87］虞建忠，姚会玲，彭振，等.立筒仓钢斗安装现状及对策 [J].粮食与饲料工业，2014，（8）：11-12.

［88］毕文雅，刘玉东，张来林，等.一种用于入仓粮面平整的平仓机 [J].粮食流通技术，2014，（6）：18-19.

［89］周日春，陈超，刘玲玲.重力谷糙分离机在稻谷入库中的改造与应用 [J].粮油仓储科技通讯，2015，（2）：44-47.

［90］吴晓寅，何冰强，张军峰，等.粮食出入仓现场机械设备本质安全化与智能化探讨 [J].粮油仓储科技通讯，2015，（3）：1-4.

［91］陶琳岩，张来林，王文广，等.粮仓旋转紧固圆形通风口的应用 [J].粮油食品科技，2015，（4）：110-111.

［92］赵爱敏，李浩杰，李明奇，等.色选机在玉米清除生霉粒中的应用研究 [J].粮食储藏，2015，（6）：47-50.

［93］孙新科，史钢强.立筒仓实仓卸料管通风及排粮转换装置改造试验 [J].粮油仓储科技通讯，2015，（5）：24-27.

［94］梁东升，胡智佑，李文泉.浅圆仓多点均衡落料布料器对粮堆均匀性的影响 [J].粮食储藏，2016，（3）：42-45.

［95］巩智利，张抵抗，李忠，等.玉米色选机在收购现场的应用试验 [J].粮食储藏，2016，（3）：39-41.

［96］李书营，王明旭，毕红雪.谷物冷却机设计优化研究 [J].粮食储藏，2016，（4）：51-53.

［97］张刚，周祥，程恒.稻谷入仓过程中杂质清理技术改进的研究 [J].粮油仓储科技通讯，2016，（1）：31-33.

［98］陈传国，王道华，高中喜，等."一线二机四吹一扫"收购模式 [J].粮油仓储科技通讯，2016，（3）：43-44.

［99］赵祥涛，谭保辉，陈旭，等.高效自行走散粮扒谷机的研究与开发 [J].粮油仓储科技通讯，2015，（4）：53-54.

［100］陈赛赛，尹道娟，王伟宇，等.粮库智能扦样质检系统实现与应用 [J].粮油仓储科技通讯，2016，（6）：23-26.

［101］刘占广.粮食进出库过程中关键设施、设备的创新与技术改造 [J].粮油仓储科技通讯，2016，（6）：44-45.

［102］李学富.粮油监管巡查车的设计思考 [J].粮油仓储科技通讯，2016，（6）：51-53.

［103］ 李晓亮，卢献礼，关锡林，等. 移动式玉米色选机的探究与试验 [J]. 粮油仓储科技通讯，2017，（2）：30-32.

［104］ 黄启迪. 视频系统在粮食装卸中的运用研究 [J]. 粮油仓储科技通讯，2017，（1）：49-51.

［105］ 张来林，马梦苹，李保安，等. 一种用于筛分小麦赤霉病粮的清选机 [J]. 粮食加工，2017，（6）：62-63.

［106］ 张来林，陶金亚，原富林，等. 一种可清理小麦赤霉病粒的新型比重式精选机 [J]. 现代食品，2017，（10）：98-101.

［107］ 张来林，李霁瀛，乐大强，等. 粮仓挡粮门的改进 [J]. 现代食品，2017，（20）：93-95.

［108］ 韩建平，汪福友，卢军伟，等. 对质检体系新模式的探索与实践 [J]. 粮油仓储科技通讯，2017，（4）：54-56.

［109］ 王效国，李卫东. 挡粮门的弊端与改进措施 [J]. 粮油仓储科技通讯，2017，（4）：49-51.

［110］ 郑颂，方江坤，谢雅茜，等. 比重复式清选机在小麦入库过程中的应用 [J]. 粮油仓储科技通讯，2017，（5）：43-46.

［111］ 吴宝明，高永生，张成俊. 移动式无动力溜筛在粮食入库清理作业中的应用 [J]. 粮油仓储科技通讯，2018，（1）：50-51.

［112］ 原方，姜学佳. 筒仓中内置减压管作用的试验研究 [J]. 粮食储藏，2018，（4）：1-6.

［113］ 陈开军，肖有光，李玉成，等. 一种高效率平仓装置的设计与使用 [J]. 粮油仓储科技通讯，2018，（2）：39，51.

［114］ 郑毅，邱辉，武传森，等. 多功能中心管与多点布料器实仓试验对比研究 [J]. 粮油仓储科技通讯，2018，（2）：40-45.

［115］ 薛兵，袁志强，刘宝永，等. 基于固定式粮食扦样机的连续自动分样器的设计 [J]. 粮食储藏，2018，（2）：52-54.

［116］ 胡智佑，杨海民，刘玉东，等. 浅圆仓压力门式伞形多点布料器应用 [J]. 粮油仓储科技通讯，2018，（1）：44-49.

［117］ 黄启迪，张峰，周又杰. 粮食输送设备两侧可独立开关控制改造的研究 [J]. 粮油仓储科技通讯，2018，（1）：52-53.

［118］ 刘耀进，张松义. 新型三角挡粮门安全应用及便利出仓技术应用探究 [J]. 粮油仓储科技通讯，2018，（1）：54-56.

［119］ 林乾，韩志强，陈亮，等. 吨袋在包装大米储备周转中的应用分析 [J]. 粮油仓储科技通讯，2018，（2）：7-9.

［120］ 李文泉，张愉佳，张伟，等. 浅圆仓多点均衡落料布料器对大豆杂质分布的影响 [J]. 粮食储藏，2019，（1）：21-23.

［121］ 黎世静，罗斌，徐鹏. 一种重型清扫器在粮食系统的应用 [J]. 粮油仓储科技通讯，2019，（3）：53-54.

［122］ 胡志航，赵德柱，沙凯. 移动式大容量卸粮斗设计应用研究 [J]. 粮油仓储科技通讯，2019，（3）：55-56.

［123］ 高斐，王效国，郭雷，等. 外开式保温窗的设计与制作 [J]. 粮油仓储科技通讯，2019，（4）：54-56.

［124］ 李垒，韩俊伟. 浅谈谷物冷却机的日常使用和维护保养 [J]. 粮油仓储科技通讯，2019，（1）：54-56.

［125］ 聂鹤，袁辉，康国宇，等. 浅圆仓布料器使用效果对比研究 [J]. 粮油仓储科技通讯，2019，（2）：37-40.

[126] 李文泉，倪欣，李炳清，等.浅谈输粮皮带机积灰收集改造 [J].粮油仓储科技通讯，2019，（2）：41-42.

[127] 许东宾，葛涛，安智明，等.浅圆仓斗提机堵料原因分析 [J].粮油仓储科技通讯，2019，（6）：53-54.

[128] 高斐，郭雷，邵明辉，等.侧移轮的设计与使用 [J].粮油仓储科技通讯，2019，（6）：45-46.

[129] 四川省粮食局科学研究所仪器组.吸式粮堆扦样器 [J].四川粮油科技，1974，（4）：1-4.

[130] 广东省阳春县粮食局，广东省粮食局科学研究所.风吸扦样器的试验总结 [J].四川粮油科技，1976，（3）：3-7.

[131] 辽宁省海城县第一粮库.手提式粮谷扦样器 [J].四川粮油科技，1976，（3）：8-11.

[132] 山东省益都县粮食局直属粮库.75-1 型粮食风力扦样器 [J].四川粮油科技，1976，（3）：12-13.

[133] 江西省鹰潭镇粮食局.风力扦样器简介 [J].四川粮油科技，1976，（3）：14，16.

[134] 甘肃省粮食局防治队.JDI 型见底扦样器概述 [J].四川粮油科技，1976，（3）：15-16.

[135] 河南省新郑县车站粮库.分节、定点粮食扦样器 [J].四川粮油科技，1976，（3）：17，30.

[136] 四川省粮食局科学研究所机械室.深层粮堆扦样器试制成功 [J].四川粮油科技，1978，（1）：76.

[137] 赵亦群，黄纯华.DFYL-16×12 型离心式电动分样器 [J].粮食储藏，1985，（4）：33-36.

[138] 贺波，董德良，兰盛斌，等.实验室粮食样品自动分样器的研制 [J].粮食储藏，2018，47（1）：48-50.

[139] 上海市第十粮食仓库.CY-2 测氧仪及其使用 [J].四川粮油科技，1976，（1）：38-41.

[140] 徐建国，吴竫.介绍一种快速、小型的数字显示测氧仪 [J].粮食储藏，1986，（2）：27-28.

[141] 上海市粮食科学研究所.氯化苦仓外熏蒸机 [J].粮油科技通讯，1966，（4-5）.

[142] 上海农业机械厂.YT-5 型手提喷烟机 [J].粮油科技通讯，1966，（4-5）.

[143] 浙江省粮食科学研究所.应用敌敌畏防治粮储害虫的研究，1966，（7-8）.

[144] 江苏省无锡市第二粮库.磷化锌仓外投药法 [J].粮油科技通讯，1966，（5）.

[145] 青岛市粮食局.磷化锌仓外投药器 [J].粮油科技通讯，1968，（2）.

[146] 湖北省罗田县粮食局.马拉硫磷拌粉器 [J].粮油科技通讯，1968，（2）.

[147] 四川省酉阳县粮食局.氯化苦仓外施药 [J].四川粮油科技，1972，（3）.

[148] 重庆市南桐矿区粮食公司.试用磷化钙仓外施药杀虫 [J].四川粮油科技，1972，（4）.

[149] 浙江省鄞县大松粮管所.机动、手压两用式氯化苦仓外熏蒸器 [J].四川粮油科技，1973，（1）.

[150] 江苏省吴县粮食局保安粮革会.磷化氢熏蒸仓外投药器试验情况简介 [J].四川粮油科技，1975，（3）：17-18.

[151] 四川省安岳县城关粮站，四川省粮食局科学研究所机械室.喷雾拌药机 [J].四川粮油科技，1977，（3）：23-25.

[152] 浙江省嘉善县直属粮库.磷化铝（粉剂）分药器 [J].四川粮油科技，1977，（3）：22，27.

[153] 四川省绵阳地区粮食局.气化循环法仓外施药 [J].四川粮油科技，1977，（4）：1-9.

[154] 管彦煜，管一飞.0.2 型磷化氢发生器 [J].粮食储藏，1984，（1）：39-41.

[155] 林宝生，郑立光.磷化铝分药器 [J].粮食储藏，1984，（5）：16-17.

[156] 徐二喜.磷化铝粉剂小布袋深埋投药器 [J].粮油仓储科技通讯，1985，（2）：38-39.

[157] 吴继康.电控磷化铝投药器 [J].粮油仓储科技通讯，1986，（2）：53.

[158] 郑均逵，王光亮，李岱恒.CW-15 仓用喷雾机的研制及其应用 [J].粮油仓储科技通讯，1987，（1）：52-56.

［159］ 林宝生，史优林 . 磷化铝快速深埋投药器 [J]. 粮油仓储科技通讯，1987，（2）：39.

［160］ 北京市东郊粮库 . 磷化铝袋式仓外投药器试验报告 [J]. 粮油仓储科技通讯，1987，（2）：40-41.

［161］ 姜吉林 . 敌敌畏安全雾化器 [J]. 粮油仓储科技通讯，1987，（5）：26-28.

第二节　粮仓建设与改造的有关研究

［162］ 唐为民，文昌贵，陶诚，等 . 我国粮仓建设技术探讨 [J]. 粮食储藏，1994，（6）：22-26.

［163］ 李春祥，范志强，刘振富，等 . 简易拱棚仓的建设与使用 [J]. 粮食储藏，2000，（6）：49-52.

［164］ 史海林，尤伟 . 我国北方粮食仓库建设与使用情况调查报告 [J]. 粮食储藏，2000，（3）：37-40.

［165］ 邢九菊 . 对粮仓建设的几点建议 [J]. 粮食储藏，2000，（3）：45-46.

［166］ 李素梅 . 高大平房仓入粮中的问题及建议 [J]. 粮食储藏，2000，（3）：46.

［167］ 王立 . 关于新建粮仓的建议 [J]. 粮食储藏，2000，（3）：47-49.

［168］ 王子林，张龙川 . 建设新型土体地下仓实现储粮安全保鲜 [J]. 粮食储藏，2000，（3）：22-26.

［169］ 司永芝，梁玉林，王瑞金，等 . 浅谈 500 万千克房式仓的建设与应用 [J]. 粮食储藏，2000，（3）：20-22.

［170］ 张玉连，蔡庸家 . 关于新建粮库存在的问题与建议 [J]. 粮食储藏，2001，（6）：35-36.

［171］ 赵英杰，张来林，孙志东，等 . 对粮仓气密性标准的看法 [J]. 粮食储藏，2001，（6）：37-38.

［172］ 万拯群 . 对当前储粮技术与粮仓建设的浅见 [J]. 粮食储藏，2001，（1）：46-48.

［173］ 韩德生，周浩，刘玉贤 . 国家储备粮库选建仓型之浅见 [J]. 粮油仓储科技通讯，2001，（1）：45-46.

［174］ 熊鹤鸣 . 也谈粮库建设 [J]. 粮油仓储科技通讯，2001，（2）：39-40.

［175］ 刘铁军 . 浅谈全国储备粮库建设的布局 [J]. 粮油食品科技，2001，（4）：1-3.

［176］ 魏涛 . 对当前粮食仓房建设的思考 [J]. 粮油仓储科技通讯，2001，（3）：37-39.

［177］ 赵思孟 . 对新建粮仓的初步认识 [J]. 粮油仓储科技通讯，2002，（5）：37-38.

［178］ 李吉芬，宋宝生，段立英，等 . 新型轻体钢板仓制作应用有关问题的探讨 [J]. 粮油仓储科技通讯，2002，（3）：47-48.

［179］ 张振镕 . 粮食仓库建设回顾与仓型选择 [J]. 粮食储藏，2002，（1）：37-42.

［180］ 赵予新 . 国家储备粮库建设应对加入 WTO 的对策分析 [J]. 粮食储藏，2002，（3）：3-4.

［181］ 蔡育池 . 高大平房仓建设中应注意的几个问题 [J]. 粮食储藏，2003，（6）：49-51.

［182］ 陈国文，李丽 . 24-13 型钢板仓安装实践 [J]. 粮食储藏，2003，（4）：44-46.

［183］ 马六十，刘春华 . 改造楼房仓进行散装储粮的试验 [J]. 粮食储藏，2004，（1）：32-34.

［184］ 陈愿柱，刘观禄，谢春发，等 . 高大平房仓的局部改造对气密性改善的探索 [J]. 粮食储藏，2004，（1）：51-53.

［185］ 苏立新，徐杰，陈志刚 . 浅圆仓储粮经济效益浅析 [J]. 粮油加工与食品机械，2004，（4）：51-53.

［186］ 王捷宏，刘德军 . 南方销区中央储备粮库发展问题探讨 [J]. 粮油仓储科技通讯，2006，（4）：56.

［187］ 张民平，何方，杜佳军 . 太阳能照明技术在外高桥粮库项目中的集成应用 [J]. 粮食与食品工业，2009，（5）：50-53.

［188］ 宋峰 . 新形势下国有粮食购销企业仓储设施建设的调查与思考 [J]. 粮油仓储科技通讯，2009，（1）：35-37.

［189］ 李青松，孙雄星 . 粮食钢板筒仓的发展现状和工艺设备 [J]. 粮食与食品工业，2010，（2）：14-17.

［190］ 李青松 . 钢板仓的制造安装与工艺设计 [J]. 粮油食品科技，2010，（3）：7-11.

［191］ 赵学梅 . 关于储粮设施建设的几点建议 [J]. 黑龙江粮食，2014，（8）：20-21.

［192］ 王效国，赵德柱，刘建明 . 当代粮仓建设存在的弊端及改进措施 [J]. 粮油仓储科技通讯，2015，（3）：48-51.

［193］ 叶青云，朱可亮 . 气膜粮仓的实用探讨 [J]. 粮食与食品工业，2019，26（1）：57-59.

［194］ 靳祖训，于英威 . 关于中国现代储粮仓型的商榷 [J]. 粮油食品科技，2001，（5）：1-5.

［195］ 程延树 . 中国散装粮食仓型选择标准的商榷 [J]. 粮食储藏，2002，（2）：44-48.

［196］ 张承光 . 现代化储粮仓型的选择 [J]. 粮油仓储科技通讯，2002，（4）：42-44.

［197］ 陈宏斌，魏克娴，王永巍 . 我国粮食储备库新仓型的现状及发展 [J]. 农业机械，2003，（17）：67-70.

［198］ 袁育芬，张学飞，许志锋，等 . 不同储粮区域的储备粮仓仓型优化分析 [J]. 粮食储藏，2003，（3）：51-52.

［199］ 郑培，刘银来，王振清 . 我国地下粮仓新仓型初探及其有限元分析 [J]. 河南工业大学学报（自然科学版），2009，（3）：91-94.

［200］ 刘海燕，王振清，陈雁 . 绿色生态储粮仓型：地下粮仓 [J]. 农业机械，2012，（24）：114-118.

［201］ 王大宏，李自轩，许志锋 . 粮食储备仓型的比选与创新 [J]. 粮食流通技术，2013，（1）：15-18.

［202］ 程雪源 . 粮食安全储藏与房式仓建筑设计的关系 [J]. 粮油仓储科技通讯，1989，（4）：25-27.

［203］ 赵月仿 . 瓦楞钢板仓建造及储粮性能研究 [J]. 粮油仓储科技通讯，1989（5）：49-55.

［204］ 罗金荣，黄抱鸿，胡希良，等 . 粮仓钢板网天棚的开发与应用 [J]. 粮食储藏，1995，（3）：40-44.

［205］ 王惠民，田岩松，田向东，等 . 多功能钢板竹帘仓的研制与应用 [J]. 粮食储藏，1995，（3）：34-37.

［206］ 李永敏，王风吉，缪文华 . 预应力拱板型屋面建仓技术的应用实践与探讨 [J]. 粮油仓储科技通讯，1995，（1）：16-18.

［207］ 薛世芬 . 新储罐设计规范及其在油罐设计中的应用 [J]. 中国油脂，1997，（1）：50-52.

［208］ 刘伟然 . 大型立式细长圆筒型储油罐设计及实践 [J]. 中国油脂，1997，（6）：59-61.

［209］ 张来林，赵英杰 . 从储藏角度看筒仓储粮工艺设计的重要性 [J]. 粮食流通技术，1997，（2）：24-26.

［210］ 王浩 . 散粮平房仓地震作用的计算方法 [J]. 粮食储藏，1998，（1）：33-38.

［211］ 徐玉斌 . 包装种子粮低温储藏库的空调系统设计 [J]. 粮食储藏，1998，（5）：40-46.

［212］ 冯天民 . 24 米跨双曲薄壳板设计及其在粮库建设中的应用 [J]. 粮食储藏，1999，（5）：41-44.

［213］ 万平 . 铁路专用线卸粮坑的施工及发展前景 [J]. 粮油仓储科技通讯，2000，（3）：36-38.

［214］ 金兆仁 . 关于新仓房的设计与实用性探讨 [J]. 粮食储藏，2000，（3）：27-29.

［215］ 岳佳超 . 浅谈粮库的总平面设计 [J]. 粮食流通技术，2000（6）：7-8.

［216］ 陈永平，刘正求，李思安，等 . V 型折板屋面应用于粮食仓库的优点 [J]. 粮油仓储科技通讯，2000，（6）：43-46.

［217］ 梁传珍，邢梅梅 . 谈谈矮圆仓的仓壁荷载问题 [J]. 粮油仓储科技通讯，2000，（5）：51-52.

［218］ 管锦桃 . 也谈平房仓 [J]. 粮食储藏，2000，（3）：14-16.

［219］ 李为民 . 粮库建设工作的回顾与思考 [J]. 粮食储藏，2001，（2）：40-43.

［220］ 周勤良 . 食用油储罐设计制造的几个要点 [J]. 中国油脂，2001，（2）：63-65.

［221］ 程亨华 . 地下粮仓设计及仓型特点 [J]. 粮油食品科技，2001，（2）：1.

［222］ 龙重红 . 浅谈防治外墙渗漏的监控方法 [J]. 粮油科技与经济，2002，（1）：39.

［223］ 江燮云 . 对高大房式仓及配套设施的改进建议 [J]. 粮食储藏，2002，（2）：42-43.

［224］ 韩建民，王辉 . 对新建平房仓设计中待改进问题的建议 [J]. 粮食储藏，2002，（3）：45–46.

［225］ 张畲 . 粮仓维修建设存在的主要问题与对策 [J]. 粮油仓储科技通讯，2002，（5）：39–40.

［226］ 熊显凡，唐承禄，闵革权 . 铺设槽型水泥大瓦治理平房仓房盖渗漏 [J]. 粮油仓储科技通讯，2002，（6）：36–38.

［227］ 姜永顺，江列克 . 立筒库人孔盖板存在的弊端与改进方法 [J]. 粮油仓储科技通讯，2002，（6）：37–38.

［228］ 赵思孟 . 对新建粮仓的初步认识 [J]. 粮油仓储科技通讯，2002，（5）：37–38.

［229］ 黄攸吉 . 几种露天圆囤搭建技术 [J]. 粮油仓储科技通讯，2002，（5）：41–42.

［230］ 涂杰，郭道林，王双林，等 . 中央储备粮绵阳直属库 CO_2 气调储粮工程的建设 [J]. 粮食储藏，2002，（4）：43–47.

［231］ 韩明涛，徐亚维 . 浅谈高大平房仓的气密性改造 [J]. 粮食流通技术，2002，（1）：14–16.

［232］ 周全申，王振清，朱庆芳 . 散粮中转库仓容设计仿真 [J]. 郑州工程学院学报，2003，（1）：43–45.

［233］ 徐建伟 . 关于散料分配仓的探讨 [J]. 粮食流通技术，2003，（4）：19–21.

［234］ 潘九君，赵凤岐 . 国储库项目烘干机系统需要研究和改善的问题 [J]. 粮食流通技术，2003，（4）：22–24.

［235］ 吴红岩 . 拱板仓气密工程技术改造及储粮应用研究 [J]. 郑州工程学院学报，2004，（2）：67–70.

［236］ 朱永士，乔建军，吴红岩，等 . 拱板仓气密工程技术改造及储粮应用研究 [C]// 中国粮油学会第三届学术年会论文选集（上册）. 烟台：中国粮油学会，2004.

［237］ 王志法 . 粮食立筒库室内消火栓给水系统的设计 [J]. 粮食流通技术，2005，（6）：12–14.

［238］ 刘起霞，邹剑峰，祝宗兰 . 浅谈粮库建设工程中地基处理方法 [J]. 粮食与食品工业，2005，（4）：47–49.

［239］ 王建业，兰盛斌，杨健，等 . 中国古代粮食仓库建设的骄傲：丰图义仓 [J]. 粮油仓储科技通讯，2005，（5）：41.

［240］ 周天智，高兴明，彭明文 . 荆门市粮仓“三防”门结构的演变与发展 [J]. 粮油仓储科技通讯，2006，（4）：37–39.

［241］ 白玉兴 . 浅埋大型房式仓长期储粮热湿性能研究 [J]. 河南工业大学学报（自然科学版），2006，（2）：29–32.

［242］ 左晓戎，邹广桥 . 散粮专用设施建设的经济性分析 [J]. 粮油食品科技，2006，（6）：16–17.

［243］ 秦卫国，侯飞 . 植物油储库建设管理及投资建议 [J]. 粮食与食品工业，2006，（1）：17–18.

［244］ 张乃俊 . 老仓房应用储粮新技术初探 [J]. 粮油仓储科技通讯，2007，（2）：49–51.

［245］ 张来林，朱同顺，任力民，等 . 浅谈粮食储藏对仓房设计的要求 [J]. 粮食加工，2007，（4）：67–70.

［246］ 蒋桂军 . 粮食钢板筒仓工艺设计心得 [J]. 粮油食品科技，2007，（Z1）：64–66.

［247］ 梁永记 . 浅圆仓双层彩钢扣板顶盖施工技术 [J]. 粮油食品科技，2007，（3）：27–28.

［248］ 孙慧，赵荷英，郝令军，等 . 从土堤仓储粮谈大型房式仓的建设 [J]. 粮油仓储科技通讯，2008，（4）：55–56.

［249］ 赵兴元，黄青明，何志明，等 . 薄腹梁平房仓散装改造储粮试验 [J]. 粮油仓储科技通讯，2008，（3）：45–47.

［250］ 黄海生，朱文宇，曹飞 . 松散砂性地基上油罐基础的设计 [J]. 粮食与食品工业，2008，（3）：29–30.

［251］ 陈宏斌，马玉峰，宋永军 . 机械化平房仓的设计 [J]. 粮食流通技术，2008，（1）：16–19.

[252] 张立.粮库软弱地基处理工程实例分析[J].粮食流通技术，2008，（1）：9–11.

[253] 韩楚良.沉降控制复合桩基在粮库中的应用[J].粮食流通技术，2008，（1）：5–8.

[254] 刘柏林，姚东春，戴春牛，等.对安徽省近三年仓储设施建设情况的调查与建议[J].粮油仓储科技通讯，2008，（5）：44–46.

[255] 余汉华，王录民，王振清，等.我国地下粮仓应用的现状及前瞻[J].河南工业大学学报（自然科学版），2008，（5）：79–81.

[256] 谷玉有，张来林，史钢强.东北地区不同仓型储粮特性研究[J].粮食科技与经济，2008，（6）：38–43.

[257] 孙小平，朱洪铭，陈鹏，等.大豆原料仓及粕料仓MES控制模式探讨与实践[J].粮食与食品工业，2009，（4）：38–41.

[258] 佟蕾，江燮云，高乃国.双层节能隔热外墙技术在平房仓改造中的应用[J].粮食储藏，2009，（2）：33–35.

[259] 宋伟，胡寰翀.模拟粮仓压力半衰期规律研究[J].粮食储藏，2009，（6）：15–18.

[260] 邢勇，刘畅.蒸压粉煤灰砖替代粮仓墙体黏土砖比较[J].粮油食品科技，2009，（6）：15–17.

[261] 张斌，张来林，宁方银，等.新建平房仓气密处理探讨[J].粮食储藏，2010，（1）：32–34.

[262] 田颖.鄂西北明清遗存古粮仓的功能设计浅析[J].粮食储藏，2010，（1）：53–56.

[263] 祁正亚，陆祖安，于文江，等.技术改造提升旧式房仓储粮性能探讨[J].粮食储藏，2010，（6）：52–54.

[264] 李本军，周全申，都江沙.散粮码头中转仓容量优化设计[J].粮食与食品工业，2010（2）：48–51.

[265] 葛斌，王耘，许红林，等.PVC阻燃型卷材粘贴密闭储粮试验[J].粮油仓储科技通讯，2010，（5）：30–31.

[266] 刘畅，邢勇.页岩砖替代粮仓墙体黏土砖性能比较[J].粮油食品科技，2010，（2）：10–11.

[267] 王雪芬，董良占，王瑜岩.粮食筒仓通风除尘改造[J].粮油食品科技，2010，（3）：56.

[268] 徐成中，许隽，鲜丽丽，等.粮食工作塔结构在高烈度地区的设计实践[J].粮食与食品工业，2010，（1）：44–45.

[269] 周媛.储备粮库油罐区固定式消防系统设计[J].中国油脂，2012，（8）：68–70.

[270] 沈银飞，许金毛，吴掌荣，等.老式房式仓气密性改造探讨[J].粮食储藏，2011，（6）：50–52.

[271] 刘天寿，毛建华.移动式多功能仓的设计[J].粮油食品科技，2011，（1）：12–14.

[272] 游海洋，郁宏兵，甘传平.平房仓仓窗智能电动改造与应用[J].粮油仓储科技通讯，2011，（1）：38–40.

[273] 刘志云，唐福元，程绪铎.我国筒仓与房式仓的储粮特征与区域适宜性评估[J].粮油仓储科技通讯，2011，（2）：7–9.

[274] 张龙，郭哲.浅圆仓建设预留预埋技术控制探讨[J].粮油仓储科技通讯，2012，（3）：55–56.

[275] 黄志军，金建德，刘林生，等.包装仓散装化改造技术与效果分析[J].粮油食品科技，2012，（5）：50–51.

[276] 李光曦.粮食储备库道路照明节能装置的探讨[J].粮食与饲料工业，2012，（8）：15–17.

[277] 宋辉，常汝完，张忠杰，等.基于eQUEST软件的仓储建筑能耗模拟分析研究[J].粮食储藏，2013，（4）：11–14.

[278] 刘磊，杨蕴明，余海岁.中国和欧盟钢板筒仓储粮荷载设计规范比较[J].粮食储藏，2014，（4）：1–8.

[279] 于文江.旧粮仓综合改造提升储粮功能研究[J].粮食储藏，2014，（1）：45–47.

［280］戴云松，褚洪强，张成 . 浅圆仓地下通廊防水改造技术初探 [J]. 粮油仓储科技通讯，2014，（4）：41–43.

［281］刘磊，杨蕴明，余海岁 . 中国和欧盟钢板筒仓储粮荷载设计规范比较 [J]. 粮食储藏，2014，（4）：1–8.

［282］张世杰，许启铿，王录民，等 . "模拟平房仓"压仓作业压力测试分析 [J]. 粮油仓储科技通讯，2015，（3）：10–12.

［283］李兰芬 . 应用高分子材料对硬基地坪及仓房进行气密性改造 [J]. 粮油仓储科技通讯，2015，（3）：44–47.

［284］张世杰，许启铿，王录民，等 . 氮气储粮平房仓全过程沉降监测 [J]. 现代食品，2015，（14）：61–64.

［285］刘根平，邱辉，武传森，等 . 浅圆仓多功能中心系统的应用与研究 [J]. 粮食储藏，2015，（1）：11–15.

［286］王殿轩 . 关于粮库智能化建设中仓储技术智能化的几点思考 [J]. 粮食储藏，2016，（6）：50–54.

［287］李浩杰，丁建武，付鹏程，等 . 智能化粮库建设及应用思考 [J]. 粮油仓储科技通讯，2016，（1）：1–5.

［288］陈立君，徐颖，李小明 . 低温库建设（改造）技术方案 [J]. 粮油仓储科技通讯，2016，（2）：13–16.

［289］金建德，沈波，张云峰，等 . 建筑光电一体化对粮食保鲜储藏试验应用研究 [J]. 粮油仓储科技通讯，2016，（5）：13–17.

［290］马利平，赵艳平 . 负压输粮管道的优化设计 [J]. 粮油仓储科技通讯，2016，（2）：22–24.

［291］董震，曹阳 . 我国粮食钢板仓的发展现状及趋势 [J]. 粮油仓储科技通讯，2017，（2）：51–53.

［292］丁希华 . 粮库智能化建设应用及思考 [J]. 粮油仓储科技通讯，2017，（1）：22–25.

［293］黄金根，何圣军，钟帅飞，等 . 不同改造工艺对软土地基仓房气密性影响 [J]. 粮油仓储科技通讯，2017，（3）：38–39.

［294］赵立新，高柏松，任宝柱，等 . 粮库电动保温气密窗开关窗系统设计 [J]. 粮油仓储科技通讯，2018，（1）：42–43.

［295］吕纪民，颜军 . 内环流仓吊顶控温结构改造 [J]. 粮油仓储科技通讯，2018，（1）：23，30.

［296］陈燕，陈晓荣 . 仓房密闭封门登高防护梯的设计与使用 [J]. 粮油仓储科技通讯，2018，（6）：41–42.

［297］吕庆锦，李林杰 . 卸粮坑除尘系统改造与效果评价 [J]. 粮油仓储科技通讯，2018，（6）：43–46.

［298］纪智超 . 高大平房仓建设经验与应用探讨 [J]. 粮油仓储科技通讯，2018，（6）：50–53.

［299］赵立新，高柏松，任宝柱，等 . 粮库电动保温气密窗开关窗系统设计 [J]. 粮油仓储科技通讯，2018，（1）：42–43.

［300］毛东旭 . 夏热冬冷地区平房仓改低温仓土建技术方案研究 [J]. 粮油仓储科技通讯，2019，（1）：18–20.

［301］叶维林，苏勇，李钰志，等 . 隔热保冷超低温钢板立筒仓的试制 [J]. 粮油仓储科技通讯，2019，（5）：53–55.

［302］王威，孙强，张继勇 . 粮库平房仓平推式机械通风窗自动化改造 [J]. 粮油仓储科技通讯，2019，（1）：50–53.

［303］谢和生 . TPO 卷材在粮库屋面应用效果研究 [J]. 粮油仓储科技通讯，2019，（4）：7–10.

［304］王钥，钟帅飞，黄金根 . 新型防虫密闭两用窗的开发与应用 [J]. 粮油仓储科技通讯，2019，（5）：40–43.

［305］胡志航，韩伟，张子羽，等 . 智能化粮库防汛水位预警系统的研发和应用 [J]. 粮油仓储科技通讯，2019，（5）：44–45.

［306］李琛，文韵漫，李然，等 . 云南实用储粮仓型和新技术应用研究 [J]. 粮油仓储科技通讯，2019，（5）：46–49.

［307］温生山，丁锋，张乐，等 . 粮食实物检查新型大容器制作 [J]. 粮油仓储科技通讯，2019，（5）：50–52.

［308］孙怀林，刘雁，佘晨岗 . 钢板筒仓桥架结构的有限元分析 [J]. 中国粮油学报，2008，（3）：156–158.

［309］朱文宇，黄海生，顾俊峰. 大跨度及高堆粮平房仓的结构设计［J］. 粮食与食品工业，2008，（2）：38-40.

［310］陈峰，徐玉斌. 包装粮低温仓的设计与特点分析［J］. 粮食储藏，2008，（1）：37-39.

［311］邢衡建，翟继忠，刘海波. 双"T"板屋面与折线屋架结构仓房的利与弊［J］. 粮油仓储科技通讯，2015，（2）：49，52.

［312］张庆章，仇新义. 粮食楼房仓结构和储粮工艺研究进展［J］. 粮食储藏，2016，（1）：26-28.

［313］王军，陈亚霖，王爽. 粮食仓库设计标准使用的智能化系统模式研究［J］. 郑州工程学院学报，2003，（3）：79-80.

［314］王殿轩. 关于粮库智能化建设中仓储技术智能化的几点思考［J］. 粮食储藏，2016，（6）：50-54.

［315］李浩杰，丁建武，付鹏程，等. 智能化粮库建设及应用思考［J］. 粮油仓储科技通讯，2016，（1）：1-5.

［316］韩志强，林乾，陈亮，等. 基于UWB定位系统在粮库中的应用分析［J］. 粮食储藏，2018，（1）：6-9.

［317］魏金久，陈赛赛，张勇，等. 粮库智能综合显控平台设计与应用［J］. 粮食储藏，2018，（1）：43-47.

［318］刘小全，陈军，毕英明，等. 中小包装食用油仓库智能仓储系统应用实践［J］. 粮食储藏，2018，（5）：20-26.

［319］范帅通. 粮库信息化建设的硬件和软件［J］. 粮油仓储科技通讯，2018，（1）：7-8.

［320］何志军，王清华. 信息智能化在粮仓中的应用及思考［J］. 粮油仓储科技通讯，2018，（3）：1-2.

［321］陆峰，丁丁，鲍凤军，等. 植物油油罐基础防水处理新工艺探讨［J］. 粮油仓储科技通讯，2018，（5）：49-50.

［322］徐书德，邢润民，周文明，等. 有机硅防水剂在粮食仓库的应用［J］. 粮油仓储科技通讯，1990，（3）：44-45.

［323］肖友平，李志祥，史堃. 苏式仓房的技术改造［J］. 粮食科技与经济，2002，（5）：43-44.

［324］沈银飞，许金毛，吴掌荣，等. 普通房式仓气密性改造方法与效果［J］. 粮食科技与经济，2011，（6）：35-37.

［325］黄志军，金建德，刘林生，等. 包装仓散装化改造技术与效果分析［J］. 粮油食品科技，2012，（5）：50-51.

［326］向金平，刘军，王昌政. 我库老仓改造项目执行方案的设计［J］. 粮油仓储科技通讯，2015，（5）：20-23.

［327］邓福安，邓精华，汪国杰，等. HY-AB型硅橡胶防水涂料在粮仓建筑中的应用［J］. 粮食储藏，1993，（6）：36-37.

［328］李洪程. 电脑测控连体通风夹层立筒仓的结构与性能探讨［J］. 粮食储藏，2000，29（4）：45-49.

［329］梁永记. 提高粮食筒仓仓体滑模的气密性［J］. 粮油食品科技，2001，（6）：6-8.

［330］苏炜，汪菁. 储粮仓房安全性鉴定中各影响因素权重取值分析［J］. 郑州工程学院学报，2003，（4）：76-77.

［331］王录民，张献兵，张昊. 粮仓EPS填充板的研究［J］. 河南工业大学学报（自然科学版），2007，（1）：1-5.

［332］张世杰，许启铿，王录民，等. "模拟平房仓"压仓作业压力测试分析［J］. 粮油仓储科技通讯，2015，（3）：10-12.

［333］金志明，余建国，李首文. 立筒仓功能转型升级的改造探索［J］. 粮食储藏，2018，（2）：23-26.

［334］张明友，毛根武，邱家志，等. 平房仓粮食入仓作业线粉尘防控改造［J］. 粮食储藏，2019，（6）：47-52.

［335］苏乐道. 立筒仓卸料结拱弹性变形及其对仓壁压力的影响［J］. 郑州粮食学院学报，1997，（4）：59-63.

［336］苏东道. 立筒仓卸料时仓壁超压的力学分析［J］. 郑州粮食学院学报，1998，（4）：17-21.

［337］ 胡亚民 . 从结构设计与施工上谈谈钢筋砼筒仓仓壁的裂缝控制 [J]. 粮食流通技术，1998，（1）：17-20.

［338］ 薛勇 . 筒仓偏心卸料时贮料作用于仓壁上水平压力的分析 [J]. 郑州粮食学院学报，1999，（2）：46-53.

［339］ 张会军 . 新建钢筋混凝土立筒仓的储粮 [J]. 粮食储藏，1999，（4）：44-47.

［340］ 王广国，杜明芳 . 筒仓内散体物料侧压力分布研究 [J]. 郑州粮食学院学报，2000，（3）：64-66.

［341］ 赵学伟 . 粮层阻力计算公式的分析比较 [J]. 粮食储藏，2001，（2）：20-24.

［342］ 杜明芳，刘起霞，蒋志娥，等 . 储料的密度对立筒仓压力影响的颗粒流数值模拟 [J]. 郑州工程学院学报，2004，（3）：40-43.

［343］ 程绪铎，杨国锋，温吉华，等 . 谷物储藏中静态载荷的几个理论的分析与比较 [J]. 粮食储藏，2005，（3）：49-52.

［344］ 程绪铎 . 谷物储藏中动态载荷的研究与进展 [J]. 粮食储藏，2007，（2）：48-52.

［345］ 程绪铎，唐福元，温吉华，等 . 预测筒仓中谷物水分增加引起仓壁侧压力增加的颗粒堆放模型 [J]. 粮食储藏，2008，（1）：32-36.

［346］ 程绪铎 . 筒仓中粮食卸载动压力的研究与进展 [J]. 粮食储藏，2008，（5）：20-24.

［347］ 宋伟，胡寰翀 . 模拟粮仓压力半衰期规律研究 [J]. 粮食储藏，2009，（6）：15-18.

［348］ 王振清，周春雷，丁永刚，等 . 一种圆筒形地下粮仓的抗浮设计 [J]. 河南工业大学学报（自然科学版），2013，（3）：90-93.

第十四章 粮食流通与运输研究

我国粮食储藏在20世纪初中期多以包装形式存放，到20世纪末，兴建了高大平房仓，开始推行"四散"技术。粮食物流在21世纪初开始兴起并逐步发展，此后，构建了全新的物流体系。有关粮食流通与运输的研究较多。

李焯章1994年报道了在市场经济形势下如何搞好粮食合理运输。高勇等2000年报道了中国粮食流通体制技术及其现状分析。曹琳2000年报道了散粮储运设施布点模拟模型系统的设计与开发。齐志高等2000年报道了可编程控制器（PLC）技术在散粮储运自动化中的应用。唐为民2002年报道了美国的现代化粮食流通。唐柏飞2003年报道了丹麦的粮食流通与合作社及其启示。刘晓敏等2003年报道了我国粮食企业诚信制度构建的设想。李壮等2003年报道了探讨如何控制粮食储运过程中的危险因素。卫萍等2004年报道了实现我国粮食"四散"流通的突破口——建立区域性散粮流通体系研究。陈金龙等2004年报道了现代粮食物流的现状分析及对策探讨。吕建华等2004年报道了天津地区粮食"四散"技术应用概况。吴忠信2004年报道了对深化粮食流通体制改革的见解。张雪梅2004年报道了美国粮食流通及质量管理给我们的启示。袁育芬等2005年报道了粮食流通模式比选及使用场合述评。曲荣军等2005年报道了健全中央储备粮轮换机制的几点建议。罗新民2005年报道了构建河南粮食物流区域中心的构想。李则选2005年报道了稻谷流通领域的新动向。贺庆祝等2005年报道了我国粮食物流网络体系的构建及优化分析。李林轩2005年报道了构建现代粮食物流的思考。卫萍等2005年报道了发展散粮汽车运输，推进区域性散粮流通——对黄淮海区域性散粮物流的研究。李则选2005年报道了稻谷流通领域的新动向。李小化等2005年报道了现代粮食物流体系的初步研究。陈金龙等2005年报道了现代粮食物流的现状分析及对策探讨。何永2005年报道了我国粮食流通管理的现状及对策。李青2005年报道了发展湖南现代粮食物流的思考。王永刚等2005年报道了完善中国粮食物流体系建设的思考。姜武峰2006年报道了建设鄂中现代粮食物流中心的构想。王国丰2006年报道了加快粮食物流体系建设问题的探讨。侯立军2006年报道了对我国粮食物流体系建设问题的探究。吴晓江等2006年报道了在粮食"四散"化过程中扦取样品的几种方法。武文斌等2006年报道了谷物颗粒在输送过程中的质量控制技术。程黔2006年报道了国内粮食物流现状及发展趋势。国家发展和改革委员会2007年报道了粮食现代物流发展规划。杨卫路2007年报道了粮食物流与粮食安全问题报告。张卓青2007年报道了粮食运输通道建设项目风险评价。王华英等2007年报道了安徽省粮食物流现状及发展趋势调研报告。冷志杰等2007年报道了黑龙江省粮食物流运作模式选择。钱柏莫2007年报道了构建黑龙江垦区粮食现代物流大平台的设想。王宗房等2007年报道了以国有大型骨干粮食企业为载体，加快构建我国粮食现代物流体系的综述。林京海等2007年报道了粮食物流中的集装箱运输研究。侯立军2007年报道了国外粮食物流的走向及我国的应对举措。方群等2007年报道了糙米流通产业化及发展对策。陈彩红2007年报道了灰色预测法在粮食物流量预测中的应用研究。李博等2007年报道了关于构建我国现代粮食物流的设想。胡非凡等2007年报道了国内粮食物流研究综述。杜平2007年报道了加快粮食物流通道建设、推进浙江粮食物流发展的报告。杨道兵2007年报道了发达国家粮食流通安全政策及启示。单景志2008年报道了新形势下全力推进宿迁现代粮食物流业发展的报告。任新平等2008年报道了河南省粮食现代物流系统建设研究。唐学军2008年报道了集装箱散粮运输技术现状和发展趋势。梁金锁等2008年报道了包粮流通和散粮流通的成本分析。郑沫利2008年报道了关于编制区域粮食物流规划的探讨。高兰2008年报道了集装袋储运散粮应用技术探讨。吴子丹2008年报道了我国粮食物流格局变化及对策研究。甄彤等2008年报道了基于改进蚁群算法的粮食物流调度研究。张秋闻等2008年分别报道了基于混合蚁群算法的粮食物流中心选址优化分析；求解粮食调运问题的两阶段优化算法研究。肖永成2008年报道了当前中国与世界粮食市场形势报告。牛淑杰等2008年报道了粮食物流园区建设应注意的问题。郝伟2008年报道了散粮汽车的研发。关世杰2008年报道了散装粮食运输半挂车的设计与生产应用。屈新明2008年报道了河南省散粮专用汽车发展现状及展望。左晓戎等2008年报道了发挥内河水运潜力推进粮食现代物流的设想。杨扬等2008年报道了内河码头吸粮机的研发和应用。劳林安2008年报道了港口立筒仓配套装备的改进及选用。李国范2008年报道了多方筹集资金打造河南省粮食现代物流联盟的综述。陆金荣2008年报道了依托沿海港口优势发展舟山粮食现代物流。谭波2009年报道了基于供应链的广西粮食物流企业战略研究。徐天平等2009年报道了袋式除尘器在粮食物流建设中的应用。孙宏岭等

2009年报道了集约化经营粮食物流园区的规划研究。杨松山等2009年报道了大型粮食物流工业园区供配电系统的节能技术措施。程树维等2009年报道了散粮流通中采样精密度的应用研究。黄志军等2009年报道了包装仓"四散"技术应用探析。张秋闻等2009年报道了混合蚁群优化在粮食紧急调运中的应用。甄彤等2009年分别报道了基于GIS的粮食配送决策支持系统分析与设计；基于GPS/GPRS的粮食物流车载终端系统设计。侯立军2009年报道了论加强我国粮食流通宏观调控体系建设。

孙宏岭等2010年报道了一体化运行的粮食物流区竞争优势分析。陈鹏等2011年报道了粮食现代物流中心管控一体化的分析和应用。侯立军2011年报道了新时期我国粮食行业结构优化问题研究。林中等2012年报道了对构建粮食现代物流体系的思考。袁海弘2012年报道了对发展粮食物流信息化的见解。徐宇昕2012年报道了我国长三角地区粮食物流现状及发展趋势的调查报告。陈银基等2013年报道了气候变化影响粮食流通的事实与对策。侯立军2013年报道了粮食流通成本控制与现代粮食物流体系的建设研究。陈伟宁等2015年报道了智能滑托板作业模式在成品粮仓储物流中的应用及展望。魏祖国等2016年报道了我国粮食物流运输损失评估及减损对策。徐永安等2017年报道了关于粮食在收储流通过程中品质控制问题的探讨。向长琼等2018年报道了"北粮南运"散粮集装箱储运建设的思考。林乾等2018年报道了吨袋在包装大米储备周转中的应用分析。潘婷2019年报道了粮食物流信息化建设与发展研究。

附：分论二 / 第十四章著述目录

第十四章　粮食流通与运输研究

［1］李焯章.在市场经济形势下如何搞好粮食合理运输［J］.武汉食品工业学院学报，1994，（4）：54-59.

［2］高勇，王若兰，李卫军.中国粮食流通体制技术及其现状［J］.粮油仓储科技通讯，2000，（6）：2-6.

［3］曹琳.散粮储运设施布点模拟模型系统的设计与开发［J］.粮油食品科技，2000，（4）：34-35.

［4］齐志高，李堃.可编程控制器（PLC）技术在散粮储运自动化中的应用［J］.粮食储藏，2000，（3）：9-14.

［5］唐为民.美国的现代化粮食流通［J］.粮油仓储科技通讯，2002，（6）：39-42.

［6］唐柏飞.丹麦的粮食流通与合作社［J］.粮食流通技术，2003，（4）：1-3.

［7］刘晓敏，林玉辉，陈萍.我国粮食企业诚信制度构建的设想［J］.粮食流通技术，2003，（4）：4-5.

［8］李壮，刘昊.探讨如何控制粮食储运过程中的危险因素［J］.粮食流通技术，2003，（3）：33-35.

［9］卫萍，王锋，齐志高.实现我国粮食"四散"流通的突破口：建立区域性散粮流通体系［J］.粮食储藏，2004，（4）：52-54.

［10］陈金龙，潘朝松，王亚南.现代粮食物流的现状分析及对策探讨［J］.粮食储藏，2004，（3）：54-56.

［11］吴忠信.深化粮食流通体制改革之我见［J］.粮食科技与经济，2004，（1）：8-9.

［12］张雪梅.美国粮食流通及质量管理给我们的启示［J］.粮油仓储科技通讯，2004，（6）：4-5.

［13］袁育芬，高兰，陈艺.粮食流通模式比选及使用场合述评［J］.粮食流通技术，2005，（6）：1-4.

［14］曲荣军，常大礼.健全中央储备粮轮换机制的几点建议［J］.粮食流通技术，2005，（6）：5-6.

［15］罗新民.构建河南粮食物流区域中心的构想［J］.粮食流通技术，2005，（6）：7-8.

［16］李则选.稻谷流通领域的新动向［J］.粮食流通技术，2005，（6）：15-16.

［17］贺庆祝，王明哲.我国粮食物流网络体系的构建及优化分析［J］.粮食流通技术，2005，（6）：37-40.

［18］李林轩.构建现代粮食物流的思考［J］.粮食流通技术，2005，（6）：44-46.

［19］李则选.稻谷流通领域的新动向［J］.粮食流通技术，2005，（6）：15-16.

［20］李小化，陈莲.现代粮食物流体系的初步研究［J］.粮油加工与食品机械，2005，（3）：63-65.

［21］陈金龙，潘朝松，王亚南.现代粮食物流的现状分析及对策探讨［J］.粮食储藏，2004，（3）：54-56.

［22］何永.我国粮食流通管理的现状及对策［J］.粮食储藏，2005，（2）：54-56.

［23］李青.发展湖南现代粮食物流的思考［J］.粮食科技与经济，2005，（4）：36-37.

［24］王永刚，王永强.完善中国粮食物流体系建设的思考［J］.粮食科技与经济，2005，（4）：34-35.

［25］姜武峰，马顺义.建设鄂中现代粮食物流中心的构想［J］.粮油仓储科技通讯，2006，（6）：49-50.

［26］王国丰.加快粮食物流体系建设问题探讨［J］.中国粮油学报，2006，（5）：139-143.

［27］侯立军.我国粮食物流体系建设探究［J］.粮食储藏，2006，（4）：49-53.

［28］吴晓江，刘伟，魏祖国.粮食"四散"化过程中扦取样品的几种方法［J］.粮食流通技术，2006，（2）：23-25.

［29］武文斌，王新，兰延坤.谷物颗粒在输送过程的质量控制［J］.粮食与食品工业，2006，（3）：17-19.

［30］程黔．国内粮食物流现状及发展趋势 [J]．粮食与食品工业，2006，（4）：49–52.

［31］国家发展和改革委员会．粮食现代物流发展规划 [J]．粮油食品科技，2007，（Z1）：1–5.

［32］杨卫路．粮食物流与粮食安全 [J]．粮油食品科技，2007（Z1）：6–11.

［33］张卓青．粮食运输通道建设项目风险评价 [J]．粮食流通技术，2007，（6）：3–6.

［34］冷志杰，高艳．黑龙江省粮食物流运作模式选择 [J]．粮油食品科技，2007，（Z1）：35–37.

［35］钱柏莫．构建黑龙江垦区粮食现代物流的大平台 [J]．粮油食品科技，2007，（Z1）：38–41,34.

［36］王宗房，孙毅刚．以国有大型骨干粮食企业为载体加快构建我国粮食现代物流体系 [J]．粮油食品科技，2007，（Z1）：42–45.

［37］林京海，宋岩．浅析粮食物流中的集装箱运输 [J]．粮油食品科技，2007，（Z1）：46–51.

［38］侯立军．国外粮食物流的走向及我国的应对举措 [J]．粮食储藏，2007，（5）：39–44.

［39］方群，陆俐俐．糙米流通产业化及发展对策 [J]．粮油食品科技，2007，（4）：1–3.

［40］陈彩红，陆壮雄，龚岚．灰色预测法在粮食物流量预测中的应用 [J]．粮食储藏，2007，（5）：54–56.

［41］李博，李洪程．关于构建我国现代粮食物流的设想 [J]．粮食流通技术，2007，（3）：4–6.

［42］胡非凡，吴松娟．国内粮食物流研究综述 [J]．粮食流通技术，2007，（4）：1–5.

［43］杜平．加快粮食物流通道建设、推进浙江粮食物流发展 [J]．粮食流通技术，2007，（3）：1–3.

［44］杨道兵．发达国家粮食流通安全政策及启示 [J]．粮食储藏，2007，（4）：54–56.

［45］单景志．新形势下全力推进宿迁现代粮食物流业发展 [J]．粮油食品科技，2008，（Z1）：60–62.

［46］任新平，尹志广．河南省粮食现代物流系统建设研究 [J]．粮食流通技术，2008，（3）：2–5.

［47］唐学军．集装箱散粮运输技术现状和发展趋势 [J]．粮油食品科技，2008，（4）：19–21.

［48］梁金锁，王慧．包粮流通和散粮流通的成本分析 [J]．粮油食品科技，2008，（4）：28–29.

［49］郑沫利．关于编制区域粮食物流规划的探讨 [J]．粮油食品科技，2008，（Z1）：19–23.

［50］高兰．集装袋储运散粮应用技术探讨 [J]．粮食流通技术，2008，（2）：4–6.

［51］吴子丹，冀浏果，左晓戎．我国粮食物流格局变化及对策 [J]．粮油食品科技，2008，（Z1）：1–6.

［52］甄彤，张秋闻，马志．基于改进蚁群算法的粮食物流调度研究 [J]．河南工业大学学报（自然科学版），2008，（3）：62–65.

［53］张秋闻，甄彤．基于混合蚁群算法的粮食物流中心选址优化 [J]．粮食储藏，2008，（5）：25–29.

［54］张秋闻，甄彤，张中华．求解粮食调运问题的两阶段优化算法 [J]．粮食储藏，2008，（6）：22–26.

［55］肖永成．当前中国与世界粮食市场形势 [J]．粮油食品科技，2008，（Z1）：7–18.

［56］牛淑杰，刘丽华．粮食物流园区建设应注意的问题 [J]．粮油食品科技，2008，（Z1）：24–30.

［57］郝伟．散粮汽车的研发 [J]．粮油食品科技，2008，（Z1）：31–35.

［58］关世杰．散装粮食运输半挂车的设计与生产 [J]．粮油食品科技，2008，（Z1）：36–40.

［59］屈新明．河南省散粮专用汽车发展现状及展望 [J]．粮油食品科技，2008，（Z1）：41–44.

［60］左晓戎，吴子丹．发挥内河水运潜力推进粮食现代物流 [J]．粮油食品科技，2008，（Z1）：45–48.

［61］杨扬，黎尔素，谢立成．内河码头吸粮机的研发和应用 [J]．粮油食品科技，2008，（Z1）：49–51.

［62］劳林安．港口立筒仓配套装备的改进及选用 [J]．粮油食品科技，2008，（Z1）：52–53.

［63］李国范．多方筹集资金打造河南粮食现代物流联盟 [J]．粮油食品科技，2008，（Z1）：54–57.

［64］陆金荣．依托沿海港口优势发展舟山粮食现代物流 [J]．粮油食品科技，2008，（Z1）：58–59.

［65］谭波．基于供应链的广西粮食物流企业战略研究 [J]．粮食与食品工业，2009，（4）：60–62.

[66] 徐天平，吴建新，金秋英．袋式除尘器在粮食物流建设中的应用 [J]．粮食与食品工业，2009，（4）：42-43．

[67] 孙宏岭，王莉莉．集约化经营粮食物流园区规划研究 [J]．粮油食品科技，2009，（4）：51-53．

[68] 杨松山，李堃．大型粮食物流工业园区供配电系统节能技术措施 [J]．粮食流通技术，2009，（2）：27-30．

[69] 程树维，侯晓非，魏祖国，等．散粮流通中采样精密度的应用研究 [J]．粮油食品科技，2009，（4）：54-58．

[70] 张秋闻，甄彤，马志．混合蚁群优化在粮食紧急调运问题中的应用 [J]．计算机工程与应用，2009，（15）：219-222．

[71] 甄彤，张秋闻．基于 GIS 的粮食配送决策支持系统分析与设计 [J]．计算机应用研究，2009，（4）：1398-1401．

[72] 甄彤，甄芝科，肖乐．基于 GPS/GPRS 的粮食物流车载终端系统设计 [J]．计算机与数字工程，2009，（3）：108-110．

[73] 侯立军．略论加强我国粮食流通宏观调控体系建设 [J]．粮食储藏，2009，（5）：50-56．

[74] 孙宏岭，王莉莉．一体化运行的粮食物流园区竞争优势分析 [J]．粮油食品科技，2010，（2）：58-60．

[75] 陈鹏，许青，史惠琛，等．粮食现代物流中心管控一体化的分析和应用 [J]．粮食与食品工业，2011，（2）：53-56．

[76] 侯立军．新时期我国粮食行业结构优化问题研究 [J]．粮食储藏，2011，（3）：18-25．

[77] 林中，卢波．构建粮食现代物流体系的思考 [J]．粮食储藏，2012，（2）：47-52．

[78] 袁海弘．发展粮食物流信息化之我见 [J]．粮油仓储科技通讯，2012，（4）：51-53．

[79] 徐宇昕．我国长三角地区粮食物流现状及发展趋势 [J]．粮油食品科技，2012，（1）：52-54．

[80] 陈银基，陈霞，董诗卉，等．气候变化影响粮食流通的事实与策略 [J]．粮食储藏，2013，（2）：16-20．

[81] 侯立军．粮食流通成本控制与现代粮食物流体系建设研究 [J]．粮食储藏，2013，（5）：10-16．

[82] 魏祖国，尹国彬，邸坤．我国粮食物流运输损失评估及减损对策 [J]．粮油仓储科技通讯，2016，（2）：55-56．

[83] 徐永安，贺培欢，李福君，等．关于粮食收储流通过程中品质控制问题的探讨 [J]．粮食储藏，2017，（3）：49-52．

[84] 向长琼，周浩，张华昌，等．"北粮南运"散粮集装箱储运建设的思考 [J]．粮油仓储科技通讯，2018，（6）：1-2．

[85] 林乾，韩志强，陈亮，等．吨袋在包装大米储备周转中的应用分析 [J]．粮油仓储科技通讯，2018，（2）：7-9．

[86] 潘婷．粮食物流信息化建设与发展 [J]．粮食科技与经济，2019，（6）：55-57．

第十五章 农村储粮技术管理研究

为了贯彻落实国家"十五""十一五"各项科研课题以及"十二五"重点科技攻关项目"粮食丰产科技工程"项目产后课题，以及粮食公益性行业科研专项"规模化农户储粮技术及装备研究"的工作，国家粮食主管部门组织全国有关科研力量，对农户储粮减损进行了技术性系统的研究开发。按照"装具、技术、方法、药剂、培训、服务体系"六位一体的基本思路，组织粮储专家和科研人员，开发了适合我国不同地域、不同粮种储粮户适宜使用的新型农户储粮装具，集成了农户储粮技术工艺模式，制定了规范化技术标准。以下是相关报道。

张立力1985年连续报道了农户小麦储藏中的害虫防治技术应用。卢传军1992年报道了发挥部门优势，帮助农户防治储粮害虫的调查报告。李洪军等1993年报道了农村储粮应用防虫磷直接喷雾防治害虫新技术。云昌杰1996年报道了我国农村储粮问题研究。靳祖训1996年报道了关于中国农村粮食储藏运输技术政策的思考。姜永嘉等1996年报道了关于我国农村储粮损失不容忽视的调查报告。肖全喜1997年报道了农村储粮的现状与社会化服务的设想。卜丽芳1997年报道了农户储粮害虫的防治技术。王如明1997年报道了农村储粮现状与对策。孙俊有等1997年报道了防虫磷在农户储粮中的应用。

肖建文等2000年报道了农村储粮主要害虫种类及防治技术。郑伟2000年报道了农村产后粮食损失评估及对策研究。肖立荣2001年报道了农户防鼠密闭储粮袋的使用方法。蔡静平等2001年报道了减少农户储粮损失技术的研究。张延礼2001年报道了云南省文山州示范推广保粮磷防治农户储粮害虫成效显著的报告。俞崇海等2001年报道了几种简易的农户储粮方法。泥城2002年报道了江苏省武进市南夏墅粮管所首创"入股分红"的购粮方式占领当地秋粮收购市场的调查报告。巩蔼2004年报道了农村储粮技术探讨。王若兰等2005年分别报道了华北平原农村储粮技术优化集成；中国粮食安全与农户储粮研究。司永芝等2005年报道了农户储粮损失调查研究。廖双寅等2005年报道了湖南省浏阳市农村储粮情况调查。何学超等2005年报道了我国农村储粮现状及对策研究。兰盛斌等2006年报道了我国农村储粮问题探索。朱邦雄等2006年报道了农户储粮害虫发生规律观察。白旭光等2006年报道了农户储粮损失调查统计方法评价。王若兰等2006年报道了华北平原农村储粮现状调查与分析。许胜伟等2007年报道了农户小粮仓高水分稻谷通风降水试验。亢霞等2008年报道了我国农户储粮损失的影响因素探讨。王殿轩等2008年报道了农户储粮害虫防治中的安全用药。吕建华等2008年报道了中国农村储粮损失的原因与对策研究。袁良月等2008年报道了农村常见储粮害虫的防治技术。孙宝明2013年报道了玉米储藏特性及农户保管方式的探讨。许胜伟等2008年报道了我国三大平原农户储粮减损集成技术。兰盛斌等2008年报道了我国农户储粮损失调查抽样方法的研究。康东风2009年报道了推进农户科学储粮，促进农民减损增收的调查报告。万拯群2009年报道了我国农村储粮若干问题的意见和建议。易军萍2009年报道了农户家庭储粮现状及改进措施。刘长生等2009年报道了钢制农户储粮仓储存玉米穗试验。白旭光等2009年分别报道了中国农村储粮安全问题与对策研究；对农村储粮技术服务体系模式的探讨。

吕建华等2010年报道了中国农村安全储粮技术推广服务体系建设研究。张宏明等2010年报道了对农户粮食产后减损效果和组织管理方法的探讨。张浩2010年报道了新型农户专用粮仓储粮品质变化研究。赵妍等2011年报道了黄淮海等三区域农户储粮技术需求与对策。李福君2012年报道了我国农户储粮小型粮仓和装具研发应用现状及展望。吕朝文等2012年报道了转变传统储粮观念 实施农户科学储粮——黑龙江省推广农户科学储粮仓储粮效果分析。万拯群2012年报道了农村储粮基本知识与实用技术。叶新鹏等2012年报道了农户科学储粮仓应用测试及效益分析。王禾2012年报道了我国农户储粮的现状与分析。范华胜2012年报道了农户储粮熏蒸中毒的原因及对策。黑龙江尚志市商务粮食局2012年报道了精心组织，优化服务，扎实推进农户科学储粮专项建设的报告。宋锋等2012年报道了鄂中地区（湖北荆门市）农户安全储粮方法综述。万拯群2012年报道了农村储粮基本知识与实用技术。范昕2013年报道了农户玉米储藏对比试验与分析。邓树华等2014年报道了湖南省农户储粮综合技术核心示范基地储粮现状调查。张玉荣等2014年报道了农户小麦储藏品质评价指标研究。王若兰等2015年报道了农户彩钢仓气密防潮性改进的研究。吴芳等2018年报道了我国农户2016年储存玉米脂肪酸值现状调查。吴芳等2018年报道了发展中国家农户储粮减损研究现状报告。黄新平2018年报道了对种粮大户粮食产后减损与安全储藏技术的探索。任兴辉2019年报道了对农村家庭储粮的技术探讨。

附：分论二 / 第十五章著述目录

第十五章　农村储粮技术管理研究

［1］张立力.农户小麦储藏中的害虫防治技术（一）[J].河南农林科技，1985，（6）：37-38.

［2］张立力.农户小麦储藏中的害虫防治技术（二）[J].河南农林科技，1985，（7）：19-20.

［3］卢传军.发挥部门优势帮助农户防治储粮害虫[J].粮油仓储科技通讯，1992，（5）：17-18.

［4］李洪军，徐仲咸，高忠庆，等.农村储粮应用防虫磷直接喷雾防治害虫新技术[J].粮油仓储科技通讯，1993，（4）：22-24.

［5］云昌杰.我国农村储粮问题研究[J].粮食储藏，1996，（6）：24-27.

［6］靳祖训.关于中国农村粮食储藏运输技术政策的思考[J].粮食储藏，1996，（4）：3-7.

［7］姜永嘉，章梅，龙洪波.我国农村储粮损失不容忽视[J].粮食科技与经济，1996，（5）：28-29.

［8］肖全喜.农村储粮的现状与社会化服务的设想[J].粮油仓储科技通讯，1997，（6）：24-25.

［9］卜丽芳.农户储粮害虫的防治技术[J].粮油仓储科技通讯，1997，（3）：27-29.

［10］王如明.农村储粮现状与对策[J].粮油仓储科技通讯，1997，（4）：26-28.

［11］孙俊有，李建斌."防虫磷"在农户储粮中的应用[J].粮油仓储科技通讯，1997，（2）：39-40.

［12］肖建文，吴天荣.农村储粮主要害虫种类及防治技术[J].粮油仓储科技通讯，2000，（3）：41-43.

［13］郑伟.农村产后粮食损失评估及对策研究[J].粮油仓储科技通讯，2000，（4）：47-51.

［14］肖立荣.农户防鼠密闭储粮袋[J].粮食储藏，2001，（5）：20-22.

［15］蔡静平，白旭光，黄淑霞，等.减少农户储粮损失技术的研究[J].粮食储藏，2001，（5）：32-36.

［16］张延礼.文山州示范推广保粮磷防治农户储粮害虫成效显著[J].粮油仓储科技通讯，2001，（3）：44-46.

［17］俞崇海，薛云才.几种简易的农户储粮方法[J].粮油仓储科技通讯，2001，（4）：44-45.

［18］泥城.农户踊跃售粮的背后：武进市南夏墅粮管所首创"入股分红"的购粮方式占领当地秋粮收购市场[J].粮油仓储科技通讯，2002，（4）：48.

［19］巩蔼.农村储粮技术探讨[J].粮食科技与经济，2004，（5）：36.

［20］王若兰，白旭光，田书普，等.华北平原农村储粮技术优化集成[J].粮食储藏，2005，（5）：17-19.

［21］王若兰，白旭光，田书普，等.中国粮食安全与农户储粮[J].粮食科技与经济，2005，（6）：17-18.

［22］司永芝，刘凯霞，李彪，等.农户储粮损失调查研究[J].粮食储藏，2005，（1）：24-28.

［23］廖双寅，付金兰，谢爱国.浏阳市农村储粮情况调查[J].粮食科技与经济，2005，（1）：39-40.

［24］何学超，肖学彬，李远新，等.我国农村储粮现状及对策研究[J].粮油仓储科技通讯，2005，（3）：20-22.

［25］兰盛斌，严晓平，许胜伟，等.我国农村储粮问题探索[J].粮食储藏，2006，（4）：54-56.

［26］朱邦雄，陈渠玲，邓树华，等.农户储粮害虫发生规律观察[J].粮食储藏，2006，（5）：11-14.

［27］白旭光，王若兰，周立波.农户储粮损失调查统计方法评价[J].粮食科技与经济，2006，（1）：7-10.

［28］王若兰，白旭光，田书普，等．华北平原农村储粮现状调查与分析 [J]．粮油仓储科技通讯，2006，（5）：49-52．

［29］许胜伟，周浩，张娟，等．农户小粮仓高水分稻谷通风降水试验 [J]．粮食储藏，2007，（5）：22-24．

［30］亢霞，张雪．我国农户储粮损失的影响因素探讨 [J]．粮食储藏，2008，（4）：53-54．

［31］王殿轩，原锴，陈松裕，等．农户储粮害虫防治中的安全用药 [J]．粮油仓储科技通讯，2008，（2）：49-51．

［32］吕建华，王殿轩，赵英杰，等．中国农村储粮损失的原因与对策 [J]．粮食科技与经济，2008（1）：43，50．

［33］袁良月，吕建华，吴树会．农村常见储粮害虫的防治 [J]．农村实用科技信息，2008，（1）：45-46．

［34］孙宝明．玉米储藏特性及农户保管方式的探讨 [J]．黑龙江粮食，2013，（7）：55-56．

［35］许胜伟，周浩，兰盛斌，等．我国三大平原农户储粮减损集成技术 [J]．粮食储藏，2008，（2）：10-12．

［36］兰盛斌，何学超，丁建武，等．我国农户储粮损失调查抽样方法的研究 [J]．粮食储藏，2008，（5）：17-19．

［37］康东风．推进农户科学储粮促进农民减损增收 [J]．粮油仓储科技通讯，2009，（3）：49-50．

［38］万拯群．我国农村储粮若干问题的意见和建议 [J]．粮油仓储科技通讯，2009，（3）：51-54．

［39］易军萍．农户家庭储粮现状及改进措施 [J]．粮油仓储科技通讯，2009，（1）：38-39．

［40］刘长生，李群，王德华，等．钢制农户储粮仓储存玉米穗试验 [J]．粮油食品科技，2009，（4）：64-66．

［41］白旭光，王若兰．中国农村储粮安全问题与对策 [J]．粮食科技与经济，2009，（6）：27-29．

［42］白旭光，王若兰，刘宁．农村储粮技术服务体系模式的探讨 [J]．粮食储藏，2009，（2）：45-49．

［43］吕建华，张来林．浅谈中国农村安全储粮技术推广服务体系建设 [J]．粮食科技与经济，2010，（2）：32-33．

［44］张宏明，鞠永平，马锡仲．农户粮食产后减损效果和组织管理方法的探讨 [J]．粮油仓储通讯，2010，（5）：2-6．

［45］张浩，王若兰，白旭光，等．新型农户专用粮仓储粮品质变化研究 [J]．粮食储藏，2010，（3）：41-45．

［46］赵妍，王若兰，张浩，等．黄淮海等三区域农户储粮技术需求与对策 [J]．粮食科技与经济，2011，（6）：20-22．

［47］李福君．我国农户储粮小型粮仓和装具研发应用现状及展望 [J]．粮油食品科技，2012，（3）：50-52．

［48］吕朝文，李焕喜，肖渊壮．转变传统储粮观念 实施农户科学储粮：黑龙江省推广农户科学储粮仓储粮效果分析 [J]．黑龙江粮食，2012，（2）：20-22．

［49］万拯群．农村储粮基本知识与实用技术（二）[J]．黑龙江粮食，2012，（3）：37-40．

［50］叶新鹏，夏烽，李建勋．农户科学储粮仓应用测试及效益分析 [J]．黑龙江粮食，2012，（4）：41-43．

［51］王禾．我国农户储粮的现状与分析 [J]．粮油食品科技，2012，（2）：58-60．

［52］范华胜．农户储粮熏蒸中毒原因及对策 [J]．粮油仓储科技通讯，2012，（2）：23-25．

［53］黑龙江省尚志市商务粮食局．精心组织优化服务扎实推进农户科学储粮专项建设 [J]．黑龙江粮食，2012，（4）：20-21．

［54］宋锋，雷彬，宋一田．鄂中地区农户安全储粮方法综述 [J]．粮油食品科技，2012，（1）：58-59．

［55］万拯群．农村储粮基本知识与实用技术 [J]．黑龙江粮食，2012，（4）：42-45．

［56］范昕．农户玉米储藏对比试验与分析 [J]．粮食储藏，2013，（3）：18-19．

［57］邓树华，胡飞俊，吴树会，等．湖南农户储粮综合技术核心示范基地储粮现状调查 [J]. 粮食储藏，2014，（2）：9–11.

［58］张玉荣，王伟宇，周显青，等．农户小麦储藏品质评价指标研究 [J]. 粮食与饲料工业，2014，（11）：10–13.

［59］王若兰，田书普，颜晓军，等．农户彩钢仓气密防潮性改进的研究 [J]. 粮食储藏，2015，（3）：9–13.

［60］吴芳，严晓平，杨玉雪，等．我国农户 2016 年储存玉米脂肪酸值现状调查 [J]. 粮食储藏，2018，（3）：33–37.

［61］吴芳，朱延光，严晓平，等．发展中国家农户储粮减损研究现状 [J]. 粮食储藏，2018，（6）：15–24.

［62］黄新平．种粮大户粮食产后减损与安全储藏技术探索 [J]. 粮油仓储科技通讯，2018，（5）：7–9.

［63］任兴辉．农村家庭储粮技术探讨 [J]. 现代农村科技，2019，（08）:106.

第十六章　粮食仓储科学管理研究

粮食收购、入仓、储藏、出仓等环节是复杂的系统工程。要高效确保每一个环节顺利有序地推进，科学管理显得尤为重要。随着我国粮仓从苏式仓逐渐发展到高大平房仓、浅圆仓、立筒仓等类型，与其相对应的管理方式也逐步走向规范化、科学化、精细化。相关的研究有较多报道。

黄鸿斌等1995年报道了粮食储运管理系统的研制。熊涤生1995年报道了基层粮油保管工作的现状与对策。"现代化粮食储藏管理和检测技术"考察团1995年报道了该团赴美国的考察报告。苏泽维1997年报道了搞好仓库规范化管理，提高储粮技术水平的报告。

熊鹤鸣等2001年报道了建设优质工程，服务科学储粮的报告。徐书德等2001年报道了加强规范化储粮单位建设，全面提高仓储管理水平的报告。李树生等2001年报道了抓管理，促储粮安全；抓科保，促"一符四无"的报告。杨龙德2001年报道了重庆市铜梁县粮食局人力资源开发探索与实践。刘仲平等2001年报道了强化仓储管理，巩固提高"一符四无"质量的报告。汤兆林等2001年报道了以科技进步为依托，促进储粮工作上水平的报告。单淑琴2001年报道了深化认识，强化管理，努力培养高素质保粮队伍的报告。靳祖训2001年报道了认真领会"确保粮食安全"的指示，努力做好粮食储备工作的报告。张来林等2001年报道了储备粮库新建仓房的储粮管理经验。王晓清等2001年报道了强化领导，规范管理，科技兴储，不断创新的报告。林玉辉等2001年报道了对国有粮食企业体制改革的有关探讨。王传锋等2001年报道了突出重点，把好六关，提高露天储粮管理水平的报告。徐书德等2001年报道了加强队伍建设，推进技术创新，努力提高仓储管理水平的报告。邹贻芳等2001年报道了抓好购、销、存三个环节，确保储备粮推陈储新的报告。李家海等2001年报道了强化新时期仓储规范管理，努力开展储粮科技创新的报告。彭正林等

2001年报道了认真抓好基础设施建设，开创仓储工作新局面的报告。赵予新2002年报道了关于构建我国粮食仓储网络原则的研究。杨国剑2002年报道了对粮食行业机构改革的探索。张学文2002年报道了坚持安全效益并重，做好新形势下仓储工作的报告。魏涛等2002年报道了苦干加巧干，确保储粮安全的报告。杨龙德2002年报道了仓储技术与经济的实践与思考。张家玉等2002年报道了抓管理、争效率、重科技、求发展的探讨文章。何明荣等2002年报道了加强粮油仓储管理，为提高企业效益服务的报告。程德华2002年报道了规范管理，科技兴储的报告。蒋国斌等2002年报道了加强三项管理，提高企业效益的报告。李祯祥2002年报道了加强基础建设，提高粮油仓储管理整体水平的报告。张志平2002年报道了规范管理，提高储粮水平的报告。谷内亚2002年报道了运用现代高科技，管好管住储备粮的综述。王志振2003年报道了实施规范化管理，狠抓科学保粮的报告。黄曼等2003年报道了关于国储库建设中的安全管理问题探讨。娄国义等2003年报道了如何搞好中央储备粮监管工作的报告。滕祥文2003年报道了有关我国粮食储备的报告。安军2003年报道了清仓安全问题引发革新措施的探讨。张怀君等2003年报道了隔热型浅圆仓储粮管理与粮情变化的实仓验证。王东华2004年报道了加强与健全中国粮食质量管理体系的报告。李亚东2004年报道了高大平房仓仓储管理及储粮新技术的综合应用。刘严城等2004年报道了粮库生产过程中的安全与问题防范。张来林等2004年报道了按"低温储粮"模式管理好储备粮的综合应用研究。李林轩2005年报道了对湖南省永州市粮食质量管理的探讨。李在刚等2005年报道了关于做好中央储备粮轮换管理工作的探讨。吴际红2005年报道了华北地区高大平房仓储粮管理工艺的研究。齐志高等2006年报道了论影响我国粮食储备安全因素的综述报告。江林然2006年报道了应用现代信息技术提高粮库管理水平的报告。宋锋等2006年报道了实施绿色战略，开展粮食产前产后技术研究与应用的报告。蒋国斌等2006年报道了管理兴库，科技强库的报告。黄树德2006年报道了对我国粮库建设的几点思考。熊鹤鸣等2006年报道了关于创新中央储备粮垂直管理体系资本委托管理制度的尝试的报告。何万忠2006年报道了中储粮承储企业在收购环节上的问题与对策。覃志杰2006年报道了开创地方粮油仓储管理工作新局面的报告。宋锋等2006年报道了湖南省荆门市粮食局仓储工作规范管理经验。张亚非等2006年报道了创"五化"示范粮库的报告。刘阳2006年报道了创新地方储备粮管理体系，实现管理权与保管权分离的报告。刘全书等2006年报道了中央储备粮襄樊直属库切实加强仓储管理工作的报告。朱安定2006年报道了中央储备粮仓储管理工作精细化的报告。蒋国斌等2006年报道了全面提升中储粮管理水平的报告。胡德新2006年报道了搞好储粮科技工作的几点经验。张文武等2006年报道了加强管理，注重科技，努力创建示范粮库的经验。李雅莲等2006年报道了有关粮食批发市场粮油产品质量管理模式的探讨。邓兰卿等2006年报道了中储粮企业如何减少粮食损耗的经验。黄光华2006年报道了如何加强大米企业生产现场管理的经验。曹顺等2006年报道了小型散粮仓库存的日常管理与清仓查库的办法。丁传林等2006年报道了

ISO9001:2000质量管理体系在粮库的运用。许哲华等2006年报道了粮食主产区基层国有粮食收储企业仓储设施现状与对策分析。陈明发2006年报道了仓储管理精细化探讨。姜光明等2006年报道了强化管理促规范，科学储粮保安全的报告。卜宏忠等2006年报道了狠抓队伍建设，提升储粮管理水平的报告。高雪峰等2006年报道了在新形势下粮食收购过程中的防范工作要点。付文忠等2006年报道了对中央储备粮统贷统还直接管理的经验与存在问题的探讨。杨航柱2006年报道了地方储备粮管理模式分析。刘志忠等2006年报道了实施仓储精细化管理，全面提升仓储管理水平的报告。吴凤水等2006年报道了加大措施，强化管理，努力做好新形势下粮食仓储管理工作的报告。黄海涛等2006年报道了计算机局域网络在粮食出入库管理中的应用。李雅莲等2006年报道了粮油质检机构质量保证体系的建设和实践。秦卫国等2006年报道了植物油储库建设管理及投资建议。刘全书等2006年报道了健全监管机制和管理措施，确保储粮安全的研究。贺佩鑫2007年报道了粮食储藏和管理中的技术革新。赵兴元等2008年报道了新时期做好储备粮质量管理工作的思考。王玉龙等2008年报道了利用地下仓实现绿色环保储粮的工作实践。蒋国斌等2008年报道了江淮地区散装储藏东北玉米的要点。杨军等2008年报道了粮食安全储备的现状及前景。邹江汉等2008年报道了加大精细管理力度，确保药剂使用安全的实践。丁传林等2008年报道了"5S"管理模式在粮库中的应用。向金平等2008年报道了管理加科技，打造精品粮库的经验。邱忠等2008年报道了强化精细化管理水平，打造绿色储粮样板库的体会。胡冶冰2008年报道了开展仓储精细化管理，不断提高中央储备粮管理水平的报告。黄海涛等2008年报道了认真落实托市粮政策，加强托市粮监督管理的报告。张林等2008年报道了从源头上控制和保障粮食安全的探讨。云顺忠等2008年报道了对单仓费用核算管理的探讨。刘全书等2008年报道了完善最低收购价粮食契约管理，强化中储粮直属企业风险控制的经验。姜元启等2008年报道了中央储备粮入库期间的质量与数量的控制对策。周军安等2008年报道了仓储管理精细化的实践。胡德新2008年报道了中央储备粮统贷统还监督管理工作经验。刘长生等2008年报道了储粮质量管理要点及问题探讨。王敬国等2008年报道了全面提高粮食仓储管理工作水平的报告。周范鹏等2008年报道了争取政策建新库，规范管理创一流的报告。杨善训2008年报道了发现新问题，采取新举措，进一步做好粮食监管工作的报告。于永华等2008年报道了加强农村科学储粮，促进农民增产增收的报告。南燕2008年报道了关于推广低温储粮技术，实现绿色储粮的研讨。王亚南2008年报道了现代粮食仓储理念创新及实践价值的探讨。乔龙超2008年报道了粮食仓储企业呼唤标准化的报告。谢永宁等2009年报道了应用测量计算法对在粮食清仓查库实物检查中出现问题的分析报告。王明强2009年报道了严把"四关"，确保最低收购价粮食安全的报告。张千2009年报道了中储粮企业绩效管理综述。费杏兴等2009年报道了对县级粮油质量检测机构建设的探讨。吴庆华等2009年报道了坚持"三不"原则，实现"四无"粮仓的实践。汪福友等2009年报道了一种实用规范的机械通风降水管理办法。刘福元等2009

年报道了着力"五个坚持"，确保储粮安全的报告。张玉莲2009年报道了改革开放推动了"四无"粮仓飞跃发展的报告。靳吉体2009年报道了粮食入库前的初清工艺设计。周天智等2009年报道了创新监管机制，提升监管水平的报告。陈晶等2009年报道了粮库管理的质量改进意见。陈传国等2009年报道了深化精细管理内涵的报告。段兰萍2009年报道了制定企业标准应注意的问题。王丹等2009年报道了粮食仓储企业精细化管理探析。蒋金安等2009年报道了最低收购价粮延伸收储库点的管理办法。牛定明2009年报道了企业精细化管理发展的报告。李敏飞2009年报道了浅圆仓储存大豆管理方法探索。牛银虎2009年报道了山西省粮食系统"示范站"建设的实践与思考。向金平等2009年报道了夯实仓储工作基础，促进企业持续发展的报告。刘文中等2009年报道了粮食仓储精细化管理的实践与探索。刘全书等2009年报道了推进精细化管理向直属库业务统计工作延伸的实践。薛传平等2009年报道了高度重视粮食储藏损耗，确保国家粮食安全的报告。李彪2009年报道了强化仓储管理，保证粮食安全的报告。王宏2009年报道了深入推进"包仓制"，实施全面提升仓储管理水平的报告。韦四明2009年报道了开展班子创建活动，确保企业健康发展的报告。殷杰等2009年报道了精细管理出成果，科学发展促和谐的报告。王岩等2009年报道了严格管理，全面提升仓储工作精细化管理水平的研究报告。

刘福保等2010年报道了加强政策性粮食监管，把国家惠农政策落到实处的报告。周天智等2010年报道了建立"四项制度"，实行"七道把关"，确保食品安全的报告。朱元书等2010年报道了强化精细化管理，逐步实现绿色储藏的报告。吴梅松等2010年报道了履行质量监管职责，确保粮食质量安全的报告。宋锋等2010年报道了散装稻谷实物清查方法的应用。韩福先等2010年报道了开发和推广绿色储粮技术，确保国家政策性粮食质量安全的报告。贾舒丽等2010年报道了粮油保管员应具备的条件与岗位职责。杨航柱2010年报道了开展仓储规范化管理，提高储备粮安全水平的实践。孟彬等2010年报道了坚持创新求效，立足科技储粮，不断提升仓储精细化管理水平的报告。王明卿2010年报道了波形粮面在储粮实仓管理中的应用。杨振海等2010年报道了强化规范化管理，创新工作机制，努力打造科学发展的粮油仓储企业的报告。付文忠等2010年报道了ISO9001质量管理体系在仓储精细化管理中的应用。黄志军等2010年报道了践行新四化，科学殷仓廪的报告。云顺中等2010年报道了秉承生态理念，打造绿色品牌的报告。张军党等2010年报道了"包仓制"实施过程中的联动责任分析。雒芳等2010年报道了粮油质量检测中心质量管理体系的有效控制。王红民等2010年报道了RFID技术在粮食收购过程中的研究与应用。许金毛等2010年报道了规范管理，开拓创新，谱写粮食仓储科学发展的报告。蔡新国2011年报道了粮食仓储企业储粮损耗的成因及对策。陈识涛2011年报道了高水分稻谷的收购与储存办法。李焕喜2011年报道了推广农户科学储粮技术，努力减少粮食产后损失的报告。李林轩等2011年报道了运用PDCA改进储粮安全管理的探讨。陈传国等2011年报道了对国有粮库企业文化建设的探讨。安丽春等2011年报道了做好收购粮食质量调查和品质测报工作的经验介绍。夏宏声2011年报道了稻谷烘干、除杂、加工一体化循环利用技术的应用与推广技术。王毅等2011年报道了"包仓制"精细化管理与推进科技储粮的关系研究。张春贵等2011年报道了坚持精细管理，推动科技创新，不断提升中央储备粮管理水平的情况报告。刘全书等2011年报道了延缓粮食品质变化，提高仓储综合效益的报告。朱庆锋2011年报道了精心打造新型数字化粮库，建设信息化物联网，开创社会化平台的报告。陈晶等2011年报道了基层粮食企业质量检验技能培训综述。宋锋2011年报道了对农户科学储粮体系建设的调查与思考。杨虹等2011年报道了中粮集团打造小麦产业链的探索与实践。王有生等2011年报道了山东省威海市科学储粮技术研究的进展与思考。周天智等2011年报道了对储粮"包仓制"管理的探索与实践。刘文娟等2011年报道了粮食流通体制改革对粮食质检工作的影响研究。程静2011年报道了关于实验室管理中质量控制问题的探讨。付文忠等2012年报道了储粮"包仓制"精细化管理的实施。郭调省2012年报道了以规范化管理求提升，以科技储粮促发展的报告。刘全书等2012年报道了务实创新，扎实"对标"，努力提高中央储备粮管理水平的报告。云顺忠等2012年报道了低碳经济与绿色储粮发展探索与实践。董殿文等2012年报道了农户科学储粮专项粮仓入户安装措施与实践报告。贾青珊2012年报道了从生产环节监管入手，防止"地沟油"上餐桌的管理措施。庞映彪2012年报道了预防浅圆仓粉尘爆炸及其应对管理措施。陈民生2012年报道了推进仓储规范化管理，提升储备粮管理水平的体会。蒋金安2012年报道了开展"建设节约型粮库"活动，促进企业平稳较快可持续发展的实践体会。安西友等2012年报道了粮食仓储工作中安全管理的风险点与控制措施。刘振文等2012年报道了多措并举，努力做好政策性粮食监管工作的体会。赵兴元等2012年报道了内外兼修强素质，规范管理促发展的报告。赵美凤2012年报道了储备粮品质的控制与管理措施。王禾2012年报道了对当前粮食仓储管理现状及发展趋势的探索和思考。陈锋亮等2012年报道了山东省农户储粮现状及发展趋势。宋卫军等2012年报道了粮库仓储档案管理的方法。李俭2012年报道了围绕"三个环节"抓好储粮安全的实施办法。戚长胜等2012年报道了高强度粮食入库工作预案的应用与研究。罗原能2012年报道了用改革实验环节教学，培养学员实践能力的报告。刘全书等2012年报道了综合应用质量控制技术，保持粮食品质的实施办法。邹燕2012年报道了不断提升实验室检测能力和管理水平的实践报告。贺赤锋等2012年报道了抓规范管理，促储粮安全的经验总结。周庆刚2012年报道了粮食仓储企业实施装卸用工管理制度的体会。董金成等2012年报道了粮食品质检测与储粮精细化管理的实施进展。王金奎等2012年报道了信息化技术在粮食仓储管理中的应用。田琳2013年报道了树立节能理念，把控关键环节，大力开展经济适用仓储科技创新增效的经验。张信斌等2013年报道了玉米安全收储管理的方法及措施。吴小良等2013年报道了着力打造粮库信息化体系研究。邹江汉等2013年报道了推进"三个仓储"建设，打造全新"四化"粮库。江南平2013年报道了实验室内的质量控制研究。温生山2013

年报道了绩效管理在原粮检测中的应用。王远东等2013年报道了多措并举促规范，加强管理出效益的报告。陆德山等2013年报道了构建科学发展的绿色储备粮系统工程研究。张青峰2013年报道了对加强区域产销协作，确保粮食安全问题的探讨。江扬中2013年报道了数据备份在粮库信息化管理中的应用研究。耿段霞等2014年报道了对目前粮食仓储管理模式的思考。王运博等2014年报道了异常情况对中国粮食安全的影响及对策研究。黄浙文等2014年报道了对"四单一证"系统建设的探讨。杨洪进2014年报道了推行目标责任督查考核，提升科学储粮管理水平的报告。褚宏宇2014年报道了强化控温储粮措施，提高科技储粮水平的报告。周平2014年报道了建立现代粮食物流体系对实施"粮安工程"重要性的探讨。徐瑞财2014年报道了储粮损耗的原因及减损措施。戚长胜等2014年报道了对台汛地区粮食储备库防汛、防台风工作的成功实践与思考。罗智洪等2014年报道了粮食在保管过程中损失、损耗的发生因素及减损降耗措施。马中萍等2014年报道了科技储粮保根本，开拓创新促发展的报告。尹航标2014年报道了工业工程方法在粮食仓储企业安全生产管理中的适用性分析。杨自力2014年报道了关于国家粮食安全相关新因素的思考。周士法等2014年报道了有关粮油仓储标准化管理建设的探讨。陈民生2014年报道了地方国有粮食仓储企业开展精细化管理的意义与对策。贺克军2014年报道了智能化粮库的应用推广研究。方茜2014年报道了联合国世界粮食计划署（WFP）与中国政府互助合作30年综述。张会民2014年报道了注重风险防控，突出环节规范，积极推进政策性粮食监管精细化的报告。张翠红等2014年报道了落实规范，提高管理水平，加强管理，促进企业发展的报告。赵素侠2014年报道了县级粮油质检机构的现状及建设探讨。王晶磊等2014年报道了粮食储藏保水减损技术的研究与应用。云顺忠等2014年报道了实施国家粮食安全新战略的思考。刘凯夫等2014年报道了政策性粮食收储面临的局限性研究。张涛等2014年报道了缺氧对粮库进仓人员的危害及对策。陈传国等2015年报道了粮库安全消防指挥员必备的三种能力。陆德山2015年报道了对县域粮食收储企业人才培养的思考。陈凯2015年报道了粮油检验实验室管理的实践体会。卢荣发等2015年报道了加强应急储备成品粮风险防范的管理。陈志民2015年报道了对地方应急储备粮油规范化管理的探讨。赵兴元等2015年报道了夯实基础练内功，全面提升重实效的实践体会。黄大桃等2015年报道了有关检验报告质量方面的研究。乐大强2015年报道了推行精细化管理，提升储备粮代储企业管理水平的报告。李学斌2015年报道了粮油库存检查实物工作底稿的快速制作技术。银尧明2015年报道了粮油质量可追溯体系的探索与实践。侯立军等2015年报道了我国粮食行业人员结构优化研究。云顺忠等2016年报道了粮食"一卡通"智能出入库系统的设计与应用。王文广等2016年报道了仓储设备设施集中管控平台应用示范研究。吕纪民等2016年报道了对"非标准仓"储粮安全的几点建议。戴斌等2016年报道了一种有效监管粮食进出库的方法。严辉文2016年报道了油脂储备现场管理实务。杨静等2016年报道了燕麦研发现状及储藏管理试验。刘桂平2016年报道了坚守36年的储粮卫士林伟波。朱启学

2016年报道了人才＋管理＋科技，提高企业仓储管理效益的实践。胡青骎等2016年报道了Excel在粮食实物检查工作底稿中的应用。陆德山等2016年报道了对在新常态下政策性粮食监管工作的思考。朱其才等2016年分别报道了推进安全生产标准化，做实企业本质型安全；创新粮食质量管理，确保粮食质量安全的报告。彭颜苹2016年报道了实验室仪器设备的管理探究。黄曦帆等2016年报道了中央储备粮质量监控系统的设计与实现。赵兴元等2016年报道了不断提升仓储规范化管理水平的报告。商永辉2016年报道了粮食"一卡通"智能出入库系统的设计与应用。张自升等2017年报道了以预防为主，实现安全储粮的报告。梁军林等2017年报道了市县粮食质量监管体系建设。宋锋等2017年报道了规范管理，科学经营的报告。朱其才等2017年报道了职业卫生安全管理，推进粮食企业健康发展的报告。穆俊伟等2017年报道了仓储设施设备的日常管理规范。刘经华等2017年报道了储粮化学药剂管理流程。武传欣等2017年报道了创建学习型企业，提高职工队伍素质的报告。赵兴元等2017年报道了多点发力求突破，提质增效促规范的报告。何联平2017年报道了粮库的"6S"管理经验。张峻岭等2018年报道了粮库进出粮安全作业技术危险源辨识及防范。李晓亮等2018年报道了超高大平房仓装仓路线实仓试验探究。胡飞2018年报道了现代化粮库管理及发展研究。戚长胜等2018年报道了浙江中穗省级粮食储备库仓储科技创新工作纪实。马莉2018年报道了新时代粮油仓储管理员应具备的素质。韩建平等2018年报道了"三小创新"在粮油储藏工作中的实践成果。吴桂果等2018年报道了山东省聊城鲁西国家粮库仓储管理工作纪实。谢韬等2018年报道了从一起案例谈粮食仓储建设精细化管理的必要性。陈明伟等2018年报道了原粮入库的质量控制与方法。许国平等2018年报道了包装粮储存成本探讨。宋锋等2019年报道了加强和完善粮食产后服务体系建设的调查与思考。周冰2019年报道了新形势下中储粮直属企业成本管理深化路径机理研究。吴桂果等2019年报道了强化人才培养，促进创新发展研究。陈燕等2019年报道了杭州市半山中心粮库绿色储粮工作发展纪实。周梅等2019年报道了在粮食安全视域下，大学生粮食消费伦理问题与对策研究。程永太2019年报道了低能耗储粮技术在绿色储粮管理中的应用。李文泉等2019年报道了关于粮食仓储机械电气设备管理与控制的探讨。王富强等2019年报道了论储粮企业管理重心前移的重要性的报告。向金平等2019年报道了粮库"两个安全"网格化管理的开展与运用研究。张炜等2019年报道了双重预防体系在储粮安全生产中的应用研究。陈宝旭等2019年报道了基于物联网的国家储备粮库应急管理系统研究。王斯峥2019年报道了浅圆仓多维度融合管理创实效应用研究。范渭东2019年报道了高大平房仓示范仓建设的实践。韩建平等2019年报道了偏高水分玉米入仓及储存期间安全管理。薛毅等2019年报道了6S管理在粮食检验工作流程中的应用。雷超祥等2019年报道了"互联网＋粮食安全"信息化创新应用实践。李洪江等2019年报道了"标准仓、规范库"创建管理与优化升级研究。

附：分论二/第十六章著述目录

第十六章　粮食仓储科学管理研究

[1] 黄鸿斌，王大为，李成伟，等.粮食储运管理系统的研制[J].郑州粮食学院学报，1995，（4）：92-95.

[2] 熊涤生.基层粮油保管工作的现状与对策[J].武汉食品工业学院学报，1995，（1）：83-86.

[3] "现代化粮食储藏管理和检测技术"考察团："现代化粮食仓储管理和检测技术"考察团赴美考察报告[J].粮食储藏，1995，（4）：43-47.

[4] 苏泽维.搞好仓库规范化管理提高储粮技术水平[J].粮油仓储科技通讯，1997，（3）：10-12.

[5] 熊鹤鸣，刘福保，周秀芳.建设优质工程服务科学储粮[J].粮油仓储科技通讯，2001，（1）：2-3,6.

[6] 徐书德，张信斌，陈拂晓，等.加强规范化储粮单位建设　全面提高仓储管理水平[J].粮油仓储科技通讯，2001，（1）：4-6.

[7] 李树生，罗先安.抓管理　促储粮安全　抓科保　促"一符四无"[J].粮油仓储科技通讯，2001，（3）：2-5.

[8] 杨龙德.提高员工队伍素质　促进企业良性循环：重庆市铜梁县粮食局人力资源开发探索与实践[J].粮油仓储科技通讯，2001，（3）：6-7.

[9] 刘仲平，陈文联，杨友信，等.强化仓储管理　巩固提高"一符四无"质量[J].粮油仓储科技通讯，2001，（3）：8-9.

[10] 汤兆林，张学东.以科技进步为依托　促进储粮工作上水平[J].粮油仓储科技通讯，2001，（4）：4-5, 7.

[11] 单淑琴.深化认识　强化管理　努力培养高素质保粮队伍[J].粮油仓储科技通讯，2001，（4）：6-7.

[12] 靳祖训.认真领会"确保粮食安全"的指示　努力做好粮食储备工作[J].粮油仓储科技通讯，2001，（5）：2-4.

[13] 张来林，赵英杰，陶琳岩，等.浅谈储备粮库新建仓房的储粮管理[J].粮油仓储科技通讯，2001，（5）：5-8.

[14] 王晓清，周天智.强化领导　规范管理　科技兴储　不断创新[J].粮油仓储科技通讯，2001，（2）：2-4.

[15] 林玉辉，陈萍.国有粮食企业以后干什么[J].粮油仓储科技通讯，2001，（2）：5-6.

[16] 王传锋，房茂亮，王新秋.突出重点　把好六关　提高露天储粮的管理水平[J].粮油仓储科技通讯，2001，（2）：7-10.

[17] 徐书德，张信斌，刘阳.加强队伍建设　推进技术创新　努力提高仓储管理水平[J].粮油仓储科技通讯，2001，（5）：12-13.

[18] 邹贻芳，刘福保.抓好购销存三个环节　确保储备粮推陈储新[J].粮油仓储科技通讯，2001，（5）：14-15.

[19] 李家海，于加乾.强化新时期仓储规范管理　努力开展储粮科技创新[J].粮油仓储科技通讯，2001，（6）：3-6.

[20] 彭正森，韩民，刘儒国.认真抓好基础设施建设　开创仓储工作的新局面[J].粮油仓储科技通讯，2001，（6）：7-9.

［21］赵予新.关于构建我国粮食仓储网络原则的研究 [J].粮油仓储科技通讯，2002，（3）：2-4.

［22］杨国剑.浅谈粮食行业机构改革 [J].粮油仓储科技通讯，2002，（3）：5-6.

［23］张学文.坚持安全效益并重　做好新形势下仓储工作 [J].粮油仓储科技通讯，2002，（3）：7-9.

［24］魏涛，王启荣.苦干巧干　确保储粮安全 [J].粮油仓储科技通讯，2002，（3）：10-11.

［25］杨龙德.仓储技术与经济的实践与思考 [J].粮油仓储科技通讯，2002，（4）：2-5.

［26］张家玉，谭大文，万军，等.抓管理　争效率　重科技　求发展 [J].粮油仓储科技通讯，2002，（4）:6-8.

［27］何明荣，张碧全.加强粮油仓储管理　为提高企业效益服务 [J].粮油仓储科技通讯，2002，（4）：9.

［28］程德华.规范管理 科技兴储 [J].粮油仓储科技通讯，2002，（4）：10-12.

［29］蒋国斌，池学赤，苏贵林.加强三项管理　提高企业效益 [J].粮油仓储科技通讯，2002，（5）：2-3.

［30］李祯祥.加强基础建设　提高粮油仓储管理整体水平 [J].粮油仓储科技通讯，2002，（5）：4-6.

［31］张志平.规范管理　依靠科技　提高储粮水平 [J].粮油仓储科技通讯，2002，（6）：5-7.

［32］谷内亚.运用现代高科技管好管住储备粮 [J].粮食流通技术，2002，（1）：44-45.

［33］王志振.实施规范化管理　狠抓科学保粮 [J].粮食流通技术，2003，（1）：44-45.

［34］黄曼，梁永记.国储库建设中的安全管理 [J].粮食流通技术，2003，（1）：10-13.

［35］娄国义，何永泉.如何搞好中央储备粮的监管工作 [J].粮食流通技术，2003，（4）：6，36.

［36］滕祥文.浅谈我国的粮食储备 [J].粮食流通技术，2003，（4）：7-8.

［37］安军.清仓安全问题引发革新措施 [J].粮食流通技术，2003，（4）：37.

［38］张怀君，王殿轩，孟彬，等.隔热型浅圆仓储粮管理与粮情变化 [J].粮食科技与经济，2003，（2）：36-38.

［39］王东华.加强与健全中国粮食质量管理体系 [J].粮食科技与经济，2004，（1）：21-22.

［40］李亚东.高大平房仓仓储管理及储粮新技术的综合应用 [J].粮油仓储科技通讯，2004，（1）：8-10.

［41］刘严城，张吉利.浅谈粮库生产过程中的安全问题与防范 [J].粮油食品科技，2004，（2）：35-39.

［42］张来林，朱同顺，赵英杰.按“低温储粮”模式管理好储备粮 [J].粮油仓储科技通讯，2004，（3）:7-10.

［43］李林轩.永州市粮食质量管理的探讨 [J].粮食与食品工业，2005，（4）：4-5，7.

［44］李在刚，陈惠，张自强，等.做好中央储备粮轮换管理工作的探讨 [J].粮食储藏，2005，（4）：51-53.

［45］吴际红.华北地区高大平房仓储粮管理工艺的研究 [J].粮食储藏，2005，（2）：16-19.

［46］齐志高，李堃.论影响我国粮食储备安全的因素 [J].粮食储藏，2006，（1）：3-9.

［47］江林然.应用现代信息技术提高粮库管理水平 [J].粮油仓储科技通讯，2006，（1）：2-4.

［48］宋锋，许哲华，刘生凤，等.实施绿色战略　开展粮食产前产后技术研究与应用 [J].粮油仓储科技通讯，2006，（1）：5-6.

［49］蒋国斌，梅建峰，张新泉，等.管理兴库　科技强库 [J].粮油仓储科技通讯，2006，（1）：7-8.

［50］黄树德.对我国粮库建设的几点思考 [J].粮油仓储科技通讯，2006，（1）：9-10.

［51］熊鹤鸣，田颖.创新中央储备粮垂直管理体系资本委托管理制度的尝试 [J].粮油仓储科技通讯，2006，（1）：11-14.

［52］何万忠.中储粮承储企业在收购环节上的问题与对策 [J].粮油仓储科技通讯，2006，（1）：52-53.

［53］覃志杰.与时俱进开拓阶新开创地方粮油仓储管理工作的新局面 [J].粮油仓储科技通讯，2006，（4）：2-3.

［54］宋锋，许哲华.立足创新谋发展求真务实抓管理：荆门市粮食局仓储工作规范管理纪实 [J].粮油仓储科技通讯，2006，（4）：4-5.

［55］张亚非,徐五喜,郑美海,等.做规范管理文章　创"五化"示范粮库[J].粮油仓储科技通讯,2006,（4）：6-7.

［56］刘阳.创新地方储备粮管理体系　实现管理权与保管权分离[J].粮油仓储科技通讯,2006,（4）：8,19.

［57］刘全书,王明强.创新求实效　严管保安全：中央储备粮襄樊直属库切实加强仓储管理工作[J].粮油仓储科技通讯,2006,（2）：2-3.

［58］朱安定.浅谈中央储备粮仓储管理工作的精细化[J].粮油仓储科技通讯,2006,（2）：4-5.

［59］蒋国斌,池学赤,苏贵林.以人为本　科学管理　全面提升中储粮管理水平[J].粮油仓储科技通讯,2006,（2）：6-7.

［60］胡德新.搞好储粮科技工作的几点经验[J].粮油仓储科技通讯,2006,（2）：8-9.

［61］张文武,陈小华.加强管理 注重科技　努力创建示范粮库[J].粮油仓储科技通讯,2006,（2）：10-11.

［62］李雅莲,杨军,徐波,等.粮食批发市场粮油产品质量管理模式初探[J].粮油仓储科技通讯,2006,（2）：49-50.

［63］邓兰卿,王兰花.中储粮企业如何减少粮食损耗[J].粮油仓储科技通讯,2006,（3）：3-4.

［64］黄光华.如何加强大米企业生产现场管理[J].粮油仓储科技通讯,2006,（3）：5-6.

［65］曹顺,李雅莲,徐弘彦.小型散粮仓库存的日常管理与清仓查库[J].粮油仓储科技通讯,2006,（3）：7-9.

［66］丁传林,张雄,周帮新,等.浅谈ISO9001：2000质量管理体系在粮库的运用[J].粮油仓储科技通讯,2006,（3）：10-12.

［67］许哲华,宋峰,刘生风.粮食主产区基层国有粮食收储企业仓储设施现状与对策分析[J].粮油仓储科技通讯,2006,（3）：2,4.

［68］陈明发.仓储管理精细化探讨[J].粮油仓储科技通讯,2006,（6）：2-3.

［69］姜光明,刘尊华.强化管理促规范　科学储粮保安全[J].粮油仓储科技通讯,2006,（6）：4-6.

［70］卜宏忠,包正凯.狠抓队伍建设　提升储粮管理水平[J].粮油仓储科技通讯,2006,（6）：7-8.

［71］高雪峰,赵亚卓,付刚,等.新形势下粮食收购过程中的防范工作[J].粮油仓储科技通讯,2006,（6）：9-10.

［72］付文忠,朱大玉,李健,等.中央储备粮统贷统还直接管理的经验与存在问题的探讨[J].粮油仓储科技通讯,2006,（6）：51-53.

［73］杨航柱.地方储备粮管理模式分析[J].粮油仓储科技通讯,2006,（5）：4-5.

［74］刘志忠,仲维平,王宏.实施仓储精细化管理　全面提升仓储管理水平[J].粮油仓储科技通讯,2006,（5）：6-7.

［75］吴凤水,张长增.加大措施　强化管理　努力做好新形势下的粮食仓储管理工作[J].粮油仓储科技通讯,2006,（5）：8-10.

［76］黄海涛,蔡云,邓家林.计算机局域网络在粮食出入库管理中的应用[J].粮油仓储科技通讯,2006,（5）：32-33.

［77］李雅莲,冯历,徐弘彦.粮油质检机构质量保证体系的建设和实践[J].粮油仓储科技通讯,2006,（6）：46-47.

［78］秦卫国,侯飞.植物油储库建设管理及投资建议[J].粮食与食品工业,2006,（1）：17-18.

［79］刘全书,周浩然,王明强.健全监管机制　完善管理措施　确保储粮安全[J].粮油仓储科技通讯,2006,（5）：2-3.

[80] 贺佩鑫. 粮食储藏和管理中的技术革新 [J]. 粮油食品科技，2007，（3）：24，26.

[81] 赵兴元，莫建华，何志明. 新时期做好储备粮质量管理工作的思考 [J]. 粮油仓储科技通讯，2008，（6）：8-9.

[82] 王玉龙，梁军民，张晓鹏，等. 利用地下仓优势实现绿色环保储粮 [J]. 粮油仓储科技通讯，2008，（6）：10-12.

[83] 蒋国斌，梅建峰，张新泉，等. 江淮地区散装储藏东北玉米的要点 [J]. 粮油仓储科技通讯，2008，（6）：13-14.

[84] 杨军，吕荣文，陈文学，等. 粮食安全储备的现状及前景 [J]. 粮油仓储科技通讯，2008，（6）：51-53.

[85] 邹江汉，徐合斌，陈平，等. 加大精细管理力度　确保药剂使用安全 [J]. 粮油仓储科技通讯，2008，（6）：28-29.

[86] 丁传林，张雄，周帮新，等. 浅谈"5S"管理模式在粮库中的应用 [J]. 粮油仓储科技通讯，2008，（4）：7-8.

[87] 向金平，刘玉仙，陈雪峰. 管理加科技　打造精品粮库 [J]. 粮油仓储科技通讯，2008，（4）：9-10，15.

[88] 邱忠，梅有文，罗绍华. 强化精细化管理水平　打造绿色储粮样板库 [J]. 粮油仓储科技通讯，2008，（4）：11-12.

[89] 胡冶冰. 开展仓储精细化管理　不断提高中央储备粮管理水平 [J]. 粮油仓储科技通讯，2008，（4）：13-15.

[90] 黄海涛，李家勇. 认真落实托市粮政策　加强托市粮监督管理 [J]. 粮油仓储科技通讯，2008，（5）：2-4.

[91] 张林，刘军，王昌政. 浅谈如何从源头上控制和保障粮食安全 [J]. 粮油仓储科技通讯，2008，（5）：5.

[92] 云顺忠，梁培学，龚洪芝. 单仓费用核算管理的探讨 [J]. 粮油仓储科技通讯，2008，（5）：55-56.

[93] 刘全书，刘福保，田颖. 完善最低收购价粮食契约管理　强化中储粮直属企业的风险控制 [J]. 粮油仓储科技通讯，2008，（2）：2-5.

[94] 姜元启，王险峰，姜元曙. 浅谈中央储备粮入库期间的质量与数量控制对策 [J]. 粮油仓储科技通讯，2008，（2）：6.

[95] 周军安，王小平. 仓储管理精细化的实践 [J]. 粮油仓储科技通讯，2008，（2）：7-8.

[96] 胡德新. 浅议中央储备粮统贷统还监督管理工作 [J]. 粮油仓储科技通讯，2008，（2）：9，14.

[97] 刘长生，曹毅，邓刚，等. 储粮质量管理要点及问题探讨 [J]. 粮油仓储科技通讯，2008，（2）：52-53.

[98] 王敬国，张晓明，王振京，等. 夯实基础　完善制度　强化监管　全面提高粮食仓储管理工作水平 [J]. 粮油仓储科技通讯，2008，（3）：3-4，6.

[99] 周范鹏，赵守祥，姜占杰，等. 争取政策建新库　规范管理创一流 [J]. 粮油仓储科技通讯，2008，（3）：5-6.

[100] 杨善训. 发现新问题　采取新举措　进一步做好粮食监管工作 [J]. 粮油仓储科技通讯，2008，（3）：7-8.

[101] 于永华，查崐. 加强农村科学储粮　促进农民增产增收 [J]. 粮油仓储科技通讯，2008，（3）：9-10.

[102] 南燕. 推广低温储粮技术　实现绿色储粮的探讨 [J]. 粮油仓储科技通讯，2008，（3）：54-56.

[103] 王亚南. 现代粮食仓储理念创新及实践价值初探 [J]. 粮油仓储科技通讯，2008，（6）：2-4.

[104] 乔龙超. 粮食仓储企业呼唤标准化 [J]. 粮油仓储科技通讯，2008，（6）：5-7.

[105] 谢永宁，汪旭东. 应用测量计算法在粮食清仓查库实物检查中出现的问题分析 [J]. 粮油仓储科技通讯，2009，（4）：2-3.

[106] 王明强. 严把"四关"确保最低收购价粮食安全 [J]. 粮油仓储科技通讯，2009，（4）：4-5.

[107] 张千.中储粮企业绩效管理[J].粮油仓储科技通讯，2009，（4）：6-8.

[108] 费杏兴，黄锦良.县级粮油质量检测机构建设探讨[J].粮油仓储科技通讯，2009，（4）：9-10.

[109] 吴庆华，李俭.坚持"三不"原则　实现"四无"粮仓[J].粮油仓储科技通讯，2009，（4）：11-13.

[110] 汪福友，张海涛，刘强，等.一种实用规范的机械通风降水管理办法[J].粮油仓储科技通讯，2009，（4）：29-30.

[111] 刘福元，左进良.着力"五个坚持"确保储粮安全[J].粮油仓储科技通讯，2009，（2）：4-6.

[112] 张玉莲.改革开放推动了"四无"粮仓的飞跃发展[J].粮油仓储科技通讯，2009，（2）：7-8，25.

[113] 靳吉体.粮食入库前的初清工艺设计[J].粮食流通技术，2009，（2）：13-15.

[114] 周天智，付文中，李仁兵.积极创新监管机制　不断提升监管水平[J].粮油仓储科技通讯，2009，（6）：2-4.

[115] 陈晶，叶益强.浅谈粮库管理的质量改进[J].粮油仓储科技通讯，2009，（6）：5-6.

[116] 陈传国，高中喜，王道华，等.深化精细管理内涵　推动企业向前发展[J].粮油仓储科技通讯，2009，（6）：7-9.

[117] 段兰萍.制定企业标准应注意的问题[J].粮油仓储科技通讯，2009，（6）：10-11.

[118] 王丹，杨海涛，安晓鹏.粮食仓储企业精细化管理探析[J].粮油仓储科技通讯，2009，（3）：10-11.

[119] 蒋金安，陈明峰.最低收购价粮延伸收储库点管理[J].粮油仓储科技通讯，2009，（3）：8-9.

[120] 牛定明.精细管理求生存　科技创新谋发展[J].粮油仓储科技通讯，2009，（3）：5-7.

[121] 李敏飞.浅圆仓储存大豆管理方法探索[J].粮油仓储科技通讯，2009，（3）：55-56.

[122] 牛银虎.山西省粮食系统"示范站（库）"建设的实践与思考[J].粮油仓储科技通讯，2009，（5）：2-9.

[123] 向金平，杜祖华，王昌政，等.夯实仓储工作基础 促进企业持续发展[J].粮油仓储科技通讯，2009，（5）：10-12.

[124] 刘文中，张志红.粮食仓储精细化管理的实践与探索[J].粮油仓储科技通讯，2009，（5）：13-16.

[125] 刘全书，宫世刚，江波，等.推进精细化管理向直属库业务统计工作延伸的尝试[J].粮油仓储科技通讯，2009，（2）：9-11.

[126] 薛传平，吴梅松，李元明.高度重视粮食储藏损耗　确保国家粮食安全[J].粮油仓储科技通讯，2009，（2）：12-13.

[127] 李彪.强化仓储管理 保证粮食安全[J].粮油仓储科技通讯，2009，（1）：6-7.

[128] 王宏.深入推进"包仓制"实施全面提升仓储管理水平[J].粮油仓储科技通讯，2009，（1）：8-11.

[129] 韦四明.开展班子创建活动　确保企业健康发展[J].粮油仓储科技通讯，2009，（1）：12-13.

[130] 殷杰，张坚.精细管理出成果　科学发展促和谐[J].粮油仓储科技通讯，2009，（1）：14-16.

[131] 王岩，王晓斐.严格管理全面提升仓储工作精细化管理水平[J].粮油仓储科技通讯，2009，（1）：17，23.

[132] 刘福保，周浩然.加强政策性粮食监管　把国家惠农政策落到实处[J].粮油仓储科技通讯，2010，（1）：2-3.

[133] 周天智，胡继学，程为中.建立"四项制度"实行"七道把关"确保食品安全[J].粮油仓储科技通讯，2010，（1）：4-5.

[134] 朱元书，陈新国，汪正雄，等.强化精细化管理　逐步实现绿色储藏[J].粮油仓储科技通讯，2010，（1）：6-8.

[135] 吴梅松，何劲松，王昌琴，等.履行质量监管职责　确保粮食质量安全[J].粮油仓储科技通讯，2010，（1）：9-10.

［136］宋锋，罗菊.散装稻谷实物清查方法的应用 [J].粮油仓储科技通讯，2010，（1）：16–18.

［137］韩福先，金浩，周建新，等.开发和推广绿色储粮技术 确保国家政策性粮食质量安全 [J].粮油仓储科技通讯，2010，（4）：16–18.

［138］贾舒丽，沈剑虹，王春勇.粮油保管员应具备的条件与岗位职责 [J].粮油仓储科技通讯，2010，（4）：5–6.

［139］杨航柱.开展仓储规范化管理 提高储备粮安全水平 [J].粮油仓储科技通讯，2010，（2）：2–4.

［140］孟彬，汪福友，刘强.坚持创新求效立足科技储粮 不断提升仓储精细化管理水平 [J].粮油仓储科技通讯，2010，（2）：5–7.

［141］王明卿.波形粮面在储粮实仓管理中的应用 [J].粮油仓储科技通讯，2010，（2）：18–19.

［142］杨振海，郭凌浩，孔彩萍.强化规范化管理 创新工作机制 努力打造科学发展的粮油仓储企业 [J].粮油仓储科技通讯，2010，（3）：2–4.

［143］付文忠，董恩富，袁士福，等.ISO9001 质量管理体系在仓储精细化管理中的应用 [J].粮油仓储科技通讯，2010，（3）：5–7.

［144］黄志军，威长胜，金建德.践行新四化 科学殷仓廪 [J].粮油仓储科技通讯，2010，（3）：8–11.

［145］云顺中，汪超杰.秉承生态理念 打造绿色品牌 [J].粮油仓储科技通讯，2010，（3）：12–13.

［146］张军党，蔡云，李承龙，等.包仓制实施过程中的联动责任浅析 [J].粮油仓储科技通讯，2010，（6）：2–3.

［147］雒芳，李宗良，方清，等.粮油质量检测中心质量管理体系的有效控制 [J].粮油仓储科技通讯，2010，（6）：8–9.

［148］王红民，张元，万果果，等.RFID 技术在粮食收购过程中的研究与应用 [J].粮油仓储科技通讯，2010，（6）：10–11.

［149］许金毛，吴掌荣，沈银飞.规范管理 开拓创新 谱写粮食仓储科学发展新篇章 [J].粮油仓储科技通讯，2010，（5）：7–9.

［150］蔡新国.粮食仓储企业储粮损耗的成因及对策 [J].粮油仓储科技通讯，2011，（2）：2–4.

［151］陈识涛.高水分稻谷的收购与储存 [J].粮油仓储科技通讯，2011，（2）：5–6.

［152］李焕喜.推广农户科学储粮技术 努力减少粮食产后损失 [J].粮油仓储科技通讯，2011，（3）：2–3，17.

［153］李林轩，王晓芳.运用 PDCA 改进储粮安全管理的探讨 [J].粮油仓储科技通讯，2011，（3）：4–6.

［154］陈传国，王道华，刘波.国有粮库的企业文化建设 [J].粮油仓储科技通讯，2011，（3）：7–9.

［155］安丽春，张霞，杨军.关于做好收购粮食质量调查和品质测报工作的探讨 [J].粮油仓储科技通讯，2011，（3）：52–53.

［156］夏宏声.稻谷烘干、除杂、加工一体化循环利用技术的应用与推广 [J].粮油仓储科技通讯，2011，（3）：54–56.

［157］王毅，冀圣江，李栓录，等.包仓精细化管理与推进科技储粮的关系 [J].粮油仓储科技通讯，2011，（4）：2–3.

［158］张春贵，刘学军，安西友，等.坚持精细管理 推动科技创新 不断提升中央储备粮管理水平 [J].粮油仓储科技通讯，2011，（4）：4–7.

［159］刘全书，刘圣安，周祥.延缓粮食品质变化 提高仓储综合效益 [J].粮油仓储科技通讯，2011，（4）：48–50.

［160］朱庆锋.精心打造新型数字化粮库 建设信息化物联网 开创社会化平台 [J].粮油仓储科技通讯，2011，（6）：2–3.

［161］ 陈晶，叶益强.基层粮食企业质量检验技能培训[J].粮油仓储科技通讯，2011，（6）：4-6.

［162］ 宋锋.农户科学储粮体系建设的调查与思考[J].粮油仓储科技通讯，2011，（6）：7-9.

［163］ 杨虹，徐冬林，胡立君.中粮集团打造小麦产业链研究[J].粮油仓储科技通讯，2011，（1）：5-11.

［164］ 王有生，刘阳，姜占杰，等.威海市科学储粮技术研究进展与思考[J].粮油仓储科技通讯，2011，（1）：12-14.

［165］ 周天智，刘士强，高兴明，等.储粮"包仓制"管理的探索与实践[J].粮油仓储科技通讯，2011，（1）：15，24.

［166］ 刘文娟，冯志君，张志霞，等.浅谈粮食流通体制改革对粮食质检工作的影响[J].粮油食品科技，2011，（2）：29-31.

［167］ 程静.实验室管理中质量控制问题探讨[J].粮油食品科技，2011，（2）：36-37.

［168］ 付文忠，董恩富，贾安越，等.储粮包仓精细化管理探讨[J].粮油食品科技，2012，（1）：60-62.

［169］ 郭调省.以规范化管理求提升　以科技储粮促发展[J].粮油仓储科技通讯，2012，（2）：2-3，7.

［170］ 刘全书，刘圣安，韩文杰.务实创新扎实"对标"努力提高中央储备粮管理水平[J].粮油仓储科技通讯，2012，（2）：4-5.

［171］ 云顺忠，汪超杰.低碳经济与绿色储粮发展[J].粮油仓储科技通讯，2012，（2）：6-7.

［172］ 董殿文，高树成，刘长生，等.农户科学储粮专项粮仓入户安装措施与实践[J].粮油仓储科技通讯，2012，（2）：8-9.

［173］ 贾青珊.从生产环节监管入手，防止"地沟油"上餐桌[J].粮油仓储科技通讯，2012，（2）：54-56.

［174］ 庞映彪.浅圆仓粉尘爆炸及其应对管理措施[J].粮油仓储科技通讯，2012，（2）：10-12.

［175］ 陈民生.推进仓储规范化管理　提升储备粮管理水平[J].粮油仓储科技通讯，2012，（3）：2-4.

［176］ 蒋金安.开展"建设节约型粮库"活动　促进企业平稳较快可持续发展[J].粮油仓储科技通讯，2012，（3）：5-6.

［177］ 安西友，刘长荣，曹东杰.粮食仓储工作中安全管理的风险点与控制[J].粮油仓储科技通讯，2012，（3）：7-9.

［178］ 刘振文，石茂亭，陈丽.多措并举　努力做好政策性粮食监管工作[J].粮油仓储科技通讯，2012，（3）：10-11.

［179］ 赵兴元，何志明.内外兼修强素质　规范管理促发展[J].粮油仓储科技通讯，2012，（3）：12-13.

［180］ 赵美凤.储备粮品质的控制与管理[J].粮油仓储科技通讯，2012，（3）：47-48，56.

［181］ 王禾.对当前粮食仓储管理现状及发展趋势的探索和思考[J].粮油仓储科技通讯，2012，（5）：5-6.

［182］ 陈锋亮，赵晓燕，汝医，等.山东省农户储粮现状及发展趋势[J].粮油仓储科技通讯，2012，（4）：2-4.

［183］ 宋卫军，罗智洪，张继.粮库仓储档案管理方法及意义[J].粮油仓储科技通讯，2012，（4）：5，13.

［184］ 李俭.围绕"三个环节"　抓好储粮安全[J].粮油仓储科技通讯，2012，（4）：6-8.

［185］ 戚长胜，周碧岳.高强度粮食入库工作预案的应用与研究[J].粮油仓储科技通讯，2012，（4）：9-10.

［186］ 罗原能.改革实验环节教学　培养学员实践能力[J].粮油仓储科技通讯，2012，（4）：48-50.

［187］ 刘全书，刘圣安，周祥.综合应用质量控制技术　保持粮食品质[J].粮油仓储科技通讯，2012，（5）：2-4.

［188］ 邹燕.强化能力建设　持续改进　不断提升实验室检测能力和管理水平[J].粮油仓储科技通讯，2012，（5）：7-8.

［189］贺赤锋，孙燕，刘启卫.抓规范管理　促储粮安全 [J].粮油仓储科技通讯，2012，（5）：9-10.

［190］周庆刚.粮食仓储企业的装卸用工管理 [J].粮油仓储科技通讯，2012，（5）：11-12.

［191］董金成，陆飞峰.粮食品质检测与储粮精细化管理 [J].粮油仓储科技通讯，2012，（5）：49-51.

［192］王金奎，商永辉.信息化技术在粮食仓储管理中的应用 [J].粮油食品科技，2012，（1）：63-64.

［193］田琳.树立节能理念　把控关键环节　大力开展经济适用仓储科技创新增效 [J].粮油仓储科技通讯，2013，（6）：2-5.

［194］张信斌，姜占杰，刘阳，等.玉米安全收储管理的方法及措施 [J].粮油仓储科技通讯，2013，（6）:6-9.

［195］吴小良，刘兴，祁鸣.着力打造粮库信息化体系 [J].粮油仓储科技通讯，2013，（1）：2-3.

［196］邹江汉，刘士强，陈平，等.推进"三个仓储"建设，打造全新"四化"粮库 [J].粮油仓储科技通讯，2013，（1）：4-6.

［197］江南平.浅谈实验室内的质量控制 [J].粮油仓储科技通讯，2013，（1）：54-56.

［198］温生山.绩效管理在原粮检测中的应用 [J].粮油仓储科技通讯，2013，（4）：2-4.

［199］王远东，黄树亮，李承韬.多措并举促规范　加强管理出效益 [J].粮油仓储科技通讯，2013，（4）:5-6.

［200］陆德山，周宏伟，惠立东.构建科学发展的绿色储备粮系统工程 [J].粮油仓储科技通讯，2013，（4）：7-9.

［201］张青峰.加强区域产销协作确保粮食安全的探讨 [J].粮油仓储科技通讯，2013，（4）：52-55.

［202］江扬中.数据备份在粮库信息化管理中的应用 [J].粮油仓储科技通讯，2013，（4）：38-40.

［203］耿段霞，丁宗跃.对目前粮食仓储管理模式的思考 [J].黑龙江粮食，2014，（8）：10-12.

［204］王运博，许高峰.异常情况对中国粮食安全的影响及对策研究 [J].粮食储藏，2014，（1）：1-5.

［205］黄浙文，唐易."四单一证"系统建设探讨 [J].粮油仓储科技通讯，2014，（6）：1-3.

［206］杨洪进.推行目标责任督查考核　提升科学储粮管理水平 [J].粮油仓储科技通讯，2014，（6）：4-6.

［207］褚宏宇.强化控温储粮措施　提高科技储粮水平 [J].粮油仓储科技通讯，2014，（6）：7-8.

［208］周平.建立现代粮食物流体系对实施"粮安工程"的重要性 [J].粮油仓储科技通讯，2014，（6）:9-11.

［209］徐瑞财.储粮损耗原因及减损措施 [J].粮油仓储科技通讯，2014，（6）：12-14.

［210］戚长胜，任动，周碧岳，等.台汛地区粮食储备库防汛防台工作的成功实践与思考 [J].粮油仓储科技通讯，2014，（3）：1-3.

［211］罗智洪，卢兴稳.粮食保管过程中损失损耗的发生因素及减损降耗措施 [J].粮油仓储科技通讯，2014，（3）：4-6.

［212］马中萍，马洪林，廖贵勇.科技储粮保根本　开拓创新促发展 [J].粮油仓储科技通讯，2014,（3）:7-10.

［213］尹航标.工业工程方法在粮食仓储企业安全生产管理中的适用性分析 [J].粮油仓储科技通讯，2014，（3）：11-15.

［214］杨自力.关于国家粮食安全几点相关新因素的思考 [J].粮油仓储科技通讯，2014，（3）：16-17.

［215］周士法，朱京立，韩伟.粮油仓储标准化管理建设探讨 [J].粮油仓储科技通讯，2014，（5）：1-3.

［216］陈民生.地方国有粮食仓储企业开展精细化管理的意义与对策 [J].粮油仓储科技通讯，2014，（5）：4-6.

［217］贺克军.智能化粮库的应用推广研究 [J].粮油仓储科技通讯，2014，（5）：7-9.

［218］方茜.回顾过去　展望未来：联合国世界粮食计划署（WFP）与中国政府互助合作30年 [J].粮油仓储科技通讯，2014，（5）：10-14.

［219］张会民 . 注重风险防控　突出环节规范　积极推进政策性粮食监管精细化 [J]. 粮油仓储科技通讯，2014，（1）：1-3.

［220］张翠红，张建新 . 落实规范　提高管理水平　加强管理 促进企业发展 [J]. 粮油仓储科技通讯，2014，（1）：4-6.

［221］赵素侠 . 县级粮油质检机构现状及建设探讨 [J]. 粮油仓储科技通讯，2014，（1）：53-55.

［222］王晶磊，肖雅斌，李增凯，等 . 粮食储藏保水减损技术的研究与应用 [J]. 粮油仓储科技通讯，2014，（5）：15-17.

［223］云顺忠，汪超杰 . 实施国家粮食安全新战略的行与思 [J]. 粮油仓储科技通讯，2014，（5）：55-56.

［224］刘凯夫，尹东贵 . 政策性粮食收储面临的局限性 [J]. 粮油仓储科技通讯，2014，（5）：53-54.

［225］张涛，曹阳，赵会义 . 缺氧对粮库进仓人员危害的探讨 [J]. 粮油食品科技，2014，（1）：130-132.

［226］陈传国，孙定祥，余树荣 . 粮库安全消防指挥员必备的三种能力 [J]. 粮油仓储科技通讯，2015，（4）：55-56.

［227］陆德山 . 构建人才高地 夯实储粮基础：县域粮食收储企业人才培养的思考 [J]. 粮油仓储科技通讯，2015，（4）：8-9.

［228］陈凯 . 浅谈粮油检验实验室管理 [J]. 粮油仓储科技通讯，2015，（6）：3-4.

［229］卢荣发，张亚明，郭调省 . 从细节入手加强应急储备成品粮风险防范管理 [J]. 粮油仓储科技通讯，2015，（2）：6-7.

［230］陈志民 . 关于地方应急储备粮油规范化管理的探讨 [J]. 粮油仓储科技通讯，2015，（2）：55-56.

［231］赵兴元，何志明 . 夯实基础练内功　全面提升重实效 [J]. 粮油仓储科技通讯，2015，（4）：1-2.

［232］黄夫桃，袁军，杨成虎 . 把好检验报告质量关 [J]. 粮油仓储科技通讯，2015，（2）：42-43.

［233］乐大强 . 推行精细化管理 提升储备粮代储企业管理水平 [J]. 粮油仓储科技通讯，2015，（6）：1-2.

［234］李学斌 . 粮油库存检查实物工作底稿的快速制作 [J]. 粮食储藏，2015，（5）：55-56.

［235］银尧明 . 粮油质量可追溯体系的探索与实践 [J]. 粮食储藏，2015，（2）：42-46.

［236］侯立军，秦伟平 . 我国粮食行业人员结构优化研究 [J]. 粮食储藏，2015，（4）：22-27.

［237］云顺忠，刘卓，任贵新 . 粮食"一卡通"智能出入库系统的设计与应用 [J]. 粮油仓储科技通讯，2016，（6）：46-48.

［238］王文广，吴建民，龚加铭，等 . 仓储设备设施集中管控平台应用示范研究 [J]. 粮油仓储科技通讯，2016，（6）：1-3.

［239］吕纪民，颜军，付凯，等 . 浅谈"非标准仓"储粮安全的几点建议 [J]. 粮油仓储科技通讯，2016，（3）：53-54.

［240］戴斌，雷超祥，张春锋 . 一种有效监管粮食进出库的方法探讨 [J]. 粮油仓储科技通讯，2016，（1）：13-18.

［241］严辉文，刘潜，周健文，等 . 油脂储备现场管理实务 [J]. 粮油仓储科技通讯，2016，（6）：4-6.

［242］杨静，向长琼 . 浅谈燕麦研发现状及储藏管理 [J]. 粮油仓储科技通讯，2016（3）：49-52.

［243］刘桂平 . 坚守三十六年的储粮卫士：小记林伟波 [J]. 粮油仓储科技通讯，2016，（3）：55-56.

［244］朱启学，蒋天科 . 人才＋管理＋科技提高企业仓储管理效益 [J]. 粮油仓储科技通讯，2016，（3）：9-12.

［245］胡青骏，姚石磊 .Excel 在粮食实物检查工作底稿中的应用 [J]. 粮油仓储科技通讯，2016，（2）：4-6.

［246］陆德山，惠立冬 . 新常态下政策性粮食监管工作的思考 [J]. 粮油仓储科技通讯，2016，（4）：6-8.

［247］朱其才，王新，邓兰 . 推进安全生产标准化　做实企业本质型安全 [J]. 粮油仓储科技通讯，2016，（3）：1-5.

［248］朱其才，王新 . 创新粮食质量管理　确保粮食质量安全 [J]. 粮油仓储科技通讯，2016，（1）：6-12.

［249］彭颜苹 . 实验室仪器设备的管理 [J]. 粮油仓储科技通讯，2016，（4）：13-14.

［250］黄曦帆，陶琳岩，许铎峰，等 . 中央储备粮质量监控系统的设计与实现 [J]. 粮油仓储科技通讯，2016，（4）：9-12.

［251］赵兴元，何志明 . 夯实基础　立足创新　不断提升仓储规范化管理水平 [J]. 粮油仓储科技通讯，2016，（2）：1-3.

［252］商永辉 . 浅析粮食"一卡通"智能出入库系统的设计与应用 [J]. 粮油仓储科技通讯，2016（4）：31-33.

［253］张自升，宋卫军，乔昕，等 . 建立预防为主理念　实现安全储粮目标 [J]. 粮油仓储科技通讯，2017，（1）：9-11.

［254］梁军林，李霞，李嘉奕，等 . 市、县粮食质监体系建设 [J]. 粮油仓储科技通讯，2017，（1）：6-8.

［255］宋锋，王雅琳，向金平，等 . 规范管理谋发展　科学经营创效益 [J]. 粮油仓储科技通讯，2017，（3）：1-2，4.

［256］朱其才，王新，邓兰 . 做好职业卫生安全管理　推进粮食企业健康发展 [J]. 粮油仓储科技通讯，2017，（2）：6-10.

［257］穆俊伟，韩俊伟 . 仓储设施设备的日常管理 [J]. 粮油仓储科技通讯，2017，（5）：4-5.

［258］刘经华，刘谦 . 储粮化学药剂管理 [J]. 粮油仓储科技通讯，2017，（4）：45-48.

［259］武传欣，程小丽，刘俊明 . 创建学习型企业　提高职工队伍素质 [J]. 粮油仓储科技通讯，2017，（2）：3-5.

［260］赵兴元，何志明 . 多点发力求突破　提质增效促规范 [J]. 粮油仓储科技通讯，2017，（2）：11-13.

［261］何联平 . 我库的"6S"管理初见成效 [J]. 粮油仓储科技通讯，2017，（4）：2-3.

［262］张峻岭，王蓉 . 粮库进出粮安全作业技术危险源辨识识及防范研究 [J]. 粮油仓储科技通讯，2018，（3）：11-13.

［263］李晓亮，董德良，卢献礼，等 . 超高大平房仓装仓路线实仓试验探究 [J]. 粮油仓储科技通讯，2018，（6）：1-6.

［264］胡飞 . 浅谈现代化粮库管理及发展 [J]. 粮油仓储科技通讯，2018，（2）：1-3.

［265］戚长胜，沈邦灶 . 用心保粮每一粒　创新发展每一天：浙江中穗省级粮食储备库仓储科技创新工作纪实 [J]. 粮油仓储科技通讯，2018，（1）：4-6.

［266］马莉 . 新时代粮油仓储管理员应具备的素质 [J]. 粮油仓储科技通讯，2018，（6）：3-4.

［267］韩建平，汪福友，卢军伟，等 ."三小创新"在粮油储藏中的实践成果 [J]. 粮油仓储科技通讯，2018，（6）：47-49.

［268］吴桂果，杨枫，王进刚 . 规范仓储管理　抓好科技储粮创造良好效益：鲁西粮库仓储管理工作纪实 [J]. 粮油仓储科技通讯，2018，（4）：8-9.

［269］谢韬，唐宇 . 从电缆预埋管线不足的案例浅谈粮食仓储建设的精细化管理 [J]. 粮油仓储科技通讯，2018，（5）：46-48.

［270］陈明伟，李俊飞，张永君 . 原粮入库的质量控制与方法 [J]. 粮油仓储科技通讯，2018，（5）：4-6.

［271］许国平，周海军，陈甜甜，等 . 包装粮储存成本探讨 [J]. 粮食储藏，2018，（4）：49-52.

［272］ 宋锋,王雅琳,莫魏林,等.加强和完善粮食产后服务体系建设的调查与思考[J].粮油仓储科技通讯, 2019,（3）:1-2,11.

［273］ 周冰.新形势下中储粮直属企业成本管理深化路径机理研究:基于战略成本观和作业成本法的思考 [J].粮油仓储科技通讯,2019,（2）:1-3.

［274］ 吴桂果,刘谦.强化人才培养　促进创新发展[J].粮油仓储科学通讯,2019（2）:4-5.

［275］ 陈燕,丁江涛.千淘万漉虽辛苦　吹尽黄沙始到金:杭州市半山中心粮库绿色储粮工作发展纪实[J]. 粮油仓储科技通讯,2019,（2）:6-8.

［276］ 周梅,冯超颖.粮食安全视域下大学生粮食消费伦理问题与对策研究[J].粮油仓储科技通讯,2019, （2）:50-56.

［277］ 程永太.低能耗储粮技术在绿色储粮管理中的应用[J].粮油仓储科技通讯,2019,（3）:3-4.

［278］ 李文泉,刘福生,倪欣,等.粮食仓储机械电气设备管理与控制初探[J].粮食仓储科技通讯,2019,（3）: 5-6.

［279］ 王富强,李玉玲,王明举,等.论储粮企业管理重心前移的重要性[J].粮油仓储通科技通讯,2019,（3）: 7-8.

［280］ 向金平,刘军,钟立绪,等.粮库"两个安全"网格化管理的开展与运用[J].粮油仓储科技通讯, 2019,（4）:1-4.

［281］ 张炜,梁东林,张恒.双重预防体系在安全生产工作中的应用[J].粮油仓储科技通讯,2019,（4）: 5-6,10.

［282］ 陈宝旭,池明,安雨宸,等.基于物联网的国储粮库应急管理系统[J].粮食储藏,2019,（2）:7-10.

［283］ 王斯峥.浅圆仓多维度融合管理创实效[J].粮油仓储科技通讯,2019,（5）:1-4.

［284］ 范渭东.高大平房仓示范仓建设[J].粮油仓储科技通讯,2019,（5）:5-7.

［285］ 韩建平,汪福友,党捷,等.偏高水分玉米入仓及储存期间安全管理技术[J].粮油仓储科技通讯, 2019,（1）:14-17.

［286］ 薛毅,王小庆,刘奕,等.6S管理在粮食检验工作流程中的应用[J].粮油仓储科技通讯,2019,（6）: 1-4.

［287］ 雷超祥,成盼."互联网+粮食安全"信息化创新应用实践[J].粮油仓储科技通讯,2019,（6）:5-6.

［288］ 李洪江,李国华."标准仓、规范库"创建管理与优化升级[J].粮油仓储科技通讯,2019,（5）:8-10.

主要参考文献

[1] 靳祖训.粮食储藏科学技术进展[M].成都：四川科学技术出版社，2007.

[2] 孙锦祥，李廉水.科学技术论[M].南京：东南大学出版社，1992.

[3] 黄省曾.理生玉镜稻品[M]//王云五.丛书集成初编：理生玉镜稻品及其他四种.上海：商务印书馆，1937：1-8.

[4] 靳祖训.中国古代粮食贮藏的设施与技术[M].北京：农业出版社，1984.

[5] 刘兴林.史前农业探研[M].合肥：黄山书社，2004.

[6] 张禹安.仓储昆虫研究的始源与发展[J].粮食储藏，1986，（3）：15-21.

[7] 张仙芝.麦蛾的研究[J].实业部月刊，1931，2（4）.

[8] 张仙芝，陆松侯，刘金庆.绿豆象虫生长与温湿度之关系[R].上海：实业部上海商品检验局，1935.

[9] 张景欧，陆松侯，田恒生.谷粉大斑螟蛾*Pyralis Farinalis* L.生长受温湿度影响之实验[R].上海：实业部上海商品检验局，1936.

[10] 忻介六.中国粮仓害虫学[M].上海：商务印书馆，1951.

[11] 忻介六.粮仓修建之理论与方法[M].上海：商务印书馆，1951.

[12] 忻介六.粮食贮藏的科学管理[M].上海：商务印书馆，1950.

[13] 陆培义，钱永庆，郑坚.豌豆象防治法[M].北京：中华书局，1953.

[14] 钱永庆，于菊生.蚕豆象及其防治的研究[J].农业科学与技术，1952，（2）.

[15] 高文彬.蚕豆象防治的研究[J].农业学报，1953，3（4）.

[16] 姚康.米象为害稻谷数量损失的研究[J].新科学季刊，1953，（2）.

[17] 姚康.黑粉虫生活习性考察的初步报告[J].新科学季刊，1953，（4）.

[18] 姚康.中国仓库害虫和益虫的初步名录[J].昆虫学报，1953，2（4）.

[19] 大连商品检验局.仓虫饲养记录、螨类为害农产品质量饲育观察记录、螨类分类及饲育试验记录[R].大连：大连商品检验局，1953.

[20] 朱象三.西北绿豆象调查与防治的研究[J].昆虫学报，1955，5（1）.

[21] 赵养昌.仓库害虫[J].生物学通报，1956，（10）.

后 记

《中国粮食储藏科研进展一百年（1921-2021年）》是一部集文献性、检索性为主的专著，由以靳祖训教授为主的团队历时五年搜集整理编写而成。这是我国粮食储藏科技工作者一百年来生产实践和科学研究的硕果，也是一部研究粮食储藏科研发展史的重要资料。

为了编好这部专著，中储粮成都储藏研究院有限公司给予了人力物力的大力支持：专门安排粮油科技信息中心承担此项工作，抽出主要编辑力量负责手写稿的录入、查证和校稿工作。这部专著的相关资料涉及百年，很多资料因年代久远，在网络上已经无法查证，为了保留历史原貌，我们仍然在文中保留了这部分研究文献。编校人员通过到图书馆翻阅专业期刊和资料，到网上查询数据库文献，对文中著述书目进行逐条核实，为本专著的顺利出版做了大量工作，付出了大量辛勤劳动。同时，在出版过程中，本专著得到了中国粮油学会储藏分会巩福生会长、熊鹤鸣执行会长的大力支持，还得到了山东桓台长江集团有限公司、安徽云龙粮机有限公司的出版资助。在编写过程中，还有很多同志参与了后期的核查编写和审校工作，因篇幅所限，此处不再一一列举，还望谅解。

靳祖训教授因病于2021年7月19日在北京逝世，享年88岁。他身前十分关心这部专著的出版情况，即将出版应该是对他的最大告慰。

在本专著即将付印之际，我们向为本专著编撰和出版工作付出辛劳、作出贡献的所有单位和人员表示衷心的感谢！向给予本专著关心、帮助和支持的各位领导、专家及朋友们表示衷心的感谢！

本书编委会

2021年10月